나노 반도체 소자
설계 및 제조공정 기술

최성재 지음

자유아카데미

머리말

현대 사회는 5G 통신, AI, 자율무인 자동차 등과 같이 하루가 다르게 발전하는 전자분야의 기술 혁명을 피부로 느끼면서 살아가고 있으며 그 중심에는 반도체 산업이 자리하고 있다. 우리나라의 국가 경쟁력 역시 삼성 반도체, SK 하이닉스, LG 필립스 반도체와 같은 반도체 제조회사가 주축을 이루고 있다고 해도 과언이 아니며, 이에 따라 산업체에서는 반도체 제조공정기술과 공정 장비의 개발 및 연구에 필요한 인력이 대량으로 필요하게 되었다. 각 대학에서도 산업체의 요구에 부응하기 위해 전자공학과, 전기재료공학과, 반도체공학과, 세라믹공학과, 전자물리학과, 응용화학과, 물리학과, 응용생명공학과 등 전자 관련 학과에서 반도체 제조공정 기술에 대한 강좌를 개설하고 있거나 추가 개설하려는 추세이다.

반도체 공정에는 산화 공정, 증착 공정, 금속화 공정, 포토리소그래피 공정, 베이킹 공정, 정렬, 노출, 식각 공정, 이온 주입 공정, CMP 공정, 세정 공정, 웨이퍼의 검사와 포장에 이르기까지 다양한 공정이 포함되어 있고 각 공정의 이론적인 배경과 연계되는 절차 등이 밀접한 관계를 맺고 있다. 이 공정 중 어느 하나의 공정에서라도 오류가 발생한다면 반도체 수율에 심각한 문제를 초래하고 심각한 경우 반도체 제조회사는 파산에 이를 수도 있다. 또한 공정 기술을 이해하기 위해서는 기본적인 반도체 재료의 특성과 탈이온수(DI Water), 청정실 운영과 같은 물과 공기의 오염 제어, 공정에 사용되는 화학 물질의 취급 등과 같이 중요한 공정 영역의 기본 인프라에 대한 이해도 갖추어야 한다. 그리고 수율 외에도 반도체 공정에 투입되는 작업자의 안전 문제 역시 최우선으로 고려해야 한다는 점도 매우 중요하다.

저자는 십수 년간 대학에서 반도체 공정 기술에 대한 강의를 진행하면서 얻은 경험을 바탕으로 우리나라의 반도체 산업의 발전과 반도체 산업 현장의 중요한 위치에서 종사하게 될 엔지니어들의 안전, 공정 장비의 시설 관리에 도움이 될 수 있는 내용을 중점으로 교재를 저술하게 되었다. 이 책을 저술하는 데 사용된, 참고 문헌에 표시된 수많은 교재의 원저자들과 학술 논문의 저자들에게 깊은 사의를 표한다. 많은 독자가 이 책을 읽음으로써 우리나라의 반도체 산업의 발전에 일부분이나마 도움을 줄 수 있기를 기대한다. 좋은 책을 위해 최선을 다했지만 부족한 부분이나 예기치 못한 오류가 있을 수 있다. 이 점은 양해를 구하며 오류가 발견되면 자유아카데미에 언제든 알려주시길 부탁드린다. 추후 수정·보완할 내용이 있으면 자유아카데미 홈페이지(www.freeaca.com) 자료실을 통해 제공할 예정이니 참고하기를 바란다. 끝으로 이 책을 완성할 수 있도록 이해하고 내조를 아끼지 않은 아내와 아이들에게 고마움을 표한다. 또한 이 책을 출간하는 데 애써주신 자유아카데미 출판사 여러분들께도 감사의 말씀을 전한다.

2021. 3.
최성재

차례

차례

제9장 CMOS 제조공정

제10장 화학적 기상 증착법

제11장 포토리소그래피 공정

제12장 이온 주입 공정

제 1 장

미세 전자 소자 제조공정 기술 개요

오늘날 우리는 20세기 동안 기계공학 기술로 만들어졌던 생산제품이 이제 전자공학 기술로 만들어지는 기술 혁명을 목격하고 있다. 이산 소자인 다이오드, BJT(쌍극성 트랜지스터), FET(전계 효과 트랜지스터), MOSFET(금속 산화물 반도체 전계 효과 트랜지스터), CMOS 생산에서 시작한 전자 소자 개발의 역사는 마이크로 스케일(micro scale)의 초고집적 회로(VLSI) 생산을 거쳐 21세기에는 인공지능을 이용하고 5세대 통신에 사용되며 나노 스케일(nano scale)로 제조되는 초미세 전자 회로 소자를 개발하기까지 엄청난 변화와 기술의 혁신을 이루어 왔다. 반도체 산업은 이런 기술 혁명의 중심에서 소비자가 필요로 하는 요구를 충족시키기 위해 부단히 연구하고 개발하며 노력하고 있다. 즉, 가격은 저렴하고 성능은 향상되며 신뢰성은 증가되는 마이크로프로세서 제품을 개발하려는 것이다. 이런 반도체 산업의 경향을 만족시키기 위해서는 반도체 소자 제조공정의 지속적인 기술 혁신과 함께 제조공정을 개발하고, 반도체 회로를 설계·제작·검사하며 만족할 만한 수율을 제공하도록 공정장비를 운용하고, 이를 점검 및 관리하는 전자공학도들의 역할이 더욱 중요하다. 이 장에서는 반도체 산업의 인프라 구조 및 마이크로 전자 소자의 집적도 증가에 따른 개발 역사, 설계 규칙에 적용되는 기본 이론과 용어 해설, 웨이퍼 제조공정 기술의 기본 원리에 대해서 설명한다.

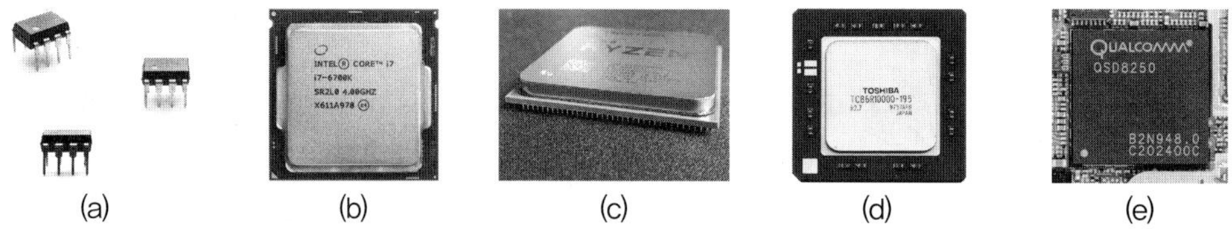

그림 1-1 다양한 형태의 마이크로칩 (a) 8핀 IC, (b) 인텔 코어 i7(출처: Eric Gaba, Wikimedia Commons user Sting, CC BY-SA 4.0 〈https://creativecommons.org/licenses/by-sa/4.0〉, via Wikimedia Commons), (c) AMD 라이젠 9 3900X(출처: P399915243 (Diskussion) 10:45, 27. Okt. 2020 (CET), CC BY-SA 4.0 〈https://creativecommons.org/licenses/by-sa/4.0〉, via Wikimedia Commons), (d) 도시바 마이크로칩(출처: Myself User:ZyMOS, CC BY-SA 4.0 〈https://creativecommons.org/licenses/by-sa/4.0〉, via Wikimedia Commons), (e) 퀄컴 스냅드래곤 칩(출처: Por © Raimond Spekking / CC BY-SA 4.0 (via Wikimedia Commons), CC BY-SA 4.0, https://commons.wikimedia.org/w/index.php?curid=83677358)

1-1 서론

그림 1-1에 표시된 마이크로칩 혹은 칩(chip)이라고 부르는 반도체 제품은 둥글고 얇은 형태의 재료인 웨이퍼로부터 만들어진다. 마이크로 전자 소자 제조기술은 대단히 복잡하며 수많은 처리 공정, 순도 높은 재료 물질들, 식각 장비, 세정 장비, 이온주입 장비, 증착

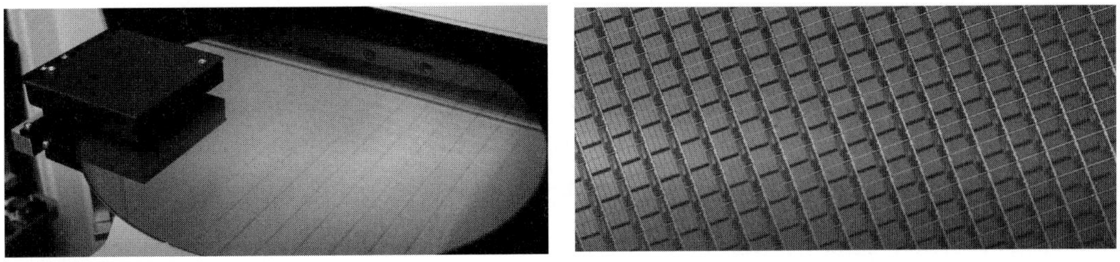

(a) (b)

그림 1-2 (a) 가공 전 웨이퍼 (b) 웨이퍼 공정 처리 후의 가공된 칩

장비, CMP 장비, 계측 장비와 같은 다양한 공정 장비가 필요하다. 반도체 제조업체들이 공통으로 사용하는 표준 설계 규정의 결정과 관리 감독을 시행하는SIA(Semiconductor Industry Association), SEMI(Semiconductor Equipment and Material International), NIST(National Institute of Standard and Technology), SISA(Semiconductor Industry Application Supplier Association) 등의 반도체 산업 관련 협회의 인프라 구조(infra structure) 구축도 뒷받침되어야 한다. 일단 마이크로칩이 제조되면, 그들은 여러 가지 전자제품에 삽입되고, 자동차 전기 장치(automotive electronics), 전자금융(electronic commerce), 개인용 컴퓨터(personal computers), 이동통신(mobile cellular communications)과 같은 다양한 형태의 응용분야에서 필요로 하는 기계 장비에도 사용된다.

반도체 산업은 고부가가치 기술 산업의 중요한 부분이다. 제작한 마이크로칩은 소프트웨어와 칩의 제어하는 기능이 합쳐진 전자적 하드웨어를 만든다. 첨단기술 산업은 하드웨어와 소프트웨어가 필수적이며 모든 반도체 응용 분야에서 발견할 수 있다. 2000년대 초반 200억 달러 수준이었던 마이크로칩 시장은 2020년 현재 5G 통신 분야, 무인 자율자동차를 포함하는 인공지능 분야, 드론을 포함하는 IoT 산업 분야의 수요 증가에 힘입어 10 nm에서 7 nm 스케일을 가지는 마이크로칩을 양산하고 있으며 상업적인 부가가치로 수조 달러가 넘는 매출이 예상되고 있다.

1-2 반도체 산업의 발전

반도체 소자를 제조하는 데 사용되는 기술들은 전자공학 분야의 많은 선구자들이 개발한 다양한 기술들로부터 발전한 것이다. 전자공학 기술의 시초는 진공관(vacuum tube)의 개발로부터 시작되었다. 3극 진공관은 전기 신호를 증폭하기 위하여 1906년 Lee De Forest에 의해 발명되었다. 이 형태는 John Fleming과 Thomas Edison에 의해 만들어진 초기 진공관보다 발전한 것이었다. 3극 진공관은 진공관으로 둘러싸인 두 개의 전극과 그리드 등의 3가지 요소로 구성된다. 진공은 두 전극 사이의 전자들을 전송하는 데 편리할 뿐 아니라 열로 인해 달아오르는 것을 막을 수 있으므로 전자공학 분야에서는 좋은 진공관을 개발해야만 한다.

De Forest가 발명한 진공관 검파기는 소리를 증폭하고 재생하기 위해서 약간의 전위가 필요하다는 생각으로부터 발명된 것이다. 그림 1-3(a)에서 표시된 다양한 형태의 진공관은 1950년대까지 현재의 라디오, TV, 일반적인 전자제품 개발이 성장하기 위한 주요 부품이 되었다. 1990년 초반에 실리콘이라고 하는 새로운 물질은 교류인 무선통신 신호를 직류로 바꾸는 데에 주로 쓰였다. 진공관은 2차 세계 대전이 진행되는 동안 펜실베니아 주립대학에서 전세계 첫 번째로 개발된 컴퓨터인 에니악을 만드는 데에도 사용되었다. 에니악의 무게는 50톤이고 3000 ft^{2}의 바닥 면적이 필요했으며 19,000개의 진공관이 사용되었고 160개의 등대가 소비하는 것과 같은 크기의 소비 전력이 필요했다. 진공관의 물리적 크기는 대단히 컸고, 열적 특성도 불안정했으며, 수명이 짧다는 한계가 있었기 때문에 단시간에 필라멘트가 타서 끊어졌다. 이런 문제점을 해결하기 위해서 다이오드, 트랜지스터와 같은 고체 상태의 반도체 소자가 개발되었다.

1947년 12월 16일 벨 연구소의 William Shockley , John Bardeen, Walter Brattain이 공동으로 개발한 고체 상태의 트랜지스터가 발명됨으로써 본격적으로 반도체 산업이 시작되었다고 볼 수 있다. 그림 1-3(b)에 표시된 점 접촉형 트랜지스터는 진공관과 똑같은 일을 수행했지만 트랜지스터는 크기가 작고, 진공이 필요 없으며, 안정적이며 가볍고, 적은 열을 발

(a) (b)

그림 1-3 (a) **진공관**(출처: Stefan Riepl (Quark48), CC BY-SA 2.0 DE 〈https://creativecommons.org/licenses/by-sa/2.0/de/deed.en〉, via Wikimedia Commons), (b) **최초의 트랜지스터(점 접촉형)**(출처: Revol Web, CC BY-SA 2.0 〈https://creativecommons.org/licenses/by-sa/2.0〉, via Wikimedia Commons)

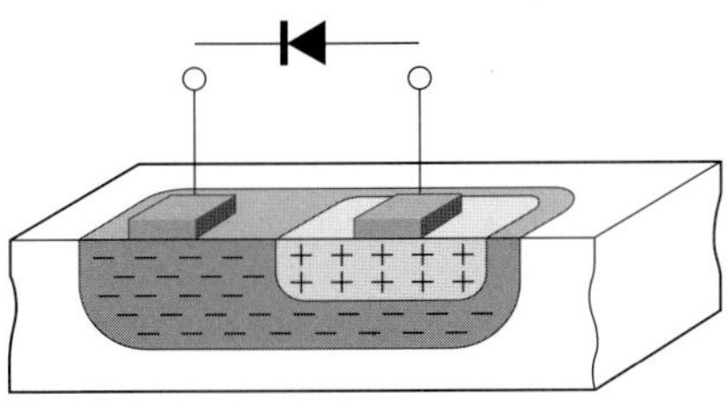
(a)

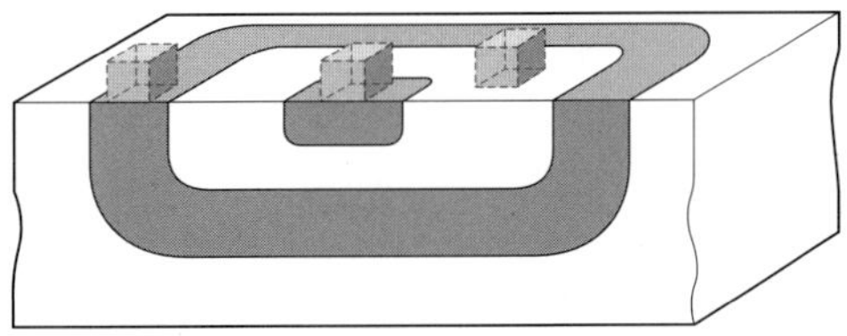
(b)

그림 1-4 (a) pn 접합형 다이오드 (b) 최초의 플래너 트랜지스터

생하고 전력 소모가 작다는 장점이 있다. 세 명의 과학자들은 트랜지스터의 발명으로 1956년 노벨 물리하상을 수상했다.

트랜지스터의 개발은 현대 반도체 고체 상태 재료에 바탕을 둔 현대 반도체 산업과 기술의 기틀이 되었다. 반도체 산업은 실리콘을 바탕으로 트랜지스터 기술이 상업화된 1960년에 빠르게 성장하기 시작했다. 실리콘 밸리라고 불리는 지역을 중심으로 페어차일드(Fairchild), 인텔(Intel), AMD(Advanced Micro Devices)를 비롯한 수많은 반도체 제조회사가 태동하였다.

최초의 상업적인 평면형 트랜지스터는 1957년 캘리포니아의 Palo Alto에 있는 Fairchild Semiconductor 사에 의해서 만들어졌다. 그림 1-4에 표시된 것처럼 트랜지스터의 다른 부분과 연결하기 위해서 실리콘 웨이퍼의 상부에 내부 연결을 위한 알루미늄층이 증착되어 있다. 실리콘에서 산화물층은 알루미늄 도체를 절연시키기 위해서 열적으로 성장된다. 2000년대 이후에는 구리가 알루미늄을 대체하고 있다.

반도체라는 이름은 경우에 따라서 전기를 통과시키는 도체로 동작하다가 또 다른 경우에는 전기를 통과시키지 않는 부도체로 동작하는 재료의 특성에서 유래되었다. 초기 반도체 재료는 게르마늄이었고, 한 가지 기능만 수행하는 한 개의 칩으로 만들어졌다. 이후 실리콘 물질의 우수한 특성이 강조되면서 대부분의 반도체 재료로 실리콘을 사용하고 있다. 이 책에서도 실리콘 재료의 특성에 대해서 강조해서 설명할 것이다.

최초의 IC는 Dallas에 위치한 Texas Instruments 사의 Jack Kilby가 게르마늄 반도체 재료를 얇게 잘라 기판(substrate)으로 사용함으로써 1958년 7월에 개발되었다. 트랜지스터와 다른 구성 요소를 게르마늄 위에 결합시켰다. 이때 저항으로는 게르마늄 고유 저항을 사용하였다. 소자는 개별적인 도선으로 연결되었다. IC(집적 회로)는 실리콘 웨이퍼 표면에 트랜지스터(transistor), 다이오드(diode), 저항(resistors), 커패시터(capacitor) 등과 같은 많은 반도체 소자를 집적한 것이다. 소자들은 칩이 어떤 기능을 할지 정의하는 회로를 구성하기 위해서 연결된다. 그림 1-5에는 8핀 DIP 형태로 집적된 IC인 연산증폭기 741의 구조가 표시

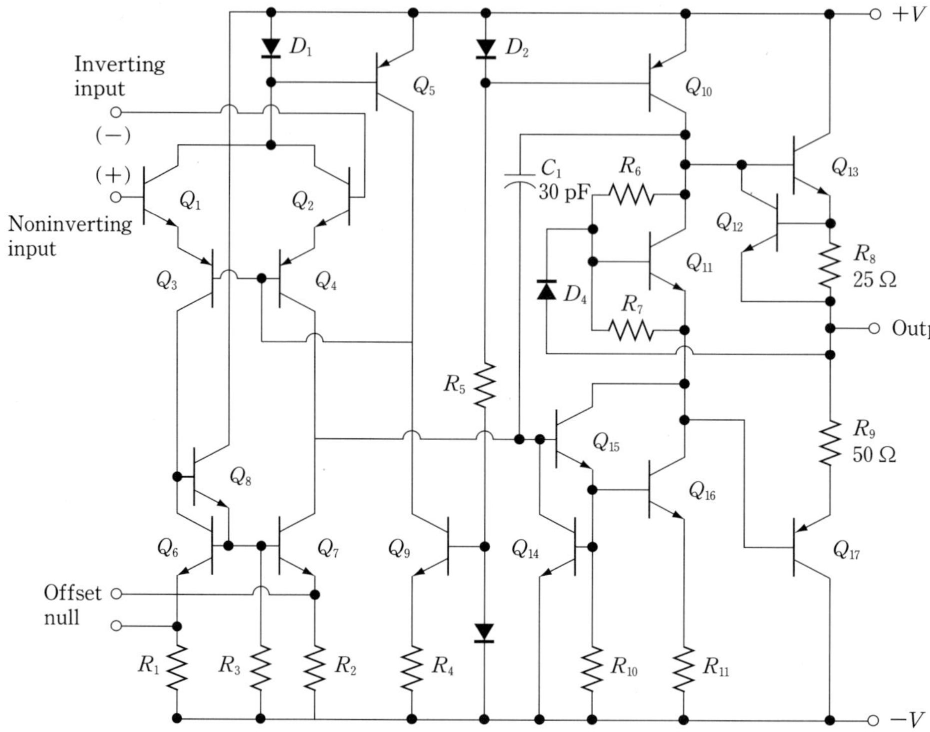

(a) 741의 구성도

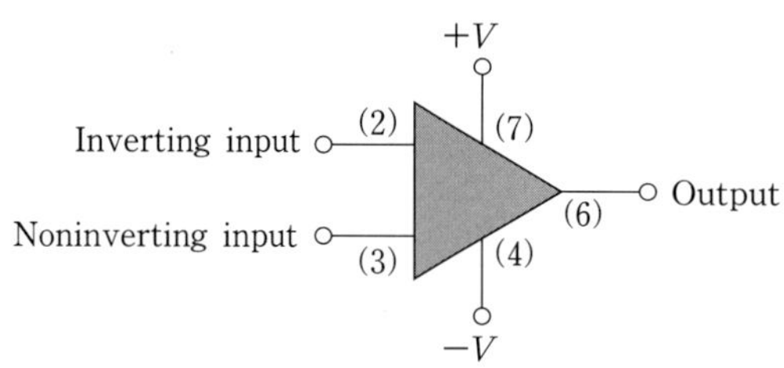

(b) 연산증폭기의 회로도 기호

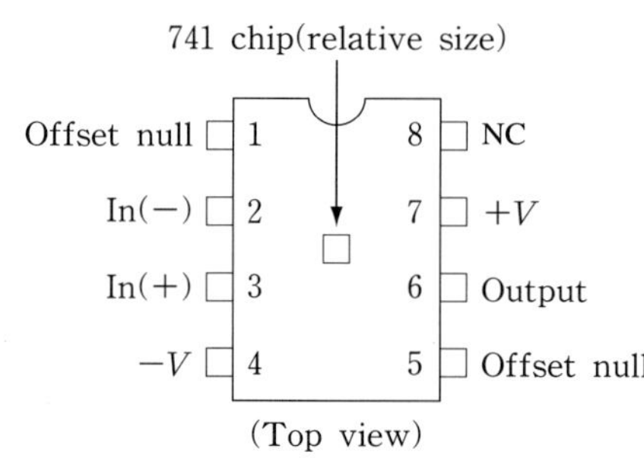

(c) 8핀 DIP(이중 인라인 패키지)에 포장된 741 칩

그림 1-5 연산증폭기 741

되어 있다.

2000년대를 넘어서면서 초대규모의 집적 회로를 제조하는 것이 가능해졌고 2020년 현재의 나노 스케일에 의하면 1칩당 집적되는 트랜지스터의 수는 수억 개에서 수십억 개에 이른다. 1칩당 집적되는 구성 요소의 수에 의해서 대략 수십 개를 집적하는 경우는 SSI(small scale IC), 수백 개에서 5000개 정도를 집적하는 경우는 MSI(medium scale IC), 5000개에서 10만 개 정도를 집적하는 경우는 LSI(large scale IC), 10만 개에서 100만 개 정도를 집적하는 경우는 VLSI(very large scale IC), 100만 개를 넘어서는 경우는 SVLSI(super very large

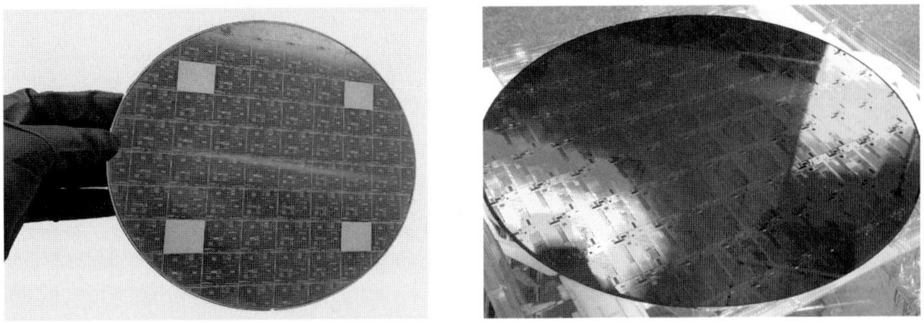

(a) (b)

그림 1-6 (a) **가공 전 웨이퍼**(출처: Goldenvu, CC BY-SA 4.0 〈https://creativecommons.org/licenses/by-sa/4.0〉, via Wikimedia Commons), (b) **웨이퍼 공정 처리 후의 가공된 칩**(출처: Ehsanshahoseini, CC BY-SA 4.0 〈https://creativecommons.org/licenses/by-sa/4.0〉, via Wikimedia Commons)

scale IC) 또는 ULSI(ultra large scale IC)로 분류한다. 2000년 초반에서부터는 모든 종류의 IC를 ASIC(Application Specific Integrated Circuit)로 통칭하고 있다. 그림 1-6에서 보듯이 수십 개에서 수백 개의 동일한 칩들이 하나의 실리콘 웨이퍼 위에서 동시에 제조된다. 웨이퍼에서 칩의 개수는 제품의 형태와 각 칩의 크기에 따라서 결정된다. 칩의 크기는 칩의 집적도에 따라서 결정된다. 칩은 또한 die라고 부르며 실리콘 웨이퍼는 기판이라고도 불린다.

웨이퍼의 직경은 서서히 발전하였다. 그림 1-7에서 보듯이 초기 웨이퍼의 직경은 2인치보다 작은 웨이퍼에서부터 90년대 초기 8인치(200 mm)에서 2000년대 12인치(300 mm)에 이르기까지 많은 변화를 겪었다. 최근에는 웨이퍼의 직경을 450 mm까지 증가시키는 표준 설계가 글로벌450 프로젝트라는 이름으로 인텔, 삼성, TSMC 3사에 의해 이루어지고 있다. 이와 같이 웨이퍼의 직경을 늘리면 동일한 노력으로 더 많은 칩을 생산하게 됨으로써 경제적인 이득을 발생시킨다. 하나의 웨이퍼 위에 더 많은 칩을 생산할 수 있다면 IC의 제조 가격은 급격히 감소하게 될 것이다.

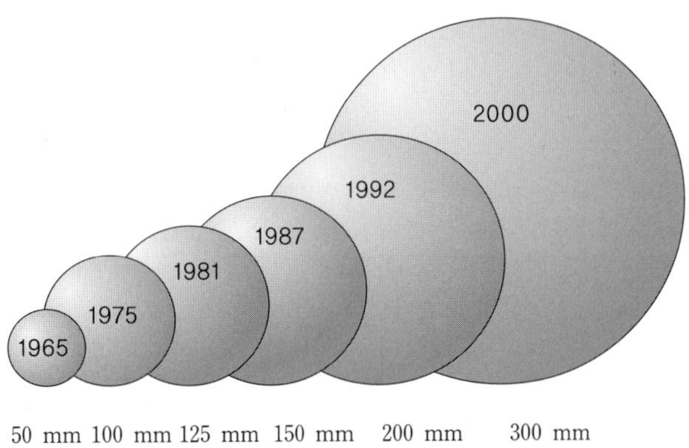

그림 1-7 웨이퍼 직경의 변화

(a)

Class	Particles/ft³				
	0.1㎛	0.2㎛	0.3㎛	0.5㎛	5㎛
1	3.50 × 10	7.70	3.00	1.00	
10	3.50 × 10^2	7.50 × 10	3.00 × 10	1.00 × 10^1	
100		7.50 × 10^2	3.00 × 10^2	1.00 × 10^2	
1,000				1.00 × 10^3	7.00
10,000				1.00 × 10^4	7.00 × 10
100,000				1.00 × 10^5	7.00 × 10^2

(b)

그림 1-8 (a) 청정실(clean room)(출처: DrSwatiVPol, CC BY-SA 4.0 ⟨https://creativecommons.org/licenses/by-sa/4.0⟩, via Wikimedia Commons) (b) Federal standard 209E 청정실 등급

2000년대 이후 300 mm의 웨이퍼가 사용되고 집적도가 급격하게 증가하면서 오염(contamination)의 문제가 중요하게 대두되었다. 연방정부 표준안 209E도 강화되면서 청정실(클린룸)의 등급(class) 역시 강화되었다. 사람, 물질, 물, 공기, 장비들과 같은 오염원은 웨이퍼에 손상을 주고, 기능이 적절히 수행될 수 없는 원인을 제공하게 된다. 현대 웨이퍼 제조공정은 깨끗한 제조환경과, 오염원으로부터의 결함이 최소화되도록 웨이퍼를 제조하기 위해서 필요한 전문화된 장비를 제공하게 된다. ULSI급 IC 제조공정에서는 사람의 노출을 제한하고 고순도 화학 재료와 유틸리티, 그리고 특별한 웨이퍼 취급 공정이 필요하게 된다. 웨이퍼는 일반적으로 450단계나 그 이상의 단계를 거치는데, 완성되기까지 2~3달이 걸린다. 제조공정의 마지막 단계에서는 개별적인 칩들을 전체 웨이퍼에서 분리시키고 패키지를 포장하여 최종 생산품을 만들게 된다.

청정실의 가장 기본적인 개념은 웨이퍼 제조공정 설비 중 공기에서 미립자를 제어하는 것이다. 우리가 보통 숨 쉬는 공기는 부유하는 오염물질을 지나치게 포함하고 있기 때문에 반도체 제조업체에서는 용인되지 않는다. 공기 중에 부유하는 이런 작은 에어로솔 형태의 입자는 오랜 시간 동안 공기 중에 떠다니고 잔류하면서 웨이퍼에 중착되므로 심각한 결함을 발생시킨다. 만약 청정실 등급이 입자의 크기만으로 결정된다면 등급 1의 청정실의 경우 입자 크기는 0.5 μm이다. 이것은 입자들 중 최대 크기가 0.5 μm이거나 ft^3당 1개라는 것을 의미한다. 최근에는 입자 크기가 0.02~0.03 μm로 내려갈 때의 클래스 0.1 등급을 이용한다. 최근의 깨끗한 공기의 기준은 'U'라고 부르는 1 입방미터의 공기 안의 극소미립자의 양으로 결정된다.

1-3 IC 제조의 단계

마이크로칩 제조는 그림 1-9에 나타낸 것처럼 웨이퍼 준비 단계, 웨이퍼 제조공정 단계, 웨이퍼 시험 및 정렬 단계, 조립 및 패키징 단계, 최종 검사 단계의 다섯 단계로 구성된다.

첫 번째 단계에서 실리콘(Si) 결정을 성장시키기 위해서는 도가니(용광로)에 SiO_2 성분의 모래를 넣고 1412℃ 이상의 고온으로 가열해서 용융 상태로 만든 다음 초크랄스키법(인상법)을 적용하여 단결정 실리콘 잉곳을 생산한다. 단결정 실리콘 잉곳의 순도를 높이기 위해서 모래 대신 지멘스 법을 이용하는 화학 반응에 의해 생산된 고순도의 폴리실리콘을 원료로 사용하기도 한다. 200 mm, 300 mm와 같은 적절한 직경을 갖는 실리콘 잉곳을 생산하기 위해서 특별한 공정을 거쳐야 한다. 실리콘 잉곳은 직경 연마와 flat 가공을 거친 후 다이아몬드 톱을 이용해서 슬라이싱 공정을 거치면 적절한 두께로 얇게 절단된 웨이퍼가 생산된다. 이때 웨이퍼의 표면은 거칠기 때문에 회로 패턴 공정을 위한 사전 준비 단계로 표면연마 및 가장자리 연마 등의 공정을 거치고 세척을 거친 뒤 검사 단계까지 통과하면 진정한 웨이퍼 기판이 된다.

마이크로칩 제조의 두 번째 단계는 웨이퍼 제조공정이라고 부른다. 99.9999999999%의 순도를 갖는 순수한 실리콘 웨이퍼가 웨이퍼 제조공정에 도착하면 세척(cleaning), 레이어링(layering), 패턴화(patterning), 식각(etching), 도핑(doping) 등 여러 단계를 거친다. 모든 단계가 완료된 웨이퍼는 각각 실리콘 웨이퍼에 영구적으로 IC 회로를 식각한다. 웨이퍼 제조가 끝나면 웨이퍼는 개별적인 칩(다이)의 탐침 검사와 전기 검사가 이루어지는 3단계 공정인 검사 및 분류 공간으로 보내진다. 손상된 칩은 받아들일 것인지 받아들이지 않을 것인지

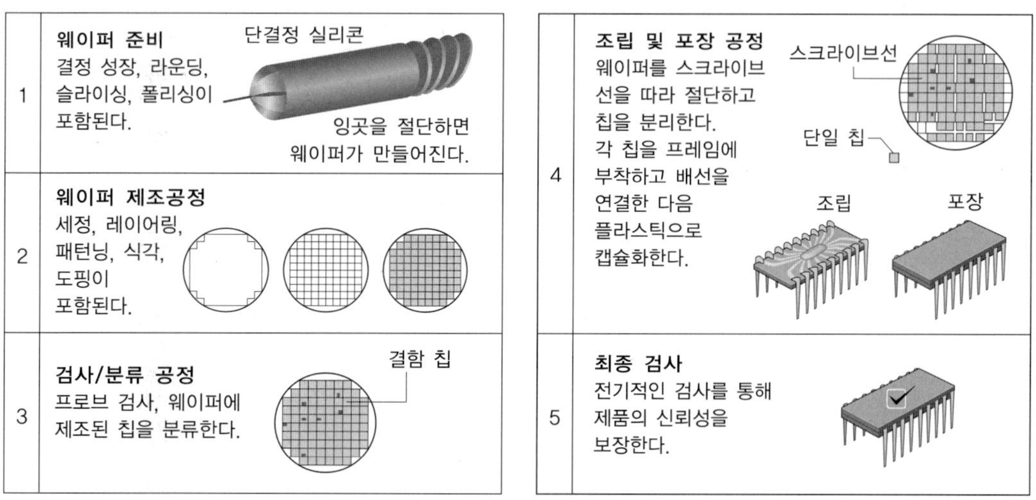

그림 1-9 집적 회로 제조공정의 단계별 분류

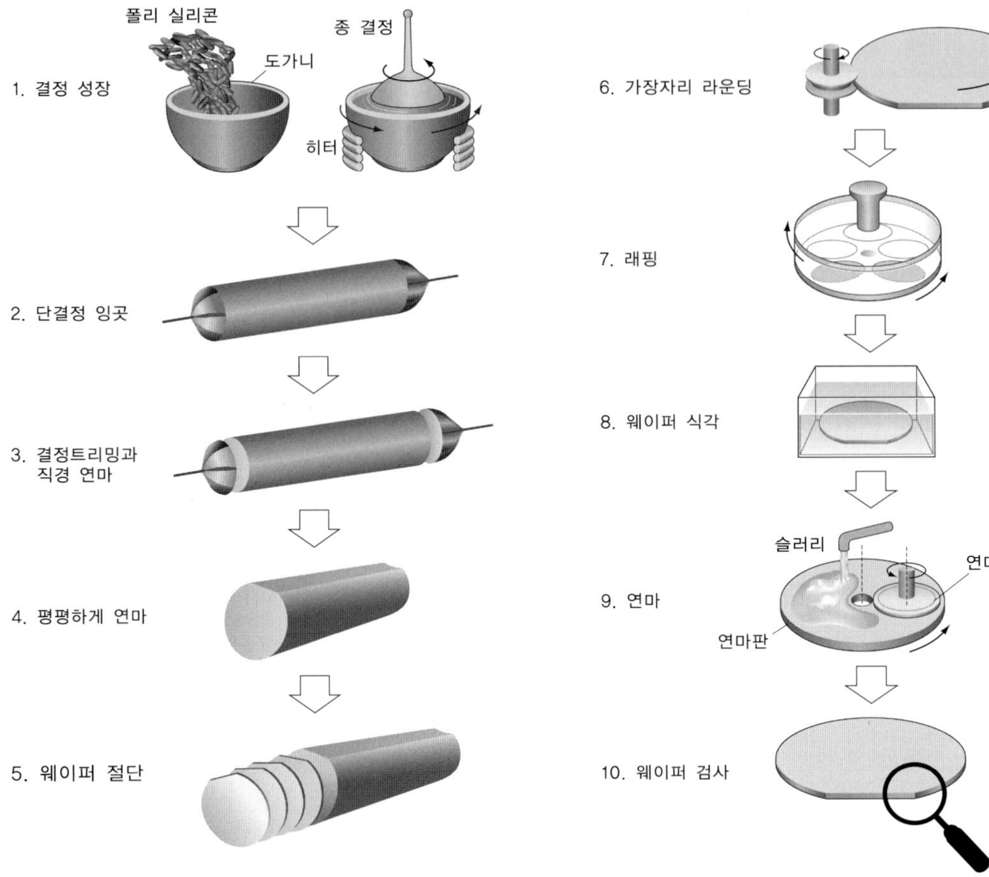

그림 1-10 실리콘 웨이퍼의 준비 단계 공정

를 분류하기 위해서 유성매직을 이용해서 고장 표시를 해둔다. 웨이퍼 테스트에서 통과하지 못한 칩은 소비자에게 보내지지 않고 통과된 칩은 다른 검사를 계속 진행한다.

검사 및 분류가 끝난 웨이퍼는 보호용 패키지로 개별 칩을 감싸는 4단계 공정인 조립과 포장 공정에 들어간다. 회로 기판의 두께를 줄이기 위해서 웨이퍼 뒷면을 안전하게 갈아낸다. 아세테이트 테이프의 두꺼운 막을 각각 웨이퍼 뒷면에 붙이고, 웨이퍼 앞면을 그어진 선을 따라 다이아몬드 톱으로 잘라 각각의 웨이퍼를 떼어낸다. 조립 공정에서 양질의 칩(good chip)은 그림 1-9에 표시된 것처럼 에폭시 수지를 이용해서 IC 리드 프레임에 부착되고 도선으로 접속(bonding)된 후 플라스틱이나 세라믹 패키지에 밀봉된다. 마지막 5단계 공정으로는 칩의 기능을 보장하기 위해 각각 포장된 IC 회로가 제조업자가 가지고 있는 전기 스펙과 환경 스펙을 충족하는지를 검사해야 한다. 검사를 통과한 양질의 칩은 개인용 컴퓨터의 회로 보드에 장착되는 메모리 소자와 같은 특별한 응용 분야에 조립되어 고객에게 판매된다.

1-4 반도체 경향

ULSI급 소자 제조와 설계를 위해 급격하게 기술이 변화하면 새로운 장비와 공정 역시 지속적으로 변화한다. 웨이퍼 제조공정 기술은 소비자의 요구에 의해서 변화되어 왔다. 고객들은 더 빠른 것, 더 안전한 것, 더 낮은 가격을 원했고, 칩 제조업체에서는 고객들의 요구를 만족시키기 위해서 칩에 집적되는 소자의 크기를 감소시키는 연구를 계속 진행하였다. 결국 개선된 설계 기술의 발전으로 칩의 물리적 사이즈는 감소되었고 집적도는 증가하였으며 집적된 소자의 통신 속도는 빨라지고 전력 소비는 줄어들었다. 표 1-1에는 인텔사의 마이크로프로세서의 집적도, CD, 클럭 주파수, 소비 전력, 핀 사이즈가 표시되어 있다.

마이크로칩의 특성을 표시하는 물리적 차원을 feature size라고 부른다. feature size를 다른 용어로는 circuit geometry라고 한다. 웨이퍼의 최소 특성 크기를 임계 차원(CD: critical dimension)이라고 부르는데 그림 1-11에 표시된 것처럼 선폭이 0.18 μm, 65 nm라고 표시된다면, 이런 사이즈의 크기가 임계 차원을 의미한다. 소자의 임계 차원은 반도체 제

표 1-1 인텔사의 마이크로프로세서 칩 특성

Processor	Year	Feature Size(μm)	Transistors	Frequency (MHz)	Word Size	Power (W)	Cache (L/L2/L3)	Package
4004	1971	10	2.3k	0.75	4	0.5	none	16-pin DIP
8008	1972	10	3.5k	0.5~0.8	8	0.5	none	18-pin DIP
8080	1974	6	6k	2	8	0.5	none	40-pin DIP
8086	1978	3	29k	5~10	16	2	none	40-pin DIP
80286	1982	1.5	134k	6~12	16	3	none	68-pin PGA
Intel1386	1985	1.5~1.0	275k	16~25	32	1~1.5	none	100-pin PGA
Intel1486	1989	1~0.6	1.2M	25~100	32	0.3~2.5	8K	168-pin PGA
Pentium	1993	0.8~0.35	3.2~4.5M	60~300	32	8~17	16K	296-pin PGA
Pentium Pro	1995	0.6~0.35	5.5M	166~200	32	29~47	16K/256K+	387-MCM PGA
Pentium II	1997	0.35~0.25	7.5M	233~450	32	17~43	32K/256K+	242-pin SECC
Pentium III	1999	0.25~0.18	9.5~28M	450~1000	32	14~44	16K/512K	330-pin SECC2
Pentium 4	2000	180~65 nm	42~178M	1400~3800	32/64	21~115	20K/256K+	478-pin PGA
Pentium M	2003	130~90 nm	77~140M	1300~2130	32	5~27	64K/1M	179-pin FCBGA
Core	2006	65 nm	152M	1000~1860	32	6~31	64K/2M	479-pin FCBGA
Core 2 Duo	2006	65~45 nm	167~410M	1060~3160	32/64	10~65	64K/4M+	775-pin LGA
Core i7	2008	45 nm	731M	2660~3330	32/64	45~130	64K/256K/8M	1366-pin LGA
Atom	2008	45 nm	47M	800~1860	32/64	1.4~13	56K/512K+	441-pin LGA

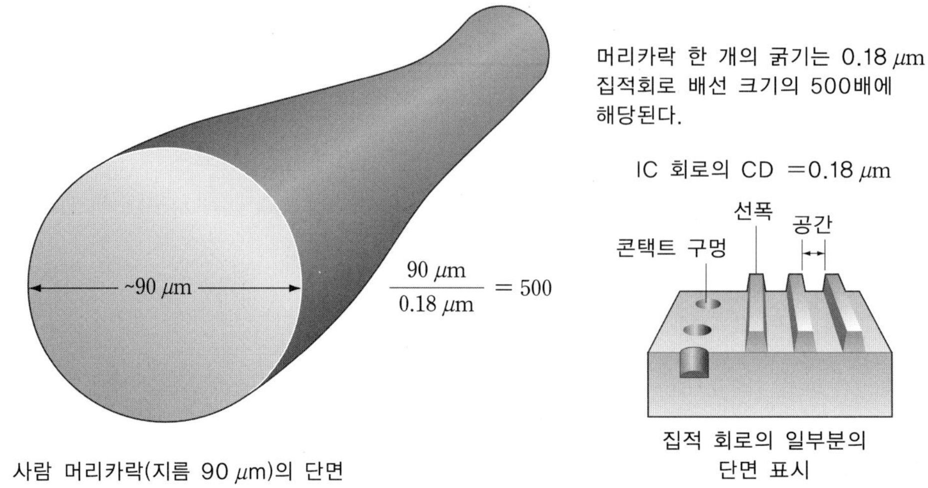

그림 1-11 90 μm 단면적 두께를 갖는 사람의 머리카락과 0.18 μm 기술을 사용하는 경우의 도선의 크기

조가 시작된 이래로 계속해서 감소해 왔다. 1950년대 초반 임계 차원은 125 μm였지만 2000년도에는 0.18 μm로 감소했고 2020년 현재에는 10 nm 기술이 사용되고 있다.

실리콘 웨이퍼상의 소자를 더 많이 집적시키기 위해서 칩의 feature size를 감소시키는 것이 허용되었다. 마이크로프로세서를 위한 칩 표면의 트랜지스터 수는 임계 차원을 줄임으로써 허가된 칩 집적의 증가로 설명할 수 있다. 칩의 트랜지스터 수는 매년 급격히 증가하고 칩의 성능 또한 개선되어 왔다. 인텔의 설립자이면서 초기 반도체 산업의 선구자 중 한 명인 고든 무어는 1964년에 칩에 집적되는 소자의 수는 매년 거의 두 배씩 증가할 것이라고 내다봤다. 이런 예측을 무어의 법칙이라고 부른다(1975년에는 18개월마다 2배씩 증가하는 것으로 수정되었다). 무어 법칙의 의의는 새로운 제품이 만들어질 때 칩에 집적되는 트랜지스터 수의 증가와 새로운 CD를 성취하기 위해서 소자의 체적을 감소시켜서 웨이퍼를 제작하는 능력을 말한다. 그림 1-12에 나타낸 것처럼 마이크로프로세서의 트랜지스터 집적도가 무어의 법칙과 놀랍도록 정확하게 일치한다는 사실이 밝혀진 바 있다.

무어의 법칙으로부터 예상되는 반도체 소자의 크기 감소는 더 작은 마이크로칩 포장의 개발로 이어졌기 때문에 대단히 중요하다. 더 작아진 마이크로칩은 더 작은 부피를 갖게 되었고, 더 작아진 상업용 제품들을 생산할 수 있게 되었다.

칩 성능을 판단하기 위해 동작 중에 발생하는 소자의 전력 소비를 또 다른 파라미터로 삼을 수 있다. 그림 1-13(a)에서 보듯이 소자의 사이즈가 소형화되어감에 따라 전력 소비 또한 이에 상응하여 감소하고 있다. 칩 하나당 집적되는 트랜지스터들의 숫자는 빠르게 증가하는 반면에 칩의 전력 소비는 매우 느린 비율로 증가하고 있다. 이와 같은 적은 전력 소비는 휴대용 전자 장비의 시장 성장에서 중요한 성능 변수가 된다.

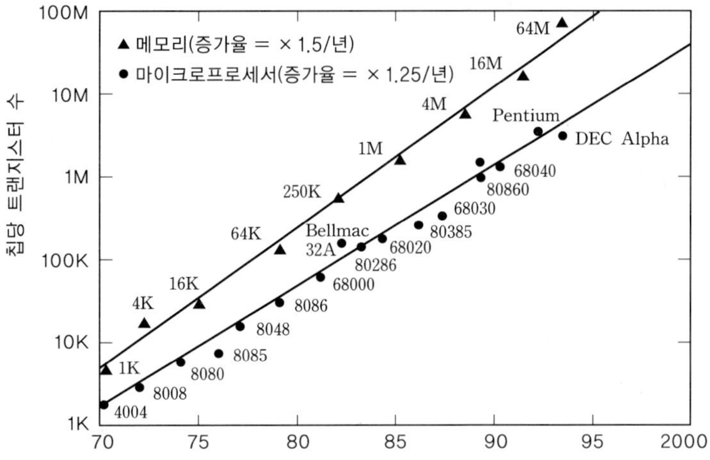

그림 1-12 무어의 법칙

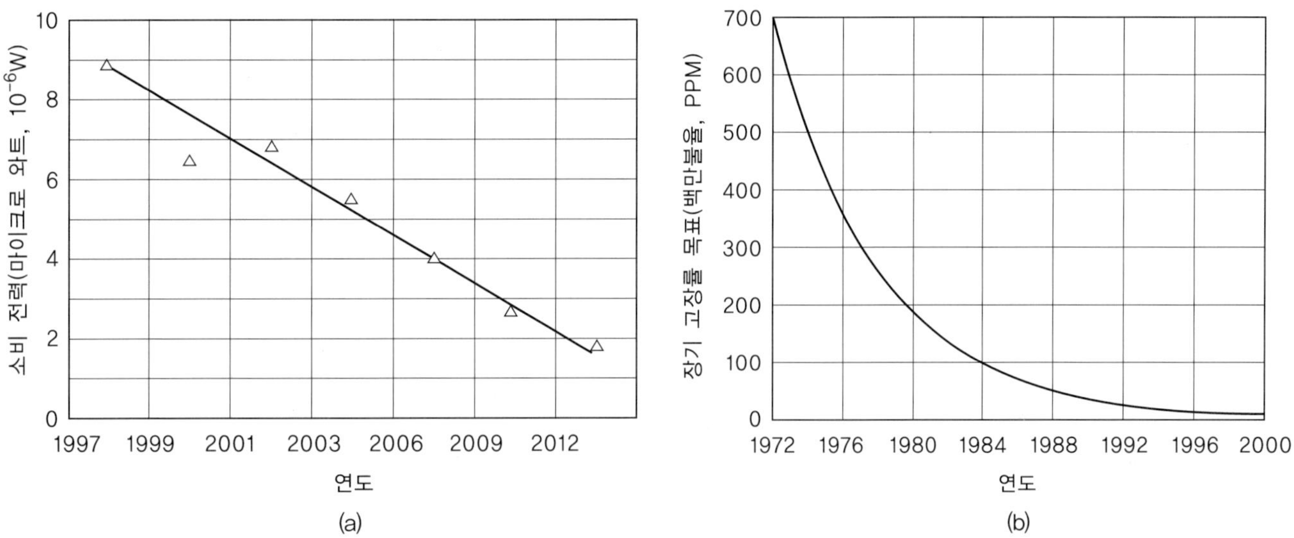

그림 1-13 (a) 칩당 소비되는 전력의 감소 (b) 칩의 신뢰도 개선

칩의 신뢰도는 예상 수명 동안 의도한대로 작동하는 칩의 능력을 말한다. 공정기술의 진보는 그림 1-13(b)에서 보듯이 칩의 신뢰도를 증가시켰다. 예를 들면 불순물들은 화학적 순도를 제어하고 공기 중의 미립자를 제거한 청정실 공정과 같은 엄격한 적용을 통해서 제어된다. 제조공정에서는 항상 장비의 신뢰도를 개선하기 위한 분석이 이루어진다. 반도체 칩의 가격은 그림 1-14에 나타낸 것처럼 지속적으로 감소해 오고 있다.

반도체 칩의 가격 하락에는 여러 가지 이유가 있다. 앞에서 설명했듯이 칩 면적이 감소하였고 더 많은 칩들을 웨이퍼에서 생산하기 위해 웨이퍼 직경을 증가한 것이 영향을 미쳤다. CD의 감소는 상당한 이익을 창출해내었다. 예를 들자면 만약 반도체 제조업체가 8인치의 웨이퍼에 대해서 1987년에 0.35 ㎛에서 0.25 ㎛로 CD를 감소시킨다면 하나의 웨이퍼에서

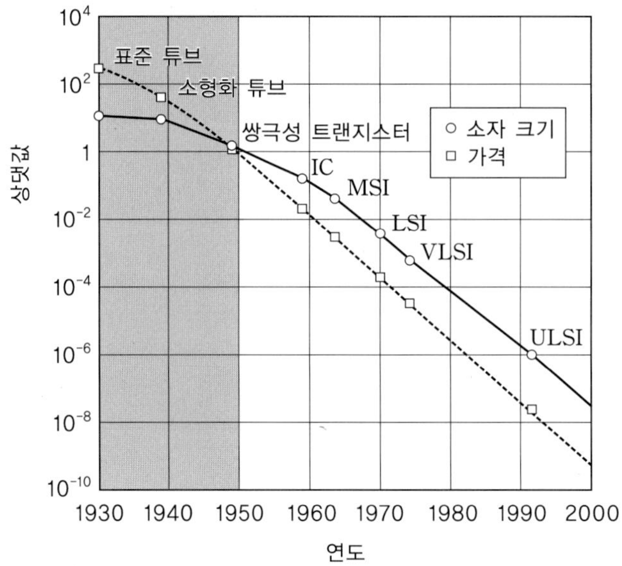

그림 1-14 반도체 칩의 가격 변동

생산되는 칩들의 숫자를 증가시키는 것이 가능하다. 이러한 비용 절감은 작은 공간을 차지하도록 압축되는 수백만 개의 회로 라인 CD를 감소시키기 때문에 가능하게 되었다.

가격 감소의 또 다른 이유는 반도체 시장이 성장하고 있다는 것이다. 반도체 시장의 성장은 필수적으로 경제적인 규모로 제조공정을 갖는 칩 제조회사의 수를 증가시켰다. 제조회사들은 마이크로칩을 생산하기 위해서 사용되는 공정과 장비의 개선을 통해서 가격의 하락을 가져왔다.

공장 관계자들은 제조공정과 가격 개선에 중요한 역할을 담당하였다. 그들은 직접적으로 칩 제조 장비를 가지고 일하면서 제조업의 생산성 개선에 기여하였다. 이러한 공장 관계자들의 노력은 생산된 칩의 가격을 낮추는 데에 직접적으로 기여하였다.

연습문제

1. 이산 소자와 집적 회로 소자의 의미를 설명하시오.

2. 마이크로프로세서 칩을 생산하는 중요한 반도체 회사를 5개 이상 선택하고 각각의 회사가 판매하는 제품의 상품명을 설명하시오.

3. 고체 상태의 반도체 소자인 트랜지스터를 누가 개발했는지 설명하시오. 트랜지스터의 동작 특성과 응용 분야를 설명하시오.

4. SSI, MSI, LSI, VLSI, SVLSI, ULSI, ASIC의 의미를 설명하시오.

5. 마이크로소자 제조 시 오염의 문제점에 대해서 설명하시오.

6. 청정실의 등급을 설명하시오.

연습문제

7. 웨이퍼는 무엇인가? 기판은 무엇인가? 칩은 무엇인가?

8. 웨이퍼 제조공정 설비에 대해서 간략하게 설명하시오.

9. 반도체 칩의 제조공정을 다섯 단계로 구분하고 각각의 공정 단계를 설명하시오.

10. 마이크로칩 제조기술의 개선과 연관된 세 가지 주된 경향에 대해 설명하시오.

11. 웨이퍼 직경을 증가시키는 이유에 대해서 설명하시오.

12. 칩의 CD는 무엇인가? 왜 이것이 중요한지 설명하시오.

제 2 장

반도체의 기초 물성

이 장에서는 반도체를 이해하는 데 필요한 기본 개념과 특성에 대해서 설명한다. 반도체 재료와 소자가 가지는 기본적인 특성과 전기적인 특성을 이해하기 위해서는 결정 구조(crystal structure)와 결정면(crystal plane), 가전자 결합 모델(valencebond model)과 에너지 밴드 모델(energy band model), 진성 반도체(intrinsic semiconductor)와 외인성 반도체(extrinsic semiconductor)의 페르미 준위(Fermi Level) 및 캐리어 농도(carrier concentration)의 개념을 정확하게 설명할 수 있어야 한다. 이 장에서 소개되는 개념들은 앞으로 학습하게 될 모든 반도체 소자들의 특성을 이해하는 데 기초가 된다.

2-1 반도체 재료

반도체(semiconductor)는 도체(conductor)와 절연체(insulator) 중간 정도의 전도도

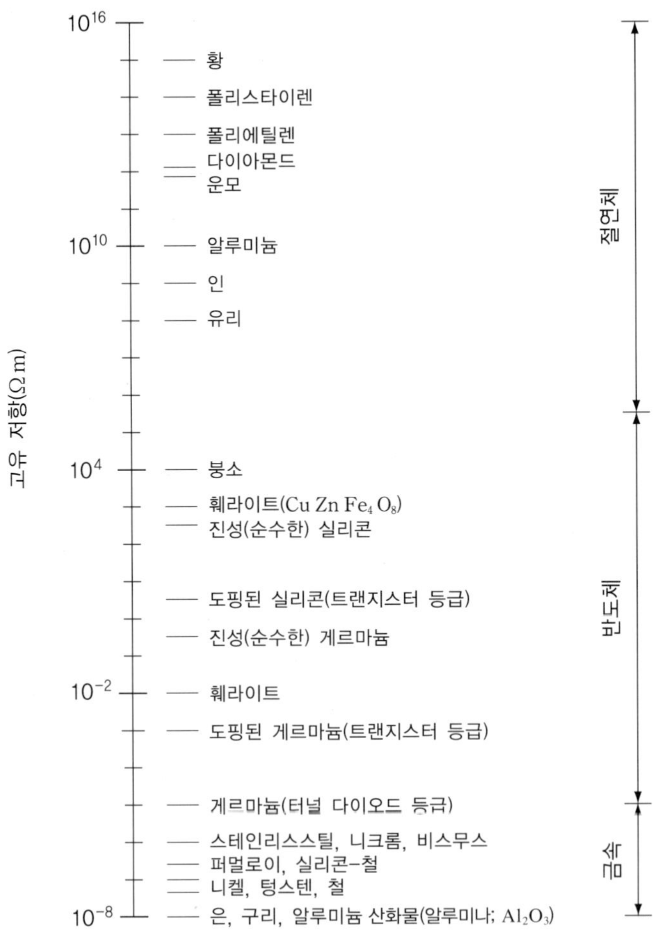

그림 2-1 도체, 반도체, 절연체 재료의 고유 저항 범위

(conductivity)를 갖는 물질이라고 정의되지만, 엄격하게 말하면 경우에 따라서 도체로 동작할 수도, 부도체로 동작할 수도 있는 물질이다. 전기전도도(σ)는 온도 및 진성 반도체에 첨가되는 불순물의 함량에 따라서 변화된다. 전기전도도의 역수를 고유 저항(ρ)이라고 정의하고 그림 2-1에 표시된 것처럼 물질을 분류하는 척도로 사용한다.

반도체 재료는 그림 2-2에 나타낸 주기율표의 4족에 위치하는 원소 반도체(elemental semiconductor)와 3족과 5족에 위치하는 원소들의 결합에 의해서 만들어지는 화합물 반도체(compound semiconductor)로 분류된다. 원소 반도체로는 실리콘(Si)과 게르마늄(Ge)이 있고 화합물 반도체의 종류에는 GaN, GaP, GaAs, GaSb, InP, InAs, AlAs, AlP, GeSi와 같은 2원소(binary) 화합물 반도체와 GaAsP, AlGaAs와 같은 3원소(ternary) 화합물 반도체, AlGaInP, InGaAsP와 같은 4원소(quaternary) 화합물 반도체로 분류된다. 화합물 반도체는 LED와 같은 광전 소자를 제조하는 데 사용된다. 화합물 반도체는 첨가되는 원소의 함량비에 따라 전기적 특성과 광학적 특성이 달라지기 때문에 반도체 소자 제조 시 어려움이 따른다.

주기율표에서 도체로 분류되는 물질들은 전자가 물질 내부를 쉽게 이동함으로써 전류를 잘 흐르게 하는 능력인 전류 밀도가 크다. 원자 구조에서 주어진 최외각(outermost shell) 전자의 운동 궤도를 가전자 각이라고 한다. 가전자(valence electron)는 가전자 각에

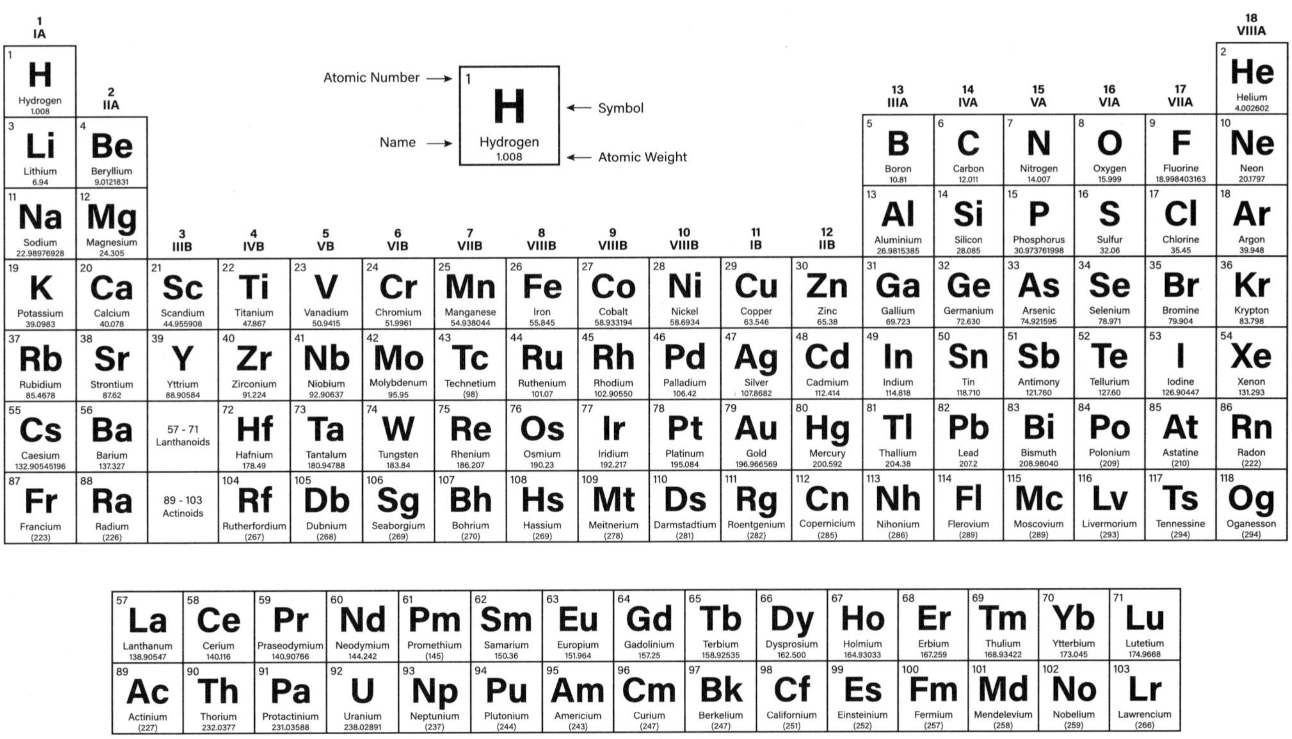

그림 2-2 주기율표

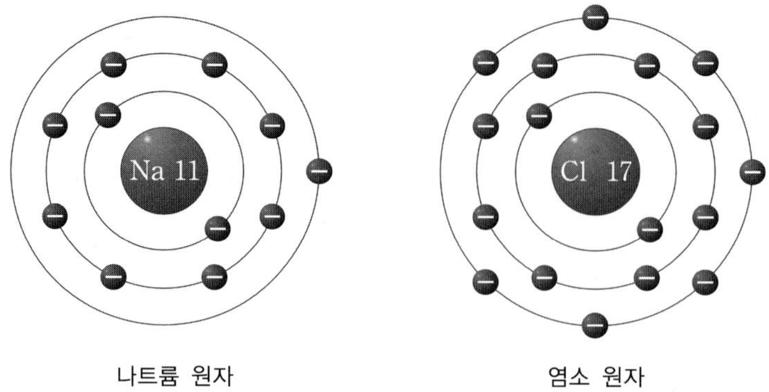

그림 2-3 나트륨과 염소의 가전자 각과 가전자

서 발견되는 전자로, 원자의 화학적·물리적인 특성을 결정하며 주어진 원자에서 가장 높은 에너지 준위를 갖는다. 가전자 각의 전자의 개수는 K에서 Q로 표시되는 각의 명칭에 따라 변한다. 원자가 화학적으로 안정하기 위해서는 가전자 각에 8개의 전자를 가지는 것이 이상적인데 만약 가전자 각에 1개의 전자를 가지고 있다면 이런 전자는 쉽게 버릴 수 있지만 이와 반대로 가전자 각에 7개의 전자를 가지고 있다면 가전자 각을 채우기 위해서 외부로부터 한 개의 전자를 쉽게 받아들인다. 나트륨(sodium)과 염소(chlorine)의 가전자 각과 가전자가 그림 2-3에 표시되어 있다.

도체들은 일반적으로 가전자 각(valence shell)에 몇 개의 가전자(valence electron)를 갖는다. 이런 가전자들은 원자 핵으로부터 가장 멀리 떨어져 있기 때문에 원자핵(nuclear)과 느슨한 인력으로 결합되어 있다. 금속(metal)들은 이렇게 느슨한 구조의 가전자들을 가지고 있다. 반도체 공정에서 소자의 내부 연결에서 주로 사용되는 금속은 알루미늄이다. 또한 텅스텐을 금속층 간의 전기적인 내부 연결을 구성하기 위해서 사용한다. 양도체의 예로는

궤도(각) 표시	궤도에서 허용되는 최대 전자 개수	실제 운동하는 전자 개수
K	2	2
L	8	8
M	18	18
N	32	1
전자 개수	60	29

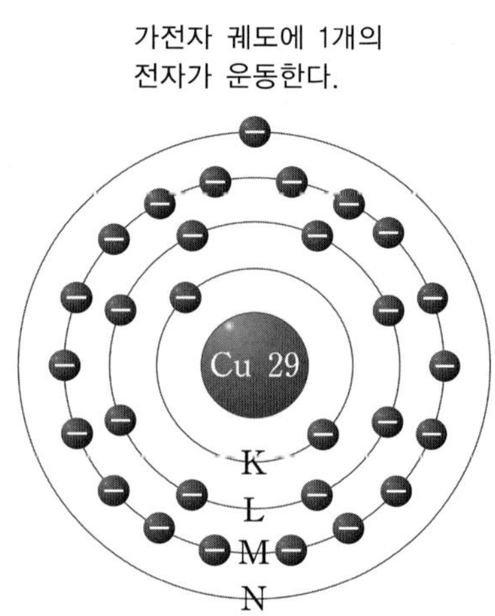

그림 2-4 구리 원자에서의 자유 전자의 흐름

그림 2-4에 나타낸 구리(copper) 원소를 들 수 있다. 구리는 웨이퍼 제조공정이 이루어지는 동안 마이크로칩상의 다른 소자들의 상호 연결에서 알루미늄의 금속화(metallization)를 대체하는 물질로 최근에 주목받고 있는 금속이다. 구리는 29개의 전자를 가지고 있는데 그 중 1개의 전자가 핵에서 가장 멀리 떨어져 있는 가전자 각에 존재하게 된다. 이런 전자들은 원자로부터 쉽게 이탈되므로 구리는 전류를 도통시킬 수 있게 된다.

그림 2-5에 나타된 것처럼 가전자대와 전도대(conduction band) 사이에는 띠간격(band gap)이 존재한다. 어떤 물질에서의 띠간격은 대단히 높은 에너지를 갖기 때문에 금지대 간격(forbidden gap)을 발생시킨다. 이런 물질들은 전자들이 가전자대에서 전도대로 이동하지 못하기 때문에 절연체(insulator)라고 한다. 도체는 가전자대와 전도대가 겹치기 때문에 가전자가 자신의 가전자대(valence band)에서 전도대(conduction band)로 이동하기 위해서는 아주 적은 에너지만이 필요하다. 이런 전자의 이동은 정공(hole)으로 간주되는 원자의 공유 결합에서 빈 공간인 구멍을 남기게 된다.

모든 전도대 전자들은 가전자대에 반드시 정공을 남긴다. 가전자가 정공의 위치로 뛰어들게 되면 전자의 이동이 진행되고 전류의 도통이 이루어진다. 이런 상태를 전자-정공 쌍(electron-hole pair)이라고 부른다. 전도대의 자유 전자(free electron)는 가전자대의 공유 결합에서 정공 속으로 뛰어들게 된다. 이런 공정은 재결합(recombination)이라고 한다. 전도대 전자가 재결합이 이루어질 때까지의 시간 주기가 전자-정공 쌍의 수명(life time)이다. 열에너지(thermal energy)는 그들의 재결합에서 수반되는 전자-정공 쌍을 지속적으로 생성시킨다. 그림 2-6에 HCl의 공유 결합 형태를 나타내었다.

절연체(insulator)는 아주 높은 저항을 가지기 때문에 전류를 통과시키지 않는 물질이다. 절연체의 또 다른 표현은 유전체(dielectric)이다. 그림 2-5에서 보듯이 절연체는 전기 전도

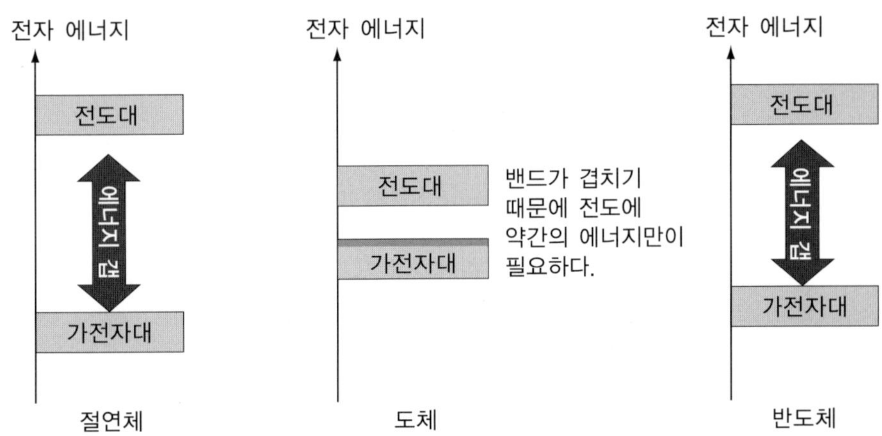

그림 2-5 고체 에너지 밴드 이론

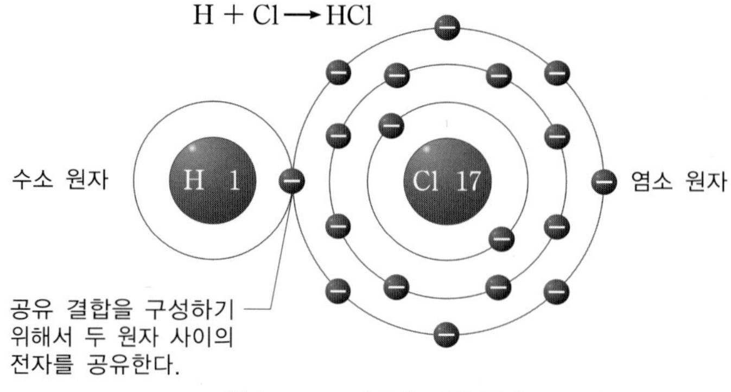

그림 2-6 HCl의 공유 결합 형태

에 필요한 가전자 각에서의 느슨한 전자 결합이 없고, 아주 큰 띠간격 에너지를 가지기 때문에 가전자대의 전자가 전도대로 이동하지 못한다. 절연체로는 일상생활에서 흔히 접할 수 있는 고무(rubber), 플라스틱(plastic), 유리(glass), 세라믹 등을 들 수 있다. 반도체 제조 공정에는 절연체로 이산화 규소(SiO_2), 실리콘 질화물(Si_3N_4), 폴리이미드(플라스틱의 일종) 등을 사용한다. 정화되고 탈이온화된 물은 18×10^6 Ω-cm 혹은 18 MΩ-cm의 고유 저항을 갖는 좋은 절연체의 예이다. 물질의 세 번째 형태는 반도체이다. 이런 물질은 도체와 절연체의 기능을 모두 가지고 있기 때문에 중요하다. 절연체와 도체 사이의 에너지 갭이 2 eV 이상인 점에 비해서 반도체 물질은 작은 에너지 갭(실리콘인 경우에는 1.1 eV)을 갖는다. 이런 에너지 갭은 에너지가 공급되었을 때 가전자대에서 전자들이 전도대로 쉽게 이동할 수 있게 한다. 반도체가 가열되면, 즉 에너지가 공급되면 반응이 일어난다. 따라서 온도가 증가하면 전도율이 개선될 수 있다. 웨이퍼 제조공정에서 가장 중요한 반도체 물질은 실리콘이다. 실리콘은 모든 칩의 85% 이상에서 반도체의 웨이퍼의 기판으로 사용된다.

실리콘이 반도체 재료의 구성 원소로 사용되는 이유는 주기율표에 나타난 것처럼 4개의 가전자를 가지는 기본적인 반도체 물질이기 때문이다. 실리콘 안에 위치한 가전자 각의 전자 수는 도체(1개의 가전자를 갖는다)와 절연체(8개의 가전자를 갖는다)의 중간이다. 실리콘은 자연에서는 순수한 상태로는 발견되지 않으며 반도체 재료로 사용하기 위해서는 반드시 불순물을 제거하고 정제하여 순수한 상태로 만들어야 한다. 실리콘은 보통 실리카(silicon dioxide, SiO_2)와 다른 규산염(silicates)에서 발견된다. 실리카는 모래와 유리의 주요 성분이다. SiO_2의 다른 형태로는 수정(quartz), 석영, 마노(agate), 오팔(opal) 등이 있다. 실리콘의 녹는점은 1412℃이다. 실리콘은 유리의 파편과 같이 단단하고 깨지기 쉬운 물질이지만 매우 우수한 광택을 낸다. 실리콘은 금속과 같은 특징과 동시에 비금속의 특징도 나타낸다. 그림 2-7에는 4개의 가전자를 공유해서 절연체로 동작하는 진성 실리콘의 공유 결합이 표시되어 있다.

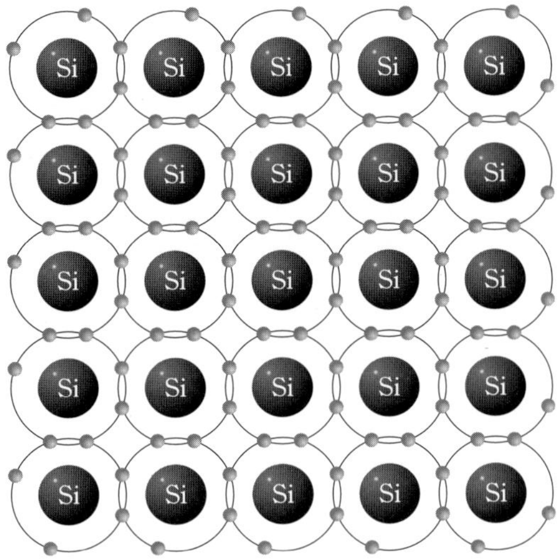

그림 2-7 절연체로 동작하는 진성 실리콘의 공유 결합. 실리콘 원자의 가전자들은 공유 결합하고 절연체로 동작한다.

순수한 실리콘은 오염원이 없거나 다른 물질로부터 불순물이 없는 상태이기 때문에 진성 실리콘(intrinsic silicon)이라고 한다. 진성 실리콘에서의 실리콘 원자는 공유 결합(covalent bonds)을 통해서 전자들을 공유하고 전기적으로 안정된 물질인 절연체로 동작하게 된다. 순수한 실리콘은 모든 가전자 각이 자체적인 공유 결합을 통해 완전하게 채워지기 때문에 불량한 도체(poor conductor)이다. 따라서 순수한 실리콘은 반도체로 사용되지 않는다. 두 개 또는 그 이상의 실리콘 원자가 결합되면 고체 물질의 형태가 이루어지고 이것이 반복되면 그림 2-7과 같은 결정 구조를 가지게 된다. 결정은 매끄러운 유리 고체이고 격자 모양의 구조와 3차원의 형태를 가진다.

4가의 원소인 게르마늄은 1940년에서 1950년대 초기까지 반도체에 사용된 최초의 재료이다. 그러나 현재에는 반도체 재료로 게르마늄 대신 실리콘이 선택된다. 그 이유로는 다음과 같이 대략 4가지로 설명할 수 있다. 첫 번째 이점은 실리콘이 지구에서 두 번째로 풍부한 원소이며 지구 지각의 약 25%를 구성하고 있다는 점이고 두 번째 이점은 공정이 적정하다면 실리콘은 반도체 제조에 적합한 고순도를 갖는 다량의 형태로 정제될 수 있고 그로 인해 제조비용을 낮출 수 있다는 점이다. 또한 실리콘의 녹는점은 1412℃로 게르마늄의 녹는점인 937℃보다 훨씬 높은 용융점을 갖는다. 이런 높은 녹는점은 실리콘이 높은 온도의 공정을 견딜 수 있게 한다. 세 번째 이점은, 실리콘으로 만들어진 반도체 소자는 게르마늄보다 더 넓은 온도 범위에서 반도체의 응용성과 신뢰도를 증가시키고 작동할 수 있게 한다는 점이다. 네 번째 이점은 그림 2-8에 표시된 것처럼 실리콘 표면 위의 실리콘 산화물이 자연적으로 성장하는 능력이 있기 때문이다. SiO_2는 외부의 오염으로부터 실리콘을 보호하기 위

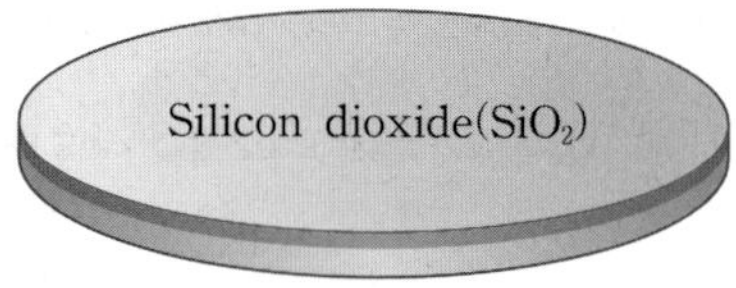

실리콘 웨이퍼

그림 2-8 실리콘 웨이퍼 상의 SiO_2

해서 우수한 화학 장벽으로 동작하는 양질의 안정한 전기 절연체이다. 전기적인 안정도는 집적 회로에서 인접한 도체 사이의 누설을 피하기 때문에 대단히 중요하다. 안정성을 증가시키기 위해서 고성능을 갖는 금속 산화물 반도체 소자의 기본 재료로 얇은 SiO_2 물질이 사용된다. SiO_2는 과도한 웨이퍼의 구부림 없이 높은 온도에서의 공정이 가능한 실리콘과 물리적으로 유사한 특성을 갖는다.

2-2 결정 구조

반도체 물질의 특성을 이해하기 위해서는 결정 구조에 대한 설명이 필수적이다. 반도체 소자를 제조하기 위해서 사용된 반도체급 실리콘은 초고순도일 뿐 아니라 완벽에 가까운 결정 구조를 가져야 하는데 그 이유는 반도체 소자의 동작에 불리한 전기적 결함과 기계적인 결함을 피하기 위해서이다. 결정은 그림 2-9에 표시된 것처럼 많은 수의 원자들이 길게 늘어선 형상으로 차례대로 그리고 반복적인 삼차원 패턴을 가지는 고체 물질이다. 구조적인 조직에 따르자면 고체는 결정질(crystalline), 다결정질(poly crystalline), 비정질(amorphous)로 구분된다.

비정질 고체는 그림 2-10에 표시된 것처럼 일정한 배열 구조를 갖지 못하는데 이것을 무정형(formlessness) 특성이라고 부른다. 지난 수년 동안 비정질 고체는 지대한 관심을 불러

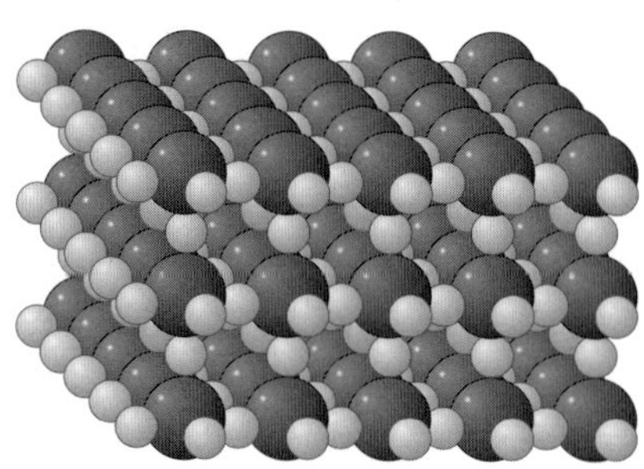

그림 2-9 원자 배열에 따른 결정 구조

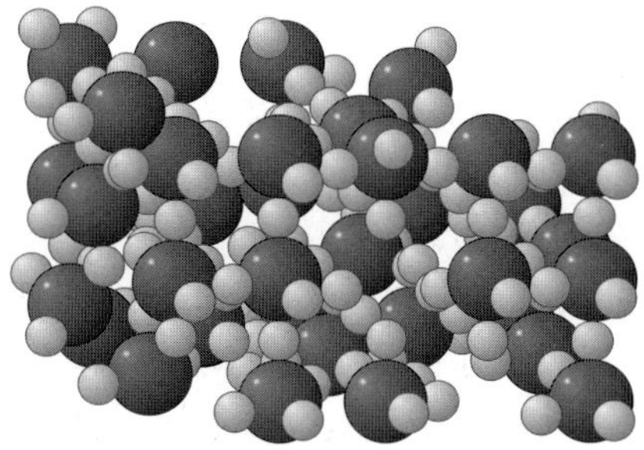

그림 2-10 비정질 구조

일으켰고 실제로 스위칭 소자에 사용되고 있다. 그럼에도 불구하고 전자 소자의 능동적인 부품 재료로서의 용도는 의문시되고 있다.

다결정 고체에서는 조직적인 구조를 가지면서도 이웃하는 영역과 조직이 다른 결정 영역들이 존재하는 작은 영역들이 많이 존재한다. 결정 고체에서는 원자들이 3차원적으로 규칙 정연하게 배열해서 그림 2-11과 같이 격자(lattice)라고 불리는 주기적인 구조(period structure)를 갖는다. 이런 고체에서는 단위 격자(unit cell)로 정의되는 것들이 3차원적으로 반복되어서 결정질 고체를 구성한다. 단위 격자는 원자 배열에 대한 모든 정보를 제공하고 결정 구조를 설명하는 데 사용된다.

만약 단위 격자가 규칙적인 배열이 아니라면 물질의 구조는 다결정이다. 반도체급 정제 과정에서 실리콘은 다결정 실리콘으로 생산된다. 다결정 실리콘 물질의 다른 이름은 폴리 실리콘이다. 다결정 구조와 비슷한 것은 벽돌이 쌓여 있는 것이다. 그림 2-12(a)에 표시된 것처럼 반복되는 배열이 없기 때문에 각각의 벽돌은 단위 셀을 나타내고 쌓아 올린 더미는 다결정체를 의미한다. 만약 단위 셀이 3차원이면서 반복되는 방식으로 깔끔하게 정렬되어 있다면, 결정 구조는 단결정이다. 단결정(monocrystal)에 자주 사용되는 또 다른 용어는 single crystal이다. 벽돌로 예를 들면 만약 벽돌이 하나에서 다음의 반복되는 열로 깔끔하

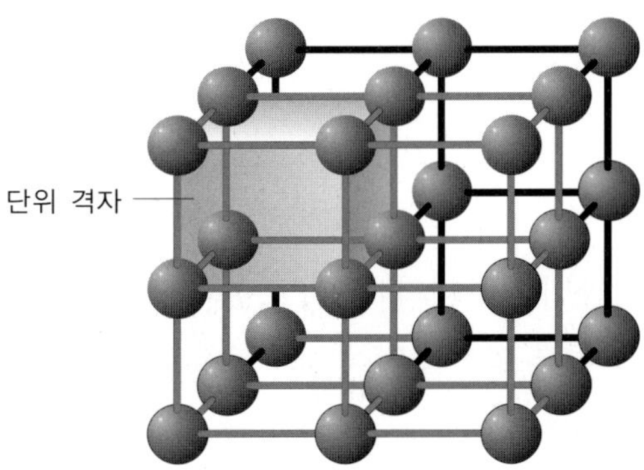

그림 2-11 단위 격자의 3차원 구조

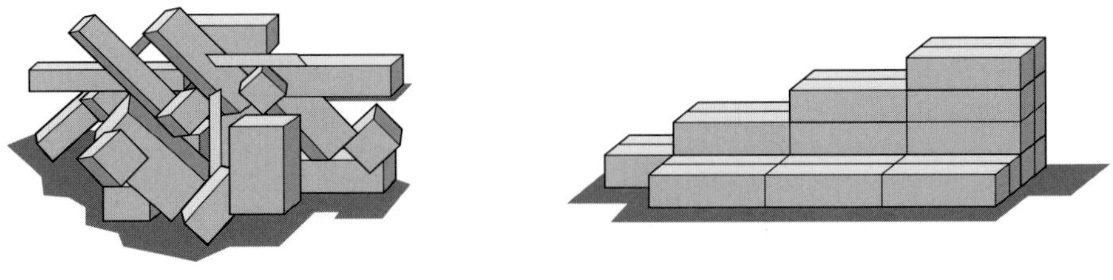

(a) (b)

그림 2-12 (a) 다결정 구조 (b) 단결정 구조

게 쌓여 있다면 그 벽돌들은 단결정을 의미한다. 단결정 구조는 그림 2-12(b)에 표시되어 있다.

반도체 웨이퍼 제조공정은 순수하고 단결정의 실리콘 구조를 요구한다. 단결정 구조의 반복되는 단위 격자가 실리콘 웨이퍼 제조공정과 수행을 위해 필요한, 바람직한 전기적·기계적 특성을 제공하기 때문이다. 허용하기 어려운 결정 구조와 결함은 웨이퍼 제조공정에 영향을 주는 미소 결함의 형성에 영향을 미친다.

브라비스(Bravias)가 제안한 결정의 격자 구조는 14가지 형태가 존재하지만 여기서는 반도체 공학에서 주로 사용되는 다섯 가지의 입방 구조(cubic structure)에 대해서 설명할 것이다.

1. 단순 입방 결정(simple cubic crystal): 단순 입방 결정은 SC 결정이라고도 부르는데 그림 2-13(a)에 표시된 것과 같다. 각 입방 격자의 코너(corner)는 단위 격자의 8개 이웃에 의해서 공유되는 원자에 의해서 점유되어 있다. 단위 격자에서 차원(dimension) a를 격자 상수(lattice)라고 부른다. 이런 결정 구조를 갖는 결정은 몇 가지 안되는데 폴로늄(polonium)이 바로 이런 구조를 갖는 유일한 원소 결정이다.

2. 체심 입방 결정(body-centered cubic crystal): 체심 입방 결정은 bcc라고 부르는데 그림 2-13(b)와 같은 구조를 갖는다. 원자들이 정점 이외에도 입방체의 중심에 위치한다. 이런 구조를 갖는 원소에는 나트륨(sodium), 몰리브덴(molybdenum), 텅스텐(tungsten) 등이 있다.

3. 면심 입방 결정(face centered cubic crystal): 면심 입방 결정은 fcc라고 부르며 그림 2-13(c)와 같은 구조를 갖는데 입방체의 8개의 정점과 6개의 면중심에 각각 원자가 배열되어 있다. 이런 구조를 갖는 원소들은 여러 가지가 있는데 그중에는 알루미늄(aluminum), 구리(copper), 금(gold), 은(silver), 니켈(nickel), 백금(platinum) 등이 있다.

4. 다이아몬드 구조(diamond structure): 다이아몬드 격자 구조는 그림 2-13(d)에 표시되어 있다. 이 구조는 하나의 fcc가 다른 fcc로부터 입방체의 대각선을 따라서 대각선 길이의 만큼 변위된 두 개의 fcc가 얽힌 것 같은 구조로 되어 있다. 그림 2-13(e)에는 두 개의 fcc 격자가 서로 겹쳐있는 것을 위에서 내려다본 것을 2차원적인 형태로 표시한 것이 설명되어 있다. 여기서는 두 번째 fcc 격자의 4개의 원자가 첫 번째 fcc 격자 속에 위치하고 있다는 점에 주의해야 한다. 이와 같은 4개의 원자들은 다이아몬드 구조에 있어서 첫 번째 fcc와 동일한 단위 격자에 속한다. 원래의 단위 격자 밖에 있는 원자들은 이웃하는 단위 격자에 속한다. 이런 구조를 갖는 원소는 게르마늄(germanium)과 실리콘(silicon)이 있다.

5. 섬아연광 구조(Zinc-blende structure): GaAs(Gallium arsenide)는 그림 2-13(f)와 같은 섬아연광 구조를 갖는다. 이것은 다이아몬드 구조로부터 Ga 원자들이 하나의 fcc 격자에 위치하고 As 원자들이 다른 fcc 격자에 위치하는 것으로, 섬아연광 구조를 갖는 물질들에는 GaP(Gallium phosphide), ZnS(Zinc sulfide), CdS(cadimium sulfide) 등이 있다.

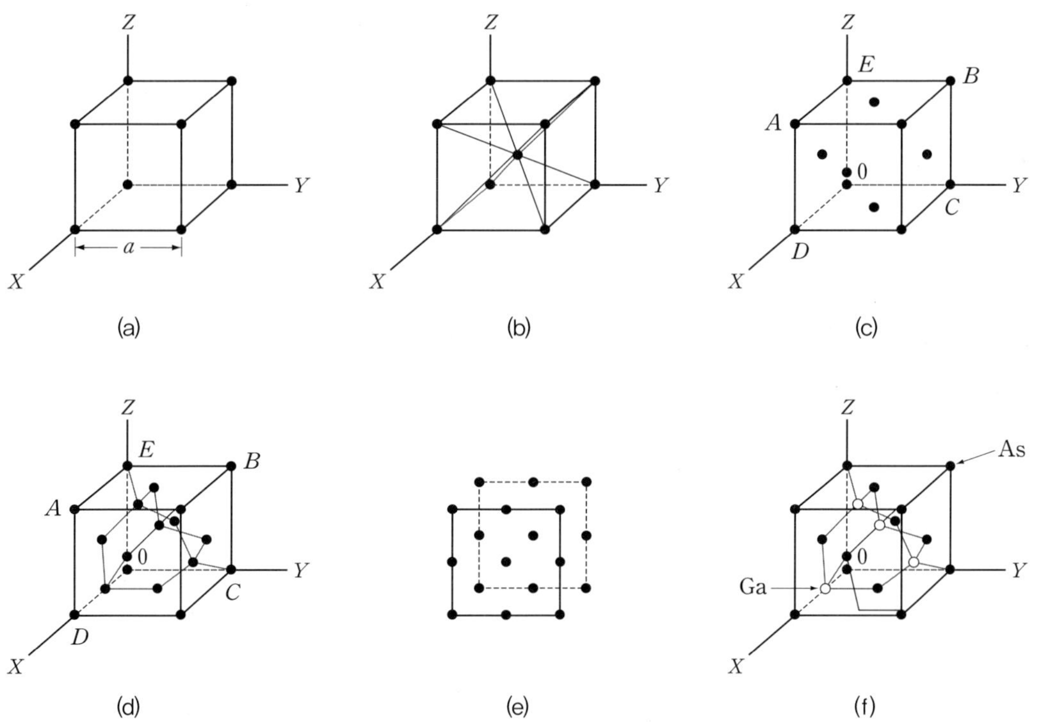

그림 2-13 입방 결정의 단위 격자:(a) 단순 입방체. (b) 체심 입방체. (c) 면심 입방체. (d) 다이아몬드. (e) 2차원에서의 두 개의 겹침 fcc. (f) 섬아연광 구조

그림 2-13(c)에 표시된 fcc 결정을 주의 깊게 살펴보자. 보다시피 ABCD 면 내에는 여섯 개의 원자들이 존재하고 AEOD 면 내에는 다섯 개의 원자들이 존재하며 원자 간의 거리(atomic spacing)는 두 면에서 서로 다르다. 이런 이유로 인해 서로 다른 방향에서의 결정의 특성은 역시 달라진다. 다시 말하자면 결정은 이방성(anisotropic)을 갖는다. 따라서 결정면과 결정방향의 방위를 결정할 수 있는 편리한 방법을 찾는 것이 필요하다. 실제로 결정면은 다음의 과정을 통해서 구해지는 밀러 지수(Miller indices)로 표시된다.

1. 3차원 직각 좌표계(cartesian coordinate)에서 면이 교차하는 점을 결정한다.
2. 원점으로부터 교차점까지의 거리를 격자 상수의 배수로 표시한다.
3. 교차점들의 역수(reciprocal)를 취하고 세수의 최소공배수를 이용해서 세 개의 정수로 만든다.

예를 들어서 결정면과 축(axc)과의 교차점이 4, 2, 1이라면 역수는 $\frac{1}{4}$, $\frac{1}{2}$, 1이 된다. 따라서 결정면의 밀러 지수는 (1,2,4)가 된다. 결정면의 방향은 면 그 자체에 대해서 수직이며 동일한 밀러 지수의 대괄호로 표시한다. 예를 들어 (111)면의 방향은 [111]로 표시된다. 결정 격자에서의 몇 가지 방향은 등가인데 그 이유는 그들이 오직 축의 방위에만 의존하기 때문이다. 예를 들면 입방 격자에서의 결정축의 방향들은 서로 등가인데 그 이유는 결정축을 임의로 선택했을 뿐 그들이 나타내는 결정면은 동일하기 때문이다. 이러한 등가의 방향 지수는 [100]으로 표시되는데 세 가지의 중요한 격자면의 밀러 지수는 그림 2-14에 표시되어 있다.

2-3 결정 결함

전자공학의 발전과 회로 설계기술의 발전으로 인해 최근에 사용되는 초고집적 집적 회

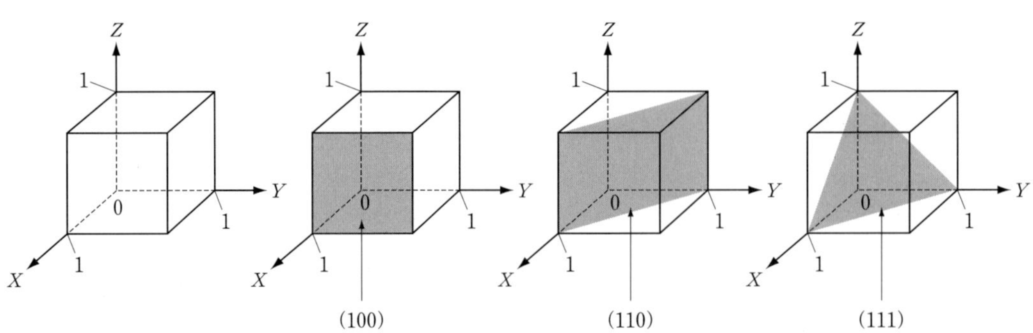

그림 2-14 밀러 지수에 의해서 표시되는 중요한 결정면

로(ULSI, SVLSI, ASIC)를 구성하는 반도체에는 거의 완벽에 가까운 결정 구조가 요구된다. 결정 결함은 단위 셀 결정 구조의 반복되는 특성을 방해하는 요소로 미세 결함이라고 부르기도 한다. 결함 없이 실리콘을 성장시키거나 공정을 시행하는 것은 본질적으로 불가능하다. 그러나 공정 과정은 매우 낮은 결함 밀도를 가지고, 결함에서 거의 자유롭게 실리콘을 성장시키면서 이루어진다. 실리콘 결정 결함은 반도체의 전기적 특성에 좋지 못한 영향을 끼치기 때문에 대단히 중요하다. 이런 문제점들에는 SiO_2의 유전성 항복과 전류 누설 고장을 포함한다. 결정의 결함들은 결정의 성장과, 실리콘 단결정 덩어리 및 웨이퍼의 연속적인 공정 등에서 발생할 수 있다. 몇 개의 결정 결함들은 웨이퍼에서 기계적 동작에 의한 갈라짐과 표면 결함을 포함하는 표면 손상으로 인해 발생한다. 실리콘에서 결정 결함의 세 가지 일반적인 형태가 있다.

1. 점 결함(point defects): 원자의 레벨에서 어떤 위치에 배치된 결정 결함
2. 전위(dislocation): 치환된 단위 셀
3. 총체 결함(gross defects): 결정 구조에서의 결함들

점 결함은 결정 격자에서 특정한 위치에 발생한다. 그림 2-15에 표시된 것처럼 세 가지 형태의 점 결함이 있다. 점 결함의 가장 기본적인 형태는 하나의 공공(vacancy, void라고도 부름)이다.

원자가 격자로부터 제거되거나 결정의 표면에서 이동할 때 이런 점 결함이 발생한다. 또 다른 형태의 결함은 결정 구조 안에서 많은 빈 공간 중 한곳에 원자가 위치할 때 일어나는 것으로 침입형 결함이라고 부른다. 원자가 격자 면에서 떠나고 빈 공간을 채울 때 빈 공간-침입 쌍으로 생성된다(프랭켈 결함).

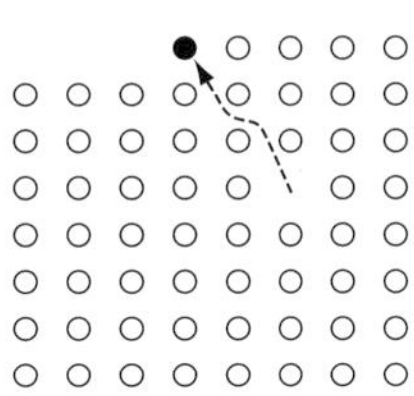

(a) 공공 결함

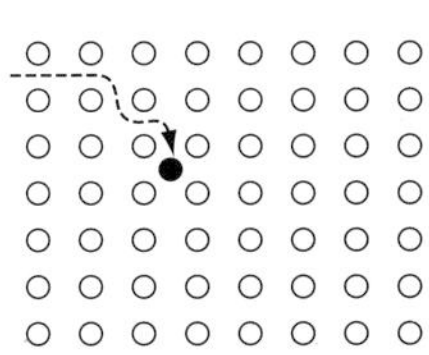

(b) 침입형 결함

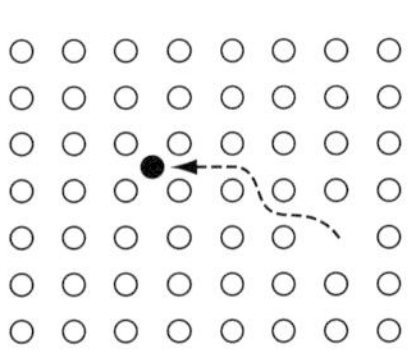

(c) 프랭캘 결함

그림 2-15 점 결함의 종류

실리콘 반도체 내에서의 점 결함은 소자 기술이 복잡해짐에 따라 더욱 중요하게 여겨진다. 결정 성장 조건은 결정과 용융액 경계면에서 열적 구배(고상 결정과 액상 결정 사이의 온도 차이)와 웨이퍼가 성장하는 동안 성장률(결정에서 얼마나 빠르게 인상되는지)에서 점 결함의 생성에 영향을 주게 된다. 실리콘 결정의 냉각률을 조절함으로써 결함 발생을 효과적으로 감소시킬 수 있다. 반도체를 제조하는 동안의 고온 공정 또한 점 결함의 발생 원인이다. 또 다른 형태의 점 결함은 화학적 불순물을 격자 속으로 끼워 넣음으로써 일어나게 된다. 불순물들은 반도체 소자 제조공정에서 의도적이든 아니든 간에 삽입된다. 불순물들은 보통 원자에 의해서 자리를 잡게 되는데 치환 불순물 또는 빈 공간에 불순물이 침입하여 자리를 잡는 것으로 알려져 있다.

실리콘 잉곳을 제조하는 데 사용되는 초크랄스키 공정(인상법)에서 도가니에서 실리콘을 용융할 때 산소가 주입되는데 대부분의 산소는 제거되지만 5% 미만 정도가 남아서 결정으로 성장한다. 실리콘 안에서 산소의 존재는 전위(dislocation) 등의 결정 결함을 생성한다. 실리콘 격자 내에서 산소 불순물로부터 제공된 전자는 pn 접합의 전기적인 파라미터에 영향을 줄 수 있다.

단위 셀 형태는 연속적인 단결정 구조이다. 만약 그림 2-16과 같이 단위 셀이 이동하면 이 상태를 전위라고 한다. 잘 정돈된 벽돌 더미에서 벽돌 그룹을 한 열을 따라 움직였을 때와 비슷하다. 전위의 형태는 stacking fault인데 이는 층(layer) 더미의 오류에 의해서 발생된다. 전위는 결정의 성장 또는 웨이퍼 제작 과정 단계 중 어느 곳에서나 발생할 수 있다. 그러나 전위는 결정 성장 후에도 일어날 수 있는데, 웨이퍼에 인가되는 불규칙한 열과 냉각 또는 과도한 힘에 의한 기계적 응력과 관계가 있다.

예를 들면, 전위 결함은 소자 제작 중 실리콘 웨이퍼 표면의 열적 산화에 의해 일어난다. 이런 결과는 OISF(oxygen induced stacking faults)로 나타난다. OISF 결함은 격자 내에서 접시형으로 눌려있으며, 약하게 나타난다. X선 분석 또는 표면 식각법을 통해서 이러한 결함들을 찾아낼 수 있다. 실리콘 결정 구조 내에서 stacking fault와 전위를 최소화하기 위해 특수 열처리(어닐링)나 게터링을 사용한다.

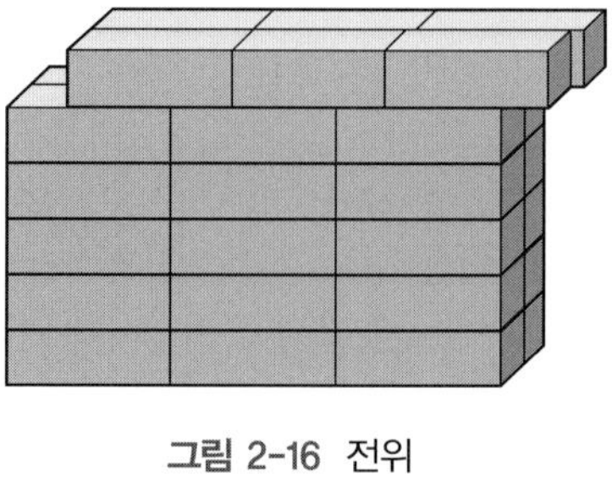

그림 2-16 전위

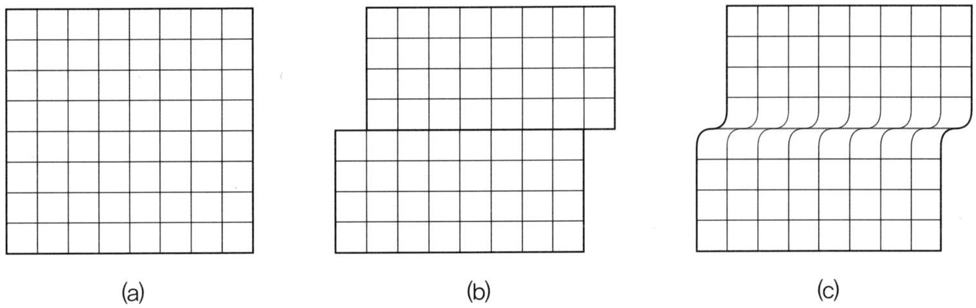

그림 2-17 결정 슬립

결정 성장의 전위는 잉곳이 성장하는 동안 neck-down 공정을 사용해서 큰 직경의 웨이퍼를 감소시키게 된다. 이런 절차는 교차되는 면의 한쪽 성장 면을 당겨서 좁히기 때문에 전위는 표면에서 빠르게 수 센티미터가 성장함으로 밀도가 높은 빈 공간의 가장자리 전위는 제거된다. 그러나 앞서 설명한 것처럼 전위는 여전히 웨이퍼의 가장자리 부분 또는 고온 처리 같은 다른 원인에 의해서 존재할 수 있다.

총체적 결함은 결정의 구조와 전형적으로 결정 성장 동안 일어나는 일에 관계된다. Slip은 결정 내에서의 총체적 결함인데 그림 2-17에서 보듯이 결정이 결정면을 따라 하나 또는 그 이상의 미끄러짐에 따라 일어난다.

또 다른 총체적 결함에는 twin planes(twinning)가 있다. 이 결함은 그림 2-18에서 보듯이 같은 면으로부터 두 개의 서로 다른 방향으로 결정이 성장함에 따라 나타난다. 성장 과정에서 기계적 충격이나 열이 가해지면 twin planes가 나타날 수 있다. 결정 역시 결함 측면에서 완벽한 것은 아닐지 모른다. slip 또는 twin planes을 갖는 결정은 반도체 제작 시 수용하면 안 될 것이다.

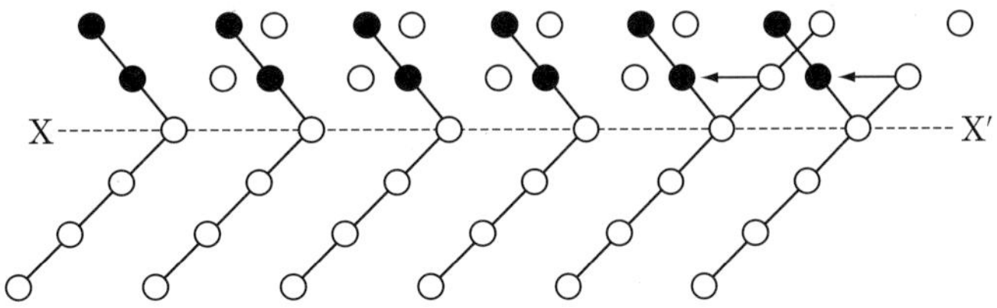

그림 2-18 결정의 꼬인 평면(총체적 결함)

2-4 반도체 결정의 성장

ULSI나 ASIC 반도체 공정에서 웨이퍼 제작에 사용되는 고순도로 정제된 실리콘을 반도체급 실리콘(SGS: semiconductor grade silicon)이라고 부른다. 가끔 전자급 실리콘이라고 부르기도 한다. 반도체 소자의 성능에 필요한, 만족할 만한 순수한 레벨의 가공하지 않은 실리콘으로부터 SGS를 얻기 위해서는 표 2-1에 제시된 여러 단계의 과정을 거쳐야 한다. SGS를 얻기 위한 다른 방법들이 있지만 가장 많이 사용되는 생산 공정에 대해서 설명할 것이다.

SG 실리콘을 만들기 위한 첫 번째 단계는 탄소와 같이 순수한 모래인 실리카(SiO_2)에 열을 가함으로써 금속급 실리콘(MGS: metal grade silicon)을 생산하는 것이다.

$$\mathrm{SiC(solid) + SiO_2(solid) \rightarrow Si(liquid) + SiO(gas) + CO(gas)} \tag{2-1}$$

반응의 결과로, 오른쪽 항의 금속급 실리콘은 98%의 순도를 갖는다. MG급 실리콘의 오염물질 수준은 받아들일 수 없기 때문에 반도체 제조에는 사용하지 않는다. 이러한 금속급 실리콘은 압력으로 인해 선별되며, $SiHCl_3$를 생산하는 화학 반응을 통해 정제된다.

$$\mathrm{Si(solid) + 3HCl(gas) \rightarrow SiHCl_3(gas) + H_2(gas) + heat} \tag{2-2}$$

$SiHCl_3$는 첨가된 화학 과정과 99.9999999%의 순도인 반도체급 실리콘을 생산하기 위해 수소와 환원된다. 이 비율은,

$$\mathrm{2SiHCl_3(gas) + 2H_2(gas) \rightarrow 2Si(solid) + 6HCl(gas)} \tag{2-3}$$

이다.

순수한 SGS는 지멘스 공정이라 불리는 공정에서 생산된다. $SiHCl_3$ 가스와 수소는 그림

표 2-1 반도체급 실리콘(SGS)을 얻기 위한 단계

단계	과정의 설명	화학 반응
1단계	탄소와 함께 가열함으로써 금속급(MG) 실리콘을 생성	$SiC(s) + SiO_2 \rightarrow Si(l) + SiO(g) + CO(g)$
2단계	MG 실리콘을 $SiHCl_3$을 생산하기 위해 화학반응을 통해 정제	$Si(s) + 3HCl(g) \rightarrow SiHCl_3(g) + H_2(g) + heat$
3단계	순수한 반도체급 실리콘(SGS)을 생산하기 위해 $SiHCl_3$와 H_2 반응의 지멘스 공정을 이용	$2SiHCl_3(g) + 2H_2(g) \rightarrow 2Si(s) + 6HCl(g)$

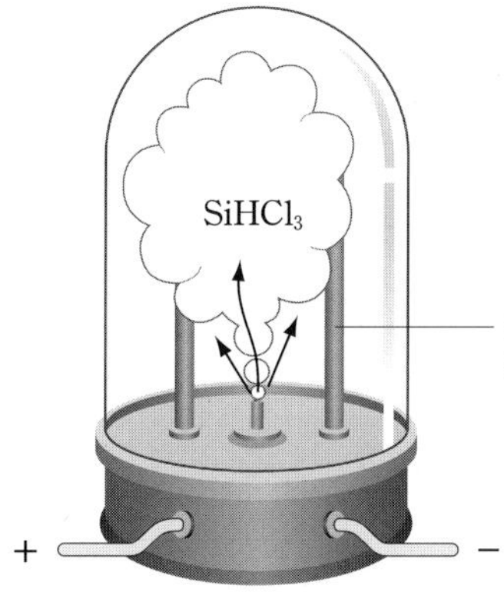

그림 2-19 SG 실리콘 성장에 사용되는 지멘스 반응기

2-19에 표시된 것처럼 지멘스 반응기에 주입되고 초순도의 가열된 실리콘 막대기에 화학적으로 반응한다(막대기의 온도는 거의 1110℃이다). 며칠 후에 그 공정은 완료되고 안에 있던 SGS의 막대기는 실리콘 결정에서 성장을 위해 더 작은 조각으로 잘린다.

반도체급 실리콘은 결함이 반도체 제조에 요구되는 원소 100만 개당 두 개보다 적고 주기율표의 3족과 5족 원소(중요한 도핑 원소)를 위한 10억 개당 한 개보다도 더 적은 초고순도를 가진다. 그러나 지멘스 공정에 의해서 생산된 실리콘은 바람직한 결정 배열로 정리된 원자를 가지지는 않는다.

결정 성장은 반도체급 실리콘을 하나의 큰 단결정 실리콘으로 바꾸는 과정이다. 웨이퍼 제조에 사용되는 실리콘 단결정 잉곳(ingot)의 성장을 위해 오늘날 가장 널리 이용되는 기술은 Czochralski(CZ) 법이다. 실리콘 단결정의 CZ 성장은 녹은 SG 실리콘 액체로부터 n형이나 p형으로 도핑된 고체 실리콘 잉곳으로의 변형을 포함한다. 모든 실리콘 결정의 85% 이상은 CZ 방법에 따라 성장된다. 올바른 결정 방향을 가진 단결정 실리콘의 조각은 seed로 사용되며, 이 seed의 복제로 실리콘 잉곳이 성장한다.

CZ 방법으로 결정 성장을 이루기 위해서 그림 2-20에 표시된 것처럼 CZ 결정 인상기가 사용된다. 300 mm의 직경을 갖는 웨이퍼를 제조하기 위해서 도가니(crucible)는 32인치 이상의 직경을 가져야 하며 150~300 kg의 실리콘을 수용해야 한다. 더 큰 지름의 웨이퍼를 위한 대안 접근은 도가니에 과립 모양의 폴리실리콘을 사용하는 것이다.

도가니에는 저항 히터나 RF 가열 코일을 사용해서 인상기(puller)의 용광로로부터 열이 가해진다. 저항 히터는 더 큰 지름의 잉곳 성장을 위해서 사용된다. 실리콘에 열이 가해질 때 실리콘이 액체로 변하게 되는데 이것을 용융물(melt)이라고 부른다. 완벽한 실리콘 결정의 seed는 새로운 결정 구조를 성장시키기 위해 인상기에 부착된다. seed는 용융물의 표면에 위치하고 도가니가 회전하는 반대 방향으로 회전하는 동안 서서히 당겨진다.

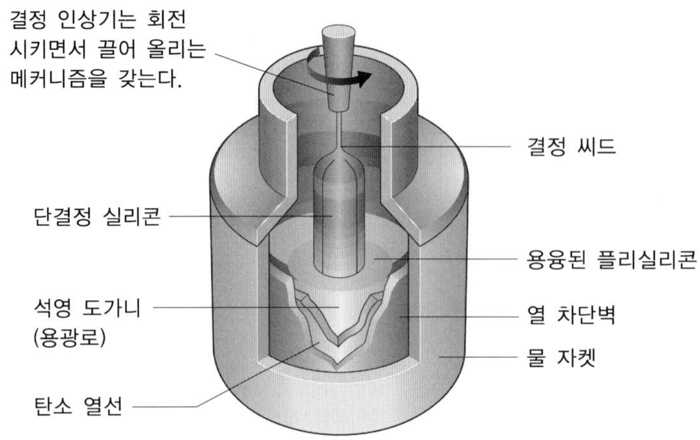

CZ 결정 인상기

그림 2-20 CZ 법

인상 공정 동안 seed가 용융된 실리콘 용액으로 끌어 올라올 때 용융물로부터 액체는 표면 장력에 의해서 자라게 된다. seed에서 접촉 영역은 열이 소비되고 용융물을 향해서 아래쪽으로 굳어진다. seed는 점진적으로 용융물로부터 당겨지고 회전되므로 단일 결정은 seed와 동일한 결정 방향을 가지고 성장이 이루어진다. seed가 회전하는 동안 도가니 또한 회전하게 된다. 다른 잉곳 성장 패턴은 seed와 도가니 각각의 회전 속도와 방향에 의존하는 결과로 만들어진다. 인상 공정의 목적은 도펀트를 균일하게 얻고 정확한 실리콘 잉곳의 직경으로 성장시키기 위해서 실리콘에 첨가되는 불순물의 양을 제한하는 등 정확하게 seed의 결정 구조를 복제하는 것이다. 인상 공정에 영향을 끼치는 두 가지 중요한 파라미터는 인상 비율과 결정의 회전 비율이다.

완성된 결정이 원하는 고유 저항을 가지게 하기 위해 결정 puller 안의 용융물에 도펀트 물질을 첨가한다. 순수한 실리콘의 고유 저항은 대략 2.5×10^5 Ω-cm이다. 결정 성장에 가장 널리 사용되는 도펀트는 3가의 붕소(p형 실리콘)와 5가의 인(n형 실리콘)이다. 받아들일 수 없는 불순물은 소자의 성능에 영향을 미치기 때문에 결정 성장 동안에 불순물의 제어는 중요하다. 산소는 반드시 제어되어야 하는 불순물이지만 유익한 작용을 하기도 한다. CZ 방식에서 산소의 공급원은 결정 성장 동안에 도가니의 용해를 야기한다. 그런데 잉곳에서의 소량의 산소는 바람직한데, 제조공정 동안에 산소가 웨이퍼에 주입되는 금속 오염물질을 막는 내부의 게터로서 작용하기 때문이다. 웨이퍼 표면 근처의 실리콘 결정에서 산소의 대부분은 웨이퍼 제조 동안에 상습적으로 일어나는 가열 과정에서 웨이퍼 깊이 있던 많은 양의 산소가 날아가면서 제거된다. 이러한 산소는 표면에 있는 소자로부터 오염물질을 끌어들이는 게터로서의 역할을 한다. 게터로 동작하기 위해서 요구되는 산소의 양은 점점 감소하는데, 소자 제조공정이 오염물질의 원천을 줄이기 위해 개선되기 때문이다.

2-5 도핑

순수한 상태의 실리콘은 반도체 기술에서 거의 사용할 수 없다. 그렇지만 도핑(doping) 공정을 통해서 적은 양의 불순물 원소를 첨가시킴으로써 실리콘의 구조는 전도성을 크게 강화시킬 수 있다. 도핑은 그림 2-21에 표시된 것처럼 반도체의 전도성을 향상시키기 위해서 순수한 실리콘에 특정 원소를 첨가시키는 과정이다. 예를 들어, 순수한 실리콘의 전기적 저항은 대략 2.5×10^5 Ω-cm이다. 그런데 백만 개의 실리콘 원자에서 오직 한 개의 원자를 비소 원자로 대체시킨다면, 저항은 0.2 Ω-cm로 감소하게 된다. 이런 저항의 감소는 결과적으로 전도성을 1,250,000배나 향상시킨다.

원소를 첨가하여 도핑하는 동안 실리콘은 더는 순수한 물질이 아니게 되어 불순물이라고 부른다. 다시 설명하자면 전기 전도도를 많이 증가시키기 위해서는 순수한 실리콘에 불순물을 첨가하는 도핑을 시행해야 한다는 것이다. 더 많은 불순물을 첨가하면 전도성은 더욱 높아진다(또는 고유 저항이 낮아진다). 주목할 점은 실리콘에 다른 원소를 첨가하는지를 표시하기 위해서 불순물을 사용한다는 것이다.

실리콘의 전도성을 증가시키기 위해서는 의도적으로 불순물을 첨가해야 한다. 불순물이

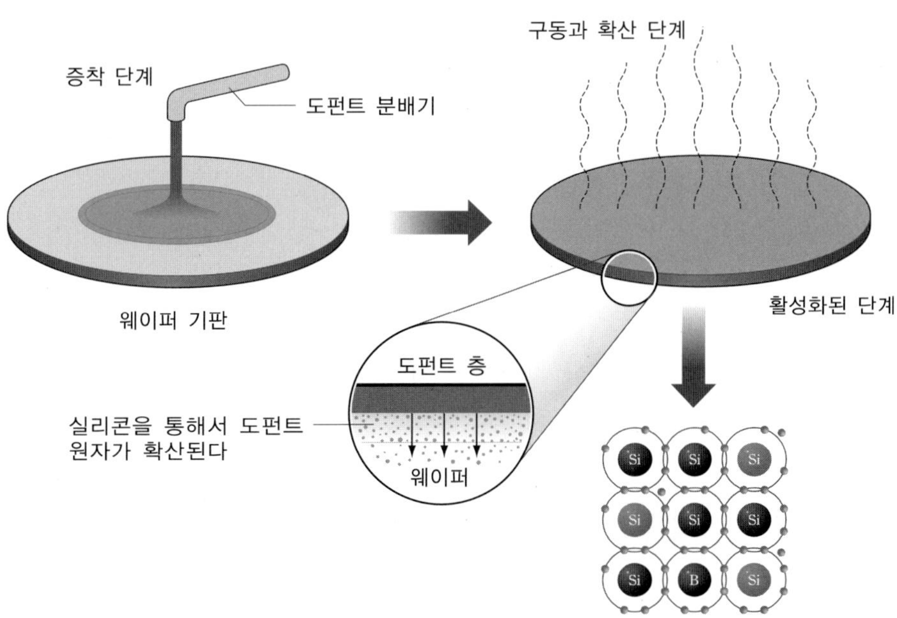

그림 2-21 도핑된 실리콘

첨가된 반도체를 외인성 실리콘(extrinsic silicon)이라고 한다. 실리콘의 도핑에 대한 개념은 불순물이 반도체 제작에 있어 전기 전도성을 향상시킨다는 것을 말해준다. 만약 우리가 실리콘의 고유 저항을 변화시키는 불순물을 이용할 수 있다면 실리콘이 도체와 절연체로 동작하도록 제어할 수 있다.

4가의 원소인 실리콘에 3가 불순물 원자가 첨가될 때, 이 결과물의 재료를 p형 실리콘이라고 부른다. 첨가되는 3가의 불순물은 여분의 이동하는 전자들을 받아들일 수 있기 때문에 억셉터(acceptors)라고 부른다. 억셉터의 예로는 붕소가 있다. 실리콘에 5가의 불순물을 첨가할 때, 그 결과물의 재료는 n형 실리콘이라고 부른다. 5가의 불순물은 여분의 이동성 전자를 제공하기 때문에 도너(donor)라고 부른다. 그리고 일반적으로 도너에는 비소(As), 안티몬(Sb), 인(P) 등이 포함된다.

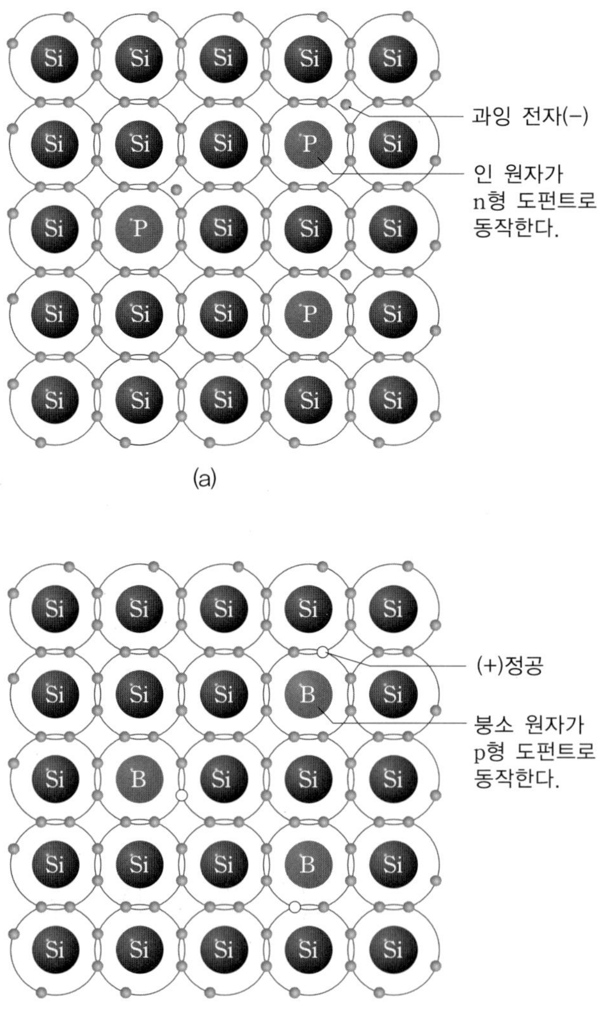

그림 2-22 (a) 인을 도펀트로 갖는 n형 반도체 (b) 붕소를 도펀트로 갖는 p형 반도체

n형 반도체 실리콘은 가전자 대역의 정공보다 전자가 더 많다. 이것은 그림 2-22(a)에 표시된 것처럼 실리콘에 첨가된 5가의 불순물 원자가 인(P)임을 알 수 있다. 실리콘 원자는 하나의 5가 전자를 공유하는 원자들의 공유 결합으로부터 구성된다. 그러나 다섯 번째 전자는 실리콘 원자를 둘러싼 다른 전자들과 결합하지 않는다. 이런 이유로 다섯 번째 인 전자는 전도대역으로 들어가는 데 약간의 에너지만이 필요하다. n형 실리콘에서 전도대역의 자유 전자는 다수 캐리어라고 부른다. 가전자대역의 정공은 소수 캐리어라고 부른다.

그림 2-22(b)에 표시된 p형 반도체 실리콘에서 붕소 원자는 4개의 인접한 실리콘 원자들과 공유 결합하는 p형 억셉터 불순물이다. 붕소 억셉터 원자는 붕소 원자 안의 네 번째 전자 결핍에 의한 전자의 결핍을 제공하는 원인이 되고 이것이 p형 실리콘을 생성한다. 가전자에는 과잉 정공(전자의 결핍)이 존재한다. 전도대역의 전자들보다 가전자대역의 정공이 더 많아지기 때문에 p형 물질에서는 다수 캐리어인 정공 전류가 흐른다.

실리콘 결정 구조 안에 도핑을 함으로써 실리콘의 저항을 정밀하게 제어할 수 있다. 실리콘 결정 안의 불순물 원자의 농도는 전기를 얼마나 잘 흐르게 하는 물질인지 알려준다. 순수한 실리콘은 250,000 Ω-cm의 저항을 갖는 절연체이다. 이것을 도체인 구리와 비교해보면 구리는 1.7 μΩ-cm(0.0000017 Ω-cm)의 저항을 갖는다. 순수한 실리콘에 적절한 형태의 불순물 재료를 도핑하면 그림 2-23에 표시된 것처럼 저항이 감소하고 전도성이 증가한다. 정공을 이동시키는 것보다 전자를 이동시키는 데 필요한 에너지가 훨씬 적기 때문에 p형 도핑보다 n형 도핑의 저항이 낮아진다.

만약 아주 적은 양(0.0000001%)의 도핑을 시행한다면 실리콘을 유용한 도체로 만들 수 있다. 이런 특성은 웨이퍼 위에 반도체 소자를 제작할 때 대단히 중요한 의미를 갖는다. 반

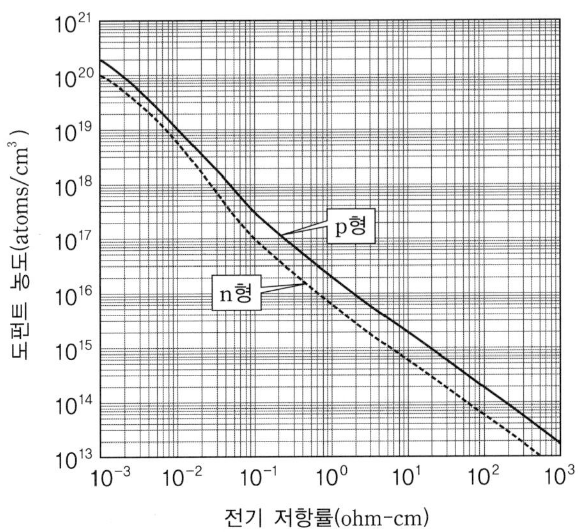

그림 2-23 도펀트 농도 대 실리콘 저항도

도체 소자 제작을 위해서 중요한 것은 웨이퍼를 만드는 장치이다. 실리콘에 도핑된 양 또는 농도는 실리콘에 제작되는 동안 규칙대로 정확한 저항을 얻을 때까지 신중히 조절되어야 한다.

2-6 플롯-존 방식

또 다른 결정 성장 방식은 플롯-존 방식(Float-Zone method)인데 두드러지게 낮은 산소 함유량의 실리콘 잉곳을 생산한다. 플롯-존 방식은 1950년대에 도입되었고 지금까지 알려진 가장 순수한 덩어리의 실리콘 단결정을 생산하는 데 이용된다. 플롯-존 방식의 개략도를 그림 2-24에 나타내었다.

단결정 실리콘 잉곳을 성장시키는 플롯-존 방식은 주형으로 만들어진 도핑된 폴리실리콘 막대로부터 시작한다. 단결정 seed는 막대의 한 쪽 끝에 붙여지고 잉곳을 성장시키는 곳에 놓여진다. RF 코일은 막대와 seed가 접촉하는 부분에 열을 인가한다. 단결정 경계 영역에서 다시 응고되기 전에 막대의 각 부분이 약 30분 동안 용해되기 때문에 폴리실리콘 막대의 가열은 플롯-존 공정의 가장 중요한 부분이다. 이러한 단결정 성장 공정은 히터가 그 축을 따라 이동될 때 막대를 따라 진행된다.

플롯-존 공정은 전형적으로 CZ 공정보다 작은 지름을 갖는 125 mm 웨이퍼를 주로 생

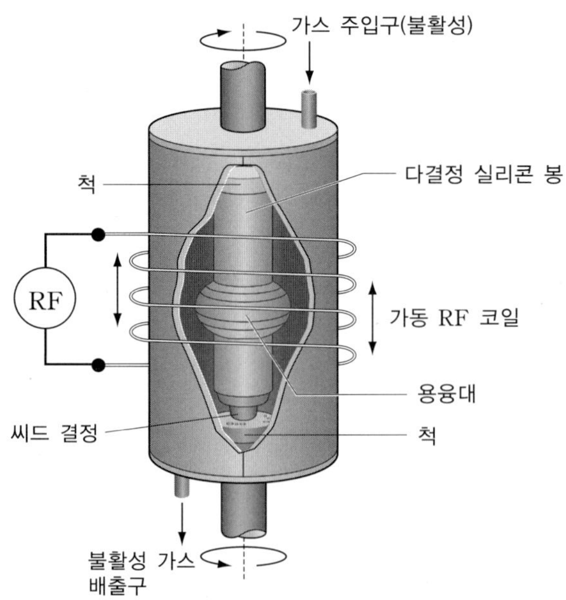

그림 2-24 플롯-존 결정 성장

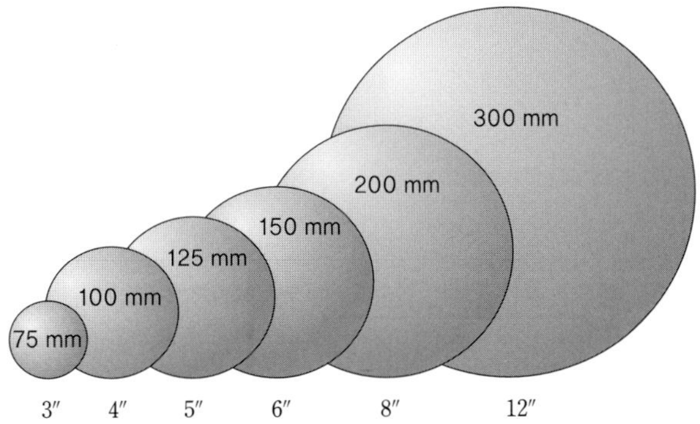

그림 2-25 웨이퍼 직경의 발전 경향

산했지만 현대의 집적 회로 제작에서는 생산성과 이익을 고려해서 300 mm에서 450 mm의 웨이퍼가 주로 사용되기 때문에 플롯-존 방식은 적합하지 않다. 그렇지만 플롯-존 공정은 도가니를 사용하지 않음으로써 낮은 산소 함유량으로 높은 순도를 갖는 정제된 실리콘을 만든다. 반도체의 제조에 사용되는 웨이퍼의 직경은 그림 2-25에 표시된 것처럼 발전해 왔다.

2-7 에피택시

에피택시(epitaxy)라는 단어는 그리스어에서 유래된 것으로 '위'라는 의미의 epi와 '정렬'이라는 의미의 taxis가 합성된 것으로 'arranged upon'을 의미한다. 이것은 결정 기판 위에 원자를 정렬시켜서 단결정을 성장시키는 기술로 새로이 성장된 막층의 격자 구조가 기판의 격자 구조를 복제한 것과 같게 된다. 에피택셜 성장 기법을 사용하는 가장 중요한 이유는 에피택셜막에서 불순물을 제어하기가 용이하다는 점이다. 실리콘 에피택시 개발의 원래 이유는 쌍극성 트랜지스터 회로와 집적 회로에서의 성능을 개선하기 위함이었다. 에피택시는 고농도의 도핑된 기판 위에 저농도로 도핑된 에피층의 성장을 허용했으며, 이는 pn 접합에서 높은 항복 전압에 최적화된 반면 낮은 콜렉터 저항을 허용하므로 중간 전류에서 높은 장치 동작 속도를 제공한다. 에피택시는 소자가 계속해서 수축하는 latch up 문제를 최소화할 수 있기 때문에 CMOS에서 중요하다. 에피택셜 층의 두께는 일반적으로 고속 디지털 응용 회로에서는 0.5~5 μm 그리고 실리콘 전원 장치에서는 500~100 μm이다.

적절한 제조공정 제어는 산화물층의 높은 품질, 안정성, 올바른 유전체의 특성을 보장해준다. 이런 특성들로 인해서 산화 현상은 MOS 기술에서 게이트 구조의 필수적인 부분인

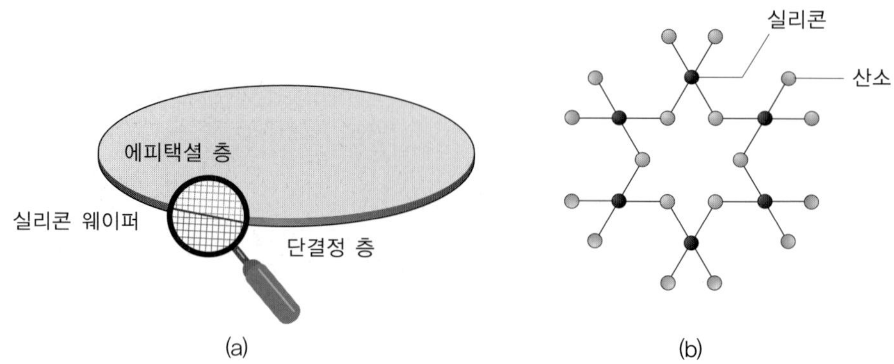

그림 2-26 에피택셜 증착과 산화막의 원자 구조

박막 산화층에서 대단히 중요하다. 열 산화물은 소자 격리, 이온 주입 시의 절연층, 응력이 감소된 패드 산화층, 광경화성 수지 접착과 압력 감소를 위해 재산화된 질화물처럼 절연 물질로 이용된다.

실리콘 웨이퍼상의 산화물은 성장법이나 증착법을 통해서 생성된다. 실리콘 기판과 반응하기 위해서 고온 환경에서 외부에서 공급된 고순도 산소에 의해서 성장된 산화물층이 발생된다. 고온 산화 공정은 웨이퍼 제조공정 설비의 확산 영역에서 발생한다. 이 영역은 실리콘 웨이퍼가 제조공정에 들어갔을 때의 첫 번째 공정 영역이다. 증착된 산화물층은 외부에서 실리콘 소스와 산소를 사용함에 따라 발생되고 이런 물질들은 웨이퍼 표면에서 박막을 형성하기 위해서 공정실에서 반응하게 된다.

그림 2-26에서 보듯이 산화물 성장은 고온에서 산소가 실리콘 웨이퍼에 노출됨으로써 발생되는 자연현상이다. 일반적으로 750~1100℃의 열적 산화 온도에서 산화물층이 웨이퍼 위에서 성장된다. 실리콘상의 산화물층은 열 산화물 또는 열 이산화 규소(SiO_2)라고 부른다. 웨이퍼의 표면에서 성장된 이산화 규소는 실리콘에서 민감한 소자를 보호하고 격리하기 위한 효과적인 장벽의 역할을 한다.

SiO_2는 매우 강하고 조밀한 구조를 갖는 물질이기 때문에 실리콘 표면에서 활성 소자를 분리시키는 데 효과적이며, 물리적으로 소자를 보호한다. 즉, 단단한 SiO_2층은 제조공정 동안 발생할지도 모르는 공정상 손상과 긁힘으로부터 실리콘을 보호하게 된다. 트랜지스터들은 LOCOS(Local Oxidation of Silicon) 공정을 사용해서 그들 사이의 영역에서 열적으로 성장되는 두꺼운 SiO_2에 의해서 전기적으로 분리된다. 그러나 이 과정은 0.25 μm 이하의 공정에서는 적합하지 않기 때문에 얕은 트렌치 격리(STI) 기술로 대체된다. STI 공정은 중요한 유전체로 증착된 산화물을 사용한다.

열적으로 성장된 SiO_2의 주요 이점은 실리콘의 표면 상태 밀도의 감소로 전기적 특성의 저하를 방지하고 습기, 이온 혹은 다른 외부에서의 오염물질로 인해 발생하는 반도체 전류 누설을 감소시키는 표면 안정화(보호)에 있다. 단단한 SiO_2층은 반도체 제조공정 기간 중 발생될 수도 있는 손상과 공정 손실로부터 실리콘을 보호한다. 안정화는 접합 소자의 누설 전류를 조절하고 안정된 게이트 산화물을 성장시키기 위해서 중요하다. 우수한 안정화 층으로 작용하기 위해서 산화물층은 일정한 두께라는 양질의 요구조건을 가지는 반면 물질 내의 작은 구멍이나 빈틈을 갖지는 않는다.

웨이퍼 표면을 보호하기 위해서 산화물층을 사용하는 또 다른 요인은 산화물 두께이다. 충분한 산화물 두께는 전하 축적 및 커패시터의 일반적인 항복 특성과 같이 실리콘 웨이퍼 표면에서 전하 축적에 의해서 발생하는 금속층에서 전기적 충전을 방지하기 위해서 필요하다. 이산화 규소는 실리콘과 매우 유사한 열팽창 계수를 갖는다. 고온 공정 동안에 웨이퍼는 팽창될 것이고 그 후에 냉각되는 동안 수축될 것이다. SiO_2는 실리콘과 같은 비율로 결합에서 팽창하고 수축하므로 열 변위 동안 웨이퍼의 왜곡을 최소화시킨다. 이런 작용은 기판으로부터 산화막을 분리하는 막 응력을 방지한다.

CMOS 기술에서 중요한 게이트 산화물 구조의 절연체 물질로 박막 산화물층이 사용된다. 반도체 실리콘에는 안정성과 고품질이 요구되기 때문에 게이트 산화물은 열적으로 성장된다. SiO_2는 대략 10^{17} ohms-㎝의 높은 고유 저항과 10^7 volts/㎝의 높은 유전 강도를 갖는다.

2-8 실리콘 대체 반도체 물질

여러분들은 전자회로, 물리전자공학, 반도체 공학, 반도체 물리 등과 같은 과목에서 이미 반도체를 제조하는 기본 재료로 4가의 원소인 게르마늄과 실리콘이 사용된다는 내용에 대해서 반복적으로 학습했을 것이다. 또한 제작공정과 성능의 문제로 1950년 이후에는 주로 실리콘이 사용되게 되었다고 알고 있다. 그렇지만 전자공학의 눈부신 발전에 따라 실리콘의 특성이 현대의 소비자들이 요구하는 성능을 만족시키지 못하게 되었고 시장은 실리콘을 대체할 재료를 찾기 시작했다. 결국은 2원소(GaAs, GaP, GaN, InN, AlN), 3원소(AlGaAs), 4원소(AlGaInP, AlGaInN)의 복합 물질로 만들어지는 합성 반도체를 만들게 되었고 그 중 대표적인 재료가 갈륨비소(GaAs)이다.

집적 회로의 핵심 요소는 바로 속도이다. 무선, 고속 디지털 통신, 우주선, 그리고 자동차 산업과 같은 소비자 시장 등은 반도체 시장과 같은 특별한 분야, 즉 고주파 신호를 지원할 수 있는 고속화 산업의 중심에 있다. GaAs가 발견됨으로써 MOS 소자를 개발하게 되었고

표 2-2 반도체 물질의 전자와 정공의 이동도 비교

반도체 물질의 종류	전자의 이동도(cm^2/V-s)	정공의 이동도(cm^2/V-s)
silicon(Si)	1,500	600
germanium(Ge)	3,900	1900
gallium arsenide(GaAs)	8,500	400
gallium antimonide(GaSb)	4,000	1400
indium phosphide(InP)	4,600	150
indium arsenide(InAs)	3,300	460
indium antimonide(InSb)	78,000	750

집적 회로의 집적도는 혁신적으로 증가하게 되었다. 청색 반도체 레이저와 LED 제조에 사용되는 GaN(gallium nitride), ZnSe(zinc sellenide)과 GaAs를 대체할 SiGe(silicon germanium), 적외선 감지 장치에 주로 이용되는 CdTe(cadmium telluride) 등에 관한 연구도 지속적으로 이루어지고 있다. SiGe는 고주파 대역의 통신 분야에서 대단히 중요한 소자로 디지털 셋탑 박스, DBS(Direct Broadcast Satellite), PDA(Personal Digital Assistants) 장비에 응용된다.

GaAs는 가장 대중적인 III-V족 화합물 반도제 재료로 3A족의 Ga(gallium)과 5A족 As(arsenic)의 결합으로 합성된다. GaAs는 표 2-2에 표시된 것처럼 실리콘에 비해 엄청난 전자 이동도를 갖는다. GaAs 반도체 물질은 기생 커패시턴스와 신호 손실을 감소시키는 특성 때문에 실리콘 물질로 제조되는 IC보다 더 빠른 응답 속도로 동작하므로 고주파, 마이크로파 신호 처리를 가능하게 하고 통신 시스템에서 오차 없이 정확한 전기 신호로 변환하는 역할을 수행한다.

GaAs의 장점 중 대표적으로 재료 저항이 10^8 Ω-cm에 가깝게 증가한다는 것을 들 수 있다. 저항의 증가는 전기적 기능을 잃지 않으면서 GaAs 기판에 독립된 반도체 소자를 제조하기 쉽게 해준다. GaAs 소자는 또한 실리콘보다 더 높은 방사선 억제력을 가지기 때문에

표 2-3 반도체 물질의 물리적 특성 비교

반도체 물질의 특성 비교				
특성	Si	Ge	GaAs	SiO_2
용융 온도(℃)	1412	937	1238	1700
원자량	28.09	72.60	144.63	60.08
원자 밀도(원자/cm^3)	4.99×10^{22}	4.42×10^{22}	2.21×10^{22}	2.3×10^{22}
에너지 밴드갭(eV)	1.11	0.67	1.40	8

군용, 우주선용으로도 응용이 가능하게 한다. 표 2-3에는 Si, Ge, GaAs, SiO_2의 물리적 특성이 비교되어 있다.

GaAs 반도체 물질의 가장 큰 단점은 자연 산화물 성장이 어렵다는 점인데 이런 특징은 표면 유전체 성장력이 요구되는 표준 MOS 소자의 개발을 방해한다. 또 다른 문제는 GaAs가 깨지기 쉬운 재료라는 것이다. 따라서 웨이퍼 제조 시 웨이퍼 핸들링이 가장 중요한 문제가 된다. GaAs의 제조 가격은 실리콘보다 10배나 비싸다. 이는 갈륨이 희소 물질임과 동시에 정제에 많은 에너지가 필요하기 때문이다. 마지막으로 As의 무한한 독성을 말할 수 있다. 따라서 설비, 공정, 폐기물 처리 시설의 관리에 특별한 관리가 요구된다.

연습 문제

1. 양성자(proton), 중성자(neutron), 전자(electron)를 포함하는 원자 구조 모델을 설명하시오.

2. 가전자가 무엇인지 설명하고 가전자가 화합물을 구성하는 데 중요한 이유에 관해서도 설명하시오.

3. 절연체, 도체, 반도체 사이의 차이점을 에너지 밴드 이론을 이용해서 설명하시오. 각 물질의 에너지 갭이 어떻게 다른지 설명하시오.

4. 갈륨비소가 실리콘보다 우수한 점과 갈륨비소가 가지는 중요한 단점은 무엇인지 설명하시오.

5. 브라비스의 결정 구조 모델을 설명하시오.

6. 반도체급 실리콘을 얻을 수 있는 세 가지 방법이 있다. 가장 순수한 반도체급 실리콘은 무엇인지 설명하시오.

7. 웨이퍼 제작을 위해 단결정 실리콘이 필요한 이유는 무엇인지 설명하시오.

8. 밀러 지수는 무엇이고 어떤 것을 나타내는가?

9. 세 결정면을 따라서 그림을 그리시오. :(100), (110), (111)

10. CZ법을 이용한 실리콘 성장을 기술하고 어떻게 사용되는지를 설명하시오.

11. 잉곳에서 적은 양의 산소가 왜 좋은 영향을 끼칠 수 있는지 설명하시오.

12. 실리콘 결정을 성장하기 위해서 float-zone 방법을 사용하는 것이 바람직 이유는 무엇인지 설명하고 float-zone 공정을 기술하시오.

연습문제

13. 웨이퍼의 직경이 계속해서 증가하는 이유와 직경이 큰 웨이퍼를 사용할 때 얻는 세 가지 이점이 무엇인지 설명하시오.

14. 결정 결함은 무엇을 의미하는지, 웨이퍼 수율과 결함 밀도는 어떤 관계를 가지는지 설명하시오.

15. 점 결함의 세 가지 종류를 나열하고, 점 결함이 일어날 때 영향을 미칠 수 있는 결정 성장 파라미터는 어떤 것인지 설명하시오.

16. 전위란 무엇인가? 적층 결함에 대해 설명하시오.

17. 웨이퍼의 가장자리를 연마하는 이유는? 연마가 웨이퍼 품질에 주는 이익을 세 가지 기술하시오.

제 3 장

산화 공정

실리콘 웨이퍼 위에 산화막(oxide)을 생성시키는 산화 공정은 집적 회로 제작을 위한 필수적인 공정으로 웨이퍼 표면에 산화막층을 열적으로 성장시킨다. 양질의 산화막을 성장시키기 위한 다양한 공정기술이 개발됨으로써 산화막의 품질이 개선되었다. MOS 소자의 게이트 박막 산화층 성장 기술의 진보로 인해 고밀도 집적이 가능해졌고 소자의 성능과 신뢰성이 향상된 ASIC 제품의 생산이 가능해지게 되었다.

열 산화물은 소자 격리, 이온 주입 시의 절연층, 응력이 감소된 패드 산화막층, 광경화성 수지 접착과 압력 감소를 위해 사용되는 질화물처럼 절연 물질로 이용된다. 산화막을 성장시키는 대표적인 기술로는 열 산화(thermal oxidation) 공정, 화학적 기상 증착(CVD; chemical vapor deposition) 공정, 플라즈마 산화(plasma oxidation) 공정이 있다.

열적 산화 공정으로 성장되는 중요한 산화막은 MOS 소자의 소스와 드레인 사이의 채널을 형성하는 게이트 산화물층과 필드 산화물로, 일반적으로 낮은 계면 트랩 밀도를 필요로 하는 경우이다. CVD 기술은 금속층 사이에 얇은 산화막을 성장시켜야 하는 다층 금속화 공정(Multi layer metallization)에 사용된다. 마이크로칩 제조공정 중 증착된 막들은 너무 얇아서 동일한 물질의 두꺼운 벌크 박막과는 전기적 기계적 특성이 구별되기 때문에 흔히 박막이라고 부른다. 이 장에서는 산화 작용에서의 화학 가스의 반응상태와 산화막 성장률, LOSCO 산화 공정, 열처리 공정 장비인 수평 반응로와 수직 반응로, 산화 공정 프로그램, CVD 증착 시스템, STI(shallow trench isolation), 스퍼터링(sputtering), 진공 증착(evaporation), 전기 도금(electroplate), 다마신(damascene) 공정 등에 관해서 설명한다. 이 산화 규소, 실리콘 질화물 같은 유전체 박막, 폴리 실리콘 증착, 금속과 금속 화합물 박막의 증착에 관해서도 설명한다.

3-1 열적 산화 공정의 개요

산화막 성장은 고온에서 산소가 실리콘 웨이퍼에 노출됨으로써 자연적으로 발생한다. 산화 공정이 진행되는 동안 웨이퍼에 공급되는 열 노출량은 열 공급(thermal budget)이라고도 부른다. 과도한 열 공급은 금속-산화막층 내부 연결의 옴성 접촉 저항을 증가시키기 때문에 반도체 공정의 최종 목표는 웨이퍼에 노출되는 열을 최소화하는 것이다.

일반적으로 750℃에서 1200℃ 사이의 열적 산화 온도에서 그림 3-1에 표시된 것과 같이 4개의 산소 원자에 둘러싸인 실리콘 원자의 결정 구조를 가지는 산화막(SiO_2)층이 웨이퍼

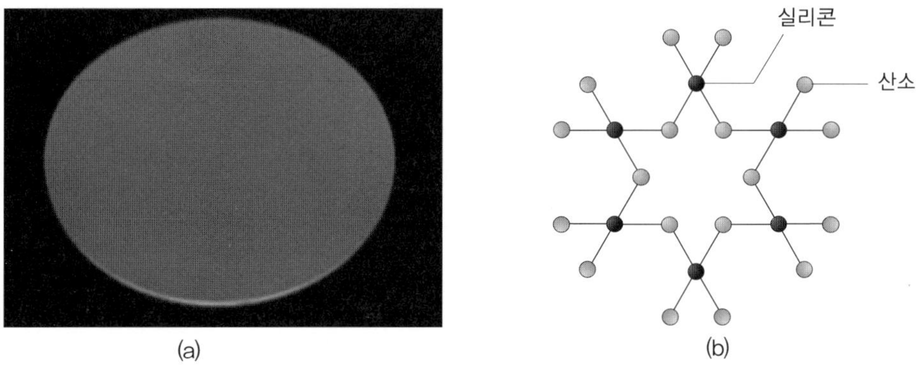

그림 3-1 (a) SiO_2 막(출처: Photographer: Armin Kübelbeck, CC-BY-SA, Wikimedia Commons) (b) SiO_2 원자 구조

위에서 성장된다. 이산화 규소(SiO_2)는 우수한 절연 특성을 갖는 물질로 전기를 도통시키지 않는다. 순수한 실리콘의 용융 온도는 1412℃이지만 이산화 규소는 1732℃의 용융 온도를 가진다.

실온에서 실리콘이 산소와의 접촉으로 생성되는 자연 산화막은 시간당 15 Å의 비율로 최대 40 Å까지 성장된다. SiO_2는 실리콘 표면에서 활성 소자를 분리시키는 데 효과적인 매우 강하고 조밀한 구조를 갖는 물질이기 때문에 오염물질로부터 물리적으로 소자를 보호한다. 단단한 SiO_2층은 마이크로 소자 제조공정 동안 발생할지도 모르는 공정상의 손상과 긁힘으로부터 실리콘을 보호한다. BJT, MOS, CMOS와 같은 소자들은 국부적 산화(LOCOS: local oxidation of silicon) 공정을 사용해서 열적으로 성장되는 두꺼운 SiO_2 막인 자계 산화

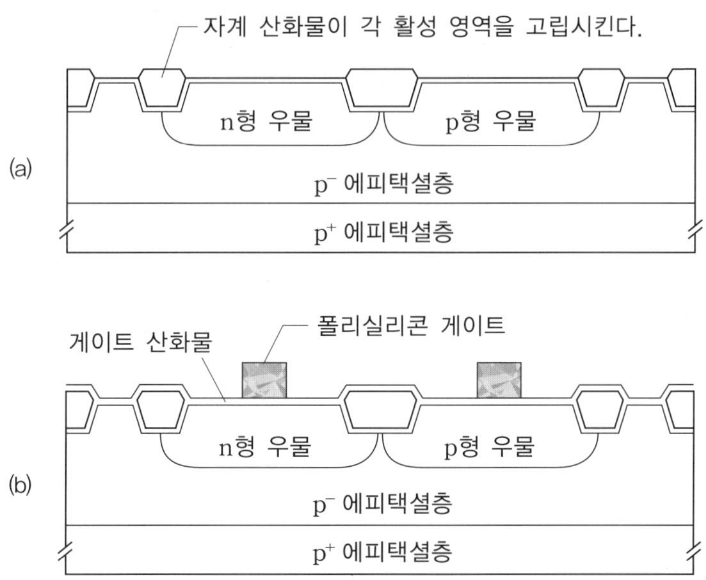

그림 3-2 (a) 자계 산화물층과 (b) 게이트 산화물 유전체

물(FOX: field oxide layer)에 의해서 전기적으로 분리된다. LOCOS 공정은 0.25 μm 이하의 기술에서는 적합하지 않기 때문에 얕은(좁은) 트렌치 격리(STI) 기술로 대체된다.

열적으로 성장된 SiO_2의 또 다른 이점은 표면 안정화(surface passivation)로, 전기적 특성의 저하를 방지하고 습기, 이온 혹은 다른 외부에서의 오염물질로 인해 발생하는 반도체 전류 누설을 감소시킨다. 표면 안정화를 충족시키기 위해서는 SiO_2층은 균일한 두께를 갖는 양질의 산화막으로 성장되고 물질 내의 작은 구멍(pinholes)이나 빈틈(voids)과 같은 결함을 갖지 않는다. 그림 3-2(a)에 표시된 것처럼 2500~15000 Å 사이의 두께를 갖는 자계 산화물층은 실리콘 웨이퍼 표면에서 전하 축적에 의해서 발생되는 금속층에서 전기적 충전을 방지하기 위해서 필요하다. 이산화 규소는 실리콘과 매우 유사한 열팽창 계수를 갖기 때문에 고온 공정이 진행되는 동안에는 SiO_2는 실리콘과 같은 비율로 팽창되고 냉각되는 동안에는 같은 비율로 수축된다. 이런 특성이 웨이퍼의 왜곡을 최소화하고 기판으로부터 산화막을 분리하는 막 응력을 방지한다.

자계 산화물은 습식 산화 공정에 의해서 성장된다. 그림 3-3에 표시된 것처럼 습식 산화 공정은 건식 산소 대신에 수증기로 포화된 산소를 사용하게 된다.

$$\text{Si(solid)} + 2\text{H}_2\text{O(gas)} \rightarrow \text{SiO}_2\text{(Solid)} + 2\text{H}_2\text{(gas)}$$

습식으로 증착되는 산화막은 건식으로 증착되는 산화막보다 덜 조밀한 층을 만들기 때문에 화학 반응에 의해서 만들어진 수소 분자들은 고체 SiO_2층에서 트랩(trapped)된다. 따라서 건식 산화막과 유사한 특성을 가지도록 습식 공정 이후에는 산화막의 가열 과정을 거치게 된다. 습식 산화 공정에 사용되는 고순도의 N_2 가스는 1000℃의 고온에서 실리콘과 반응하지 않기 때문에 마치 불활성 가스처럼 동작한다(낮은 순도를 가지는 경우에는 챔버

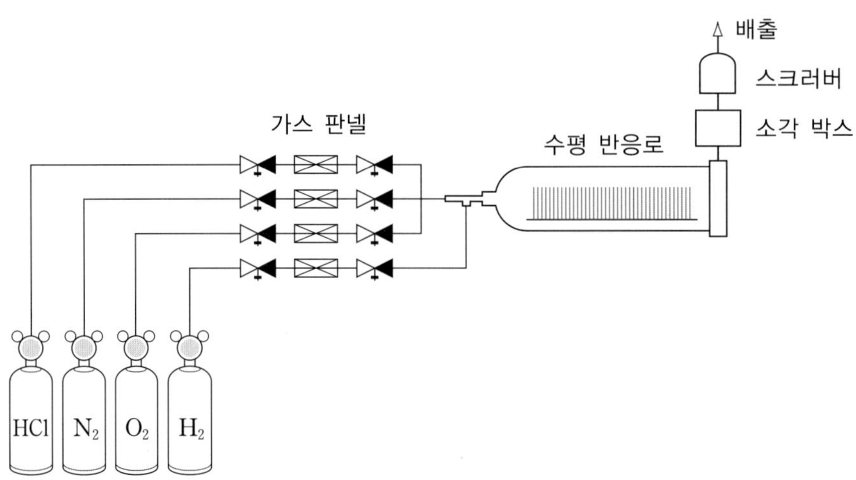

그림 3-3 습식 산화

정화용으로 사용된다). HCl은 산화막에서의 이동성 이온 오염(MIC: mobile ionic contaminants)의 감소와 계면 상태 전하의 최소화에 사용되고 건식 산화에 사용되는 경우에는 이동성 이온 오염물질을 제거하는 게터로 사용된다.

CMOS 제조공정에서 사용되는 게이트 산화물은 약 20 Å에서 수백 Å 사이의 두께를 갖는 박막(thin film) 절연층이 사용된다. 고품질과 안정성이 요구는 게이트 산화물은 건식 산화 공정으로 성장된다. SiO_2는 10^7 volts/cm의 높은 유전 강도와 대략 10^{17} ohms-cm의 높은 고유 저항을 갖는다. 0.18 μm 공정기술이 적용되는 경우의 전형적인 게이트 산화물은 20~40 Å의 두께와 ±1.5 Å의 오차를 가지고 성장되고, 0.15 μm 공정기술이 적용되는 경우에는 20~30 Å의 두께로 성장된다. 커패시터 유전체로 응용되는 경우는 5~100 Å, STI 장벽 산화물 응용에서는 150 Å, LOCOS 패드 산화물은 200~500 Å, 자계 산화물인 경우는 2,500~15,000 Å, 불순물의 에너지 주입과 시간의 온도 차에 의해서 변화되는 불순물 마스킹 산화막인 경우는 400~1,200 Å의 두께로 성장된다. 건식 산화막의 품질은 균일한 집적도가 보장되고 핀홀 같은 결함이 존재하지 않고 우수한 품질의 질화막을 성장시킬 수 있기 때문에 습식 산화막에 비해서 우수한 특성을 가진다.

$$Si(solid) + O_2(gas) \rightarrow SiO_2(Solid)$$

그림 3-4에서 보듯이 건식 산화 공정에서 반응로의 온도와 시간에 따른 산화막의 두께는 산소 가스의 순도에 의해서 영향을 받는다. 1000℃의 공정 온도에서 1000 Å의 두께를 갖는 산화막을 성장시키기 위해서는 습식 산화인 경우에는 대략 12분이 소요되고 건식 산화인 경우에는 대략 2시간의 공정 시간이 필요하다.

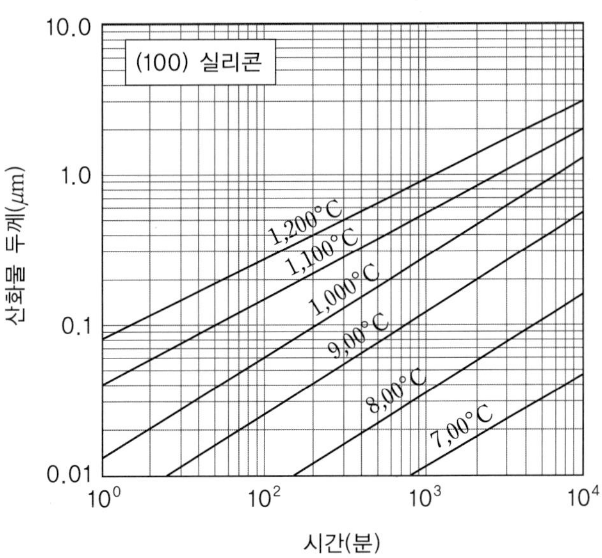

그림 3-4 건식 산화 시간

표 3-1 건식 산화 공정의 공정 프로그램

단계	시간(분)	온도(℃)	정화용 N_2 가스(slm)	공정 가스			비고
				N_2(slm)	O_2(slm)	HCl(sccm)	
0		850	8.0	0	0	0	휴지 상태
1	5	850		8.0	0	0	반응로 튜브에 적재
2	7.5	Ramp 20℃/min		8.0	0	0	전구 온도 상승
3	5	1000		8.0	0	0	온도 안정화
4	30	1000		0	2.5	67	건식 산화
5	30	1000		8.0	0	0	어닐링
6	30	Ramp -5℃/min		8.0	0	0	전구 온도 하강
7	5	850		8.0	0	0	반응로 튜브 이탈
8		850	8.0	0	0	0	휴지 상태

참고: 가스 흐름 단위인 slm은 표준리터/분, sccm은 표준 입방 센티미터/분이다.

표 3-1은 게이트 산화막의 건식 산화 공정에 사용되는 공정 프로그램의 샘플을 설명한 것이다. 휴지 상태(idle condition)가 진행되는 동안 낮은 순도의 질소 가스가 공정실 정화(purge)를 위해 공정실로 주입된다. 공정실 세정이 끝나고 고순도를 갖는 질소 공정 가스가 턴 온 된다. 반응로 튜브가 적재되면 850℃의 휴지 상태에서 분당 20℃의 비율로 1000℃까지 상승한다. 웨이퍼는 5분 동안 안정화 주기를 갖는다.

건식 산화인 경우 산소는 2.5 slm의 비율로 흘러가도록 공정실에 주입된다. HCl은 67 sccm의 비율로 흘러가게 된다. HCl의 사용은 계면의 전하를 감소시키며 이온 불순물들을 끌어모으기 위함이다. 어닐링 단계에서는 전하가 구성되는 것을 최소화하기 위해서 O_2와 HCl의 공급이 차단되고 다시 질소 가스를 공급한다. 균일한 성분을 갖는 화학량론(stoichiometric)적 SiO_2를 구성하기 위해서 계량된 산소의 공급이 이미 차단된 상태이지만 산소는 산화막을 통해서 확산할 수 있다. 반응로 튜브의 하역을 위해서 5분의 시간이 허용된다.

그림 3-5(a)에 표시된 것처럼 이산화 규소는 실리콘 표면으로 인과 같은 불순물 원소를 선택적인 영역으로만 주입하는 데 효과적인 장벽으로 사용된다. 산화층이 실리콘 표면에서 성장하면 불순물이 웨이퍼로 주입되는 곳에 창을 생성시키기 위해서 마스크 개방으로 SiO_2를 식각시킨다. 이때 150 Å 정도의 두께를 갖는 얇은 산화막은 실리콘 웨이퍼의 손실을 감소시키는 역할을 하고 채널 효과 또한 감소시킨다. 이를 통해 불순물 원소가 실리콘으로 주입되는 깊이를 더 우수하게 제어한다. 한번 주입이 행해지면, HF(플루오린화 수소)는 산화물을 선택적으로 제거하기 위해 사용할 수 있다.

열적 산화가 아닌 CVD를 사용해서 증착된 SiO_2는 정상 상태 조건에서 우수한 절연 특성을 보장하기 때문에 그림 3-5(b)에 표시된 것처럼 다층 금속화 구조의 금속층 사이에서 상

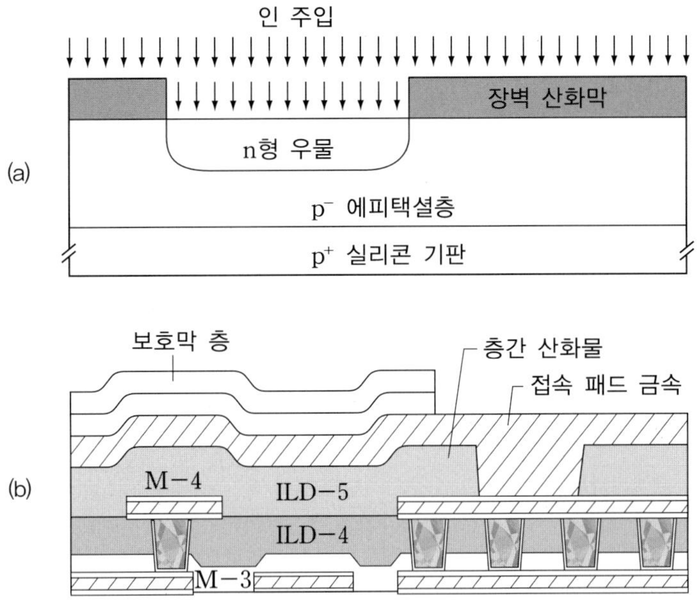

그림 3-5 (a) 장벽 산화층 (b) 금속층 사이의 유전체층

부의 금속층과 하부의 금속층 사이의 단락 현상을 방지시킨다. 표 3-2는 백색광이 비친 상태에서 확인되는 열적으로 성장된 SiO_2 산화물 두께에 대한 컬러 차트를 표시하고 있다. 표 3-3은 텅스텐 필라멘트 발광 상태에서 확인되는 Si_3N_4 질화물의 두께에 대한 컬러 차트이다.

SiO_2 산화물과 Si_3N_4 질화물의 전기적, 물리적, 기계적, 열적, 광학적 특성은 표 3-4에 표시되어 있다.

표 3-2 열적으로 성장된 SiO_2 산화물 두께에 대한 컬러 차트

산화물 두께(μm)	색상 및 비고	산화물 두께(μm)	색상 및 비고
0.05	황갈색	0.60	카네이션 핑크
0.07	갈색	0.63	자주색
		0.68	푸르스름
0.10	진보라색~적자색	0.72	청록색~초록색
0.12	로얄 블루	0.77	노르스름
0.15	하늘색~메탈릭 블루		
0.17	메탈릭 옐로우~녹색		
0.20	밝은 금색 또는 노란색	0.80	주황색
0.22	주황빛 도는 금색	0.82	살구색
0.25	적자색	0.85	연한 적자색
0.27		0.86	보라색
		0.87	청자색
		0.89	파란색

(계속)

0.30	파란색~자청색	0.92	청록색
0.31	파란색	0.95	황록색
0.32	파란색~청록색	0.97	노란색~노르스름
0.34	연초록색	0.99	주황색
0.35	초록색~연두색		
0.36	연두색		
0.37	녹황색		
0.39	노란색		
0.41	밝은 주황색	1.00	카네이션 핑크
0.42	카네이션 핑크	1.02	자주색
0.44	자주색	1.05	적자색
0.46	적자색	1.06	보라색
0.47	보라색	1.07	청자색
0.48	청자색		
0.49	파란색		
0.50	청록색	1.10	초록색
0.52	초록색	1.11	황록색
0.54	황록색	1.12	초록색
0.56	녹황색	1.18	보라색
0.57	노란색~노르스름	1.19	적자색
0.58	밝은 주황색 또는 노란색		

표 3-3 텅스텐 필라멘트 발광 상태에서 확인되는 Si_3N_4 질화물의 두께에 대한 컬러 차트

질화물 두께(nm)	색상	질화물 두께(nm)	색상
0~20	실리콘색	130~150	노란색
20~40	갈색	150~180	다홍색
40~55	황금빛 갈색	180~190	빨간색
55~73	빨간색	190~210	어두운 빨간색
73~77	진한 파란색	210~230	파란색
77~93	파란색	230~250	청록색
93~100	옅은 파란색	250~280	밝은 초록색
100~110	매우 옅은 파란색	280~300	연주황색
110~120	실리콘색	300~330	빨간색
120~130	밝은 노란색		

표 3-4 SiO_2 산화물과 Si_3N_4 질화물의 전기적, 물리적, 기계적, 열적, 광학적 특성

	SiO_2	Si_3N_4(LPCVD)
고유 저항(Ω-cm), 25℃	10^{16}	10^{16}
밀도(g/cm^3)	2.2	2.9~3.1
유전 상수	3.8~3.9	6~7
유전 강도(V/cm)	12×10^6	10×10^6
열팽창 계수(ppm/℃)	0.5	1.6
용융점(℃)	1700	1800
굴절률	1.46	2.00
비열(J/g ℃)	1.0	0.7
영 탄성률(GPa)	87	~300
항복 강도(GPa)	8.4	14
실리콘 필름의 응력(MPa)	200~400 C	1000 T
열 전도율(W/cm K)	0.014	0.19
완충 HF에서의 식각률(nm/min)	100	1

3-2 산화막의 성장 모델

건식 산화 공정이나 습식 산화 공정 어느 경우에서도 실리콘과 실리콘 산화막의 경계면은 실리콘의 안쪽으로 이동하게 되는데 이런 현상은 실리콘의 소비(침식)에 의해서 성장된다. 침식되는 실리콘의 두께는 전체 산화막 두께의 45%이다. 그림 3-6에 표시된 것처럼 산화막 두께가 1,000 Å이라고 가정한다면 실리콘 450 Å이 소비된다는 것을 의미한다.

산화물층이 지속적으로 성장하기 위해서는 산소가 실리콘과의 접촉 부분에 공급되어야 한다. 산화 작용은 수학적 관계식을 기초로 하는 Fick의 법칙(확산 법칙)에 의해서 잘 정의되어 설명된다. Fick의 법칙은 확산을 구동시키기 위한 온도, 불순물 농도, 에너지를 기초로 한 확산 물질의 이동도를 설명한다.

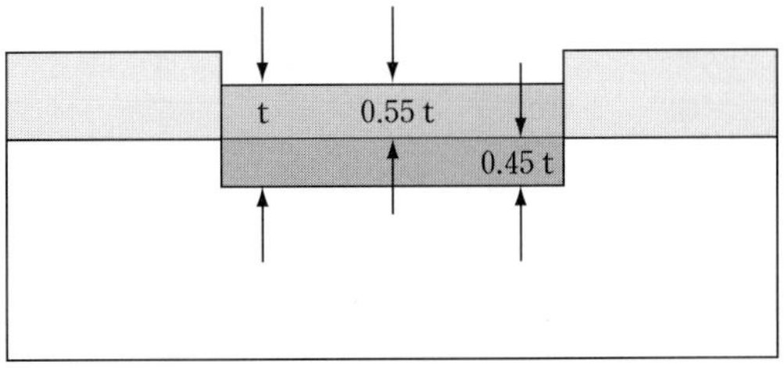

그림 3-6 산화 공정이 진행되는 동안 소비(침식)되는 실리콘

비결정질의 SiO_2와 단결정 실리콘 사이의 산화막-실리콘 경계에서는 그림 3-7에 표시된 것처럼 갑작스러운 전이가 존재한다. 결정 구조에서 몇 개의 실리콘 원자가 결합하지 않고 남아있게 되는데 이런 불완전한 산화막은 Si/SiO_2 경계면으로부터 2 nm보다 작게 떨어져서 +로 고정된 산화막 전하의 원인이 된다. 산화 유도된 결함, 구조상의 결함 또는 이동하는 이온성 불순물이 원인이 되는 다른 전하들은 +전하와 -전하로 구성된 경계면에서 트랩되는 전하를 포함하는 경계면에 축적된다. Si/SiO_2 경계면에서 축적된 전하는 정상적인 소자의 동작에서는 바람직하지 않고 받아들일 수 없는 값으로 이동하기 충분한 MOS 소자의 임계 전압을 발생시킬 수 있다. 바람직하지 않은 전하의 축적은 수소 또는 혼합 가스(수소-질소의 혼합물)의 열처리 단계에서 저온(~450℃)으로 진행함으로써 최소화할 수 있다.

산화 공정이 진행되는 동안에 염소를 포함한 가스를 사용하여 경계면에서의 전하 축적을 중화시키기 위한 역할을 기대할 수 있다. 염소 이온은 +로 대전된 층으로 확산하고 중성층을 형성한다. 과농도의 염소 이온은 소자의 불안정을 유발하기 때문에 염소의 농도는 3% 아래로 유지해야 한다. 열적 산화 공정에 염소 이온을 추가했을 때의 또 다른 중요한 장점은 산화 성장률을 10~15% 정도 증가시키는 경향이 있다는 점이다. 또한 염소의 존재를 통해 로 장비, 공정 재료, 조작으로부터 발생한 이온 오염물질(MICs)을 실제로 고정시킬 수 있는데 이를 개터링이라고 부른다. 초기에는 가스 상태의 염화 수소(HCl)를 사용했는데 염소는 매우 유독성이 강하기 때문에 로를 부식시켰다. 이런 단점을 보완하기 위해 일반적인 염소 화합물인 다이클로로에틸렌(DCE)을 사용하게 되었다. 또 다른 염소 공급원으로 트라이클로로에테인(TCA)과 트라이클로로에틸렌(TCE)을 사용하기도 했지만 TCA는 오존을 고갈시키는 화학 물질로 평판이 좋지 못했고 TCE는 발암성 때문에 최근에는 거의 사용되지 않는다. 반도체 업계에서는 316 L 스테인리스스틸을 사용하는 이중 가스 튜브 배관을 개발해서 오염을 발생시키는 화학적 작용을 최소화하는 개선을 이루었기 때문에 다시 HCl의 사용으로 복귀하고 있다. 웨이퍼에서 얼마나 빠르게 산화물이 성장되는지를 나타내는

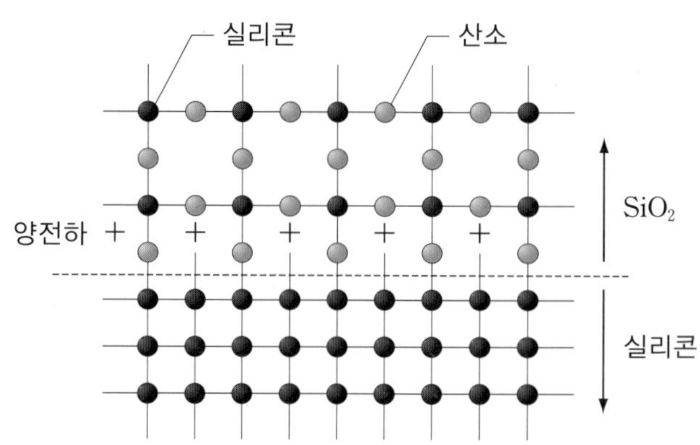

그림 3-7 Si/SiO_2 경계면에서 축적되는 전하들

산화물 성장률(oxide growth rate)은 온도, 압력, 산화되는 상태(건조 또는 습기), 실리콘 결정 방위, 도핑 준위와 같은 매개변수에 의해서 좌우된다.

성장률은 확산이 빠르게 발생한다면 열 공급을 감소시키기 위한 역할을 하는 웨이퍼 공정 시간을 감소시킬 수 있어서 중요하다. 실리콘상의 산화물 성장을 위한 모델은 Deal과 Grove에 의해 발견되었으며, 선형-포물선 모델이라고 부른다. 이 모델은 300~20,000 Å까지의 다양한 두께의 범위 내에서 정확하게 산화물 성장을 표현할 수 있다.

산화물 성장은 선형 단계 성장과 포물선 단계 성장으로 구분된다. 이산화 규소의 초기 발생은 선형 단계로 불리고 시간에 대해 선형 함수로서 웨이퍼 표면에서 실리콘이 소비된다. 산화물 성장 모델의 선형 단계는 대략 150 Å의 산화물 두께에서 유효하다. 선형 방정식은

$$X = (\frac{B}{A})t$$

로 표시되는데, X는 성장하는 산화물의 두께, (B/A)는 선형 비례 상수, t는 산화물이 성장되는 데 걸리는 시간을 의미한다. 선형 단계에서 산화는 시간에 따라서 선형적으로 변화한다. 포물선 단계는 산화막 성장의 두 번째 단계로 대략 150 Å의 산화물 두께를 전후해서 시작된다. 포물선 단계의 식은

$$X = (Bt)^{\frac{1}{2}}$$

로 표시된다. X는 산화물의 성장 두께, B는 포물선 속도 상수, t는 산화물이 성장되는 데 걸리는 시간을 의미한다. 그림 3-8에 나타낸 것처럼 산화물층이 점점 더 두껍게 될 때 산소가 Si/SiO_2경계면에 도달하기 위해 더 긴 거리에서 확산되어야 하기 때문에 포물선 단계에서 산화물의 성장은 선형 단계보다 훨씬 더 느리게 이루어진다.

이런 반응은 산화물을 통해 산소가 확산되는 속도에 의해서 제한되는데 포물선 속도

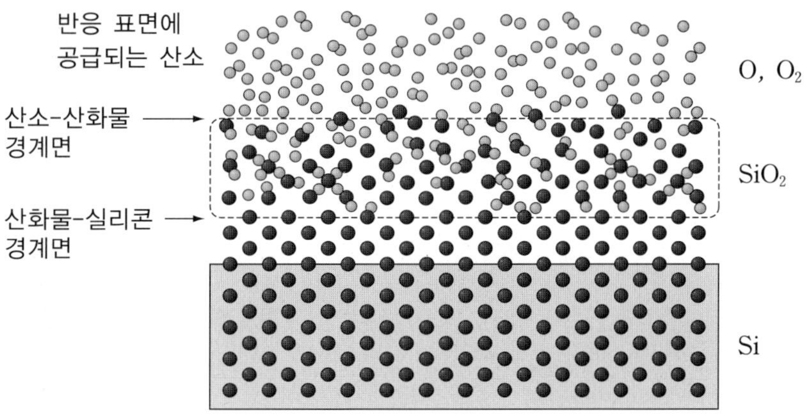

그림 3-8 산화물층을 통한 산소의 확산

상수 B가 증가함에 따라 산화물 성장 속도도 증가하게 된다. 습식 산화에서의 B는 건식 산화의 경우보다 훨씬 더 크다는 것을 알 수 있다. 따라서 습식 산화에서의 산화 속도가 증가한다.

산화물 성장에 영향을 미치는 요소로는 온도와 H_2O의 존재 이외에도 불순물의 도핑 농도와 결정 방위, 압력 효과, 플라즈마 강화를 들 수 있다. 강하게 도핑된 실리콘은 약하게 도핑된 물질보다 더 빠르게 산화된다. 보론(붕소)을 도핑하면 인을 도핑했을 때보다 포물선 단계에서 더 빨리 산화시킬 수 있다. 보론은 결합 구조를 약하게 하는 산화물막에 포함되는 경향이 있고 이어서 산소의 확산을 증가시킨다. 선형 속도 상수에 있어서 붕소와 인의 도핑 사이에는 차이가 거의 없다. (111) 평면 위의 실리콘 원자의 밀도가 (100) 평면 위에서보다 더 크기 때문에 선형 산화 속도는 결정 방위에 의존한다. 포물선 단계 동안 포물선 속도 상수 B는 실리콘 기판의 결정 방위와 무관하다. (111) 평면과 (100) 평면에서의 산화 성장률 차이는 거의 없다.

산화물층의 성장률은 압력에 비례해서 증가하기 때문에 고압 조건은 산소 원자가 더 빨리 성장 산화물을 관통하도록 하면서 선형 속도 상수와 포물선 속도 상수를 증가시킨다. 이런 상태(고압)는 동일한 온도에서 더 빠르게 산화물을 성장시키거나, 같은 성장률을 얻기 위해 필요한 온도를 감소시키게 된다. 증가하는 산화물 성장 대 온도 감소를 위한 비율은 대략적으로 1기압의 증가를 위해 반응로의 온도를 30℃ 감소시키는 것이다. 이런 비율을 열적 공급을 줄이는 데 이용할 수 있다.

플라스마가 강화된 산화 공정은 열적 공급을 감소시키면서도 낮은 온도에서 산화물 성장률을 증가시키는 또 다른 방법이다. 일반적으로는 RF 소스에 의해 만들어진 산소 플라

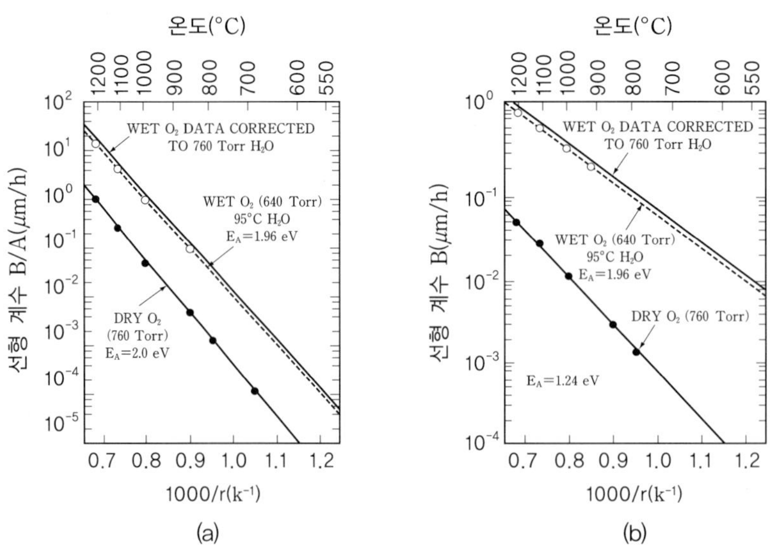

그림 3-9 (a) 선형 계수의 온도 효과 (b) 포물선 계수의 온도 효과

스마 방전에 의존한다. 실리콘은 웨이퍼 위의 플라스마 상태에서 충전된 산소를 모으는 플라스마 전위보다 적은 전위에서 바이어스된다. 이런 활동의 결과로 실리콘이 빠르게 산화되고 충전된 600℃보다 낮은 온도에서 산화물이 성장하도록 허용된다. 일반적인 산화막보다는 막의 질이 떨어지기 때문에 웨이퍼 제작에 널리 사용되지는 않는다.

Deal과 Grove의 선형-포물선 모델은 300 Å 이상의 두께를 위한 산화막 성장을 정확하게 예측한다. 그러나 건식 산화 공정은 예상한 것보다 더 빠르게 진화하고 있고 0.18 μm MOS 기술에서는 게이트 산화물 두께가 현재 20~60 Å 정도로 성장할 수 있다. 제조공정은 높은 수율과 장기적인 신뢰도를 보장할 수 있는 이러한 산화물층을 만들 수 있다. CD가 나노미터 스케일로 발전되면서 게이트 산화막이 더욱 얇게 성장하기 때문에 정확하게 산화 비율을 예측할 수 있는 모델은 없다.

0.25 μm보다 큰 CD를 가지는 소자를 격리시키는 기술로 사용되는 실리콘 웨이퍼의 선택적인 부분의 산화는 LOCOS(local oxidation of silicon) 공정 기술로 알려져 있다. LOCOS 기술은 소자의 패킹 밀도를 증가시키고 평탄화시키기 때문에 MOS 공정에서 중요하게 취급된다. 그림 3-10에서 보듯이 실리콘 표면 위의 인접한 장치를 전기적으로 격리시키기 위해 SiO_2를 사용한다. 증착된 실리콘 질화물(Si_3N_4)층은 산화 장벽으로 이용된다. 산화물은 실리콘을 덮고 있는 질화물에서는 성장하지 않기 때문에 선택적으로 열적 산화물 성장을 식각할 수 있다. 열적 산화 후에 질화물과 밑에 놓인 모든 산화 장벽은 소자 형성을 위해 준비되어 있는 노출된 실리콘 표면 부분을 제거시킨다. 산소는 산화물을 통해서 모든 방향으로 확산한다. 산소 중의 일부는 다른 산소 원자와 실리콘을 이동시키기도 한

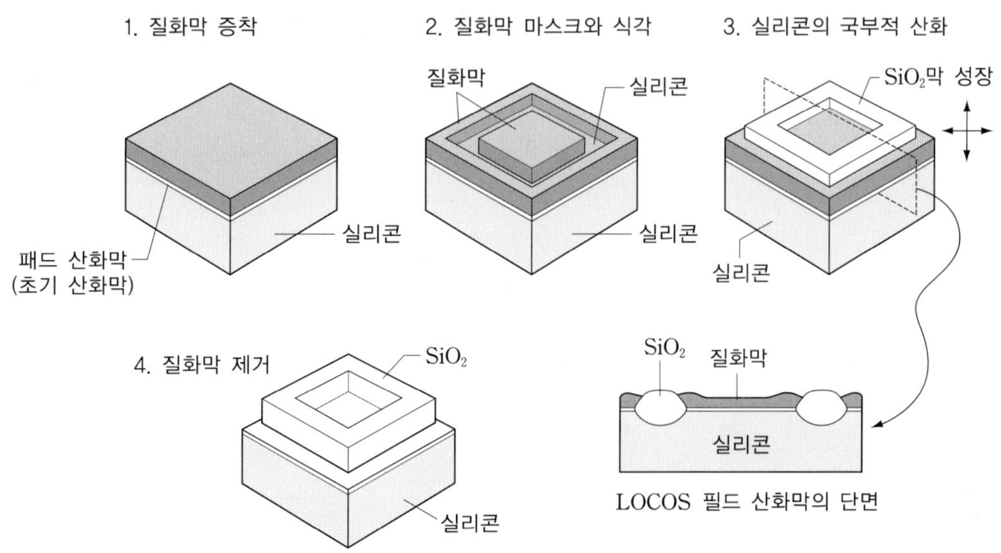

그림 3-10 LOCOS 공정

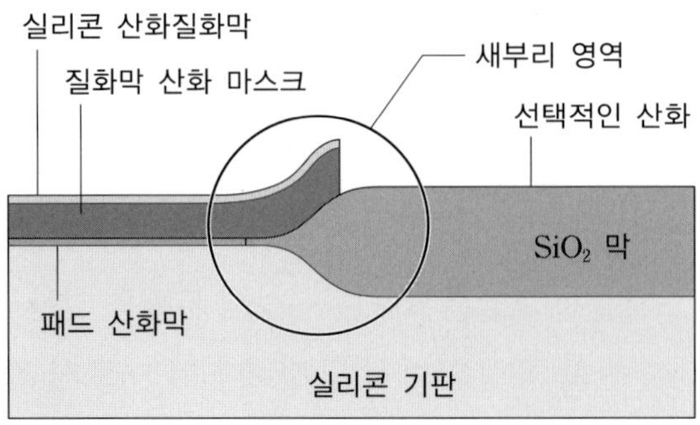

그림 3-11 LOCOS 공정에서 발생되는 새의 부리 효과

다. 이는 질화물 마스크 아래 산화물의 측면 성장이 약간 있다는 것을 의미한다. 그림 3-11에 표시된 것처럼 산화물이 소비된 어떤 실리콘보다 더 두껍기 때문에 질화물 마스크에서의 성장은 질화물 가장자리로 밀어 올리게 되는데 이런 작용을 '새의 부리 효과(bird's beak effect)'라고 부른다. 이런 현상은 LOCOS 산화 공정에서 나타나는 원하지 않는 부산물이다. '새의 부리 효과'는 산화물이 비교적 두꺼울 때 가장 뚜렷하게 나타난다. 질화물 마스크와 실리콘 사이의 응력을 줄이기 위해서 열적 산화물의 얇은 장벽층이 패드 산화물로 사용된다.

선택적인 산화의 주요한 형태에 사용된 0.25 μm 이하의 기술은 얕은 트렌치 격리(STI)이다. STI의 주요한 유전체 물질은 증착된 산화물이다. 선택적인 산화는 보통 실리콘 질화물(Si_3N_4)의 마스크를 만드는 것으로 이루어진다. 마스크는 트렌치를 구성하기 위해서 실리콘 식각에 의해 증착되고 패턴화된다. 그림 3-12에 표시된 것처럼 150~200 Å의 두꺼운

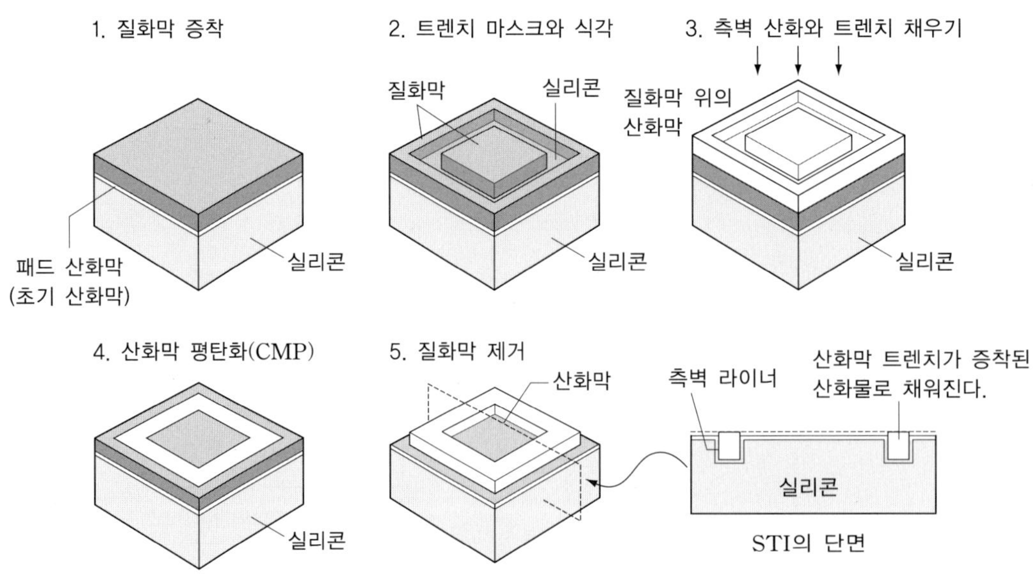

그림 3-12 실리콘 질화물 마스크를 생성하는 산화물 증착 과정

산화물층의 열적 산화에 의해 마스크를 통해 노출된 영역에서 실리콘 트렌치를 식각한다. 이렇게 열적으로 성장된 산화막은 실리콘과 증착된 트렌치 채움 산화막 사이의 장벽 역할을 하고 실리콘 표면을 보호한다. 산화막 장벽은 완료된 소자의 측벽 전류 누설을 효과적으로 방지할 수 있다.

열적 산화를 위한 선택적인 부분을 열기 위한 식각을 따라서 보통은 화학적 기상 증착법(CVD)에 의해서 실리콘 질화물을 증착시킨다. 실리콘 질화물층으로 덮여 있는 웨이퍼 상의 실리콘 표면은 질화물 마스크가 충분히 두꺼운 것처럼 산화시키지 못한다(실리콘을 덮고 있는 질화물 마스크가 약하게 산화시킬 것이다). 일반적으로 900℃의 고온에서 실리콘 질화물은 표면 실리콘 원자와 질소의 반응에 의해 실리콘 위에서 성장될 수 있다. 그러나 이런 방식으로 성장한 질화물은 높은 유전 상수의 이점을 갖는 특별한 응용분야로 제한되는 매우 얇은 층(약 5 nm)을 성장시키는 데만 사용할 수 있다.

3-3 반응로 장비

반응로(furnace)는 수평 반응로(horizontal furnace), 수직 반응로(vertical furnace), 고속 열적 프로세서(RTP: rapid thermal processor)로 분류되는데 반응로의 장비는 웨이퍼 제작 공정이 진행되는 동안 도핑되거나 도핑되지 않은 폴리실리콘과 질화실리콘, 이산화 규소와 같은 다양한 형태의 증착 공정, 유리의 재유입 공정, 실리사이드 막형성 공정, 이온 주입 공정이 이루어진 후에 실시하는 웨이퍼 표면의 열적 어닐링 공정 등과 같이 다양한 목적에 이용된다. 수평 반응로(horizontal furnace)라는 이름은 웨이퍼가 위치하고 가열되는 곳의 석영관(quartz tube)의 수평적 위치에서 유래되었다. 수평 반응로는 반도체 초기 공정에서 사용된 내구성이 우수한 기계였지만 1990년대 초부터는 작업자의 안전을 향상시키기 쉽고, 미립자 오염을 감소시키며, 우수한 온도 제어와 균일성을 가지는 수직 반응로(vertical furnace)로 주로 대체되었다. 수직 반응로는 수직 확산 반응로(VDF: vertical diffusion furnace)라고도 부른다. 수평 반응로와 수직 반응로 모두 웨이퍼와 반응로의 벽면이 가열되기 때문에 뜨거운 벽 집합 반응로로 간주된다. 수직 반응로와 수평 반응로의 경우는 분당 20℃의 비율로 웨이퍼 온도에서 위아래로 가변시키게 된다. 그러나 빠른 열적 프로세서(RTP)는 지나치게 빠른 국부적인 가열 시간 때문에 반응로의 벽이 아닌 웨이퍼만을 가열한다. 전형적인 RTP에서는 기울기가 250℃/초까지의 비율을 가지도록 양면을 가진 웨이퍼 가열을 사용하는 모델이 준비되어 있고 10℃/초의 비율로 기울기를 가지게 할 수도 있다. 실

표 3-5 수평 반응로와 수직 반응로의 성능 비교

성능 요소	성능 목적	수평 반응로	수직 반응로
일반적인 웨이퍼 사이즈	작다, 공정의 유연성	200웨이퍼/묶음	100웨이퍼/묶음
청정실 발자국	작다, 적은 공간 사용	크다.	작다(단일 공정 관).
병렬 공정	공정을 위한 이상적인 유동성	기능 없음	생산량이 증가하는 동안 웨이퍼의 적재/비적재
가스 유동 동역학	최적화된 균일성	패들과 보트 하드웨어 때문에 악화. 방사선 가스의 불균일한 분배로 인한 부력과 중력 효과	우월한 GFD와 대칭적이고 균일한 가스 분배
막 균일성 개선을 위한 보트 회전	이상적인 환경	설계 불가능	포함하기 쉬움
웨이퍼에서의 온도 구배	이상적으로 작다.	크다. 패들의 경사 그림자에 기인한다.	작음
적재/비적재 동안의 입자 제어	최소의 입자	상대적으로 빈약	top-down 적재 체계의 개선된 미량 입자 제어
석영 교체	짧은 시간에 쉽게 이루어진다.	더 복잡하고 느림	쉽고 빠르게 하강 시간을 감소시키기 위해서 리드한다.
웨이퍼 적재 기술	이상적인 자동화	성공적인 패션에서의 자동화가 어렵다.	자동화가 쉬움
로 환경의 전후 공정제어	제어가 이상적임	제어가 어렵다.	진공 도는 중립적인 움직임에 대한 뛰어난 제어 능력

리콘 기판을 어닐링시킬 때 사용하는 경우는 빠른 열적 어닐링(RTA)이라고도 한다. 표 3-5에서 수평 반응로와 수직 반응로의 성능 요소, 성능 목적을 비교 설명하고 있다.

수직 반응로 시스템은 그림 3-13에 표시된 것처럼 공정실, 웨이퍼 이송 시스템, 가스 분배 시스템, 배기관 시스템, 온도 제어 시스템으로 구분된다. 수직 반응로에서는 이런 5가지 중요한 시스템이 한 개의 마이크로 컨트롤러에 의해서 제어된다. 공정실(processor chamber)은 반응로에서 웨이퍼가 가열되는 곳으로 반응로에서의 열적 공정을 위한 웨이퍼와 다중 가열 구획(three zone heater)이 있는 가열 요소와 가열 재킷을 에워싸는 수직적인 석영 종(bell-jar) 모양의 반응로 튜브로 구성된다.

반응로 튜브는 비정질 석영으로 만들어져 고온에서 잘 견딜 수 있게 한다. 고온에서 응용하기 위해서 사용되는 비정질 석영은 녹는 실리카이지만 석영은 단결정 SiO_2이다. 반응로 컨테이너(furnace container)는 공통적으로 quartzware라 부르고 반응로 튜브에서 웨이퍼를 지지하는 구조를 석영 캐리어라고 한다.

수직 반응로에서 CVD 증착 공정이 진행되는 동안 막은 수직 웨이퍼 보트와 반응로 튜

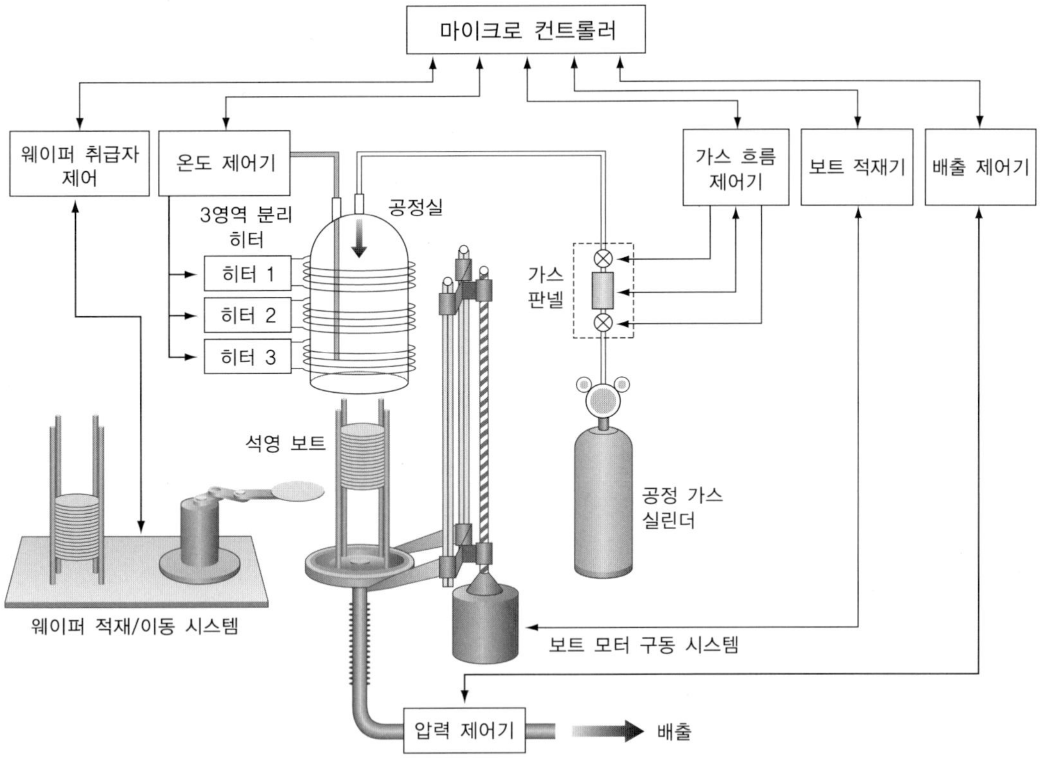

그림 3-13 수직 반응로의 블록도

브의 내벽에 증착된다. 증착된 막은 불과 몇 사이클 후에 깨지고 벗겨지게 되는데 이런 입자들이 공기로 운반될 수 있고, 웨이퍼 위에 부착되면 결함을 유발하여 수율을 감소시킨다. 따라서 입자를 감소시키기 위해서 세정시키고 제거되는 공정 튜브와 같은 반응로 성분이 필요하다.

각 석영 공정 튜브는 다중 가열 구역(heating zone)을 제어할 수 있는 가열 요소로 둘러싸여 있다. 300 mm 반응로는 9개의 가열 구역(zone)을 가지고 있고 보통의 반응로인 경우에는 3~7개의 가열 구역을 가지게 된다. 1000℃ 이상에서도 0.25℃ 이하로 제어할 수 있도록 평평한 zone의 온도 제어를 허용한다. 웨이퍼는 석영 언덕을 토대로 위치한 탑 혹은 보트라고 부르는 석영 홀더에 적재된다.

가열 소자는 온도 제어기로부터 제공되는 스위치 신호에 응답하기 위해 실리콘 제어 정류기(SCR)로 구성된 스위칭 시스템을 사용한다. 정확한 반응로 튜브의 온도 제어 능력은 전기로에서 대단히 중요하다. 이런 온도 제어의 중요한 부분은 온도를 탐지하는 열전쌍(TC)이라고 알려진 센서이고 반응로 컨트롤러에 밀리볼트에 해당하는 신호를 제공한다.

수직 반응로에서 웨이퍼 이송 시스템의 주요기능은 공정실로부터 웨이퍼를 싣고 내리는 것이다. 로봇을 사용한 웨이퍼 이송이 끝나면 모든 웨이퍼는 탑재되거나 하역된다. 로봇은

4곳의 영역(카세트 영역, 로 영역, 적재 용역, 냉각 용역) 사이에서 움직인다. 웨이퍼 이송이 진행되는 동안의 적재 영역에서는 청정도가 10등급 혹은 더 우수한 등급으로 유지된다. 가스 분배 시스템은 공정 튜브에 가스를 올바르게 흐르도록 전함으로써 반응로 내부의 순환을 유지한다.

공정에 따라 분배 시스템을 통해서 반응로에 전송되는 특별한 가스가 있다. 산화 가스(oxidizing gas)인 산소(oxygen; O_2), 환원 가스(reducing gas)인 수소(hydrogen; H_2), 불활성 가스(inert gas)인 아르곤(argon; Ar)과 질소(nitrogen; N_2)가 bulk 형태로 공급된다. 특수용 가스로는 실리콘 전구 가스(silicon-precursor gas)인 실레인(silane; SiH_4)과 다이클로로실레인(dichlorosilane; DCS 혹은 H_2SiCl_2)이 공급된다. 도펀트 가스로는 아르신(arsine; AsH_3), 포스핀(posphine; PH_3), 다이보레인(Diborane; B_2H_6)이 공급되고 반응 가스로는 암모니아(NH_3)와 염화수소(HCl)가 사용된다. 대기 정화용으로는 헬륨(helium; He) 및 질소(N_2) 가스가 사용되고 금속 플러그 재료와 같은 특수 용도에 사용되는 6-플루오린화텅스텐(tungten hexafluoride; WF_6) 가스가 있다. 실레인(SiH_4), 포스핀, 수소와 같은 가연성 가스는 해로운 부산물 가연성 가스가 감소하는 공정실의 흐름을 따라 공기에 존재하는 가스를 연소하는 burn box라는 공간에서 사용된다. 특별한 입자 필터가 고체를 제거하는 데 이용되며 유독한 가스가 흡수된 곳에서 가스는 정화용 기계를 거친다.

반응로의 마이크로 컨트롤러(제어기)는 공정 시간(process time), 온도 조절(temperature control), 공정의 연속적인 단계(sequence of process step), 가스의 유형(type of gas), 가스의 유동 비율(gas flow rate), 온도 변화율(temperature ramp rate), 웨이퍼의 탑재 및 하역(wafer loading and unloading) 등과 같은 반응로의 모든 동작을 정규화한다.

온도 변화율은 웨이퍼가 가열되고 냉각되기 위해서 노출되는 온도의 변화를 의미하며 분당 ℃ 변화로 측정된다. 수직 반응로의 일반적인 온도 변화율은 10℃/분이지만, float zone에서는 0.6℃ 이내에서 유지된다. 진단(diagnostic), 자료 수집(data collection)과 같은 또 다른 기능도 마이크로 컨트롤러로 수행할 수 있다. 각 반응로의 마이크로 컨트롤러는 중앙 컴퓨터에 연결되어 있다. 중앙 컴퓨터는 마이크로 컨트롤러의 모든 정보를 포함하는 특수한 웨이퍼 공정 비법(recipe)을 다운로딩하는 능력이 있다. 중앙 컴퓨터는 웨이퍼 로트 검색, 비법 프로그래밍, 로트의 자동화 일정(scheduling)과 같은 기능도 수행한다.

반응로에서 웨이퍼를 처리할 때의 주안점은 반응로에서 필요한 가열 시간과 냉각 시간이다. 고속(fast ramp) 반응로라고 부르는 새로운 수직 확산 반응로는 묶음 단위 웨이퍼의 공정 온도를 급격하게 증가시킬 수 있는데 공정 후의 급격한 냉각으로 인한 공정 온도의 안정화에 필요한 시간을 감소시키는 것이 필요하다. 고속 반응로의 개발로 인해 웨이퍼의 배치

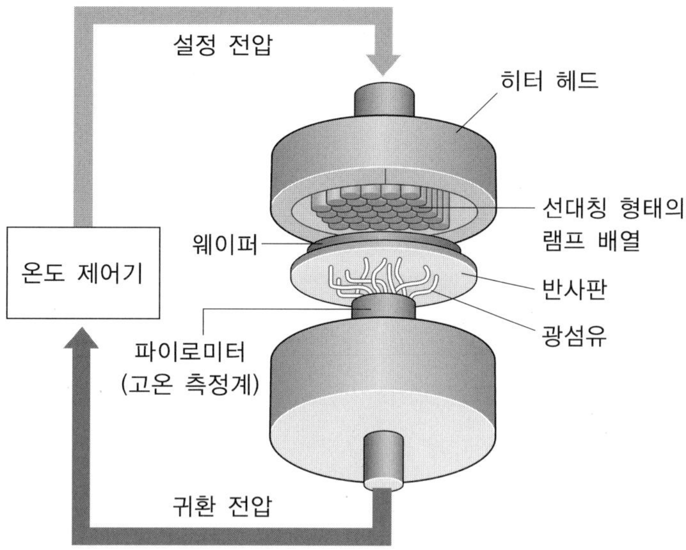

그림 3-14 급속 열처리기(RTP)

처리가 100장까지도 가능해졌으며, 온도 상승은 분당 100℃, 냉각은 분당 60℃까지 가능해졌다. 일반적인 반응로는 분당 80℃의 온도 변화율에서 모든 웨이퍼를 ±5℃로 유지하는 반면 고속 수직 반응로는 온도 공정을 ±0.1℃ 이내에서 균일하게 제어할 수 있다.

그림 3-14에 표시된 급속 열처리기(RTP)는 수초의 아주 짧은 시간에 400℃에서 1300℃의 온도 범위에서 단일 웨이퍼를 가열하는 공정 기계이다. 반응기(reactor, 공정실)에서 단일 웨이퍼는 저압(low pressure) 혹은 대기압(atmospheric) 조건에서 빠르게 가열된다. RTP에서는 컴퓨터가 가스 처리(gas handling) 시스템으로 동작을 제어한다. 대부분의 RTP는 가열 전원으로 대역 속으로 조직화되는 다중 텅스텐 할로젠 전구를 사용한다. 할로젠 전구는 25~150개 범위에서 웨이퍼의 상단과 하부에 위치되는데 웨이퍼의 윤곽선(contouring)을 따라서 온도를 제어하기 위해서 4~14개 정도의 다중 대역으로 구분되어 배치된다.

이런 윤곽선을 통해 냉벽 시스템에서 온도의 증가와 감소가 이루어지는 동안 가열과 냉각이 균일하게 되지 않는 것을 보상할 수 있다. 이런 실리콘 웨이퍼들은 단파장의 방사를 발생시키는 전구로부터 방사량을 선택적으로 흡수(absorbing)한다. 이런 방식으로 RTP는 웨이퍼와 방사(radiant) 가열 전원 사이의 에너지를 전송하고, 둘러싼 반응기 벽은 가열하지 않는다. 이런 이유로 냉벽(cold wall)이라는 용어를 사용한다.

냉벽 반응기는 반사를 증가시키기 위해서 텅스텐 할로젠 전구 가열 전원으로부터 방사가 통과하도록 수정 창을 가진 광택을 가진 금속(예: 스테인리스스스틸)을 사용한다. 열 접촉으로 웨이퍼를 가열시키는 susceptor의 가열을 위해서 전구나 저항 히터가 사용되는 몇 가지 시스템이 있다는 점을 주목해야 한다. 이런 시스템에서 RTP는 hot wall 히터 혹은 warm wall 히터로 분류된다. RTP에서의 온도 제어는 광학 파이로미터(pyrometer) 혹은 열전쌍을 통해 진행된다. 열전쌍은 웨이퍼의 물리적인 접촉을 사용하여 실제적인 웨이퍼 온도를 구축한다. 열전쌍은 상대적으로 신뢰성을 갖지만, 느린 응답 시간과 고온에 노출되는 시간으로 인해서 수명이 짧다. 광학 파이로미터는 빠른 응답을 갖는 측정 기구이다. 이런 측정은 웨이퍼가 가열되고 있는 동안 발산되는 적외선(infrared)을 감지함으로써 이루어진다.

기존의 수직 반응로를 능가하는 RTP의 중요한 이점으로는 열 공급량을 감소시키고, 실리콘으로 이동하는 불순물의 확산을 최소화시키며, 다중 기술을 접목시키는 것이 용이하다는 점과 냉각 벽 가열로 촉발되는 오염을 감소시킬 수 있다는 점, 작은 공정실 용량으로 인해서 대기가 청결하다는 점, 웨이퍼 공정 시간이 단축된다는 점을 들 수 있다. 기존의 수직 반응로와 고속 열처리기의 대략적인 특성을 표 3-6에서 비교하였다.

RTP는 웨이퍼 제조공정이 진행되는 동안 불순물을 확산시키고 활성화하며 결함을 제거하는 어닐링 공정, 증착된 막의 조밀화(densification) 공정, BPSG(borophosphosilicate glass)의 재유입, 질화 티타늄과 같은 장벽층의 어닐링, 티타늄 실리사이드와 같은 실리사이드 구성, 접촉부 합금과 같은 다양한 공정에 이용된다.

양질의 산화 공정을 수행하기 위해서는 웨이퍼의 청결은 필수적이다. 입자나 이동하는 이온 오염물질인 MIC 같은 오염은 소자의 성능과 수율에 크게 영향을 미친다. 이온 오염물질들이 존재한다면 열적 성장에서 게이트 산화물 구조는, 이온 물질들이 게이트 산화물로부터 Si/SiO_2 계면으로 표류하는 것처럼 소자 임계 전압에서 긴 주기의 변화를 보이게 된다. 이런 조건은 소자의 전기적인 특성에 손상(detriment)을 입힌다. 열적 산화 공정에서 이온 오염물질 및 입자가 시스템에서 배출되도록 하는 능력은 시스템을 얼마나 청결한 상태로 제어할 수 있는지로 결정된다. 따라서 반응로와 이에 관계되는 장비들의 청결 상태를 유지

표 3-6 기존의 수직 반응로와 고속 열처리기의 대략적인 특성 비교

수직 반응로	RTP
배치 처리	단일 웨이퍼
hot wall	cold wall
가열과 냉각의 배치 처리에 긴 시간이 필요하다.	웨이퍼의 가열과 냉각에 짧은 시간이 소요된다.
웨이퍼에 걸쳐서 작은 열 기울기가 나타난다.	웨이퍼에 걸쳐서 큰 열 기울기가 나타난다.
긴 사이클 시간	짧은 사이클 시간
대기 온도 측정	웨이퍼 온도 측정
주안점: 큰 열 공급, 미립자, 대기 제어	주안점: 온도의 균일화, 불순물 이동의 최소화, 웨이퍼에서 웨이퍼로의 반복성, 처리량, 급속 가열에 따른 웨이퍼 응력, 절대 온도 측정

시키고, 화학적 공정에 사용되는 물질들(산화 가스, 환원 가스, 불활성 가스, 특수용 가스)의 순도를 고순도로 유지하고, 웨이퍼 세척 및 조작의 숙련도를 높이는 것이 공정의 안정성과 신뢰성, 수율을 높이는 비책이 된다.

기본적인 습식 세척 화학물질은 RCA SC-1과 SC-2 세정 시스템, 황산(sulfuric acid), 과산화 수소(hydrogen peroxide), 물을 혼합한 피라니아(piranha) 세정과 같은 시스템에 의해서 검사된다. 수동과 자동으로 조작되는 습식 sink, 초음파 시스템, 산 스프레이 공정, 헹굼과 건조 시스템을 포함한 다양한 형태의 세척 장비가 제조공정 설비의 산화 공정에서 사용된다.

연습 문제

1. 열적 산화 공정 기술을 설명하시오. 각기 다른 기술에서 증착되는 막의 품질 특성과 대략적인 두께를 설명하시오.

2. 자계 산화층의 의미를 설명하고 어떤 공정을 사용해서 증착되는지와 증착 두께의 범위를 설명하시오.

3. 수직 반응로와 수평 반응로의 특성을 비교하시오.

4. 산화 공정 시작 전에 반드시 웨이퍼 세척이 필요한 이유는 무엇인지 설명하시오.

5. 열적으로 성장되는 게이트 산화막과 표면 보호층을 설명하시오.

6. 건식 산화의 습식 산화의 화학적 반응, 증착되는 막의 두께 및 품질 특성을 비교하여 설명하시오.

7. 습식 산화 공정에서 사용되는 HCl, N_2, O_2, H_2의 역할을 설명하시오.

8. 열 산화 공정에서 선형 성장 단계와 포물선 성장 단계 모델을 설명하시오. 딜그로브의 모델이 적용되는 두께의 범위에 관해서도 설명하시오.

9. RTP의 구조와 동작 원리, 응용 분야를 설명하시오.

10. 산화 성장 비율에 영향을 미치는 파라미터를 설명하시오.

11. LOCOS 공정 기술을 설명하고 산화막층을 구성할 때 나타나는 새의 부리 효과에 관해서도 설명하시오. 이것은 바람직한 조건인지도 판단하시오.

12. 얕은(좁은) 트렌치 격리(STI)에 관해서 설명하시오.

연습문제

13. 수직 반응로를 구성하는 중요한 부분을 5가지로 분류하시오.

14. 수직 반응로에서 사용되는 가열 대역을 몇 구역으로 구성하는지 설명하시오.

15. 고속 온도 변환 기능을 갖는 반응로에 관해서 설명하시오. 이런 경우 온도의 상승률과 하강률에 관해서 설명하시오.

제 4 장

집적 회로 제조공정

많은 반도체 소자들은 사용자의 사용 목적에 따라서 각각의 기능을 발휘하게 된다. 이 장에서는 저항, 인덕터, 커패시터와 같은 수동 소자와 pn 접합형 다이오드, BJT, JFET, MOSFET, CMOS와 같은 능동 소자와 집적 회로의 제조공정 기술에 관해서 설명한다.

전자 회로는 아날로그 회로(analog circuit)와 디지털 회로(digital circuit)로 구분된다. 아날로그 회로는 직류 전류, 교류 전류, 직류성 맥류, 직류와 교류가 중첩되는 경우에서 동작하도록 설계되는데 일반적으로는 선형 회로라고 부르기도 한다. 라디오 전송기(radio transmitters) 및 수신기(receivers), 녹음기, 플레이백 시스템, X선 기계, 자동차 점화 장치(automotive ignition systems) 등이 아날로그 회로로 동작하는 전자제품의 대표적인 예이다.

기본적으로 디지털 회로는, 2가지의 다른 레벨인 High 전압과 Low 전압에서 작동한다. high는 이진법에서의 1을, low는 0을 의미한다. 디지털 회로는 컴퓨터나 계산기 같은 논리 장치에 사용된다. 시계, 휴대용 컴퓨터 게임기, 바코드 리더기 같은 다른 디지털 논리 장치에도 적용된다.

Logic Family	High State=1	Low State=0
TTL	5VDC	0.0VDC
CMOS	3.5VDC	0,0VDC

4-1 수동 소자의 구조

R, L, C는 3대 수동 소자라고 정의되는데 IC 저항은 금속막, 도핑된 폴리실리콘, 기판의 특정한 영역으로 확산된 불순물에 의해 형성된다. 저항은 그림 4-1에서 보듯이 회로의 아주 작은 부분을 차지하며 미세한 구조를 가진다. 칩 회로와 저항의 연결은 금속화 공정을 통해서 증착되는 알루미늄이나 텅스텐 같은 금속 도체의 접점에 의해서 이루어진다.

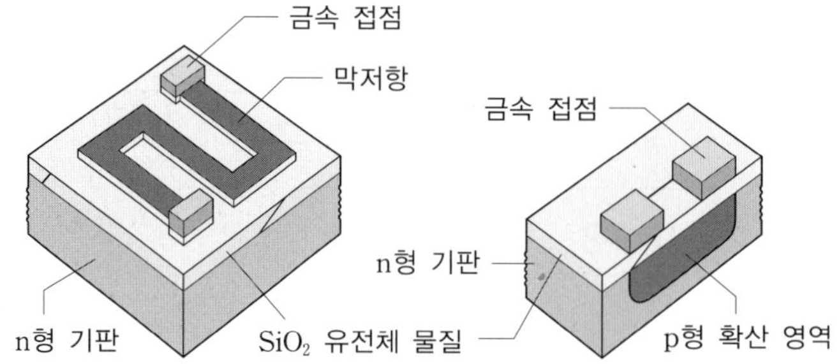

그림 4-1 IC 안에서의 저항 구조의 예

금속화(metallization)는 유전체막 위에 금속막을 증착시키는 공정으로, 집적 회로의 모든 플러그들과 금속 선들을 서로 연결하기 위해서 패턴화(patterning)하게 된다. 금속 선들은 전기적 집적을 위해 유전체층 사이에 샌드위치 형태로 끼워진다. 고성능의 마이크로프로세서는 상호 연결을 위해 하나의 칩에 수백만 개의 금속 선이 사용된다. 2020년에는 칩 제조공정에 사용되는 배선의 CD(critical dimension)는 나노(nm) 스케일로 칩 하나에 수억 개에서 수십억 개의 트랜지스터(TR)가 집적되고 있다. 따라서 소자의 상호 연결은 더욱 복잡해지고 신호의 전파 지연을 줄이기 위한 마이크로 칩의 상호 연결 기술은 ASIC(Application Specific Integrated Circuit)의 성능에 영향을 미치는 중요한 과제이다.

ULSI 회로에서는 기생하는 커패시턴스와 상호 연결(interconnect) 저항이 증가하고 ULSI의 소자 밀도 또한 증가하기 때문에 신호의 전파는 느려지게 된다. 최근 웨이퍼 제조 기술에서 주목해야 할 변화는 상호 연결 금속 저항(ρ)의 감소이다. 전도성이 좋은 금속인 구리가 알루미늄 합금을 대체하면서 상호 연결 저항이 감소하였다. 서브 마이크론의 선폭을 갖도록 낮은 k를 갖는 층간 유전체가 필요하게 되었다. 유전 상수를 낮추면 신호 지연의 원인인 기생 커패시턴스를 감소시킬 수 있다.

그림 4-2에 인접한 배선쌍(wire pair)을 나타내었다. 배선은 폭이 ω, 길이 l, 두께 t, 이웃 간 간격 s와 아래의 도전 층 사이에 높이 h의 유전체이다. 폭과 간격의 합을 피치(pitch)라 부른다. 두께 대 폭의 비율인 t/ω는 외관비(aspect ratio)라고 정의한다.

균일한 도전체 슬라브 저항은 아래와 같이 표현할 수 있다.

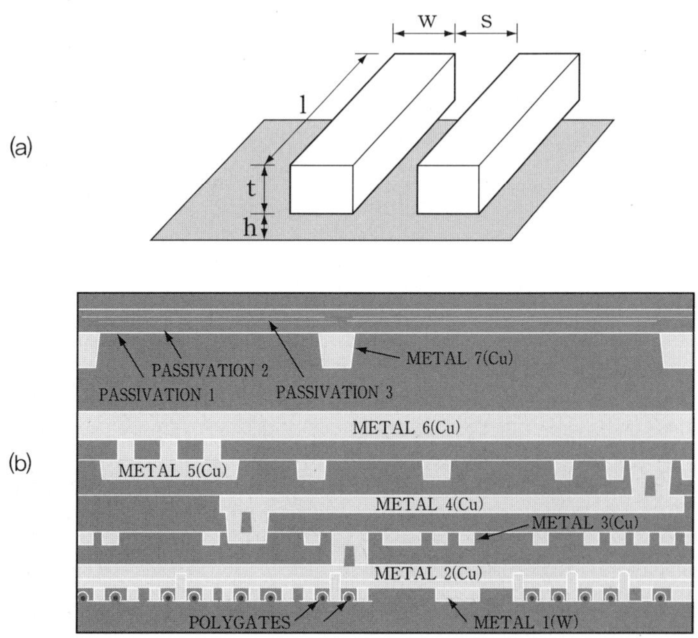

그림 4-2 금속 배선의 상호연결(a)과 다층 구리 배선의 구조(b)

표 4-1 실리콘과 선택된 금속 배선 물질의 고유 저항(25℃)

재료	융점(℃)	고유 저항(μΩ-cm)
실리콘(Si)	1412	$\cong 10^9$
도핑 처리된 폴리실리콘	1412	≅ 500 to 525
알루미늄(Al)	660	2.65
구리(Cu)	1083	1.678
텅스텐(W)	3417	8
티타늄(Ti)	1670	60
탄탈륨(Ta)	2996	13 to 16
몰리브덴(Mo)	2620	5
백금(Pt)	1772	10

$$R = \frac{\rho}{t}\frac{l}{\omega} \tag{4-1}$$

여기서 ρ는 고유 저항(resistivity)이다. 이 식은 아래와 같이 다시 쓸 수 있다.

$$R = R_{\square}\frac{l}{\omega} \tag{4-2}$$

여기서 $R_{\square} = \rho/t$는 시트 저항(sheet resistance)이고 Ω/square의 단위를 갖는다. 표 4-1에는 배선 재료의 고유 저항이 표시되어 있다.

IC 소자 설계 시 원치 않는 저항을 기생 저항이라고 정의한다. 기생 저항은 단순히 구조의 크기나 형태, 모양 혹은 재료 도핑 양과 종류에 의해서 발생하는데 기생 저항은 원치 않는 저항이기 때문에 IC 소자의 동작 성능을 감쇠시키는 원인이 된다. 그림 4-3은 트랜지스터에서 기생 저항의 위치를 나타내고 있다. 기생 저항은 점진적으로 증가하며, 이것은 직렬 저항이 하나의 저항보다 더 커진다는 것을 의미한다. IC 소자의 기생 저항 효과는 IC 칩에서 소자 크기를 감소시키기 위해서 압축(compaction) 기술을 사용할 때 손상이 발생되는 것을 의미한다. 높은 회로 밀도는 높은 저항을 수반한다. 능동 소자 내의 벌크 저항을 감소

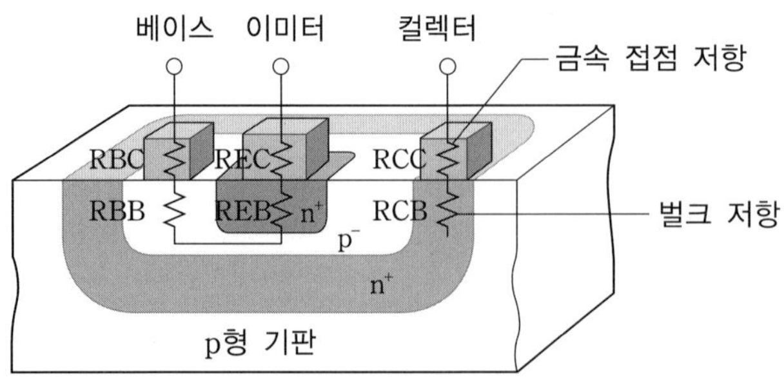

그림 4-3 트랜지스터에서의 기생 저항의 단면적

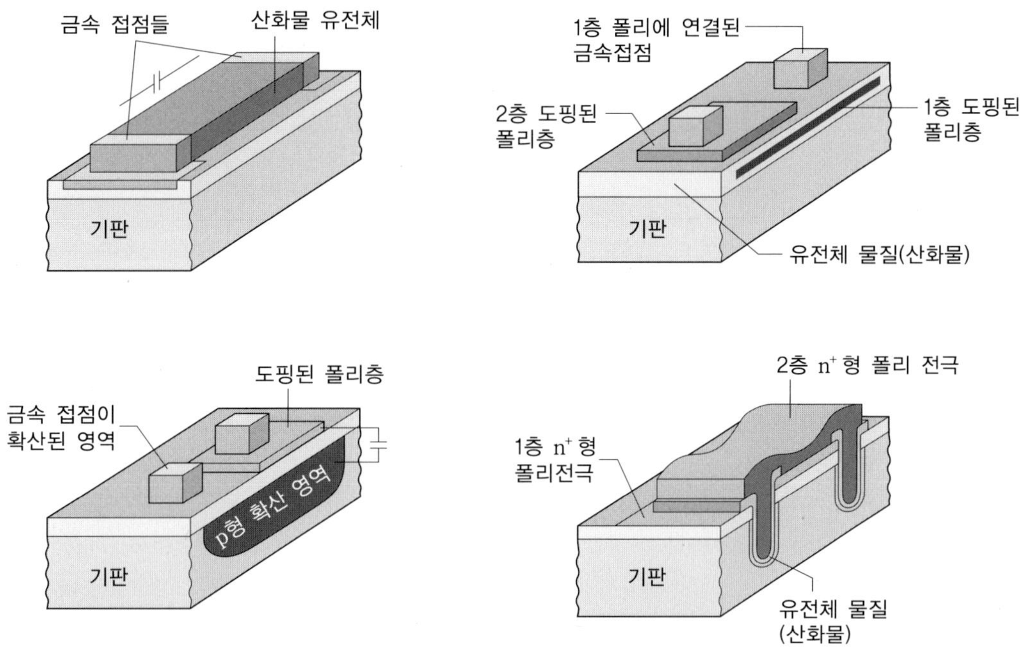

그림 4-4 IC 안에서의 커패시터의 예

시키기 위해서 설계 공정을 세분화하고 낮은 저항을 갖는 금속을 접점으로 선택하는 것처럼 설계 공식에는 자동으로 계산되는 저항 손실이 포함된다.

기판을 구성하는 재료에 의해서 커패시턴스가 결정된다. 이런 조건은 기생 커패시턴스로 간주된다. 이것의 예는 그들 사이에 절연체를 갖는 두 개의 인접한 금속 도체 사이에서 일어난다. 이런 종류의 커패시턴스는 원하지 않는 IC의 기능을 갖게 한다.

그림 4-5에서 집적 회로의 금속 배선에서 발생하는 커패시턴스 영향은 다음과 같이 정의된다.

$$c = \frac{\varepsilon_{ox}}{h}\omega l \qquad (4\text{-}3)$$

사실상 기생 커패시턴스는 전자 회로의 빠른 스위칭 속도와 충돌한다. 몇몇 예에서 기생 커패시턴스는 기생 진동 때문에 회로를 불안정하게 한다. 불안정한 회로에는 원치 않음에

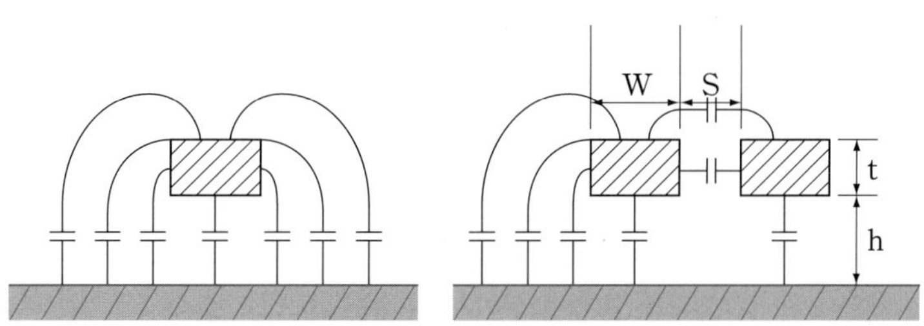

그림 4-5 커패시턴스에 의한 주변 영역의 효과

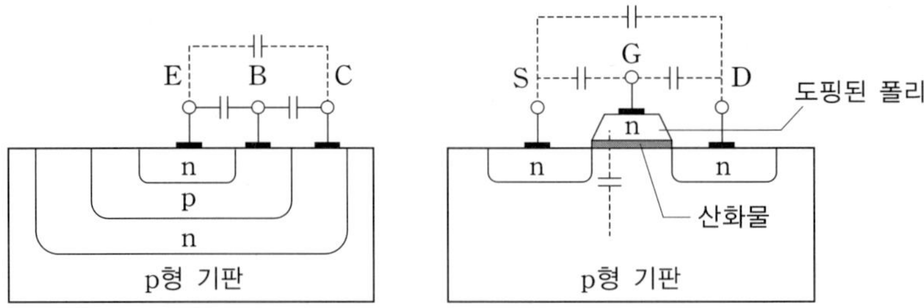

쌍극성 접합형 트랜지스터 전계 효과 트랜지스터

그림 4-6 BJT와 FET에서 발생하는 커패시턴스의 예

도 불구하고 교류 신호를 위한 짧은 회로 통로가 형성된다. 그림 4-6은 쌍극성 접합형 트랜지스터(BJT)의 전극 사이의 기생 커패시턴스와 전계 효과 트랜지스터(FET)에서의 기생 커패시턴스를 나타낸다.

4-2 능동 소자의 구조

다이오드나 트랜지스터 같은 능동 소자는 수동 소자와 다른 전자적 조정 속성을 제공한다. 이런 속성은 전류가 흐르는 방향을 제어하는 데 사용된다. 게다가 능동 소자들은 작은 신호를 증폭시키며, 전압 조정기 및 전류 조정기, 발진기, 논리 게이트 같은 좀 더 복잡한 회로를 구성하는 데 사용된다. pn 접합형 다이오드는 그림 4-7에서 보듯이 캐소드(cathode)는 n형 반도체 물질로 구성되고 애노드(anode)는 p형 반도체 물질로 구성된다. pn 접합은 쌍극성 접합형 트랜지스터(BJT)와 전계 효과 트랜지스터(FET)의 동작을 이해하기 위해서 반드시 알아야 하는 중요한 요소이다.

그림 4-7의 단면을 살펴보면 기판의 한쪽 영역은 n형 실리콘 영역을 구성하기 위해서 5가 원소인 도너(donor) 불순물 비소(As), 인(P), 안티몬(Sb), 비스무스(Bi)로 도핑되어 있고, 다

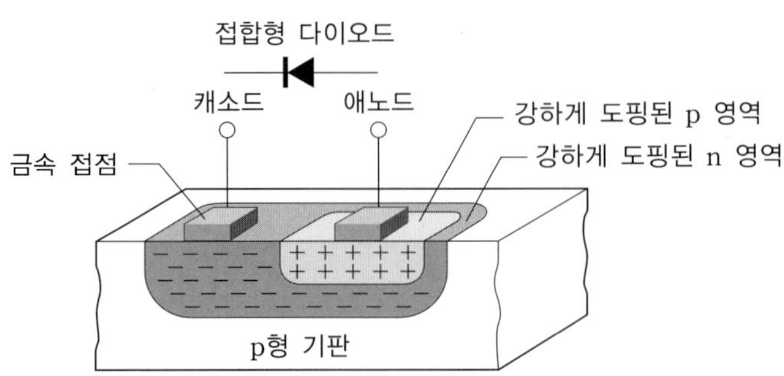

그림 4-7 pn 접합형 다이오드의 기본적인 기호와 구조

른 한쪽은 3가 원소인 붕소(B), 알루미늄(Al), 갈륨(Ga), 인듐(In)과 같은 억셉터(acceptor) 불순물이 사용되어 p형 영역을 형성한다. 금속 접점 재료로는 일반적으로 알루미늄이나 텅스텐, 티타늄 혹은 구리 등을 사용한다.

p형 실리콘 영역에서의 다수 캐리어는 정공(hole)이고, n형 실리콘 영역에서의 다수 캐리어는 전자(electron)이다. pn 접합형 다이오드의 접합면에서 발생하는 전기적인 현상에 의해서 공핍층(depletion layer)이라고 부르는 공간 전하 영역이 존재하기 때문에 중성 상태(개방 회로)를 유지하게 된다. 이때 공핍층의 폭은 전위 장벽 혹은 장벽 전위라고 부르는데 실리콘 다이오드의 경우는 0.7 V, 게르마늄 다이오드인 경우는 0.3 V로 정의되어 있다.

그림 4-8(b)에 표시된 것처럼 p형 영역에 - 전압이 연결되고 n형 영역에 + 전압이 연결되는 역방향 바이어스(reverse bias)가 인가되면 공핍층의 폭이 더욱 넓어지게 되고 도선이 끊어진 것처럼 동작하기 때문에 다이오드를 통해서 전류가 흐르지 않는다. 따라서 회로에 연결된 전구(lamp)에는 불이 들어오지 않는다. 이때 다이오드에서 소수 캐리어의 영향으로 역방향 전류(역방향 포화 전류 I_S와 표면 누설 전류 I_{SL})가 발생하기는 하지만 아주 미세한 크기(μA≒0)이기 때문에 무시할 수 있다.

순방향 바이어스(forwald bias)가 pn 접합형 다이오드에 인가된 경우의 영향을 그림 4-9에 나타내었다. n형 영역에서의 전자들은 바이어스 전압의 - 단자로부터 척력(repel force)에 의해서 멀어진다. 부가적인 전자들은 - 단자로부터 정공 쪽으로 주입되고 n형 영역의 전자들은 비게 된다.

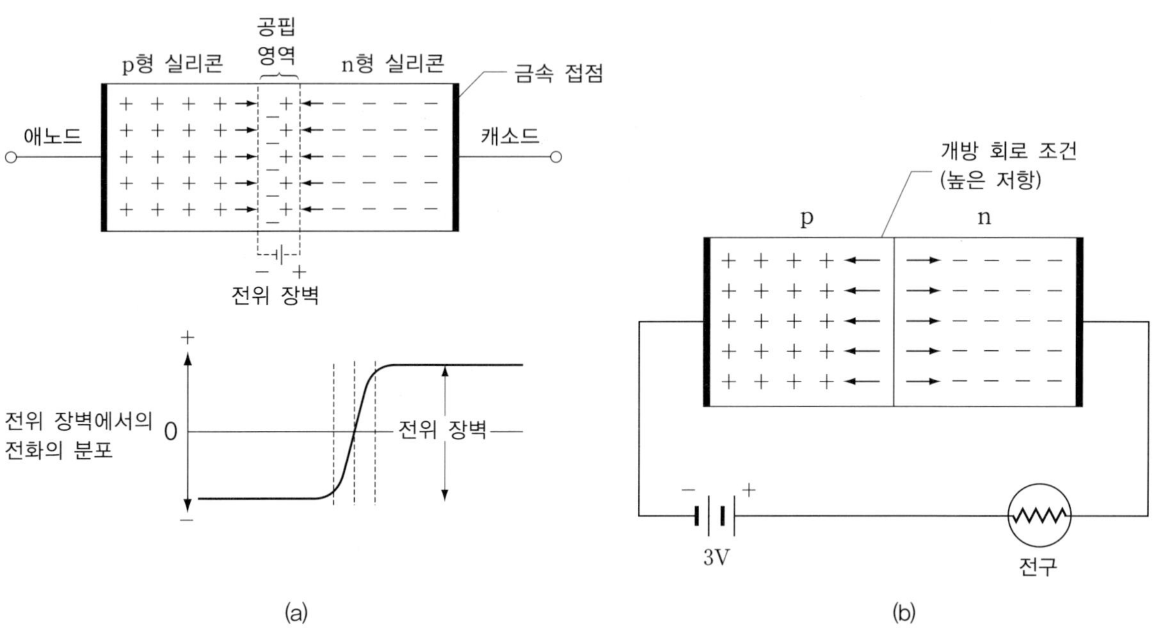

그림 4-8 (a) pn 접합형 다이오드의 개방 회로 조건 (b) 역방향으로 바이어스된 pn 접합형 다이오드

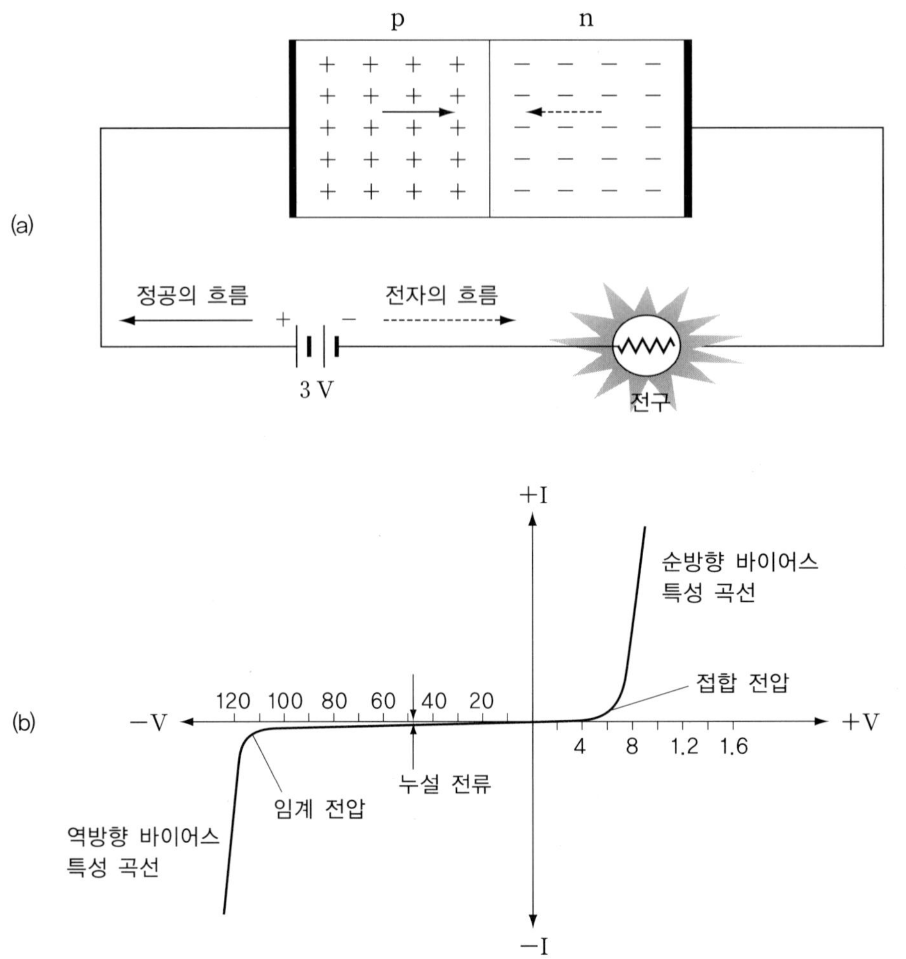

그림 4-9 (a) 순방향으로 바이어스 pn 접합형 다이오드 (b) pn 접합형 다이오드의 특성 곡선

이와 유사한 원리로 p형 영역의 정공들은 순방향으로 바이어스된 전원의 +단자로부터 척력(repulsion force)에 의해서 밀려나게 된다. 정공들은 전원의 +극에서 공급되면서 전원의 −극으로부터 공급되는 전자들과 균형을 이룬다. 정공은 재결합(recombination)하게 되고 전위 장벽을 극복하면서 전류가 흐를 수 있게 된다. 전류의 흐름은 바이어스된 전원이 유지되는 동안 영구적으로 정공과 전자를 다이오드에 주입한다.

정공 및 전자들은 전위 장벽을 극복하기 위해서 접합부 쪽으로 떨어지며 회로를 통해서 전류가 흐르게 된다. 이 흐름을 그림 4-9(a)의 화살표로 표시하였다. 그림 4-9(b)의 전류-전압 특성 곡선을 통해 pn 접합형 다이오드의 전기적 특성을 설명할 수 있다. 순방향 바이어스 특성 곡선의 무릎점이 바로 임계 전압이다. 이런 전압이 실리콘 다이오드의 특성이며 일반적으로 0.6~0.8 V의 값을 보인다. 역방향 바이어스에 해당하는 특성 곡선은 접합 전압을 넘을 때 반대 방향으로 전류가 형성되는 것을 보여준다.

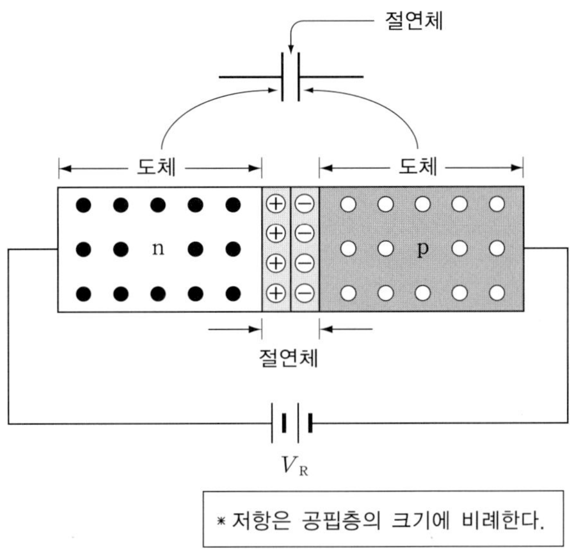

그림 4-10 pn 접합형 다이오드의 커패시턴스

앞에서 설명한 것처럼 절연체가 두 개의 인접한 도체 사이에 놓이게 되면 커패시터(capacitor)를 구성한다. 그림 4-10에서 다이오드가 역방향으로 바이어스되면 두 개의 반도체 물질 사이에 공핍층(절연체)을 형성하게 된다.

따라서 역방향으로 바이어스된 pn 접합형 다이오드는 접합 커패시턴스를 가지게 된다. 정상적인 환경에서 접합 커패시턴스는 pF 이하의 아주 작은 크기이기 때문에 무시되지만 다이오드가 고주파 동작에서 해석되는 경우에는 접합 커패시턴스가 대단히 중요해진다. 의도적으로 다이오드가 자신의 커패시턴스를 이용하기 위해서 설계되는 경우도 있는데 이런 경우에는 바렉터(varactor)라고 부른다.

다이오드의 동작 특성을 고려할 때 온도의 영향을 무시할 수 없다. 온도가 증가한다는 의미는 열적 활동이 증가한다는 것을 의미하고 결국 다이오드 저항은 감소하게 된다. 이것은 순방향 동작과 역방향 동작에 모두 관계된다. 순방향 다이오드 동작과 역방향 다이오드 동작에서의 온도 증가 시의 영향을 그림 4-11에 나타내었다.

그림 4-11(a)의 두 개의 특성 곡선 중 하나는 25℃에서의 다이오드 동작 특성을 표시하고 있고 나머지 하나는 100℃에서의 다이오드의 동작 특성을 표시하고 있다. 특성 곡선을 참조하면 다이오드의 동작 특성과 온도와의 관계에서 두 가지의 결론을 유출할 수 있다.

첫째, 온도가 증가할 때 특정한 V_F에서 I_F가 증가한다. 그림 4-11(a)에 표시된 것처럼 V_F = 0.7 V에 위치한 두 점 I_1과 I_2를 비교하면 된다. I_2가 항상 I_1보다 큰 것은 다이오드의 열적 운동의 증가에 기인한다. 온도가 25℃에서 100℃로 증가하면 I_F 값은 5 mA(I_1)에서 20 mA(I_2)로 증가한다.

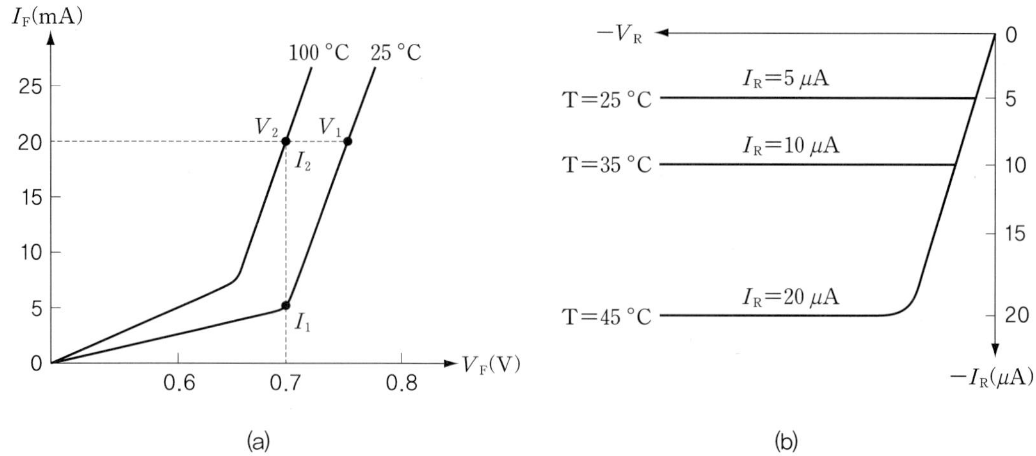

그림 4-11 (a) 순방향 동작에서의 온도 효과 (b) 역방향 동작에서의 온도 효과

둘째, 온도가 증가할 때 V_F 값은 특정한 I_F 값에서 감소하게 된다. 특성 곡선 상에서 이것은 V_1과 V_2로 표시되어 있다. 주목할 것은 두 점 모두 I_F = 20mA 값에 해당되는 점이라는 것이다. 온도가 증가함에 따라 V_F는 0.75 V(V_1)에서 0.68 V(V_2)로 감소한다.

실제로 온도가 증가하게 되면 전류 I_F는 약간 증가하고 전압 V_F는 약간 감소한다. 다이오드의 역방향 전류(I_R)에서의 온도에 의한 효과는 기본적으로 I_F의 경우와 동일하다. I_R에서의 온도의 영향은 그림 4-11(b)에 표시되어 있다. 여러분들은 역방향 전류 I_R이 역방향 포화 전류 I_S와 표면 누설 전류 I_{SL}의 합과 같다는 점을 기억할 것이다. I_S는 I_{SL}보다 항상 큰 값을 가지며 I_R은 I_S 값에 접근한 값과 같으면 안전하다.

4-3 쌍극성 접합형 트랜지스터의 구조

쌍극성 접합형 트랜지스터(BJT: bipolar junction transistor)는 3단자 소자이다. 3단자는 각각 이미터(emitter), 컬렉터(collector), 베이스(base)라고 부른다. 이미터와 컬렉터 단자는 동일한 반도체 물질(p형이든 n형이든)로 구성되는 반면에 베이스는 다른 물질의 형태로 구성된다. BJT의 구조는 그림 4-12에 나타낸 것과 같다.

그림 4-12에 나타낸 것처럼 두 가지 형태의 BJT가 사용된다. 첫 번째 형태는 npn형 트랜지스터로, n형의 이미터와 컬렉터 단자, p형의 베이스 단자를 가지고 있다. 두 번째 형태인 pnp형 트랜지스터는 npn형 트랜지스터와 반대 형태로 구성된다. 즉, p형의 이미터와 컬렉터 단자, n형의 베이스 단자를 가지고 있다. 회로 기호에서 화살표는 다음과 같은 3가지 이유로

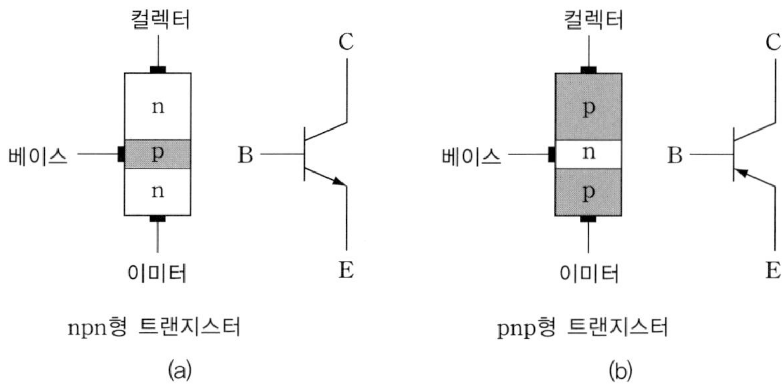

그림 4-12 BJT의 구조와 회로 기호 (a) npn형 트랜지스터 (b) pnp형 트랜지스터

중요하다.

첫째, 화살표는 구성 단자를 구별한다. 화살표는 항상 이미터 단자를 향해서 그려진다. 이미터와 반대 방향에 있는 단자가 컬렉터 단자, 그리고 가운데 단자가 베이스이다.

둘째, 화살표는 항상 n형 물질을 향해서 지시한다. 만일 화살표가 베이스를 향해서 지시한다면 트랜지스터는 pnp형이다. 만약 화살표가 이미터를 지시한다면 트랜지스터는 npn형이다.

셋째, 화살표는 이미터 전류의 방향을 표시한다. pn 접합형 다이오드에서 전류의 방향은 화살표의 지시에 따른다. 이미터 전류의 방향을 알면 다른 단자의 전류 방향을 설명할 수 있다.

트랜지스터는 세 가지 분리된 반도체 물질로 구성되는데 세 가지 물질은 그림 4-13(b)에 표시된 것처럼 두 개의 pn 접합을 구성하게 된다. 그림 4-13(c)는 바이어스가 인가되지 않은 상태로, zero 바이어스라고 부른다.

컬렉터-베이스 접합과 베이스-이미터 접합이 바이어스되는 방법의 조합에 따라 차단 영역, 활성 영역, 포화 영역에서 동작하게 된다. 두 접합이 모두 역방향으로 바이어스된 경우에는 트랜지스터가 차단되었다고 말한다. 베이스-이미터 접합이 순방향 바이어스이고 컬렉터-베이스 접합이 역방향 바이어스이면 트랜지스터는 활성 영역에서 동작한다고 말한다. 두 접합이 모두 순방향 바이어스이면 트랜지스터는 포화 영역에서 동작한다고 말한다.

바이어스 전압이 반대로 인가된 것을 제외하면 pnp형 트랜지스터의 동작과 npn형의 동작은 유사하다. pnp형 트랜지스터의 도통에는 npn형의 경우와 같은 조건이 필요하다: 첫째, 이미터-베이스 접합은 순방향으로 바이어스되어야 한다. 둘째, 컬렉터에 역방향으로 V_{CC} 전압이 인가되어야 한다. 초기에 이미터-베이스 접합을 통해서 도통되면 정공은 이미터-베이스 접합을 통해 1.5 V 전원의 +극에서 주입되고 컬렉터로 들어간다. 전자는 3 V 건전지의 -극에서 빠져나온 뒤 전구를 통해 흐르고, 컬렉터 끝에서 정공과 재결합한다.

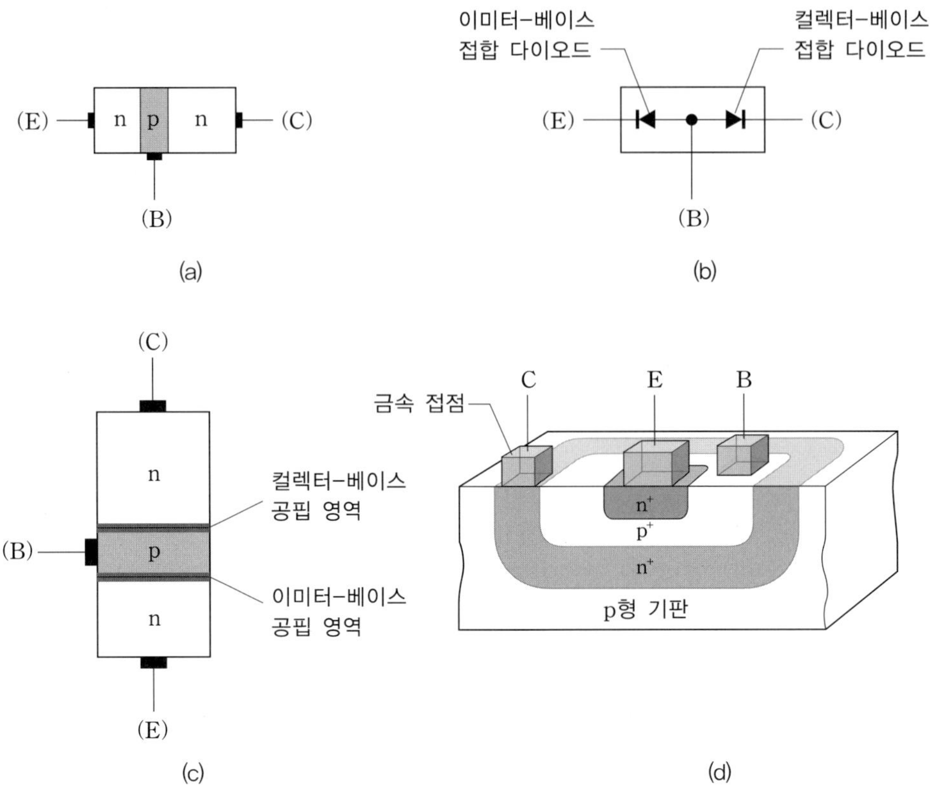

그림 4-13 npn형 BJT의 구조

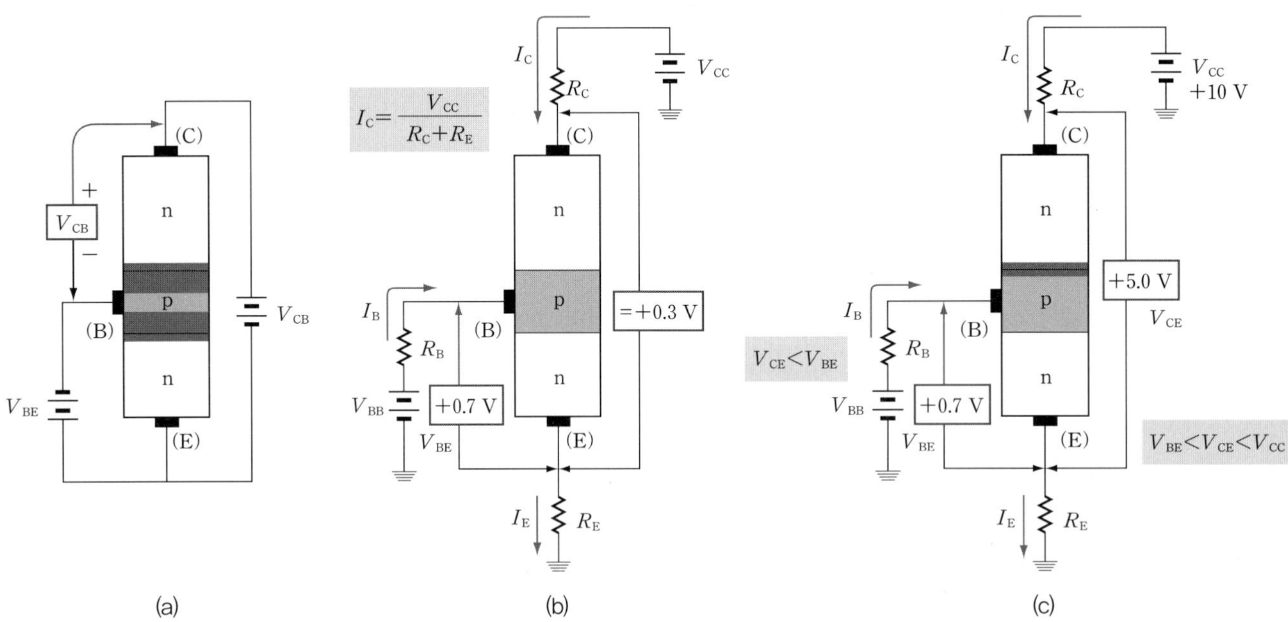

그림 4-14 (a) 차단(cutoff) (b) 포화(saturation) (c) 활성(active)

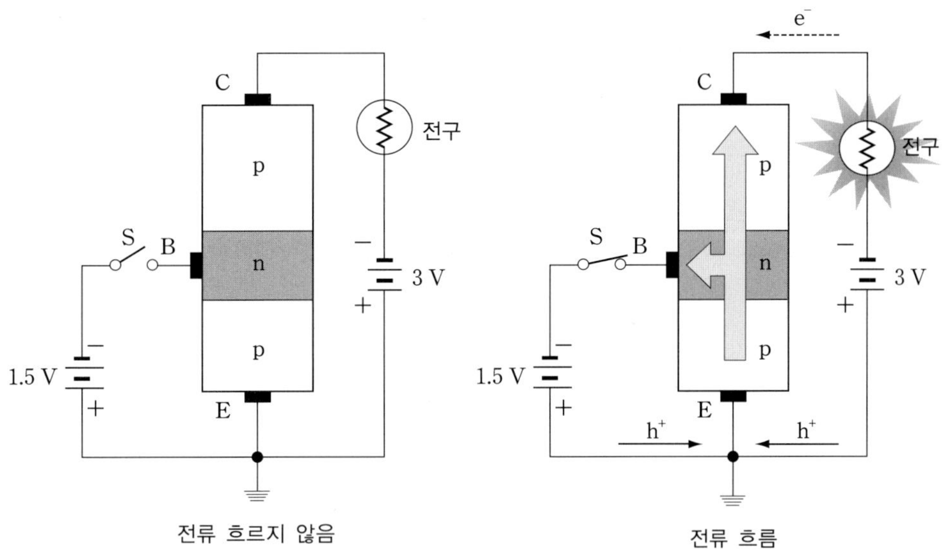

전류 흐르지 않음   전류 흐름

그림 4-15 pnp형 트랜지스터 바이어스 회로. 도통되지 않을 때(좌)와 도통될 때(우)

BJT의 컬렉터 특성 곡선은 I_C, I_B, V_{CE} 사이의 관계를 나타낸다. 각각의 컬렉터 특성 곡선은 기술된 I_B 값에 의해서 유도된다. 5개의 특성 곡선을 그림 4-16에서 볼 수 있다. 위쪽의 특성 곡선은 $I_B = 200\ \mu A$인 경우의 V_{CE}와 I_C의 관계를 나타낸다. 아래쪽의 특성 곡선은 $I_B = 0\ \mu A$인 경우의 V_{CE}와 I_C의 관계를 나타낸다. $I_B = 0\ \mu A$인 경우는 트랜지스터가 차단 상태임을 나타낸다. 컬렉터 특성 곡선은 트랜지스터의 가능한 4개의 동작 영역을 나타낸다.

첫째, 특성 곡선의 포화 영역은 임계 전압 V_K 아래에 있는 영역을 표시한다.
둘째, $I_B = 0\ \mu A$인 경우는 트랜지스터가 차단 영역을 표시한다.
셋째, 임계 전압과 항복 전압 V_{BR} 사이에 있는 부분이 활성 영역이다.

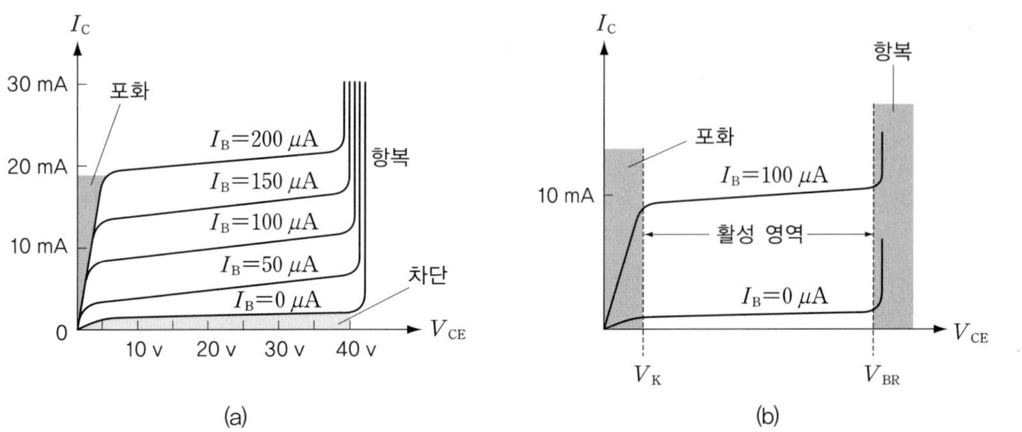

그림 4-16 BJT의 컬렉터 특성 곡선

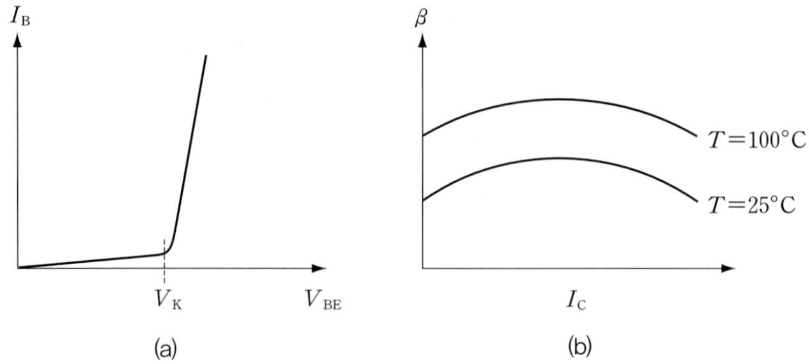

그림 4-17 (a) 베이스 특성 곡선 (b) 전류 증폭률 베타(β)와 컬렉터 전류 및 온도 사이의 관계

넷째, 항복 전압 V_{BR}의 오른쪽에 존재하는 부분이 항복 영역이다.

트랜지스터의 베이스 특성 곡선은 그림 4-17(a)에서처럼 V_{BE}의 함수인 I_B로 표시된다. 이런 특성 곡선은 전형적인 pn접합형 다이오드의 순방향 동작 특성과 매우 유사하다는 것에 주목해야 한다.

그림 4-17(b)의 β_{DC} 특성 곡선은 온도와 직류 컬렉터 전류에 의해서 변화하는 β_{DC} 값 변화가 어떠한가를 보여주고 있다. 그림에서처럼 β_{DC} 값은 25℃일 때보다 100℃일 때 더 크다. 또한 β_{DC} 값은 I_C의 직류 값이 증가함에 따라 최고점까지 증가한다. 그렇지만 I_C가 어떤 값 이상이 되면 베타 값은 감소하기 시작한다.

쇼트키(Schottky) 다이오드는 그림 4-18(b)에 표시된 것처럼 금(gold), 은 (silver), 백금(platinum)같은 금속이 n형 반도체 재료로 가볍게 도핑된 반도체 물질과의 접합을 통해서 구성된다. 그 결과 쇼트키 다이오드의 특성 곡선은 보통의 pn 접합형 다이오드와 비슷하다. 즉, 순방향 바이어스에서는 낮은 저항을, 역방향 바이어스에서는 높은 저항을 나타낸다. 쇼트키 다이오드는 매우 작은 접합 커패시턴스를 가지고 있다. 이런 이유 때문에 일반적인 pn 접합형 다이오드의 동작 주파수보다 매우 높은 300 MHz 이상의 고주파에서 동작한다.

커패시턴스의 감소는 또한 매우 빠른 스위칭 시간을 가능하게 한다. 쇼트키 다이오드는 디지털 스위칭 응용 회로에 주로 사용된다. 쇼트키 다이오드는 쇼트키 장벽 다이오드, 핫 캐리어(hot carrier) 다이오드, 표면 장벽 다이오드처럼 다양한 이름으로 불린다. 쇼트키 다이오드의 개념을 통해 가장 빠르고, 더 우수한 전력 효율을 갖는 쌍극성 집적 회로의 개발이 도래했다. 이 발견은 쌍극성 IC 기술이 21세기로 들어가는 데 유용한 확장을 도와준 것으로 평가된다.

쌍극성 트랜지스터들은 다이오드와 저항, 커패시터, 절연체, 그리고 금속 도체로 구성되는데, 쌍극성 기술이라고 부르는 집적 회로를 개발하기 위해 사용되었다. 아날로그 집적 회

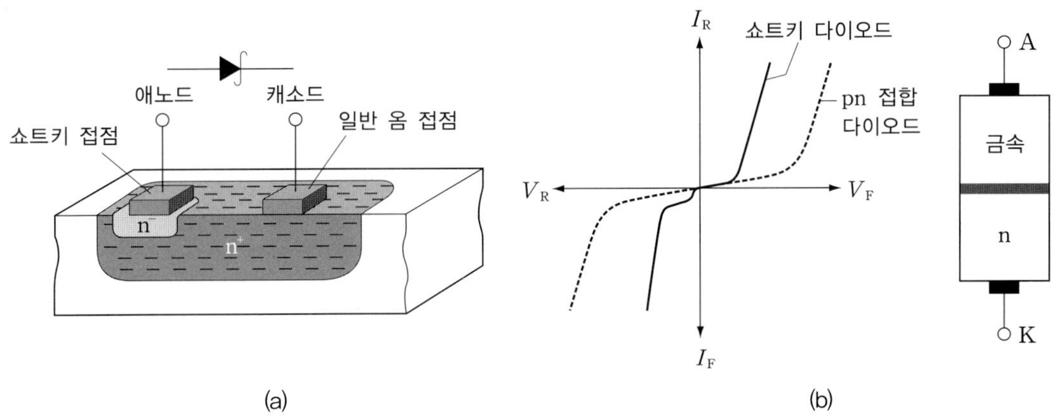

그림 4-18 (a) 쇼트키 다이오드의 구조 (b) 특성 곡선

로와 디지털 집적 회로 생산에서 사용되는 집적 회로 기술 중 첫 번째가 쌍극성 기술이다. 쌍극성 소자는 빠른 속도와 내구력, 소비 전력 조정의 능력으로 수년 동안 주목받아 왔다.

그러나 가장 큰 약점은 이런 소자들이 전력을 많이 소비한다는 것이었다. 즉, 전기 기계나 휴대용 장비를 건전지로 동작시키는 데 큰 비용이 필요하다는 것을 의미했다. 따라서 쌍극성 기술 중 몇 가지는 쓰이지 않게 되었다. 다른 쌍극성 소자 생산업체들은 사업적인 이득을 위해서 높은 전력을 사용하는 쌍극성 소자를 지속적으로 생산하였다. 쌍극성 논리들의 종류는 DCTL(Direct-coupled Transistor Logic), RTL(Resistor-Transistor Logic), RCTL(Resistor-Capacitor-Transistor Logic), DTL(Diode-Transistor Logic), TTL(Transistor- Transistor Logic), Schottky TTL, ECL(Emitter-Coupled Logic)로 구분된다.

4-4 FET 소자의 구조

전계 효과 트랜지스터(FET)의 개발을 통해 반도체 산업의 역사에 새로운 분야가 필연적으로 도래했다. 쌍극성 트랜지스터가 전류 증폭용 소자인 반면, FET는 전압 증폭용 소자이다. BJT와 FET의 유사점은 트랜지스터를 구성하는 재료와 전극의 개수 정도이다. 두 소자 모두 단결정 기판 위에서 3개의 전극으로 구성된다. FET는 낮은 전압과 낮은 소비 전력을 갖는다는 장점이 있다. 트랜지스터를 동작시키기 위해서 베이스로 입력 전류를 인가해야하는 BJT와 달리 FET를 동작시키기 위해서는 트랜지스터의 게이트에 입력 전압이 인가되어야 한다. 이런 이유 때문에 전계 효과 트랜지스터라고 부른다.

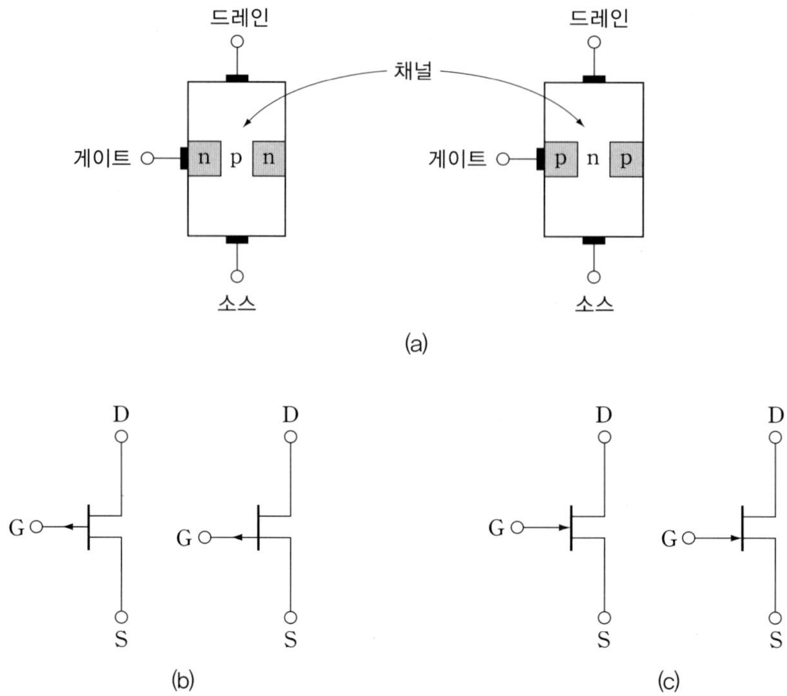

그림 4-19 p-채널과 n-채널에서의 JFET의 구조와 회로 기호 (a) JFET 구조. p-채널(좌), n-채널(우). (b) p-채널의 JFET 회로 기호 (c) n-채널의 JFET 회로 기호

선형/아날로그 회로 증폭기와 디지털 회로에서의 스위칭 부품에서 FET의 사용을 찾아볼 수 있다. 큰 입력 저항과 적당한 이득 특성은 FET를 통신 및 계측기로 사용할 수 있는 아주 우수한 소자로 만들었다. 또한 FET의 저전압 소비 및 소형화는 VLSI와 ULSI 기술의 영역을 끊임없이 축소하여 완벽한 맞춤을 만들어 냈다. FET는 접합형(JFET)과 금속 산화물 전계 효과 트랜지스터(MOSFET)의 두 가지 기본 형태로 구분된다. 이 두 형태의 중요한 차이는 입력을 위한 MOSFET의 게이트는 트랜지스터의 다른 두 전극 사이의 얇은 유전체로 절연되어 있다는 것이다.

JFET의 게이트는 물리적인 pn 접합과 트랜지스터의 다른 전극으로 형성된다. JFET는 갈륨비소 집적 회로에서 두루 사용된다. 갈륨비소 JFET에 쓰이는 금속 게이트 JFET은 MESFET(Metal Semiconductor Field Effect Transistor)라고도 부른다. 그림 4-19에 JFET의 구조와 회로 기호를 나타내었다.

그림 4-19에 나타낸 것처럼 JFET는 BJT처럼 세 개의 단자를 가지고 있다. 그러나 JFET의 단자는 소스, 드레인, 게이트로 이름이 표시된다. FET의 소스 단자는 BJT의 이미터 단자로, 드레인은 컬렉터 단자로, 게이트는 베이스 단자로 대체된 것처럼 보인다. 소스와 드레인을 연결하는 물질을 채널(channel)이라고 부른다. 채널 물질이 n형일 때 JFET를 n-채널 JFET

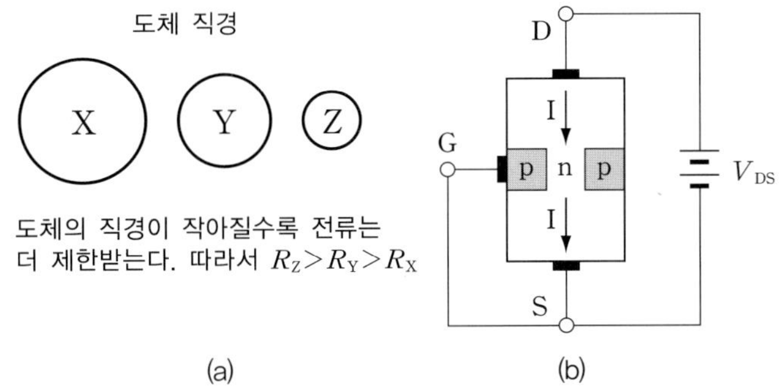

그림 4-20 채널 폭과 드레인 전류 사이의 관계 (a) 도체 직경과 저항 (b) V_{DS}는 JFET 채널을 통해서 흐르는 전류를 발생시킨다. (c) 네거티브 게이트-소스 전압(V_{GS})은 자신의 저항을 증가시키고 JFET의 채널 폭은 감소시킨다.

라고 부른다. 또한 p형 채널을 가지는 FET를 p-채널 JFET라고 부른다. 벨트가 사람의 허리를 둘러싸고 있는 것처럼 게이트가 채널 주위를 둘러싸고 있는 것을 알 수 있다.

그림 4-19(b)에서 화살표는 소자로부터 '들어오고(in)' 혹은 '나가는(out)' 것을 나타낸다. BJT 회로 기호처럼 화살표는 n형 물질을 향하고 있다. 화살이 들어오는 방향이면 채널을 향하는 쪽을 가리킨다. 만약 두 개의 기호를 구별하기 곤란하다고 생각이 든다면 마치 'n-들어온다(in)'라고 생각하면 편하다. 즉, n-채널 JFET는 화살표가 in이라고 기억하면 된다.

BJT를 고찰할 때 주로 npn형 트랜지스터에 대해서 집중적으로 설명되었고 동시에 설명한 모든 관계가 pnp형 트랜지스터에도 동일하게 적용된다고 설명한 바 있다. 단지 차이점은 전압의 극성과 전류의 방향만이 다르다는 것이다. 이와 유사하게 JFET에 대한 고찰도 주로 n-채널 FET에 집중될 것이다. n-채널의 모든 관계 또한 p-채널 JFET에 그대로 적용될 것이다. 차이점은 단지 전압의 극성과 전류 방향이다.

JFET 전체 동작은 드레인 전류를 제어하기 위해서 채널의 폭을 변화시키는 데 기반을 둔다. 그림 4-20(a)에 표시된 것처럼 자신의 저항을 증가시키기 위해서 도체의 직경인 폭을 감소시키게 된다. 그림 4-20(b)에서 드레인 소스 전압 V_{DS}가 JFET를 통해서 흐르는 전류를 발생시킨다. V_{DS}가 고정 전압이라고 가정하면 채널 폭을 감소시킴으로써 JFET의 드레인 전류 또한 감소시킬 수 있다. 채널의 저항의 증가는 자신의 폭을 감소시킴으로써 성취된다.

채널 폭을 제어하는 데는 두 가지 방법이 있다. 첫 번째는 V_{GS}를 가변시킴으로써 채널의 폭을 가변시키고 드레인 전류의 크기를 가변시키는 것이다. 이 점을 그림 4-21에 설명하였다.

V_{GS}가 증가하면 공핍층의 크기가 증가한다. 공핍층의 크기가 증가하면 채널의 유효 크기가 감소한다. 채널의 유효 크기가 감소하면 드레인 전류의 크기도 감소한다. V_{GS}와 I_D의 관계는 다음과 같이 요약할 수 있다. V_{GS}가 증가하면(보다 더 negative로 되면) I_D는 감소한다.

두 번째 방법은 그림 4-22에 표시된 것처럼 V_{GS}를 일정하게 유지시키고 V_{DS}를 증가시키

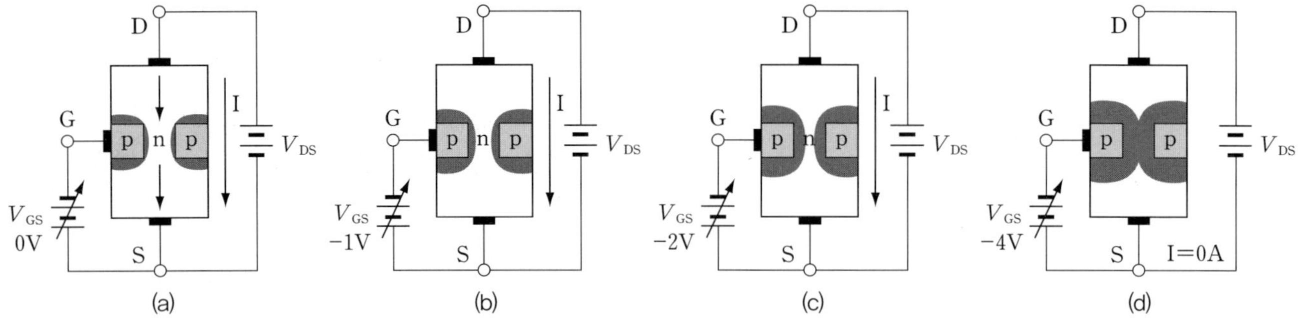

그림 4-21 V_{GS}와 I_D의 관계

는 것이다. V_{DS}를 증가시키면 I_D가 증가시키는 원인이 된다는 점이 중요하다.

이런 관점에서 동작 이론에 모순이 있는 것처럼 보인다. 공핍층 크기의 증가는 채널의 저항을 증가시키고 I_D의 증가를 막는다. 만약 JFET의 채널 저항이 증가할 때 어떻게 I_D가 증가하게 되는 것인가? 채널의 저항이 증가하는 동안 V_{DS}에서 아주 서서히 이루어진다. 다시 말하자면 V_{DS}가 채널의 저항보다 아주 빠르게 증가한다. 그 결과 V_{DS}가 증가하는 것처럼 I_D가 증가한다. 여하튼 V_{DS}의 증가 폭에 의한 채널 저항의 비례 증가에 의해서 오프셋(offset)되는 점에 도달한다. 이것이 발생하는 곳에서의 V_{DS} 값을 핀치-오프 전압(pinch-off voltage)이라고 부른다. V_{DS}가 V_P 이상으로 증가한다면 I_D는 일정하게 된다. 이런 관계가 그림 4-23(a)에 표시된 JFET 드레인 특성 곡선으로 나타나 있다. 그림 4-23(a)의 특성 곡선을 이용하면 그림 4-23(b)에 표시된 것처럼 I_D를 I_{DSS}로 표시하는 전달 컨덕턴스 특성 곡선을 그리고 제곱 법칙 공식을 이용해서 식 (4-4)를 유도할 수 있다.

$$I_D = I_{DSS}(1 - \frac{V_{GS}}{V_{GS(off)}})^2 \qquad (4\text{-}4)$$

JFET의 전달 컨덕턴스를 그리기 위한 절차는 다음과 같다.

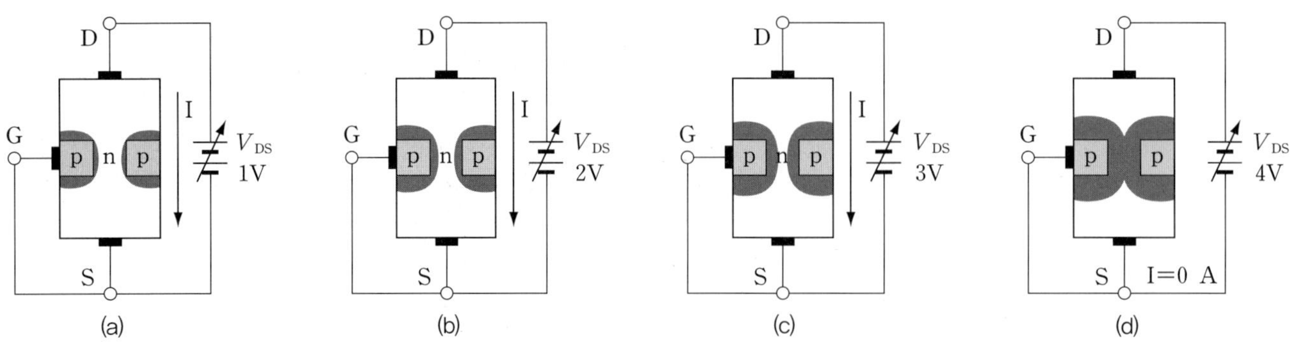

그림 4-22 V_{GS}를 고정시키고 V_{DS}를 가변시키는 효과

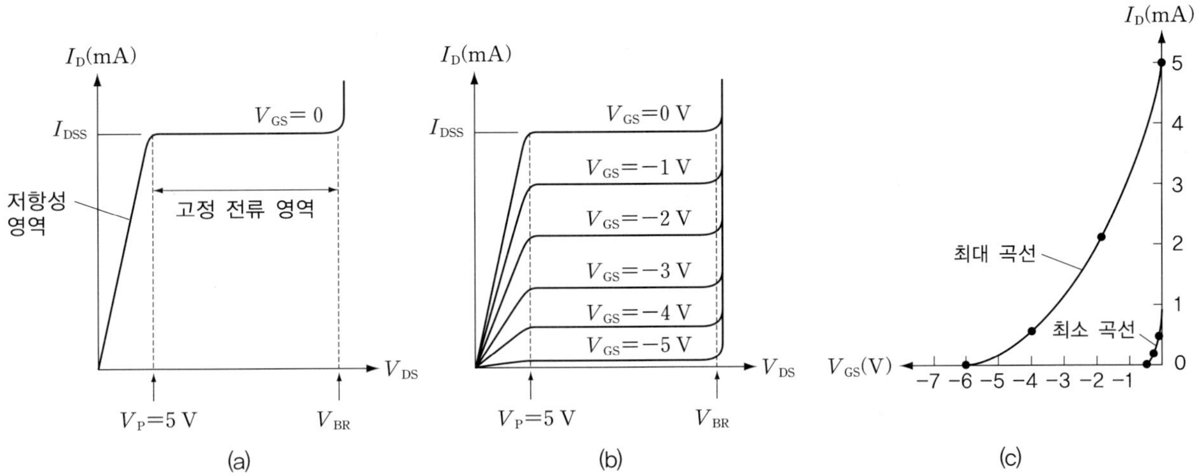

그림 4-23 JFET 드레인 특성 곡선

1. $V_{GS(off)}$에 대응하는 x축 위의 점을 그리시오.
2. I_{DSS}에 대응하는 y축 위의 점을 그리시오.
3. 0 V와 $V_{GS(off)}$ 사이에 두 개 혹은 세 개의 값을 선택하시오. 선택된 V_{GS} 값에 대해서 식 (4-4)를 이용하여 대응하는 I_D 값을 결정하시오.
4. 3번째 과정을 그리시오. 그리고 완만한 곡선이 되도록 모든 점을 연결하시오.

4-5 MOSFET의 구조

MOSFET는 공핍형 MOSFET(혹은 D-MOSFET)와 증가형 MOSFET(혹은 E-MOSFET)로 구분된다. D-MOSFET는 공핍 모드와 증가 모드에서 모두 동작하지만, E-MOSFET는 증가 모드에서만 동작한다. D-MOSFET와 E-MOSFET 사이의 중요한 차이점은 이들의 물리적인 구조가 다르다는 것이다. 두 종류의 구조적 차이를 그림 4-24에 나타내었다. D-MOSFET는 소스와 드레인 단자 사이에 물리적 채널(음영으로 표시된 영역)을 가지고 있고 E-MOSFET에는 이런 채널이 없다. E-MOSFET는 소스와 드레인 단자 사이의 채널을 형성하기 위한 게이트 전압에 의존한다.

그림 4-24의 두 가지 형태의 MOSFET에는 게이트와 부품의 나머지 부분 사이에 절연층이 표시되어 있다. 이런 절연층은 유리와 같은 절연 재료인 이산화 규소(SiO_2)로 구성되고 게이트 단자는 금속 도체로 이루어져 있다. 따라서 게이트에서 기판(substrate) 사이에 금속 산화물 반도체가 형성되기 때문에 MOSFET라는 이름으로 부르게 된다. 게이

표 4-2 JFET 바이어스 회로의 장단점 비교

회로	게이트 바이어스	자기 바이어스	전압 분배기 바이어스
회로도	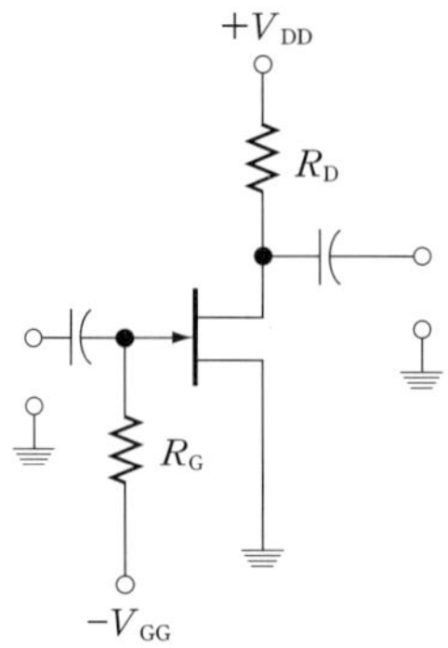	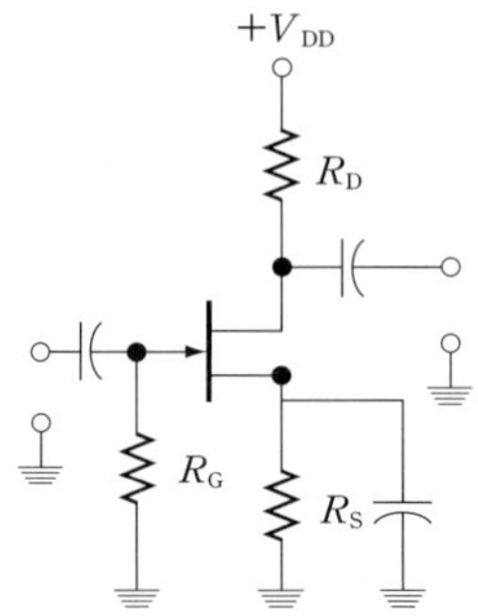	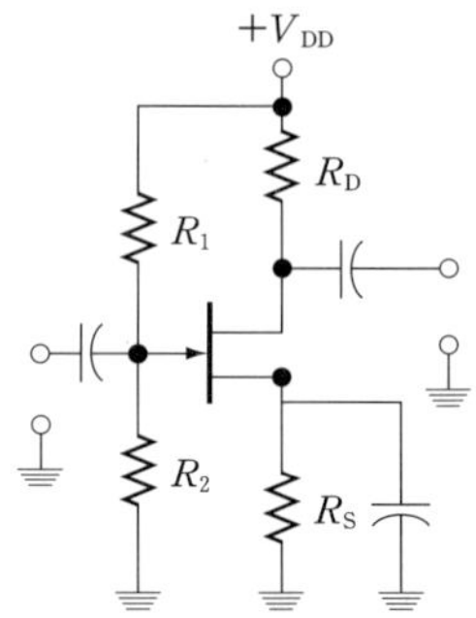
직류 바이어스 선	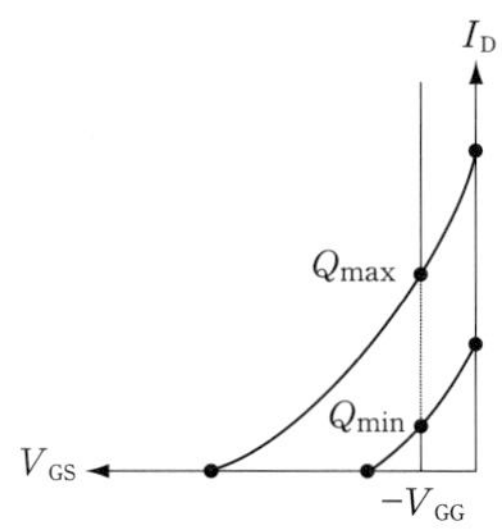	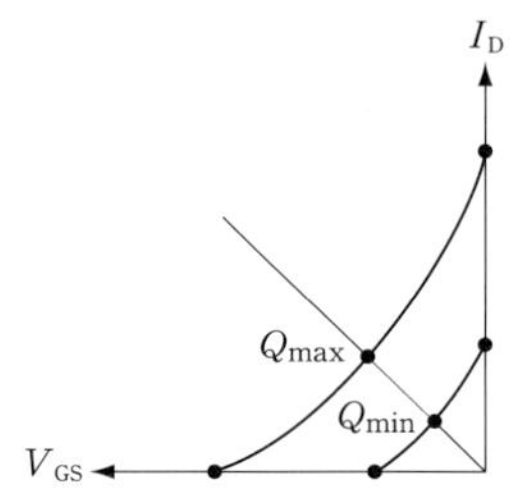	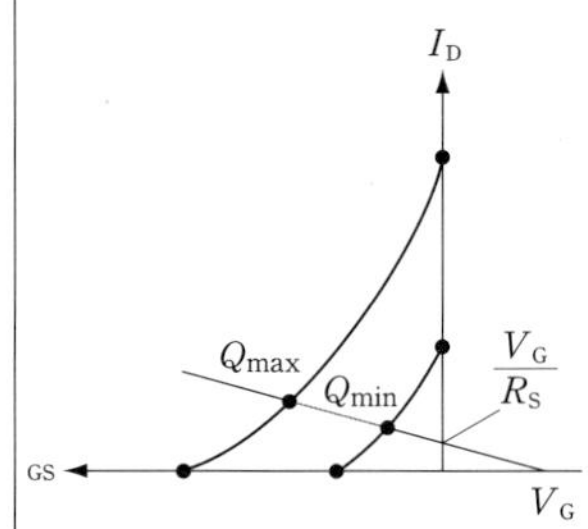
이점	지극히 간단한 회로	비교적 간단한 회로. 게이트 바이어스보다 안정하다.	Q점이 매우 안정하다.
단점	대부분의 JFET에서 Q점이 불안정하다.	전압 분배기처럼 Q점이 안정하지는 않다.	세 가지 바이어스 회로 중 가장 복잡하다.

트는 부품의 나머지 부분과 절연되어 있어서 MOSFET는 흔히 절연-게이트 FET 혹은 IGFET(Insulated-Gate FET)라고 부르기도 한다.

MOSFET의 기초를 기판이라고 부른다. 이런 물질은 회로 기호에서 소스 단자와 연결되는 중앙선으로 표시된다. 이런 선의 연결은 기판과 소스가 내부적으로 연결되어 있다는 것

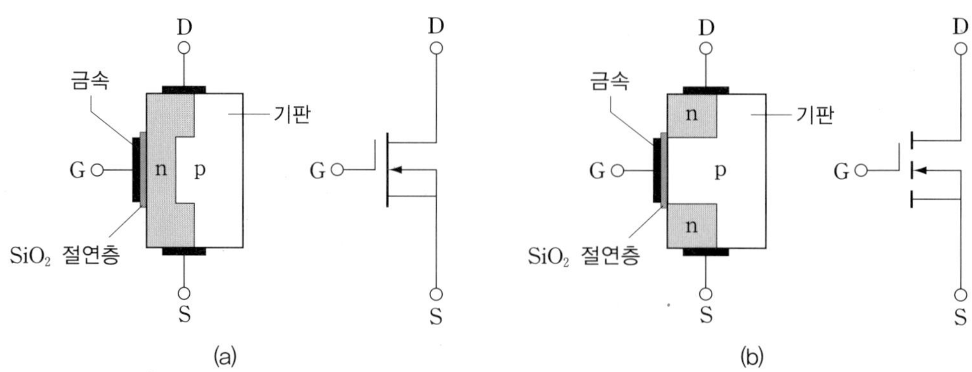

그림 4-24 n-채널 MOSFET (a) 공핍형 MOSFET(D-MOSFET) (b) 증가형 MOSFET(E-MOSFET)

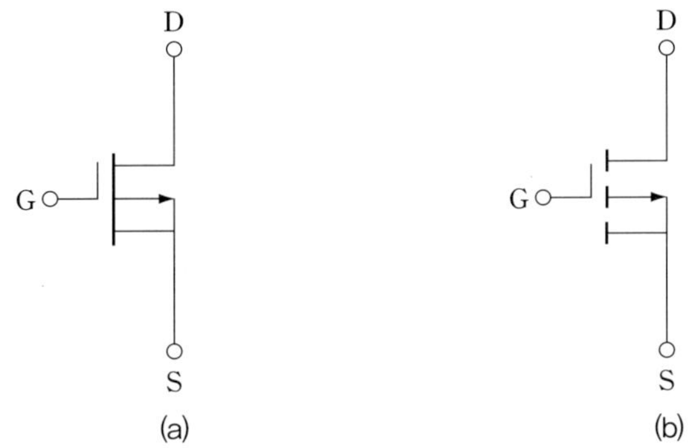

그림 4-25 p-채널 MOSFET 기호 (a) 공핍형 MOSFET (b) 증가형 MOSFET

을 나타낸다. n-채널 MOSFET는 p형 기판을 가지며 p-채널 MOSFET는 n형 기판을 가진다. MOSFET의 회로 기호에서 화살표는 기판에 표시된다. JFET의 경우처럼 화살표가 들어오는 곳은 n-채널 소자를 나타내며 화살표가 나가는 곳은 p-채널 소자를 의미한다. 그림 4-25는 p-채널 공핍형 MOSFET와 p-채널 증가형 MOSFET의 회로 기호를 표시하고 있다.

이미 앞에서 언급한 것처럼 D-MOSFET는 공핍 모드와 증가 모드에서 동작 가능하다는 것을 알고 있다. 공핍 모드에서 동작할 때 D-MOSFET의 특성은 JFET의 특성과 매우 유사하다. D-MOSFET의 모든 동작을 그림 4-26에 나타내었다.

그림 4-26(a)는 게이트와 소스 단자가 단락되어 있는 경우인 V_{GS}=0 V일 때의 D-MOSFET의 동작 조건을 나타내고 있다. 이미 앞에서 언급한 바와 같이 V_{GS}=0일 때 I_D=I_{DSS}이다. 따라서 그림 4-26(a)에서 I_{DSS}=5 mA이다. V_{GS}가 negative인 경우 바이어스 전압은 채널의 자유 캐리어를 공핍시킨다. 이것이 효과적으로 채널의 폭을 감소시키고 채널의 저항을 증가시킨다. 이런 공핍 모드 동작이 그림 4-26(b)에 나타나 있다. negative V_{GS}는 MOSFET의 동작 상태를 JFET의 동작과 매우 유사하게 만든다. 그림 4-26(b)에서 V_{GS}에 의해서 발생된 공핍층(절연층과 채널 사이의 흰색 공간으로 표시된 캐리어 영역)이 채널을 침범하게 되고 채널의 폭을 감소시키게 된다. 그 결과 I_D<I_{DSS}가 된다. 그림 4-26(b)에서 I_D= 0.8 mA이다. 실제적인 I_D는 I_{DSS}, V_{GS}, $V_{GS(off)}$에 의존하게 된다.

그림 4-26(c)는 D-MOSFET의 증가 모드 동작을 나타내고 있다. 이런 동작 모드에서 소자에 positive의 V_{GS}가 인가된다. V_{GS}가 positive일 때 채널은 효과적으로 넓어진다. 이것이 채널의 저항을 감소시키고 I_D는 I_{DSS}보다 크게 된다. 예를 들면 그림 4-26(c)에서 I_D= 7.4mA로 그림 4-26(a)에 표시된 I_{DSS}보다 크다. 다시 실제적인 I_D는 I_{DSS}, V_{GS}, $V_{GS(off)}$에 의존하게 된다.

positive의 V_{GS}가 어떻게 채널의 폭을 넓히는가? p형에서 다수 캐리어는 가전자대의 정공이다. p형 기판의 정공은 positive 게이트 전압에 의해서 척력을 받게 된다. 왼쪽 뒤는 가

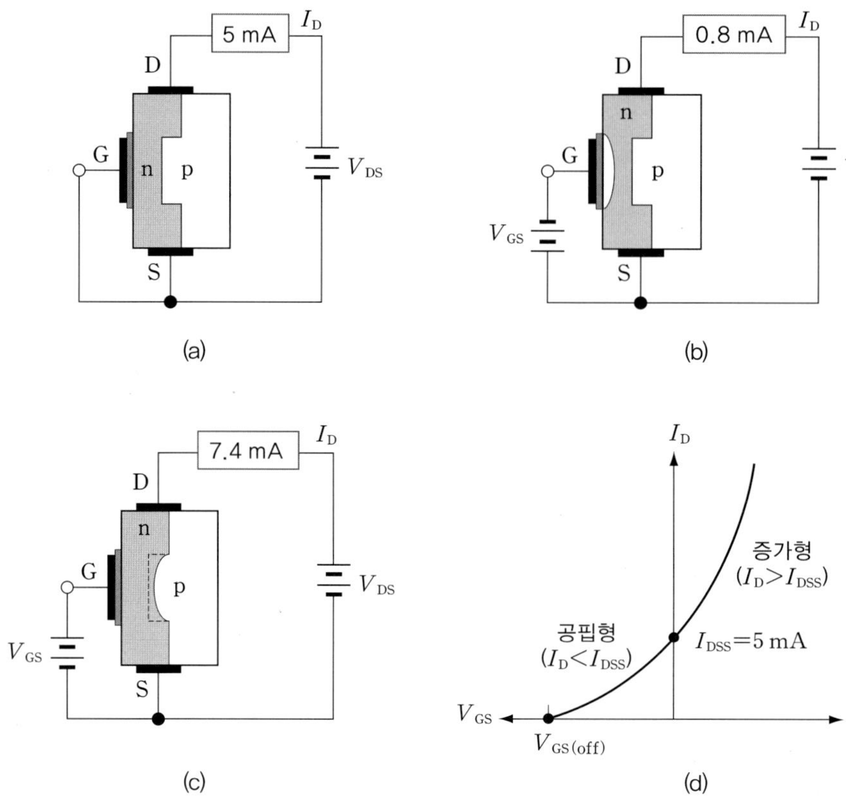

그림 4-26 D-MOSFET의 동작. (a) $V_{GS}=0$일 때 $I_D=I_{DSS}$ (b) V_{GS}가 negative일 때 $I_D<I_{DSS}$ (c) V_{GS}가 positive일 때 $I_D>I_{DSS}$ (d) D-MOSFET 전달 컨덕턴스 특성 곡선

전자대 정공이 공핍된 영역이다. 동시에 p형에서 전도대 전자(소수 캐리어)는 positive 게이트 전압에 의해서 채널 쪽으로 인력을 받게 된다. 채널 부근에서 전자의 형성으로 물리적 채널의 아래쪽 영역은 n형이 된다. 확장된 n형 채널은 채널을 통해서 흐르는 전류를 더 많이 흐르게 하기 때문에 $I_D>I_{DSS}$가 된다.

이런 세 가지 동작 상태의 조합은 그림 4-26(d)의 D-MOSFET 전달 컨덕턴스 특성 곡선에서 설명된다. $V_{GS}=0$ V일 때 $I_D=I_{DSS}=5$ mA이다. V_{GS}가 negative일 때 $I_D<I_{DSS}$이다. $V_{GS}=V_{GS(off)}$일 때 I_D는 거의 0 mA로 감소된다. V_{GS}가 positive일 때 $I_D>I_{DSS}$이다. I_{DSS}가 I_D의 최대 가능한 값이 아닌 것은 명백하다. 주어진 MOSFET의 최대 허용 가능한 I_D는 소자의 스펙에 주어진다. 여러분들도 D-MOSFET의 전달 컨덕턴스 특성 곡선이 JFET의 특성 곡선과 매우 유사하다는 점을 이해하게 될 것이다. 이런 유사성 때문에 JFET와 D-MOSFET는 동일한 전달 컨덕턴스 식을 가지게 되고 I_D는 식 (4-5)로 표시된다.

$$I_D = I_{DSS}\left(1-\frac{V_{GS}}{V_{GS(off)}}\right)^2 \qquad (4\text{-}5)$$

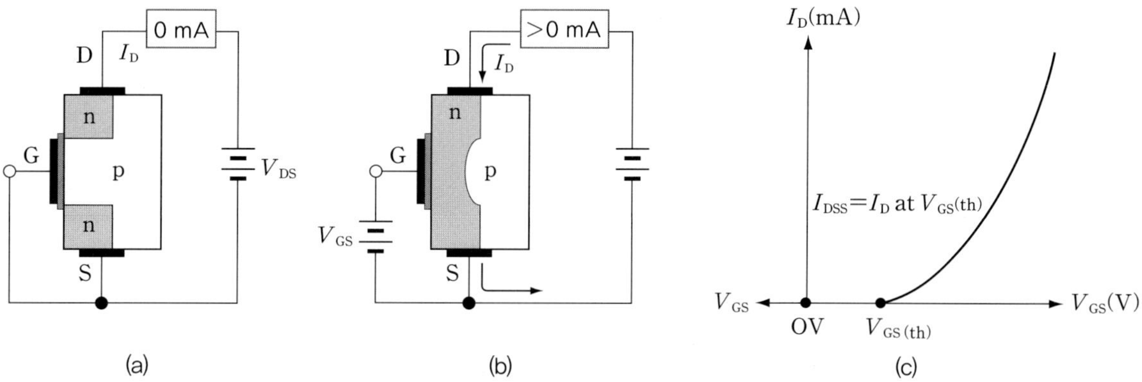

그림 4-27 E-MOSFET 동작 (a) $V_{GS}=0$일 때 ID=0 mA (b) V_{GS}가 채널을 구성하기에 충분한 경우 I_D〉0 mA (c) 전달 컨덕턴스 특성 곡선

E-MOSFET는 증가 모드에서만 동작한다는 것을 이미 알고 있다. 다시 말하자면 게이트 전위는 소스에 대해서 반드시 positive로 되어야 한다. 그 이유를 그림 4-27에 표시했다. 그림 4-27(a)에 표시된 것처럼 V_{GS}가 0 V일 때 소스와 드레인을 연결하는 채널이 없다. 이 결과 드레인 전류의 크기는 거의 없다. 그림 4-27(b)에 표시된 것처럼 positive 전위가 게이트에 공급되면 가전자대의 정공 영역을 공핍시켜서 소스와 드레인 사이에 채널이 발생된다. 정공이 positive 게이트 전압에 의해서 밀려나고 이런 전압은 p형에서의 소수 캐리어인 전자를 게이트 쪽으로 끌어당긴다. 이것이 소스와 드레인 사이를 n형 브리지로 만들어 드레인 전류가 흐르는 통로를 제공하게 된다. 만약 V_{GS}가 증가한다면 새로이 형성된 채널의 폭이 넓어지고 I_D가 증가하게 된다. 만약 V_{GS}가 감소한다면 채널은 폭이 좁아지고 I_D는 감소한다. 그림 4-27(c)에 E-MOSFET 전달 컨덕턴스 특성 곡선의 예를 표시하고 있다. 여러분들도 보다시피 이런 전달 컨덕턴스 특성 곡선은 앞에서 언급한 것과 유사하다. 중요한 차이점은 다음과 같다.

1. 소자를 도통시키는 V_{GS}의 모든 값은 positive 전압이다.
2. 소자가 도통(turn on) 또는 차단(turn off)되는 점을 문턱 전압(threshold voltage) $V_{GS(th)}$라고 부른다.

주어진 V_{GS} 값에서 I_D 값을 결정하기 위해서는 식 (4-6)을 이용하게 된다.

$$I_D = k\,[V_{GS} - V_{GS(off)}]^2 \qquad (4\text{-}6)$$

여기서 k는 MOSFET 상수로 식 (4-7)처럼 나타낼 수 있다.

$$k = \frac{I_{D(on)}}{[V_{GS(on)} - V_{GS(th)}]^2} \qquad (4\text{-}7)$$

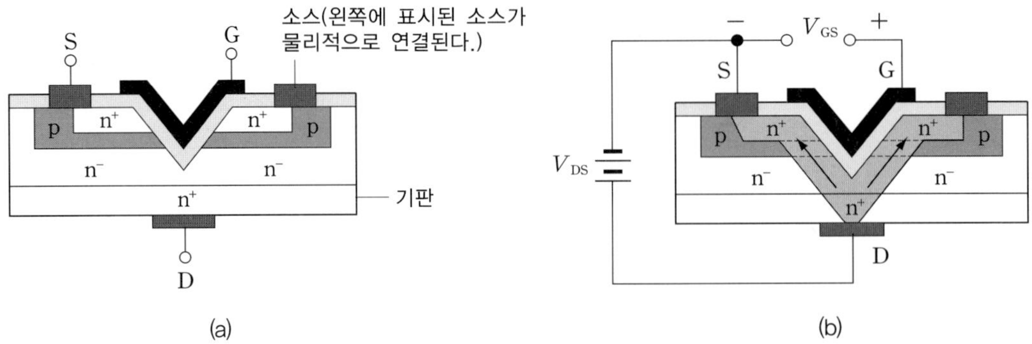

그림 4-28 VMOS의 구조와 동작

공학기술의 발달로 고전력 응용을 목적으로 설계된 다양한 MOSFET의 개발이 이루어졌다. VMOSFET(VMOS)는 표준 MOSFET보다 더 큰 드레인 전류를 취급하도록 설계된다. VMOS의 전류 취급 능력은 그림 4-28의 물리적인 구조에 기인한다. 소자는 p, n^+, n^-로 구성된 물질과 V형 게이트로 구성된다. n형 물질은 약하게 도핑된 n^+와 강하게 도핑된 n^-로 표시된 불순물 도핑 레벨을 가지고 있다. 또한 위쪽의 소스와 아래쪽의 드레인을 연결하는 물리적 채널이 없다. 따라서 소자는 증가형 MOSFET이다.

그림 4-28에서 보듯이 소자에 positive의 게이트 전압이 인가될 때 V자 모양의 게이트를 둘러싸고 있는 채널이 형성된다. 게이트의 형태는 표준 E-MOSFET에서 발생되는 것보다 훨씬 큰 채널을 형성하게 된다. 넓어진 채널은 주어진 V_{GS}에서 발생시키는 것보다 더 큰 드레인 전류를 허용한다. 이것이 VMOS가 E-MOSFET보다 우수한 점이다. VMOS를 이용하는 또 다른 장점은 BJT와는 달리 열 폭주(thermal runway)가 발생되지 않는다는 사실이다. VMOS는 positive의 온도 계수를 가진다. 이것은 온도가 증가하면 소자의 저항이 증가한다는 것을 의미한다. 따라서 온도가 증가하면 드레인 전류는 감소한다. 이런 이유 때문에 VMOS에서는 열 폭주를 허용하지 않는다.

positive의 온도 계수는 또한 VMOS를 병렬로 연결하여 사용함으로써 부하 전력을 증가시킬 수 있다. 두 개 혹은 더 많은 VMOS가 병렬로 되면 positive 온도 계수에 의해서 전류가 자동적으로 통제된다. 이것의 동작은 다음과 같다. 만약 VMOS 트랜지스터 중 하나가 많은 전류가 필요하다면 열이 발생하여 온도가 증가하고 이로 인해 저항이 증가하고 전류가 높은 드레인 전류 정격과 positive 온도 계수 때문에 VMOS 소자는 표준 MOSFET로 사용할 수 없는 다양한 응용에서 사용된다.

4-6 CMOS 기술

MOSFET를 기본으로 하는 집적 회로 제조업체들은 수년간 오로지 n-채널 MOSFET 기술을 바탕으로 제품을 개발하고 제조하는 데에 역점을 두었다. 주로 pMOS 트랜지스터로 집적 회로가 생산되었지만, 몇몇 반도체 제조업체들은 nMOS와 pMOS로 분리된 트랜지스터를 생산하기도 하였다. 분리된 pMOS 트랜지스터는 특정한 전자 응용에 유용한 기능을 제공하기도 하지만, 일반적으로는 nMOS IC 장치들이 pMOS 기술보다 더 좋은 성능을 가진다. 결국 IC 제조업체들은 nMOS를 가장 선호하게 되었다. CMOS는 동일한 집적 회로 안에 nMOS와 pMOS를 넣은 것이다. 소비 전력 효율(power efficiency)의 결합과 설계 스케일링 기술, 제조공정의 향상은 CMOS를 1980년대 초 가장 인기 있는 장치 기술 중의 하나로 만들었다.

스케일링(scaling)이란 말은 일반적으로 소형화뿐만 아니라 수축(shrinking, 향상된 동작 수행을 얻기 위해 IC 전체의 부피나 동작전압을 줄이는 것) 과정을 묘사할 때에도 쓰인다. 모든 차원과 전압은 회로 설계와 배치 단계에서 집적 회로 설계자에 의해서 선택된 모델의 사용을 통해서 조화롭게 감소해야 한다. 간단한 CMOS 인버터 회로의 개략적인 회로도를 그림 4-29에 나타내었다. 회로도를 통해 두 트랜지스터의 게이트가 서로 연결되어 있는 것을 볼 수 있다. 이 게이트들은 인버터에 단일 입력으로 사용된다. 인버터의 출력은 서로 결합된 두 드레인의 외부에 있다. n-채널 트랜지스터의 소스가 접지되는 것과는 달리 p-채널 트랜지스터의 소스는 바이어스 전압 V_{DD}에 연결된다.

그림 4-29에 나타난 것처럼 CMOS에 입력된 신호는 출력에서 반전된 형태로 나타난다. 정상 동작은 입력 신호가 positive인 동안에는 n-채널 동작을 하고 negative인 동안에는 p-채널로 동작하는 것이다. CMOS 인버터 회로의 효율은 입력 신호가 0에서 과도기 동안에

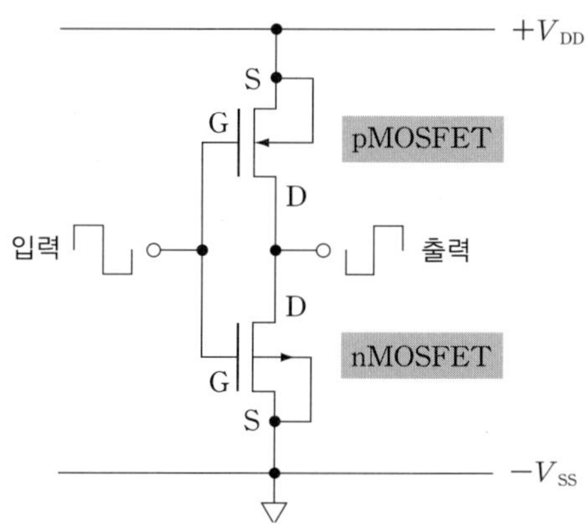

그림 4-29 CMOS 인버터의 개략적인 회로도

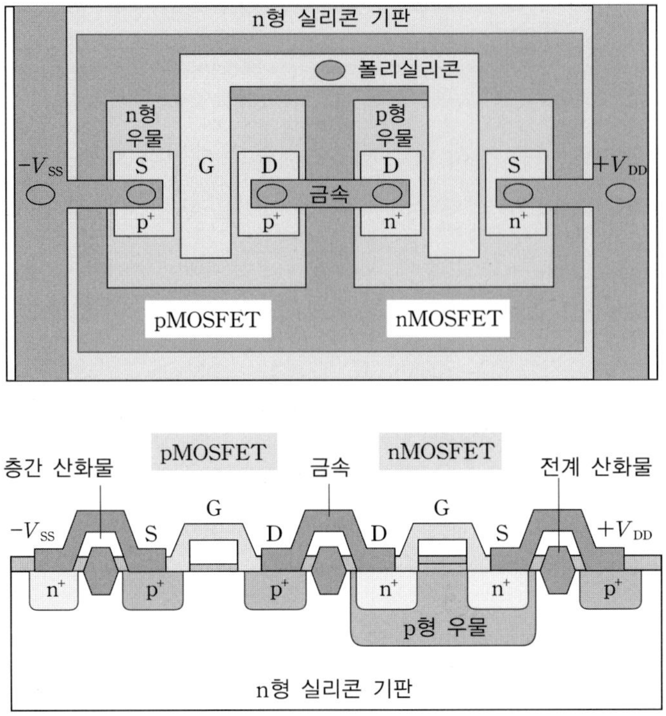

그림 4-30 CMOS 인버터의 평면도와 단면도

발생된다.

CMOS에서 입력 신호가 0일 때 트랜지스터의 전력 소비는 없다. 입력 신호가 없을 때에도 전력을 소비하는 논리 회로인 nMOS, TTL, ECL 회로와 CMOS가 다른 점이다. 이와 같은 이유로 계산기, 시계, 핸드폰, 노트북 컴퓨터와 같은 휴대용 전자제품의 제조에서는 CMOS 기술이 집적 회로 기술로 선호된다. 간단한 CMOS 인버터의 물리적 구조를 그림 4-30에 표시하였다. n-기판은 p-채널 트랜지스터에서 n형 우물로 사용된다. 분리된 p형 우물은 n-채널 트랜지스터를 위해서 반드시 생성되어야 한다. 이런 우물은 이온 주입이라 부르는 선택적인 도핑 공정에 의해서 생성된다. 절연 영역은 다른 트랜지스터와 상호 간에 분리되어 있다.

절연 영역은 산화막이라고 부르며, 이산화 규소(유리라고 불리는)로 만들어진다. 산화막은 트랜지스터 사이의 원치 않는 누설 전류의 흐름을 방지하기 위하여 상호 절연을 한다. 두 개의 트랜지스터 사이에서 현재 전기적 연결은 절연된 트랜지스터에 금속을 첨가함으로써 가능해진다. 이후의 패턴 공정은 금속 연결이 만들어져야 하는 정확한 위치를 정하는데 사용되고 여분의 금속을 제거하는 식각 공정이 뒤따른다. CMOS 제조공정은 교재의 후반부에서 식각 공정, 포토리소그래피 공정, 이온 주입 공정, CVD 공정, CMP 공정, 세정 공정 등을 설명한 이후 다시 상세히 설명하도록 하겠다.

nMOS와 pMOS를 스위칭 모델로 변환하면 그림 4-31과 같다.

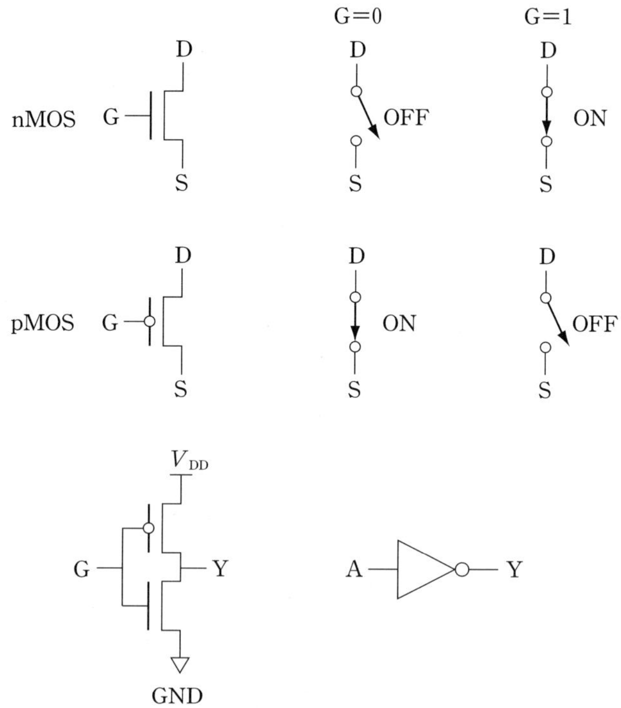

그림 4-31 인버터(NOT 게이트)의 논리 스위칭과 회로 기호

2입력 CMOS NAND 게이트는 그림 4-32와 같다.

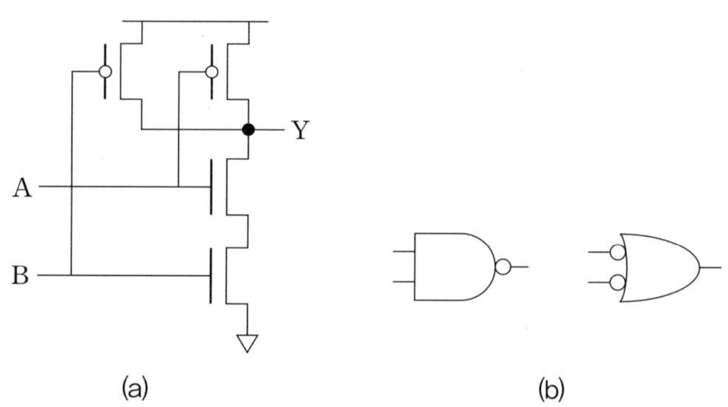

그림 4-32 2입력 NAND 게이트의 결선도와 회로 기호 $Y=\overline{A \cdot B}$

3입력 CMOS NAND 게이트는 그림 4-33과 같다.

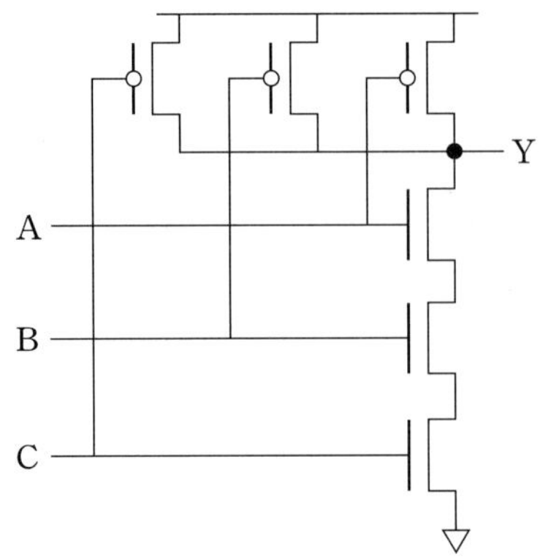

그림 4-33 3입력 NAND 게이트의 결선도와 회로 기호 $Y=\overline{A \cdot B \cdot C}$

2입력 CMOS NOR 게이트는 그림 4-34와 같다.

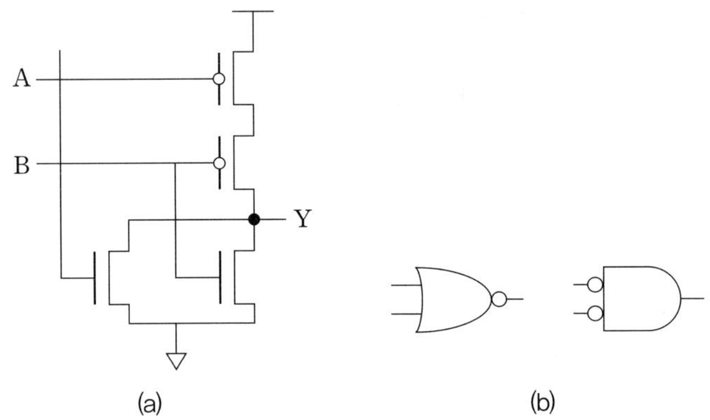

그림 4-34 2입력 NOR 게이트의 결선도와 회로 기호 $Y=\overline{A+B}$

3입력 CMOS NOR 게이트는 그림 4-35와 같다.

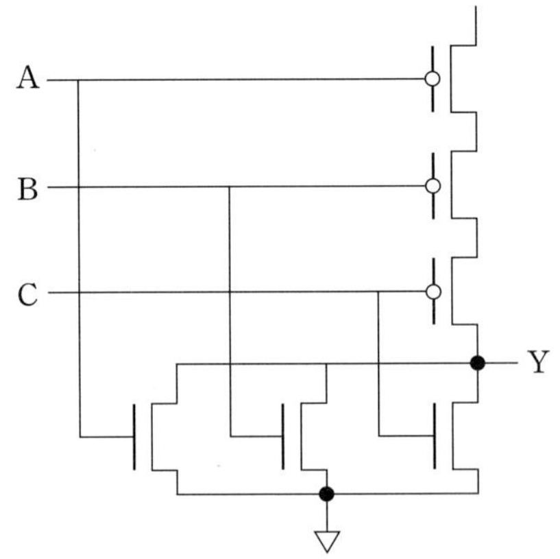

그림 4-35 3입력 NOR 게이트의 결선도와 회로 기호 $Y=\overline{A+B+C}$

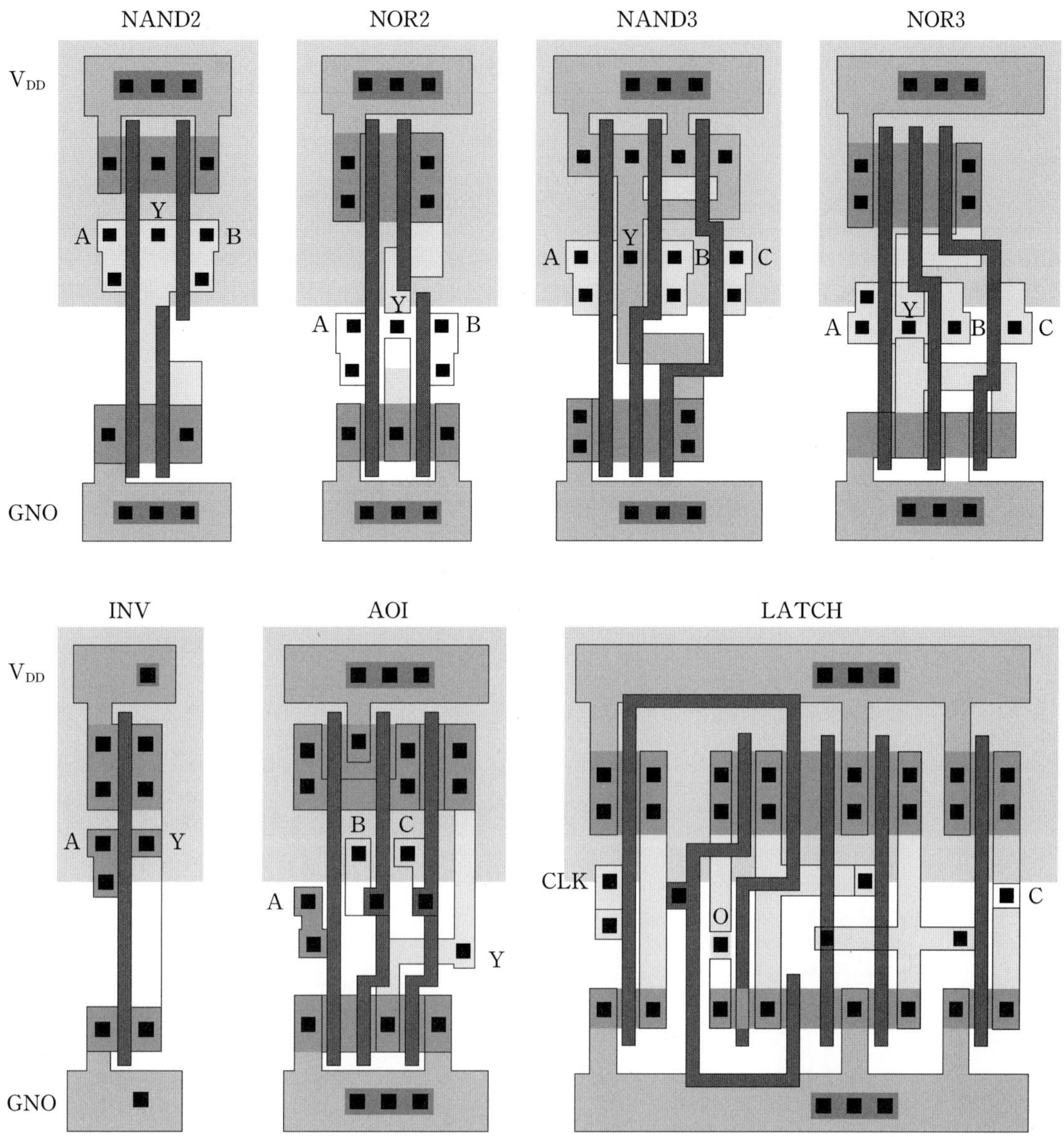

그림 4-36 논리 게이트의 표준 셀 레이아웃

CMOS로 구성되는 논리 회로들을 MEAD - CONWAY 설계 규칙에 따라 레이아웃한 표준 설계도면은 그림 4-36처럼 나타낼 수 있다.

그림 4-37은 1bit full adder 회로 설계도이다. 그림 4-37(a)는 논리 게이트 회로를 표시한 것이고 (b)는 트랜지스터 레벨로 표시된 회로도, (c)는 CMOS로 구성된 또 다른 회로도, (d)는 초기의 레이아웃 그림, (e)는 수정된 최적화된 레이아웃이다.

BiCMOS 기술은 동일한 집적 회로 소자에 CMOS와 쌍극성 기술의 장점을 결합하여 만든 것이다. BiCMOS는 TTL 또는 ECL 소자 구조의 높은 전류 구동 능력을 가진 고밀도 CMOS 구조와 낮은 소비 전력이 통합된 것이다. BiCMOS 제품은 높은 소비 전력으로 부하

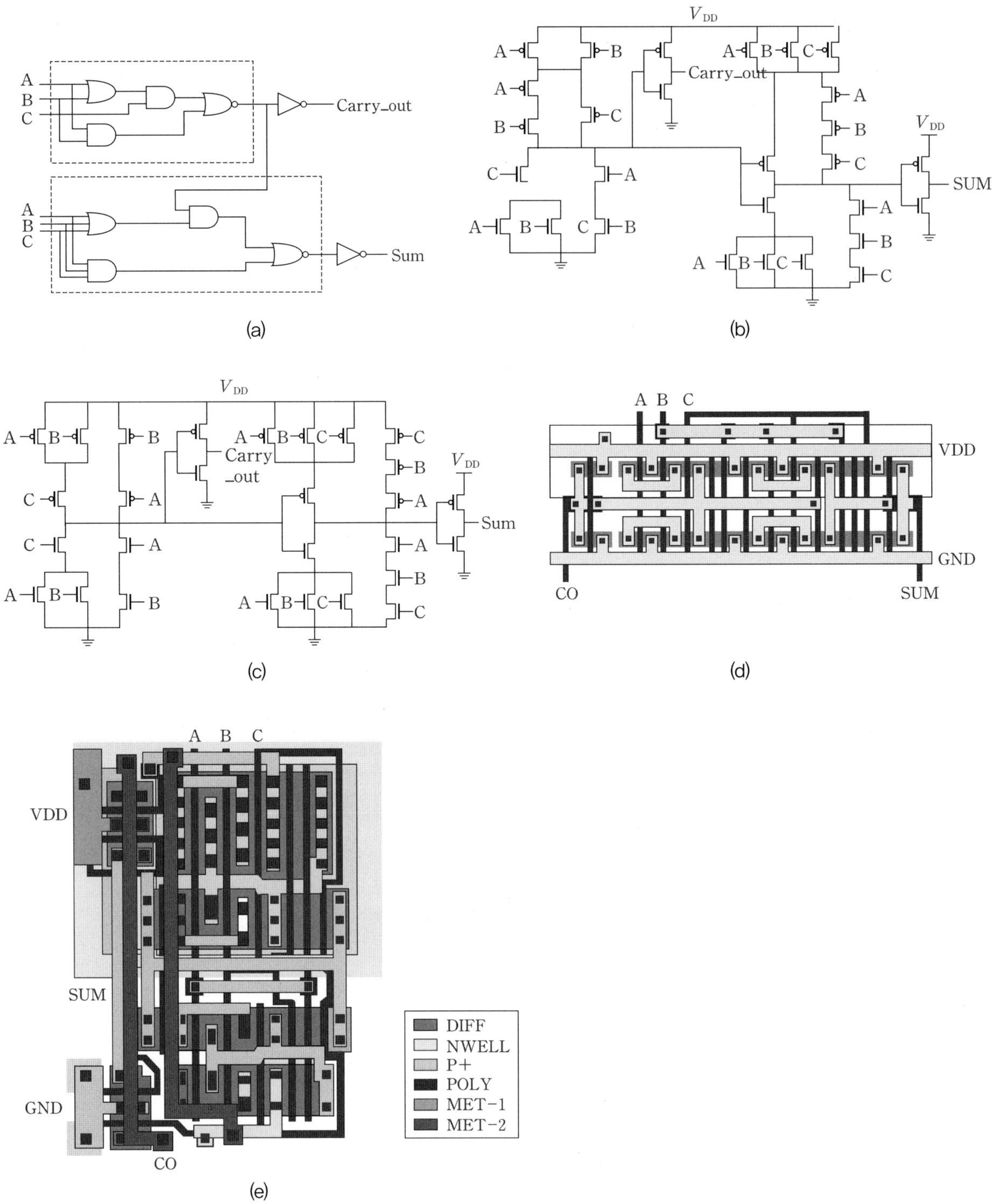

그림 4-37 1bit full adder (a) 논리 게이트 회로 (b) 트랜지스터 레벨 회로도 (c) CMOS로 구성된 또 다른 회로 (d) 초기의 레이아웃 (e) 수정된 최적화된 레이아웃

가 걸리는 복잡한 디지털 제어를 필요로 하는 곳에서 응용할 수 있다. 예를 들면 디지털/아날로그(D/A) 변환 칩은 전기 기계적 장비를 제어하는 아날로그 구동 신호를 제공하는 데

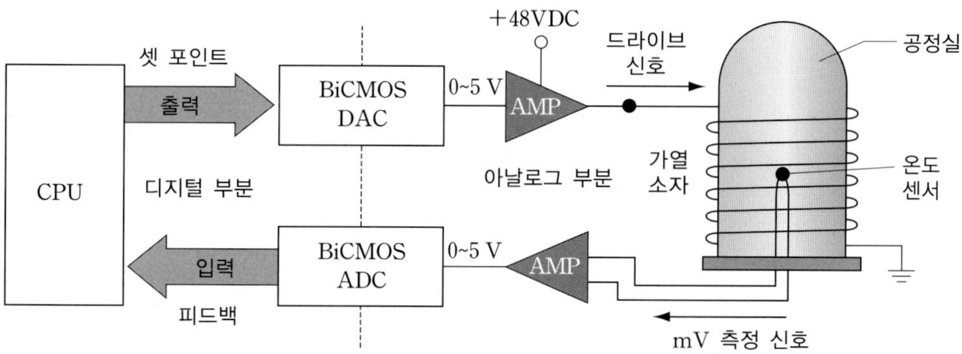

그림 4-38 BiCMOS이 간단한 가열시스템의 제어에 사용된다.

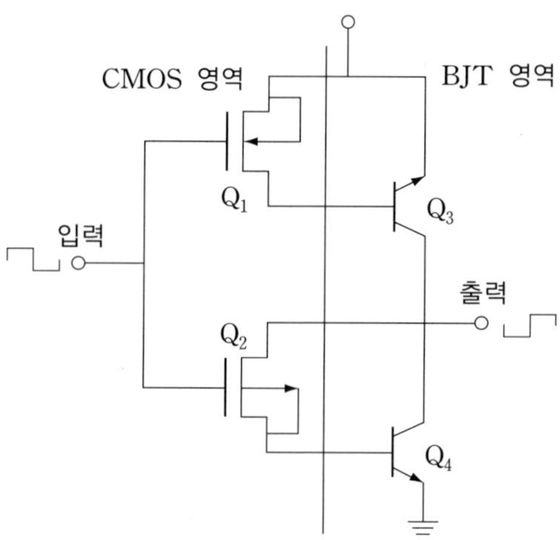

그림 4-39 간단한 BiCMOS 인버터

사용할 수 있다. 또한 계측기에서 아날로그/디지털(A/D) 칩은 아날로그 구동 신호의 결과를 측정할 때도 사용할 수 있다.

그림 4-38은 계측기와 제어 응용 분야에 사용된 BiCMOS칩의 기본적인 예이다. BiCMOS는 자동차 전자공학, 항공우주산업, 로봇공학, 산업 장비 등에서도 응용할 수 있다. 그림 4-39는 그림 4-29에 언급된 CMOS 인버터에 쌍극성 트랜지스터를 결합한 것이다. 쌍극성 트랜지스터(Q_3, Q_4)는 CMOS 인버터(Q_1, Q_2)보다 더 큰 구동 전류를 제공한다.

그림 4-40(a)에는 BiCMOS NOR 게이트 회로가 표시되어 있다. 쌍극성 pull-up 트랜지스터 Q_1은 직렬 연결된 두 개의 pMOS 트랜지스터에 의해서 구동된다. 두 입력이 모두 low인 경우에만 턴 온(turn on)된다. 쌍극성 pull-down 트랜지스터 Q_2는 병렬로 연결된 두 개의 nMOS 트랜지스터에 의해서 구동된다. 두 입력이 모두 high이거나 두 입력 중 하나가 high인 경우 턴 온(turn on)된다.

그림 4-40(b)에는 BiCMOS NAND 게이트 회로가 표시되어 있다. 쌍극성 pull-up 트랜지

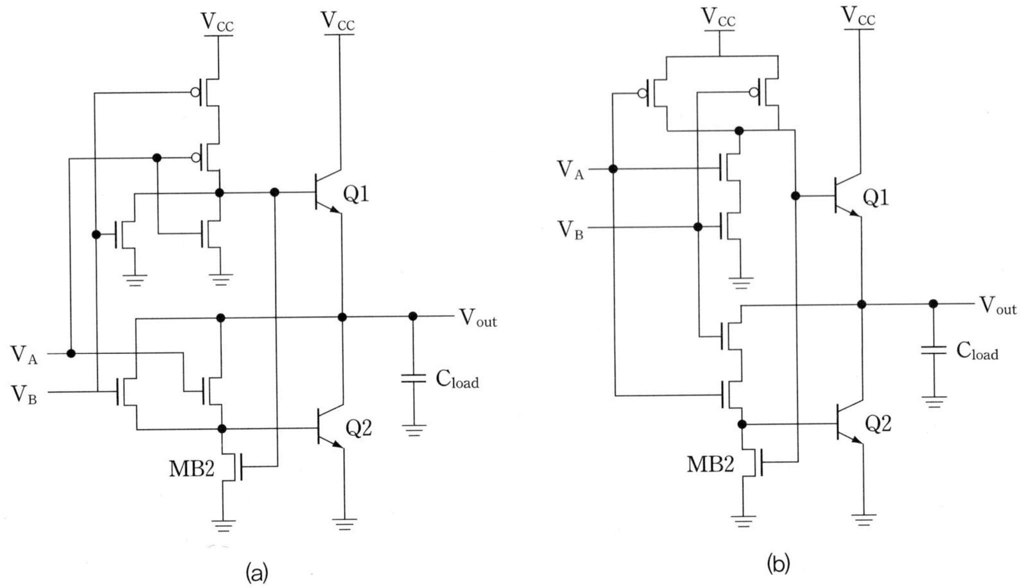

그림 4-40 (a) BiCMOS NOR 게이트 회로 (b) BiCMOS NAND 게이트

스터 Q_1은 병렬 연결된 두 개의 pMOS 트랜지스터에 의해서 구동된다. 두 입력이 모두 low이거나 한 입력이 low인 경우에만 턴 온(turn on)된다. 쌍극성 pull-down 트랜지스터 Q_2는 직렬로 연결된 두 개의 nMOS 트랜지스터에 의해서 구동된다. 두 입력이 모두 high인 경우 턴 온(turn on)된다. 반도체 소자(트랜지스터) 제조공정에서 만들어지는 원치 않는 기생 저항과 커패시턴스가 반도체 소자에 존재한다. CMOS 소자의 pn 접합은 경우에 따라 기생 트랜지스터를 만들기도 한다. 이는 CMOS IC를 latchup 상태로 만들어 의도치 않게 트랜지스터의 turn on 동작을 야기한다.

그림 4-41은 CMOS 인버터 구조의 기생 트랜지스터를 표시한 것이다. 상호보완 접합 트랜지스터는 CMOS 구조에 MOSFET의 일반적인 제조의 결과로 구성된다. 기생 접합 트랜지스터를 동작 가능하게 하는 확실한 동작 상태를 주고 CMOS 구조를 가로질러 흐르는 전

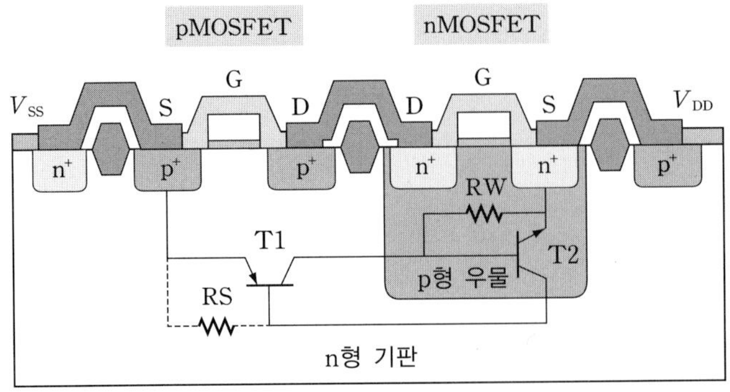

그림 4-41 CMOS 구조에서의 기생 접합을 갖는 트랜지스터

류에 대한 낮은 저항 경로를 만든다. 트랜지스터는 잠기게 되고 따라서 CMOS 장치 안의 MOSFET의 어떤 그 이상의 제어는 방지된다.

latchup 현상은 확실히 매우 복잡한 개념이다. 이 이상의 논의는 이 장의 범위를 넘어선다. latchup의 존재를 알고, 설계와 제조단계에서 이 상태를 예방해야 한다고 이해하는 것으로도 충분하다. 뒷 장에서 latchup의 예방에 사용되는 여러 제조공정 기술을 설명할 것이다.

연습문제

1. 아날로그 회로와 디지털 회로를 구분할 수 있는 예를 두 가지 이상 설명하시오.

2. 기생 저항과 기생 커패시턴스를 정의하고 집적 회로에 미치는 영향에 대해서 설명하시오.

3. 수동 소자와 능동 소자를 구분하고 각각의 특성을 설명하시오.

4. pn 접합 다이오드 제조 과정을 설명하고 순방향 바이어스와 역방향 바이어스가 인가될 때의 동작 특성을 각각 설명하시오.

5. 쇼트키 다이오드의 구조와 동작 특성을 설명하시오.

6. GaAs, SiGe, SiO_2의 특성을 비교 설명하시오.

7. BJT와 FET의 동작 특성을 비교 설명하시오.

8. MOS의 동작 특성을 설명하시오.

9. CMOS가 ASIC의 집적도에 기여하게 된 이유를 설명하시오.

10. IC 설계에서 스케일링은 무엇을 의미하는지 설명하시오.

11. BiCMOS에서 사용되는 두 가지 IC 기술은 무엇인가?

12. CMOS 장치에서 latchup은 무엇인가? 이것이 유발하는 원하지 않는 상태가 무엇인가?

제 5 장

마이크로칩 제조공정에서 사용되는 화학 물질의 특성

마이크로칩의 완성품이 제작되기까지는 대략 450개의 단위 공정이 반복적으로 진행되며, 대부분 화학적인 처리 공정이다. 반도체 제조업자들이 자연에서 가공하지 않은 화학 물질들로부터 최고의 순도(ultra high purity)를 얻기 위해서는 이들의 화학적인 조성을 정제해야 한다. 이후 정제된 화학 물질들은 웨이퍼의 표면에 삽입할 수 있도록 제조공정 영역으로 전송된다. 화학 반응은 실리콘을 반도체의 특성을 가지도록 변화시키기도 하며, 때로는 수많은 층(layer)의 상호 연결에도 이용할 수 있다.

최근에는 IC 제조공정 기술의 혁신적인 발달로 인해 배선의 임계 차원(critical dimension, CD)이 μm에서 nm로 변경되면서 결함이 존재하지 않는 무결점, 고품질(high quality)의 웨이퍼(wafer)가 사용되고 공정에 사용되는 화학 물질의 순도 역시 99.99%에 가까운 순도를 유지하도록 요구된다. 이런 문제점으로 인해 반도체 제조공장을 가진 일부 선진국들 사이의 원재료와 부장품의 수입과 수출 문제로 인한 국가 간의 이해 충돌로 무역 마찰을 초래하기도 한다. 반도체 공정에 사용되는 화학 물질 중에는 부식성을 가지는 강산성 물질과 강알칼리성 물질은 물론이고 유독 가스가 누출되거나 작업자가 흡입하는 경우 사망에 이르게 되는 독성 물질들도 대량으로 사용되는 실정으로 화학 물질의 특성과 잔류 가스 처리 기술 등을 이해하는 것이 반도체 제조공정 기술의 중요한 부분으로 자리 잡게 되었다. 이 장에서는 물질의 형태, 물질의 특성, 공정실에서의 환경조성에 따른 온도, 압력, 진공, 공정 가스의 보관 및 분배 조건, 배관설비에 관해 설명한다.

5-1 물질의 상태와 특성

반도체 제조공정에서 웨이퍼를 제조하기 위해서는 많은 양의 화학 물질이 사용된다. 웨이퍼 세척(cleaning) 및 제조에서 사용되는 공정 기술에서도 많은 화학 물질을 사용한다. 웨이퍼 제조공정에서 사용하는 화학 물질들을 공정 화학 물질이라고 한다. 이 물질들은 다양한 화학적 상태로 존재하며, 엄격한 순도를 가지도록 관리된다.

물리학에서 물질(material)은 고체(solid), 액체(liquid), 기체(gas) 형태의 기본적인 세 가지 상태로 존재한다고 정의된다. 그러나 CVD와 같은 박막 공정에서는 플라스마(plasma)라고 알려진 네 번째 상태를 사용하기도 한다.

가스 분자들은 작고 자유로이 이동하는 특성을 가진다. 수소(hydrogen), 산소(oxygen)를 비롯한 몇 종류의 가스들은 다른 가스나 원소들과 반응하여 쉽게 안정된 화합물을 구성한다. 헬륨(helium), 아르곤(argon) 같은 또 다른 종류의 가스들은 불활성 가스(inert gas)이다.

그림 5-1 물질의 물리적인 상태

불활성 가스는 비활성 가스라고도 부르는데 쉽사리 화합물을 만들거나 반응하지 않는 특성 때문에 반도체 제조공정에서 널리 사용되고 있다. 플라스마는 이온화된(ionized) 분자들(molecules)과 원자들(atoms)이 고에너지 상태에서 집적이 일어난 곳에 존재한다. 특정 가스들을 고에너지의 전자 영역에 노출시키며 플라스마 상태를 만들 수 있다.

물질의 특성을 이해하게 되면 반도체 제조공정에서 제품의 신뢰도를 높이고 안전한 공정을 진행할 수 있도록 재료를 어떻게 사용할 수 있는지 이해할 수 있다. 반도체 제조에 사용되는 재료의 성질을 구분하는 것은 칩을 만들기 위해 실리콘 웨이퍼를 어떻게 적절히 제조할 수 있는지 이해하는 데 매우 중요하다. 물질의 특성은 물리적 특성(physical property)과 화학적 특성(chemical property)으로 구분할 수 있다.

물질의 물리적인 특성은 다른 물질과의 상호 반응 없이 물질 스스로가 나타내는 특성이다. 이런 물리적 특성으로는 녹는점(melting point), 끓는점(boiling point), 고유 저항(resistivity), 밀도(density) 등이 있다.

물질의 화학적 특성은 다른 물질과의 반응 혹은 변환을 통해 드러난다. 화학적 특성으로는 가연성(flammability), 반응성(reactivity), 부식성(corrosiveness)을 들 수 있다. 화학 반응은 다른 성분과 특성을 가지는 다른 물질로 변환될 때 발생한다. 출발 물질(starting material)은 반응물(reactant), 결과 물질은 생성물(product)이라고 부른다.

화학 반응의 예로는 산소와 결합하는 수소의 연소(combustion)가 있다. 두 화학 물질은 자연 상태에서 기체 상태로 존재한다. 온도가 600°C를 초과하면 수소는 산소와 화학 반응을 한다. 결과 물질은 부산물로 얻어지는 수증기와 함께 폭발적인 열 반응이 나타난다. 화학 변화를 식으로 나타내면 다음과 같다.

$$H_2(\text{가스}) + \frac{1}{2}O_2(\text{가스}) \longrightarrow H_2O(\text{액체}) + \text{에너지}$$

실리콘 웨이퍼와 마이크로칩을 제조하기 위해서 많은 종류의 화학 물질과 재료가 사용

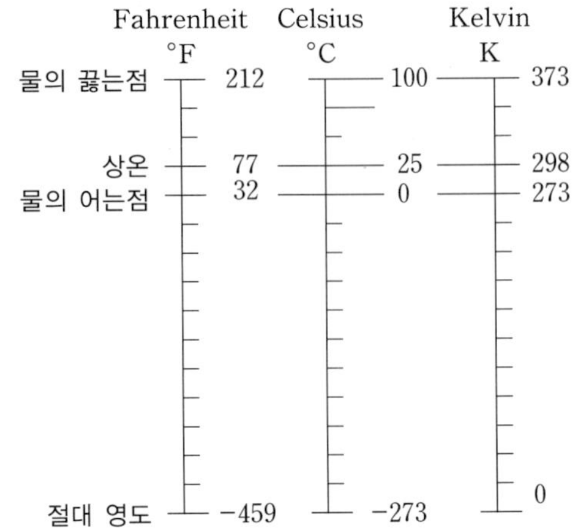

그림 5-2 온도 스케일

된다. 사용자의 끊임없는 요구와 전자공학의 혁신적인 발전이 IC 제조업자들에게 반도체 소자의 크기를 축소시키고 칩의 동작 특성을 개선하면서도 가격은 저렴한 제품을 생산하도록 만들었다. 따라서 새로운 화합물 반도체 재료를 만들기 위해 노력했고 이런 배경에는 물질이 가지고 있는 온도(temperature), 밀도(density), 압력(pressure)과 진공(vacuum), 표면 장력(surface tension), 압축(compressive), 응력(stress), 액화(condensation), 기화(vaporization), 승화(sublimation)와 증착(deposition) 등의 특성을 적절하게 조절해서 반도체 제조공정 환경을 최적화하게 되었다.

물리학에서 온도는 그림 5-2에 표시된 것처럼 물이 어는점(freezing point)을 0℃, 끓는점(boiling point)을 100℃로 표시하고 100등분의 1구간을 1℃로 정의하는 셀시우스(보통 섭씨라 불리는) 온도와 물이 어는점(freezing point)의 온도를 32°F, 끓는점(boiling point)의 온도를 212°F로 표시하고 180등분의 1구간을 1°F로 정의하는 화렌하이트(화씨) 온도, 캘빈 온도라고 부르는 절대 온도로 분류한다.

웨이퍼 제조에서는 반응비(reaction rate)를 변화시키는 것과 같은 화학 반응에 영향을 끼치기 위해 열을 이용하거나, 원자들을 재정렬시키기 위해서 실리콘 결정 구조를 어닐링(annealing: 달구어 서서히 식히는 것)시키는 것처럼 고온에서 광범위한 공정이 필요하다.

화씨 온도와 섭씨 온도 사이의 변환 관계식은 $°F = \frac{9}{5}℃ + 32$, $℃ = \frac{9}{5}[°F - 32]$로 표시된다. 캘빈 온도, 혹은 절대 온도는 미터 단위계에서 사용하는 기본 단위이다. 0 K(절대 영도)는 모든 원자 움직임이 있을 때 도달할 수 있는 최저 온도이고 이론적으로는 −273℃(보다 엄밀히는 −273.15℃)이다. 캘빈과 셀시우스를 변환하기 위해서는 K = ℃+273, ℃ = K−273 공식이 사용된다.

가스의 압력(P)은 표면에 대해서 단위 면적당 가해지는 힘으로 정의된다.

표 5-1 해수면에서의 압력 단위(25℃)

Psig(gauge)	0 psi
psia(absolute)	14.7 psi
대기압	14.7 psi
수은 높이(inches)	29.92 inches
수은 높이(milimeters)	760 mm
Torr	760 torr
Mtorr	760,000 torr
Bar	1.013 bar
Milibar	1013 mbar
Pascal	101,325 pascal

$$압력 = \frac{힘}{단위\ 면적}\ (\text{pounds per square inch, 혹은 psi})$$

압력은 반도체 제조공정에서 널리 사용되는 중요한 특성이다. 화학 물질 및 기체는 높은 압력에서 낮은 압력으로 흐른다. 제조공정에 따라 높은 압력이 요구되기도 하고, 낮은 압력이 요구되기도 한다. 일부 처리 공정은 대기압보다 극히 낮은(진공) 공정실(chamber)에서 일어난다.

만약 용기의 기체 압력이 14.7 psi보다 낮으면 진공으로 간주한다. 대기압보다 낮은 압력을 얻기 위해 밀폐된 용기에서 기체 분자들(공기, 습도, 잔류 가스 등)을 제거하여 진공을 만든다. 많은 반도체 공정은 진공 조건에서 이루어진다. 진공은 보통 토르(torr) 단위로 측정한다. 1토르는 그림 5-3에 나타낸 기압계(barometer)라고 부르는 압력 측정 기기에서 1 mm 높이의 수은에 해당하는 압력이다. 1기압의 공기의 압력이 사발의 수은에 작용하면, 진공의 기둥으로 수은을 760 mm(760토르 혹은 29.92인치)만큼 상승시킨다. 솟아오른 수은

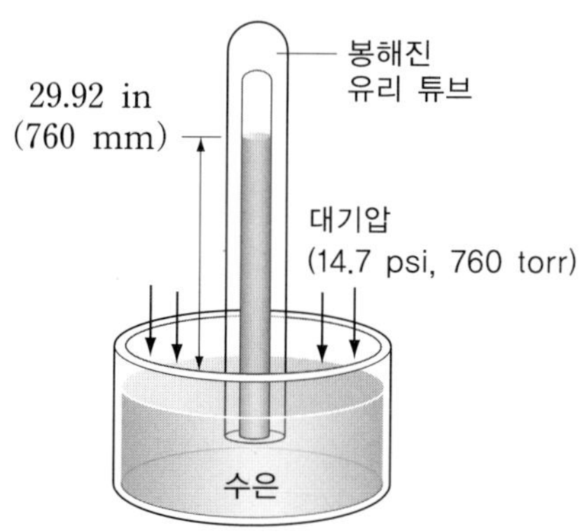

그림 5-3 대기압의 기압계

의 양은 사발의 수은을 누른 압력에 비례한다. 낮은 압력(혹은 진공)은 수은을 낮게 솟아오르게 한다. 민감하게 진공 상태를 조절하고 측정해야 하는 많은 반도체 공정들의 경우에는 대체로 밀리토르 단위가 사용된다.

기체가 액체화되는 과정을 액화(condensation)라고 한다. 수증기가 식을 때, 단일 표면에 작은 액체 물방울이 대량으로 모이면 안개(mist)가 형성된다. 반대 과정으로, 액체가 기체로 변화하는 것을 증발 또는 기화(vaporization)라고 한다. 액체와 기체는 여러 방법으로 물질들과 반응한다. 흡수(absorption)는 액체에 기체가 녹는 과정처럼 큰 부분의 다른 물질에 액체나 기체가 스며드는 것이다. 흡착(adsorption)은 고체의 표면에 기체나 액체가 응축되는 것이다. 흡착된 분자들은 실제로는 화학적 결합력이나 물리적 인력의 약한 결합력을 통해 표면에 달라붙는다.

증기 압력(vapor pressure)은 기화와 액화의 비율이 평형 상태(equilibrium condition)에 있을 때 밀폐된 용기 내의 증기에 의해 발생하는 압력이다. 휘발성(volatile) 액체는 기체가 되기 쉬우며, 높은 증기 압력을 갖는 물질이다. 이런 물질들은 진공 상태에 노출되었을 때 증기를 쉽게 풀어놓는다. 예를 들면 용매(solvents), 향수(perfumes), 로션(lotions)은 휘발성을 가진다.

고체는 승화(sublimation)를 통해서 액체를 거치지 않고 바로 기체로 변화할 수 있다. 승화의 예로는 드라이아이스와 둥근 방충제(moth balls)가 있다. 승화와는 반대로 기체에서 고체로 변화하는 것은 응고라고 부른다. 이런 과정은 수증기가 차가운 유리창에 증착된 후 얼음으로 어떻게 변해 가는지를 설명할 수 있다. 증착은 반도체 제조공정상 아주 중요한 공정이다.

물질의 밀도는 자신의 질량(mass)이나 무게(weight)를 부피(volume)로 나눈 값으로 정의된다.

$$\text{밀도} = \frac{\text{질량}}{\text{부피}}\ (\text{g/cm}^3)$$

표 5-2에는 표준 온도와 압력 상태하에서의 물질의 밀도가 비교되어 있다.

그림 5-4에 표시된 것처럼 액체가 평평한 평면에 있을 때는 접촉면이 발생된다. 액체의 표면 장력은 접촉면을 증가시키기 위해 필요한 에너지이다. 접촉면을 증가시키기 위해서는 액체 분자들 사이의 인력(intermolecular attraction forces)을 깨고 액체의 내부에서 표면

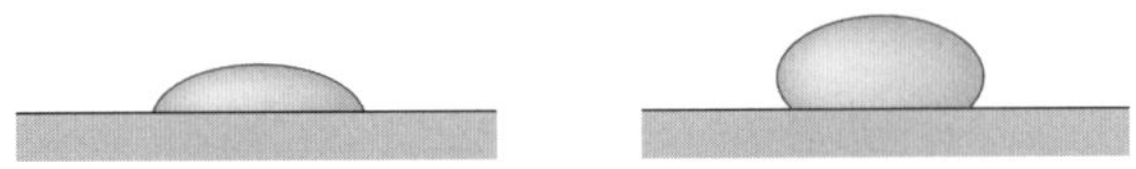

그림 5-4 웨이퍼상의 액체의 표면장력

표 5-2 표준 온도와 압력 상태하에서의 물질의 밀도 비교

물질	물리적 상태	밀도(g/cm³)
수소	기체	0.000089
산소	기체	0.0014
물	액체	1.0
소금	고체	2.16
실리콘	고체	2.33
알루미늄	고체	2.70
금	고체	19.3

으로 분자가 이동해야 한다. 이 움직임에는 에너지가 필요하다. 반도체 공정에서의 표면 장력의 개념은 웨이퍼 표면에 균일한 액체 코팅 부착 능력을 측정하기 위해서 사용된다.

물체가 가열되면 원자의 진동이 증가하고, 따라서 부피는 팽창한다. 이렇게 열팽창(thermal expansion)에 의해서 늘어난 물체의 차원을 그림 5-5에 표시하였다. 같은 물체가 차갑게 식혀지면 역으로 그 차원은 줄어들 것이다. 어떤 물질들은 다른 경우보다 열적으로 더 팽창한다. 이와같이 가해진 열에 의해 물질이 팽창하는 양은 열팽창 계수(CTE: coefficient of thermal expansion)로 알려져 있다.

물체가 힘에 노출되면 응력(stress)이 발생한다. 응력의 크기는 두 가지 요소(힘의 크기, 힘이 적용되는 면적)에 의해서 결정된다. 응력의 단위로는 단위 면적당 파운드(psi) 혹은 미터 단위계에서 파스칼(Pa)을 사용한다. 응력의 공식은 $\text{stress} = \dfrac{\text{Force}}{\text{Area}}$ (psi)로 나타낼 수 있다.

웨이퍼에서 응력을 발생시키는 힘은 다양한 원인에 의해서 발생한다. 응력은 웨이퍼 표면에서의 전위(dislocation), 과도한 빈 격자(vacancies)와 불순물(impurities), 그리고 다른 물질을 포함한 주위의 성장과 같은 손상(damage)을 발생시킨다. 만약 전혀 다른 열팽창 계수를 가진 두 개의 다른 물질이 함께 결합되어 있을 때 열이 가해진다면 두 물질은 서로 다른 비율로 팽창하고, 결과적으로 서로에게 압력을 가하며 밀어내기 때문에 응력이 발생한다.

이런 응력은 잘못 짝지어진 CTE에 의해 휘어진 불량한 상태의 웨이퍼를 만들게 된다. 마이크로칩은 서로 다른 CTE를 갖는 서로 다른 물질들의 층을 가진 2차원 구조이기 때문에 응력 역시 반도체 공정에 밀접한 관련이 있다. 증착된 얇은 막들은 보통 압축력(compressive)

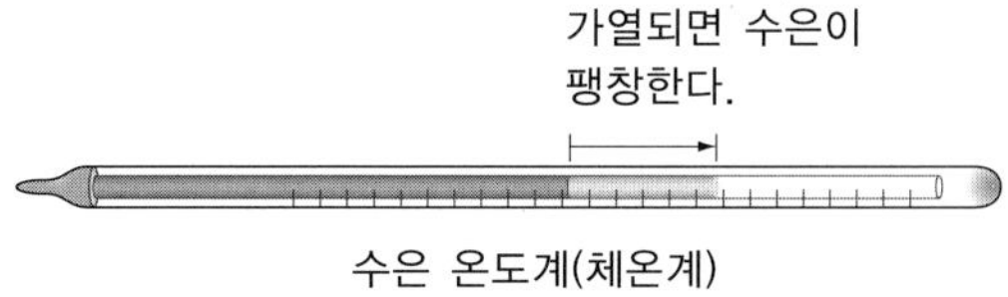

그림 5-5 열이 가해진 물체의 열팽창

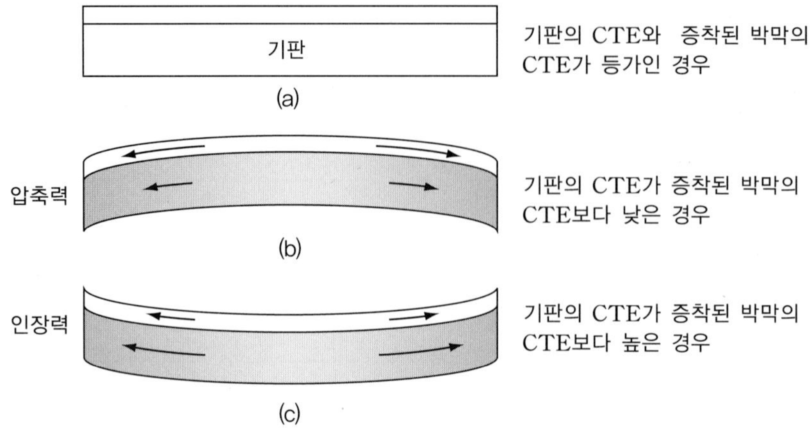

그림 5-6 서로 다른 열팽창 계수를 갖는 두 물질의 불일치

이 있거나 인장력(tensile)을 가지는 몇몇 형태를 가진다. 응력의 형태는 그림 5-6에 나타낸 것처럼 공정의 조건에 의해 결정된다. 칩의 신뢰도(reliability)는 최소 응력을 가지는 물질을 보장함으로써 개선할 수 있다.

5-2 공정 화학 물질의 특성

반도체 제조공정은 초고순도(ultrahigh purity)의 다양한 종류의 공정 화학 물질을 포함하는, 화학적으로 강조되는 과정이다. 공정 화학 물질로는 액체, 고체, 가스 형태의 세 가지 형태를 갖는 물질이 사용된다. 화학 물질들은 다음과 같은 반도체 제조공정에서 사용된다.

- 습식 화학 용액과 초고순도의 물로 웨이퍼 표면을 세정하거나 준비하는 공정
- p형 실리콘과 n형 실리콘을 만들기 위해서 활동적인 원자를 웨이퍼에 불순물로 첨가하는 공정
- 다른 금속 전도체층을 증착하고 전도체 사이에 필요한 절연층을 증착시키는 공정
- 임계 MOS 게이트 절연체로 사용하기 위해 SiO_2 박막을 증착시키는 공정
- 플라스마 혹은 습식 화학 물질로 물질을 선택적으로 제거하고 박막에 필요한 패턴을 새기기 위해 박막을 식각하는 공정

몇 종류의 화학 물질들은 자신이 가지는 우수한 특성 때문에 중요한 반도체 제조공정 단계에서 반복적으로 사용되기는 하지만 제조공정에서 사용되는 화학 물질들의 종류는 기본적으로 매우 다양하다. 세정 공정은 반도체 제조공정 중 화학적으로 가장 중요한 공정

단계 중 하나이다. 웨이퍼 표면 준비 또는 웨이퍼의 세정은 웨이퍼 제조공정의 모든 단계 중 30%를 차지하는 것으로 본다.

액체(liquids)는 순수한 물(DI water)과 같이 순수한 물질이거나, 화학적 혼합물(화합물)일 수 있다. 화학적 혼합물이 구성 요소의 분자와 이온들이 비슷할 정도로 잘 섞여 있다면 우리는 이것을 화학 용액이라고 부른다. 가솔린은 탄화수소와 부가물이 적절한 비율로 혼합된 화학 용액이다. 다른 용액의 예는 가정 응급치료용으로 사용되는 5% 농도의 과산화수소(hydrogen peroxide)를 포함한 거의 물로 이루어진 과산화 수소이다. 과산화 수소 용액에서의 물과 같이 용액에서 더 많은 양을 가진 구성 요소를 용매라고 한다.

용액에서 용매 속에 녹아 있는 물질을 용질이라고 한다. 물에서의 용액을 수용액이라 부르고 이는 물이 용매임을 의미한다. 반도체 제조공정에서는 습식 처리에 많은 종류의 액체가 사용된다. 웨이퍼 제조공정에 사용되는 모든 액체는 미립자와 금속 이온들(metallic ions), 원치 않는 화학 물질 등으로 오염(contamination)되지 않은 대단히 높은 순도를 가져야만 한다.

화학 물질의 오염은 상대적인 개념이다. 종종 작은 농도의 불순물을 묘사하는 데 사용되는 오염 정도에 대한 용어는 크기 혹은 부피당 측정된 백만분의 1(ppm, part per million)이다. 화학적 순도(purity specifications)는 제조공정에서 사용되는 초고순도의 화학 물질의 불순물이 10억분의 1(ppb, part per billion) 혹은 1조분의 1(ppt, part per trillion)보다 낮을 정도로 엄밀하게 제조된다. 웨이퍼 제조공정용 화학 물질에서 측정된 불순물의 양은 종종 계측기의 측정 능력에 의해 제한되기도 한다.

웨이퍼 제조공정에서 사용하는 액체 화학 물질의 양을 감소시키기 위해서 오랜 기간 노력해왔다. 반도체 제조공정에서 사용되는 많은 액체 화학 물질들은 위험하고, 특수한 처리와 처분 과정을 거쳐야 한다. 게다가 화학적 찌꺼기는 웨이퍼를 오염시킬 뿐만 아니라, 공기에 분산되는 수증기를 발생시키고, 웨이퍼 표면에 증착되기까지 한다. 웨이퍼 제조공정에서 습식 화학 물질을 없애는 것은 불가능할지 몰라도 습식 세척 단계의 수를 줄이는 등 공정에서 의미있게 사용을 감소시킬 수 있다.

웨이퍼 제조공정에서 사용되는 액체 화학 물질은 산(acid), 염기(base), 용매(solvent)로 구분된다. 고전적인 정의에 의하면 산은 수소(hydrogen)를 포함하며, 물에서 산화 이온(hydronium ions) H_3O^+를 분리하여 산출하는 용액을 말한다. 산은 수소를 포함하기 때문에 인산(H_3PO_4), 염산(HCl)과 같이 화학식에 H가 포함되어 있다.

어떻게 산이 물에서 분리되는지 다음 염산 반응식을 예로 생각해보자.

$$HCl(gas) + H_2O(liquid) \longrightarrow Cl^-(aqueous) + H_3O^+(aqueous)$$

표 5-3 반도체 공정상의 보편적인 산의 쓰임

산	기호	사용 예
플루오린화 수소(불산) Hydrofluoric acid	HF	이산화 규소(SiO_2) 식각과 웨이퍼 세정
염산(Hydrochloric acid)	HCl	웨이퍼의 중금속을 제거하기 위해서 사용되는 표준 세정 공정 2(SC-2)에 사용되는 습식 세정 용액
황산(Sulfuric acid)	H_2SO_4	웨이퍼 세정공정에 사용되는 피라니아(piranha) 용액의 구성 성분이다. 피라니아 용액은 70%의 황산과 30%의 과산화 수소(H_2O_2)의 비로 혼합된 용액이다.
BOE(Buffered oxide etch): 플루오린화 수소와 플루오린화 암모늄의 용액	HF & NH_4F	이산화 규소(SiO_2) 박막의 식각
인산(Phosphoric acid)	H_3PO_4	질화 실리콘(Si_3N_4)의 식각
질산(Nitric acid)	HNO_3	포스포실리케이트 유리(PSG)의 식각에 사용하기 위해서 질산과 플루오린화 수소를 혼합해서 사용한다.

여기서 (gas)는 기체를, (liquid)는 액체를, (aqueous)는 수용액을 의미한다. 우리는 HCl이 물에 녹을 때 산화 이온 H_3O^+를 생산하기 위해 물과 반응하는 사실을 확인할 수 있다. 따라서 HCl은 산으로 정의된다. 반도체 공정에 사용되는 많은 종류의 산들이 있다. 표 5-3에는 웨이퍼 제조공정에서 사용되는 일반적인 산의 종류와 용도를 나타내었다.

산은 유기산(organic acid)과 무기산(inorganic acid) 두 종류로 분류할 수 있다. 플루오린화 수소(hydrofluoric acid)와 같은 무기산과는 달리 카복실산(carboxylic acid)으로 대표되는 유기산은 탄화수소(hydrocarbon)를 포함하고 있다.

염기(Base)는 수산화 나트륨(NaOH), 수산화 포타슘(KOH)처럼 수산화기(OH)를 포함하고 있는 물질로, 물을 수산화 이온으로 분리시킨다. 염기 물질을 알칼리(alkali) 물질 혹은 알칼리성(alkaline) 물질이라고도 한다. 염기는 수용성 용액에서 수산화 이온의 양을 증가시킨다. 예를 들면 수산화 나트륨(sodium hydroxide)은 금속 이온과 수산화 이온을 포함한 이온화 화합물이다. 이 물질은 물에 녹을 때 다음과 같이 Na^+와 OH^- 이온이 분리되기 때문에 염기이다.

$$NaOH \longrightarrow Na^+ + OH^-$$

반도체 공정에서 사용되는 일반적인 알칼리 물질을 표 5-4에 나타내었다.

산과 염기는 세기 면에서 다양한 값을 가지며, 그 세기에 따라 강산(강염기)와 약산(약염기)로 구분된다. pH 척도가 용액이 얼마나 강산(강염기)인지 혹은 약산(약염기)인지 평가하는 데 이용된다. pH의 범위는 중성점 7을 가지고 0~14까지로 표시된다. pH 값이 7 이하면

표 5-4 반도체 공정에서 쓰이는 일반적인 염기

염기	기호	사용 예
염화 나트륨(sodium hydroxide)	NaOH	습식 식각
수산화 암모늄(Ammonium hydroxide)	NH_4OH	세정 용액
수산화 포타슘(Potassium hydroxide)	KOH	양성 포토레지스트 현상액
테트라메틸 암모늄 하이드록사이드 (Tetramethyl ammonium hydroxide)	TMAH	양성 포토레지스트 현상액

표 5-5 화학 물질의 pH 분류

pH	가정용 화학 물질	특성
1	자동차용 배터리(car battery: H_2SO_4)	corrosive
2		
3	레몬 주스(lemon juice), 식초(vinegar)	
4	중탄산 소다(soda), 와인(wine)	
5	토마토 주스(tomato juice), 맥주(beer)	
6	소변(urine)	
7	수돗물(tap water), 우유(milk), 침(saliva)	
8	혈액(blood), 타액(saliva)	
9	산화 마그네슘(milk of magnesia)	
10	합성 세제(detergent)	
11	가정용 암모니아(household ammonia)	
12		
13	배수구 청결제(household drain cleaner)	caustic
14	니켈-카드뮴 전지(nickel-cadmium battery: NaOH)	

산, 7 이상이면 염기이다. 순수한 물(distilled water)은 pH 척도의 기준이 되는 물질이며 중성인 pH 값, pH=7을 가진다. 황산(H_2SO_4) 같은 강산은 0~3 사이의 낮은 pH 값을 가진다. 수산화나트륨 같은 강염기는 14에 근사한 pH 값을 가진다. 표 5-5는 몇 가지 일반적인 화학 물질을 pH 척도로 분류한 것이다.

용매(solvent)는 용액을 만들기 위해 다른 물질을 녹일 수 있는 물질이다. 좋은 용매는 넓은 범위의 물질을 녹인다. 알코올(alcohol)이나 아세톤(acetone)을 비롯한 용매 대부분은 휘발성(volatile)과 가연성(flammable)을 갖는다. 표 5-6에 웨이퍼 제조공정에서 사용되는 일반적인 용매를 나타내었다.

탈이온화된 물(DI water)은 순수한 물(H_2O)로서, 전도성 이온이 모두 제거되어 반도체 공정에서 널리 사용되는 용매이다. DI water의 pH는 7이므로 산성도 염기성도 아닌 중성이

표 5-6 반도체 공정에 쓰이는 보편적인 용매

용매	일반적인 명칭	사용 예
탈이온수(deionized water)	DI water	세정 용액을 희석(dilute)시키기 위해서 사용하거나 웨이퍼의 세척에 사용된다.
아이소프로필 알코올(Isopropyl alcohol)	IPA	일반적인 세정 용매
트라이클로로에틸렌(Trichloroethylene)	TCE	웨이퍼 세정과 일반적인 용도의 세정 용매
아세톤(Aceton)	Aceton	IPA보다 강력한 세정 용매
자일렌(Xylene)	Xylene	강한 세정 용매, 포토레지스트의 가장자리 비드를 제거한다.

다. H_2O 물 분자가 이온화 혼합물에 녹으면 이온들을 용액 속에서 분리하고, 둘러싸고, 흩어지게 한다. 이것은 물이 이온들 사이의 정전기적 인력을 극복함으로써 가능하다.

5-3 화학 물질의 저장과 분배

반도체 산업에서는 오염 가능성과 위험성을 함께 가지는 화학 물질들이 넓은 범위에서 사용된다. 화학 물질의 폭발성과 독성 때문에 보관과 분배의 문제는 중요한 이슈 중 하나이다. 안전(safe)한 상태로 높은 순도(high-purity)를 유지하도록 보관하는 저장 용기에서 처리 도구 등의 역할이 중요하다. 화학 물질인 액체일 때 이런 운반은 대량 화학 물질 분배기(BCD: bulk chemical distribution)를 통해서 이루어진다.

대량 화학 물질 분배 시스템은 그림 5-7에 표시된 것처럼 저장 용기(storage vessel)와 화학 물질 운반 모듈(chemical delivery module), 화학 물질 공급원(chemical supply, 파이핑 시스템(piping system)이 여기에 속함)으로 이루어져 있다. 파이핑 시스템은 화학 물질들을 각각의 공정실로 화학 물질을 안전하게 공급한다. 현대의 BCD들은 화학 물질의 실시간 감시와 조절을 위해 전체적으로 컴퓨터화, 네트워크화되었다. 처리해야 할 화학 물질을 어떻게 저장하고 운반할지 결정하는 것은 화학 물질의 적합성, 화학 물질의 오염의 감소와 안전과 같은 요소에 달려 있다.

반도체 제조에 사용되는 일부 화학 물질의 순도는 십억분의 일에서 일조분의 일로 오염물질이 제어되는 극초순도를 요구되기도 한다. 포토레지스트와 같은 일부 화학 물질들은 소량으로 사용되거나 혹은 저장 수명(사용 전 저장할 수 있는 기간이 얼마나 길은 가)에 한계가 있기 때문에 BCD에 적합하지 않다. 이런 경우에는 특별한 처리 시스템을 통해서 공급된다.

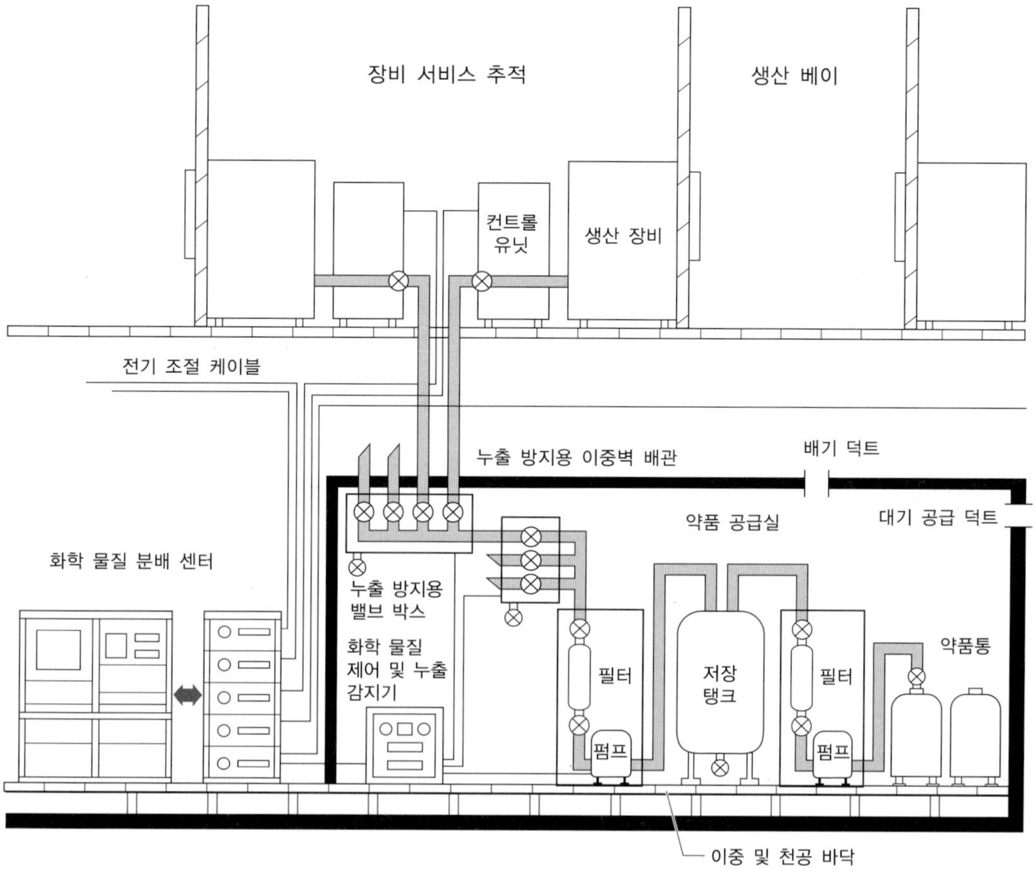

그림 5-7 대량 화학 물질 분배기

반도체 제조공정에서 진행되는 450개 정도의 단계에서 대략 50개의 서로 다른 가스가 사용된다. 제조공정에 적용할 새로운 물질들이 지속적으로 소개되고 있어 가스의 성질과 형태는 변화하는 중이다. 구리 합금 그리고 새로운 확산 장벽도 포함된다. 가스는 보통 대량 생산 가스와 특수 가스의 두 가지 형태로 구분한다. 대량 생산 가스에는 전통적으로 산소, 질소, 수소, 헬륨, 아르곤이 있다. 특수 가스는 공정 가스에 속하고, 반도체 마이크로칩을 제조하는 데 사용하는 다른 중요한 가스에 속하기도 한다.

특히 모든 가스에는 고순도가 요구된다. 대량 생산 가스는 99.99999%, 그리고 특수 가스는 99.99%의 순도로 제어된다. 조절해야 할 오염물질은 산소, 습도량 그리고 금속과 같은 미량 불순물이다. 공정 가스는 대부분 유독(toxic)하고 부식성(corrosive)이 있으며 자극에 민감하다. 또한 공기 중에 노출시 타거나 폭발하는 자연발화성(pyrophoric)을 가진다. 이런 이유들 때문에 공정 가스는 반도체 제조공정 설비의 다양한 공정에서 안전하도록 깨끗하고 정밀한 방식으로 가스 운반 시스템(용기) 안에 담겨 공급업자에 의해 전달된다.

대량 생산 가스는 가스 공급업자의 측면에서는 제조하기 비교적 간단한 가스이고 웨이퍼 제조공정 설비 외곽의 큰 저장 탱크나 1000 lb의 벌크 튜브 트레일러에 저장하기 좋다. 이런 가스는 대량 생산 화학 물질 분배기 시스템을 통해 작업장으로 분배된다. BGD의 집중화된 가스 조절의 이점은 적은 미립자 오염도를 가진 소스, 적은 인력 소모, 신뢰성 있는 가스의 공급 등이다. 대량 생산 가스는 종종 높은 가스 순도를 가진 가스 전달을 위해 가장 낮은 비용이 드는 방법으로도 이용된다. 게다가 큰 웨이퍼 제조공정 설비에서는 비용을 줄이기 위해 현장에서 대량 생산 가스를 생산하기도 한다. 대량 생산 가스는 표 5-7과 같이 불활성(inert) 가스, 감소성 가스, 산화성 가스로 구분할 수 있다. 최근에는 안전 장치가 아르신과 수소화 인(포스핀)과 같은 특수한 가스까지 현지 생산이 가능할 정도로 발전하였다.

특수 가스는 비교적 적은 부피로 공급하여 사용되는 가스이다. 이런 가스는 종종 대량 생산 가스보다 더 유해하기도 하다. 특수 가스들은 마이크로칩 생산에 필요한 많은 물질의 공급원이 된다. 특수 가스를 다루는 데 있어서 가장 위험한 점은 그들 중의 대부분이 화학적인 위험 요소를 가지고 있다는 것이다. 염산과 염소는 부식성, 실레인은 자연발화성, 아르신(AsH_3)과 포스핀(PH_3)은 독성을 가지고 있다. 6-플루오린화 텅스텐(WF_6)는 자극에 극히 민감하다. 특수목적용 가스는 일반적으로 작업장 기계의 공정실에서 사용된다.

전통적으로 특수 가스는 작업장에 가스를 분배하기 위해 100 lb 금속 실린더 용기에 저장되어 웨이퍼 제조공정 설비로 전달된다. 실린더는 가스 실린더 캐비닛 안에 위치하는데, 이 캐비닛은 차단 밸브 및 조절기(흐름 조절, 압력 조절)를 가진 조절 제어반과 실린더 교환기 사이에 필요한 정화를 계속해서 조절하기 위한 정화 제어반을 포함한다. 캐비닛은 또한 필터 정화 장치, 가스 순도를 감시하기 위한 장비뿐만 아니라 화재 및 가스 누출 감지기와 같은 안전장치까지도 포함한다.

가스 정화(gas purge)는 가스 전달 시스템과 공정 장소의 수증기, 대기, 바람직하지 않은

표 5-7 대량 생산 가스

가스의 종류	가스 명칭	기호	사용 예
불활성	질소	N_2	가스 라인과 가스 습기 처리실 그리고 잔류 가스를 제거한다. 때때로 증착 과정 동안의 처리 가스로도 사용된다.
	아르곤	Ar	웨이퍼 제조공정 동안 공정 처리실에서 사용한다.
	헬륨	He	공정실 가스는 또한 진공실의 누출을 체크하는 데 사용한다.
감소성	수소	H_2	에픽택셜 층 공정에서 사용되는 가스. 또한 로 산화 공정 동안 수증기 형태로 O_2와 결합하는 데 사용된다. 많은 웨이퍼 제조공정에서 사용된다.
산화성	산소	O_2	공정실 가스

가스 찌꺼기 등을 씻어내는 방법이다. 정화는 가스 라인상의 침체 얼룩과 오염을 제거한다. 바람직하지 못한 가스를 질소 같은 불활성 가스를 이용해서 대체하거나 혹은 진공 흐름으로 시스템에서 해당 가스를 빼내는 방식으로 제거하여 정화한다. 자동화된 장비의 시스템 정화는 먼저 가스 라인 밸브의 소프트웨어적 조절을 통해 자동적으로 끝마친 후에 가스 실린더 교환이나 공정실을 여는 것과 같은 작업을 한다.

가스 전달관은 가스를 전달하기 위한 전해 연마된 316 L 등급의 스테인리스스틸로 구성되어 있다. 가스관 시스템에서는 약간의 엷은 막 가스 필터를 제외하면 플라스틱을 사용하지 않는다. 위험한 가스에는 이중 차단 튜빙이 종종 사용된다. 이중 차단 튜브의 안쪽 면은 오염을 최소화하기 위해 전해 연마되어 있다. 전해 연마란 오염을 발생시키는 화학적 작용의 가능성을 최소화하기 위해 파이프의 안쪽 표면을 30 μm정도를 제거하여 깨끗하고 매끈하게 만드는 화학적 공정이다. 전해 연마된 표면은 매우 적은 미립자를 방출하는 금속 표면에 크로뮴의 얇은 막을 입혀서 마무리한다.

안전을 위해서 가스 라인은 돼지 꼬리처럼 360° 구부러지거나, 더 많이 구부러질 수 있도록 만들어야 한다. 그림 5-8에 표시된 것처럼 CGA(compressed gas association)에서 가스 실린더 밸브에 연결하기 위한 연결기를 결정한다. 최근에 개발된 DISS(diameter index safety system) 실린더 밸브는 특수 가스를 위한 특별한 연결 직경을 가진다. 이런 밸브는 오염에 의한 전위를 줄이기 위해서 낮은 마모성을 가지면서도 더 우수하게 밀봉할 수 있다. DISS 밸브는 일반적으로 부식성과 유독성이 강한 극초순도의 가스에 사용된다.

특수 가스 실린더의 가스가 모두 소모되면 실린더를 교체해 주는 기술이 필요하다. 이런 실린더 교체는 간혹 실시하지만, 한주에 수차례 실시하기도 한다. 특수 가스의 위험성 때문에 가스 실린더 교체는 안전 및 제품문제를 고려한 주의가 필요하다. 실린더를 교체하는 동안 한 가지 안전 주의 사항은 새어 나온 잔류 가스가 불꽃 화염이나 가스 구름을 만들 수 있다는 것이다. 즉 소모된 실린더 내부의 잔류 가스 유무가 정확하지 않다는 것이다.

또 다른 안전 주의 사항은 부적합하게 지지되는 실린더가 떨어져 나감으로써 누출이 발생될 수도 있다는 점이다. 정확하지 않은 실린더 교체는 가스 라인에 오염을 일으켜 제품 성능에 영향을 끼치며 제품의 수율에도 영향을 줄 수 있다. 게다가 실린더를 교체한 뒤에 제

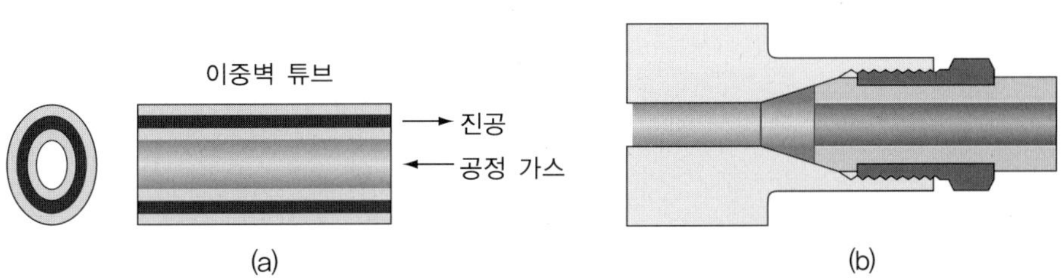

그림 5-8 이중 차단 튜브(좌)와 CGA 가스 라인 커넥터(우)

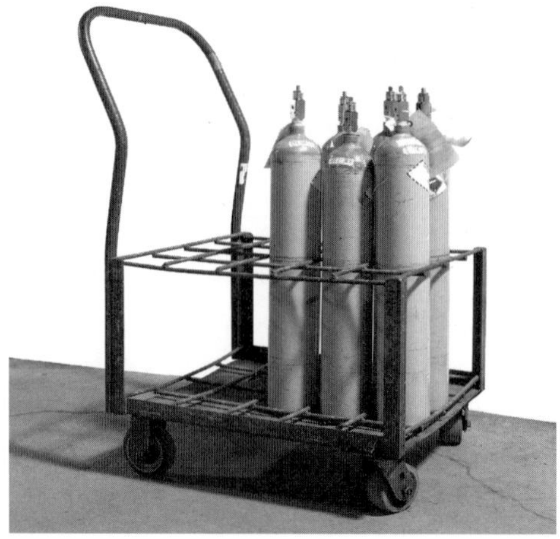

그림 5-9 특수 가스 실린더(출처: © sockagphoto/Shutterstock)

품 제조를 일시적으로 중단하고 교체한 가스가 공정 조건 기준에 적합한지 확인하는 재품질화 공정실이 필요하게 될지도 모른다.

안전 위험도, 오염 정도 그리고 높은 유지보수 비용 때문에 특수 가스를 대량 생산 가스로 바꾸기 위한 노력이 박차를 가하고 있다. 예를 들자면 특수 가스인 실레인의 튜브 트레일러는 일 년에 어림잡아 300~400개의 실린더를 교체해야 하지만, 일반적인 튜브 트레일러는 일 년에 한 번만 교체한다. 교체 기간 동안 발생할 수 있는 위험문제가 실질적으로 감소하는 것을 기대할 수 있을 것이다. 언젠가는 액체 화학 물질에 사용된 경우와 유사한 더 많은 대량 생산 특수 가스 분산 시스템이 개발되거나 대량 가스가 특수 가스 실린더를 대체하게 될지도 모른다. 공기 중에 노출되면 자연 발화하는 성질이 있고 산화 질소처럼 큰 부피에서 사용된 특수 가스를 둘러싸기 때문에 대체를 위한 노력은 수소화 규소(실레인)에서 점차 시작되었다. 가스 전달 시스템에서 실린더 교체를 비롯한 인간의 관여와 에러의 가능성을 줄이는 것이 하나의 목적이 된다.

특수 가스들은 가스와 유사한 하이드라이드(수소화물), 플루오린 화합물(fluorinated compounds), 그리고 산(acid) 가스로 구분된다. 하이드라이드 가스에는 수소가 포함되고 플루오린 화합물에는 플루오린이 포함된다. 표 5-8에 몇 가지 특수한 가스의 특성을 비교해 놓았다.

표 5-8 특수 가스의 특성 비교

가스의 분류	가스 명칭	기호	사용 예
하이드라이드	실레인	SiH_4	증착 공정에서 실리콘 공급원
	아르신	AsH_3	실리콘 웨이퍼의 n형 도핑에서 비소 공급원
	포스핀	PH_3	실리콘 웨이퍼의 n형 도핑에서 인 공급원
	다이보레인	B_2H_6	실리콘 웨이퍼의 p형 도핑에서 붕소 공급원
	테트라에틸 오소실레이트	$Si(OC_2H_5)$	증착 공정에서 실리콘 공급원
	실리콘 테트라클로라이드 (테트라클로로실레인)	$SiCl_4$	증착 공정에서의 실리콘 공급원
	다이클로로실레인	SiH_2Cl_2	증착 공정에서의 실리콘 공급원
플루오린 화합물	나이트로젠 트라이플루오라이드	NF_3	플라스마 에칭 공정에서 사용되는 플루오린 이온 공급원
	텅스텐 헥사플루오라이드	WF_6	금속 증착 과정에서 사용되는 텅스텐 공급원
	테트라플루오로에테인	C_2F_4	플라스마 식각 공정에서 사용되는 플루오린 이온 공급원
	카본 테트라플루오라이드	CF_4	플라스마 식각 공정에서 사용되는 플루오린 이온 공급원
	실리콘 테트라플루오라이드	SiF_4	증착, 이온 주입, 식각 공정에 사용되는 플루오린 이온과 실리콘 공급원
	클로린 트라이플루오라이드	ClF_3	공정실 세정용 가스
	보론 테트라플루오라이드	BF_3	실리콘 웨이퍼의 n형 도핑에 사용되는 인의 공급원
산성 가스	클로린	Cl_2	플라스마 에칭 공정에서 사용되는 염소 이온 공급원
	보론 트라이클로라이드	BCl_3	금속 식각에서의 염소 공급원과 실리콘 p형 도핑에서의 붕소 공급원
	하이드로클로라이드	HCl	오염원 제거와 공정실 청소 가스
기타 가스	암모니아	NH_3	SiN_3 증착에서 SiH_2Cl_2와 함께 사용되는 가스
	산화 질소	N_2O	이산화 실리콘으로부터 실리콘과 반응하는 산소 공급원
	일산화 탄소	CO	식각 공정에 사용된다.

연습 문제

1. 물질의 상태를 네 가지로 분류하고 각각 상태를 기술하시오.

2. 화학 반응을 정의하고 예를 들어서 설명하시오.

3. 물질의 특성을 설명하시오.

4. 열팽창 계수와 응력은 어떤 관계가 있는지 설명하시오.

5. ppm, ppb, ppt는 각각 무엇을 나타내는가?

6. pH를 설명하시오. 그리고 산과 염기는 어떻게 측정하는가? 강산, 강염기, 그리고 중성의 분해를 약화시키는 pH상에서 구역을 구분하시오.

7. 반도체 공정에 사용되는 산과 염기의 종류를 설명하시오.

8. 반도체 공정에 사용되는 용매를 설명하시오.

9. 대량 생산 가스로 분류되는 5가지 가스는 무엇인가? 대량 가스 분배의 3가지 이득을 설명하시오.

10. 웨이퍼 제조에서 특수 가스는 보통 어떻게 전달되고 저장되는가?

11. 가스 정화란 무엇인지 설명하시오.

제 6 장

반도체 제조공정 설비의 오염 제어와 세정 공정

반도체 제조공정에서의 오염은 불량 소자(bad device)를 양산하게 되고 결국 수율(yield)의 감소로 이어지기 때문에 반도체 제조업자의 수익성에 문제를 일으킨다. 또한 제품의 신뢰성을 떨어뜨리게 되고 치킨 게임이 심한 반도체 업계의 상황을 고려한다면 최악의 경우 반도체 제조업체의 파산으로까지 이어질 수 있다.

임계 차원의 감소로 인해 μm에서 nm의 스케일로 칩이 제작되는 경향인 만큼 오염원으로 인한 피해는 더 절박해진다. 청정실(clean room)은 기본적으로 보편적인 작업환경, 작업자, 화학 물질들을 포함한 바깥의 오염된 상황으로부터 칩 제조공정과 분리된 완전 청정의 청결한 공간으로 정의된다. 이 장에서는 결함을 발생시키는 오염을 최소화하여 고성능을 갖는 고밀도 집적 회로를 효과적으로 제조하기 위해서 오염을 어떻게 제어해야 하는지와 웨이퍼 제조공정에 중요한 영향을 미치는 오염원의 종류와 제어 방법, 청정실의 등급, 세정 공정에 대해 설명한다.

6-1 오염의 종류와 청정실의 중요성

실리콘 웨이퍼는 직경의 크기에 따라 수백 개의 마이크로칩을 제조할 수 있는데, 각각의 칩에는 사실상 수백만 개에서 수십억 개의 소자가 집적된다. 각각의 이산 소자들은 금속화 공정을 통해서 상호 연결되는데 이런 연결 회로들은 오염에 대해서 아주 민감하다. 나노 공정에서의 칩의 물리적인 크기는 점점 작아졌으므로 오염 통제에 대한 필요성도 더욱 강조되게 되었다. 모든 웨이퍼 제조공정은 오염이 완벽하게 통제되는 청정실에서 이루어져야 한다.

반도체 산업이 시작된 최근 70년 이래로 오염물질을 통제해야 하는 필요성은 점점 더 대두

그림 6-1 웨이퍼 오염

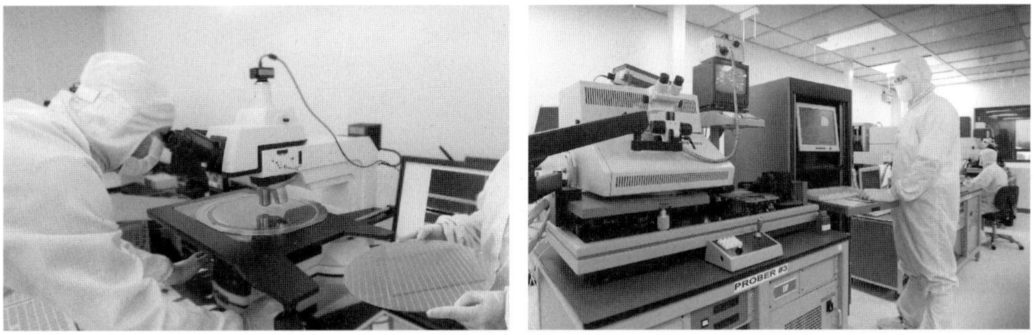

그림 6-2 웨이퍼 제조공정이 이루어지는 청정실(출처: © MS Mikel/Shutterstock, Christian Delbert/Shutterstock)

되었다. 초기의 청정실은 작업자가 장갑이나 작업복을 착용하고, 깨끗한 작업대를 사용하는 등 공간을 깨끗하게 하는 데 기초를 두었다. 1960년대부터는 고효율의 미립자 공기 여과기(HEPA 필터)를 도입하여 웨이퍼 제조공정 설비에서 중요한 미립자 감소를 위한 첫 번째 성과를 얻었다. HEPA(high efficiency particulate air) 필터는 작업대에 깨끗한 공기를 공급함으로써 생산 제품으로부터 입자들을 효과적으로 이동시킬 수 있었다. 2010년대 이후에는 nm 스케일로 임계차원(CD)이 발전함에 따라 ULPA(ultra low penetration air) 필터가 도입되어 사용된다.

현대의 반도체 산업은 '청정실'이라고 알려진 정교한 설비 속에서 수행된다. 웨이퍼를 제조하는 공정 설비들은 외부 환경으로부터 격리되고, 정전기 방전(ESD)이나 유기 분자, 금속, 미립자 같은 오염원으로부터 자유롭게 작업할 수 있다. '자유롭다'는 것은 가장 발전된 계측 장비의 검출 레벨에서 오염물질을 발견하지 못한다는 것이다.

반도체 산업에서의 오염원은 웨이퍼에 침투된, 받아들일 수 없는 물질들로써, 마이크로칩의 전기적 성능이나 생산 수율에 영향을 미치는 물질들을 말한다. 우리의 관심은 웨이퍼 제조에 있으므로 웨이퍼 제조공정 중 침입하거나 포함되는 다양한 형태의 표면 오염에 대해서 알아볼 것이다. 오염물질은 결함이 있는 칩을 생산하게 한다. 심각한 결함은 전기적인 검사를 실행하는 동안 웨이퍼상의 칩들의 다양한 고장을 유발하는 원인으로 작용한다. 전기적인 검사로 예측할 수 있는 칩의 고장의 80% 이상이 오염물질로 인한 강력한 결함을 원인으로 한다. 전기적인 검사에서의 고장은 수율의 손실로 이어지고, 웨이퍼상에서도 제거되므로 웨이퍼 제조업체는 경제적으로 손실을 입게 된다.

청정실 오염원은 미립자(particles), 금속 불순물(metallic impurities), 유기 오염물질(organic contamination), 자연 산화물(native oxide), 정전기 방전(ESD; electro stsatic discharge)과 같은 5가지 카테고리로 분류할 수 있다. 미립자들(particles)은 웨이퍼의 표면에 부착되는 작은 물질들로 공기 중에 부유하는 입자들은 마치 에어로솔(연무질)과 같이 간주된다. 원자부터

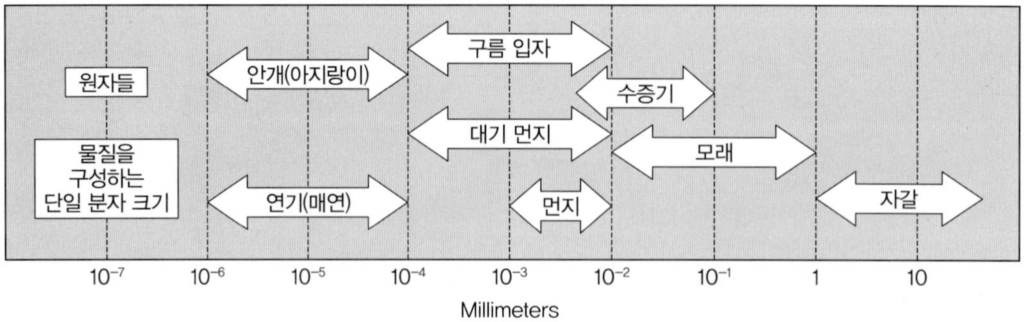

그림 6-3 입자들의 상대적인 크기

자갈(pebbles)에 이르기까지 다양한 입자들의 대략적인 크기 분포를 그림 6-3에 나타내었다.

반도체 제조업의 목표는 웨이퍼가 미립자에 노출되는 것을 최소화하여 오염되지 않도록 제어하는 것이다. 미립자들은 웨이퍼 제조공정에서 회로를 단락시키거나 개방시키는 결함을 가져올 수 있다. 미립자들은 근접한 도체 사이에 전기적 단락을 발생시킨다.

반도체 제조에서 허용되는 미립자의 크기 규정에 따라 미립자는 배선의 최소 크기의 1/2보다 작아야 한다. 규정보다 큰 입자들은 중대한 결함을 불러일으킬 수 있다. 예를 들어 0.18 μm 크기의 소자는 0.09 μm 크기 이상의 미립자들에 오염되도록 하면 안 된다. 이런 크기를 이해하기 위하여 인간의 머리카락이 직경 90 μm라는 것을 생각할 수 있다. 0.18μm라는 크기는 인간의 머리카락의 직경을 500으로 나눈 것과 같은 아주 작은 크기이다.

웨이퍼 표면에서의 미립자의 밀도는 주어진 면적당 미립자들의 수로 정의한다. 고밀도인 미립자들은 심각한 결함을 일으킬 기회가 많아진다. 주어진 임계 크기(feature size)를 넘어서는 미립자들은 동작 시 웨이퍼에 부착되므로 PWP(particles per wafer pass)로 표시한다. 초기에는 숙련된 작업자들이 현미경처럼 단순한 기구를 사용하여 웨이퍼 표면에서 미립자를 시각

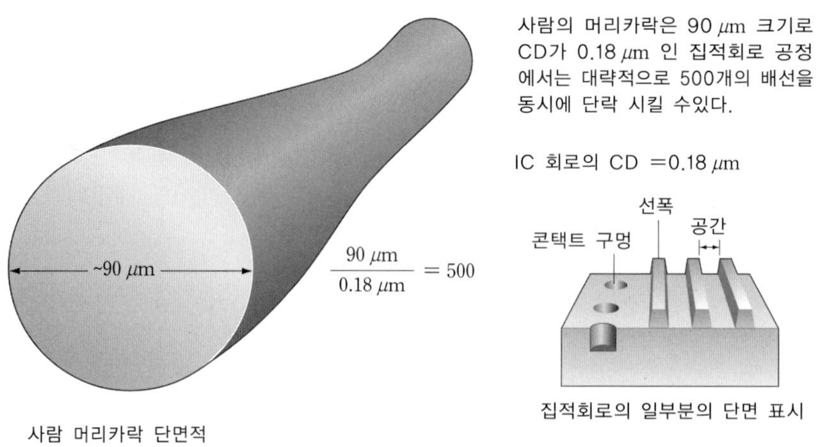

그림 6-4 사람의 머리카락과 0.18μm 크기의 입자와의 상대적인 크기 비교

적으로 찾아냈지만 이런 접근법은 VLSI나 ULSI 시대에는 용인되지 않는다. 1980년 중반 이래로 그림 6-5에 나타낸 것처럼 레이저를 통해 웨이퍼 표면을 스캔하여 미립자를 검출하는 방식이 널리 행해지게 되었다. 이 방식은 입자들로부터 산란되는 빛을 감지함으로써 밀도와 위치까지도 검출이 가능해지게 되었다. 실제 제품에서 사용되는 최근의 미립자 검출 장비에서는 대략적으로 직경이 0.01 μm인 미립자까지 탐지할 수 있다.

ULSI급 반도체 제조공정에서는 웨이퍼 표면에 불순물이 더해진 가스나 탄화수소, 산성 증기, 수증기를 포함한 공중 분자 등 다양한 영역에 대한 강력한 통제가 요구된다. 지금은 공중 오염분자의 측정을 ppb 등급으로 하는 것이 발전된 제조설비의 표준으로 여겨진다. 분자 혼합물은 소자 성능에 피해를 주는 유기물과 무기물, 금속과 비금속 오염물을 모두 포함한다.

웨이퍼 제조공정 설비에서의 오염은 금속 화합물로부터 발생될 수도 있다. 반도체 공정에 피해를 입히는 금속 불순물의 예로는 많은 종류의 일반 화학 물질 및 공정에서 찾을 수 있는 알칼리성 금속이다. 이런 금속들은 웨이퍼 제조공정 설비에서 사용되는 모든 금속에서 엄격하게 제한된다. 표 6-1에 표시된 것처럼 알칼리 금속들은 주기율표의 IA 그룹에 속하며, 가전자대의 전자 하나를 방출하여 비금속 이온과 이온 화합물을 구성하려는 경향 때문에 지극히 반작용적인 원소들이 된다.

금속 물질은 반도체 제조공정이 진행되는 다른 공정 단계나 화학 용액에서부터 발생되는데 이온 주입(ion implantation) 공정에서는 10^{12} atom/cm^2에서 10^{13} atom/cm^2 스케일의 금속성 오염이 나타난다. 또 다른 금속 오염에는 용기나 배관으로 이동되는 화학 물질의 반응이 있다. 예를 들자면, 다양한 웨이퍼 제조공정에 첨가 가스로 이용되는 일산화 탄소 가스(carbon monodxide gas)는 가스 방출 전송 시스템의 다른 구성 성분, 개스킷, 스테인리스 스틸에서 니켈 성분과 화학 반응을 할 수 있다. 이 반응의 결과로 웨이퍼 표면에 니켈 테트라카보닐(tetra-cabonyl) 입자가 만들어지고, 이런 입자들은 벌크 웨이퍼 속으로 재분포되어 소자의 결함을 증가시키는 결과를 가져온다.

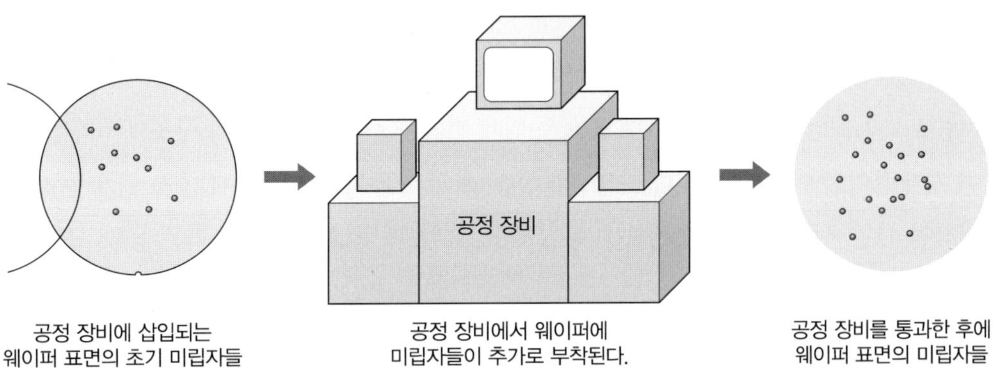

그림 6-5 공정 기계를 통과하는 웨이퍼에서 웨이퍼로 전이되는 입자들

표 6-1 일반적인 금속 불순물 원소들

중금속	알칼리 금속
철(Iron; Fe) 구리(Copper; Cu) 알루미늄(Aluminum; Al) 크로뮴(Chromium; Cr) 텅스텐(Tungsten; W) 티타늄(Titanium; Ti)	나트륨(Sodium; Na) 포타슘(Potassium; K) 리튬(Lithium; Li)

금속 물질은 웨이퍼 표면에 두 가지 방법으로 증착될 수 있다. 첫 번째 방법은 웨이퍼 표면에 위치한 수소 원자와 금속 이온 사이에서 전하가 교환되면서 실리콘 표면에 금속 원소가 고정되는 것이다. 이런 형태의 금속 불순물은 제거하기가 어렵다. 두 번째 방법은 먼저 웨이퍼 표면에 증착된 금속에 의해 산화된 표면 위에 금속 불순물들이 놓이는 것이다. 청결이 산화 공정에서 중요한 이유는 이 때문이다. 산화층에서의 금속 불순물은 오직 웨이퍼 표면에서 산화물을 제거할 때 같이 제거할 수 있다.

금속 이온들은 반도체 물질에서 높은 이동도를 가지기 때문에 이동성 이온 물질(MICS: mobile ionic contaminants)이라고 부른다. MIC가 웨이퍼에 첨가되면 실리콘을 통해서 이동하고 소자의 전기적인 성능의 손상과 더불어 신뢰도에도 심각한 피해를 입힌다.

나트륨(sodium)은 일반적으로 사람에 의해 운반되는, 용인되지 않은 화학 물질 중 가장 큰 MIC 중 하나이다. 인간의 몸은 침(saliva), 눈물(tear), 땀(perspiration)과 같은 유체 형태로 고농도의 나트륨을 배출한다. 나트륨 오염물질은 웨이퍼 제조공정 설비에서 완전하게 통제되어야 한다. 실리콘 내에서 MIC 물질이 어떻게 이동하는지 상상하는 것은 쉽지 않다. 나트륨 같은 MIC를 고찰해보자. 식탁용 소금(table salt)의 단결정이 10^{12}개/cm^2의 농도를 가지고 증착된다면 직경이 150 mm인 웨이퍼 5,000개의 표면에 제조되는 모든 칩을 파괴할 수 있다.

금속 불순물들은 산화 폴리실리콘 구조에서 구조적 결함을 포함해서 반도체 제조업체에서 소자 수율의 감소를 가져온다. 또한 소수 캐리어의 수명을 감소시키고, pn 접합에서의 누설 전류를 증가시키는 등의 부가적 문제점들까지 발생시킨다. MIC 오염물질은 그림 6-6에 나타낸 것처럼 트랜지스터를 동작시키는 데 필요한 임계 전압을 변화시켜 게이트 구조에서의 산화 실리콘 경계면으로 이동할 수 있다. 오염물질들은 매우 활동적이기 때문에 금속 이온은 소자가 전기적인 시험, 선적을 거친 후에도 이동할 수 있으며, 이는 소자가 사용되는 동안 고장을 유발하는 요인으로 작용한다.

유기 오염물질(organic contamination)에는 박테리아(bactria), 윤활제(lubricants), 수증기(vapor), 세제(detergents), 용매(solvents), 습기(moisture) 등이 포함된다. 오늘날 웨이퍼 제조

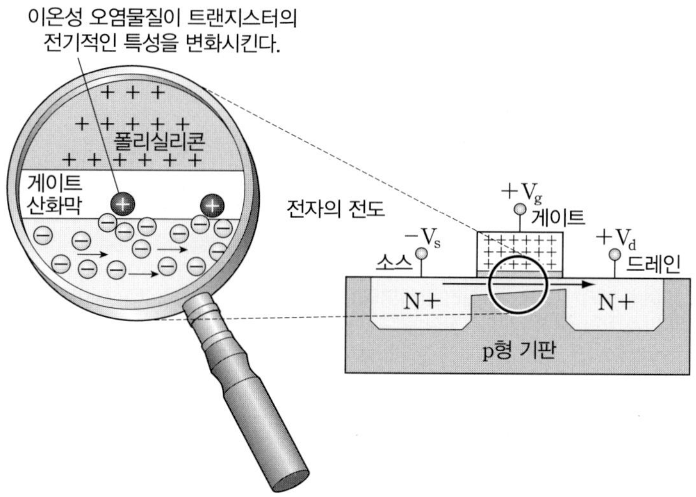

그림 6-6 이동성 이온 오염물질이 임계 전압을 변화시킨다.

공정 설비에 사용되는 장비들은 오일 프리(oil free) 펌프나 베어링(bearing)처럼 윤활유가 필요하지 않은 소자들로 설계한다. 미량의 유기체 오염물질들 역시 게이트 산화물의 집적도를 감소시킨다. 반도체 웨이퍼 제조공정에서 유기 물질은 표면의 불완전 청결 상태라는 또 다른 문제점을 야기한다. 이런 상태는 세척 후에도 웨이퍼의 표면에 그대로 잔존하는 금속 불순물 같은 오염물질들을 허용하게 한다.

실온의 공기나 산소가 용해된 탈이온수(DI water)에 실리콘 웨이퍼 표면이 노출되면 산화가 일어난다. 이 얇은 산화막은 자연 산화막(native oxide)이라고 정의된다. 이런 초기의 자연 산화물은 실리콘 웨이퍼의 습윤 상태가 유지될 때 발생한다. 웨이퍼의 표면이 공기 중에 노출되면 수 초 내에 몇십 개의 수증기 분자층이 웨이퍼에 흡착된다. 흡착된 습윤층에 방안의 산소가 용해되고, 결국 실리콘 표면을 관통하게 된다. 이런 과정은 실리콘 표면이 실온에서 산화되는 원인을 보여준다. 이런 자연 산화막의 두께는 공기 중으로의 노출 시간이 길어질수록 당연히 증가한다.

실리콘 표면에서 자연 산화막의 존재 여부는 반도체의 신뢰도와 성능에서 영향을 준다. 자연 산화막은 웨이퍼 위에서의 단결정막의 성장이나 아주 얇은 게이트 산화막의 성장을 방해한다. 자연 산화막에 포함된 금속 불순물이 실리콘 웨이퍼 속으로 이동하면서 전기적 결함의 원인이 될 수도 있다. 또 다른 문제는 금속 도체와의 접촉을 통해 자연 산화막이 성장하면서 발생한다. 금속 접점은 반도체 소자의 드레인과 소스 영역 그리고 내부 연결 배선 사이의 전기적인 연결을 만들어 낸다. 그림 6-7에 표시된 것처럼 자연 산화막이 존재한다면 접점 사이의 저항이 증가하면서 전류의 흐름을 방해받는다.

자연 산화막은 습식 세정 공정에서 플루오린화 수소(HF)산 혼합물을 통한 세척 단계로 제

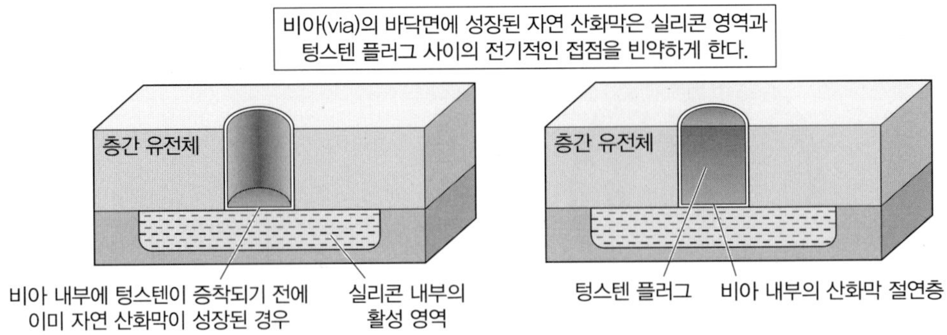

그림 6-7 자연 산화막

거해야 한다. 자연 산화막을 억제하는 또 다른 접근 방법은 웨이퍼가 공기나 대기 환경에 노출되지 않도록 완전한 진공의 청정실에서 모든 공정 단계를 실행하는 것이다.

마이크로칩에 전기적인 손상을 줄 수 있는 다른 물체로부터의 정전하 전달을 통제할 수 없기 때문에 정전기 방전(ESD)은 또 다른 형태의 오염으로 분류된다. ESD는 다른 정전기 전압(전위)이 서로 만나거나 두 종류의 물질 사이에 마찰이 있을 때 발생한다(통상적으로는 마찰전기(triboelectricity)라고 부른다). 과잉 전자를 갖는 원자들은 과잉 양성자를 갖는 원자들을 끌어당긴다. 이런 인력은 전압이 수만 볼트까지 올라갈 수 있는 전기를 방전시킬 수 있다. 반도체 제조업체에서는 웨이퍼 제조공정에서 일반적으로 40±10%의 낮은 습도를 유지하므로 정전기의 발생을 방지할 수 있다. 이런 상태는 높은 전위를 갖는 전하를 발생시키기 위해서 도통된다. 그러나 RH(relative humidity) 증가가 정전기 발생을 감소시킨다고 하더라도, 습도는 부식을 통한 오염을 증가시키므로 그리 좋은 해결 방법이라고는 할 수 없다.

ESD에서 전이되는 정전기량의 총계는 나노 쿨롱(nC) 단위로 매우 작아 대수롭지 않게 생각할 수도 있다. 그러나 웨이퍼의 아주 작은 구역에 증착된 정전기 방전은 수 나노 초(ns) 안에서 발생하면서 최대 1 A의 값을 발생시키므로 금속성 물질을 기화시키거나 산화층에 구멍을 뚫는다. 이런 방전은 게이트 산화막의 항복 현상을 가져온다.

ESD로 인한 또 다른 중요한 문제는 그림 6-8에 나타낸 것처럼 웨이퍼 표면에서 전위 증강

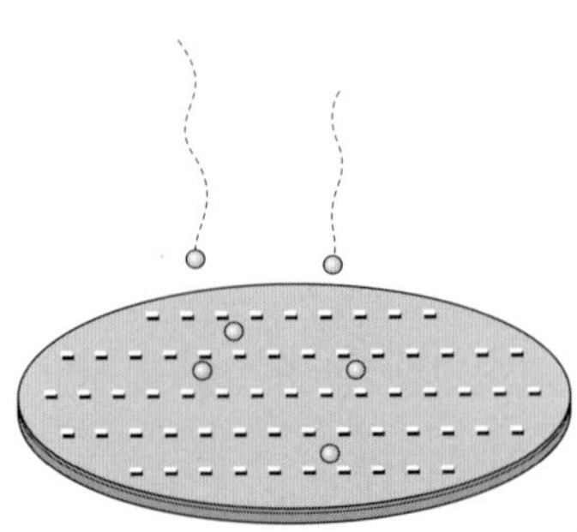

그림 6-8 대전된 웨이퍼에 끌리는 미립자들

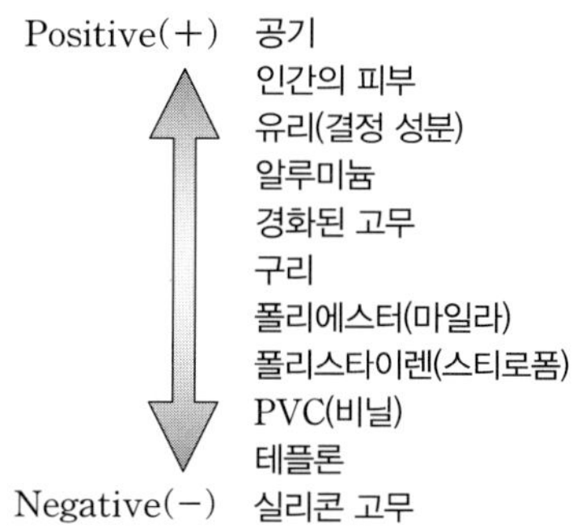

그림 6-9 반도체 공정에서 정전기를 발생시키는 일반적인 물질들

이 발생될 때, 발생된 전자장이 전위 입자를 끌어당기거나 분극화시키고 웨이퍼 표면에서 중성 입자들을 끌어당기는 것이다. 실생활의 예를 들자면 TV 화면에 먼지가 쉽게 부착되는 것도 같은 이유이다. 더 작은 입자들은 정전 효과로 인해서 입자 간 인력을 갖게 될 수도 있다. CD가 nm로 감소할수록 ESD의 인력에 의해 끌려온 더 작은 입자들에 대한 결함을 발생시킬 수 있어 중요시된다.

미립자들로 인한 오염을 최소화하기 위하여 웨이퍼 전위는 반드시 통제되어야 한다. 그림 6-9에는 반도체 제조공정에서 정전기를 발생시키는 일반적인 물질들의 정전기 발생 능력을 나타내었다. 물질은 양극 표면 전하 혹은 음극 전하의 가능성을 가지고 있다. 유리, 석영, 인간의 피부, 공기 등이 강력한 양전하 물질인 반면에, 실리콘은 음전하 물질인 점을 주목하라. 다양한 상대 습도 환경에서 발생하는 정전기 전압의 크기는 표 6-2에 표시된 것과 같다.

표 6-2 다양한 상대 습도 환경에서의 정전기 전압

정전기 방전이 발생하는 원인	10~20%의 상대 습도	50~90%의 상대 습도
카펫 위에서 걷기	35,000 V	1,500 V
비닐 바닥 위에서 걷기	12,000 V	250 V
벤치에서의 작업	6,000 V	100 V
폴리우레탄 폼으로 채워진 작업 의자	18,000 V	1,500 V

6-2 오염원과 통제

웨이퍼 제조공정 설비 중 청정실은 작은 마이크로칩 성능의 결정적 결함을 감소시키기 위해서 오염이 발생하지 않도록 공정 환경을 청결하게 통제해야 한다. 웨이퍼 제조공정에

표 6-3 Federal Standard 209에서 제안한 공기 청결 등급 지수

	미립자 개수/ ft^3				
등급 지수	0.1 μm	0.2 μm	0.3 μm	0.5 μm	5 μm
1	3.50 × 10	7.70	3.00	1.00	
10	3.50×10^2	7.50 × 10	3.00 × 10	1.00 × 10	
100		7.50×10^2	3.00×10^2	1.00×10^2	
1,000				1.00×10^3	7.00
10,000				1.00×10^4	7.00 × 10
100,000				1.00×10^5	7.00×10^2

서의 중요한 오염원은 공기, 작업자들, 공정 설비, 공기 중의 수분, 화학 공정, 가스 공정, 생산 장비를 들 수 있다.

웨이퍼 제조공정 설비 중 공기에서의 미립자의 제어가 청정실(clean room)의 가장 기본적인 개념이다. 우리가 들이쉬는 공기 중에는 부유하는 오염물질이 지나치게 많이 포함되어 있기 때문에 반도체 제조공정에서는 그대로 사용하지 않는다. 공기 중에 부유하는 작은 에어로솔 형태의 입자는 오랜 시간 동안 공기 중에 떠다니고 잔류하면서 웨이퍼에 증착되므로 심각한 결함을 발생시킨다.

공기의 청결 등급 지수는 청정실 내 공기의 밀도와 입자 크기로 규정되는 청정실 내부의 공기의 질에 따라 나누어진다. 이것은 미립자 오염을 줄이기 위해 입자들을 통제하는 방법을 설명한다. Federal Standard 209에서 처음 제안된 등급 지수는 1963년에 처음 분류되었다. 이후 가장 최근의 209E 버전이 나올 때까지 몇 번 수정되었다. 표 6-3에서 각기 다른 청정실 등급 지수와 입자 크기에 따라 받아들일 수 있는 ft^3당 입자의 수를 보여준다.

만약 청정실 등급이 오직 입자의 크기만으로 결정된다면 등급 1의 청정실의 경우 입자 크기는 0.5 μm이다. 이것은 입자들 중 최대 크기가 0.5 μm이거나 ft^3당 1개라는 것을 의미한다. 각기 다른 입자 사이즈에 대한 청정실 등급은 각기 다른 특정 입자 크기에서의 등급 지수를 표시한다. 예를 들어 등급 10의 경우, 표 6-3에 의하면 0.2 μm를 가지는 입자 체적의 최대치는 75 particles/ ft^3 이상이다. 그리고 0.1 μm의 입자에서 등급 10의 경우에는 체적의 최대치가 350 particles/ ft^3 이상이다.

최근에는 입자 크기가 0.02~ 0.03 μm의 극소 미립자를 표시하기 위해 0.1 등급 지수를 이용하기도 한다. 최근의 깨끗한 공기의 기준은 1 입방미터의 공기 안에 존재하는 극소 미립자의 양인 'U'로 결정된다. 'U'는 직경이 0.1 μm 보다 작은 미립자에서 분리된 입자의 양에서

그림 6-10 클린룸 전경과 청정실용 작업복

탐지 가능한 가장 작은 직경까지 줄어든다. 입자 크기를 지정하지 않은 'U' 표시는 U(x)로 표시되는 청결도를 나타내며, 여기서 x는 $1m^3$당 허용되는 극소 미립자의 수를 의미한다.

작업자들은 청정실에 출입하며 머물기 때문에 청정실을 오염시키는 가장 큰 원인이 된다. 작업자들이 배출하는 불순물 미립자들은 머리카락이나 헤어 제품(헤어 스프레이, 젤), 옷의 보풀, 피부의 각질 등에서 나온다. 작업자가 가만히 앉아 있는 상태에서는 평균적으로 0.3 μm 이상의 큰 입자들을 1분에 10만개 정도를 배출한다. 만약 손이나 몸을 움직이거나 목과 머리를 비튼다면 분당 50만개의 입자를 배출하게 된다. 또한 시속 3 km의 속도로 걷는다면 분당 600만개, 시속 6km의 속도로 걷는다면 분당 750만개, 피부를 손으로 긁는다면 분당 1000만개 정도의 미립자를 배출한다. 따라서 작업자들은 문을 여닫는 행위 및 공정 기계 근처에서의 과도한 움직임을 최소화해야 한다. 말을 하거나 재채기, 코풀기 같은 평범한 행위도 당연히 반도체에 손상을 입힐 수 있다.

완전 청정 상태로 청정실에서 활동하기 위해 작업자들은 '청정실 절차'라고 알려진 일련의 절차를 따른다. 그림 6-10에서 보이는 'bunny suit'라고 부르는 청정실용 작업복을 입는데, 작업복은 상하가 붙어 있고, 두건과 마스크, 부츠와 장갑으로 이루어져 있어 몸 전체를 완전히 덮는다. 청정실 작업복을 사용하여 몸에서 나오는 불순물 입자나 에어로솔 형태의 모든 오염물질을 격리할 수 있다. 또한 외관 시스템에서의 모든 불순물 입자로부터 격리시키며 ESD를 발생시키는 정전기량을 0으로 만들고, 화학적, 생물학적 상태의 찌꺼기로부터 격리시키는 목적을 가지고 있다.

현대의 청정실 작업복은 높은 기술의 얇은 막 구조나 매우 조밀한 폴리에스터 구조로 짜여 있다. 개발된 소재는 0.1 마이크론 크기 이상의 입자의 99.999%를 효율적으로 막아준다. 청정실 작업복 시스템은 공정에 따라 인간의 몸을 덮는 범위가 달라진다. 어떤 공정에서는 바깥에 입는 작업복과 더불어 속에도 폴리에스터 재질의 속옷을 입어야 한다. 작업자들은

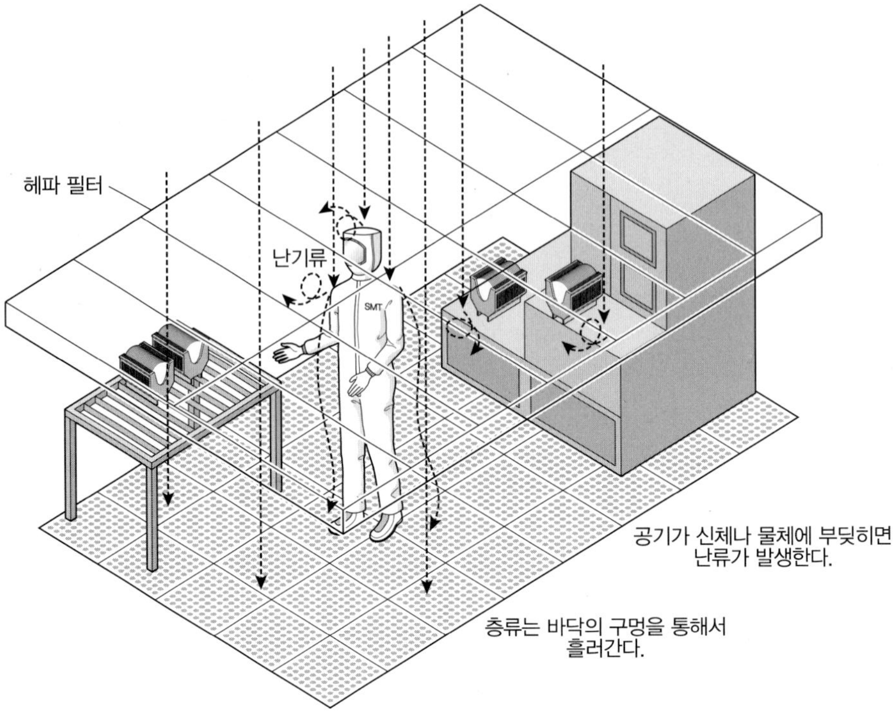

그림 6-11 유체 역학적인 공기 흐름

샤워 후에 옷을 다 입고 공정에 들어가기 전까지 피부에서 각질이 발생되는 것을 방지하려고 로션을 바른다. 일부 공정에서는 작업자의 숨이 허리에 묶은 여과기 팩의 송풍기를 통해 걸러진 채로 호흡할 수 있는 둥근 헬멧을 착용하기도 한다. 이 헬멧은 공정 작업 구역에서 인간의 호흡 및 타액에서 나오는 불순물 입자를 막는 데 사용한다.

청정실을 완벽한 청결 상태로 유지하기 위해서 자연적인 공기의 흐름을 중요하게 이용한다. 100등급 이하의 청정실은 층류의 공기의 흐름을 가져야 한다. 층류는 그림 6-11에서 보듯이 흐름 패턴에서 난류 같은 거친 공기의 흐름의 발생 없이 부드럽게 흐르는 것을 말한다. 연직 층류는 노출 제품이나 작업자, 설비로부터 오염을 최소화하기 위한 일련의 행동이나 외부 압력과 관계된 작은 압력을 가지고 있다.

웨이퍼 제조공정 설비 중 청정실에서 공기 취급 시스템의 단순화한 도식을 그림 6-12에 나타내었다. 공기는 천장에 있는 특별한 여과기로부터 얇은 판을 통해 바닥을 통과하고 재순환 공기 시스템에 의해서 공기 여과 시스템의 첫 부분으로 되돌아간다. 현대의 공정 설비에서는 공기가 방향 전환 같은 방해가 있는 동안에 완전 청정 상태를 가지도록 6초마다 방향을 바꾼다. 공정 기구나 작업 구역에서 오는 화학 물질 및 지나친 열을 제거하기 위해 배출 시스템을 사용한다.

천장에 위치한 특별한 미립자 필터로 고효율 미립자 공기(HEPA) 필터나 초저통과 공기

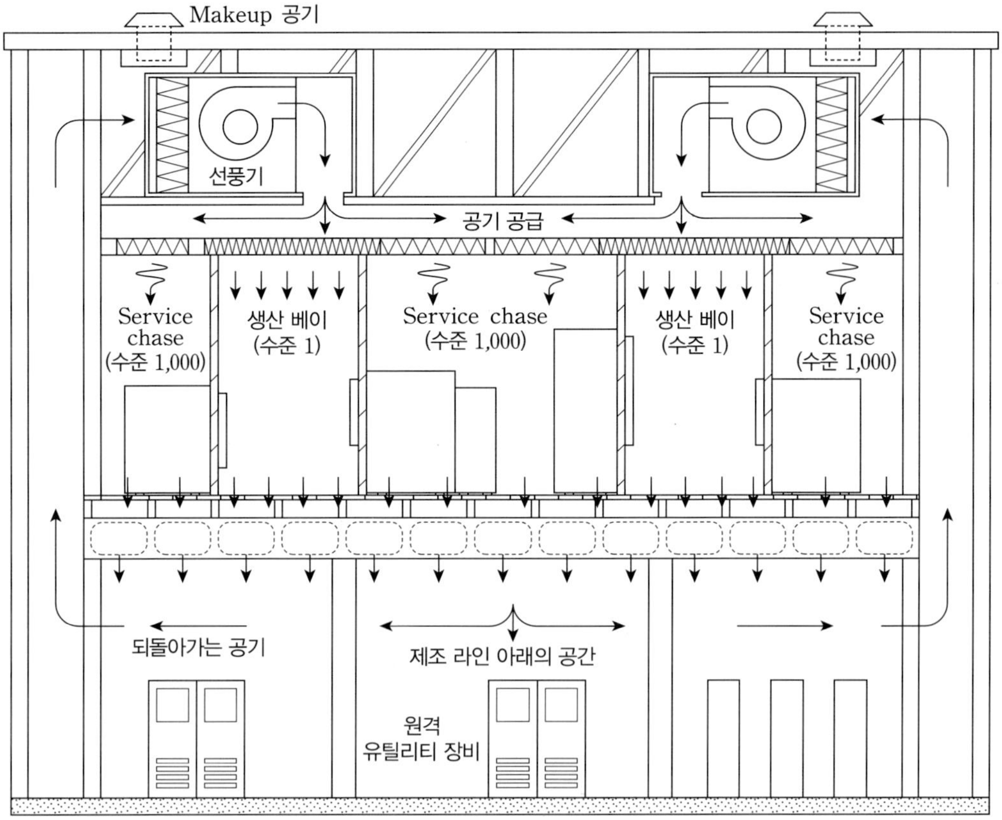

그림 6-12 공기 조절 시스템을 갖는 웨이퍼 제조설비

(UPLA) 필터를 이용한다. 그림 6-13에서 볼 수 있는 HEPA 섬유 필터들은 유리 섬유로 만들어지고 얇은 층류 기류를 발생시킨다. 대체로 ULPA는 99.9995% 또는 0.12 μm보다 큰 직경을 갖는 미립자들에게 더 우수한 효율을 가지는 필터를 일컫는다.

온도와 습도 설정을 웨이퍼의 제조공정 설비들을 위해서 명시해야 한다. 0.3 μm 청정실에서 1등급으로 온도를 조정하고자 한다. 리소그래피인 경우 22±0.5℃로 온도를 유지한다. 상대 습도(relative humidity)는 부식(높은 RH는 습기가 강철을 녹슬도록 하는 것처럼 더 많은 부식을 촉진한다.)에 대한 기여도 때문에 중요하다. 일반적인 RH 설정은 43±10%이고, 리소그래피에서는 43±2% 정도로 설정한다.

정전기 방전(ESD)은 정전기를 분해하는 청정실 재료의 사용, ESD 접지, 공기 이온화 공정을 통해 제어된다. 카트(cart), 카세트(cassette), 장비(equipment)를 포함한 여러 청정실 물품들은 정전기 분해적인 재료를 사용해야 한다. 이것은 움직이기 쉬운 정전하들이 재료를 통해서 흐르도록 하기 위해 전도력이 있는 첨가물을 통해 재료의 고유 저항을 낮추어야 한다는 것을 의미한다. 동시에, 청정실에 있는 사람들과 재료들은 접지와 계속적으로 연결되어야 한다. 이 방법에 있어서, 정전기 방전은 모든 웨이퍼가 접촉하고 생산물에서

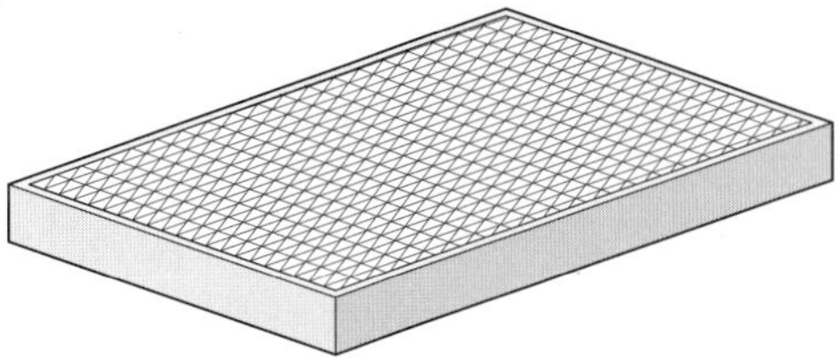

그림 6-13 HEPA 필터(출처: © vchal/Shutterstock)

접지로 해가 없게 떨어져서 흐르는 모든 청정실 재료와 인체를 통하여 이루어진다. 이런 구성을 통해 웨이퍼 위의 소자들을 통한 전위 방전 및 칩에 치명적인 손상을 발생시키는 원인을 제거하게 된다.

웨이퍼에는 처리 공정이 진행되는 동안에 산화막과 다양한 절연 재료들이 증착된다. 이런 재료들은 쉽게 대전되고 전하를 오랜 기간 유지할 수 있다. 이런 절연재는 생산제품과 밀접하게 접촉하기 때문에, 전하 축적을 중화하기 위한 방법이 요구된다. 웨이퍼에 절연 재료들을 중화시키는 가장 일반적인 방법은 공기를 이온화하는 것이다. 청정실의 천장에

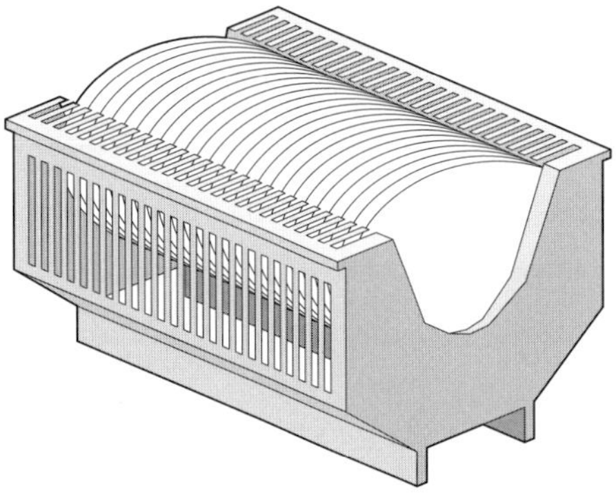

(a)

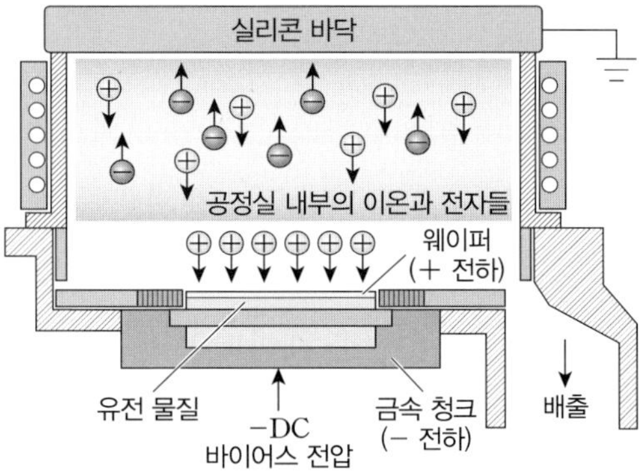

(b)

(c)

그림 6-14 (a) 웨이퍼 카세트 (b) 정전 웨이퍼 척 (c) 웨이퍼 카세트 사진(출처: © MS Mikel/Shutterstock)

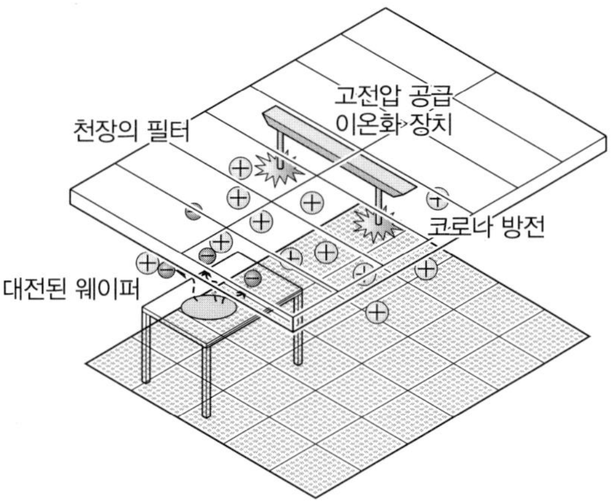

그림 6-15 공기 이온화를 갖는 표면의 정전하 중화

위치한 특별한 이온화 장치는 공기 분자들을 이온화하는데, 공기 분자가 전자를 얻거나 잃음으로서 전도성을 띠게 하는 높은 전기장을 만든다. 전도성을 갖는 공기가 웨이퍼 위의 절연 재료의 대전된 표면과 접촉할 때, 절연재는 대전된 표면과 정반대의 극성을 가진 이온(화된 공기)을 끌어당기고 정전기 표면 전하가 중화되는 것이다.

반도체를 제조하기 위해서는 고품질, 초고순도의 탈이온화된(DI) 물(UPW라고도 부름)이 대량으로 필요하게 된다. 수돗물은 너무 많은 오염물질(불순물)을 가지고 있어서 웨이퍼의 생산 공정에서는 사용하지 않는다. 탈이온수는 반도체 제조공정, 즉 주로 화학용 웨이퍼 클리닝 용액들과 이후 클리닝 헹굼 물로써 가장 많은 양이 사용되는 화학 물질이다. 현대식 200 mm 처리라인에서 생산된 각각의 웨이퍼에 대해 2,000갤런 이상에 달하는 탈이온수를 소비하는 것으로 추정된다.

초고순도의 탈이온수 속에는 수돗물에 존재하는 용해된 이온, 유기 물질, 미립자, 박테리아(세균), 실리카, 용존 산소와 같은 오염물질들은 전혀 존재하지 않는다. 수돗물 속에 존재하는 미립자들의 대략적인 크기는 그림 6-16에 표시되어 있다.

웨이퍼를 오염시키는 용해된 이온의 예로 나트륨(sodium)과 포타슘(potassium)을 들 수 있다. 소금(NaCl) 성분은 Na^+와 Cl^-로 분해된다. 이처럼 분해되어 이동성을 갖는 이온 불순물(MIC: mobile ionic contaminants)들은 반도체 소자의 성능상의 문제를 유발한다. 총 유기 탄소(TOC : total organic carbon)라고 부르는 유기물은 물에 용해된 모든 탄소 함유 화합물들의 총합이다. 유기 불순물질은 산화 피막들을 증착시키는 능력에 손상시키는 효과를 가지고 있다.

살아있는 박테리아들은 물 속에서 유기물들을 재생산한다. 박테리아들에 의하여 내뿜어지는 유기물 조각들은 발열 물질(pyrogens)로 알려져 있다. 물속에 서식하는 박테리아

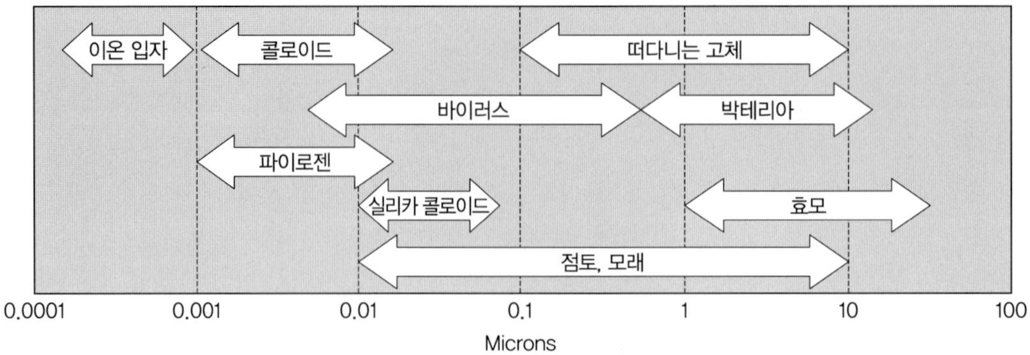

그림 6-16 물에서 포함된 오염물질(미립자)들의 크기

들은 산화, 폴리실리콘, 그리고 금속 전도층 등에 결함을 유발한다. 어떤 박테리아들은 인(phosphorus)을 포함하고 있어 예기치 못한 도핑이 일어날 수도 있다. 실리카(Silica)는 미세하게 떠있는 미립자로서 수돗물 속에 발견된다. 이런 미립자들은 10 Å에서 10 마이크론까지 다양한 크기를 가진다. 높은 함유량을 가진 실리카는 정수 장비에서 여과 도구를 더럽히고 또한 열로 성장하는 산화물의 신뢰성을 감소시킨다. 물속에 존재하는 또 다른 형태의 불순물인 용존 산소 역시 웨이퍼 표면에 자연 산화막 형성을 초래하기 때문에 문제를 발생시킨다.

6-3 DI-Water 장치

메이크업 루프와 폴리싱 루프라는 물을 정화하기 위한 2가지 중요한 부분으로 구성되는 탈이온수(DI water) 정수 처리 장치를 그림 6-17에 나타내었다. 메이크업 루프는 정화되지 않은 물에서 미립자들, 총 유기 탄소(TOC), 박테리아, 미생물, 이온 불순물, 그리고 전체 용해된 광물들을 제거한다. 메이크업 루프는 또다시 이온 불순물, 박테리아, 그리고 용존 가스들의 제거를 위한 정화 장치 부분과 1마이크론 이상의 미립자들을 제거하는 프리 필터로 구분된다. 폴리싱 루프는 메이크업 루프를 거치고도 남아있는 불순물을 제거하는 정수 장치의 마지막 부분이다.

탈이온수를 만들기 위한 물의 이온 제거는 특별히 제작된 음이온 교환 수지와 양이온 교환 수지를 사용함으로써 전기적으로 활성화된 소금 이온(나트륨 이온과 염소 이온)을 제거하는 과정이다.

탈이온수의 메이크업 루프는 여과재에서 미립자들과 콜로이드(매우 가는 입자)의 흐름

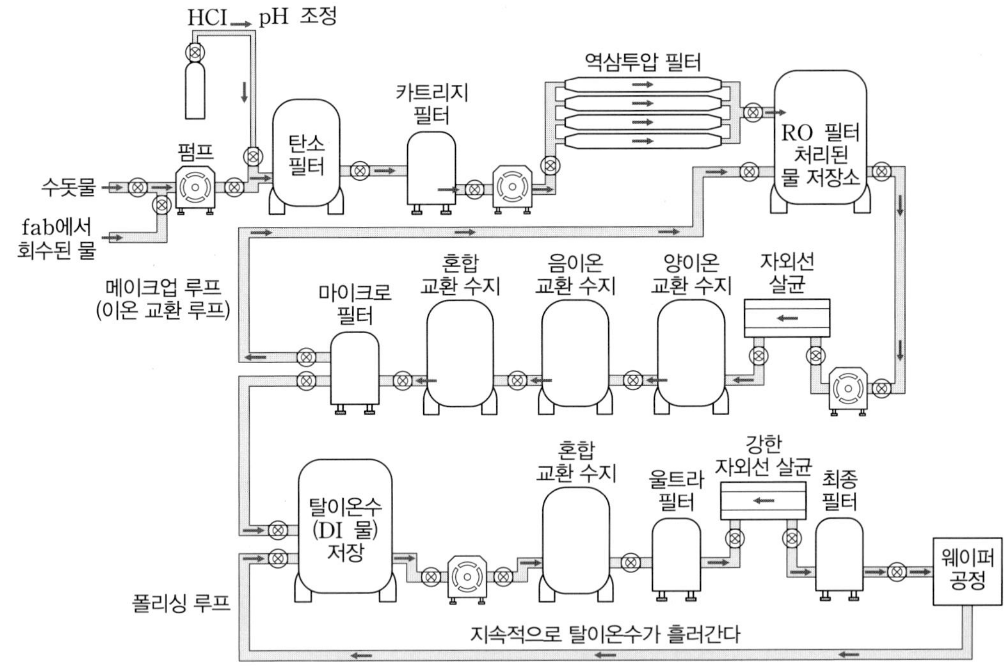

그림 6-17 탈이온수 생성을 위한 메이크업 루프와 폴리싱 루프

을 막는 동안에 물을 통과시킬 목적으로 역삼투 필터, 박막 접촉기 필터, 박막 필터, depth 형 필터, 제타 퍼텐셜과 같은 다양한 형태의 필터들을 사용한다. 역삼투(reverse osmosis, RO) 필터가 동작하는 원리는 그림 6-18에 나타내었다. RO 필터는 150 분자량 아래의 소금, 콜로이드, 그리고 유기 재료들을 분리하기 위해 박막 필터를 사용하여 0.005 μm 만큼 작은 불순물들을 분리시킬 수 있기 때문에 하이퍼(hyper) 필터라고도 부른다.

울트라(ultra) 필터는 10 Å에서 0.2 μm까지 변화하는 공극 크기를 가지는 박막을 통하여 압력과 흐름을 사용하여 초미세 미립자를 여과한다. 초고순도 탈이온수 시스템의 다른 부분들은 웨이퍼 표면 위의 자연 산화막 성장과 같은 불순물을 줄이기 위하여 탈이온수에 용해된 산소와 같은 가스들을 제거하기 위해 사용하는 가스 제거 장치를 포함한다. 그림 6-18에 표시된 것처럼 10 ppb 이하까지 용해된 가스들(주로 산소)을 제거하기 위해서는 박막 접촉기 필터를 사용해야 한다. 박막 접촉기 필터는 미공이 있는 소수성 폴리프로필렌의 속 빈 섬유로 구성되어 있다. 물에 용해된 가스를 내벽으로 여과시켜야 하므로 박막 접촉기 필터는 미세 기공을 가지고 있다. 그러면서도 재료 자체의 소수성으로 인해 액상 수분이 미세 기공을 통과하지 않도록 한다. 박막을 통해 산소 가스와 자유 가스들이 제거된다.

제타 퍼텐셜은 콜로이드(액체에 떠있는 미세한 입자)에 만들어 질 수 있는 + 또는 -의 전하를 나타낸다. 물 속의 미립자들은 일반적으로 콜로이드 실리카, 박테리아, 그리고 발열 물질들과 같은 -의 제타 퍼텐셜을 가지고 있다. 이런 콜로이드를 거르기 위해서는 필터의 기

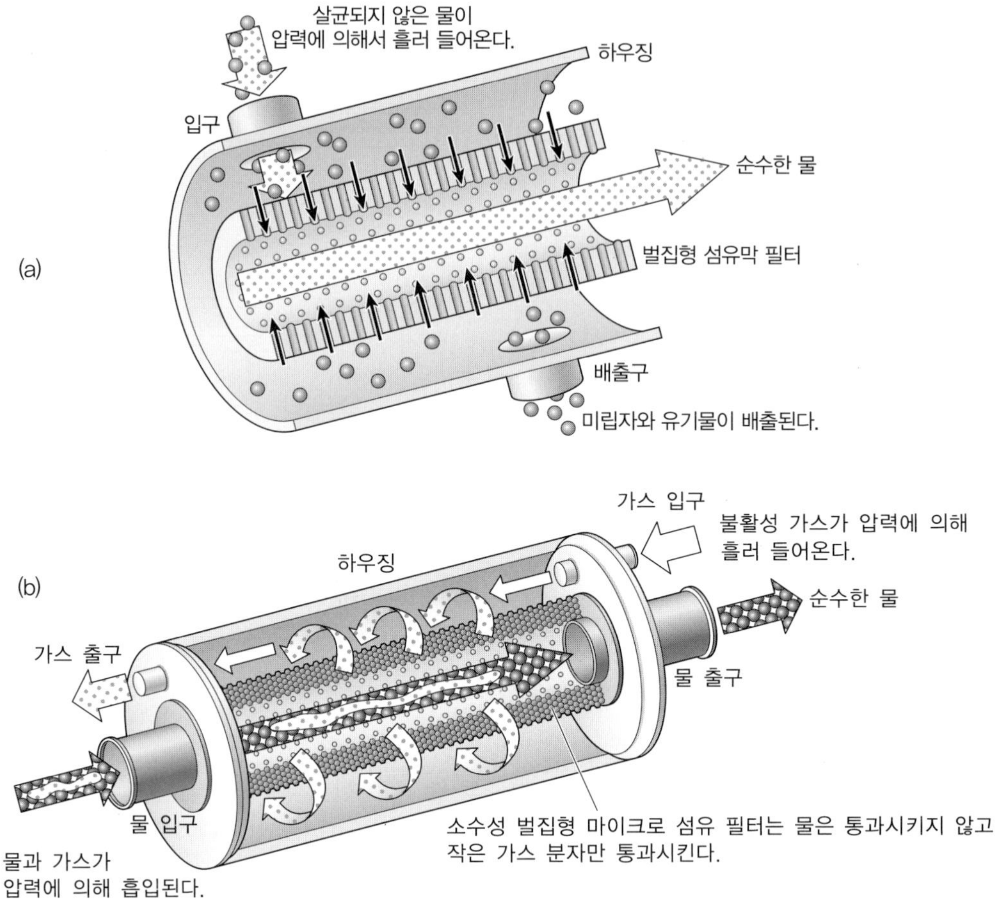

그림 6-18 역삼투 필터링의 원리와 박막 접촉기 필터의 동작 원리

공 직경보다 더 작은 미립자들이 흐르지 못하도록 + 전하를 띤 필터를 사용할 수 있다. 입자 제거의 이러한 형태는 박막의 기공 직경에 의존하기보다 오히려 정반대 제타 퍼텐셜을 가지는 입자들을 끌어당기기 위하여 정전기를 사용하는 예를 보여준다.

초고순도의 탈이온수 정화 시스템에는 박테리아 살균을 위해 자외선(UV) 램프를 사용한다. 물은 자외선 파장에서 조정된 비율로 쪼여지고, 쪼여진 빛은 특정 미립자를 비활성화하여 박테리아를 살균한다. UV 시스템은 단순하며 신뢰성이 높고, 1% 이하까지 박테리아들을 줄일 수 있다.

물의 초고순도의 전자 등급 시스템의 생물학적 통제는 또한 물을 오존화함으로써 수행된다. 오존(O_3)은 건조 공기를 통하여 전류를 방전함으로서 발생된다. 오존은 초고순도의 물에 투입되어 혼합되고, 그 결과로 박테리아들을 죽여서 물을 정화한다. 이후 잔류하는 오존은 자외선을 쪼여줌으로써 산소로 분해되어 제거된다.

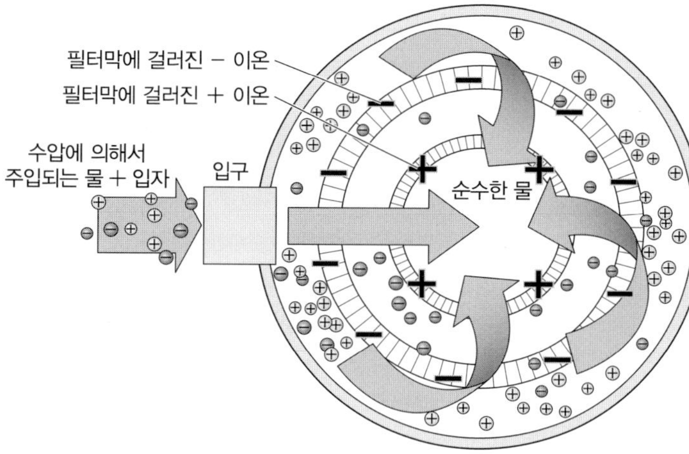

그림 6-19 제타 전위를 사용하는 정전 필터링

6-4 웨이퍼 세정 공정과 습식 세정 장비

반도체 제조공정 기술의 혁신적인 발달로 인해 임계 차원이 μm에서 nm로 축소되었기 때문에 웨이퍼 표면은 반도체 제조공정을 시작하는 초기 단계 이전에 세정되어야 한다. 웨이퍼 위의 오염물질을 제어하는 가장 중요한 방법은 애초에 웨이퍼가 오염되지 않도록 하는 것이지만, 만약 웨이퍼 표면이 오염되었다면 웨이퍼를 세정함으로써 오염물질을 반드시 제거해야 한다. 웨이퍼 세정의 목적은 미립자, 유기 금속, 그리고 자연 산화막 등과 같은 모든 표면 오염물질을 제거하는 것이다.

세정 공정은 습식 세정과 건식 세정으로 구분되는데 웨이퍼의 습식 세정에 사용되는 전형적인 화학 물질과 그들로 제거할 수 있는 오염물질을 표 6-4에서 보여주고 있다.

산업 표준 습식 세정 공정은 RCA 클린 과정이라 불린다. 1960년대에 RCA에서 W. Kern와 D. Puotinen에 의하여 개발되었고 1970년에 처음으로 인증되었다. RCA 습식 세정은 표준 세정 1(SC-1) 그리고 표준 세정 2(SC-2)라는 두 개의 서로 다른 화학적 용액에 연속적으로 담그는 것으로 구성되어 있다.

표 6-4에서 보듯이 표준 세정 1(SC-1) 혼합물을 구성하는 화학 물질은 $NH_4OH/H_2O_2/H_2O$(암모니아수/과산화 수소/탈이온수)이다. 3가지 화학 물질은 1:1:5에서 1:2:2의 범위의 비율로 혼합된다. 표준 세정 2(SC-2) 혼합물은 $HCl/H_2O_2/H_2O$(염산/과산화 수소/탈이온수)로 구성되고, 1:1:6에서 1:2:8까지의 비율의 범위로 혼합된다. 이 두 가지 화학적 혼합물들은 과산화 수소(H_2O_2)에 바탕을 두며, 일반적으로 75~85℃에서 10~20분 동안 사용된다.

표 6-4 웨이퍼 습식 세정 화학 물질

오염물질	세정 물질	혼합된 화학 물질의 종류 (모든 세정은 탈이온수 헹굼 액을 따른다.)	화학식
미립자	Piranha(SPM)	황산/과산화 수소/탈이온수	$H_2SO_4/H_2O_2/H_2O$
	SC-1(APM)	암모니아수/과산화 수소/탈이온수	$NH_4OH/H_2O_2/H_2O$
유기체	SC-1(APM)	암모니아수/과산화 수소/탈이온수	$NH_4OH/H_2O_2/H_2O$
금속 (구리 제외)	SC_2(HPM)	염산/과산화 수소/탈이온수	$HCl/H_2O_2/H_2O$
	Piranha(SPM)	황산/과산화 수소/탈이온수	$H_2SO_4/H_2O_2/H_2O$
	DHF	플루오린화 수소/탈이온수 (구리는 제거하지 않을 것이다.)	HF/H_2O
자연 산화막	DHF	플루오린화 수소/탈이온수 (구리는 제거하지 않을 것이다.)	HF/H_2O
	BHF	중화 플루오린화 수소/탈이온수	$NH_4/HF/H_2O$

표 6-4에 표시된 것처럼 SC-1 세정에는 미립자와 유기 물질을 제거하는 능력이 있는 알칼리성 용액을 사용한다. 입자들에 대한 SC-1 습식 화학적 과정은 주로 미립자를 산화시키거나 전기적 척력을 가하면서 작용한다. 산화 메커니즘을 이해하기 위해서는 과산화 수소가 미립자와 웨이퍼 표면을 산화시키는 강력한 산화제라는 것을 이해해야 한다.

과산화 수소로 생성된 입자에서의 산화층은 미립자를 변질시키고 녹이는 발사 메커니즘을 진행할 수 있다. 이 메커니즘에 의해 입자와 표면 사이에 응집력들이 깨진다. 이후 미립자가 SC-1 용액에서 녹으면서 표면에서 떨어져나가게 된다. 이런 과정을 그림 6-20에서 설명하고 있다. 과산화 수소로부터의 산화 작용은 미립자가 웨이퍼 표면에 다시 부착되지 않도록 실리콘 표면에 보호층을 형성한다. SC-1의 입자 제거 메커니즘은 실제로 입자의 전기적인 척력을 얻게 된다. 수산화 암모늄(NH_4OH)에서 얻어진 수산화 이온(OH)은 웨이퍼 표면을 약간 식각하고 미립자의 아래 부분을 잘라낸다. 게다가 수산화 이온은 실리콘 표면과 미립자에 음전하를 만든다. 미립자와 표면에서의 이런 음전하는 서로 밀어내므로, 미립

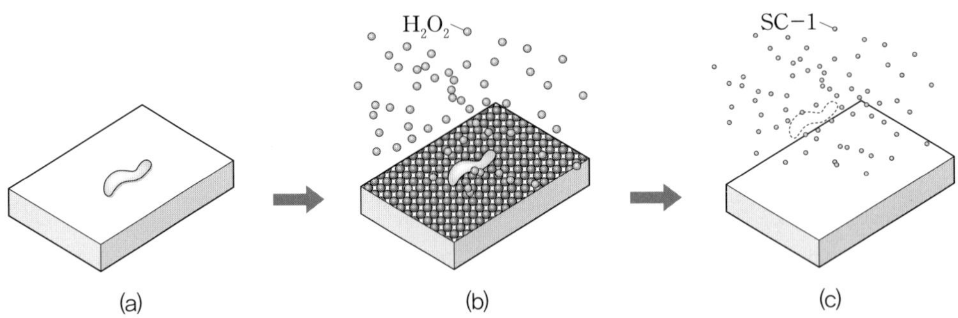

그림 6-20 SC-1에서 입자들의 산화와 용해도 (a) 실리콘 표면에 부착된 미립자들 (b) 과산화 수소가 실리콘을 산화시키면서 미립자들을 분리시킨다. (c) 미립자들이 SC-1 용액 속으로 용해된다.

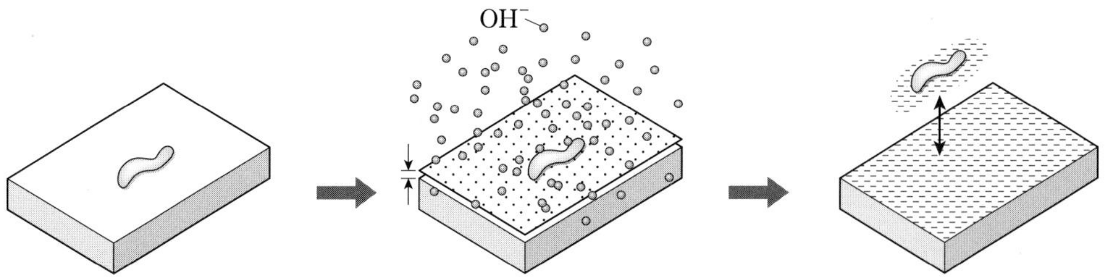

그림 6-21 음전하의 척력을 이용한 입자들의 제거 (a) 실리콘 표면에 부착된 미립자들 (b) 수산화 암모늄(NH_4OH)으로부터 이온화된 수산화 이온(OH)은 웨이퍼 표면을 식각시키고 미립자 아래 부분을 잘라낸다. (c) 수산화 이온은 실리콘 표면을 음전하로 대전시키고 미립자들을 제거한다.

자를 그림 6-21에서와 같이 SC-1 용액으로 움직이게 하는 데 도움이 된다. 표면의 음전하는 미립자가 다시 축퇴되는 것을 막는다는 다른 이점도 있다.

SC-1 단계가 실리콘에서 식각 공정을 통하여 미립자들을 제거하기 때문에, 노출된 실리콘 표면은 미세하게 거칠어진다. 이러한 미세한 거칢은 ULSI급 기술에서 요구되는 매우 얇은 산화층이 성장하는 것을 매우 어렵게 만든다. SC-1의 사용에 대한 또 다른 근심거리는 혼합하는 과정에서 웨이퍼의 금속 오염물질과 과산화 수소의 분해 사이에 발생할 수 있는 상호 작용이다.

이런 오염물질은 종종 대체될 수 있는 용액이 요구되며, 그것은 제조공정에서 화학 물질의 사용을 증가시키기 때문에 바람직하지 않다. 웨이퍼에서 전하 전위와 미립자의 축적이 제타 퍼텐셜에 의하여 설명될 수 있다는 것을 유념하라. 미립자를 제거하려면 웨이퍼와 미립자의 제타 퍼텐셜은 용액에서 같은 극성 방향을 가져야 하는데 웨이퍼와 미립자에 서로 반발하는 전기적인 힘을 부여하기 위해서이다.

표준 세정 2(SC-2) 공정은 웨이퍼의 표면으로부터 금속 원소를 제거하기 위하여 사용된다. 실리콘 표면으로부터 금속성의(그리고 몇몇 유기체) 오염물질을 제거하기 위하여, 높은 산화 퍼텐셜과 낮은 pH를 가진 용액이 필요하다. 금속은 강력한 산화 작용을 하는 산성 용액에서 이온화되며 산화된다. 이제 세정 용액은 산화된 금속과 유기 오염물질, 산화물로부터 전자를 포획할 수 있다. 유기적인 불순물들이 분해되는 동안 금속들은 용액에서 용해되기 위해서 이온화된다.

표준 세정 공정은 화학 물질과 많은 부피의 초순도 물을 사용하기 때문에 RCA 세정 공정으로의 변형을 거치게 된다. 극소수의 칩 제조업체들은 아직도 기존과 동일한 비율로 RCA 세정을 사용하지만, 대다수의 회사들은 기존의 용액과 동등하거나 더욱 우수한 세정 효과를 얻기 위해서 초순도의 물과 100배 이상 희석한 혼합물(희석한 세정 화학 물질)을 사용한다.

표 6-5 일반적인 웨이퍼 습식 세정 단계

세정 단계	세정 대상
피라니아(H_2SO_4/H_2O_2)	유기 물질, 금속
UPW(초고순도의 물) 헹굼	헹굼
HF/H_2O (희석된 HF)	자연 산화막
UPW 헹굼	헹굼
$NH_4OH/H_2O_2/H_2O$(SC-1)	미립자
UPW 헹굼	헹굼
HF/H_2O	자연 산화막
UPW 헹굼	헹굼
$HCl/H_2O_2/H_2O$(SC-2)	금속
UPW 헹굼	헹굼
HF/H_2O	자연 산화막
UPW 헹굼	헹굼
건조	건조

예를 들면, 희석한 SC-1 화학 물질 $NH_4OH : H_2O_2 : H_2O$의 비율은 전통적인 1:1:5 비율 대신에 1:4:50이 될 수 있다. 희석한 화학 물질들은 안전과 건강을 위해 개선되어야 하고 거기다가 그것들은 감소된 화학적인 사용량과 처리의 비용의 이득이 있어야 한다. RCA 습식 세정이 지속적으로 성공한 중요한 이유는 초고순도의 물과 화학 물질들의 유효성이다. 사용적인 관점에서 화학적인 생성과 같은 방법들은 기존보다 세정 동작의 더 높은 수준을 제공할 수 있다.

RCA 세정은 청정실의 부하를 증가시키고 아주 큰 화학적 증발을 만든다. 가열 장치의 증발로 인한 다른 문제는 초과 시간에 대해 가열 장치의 구성이 변형되는 영향이 있다. 대표적인 세정 순서는 피라니아 혼합 단계와 HF를 이용한 자연 산화막 제거 단계, 화학적 기상 세정 단계로 나누어 설명할 수 있다.

피라니아(piranha)는 웨이퍼 표면의 유기체 및 금속성의 불순물을 제거하기 위해 황산과 과산화 수소를 결합한 강한 세정 방법이다. 피라니아는 때때로 SC-1과 SC-2 세정 단계를 거치기 전 공정의 다른 단계에서 사용하기도 한다. 가장 일반적인 혼합은 30%(부피) H_2O_2 : 강화되는 H_2SO_4를 3 : 7의 비율로 구성된다. 보통의 세정 방법은 완전한 DI-water 헹구기 단계에서 125℃에서 약 19분 동안 웨이퍼를 피라니아에 담그는 것이다. 피라니아의 변화는 30% H_2O_2 : 초고순도의 물 : H_2SO_4의 비율을 17:1:380의 비율로 혼합하여 만드는 Caro 산이다.

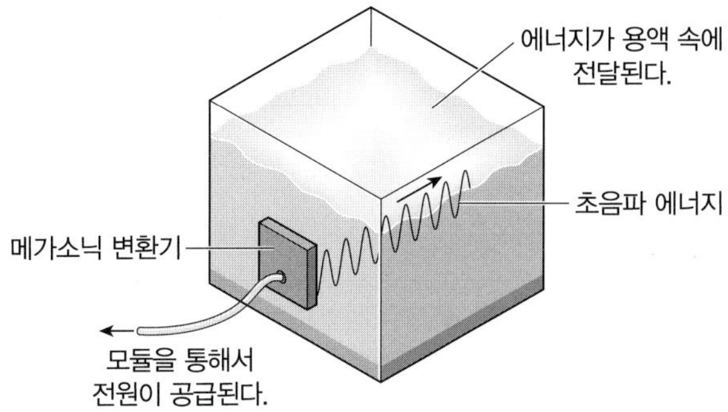

그림 6-22 megasonic 세정

많은 세정 단계에서 웨이퍼 표면의 자연 산화막을 제거하기 위해 플루오린화 수소(HF)에 웨이퍼 표면을 노출시킨다. oxide-free 실리콘은 MOS 회로의 게이트 영역에서 높은 순도의 에피택셜막과 50 Å보다 작은 아주 얇은 산화물층을 만드는 데 중요하다. HF에 노출되면 웨이퍼 표면은 수소 원자가 완벽하게 차단되고 공기 중에서 재산화에 대한 높은 저항성을 안정적으로 가지게 된다. 수소가 차단된 실리콘 표면은 벌크 실리콘 결정처럼 동일한 조건에 유지된다.

소수의 제조공정 설비에서는 공정실의 단일 웨이퍼에서 금속 오염물질과 잔류 산화막을 제거하기 위해서 화학 기상법이라는 또 다른 방법을 사용하기도 한다. 웨이퍼는 탈이온수 헹굼과 IPA(isopropyl alcohol) 증기에 의한 건조 과정이 수반되는, 희석된 HF : H_2O의 매우 가는 안개 스프레이에 노출된다. 이런 방법은 HF 사용을 최소화하기 위해 개발되었으나 세정 성능이 최소로 증가하기 때문에 널리 사용되지는 않는다.

습식 세정에서 SC-1과 함께 가장 넓게 사용되는 기술 중 하나는 megasonic 세정이다. megasonic 세정은 그림 6-22에서처럼 세정 공정에서 1 MHz에 가까운 주파수의 초음파 에너지를 사용한다. 이런 공정은 30℃의 낮은 전해조 온도(원래는 80℃)에서 더욱 효과적으로 미립자를 제거할 수 있다. 이러한 사실은 단순히 아주 작은 미립자 크기에 필요한 힘을 전달하는 것에 대한 어려움과, 더 작은 입자를 제거하는 데 있어서의 어려움 때문에 중요하다.

megasonic 세정은 megasonic 변환기의 진동이 세정 탱크 내의 액체에 압력파를 발생시키면서 시작된다. megasonic 세정의 주된 미립자 제거 메커니즘은 공기 방울을 발생시키는 공동 현상(formation of bubbles) 및 음파의 흐름이다. 공동 현상은 압력파의 낮은 압력 부분에 가스와 증기로 채워진 작은 거품이 생성될 때 발생한다. 공동 거품은 액체인 매질을 통해서 진동하고 음의 에너지 때문에 격렬하게 부서진다. 이런 붕괴를 통해 실리콘 웨이퍼에 손상을 주지 않으면서 미립자 제거를 강화하는 공동 현상을 일으킬 수 있다.

초음파의 에너지로부터 megasonic 탱크에 유도되는 액체의 흐름이 바로 음파의 흐름이

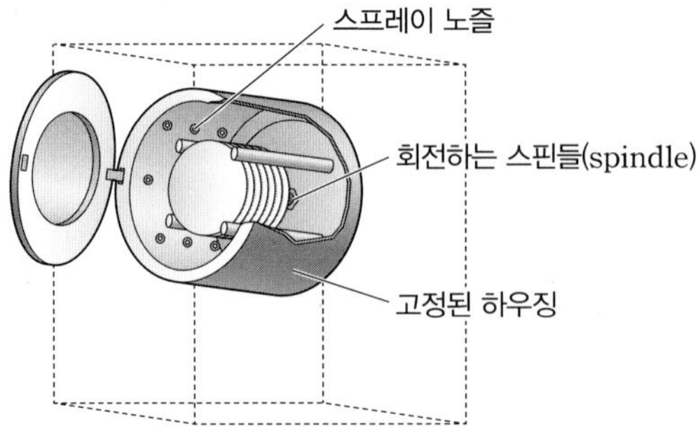

그림 6-23 웨이퍼 세정을 위한 스프레이 기구 설계

다. 흐르는 액체는 표면으로부터 떨어져 있는 입자를 이동시키기 때문에 움직이지 않는 물에서보다 더 많은 세정 효과를 기대할 수 있다.

진동 주파수가 100 kHz보다 작을 때의 공정은 초음파 공정이라고 부른다. 그러나 초음파에서 실리콘 웨이퍼로 움푹 들어가게 하는 공동 현상은 800~1,200 kHz 사이의 megasonic 주파수 대역에서 발생한다. 화학적인 세정과 이어지는 탈이온수(DI-water) 헹굼 공정에서 초음파보다 megasonic이 더 널리 사용되는 이유는 필요한 화학 물질의 부피가 더 작기 때문이다.

스프레이 세정 기술에서는 회전하는 밀봉된 챔버에 카세트가 놓여지고 습식 세정 화학 물질은 웨이퍼 위로 분무된다(그림 6-23). 탈이온수에 의한 헹굼은 각각의 세정 과정 후에 웨이퍼로 분무되고 DI water의 저항성은 화학 물질이 모두 제거될 때 결정하기 위해서 모니터된다. 공정이 진행되는 동안 화학 물질 및 그것의 증기를 격리시키기 위해 분무실은 밀폐된다. 세정과 헹구기가 완료된 후에 분무실은 뜨거운 질소 가스를 흘려주어 잔류 가스를 제거하는데, 회전 비율은 웨이퍼를 건조하기 위해서 가속된다. 스프레이 장비의 이점은 웨이퍼에 미리 혼합된 화학 물질을 지속적으로 분무하고 웨이퍼 위에서 새로운 화학 물질을 다시 혼합할 수 있다는 것이다.

화학 물질과 헹구기 물의 높은 전환으로 웨이퍼와 접촉하는 스프레이의 작은 방울들로부터 세정되는 동안 물리적인 힘이 만들어진다. 스프레이의 사용과 회전하는 웨이퍼로부터의 원심력을 이용하면 감소한 화학 물질과 웨이퍼 사용량의 효과적인 헹구기를 확보할 수 있다. 스핀 스프레이 기술을 사용할 때 금속성 오염물질과 유기 오염물질의 제거가 개선된다. 그러나 스프레이 세정에서는 웨이퍼의 중심이 웨이퍼의 가장자리만큼 높은 속도로 회전하지는 않기 때문에 균일한 세정과 헹구기를 제공하지 않는다. 이런 문제점은 더 큰 직경을 갖는 웨이퍼일수록 나빠질 수밖에 없다.

웨이퍼 브러시 스크러빙(brush scrubbing)은 웨이퍼 표면에서부터 미립자를 제거하는 데 효과적이다. brush scrubbing은 CMP라고 알려진 화학적·기계적 평탄화 공정에서 널리

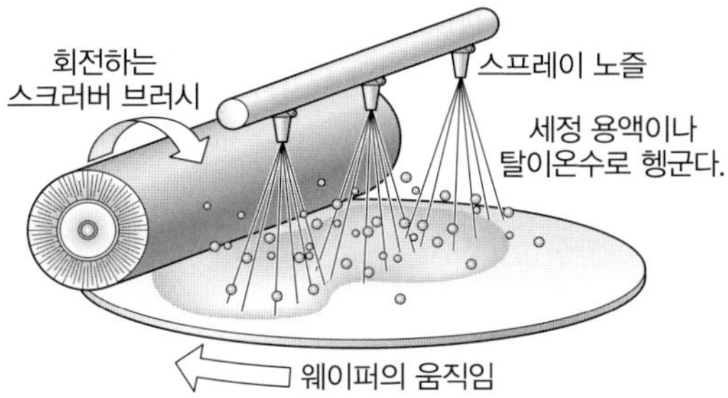

그림 6-24 웨이퍼 브러시 스크러버

사용된다. brush scrubbing은 마이크론보다 작은 직경을 갖는 미립자를 제거할 수 있다. 나일론 솔로 만들어진 웨이퍼 스크러버의 초기 모델은 고압의 물 스프레이와 딱딱한 나일론을 함께 사용함으로써 웨이퍼 표면의 손상을 가져왔다. 현대의 솔은 부드럽고 압축할 수 있게 스펀지 같은 원료로 된 폴리바이닐알코올(PVA)로 만들어져 이러한 손상을 피하면서 효과적으로 미립자를 제거할 수 있게 되었다. brushes scrubbers는 웨이퍼의 양쪽을 솔로 터는 양방향 버전에서 즉시 사용 가능하다. brushes scrubbers는 솔질이 진행되는 동안 무독성의 화학 물질이나 탈이온수의 스프레이도 가능하게 한다.

세정 이후에도 잔류하는 화학 물질 역시 웨이퍼로부터 제거되어야 한다. 모든 습식 세정 단계는 초고순도의 탈이온수로 헹구는 것이 뒤따른다. 이런 헹구기 단계는 웨이퍼 표면에 깨끗한 물이 연속적으로 공급되어야 함을 의미한다. 물 헹구기는 또한 HF 세정 공정으로부터 산화막 식각 공정을 끝내기 위해서도 사용된다.

뜨거운 탈이온수(70~80℃)는 웨이퍼 헹굼에서 널리 사용된다. 뜨겁게 헹구는 것의 이점은 특히 플루오린화 수소 용액이 사용되었을 때의 잔류 화학 물질의 제거를 돕고 동시에 웨이퍼 건조 기능을 개선할 수도 있다는 점이다.

웨이퍼에서 건조되지 않은 지점이 발생하지 않도록 웨이퍼를 이상적으로 건조시키는 데 있어서 물의 헹구기의 양은 중요하다. 웨이퍼가 물에 어떻게 반응하는가를 wettability라고 부른다. 물은 웨이퍼 세정 친수성(hydrophilic)을 가지고 부착되거나 표면의 소수성(hydrophobic)을 가지고 구슬 모양의 물방울 모양을 나타내기도 한다.

친수성의 표면은 커다란 웅덩이 안에서 물방울이 퍼지는 것처럼 물에 대한 친밀함을 가지고 있다. 산화막이 코팅된 웨이퍼나 RCA 세정된 웨이퍼는 이러한 친수성의 표면을 가진다. 소수성의 표면은 물을 회피하고 많은 양의 물을 지원하지 않는다. 자동차에 새로 왁스를 칠한 경우처럼 물은 대부분 구슬처럼 굴러 내리고 이런 경우를 dewetted라고 부른다. HF 산으로 식각된 Oxide-free 표면은 수소 처리되었기 때문에 소수성을 보인다. 이러한 소수성의 표면은 웨이퍼 뒤처리 과정에서 반도체가 연속적인 층 공정 동안 부착을 활성화해야 하기 때문에 공정상 필요하기도 하다. HF로 세정된 웨이퍼 표면은 오염에 영향을 쉽게 받기 때문에 웨이퍼 표면을 적절히 건조시키는 노력이 필요하다.

과거에는 회전 건조기가 널리 사용되었다. 웨이퍼의 카세트를 회전 설비에 위치시키고 고속으로 회전하면 웨이퍼의 중심으로 질소가 분무되면서 습기가 제거된다. 그러나 이 방법은 메커니즘으로부터 미립자 오염의 발생과 홀에서 습기 제거의 어려움과 같은 문제를 가지고 있다. 게다가 웨이퍼가 초고속으로 회전하면 입자를 끌어당기는 전하를 축적하기도 한다. 이런 정전기 축적 현상을 제어하기 위해서 회전 장비 안에 정전기 제거기가 부착된다.

아이소프로필 알코올(IPA: isopropyl alcohol)을 이용한 건조도 하나의 방법이다. IPA의 가열된 증기에 의해서 물이 이동하면서 건조가 진행된다. 이런 IPA 가스상 건조법은 입자로부터 오염될 확률이 더 낮아지지만 사용되는 IPA의 순도를 반드시 제어해야 한다. IPA는 그 액체 수준 이상으로 증기에 고정되는 웨이퍼를 가진 탱크에서 가열된다. 웨이퍼를 증기 건조기로부터 제거할 때 웨이퍼가 건조되고 남은 휘발성 증기도 증발된다. 또 다른 방식으로는 플라스마(plasma)를 이용하는 건조 세정법과 킬레이트 시약을 이용한 세정법, 오존과 극저온 에어로솔을 사용하는 세정법 역시 사용된다.

연습문제

1. 오염의 각 종류에 관계된 문제에 대해서 고찰하고 청정실 오염의 다섯 가지 종류에 대해서 설명하시오.

2. 청정실의 공기 품질을 위한 등급을 정의하고 설명하시오.

3. MIC가 무엇인지 설명하시오.

4. 반도체 제조공정에서 금속성의 불순물로부터 발생되는 문제를 설명하시오.

5. 자연 산화막을 설명하시오. 자연 산화막의 결과로 발생하는 세 가지 문제점을 설명하시오.

6. 웨이퍼 제작에서 ESD의 결과로 발생하는 세 가지 문제점을 설명하시오.

연습문제

7. 청정실 작업자가 지켜야 할 일곱 가지 규약을 설명하시오.

8. HEPA 필터와 ULPA 필터의 효율에 대해서 설명하시오.

9. 웨이퍼 fab에서 전형적인 온도와 상대적인 humidity(RH) 제어가 중요한 이유를 설명하시오.

10. 초순도의 DI 물로 허용되지 않는 오염물질 6가지를 설명하시오.

11. 대부분의 두 DI-water 정화 장치를 크게 두 부분으로 분류하고 설명하시오.

12. 역삼투(RO) 여과법을 설명하시오. 박막 접촉식 필터의 동작을 설명하시오.

13. 제타 퍼텐셜을 설명하시오.

14. 정전기 척의 기능과 사용 목적을 설명하시오.

15. RCA 세정 공정을 설명하시오.

16. SC-1에서 사용되는 화학 제품 혼합 용액은 무엇인지 정의하고 어떤 오염물질이 SC-1에 의해 제거되는지 설명하시오.

17. SC-2에서 사용되는 화학 제품 혼합 용액은 무엇인지 정의하고 어떤 오염물질이 SC-2에 의해 제거되는지 설명하시오.

18. 피라니아 혼합은 무엇인가? 그리고 이를 통해 어떤 오염물질이 웨이퍼로부터 제거되는지 설명하시오.

연습문제

19. HF의 최종 단계와 사용 목적에 대해서 설명하시오.

20. 전형적인 웨이퍼 습식 세정의 순서를 나열하시오. wet sink란 무엇인가?

21. 공동 현상과 음파의 흐름을 포함하여 megasonics 세정을 설명하시오.

22. spray 세정 기술을 설명하시오. 이런 세정 기술의 이점은 무엇인가?

23. 웨이퍼 brush scrubbing에 대해서 설명하시오.

제 7 장

진공과 공정실의 공정 가스 제어

반도체 칩이 완성되기 위해서는 중요한 공정을 수백 번 반복적으로 수행하게 된다. 각각의 공정 단계들은 공정실(process chamber) 안에서 이루어지는 화학 반응을 통해서 수행된다. 화학 반응을 진행하기 위한 에너지를 제공하는 동안, 진공 상태와 같은 적당한 환경을 조성한 상태에서 적당한 화학 물질을 주입할 때 화학 반응이 최적으로 진행된다. 화학 반응이 이루어지는 동안에 공정실은 습기와 공기의 순환 환경, 오염물질의 노출 같은 해로운 요건들은 최소화하여야 한다.

반도체 산업의 초창기에는 진공실에서 공정이 진행되는 동안, 알루미늄의 증발과 같은 완전 금속층과 트랜지스터 패키징 공정에서 칩(die)이 장착될 수 있도록 실리콘 뒷면에서 금을 증착시키는 두 가지의 웨이퍼 공정을 수행하기 위해서 진공이 사용되었다. 이러한 진공 공정들은 초기에는 그림 7-1과 같이 종 모양(bell jar)으로 알려진 공정실에서 진행되었다. 국제 표준화 기구(ISO: International Standard Organization)와 미국 진공 학회(AVS: American Vacuum Society)는 진공을 "대기압보다 낮은 상태의 압력 혹은 분자 밀도가 2.5×10^{19} 분자/cm^3보다 작은 경우"로 정의하고 있다.

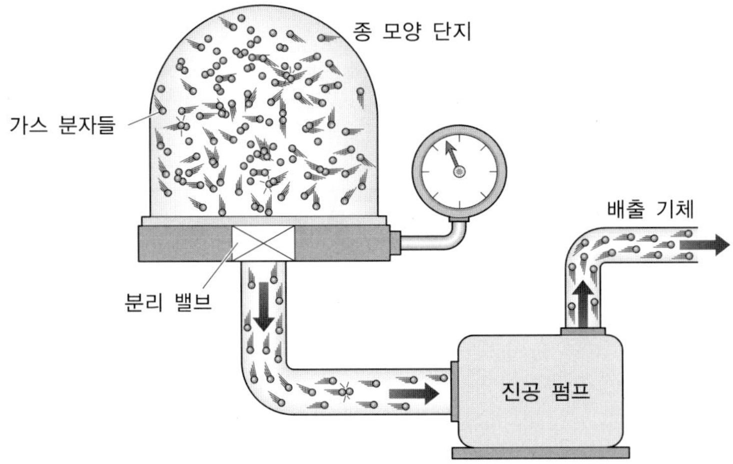

그림 7-1 1960년대 초기의 진공 Bell Jar

7-1 진공의 분류와 공정실 환경

오늘날의 웨이퍼 제조 과정은 최적화된 진공 환경으로 제어되는 공정실에서의 화학 반응을 통해서 이루어지기 때문에 공정실을 간혹 반응기(reactor)라고도 부른다. 공정실은 화학 가스의 유입과 공정실에서 웨이퍼로의 접근에 대한 반응을 조절하고, 진공 환경하에서 적정 압력을 유지한다. 또한 부적합한 습기와 공기, 생산 공정에서 생긴 반응물의 제거,

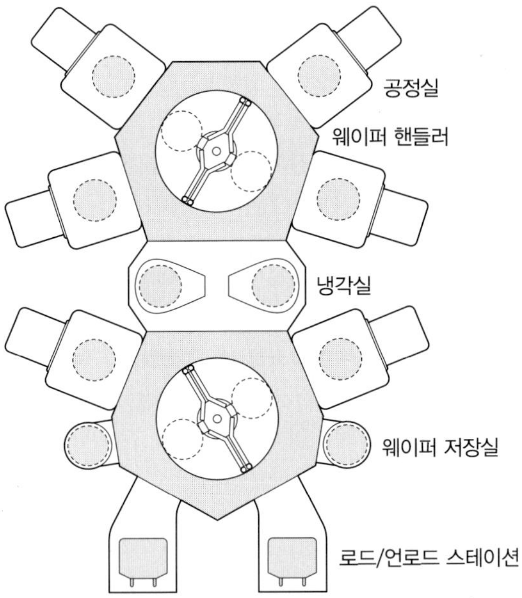

그림 7-2 집적된 클러스터 도구

플라스마의 생성 같은 화학적 반응을 위한 환경 조성, 물의 가열과 냉각의 조절 기능과 같은 다양한 기능을 가지고 있다.

공정실에서 요구되는 다양한 화학 물질의 이동에 이용되는 전형적인 물질의 상태는 기체(gas) 상태이다. 가스 공급 시스템과 공정실 진공 상태의 압력 차이에 의해서 공정실 내부로 가스가 유입된다. 그러나 스퍼터링(sputtering) 공정이 진행되는 동안에는 물질의 소스로 이용되기 위해서 고체 상태의 물질이 공정실에서 이용되기도 한다.

1980년대 후반 이후로, 공정실은 클러스터(cluster) 장비로 구성되고 있다. 복잡한 공정실은 전송실(transfer chamber)을 중심으로 주변에는 전형적인 로봇팔과 같은 웨이퍼 수송 시스템이 구성되어 있다. 이런 장치는 복잡한 제조공정단계를 통합적으로 처리할 수 있도록 설계 되었다. 웨이퍼는 공정실에서 공정실로 전송되는 동안 자연 산화막(native oxide)의 형성을 방지하고 웨이퍼상의 오염(contamination)을 줄이기 위해서 진공을 유지하면서 수송된다.

클러스터 장비를 사용하면 웨이퍼 수송 단계에서 공정실의 환기가 필요 없기 때문에 단위 시간당 웨이퍼 생산량이 증가할 수 있다. 진공 환경의 이점을 표 7-1에서 설명하였다.

반도체 공정에서 사용되는 진공의 범위는 760~10^{0} torr인 경우 저진공(low vacuum, rough vacuum), 10^{0}~10^{-3} torr인 경우 중진공(medium vacuum), 10^{-3}~10^{-6} torr인 경우 고진공(high vacuum), 10^{-6}~10^{-9} torr인 경우 초고진공(UHV: ultra high vacuum) 등 대략 4가지로 분류한다. 극초고진공(extreme ultra high vacuum)을 별도로 표시하기도 하는데, 가장

표 7-1 반도체 제조에서 진공의 이점

	진공 환경	이점
1.	깨끗한 환경 조성	먼지, 불필요한 가스, 습기, 오염의 제거
2.	낮은 분자 밀도 유지	시스템 상에서 분자의 숫자를 감소시켜 오염을 줄이고 가스 방출 방향에서 떨어지게 이동시킨다.
3.	분자 간의 충돌 거리(평균 자유 경로) 확장	플라스마 생성을 위한 필수적인 조건을 제공하기 위해 스퍼터링과 식각 같은 반도체 공정이 필요하다.
4.	반응 속도를 촉진	원료 증기 압력의 저하로 인해서 가속화된 과정을 도와줌으로써 다른 화학적인 요소들과 빠르게 반응할 수 있다.
5.	힘을 가한다.	힘을 가한다는 것은 이를테면 웨이퍼를 다루는 과정에서 로봇팔로 진공으로 들어 올리는 것이다.

높은 진공 상태로 10^{-16} torr일 때를 말한다.

대략 진공이라고 부르는 저진공은 두 가지의 중요한 특성을 가진다. 가스 흐름은 기본적으로 점성 흐름(viscous flow)이라고 알려진 분자들 사이의 충돌을 통해 이루어지고, 압력은 실제 기계적인 압력 게이지가 사용될 수 있을 정도로 충분히 크다. 저진공은 보통 가스 형태의 화학 반응에 의존하는 제조공정에 이용된다. 분자 사이의 운동량 전송은 가스와 표면 사이의 상호 작용에 의해 높은 비율을 갖는다.

중진공 상태는 $1 \sim 10^{-3}$ torr이고 저진공과 고진공의 사이이다. 고진공에서는 가스 분자들끼리 거의 충돌하지 않는다. 이런 조건의 결과로 웨이퍼 표면을 아주 청결하게 유지할 수 있

표 7-2 진공의 범위

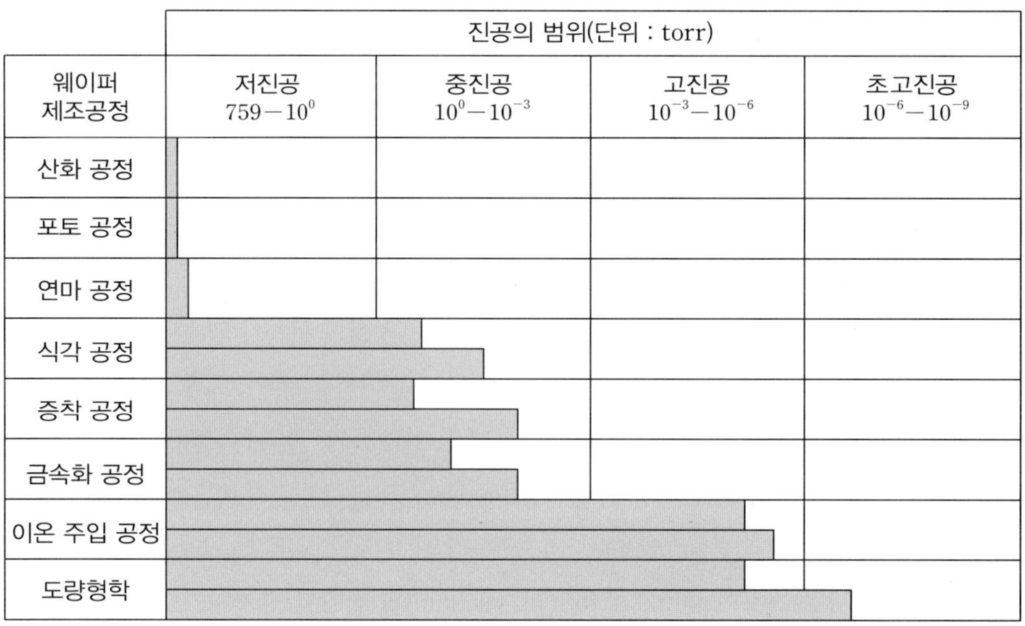

표 7-3 평균 자유 경로와 분자 밀도 대 압력

	760 Torr (대기압)	1 X 10^{-3} Torr	1X10^{-9} Torr
cm^3당 분자 수	3 X 10^{19} (3000경)	4 X 10^{13} (40조)	4 X 10^{7} (4000만)
평균 자유 경로	5X10^{-8} m	5 m	5 × 10^{4} m

다. 초고진공 상태는 가스로 인한 원치 않는 오염을 최소화하기 위해서 진공실의 강력한 제어를 위한 설계와 물질을 사용해서 고진공 상태를 지속시키는 것이다. 저진공 영역에서 압력을 표시하는 방법으로 챔버(chamber)와 대기의 압력 차에 의해서 발생되는 힘인 게이지(gauge) 압력을 사용하기도 한다. 대기보다 챔버의 압력이 낮은 경우는 음압(negative pressure)이라고 부르고 챔버의 압력이 높은 경우는 양압(positive pressure)이라고 부른다.

가스 분자가 서로 충돌하기 전에 이동한 평균 거리를 평균 자유 경로(MFP: mean free path)라고 한다. 압력이 낮은 진공에서 가스 분자들 사이의 공간이 넓이는 공정실에서 시스템상의 가스 흐름 방법 및 플라스마 생성에 매우 중요한 요소이다. 공기 중 서로 다른 압력과 상온 상태에서 평균 자유 경로는 표 7-3에 주어져 있다.

대기의 압력의 계산은 달튼(Dalton)의 부분압 법칙(partial press law)에 의해서 계산된다. 대기 속에는 N_2, O_2, Ar, CO_2, Ne, Kr, He, Xe, H_2O, CH_4, O_3, N_2O, CO 가스들이 포함된다.

7-2 진공 펌프의 분류

진공은 병원에서 채혈에 사용되는 주사기와 목장에서 젖소들의 우유를 채취하는 착유기, 부피가 큰 오리털 이불을 보관하기 위한 압축 백 등 일상 생활에서도 사용한다. 최근에는 쌀을 보관하는 진공 쌀통도 상용화되어 시판되고 있을 정도로 진공은 우리 일상 생활에서 쉽게 찾아볼 수 있다. 반도체 집적 회로를 제조하는 중요한 공정에서도 진공이 필요하고 진공의 정도에 따라 수많은 종류의 진공 펌프가 사용된다. 진공 펌프는 진공 방식에 따라 크게 2가지의 일반적인 형식으로 분류할 수 있다.

한 가지는 챔버(chamber) 내의 가스가 진공 펌프에 의해서 강제로 외부로 방출되는 가스 이송형(gas transfer type) 펌프이고 다른 하나는 챔버(chamber) 내의 가스가 진공 펌프의 외부로 방출되지 않고 진공 내부에 가두어두는 가스 포획형(gas entrapment type) 펌프이다. 가스 이송형 펌프에는 저진공, 중진공, 고진공 용으로 사용되고 가스 포획형 펌프는 고진

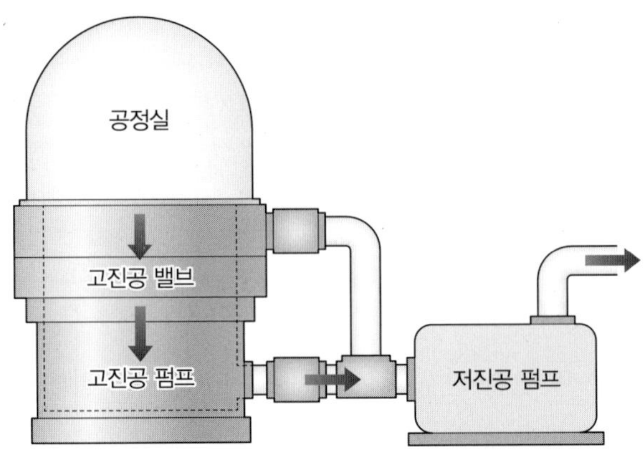

그림 7-3 고진공 펌프에서 저진공(Roughing) 펌프로 하우징

공, 초고진공, 극초고진공 용으로 사용된다.

저진공(roughing) 펌프는 공정실에서 중간 진공 상태(10^{-3} torr 이하의 압력)를 대략적으로 얻고, 로드락(loadlock)이라고 알려져 있는 클러스터(cluster) 장비에서 웨이퍼들을 탑재하기 위해 입구 부분의 가스를 배출하기 위해서 사용된다. 또 그림 7-3에서 보듯이 10^{-3} torr에서 10^{-9} torr 사이의 진공을 유지하는 고진공 펌프의 가스 배출에도 저진공 펌프가 이용된다.

오일 펌프에서 발생되는 오일 역류(oil backstream) 현상은 오일 펌프에 사용된 오일의 증기가 펌프 내에 흐르는 가스 분자들의 운동량을 받아서 가스들의 흐름과는 반대 방향으로 확산하기 때문에 발생한다. 압력이 낮아질수록 역류는 증가하고 압력이 높아질수록 역류는 감소한다. 이것은 오일 주변의 압력과 온도 변화에 따라 액체 상태에서 기체 상태로 변화하는 기화(vaporization)의 정도가 달라지기 때문인데 압력이 낮고 온도가 높을수록 기화량이 많아진다. 최신 진공 펌프는 공정실에서 발생되는 역류(backstream)의 원인이 되는 오일(oil)이나 윤활제(lubricants)가 사용되지 않는 건식(dry type) 상태를 유지하여 공정실과 웨이퍼의 오염 문제가 발생하지 않는다. 건식 진공 펌프는 진공의 청결도가 공정에 미치는 영향이 큰 반도체 제조공정, 금속 공정, 화학 공정, 의약 공정, 식품 공정, 냉동 건조 공정 등에 사용된다.

공정실에서 진공을 위해 펌프 다운이 시작될 때, 러핑(roughing) 펌프는 공정실의 초기 공기 혹은 오염물질을 99.99% 이상 제거한다. 남아있는 수증기 및 공정실 벽에 붙어 있는 분자 입자들은 추후 고진공의 펌프에 의해 완벽하게 제거될 수 있다. 특정한 용도를 수행하기 위해서 다양한 종류의 러핑 펌프가 사용된다. 러핑 펌프는 건식 메커니컬 펌프(dry mechanical pump)와 송풍기/부스터 펌프(blower/booster pump)로 구분된다.

건식 메커니컬 펌프는 가스 제거를 위해 그림 7-4와 같이 claw 건식 펌프로 이용된다. 펌

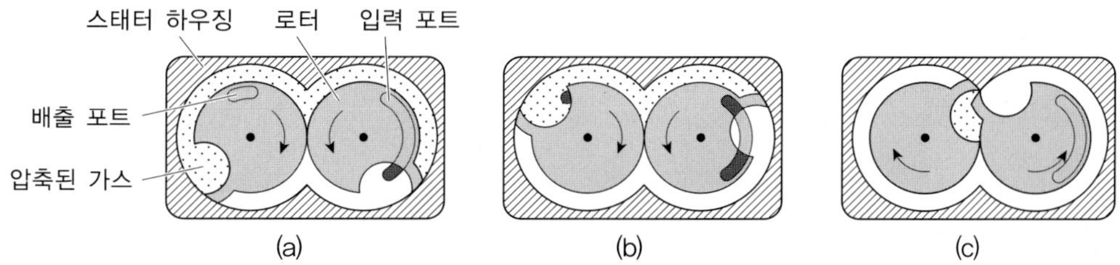

그림 7-4 회전식 claw 건식 펌프

프의 원리는 압력이 낮아짐에 따른 공정실의 부피 증가(보일의 법칙)를 기본으로 한다. 메커니컬 펌프는 윤활유의 사용을 피하기 위해 그 표면에 비금속의 물질을 종종 사용하거나 밀봉된다.

그림 7-4에 나타낸 비접촉 claw 회전자의 모양은, 회전자의 약 ⅔ 정도는 실린더이고 불쑥 튀어나온 갈고리(claw) 모양 다음에 움푹 들어간 구조로 제작된다. 회전하는 동안 각 claw는 마주 보고 있는 움푹 파여진 공간으로 들어가게 된다. 입구와 배기구는 수평한 방향으로 놓여 있고 두 개의 회전자가 회전할 때 가스는 inlet port를 통해서 흡입되고 슬롯은 회전자의 움푹 파여진 공간과 일치하게 된다. 회전이 계속 진행되면 입구 포트가 닫히고 claw는 두 번째 회전자의 움푹 파여진 공간이 배출구 쪽으로 개방될 때까지 잔류 가스를 압축한다. 이때 완전하게 배출되지 않은 잔류 가스들은 다음번 펌핑 사이클로 넘겨진다. claw 펌프는 대단히 높은 압축비를 가지게 된다.

로브(lobe) 펌프로 알려진 송풍기/부스터 펌프는 가스를 고압력으로 분출하고 윤활 물질을 필요로 하지 않기 때문에 널리 사용되는 메커니컬 펌프이다. 저진공 범위에서 큰 부피의 가스가 펌핑되어야 하는 곳에 로브 펌프를 사용하기가 적합하다. 송풍기는 기본 송풍기(root blower) 또는 기본 타입 송풍기라고도 부른다. 접합 로브에 의한 송풍기의 작동 원리를 그림 7-5에서 나타내었다. 각 lobe의 전면에 흡입된 가스는 입구에서 출구 쪽으로 고정자 주변을 따라서 배출된다. 매우 큰 배기 속력을 구현하지만 대략 10^{-3} torr 이하의 압력 범위에서 효과적이다. 흡입구와 배기구의 압력 차이가 적은 경우에만 사용이 가능하다.

송풍기는 점성 흐름의 대기에서는 주입되지 않으므로 종종 저진공 펌프를 대체하여 사용된다. 저진공 펌프 없이 대기에서 바로 배출시킬 수 있도록 새로운 송풍 펌프가 설계되었다. lobe(잎사귀)의 개수에 따라 2엽식 로터(two lobes rotor)를 사용하는 경우와 3엽식 로터를 사용하는 경우로 구분된다. 3엽식인 경우는 회전자가 압력이 높은 상태에서 사용되는데 흡입구의 압력에 무관하게 안정적인 성능을 발휘하고 2엽식에 비해 배출구의 소음이 작다. 다단으로 구성되는 roots 펌프의 경우는 압축 공정에서 발생하는 열이 회전자와 고정자에 전달될 때 배기 압력 상태의 가스가 이송 체적(displacement volume) 내로 역팽창하

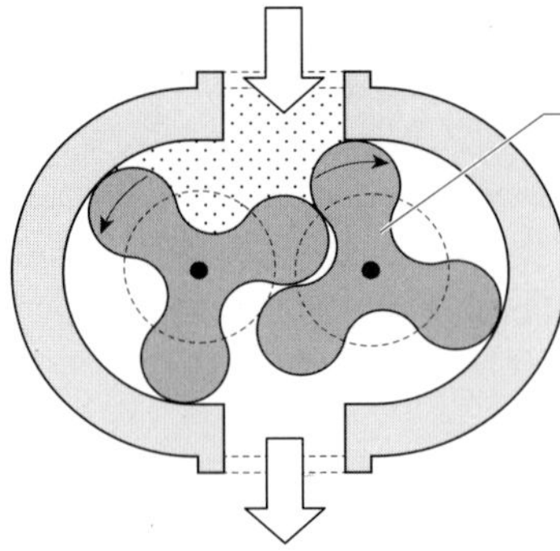

그림 7-5 2엽식 기본 송풍기 펌프

기 때문에 문제를 발생시킨다. 이때 역팽창된 가스들이 다시 압축되고 가열되는 현상이 반복되어 회전자와 고정자의 몸체에 열팽창으로 인한 문제를 유발하기 때문에 열교환기와 냉각 장치를 보조로 구성해야 한다.

펌프 역시 반도체 공정중에서 발생되는 대량의 먼지(dust), 강산, 강알칼리 및 지속적인 화학 반응을 잘 견딜 수 있어야 한다. 특히 TEOS(tetraethyl orthosilicate: $Si(OC_2H_5)_4$) 공정에서 사용되는 건식 펌프에서는 N_2를 이용한 공기 정화(purge) 작용을 시행하는데 펌프의 고장으로 인해 TEOS 과정에서 발생된 수분이 배출되지 않고 액화 상태로 유지되거나 세정 가스로 사용되는 C_2F_6의 플라스마 부산물인 F(플루오린) 가스와 수소(H) 가스의 반응으로 만들어지는 HF가 펌프의 배기구 쪽 스테인리스 스틸을 부식시켜서 가스의 누출 사고를 발생시키기도 한다. 이때 침전되는 미립자들은 배기구를 막게 되어서 펌프의 성능을 저하시킨다. 심한 경우에는 압력을 견디지 못하고 파손이 발생되기도 한다.

고진공 펌프는 터보 분자 펌프(turbo molecular pump)와 크라이오 펌프(Cryopump)로 구분된다. 간단히 터보 펌프라고도 부르는 터보 분자 펌프는 웨이퍼 공정 장비에서 널리 사용되고 있는, 기능이 다양하고, 신뢰성 있으며, 청결한 펌프이다. 만약 공정실을 가열하여 습기를 제거했다면, 터보 펌프는 10^{-10} torr의 압력까지 도달할 수 있다. 또한 이런 펌프는 시동이 빨라서 한 번의 회전으로 full 펌핑 작용을 할 수 있다.

터보 펌프는 기계적 압축의 원리로 작동한다. 그림 7-6에서 보듯이 빠르게 회전하는 수많은 블레이드(제트엔진의 블레이드와 유사)가 운동량을 분배하는 고정된 블레이드 햇(blades hat)과 가스 분자의 방향 사이에 위치하고 있다. 회전하는 고정된 블레이드의 각 세트는 압축 단계이다. 하나의 펌프는 10~40개의 압축 단계들을 가지며, 터보 펌프 블레이드는 90,000 RPM의 회전 속도를 가지게 된다. 점성의 흐름을 가지고, 대기 압력에서 주입될

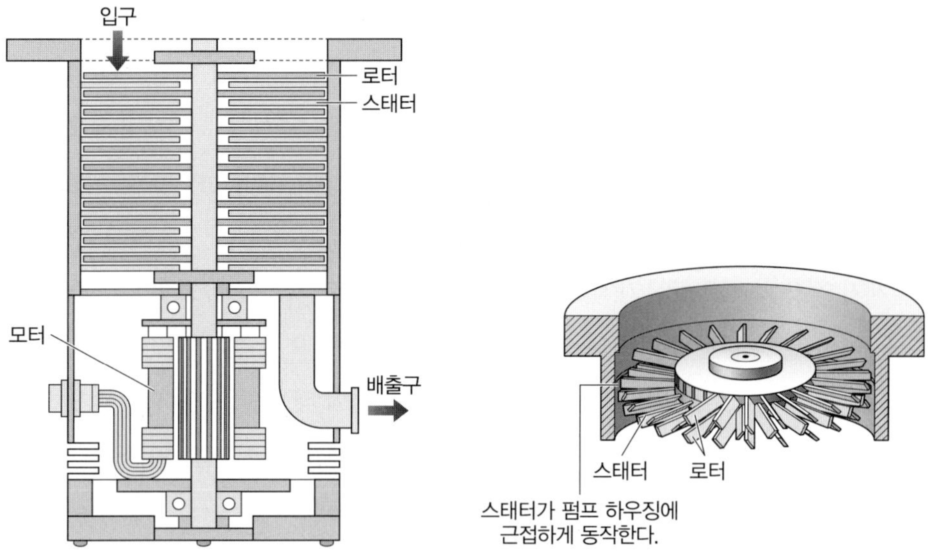

그림 7-6 터보 펌프 블레이드

수 없으므로 터보 펌프의 배출 가스는 저진공(roughing) 펌프로 배출된다. 스태터는 로터와 반대 방향으로 약간 기울어져 있는데 이런 약간의 기울기가 로터를 떠난 가스 분자들이 연속적으로 배열되어 있는 스태터와 로터 사이를 지나서 배출구로 배출되도록 설계된다. 빠르게 흘러가는 분자들을 효과적으로 배출시키기 위해서는 블레이드의 회전 속도가 가스 분자의 이동 속도보다는 커야 한다. 그렇지 않을 경우에는 빠르게 이동하는 가스 분자들은 블레이드에 충돌하지 않고 로터의 영역을 그냥 지나가게 된다. 이런 가스 분자들은 배출되지 않고 다시 위쪽 방향으로 확산되는 역방향 확산(back diffusion)의 원인이 된다.

비교적 가벼운 H_2와 He 가스 분자들은 비교적 무거운 N_2와 Ar 분자에 비해 배출 속도가 느리다. 배출 성능은 블레이드의 경사 각도, 블레이드의 넓이, 블레이드 간의 거리 등과 같은 설계 변수와 로터의 회전 속도에 의해서 결정된다. 블레이드의 개수를 줄이면 블레이드의 각도와 판의 두께가 일정할 때 압축비가 감소된다. 블레이드의 각도를 줄이면 압축비는 증가하지만 배출 속도가 느려진다. 블레이드의 두께가 두꺼워져도 역시 배출 속도가 느려진다. 블레이드는 알루마이트(Al_2O_3)로 코팅되지만 Al 식각 공정에 사용되는 BCl_3에 의해서 부식되기 때문에 이를 방지하기 위해 이온 코팅을 통해서 TiC나 Ni를 코팅하게 된다.

$$Al_2O_3 + BCl_3 \rightarrow BOCl_2 + AlCl_3$$

터보 분자 펌프의 부식을 예방하기 위해서는 공정 가스가 스핀들이나 베어링에 직접 접촉하지 않도록 설계하고, N_2 가스를 이용하여 지속적으로 가스를 정화해주어야 한다. 이때 경우에 따라서는 Ar 가스를 이용하기도 하는데 아르곤 가스는 압축열로 인해 스태터와 로터의 팽창을 유발하기도 하므로 주의해야 한다. 터보 분자 펌프는 이런 변수들을 고려해서 설계된다. 터보 분자 펌프는 로터의 기하학적인 구조에 따라 가스가 대량으로 흐르는 경우에 사용되는 복합형(high throughput type)과 고압력의 부스터 펌프 대체용으로 사용되는 분자 드래그 형(molecular drag type), 초고진공형(ultra high vacuum type)으로 구분된다.

터보 펌프는 반도체 제조공정을 위해서는 특별하게 설계된다. 자기 부양 베어링에는 무진동 설계가 적용되어 윤활유가 필요 없다. 터빈 블레이드는 옅은 농도의 가스들을 빠르게 펌프다운 하기 위해 높은 가스 배출과 높은 압축률을 목적으로 설계되었다. 펌프가 대기압에 갑자기 노출되거나, 미립자의 유입, 또는 물리적 충격이 터보 펌프가 고장을 일으키는 가장 대표적인 요인이다. 터보 펌프가 갑자기 대기에 노출되면 터빈 블레이드는 구부러지고 서로 접촉하여 대실패의 원인이 된다. 때문에 터보 펌프의 로터들은 정밀하게 균형을 맞추어야 하고, 그것이 사용되는 동안에는 절대로 이동하거나 충격이 가해져서는 안 된다. 터보 펌프에게 광범위한 유지보수는 요구되지 않는다. 그들이 충돌하고 변할 때까지 대부분의 공정들이 수행된다.

터보 분자 펌프는 광학 코팅을 위한 고진공 evaporation과 자기 테이프 코팅을 위한 roll 코팅 장치에 사용된다. 스퍼터링 장비에 사용되는 경우에는 ITO(indium-tin oxide), TIO_2(titanium oxide) 박막 증착, Cu, Ag와 같은 금속 박막 증착에 사용된다. 또한 TiN, TiC, CrN, DLC(diamond like carbon)처럼 강인한 특성이 요구되는 공구나 베어링과 같은 기구 제작에 사용되기도 한다. 분석용 장비인 전자 현미경(SEM)과 스퍼터링, 증착, 식각 공정에도 사용된다.

크라이오 펌프는 펌핑 작용을 제공하면서 공정실을 매우 차갑게 냉각시켜서, 공정실에서 제거된 가스들을 잡아두는 역할을 한다. 크라이오 펌프는 고진공과 초고진공 범위에서 펌핑 작용을 할 수 있는 반도체 장비의 산업표준이다. 펌핑이 진행되는 동안 고압의 가스를 배출하면서 빠른 수증기 펌핑 속도를 부가시킨다. 이런 특징을 공정실의 습기를 제거하기 위해 대기 상태에서 펌핑 다운을 할 때 유용하게 이용한다. 진공상에 노출된 움직이는 부품들이나, 기름기가 없는 상태에서도 크라이오 펌프는 매우 청결하다. 크라이오 펌프가 웨이퍼 공정에 적합하며 새로운 생산 장비에서 공통으로 사용되는 이유가 바로 이런 청결함 때문이다. 크라이오 펌프의 중요한 두 가지 구성 요소인 가스 헬륨 압축기와 펌프 모듈을 그림 7-7에 나타내었다. 펌프 모듈은 냉각헤드, 차단기, 몸체로 이루어진다.

헬륨 압축기는 고압, 고순도, 펌프에 있는 확장된 모듈에 상온의 헬륨을 공급한다는 것을 제외하면, 가정에서 사용하는 에어컨 시스템의 일반적인 냉각 압축기와 동작이 유사하다. 펌프 모듈에서 고기압에서 저기압으로 상태가 변하면 가스는 팽창하는데, 그 과정에서 헬

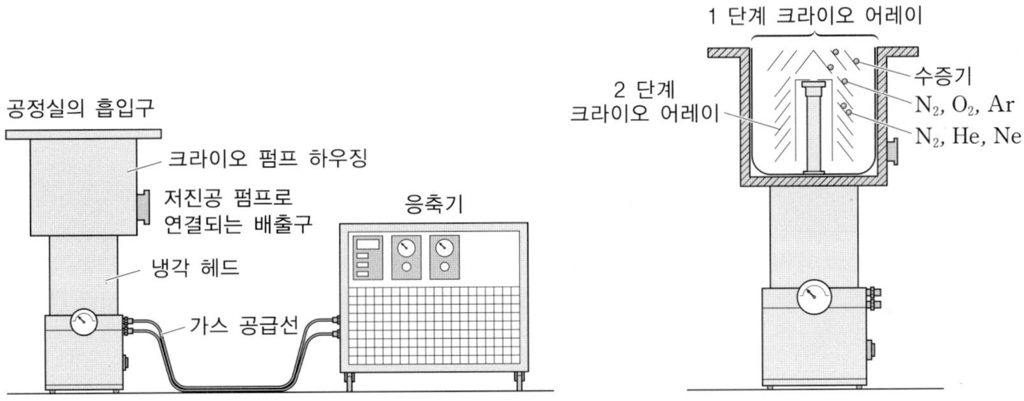

(a) (b)

그림 7-7 (a) 크라이오 압축기와 펌프 모듈 (b) 크라이오 어레이 표면 동작

륨은 열을 흡수하므로 주위는 냉각된다.

이 과정은 50~80 K의 극저온을 발생시킨다. 펌프는 두 번째 단계에서 헬륨을 20 K에서 10 K에 근접하게 도달하도록 다시 한번 팽창·냉각시킨다. 일단 헬륨이 팽창하면, 크라이오 어레이라고 부르는 복합 표면에 접촉되어 냉각이 일어나고, 공정실에서 나온 가스들은 냉각되어 응축되거나 흡착된다. 응축된 가스들은 차가운 크라이오 어레이의 표면과 통풍구에서 즉시 동결된다. 이것이 본질적인 펌핑 동작이다.

크라이오 펌프가 분자들을 압축, 방출시키기보다는 동결시켜 잡아두기 때문에 사실상 가스들이 크라이오 어레이 표면에 동결된 고체 상태로 축적된다. 이 과정은 플리터(fleeter) 안에서 물이 얼어 얼음이 형성되는 과정과 유사하다. 이렇게 가두어진 가스들을 주기적으로 제거하기 위해서 재생이라고 부르는 과정을 거친다. 펌프에서 내부의 온도를 상승시키고 가스들을 배출 라인을 통해 배출시키는 데 적합하다. 크라이오 펌프는 펌프와 진공 시스템에서 공기를 제거하기 위해 저진공 펌프를 필요로 한다. 크라이오 펌프에서 발생할 수 있는 고장의 형태는 다음과 같다. 첫째 진공 상태는 우수하지만 펌프의 온도계(thermometer)가 지시하는 냉각 온도가 비정상적으로 높은 경우, 둘째 온도 센서의 지시 값이 20 K 이하의 온도임에도 챔버 내의 압력이 비정상적으로 높은 경우, 셋째 크라이오 펌프가 20 K 이상의 온도에서 동작하면서 챔버 내의 압력이 비정상적으로 높은 경우, 넷째 크라이오 펌프가 상온 이하로 냉각되지 않는 경우(냉각 헤드 디스플레이서가 동작하는 소리가 나지 않는 경우), 다섯째 온도가 20 K까지 내려가는 데 소비되는 시간이 적정 시간보다 긴 경우, 여섯째 동작 시 크라이오 펌프의 온도가 불안정한 경우, 일곱째 냉각 헤드 디스플레이서가 간헐적으로 동작하는 경우이다. 이와 같은 경우에는 고장의 원인을 규명하고 수리를 진행해야 된다.

통합된 클러스터 장비의 진공 환경은 각 개별적인 공정실의 필요에 의해서 조절된다. 공

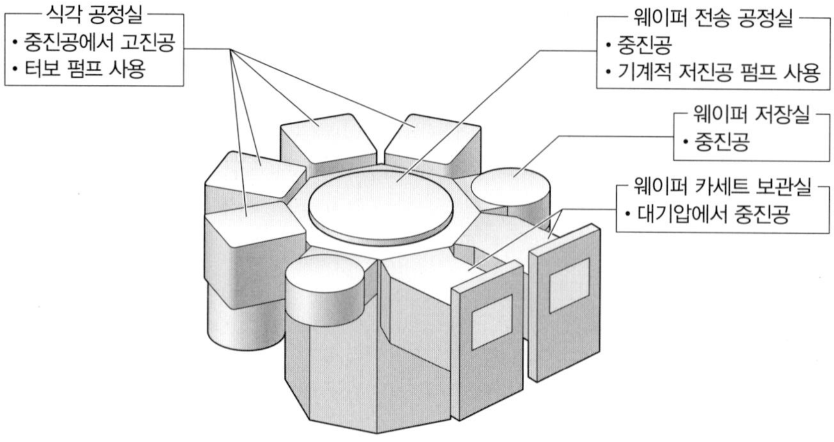

그림 7-8 진공 환경을 갖는 클러스터 도구 배치

정실은 다른 장비로부터 고립되어 있으며, 로드락(loadlock)에서 공정실까지는 더 높은 단계의 진공이 요구된다.

로드락은 웨이퍼가 클러스터 장비 안으로 들어가는 장소로서, 장비 내부가 작업 환경으로부터 고립되어 있다. 이 시스템은 웨이퍼를 준비하고 처리 동안 수월하게 제어하고, 오염을 최소화할 수 있도록 설계되었다.

7-3 공정실의 공정 가스 흐름 제어

반도체 공정에서 원하는 화학 반응을 얻기 위해서는 공정실 안의 공정 가스의 흐름 제어가 매우 중요하다. 공정실에서 공정 가스를 제어하기 위해서 요구되는 사항은 다음과 같다.

첫째: 많은 부식성과 유독성을 가지고 있는 다량의 특수한 가스들을 폭넓게 운영할 수 있어야 한다.

둘째: 공정 가스의 제어는 정확하고 반복적으로 실행되어야 한다.

셋째: 공정 가스 혼합 비율은 공정이 이루어지는 동안 제어 가능해야 한다.

넷째: 공정실 안에서 사용되는 물질들은 처리되는 가스에 의해 영향을 받지 않고, 공정 가스의 흐름 안에서 오염에 노출되지 않아야 한다.

가스 운송 시스템 혹은 진공을 논할 때, 표준 상태에서의 가스의 흐름양을 처리량(throughput) Q로 정의한다. 처리량은 명시된 시간의 주기 동안 진공 시스템을 통과하는 가

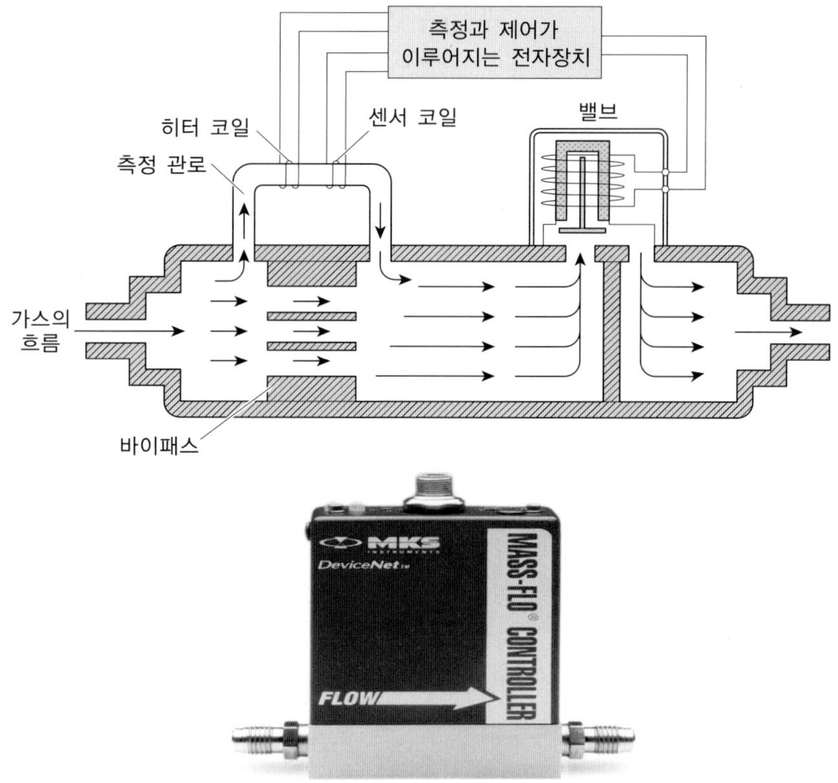

그림 7-9 MFC 〈사진 출처: Wikieditor0796, CC BY-SA 4.0 〈https://creativecommons.org/licenses/by-sa/4.0〉, via Wikimedia Commons〉

스 분자의 순수한 양을 의미한다. 처리량은 표준 상태에서 시스템을 흘러가는 부피를 갖는 가스로 정의된다. 처리량의 가장 보편적인 단위로는 sccm(torr liters per second, standard cubic centimeters per minute)과 slm(standard liters per minute)이 사용된다.

펌프에는 정확한 펌핑 속도가 명시되어야 하고, 가스들을 제거하는 효과적인 방법이 표시되어야 한다. 펌핑 속도는 일반적으로 단위 시간당 부피(liters/second or cubic feet per minute)로 표현된다. 처리량과 펌핑 속도는 많은 반도체 제조공정 단계에서 중요하게 여겨진다. 웨이퍼 표면에서 일어나는 화학적 반응은 빠른 가스의 흐름이 필요하기 때문이다. 펌프 타입을 구분하는 요소인 펌핑 속도, 시스템의 위치, 가스 처리량은 웨이퍼 표면에서 적합한 화학 반응을 진행할 수 있는지를 결정하는 중요한 변수이다.

화학 반응을 적절하게 제어하기 위해서는 분자량을 조절하는 물리적 공정이 포함된다. 이상 기체 상태 방정식으로부터 우리는 압력과 온도가 절대적일 때 주어진 부피의 변화에 비례하는 가스 분자의 수를 결정할 수 있다. 따라서 공정실로 들어가는 가스는 단지 일정하지 않은 부피에 의해 항상 같은 수의 분자량을 산출하는데, 이는 화학 반응을 제어하는데 부적합하다. 이러한 문제점을 극복하기 위해서 공정실로 유입되는 가스는 그림 7-9와

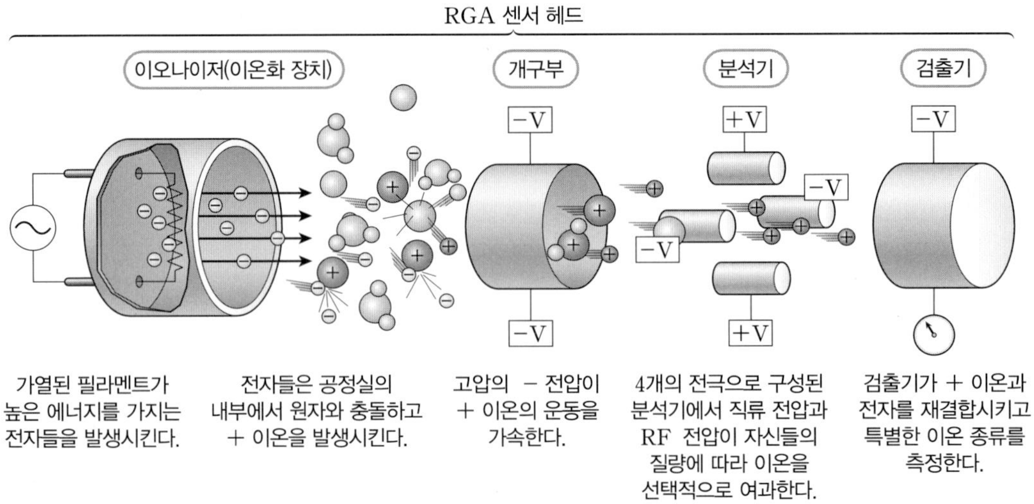

그림 7-10 RGA의 기본 구성

같은 흐름양 제어기(MFC)를 사용해야 한다.

MFC는 가스의 열전달 특성을 이용하여 공정실로 유입되는 가스의 흐름률을 직접 측정하며 열센서를 이용한다. 통합 장비들은 공정실로 유입되는 다양한 가스들의 흐름을 조절하는 여러 MFC를 일반적으로 사용한다. 압력 조절기는 가스를 제시된 일정한 압력으로 MFC에 보내기 위해서 MFC의 앞부분에 위치한다.

잔류 가스 분석기(RGA: residual gas analyzer)는 배기 시스템에 남아있는 가스 분자의 형태를 확인하기 위해 사용하는 중요한 장비이다. 잔류 가스를 확인함으로써 누설 검출과 처리실 안의 오염 분석, 그리고 진공을 기반으로 한 장비의 문제 해결에 이용될 수 있다. RGA의 공통된 용도는 누설의 검출과 고장 수리이다.

RGA의 기본은 공정실 안의 모든 가스 분자들의 구분과 식별 및 측정이다. RGA는 모든 가스 분자에 의한 전체 압력뿐 아니라, 현재 상태의 부분 압력의 비율까지 측정한다. 그것은 일반적으로 극초진공 범위에서 동작한다. 그러나 10 millitorr 이상의 진공 상태에서 사용하는 것도 용인된다.

RGA는 그림 7-10에서 보는 것처럼 이오나이저(이온화장치), 개구부, 분석기, 검출기 등과 같이 4개의 기본 부품으로 구성된다. 이들은 본래 분석기의 부품이었지만, RGA가 매우 작아 처리 장치에 붙여졌다. 이런 4가지 부품들은 공정실에 직접 붙여진 process-specific 밸브 뒤에 있는 RGA의 센싱 헤드 부분에 자리한다. 이오나이저는 내부에서 헬륨에서 떼어낸 전자로 공정실에 분자 충격을 주어서 현재 시스템의 가스 분자들로부터 이온을 만들어 낸다. 그 충격으로 가스 분자 내의 전자를 해리되고 결과적으로 +이온이 생성된다. 이런 이온은 전기적 성질(인력 혹은 척력)에 의해서, 혹은 개구부의 자기장에 의해서 분석기로 직접

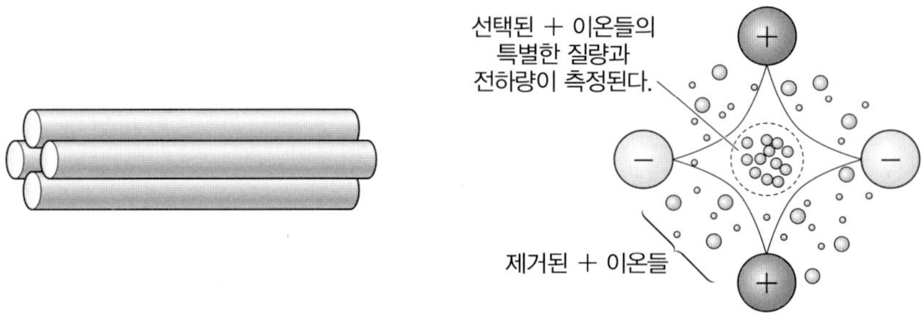

그림 7-11 사중 극자 질량 필터

들어간다.

분석기에서는 질량에 의해 이온들이 구별된다. 몇 가지 다른 형태의 분석기들이 있다. 사중 극자 질량 분석기인 QMA는 공통된 형태이다. 사중 극자 질량 분석기는 그림 7-11에 표시된 것처럼 일정한 DC 성질과 높은 주파수(RF) 요소를 가진 4개의 원통형 측정자로 구성된다. 극 측정자(4개의 실린더)에 주어진 전압 레벨 때문에 다량의 특정하게 대전된 원자 이온들은 오직 그 필터를 통과한다.

나머지 다른 모든 이온은 원통형 측정자에 접지된다. 최신식의 RGA에 있는 검출기는 그 다양한 이온들 사이에서 구별되는 1 원자 질량 단위(amu)보다 더 세밀한 분별능을 가진다. 필터의 전압 차이로 인해 다른 이온들은 이 필터(실린더)를 통과한다. 이런 방법으로 질량이 다른 다양한 가스(이온)들은 구별되고 식별된다.

RGA 자료는 공정실이 큰 직경의 웨이퍼를 처리하기 위한 준비가 되었는지를 확인하는 중요한 증거로 활용될 수 있다. RGA 자료가 펌프 다운하는 동안 공정실이 청결하고 안정적일 수 있도록 실시간 정보를 제공하기 때문이다.

처리 상황을 실시간으로 모니터할 수 있는 RGA의 사용은 최근에 개발되었다. 웨이퍼가 처리되는 작업이 정확하게 진행되도록 RGA는 공정실 안에 있는 화학 성분들을 직접 감시

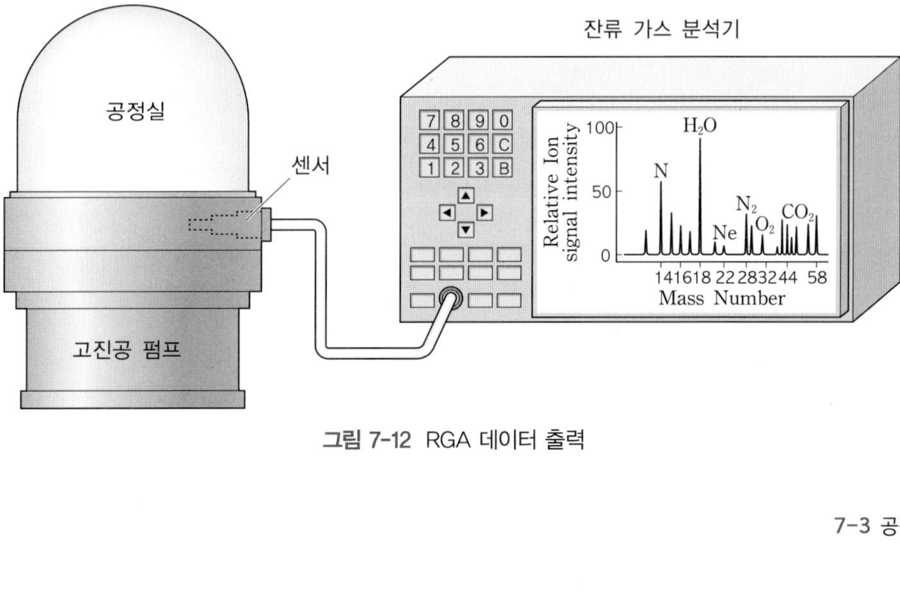

그림 7-12 RGA 데이터 출력

한다. RGA는 웨이퍼의 품질에 문제가 나타났을 때 다시 사용될 수 있다. 이런 재동작 능력은 처리 과정에서의 문제점을 더욱 빠르게 진단하도록 한다.

RGA가 플라스마 식각(etching)과 플라스마 강화에 의한 화학적 수증기의 산란 등과 같은 화학적 처리를 감시하는 것에는 확실한 요구가 있다(PECVD). RGA는 플라스마 사용에 의해서 공정실에서 발생한 반응을 검출함으로써 다른 처리 화학 물질로 이어지도록 할 수 있고 플라스마 성질을 통찰할 수 있게 한다. 그래서 화학적인 시료는 시간을 초과하여 변화시킨다.

7-4 플라스마

플라스마는 중성이며, 고에너지 상태의 이온화된 가스로, 중성의 원자나 분자, 양이온, 자유 전자로 구성된다. 양이온과 자유 전자는 원자가 전자(valence-shell electron)가 중성 원자로부터 제거될 때 형성된다. 그림 7-13(a)에 표시된 것처럼 플루오린(F) 원소의 양성자(portons)의 개수와 전자(electrons)의 개수가 9개로 일치할 때는 F 원소는 전기적으로 중성이다. 그러나 그림 7-13(b)에 표시된 것처럼 최외각의 궤도 전자 1개가 원자로부터 분리되어서 자유 전자가 될 때 이온화된다.

제한된 공정실에서의 가스 원자의 이온화는 강한 직류 혹은 교류 전자기 분야를 강화하거나 전자 소스의 한 종류를 가진 가스 원자를 충돌시킴으로써 발생할 수 있다. 웨이퍼 제조공정의 다양한 처리 과정에서 플라스마가 사용된다. 공정실의 웨이퍼 표면 근처에서는 가스 반응을 돕기 위해 많은 에너지가 필요한데 그런 에너지는 플라스마로부터 공급받을 수 있기 때문이다. 플라스마는 열에너지 대신에 이온화를 위해 사용되고, 고밀도 플라스마 화학 증착 공정(HDP-CVD)에서는 얇은 필름 위에 자극된 소스 가스를 여기시킨다. 플라스

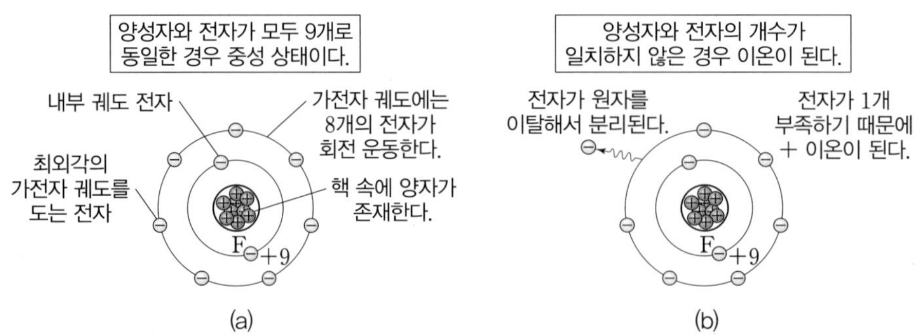

그림 7-13 이온의 생성 (a) 플루오린 원자는 총 7개의 최외각 전자(가전자)를 가진다. (b) 플루오린 원자가 하나의 전자를 잃은 상태.

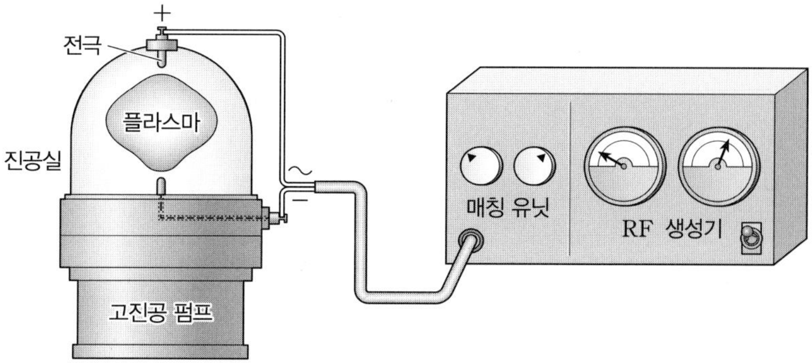

그림 7-14 플라스마 글로우 방전기

마의 다른 용도는 플라스마 식각을 통한 금속의 선택적 제거가 있다. 공정실에서 플라스마가 존재 유무를 확인할 수 있는 가장 보편적인 표시는 글로우 방전이라고 하는 관찰할 수 있는 빛이다.

글로우 방전은 혼합된 공정 가스에 DC 전력을 인가하여 생성되기도 하지만, 가장 보편적인 방법은 무선 주파수(RF) 범위에서 AC 전력을 이용하는 방법이다. 처음에 전력이 공급되면 혼합된 공정 가스 안의 자유 전자들은 전기장에 매우 큰 영향을 받는다. 전자들은 가속되고, 원자 및 분자와 충돌하며, 이런 충돌 사이에서도 추가로 전자들이 방출된다. 다시 말하자면 웨이퍼 공정에서 보편적으로 사용되는 약하게 이온화된 플라스마나 글로우 방전은 중성 원자나 분자들과 고에너지로 충돌하고, 그들을 들뜨게(excite) 한다. 이렇게 자극된 원자나 분자는 나노 초(ns)로 측정되는 매우 짧은 수명을 가진 뒤에 다시 낮은 에너지 상태로 돌아간다. 이때 에너지는 광자 혹은 빛의 형태로 이완되면서 방출된다.

글로우 방전 중의 이러한 방출은 원소마다 특유한 독자적인 발광에 의해서 서로 다른 종류의 빛을 발산한다. 압력, 공정 가스 혼합과 흐름 비율, 진공 펌핑 속도, 표면 온도 등은 RF 파워와 주파수를 포함하는 글로우 방전을 유지하는 일반적인 매개변수이다.

라디칼은 화학적으로 높이 세분화된 반응이다. 전자와 원자, 혹은 분자의 충돌로 인해 이온과는 다른 형태의 생산물이 만들어진다. 큰 분자가 더 작은 입자로 나눠질 때, 분자는 분리(혹은 붕괴, 분열) 작용을 경험한다. 회수된 가전자대의 전자의 수는 원자의 화학적 성질과 관계가 있다. 라디칼은 중성 분자가 활동적인 전자에 의해 충격을 받았을 때 발생한다. 이런 동작은 전자의 추가나 제거가 없이 결합을 쪼개고 반응성이 높은 핵종을 발생킨다. 라디칼은 원자가 가전자 각에서 불완전 결합을 하고 있는, 대전되지 않은 원자 또는 분자의 조각이다.

플라스마 에너지는 수백 볼트 교류의 AC 전기장이 적용된 RF 방사의 흡수를 통하여 유지된다. RF 세기는 일반적으로 산업적인 목적을 위해 연방 통신위원회(FCC)에 의해서 선

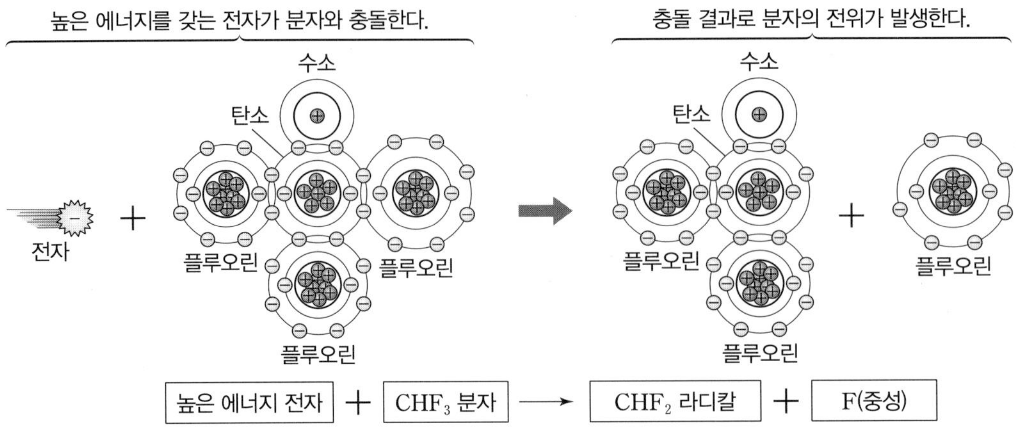

그림 7-15 분자의 해리

택된 13.56 MHz를 사용하고, 높은 효율로 플라스마를 만들어 낸다.

근래에는 플라스마를 발생시키기 위해, 400 KHz, 2 MHz, 4 MHz, 2.45 GHz와 같은 다른 주파수 대역을 사용하기 시작하였다. 주파수는 이온 이동도에 직접적인 영향을 주기 때문에, 균일한 처리 및 처리율(식각을 위한 금속 제거율)에 영향을 준다. RF 전기장은 전극으로 사용되는 양극(애노드)와 음극(캐소드) 사이에 걸린다. 웨이퍼는 일반적으로 병렬 전극에 적용된 RF 파워와 함께, 접지된 전극 쪽으로 향해진다. 전자와 이온들 및 다른 종류의 입자들은 글로우 방전에서 전극을 향해서 움직인다. 전자들은 글로우 방전에서 느리게 움직이는 양이온보다 양의 전극(애노드)을 향하여 빠르게 움직일 수 있다. 이런 움직임은 글로우 방전 영역에서 + 전위를 발생시킨다. 양이온들은 양극 및 암흑 영역(dark space)을 가로지르며 통과하고 이온의 외장과 양극에 인접하게 움직인다.

암흑 영역은 전자의 부족으로 인한 결과로 나타난다. 글로우 방전 영역과의 관계는 암흑

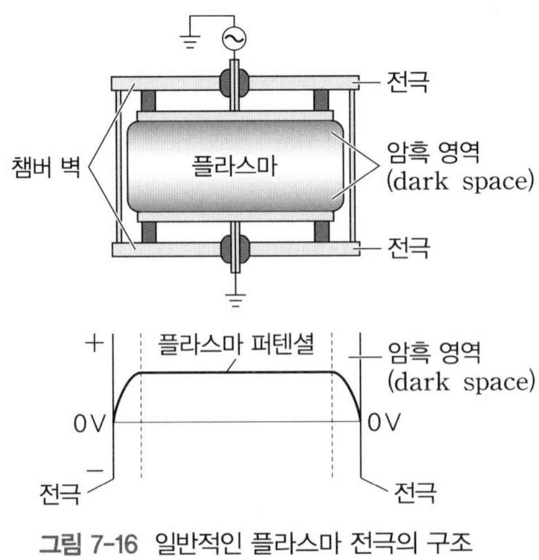

그림 7-16 일반적인 플라스마 전극의 구조

영역이 큰 전압 강하와 강한 전기장을 가진다는 것이다. 이런 조건은 전극을 향하는 양이온들을 가속하며, 그다음에 2차 전자를 방출한다. 이런 2차 전자들은 음극으로부터 밀려나는데 그들이 글로우 방전에서 유지되는 암흑 영역을 뒤로 가로질러 통과하게 된다.

연습 문제

1. 공정실을 정의하고 공정실의 기능을 다섯 가지 설명하시오.

2. 클러스터 도구를 설명하시오. IC 제조공정에서의 이익을 설명하시오.

3. 진공을 정의하고 반도체 제조공정에서 진공의 이득은 무엇인지 설명하시오.

4. 평균 자유 경로가 무슨 의미인지 설명하고 진공 범위와의 관계를 설명하시오.

5. 저진공 펌프와 고진공 펌프를 사용하는 이유를 설명하시오.

6. 저진공 펌프의 두 가지를 종류를 설명하시오. 어떤 것이 더 높은 가스 처리량을 가지는가?

7. 터보 펌프의 고장 원인을 설명하시오.

8. 크라이오 펌프의 고장 원인을 설명하고 대처 방안에 대해 설명하시오.

9. 가스 처리량에 대해 기술하시오.

10. 질량 흐름 제어기의 사용 목적은 무엇인지 설명하시오.

11. 잔류 가스 분석기의 구조와 동작 원리를 설명하시오.

12. 플라스마를 정의하고 공정실에서 플라스마는 어떻게 유익한지 설명하시오.

제 8 장

웨이퍼 결함 측정 장비 및 수율

칩 성능을 증가시키기 위해서 임계 차원이 마이크로 스케일에서 나노 스케일로 변화하면서 칩 제조공정은 더욱 복잡해지고 공정상 발생되는 결함 역시 지속적으로 증가하고 있다. 칩을 파괴시키는 중대한 결함을 감소시키기 위해서 오염물질들은 칩 제조공정에서 분자 단위 레벨로 제어된다. 반도체 제조 시 생산 원가를 절감하고 저렴한 가격으로 제품을 판매하기 위해서 반도체 제조업체에서는 지속적으로 웨이퍼의 직경을 증가시키기 위해서 노력하고 있다.

이런 과정에는 공정 기술의 혁신적인 개선과 함께 공정 장비의 개발도 함께 이루어졌다. 여하튼 집적 회로 설계의 목표는 더 저렴한 가격으로 더 높은 기능을 가지는 신뢰성 있는 칩을 생산 판매하는 것이다. 이런 목표를 만족하지 못한다면 치킨 게임이 가장 심각하게 적용되는 반도체 시장에서 살아남기 어렵게 된다. 마치 63빌딩이나 123층의 롯데월드타워를 건설하기 위해서는 기초를 튼튼히 쌓아야 하는 것과 같다. 최근 삼성전자나 SK 하이닉스의 적층 기술은 이미 128단을 넘어서고 있고 128단을 3층으로 다시 겹쳐 쌓는 기술을 상용화하고 있다.

이런 고도의 반도체 제조 기술도 가장 기본 재료인 웨이퍼에서 불량이 발생한다면 반도체 회사의 신뢰도가 떨어지고 판매 부진으로 이어져 반도체 업체는 심각한 경제적인 타격을 입게 된다. 따라서 반도체의 기본 재료인 웨이퍼의 물리적인 결함 검사와 전기적인 검사를 통해서 결함 발생률을 최소화하여 수율을 높이는 것이 칩의 성능을 보장하고 반도체 제조회사의 신뢰성을 유지하는 가장 기본이 되는 길이다. 이 장에서는 웨이퍼의 박막 두께, 시트 저항, 막 응력, 굴절률, 표면 결함 등과 같은 품질의 측정을 통한 결함 검사와 완제품의 전기적인 검사 방법, 검사를 수행하는 데 사용되는 측정 장비와 분석 장비, 생산된 제품의 수율에 대해서 설명한다.

8-1 IC 도량형과 품질 측정법

IC 도량형(metrology)은 일정한 표준 품질 기준에 도달하도록 보장하기 위해서 제조공정 능력을 측정하기 위한 필수적인 수단으로 정의된다. 도량형을 만족하기 위해서는 웨이퍼 샘플, 측정 도구, 데이터 분석을 위한 방법이 필요하다. 전통적으로 제조공정 데이터의 대부분은 공정을 명확하게 특성화하도록 공정이 진행되는 동안 그림 8-1에 표시된 빈 웨이퍼(또는 패턴이 없는)인 모니터 웨이퍼(혹은 테스트 웨이퍼)에서 수집된다. 이러한 빈 웨이퍼는 표면 제거(surface stripping) 및 세척(cleaning)과 같은 새로 공급되는 단계를 수행한

그림 8-1 테스트(모니터) 웨이퍼와 패턴 웨이퍼(출처: © Morozov Anatoly/Shutterstock)

뒤 재사용한다.

예를 들면, 모니터 웨이퍼들은 산화물 두께를 측정하기 위해서 수직식 확산 전기로에서 열 산화되는 동안 사용될 뿐만 아니라 공정실(process chamber) 내부의 입자들을 점검하기 위해서도 사용할 수 있다. 제조공정 단계에 따르면, 모니터 웨이퍼는 웨이퍼 표면상에 미리 증착된 막 층에 포함되기도 한다. 실제 생산되는 웨이퍼를 사용하면 공정이 진행되는 과정에서 어떤 문제가 발생할 수 있는지 더욱 정밀하게 모의실험할 수 있고 제조업체 관계자들의 의사 결정에 필요한 보다 많은 정보를 제공할 수 있다. 그림 8-2의 사진처럼 다양한 형태의 도량형학 장비가 웨이퍼 품질 측정을 위해서 사용된다. 이러한 장비들은 표 8-1과 같이 공정에서 독립형 장비를 사용하는지 혹은 공정 장비를 포함한 도량형 집적(통합) 장비를 사용하는가에 따라 분류할 수 있다.

IC 제조를 위한 도량형의 범위는 웨이퍼 제조공정이 진행되는 동안 행해지는 많은 품질 측정(quaility measures)에 의해서 설명된다. 품질은 전기적인 검사와 소자의 신뢰성에 의해 측정되는 만큼, 조건에 맞는 소자 수행능력을 보장하기 위한 웨이퍼의 구체적인 외관이 정의된다. 대부분의 품질 측정은 표 8-2에 나타낸 것처럼 웨이퍼 제조공정에서 사용되는데 각각의 측정은 적절한 공정 단계에 따른다.

웨이퍼 제조공정은 다층 공정으로 이루어지기 때문에 웨이퍼 표면에는 금속막, 절연체막, 포토레지스트막, 폴리실리콘막과 같은 수많은 다른 형태의 막(film)이 존재하게 된다. 신

그림 8-2 웨이퍼 측정 사진 웨이퍼 측정 사진(출처: © MS Mikel/Shutterstock, Morozov Anatoly/Shutterstock, Christian Delbert/Shutterstock)

표 8-1 측정 기술의 분류

독립형 기술	
Off-line	오직 외부 공정에서 이용한다(항상 파괴되거나 오염된다).
At-line	공정에서 이용된다(파괴되고 오염되거나 패턴이 없는 모니터 웨이퍼가 측정된다).
In-line	생산 공정 동안 사용된다(패턴 있는 웨이퍼가 측정된다).
집적형 기술	
On-line	웨이퍼 공정이 진행되는 동안 측정되지는 않지만 패턴 웨이퍼를 측정하기 위한 작업공정에서 사용한다.
In-line	웨이퍼, 공정을 실시간으로 측정한다.

뢰성 있는 칩을 생산하기 위해서 우수한 수율을 갖는 제조공정에 있어서 이런 막의 품질 측정은 필수적이다. 막의 품질을 결정하는 주요 파라미터(매개변수)는 막의 두께(thickness)이다.

막 두께를 측정하는 방법은 일반적으로 두 가지 유형으로 구분된다. 금속의 경우처럼 빛을 차단하는 불투명한 막인지 아니면 투명한 막인지에 따라 측정된다. 몇 가지 예를 들면, 게이트 산화 유전체의 필름 두께는 1 Å(빛의 파장 측정단위: 1 ㎜의 1000만분의 1) 또는 그 이하만큼 정밀하게 측정되어야만 한다. 막의 품질은 또 다른 파라미터들인 표면 상태의 거친 정도, 굴절률, 밀도, 그리고 작은 구멍과 핀홀의 부족으로도 결정한다.

표 8-2 생산 공정에 의한 웨이퍼 제조에서의 품질 측정

	품질 측정	주입	확산*	박막		광택	식각	포토
				금속	유전체			
1	박막 두께		√	√	√	√	√	√
2	시트 저항	√	√	√				
3	막 응력		√	√	√			
4	굴절률		√		√			
5	불순물 농도	√	√					
6	패턴화되지 않은 표면 결함	√	√	√	√	√	√	
7	패턴 표면 결함						√	√
8	임계 차원(CDs)						√	√
9	계단 범위(Step Coverage)					√	√	
10	중복 인쇄 (Overlay Registration)							√
11	커패시턴스-전압		√					
12	접촉각							√

* 확산은 산화, 증착, 확산, 어닐링, 함금 등의 공정 속에 포함된다.

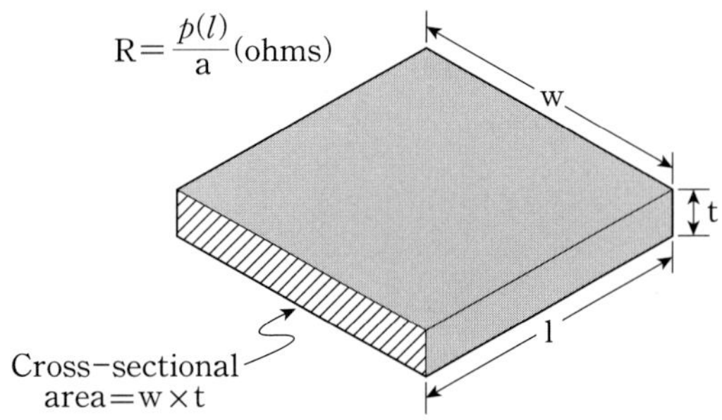

그림 8-3 정방형 박막 저항

전도성 막의 두께를 평가하는 가장 실용적인 방법 중 하나로 시트 저항값 R_s를 측정할 수 있다. R_s를 이해하기 위해서는 고유 저항이 박막층에서의 저항에 어떻게 관여하는지에 대해 알 필요가 있다. 그림 8-3에 나타낸 두께(thickness), 길이(length), 폭(width)을 갖는 정방형 시트 형태의 전도성 물질의 박막을 통해 흐르는 전류의 흐름을 고려해 보자.

단면적은 제품의 폭과 두께의 곱($\omega \times t$)으로 표시된다. 길이 l이 폭 w와 동일한 차원을 갖는다고 가정하면 폭으로 길이를 대체시킬 수 있고 다음과 같은 식이 구해진다.

$$R_s = \frac{\rho(l)}{\omega \times t}$$

$$R_s = \frac{\rho}{t} \qquad \text{(ohms/square 혹은 } \Omega/\square)$$

여기서 R_s = 시트 저항[ohms/square], ρ = 막 고유 저항[ohm-cm], t = 막의 두께를 의미한다.

시트 저항 R_s는 웨이퍼에서 박막 샘플의 정방형 형태의 저항으로 해석될 수 있다. 시트 저항은 막의 고유 저항과 두께에 의해서 결정되며, 정방형 막 시트의 크기와는 무관하다. 같은 두께를 가지고 같은 거리상의 두 점 사이의 시트 저항을 측정한다면 같은 저항값이 구해진다. 이런 이유로 R_s의 단위는 Ω/□로 표시되는 것이다. R_s의 단위는 Ω으로 동일하지만, Ω/□는 실제로는 막의 시트 저항으로써 사용된다. 만약, 두께와 시트 저항을 알고 있다면 시트 고유 저항 ρ_s를 계산할 수 있다.

$$\rho_s = R_s \text{ (ohms-cm)}$$

단지 막의 두께에 따라 값이 달라지므로 시트 저항과 시트 고유 저항은 경우에 따라서 서로 대체하여 사용하기도 한다.

시트 저항을 측정하기 위해서는 4탐침(four-point probe)법이 사용된다. 4탐침법은 그림 8-4에 나타낸 것처럼 웨이퍼 표면에 동일한 거리를 두고 일렬로 접촉하는 평행한 4개의 직렬 탐침을 사용한다. 두 개의 내부 탐침은 양단에 나타나는 전위차를 측정하고 바깥쪽 두 개의 탐침 사이를 통과하여 흐르는 전류를 측정한다. 이런 접근 방식으로 접촉 저항의 영

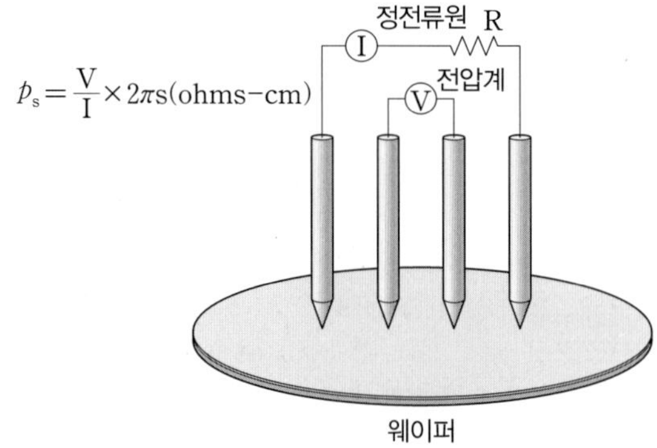

그림 8-4 4탐침법

향을 무시할 수 있다. 탐침(s) 사이의 공간 간격은 웨이퍼의 직경 및 막의 두께보다 작아야 한다. 박막 고유 저항은 다음과 같이 4탐침의 전류와 전압에 의해서 결정된다.

$$\rho_s = \frac{V}{I} \times 2\pi s \ \text{(ohms-cm)}$$

여기서 ρ_s = 시트 고유 저항[ohm-cm], V = 전압 탐침 양단에 나타나는 전압[volts], I = 전류 탐침을 통해서 흘러가는 직류 전류[amperes], s = 탐침들 사이의 공간을 의미한다.

만약 탐침의 압력과 전류의 수준을 결정하는 데 중점을 둔다면 4탐침을 이용한 측정에서 고유 저항은 ±2% 이내로 편차를 감소시킬 수 있다. 4탐침은 비파괴 측정법이다(즉, 웨이퍼는 측정이 이루어진 후에도 영구적인 손상을 입지 않는다). 그러나 탐침 접촉으로 인한 전위가 웨이퍼의 손상을 초래할 가능성이 있으므로 반도체 산업에서는 접촉하지 않는 탐침 쪽을 지향하고 있다.

단 하나의 접촉도 없는 측정법은 와전류(eddy-current) 탐침을 사용하는 것이다. 고주파 ac 전류가 코일을 통해서 흐르면 코일 아래의 전도성 막에서 와전류(소용돌이 전류)가 유도된다. 와전류는 에너지의 손실을 발생시키는데, 이 에너지는 전도성 막의 저항에 의해 만들어진 부하 효과로 추정할 수 있다. 전기 에너지에서 결과값의 변화는 측정된 막의 표면 저항값을 계산하는 데 측정되고 이용될 수 있다.

시트 저항은 실리콘 웨이퍼와 같은 절연 기판(insulator substrate)에 증착된 불투명 전도성 박막인 금속, 반도체 박막, 실리사이드(규소 화합물)의 두께를 측정할 때 간접적으로 이용된다. 박막층의 크기는 아주 크고 탐침 사이의 간격은 좁기 때문에 시트 저항 R_s는 다음과 같이 주어진다.

$$R_s = \frac{\rho}{t} = \frac{\pi}{\text{In}2} \times \frac{V}{I} = 4.53 \times \frac{V}{I} \ \left[\text{ohms/square, 혹은 } \frac{\Omega}{\square}\right]$$

이 공식은 시트 저항 공식으로부터 유도되었다. 상수 4.53은 막의 탐침 간격이 작고, 표면이

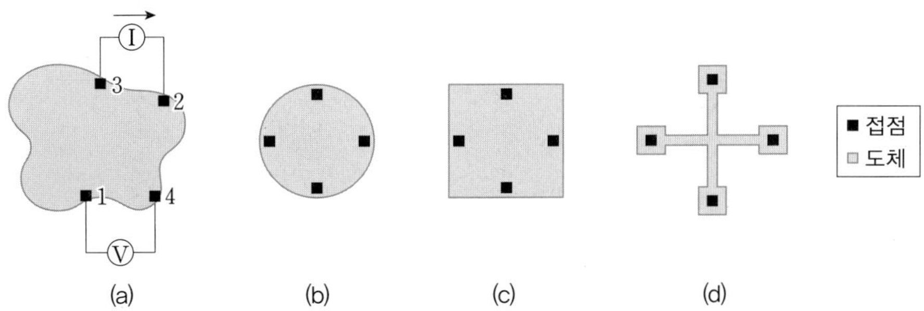

그림 8-5 Van der Pauw 시트 저항 측정법 $\rho = \frac{\pi d}{\text{In}2} \times (\frac{R_{12,34}+R_{23,41}}{2}) \times F(Q)$, $R_{12,34} = \frac{V_{12}}{I_{34}}$, $R = \frac{V_{23}}{I_{41}}$, $R = \frac{1}{4}(\frac{V_{12}}{I_{34}} + \frac{V_{23}}{I_{41}} + \frac{V_{34}}{I_{12}} + \frac{V_{41}}{I_{23}})$ [ohms/square, 혹은 $\frac{\text{ohm}}{\square}$], $R_2 = \frac{\pi}{\text{In}2} \times R = 4.53 \times R$ [ohms/square, 혹은 $\frac{\text{ohm}}{\square}$]

무한히 크다는 가정을 토대로 계산한 보정 계수로부터 얻은 것이다. 막의 표면이 무한히 크지는 않다고 가정한다면, 보정 계수는 다른 값으로 수정될 수 있다.

그림 8-5에 나타낸 것처럼 자유로운 형태를 띤 샘플의 주위에서 4개의 탐침을 사용한 표면 고유 저항 측정법이 Van der Pauw 방식이다. 이 방식은 사각형 형태의 두 모서리에서 전류를 측정하고 다른 두 곳에서 전압을 측정하는 것을 토대로 한다. 측정 결과는 4탐침법을 사용하여 측정한 값과 같다.

4탐침을 이용한 시트 저항 측정법의 실질적인 이득은 그림 8-6에서 보듯이 그 기법이 외형도를 제공하는 시험용 웨이퍼를 가로지르는 다양한 장소에서 행해질 수 있다는 점이다. 외형도는 전형적으로 명목상의 Ω/□를 보이는 윤곽선을 갖는 데이터와 이 명목상의 값 위 아래로 편향(deviations)을 나타낼 것이다. 시트 저항 데이터는 웨이퍼 전체를 통해 예정된 수의 측정값으로부터 결과가 나온다.

타원 편광 분석법(ellipsometry)은 얇고 투명한 막(transparent films)을 측정하는 데 사용되는 비파괴적, 비접촉적 광학 막 두께 측정법이다. 웨이퍼 제조공정에서 막 두께 측정을 목적으로 하는 중요한 측정법이다. 타원 편광 분석법의 기본적인 원리는 그림 8-7에 나타낸 것처럼 선형의 편광원을 사용하는 것이다. 선형의 편광원이 샘플로부터 반사되었을 때 타원형의 편광이 된다. 모든 광선으로 구성된 편광은 하나의 평면에서 이동하여 방사한다.

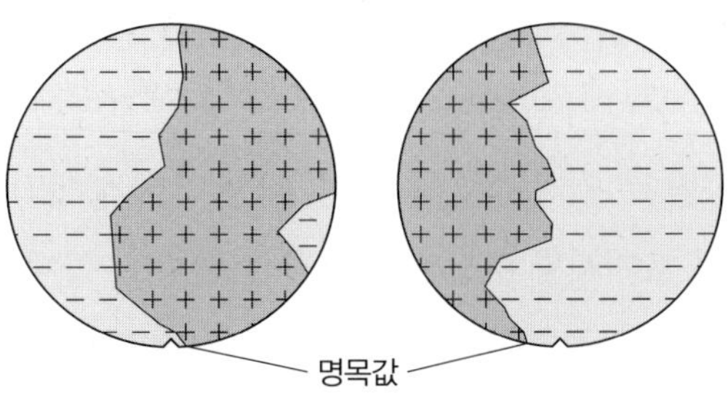

그림 8-6 시트 저항의 외형도

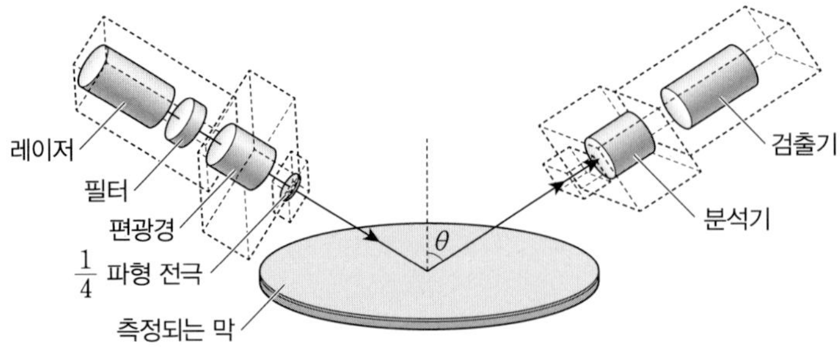

그림 8-7 타원 편광 분석법의 기본 원리

타원 편광 분석법에서는 먼저 반사된 타원 편광의 형태를 측정한 뒤, 반사각(reflection angle)처럼 이미 알고 있는 입력값을 토대로 정확하게 막의 두께를 결정한다. 또한 타원 편광 분석법은 막의 재료로써 활용될 더 많은 측정 샘플을 제공하기 위해서 변화되는 빛의 입사각을 일반적으로 이용한다.

이런 기법은 변화하기 쉬운 각의 분광 타원 편광 분석법(VASE: variable-angle spectroscopic ellipsometry)이라고 한다. VASE는 다층 스택 구조를 측정하는 것에 대해서 편광 분석법을 향상시키고, ULSI에서 일반적으로 사용된다. 스펙트럼 편광 분석법은 넓은 스펙트럼의 범위를 통해서 변화하는 편광을 분석한다(여러 소재에서 방출하는 특유의 파장을 사용하여 분석한다). 막으로부터 반사된 여러 가지 길이의 파장이 다른 것에 연관되어 어떻게 변화하는지에 대한 정보는 박막의 여러 물리적 특성에 대해 민감하므로 생산 환경에 있어서 매우 유용하다. 편광 분석법으로 수십 옹스트롬인 두께의 배열에 대해 많은 유형의 박막을 측정할 수 있다. 막의 유형에는 절연체, 금속, 폴리머 코팅 등이 포함된다.

타원 편광 분석법을 시행하기 위해서는 필름이 투명(transparent) 혹은 반투명(semitransparent)이어야 한다. 기계적으로 완전히 자동화된 편광 분석기는 0.1%보다 높은 반복성을 가지고, 40 Å보다 작은 게이트 산화막을 측정한다. 편광 분석법 측정의 또 다른 예는 1% 편차의 측정 반복성을 가진 MOS 커패시터에서 사용된 100 Å 이하의 산화막/질소화막/산화막(ONO) 필름 구조이다. 500 Å 이하의 박막 금속층은 반투명인 것으로 판단되어 편광 분석법으로 측정할 수 있다.

반투명한 금속층의 대표적인 예는 구리의 내부 연결에서 사용되는 얇은 구리 씨드 층(seed layer)이다. 1000 Å 이상의 금속층은 일반적으로 불투명한 것으로 여겨지며, 따라서 편광 분석법으로는 측정할 수 없다. 작은 측정점, 패턴 인식(pattern-recognition) 소프트웨어 그리고 고정밀 웨이퍼 포지셔닝 하드웨어와 같은 편광 분석계의 특징은 생산된 웨이퍼에 직접적으로 많은 투명 필름 공정 제어 측정을 가능하게 한다.

패턴이 없는 모니터 웨이퍼에서의 이런 감소는 공정 제어 비용을 감소시키고 편광 분석

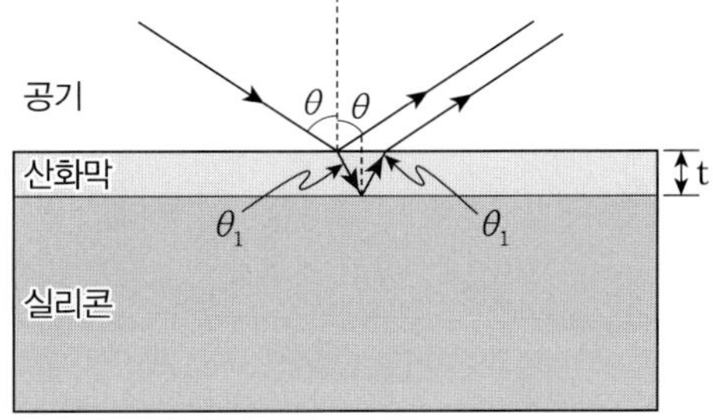

그림 8-8 박막 층의 빛 반사

법의 효율을 증대시킨다. 또한 편광 분석기는 동일한 장소에서(실시간으로) 식각 작용과 평탄화(planarization) 같은 범위에서의 측정 응용을 위한 공정 장비에 통합되어 사용된다. 실시간 두께 측정은 막 두께에 대해서 보다 높은 정밀도와 반복성을 얻는 동안 막 두께의 정밀한 끝점을 규정하기 위한 프로세스를 허용하기 때문에 바람직하다.

빛이 표면에 반사될 때, 반사된 스펙트럼(또한 반사 측정으로 나타난 스펙트럼)은 광학 측정법의 세 가지 유형 중 하나이고, 나머지 두 가지 유형은 광학 현미경 및 편광 분석법이다.

박막층에서의 빛 반사는 그림 8-8에 나타낸 것처럼 비흡수성(nonabsorbing) 웨이퍼 기판에서 광흡수 유전층에 대한 층의 두께를 규정하는 데 사용된다. 반사 측정법은 빛이 막층의 윗면과 아랫면에서 반사되는 관계를 이용하여 막의 두께를 계산하는 데 사용될 수 있다.

진보된 반사 분석법에서는 이중(double) 광선 분석계를 활용하여 영상에 대해 더 뚜렷한 광선 신호를 제공한다. 하나의 광선은 필름층으로부터 반사되는 측정값에 사용되고, 다른 광선은 실시간 램프의 편향 또는 잡음을 교정하기 위해 참조되는 소스로 활용된다.

X선은 표면에서 초점을 맞출 수 있고 X선 편광(XRF)으로 알려진 비교적 덜 사용된 기술을 통해 막의 두께를 측정하는 데 사용될 수 있다. X선 광선이 필름에 충돌하면, 방사된 빛이 막에 흡수되면서 막 내의 전자들을 들뜨게(excite) 한다. 들뜬 전자들은 다시 저에너지 상태(바닥 상태)로 떨어지면서 막 원자와 동일하게 표현되는 에너지를 갖는 X선 광자(형광으로 알려진)를 발산한다. 그림 8-9에서 보듯이 이런 X선 광자를 측정하여 막의 두께를 결정할 수 있다. 측정법을 변형하여 전반사 XRF(TRXRF)(형광 분석기)를 사용할 수도 있는데, 측정 감도를 향상시키려고 작은 각을 사용하여 X선의 산란량을 감소시키는 것이다.

박막의 X선 반사율은 입사각과 파장에 따라서 변한다. 막 층의 두께와 밀도를 계산하는 데 반사율을 사용할 수 있다. 혼합 성분의 막이나 둘 이상의 층이 있는 막의 스택을 측정하는데 X선을 사용하기가 쉽지 않다. 따라서 X선 형광은 단일 층의 막에 주로 사용된다.

최근에 개발된 금속의 박막 측정법은 광음향 기술이다. 이 기술은 비접촉 방식 기술로 막 스택에 유도되어 음향 펄스를 발생하는 광 유도(light-induced) 음향 펄스를 기초로 한다.

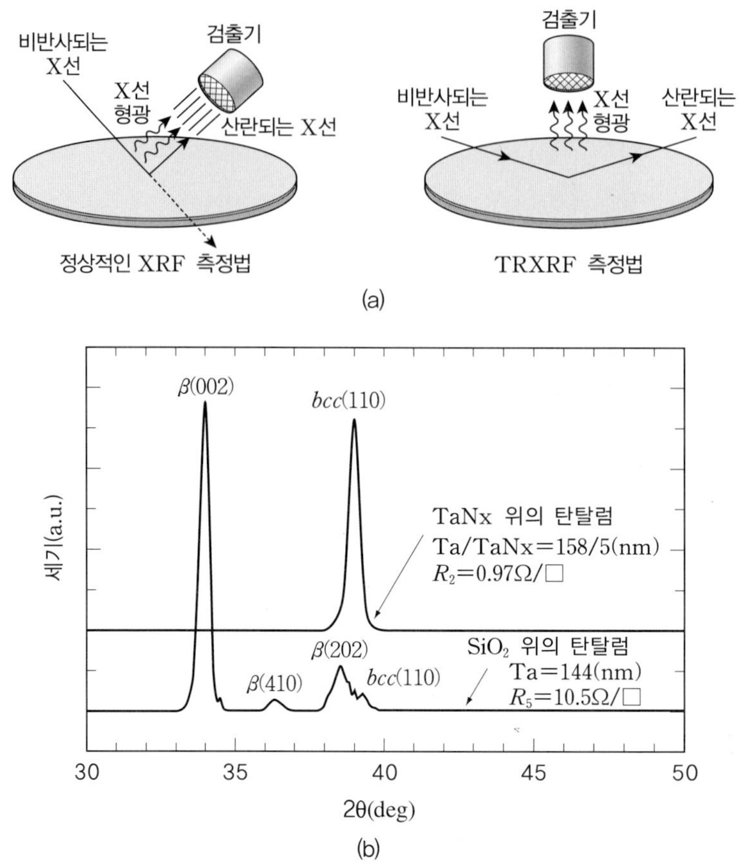

그림 8-9 XRF로 측정된 탄탈럼 박막의 두께와 결정 구조

음향 펄스가 표면과 아래에 있는 막의 접촉면에 부딪히면 표면 방향으로 돌아오는 반향이 만들어진다. 이런 반향은 그림 8-10에서 보듯이 웨이퍼 표면의 반사율에 따라 약간씩 변화한다.

펄스의 반향이 되돌아오는 데 걸리는 시간으로 막의 두께를 계산한다. 이런 기술은 8 μm보다 작은 크기를 갖는데, 이 작은 크기 덕분에 패턴이 있는 웨이퍼 구조에서도 탐침할 수 있다. 20 Å 이하인 각각의 층 두께를 가진 막의 스택을 측정할 수 있는데, 장치의 크기 축소는 향상된 성능에 적합한 더 작은 구조를 요구하는 만큼 정밀하다.

과밀화된 막의 응력은 기판을 변형시키거나 신뢰성의 문제를 유발할 수 있는데, 기계적

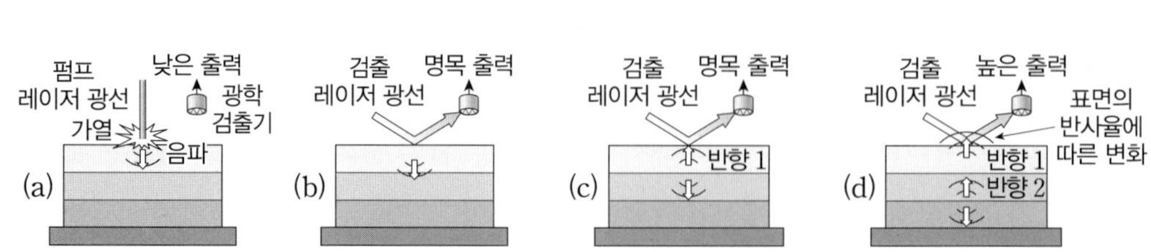

그림 8-10 광음향 기술에 의한 박막 측정

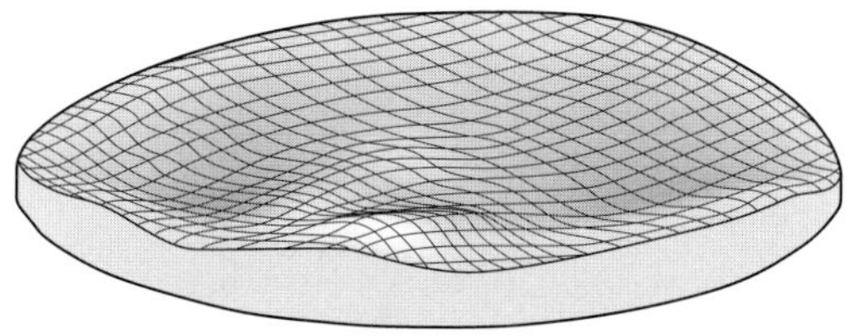

그림 8-11 웨이퍼 표면의 상세한 응력

인 제조공정 중에 박막 내부에서 나타날 수 있다. 대부분의 변형은 박막 응력 측정기로 측정된다. 응력은 막의 침전물로부터 얻어지는 기판의 곡률 반지름 변화를 분석하여 측정되는데 금속, 절연체, 중합체를 포함한 표준 박막의 모든 유형에 적용할 수 있다. 웨이퍼 반지름은 scanning laser-beam 기술 또는 웨이퍼 전체의 응력 개요도를 만들어 내기 위한 split-beam laser 기술 중 하나를 사용하는 필름 침전의 전후에 측정된다. 자동화된 응력 측정기에는 가능 출력을 다루는 SMIF(Standard Mechanical Interface)가 있다.

굴절은 그림 8-12에서 보듯이 광선이 투명한 물질을 통해 이동하면서 어느 정도의 굴곡이 이루어졌는지로 결정된다. 막이 오염되면 굴절률이 변화될 수 있고, 부정확한 두께 측정이 유발된다. 자연 산화막의 굴절률은 1.46이다. 박막 두께를 결정하는 데 사용된 동일한 편광 분석기를 사용하면 간섭(interference)과 편광 분석법에 의해 박막의 굴절률을 측정할 수 있다.

반도체 소자의 특성은 실리콘에 주입되는 불순물 원자의 분포에 직접 영향을 받게 된다. 최근 공정은 대략 10^{10} atoms/cm^2에서 10^{18} atoms/cm^2 정도 범위의 불순물 농도에서 이루어진다. 실리콘에서 도핑 농도를 측정하기 위해 몇 가지 기술을 사용할 수 있다. in-line 방식으로는 전형적인 고도핑 농도 측정에 사용되는 4탐침법(four point probe measurement)이 흔히 사용된다.

열파(thermal wave) 시스템은 in-line 방식에서뿐만 아니라 낮은 첨가물 농도 측정에서도

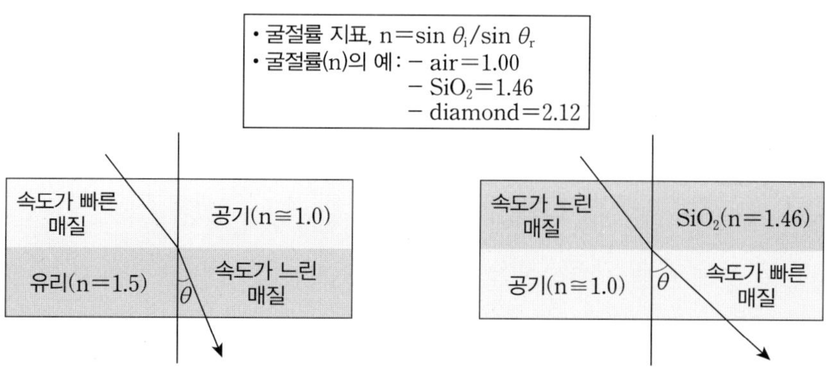

그림 8-12 굴절률의 지표

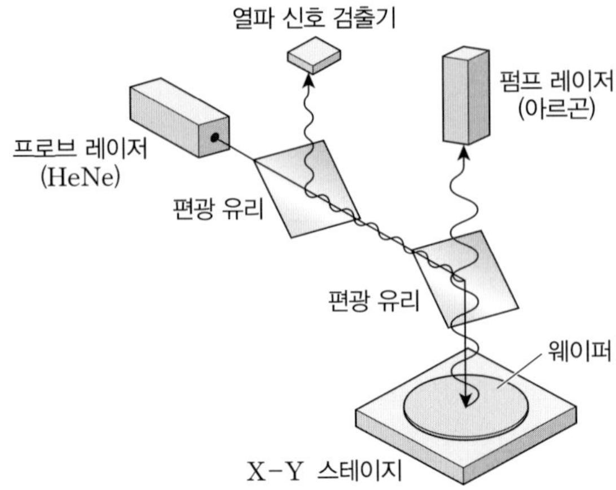

그림 8-13 불순물 농도 모니터링 측정에 사용되는 복사파 시스템

사용된다. off-line 측정에서는 웨이퍼 전체를 대상으로 하는 2차 이온 질량 분광 광도 측정기(SIMS: secondary ion mass spectrometry)를 도핑 농도 공정 제어에 사용한다. 정전 용량-전압 시험 역시 도핑 농도 특성을 측정하는 데 사용한다. 이온 주입량의 농도 모니터링에서 가장 널리 사용되는 측정법은 열파(복사파) 시스템인데 불순물이 주입된 웨이퍼의 격자 손상을 측정한다. 그림 8-13에 나타낸 것처럼 열파 시스템에서는 웨이퍼에 동일한 국부점에 초점을 맞추는 2개의 레이저로부터 웨이퍼 표면 반사력의 변화를 측정한다. 1개의 레이저는 변조된 Ar 레이저로 웨이퍼를 가열하여 열파(가열된 파)를 발생시킨다. 열파는 웨이퍼의 크리스탈 결함 사이트 수에 비례하는 다른 HeNe 프로브 레이저의 반사율을 변화시킨다. 보정 데이터가 있는 열파 신호 검출기는 결정 손상의 양을 도펀트 농도 및 기타 주입 파라미터와 연관시켜 주입 공정을 특성화하는 데 사용된다.

열파 시스템은 패턴 웨이퍼든 비어 있는 웨이퍼든 모두 사용이 가능하고 편리하게 사용할 수 있기 때문에 일반적으로 이온 주입 모니터링에 사용된다. 주요 단점으로는 손상을 측정한다는 점 때문에 도핑 농도를 간접적으로 평가하기 위해서는 보정 곡선이 필요하다는 점이다.

분포 저항 프로브(SRP: spreading resistance probe)는 1960년대 웨이퍼가 제작된 이래로 사용된 측정 도구로 반도체에 첨가하는 불순물의 농도 깊이와 저항을 측정하는 데 사용된다. 이것을 통해 pn 접합의 아주 얕은 깊이를 측정하는 것이 가능해졌다. 그림 8-14에 표시된 것처럼 비스듬한 웨이퍼 표면에 따라서 단계적으로 깊게 이동하는 2개의 정렬된 프로브가 각 단계 중에 프로브 사이의 분포 저항을 측정한다. 접합을 통해 프로브가 통과함에 따라 전도 유형 안에서의 변화를 감지한다. 표본이 되는 웨이퍼는 SRP의 파괴 시험을 만드는 보통 1° 이하의 경사각을 갖도록 주의 깊게 준비되어야 한다. 웨이퍼 경사를 통한 프로

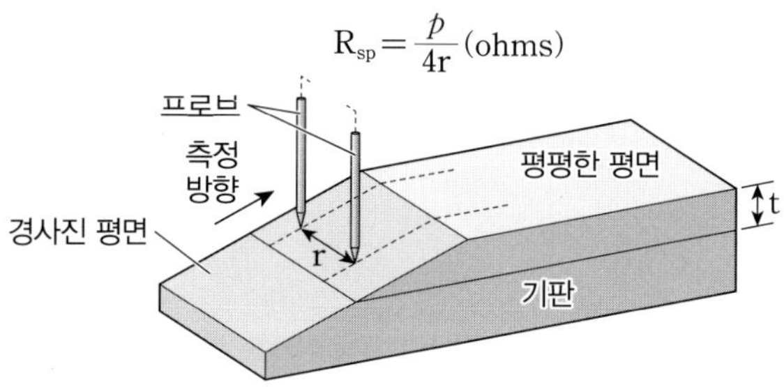

그림 8-14 프로브를 이용한 분포 저항 측정법

브 측정으로 R_{sp}가 측정되는데, 이 저항은 물질의 고유 저항 ρ를 갖는 반도체 물질의 평면의 곡률 반경 r의 원형 접촉의 분포 저항이다.

측정에 오류를 불러오는 실리콘 표면 끝, 접촉 저항, 모서리의 기형, 비스듬한 표면 처리 등과 같은 문제점을 극복하기 위해서 SRP는 보정 특성 곡선을 사용한다. 컴퓨터 알고리즘을 사용해 각 레벨에서 불순물 농도에 대한 깊이와 저항값을 보정할 수 있다. 다만 SRP를 진행하기 위해서는 샘플을 준비하고, 측정 시험의 파괴 특성을 이해하고 있는 숙련된 조작자가 필요하다는 어려움이 있다. 그러나 접합 깊이의 제한 없이 정확한 불순물 농도 측정이 가능하다는 점이 큰 장점이다.

공정 모니터링에 사용되는 패턴을 갖지 않는 웨이퍼에서 검사되는 일반적인 결함에는 미립자, 긁힘, 선 미끄러짐, 다른 물질의 결함이 포함된다. 웨이퍼 표면 결함을 측정하기 위해서 사용되는 결함 탐지 장비는 어두운 영역(dark field)과 밝은 영역(bright field) 광학 결함으로 구분된다. Bright field 검출은 직접적으로 반사되는 가시광선에 의해서 웨이퍼 표면의 결함을 측정하는 현미경 장비에서 사용되는 일반적인 광원을 이용한다. bright field 검출에서는 광선의 대부분이 얇은 판이나 수직 표면에서는 거의 반사되지 않는 동안 수평한 표면에서 반사된다.

Dark field 검출에서는 웨이퍼 표면에 위치한 결함으로부터 산란되는 빛을 검사한다. 이 검출은 그림 8-15에서처럼 광학 렌즈의 외부를 통한 작은 각을 통해서 표면에 쪼여지는 직접적인 광선에 의해서 행해진다. 표면에 직접 쪼여지는 빛은 웨이퍼 표면에 충돌한 뒤 렌즈의 중심을 통해서 백업을 통과한다. 이런 동작은 밝은 선으로 불규칙성이 나타나는 동안 모든 편평한 평면을 어둡게 만든다. 즉, bright field 검출에서 보기 어려운 웨이퍼 표면에 작은 결함을 표시할 수 있는 것이다. 이런 이유로 dark field 검출이 유용하게 사용된다. dark field 검출은 어두운 방 안에서 태양광선 안의 먼지 입자를 보는 것과 같다. 두 검출(밝은 영역, 어두운 영역)은 신호의 어떤 모양을 이용하거나 웨이퍼 표면으로부터 수신되는 광선 신호에 기초를 두는 결함의 위치를 이미지 프로세싱하는 데 흔하게 사용된다.

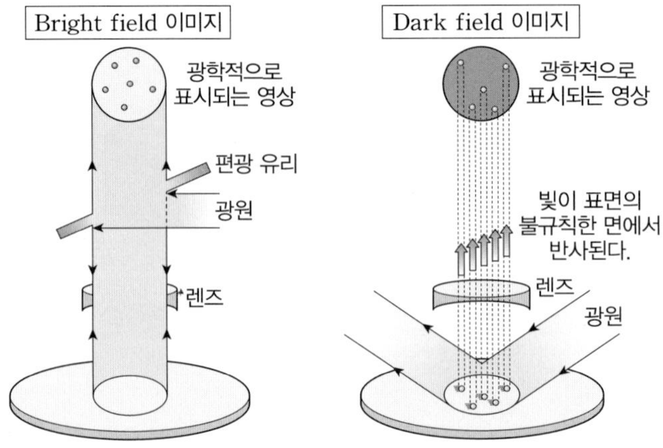

그림 8-15 Dark field 이미지와 Bright field 이미지 탐지

17세기 이후로는 광학 현미경(혹은 광 현미경)이 사용되고 있다. 광학 현미경을 이용하여 반도체 제조에서 발생하는 웨이퍼 표면의 결함인 미립자와 긁힘 등을 관측했다. 광학 현미경은 일반적으로 1,000배 이내의 적은 배율로 웨이퍼를 관찰하는 데 사용된다. 과거의 광학 현미경(顯微鏡) 검사법은 마이크론 이하의 범위에서는 실행할 수 없었다. 기하학적인 장치의 소형화와 함께, 수년에 걸쳐 광학 현미경의 기능도 향상되어 더 작은 크기의 중대 결함도 측정할 수 있게 되었다. 사용되는 광학 시스템의 종류에 따라 지금에는 0.1 μm 이하의 입자 결함까지 검출할 수 있다. 칩상의 모든 층에 적용할 수는 없지만 대부분의 성장 결함을 광학 현미경으로 관측할 수 있다. 이런 경우의 광학 현미경은 빠르고 비용이 효과적이다.

시간이 흘러 현미경 제조업체들은 광학 성능을 더욱 개선시킴으로써 더 작은 결함을 검출할 수 있는 광학 시스템을 구현하게 되었고 더 짧은 파장의 새로운 광원을 적용하게 되었

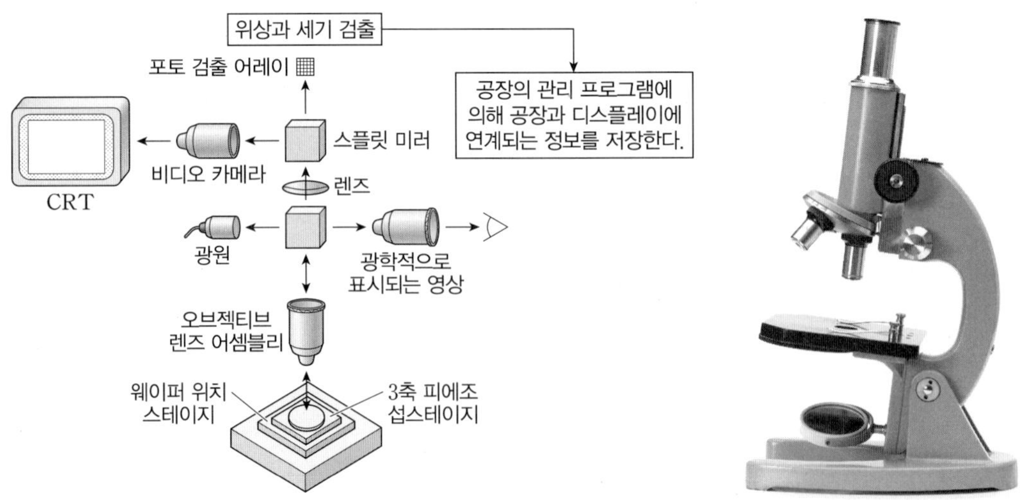

그림 8-16 광학 현미경의 구성도와 사진(출처: © JIANG HONGYAN/Shutterstock)

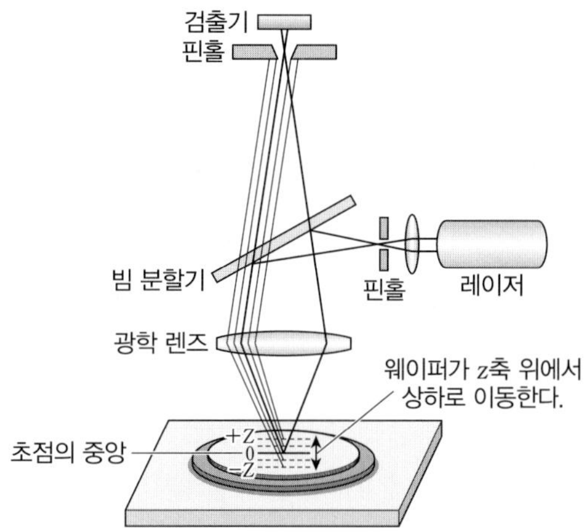

그림 8-17 confocal 현미경 원리

다. 광학 현미경 검사법의 중요한 매개변수는 시료의 미세한 경계를 구별하는 능력을 갖는 대조(contrast)이다. 대조를 강화하기 위하여 현대 광학 현미경에서는 bright field와 dark field 대조, 초점 공유 대조(confocal contrast), 색깔 간섭 대조(color interference contrast) 기술들이 사용된다.

초점 공유 대조 현미경은 그림 8-17에 나타낸 것처럼 시료의 단순점을 보여 주기 위해서 주사 기술을 사용하기 때문에 시료를 보다 우수하게 시각화하며, 더 향상된 이미지 대조를 제공한다. 초점 공유 현미경은 광원으로 가시광선이나 레이저 주사를 사용한다. 색깔 간섭 대조는 직접 빔과 기준 빔으로 광선을 분배한다. 직접 빔은 샘플에 의해서 변환될 수 있고 간섭에 기초로 되는 이미지를 일으키는 기준 빔과 재결합된다.

반도체 제조공정이 시작할 때 미립자와 표면 결함은 조작자(operator)에 의해 광원과 현미경을 이용하여 검사되지만 이런 방법은 조작자의 주관이 많이 관여되기 때문에 신뢰할 수 없다. 광산란(레이저 산란 혹은 스캐터메트리(scatterometry: 일종의 레이더)에 기초를 둔 입자들을 확인하기 위한 기술은 1980년대 중반에 널리 보급되었었다. dark field 검출 방법은 그림 8-18에 나타낸 것처럼 입자에 의해서 광산란되는 것을 검출하기 위한 광학 이미지를 사용하고 레이저광과 표면의 조명을 사용하여 표면 입자와 다른 결함을 확인한다.

산란된 광선 신호의 응력은 크기, 형태, 구성, 예를 들면 거친 정도와 연무와 같은 둘러싸인 웨이퍼 표면, 그리고 이용하는 장비의 유형에 따른 요인에 의해서 개별적인 입자로부터 수신된다. 현재 대략 0.1 μm 이하의 직경을 갖는 입자들은 광산란 검출기법을 통해 검출할 수 있다. 광산란 입자 검출이 널리 사용되기 시작한 1980년대 중반에는 광택 웨이퍼 표면에서만 입자를 검출할 수 있었다. 기술이 진보됨에 따라, 현재는 패턴 웨이퍼와 얇은 박막 표면을 갖는 웨이퍼에서 모두 입자를 검출할 수 있게 되었다.

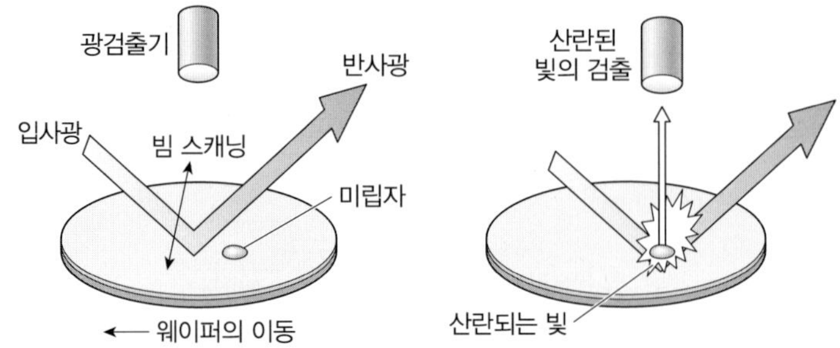

그림 8-18 광선 분산에 의한 검출 입자

소자의 기하학적인 크기가 감소함에 따라, 심각한 결함을 일으키는 미립자들의 임계 크기 역시 감소되었다. 더 작은 입자를 검출하는 것이 필요함에 따라 보통 1 μm 이하의 검출 한계를 가지는 광산란 기술이 사라지게 되었다. 입자 사이즈와 빛의 파장이 같으면, 산란광의 강도를 명확하게 정의할 수 없어서 결함 입자를 검출하기가 어렵다. 개선된 광산란 방법에서는 광산란 표면은 더 짧은 입사 광선의 파장을 선택하게 되었다. 이런 방법에서, 광산란 표면 측정은 제조공정이 진행되는 동안에 빠르게 결과를 제공할 수 있는 고속 측정법이기 때문에 패턴 웨이퍼와 빈 웨이퍼의 표면 결함을 감시하는 중요한 기술로 인식되게 되었다.

주사 전자 현미경(SEM)은 1990년대 초기부터 모든 서브 마이크론의 시대의 CD 제어를 받아들일 수 있게 검증하기 위한 중요한 측정 도구로 사용되고 있다. 최초의 시판용 SEM은 1960년대에 생산되었다. SEM은 100,000배에서 300,000배의 배율을 얻을 수 있는 중요한 광학 현미경이다. SEM은 40~50 Å 정도까지 분별할 수 있다. SEM에 의해서 시각화되는 웨이퍼의 단면은 결함 정보를 제공한다. 서브 마이크론의 선폭을 제어하기 때문에 SEM 기술은 1980년대에 CD 측정을 위해서 특별하게 개발되었고 CD-SEM이라고도 불리었다. SEM은 대개 다른 분석 기술인 EDX 또는 FIB와 연결해서 사용된다.

SEM은 검출기가 결과적으로 산란되는 전자들을 측정하는 동안 강하게 포커싱된 전자빔을 발생시켜 물체를 스캔하는 기능을 가진 복합적인 현미경이다. SEM은 비파괴적이면서 비접촉적인 도량형학 기술이다. SEM은 그림 8-19에서 나타낸 것처럼 전자총(electron gun), 전자들을 빔의 형태로 만드는 포커싱(focusing) 소자, 전자들을 2~6 nm 사이의 작은 점에서 충돌시키는 정전 자기 포커싱 시스템(electrostatic-magnetic focusing system)으로 구성된다. 가시광선이 5,500 Å의 파장을 갖는 데 비해 100 eV의 전자인 경우는 1.22 Å의 아주 짧은 파장을 가지기 때문에 원자 스케일의 물체를 SEM 전자 시각화를 통해 볼 수 있다.

전자총은 대략 10^6 torr의 진공실에서 전자빔을 발생시킨다. 좁은 대역의 에너지 분포를 갖는 안정한 전자들이 고전류로 흐르는 것이 이상적이다. 웨이퍼 근처에서 전자들은 원통

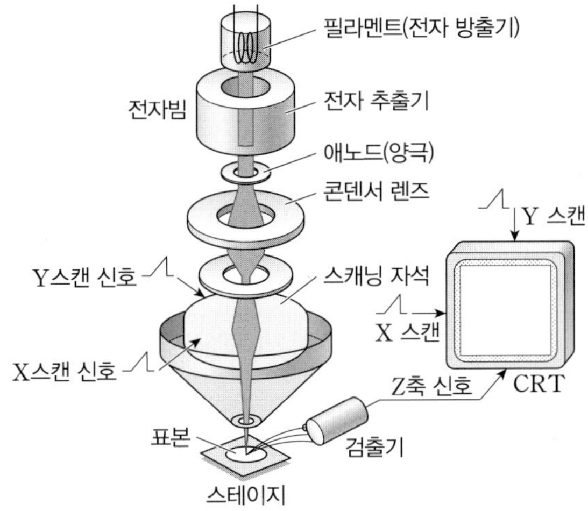

그림 8-19 CD SEM의 간략화된 회로도와 사진(출처: © Elizaveta Galitckaia/Shutterstock)

형의 자기 렌즈를 통해서 좁은 빔으로 포커싱되고 웨이퍼를 스캔하기 위해서 정전 편향기와 결합된다. 입사되는 빔이 웨이퍼를 때리면 2차적으로 역산란되는 전자들은 다른 전자들과 X선, 광자들과 함께 발산되거나 빔과 샘플 표면 사이의 상호 작용에 의해서 전달된다.

E-T(Everhart-Thornly) 검출기는 2차적인 전자들을 수집하고 샘플 표면을 표시하는 전자 이미지를 생성시킨다. 역산란되는 전자들 역시 수집되고 다른 물질들 사이의 우월한 명암 대비를 제공하게 된다. 전자빔의 에너지 크기는 필요로 하는 이미지와 직접적으로 관련된다. 낮은 에너지빔(< 2 keV)은 in line CD 측정에서 비파괴에 필요한 낮은 가속 전압을 제공한다. 고에너지 전자빔(100-200 keV)은 근원적인 이미지나 정공과 같은 깊숙한 구조를 위해 사용한다. 20 μm 이하의 고에너지빔으로는 웨이퍼의 표면 아래의 비파괴적인 이미지를 만들 수 있다. 그러나 SEM 장비들이 갖는 문제는 매우 가는 저항선이나 절연층 위의 깊고 좁은 접촉 정공과 같은 밀집된 이미지 또는 심층 구조를 대부분 뭉뚱그린다는 데 있다. 이런 문제점은 2차 전자의 신호를 만족스럽게 얻기 어렵다는 점에서 기인한다. SEM의 한계는 높은 진공을 필요로 하고 이미징 작업을 위해서 전도성 막에 코팅을 하는 것이 필수적이라는 것이다.

8-2 분석 장비

분석 장비에는 2차 이온 질량 분광 광도 측정기(SIMS: secondary-ion mass spectrometry), 2차 이온 질량 분광 광도 경과 시간 측정기(TOF-SIMS: time of flight secondary-ion mass spectrometry), 원자력 현미경(AFM: atomic force microscope), 오거 전자 분광기(AES: Auger electron spectroscopy), X선 광전자 분광기(XPS: X-ray photoelectron spectroscopy), 투과 전자 현미경(TEM: transmission electron microscope), 에너지와 파장이 분산하는 분광계(EDX & WDX: energy and wavelength dispersive spectrometer), 집중된 이온빔(FIB: focused ion beam) 등이 포함된다.

2차 이온 질량 분광 광도 측정기(SIMS)에서는 표면 물질의 성분을 해석하기 위해서 자기장에서 가속된 이온으로 웨이퍼 표면을 부식시킨다. 이런 이온들은 웨이퍼의 표면에 충돌한 뒤 2차 이온이라고 알려진 몇몇 이온들을 이동시키거나(dislodge) 튀기게(sputter) 한다. 2차 이온들은 웨이퍼 물질과 도펀트와 같은 불순물들을 포함할 수 있다. 그것들은 도펀트의 타입과 실리콘에서의 자신의 농도를 확인할 수 있는 질량 분광계를 갖는 진공관에 수집되고 분석된다.

SIMS는 본질적으로 파괴적인 측정법이고 매우 높은 진공 환경(10^{-10}~10^{-12} torr)을 필요로 한다. 이온들이 자기장에서 편향되고 가속될 수 있는 대전된 미립자임을 기억하자. 가속화된 이온들이 웨이퍼 표면에 충돌하면 이런 이온빔들의 스퍼터링 공정은 원자 수준에서의 격렬한 충돌을 포함한다. 이런 충돌은 표면의 조각을 제거할 수는 있지만 기판 물질 뒤쪽에 흔적을 남겨놓는, 약간의 에너지를 가지고 모래를 나아가게 하는 모래 분사기와 비교된다. 그러나 하나의 이온 광선을 가진 활동은 스퍼터링 되는 물질에서 많은 복합체 분자들을 생성할 수 있는 충돌 중에 일어나는 화학 반응이다. 특별히 주입되는 이온은 전형적으

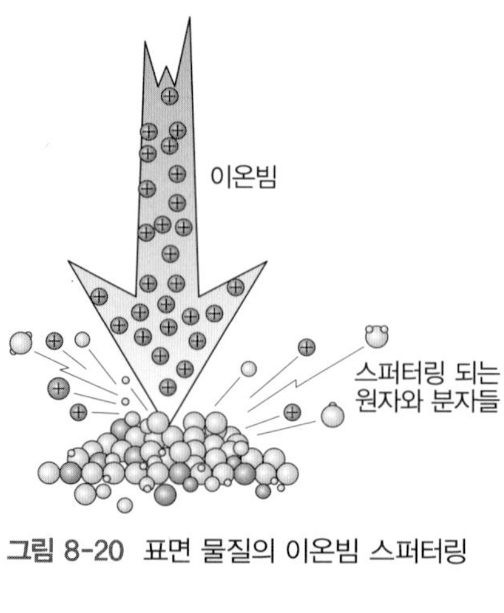

그림 8-20 표면 물질의 이온빔 스퍼터링

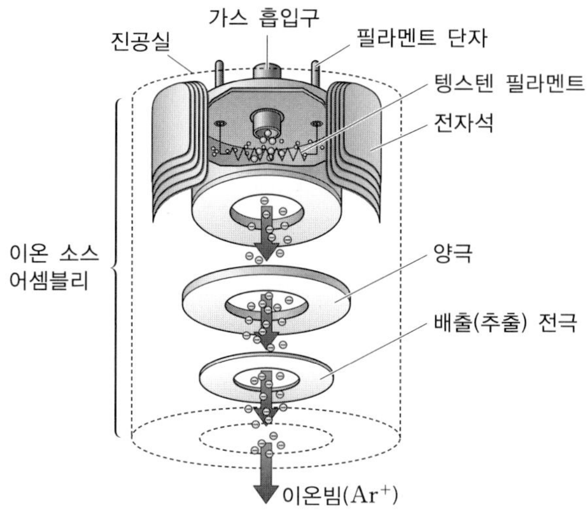

그림 8-21 이중 플라스마트론에서의 이온 발생

로 Cs^+, O^-, O^+, Ar^+가 선택되고 가장 좋은 2차 이온들을 생산할 수 있는 충돌 화학을 고려하여 선택된다.

SIMS에서 사용되는 이온들은 그림 8-21에 표시된 것과 같은 2중 플라스마트론 장비를 이용해서 발생시킨다. 대개 O_2 또는 Ar 가스는 뜨거운 필라멘트와 애노드(양극) 사이에서 형성된 낮은 압력 아크에 의해서 플라스마가 된다. 플라스마로부터 대전된 원자들을 떨어뜨리기 위해서 추출 전극을 사용한다. Cs^+ 이온은 다른 방법으로 생성된다. 세슘-크로뮴산염의 펠릿(pellet)을 가열된 저장소에서 증발시키면, 그 증기는 대략 1100℃ 정도의 고온으로 가열된 다공성의 텅스텐 플러그를 통해서 이온화실(ionization chamber)로 공급된다. 증기는 플러그의 기공을 따라서 확산되고 결국 이온화되며 추출기에 의해서 수집된 이온들이 이온 전류를 형성한다.

생성된 이온 중에서 Cs^+ 또는 O^-와 같은 중요한 이온들을 선택하기 위해서 분석기의 자석을 지나간다. 이런 이온들은 마이크로프로브(microprobe)라고 알려진 전자빔을 이용한 시료의 미량 분석용 장치인 작은 스폿을 가진 자석으로 집중시키거나 샘플의 표면을 흐르도록 하는 데 사용된다. 후자는 이온 현미경이라 불리는 오늘날 가장 보편적인 기술이다. 이온 현미경을 가지고 튀기게 된 2차 이온들은 동시에 표면의 많은 지점으로부터 수집된다. 그리고 질량 분광계에서 그들의 질량 대 전하 비(m/z 비)을 해석함으로써 확인된다. 일반적인 질량 분광계의 사중 극자(quadrupole)는 진동하는 전기장을 기초로 하며 그 전기장은 이온들을 그들의 질량으로 정의된 진동으로 분리하고 특정 이온이 구멍을 통과하는 것을 허락하고 구분한다.

SIMS를 사용한 재료의 제거 속도는 이온 주입 특성화에 자주 사용되는 높은 스퍼터링

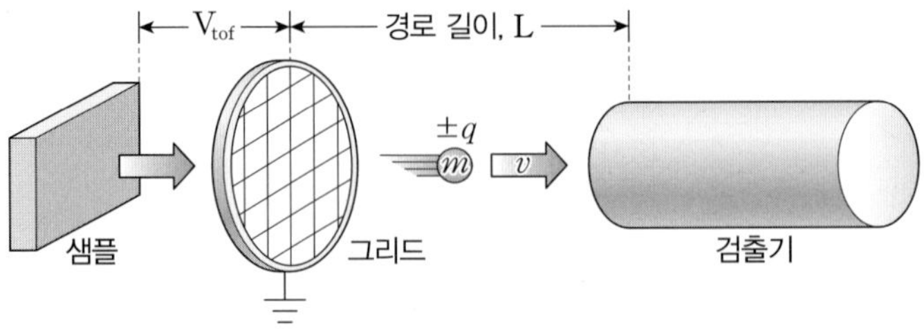

그림 8-22 TOF-SIMS의 원리

속도(동적 SIMS)에서 몇 시간마다 원자층 하나씩에만 스퍼터링하는 느린 속도(정적 SIMS)까지 다양하다. 정적 SIMS는 얇은 산화막이나 질화막의 오염을 분석하는 데 자주 사용된다. SIMS 측정기는 1에서 10 μm를 가로지르는 접합 또는 접촉에서 ppba(10억 원자당 한 부분) 불순물들을 측정할 수 있을 정도로 충분히 민감하다.

이온 주입에서는 수행이 접합에서 어떤 바람직하지 않은 금속 불순물들이 나타남으로써 접합의 깊이가 더해지고 특성이 결정되기 때문에 그 성능을 증명하기 위해서 기본적인 측정기가 사용된다.

SIMS를 진행하기 위한 조건은 질량 분석계가 샘플로부터 발산시키는 모든 이온의 단지 0.001%만을 찾는 것이다. 2차 이온 질량 분광 광도 경과 시간 측정기(TOF-SIMS)라고 부르는 또 다른 분석법은 샘플에서 방출된 이온들의 10~50%까지 검출할 수 있다. 그림 8-22에서 보듯이 TOF-SIMS에서는 질량이 대전된 미립자의 속도로 결정된다. 즉 고정된 경로의 길이를 이동한 시간을 측정하여 서로 질량이 다른 이온들을 확인할 수 있다. 물질 제거 비율이 너무 느리기 때문에 단층의 한 표면 부분을 제거시키는 데 1시간이 소요된다는 단점이 있다. 이런 이유로 TOF-SIMS는 본질적으로 비파괴적(nondestructive)이고 웨이퍼 표면에서의 박막에서는 이상적이다.

원자력 현미경은 3차원 지도를 만들기 위해 웨이퍼의 위에 작은 균형을 맞춘 팁 탐측기를 스캔하는 표면 프로파일러(profiler)이다. 그것은 1986년에 처음으로 선보였고 표면과 대응되는 팁의 위치를 감지하는 광학 기술, 직접 팁 접촉, 그리고 레이저가 사용된다. 프로브(탐침)와 표면의 사이는 2 Å 단위로 아주 좁아서 원자력이 표면과 팁 사이에서 프로브에 영향을 미친다. 팁 기하학은 임계적이고 정확한 측정을 구하기 위한 특성을 가져야 한다. AFM 측정은 생산 환경에서 즉시 처리하는하여 측정해야 한다는 문제 때문에 상당히 느리게 진행된다. AFM 기술의 몇 개의 변화들이 있다.

가장 단순한 시스템의 원자력 현미경에서 레이저빔은 프로브 팁의 꼭대기 표면에서 떨어져서 반사된 뒤 광 다이오드로 향한다. 표면 형태학이 탐침을 움직일 때 탐침은 표면의 전자 지도를 만들고 광 다이오드에서 레이저의 위치를 변화시킨다. 더 진보된 방법은 표면

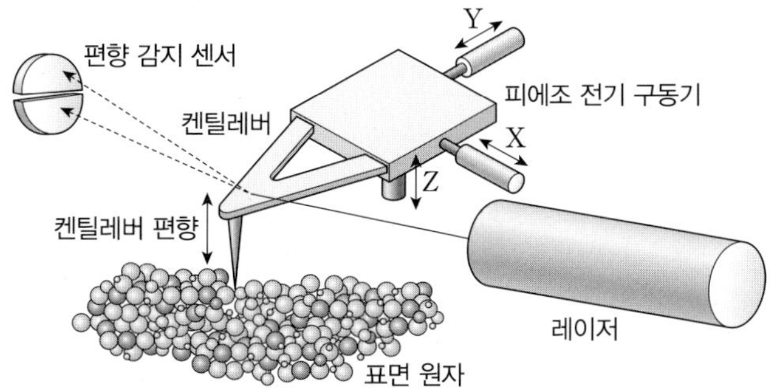

그림 8-23 원자력 현미경의 개략도

과 매우 가까운 거리에서 프로브를 진동시키는 것이다. 원자의 반데르발스 힘은 진동하는 팁과 상호 작용하고, 그 상호 작용은 화상 처리 시스템에 의해 발견되는 진동의 위상 이동들을 일으킨다. 이 방법의 이점은 수직의 광저항 단면도를 측정할 수 있다는 것이다. AFM은 최신의 측정법이고 SEM의 좋은 대안으로 여겨진다.

오거 전자 분광기(AES)는 입사된 전자빔에 맞을 때 샘플의 표면에서 방출되는 오거 전자들의 에너지를 측정한다. 이것은 10 Å에서 50 Å의 깊이까지 측정할 수 있으며 표면의 상태에 매우 민감하다. 오거(뚜렷한 ōzhā') 전자들은 1923년에 프랑스의 오거 피에르에 의해 발견되었고 샘플에서 발생되는 전체 전자들의 매우 작은 퍼센트(< 0.1%)로 만들어진다(2차 전자들이 지배적인 종류다). 오거 전자들과 관련된 에너지는 샘플 요소들의 확인을 위해 사용되는 부모 원자(parent atom)로 되돌아가는 별개의 링크를 제공한다. 오거 전자들은 샘플에 쉽게 흡수되기 때문에 표면 밖의 층들에서는 오거 전자들만이 달아나게 되고 결과적으로 AES에서 측정된다. 이런 이유로 2 nm 깊이의 물질들의 표면 측정에서 오거 기술이 특별히 적합하게 여겨진다.

금속 산화물들, 규소 화합물들, 그리고 웨이퍼 표면들은 오거 분광학에 의해서 용이하게 감지된다. 더군다나 오거 분광학은 12 nm의 배열 위에 매우 작은 광선 지점으로 고도로 집중되는 전자빔을 사용할 수 있다. 따라서 초소형 회로 분석에 용이하다. AES는 샘플 위에서 오염물질의 형성을 줄이기 위해 대단히 높은 진공 환경을 필요로 한다.

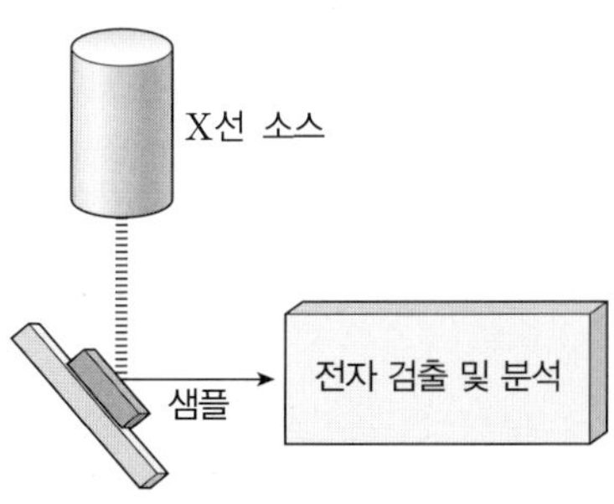

그림 8-24 XPS 측정의 개략도

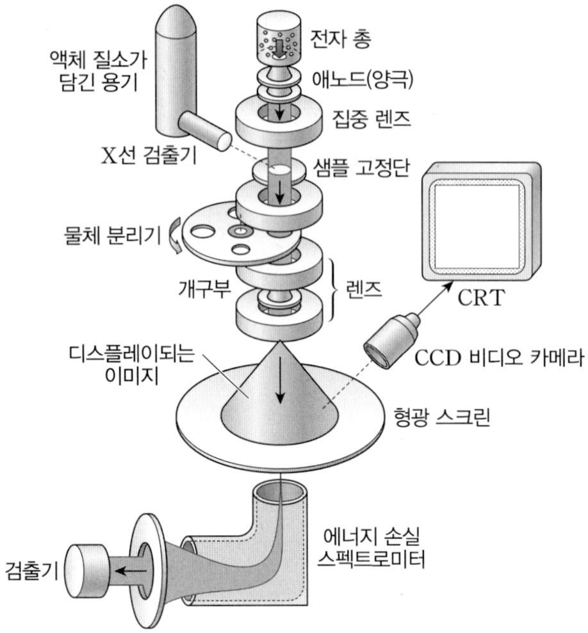

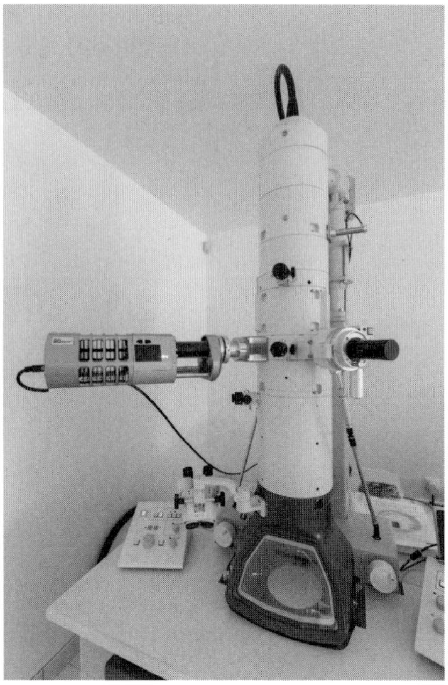

그림 8-25 TEM의 개략도와 사진(출처: © Pvince73/Shutterstock)

X선 광전자 분광기(XPS)는 2 nm의 깊이의 샘플을 분석하고 샘플 표면의 화학 종류를 확인하기 위해 기본적으로 사용된다(AES와 유사하다). 수소와 헬륨을 제외한 모든 요소를 XPS를 통해 감지할 수 있다(수소와 헬륨을 탐지하기 위해서는 좋은 스펙트럼이 필요하다). XPS에서 X선 광자들은 웨이퍼 표면으로 향하고 XPS 전자들처럼 어떤 중심 레벨 전자들과 상호 작용한다. 만약 X선 에너지가 XPS 전자들의 구속력 있는 에너지를 능가한다면 전자들은 샘플에서 방출된다. 하나의 전자의 구속력 있는 에너지가 화학적 주변 환경에 영향을 주기 때문에 XPS는 그 요소와 그것의 화학 성질을 확인할 수 있다.

투과 전자 현미경(TEM)의 구동 원리는 전자빔이 10~100 nm 단위의 두께를 가지는 샘플의 매우 얇은 조각을 통하여 전송된다는 점에서 SEM과 유사하다. 전자 파장 길이, 가속 전압과 시료의 두께, 이미지와 같은 요인들에 기초하여 대략 2 Å까지 분별하여 스크린에 형성되고 확대된다.

TEM은 웨이퍼 위에 매우 작은 미세 특징들의 양을 결정할 수 있는 유일한 도량형 도구이다. 이온 주입에 의해서 활성 접합 속으로 삽입되는 단일 전위와 같은 실리콘 결정의 점 결함 측정에 사용되고 패턴화 공정, 금속화 공정, 이온 주입 공정 및 마이크로미터 이하의 박막 오염을 측정하는 장비로 사용된다.

SEM의 입사 전자빔에 의해서 생성되는 유용한 신호는 샘플 물질에 의해서 방출되는 에너지를 갖는 기본적인 전자들에 의해서 발생되는 특성화된 X선이다. 이런 X선으로 얇은

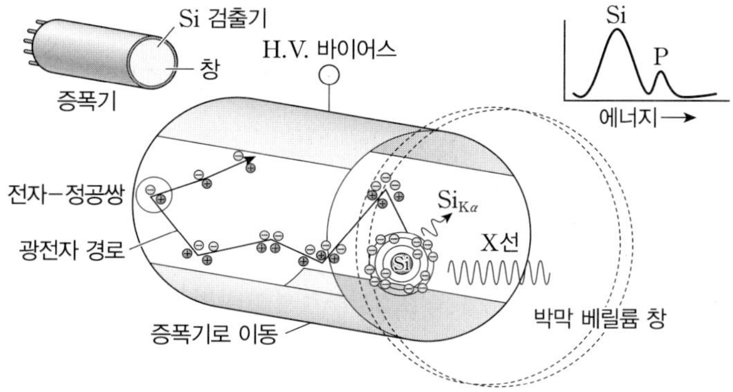

그림 8-26 EDX

필름, 미립자, 그리고 반도체 제조에서 발생한 결함을 다양하게 확인할 수 있어 샘플의 원자 종류와 연관된 정보를 준다. X선 검출기는 오늘날 모든 전자 현미경에서 발견할 수 있다.

에너지 분산 분광계(EDX)는 성분 확인을 위한 널리 이용되는 X선 검출법이고 SEM을 보완한다. 이것은 빠른 측정을 의미하는 EDX가 모든 에너지의 X선을 동시에 빨리 검출하기 수 있기 때문에 중요하다. 그러나 샘플 표면을 충분히 넘어서 관통할 수 있어서 표면 분석으로 여겨지지는 않는다. EDX 구동은 고농도로 도핑된 실리콘 결정과 얇은(약 25 nm) 베릴륨 창에 의한 SEM 진공실로 분리되어 만들어진 큰 다이오드에 기초를 둔다. 창을 통과하는 X선은 전자적으로 검출되고 X선의 에너지 레벨로 되돌아와 확인될 수 있는 전자-정공 쌍을 생성한다. EDX는 모든 에너지의 최고점을 취합하여 몇 분 내로 스펙트럼 곡선을 만들어낸다.

파장 분산 분광계(WDX)는 분산시키는 결정과 광자 계수기에 기초를 두고 작동한다. 광자 계수기 검출기를 통해 수집된 파장에 의해서 결정은 들어온 X선을 나누고 분산한다. 적합한 결정이 선택되어 X선의 경로에 놓여진다. 임계 변수들은 결정의 X선 파장, 격자 간격, 입사각, 반사의 순서이다. WDX는 느리지만 높은 정밀도를 가진 뛰어난 측정법이다.

집중된 이온빔(FIB)은 기초 빔이 전자들 대신에 Ga^{+} 이온들로 만든다는 점을 제외하고는

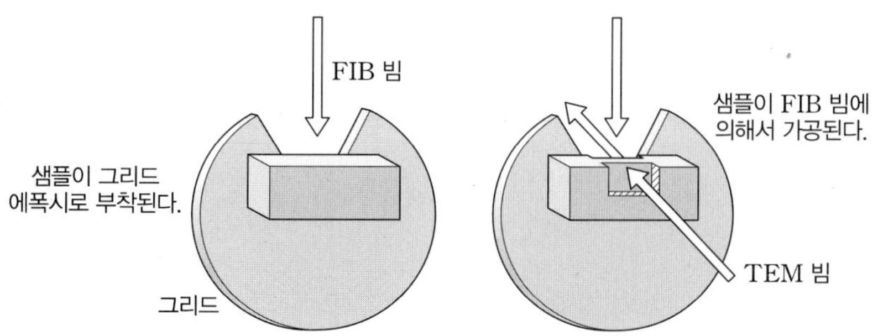

그림 8-27 집중된 이온빔(FIB) 밀링

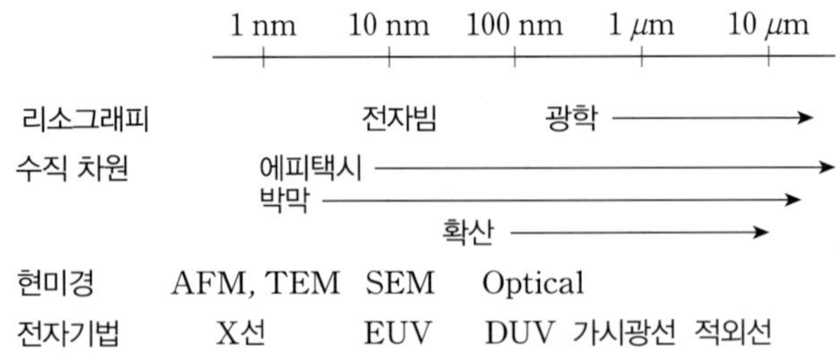

그림 8-28 측정 장비의 측정 가능 범위

디자인과 구동에 있어서 SEM와 유사한 비파괴적인 방법이다. 이런 이온들은 작은 지점으로부터 렌즈의 조합을 통해서 집중된다. 웨이퍼에 충격을 가하는 위치에서 원자는 샘플 물질에 있는 정확하게 통제된 모양과 깊이의 작은 빈 공간을 만들어 내는 진공 쪽으로 방출시킨다.

이런 정밀도는 FIB가 웨이퍼의 특정한 위치에 있는 단면을 생성할 수 있도록 한다. 그러나 FIB 기술은 시간이 지연되는 공정이다. 집중된 이온빔 밀링(milling)은 청정실 안에서 웨이퍼의 임의의 지역에 10~100 nm 두께의 단면으로 새기는 것이 가능하다.

이온빔 밀링을 통해 손상이 없거나 적은 인접한 구조들을 금속, 다결정 실리콘, 산화막, 그리고 질소화막 층을 통해서 절단할 수 있다. 전형적으로 높은 전류빔은 초기 절단을 위해 사용되고 마지막 샘플의 광택을 위해 더 조밀한 초점을 가진 낮은 전류빔이 따라온다. FIB를 통해 TEM을 위한 얇은 샘플을 만들 수 있다. 장비 공급자들은 이런 응용을 위해서 특별히 디자인된 FIB를 제조하기도 한다. 측정 장비의 측정 한계를 그림 8-28에 표시하였다.

8-3 웨이퍼 전기 검사와 분류

요구되는 스펙과 웨이퍼가 일치되는지를 입증하기 위해서 웨이퍼 레벨에서 IC의 전기적인 파라미터를 측정하는 것을 웨이퍼 검사라고 한다. 웨이퍼 검사를 통해 웨이퍼의 전기적 성능이 적합한지를 입증할 수 있다. 검사의 목적에 맞춰 검사 과정에서 다양한 전기적인 특징들이 사용된다. 검사 중에 결함이 발견되면 생산 팀은 확실한 결함 데이터를 이용하여 손상된 칩들을 소비자에게 선적하지 않을 수 있으며, 제조공정의 문제를 파악하여 정확하게 수정할 수 있다.

결함 검사의 데이터는 웨이퍼 결함을 줄이고, 수율을 관리하기 위해 사용된다. 전기적 검사 데이터는 웨이퍼당 손상이 발생한 칩의 개수를 통해 '고장'이나 '통과'로 웨이퍼를 구분

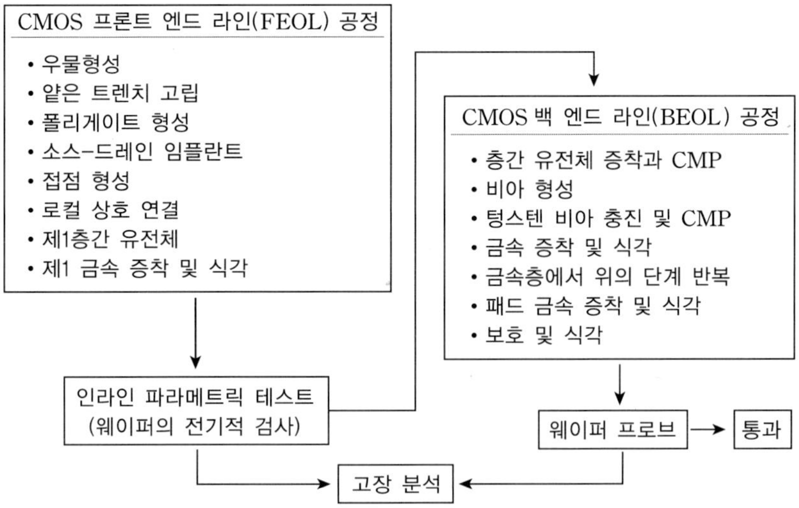

그림 8-29 웨이퍼 제조 전기적 검사들의 위치

한다. 통과/고장 데이터로 수율을 계산하는데, 수율은 웨이퍼당 우수한 칩(die)의 %를 표시하는 것이다. 생산 팀은 고장의 원인을 규명하기 위해서 웨이퍼의 검사 데이터를 분석하고, 정확한 동작의 실현으로 결함을 감소시키는 활동을 수행한다. 반도체 제조설비는 웨이퍼의 수율에서 고장을 기초로 해서 성공할 수도 있다. 웨이퍼의 전기적인 검사는 그림 8-29에서처럼 웨이퍼 전기 검사와 웨이퍼 프로브 검사 방식으로 구분할 수 있다. 그림 8-30에는 자동화된 파라미터 검사 시스템의 개략도가 나타나 있다.

프로브 카드는 자동 검사기와 검사되는 소자 사이의 인터페이스이다. 프로브 카드는 일반적으로 아주 가는 프로브 탐침을 통해 DUT의 검사 구조에 전기적, 물리적으로 접촉하는 인쇄 회로 기판이다. 프로브 탐침은 텅스텐으로 만들며 전기적인 검사를 수행하기 위해서 웨이퍼 검사 구조 패드의 내부와 외부로 전류를 전도시킨다. 개별적인 프로브 탐침은 항

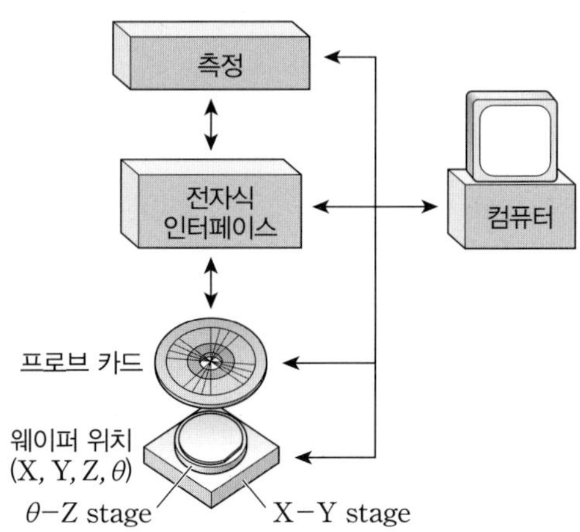

그림 8-30 자동화된 파라미터 검사 시스템의 개략도

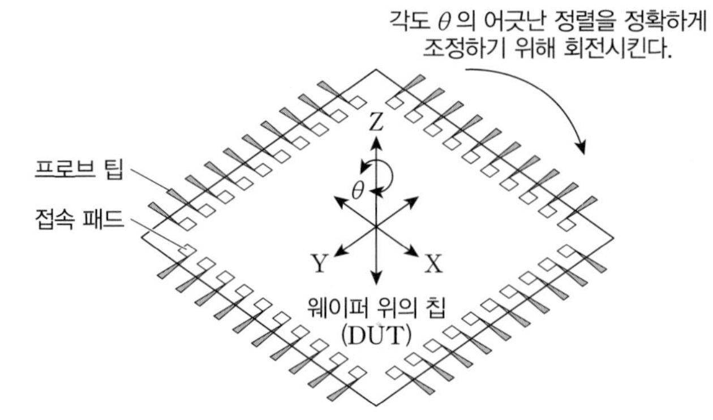

그림 8-31 프로브 카드 각도 조정기

상 특수 프로브 카드를 갖는 각 웨이퍼 생산을 의미하는 특별한 테스트 구조 패드에 일치시키기 위해서 주문된다.

카드에는 100개의 프로브 탐침이 있을 수 있고 모든 탐침은 우수한 전기적인 접촉을 만들기 위해서 평탄화되고 정렬되어야 한다. 개별적인 프로브 카드는 아주 비싸기 때문에 프로브 카드당 수천 불에서 만 불이 넘는 경우도 있다. 개선된 프로브 카드는 웨이퍼 검사 처리량을 증가시키기 다중 위치에서의 프로빙(probing) 능력을 갖는 경우가 있다. 다중 위치의 프로빙에서는 동시에 두 개 이상의 구조를 검사하기 위해서 단일 검사기와 프로브 카드를 사용한다. 더 좁은 공간에서 더 많은 회로와 탐침을 가지기 때문에 다중 위치 프로브 카드는 더 미약한 전기 신호를 발생시킬 수 있다(예를 들면 신호가 감소하고 잡음과 누설이 증가한다). 고성능을 갖는 IC들은 다중 위치 프로빙으로 검사하는 것이 좋다.

웨이퍼를 검사하기 위해서 프로브는 프로브 카드 인터페이스 탐침과 접촉을 위한 웨이퍼에 위치된다. 웨이퍼는 카세트로부터 웨이퍼 조정기에 의해서 이동되고 진공 척에 탑재된다. 모터들은 광학 정렬 시스템을 사용하여 X, Y, Z와 θ 위치로 웨이퍼를 이동시킨다. X-Y 이동을 통해 검사 구조 위의 프로브 카드와 위치가 일치된다. 프로브 카드가 X-Y의 위치에서 정렬되고 나면, 회전각인 θ는 조정되어 탐침의 팁은 그림 8-31에서 보듯이 모든 패드에서 중앙에 위치된다. 개별적 패드에서 모든 탐침의 우수한 정렬은 필수적이다.

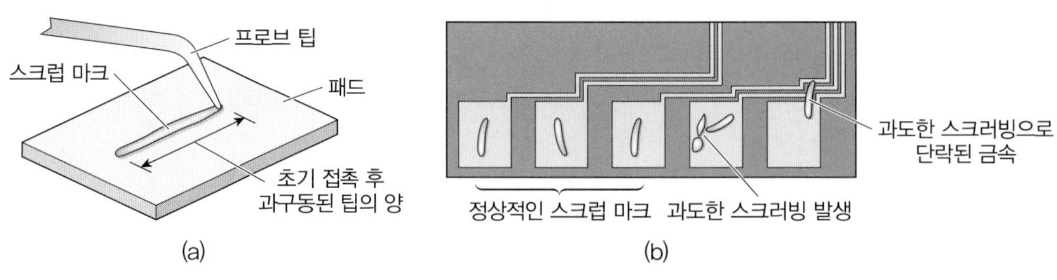

그림 8-32 (a) 프로브 탐침의 과도한 구동과 굵힘 (b) 패드상의 프로브 마크의 형태

표 8-3 웨이퍼의 품질 검사

품질 파라미터	결점 타입	비고
1. 전기 과부하 (EOS : electrical overstress)	A. 오랜 시간 동안(예: 1ms 이상) 과전압이나 과전류로 인한 회로 고장 (예: 회로 개방)	IC 고장의 약 50%는 전기 과부하(EOS)가 원인이다. 이에 대한 원인은 다음과 같다: · 래치업(latchup) · 전원 공급 장치 스위칭 · 계전기(relay) 작동 · 전원 공급 장치 라인 변형 · 부적절한 검사 진행(예: 불량 테스터) EOS는 회로 설계를 통해 대부분 예방할 수 있다(예: 외부에 전압 클램프 추가).
2. 정전기 방전(ESD : electrostatic discharge)	A. 과전압으로 인한 회로 고장(예: 회로 개방) · 100V의 전기적 펄스는 안전 장치가 없는 게이트 산화물에 손상을 줄 수 있다. · 드레인-소스 단락은 대부분 ESD 손상에 민감하다. · 또한 손상에 의해 입/출력 누설 전류가 바뀌는 경우도 있다.	전기적 고장은 100 V에서 20 kV 사이를 변화하는 ESD 전압 포텐셜이 회로에 노출되는 것이 원인이다. ESD 예방 방법: · 각각의 핀에 전류를 병렬로 연결하거나 전압을 고정시킨다. · 0.5 μm 이하에서의 ESD 예방은 저농도로 도핑된 드레인 설계와 뜨거운 전자 캐리어 성능에 의해서 결정된다. · ESD에 대한 예방은 IC 설계 부분에 통합되고 있다.
3. 래치업(latchup)	IC 회로의 고장은 상호연결선의 개방으로 발생한다. · latchup은 일반적으로 IC 전류의 급격한 증가이다. · latchup의 트리거링은 항상 치명적이지는 않지만 정상적인 동작을 위해서 칩이 다시 리셋되어야만 한다.	latchup의 가장 일반적인 형태는 IC 내부에 기생하는 성분이다. latchup의 제어 방법: · 저농도로 도핑된 제조 장치의 에피층을 고농도로 도핑된 기판에 성장시키는 것이다. · 트렌치-고립은 특히 트렌치 깊이가 다른 것보다 깊을 때, latchup의 자화율을 줄이는 데 효과적이다.
4. 게이트 산화막 항복	게이트 산화 손상에 의한 장치 고장은 크게 2가지 종류로 나눌 수 있다: · EOS와 같은 과전압으로 발생하는 치명적인 손상 · 정격 전압, 온도 및 전력 손실로 동작하는 동안 시간 의존적인 절연체의 파괴	게이트 산화 보전(GOI)을 유지하는 것은 장치 성능을 위해 중요하다. 더 얇은 게이트 산화막은 손상에 더 민감하다. · 게이트 산화막의 파괴는 반도체의 입/출력 핀의 누설에 원인이 된다. · 산화막 결함은 산화막 성장 공정, 특히 웨이퍼를 씻고, 헹구고, 말리는 공정에서 나타난다. · 완전 청정의 산화막 성장 기술은 수율을 개선시킬 수 있다.
5. 이동성 이온 오염 : Mobile ionic contamination(MIC)	MIC가 장치 파라미터들을 바꾸기 때문에 고장의 원인이 된다. MIC는 다음을 포함한다: · 문턱 전압 · Off-상태 누설 전류 · 트랜지스터에 흐르는 전류	고장을 일으키는 주요 이온은 Na^+, Cl^-, K^+이다. Na^+는 반경이 작아서 가장 이동이 쉽다. 인체, 공정 장비, 패키징 재료, 제작 환경과 같은 원인을 포함하여 MIC는 웨이퍼 제조에서 꾸준하게 감소해 왔다.

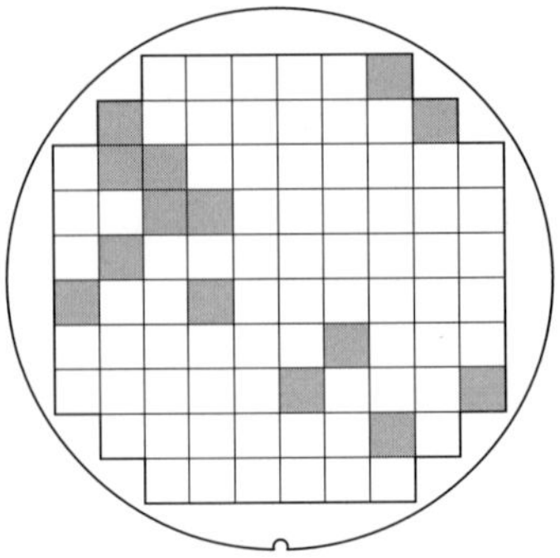

그림 8-33 제거되는 칩(die)을 갖는 웨이퍼 맵(음영은 불량 칩을 표시하는 잉크 마크이다.)

Z단 위치는 임계적이며 모든 요소가 평면이 되기 위해서 평탄화를 위한 정규 시스템을 잘 점검해야 한다. 프로브 탐침이 접촉하기 위해서 프로브의 Z단은 웨이퍼와 수직으로 위치한다. 만약 Z단이 웨이퍼에서 너무 높다면 프로브 탐침의 과도한 인터페이스로 인해 웨이퍼가 손상될 것이다. 만약 Z단이 너무 낮다면 충분한 접촉이 이루어지지 않는다. 이것은 그림 8-32에 나타낸 것처럼 프로브 알루미늄 패드의 표면을 꿰뚫거나 긁게 되는 탐침으로 인해서 과도 구동으로 간주되는 인터페이스의 근소한 크기를 가지게 한다. 일반적으로 프로브 탐침은 50 μm에서 100 μm 과도하게 구동된다. 패드의 프로브 마크들은 프로브가 모든 축에서 정확하게 정렬되었는지, 전기적으로 접촉하고 있는지를 표시한다. 프로브가 적절하게 설정되었는지와 프로브 마크의 상태 사이의 관계는 그림 8-32에 표시된 것처럼 명확하다.

웨이퍼의 품질 검사의 파라미터와 고장의 형태, 고장의 진단 및 수리 방법을 표 8-3에 나타내었다.

전기적인 기능 검사를 마친 웨이퍼들은 우량 칩(good chip)과 불량 칩을 분류하기 위하여 그림 8-33과 같이 검사 결과와 칩의 위치를 컴퓨터 이미지로 만드는 전자 웨이퍼 지도를 생성하게 된다. 불량을 갖는 다이(칩)들은 컴퓨터 데이터베이스에 저장되고, 조립 공정으로 이송되기 전에 제거된다. 전통적으로 결함이 있는 칩은 잉크 방울로 표시되는 잉크 마크에 의해서 강조하여 표시된다. 잉크는 더러울 수 있고 칩에 오염물질을 삽입할 수 있게 한다.

웨이퍼 분류 검사를 통해 검사 결과를 분류한 후에는 그림 8-34와 같이 수시로 bin 코드 숫자가 할당된다. bin 코드 숫자는 검사 결과와 유사한 웨이퍼들의 그룹을 요약하여 표시한다. 통과된 웨이퍼는 bin 코드 숫자 1을 할당받고, 결함이 있는 칩이 포함된 웨이퍼에는 출력 누설, 개방, 단락 등과 같은 칩의 결함 종류에 따라 다른 bin 코드 숫자를 할당받는다. 얼마나 많은 칩이 통과되고 얼마나 많은 특정한 검사에 실패하는지 등과 같은 프로브의 결과를 bin 코드로 표시되는 웨이퍼에 의해서 요약할 수 있다.

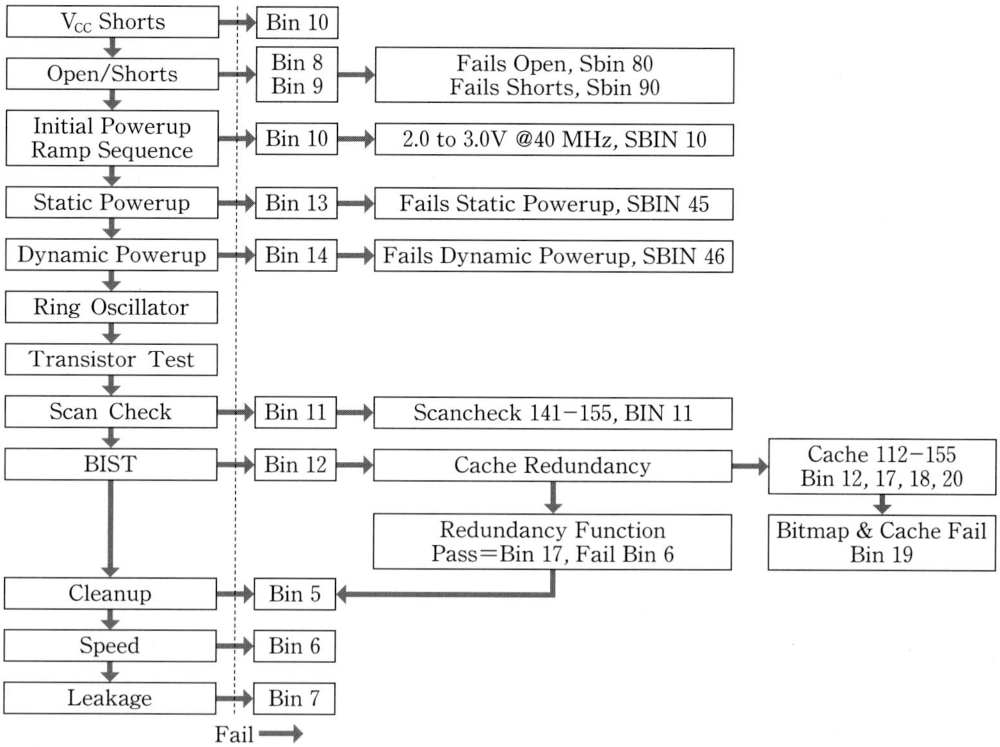

(a)

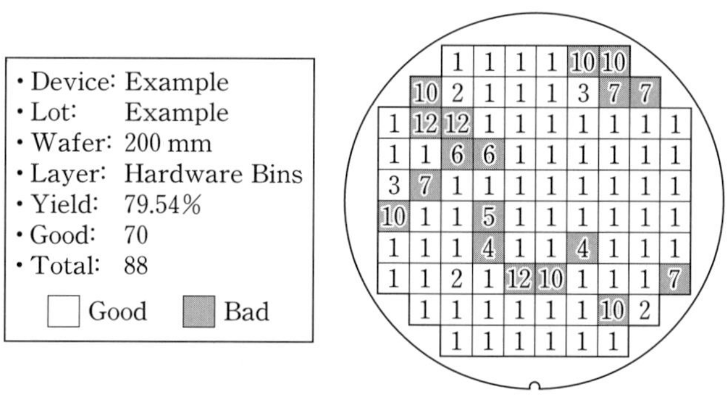

(b)

그림 8-34 웨이퍼 분류에서의 bin 코드 숫자

웨이퍼 분류 검사는 칩 성능을 확인하기 위하여 시스템 클록과 고주파 입력 신호가 사용되기 때문에 간혹 AC 검사로 여겨진다. 또한 계속성 검사, 개방/단락, 누전과 IDD 검사와 같은 DC 검사도 있다. 첫 번째 전기적인 검사는 프로브 탐침이 부착 패드에 우수한 전기적 접점을 만들고 있는지를 확인하는 계속성 검사이다. 이런 점검은 기술자에 의해서 설정된 선택 가능한 기기를 확인한다. 단락과 개방의 검사는 순방향 바이어스 전압을 적용하고 단락 상태와 개방 상태의 입력 저항을 검사하기 위하여 전압 강하를 측정해서 제어한다.

누설 전류는 소자 형태를 수축시키기 때문에 중요한 DC 검사의 일부분이다. 소자가

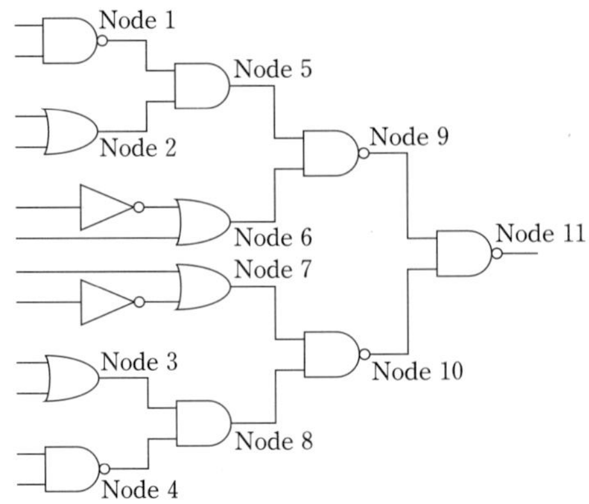

그림 8-35 기능 검사의 예

open 상태일 때 전류의 흐름이 없다고 예측한다. 그렇지만 트랜지스터의 스위칭 시간을 감속하고 논리 레벨을 떨어뜨리는 소자 성능에 기생하는 역방향 누설 전류가 존재하게 된다. 칩 설계에서 중요한 목적은 누설 전류를 최소화하는 것이다. 만족할 만한 칩 성능을 확인하기 위해서 출력 신호를 검사한다. 비트(논리 "1" 또는 고전압, 논리 "0" 또는 낮은 전압)의 정확한 패턴의 검증은 예상된 출력과 일치되는지 검사되고 고장 여부가 표시된다. 이런 시험은 또한 비트가 논리 "1" 출력 높음 또는 논리 "0" 출력 낮음을 통해 정확한 전압량을 확인한다.

성능 검사는 소프트웨어 프로그램을 이용하는데 검사 벡터라는 이진 검사 패턴(0과 1로 이룬 문자열)을 입력해서 칩의 모든 외관을 검사하고, 소자와 정확한 출력을 검증한다. 검사 벡터는 회로 노드(소자 회로 접합)에 적용된다. 만약에 검사가 진행되는 동안에 예상된 출력으로 얻어지지 않는다면, 결함이 존재한다고 간주한다. IC의 아주 작은 단면을 위한 성능 검사의 예를 그림 8-35에 나타내었다.

이런 특별한 예에는 두 가지 단계가 있다. 첫 번째 단계는 강제 노드 9가 논리 1이 되었다가 논리 0이 되기도 하는 것이다. 각 조건에서 예상되는 출력은 노드 11이다. 만약에 정확한 출력이 얻어진다면, 그때 노드 9에 의해 조정된 소자는 만족할 수준이라고 판단된다. 만약에 정확한 출력이 얻어지지 않으면, 노드 9의 입력에 기능적인 문제가 있는 것이다. 성능 검사의 목표는 칩상의 모든 소자의 동작을 시험하는 것이다.

IC 결함의 다른 여러 유형은 검사 소프트웨어 알고리즘에서 이용된 것과 같은 결함 모델에 의해서 검출된다. 널리 이용되는 모델의 예는 단일 고착 결함(SSAF: single stuck-at-fault)이다. 이런 결함 모델은 논리 "1" 또는 논리 "0" 수준일 때 영원히 유지되거나 고착되는 문제가 있다. SSAF 검사를 위해서 만약 회로 선이 논리 "1"에서 고착 상태가 된다면 검사는 선에 논리 "0"을 적용하기 위한 것이다. 만약 그 논리 수준이 변하지 않는다면 SSAF의 오류

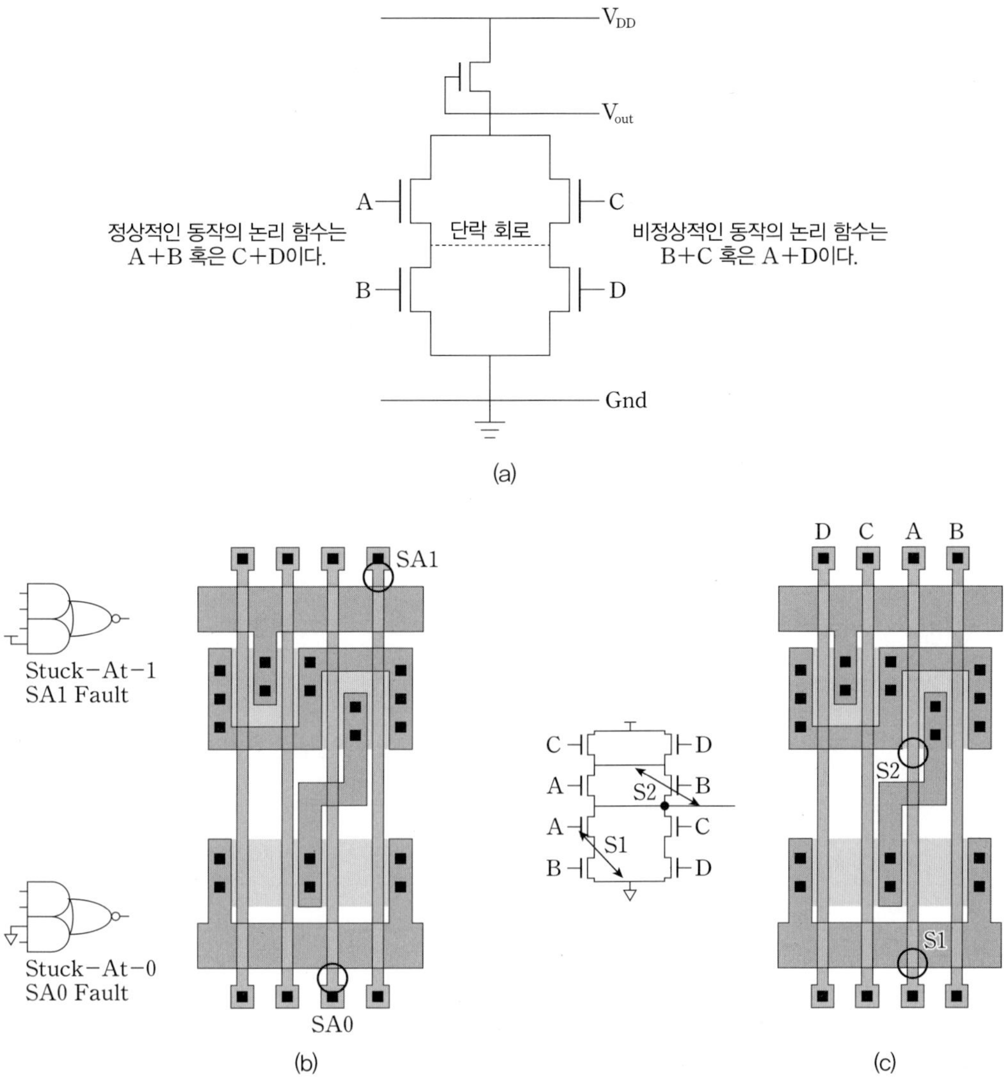

그림 8-36 (a) 단락 결함 모델 (b) CMOS 회로의 고착 결함 모델 (c) CMOS 회로의 브리지 결함 모델

때문에 결함이 된다.

보통 IC 결함을 의미하는 다른 결함 모델은 브리지 결함으로, 연결되지 않은 두 개의 선 사이에서 나타나는 결함이다. 결함의 지연은 결함 모델의 또 다른 형태이다. 이런 경우에 결함은 그들의 데이터 스펙을 만족시키지 못한 회로상의 게이트 때문에 전파 지연이 증가할 때 발생한다. 결함 모델은 회로의 기능이 바뀌는 단락 회로와 같은 다른 많은 물리적인 결함을 검출하지는 못한다. 다만 아직도 그림 8-36에 나타낸 것처럼 간략화된 고장 모델의 통과가 허용된다.

인라인 측정 파라미터의 항목과 측정 레벨을 표 8-4에 나타내었다.

표 8-4 인라인 측정 파라미터의 항목과 측정 레벨

검사 파라미터	설명	전형적인 측정 레벨
개방/단락	• 신호 경로의 정확한 점검하기 위해서 개방과 단락 회로의 검사 • 불량 웨이퍼가 스크린에서 빠르게 검사되기 때문에 개방과 단락 검사는 항상 최초에 실행한다.	Go/No Go
Gshorts	단락된 게이트 구조의 검사	Go/No Go
Gateleak	• 게이트 산화물 누설 측정 • 누설 전류는 순방향 전류와 반대 방향으로 흐르는 소수 캐리어 전류에 의한 역전류이다. • 작은 소자의 기하학적인 형태가 누설 전류를 만들게 된다.	1 pA
Bvox	게이트 산화물 항복 전압. 이것은 게이트 산화막의 강도와 품질을 빠르게 점검한다.	10 V
Idset	• 포화 전류(채널 저항 무시)는 소스에서 드레인으로 흐른다. 알려진 게이트, 드레인, 기판 정압이 공급된다. • 이것은 최대 게이트 전압이 공급되는 드레인 전류를 측정한다.	20 mA
Vt	트랜지스터가 드레인에서 소스로 전류를 흐르게 하는 게이트 임계 전압을 측정한다.	0.2~1 V
Vtsat	드레인 전류가 포화되는 게이트에 필요한 임계 전압의 크기	0.4~1 V
Idoff	개방 모드에서의 드레인에서 소스로의 소자 누설. 게이트 전압은 채널을 구성하기 위해서 충분할 정도로 크지 않다.	5~100 pA
Rds	$\frac{V_{ds}}{I_{ds}}$ = 드레인 전류와 드레인 전압의 비	25~1000 Ω
Peakisub	최대 기판 전류	5 μA
BVdss	• 드레인에서 소스로의 항복 전압(펀치 쓰루 전압), 게이트가 소스에 접지된 트랜지스터의 최소 채널 길이 측정 • 값은 당연히 최소 동작 전압 보다는 크고 소자는 정상적으로 동작한다.	10 V
Pfieldvt	유전체와 같은 전계 산화물을 갖는 PMOSFET의 임계 전압	12 V
Nfieldvt	유전체와 같은 전계 산화물을 갖는 NMOSFET의 임계 전압	12 V
Res2t	2개의 단자 연결에 사용되는 저항값의 결정	2~1 kΩ
Isolation	분리 구조들의 누설 특성 검사	100 nA
Diode fvmi	전압이 인가된 경우의 다이오드의 특성과 측정 전류	10 nA
Diodebv	다이오드 항복 전압	3~10 V
Res4t	4점 탐침 연결을 사용하는 저항값 결정	2~1 kΩ

8-4 수율

웨이퍼 분류 수율은 만족할 만한 웨이퍼 분류 검사를 통과한 칩의 백분율로 정의된다. 웨이퍼 제작의 중요한 목표 중 하나는 웨이퍼 분류에서 높은 수율을 유지하는 것이다. 낮은 수율은 많은 칩이 조립과 포장 공정에서 제거된다는 것을 의미한다. 수율이 낮아지면 완성되는 제품의 수량이 부족해지고, 제품의 가격은 비싸지고, 반도체 제조업체의 수익이 감소할 것이다.

수율이 낮아지면 제조업자는 시장에 제시간에 맞춰 고품질의 칩을 공급하기가 어렵다. 일반적인 웨이퍼 분류 수율은 제품의 유형에 따라 대략 제품 생산 첫해에는 60%이고 수년 동안에는 80~90%의 수율을 갖는 것으로 나타난다. DRAM의 수율은 제품의 1, 2년 후의 98% 수율이 보통이다.

웨이퍼가 전체 제조공정을 완료했기 때문에 웨이퍼 분류 수율은 간접적으로 웨이퍼 제조설비 공정의 전반적인 안정성과 청결도를 나타낸다. 웨이퍼 분류 수율은 다음과 같이 정의된다.

$$\text{웨이퍼의 수율} = \frac{\text{우량 칩(good die)의 개수}}{\text{웨이퍼상에 제조된 전체(total) 칩의 개수}}$$

예를 들면, 300 mm 웨이퍼당 270개의 칩이 생산된다고 할 때 25장의 웨이퍼를 갖는 로트에서 전체 생산된 합계 6,750개의 칩에서, 6,412개의 칩이 웨이퍼 분류를 통과한다고 가정하면 웨이퍼 분류 수율은 95%이다.

$$\text{웨이퍼의 수율(\%)} = \frac{6{,}412}{6{,}750} \times 100 = 0.95 \times 100 = 95\%$$

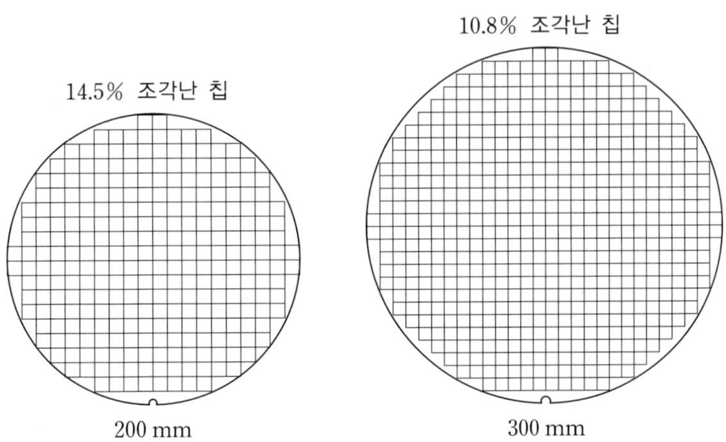

그림 8-37 대구경 웨이퍼에서 부분적인 칩(die) 감소

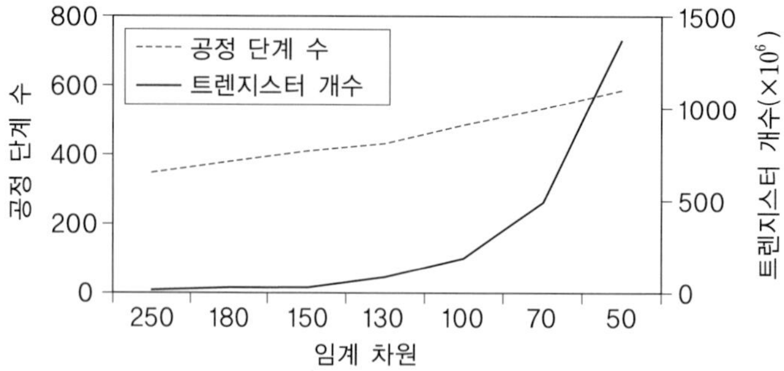

그림 8-38 칩의 복잡도에 기인하는 공정 단계 수의 증가

웨이퍼 수율이 95%라면, 칩의 95%는 IC 조립 및 패키징 공정을 위해 선택되고 나머지 5%의 불량 칩은 폐기 처분된 것이다. 웨이퍼 분류 수율에 영향을 미치는 제조와 설계 요소에는 더 큰 웨이퍼 직경, 칩 사이즈 증가, 공정 단계 수의 증가, 임계 차원(CD)의 감소, 공정의 숙련도, 결정 결함이 포함된다.

웨이퍼 직경(diameter)은 반도체 제조가 시작되면서부터 생산 효율성을 개량하기 위해 꾸준하게 증가되었다. 원의 면적은 반지름의 제곱에 비례하기 때문에 직경이 더 큰 웨이퍼에서 더 많은 칩을 생산할 수 있고 결국은 칩의 가격이 더 저렴해지는 효과를 갖기 때문이다. 그림 8-37에서 보듯이 200 mm웨이퍼와 300 mm 웨이퍼에서 잘려나가는 부분인 조각난 칩(partial die)의 비율이 차이가 발생하기 때문에 직경이 클수록 웨이퍼 수율이 증가되는 요인이 된다.

웨이퍼 직경을 늘리지 않고 칩의 크기를 증가시키는 것은 웨이퍼당 생산되는 전체 칩의 개수를 감소시키는 결과를 초래하지만 때에 따라서는 수율이 증가하기도 한다. 극단적인 예로 하나의 웨이퍼 위에 하나의 칩이 있는 경우를 고려해 보자. 만약 한 개의 칩이 있는 이 웨이퍼가 결점을 갖고 있다면 분류 수율은 0%이다. 그러나 웨이퍼 상에 100개의 칩이 있고 한 개의 칩이 결점을 갖고 있다면, 분류 수율은 99%이다.

IC 공정 단계의 수는 그림 8-38에서 보듯이 고성능 마이크로프로세서 IC를 제조하기 위하여 필요한 현재의 약 450 공정 단계에서 꾸준하게 증가하고 있다. 공정 단계가 증가하면 칩의 복잡도도 따라서 증가한다. 더 많은 공정 단계는 취급 또는 미처리 때문에 웨이퍼를 오염시키거나 손상시킬 기회를 증가시키기도 한다.

오염이 증가하면 결함 밀도가 증가하고 결과적으로 웨이퍼 분류 수율이 낮아진다. 공정 단계가 많다면 또한 부분을 처리하는 데 걸리는 시간인 처리 주기 시간도 길어진다. 긴 주기 시간은 칩 오염의 위험을 증가시키고, 제품 흐름의 병목 현상을 만든다.

칩 밀도를 증가시키는 또 다른 요인은 마이크로 기술에서 나노 기술로 임계 차원이 감소

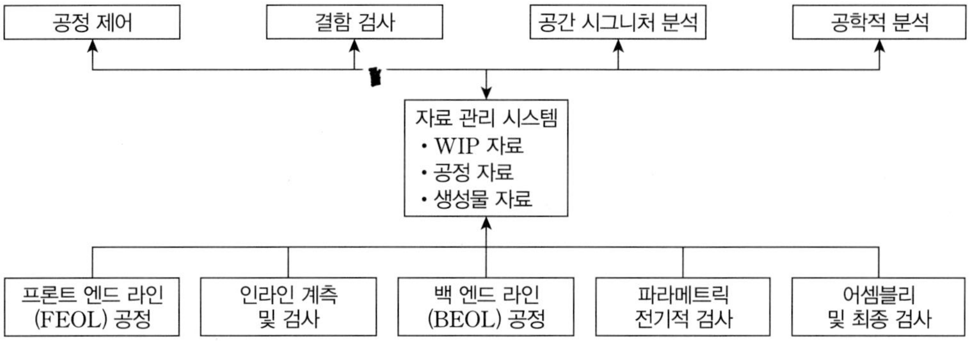

그림 8-39 웨이퍼 제조설비에서의 수율 관리

되기 때문이다. 나노 스케일의 임계 차원은 포토 리소그래피공정에서 패턴을 만드는 과정이 더욱 복잡해지고 정밀해지기 때문에 문제를 발생시키는 결함이 증가하게 되고 수율의 감소를 초래한다.

반도체 칩 제조업자는 상대 회사와의 경쟁에서 도태되지 않기 위해서는 짧은 시간에 신뢰성 있는 제품을 생산해야 하는데 이런 목표를 달성하기 위해서는 우수한 공정 설비도 필요하지만 이를 취급할 수 있는 고도의 숙련도를 가지는 엔지니어도 필요하다. 숙련된 엔지니어를 지속적으로 공급받기 위해서 유수한 반도체 회사 인근에는 자연스럽게 유명한 반도체 관련 학과를 개설하는 대학들이 포진하게 된다. 실리콘 밸리 인근인 샌프란시스코에 스탠포드 대학이 위치하고 있는 것과 텍사스 인스트르먼트(TI)사 인근에 텍사스 오스틴 대학이 존재하는 것도 이런 이유이다.

전위(dislocation)와 같은 결정 결함은 웨이퍼 수율에 영향을 미칠 수 있다. 전위 결함은 칩 내부에서 발생 될 수도 있고 웨이퍼 가장자리의 크랙에서 발생할 수도 있다. 또한 부실한 취급 또는 자동 조절 장비로부터도 발생한다. 전위 결함은 특별하게 어닐링과 같은 열처리 공정이 진행되는 동안 웨이퍼 중앙으로 이동한다.

수율 모델은 웨이퍼 설계, 이전 수율의 결과, 통계 분석에 근거한 웨이퍼 분류 수율을 예측하기 위해서 수년에 걸쳐 발전했다. 이런 모델을 통해 칩 영역을 감소시키거나 웨이퍼의 크기를 증가시키기 위하여 규칙을 바꾸는 비용을 견적해 볼 수 있다. 수율 모델은 또한 새로운 칩을 생산하는 데 드는 비용을 견적할 때도 이용된다. 세 개의 전통적인 수율 모델은 Poisson 모델, Murphy 모델, Seed 모델로 분류된다.

지수 모델로 불리는 Poisson 모델은 가장 간단한 수율 모델이면서 처음 개발된 것 중 하나이다. Poisson 수율 모델은 $Y = \frac{1}{e^{AD}}$ 식으로 표시된다. 여기서 Y는 기능 칩의 수율, A는 칩의 표면 면적, D는 결함 밀도를 의미한다. Poisson 모델은 칩 면적, 결함 밀도 및 웨이퍼 분류 수율 사이의 관계를 보여준다. 웨이퍼 단면에 발생되는 결함 밀도는 복잡한 공정을 갖는 고밀도 집적 회로로 제조되는 직경이 큰 웨이퍼인 경우에는 웨이퍼에서 웨이퍼로 일정하고 균일하게 되기 때문에 예측이 어렵다. 결함은 주로 웨이퍼의 중앙에서보다 가장자리 주위에 보통 수시로 발생된다는 점 때문에 Poission 모델은 작은 직경을 갖는 웨이퍼에서만 적용한다.

Murphy 모델은 결함 밀도가 웨이퍼의 전체 단면적에 걸쳐서 변화한다고 가정하고 이용되는 수율 예측 모델이다. 웨이퍼에 걸친 변이에는 웨이퍼 가장자리에서 가장 높고 중앙에서 낮은 밀도를 갖는 경향(정규 분포)을 갖는다. 이런 수율 모델은 VLSI와 ULSI 수율을 위한 좋은 예측자이다. 수율 모델 방정식은 $Y=\left[\frac{1-e^{-AD}}{AD}\right]^2$ 로 표시된다.

Seed 모델 또한 웨이퍼 및 웨이퍼의 맞은편에서 다양한 결함 밀도를 추측한다. 이 모형은 VLSI/ULSI 급의 웨이퍼에 적당하다. 모델 방정식은 $Y=\frac{1}{e^{\sqrt{AD}}}$ 로 표시된다.

수율 모델은 안정적인 제조공정을 모델링할 때 무작위 결함으로부터 칩의 결함을 예측하는 데 유용하다. 비무작위 결함은 웨이퍼 분류 수율이 감소(예를 들면 칩 설계 수정)할 때 이런 모델은 적용할 수 없을지도 모른다. 이런 모델에서 예측되는 수율의 손실은 웨이퍼 칩을 웨이퍼 분류가 실패하는 원인이 되는 결정적인 결함을 제시한다. 필드의 신뢰성 결함에 기인한 결함(예: 전자 이동)은 모델화하지 않는다. 수율 모델은 실존하는 공정의 수율과 새로운 제품의 계획된 수율을 비교하고, 주요 웨이퍼 공정의 증가를 계획할 때 매우 유용하다. 이런 세 개의 모델은 수율을 예측하기 위한 일반적인 모델의 한 예이다. 특정 회사 제품과 제조공정에 맞추어 만들어진 많은 다른 모델들이 사용되고 있다. 정확한 수율 모델의 발달을 통해 복잡한 공정의 완성과 매개변수 수율 손해의 새로운 모델의 문제점 안에서 제조 목표와 함께 일을 진행한다.

반도체 제조공정에서 수율의 향상을 얻기 위해서는 결국 결함이 감소해야 하는데 이것이 반도체 제조업체가 추구하는 중요한 목표이다. 결함의 감소는 점점 복잡해지는 IC들의 더 빠른 수율 경사도와 더 높은 수율을 완성시킨다. 웨이퍼 제조공정이 진행되는 동안 수집된 검사 데이터와 엄청난 측정량은 수율 관리 시스템을 필요로 하게 되었다.

수율 관리는 제조설비 공정에서 개인용 워크스테이션과 연결되는 파라미터 데이터와 결함 데이터의 분석을 통해 이루어진다. 그림 8-39에는 웨이퍼 제조설비에서의 수율 관리가 간략하게 블록도로 나타나 있다.

연습문제

1. 웨이퍼 검사를 정의하고 웨이퍼 검사의 목적은 무엇인지 설명하시오.

2. 웨이퍼의 수율에 기초하여 어떻게 웨이퍼 제조가 성공하거나 실패하는지 설명하시오.

3. 프로브 카드란 무엇인지 설명하시오.

4. 전자 웨이퍼 맵은 결함이 있는 칩(die)을 어떻게 표시하는지 설명하시오.

5. bin 코드 번호의 목적은 무엇인지 설명하시오.

6. 웨이퍼 분류가 진행되는 동안 일반적으로 행해지는 세 가지의 전기적 테스트에 대해 설명하시오.

연습문제

7. 검사 벡터를 이용하여 어떻게 기능 검사가 진행되는지 설명하시오.

8. 단일 고착 결함(SSAF) 모델을 설명하시오.

9. 웨이퍼 분류 수율을 정의하고 웨이퍼 수율에 영향을 미치는 6가지 요인을 설명하시오.

10. 3가지 수율 모델을 나열하고 각각에 대해 짧게 서술하시오.

11. 결함을 정의하시오. 웨이퍼 결함 밀도는 무엇을 의미하는가?

12. 반도체 품질 측정을 정의하시오. IC 제조에 사용되는 12가지 품질 측정법을 설명하시오. 다른 품질의 측정이 사용되는 공정을 설명하시오.

13. 4탐침법을 기술하고 시트 저항을 측정하는 이득에 대해서 설명하시오.

14. 반데르포우 측정법은 무엇인지 설명하시오.

15. VASE가 무엇인지 설명하시오. VASE은 타원 분광법에서 무엇을 개량했는지 설명하시오.

16. 막 두께는 어떻게 X선을 사용하여 측정되는가? XRF는 무엇을 뜻하는가? TXRF는 무엇인지 설명하시오.

17. 광 음향 기술이 막 두께 측량을 위해 어떻게 사용되는지 기술하시오.

18. 밝은 영역 탐지는 무엇인가? 어두운 영역 탐지는 무엇인가?

19. 웨이퍼 표면 결함 탐지를 위한 광학 현미경 검사법의 일반적인 상태를 기술하시오.

20. 명암 대조는 무엇인가? 웨이퍼 표면의 스펙션 명암 대조를 향상시키기 위한 두 가지 방법을 토론하시오.

21. SEM의 기본 구동을 설명하시오.

22. TOF-SIMS는 무엇이고 무슨 조건에서 사용하는 것이 바람직한가?

23. 원자력 현미경 검사법(AFM)을 설명하시오.

24. 오거 전자 분광기를 사용하기 위한 기술을 설명하시오.

25. X선 광전자 분광기는 무엇인가?

26. 투과 전자 현미경 검사법을 설명하시오.

27. EDX와 WDX의 차이를 설명하시오.

제 9 장

CMOS 제조공정

고밀도 집적 회로 소자를 제작하기 위한 제조공정은 대략 6주에서 8주 정도의 시간이 소요되고 대략 450개 이상의 공정 단계를 거쳐야 완성된다. 제조공정의 CD(critical dimension: 임계 차원)가 μm에서 nm로 축소됨에 따라 공정의 복잡도 역시 증가하게 되었다. 최근의 10 nm 기술이 적용되는 경우 128층 적층 기술이 상용화된 상태이고 일부 제조업체의 경우에는 172단 적층 기술까지도 시험 제작을 시행하고 있다.

이런 복잡한 공정 단계들은 확산(diffusion) 공정, 박막 공정(thinfilm), 포토리소그래피(photo lithography) 공정, 연마(polishing) 공정, 주입(implant) 공정, 식각(etching) 공정과 같은 6개의 영역으로 분류되는 공정을 거치면서 세정(cleaning) 공정, CMP 공정, CVD 공정, annealing 공정, backing 공정, SOI 공정, STI 공정, dual damascene 공정, test 공정과 같은 세분된 응용 공정들이 반복적으로 진행된다는 점을 이해해야 한다. 이 장에서는 μm 단위 이하의 CMOS IC 제조공정에서의 개략적인 설명과 웨이퍼 제조공정에서의 중요한 6개의 공정 영역 및 처리 순서와 검사 영역, CMOS 제조공정에 사용되는 중요한 공정과 장비에 대해서 설명한다.

9-1 CMOS 공정의 흐름도

ULSI 제조는 실리콘 웨이퍼 위에서 일련의 복잡한 순서에 따른 화학적, 물리적 작업에 의해서 수행된다. 이런 작업은 간단히 레이어링(layering), 패턴화, 식각, 도핑과 같은 4개의 기본적인 범주로 분류된다. 그림 9-1은 단일 MOS 트랜지스터 제조공정을 간략한 흐름도로 보여주고 있다.

집적 회로는 웨이퍼 제조설비에서 제조된다. 그림 9-2에서 보듯이 웨이퍼 제조설비는 일반적으로 산화 공정, 막 증착 공정, 도핑 공정이 포함되는 확산 영역과 포토리소그래피 영역, 식각 영역, 박막 영역, 이온 주입 영역, 광택 영역과 같은 6개의 주요 영역으로 구분되고, 이런 공정들은 매우 깨끗한(ultraclean) 청정실(clean room)에서 진행된다. 연마 영역은 웨이퍼 제조설비에 가까이 위치되고, 웨이퍼 위의 개별적인 칩(다이)의 검사를 진행하는 검사/분류 영역은 제조설비의 다른 영역처럼 동일한 청정실 환경에는 수용되지 않는다.

확산 영역(diffusion bay)에서는 고온 공정과 막 증착(film depositions)이 수행된다. 확산 영역의 첫 번째 도구(tool)들에는 고온 확산로(furnace)와 습식 세정기(wet cleaning station)가 포함된다. 그림 9-3의 고온 확산로는 대략 1200℃ 근처에서 동작하고 산화, 확산, 증착, 어닐링(anneals), 합금과 같은 다양한 공정을 실행할 수 있도록 구성되어 있다. 웨이퍼

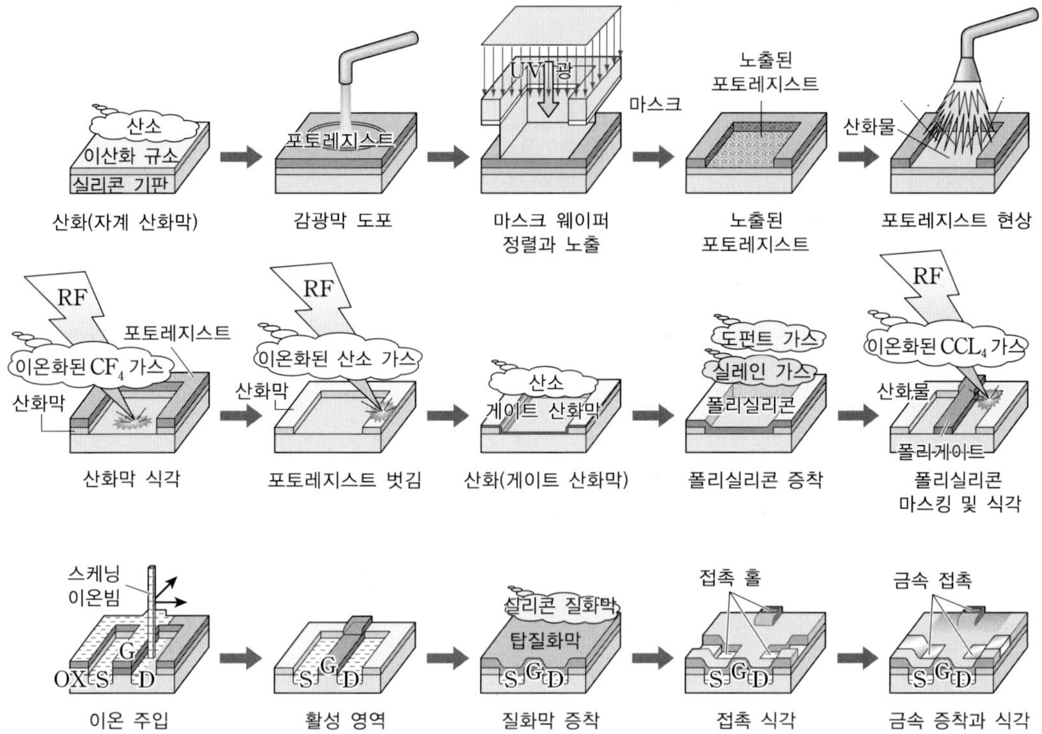

그림 9-1 MOS 제조공정의 흐름도

들은 확산로 속으로 삽입되기 전에 표면 위에 생성된 자연 산화막과 오염을 제거하기 위해서 반드시 세정 공정을 거쳐야 한다.

포토리소그래피(사진 석판 기술) 영역은 생산 영역에서 노란색의 형광 관(yellow fluorescent tubes)을 통해서 빛을 강화하기 때문에 다른 제조설비 영역과 차이점을 가진다. 포토리소그래피의 목적은 웨이퍼 표면에 코팅된 포토레지스트(감광 물질) 위에 회로 패턴의 이미지를 '사진 찍게(photograph)' 하는 것이다. 포토레지스트는 자외선의 노출로부터

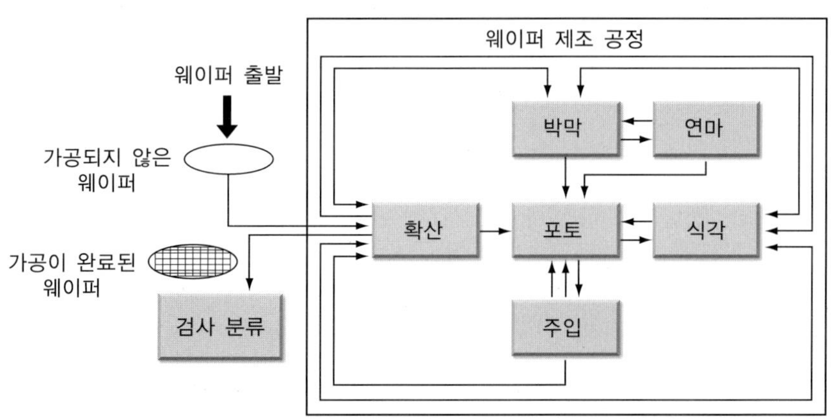

그림 9-2 서브 마이크론 CMOS IC 제조설비에서의 일반적인 웨이퍼의 흐름

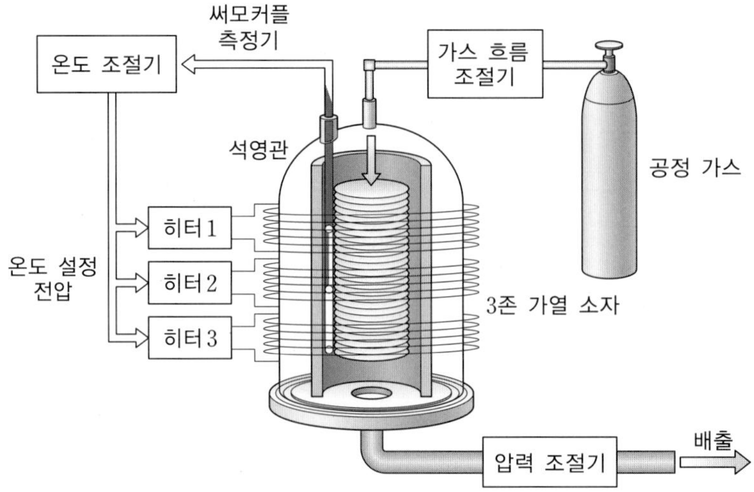

그림 9-3 수직 고온로의 개략도

마스크 패턴의 이미지를 포획하는, 빛에 민감한 화학 물질이다.

포토레지스트는 자외선과 백색광과 같은 빛의 파장에는 확실히 민감하지만 노란빛의 파장에는 영향을 받지 않는다. 외막 현상 트랙(coater/developer track)은 포토리소그래피에서 수많은 동작을 수행하기 위한 클러스터 도구로 사용된다. 이런 도구들은 로봇을 이용하여 웨이퍼를 준비하고, 포토레지스트를 코팅하고, 포토레지스트가 부드럽게 코팅되도록 웨이퍼를 회전시키고, 웨이퍼를 굽고, 포토레지스트가 코팅된 웨이퍼를 정렬시키고 노출시키기 위해 전송한다.

스텝퍼(stepper)의 사용 목적은 크로뮴 코팅된 석영 래티클(quartz reticle)에 식각된 다이(die) 패턴의 어레이에 웨이퍼를 정렬시키는 데 있다. 정확하게 정렬되고 집속(focus)되면 스텝퍼는 웨이퍼의 작은 지역을 노출시킨다. 그다음으로는 래티클의 다이 패턴에 의해서 웨이퍼 표면 전체가 노출될 때까지 공정을 반복하게 된다. 완성되면 웨이퍼는 레지스트가 현상되는 coater/developer track으로 되돌아가고 세정 후 다시 구워진다.

포토리소그래피 영역에서 결함의 원인인 미립자들이나 오염물질이 포함된다면 공정이 진행되는 동안에 감광막 위에 침입할 수 있기 때문에 포토리소그래피 공정에서의 오염 제어는 어떤 공정에서보다도 중요하게 관리된다. 포토그래픽 마스크(래티클)의 결함이나 스텝퍼 위의 미립자들은 포토리소그래피 공정이 진행되는 동안에 모든 웨이퍼 위에 사진화될 수 있다. 오염을 감소시키기 위해서 이런 영역에서는 화학 물질이 들어 있는 용기(콘테이너)를 개방시키는 것을 금지하고 있다. 따라서 세정기와 감광 물질 제거 장비는 항상 포토리소그래피 영역이 아닌 다른 영역에 설치된다.

식각 공정은 포토레지스트 패턴에 의해서 보호되지 않는 영역에서 웨이퍼에 영구적인

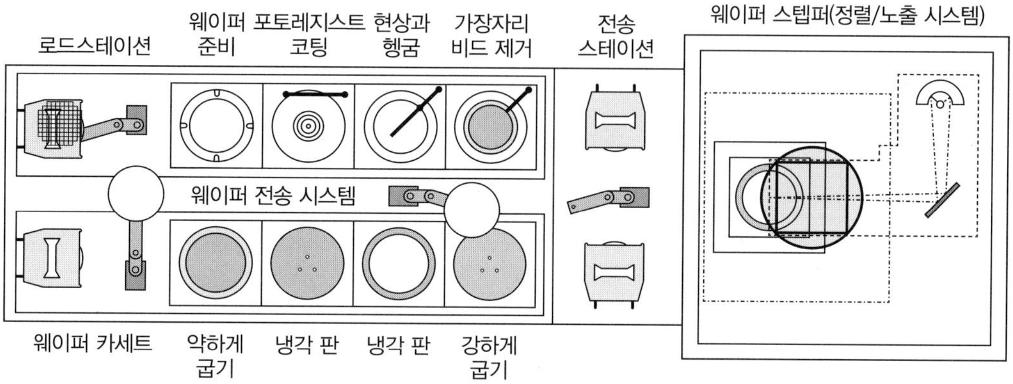

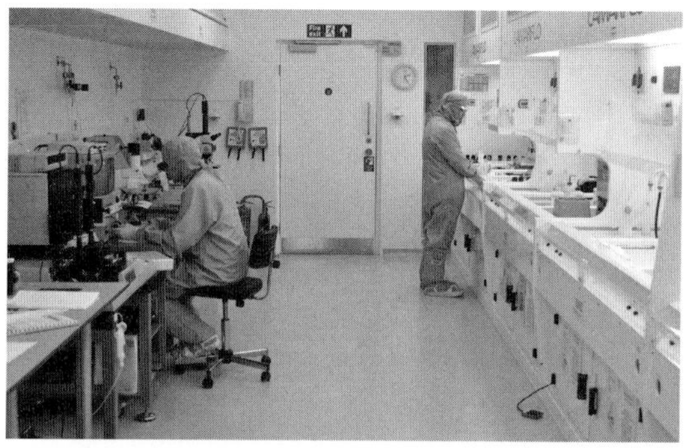

그림 9-4 포토리소그래피 공정 모듈의 개략도와 공정실 사진(출처: UCL Mathematical and Physical Sciences from London, UK, CC BY 2.0 〈https://creativecommons.org/licenses/by/2.0〉, via Wikimedia Commons)

패턴을 발생시킨다. 식각 영역에서는 플라스마 식각, 플라스마 레지스트 제거기, 습식 세정기가 가장 많이 사용된다. 오늘날의 대다수 식각 과정들은 그림 9-5의 건식 플라스마 식각을 이용하고, 특별한 경우에만 습식 식각을 사용한다.

플라스마 식각기들은 진공실에 포함된 이온화된 가스 분자를 통해 라디오 주파수 에너지를 사용하는 도구들이다. 플라스마는 전기적으로 들뜬(excited) 가스들에 의해서 방전된다. 가스들은 웨이퍼상의 물질 상부층에서 반응한다. 식각 공정 후에 플라스마 스트리퍼라고 부르는 또 다른 플라스마 시스템은 웨이퍼로부터 포토레지스트를 제거하기 위해서 이온화된 산소를 사용한다. 이런 과정은 화학 물질로 오염된 웨이퍼를 세정하기 위한 후속 조치로 여겨진다.

이온 주입기(ion implanter)는 마이크론 이하의 공정에서 웨이퍼의 도핑에 가장 널리 사용되는 도구이다. 이온 주입기 안에서 이온화되는 비소(arsenic: As), 인(phosphorus: P), 붕소(boron: B)와 같은 불순물들은 가스 형태로 공급된다. 이온들을 가속하고 제어하는 데 고전압과 자기장이 사용된다. 불순물의 높은 에너지는 레지스트가 코팅된 웨이퍼의 표면을 통과하게 된다. 이온 주입이 완료되면 포토레지스트는 제거되고 웨이퍼는 세척된다.

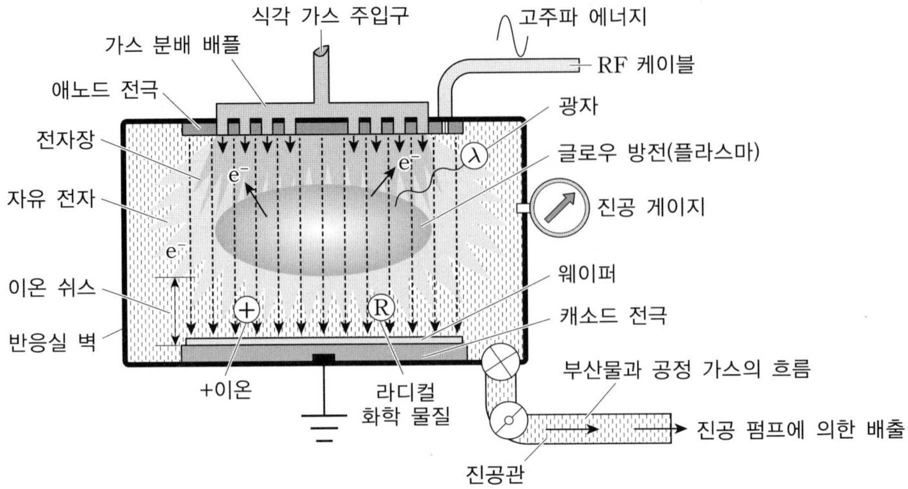

그림 9-5 건식 플라스마 식각기의 개략도

박막(thin film) 영역은 제조공정의 다른 단계가 진행되는 동안 금속층(metal layer)과 절연층(dielectric layer)들을 증착시키는 데 있어서 가장 중요한 역할을 한다. 박막 영역에서의 공정은 확산 영역에서 사용되는 고온로(furnaces) 보다 저온에서 동작한다. 이 영역에서는 다양한 도구들이 사용된다. 모든 박막 증착 장비는 화학적 기상 증착(CVD: chemical vapor deposition)과 금속 스퍼터링(sputtering) 기술인 물리적 기상 증착(PVD: physical vapor deposition)을 포함하는 중간의 진공 상태보다 낮은 조건에서 동작한다.

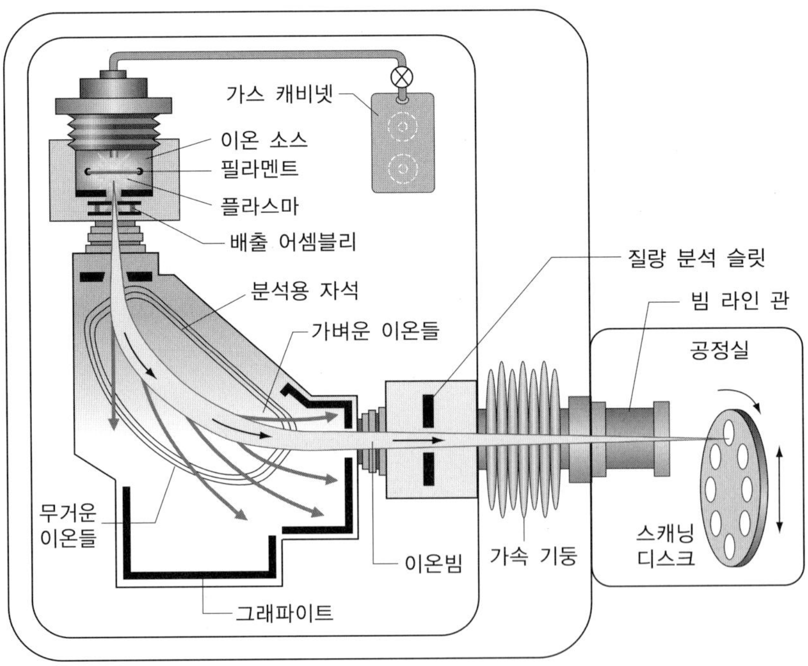

그림 9-6 이온 주입기의 개략도

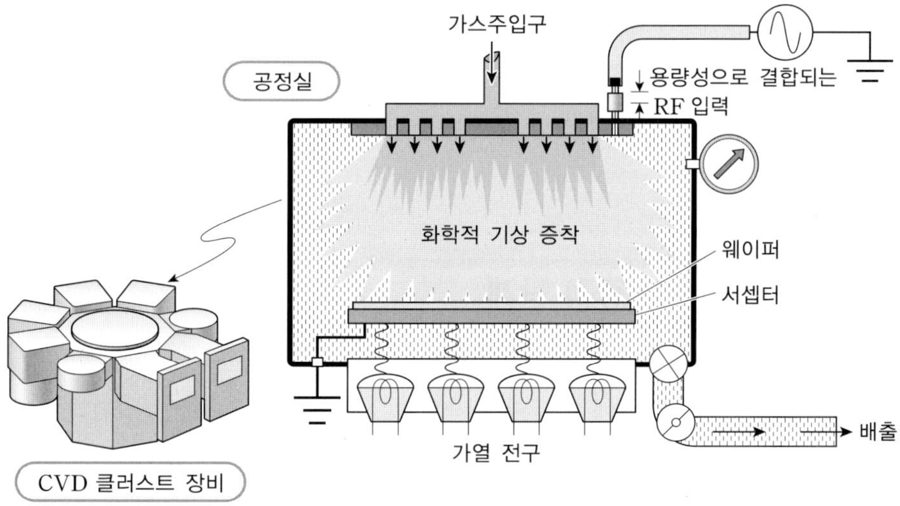

그림 9-7 CVD 클러스터 도구와 공정실의 개략도

이런 영역에서 사용되는 또 다른 도구들에는 SOG(spin-on-glass) 시스템, RTP(rapid thermal processor) 시스템, 습식 세정기가 있다. SOG는 웨이퍼의 아래쪽 영역을 채워서 웨이퍼의 표면을 평탄화하기 위해 사용된다. 급속 열처리 공정(RTA)은 실리콘 회로 기판의 이온 주입 손상과 금속 합금 공정 과정의 어닐링(단련)을 위해서 사용된다.

CMP(화학적, 기계적 평탄화) 공정의 목적은 웨이퍼의 아래쪽 표면 지역의 레벨과 상측의 위상을 낮추어 줌으로써 웨이퍼의 위쪽 표면을 평탄화하는 데 있다. CMP는 공정을 어렵게 만드는 웨이퍼 표면들을 최소화한다. CMP 영역에서의 최초의 사용 도구로 연마(광

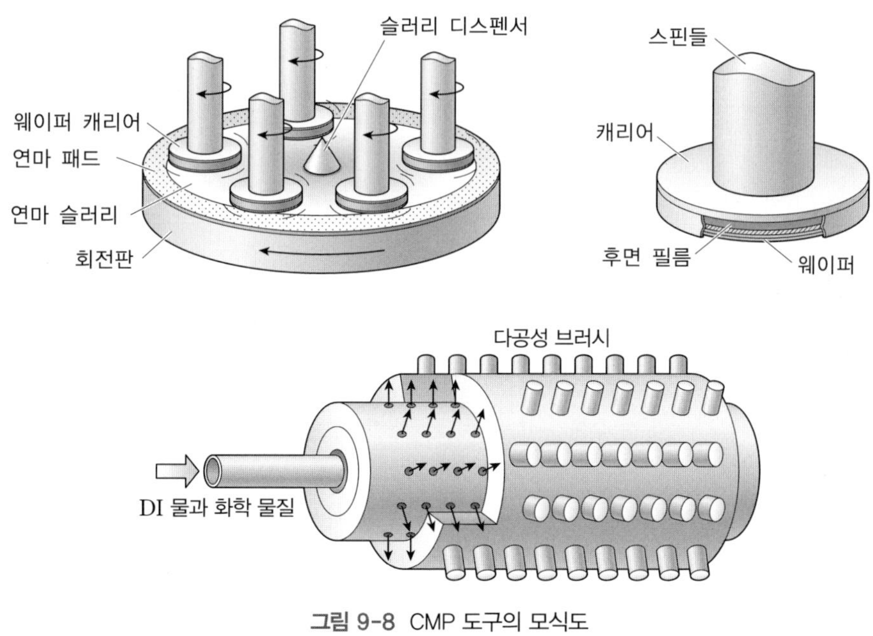

그림 9-8 CMP 도구의 모식도

택)기를 사용하므로 이런 공정은 연마로 간주된다. 웨이퍼의 상부층을 원하는 만큼 제거하기 위해서 CMP는 화학적인 식각과 기계적인 연마를 조합하여 사용한다. 이를 보조하는 또 다른 도구로는 웨이퍼 세광기(scrubbers), 세정기, 도량학적 도구들이 있다.

9-2 CMOS 제조공정 단계

CMOS 제조공정은 그림 9-9에 표시된 것처럼 14단계로 순차적으로 진행된다. 각 단계들은 ① 이중 우물 공정(twin well process), ② 얕은 트렌치 격리 공정(shallow trench isolation process), ③ 폴리 게이트 구조 공정(poly gate structure process), ④ 약하게 도핑된 드레인 주입 공정(lightly doped drain implant process), ⑤ 측벽 공간 형성(side wall spacer formation), ⑥ 소스/드레인 주입 공정(source/drain implant process), ⑦ 접촉부 형성 공정(contact formation), ⑧ 국부적 공간 상호 연결 공정(local interconnect process),

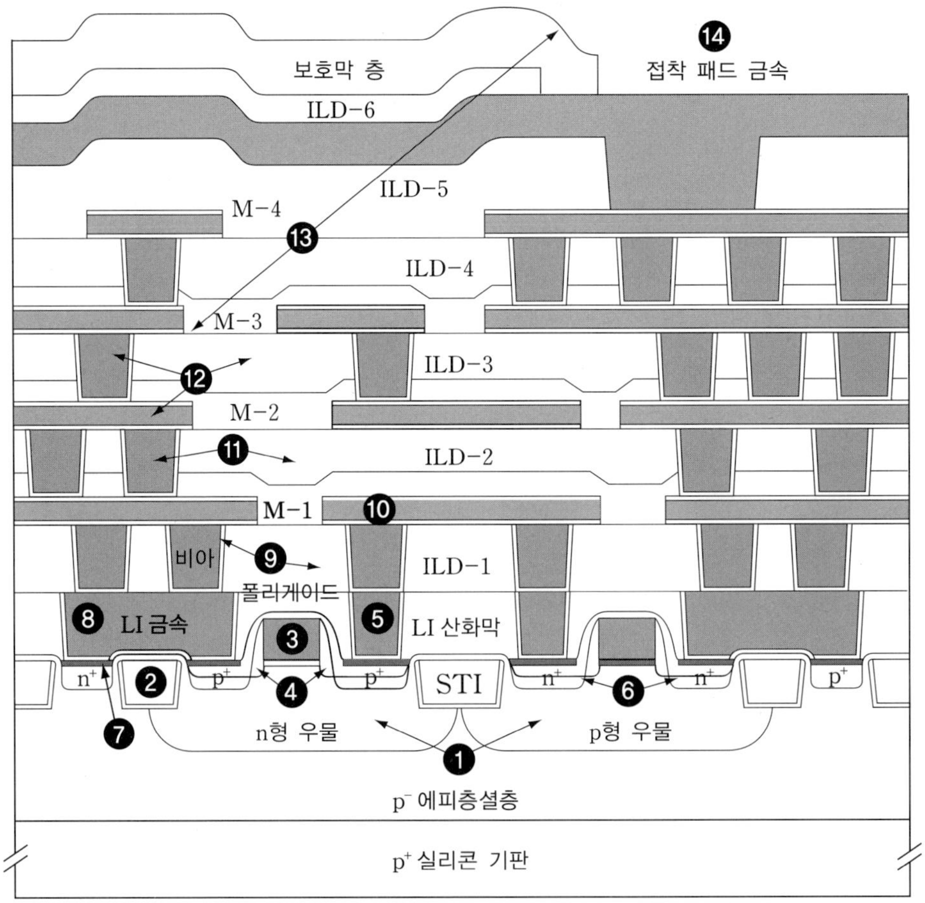

그림 9-9 CMOS 제조공정

⑨ 비아-1과 플러그-1 형성(via-1, plug-1 formation), ⑩ 금속-1 상호 연결 형성(metal-1 interconnect formation), ⑪ 비아-2와 플러그-2 형성(via-2, plug-2 formation), ⑫ 금속-2 상호 연결 형성(metal-2 interconnect formation), ⑬ 금속-3에 패드 식각과 합금, ⑭ 파라미터 검사(parametric testing)이다.

9-2-1 | 이중 우물 공정(twin well process)

몇몇 CMOS 웨이퍼 제조공정에서의 첫 번째 단계는 MOSFET의 활성 영역을 정의하는 것이다. 이중 우물 공정을 사용하면 오늘날의 0.25 μm 이하의 공정에서 nMOS와 pMOS 트랜지스터의 활성 영역을 정의할 수 있다. 이중 우물 구조는 n형 우물과 p형 우물로 구성되는데 각각의 우물을 만들기 위해서는 적어도 3~5가지의 공정 단계를 거쳐야 한다.

FET가 최적의 전기적 특성을 가지도록 하기 위해서 퇴보하는 주입 기술이 사용된다. 이런 기술은 에피층을 대략 1 μm 관통하는, 고에너지 이온의 주입으로부터 시작된다. 이어지는 우물 주입은 원자/cm²로 측정된 인이나 붕소와 같이 불순물에서 행해지고 점진적으로 에너지와 접합 깊이가 감소하는 동일한 활성 위치에서 이루어진다. 그 결과는 latchup이나 다른 신뢰도 문제에서 공통의 CMOS 문제들을 방지하는 것처럼 FET에서 임계 동작 전압의 설정을 돕는다. 그림 9-10(a)의 n형 우물은 표 9-1에서 설명하는 공정 과정을 통해서 제작된다. 그림 9-10(b)의 p형 우물은 표 9-2에서 설명하는 공정을 통해서 제작된다.

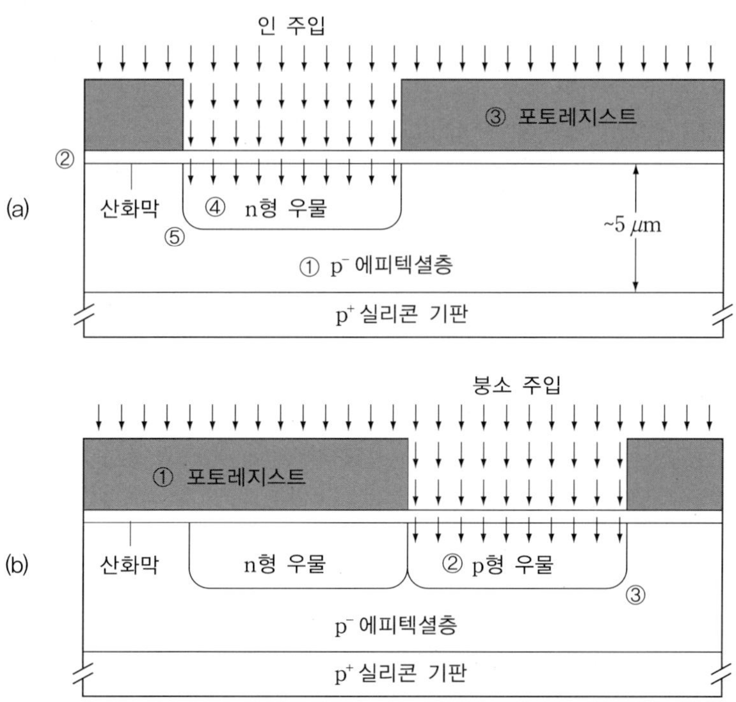

그림 9-10 n형 우물 구성과 p형 우물 구성

표 9-1 n형 우물의 공정 단계

공정 단계	설명
1. 에피택셜층 성장	•이미 에피택셜 실리콘(에피층)의 얇은 층을 가진 실리콘 웨이퍼는 확산 영역에 도달된다. •에피층은 기판(substrate)처럼 순도가 개선된 점을 제외하고 적절한 결정 구조로 되어 있으며 결정 결함이 거의 존재하지 않는다. •에피층은 이미 p형 불순물인 붕소로 약하게 도핑된다.
2. 자연 산화막 성장	•확산에서 웨이퍼는 입자들, 유기적, 무기적 오염물, 그리고 웨이퍼로부터 자연적인 산화막의 성장(고유의 이산화 규소 성장)을 제거하기 위해서 일련의 화학적 chamber에서 세정시킨다. •웨이퍼는 헹궈지고 건조된 후에 높은 온도(1000℃)의 furnace 공정실에 놓여진다. •산소는 산화막의 대략 150 Å으로 성장되는 실리콘과 반응하기 위해서 공정실 속으로 흘러가게 된다. •이런 최초의 산화막은 몇 가지 작용을 제공한다. : (1) 산화막은 오염물로부터 에피 실리콘 상부 표면을 보호한다. (2) 산화막은 주입하는 동안 실리콘에서 과도한 손상을 방지한다. (3) 산화막 장벽처럼 주입하는 동안 도펀트의 농도 조절을 도와준다.
3. 1차 마스크, n형 우물 주입	•포토리소그래피에서 웨이퍼는 coater/developer 트랙 툴에서 일련의 공정 단계를 거친다. •일반적으로 웨이퍼 상위 표면에서 처음 언급되는 "트랙"은 포토레지스트로 웨이퍼를 코팅하고 웨이퍼를 회전시키고 굽게 된다. •내부의 자동 웨이퍼 취급 시스템은 트랙 범위 내에서 웨이퍼를 공정 위치로 전송하게 된다. 또 다른 웨이퍼 처리는 한번에 하나씩 포토레지스트가 코팅된 웨이퍼를 제거한다. 그리고 정렬-노출 시스템(극히 복잡하고 정밀한 카메라가 부착된)으로 전송한다. •정렬-노출 시스템은 포토레지스트로 코팅된 웨이퍼 위에 직접 특정 마스크층의 영상을 촬영한다. 이런 경우에 마스크층은 pMOS 트랜지스터에서 n형 우물을 형성하기 위해 주입된 생성물의 영역으로 정의된다. •노출된 웨이퍼는 영상이 웨이퍼가 화학적 현상액이 뿌려질 때 처음 이미지가 나타난 트랙으로 다시 옮겨진다. •현상된 웨이퍼는 또 다른 굽기 과정을 거치고 이온 주입 구획으로 옮겨지기 전에 검사된다. •인화된 패턴은 임계 차원(CD)으로 불리는 적당한 선폭을 갖는지 검사된다. •중요한 결함을 유발시키는 포토레지스트는 제거되고 웨이퍼는 재가공된다. •포토리소그래피는 제조설비 중 유일하게 웨이퍼를 쉽게 재생할 수 있는 곳이다.
4. n형 주입 (고에너지)	•패턴화된 웨이퍼는 이온 주입 구획에 도달된다. 포토레지스트 패턴은 이온 주입으로부터 보호된 웨이퍼의 특정 영역을 덮는다. •포토레지스트에서의 창은 고에너지 도펀트 이온이 에피층(~1 μm 접합 깊이) 표면 위로 통과하는 것을 허용한다. 이런 경우 인은 도핑되는 불순물로 적합하다. •이온 주입기는 이런 구획에서 사용되는 주요 공정 기술이다. 그 목적은 불순물 원자를 이온화시킨 뒤 높은 전압(~200 KeV)으로 가속시키고, 주입하기에 가장 적절한 불순물의 종류를 선택하며, 이온을 좁은 빔 속에 집중시키고 웨이퍼의 보호되지 않는 영역을 걸쳐서 균일한 도핑을 제공하도록 검색한다. 이 점에서 불순물 이온은 실리콘의 결정 격자를 관통하고 공유 결합 원자 구조에 손상을 일으킨다. 이런 손상은 확산과 어닐링 단계에서 교정된다. 참조: 각 이온 주입 과정 후에 산소-플라스마 반응 장치 기술은 각각 주입된 웨이퍼에서 포토레지스트를 제거한다. 웨이퍼는 잔여 포토레지스트를 제거하기 위해서 습식 화학적 공정에 의해서 세정되는 중합체는 플라스마 과정에 의해서 생성된다. 이런 참조는 다음의 모든 주입 동작에 적용되나, 이번에만 언급할 것이다.

5. 어닐링	• 주입된 웨이퍼는 anneal furnace안으로 삽입되기 전에 세정되는 확산 영역으로 옮겨진다. • 다음 4가지는 어닐링 과정의 결과로 발생된다. (1) 새로운 장벽 산화막층이 노출된 실리콘 위에서 성장된다. (2) 높은 온도는 실리콘에서 더 멀리 불순물의 이동(확산)을 유발한다. (3) 주입 손상이 고쳐진다. (4) 불순물 원자와 실리콘 원자 사이에 결합은 활성화되고 불순물 원자가 결정 격자 구조(전기적 활성화)의 한 부분으로 만들어진다.

표 9-2 p형 우물의 공정 단계

공정 단계	설명
1. 2차 마스크, p형 우물 주입	p형 우물 주입 마스크를 위한 포토리소그래피 단계는 정확히 첫 번째 마스크에서와 같다. 한 가지 차이점은 마스크는 n형 우물 주입 마스크와 정반대라는 점이다. 차이점을 보기 위해 그림 9-10(a)와 (b)를 비교하라.
2. p형 우물 주입 (고에너지)	• 퇴보하는 p형 우물 주입 에너지 준위는 n형 우물 주입의 경우보다 상당히 낮다. 이런 상태는 주입되는 원소의 질량 차이에 이유가 있다. • 붕소와 인의 원자 집단 단위(원자 질량 단위)를 비교하면 붕소는 인의 약 1/3이다. • 따라서 붕소를 주입하는 데 필요한 에너지는 같은 접합 깊이에서 인을 주입하기 위해 사용된 에너지의 약 1/3만 요구된다.
3. 어닐링	어닐링 단계는 첫 번째 어닐링 단계와 같다.

9-2-2 | 얕은 트렌치 격리 공정

얕은 트렌치 격리 공정(STI: shallow trench isolation)은 기판 위의 활성 트랜지스터 영역 사이에 격리(고립) 영역을 만들기 위한 대안적인 방법이다. 이 방법은 25 μm(quarter-micron) 소자 제조에 특히 유용하다. 1990년대까지 선호된 격리 기술은 1970년대 초부터 사용된 LOCOS(local oxidation of silicon) 기술이었다. STI는 기술의 복잡성에도 불구하고 ULSI급 칩 제조의 대부분에서 사용되었다. STI 구조는 트렌치 식각, 산화막 채우기, 산화막 연마의 3가지 주요 단계로 설명된다. STI 트렌치 식각 공정은 그림 9-11(a)에 표시된 것처럼 진행된다. STI 산화막 채우기 공정은 그림 9-11(b)에 표시된 것처럼 진행된다.

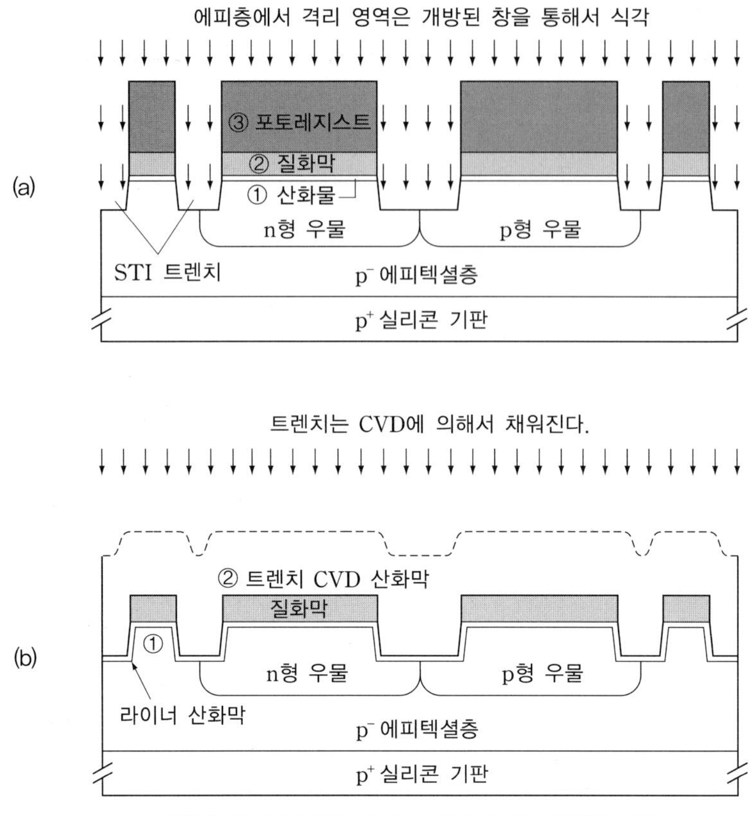

그림 9-11 STI 트렌치 식각 공정과 산화막 채우기 공정

표 9-3 STI 트렌치 식각의 4가지 주요 공정 단계

공정 단계	설명
1. 장벽 산화막	• 웨이퍼는 오염물과 산화막을 제거하기 위해 다시 세정되는 확산 구획으로 이송된다. 헹구기와 건조 후에 웨이퍼는 고온의 산화로에 삽입된다. • 대략 약 150 Å 정도의 새로운 산화막이 웨이퍼에서 성장한다. 이런 산화층은 질화물을 벗겨 내는 동안 화학적 오염물질로부터 활성 영역을 보호하기 위해 장벽을 형성하게 된다.
2. 질화물 증착	• 웨이퍼는 대략 750℃ 정도의 고온을 갖는 LPCVD(low-pressure chemical vapor deposition) 로(furnace) 속에 넣어진다. 이 과정에서 암모니아와 다이클로로실레인(dichlorosilane) 가스는 웨이퍼에서 실리콘 질화물의 얇은 층(nitride, Si_3N_4)을 형성하기 위해서 반응한다. • 질화물은 STI 형성 과정 단계에서 다음과 같은 두 가지 작용을 제공한다. (1) 질화물은 STI 산화막 증착 과정 동안 활성 영역을 보호하는 마스크 물질이다. (2) 질화물은 화학적, 물리적 평탄화(CMP) 공정이 진행되는 동안 polish-stop 물질을 제공한다.
3. 3차 마스크, STI	• 웨이퍼는 확산 구역으로부터 포토리소그래피 구역으로 전송된다. 포토리소그래피 공정 단계는 다른 마스크를 사용하는 것 이외에는 이전 마스크 단계와 유사하다. 마스크 단계는 더 작은 면적 때문에 처음 마스크보다 훨씬 더 중요하다. • 웨이퍼 검사는 결함 검사(DI)와 광학 영상 검사(VI)를 확인하는 것과 같은 CD 측정을 포함한다. 이런 측정은 설계도와 비교하여 정렬-노출 시스템의 정확성을 확인하는 것을 요구한다.

4. STI 트렌치 식각	• 포토레지스트 패턴은 식각되지 않은 실리콘 영역을 보호하기 위해서 설계된다. 포토레지스트 안의 창은 이온과 보호되지 않는 영역 안에서 질화물, 산화막, 실리콘을 식각하기 위해서 매우 반응적이고 근본적인 화학물질을 허용한다. 이런 깊은 트렌치들을 식각하기 위해 선호하는 기술은 건식 플라스마 식각이다. • 이런 식각기는 진공 공정실에서 플루오린 혹은 염소 가스를 이온화하는 데 고전력 라디오 주파수(RF)를 사용한다. RF 에너지는 다양한 플라스마 성분으로 채워진 공정실을 만들기 위해 분자들을 분리하고 원자들을 이온화한다. • 이런 플라스마 성분은 실리콘 제거 결과와 같이 고립 영역으로 가리키는 곳에서 화학적, 물리적 식각을 제공한다. 트렌치의 기울어진 측면과 둥근 밑면은 filling 과정과 고립 구조의 전기적 특성을 향상시킨다. 참조: 다음의 각 식각 동작의 완성에서 웨이퍼는 포토레지스트가 벗겨지고 일련의 화학적 전해조 안에서 세척된다. 중요한 검사 절차는 적당한 단계 높이(Å), 부식 작용 비율(Å/min), CD, DI를 증명하는 측정 효과를 포함한다. 이 참조는 다음의 모든 부식 과정에 적용되지만 이번에만 열거될 것이다.

표 9-4 STI 산화막 채우기 공정의 진행 단계

공정 단계	설명
1. 트렌치 라이너 산화막	• 웨이퍼는 오염물과 산화막을 제거하기 위해 확산 구획에서 다시 세척된다. 헹구기와 건조 후에 웨이퍼는 고온 산화로 속에 삽입된다. • 대략 150 Å의 산화막이 격리 트렌치의 노출된 우물 속에서 성장한다. 질화물 마스크는 활성 영역 속에서 산소 확산을 막는다. 선형 산화막의 목적은 실리콘과 트렌치 CVD 산화막 사이의 경계면을 향상시키는 것이다.
2. CVD 산화막을 갖는 트렌치 채우기	이런 증착 공정은 LPCVD 로를 사용하는 확산이거나 다양한 산화막 CVD 시스템을 사용하는 박막 공정에서 수행된다. 더 높은 작업 처리량과 침전 비율은 로에서 얻어진다.

9-2-3 | STI 산화막 연마와 질화막 제거 공정

웨이퍼 표면의 평탄화는 몇 가지 방법으로 수행된다. 과거에는 웨이퍼를 평탄화하는 데 틈을 채우기 위해 80%의 용매와 20%의 실리콘 산화막으로 이루어진 spin-on-glass (SOG)를 사용할 수 있었다. 증착 후 SOG를 구우면 용매는 증발하고 갭 내부에는 산화막을 남기게 된다. 완전한 표면 etchback은 전체적인 두께를 감소시킨다. 그러나 (polish라고 언급된) 화학적, 기계적 평탄화인 CMP만큼 효과적인 평탄화 기술은 없다. 그림 9-12와 표 9-5에는 STI 산화막 연마와 질화막 제거 공정 과정이 설명되어 있다.

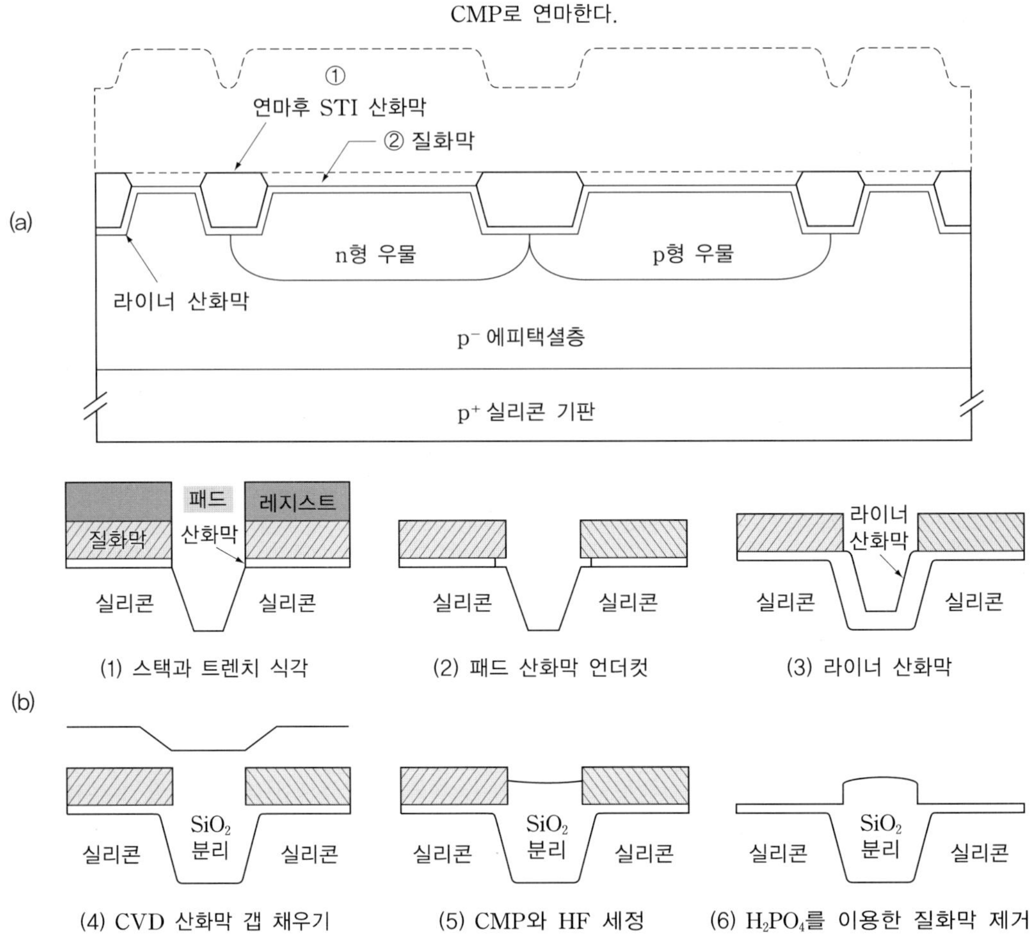

그림 9-12 STI 연마 공정과 질화막 제거

표 9-5 STI 산화막 연마와 질화막 제거 공정

공정 단계	설명
1. 트렌치 산화막 연마(CMP)	• CMP 영역에서 웨이퍼는 상부가 접히고 웨이퍼 전송을 위해서 진공에 의해 유지된다. 웨이퍼는 회전 연마 테이블에 첨부된 연마 패드와 같은 방향으로 회전한다. • 화학적 혼합물은 연마 공정이 진행되는 동안 패드와 웨이퍼가 젖어 있도록 유지하고 산화막 표면의 침식을 도와주는 반응체를 생산한다. 산화막보다 더 단단한 물질인 질화물은 고립 구조의 과도한 연마를 막기 위해서 연마 방지 물질을 제공한다. 참조: 다음 설명은 모든 연마(polishing) 동작에서 적용된다(이후 반복하여 언급하지 않을 것이다). 연마 공정은 웨이퍼가 다른 영역으로 옮겨지기 전에 반드시 제거되어야 할 과도한 입자들과 화학적 오염물질을 생성한다. 특별한 연마기는 웨이퍼의 위와 아래를 세척하고 그것이 헹궈지고 건조되도록 보증한다. 막의 두께, 입자, 결점의 검사는 웨이퍼가 옮겨지기 전에 수행된다.
2. 질화물 제거	• 확산 구획은 웨이퍼로부터 질화물을 벗기기 위해 일반적으로 뜨거운 인산 영역을 갖추고 있다. • 확산 구획에서 웨이퍼는 벗겨지고 세척되며, 헹궈지고 건조되며 고립 산화막의 두께를 측정하기 위해 검사된다.

9-2-4 | 폴리 게이트 구조 공정(poly gate structural process)

트랜지스터 게이트의 구조 형태는 온도에 따라 성장하는 가장 얇은 게이트 산화막과 전체 IC 공정에서 가장 작은 물리적 구조 중의 하나인 폴리실리콘 게이트의 형상화 식각을 포함하기 때문에 공정에서 중요한 단계이다. 폴리실리콘의 폭은 종종 전체 웨이퍼의 가장 중요한 CD 선폭(linewidth)이 된다. 폴리 게이트 구조 공정은 표 9-6에서 설명하고 있다.

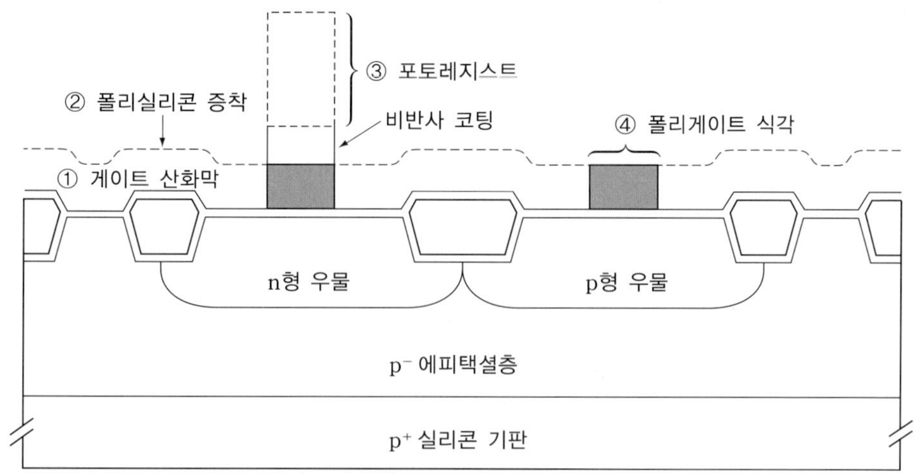

그림 9-13 폴리게이트 구조 공정

표 9-6 폴리게이트 구조 공정의 기본적인 단계

공정 단계	설명
1. 게이트 산화막 성장	•웨이퍼는 오염물과 산화막을 제거하기 위해 세척된다. 웨이퍼가 산화 로 속에 삽입되기 전에 약간의 시간적 문제가 있다. •실리콘이 대기 중에 산소와 오랫동안 노출된 만큼 산화막이 형성된다. 웨이퍼가 산화로 속에 삽입되면 약 20 Å에서 50 Å의 산화막이 성장된다.
2. 폴리실리콘 증착	•웨이퍼는 실레인(silane: SiH_4)이 공정실 속에 삽입되는 LPCVD 로 속에서 즉시 쌓인다. silane은 분리되고 폴리실리콘은 웨이퍼 쪽에서 증착된다. 대략 5000 Å의 폴리실리콘(poly 라고도 언급된)이 증착된다. •몇몇 공정은 증착 단계 다음에 폴리실리콘을 즉시 도핑하기 위해 요청될 수 있다. 이런 요청은 같은 과정의 chamber나 분리된 furnace에서 수행될 수 있다.
3. 4차 마스크, 폴리 게이트	•포토리소그래피에서 두꺼운 UV 리소그래피(약 0.25 μm)는 폴리실리콘 게이트의 훌륭한 구조를 형상화 시키기 위해서 사용한다. 비반사 코팅(ARC)은 바람직하지 않은 반사를 줄이기 위해 일반적으로 폴리와 포토레지스트 사이에 적용된다. •게이트에서의 레지스트 선폭은 IC상에서 가장 협소한 구조를 가지고 있다. 따라서 여러 가지 품질 측정은 CD와 overlay registration(OL), 그리고 결함 검사(DI)를 요구한다.
4. 폴리 게이트 식각	•IC 공정에서 가장 중요한 식각 단계 중의 하나는 제조설비 안에서 이용할 수 있는 이방성 플라스마 식각기의 사용을 요구한다. •이런 단방향 식각기는 그림 9-13에 나타낸 것처럼 수직 방향 측면을 만들기 위해 폴리실리콘을 식각한다.

9-2-5 | 약하게 도핑된 드레인(LDD) 주입 공정

게이트 폭이 더 작아지면 게이트 구조 아래의(소스와 드레인 사이의 실리콘 영역) 채널 길이 또한 감소한다. 이런 감소는 트랜지스터 소스와 드레인의 펀치스루를 발생시키는 전위를 증가시키고 바람직하지 않은 채널 누출 전류 또한 발생시킨다. 채널에서 이런 누출의 발생을 줄이는 데 사용하는 기술이 있다. 다음 일련의 이온 주입 단계는 트랜지스터의 소스와 드레인 영역을 정의한다. 각각의 pMOS와 nMOS 트랜지스터는 두 번 주입된다. 한 번은 약하게 도핑된 드레인(LDD) 주입이라고 불리는 얕은 주입을 한다. 다음으로는 중간 혹은 높은 소스/드레인 주입이 일어난다. 약하게 도핑된 드레인(LDD) 주입은 다수의 비소와 BF_2 불순물을 사용하여 실리콘 상부층에 비정질 결정 구조를 생성한다. 큰 질량과 비정질의 표면 상태의 결합은 얕은 접합을 유지하도록 도와주며 드레인과 소스 사이에서 채널 누출 전류 효과를 줄여준다. 약하게 도핑된 n^-형 드레인 주입 공정과 p^-형 드레인 주입 공정을 그림 9-14와 표 9-7에 나타내었다.

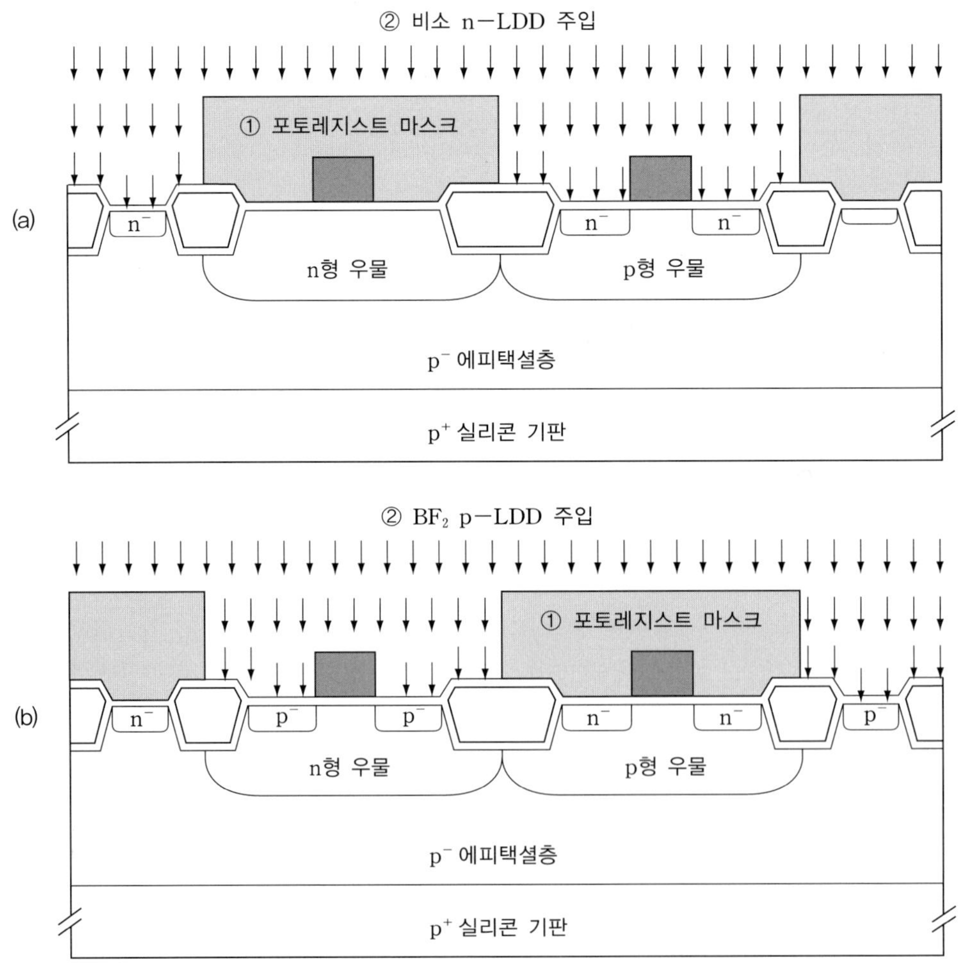

그림 9-14 n^- LDD 주입 공정과 p^- LDD 주입 공정

표 9-7 약하게 도핑 된 n⁻형 드레인 공정과 p⁻형 드레인 주입 공정

약하게 도핑된 n^-형 드레인 주입	설명
1. 5차 마스크. n^- LDD 주입	이런 마스크 단계의 목적은 n 채널 트랜지스터가 주입될 수 있는 포토레지스트에서 창을 개방하는 방법으로 웨이퍼를 패턴화하는 것이다. 다른 모든 영역은 남겨진 포토레지스트에 의해서 보호된다.
2. n^- LDD 주입(낮은 에너지, 얕은 접합 깊이)	비소 이온은 패턴화된 레지스트 창을 통해 선택적으로 주입된다. 그 에너지 깊이는 이전의 n형 우물 주입 단계에서보다 충분히 낮다. 주입되는 동안 균일한 불순물 깊이를 생성하기 위해 실리콘 표면을 큰 질량으로 비정질화해야 하므로 비소는 인보다 더 선호된다.

약하게 도핑된 p^-형 드레인 주입	설명
1. 6차 마스크, p^- LDD 주입	이런 마스크 단계의 목적은 p 채널 트랜지스터가 주입될 수 있는 포토레지스트 내에 창을 개방하는 방법으로 웨이퍼를 패턴화시키는 것이다. 다른 모든 영역은 남겨진 포토레지스트에 의해서 보호된다.
2. p형 LDD 주입(낮은 에너지, 얕은 접합 깊이)	이 주입 단계에서는 붕소보다 2플로오린화 붕소(BF_2)가 더 선호된다. BF_2는 붕소보다 더 무거운 물질이다. 무거운 BF_2는 실리콘 표면이 비정질화되도록 돕는다.

9-2-6 | 측벽 공간 형성

소스/드레인 주입이 커질수록 채널이 너무 가까워져서 펀치스루가 발생하는 것을 방지하기 위해서 폴리 게이트 근처에서 측벽 공간(sidewall)이 사용된다. 그림 9-15에 나타낸 것처럼 두 가지의 주요한 공정 단계가 측벽 공간 형성에서 요구된다. 처음에 산화층이 웨이퍼 표면을 가로질러서 증착되고 그다음에 산화막은 건식 식각 공정을 사용해서 식각된다. 이방성(단방향) 식각 도구는 대부분의 산화막을 제거시키기 위해서 스퍼터(sputter)되는 이온을 사용하기 때문에 마스크 단계에서 요구되는 것은 없다. 식각 공정은 폴리실리콘이 노출되면 중지된다. 그러나 모든 산화막이 제거되는 것은 아니며, 일부 산화막은 폴리실리

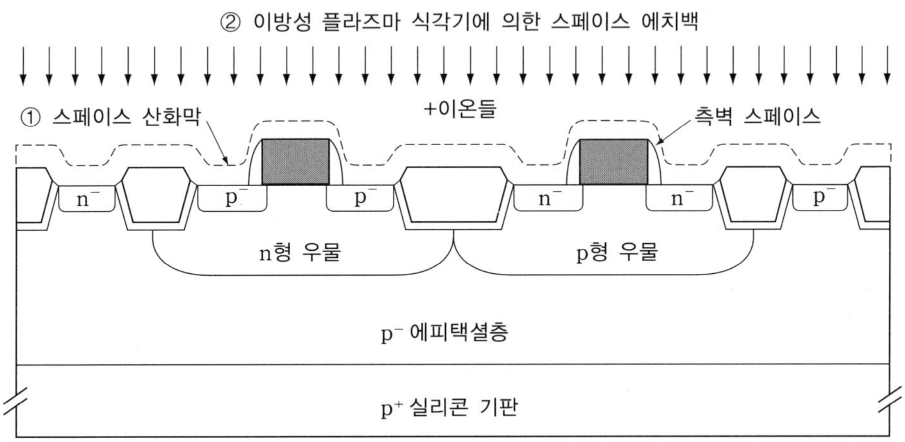

그림 9-15 측벽 공간 형성

표 9-8 측벽 공간 형성의 두 가지 주요 단계 설명

공정 단계	설명
1. 스페이서 산화막 증착	이 단계는 박막 구획에서 수행된다. 대략 1000 Å의 산화막이 화학적 기상 증착법(CVD)으로 증착된다. 증착된 층은 폴리실리콘 게이트의 측면의 공간 형성에 사용된다.
2. 스페이서 산화막 식각	건식 플라스마 식각기는 폴리실리콘 게이트의 측벽의 두꺼운 산화막 뒤에 남겨진 CVD 산화막을 대부분 제거한다.

콘 게이트의 측벽에 남아 있다. 측벽 공간 형성의 두 가지 주요 단계를 표 9-8에서 설명하고 있다.

9-2-7 | 소스/드레인(S/D) 주입 공정

퇴보적 주입 기술을 완성하기 위해서, 중간 불순물 주입은 원래의 이중 우물 주입만큼 깊지는 않지만 LDD 접합 깊이를 약간 넘어서서 실리콘을 통과하도록 만든다. 공간 산화막은 이전 단계로부터 주입 과정 동안 불순물 원자에게서 채널을 보호하게 된다. 그림 9-16과 표 9-9에 n^+ 소스/드레인 주입 공정 단계와 p^+ 소스/드레인 주입 공정 단계를 설명하였다.

표 9-9 n^+ 소스/드레인 주입 공정과 p^+ 소스/드레인 주입 공정

n^+ 소스/드레인 주입 공정	설명
1. 7차 마스크, n^+ S/D 주입	이 마스크 단계에서는 주입되는 nMOS 트랜지스터의 영역을 정의한다.
2. n^+ S/D 주입(중간 에너지)	LDD 접합 깊이보다 더 깊게 실리콘을 통과하는 중간 에너지 주입 단계이다. 공간 산화막은 협소한 채널에서의 침투로부터 비소 불순물을 보호한다.

p^+ 소스/드레인 주입 공정	설명
1. 8차 마스크, p^+ S/D 주입	이 마스크 단계에서는 주입되는 pMOS 트랜지스터 영역을 정의한다.
2. p^+ S/D 주입(중간 에너지)	LDD 접합 깊이보다 조금 더 깊게 실리콘을 통과한다. 공간 산화막은 붕소 불순물의 협소한 채널로의 침투를 방지한다.
3. 어닐링	주입된 웨이퍼는 RTP(rapid thermal process) 기술로 어닐링된다. RTP 기술은 1000 ℃까지 온도가 빨리 도달하고 수 초 동안 유지하는 특성을 가진다. 이런 상태는 구조가 퍼지는 것을 방지하고, S/D 영역 내의 불순물의 확산을 제어하기 때문에 중요하다.

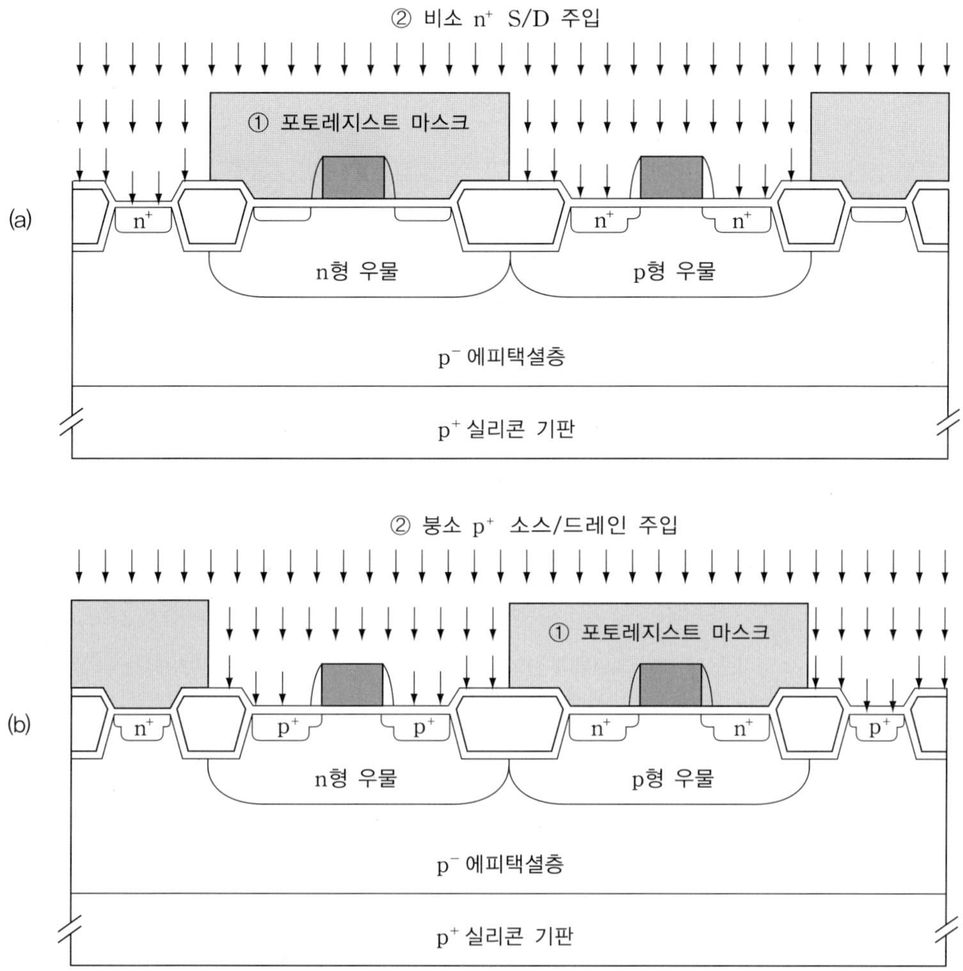

그림 9-16 (a) n^+ S/D 주입 공정 (b) p^+ 소스/드레인 주입 공정

9-2-8 | 접촉부 형성 공정

실리콘의 모든 활성 영역에서 금속 접촉을 형성시키기 위해 접촉부 형성 공정을 수행한다. 이런 금속 접촉은 추후에 증착될 금속 도체 물질과 실리콘 사이의 부착을 촉진하는 역할을 한다. 티타늄(titanium)이 금속 접촉 물질로 가장 우수한 재료이며 코발트(cobalt)가 사용될 수도 있다. 티타늄은 저항이 낮으며 실리콘과 매우 잘 반응한다. 온도가 700℃ 이상으로 상승하면 티타늄 규소 화합물(TiSi) 혹은 ti-silicide 형태로 티타늄이 실리콘과 결합한다. 실리콘 산화막과 티타늄은 반응하지 않기 때문에 화학적 결합이나 물리적 결합이 두 물질 사이에서 만들어지지 않는다. 따라서 티타늄은 마스크 단계 없이 산화막을 쉽게 식각할 수 있다. ti-silicide는 활성 실리콘이 존재하는 소스, 드레인, 게이트와 같은 위치에 잔류한다. 그림 9-17에 나타낸 티타늄 접촉 형성 공정 단계를 표 9-10에서 간략하게 설명하고 있다.

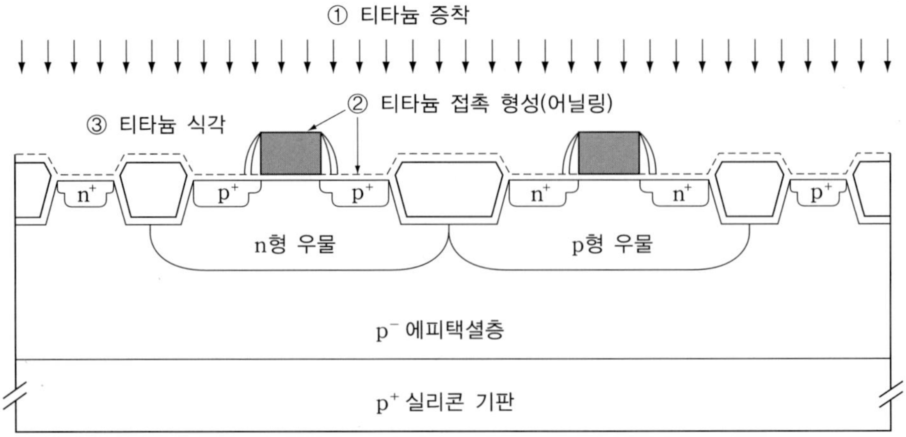

그림 9-17 티타늄 접촉 형성 공정

표 9-10 티타늄 접촉 형성 공정

공정 단계	설명
1. 티타늄 증착	실리콘으로부터 오염물과 산화막을 제거하기 위해 웨이퍼는 완전히 세척된다. 티타늄은 스퍼터링 공정을 이용해서 웨이퍼에 증착된다. 스퍼터링은 강력한 아르곤 이온이 금속 원자를 떼어놓기 위해 금속에 입자로 충격을 가하는 플라스마 공정실에서 수행되는 물리적 기상 증착(PVD)이다.
2. 어닐링	웨이퍼는 RTP 기술로 처리된다. 고온은 티타늄과 $TiSi_2$(ti-silicide)로 형성된 실리콘 사이에서의 화학적 반응을 일으킨다.
3. 티타늄 식각	티타늄과 반응하지 않는 화학적 식각은 활성 실리콘 영역을 넘어 ti-silicide 뒤에 놓인다.

9-2-9 | 국부적 상호 연결 공정

다음 단계는 트랜지스터와 다른 티실리사이드(t-isilicide) 접촉 사이에 금속 연결선을 형성하는 것이다. 이런 공정의 진행에서는 국부적 상호 연결(LI : local interconnect)이 사용된다. LI 형성 단계는 STI 형성 단계만큼 복잡하다. CMP, 패턴화, 식각, 텅스텐 금속 확산과 금속 연마 과정이 끝난 다음 유전체막의 확산과 함께 LI 공정이 시작된다. 이런 공정은 시리아 다마스쿠스의 장인에 의해 수 천년 전부터 시작한 풍습으로부터 이름이 붙여진 물결무늬(damascene)를 적용한다. 이 공정의 결과로 복잡한 무늬를 넣은 보석이나 예술작품을 닮은 상부의 표면이 완성된다. 그림 9-18은 금속 라인이 식각된 산화막의 벽 안에서 형성되는 것을 보여준다. 그림 9-19에 나타낸 LI 산화막 유전체 형성 공정과 LI 금속 형성 공정은 표 9-11에 간략하게 설명되어 있다.

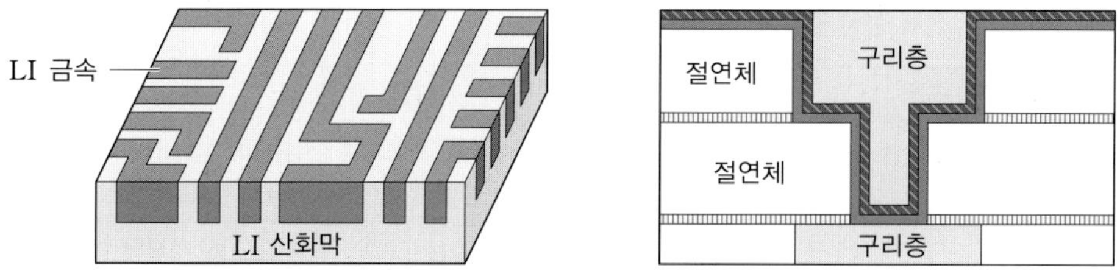

그림 9-18 이중 상감 LI 금속의 유전체로 사용되는 LI 산화막

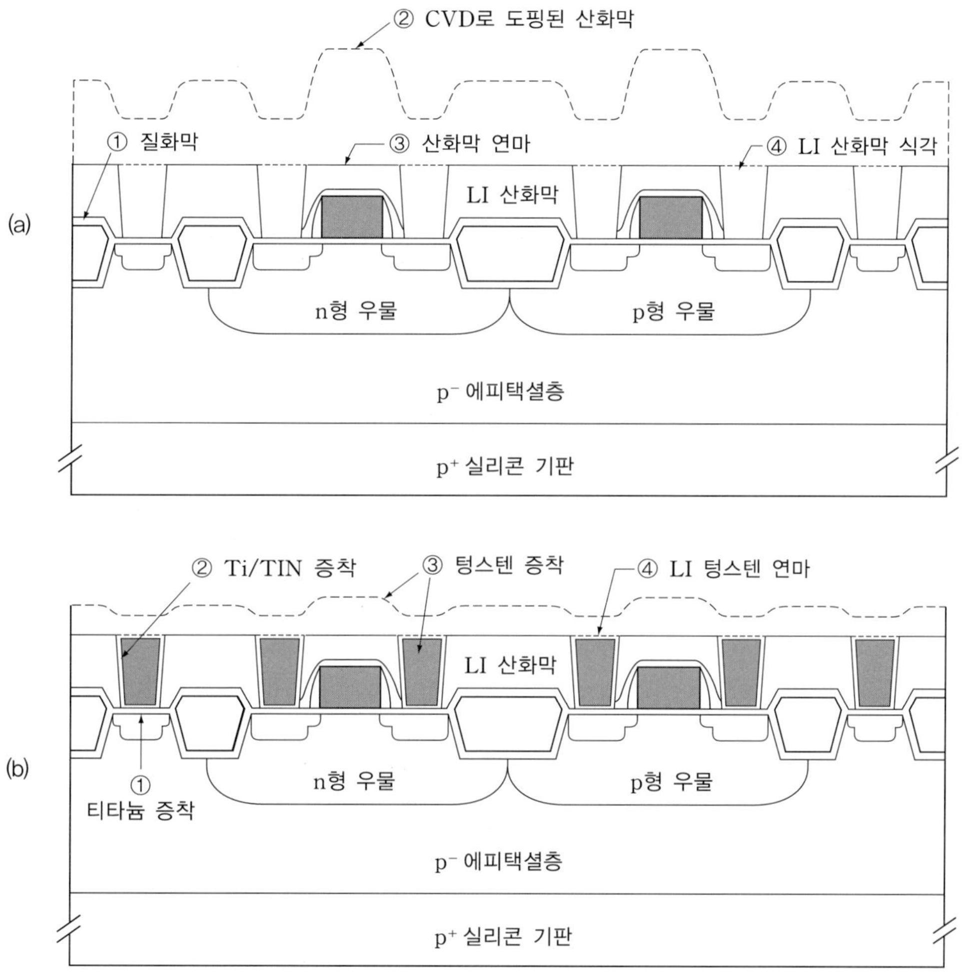

그림 9-19 LI 산화막 유전체 형성 공정과 LI 금속 형성 공정

표 9-11 LI 산화막 유전체 형성 공정과 LI 금속 형성 공정

LI 산화막 유전체 형성 공정	설명
1. Nitride(SiN_3) CVD	실리콘 질화물의 장벽층은 CVD 과정을 이용해서 증착된다. 질화물은 다음 막층에서 불순물로부터 활성 영역을 보호하는 물질을 생산한다.
2. 도핑된 산화막 CVD	국부적 상호 연결 구조의 LI 유전체 요소는 CVD 산화막(SiO_2)으로부터 형성된다. 이런 산화막에는 인과 붕소가 가볍게 도핑된다. 산화막에서 불순물이 추가되면 유리의 유전체적 질을 향상시킨다. 추가적인 RTP 단계는 유리의 표면을 매끄럽게 하고 흐름이 잘 이루어지도록 허용한다.
3. 산화막 연마(CMP)	LI 산화막을 평면화하는 데 사용한다. 연마 후에 결정되는 산화막의 두께는 약 8000 Å이다.
4. 9번째 마스크, LI 식각	웨이퍼는 포토리소그래피에서 패턴화되고 식각 구획에서 식각된다. 협소한 굴곡은 LI 금속의 통로로 정의되기 위한 형태로서 제공될 LI 산화막에서 생성된다.

LI 금속 형성 공정	설명
1. 티타늄 증착(PVD 공정)	티타늄의 얇은 장벽층은 LI 벽의 바닥과 안쪽에 선을 만든다. SiO_2에 텅스텐을 부착하기 위해 '양면 접착 테이프'의 역할로 Ti가 사용된다.
2. 티타늄 nitride 증착	티타늄 nitride(TiN)는 텅스텐 금속을 위한 확산 장벽으로서 Ti가 제공되면 즉시 증착된다.
3. 텅스텐 증착(CVD 과정 연마)	텅스텐은 전체 웨이퍼에서 협곡과 외막을 LI로 채운다. 형성된 금속 마개로 비어 있는 부분이 없도록 구멍을 채우는 특성 때문에 텅스텐은 LI 금속을 위해 알루미늄을 사용한다.
4. 텅스텐 연마	텅스텐은 LI 산화막 표면의 위아래를 연마한다.

9-2-10 | 비아-1과 플러그-1 형성(ILD-1)

층간 유전체(ILD : interlayer dielectric)는 첫 번째 금속과 실리콘 사이의 절연체나 각 금속층 사이의 절연체로 동작한다. ILD의 내부에는 하나의 금속층으로부터 인접한 금속 사이의 전기적인 통로를 제공하는 작게 개방된 다수의 비아(via)가 존재한다. 그림 9-20에서 보듯이 비아들은 텅스텐 혹은 텅스텐 플러그와 같은 전도성 금속으로 채워지고 적당한 위치에 놓여 금속층 사잉의 전기적인 회로를 구성한다. ILD-1은 최초의 상호 연결 처리 공정으로 설명된다. Via-1 형성 공정과 플러그-1 형성 공정은 표 9-12에 설명된 것처럼 실행된다.

(a)

(b)

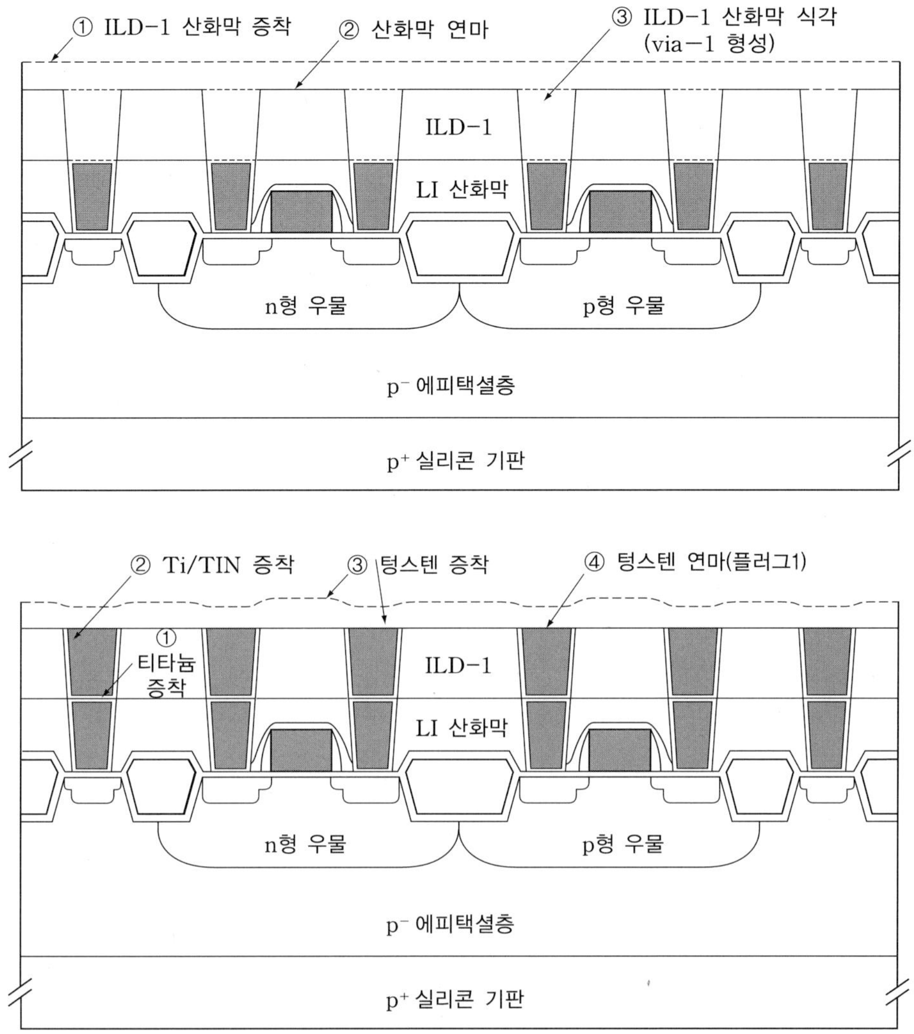

그림 9-20 비아-1 형성과 플러그-1 형성

표 9-12 비아-1 형성 공정과 플러그-1 형성 공정

비아-1 형성 공정	설명
1. ILD-1 산화막 증착(CVD)	산화막은 박막에서의 CVD를 이용해서 웨이퍼의 표면에 증착된다. 이러한 층은 비아가 형성된 곳으로부터 절연 물질로 동작한다.
2. 산화막 연마	CMP로 ILD-1 산화막을 평탄화시킨다. 연마된 후의 산화막의 두께는 대략 8000 Å 정도이다. 연마가 진행되는 단계에서는 발생된 미립자들을 제거하고 세정하기 위해서 물로 마찰시키는 단계가 포함된다.
3. 10차 마스크, ILD-1 식각	웨이퍼는 포토리소그래피에서 패턴화된 뒤, 식각 구역에서 식각된다. ILD-1 산화막 속으로직경이 0.25 μm보다 훨씬 더 작은 비아 구멍이 식각된다. 이러한 단계는 CD, OL 결함의 항으로 임계의 크기를 갖는다.

플러그-1 형성 공정	설명
1. 티타늄 장벽 금속 증착 (PVD)	박막에서의 PVD 기술을 통해 웨이퍼의 표면에 얇은 티타늄이 증착된다. 티타늄은 비아 구멍의 벽 및 바닥의 선으로 증착된다. 티타늄은 접착제 역할을 하여 구멍 내의 텅스텐 플러그를 고정시킨다.
2. 질화 티타늄 증착(CVD)	질화 티타늄이 Ti층의 꼭대기에 얇게 증착된다. 질화 티타늄은 다음 증착 단계에서 텅스텐의 확산 장벽으로 동작한다.
3. 텅스텐 증착(CVD)	또 다른 CVD 기술이 웨이퍼 위에 텅스텐을 증착시키기 위해서 사용된다. 텅스텐은 플러그를 형성하기 위해서 비아을 채우게 된다.
4. 텅스텐 연마	이후 웨이퍼는 ILD-1 산화층의 표면 위에서 연마된다.

9-2-11 | 금속-1 상호 연결 형성

다음 과정으로는 식각 공정과 마스킹에 의해서 웨이퍼상의 샌드위치 혹은 금속 스택(metal stack)이라고 부르는 3층의 금속 박막이 증착된다. 다층의 금속 스택은 금속/티타늄, 질화 티타늄, 알루미늄/구리와 같은 내열성 금속으로 구성된다. 이런 공정이 완성되면 웨이퍼는 그림 9-21에서 보듯이 소자 위에 구성되는 여섯 개의 금속 스택 중 첫 번째 금속층을 형성한다. 소자 위의 금속층의 숫자는 칩의 복잡성에 의존한다. 금속-1 상호 연결 형성 공정은 표 9-13에 설명되어 있다.

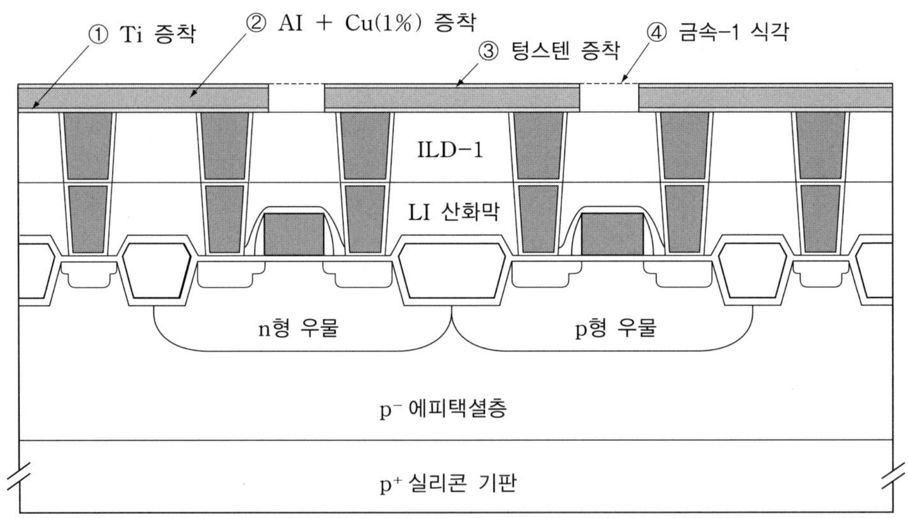

그림 9-21 6층 구조를 갖는 소자의 금속-1 상호 연결 형성

표 9-13 금속-1 상호 연결 형성 단계 설명

공정 단계	설명
1. 티타늄 장벽 금속 증착(PVD)	티타늄은 다른 공정에서처럼 전체 웨이퍼에 첫 번째로 증착되는 금속이다. 텅스텐이 증착됨을 통해 텅스텐 플러그와 다음 금속인 알루미늄 사이의 우수한 접착이 있을 수 있다. 또한 층간 유전체 물질에 대한 우수한 접착력을 제공하고 금속 스택의 신뢰성이 개선된다.
2. 알루미늄/구리 증착(PVD)	티타늄이 코팅된 웨이퍼 위로 알루미늄 구리(99% Al, 1% Cu) 금속이 박막 PVD 기술을 이용해서 스퍼터링된다. 1%의 구리는 알루미늄의 신뢰성을 개선시키기 위해서 알루미늄에 첨가된다.
3. 질화 티타늄 증착(PVD)	질화 티타늄은 다음의 포토 마스킹 단계에 대한 비유동성을 제공하는 코팅으로 알루미늄/구리층 위에 얇게 증착된다.
4. 11차 마스크, 금속 식각	웨이퍼는 포토레지스트를 이용해서 패턴화되고 3층 금속 스택은 플라스마 식각기를 이용해서 식각된다.

9-2-12 | 비아-2와 플러그-2 형성(ILD-2)

그림 9-22에 나타낸 것처럼 두 번째 층간 유전체에서 비아-2와 플러그-2 형성 공정이 진행된다. ILD-2는 금속-1로부터 식각된 작고 큰 간격(틈)을 채우는 첫 번째 단계를 제외하면 ILD-1과 유사하다. 이 공정에서는 전기적인 실행으로부터 영향을 받을 수 있는 다른 결함이나 빈 공간이 없도록 좁은 공간으로 채워질 수 있는 유전체 물질로 틈을 채운다. 이러한 틈 채우기(gap fill)는 일반적으로 식각에 의한 SOG와 고밀도 플라스마 화학적 기상 증착법(HDPCVD: high-density plasma chemical vapor deposition)으로 수행된다. HDPCVD는 0.25 μm 공정에서 선호된다.

틈이 일단 채워지면 플라스마 강화 화학적 기상 증착법(plasma-enhanced CVD: PECVD)을 이용해서 ILD-2 산화막의 나머지 증착이 마무리된다. ILD-2 증착에 이어서 산화막을 연마하고, 패턴화하고, 텅스텐 플러그를 구성하기 위해서 비아를 개방하는 식각을 진행한다.

(a)

(b)

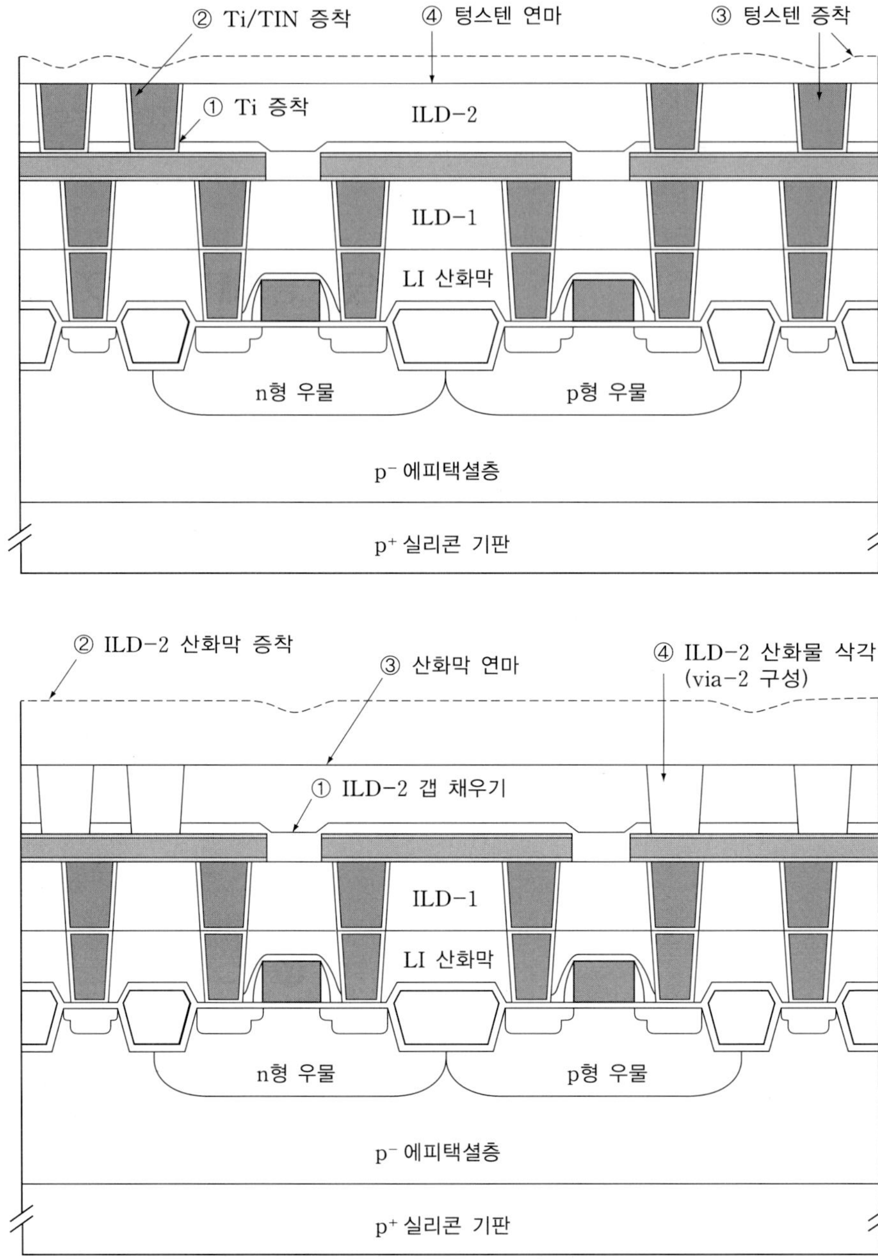

그림 9-22 비아-2 형성 공정과 플러그-2 형성 공정

표 9-14 비아-2 형성 공정과 플러그-2 형성 공정

비아-2 형성 공정	설명
1. ILD-2 틈 채우기	ULSI 소자에 대한 최근의 틈 채우기 방법은 고밀도 플라스마를 사용하여 증착하거나 증착된 층간 산화막을 식각하는 것이다. 그 결과로 금속 틈이 비지 않는 조밀한 산화막을 형성된다.
2. ILD-2 산화막 증착	PECVD 시스템은 ILD-2 산화물층의 나머지를 증착하기 위해서 사용된다.
3. ILD-2 산화막 연마	웨이퍼는 다음 단계의 패턴화가 우수하게 진행되도록 표면이 평탄하게 연마된다.
4. 12차 마스크, ILD-2 식각	웨이퍼를 포토레지스트로 패턴화하고 ILD-2 산화막을 플라스마 식각기로 식각한다.
플러그-2 형성 공정	**설명**
1. 티타늄 장벽 금속 증착 (PVD)	티타늄은 다른 금속 공정에서처럼 전체 웨이퍼에 첫 번째로 증착되는 금속이다. 텅스텐은 텅스텐 플러그와 다음 금속인 알루미늄 사이의 우수한 접착을 제공한다. 또한 층간 유전체 물질에 대한 우수한 접착력을 제공하고 금속 스택의 신뢰성을 개선한다.
2. 질화 티타늄 증착 (CVD)	TiN은 Ti층의 위쪽에 얇게 증착된다. TiN은 증착 단계에서 텅스텐에 대한 확산 장벽으로 동작한다.
3. 텅스텐 증착(CVD)	또 다른 CVD 기술이 웨이퍼 위에 텅스텐을 증착시키기 위해서 사용된다. 텅스텐은 플러그를 형성하는 작은 비아 공간을 채운다.
4. 텅스텐 연마	텅스텐이 증착된 웨이퍼는 ILD-2 산화층의 표면 위에서 연마된다. 비아에는 텅스텐 플러그가 남는다.

9-2-13 | 금속-2 상호 연결 형성

그림 9-23의 금속-2 상호 연결 형성 공정은 표 9-15에 설명된 것처럼 진행된다. 세 번째 층과 네 번째 층의 형성을 위한 공정을 반복해서 4번째 금속층의 식각을 마치면 다섯 번째 층간 유전체가 박막 공정을 이용해서 증착된다. 패턴화되는 구조는 이전 공정에서 구성되는 0.25 μm보다 아주 커지기 때문에 이제는 유전체층을 위한 CMP가 필요하지 않다. ILD-5층은 금속-5 증착에 의해 금속 채우기를 위해서 식각된다. 금속-5층은 이전의 금속 스택보다 더 두껍게 증착된다. 이런 금속층의 접착 결합 패드를 구성하고 필요로 하지 않는 부분의 금속을 제거시키기 위해서 식각된다.

이 공정의 마지막 단계에는 실리콘 질화막(약 2000 Å)의 상부층에 포함되는 여섯 번째 산화물층이 포함된다. 이런 산화물층은 보호층으로 여겨진다. 이 산화물층의 목적은 습기, 긁힘, 오염으로부터 생산품을 보호하기 때문이다. 이후 확산로에서 마지막 저온 합금 단계가 수행된다. 어닐링과 같은 열처리를 시행하면 금속 연결부 사이를 금속학적으로 개선함으로써 전기적인 특성과 신뢰성이 개선된다. 합금단계에서는 구조상의 영구적인 결함을 일으킬 수 있는 제품의 과도한 가열을 피하기 위한 주의가 필요하다.

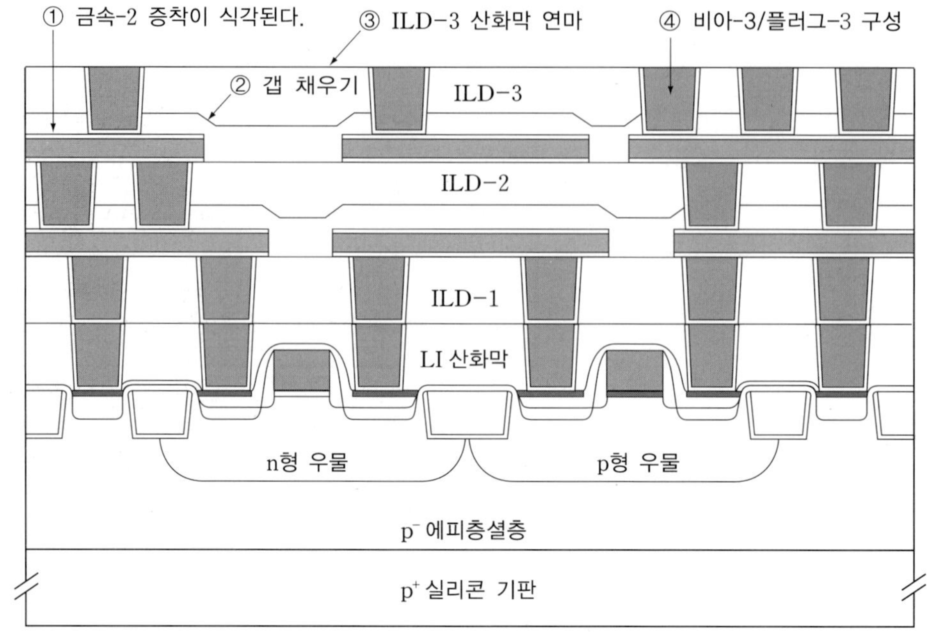

그림 9-23 금속-2 상호 연결 형성

표 9-15 금속-2 상호 연결 형성 공정

공정 단계	설명
1. 식각을 위한 금속-2 증착	두 번째 금속 스택은 첫 번째 금속 스택처럼 정확하게 증착된다. 스택은 Ti층, 구리/알루미늄층, TiN층 등 3개 층으로 구성된다. 패턴화된 레지스트에서 창을 통해서 금속-2선을 식각하기 위해서 플라스마 식각기를 사용한다.
2. ILD-3 틈 채우기	금속-2 식각에 이어서 산화층이 조밀해지도록 HDPCVD를 사용하여 금속 틈 채우기를 진행다.
3. 연마를 위한 ILD-3 산화막 증착	ILD-3 산화막은 HDPCVD 방법으로 증착된다. 이러한 활동은 평탄한 표면을 구하기 위해서 산화막을 연마함으로서 수행된다.
4. 비아-3 식각, Ti/TiN 증착, 텅스텐 증착, 연마	식각된 비아-3 공간은 Ti/TiN 금속 장벽으로 채워진다. 텅스텐은 웨이퍼 표면을 가로질러 텅스텐이 ILD-3 산화물층에 도착할 때까지 증착된다. 텅스텐 플러그는 금속-2와 금속-3 사이의 상호 연결을 제공하기 위해서 비아를 남긴다.

9-2-14 | 파라미터 검사

웨이퍼는 자신의 생산적 가치를 결정하기 위해서 두 번 검사된다. 그중 한번은 웨이퍼에 첫 번째 금속 식각을 완성했을 때이며 나머지 한 번은 마지막 실험 처리 단계가 완료되었을 때이다. 금속 식각에 따라서 전기적인 시험 기구를 연결하는 특별한 마이크로 프로브는 웨이퍼의 구조를 측정하는 특별한 소자의 전기적인 파라미터들을 측정하는 데 사용된다. 이런 시험 절차는 또한 웨이퍼의 전기적 검사로 앞선 8장에서 이미 설명하였다.

웨이퍼에 대한 마지막 단계는 웨이퍼 실험 이외의 웨이퍼 검사/분류이다. 웨이퍼는 전기

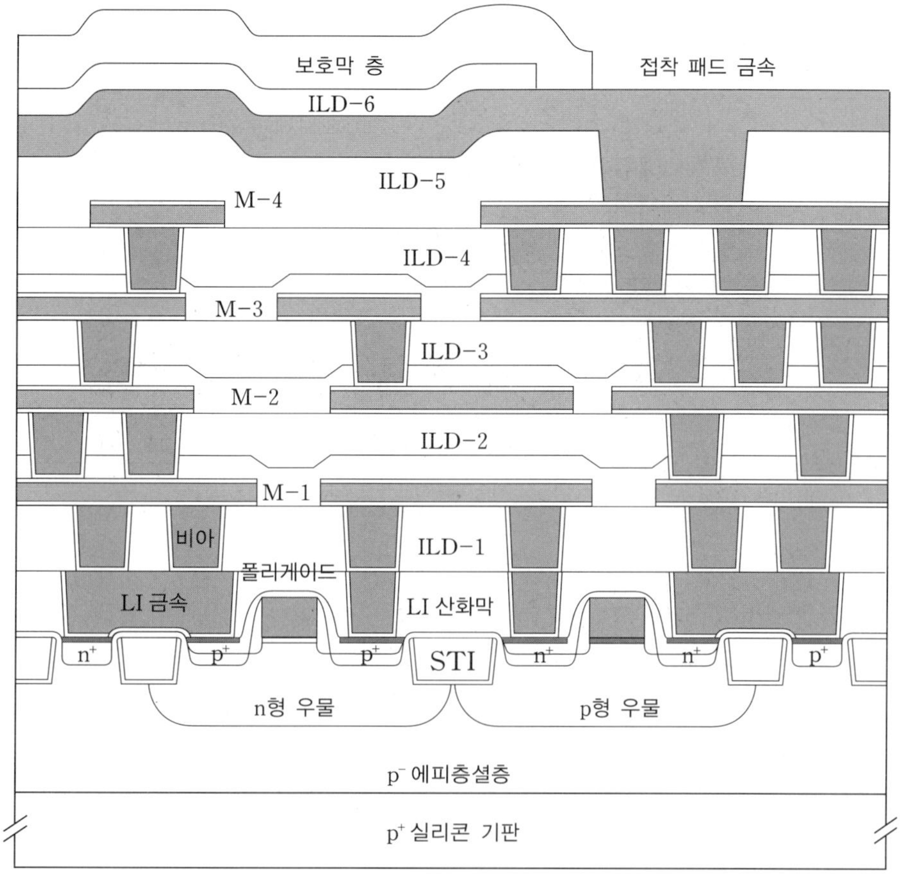

그림 9-24 0.18 μm 기술로 제작된 CMOS 소자의 단면적

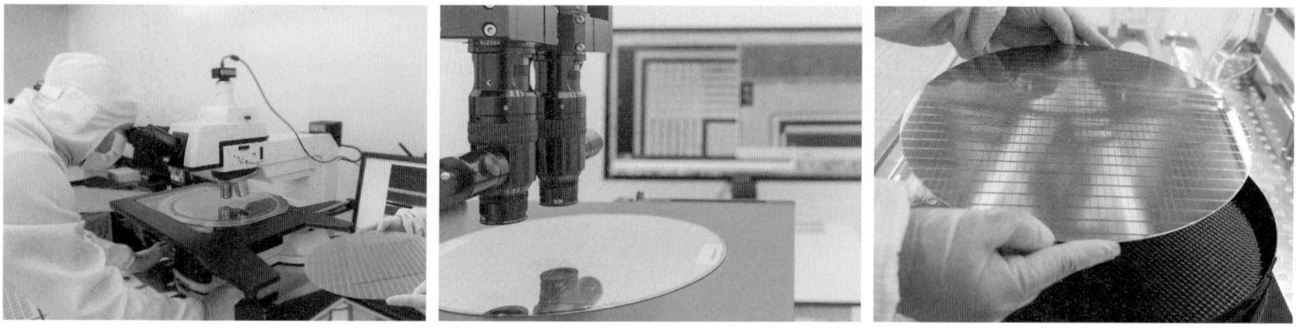

그림 9-25 웨이퍼 검사 장비와 웨이퍼 검사웨이퍼 검사 장비와 웨이퍼 검사(출처: © Christian Delbert/Shutterstock, Morozov Anatoly/Shutterstock, MS Mikel/Shutterstock)

적인 시험과 성질에서 자동적으로 검사되고 결과가 분석된다. 웨이퍼상의 각각의 칩은 전기적인 기능을 시험한다. 그들은 X-Y 좌표계를 사용하는 소프트웨어를 통하여 추적당하고 그 결과 양호한 칩과 불량한 칩위 위치가 알려진다. 이런 데이터는 양호한 칩과 불량한 칩의 백분율인 칩의 수율을 결정하는 데 사용한다. 이런 검사를 거쳐 양호하다고 판단된 웨이퍼는 조립 공정으로 이동된다.

연습문제

1. 웨이퍼 제조공정 설비에서 6가지 특별하게 구분되는 생산 영역을 기술하고 각각의 영역에 대해서 간략하게 설명하시오.

2. 확산 영역에서는 어떤 활동이 일어나는지 설명하시오.

3. 고온로에서 시행되는 5가지 공정을 설명하시오.

4. 포토리소그래피 공정의 목적은 무엇인지 설명하시오.

5. 포토리소그래피 공정에서 특별한 오염의 제어가 필요한 이유를 설명하시오.

6. 포토레지스트로 코팅된 웨이퍼가 발견되는 생산 영역 3가지를 정의하시오.

7. 식각 공정의 목적은 무엇이고 가장 널리 사용되는 기술은 무엇인지 설명하시오.

8. 이온 주입 공정은 어떻게 사용되는지 설명하시오.

9. CMP를 정의하고 사용 목적은 무엇인지 설명하시오.

10. 이중 우물은 무엇인지 설명하시오.

11. STI란 무엇인지 설명하시오.

12. 웨이퍼 평탄화 기술을 설명하시오.

연습문제

13. 측벽 공간의 사용 목적을 설명하시오.

14. LDD, LI, ILD, 비아, 텅스텐 플러그란 무엇인지 설명하시오.

15. 보호층의 목적은 무엇인지 설명하시오.

제 10 장

화학적 기상 증착법

마이크로칩 제조공정에는 웨이퍼 표면 위에 다양한 형태의 박막층을 성장시키는 증착 공정이 필수적으로 진행된다. 이때 증착되는 박막층은 회로를 생산하거나 개별 IC 소자를 연결할 때 사용되고 금속 사이의 절연이 필요한 경우에는 절연체층이 삽입된 샌드위치 형태의 다층 금속화 공정에 사용된다. 또한 실리콘 질화물(Si_3N_4) 박막 절연층은 Na와 같은 외부의 오염이나 긁힘, 충격으로부터 소자를 보호하는 역할도 수행한다. 박막의 두께는 균일하게 성장되어야 하며, 결정 구조와 성분은 화학량론적으로 잘 조절되어야 한다.

이 장에서는 이산화 규소(silicon dioxide), 실리콘 질화물(silicon nitride) 같은 유전체 박막과 폴리실리콘 증착에 사용되는 CVD 공정, 에피택시 공정, PVD 공정에 관해서 설명하고 다층 금속화 공정에 대해서는 14장에서 설명하기로 한다.

10-1 박막 증착의 개요

CD가 0.18 μm 이하로 감소되면서 웨이퍼의 제조공정에 사용되는 재료와 제조공정 기술의 개선이 극적으로 변화되었고 소자의 물리적인 크기는 더욱 감소되었다. 새로운 금속 도체 재료들은 전기적 특성을 필수적으로 유지해야 한다. 유전체 재료들은 적절한 전기 절연을 제공하기 위해 금속 박막 사이에 증착된다. 동시에 각 칩들은 다양한 금속층들과 실리콘 소자들 사이에서 수억 개 이상의 전기적 연결을 구성한다.

다층 금속화(multilevel metalization)는 그림 10-1에 나타낸 것처럼 웨이퍼 위에 조밀하게 채워진 소자를 상호 연결하기 위해서 요구되는 금속층과 유전체층으로 구성된다. 유전체는 절연층으로 동작하고 금속층들은 비아(via)라고 부르는 유전체 박막층의 내부 틈 사이로 연결된다. 다층 금속화 공정은 단층의 금속층 증착 공정에 비해 제조 비용이 추가로 증가하고, 회로의 복잡도가 증가한다. 따라서 소자의 결함 역시 증가하고 수율에도 영향을 준다. 초기의 반도체 생산에서는 내부 연결 배선을 위해서 금속 재료로 알루미늄을 사용해왔지만, 더 우수한 공정 기술의 개발로 인해 현재에는 구리의 금속화 공정이 사용된다. 그림 10-1에 나타낸 것처럼 각각의 금속층들은 Metal-1, Metal-2로 언급된다. ILD-1, ILD-2로 표시되는 층간 유전체층은 트랜지스터 소자들을 금속 내부 연결층으로부터 전기적으로 분리시키며, 이동하는 이온과 같은 오염원으로부터 물리적으로 분리시키는 중요한 기능을 한다.

ILD로는 전형적으로 유전 상수가 3.9~4.0인 이산화 규소(SiO_2)가 사용된다. 유전 상수는 직접적으로 회로의 동작 속도에 영향을 미치므로, 증착된 절연 박막에서 중요하게 여겨지

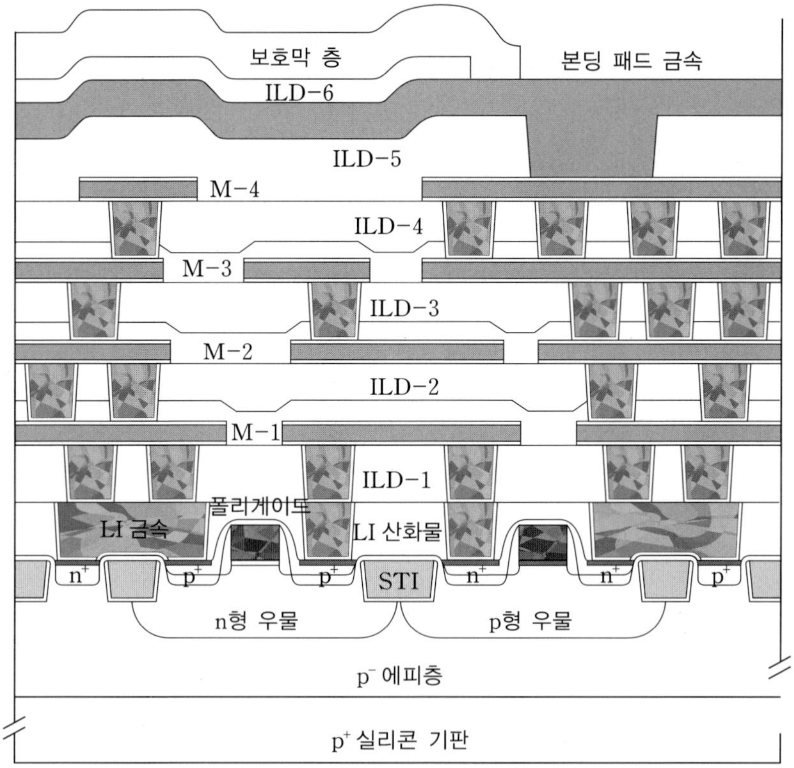

그림 10-1 ULSI 웨이퍼의 다층 금속화

는 특징이다. 기판과 매우 근접한 박막 표면은 박막 물질의 물리적, 기계적, 화학적, 전기적 특성에 깊은 영향을 미치는데 박막의 두께는 옹스트롬(Å) 단위로 표시된다. 박막이 가지는 일반적인 특성으로는 우수한 단차 피복(step coverage), 높은 비율로 틈을 메우는 능력, 우수한 두께의 균일성, 높은 순도와 밀도 특성, 제어된 화학량론(stoichiometries) 특성, 낮은 박막 응력에서의 높은 구조적 완전성, 우수한 전기적 특성, 기판 물질과 연속적인 박막들과의 우수한 접착력을 들 수 있다.

그림 10-2에서 보는 것처럼 박막은 전체적인 표면에서 균일한 두께를 유지하는 것이 바람직하다. 만약 계단형 구조에서 막을 과도하게 얇게 하면, 높은 응력과 전기적 단락, 소자 안에서의 바람직하지 않은 전하의 유도를 초래할 수 있다. 높은 응력은 기판의 형태를 볼록하거나 오목한 형태로 변형시키므로, 막의 응력은 최소화해야 한다. 박막은 두께의 균일성과 함께 등각(等角)이어야 한다. 너무 얇은 층들은 기계적 강도가 약해 핀홀(pinholes)과 같은 결점을 더욱 많이 갖는 경향이 있다. step과 열분해(cracking)를 최소화하는 것은 박막이 우수한 표면 편평도를 갖기 위해서 바람직하다.

그림 10-3에 표시된 것처럼 작은 갭(틈 또는 구멍)은 깊이와 폭(너비)의 비로 정의되는 외관비(aspect ratio)로 특정된다. 깊이가 500 Å이고 폭이 250 Å이라면 외관비는 2:1이다. 갭

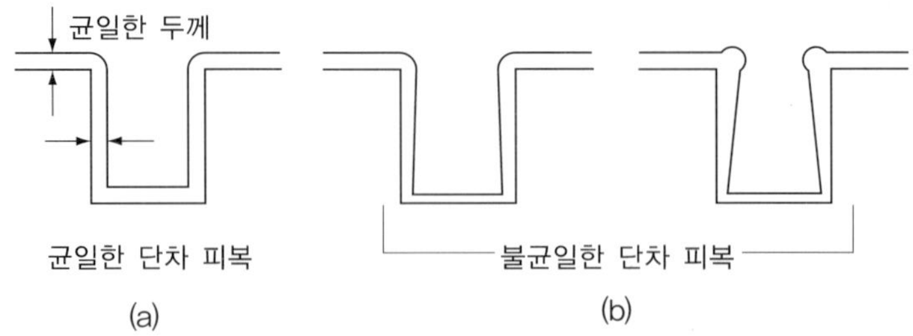

그림 10-2 단차 피복(스텝 커버리지)을 갖는 막 (a) 균등한(정상적인) 단차 피복 (b) 불균등한 단차 피복

은 0.25 μm처럼 개방된 폭으로 정의될 수 있다. 웨이퍼 표면 위의 매우 작은 갭들과 구멍을 메우는 능력은 0.25 μm 이하의 소자를 제작하기 위해서 요구되는 박막의 아주 중요한 특성 중 하나이다. 예를 들자면 효과적인 틈 채우기 능력을 요구하는 틈은 얕은 트렌치 고립을 위한 트렌치와 층간 유전체를 통해서 흐르는 비아를 필요로 한다. 전형적으로 높은 외관비는 3:1을 넘는데 경우에 따라서는 5:1 이상이 되기도 한다. 높은 외관비의 갭은 막을 균일하게 증착하는 것을 어렵게 만드는데, 핀치 오프와 빈 공간(void)을 유도하기 때문이다.

높은 막 순도(film purity)가 요구되는 이유는 오염물질(MIC)과 미립자들로부터 영향을 받지 않아야 막의 적절한 동작이 보장되기 때문이다. 수소와 같은 막 오염물질의 발생은 막의 특성을 악화시킨다. 핀홀(pinhole)과 빈 공간 같은 결함을 최소화시키는 것이 중요하기 때문에 막의 밀도 역시 막의 품질을 나타내는 중요한 척도가 된다. 다공성(흡수성) 막은 낮은 밀도와 낮은 굴절 지수를 갖는다.

바람직한 막은 화학량론적인 구성비가 균일 구성을 가지도록 요구된다. 반응이 진행 중이거나 화학적 변화가 일어날 때, 반응이 끝나거나 안정화되었을 때 생산되는 양을 화학량론으로 나타낸다. H_2O의 화학량론 비가 2:1로 표현되는 것처럼 화학량론은 혼합물 또는 분자 내의 한 구성 성분과 다른 구성 성분과의 비이다.

반응 물질들은 증착 공정이 진행되는 동안 결정으로 모이고 성장하는 경향이 있는데, 결정 크기가 막 내부에서 변한다면, 전기적 기계적 특성의 변화를 유발하고 궁극적으로는 막

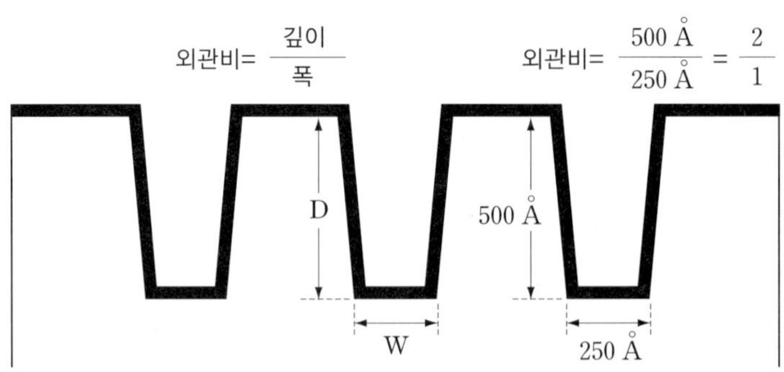

그림 10-3 2:1의 외관비

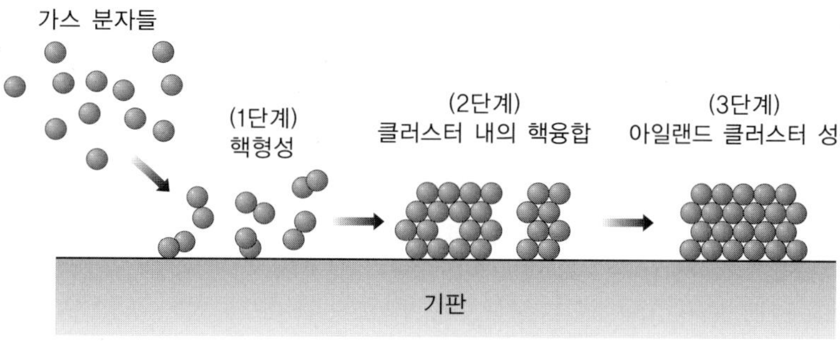

그림 10-4 막의 성장 단계

의 신뢰성에 영향을 미칠 수 있다. 막의 성장은 막 층에서의 웨이퍼 기판의 변형, 막의 크래킹, 얇은 조각층으로의 갈라짐, 틈이 있는 구조를 초래할 수 있는 바람직하지 않은 응력을 유발한다. 압축 응력을 일으키는 질화물막 증착에서의 수소 오염이 대표적인 예이다.

금이 간 막은 거친 표면을 유발하고 막을 통해 오염물질이 흐르도록 허용하기 때문에 박막의 표면이 금 가고 갈라지는 것을 피하고자 기판 물질에 막을 접착시키는 것은 중요하다. 절연막의 경우라면 갈라진 틈은 전기적 단락과 전류 유출 경로를 유발할 수 있다. 막을 표면에 접착시키는 것은 표면의 깨끗한지, 막이 합금할 수 있는 물질의 형태인지에 따라 결정된다. 크로뮴과 티타늄, 코발트와 같은 금속들은 그 접착 성질이 자주 이용되는 금속들이다. 다층 금속화에서는 구조의 전반적인 전기적, 기계적 완벽성을 유지하기 위해 막의 우수한 접착성을 중요하게 여긴다.

증착된 박막은 그림 10-4에서 보듯이 여러 단계를 거쳐 성장한다. 먼저 안정한 핵으로 구성된 무리에서의 핵 형성(nucleation)을 거친 뒤 클러스터(핵 무리) 내에서 핵융합 단계로 이어진다. 이 핵융합 단계는 섬 성장(island growth)이라고도 하며, 섬 클러스터는 계속 성장하여 기판 표면 위를 가로질러 막을 증착시킨다. 일반적인 경우에는 짧은 길이의 크리스털 정렬과 함께 다결정질막을 성장시키지만 높은 핵융합률과 결합된 낮은 표면 이동도를 갖는 경우에는 짧은 길이의 정렬되지 않은 비정질 박막을 성장시킨다. 낮은 열에너지는 반응 물질의 표면 이동도를 늦추기 때문에 낮은 증착 온도는 비정질막을 만들 때 일반적으로 선호된다. 절연체막 또는 금속막은 보통 비정질이거나 다결정질이다. 산화층 위에 증착된 실리콘은 다결정질이다.

10-2 화학적 기상 증착법

화학적 기상 증착법(CVD)은 가스 혼합물의 화학적 반응을 통해서 웨이퍼 표면 위에 고체 박막을 증착하는 공정이다. CVD 증착법은 반응기라고 부르는 증착실에서 화합물들이 혼합되고 반응될 때 발생하는 화학적 반응을 이용한다. 원자 또는 분자들은 화학 반응을 통해 웨이퍼 표면에 증착되고 박막을 형성한다. CVD 공정에서 사용되는 다섯 종류의 기본적 화학 반응은 다음과 같다. 일반적으로 산소 없이 열을 이용하여 혼합물을 분해하는 열분해(pyrolysis), 복사 에너지로 혼합물의 결속을 깨뜨려 분해하는 광분해(photolysis), 분자와 수소를 반응시킴으로써 발생하는 화학적 반응인 환원(reduction), 원자 또는 분자를 산소와 반응시키는 화학 반응인 산화(oxidation), 2개의 새로운 화합물의 형태와 함께 3, 4번째 반응의 조합 형태인 산화·환원 반응이 있다.

어떤 반응을 선택할 것인지는 보통 증착 온도(웨이퍼 물질의 허용 온도), 박막의 특성 그리고 제조 문제 등과 같은 파라미터로 결정한다. 구체적인 CVD 반응에는 실레인(SiH_4)과 산소의 산화 반응에 의한 이산화 규소 박막 증착법이 있다. 이런 반응은 가열된 웨이퍼 표면에 증착되는 실리콘 이산화물과 더불어 부산물인 수소를 만들어낸다.

고체 박막을 증착하는 CVD 화학 반응은 웨이퍼 표면에서 발생되는 비균질 반응(heterogeneous reaction)과 웨이퍼 표면 상단의 가스 단계 안에서 발생되는 균질 반응(homogeneous reaction)으로 구분된다. 균질 반응은 가스 단계에서 증착한 물질의 클러스터를 형성하기 때문에 접착력이 약하고, 결함이 많으며 박막이 낮은 밀도로 성장하기 때문에 바람직하지 않다. 따라서 웨이퍼 표면에서 발생되는 비균질 반응이 고품질 박막의 생산을 위해 유용하다. 기본적인 CVD 반응은 그림 10-5에 나타낸 것처럼 진행된다. 반응기의 입구에서 웨이퍼의 증착 존(zone)으로 흐르는 주요 가스의 대량 전송이 발생되면, 박막 전구체(박막을 구성하는 초기의 원자와 분자들)의 형성과 부산물의 형성을 이끌어내는 가스-단계의 반응이 일어난다. 이어서 웨이퍼 성장 표면으로 박막 전구체들이 대량 전송되고, 기판 표면에서 박막 전구체의 흡착이 일어난다. 흡착 작용은 증착 동안 가스 상태의 원자들과 분자들이 화학적으로 고체 웨이퍼 표면에 붙도록 화학적으로 접합하는 것이다. 분해 작용은 웨이퍼 표면 반응들로부터 부산물을 떼어놓거나 제거하는 것이다. 흡착된 전구체는 표면 확산이 이루어지고, 박막 성장 면을 만드는 표면 화학 반응이 지속된다. 표면 반응의 부산물이 제거되고, 반응기의 출구 방향에서 분리되어서 대량의 가스가 흐르는 구역 내에서의 부산물이 제거되면 CVD 공정은 완성된다.

다음의 화학 반응식으로 실레인의 열분해 과정, 실리콘 수소화물 전구체인 다이실레인

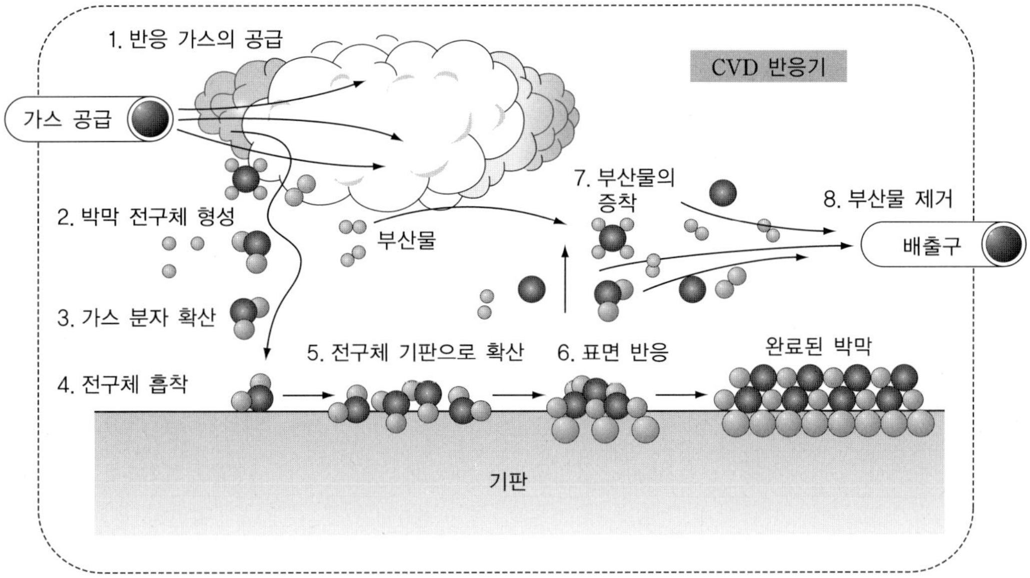

그림 10-5 CVD 증착의 개략도와 반응 단계

(disilane) 생성 반응 및 CVD 반응 동안에 실리콘 수소화물이 실레인과 함께 웨이퍼 표면으로 흡수된 뒤에 다이실레인이 최종적인 실리콘 고체막 부산물로 분해되는 과정을 이해할 수 있다.

1) SiH_4(실레인 가스) → SiH_2(수소화 실리콘 가스) + H_2(가스)

2) SiH_4(실레인 가스) + SiH_2(수소화 실리콘 가스) → Si_2H_6(다이실레인 가스)

3) Si_2H_6(다이실레인 가스) → 2Si(실리콘 고체막) + $3H_2$(부산물 가스)

표 10-1에는 CVD 공정, 식각 공정, 이온 주입 공정, 확산 공정, 어닐링 공정에 사용되는 화학 물질의 위험성이 나타나 있다. 응용되는 공정 표시에서 A는 어닐링 공정, E/C는 식각/세정, CVD는 화학적 기상 증착법, I는 이온 주입 공정, CG는 결정 성장 공정, Di는 확산 공정, DO는 도핑 공정, TO는 열적 산화 공정을 의미한다. TLV-TWA는 문턱 제한 값-시간 가중된 평균을 의미하고 거의 모든 작업자는 역효과 없이 날마다 반복적으로 접하게 된다. TLV-STEL은 문턱 제한 값-단기간 노출 제한을 의미한다. STEL에서의 노출은 IDHL(직접적인 생명과 건강의 위험)보다 15분 이상을 초과해서는 안 된다. 또한 하루에 네 번 이상 반복해서는 안 된다. IDHL은 생명과 건강에 직접적인 위험이 있음을 나타낸다.

표 10-1 반도체 공정에서 사용되는 화학 물질의 위험성

화학 물질명	기호	가연성 혹은 폭발	건강 위험 요소	TLV-TWA (ppm)	TLV-STEL (ppm)	IDHL (ppm)	공정 응용
암모니아	NH_3	X	2	25	35	500	CVD
아르곤	Ar		0	-	-	-	A, CVD, CG, Di, E/C, I, P/B, S, TO
아르신	AsH_3	X	4	0.05	-	6	CVD, CG, Di, DO, I
3염화 붕소	BCl_3		3	1	-	100	Di, DO, E/C, I
3플루오린화 붕소	BF_3		3	1	-	100	Di, DO, I
염소	Cl_2		3	0.5	1	30	E/C, TO
이산화 탄소	CO_2		1	5000	30000	50000	P/B
다이보레인	B_2H_6		3	0.1	0.3	40	CVD, Di, DO
염화 실레인	SiH_2Cl_2		3	5	-	100	CVD
헬륨	He		0	-	-	-	A, CVD, CG, E/C, I, P/B
수소	H_2	X	0	-	-	-	A, CVD, CG, Di, E/C, I, P/B, TO
브로민화 수소	HBr		3	3	-	50	E/C
염화 수소	HCl		3	5	-	100	TO, C
질소	N_2		0	-	-	-	A, CVD, E/C, I , P/B, TO, Di
3플루오린화 질소	NF_3		3	10	15	2000	E/C, TO
이산화 질소	N_2O	X	2	50	-	-	E/C, TO
산소	O_2	X	0	None	None	None	CVD, Di, E/C, S, TO
포스핀	PH_3	X	4	0.3	1	200	CVD, CG, Di, DO, I
실레인	SiH_4	X	4	5	-	-	CVD, Di
4염화 규소	$SiCl_4$		3	5	-	100	CVD, E/C
플루오린화 황	SF_6		3	100	1250	-	E/C
4플루오린화 탄소	CF_4	X	3				E/C
6플루오린화 텅스텐	WF_6		3	3	6	-	CVD
테트라에틸오쏘실리케이트(TEOS)	$(C_2H_5O)_4Si$	X	2	10	-	1000	CVD

10-3 CVD 공정 응용 분야

CVD 공정에 사용되는 반응기는 APCVD, LPCVD, PACVD, PECVD, HDPCVD의 형태에 따라 증착되는 막의 품질에 영향을 주게 된다. 대기압 CVD(APCVD) 공정은 간단한 반응이고 빠른 증착이 저온에서 산화막 증착이 이루어지는 장점을 가지는 반면 단차 피복

특성이 빈약하고, 입자 오염 발생과 낮은 처리율이 단점으로 지적된다. 저압 CVD 공정은 고순도와 균일성, 안정한 단차 피복 특성을 가지고 대규모 웨이퍼 처리에서 우수한 특성을 갖지만 고온 공정, 낮은 증착률, 진공이 필수로 요구된다는 점이 단점인 고온 증착 공정으로, 질화 실리콘, 폴리실리콘, 텅스텐, WSi_2 증착에 이용된다. 플라스마를 이용하는 CVD의 경우에는 저온 공정으로 고속 증착과 우수한 단차 피복 특성 및 양호한 틈 채우기 특성이 장점으로 평가되고 높은 외관비의 틈 채우기, 저온 산화막, 금속, ILD-1, ILD-2, 이중 다마신 공정에서의 구리 seed층, 질화물층 증착에 응용된다. 플라스마 공정의 단점을 꼽자면 RF 시스템이 필수적이고 공정 비용이 추가된다는 점, 응력 증가와 화학적 오염과 입자 오염이 발생된다는 점을 들 수 있다.

10-3-1 | 대기압 CVD(APCVD)

그림 10-6에는 APCVD 공정 시스템에서 사용하는 두 가지 형태의 반응기 설비가 나타나 있다. 반응기 중앙을 통해 흐르는 반응기 가스를 통해 웨이퍼 샘플을 옮길 수 있는 벨트나 컨베이어를 사용한다. 연속 공정 APCVD 시스템은 높은 작업 처리량과 우수한 균일성, 큰 직경의 웨이퍼를 처리할 수 있는 능력을 가지고 있지만 가스 소모량이 높고, 반응기 내부

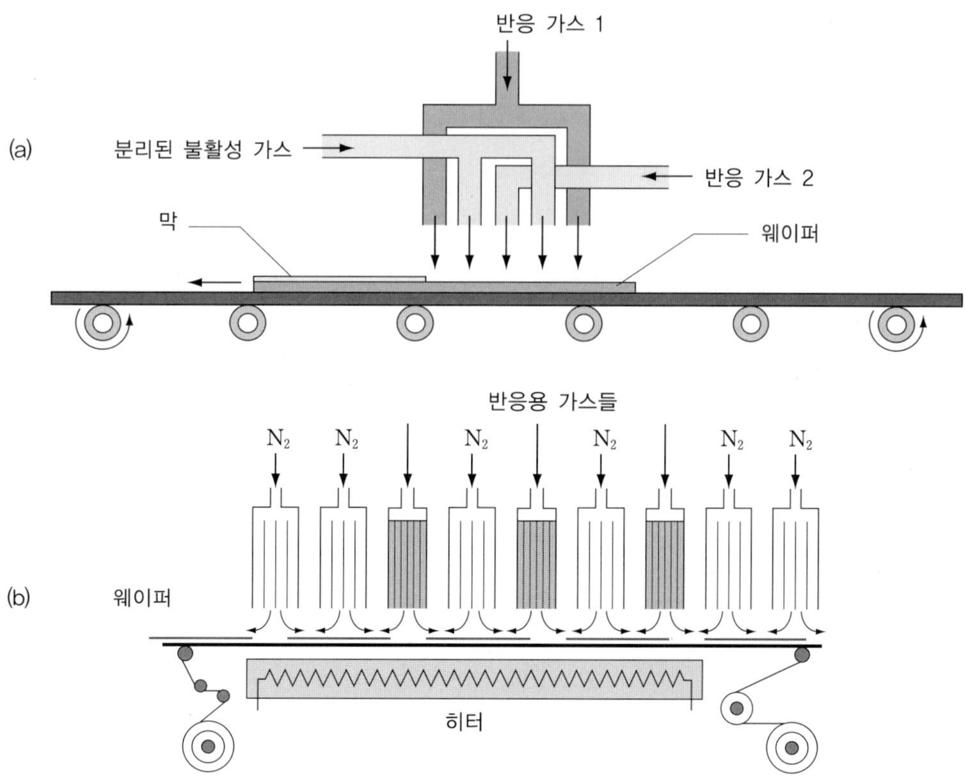

그림 10-6 APCVD 시스템의 연속 공정 (a) 가스 주입형 (b) plenum 형

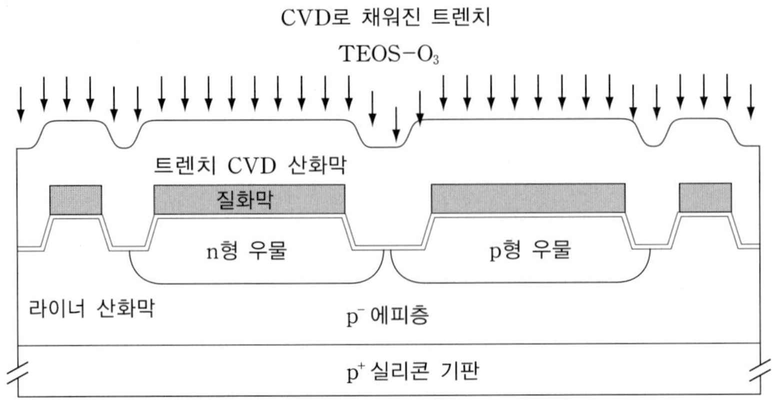

그림 10-7 APCVD TEOS-O_3의 개선된 단차 피복(스텝 커버리지)

청결 문제가 요구된다. 막 증착은 웨이퍼처럼 컨베이어 위의 장소에서도 발생되므로 벨트 운반 시스템은 항상 청결해야 한다.

산소(O_2) 가스와 실레인(SiH_4) 가스의 반응으로 SiO_2(고체)막이 증착된다. 순수한 실레인은 불안정한 가스로, 자연 발화성이 높기 때문에 공기 중에 노출되면 타버린다. 실레인을 안전하게 사용하기 위해서 아르곤과 질소를 2~10% 농도로 묽게 희석해서 첨가한다. 이런 화학 반응은 450~500℃의 낮은 온도에서 가능하고, 층간 유전체(ILD)처럼 알루미늄 금속선에 SiO_2를 증착시키는 이점을 갖지만 경계층을 통해서 표면 이동이 어렵고, 평균 이동 거리가 작기 때문에 단차 피복 적용 범위와 틈 채우기 특성이 빈약하다.

이런 단점을 개선하기 위해서 고밀도 플라스마 CVD 공정에서는 포스포실리케이트 유리(PSG: phosphosilicate glass), 보로포스실리케이트 유리(BPSG: borophosilicate glass), 플루오로 실리케이트유리(FSG: flurosilicate glass)의 증착막을 만든다. 일반적인 APCVD는 테트라에틸오쏘실리케이트[TEOS: $Si(C_2H_5O)_4$]와 오존(O_3)의 화학 반응의 결과로 이산화 규소 산화막을 증착시키는 공정에 사용된다.

TEOS는 유기 액체 전구체(precursor)로 질소 가스를 이용해서 반응기로 운반된다. 오존(O_3)은 산소보다 적극적으로 반응하기 때문에 플라스마가 필요 없는 400℃의 저온에서 공정이 진행된다. 이때의 압력 조건은 760 torr의 대기압 조건이거나, 대기압보다 낮은 약 600 torr이다. APCVD와 SACVD의 큰 차이점은 없다. 증착된 산화막은 훌륭한 유전체로써의 전기적 특성을 가지고 단계 이상으로 수준이 향상된다. 산화물에서 얻어지는 TEOS와 오존 사이의 반응식은 다음과 같다.

$$[Si(C_2H_5O)_4](TEOS) + 8O_3(\text{오존}) \rightarrow SiO_2(\text{이산화 규소}) + 10H_2O(\text{물}) + 8CO_2(\text{이산화 탄소})$$

APCVD TEOS-O_3가 증착된 SiO_2막은 다공성을 가지며, 종종 막을 조밀하게 하고 수분

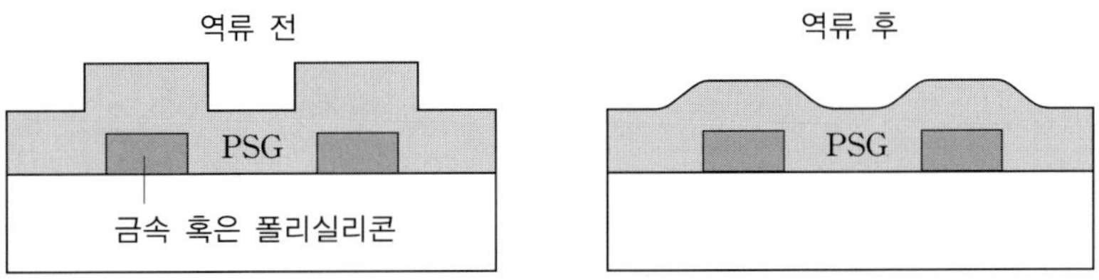

그림 10-8 PSG 역류 후 평탄화된 표면

을 제거하기 위해 역류 단계가 요구된다. 이런 역류는 공정 단계를 증가시키고 열 공급은 감소시킨다. 도핑의 균일성 역시 관건이다. 이것은 화학 기계적 평탄화가 진행되는 동안 불균일한 곳을 제거하는 문제를 야기시킨다. APCVD TEOS-O_3는 그림 10-7에서 보듯이 높은 외관비를 가지도록 스텝 커버리지를 개선하므로 얕은 트렌치 격리와 같은 공정에 응용할 수 있으며, 웨이퍼 표면 손상과 웨이퍼 코너 손상을 방지할 수 있다. TEOS-O_3막의 외관은 일반적으로 두꺼운 막에서 TEOS-O_3막의 인장 응력을 줄이거나 기본 재료의 감도를 줄이기 위해 다른 산화막층과 함께 증착된다.

APCVD 공정에서 인(P)과 붕소(B) 같은 화학 물질로 도핑되면 PSG와 BSG가 증착된다. 만약 SiO_2가 도핑되지 않은 경우라면 도핑되지 않은 실리케이트 유리(USG) 또는 도핑되지 않는 산화막(UDOX)이라고 한다. 그림 10-8에서 보는 것처럼 PSG를 15분에서 30분 동안 950℃ 이상의 고온으로 역류(reflow)시키면 도핑된 산화물의 특성이 부드러워지는데 이를 통해 인(P) 표면을 평면화할 수 있다. 붕소가 도핑되는 BSG막은 400℃에서 450℃의 저온에서 증착되고 즉시 조밀화되며 이후 800℃에서 한 시간 정도 안정화시킨다. 매끄러워진 표면은 증착을 용이하게 하기 때문에 역류(reflow)는 표면을 평탄화시키는 CMP를 대체하게 된다.

10-3-2 | 저압 CVD(LPCVD)

저압 CVD(LPCVD) 시스템은 낮은 가격, 높은 생산 처리량, 우수한 막 특성 때문에 일반적으로 APCVD보다 더 많이 사용된다. LPCVD는 중간 진공 상태(약 0.1~5토르)와, 200~900℃ 사이의 온도에서 사용된다. 산화 작용 형태의 반응로(수평적 혹은 수직적)와 다중 공정실 집적 기술이 LPCVD 공정에 일반적으로 사용된다. LPCVD 반응기는 대체로 반응률이 제한된 상태에서 동작한다.

압력이 감소하는 상황에는 반응률의 한계가 더이상 없고 웨이퍼로 대량의 가스가 운반되므로 반응물 가스 입자의 확산이 증가한다. 이 같은 운반 상태 때문에 반응기 안의 가스 흐름 상태는 중요하지 않으며, 높은 웨이퍼 용량 때문에 반응기를 효율적으로 활용할 수 있도록 설계해야 한다.

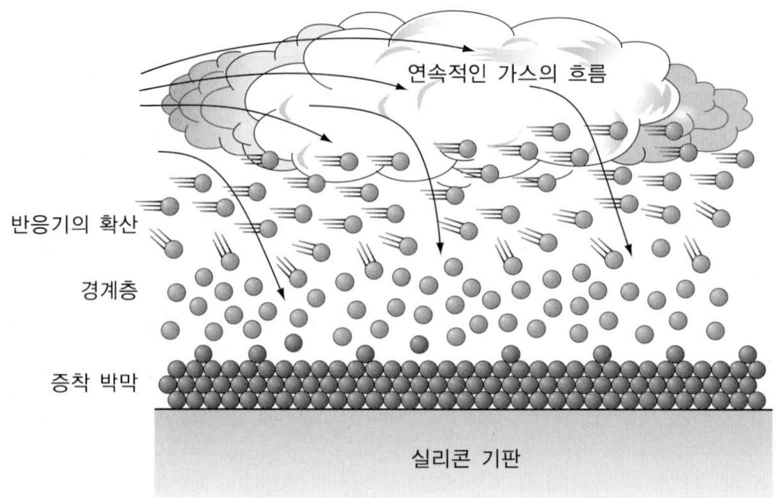

그림 10-9 웨이퍼 표면에서의 경계층

막은 엄격히 온도를 조절하는 동안에 많은 수의 웨이퍼 표면에 불규칙적으로 증착된다. 압력이 낮을수록 웨이퍼 표면으로 더 크게 확장되기 때문에 LPCVD 반응기의 경계층은 APCVD와 다르다. 층을 통해 쉽게 확산되는 이런 가스 입자가 주입되면서 경계층의 입자 밀도는 낮아진다. 소모되는 것보다 더 많은 입자가 웨이퍼 표면에 작용하는데 이 같은 상태는 반응률이 제한된 상황에서 LPCVD가 작동되는 이유를 설명해 준다.

증착률을 제한하는 파라미터는 반응 물질 공급이 아니라 반응률이다. 더구나 일정하지 않은 방향으로 금속 이온들이 웨이퍼를 때리기(두드리기) 때문에 LPCVD 반응이 진행되는 동안에는 충돌이 많이 발생된다. 이와 같은 상황은 높은 외관비와 트렌치를 갖는 등각 박막 커버리지 형성에 도움이 된다. LPCVD는 일정한 온도 조절이 긴 작동 길이 이상에서 달성되므로 열 벽 반응기 형태로 설계하는 것이 선호된다. 대표적인 반응기 공정실을 그림 10-10에 나타내었다.

LPCVD 반응기는 열 벽(hot wall)을 갖기 때문에, 미립자들이 반응기 벽에 증착될 수 있

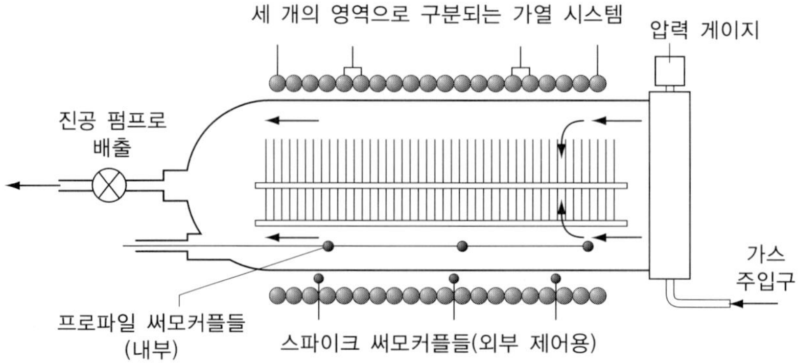

그림 10-10 LPCVD 반응실

다. 이 같은 미립자 증착은 몇몇 기상(vapor phase) 반응에서 발생되는 기상 반응물의 부분 압력을 감소시키면 최소화할 수 있다. 이와 같은 이유로 LPCVD 반응기는 항상 APCVD 시스템보다 낮은 성장률로 수행된다. 열 벽 반응기를 지속적으로 유지하기 위해 입자의 공정실을 주기적으로 세척해야 한다. 튜브 세척의 일반적인 방법은 먼저 깨끗한 튜브를 설치한 뒤 더러워진 석영 튜브를 제거하는 것이다. 더러워진 튜브는 세척한 다음 다시 사용할 수 있다. 액화 HF산 욕조(acid bath)에 튜브를 반쯤 담근 뒤 수동으로 굴려주어 세척한다. 생산과 안전의 이유 때문에 제거하여 세척하는 것이 바람직하다. 기존에는 시스템으로부터 뽑아낸 휘발성 형태의 반응물이 반응기 속에서 고체 잔류물로 반응하여 생성된 플라스마 플루오린 가스를 흘려보내 세척하기도 했다.

또 다른 한 가지는 열 정화(thermal clean)가 활성화되는 온도까지 가열한 후 ClF_3를 사용하여 세척하는 것이다. LPCVD의 튜브 정화는 장비가 중단되는 시간을 줄여주고, 더 낮은 입자 산출 및 화학적인 노출을 최소화한다. 많은 수의 웨이퍼(150~200웨이퍼)를 가진 LPCVD 반응기는 가스가 반응기 공정실로 이동함에 따라 반응물의 공핍을 경험하고, 공핍은 성장률 감소로 이어진다. 온도 비선형성을 보완하기 위해 입구에서 출구까지 일반적으로 25℃에서 50℃로 천천히 증가하게끔 반응기 온도를 조절한다.

LPCVD 산화물들은 ULSI 다층 금속화 공정에서 다양하게 응용된다. LPCVD 산화물은 층간 유전체(ILD), 측벽 공간, 얕은 트렌치 고립 산화막 채우기에 사용된다. 산화 규소를 증착시키는 일반적인 LPCVD 공정은 낮은 압력과 650~750℃ 사이의 온도에서 산소의 존재 유무와 상관없이 TEOS를 분해시킨다. 이런 방법은 낮은 압력의 TEOS 때문에 때때로 LPTEOS라고 언급되기도 한다. LPTEOS는 가스 입자의 급속한 표면 확산 때문에 좋은 산화막이 얻어진다. 액체 TEOS 소스는 N_2, O_2, He의 운반자 가스를 버블링해서 사용된다. 액체 소스는 자신의 독립적인 열원에 의해서 가열되고, 반응기로 들어가는 액체 소스 증기의 농도는 운반자 가스의 흐름률과 액체 소스의 온도로 조절한다. 일반적인 TEOS 증착 시스템의 회로도를 그림 10-11에서 볼 수 있다. LPCVD 산화물의 막 성장률은 APCVD 막의 경우보다 현저하게 느리다(100~150 Å/분당).

SiO_2는 상대적으로 낮은 450℃의 온도에서 SiH_4에 의해서 LPCVD로 증착된다. SiH_4에 따른 APCVD 산화물과 비슷하게 이런 공정은 스텝 커버리지가 빈약하다. 양질의 SiO_2막을 증착하기 위해서 더 높은 온도인 약 900℃에서 SiH_2Cl_2 또는 다이클로로실레인(DCS), N_2O에 의해서 이루어진다. 그러나 고온은 웨이퍼 열 공급 측면에서는 바람직하지 않다.

실리콘 질화막은 불순물의 확산을 차단하고 습기로부터 보호해주기 때문에 주로 웨이퍼의 최종적인 보호층으로 사용된다. 이것은 LPCVD 증착에서 우수한 등각 커버리지와 스텝

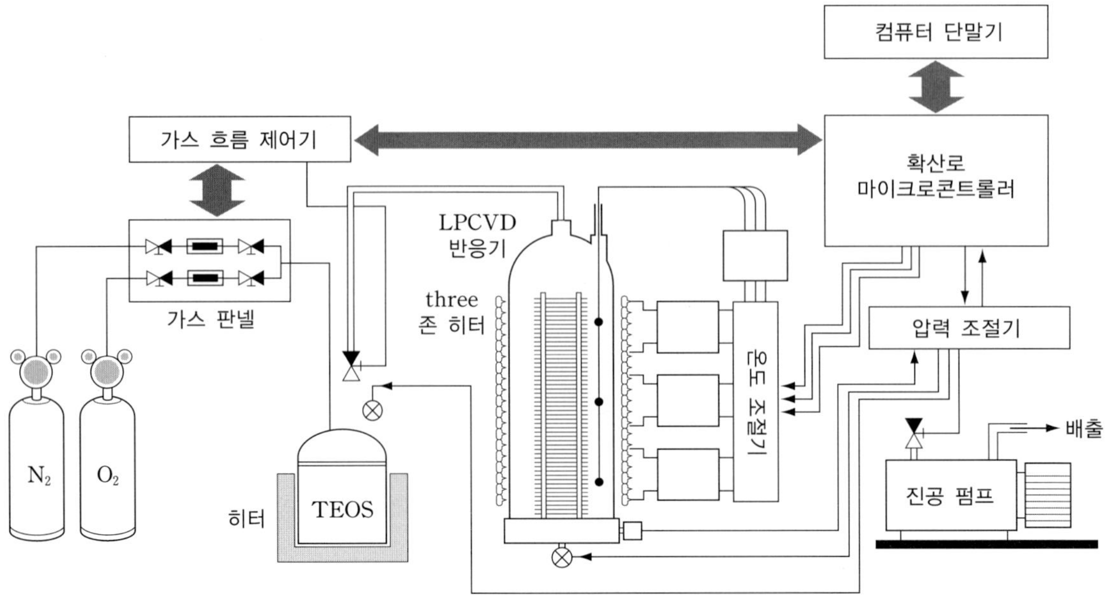

그림 10-11 TEOS LPCVD를 이용하는 산화막 증착

커버리지를 달성한다. 질화 규소는 STI 공정에서처럼 하드 마스크라고 부르는 마스크 물질로 사용하기도 한다. CVD SiO_2의 유전 상수가 약 3.9인 반면 질화 규소는 6.9 크기의 높은 유전 상수를 가진다. 높은 유전 상수는 도체층 사이에서 높은 정전 용량의 결과를 일으키는 ILD 유전체 때문에 바람직하지 않다. LPCVD 반응기에서 $SiCl_2H_2$와 NH_3를 반응시키면 감소된 압력과 700~800℃의 온도에서 질화 규소가 발생한다. 화학 반응식은 다음과 같다.

$3SiCl_2H_2$(다이클로로 실레인 가스) + $4NH_3$(암모니아 가스) → Si_3N_4(실리콘 질화물) + $6HCl$(염화 수소 가스) + $6H_2$(수소 가스)

LPCVD 공정에서 질화 규소의 품질에 영향을 주는 중요한 변수는 전체 압력, 반응물 농도, 증착 온도, 그리고 온도 변화이다. 예를 들어, 반응실 내부에서 다이클로로실레인의 전체 압력 및 부분 압력이 커지면 증착률도 증가한다. 질화 규소는 실레인과 암모니아가 반응하는 APCVD 공정에서도 생산된다. 그러나 보다 좋은 균일한 막과 높은 웨이퍼 처리량을 위해서는 압력이 낮은 공정에서 얻는 것이 좋다. 증착된 질화 규소는 많은 양의 수소가 함유된 비정질의 막이다. 암모니아 비율을 높이고 증착 온도를 낮추면 수소 내용물이 증가한다.

폴리실리콘막(또는 poly-Si, poly)은 일반적으로 LPCVD를 통해 증착된다. 폴리실리콘이라는 용어의 의미를 생각해보자. 실리콘은 입자 경계로 분리되는 많은 작은 단일 결정이 모인 다결정이다. 얇은 폴리실리콘막은 집약적인 응력을 갖는다. 도핑된 폴리실리콘은 MOS

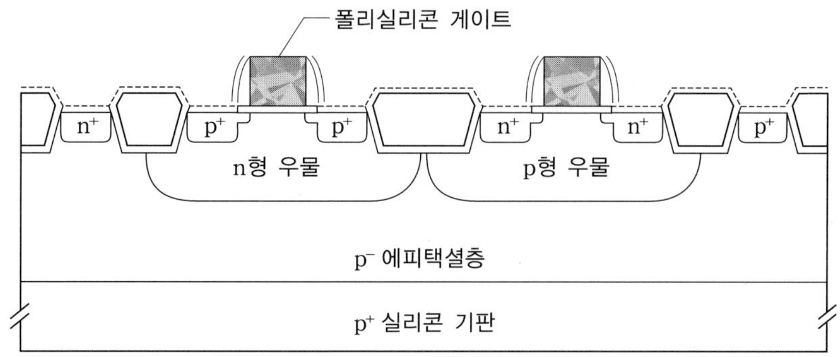

그림 10-12 게이트 전극으로 도핑된 폴리실리콘

소자에서 게이트 전극 역할을 수행한다. 그림 10-12에 나타낸 게이트 구조에서 도핑된 폴리실리콘을 사용하는 가장 큰 이유는 특정한 고유 저항으로 도핑되는 능력, 이산화 규소의 우수한 계면 특성, 연속적인 고온 공정의 양립성, 금속 전극보다 더 높은 신뢰도, 경사진 지형에서의 등각적인 증착 능력, 스스로 정렬되는 게이트 공정을 꼽을 수 있다.

폴리실리콘은 575~650℃에서 실레인의 열분해를 통해 LPCVD에서 증착된다. 낮은 압력 반응기는 폴리실리콘막을 제작하기 위해 0.2~1.0 torr의 압력에서 시스템으로 공급되는 순수한 실레인이나 질소를 20~30% 희석한 실레인을 이용한다. 실제적인 증착률은 분당 약 100~200 Å이다. 가스상 반응 촉진으로 붕소화기 형태의 BH_3 다이보레인 때문에 다이보레인의 부가 물질은 폴리실리콘 증착률을 높일 수 있다. 화학 반응식은 다음과 같다.

$$SiH_4(\text{실레인 가스}) + He(\text{헬륨 가스}) \rightarrow Si(\text{실리콘}) + 2H_2(\text{수소 가스})$$

아르신(AH_3), 포스핀(PH_3), 다이보레인(B_2H_6)의 가스 혼합으로 인한 증착 공정이 진행되는 동안 폴리실리콘 피막이 도핑된다. 불활성 가스의 주입은 또한 막의 균일성을 향상시킨다. 도핑은 이온 주입에 의해서 증착 이후에 행해진다. 도핑 이후의 폴리실리콘의 저항률은 결정 크기에 영향을 주는 증착 온도, 불순물 농도, 어닐링 온도 등과 같은 파라미터에 크게 의존한다. 다루기 힘든 금속은 폴리사이드 또는 실리사이드 구조 형태로 폴리실리콘 게이트 위에 증착된다. 이와 같은 증착은 폴리실리콘과 다른 금속(텅스텐) 사이의 경계면에서 전기적 저항을 감소시킨다. 이것은 다른 디바이스 소자와 전기적인 결합 형태이다. 가볍게 도핑된 폴리실리콘은 또한 메모리셀, 커패시터, 얇은 피막 트랜지스터의 저항으로 사용된다.

산소를 포함한 질화 규소막은 질화산화물 규소라고 부르는데, 산화물과 질화물의 장점이 조합된 것이다. 질화산화물 규소 피막을 질화 규소와 비교하면 열 안정성, 열분해 저항, 감소된 피막 압력 등이 신장된 것을 알 수 있다. 일반적인 질화산화물막에서 산소의 증가는 막의 굴절 지수를 감소시킨다. 이는 반사가 덜 일어난다는 것이며 리소그래피 공정에서 유용한 반사 방지층 만들어진다는 것을 의미한다. 질화산화물 규소 피막의 또 다른 이점은 강화된 Si-O 결합이 변형되는 농도의 감소에서 실리콘 경계면에서 축적되는 막의 질화(nitrogen)이다. 잠재적으로 3배수 크기만큼 열전자의 생성이 감소할 수 있다. 얇은 게이트 산화막 경계 Si/SiO_2에서 질화산화물층은 소자의 전기적 효율을 향상시킨다는 이점이 있다. 질화산화막은 실리콘 질화물의 산화, 암모니아와 SiO_2의 질화 그리고 산화성 물질들처럼 질소 산화물을 이용한 SiO_xN_y 직접 성장법 등과 같은 다양한 공정에 의해서 형성된다. 이산화 질소(N_2O), 암모니아(NH_3)와 함께 실레인을 반응시켜 질화산화(oxynitride)막을 만드는 방법도 있다. 질화물이나 질화산화막은 유전체막의 선택적 에칭(식각)을 위한 식각 정지(etch stop)에 자주 사용된다.

10-3-3 | 플라스마 보조형 CVD

CVD 장비의 세 가지 중요한 형태들은 CVD에 필요한 화학 반응을 시작하고 유지하는 데 필요한 플라스마 에너지와 열에너지에 의존한다. CVD 공정에서 플라스마를 사용하면 250~450℃의 낮은 공정 온도, 고밀도 플라스마의 사용으로 인한 높은 외관비를 갖는 우수한 갭 채우기, 웨이퍼에 부착력이 뛰어난 막, 높은 증착률, 핀홀 및 결함이 작게 발생되는 우수한 막, 낮은 공정 온도에 기인한 다양한 응용 범위 등의 장점이 있다.

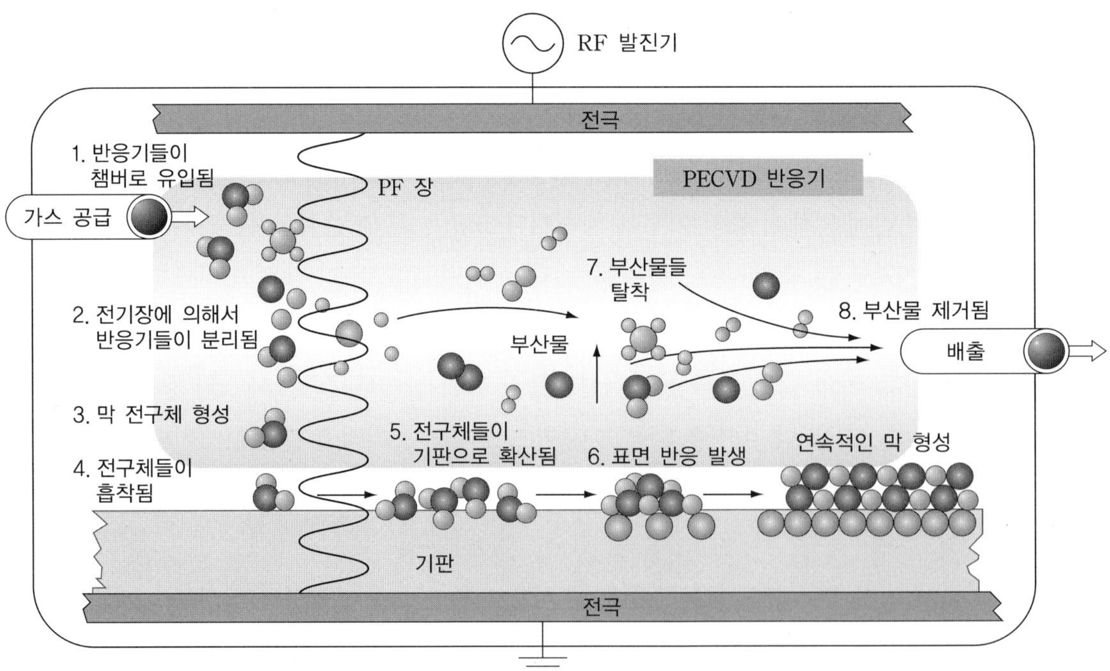

그림 10-13 플라스마 보조 CVD가 진행되는 동안 구성되는 막

진공 상태에서 RF 에너지가 가스 분자를 해체하는 데 사용될 때 플라스마 보조형 CVD가 일어난다. 응용 분야에 따라 RF 주파수를 선택하며 일반적으로 이용되는 주파수는 40 kHz, 400 kHz, 13.56 MHz, 2.45 GHz이다. RF에 의해 생성된 분자 조각들(라디칼)은 웨이퍼 표면에서 막의 형성에 필요한 다른 원자들을 즉시 결합시키는 화학 반응을 일으킨다. 부산물 가스는 진공 펌핑 시스템에 의해서 제거된다. 플라스마 보조형 CVD에서 웨이퍼를 가열하면 수소와 같이 불필요한 오염물질의 레벨을 감소시키고 표면 반응을 증진시킬 수 있다.

웨이퍼 표면에서 일어나는 플라스마 보조형 CVD 반응은 매우 복잡하다. 플라스마 증착막의 특성은 전극의 배열과 분리 전력 레벨, 주파수, 가스의 구성, 압력 유동률, 기판(몸체)의 온도와 같은 매우 다양한 변수에 영향을 받는다. 내부 설계를 통해 이러한 변수들의 양상이 형성된다. 플라스마 글로우 방전에 의해 일어나는 화합물 반응 중 몇몇 특별한 반응들은 이해하기가 쉽지 않다. 이런 이유 때문에 증착막은 간혹 화학량론에 어긋나게 만들어진다. 즉, 증착막이 일반적인 화학 공식에 의해 발견되는 소자들의 동일한 비율로 형성되지 않는다는 것을 의미한다.

10-3-4 | 강화된 플라스마 CVD(PECVD)

강화된 플라스마 CVD 공정에서는 CVD 반응을 생성하고 유지하는 데 필요한 플라스마 에너지가 사용된다. CVD 공정의 두 가지 형태에 필요한 시스템의 압력이 비교할 만하기 때문에 LPCVD의 고유한 특성을 자연스럽게 사용되게 되었다. LPCVD와의 중요한 차이점은 PECVD의 증착 온도는 매우 낮다는 것이다. 예를 들면, 실리콘 질화막(Si_3N_4)을 증착하고자 할 때 LPCVD에서는 약 800~900℃가 필요하다. 그런데 알루미늄의 녹는점은 약 660℃이기 때문에 알루미늄 금속화를 위해서는 LPCVD에서 증착할 수 없다.

반면에 PECVD 공정에서는 실리콘 질화막이 350℃에서 증착된다. PECVD는 공정을 최적화하기 위해서는 몇 인치 떨어진 가변 틈을 이용한 병렬 전도 금속판 사이의 진공실에서 진행된다. 반응기는 위쪽 전극을 통해 전력을 공급받는다. 가스 공급원이 전극의 중심부와 가스 집합체로 주입될 때 플라스마가 만들어진다. 소모된 가스들은 아래 전극의 가운데 부분을 통해 외부로 빠져나간다. 가끔 반응에 사용된 가스들도 같은 부분을 통해 외부로 빠져나가기도 한다. PECVD 시스템의 간략한 구조는 그림 10-14에 나타나 있다.

PECVD 반응기는 보통 반응기의 남은 부분이 가열되지 않는 동안 그 덩어리(chunk)에서 가열된 웨이퍼와 함께 냉벽 플라스마 반응기를 사용한다. 온도 변화가 막의 균일한 두께에 영향을 미치지 않는다고 보장할 수 있게 증착 파라미터들을 반드시 조절해야 한다. 냉벽 반응기는 더 작은 분자들을 생성하며 더욱 짧은 세척에 필요한 기계의 중단 시간을 갖는다.

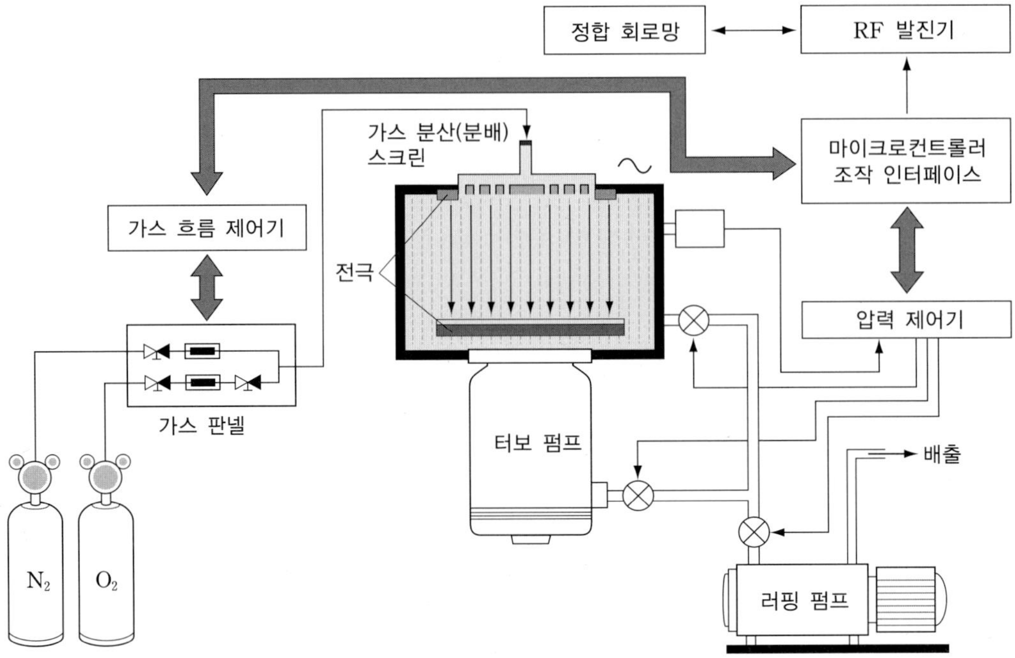

그림 10-14 PECVD의 공정의 개략도

증착실은 분자의 발생을 줄이기 위해 내부가 청결하게 유지되어야 한다. 병렬-전극 공정에서는 가스에서 형성된 분자들이 웨이퍼 표면으로 떨어질 수도 있다.

PECVD의 산화막은 보통 플라스마 내에서 반응하는 실레인과 산소(O_2) 또는 산화 질소(N_2O), 이산화 탄소(CO_2)로 형성된다. 공정 온도는 약 350℃이다. 산화막이 BSG나 PSG 또는 BPSG 증착을 구성하도록 붕소와 인을 불순물로 첨가할 수도 있다. PECVD PSG는 APCVD PSG에 비하여 크랙(갈라짐)에 강하며 더 일정한 각을 유지하고 미세한 구멍에 대해서도 더 유리한 경향이 있다.

산소는 가스 상태에서 쉽게 반응하여 원치 않는 분자들을 생성하고 막의 품질에 좋지 않은 영향을 미친다. 따라서 실레인의 플라스마 가스 혼합물과 산소는 잘 사용되지 않는다. 실레인과 이산화 질소 가스 혼합물은 산소 반응 물질을 사용하는 것보다 더 균일한 막을 생성할 수 있다. 이산화 규소(silicon dioxide)를 만들기 위한 산화 질소와 실레인의 반응은 다음과 같다:

$$SiH_4\text{(실레인 가스)} + 2N_2O\text{(산화 질소 가스)} \rightarrow$$
$$SiO_2\text{(이산화 규소)} + 2N_2\text{(질소 가스)} + 2H_2\text{(수소 가스)}$$

이산화 규소는 비록 막 내부에 소량의 질소와 약간의 수소를 포함하고는 있지만 화학량론에 거의 들어맞도록 형성된다. 수소는 수산화물(Si-H), 실라놀(Si-O-H) 또는 물과 같은 형태로 존재할 수 있다. O-H기의 존재는 MOS 트랜지스터의 전기적 특성에 바람직하지 않

표 10-2 LPCVD와 PECVD의 질화 규소 특성 비교

특성	LPCVD	PECVD
증착 온도(℃)	700~800	300~400
성분	Si_3N_4	$Si_xN_yH_z$
스텝 커버리지	정상	등각
23℃에서의 실리콘의 응력	$1.2 \sim 1.8 \times 10^{10}$(인장력)	$1 \sim 8 \times 10^{9}$(인장력 혹은 압축력)

으므로 반드시 최소화해야 한다. 병렬 전극 PECVD는 TEOS를 사용하여 SiO_2를 증착시킬 수도 있으며 PETEOS로 간주된다. PETEOS는 진공 상태로 발생하는 좁은 공간의 금속선을 채우기 위해서는 적합하지가 않다. 그러나 PETEOS는 가득 찬 등각의 틈 채우기를 위해서 APCVD TEOS나 고밀도 플라스마 CVD(HDCVD)와 함께 결합되고, 화학 반응에 의한 기계적인 평탄화 후에 이루어진다. PETEOS는 비교적 높은 SiO_2 증착률을 가지고 있으며 생산 라인의 웨이퍼 처리량을 증가시킨다.

질화 규소 PECVD는 칩 위의 최종 보호층으로 자리하면서 긁힘과 습기에서 칩을 보호하고 나트륨의 확산을 막는다. 얕은 트렌치 고립(STI)이나 자기 정렬 접촉 기술(self-aligned contact technology)과 같은 용도로도 널리 사용된다. PECVD로 만든 증착막의 Si_3N_4 질화물은 화학량론에 매우 들어맞지 않는다. 따라서 그냥 $Si_xN_yH_z$와 같이 표기하기도 한다. 이 식은 질화막의 화학량론적이지 못한 성질을 강조하는 것이며 수소가 막에 약 9%에서 30%까지 포함되어 있다는 것을 나타낸다. 표 10-2에 LPCVD와 PECVD의 질화 규소 특성이 비교되어 있다.

PECVD 질화막은 일반적으로 실레인(SiH_4)이 암모니아나 질소와 반응하면 형성된다. 이때의 반응식은 다음과 같다.

$$\underset{\text{실레인}}{SiH_4(gas)} + \underset{\text{암모니아}}{NH_3(gas)} \rightarrow \underset{\text{질화실리콘}}{Si_xN_yH_z(solid)} + \underset{\text{수소}}{3H_2(gas)}$$

$$\underset{\text{실레인}}{2SiH_4(gas)} + \underset{\text{질소}}{N_4(gas)} \rightarrow \underset{\text{질화실리콘}}{2Si_xN_yH_z(solid)} + \underset{\text{수소}}{3H_2(gas)}$$

PECVD 질화물은 Si-N이나 Si-H 결합이 끊어지면서 증착되는 동안 받은 충격으로 막의 응력이 증가할 수 있다. 질화물층에서의 높은 압축 응력은 밑에 있는 알루미늄 금속화에서 기공 및 크랙이 발생하는 원인으로 작용한다. 보통 막 내부에는 항상 수소가 들어 있다. 수소는 막의 응력을 감소시키지만 막의 특성을 악화시킨다. 질소가 암모니아로 치환되면 수소 함량이 감소하므로 질소의 이온화를 시도해볼 수 있다. 그러나 플라스마 구조에서 질소

의 이온화는 매우 어렵다.

실리콘 산화 질소막은 200~250℃의 온도에서 산화 질소와 함께 Si_3N_4를 반응시키는 PECVD 공정을 사용해서 증착된다. 실리콘 산화 질소막은 질화물과 산화물의 특성들이 결합되어 있다. 습기와 나트륨 침투에 좋은 보호막이며 아주 좋은 화학적, 물리적, 전기적 특성을 갖는다. 이러한 특성들을 고려했을 때, 위쪽 측면 부분의 보호에 실리콘 산화 질소막을 사용하는 것은 적합하다고 할 수 있다.

PECVD 공정의 중요한 제약 조건은 미세한 구조를 갖는 소자의 틈 채우기이다. 실제 틈의 폭이 0.5 μm 공간 이하인 경우에 PECVD를 이용하면 윗부분과 나머지 공간의 Pinch off 없이는 높은 외관비로 틈을 채울 수 없다. 이 틈들은 전기적 성능과 장기간의 신뢰성에 영향을 미치기 때문에 유전체 내부의 틈새들로 채워진 공간은 바람직하지 못하다. PECVD의 이러한 한계로 인해 0.25 μm 이하의 공정 소자에서는 HDPCVD로 대체되어 사용된다. HDPCVD는 뛰어난 틈 채우기 특성을 보여준다.

CVD 방식은 미세 결합 구조의 틈 채우기를 만들 수 있으나 다른 제약이 따른다는 것을 여기서 볼 수 있다. 예를 들면, TEOS 산화물을 이용한 APCVD는 우수한 등각성을 가지며 좋은 틈 채우기를 만들지만 하부 표면에 의존한다는 다른 제약이 있다. 문제점은 TEOS를 위한 기판이 습기를 흡수하는 댕글링(dangling) 결합을 지니고 있다는 점이다. 이런 기판은 비용이 더 들어가며 이후의 화학 반응에 의한 기계적 평탄화를 거치는 동안 없어질 위험성이 커진다.

10-3-5 | 고밀도 플라스마 CVD(HDPCVD)

고밀도 플라스마 CVD 증착법은 1990년 이후 사용되기 시작했다. 이 방법에서는 반응실 내부의 웨이퍼 표면 앞쪽 방향을 향하는 저압 상태에서 고밀도 혼합 가스를 사용하여 플라스마를 만든다. 중요한 이점은 증착 온도를 300~400℃로 유지하면서도 높은 외관비로 틈 채우기를 할 수 있는 막이 증착된다는 점이다. HDPCVD는 처음에 층간 유전체(ILD)의 응용을 위해서 개발되었지만, 증착에서는 ILD-1, STI, 식각 정지층, 낮은 k 유전체 증착이 사용된다.

HDPCVD 반응은 두 개 이상의 전구체 물질 사이의 화학적 반응을 수반한다. 산화막 ILD 증착을 위해 실레인이나 TEOS, 아르곤과 같은 가스를 포함하고 있는 실리콘이 산소(또는 오존)와 함께 사용된다. 고밀도 플라스마를 만들기 위해서 RF나 마이크로웨이브 대역의 파워(2.45 GHz)로 원료 가스의 혼합물을 자극하고, 플라스마 이온은 웨이퍼 표면 위의 고밀도 부분으로 이동된다. 고밀도 플라스마 원료에는 전자 가속 공진(ECR), 유도성 결

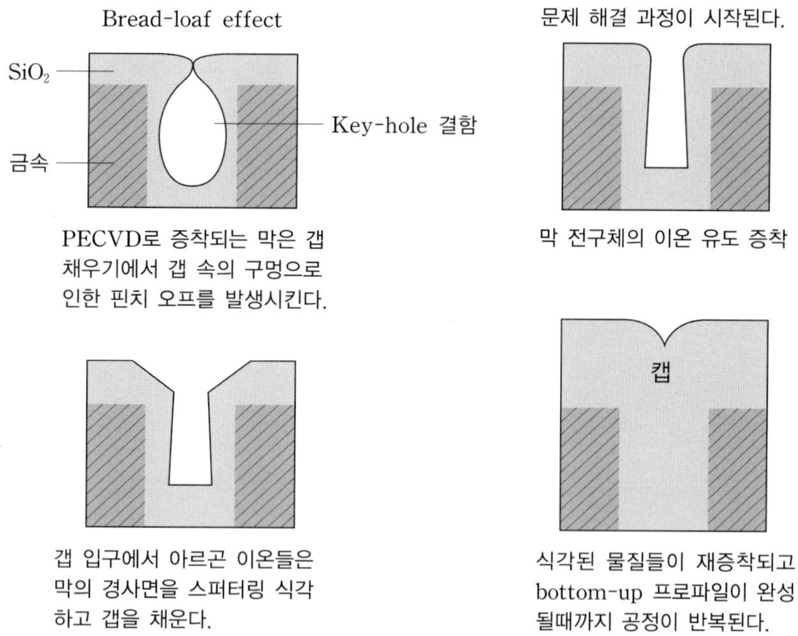

그림 10-15 식각과 동시 증착 공정

합 플라스마(ICP), Helicon과 같은 여러 종류가 있다.

1,500에서 3,000 kW의 RF 바이어스 전력이 웨이퍼에 인가되면 플라스마를 방출하는 에너지를 갖는 이온들이 원료 물질을 잡아당기고, 웨이퍼 표면 앞쪽으로 이동시킨다. 웨이퍼 바이어싱은 활동적인 플라스마 이온에 방향성을 부여한다. 고밀도 플라스마의 이온 밀도는 저압 상태(2~10 mtorr)에서 약 10^{11}~10^{12} ion/cm^3이다. 이런 고밀도로 인해 HDPCVD는 3:1에서 4:1 이상의 높은 외관비를 갖는 구조의 좁은 틈 속으로 증착할 수 있게 된다.

고밀도 플라스마를 사용하기 위한 다양한 시도는 큰 부피의 웨이퍼 제작이 가능하도록 플라스마 재료의 성능뿐만 아니라 공정실 내부 설계의 자세한 부분까지도 개선을 요구하게 되었다. 다만 2000 W의 RF 바이어스는 웨이퍼 표면에서 약 6 watt/cm^2의 전력 밀도를 가져오는 결과를 가져오기도 하므로 웨이퍼의 열부하가 증가한다는 점이 고밀도 플라스마의 단점이다.

높은 바이어스 전압은 웨이퍼의 온도를 높인다. 그런데 ILD는 알루미늄 금속화의 손상을 막기 위해 반드시 400℃ 이하에서 수행되어야 한다. 게다가 높은 열부하는 웨이퍼에 열적 응력도 발생시킨다. 이렇게 제한된 온도 범위 때문에 정전척(ESC) 내의 접근 포트를 통하여 웨이퍼에 헬륨 가스의 후면 블랭킷(blanket)을 적용함으로써 웨이퍼가 냉각되도록 한다. 이 작용은 웨이퍼와 ESC 사이에 열적 전도 경로를 생성한다.

HDPCVD 공정에서는 높은 외관비를 갖는 틈을 빈 틈 없이 절연체로 채우기 위해 기초 작용인 동시 증착과 식각 작용을 수행한다. 여기서 증착:식각(D:E) 비율이 적용되는데 이 비율은 일반적으로 HDPCVD에서 약 3 : 1의 값을 가진다. 즉, 증착률은 식각률보다 세 배 더 빠르게 발생한다는 의미이다. D:E 비율의 증가는 증착을 증가시키며 웨이퍼 처리량 또한 증가시킨다. 그러나 너무 높은 비율이 된다면 틈이 완전한 필드가 아니기 때문에 빈 공간이 발생할 수 있다.

식각과 동시 증착 표면 반응은 다음과 같은 다섯 가지 단계를 거친다.

1. 이온 유도 증착: 이온은 플라스마로부터 끌려오고 주요 틈 채우기 현상 공정에서 증착된다. 이온 유도는 반응 장소에서 형성된, 표면 결합이 파괴된 반응 이온의 운동 에너지에 의해 영향을 받는다.
2. 스퍼터 식각: 웨이퍼 바이어스에 의해서 표면에 이온이 충돌하고 원자를 식각하기 때문에 활성화된 아르곤과 반응성 이온들이 표면에 부착된다.
3. 재증착: 원자들은 틈의 바닥으로부터 제거되고 측벽에 다시 증착된다. 여기서는 측벽과 틈의 바닥 위에서 균일한 두께로 증착되는 것이 중요하다.
4. Hot-neutral CVD: 여기서는 열에너지가 약간의 증착을 좌우하는 반응에 적은 영향을 미친다.
5. 반작용: 다른 하나의 작용은 옆쪽 벽에 반사되어 증착된 이온의 작용이다.

HDPCVD에서 증착과 식각을 동시에 수행하면 산소와 아르곤 가스 혼합물에서 만들어지는 플라스마 방향의 부산물에 이점을 가져다준다. SiO_2 증착 공정에서 산소는 SiO_2를 형성하기 위해 실레인(SiH_4: 수소화 규소)과 반응한다. 반면에 아르곤은 스퍼터링에 의해서 증착된 물질을 제거하기 위해 반응한다. 증착 대 식각 비에 영향을 끼치는 몇몇 요소들은 산소와 아르곤 가스의 비율, 공정실의 압력, 이온 에너지, 웨이퍼에 RF 바이어스이다. 낮은 압력은 플라스마의 좋은 방향성을 유지하고 충돌을 줄이는 평균 자유 경로를 줄이는 데 중요하다.

PECVD에서 나타나는 식빵 덩어리(bread loaf) 형태의 프로파일은 기판 온도, 공급 전력, 압력 변화에 의해서 조정된다. HDPCVD 프로파일은 증착과 식각이 동시에 진행되기 때문에 우수한 틈 채우기 특성을 가진다. 식각률이 아주 크다면 모서리(corner) 특성이 제거되거나 깍이게 된다. 이미 앞에서 언급한 것처럼 식각은 반응기에서 아르곤 가스의 스퍼터링으로 진행된다.

HDPCVD 전체 과정에서 증착 비율을 적합하게 유지하고, 웨이퍼도 적합하게 유지시키기 위해 높은 가스 흐름 비율이 필요하다. 그림 10-16에 표시된 것처럼 웨이퍼는 고속 터보 펌프(300 mm 웨이퍼에의 경우 4000~5000 liters/sec)의 입구에 바로 위치하게 된다.

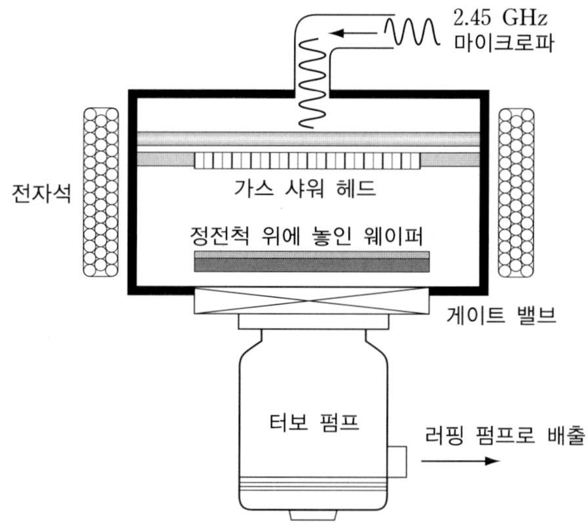

그림 10-16 터보 펌프의 기관(throat)에 위치한 웨이퍼의 HDPCVD 공정

실제로 HDPCVD는 종종 유전체 틈 채우기를 위한 3단계 공정에서 첫 단계로 사용되기도 한다. 3 : 1 이상의 높은 외관비를 갖는 경우 그림 10-17에서 보듯이 캡막을 식각하기 위해 HDPCVD 공정이 먼저 진행된다. 이후에 PECVD 공정으로 균일한 밀도의 캡(cap)이 채워진다. 이런 캡막은 화학적으로 연마된다(CMP). 평탄화를 통해 금속 전도체 라인 위쪽에 산화층이 부드럽고 두께는 일정하게 유지된다.

10-3-6 | CVD 공정에서 PSG, BPSG, FSG 도핑

CVD 증착에서 SiO_2 속으로 불순물을 주입하는 것이 때때로 장려되기도 한다. 웨이퍼 제작에 있어서 중요한 이점을 얻을 수 있기 때문이다. 예를 들자면 실리콘 산화물이 증착되는 동안 포스핀(PH_3)을 첨가하여 가스가 흐르도록 하면 포스포실리케이트 유리(PSG: phosphosilicate glass)가 생성된다. 화학 반응은 다음과 같다.

$$SiH_4(\text{실레인 가스}) + 2PH_3(\text{포스핀 가스}) + O_2(\text{산소 가스}) \rightarrow$$
$$SiO_2(\text{이산화 규소 고체}) + 2P(\text{인 고체}) + 5H_2(\text{수소 가스})$$

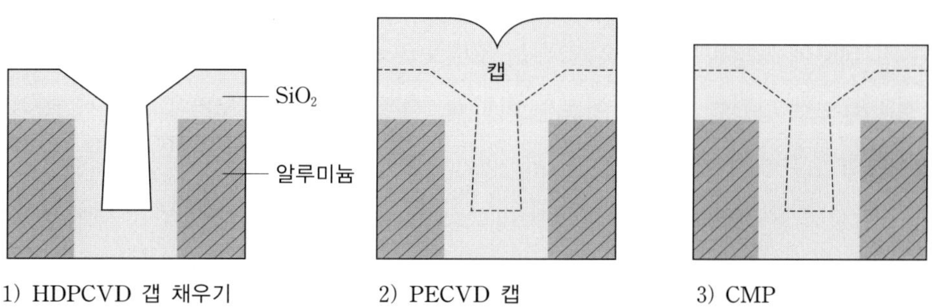

그림 10-17 유전체 틈 채우기를 위한 3단계 공정

유리에서 인은 오산화 인(phosphorus pentoxide: P_2O_5)의 형태를 실리콘 화합물과 함께 증착시킴으로써 이중 화합물(dual compound) 유리가 만들어진다. PSG가 증가적으로 수분을 흡수하기 때문에 막에 포함되는 오산화 인의 내용물은 약 4%로 한정된다. PSG는 고밀도 플라스마 CVD를 사용함으로써 600~650℃에서 증착될 수 있다. PSG는 첫 번째 층간 유전체층(ILD-1)으로 선호되는데 낮은 증착 온도, 적절한 평면 표면, 탁월한 틈 채우기 효과 때문이다. 실리콘 산화막에 오산화 인을 주입함으로써 막의 집적도는 개선되고 응력은 감소한다. 불순물은 또한 유리의 습기를 차단하는 특성을 향상시킨다. 또 다른 이점은 PSG 층들이 이동하지 않는 이온의 오염물질들을 제거하는 데 효과적이라는 사실이다. 이온들은 인에 부착되기 때문에 웨이퍼 표면에서 피막을 통한 확산이 억제된다.

만약 포스핀(PH_3) 대신에 다이보레인(B_2H_6)을 사용하면 붕소 규산염 유리(보로실리케이트 유리)가 만들어진다. BSG(borosilicate glass)를 위해서는 고온에서 웨이퍼 표면의 날카로운 부분을 부드럽게 해주고 막의 밀도를 높이는 역류(reflow)가 필요하다. 그러나 고온에서 역류를 진행하면 웨이퍼에 열이 공급되므로 공정상 바람직하지 않다. BSG는 MIC에 대해서도 좋은 장벽이 되지 못한다.

보로포스포실리케이트 유리(BPSG: borophosphosilicate glass)를 합성하기 위해서 이산화 규소 속으로 붕소 산화물과 오산화 인을 2~6%(질량 %)로 주입한다. 증착 후에는 좋은 스텝 커버리지를 갖는 조밀한 산화물을 만들기 위해서 산화물이 부드러워지거나 흐를 때까지 고온에서 역류(reflow)된다. BPSG를 위한 역류 온도는 800~1000℃이며, 한 시간 동안 역류를 진행한다. 역류는 이동성 이온 오염물을 차단하기 위한 게터링 특성도 향상시킨다.

BPSG는 일반적으로 ILD-1으로 웨이퍼 위에 증착되지만 최근에는 PSG로 대체되고 있다. BPSG는 열 공급을 감소시키는 HDPCVD에 의해 증착된다. 고온은 0.25 μm 이하의 웨이퍼에서 열 공급에 영향을 준다. 예를 들자면 내화성 금속(티타늄, 코발트)은 허용되지 않은 수준의 접촉 저항의 증가로 약 600℃에서 물질 변환을 받은 접합의 접촉 저항을 감소시키기 위해서 사용되어 왔다. ULSI 포토리소그래피에서 요구되는 자장의 깊이가 감소되기 때문에 고온 역류에 의한 산화물 플래너리티는 불충분하다. 이 같은 이유로 플래너리티와 틈 채우기 때문에 도핑된 산화물의 역류는 고밀도의 플라스마 CVD에 의해서 대체되는 것이다. 결과적으로 평편한 표면에 이르는 화학적, 기계적 평탄화(CMP)에 의해서 틈 채우기와 함께 안정된 막을 형성한다.

플루오로실리케이트 유리(FSG: Fluorosilicate glass)는 0.18 μm의 생성 소자에서 ILD 증착을 위해서 첫 번째로 생성된 낮은 k를 갖는 유전체로 연구된 플루오린화 산화물이다. 실리콘 산화물에 붕소가 첨가됨에 따라 SiO_2의 유전 상수는 약 3.9, FSG의 유전 상수는 약 3.5

로 감소한다. FSG막을 구성하기 위해서 CVD 반응이 진행되는 동안 SiF_4에는 실레인(SiH_4)과 O_2 가스가 첨가된다. FSG를 사용하면 플루오린 결합의 불안정성 때문에 약 6%로 제한되는 플루오린 함유량이 부식을 유발하는 전위 문제가 발생한다. 만약 플루오린 이온이 습기를 만나면 산이 부착된 플루오린화 수소(HF, 매우 강산임)가 생성된다. 이 같은 문제를 피하기 위해 증착 반응 동안 수소를 주입하여 약하게 결합된 플루오린 원자를 제거한다. 실리콘 산화물의 도핑이 실리콘 도핑과 동일하지 않다는 점에 주목하라. 실리콘이 도핑될 때 단일 격자 결정 구조에서 불순물과 실리콘 사이에서는 전자의 주고받음이 발생한다. 증착된 산화막은 비정질 구조를 갖는다. 그리고 불순물은 전자의 받개나 주개로 동작하지는 않는다. 도핑은 SiO_2의 물리적인 성질을 변화시킨다. 이런 변화의 예로는 이동성 이온을 게터링하기 위해서 자신의 능력을 향상시키는 것이 있다.

10-3-7 | 유전체의 성능

서로 다른 막에 사용되는 유전체(절연체)들은 마이크로칩의 성능에 직접적인 영향을 끼친다. 절연체의 특성은 유전 상수와 소자의 절연에 의해 결정된다. 절연체의 유전 상수(k)는 전기장에서 절연체가 전위에 의한 전기 에너지를 얼마나 효율적으로 저장하는지를 의미한다. 말하자면 커패시터처럼 물질을 절연시키는 능력을 나타낸다. 가장 낮은 유전 상수(1.0)를 갖는 물질은 진공이다. k 값이 높아질수록 더 큰 전기 에너지를 저장할 수 있다. 열적으로 생성된 SiO_2의 유전 상수 값은 약 3.9이다. 강화된 플라스마 CVD(PECVD)의 k 값은 약 4.1~4.3이다.

ILD(내부층의 절연 물질)로 가장 널리 사용되고 있는 물질은 도핑된 SiO_2이다. 더 낮은 k 값의 유전체는 더 적은 전기장을 저장하고, 금속 도체의 성능 속도를 향상시키면서 충전 시간도 짧아지기 때문에 유전 상수 k를 낮추는 것은 인접한 도체 사이의 정전 용량의 손실을 줄여준다. 금속 라인 사이가 더 작은 공간의 선폭을 가진다면 ILD를 위한 낮은 k 값의 유전 물질은 더 중요하게 여겨진다. 금속의 선폭이 작아지면 도체와 절연체의 정전 용량 효과가 증가하는데, 낮은 k 값을 가진 절연체가 이 문제를 해결할 수 있기 때문이다. 표 10-3에는 다양한 형태의 물질들이 갖는 유전 상수 특성이 비교 설명되어 있다. 낮은 k를 갖는 유전체 막의 필요 조건은 표 10-4에 표시되어 있다.

0.18 μm 이하 공정에서 DRAM 저장 커패시터와 20 Å 크기의 매우 얇은 게이트 산화물에서 사용되는 비교적 높은 유전 상수를 갖는 유전체 물질을 위한 연구가 진행되고 있다. DRAM 기술은 공정 및 설계가 개선되면서 지난 40년 동안 3년에 4배씩 저장 밀도가 증가하였다. SiO_2 혹은 SiN_x 유전체에서 필요로 하는 충전 용량을 얻기 위해 DRAM 저장 셀의

설계는 복잡한 스택의 커패시터 구조로 발전되어 왔다. 일반적인 SiO_2/SiN_x 절연체가 높은-k 절연체로 대체될 수 있면 더 단순한 스택 구조가 가능해져서 제작 비용을 절감할 수 있다. 높은-k 물질은 오산화 탄탈럼(Ta_2O_5)이다. 오산화 탄탈럼은 20~30까지의 k 값을 가지며, 쉽게 공정에 적용될 수 있다.

DRAM 메모리 셀은 저장 물질과 접촉면에서의 누출, 항복 전압에 민감하다. DRAM 메모리 셀은 더 두꺼운 오산화 탄탈럼을 요구하지만, 그 효용은 감소한다. 다른 높은-k 물질은 바륨스트론튬티탄산염((BaSr)TiO_3: BST)이다. 이런 물질의 발견은 단위 면적당 커패시턴스를 의미있게 향상시켰다.

표 10-3 ILD로 사용되는 다양한 유전체 물질의 특성 비교

낮은 k를 갖는 유전체 물질	유전 상수(k)	틈 채우기(μm)	교정 온도(℃)	비고
FSG(Silicon oxyfluoride, Si_xOF_y)	3.4~4.1	<0.35	No issue	FSG는 거의 SiO_2와 k 값이 같고 플루오린(F)이 탄탈럼 금속 장벽을 부식시킨다.
HSQ(hydrogen silsesquioxane)	2.9	<0.10	350~450	spin-on coating 공정에서 FOX로써 실리콘 기반의 수지 고분자가 용해 상태로 사용될 수 있다. 수분의 흡수를 줄이기 위해 표면의 보호층(실리콘 산화막 등)이 필요할 수도 있다.
나노 포러스 실리카	1.3~2.5	<0.25	400	무기 물질로서 pore(세공)의 크기와 갯수에 의존하여 변하는 유전 상수를 가진다. 증가된 다공(porosity)은 좋은 물리적 특성가 진다. 기공이 많은 물질은 연마(다듬는 것), 식각, 퇴화 없는 열처리를 견딜 수 있다.
폴리(아릴렌)에터(PAE)	2.6~2.8	<0.15	375~425	CMP로 다듬을 수 있는 능력과 훌륭한 접착을 가진 spin-on aromatic(방향족 화합물) 고분자이다.
a-CF(아몰퍼스 플루오린화 탄소 FLAC)	2.8	<0.18	250~350	높은 밀도의 플라스마 CVD(HDPCVD)로 CVD 증착을 좋은 열적인 안정성과 접착을 가진 필름을 생산하기 위한 선도적인 지원물
파릴렌 AF4(파라크실렌에서 얻어지는 플라스틱)	2.5	<0.18	420~450	파릴렌(parylene) 전구체 흐름비를 조절하기 위해서는 200℃에서 가스 공급 시스템을 유지해야 한다. 파릴렌 AF4는 필요한 저항과 접착성을 만족시키는 CVD 필름이다.

표 10-4 낮은 k를 갖는 유전체막의 필요 조건

전기적	물리적	열적	화학적	공정	금속화
낮은 유전 상수	우수한 부착력	열적 안정성	산과 염기에 대한 저항력	패턴화 가능	낮은 접촉 저항
낮은 절연 손실	적은 수축	낮은 열팽창 계수	식각 선택성	우수한 틈 채우기	작은 부식
낮은 누출	크랙 저항력	높은 전도성	낮은 불순물	평탄화	낮은 공간 응력
높은 신빙성	낮은 응력		부식 없음	작은 구멍	부드러운 표면
	견고함		낮은 습기 흡수	작은 입자	금속 장벽과의 융합성(Ta, TaN, TiN, and so on.)
			좋은 충전 수명		

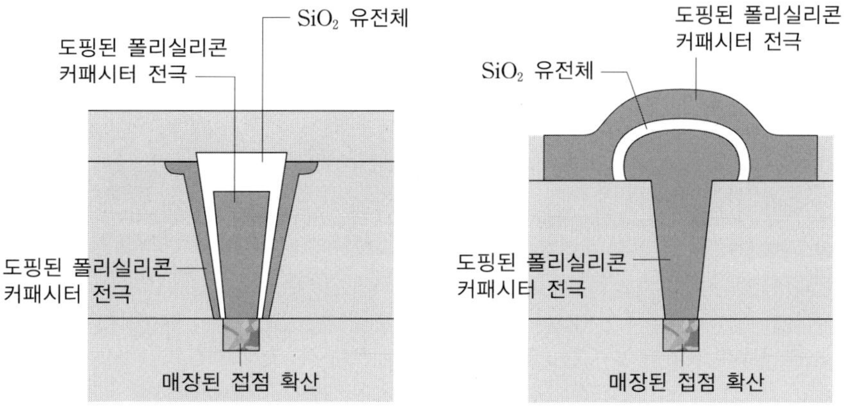

그림 10-18 DRAM 스택 커패시터의 일반적인 회로도

높은 k를 갖는 새로운 유전체가 더 얇은 게이트 산화물 제작에서 필요하다. 50 nm 소자의 경우 게이트 산화막(SiO_2)의 두께는 10 Å 이하로 증착될 것이다. MOS 트랜지스터의 게이트 유전체 물질은 게이트 전극과 실리콘 기판 사이의 큰 전위차를 견뎌낼 만큼 높은 k가 요구된다. 얇은 게이트 산화물은 SiO_2 유전층의 두께가 15 Å에서 20 Å 이하일 때 발생하는 터널링 전류에도 영향받는다. 고밀도 집적 회로의 경우 작은 게이트의 치수는 트랜지스터 on/off로 스위칭될 때 전자는 게이트 물질을 통하여 터널을 형성한다. 형성된 터널은 문턱 전압 표동을 유도하고 결국 그 소자는 스위치 상태에 있지 않기 때문에 회로의 고장을 일으킨다.

10-3-8 | LOCOS와 STI 기술

절연 기술은 MOS 플래너 제조공정에서 기생 자장 트랜지스터를 제거하거나 감소시킨다. 절연은 다른 장치 기술 사이의 접합 깊이, 게이트 산화막 두께 등과 같은 크기 조정을 받아들일 수 있어야 한다. 즉, 소자 고립을 위한 공간 할당은 집적 회로의 성능 저하를 유발한다는 것을 의미한다. MOS 기술에서의 소자 절연 기술 두 가지는 실리콘의 국부 산화를 통한 방법(LOCOS)과 얕은 트렌치 고립 기술인 STI(Shallow Trench Isolation)가 있다.

LOCOS는 0.35 μm 이상의 웨이퍼 제조에 쓰이는 가장 전형적인 방법이다. 이 기술은 산화막 성장에서 실리콘 질화물(Si_3N_4)을 정의하기 위한 패턴 역할을 한다. LOCOS 절연 구조는 초미세한 구조의 디바이스를 절연하기에는 너무 크다. 0.25 μm 이하에서 LOCOS는 수평적 성장을 이루기 때문이다. 따라서 LOCOS는 ULSI 급의 고밀도 기술에서는 사용하지 않는다. LOCOS 기술은 소자의 패킹 밀도를 높이고 평탄화하기 때문에 MOS 공정에서 중요하게 취급된다. 그림 10-19(a)에서 보듯이 실리콘 표면 위의 인접한 장치를 서로 전기적으로 분리하기 위해 SiO_2를 사용하고 있다. 증착된 실리콘 질화물(Si_3N_4)층이 산화 장벽으로

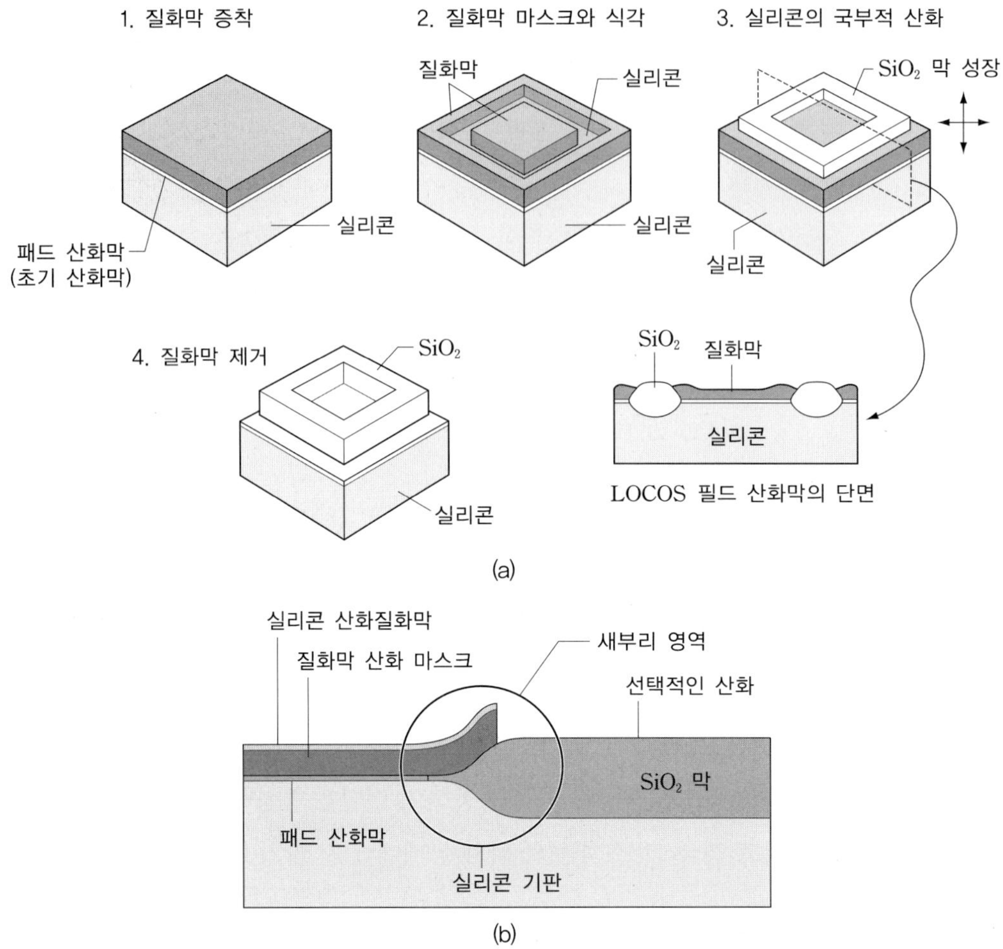

그림 10-19 LOCOS 공정과 새의 부리 효과

이용되는 것이다. 산화막은 실리콘을 덮고 있는 질화물에서는 성장하지 않을 것이기 때문에 선택적인 열적 산화막 성장을 식각할 수 있다.

열적 산화가 진행된 후에 질화물 및 밑에 놓인 모든 산화 장벽에서 소자 형성을 위해 준비되어 있던 노출된 실리콘 표면 부분을 제거한다. 산화막을 통해서 산소가 확산될 때는 전방향으로 확산한다. 산소 중의 일부는 다른 산소 원자와 실리콘을 이동시키기도 한다. 즉, 질화물 마스크 아래에서 산화막의 측면이 약간 더 성장한다는 것이다. 그림 10-19(b)에서 보듯이 소비된 어떤 실리콘보다 산화막이 더 두껍기 때문에 질화물의 가장자리를 밀어 올리게 되는데 이런 작용을 '새의 부리 효과(bird's beak effect)'라고 한다. 이런 현상은 LOCOS 산화 공정에서 나타나는 원하지 않는 부산물이다. 산화막이 두꺼울수록 '새의 부리 효과'는 더 뚜렷하게 나타난다. 질화물 마스크와 실리콘 사이의 응력을 줄이기 위해서 열적 산화물의 얇은 장벽층을 패드 산화물로 사용한다.

0.25 μm 이하에서 선택적인 산화의 주요한 형태에 사용된 기술은 얕은 트렌치 고립(STI)

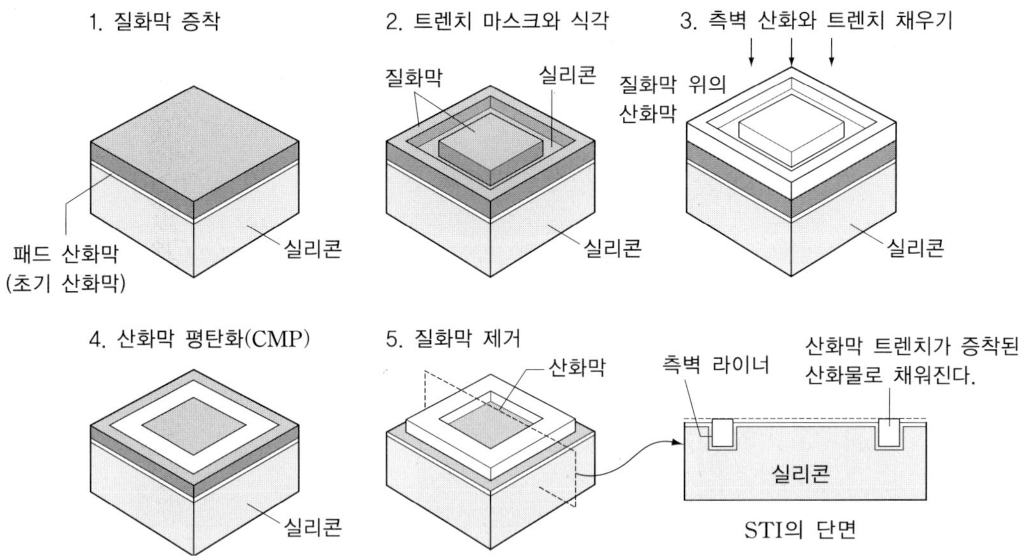

그림 10-20 STI 산화막 라이너

이다. STI의 주요한 유전체 물질은 증착된 산화막이다. 실리콘 질화물(Si_3N_4)의 마스크를 만드는 것으로 선택적인 산화가 보통 이루어진다. 마스크는 트렌치를 구성하기 위해서 실리콘 식각에 의해 증착되고 패턴화된다. 그림 10-20에 표시된 것처럼 마스크를 통해 노출된 영역에서 150~200 Å의 두꺼운 산화막층이 열적으로 산화되고 실리콘 트렌치를 식각한다. 이렇게 열적으로 성장한 산화막은 실리콘 표면을 보호하고 실리콘과 증착된 트렌치 채움 산화막 사이에서 장벽 역할을 한다. 이는 완료된 소자의 측벽 전류 누설을 효과적으로 방지하는 장벽으로 작용한다.

선택적인 부분을 열적으로 산화시켜 열기 위한 식각을 따라서 일반적으로 화학적 기상 증착법으로 실리콘 질화물을 증착시킨다. 실리콘 질화물층에 의해서 덮여 있는 웨이퍼상의 실리콘 표면은 질화물 마스크가 충분히 두꺼운 것처럼 산화시키지 못한다(실리콘을 덮고 있는 질화물 마스크가 약하게 산화시킨다). 실리콘 질화물은 900℃의 고온에서 표면 실리콘 원자와 질소의 반응에 의해서 실리콘 위에 성장될 수 있으나, 이런 방식으로 성장한 질화물은 높은 유전 상수의 이점을 갖는 특별한 응용 분야인 매우 얇은 층(약 5 nm)을 성장시키는 데 사용할 수 있다.

10-3-9 | SOD

SOD(spin-on-dielectric)로 불리는 적용 방법에서는 웨이퍼의 스핀을 사용하기 위해서 설계된 낮은 k 유전체의 다양한 범위를 가진다. SOG(spin-on-glass)는 1990년에 CMP의 사용이 폭넓게 이루어지기 전에 ILD의 평탄화와 틈 채우기에 주로 사용되었다. SOG 물질

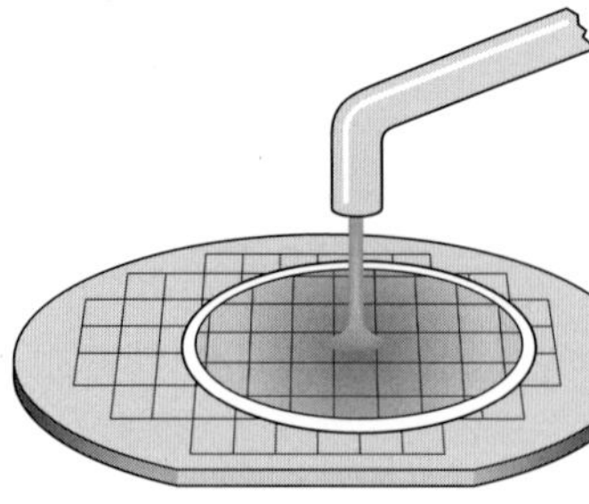

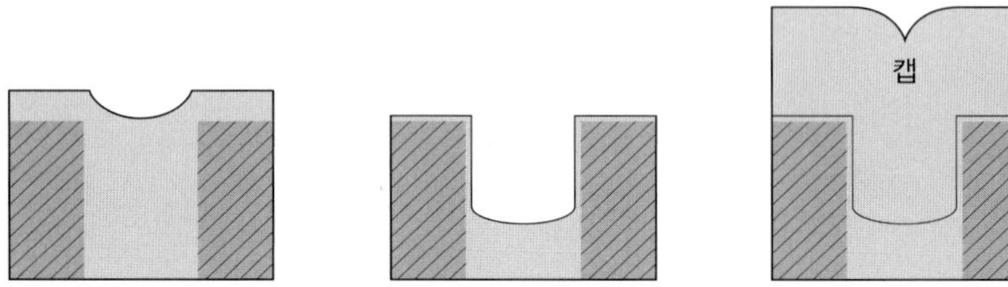

1) 초기 SOG 틈 채우기　　2) 경화 후 SOG　　3) CVD 산화캡 막

그림 10-21 SOG를 이용한 틈 채우기

은 항상 유기물과 무기물 두 가지의 기본적인 형태로 구성된다. 무기물인 경우는 실리케이트(규산염)로, 유기물인 경우는 실록세인(siloxane)으로 구성된다.

유기물 실록세인 SOG는 경화(curing)된 후 흡습성을 가지며, 열적으로 불안정하고 플라스마 노출에 견디지 못한다. 경화된 실리케이트 SOG(무기물)는 SiO_2처럼 동작하는데, 습기를 흡수하지도 않고 열적으로도 안정하다. 그러나 이 층이 너무 두꺼우면 응력이 증가하고 금이 가기 때문에 경화하는 동안 충분히 두께를 감소시켜야 한다. 이런 이유 때문에 실록세인 SOG는 항상 증착된 산화층이 매끄럽게 되도록 진행하는 식각 공정을 견디게끔 평탄화된 층으로 사용된다. 실리케이트 SOG는 주로 틈 채우기에서 사용된다.

SOG를 적용하기 전에 웨이퍼는 항상 PECVD 산화막처럼 전증착(predeposited)된 산화층을 갖는다. SOG는 액체이며, 회전자(bowl)의 개폐 여부와 상관 없이 미리 결정된 속도로 웨이퍼 급회전에 의해서 공급된다. 속도의 기울기처럼 스핀 속도와 매개변수는 SOG의 두께를 정의할 수 있다. 막은 일반적으로 400℃에서 경화된다. 그때 표면을 평탄화하기 위해서 식각한다. 덧씌어진 산화막은 용액 흡수를 최소화하기 위해 SOG를 보호하고 밀봉한다. 이런 덧씌움이 없다면 금속층 사이를 거쳐 오염되는 곳을 통과하는 것처럼 흡수된 수증기로부터 실제적인 문제를 가지게 된 산화물은 부식되고 높은 저항을 가지게 될 것이다.

SOD의 낮은 유전 상수 k를 가진 막은 HSG(hydrogen silsesquioxane)로 정의된다. SOD 기술은 증착되는 낮은 k를 가진 막을 위해 CVD 공정에 비용 효율이 높게 바뀌는 것으로 고려된다. 대부분의 SOD 응용은 통칭적인 반응로 튜브 안에서 경화된 배치를 가지는 표준 스핀 도금을 사용한다. 단일 웨이퍼 클러스터 기법으로 용기 안의 코트를 회전시키고,

표 10-5 HSQ에 낮은 k를 가진 절연체를 처리하는 물질 상수

중요 작용	공정 과정	물질 상수
스핀 코팅	적용된 용기 속도	50 rpm
	용기 스피드 최댓값	800 to 1500 rpm
	후부면의 헹굼	800 rpm, 5 sec
	전리층 모서리의 구슬 모양 제거	1000 rpm, 10 sec
	스핀 건조	1000 rpm, 5 sec
경화	초기의 부드럽게 구운 경화	200℃, 60 sec, N 제거
	인라인의 경화	475℃, 60 sec, N 환경

350~475℃의 고온을 사용해서 막을 경화시키는 방법이 사용된다. HSQ를 위해 경화되는 과정과 제안되는 스핀 코팅을 표 10-5에 간략하게 설명하고 있다.

10-3-10 | 에피택시

에피택시는 단일 결정체의 기판 표면 위에 단일 결정 물질의 얇은 층을 증착하는 것이다. 에피택셜층은 간혹 에피층이라고 부른다. 에피택시는 에피층 도핑 두께, 농도, 프로파일, 물과의 독립성에 의해서 성능이 최적화되도록 소자를 설계하기 위해서 유연성이 제공된다. 이런 제어를 위해 에피택셜 성장 공정에서 불순물을 의도적으로 첨가하여 진행한다. 에피층은 CMOS 소자에서 래치업 발생을 감소시킨다. 일반적인 에피택셜 반응 장치로는 대부분 고온 CVD 시스템을 사용한다.

S/D 구조는 소자의 소스, 드레인, 게이트에 에피택셜 실리콘막이 증착되면서 형성된다. 증착은 S/D의 영역 표면을 효과적으로 증가시키고 시트 저항을 감소시킨다(전선의 직경이 클수록 전선의 저항이 낮아지는 것과 유사하다). 에피택셜 증착 공정을 통해 접촉 저항을 5 Ω/□에서 1~2 Ω/□까지 감소시킬 수 있다. 증가한 S/D 구조는 0.15 μm 기술 노드에서 실현할 수 있다. 에피택셜 증착이 진행되는 동안 원치 않는 불균일 도핑이 발생한다. 약하게 도핑된 에피층들이 강하게 도핑된 기판 위에서 성장되기도 하고 자동 도핑 조건에 의해서 에피층 속으로 도핑시키는 경우도 있다.

이런 상태는 증착이 진행되는 동안 웨이퍼 표면의 염소 식각으로 인해 자유로워지거나 불순물들이 기판에서 증발할 때 발생한다. 불순물은 가스 흐름에 따라 움직이고 에피층의 우연한 도핑의 원인이 된다. 에피층이 성장되므로 웨이퍼로부터 적은 불순물이 사용되고 기판의 불순물이 에피층으로 확산된다. 이런 확산을 out-확산(diffusion)이라고 한다. 자동 도핑(auto doping)과 out diffusion은 모두 기판과 에피층 사이의 불순물 전이가 영향을 미

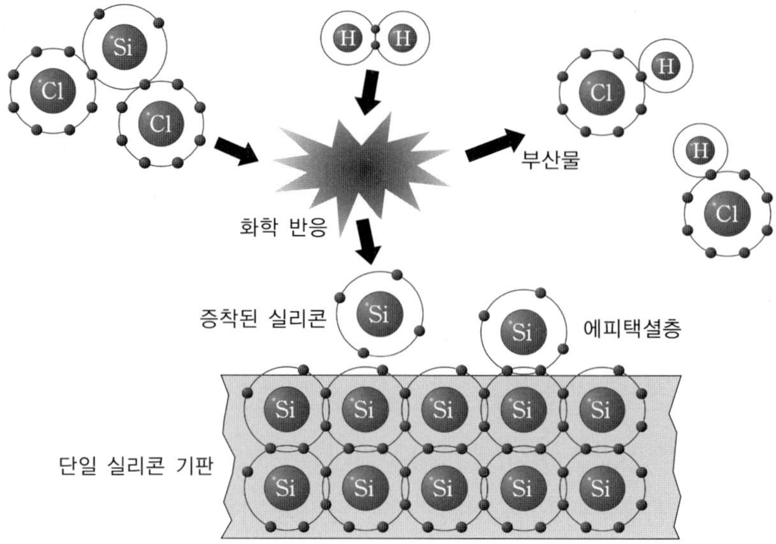

그림 10-22 실리콘 웨이퍼의 실리콘 에피택셜 성장

친다. 전이는 원하는 것보다 덜 비약적이다. 만약 막과 기판이 동일한 물질이라면(예: 실리콘 기판과 실리콘막) 막 성장을 호모에피택시(homoepitaxy, 동종 에피택시)라고 한다. 막이 Al_2O_3, 기판은 Si인 상태에서처럼 서로 다른 물질의 막과 기판에서 발생되는 막 성장은 헤테로에피택시(heteroepitaxy, 이종 에피택시)이다.

에피택셜 실리콘은 보통 CVD 시스템을 사용해서 증착된다. 에피택시를 증착하기 전에 웨이퍼의 자연 산화막과 잔류 유기물, 금속 불순물이 완전히 세척되어야 웨이퍼는 완전한 실리콘 표면을 얻을 수 있다. 에피택셜 증착 공정이 진행되는 동안 가스가 웨이퍼 표면에 충돌하면 원자가 발생되고, 이런 원자들은 표면 원자와 결합하기 위한 정확한 위치를 발견할 때까지 움직인다. 이런 움직임은 기판처럼 같은 결정체(crystal)로 도식된 장치를 가진 에피택셜층으로 구성된다. 에피택시 반응에서 사용 가능한 가스는 $SiCl_4$, SiH_4, SiH_2Cl_2(DCS: dichlorosilane), TCS(trichlorosilane)이다.

증착 온도는 1050~1250℃이다. 면밀한 웨이퍼 제조공정에서 모든 실리콘 에피택시는 수소로 희석된 SiH_xCl_{4-x}의 환원에 의해서 만들어진다. 반응 온도는 이런 전구체의 몇 개의 염소 원자에 의해 낮아지지 않는다. 에피택셜 실리콘은 반응기의 따뜻한 표면 위에 실리콘이 증착될 때 과도한 입자 구성 때문에 SiH_4는 일반적으로 성장되지 않는다. 다양한 방법들이 고상, 액상, 기상, 분자빔을 포함하는 실리콘 웨이퍼상의 단결정층을 성장시키는 데 사용된다. IC 제조공정에서 실리콘에 에피택셜 층을 성장시키는 방법은 크게 기상 에피택시(VPE), 유기 금속 화학 증착법(MOCVD), 분자빔 에피택시 성장법(MBE)으로 구분된다.

세 가지 성장법 중에서 CVD의 일종인 기상 에피택시가 제조공정에서 가장 많이 이용된

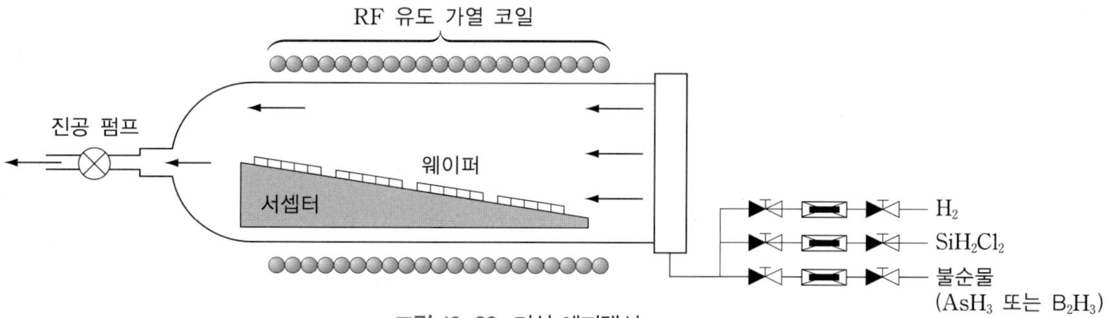

그림 10-23 기상 에피택시

다. 실리콘 VPE는 800℃에서 1500℃로 가열되는 단결정 실리콘 웨이퍼에 원하는 화학 물질의 가스 혼합물을 통과시키는 것으로 요약된다. 고온의 열에너지는 웨이퍼의 표면에서 발생하는 화학 반응을 구동시키는 데 필요한 에너지로 주어진다.

VPE 반응기에서는 웨이퍼의 공정 이전에 기상 HCl 식각에 의해서 수반되었던 질소와 수소에 의해서 시스템이 제거된다. 원하는 온도로 가열된 웨이퍼의 성장실로 클로로실레인과 같은 불순물을 갖는 반응물 가스가 주입된다. 일단 성장 반응기의 반응물과 불순물 가스인 화학적인 이온들은 도핑된 에피층을 증착하기 위한 화학적이고 물리적인 반응을 한다. 에피택셜 반응기의 일반적인 설계 장비는 그림 10-23에서 보듯이 가스 분배 시스템, 반응기 튜브, 웨이퍼를 가열하고 고정시키는 서셉터, 제어 시스템, 가스 배출 시스템으로 구성된다. 반응기 공정실로의 가스 흐름을 정확하게 제어하기 위해 대량 흐름 제어기와 공기 압축식 밸브를 가스 분배 시스템으로 사용한다.

서셉터는 일반적으로 실리콘 질화물이나 실리콘 카바이드로 코팅된 폴리실리콘 혹은 그래파이트(흑연)로 만들어진다. 이들은 아주 강하고 반응기 내에서 또는 이들의 부산물에서 반응하지 않는다. 서셉터는 필라멘트 전구로부터 방사 또는 유도성으로 가열하여 온도가 상승한다. 가장 널리 사용되는 수평 반응기와 수직 반응기를 그림 10-24에 나타내었다. 수평 반응기에서의 서셉터는 균일성을 개선하기 위해서 몇 개의 단계를 거친다.

유기 금속 화학 증착법(MOCVD)는 물, 금속의 비정질막(amorphous film), 다결정체(polycrystalline)의 증착을 동등하게 적용할 수 있다. MOCVD는 VPE와 유사한 형태이지만 적당하지 않은 재료를 즉시 사용하기 때문에 실리콘 에피택시에서 일반적으로 사용되지는 않는다. MOCVD는 저온에서 유기 금속 재료인 3종과 5종의 혼합물인 GaAs처럼 화합물 반도체 에피택셜층을 증착하고자 할 때 사용된다.

VPE 공정에서처럼 원하던 물질의 화합물은 웨이퍼 표면에서 복잡한 화학 반응이 발생되는 가열된 기판으로 전송된다. MOCVD는 광전자 집적 회로와 발광 다이오드, 레이저로 사용되는 도핑되거나 도핑되지 않은 GaAs/Si 같은 반도체 이종층(heterolayer) 혹은 지극

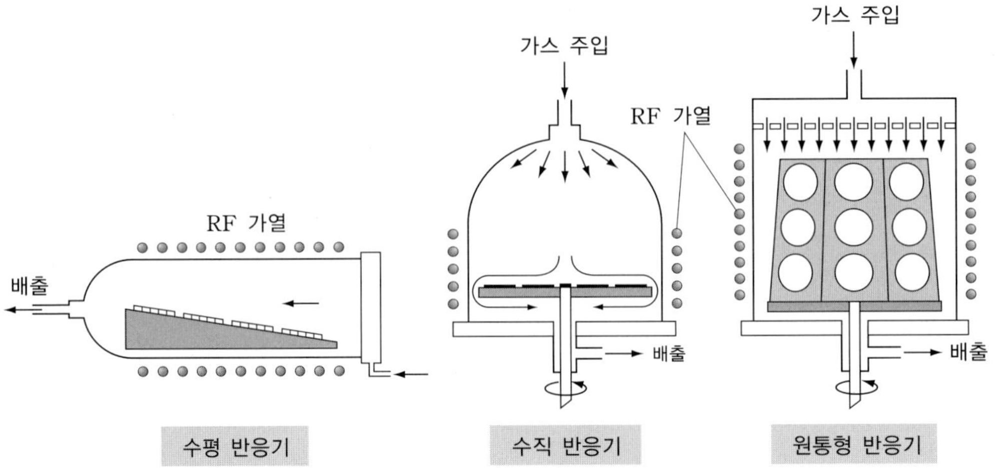

그림 10-24 실리콘 기상 에피택시 반응기

히 얇게 제어된 증착에서 중요하다.

MBE(molecular beam epitaxy)는 원자 분해능의 두께를 갖는 GaAs 헤테로에피택시의 증착에 사용되는 하나의 중요한 방법이다. 균일한 도핑 및 매우 엄격하게 조절되는 에피층 두께로 실리콘을 웨이퍼에 증착하기 위해서 사용된다. MBE는 일반적으로 고진공 크라이오 펌프(cryopump)를 사용함으로써 10^{-10}이나 10^{-11}토르인 고진공 상태에서 진행하고 반응 온도 범위는 500~900℃이다. 대부분의 실리콘 MBE 시스템은 전자기적으로 집중되는 전자 빔 소스를 가지고 실리콘의 증발을 이용해서 에피택셜 반응에서 실리콘 원자를 발생시킨다. 이런 공정은 충돌 없이 증발 공정실을 통해서 단결정 웨이퍼 표면에 증착된다는 점이 유사하다. 최근의 또 다른 방법에는 매우 낮은 흐름 비에서 가스 소스를 통해서 실리콘 원자를 전송하는 것이 있다. MBE 시스템의 실리콘 성장률은 실제로 웨이퍼 표면에 충돌되는 파편과 소스에 남아 있는 원자의 개수를 측정하여 결정한다.

연습문제

1. 다층 금속화는 무엇인지 설명하고 칩 제작에 왜 필수적인지 설명하시오.

2. 알루미늄 금속화는 무엇인지 설명하시오.

3. ILD층의 사용 목적을 설명하시오.

4. 외관비를 정의하시오. ULSI 소자에서 높은 외관비가 중요한 이유를 설명하시오.

5. 박막 성장의 3단계를 설명하시오.

6. CVD를 정의하고 5가지 기본적인 화학 반응은 무엇인지 설명하시오.

연습문제

7. CVD 반응에서 8가지 단계를 구분하고 설명하시오.

8. PSG, BPSG, FSG는 무엇의 약어인지 설명하고 산화막에 첨가되는 불순물의 이득을 세 가지 설명하시오.

9. CVD 반응기 종류를 나열하고 그들의 중요한 이득에 대해서 설명하시오.

10. CVD에서 열벽 반응기와 냉벽 반응기의 차이를 설명하시오.

11. APCVD를 설명하시오. 소스로 실레인을 사용하는 APCVD SiO가 가지는 중요한 단점은 무엇인지 설명하시오.

12. TEOS는 무엇인지 설명하시오. APCVD TEOS-O_3를 사용하기 위해 기본적인 이득이 무엇인지 설명하시오.

13. APCVD보다 LPCVD가 왜 더 선호되는지 설명하시오. LPCVD 공정을 설명하시오.

14. LPCVD TEOS를 사용해서 증착되는 막의 상태를 설명하시오. 이런 막이 갖는 이득은 무엇인지 설명하시오.

15. 실리콘 질화물이 보호층으로 사용되는 이유를 설명하시오.

16. 실리콘 산화질화물막을 사용할 때 얻게 되는 이득은 무엇인가?

17. CVD 공정이 진행되는 플라스마를 사용하기 위한 6가지 이득을 설명하시오.

18. PECVD는 무엇인지 설명하시오. PECVD와 LPCVD의 중요한 차이는 무엇인지 설명하시오.

19. 실리콘 질화물 PECVD와 LPCVD의 중요한 차이점을 설명하시오.

20. HDPCVD에 동시에 일어나는 증착과 식각을 설명하시오.

21. ILD에서 유전체 상수의 중요성을 논의하시오.

22. 높은 k를 가진 유전체 물질은 어디에 적용되는가? 그것이 왜 필요한지 설명하시오.

23. LOCOS와 STI를 정의하고 STI가 LOCOS를 대체하는 이유는 무엇인지 설명하시오.

24. STI 공정 단계를 설명하시오.

25. SOG와 SOD를 설명하시오.

26. 에피택시는 무엇인지 설명하시오.

제 11 장

포토리소그래피 공정

포토리소그래피 공정은 마스크(mask)라고 부르는 석영 템플릿(quartz template)과 포토레지스트(감광제), 자외선을 사용해서 웨이퍼 위에 회로 패턴을 인쇄하는 공정이다. 포토리소그래피 공정은 연계되는 식각 공정, 이온 주입 공정, 산화 공정, 금속화 공정, CMP, 세정 공정 등과 함께 반도체 소자를 제조하는 중요한 공정 중의 하나이다. 자외선은 마스크를 통과해서 웨이퍼 표면의 감광막(포토레지스트)의 패턴으로 전달된다. 일반적인 사진 작업처럼, 사진용 막이 개발되었고, 레티클 패턴의 이미지는 웨이퍼상에 나타난다. 웨이퍼 표면에 그려진 막 패턴 이미지를 형상화하기 위해서는 화학적 식각 공정을 사용한다. 웨이퍼는 이온 주입 영역으로 보내지며 여기서 웨이퍼의 패턴을 통하여 선택적으로 도핑이 수행된다. 웨이퍼로 전달된 다양한 패턴들은 도핑되는 실리콘 영역을 결정하는 것뿐만 아니라 다층 배선에서 필요한 상호 연결되는 배선, 비아, 콘택들로 구분할 수 있다.

웨이퍼 표면의 물리적 상태, 포토레지스트의 종류, 광학에서의 해상력, 빛의 파장 특성, 시스템의 노출과 정렬, 렌즈의 수치개구와 분해능, 초점의 정확성과 같은 많은 변수들이 포토리소그래피 공정의 성능을 좌우하게 된다. 포토리소그래피는 마이크로칩의 가격과 성능에 중요한 영향을 미친다. 웨이퍼의 처리 비용은 웨이퍼에 제조되는 칩의 수에 대부분 독립적이다. 공정 단계의 수, 재료의 양, 웨이퍼 조작 등의 이유로 200 mm 웨이퍼와 300 mm 웨이퍼의 경우처럼 직경이 다른 경우에도 각 웨이퍼들이 소비하는 비용은 거의 같다. 같은 비용으로 더 많은 칩을 제조한다면 각각의 칩 생산에 필요한 비용이 감소하므로 칩의 판매 가격을 낮추는 효과가 있다. 따라서 반도체 제조업체에서는 300 mm의 웨이퍼를 표준 사이즈로 사용한다. 이 장에서는 포토리소그래피 공정의 개요, 광 스펙트럼, 해상도, negative 리소그래피와 positive 리소그래피의 차이점, 포토레지스트의 물리적 특성, 약하게 굽기(soft bake)와 강하게 굽기(hard bake), 정렬과 노출, 분해능, 레티클, 포토레지스트의 현상, 포토리소그래피 장비 등에 관해서 설명한다.

11-1 포토리소그래피 공정

포토리소그래피 공정에서는 빛에 민감한 포토레지스트 물질과 빛의 제어된 노출(exposure)을 이용해서 웨이퍼 표면에 3차원 패턴을 생성한다. 포토리소그래피 공정의 필수 요건은 포토(photo), 리소그래피(lithography), 마스킹(masking), 패턴화(patterning)이다. 일반적으로, 리소그래피는 패턴의 표면을 이동시키는 인쇄 공정을 의미한다. 이런 이유로 포토리소그래피(photolithography)는 프린팅이라고도 한다. 반도체 제조를 위한 마이크

(a)

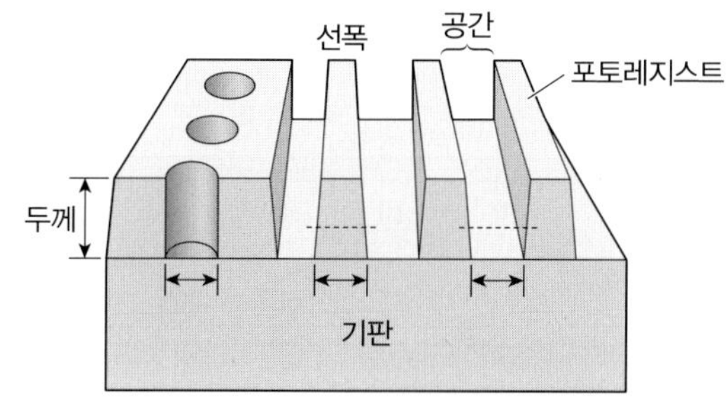

(b)

그림 11-1 (a) 포토레지스트의 3차원 패턴 (b) 레티클(출처: © Morozov Anatoly/Shutterstock)

로리소그래피는 초미세 웨이퍼 제조에 필요한 초소형의 CD를 패턴화하기 위해서 사용되는 과정이다.

포토리소그래피 공정의 품질이 확산 공정, 박막 공정, 이온 주입 공정, 식각 공정, CMP 공정에서의 높은 수율을 달성하는 데 영향을 미치기 때문에 IC 제조공정 중에서 가장 중요한 공정으로 평가된다. 포토리소그래피의 비용은 전체 웨이퍼 제조 비용의 거의 1/3을 차지하는 것으로 평가하고 있다.

웨이퍼 표면에 전송되는 포토리소그래피 패턴의 형태는 고립된 트렌치, 접촉, 금속의 상호 연결, 다층 금속층을 서로 연결하기 위한 비아와 같은 실리콘 웨이퍼에서의 반도체 소자들이다. 빛에 민감한 포토레지스트 물질로 전송되는 패턴들은 식각이나 이온 주입을 위해서 기판 위에 준비된다. 포토레지스트 패턴은 그림 11-1에 표시된 것처럼 폭, 길이, 높이를 가지기 때문에 패턴화된 포토레지스트 이미지들은 3차원이다. 각자의 칩(다이)에 옮겨지기 위한 적합한 패턴을 각각 요구하기 때문에 웨이퍼 위에는 수백 개의 동일한 칩이 제조된다.

포토리소그래피 기술에는 폴리머 용액(polymer solution)을 빛에 민감한 포토레지스트(레지스트)로 사용한다. 레지스트가 구워지면(bake) 용매(solvent)는 증발한다. 다음 단계로 레지스트는 제어되는 빛에 노출된다. 빛은 요구되는 회로 패턴을 구성하는 판인 레티클(reticle)을 통과한다. 포토레지스트는 오직 필요한 패턴을 통과시키기 위한 웨이퍼 표면 위의 임시적인 물질이므로 패턴이 웨이퍼 표면 재료로 새겨지거나 주입되면 제거된다. 마치 카메라 필름의 음전하가 사진을 위한 패턴을 가지고 있는 것처럼, 레티클은 웨이퍼에 복제

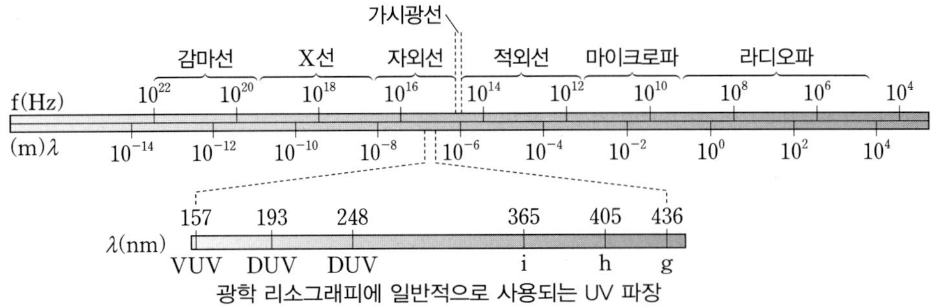

그림 11-2 전자기 스펙트럼의 영역

되기 위한 패턴을 포함하는 하나의 석영판이다. 이런 패턴은 단일 칩(다이) 또는 몇 개의 칩을 포함할 수도 있다. 간혹 레티클과 혼용되어 쓰이기도 하는 포토마스크는 전체 웨이퍼에 대한 하나의 공정층을 인쇄하기 위한 완전한 칩의 배열을 포함하는 하나의 석영 원판이다.

포토리소그래피는 빛이 레지스트에 패턴을 전달하는 것이 중요하고 광학을 통해서 제어되기 때문에, 광학 리소그래피로 부르기도 한다. CMOS로 제작되는 IC들은 단일 칩에서 다층을 패턴화하기 위해서 30개의 마스크층을 가질 수도 있다. 각각의 레티클들은 웨이퍼 표면에 놓이기 위하여 특정한 이미지 또는 특징들에 필요한 독특한 패턴을 가지며, 하나의 층을 완성하기 위해서 전체 웨이퍼에 걸쳐서 진행된다.

포토레지스트를 활성화시키고 레티클로부터 패턴을 전달하기 위해서 자외선(UV: ultraviolet)이 에너지원으로 사용된다. 빛에 민감한 포토레지스트들은 특정한 UV 파장에 화학적으로 응답하도록 설계된다. 포토리소그래피 공정에 사용되는 자외선의 전자기 스펙트럼을 그림 11-2에 나타내었다. 표 11-1에는 포토리소그래피에서 사용되는 중요한 UV 파장들의 특성을 설명하고 있다. 일반적으로, DUV(깊은 UV)는 300 nm보다 작은 파장을 가지는 UV를 의미한다.

포토리소그래피에서 중요한 성능 측정은 각 이미지의 해상도(resolution, 분해능)이다. 해

표 11-1 포토리소그래피 노출에 사용되는 UV파장의 특성

UV 파장(nm)	파형의 이름	UV 발광 재료
436	g-line	Mercury arc lamp
405	h-line	Mercury arc lamp
365	i-line	Mercury arc lamp
248	Deep UV (DUV)	Mercury arc lamp
		krypton fluoride(KrF) excimer laser
193	Deep UV (DUV)	Argon fluoride(ArF) excimer laser
157	Vaccum UV (VUV)	Fluorine(F_2) excimer laser

- 마스크층은 연속적인 공정이 수행될 수 있도록 정확하게 결정되어야 한다.
- 포토레지스트 마스크 패턴은 식각과 이온 주입을 위해서 적절한 배치, 정렬, 회로 구조의 크기가 각 층마다 준비되어야 한다.
- 작은 크기와 오차가 발생되면 반도체 소자는 엄청난 결함을 발생시킨다.

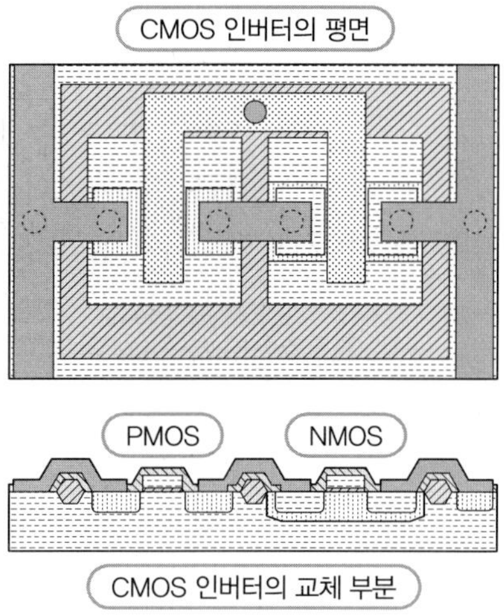

그림 11-3 마스크 오버레이 정밀도의 중요성

상도는 웨이퍼 표면상에서 좁은 간격을 사이에 둔 특징들을 구별하는 능력으로 정의된다. 웨이퍼상에 패턴화된 이미지들의 실제 차원들은 최소 배선폭이다. 최소의 배선폭은 0.18 μm과 같은 CD(임계 차원)로 표시된다.

포토리소그래피에서는 마스크의 패턴과 웨이퍼 표면에 존재하는 특징들이 정확하게 정렬되는 것이 필요하다. 이런 품질 측정은 겹침 정밀도(overlay accuracy)로 알려져 있다. 그림 11-3에서 보듯이 마스크 패턴이 층으로부터 웨이퍼에 정확하게 전달되어야 하므로 정렬의 정확성 역시 중요하다. 다중의 마스크들이 패턴화가 진행되는 동안 사용되기 때문에 겹침의 미세한 오정렬도 웨이퍼 표면의 다른 특징들 사이에서 전체적인 배치 허용 오차가 발생하도록 한다.

이런 조건은 겹침 비용(overlay budget)으로 알려져 있다. 따라서 하나의 거대한 겹침 비용은 본질적으로 소자 특징인 크기와 IC의 성능을 제한하는 회로의 밀도를 감소시킨다. 겹침 비용에 영향을 주는 오정렬의 다른 유형도 있다. 잘못된 입력은 마스크와 웨이퍼 사이의 좋지 못한 정렬을 초래한다. 런 아웃은 칩(다이) 사이의 거리가 다른 네트이다. 이것은 온도의 변화에 의해 야기될 수 있다.

11-1-1 | negative 리소그래피와 positive 리소그래피

포토리소그래피는 positive 포토리소그래피와 negative 포토리소그래피로 구분된다. negative 리소그래피는 웨이퍼의 표면에 마스크(또는 레티클)의 패턴과 정반대의 패턴을 인쇄한다. positive 리소그래피는 웨이퍼의 표면에 마스크의 표면과 동일한 패턴을 인쇄한다. negative 리소그래피의 첫 번째 특징은 빛에 노출되면 교차 결합에 의해서 포토레지스

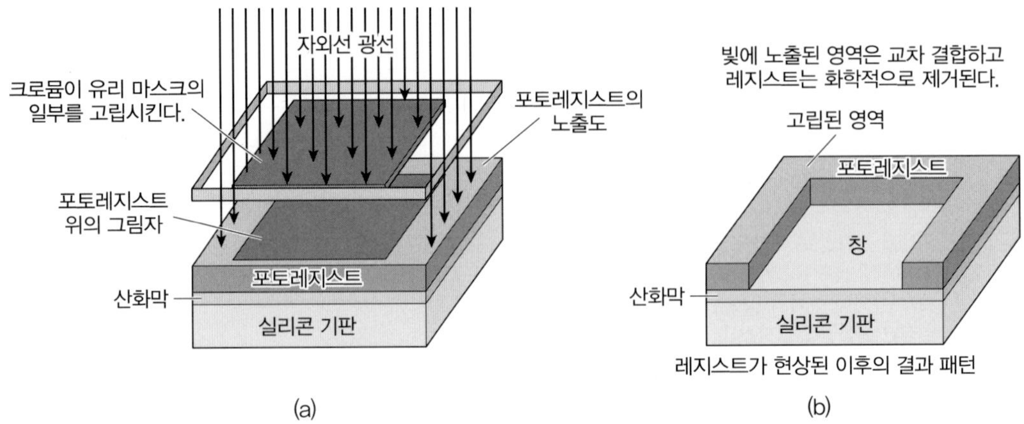

그림 11-4 negative 리소그래피

트가 용해되지 않고 경화된다는 점이다. 한번 경화되면 교차 결합된 레지스트는 용매(solvent) 속에서 제거되지 않는다. 레지스트에 형성되는 이미지가 레티클의 이미지 패턴과 반대이기 때문에 이런 종류의 레지스트를 negative 레지스트라고 한다. negative 레지스트는 초기 반도체 포토리소그래피에 사용되었다.

그림 11-4의 도면에서 negative 레지스트에 대한 마스크가 하나의 투명한 석영판이라는 것을 확인할 수 있다. 마스크의 어두운 부분은 요구된 마스크 도판을 형성하기 위해서 패턴화되고 증착되는 얇은 하나의 크로뮴막이다. 이런 크로뮴은 불투명(opaque)하고 자외선의 투과를 허용하지 않는다. negative 레지스트 마스크의 불투명한 크로뮴 아래의 영역들은 빛에 노출되지 않기 때문에 변하지 않고 그대로 유지된다. 레지스트는 현상제(developer) 화학 물질에 노출하여 부드럽게 만들어 녹인다. 마스크의 깨끗한 영역을 통과한 UV는 레지스트의 특정한 영역에만 도달하고, 해당 영역에서만 경화가 일어난다. 레지스트의 경화된 부분은 현상 용액에 녹지 않는다. 결국 negative 레지스트는 마스크의 패턴과 반대되는 패턴을 가지게 되는 것이다.

positive 리소그래피에서는 마스크 패턴과 동일한 이미지가 웨이퍼 표면에 인쇄된다(그림 11-5). UV에 노출된 레지스트 영역들은 경화되는 것이 아니라 광화학 반응을 통해서 현상 용액에 녹을 수 있도록 부드러워진다. 빛에 노출된 positive 레지스트의 영역들은 현상 용액에서 제거되며, 불투명한 마스크 패턴 아래에 위치하여 빛에 노출되지 않은 레지스트는 웨이퍼상에 남을 수 있다. 결국 레지스트 안에 형성된 이미지는 레티클에 형성된 이미지와 같아지므로 이런 레지스트를 positive 레지스트라고 부른다. 레지스트는 빛에 노출되기 전에 이미 딱딱해져 있으며, 식각과 같은 연속적인 처리 공정 동안 최상위층을 보호하기 위해서 웨이퍼 표면상에 남아있게 된다. 후속 공정을 수행할 때 레지스트는 제거된다.

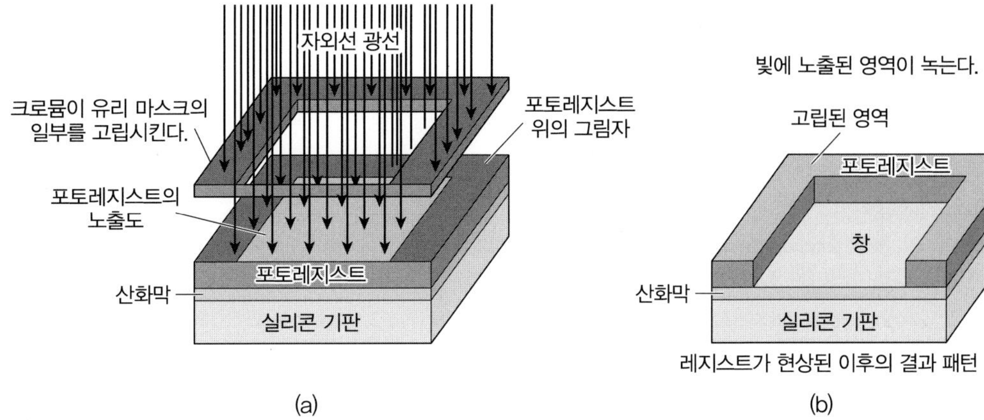

그림 11-5 positive 리소그래피

positive 레지스트는 1970년대에 마이크로리소그래피 공정에서 지배적으로 사용되었고 오늘날까지도 선호된다. 포토레지스트로 전달되는 패턴은 하나의 창 또는 섬으로 고려할 수 있다. 두 가지 유형의 마스크들과 포토레지스트들로부터 얻어지는 결과를 그림 11-6에 나타내었다. 마스크를 그 외관에 따라서 설명할 수도 있다. 만약 마스크 석영판의 대부분이 크로뮴으로 덮여 있다면 마스크는 어두운 영역 마스크로 불린다. 반대로 얇은 크로뮴 패턴이 새겨져 석영이 대부분을 차지하는 마스크를 깨끗한 영역 마스크라고 한다.

positive 리소그래피와 negative 리소그래피를 위한 마스크들을 비교할 때, 만약 positive 레지스트에 이용되는 특정한 마스크층에 깨끗한 영역의 마스크가 요구되면, 그때 같은 패턴의 어두운 영역의 마스크는 negative 레지스트에 사용될 수 있다. 예를 들어서 positive 리소그래피에서 이용되는 일부 일반적인 어두운 영역의 마스크들은 소스/드레인 주입, LDD 주입, 그리고 접촉 식각 이전에 이용된다. 깨끗한 영역의 마스크는 게이트 식각과 상호 연결된 금속 식각 이전과 같은 응용들에 사용된다. 그림 11-7은 positive 포토레지스트 리소그래피에 근거한 두 가지 마스크들의 유형의 예를 설명한 것이다.

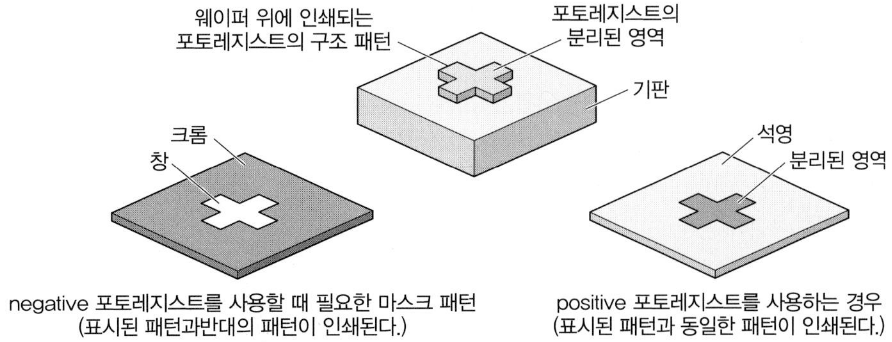

그림 11-6 마스크와 레지스트 사이의 관계

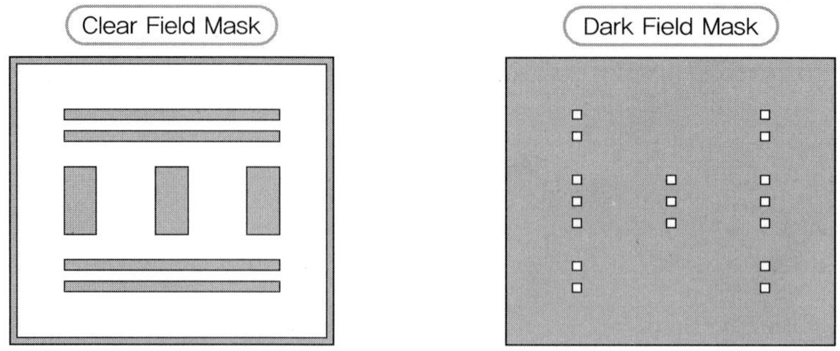

positive 포토레지스트 리소그래피에서 금속 연결선을 인쇄할 때 사용한다.

(a)

positive 포토레지스트 리소그래피에서 콘택 인쇄할 때 사용한다.

(b)

그림 11-7 깨끗한 영역(clear field) 마스크와 어두운 영역(dark field) 마스크

11-1-2 | 포토리소그래피 공정의 8가지 기본 단계

포토리소그래피는 외형의 감소, 정렬 허용 오차, 마스크층 수, 웨이퍼 표면 청결과 같은 많은 변수를 가진 복잡한 공정이다. 포토리소그래피의 패턴화 공정은 그림 11-8에 나타낸 것처럼 기상 프라임(vapor prime), 스핀 코팅(spin coat), 약하게 굽기(soft bake), 정렬과 노출(alignment, exposure), 노출 후 굽기(PEB: post exposure bake), 현상(develop), 강하게 굽기(hard bake), 현상 후 검사(develop inspect)로 구분할 수 있다.

포토리소그래피 공정은 그림 11-9에서 보듯이 중요한 장비의 집적 상태에서 실행된다. 자동화된 장비는 코터/현상, 트랙 시스템이나 트랙들, 로봇의 고용, 자동화된 재료 취급, 사람의 조정 없이 8단계 모두를 수행하는 컴퓨터 등과 같은 장비를 의미한다. 집적된 트랙들은

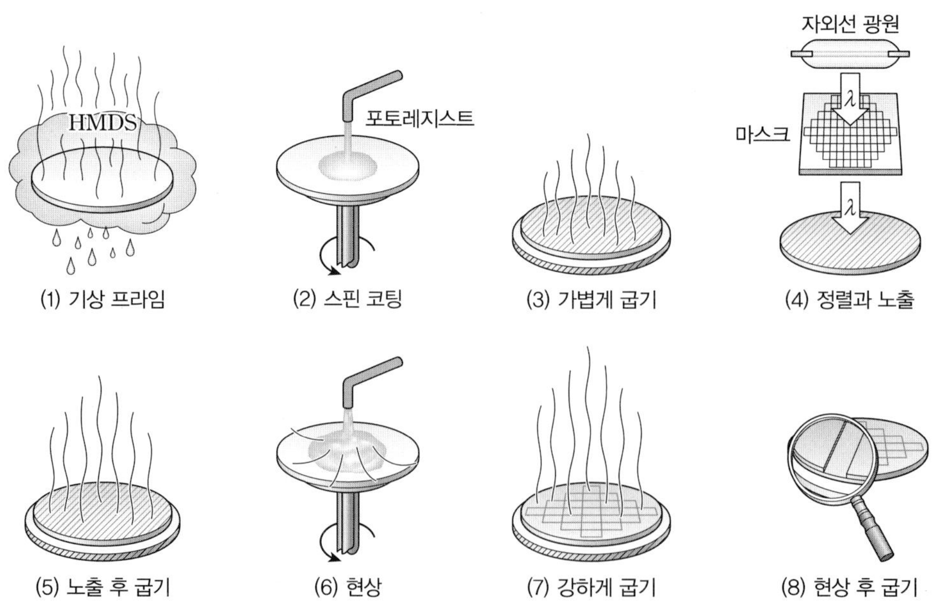

그림 11-8 포토리소그래피 공정의 8단계 분류

그림 11-9 포토리소그래피 공정 트랙 설비 사진(출처: CC BY-SA 3.0, https://commons.wikimedia.org/w/index.php?curid=550683)

공정 단계들 사이에서 지연 시간을 줄임으로써 웨이퍼 공정의 효율성과 유연성을 증가시킨다. 또한 환경 제어로 인한 오염을 감소시키고 조작자의 취급을 최소화하며, 조작자가 화학 물질에 노출되는 것을 방지함으로써 안전성을 확보할 수 있다.

포토리소그래피의 첫 번째 단계는 세정(clean)과 건조(dehydrate), 웨이퍼의 초기 표면 준비(prime)로 이루어진다. 이런 단계의 목적은 포토레지스트와 웨이퍼의 표면이 양호하게 부착될 수 있도록 하는 것이다. 세정 단계에는 오염을 제거시키기 위한 습식 세정과 DI 물 헹굼(rinse)이 포함된다. 대부분의 웨이퍼 세정은 포토리소그래피 작업에 들어가기 전에 행해진다. 탈수 건조 굽기 공정은 웨이퍼 표면이 흡수한 물의 대부분을 증발시키기 위해서 닫힌 공정실에서 행해진다. 웨이퍼 표면은 반드시 세정되고 건조되어야 한다. 탈수 건조 굽기 후 바로 웨이퍼는 부착 증진기 역할을 하는 HMDS(hexamethyldisilazane)로 준비된다.

첫 단계를 거쳐 표면이 프라이밍(priming)된 웨이퍼에는 2단계에서 회전 도포법을 통해 액체 포토레지스트 물질이 도포된다. 웨이퍼는 회전하는 동안 고정되기 위해 표면 위에 작은 진공 구멍을 가진 테플론 디스크 혹은 평평한 금속인 진공척(vacuum chuck) 위에 탑재(mount)된다. 5 ml의 액체 포토레지스트가 분사되고 레지스트의 종류에 따라 웨이퍼가 500 rpm의 속도로 천천히 회전하다가 3000~5000 rpm까지 가속된다(그림 11-10). 포토레지스트의 품질을 측정하는 중요한 지표는 시간, 속도, 두께, 균일성, 미립자의 오염 그리고 핀홀과 같은 레지스트 결함이다.

레지스트가 웨이퍼 표면에 공급되면 세 번째 단계로 반드시 낮은 온도의 굽기 과정을 거쳐야 한다. 이런 약하게 굽기(soft bake)의 목적은 레지스트에 포함된 용매(solvent)의 대부분을 제거하는 데 있다. 약하게 굽기 공정은 부착력을 개선시키고 웨이퍼의 레지스트가 더 균일해지도록 한다. 또한 식각 공정에서 선폭의 제어를 보다 용이하게 해준다. 약하게 굽기는 열판(hot plate) 위에서 30초 동안 90~100℃의 온도로 가열하는 것이다. 이어서 균일한 레지스트 특성을 가지도록 하는 웨이퍼 온도 제어를 달성하기 위해서 차가운 판(cool

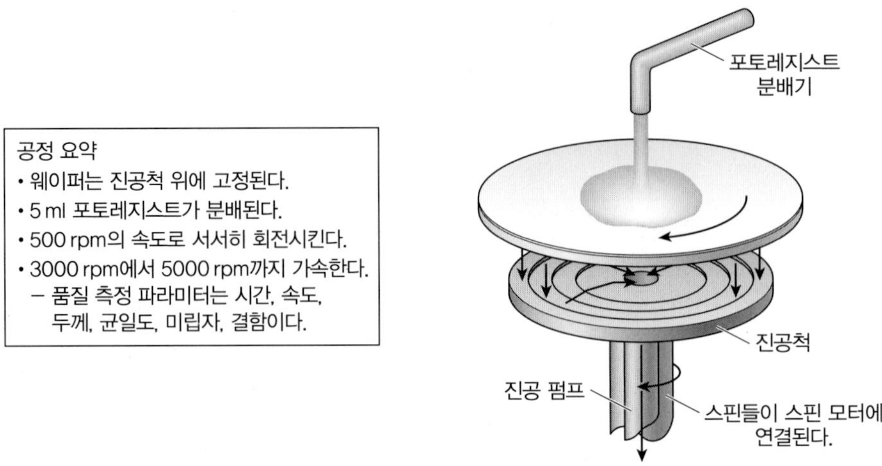

그림 11-10 회전 코팅

plate) 위에서 다시 냉각한다.

네 번째 단계는 정렬(alignment)과 노출(exposure) 공정이다. 마스크는 레지스트가 코팅된 실리콘 웨이퍼의 정확한 위치에 정렬된다. 웨이퍼의 표면은 원래의 순수한 실리콘일 수도 있지만, 자신의 표면에 이미 정의된 패턴을 가진다. 마스크와 웨이퍼가 한번 정렬되면, 그림 11-11에 나타낸 것처럼 제어된 UV에 노출시킴으로써 레지스트가 코팅된 웨이퍼로 마스크 이미지를 전송한다. 빛 에너지는 포토레지스트의 광감응 성분을 활성화한다. 정렬과 노출에서는 주로 선폭의 해상도, 겹침의 정확성, 입자와 결함 등으로 공정의 품질을 측정한다.

다섯 번째 단계는 DUV 레지스트에 필요한, 100~110℃로 가열된 판 위에서 굽는 것이다. 이런 굽기는 포토레지스트 노출 직후에 실행하므로 노출 후 굽기(PEB)라고 한다. 여섯 번째 실행 단계는 현상(developing)이다. 현상을 거쳐야 비로소 웨이퍼 표면의 포토레지스트에서 패턴이 발생되므로 현상은 중요한 단계이다. 포토레지스트의 녹는 영역은 웨이퍼 표면

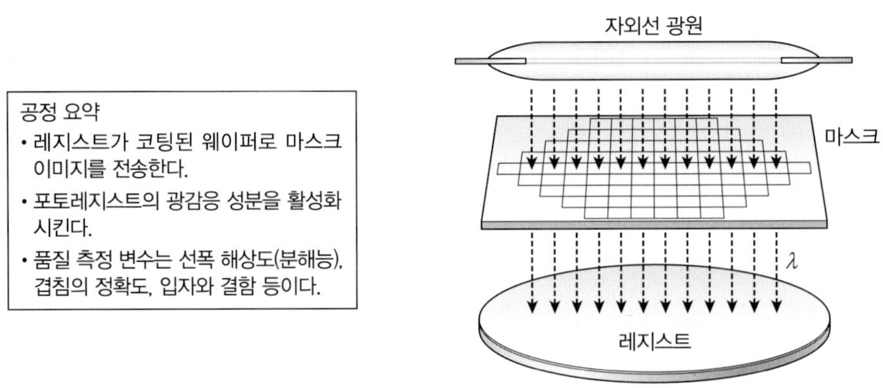

그림 11-11 정렬과 노출

공정 요약

- 포토레지스트의 용융 영역은 화학적 현상 용액에 용해된다.
- 창과 분리 영역과 같은 가시적인 패턴이 웨이퍼 위에 나타난다.
- 품질 측정 파라미터는 신의 해상도(분해능), 균일성, 입자와 결함 등이다.

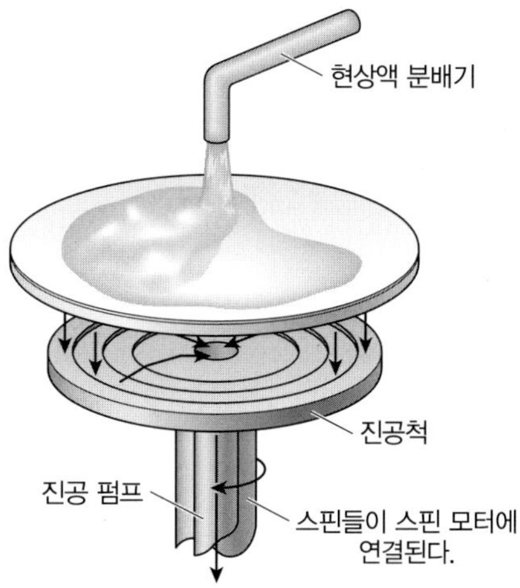

그림 11-12 포토레지스트 현상 공정

에 작은 분리 영역들의 눈에 보이는 패턴이 없어지는 상태로 화학 현상 용액에 의해서 용해된다. 앞서 언급했듯이 negative 리소그래피에서는 UV에 노출되지 않은 부분이 용해되고, positive 리소그래피에서는 UV에 노출된 부분이 용해된다. 현상 공정은 그림 11-12에 표시된 것처럼 회전, 분사(spray), 휘젓기(puddle)를 통해서 진행하고, 이후 웨이퍼는 DI 물(탈이온수)로 헹군 뒤 회전시켜서 건조된다.

현상 공정이 실행된 직후 웨이퍼 표면의 레지스트 부착력을 개선시키고 잔류 포토레지스트의 용매를 증발시키기 위해서 7단계로 강하게 굽기(hard bake)를 실시한다. 강하게 굽기는 식각 공정이나 주입 공정을 위해 레지스트를 안정화시키는 중요한 공정이다. positive 레지스트를 위한 강하게 굽기 공정의 온도는 약 120~140℃이다. 이 온도는 약하게 굽기(soft bake)보다는 높은 온도이지만, 이보다 더 높게 구우면 레지스트가 흘러내리고 패턴이 변형되므로 온도를 정확하게 유지해야 한다.

레지스트가 웨이퍼 위에 패턴을 프린트하면 마지막 단계(8단계)로 레지스트 패턴의 품질을 입증하기 위한 검사가 실시된다. 검사 시스템은 고밀도로 집적된 임계층들의 패턴화를 위해 자동화된다. 검사의 목적은 레지스트 품질에 문제가 있는지의 여부를 확인하고 포토레지스트의 공정의 성능을 최적화하여 품질 성능을 개선하는 것이다.

검사 결과 레지스트가 결함을 가진다고 판단되면 레지스트는 벗겨내어 제거한 뒤 다시 8단계의 포토리소그래피 공정을 거친다. 포토리소그래피의 목표는 어떤 결함도 가지지 않는 제품을 생산하는 것이다. 따라서 웨이퍼를 검사하지도 않고 레지스트의 결점을 제거하지도 않는다면 반도체 제조공장은 고장 때문에 마비될 것이다. 현상 후에 진행하는 검사는 문제점이 검출되고 정정되는 웨이퍼 제조공정에서의 작은 일부분 중 하나이다. 결함 있는 웨이퍼들이 한번 패턴 단계에 옮겨지고 식각 공정을 진행해버리면 실수를 정정할 기회가 영영 사라지는 것이다. 만약 포토리소그래피 공정의 결함으로 웨이퍼가 부정확하게 식각되면 생산된 칩들은 치명적인 결함을 갖게 되고 결국 폐기 처분될 것이며 반도체 제조업체는 심각한 경제적인 손실을 겪게될 것이다.

11-2 웨이퍼 준비 단계

집적 회로의 성공적인 제조를 위해서 웨이퍼는 제조공정의 모든 단계에서 반드시 청정하게 유지되어야 한다. 세정 단계는 각각의 공정 단계가 진행되는 동안 필연적으로 발생하는 오염 때문에 필수적이다. 포토리소그래피 공정에서도 높은 수율을 달성하기 위해서는 오염되지 않은 청결한 상태의 웨이퍼를 준비하는 것이 중요하게 여겨진다. 포토리소그래피의 첫 번째 단계는 웨이퍼가 포토리소그래피 작업장에 도달되기 전에 세정 공정을 통해 웨이퍼의 표면을 청결하게 준비하는 것이다. 웨이퍼 표면에는 금속 불순물, 유기물 오염, 자연 산화막 등의 원치 않는 오염들이 존재한다. 이런 오염물질들은 작업자, 화학 공정, 장비 공정, 포장과 저장 공정, 웨이퍼 취급 방법, 환경 상태 등 다양한 원인으로부터 발생된다. 웨이퍼의 오염층들은 이온이나 금속의 불순물, 원자, 폴리머릭(유기체)층들처럼 검출하기 어려운 결함들로 구성되어 있다.

웨이퍼 표면 위에 불순물이 존재하는 채로 포토리소그래피 공정을 진행하게 되면 포토레지스트의 부착력이 부실해진다. 이런 상태는 이후의 식각이나 현상 공정에서 포토레지스트 리프팅(lifting)에 의한 수율 문제를 발생시킨다. 포토레지스트 리프팅은 그림 11-13에서 보듯이 식각 공정이 진행되는 동안 막층의 under cutting을 유발시킨다. 레지스트에서의 특별한 오염은 핀홀과 부정확한 레지스트 코팅을 유발시킨다.

실리콘 웨이퍼는 표면에서 습기를 흡착할 수 있다. 웨이퍼 표면이 습윤 상태로 노출된 것을 친수성(hydrophilic) 또는 수산화물(hydrate)이라고 부른다. 포토레지스트를 성공적으

그림 11-13 표면 오염으로 기인되는 빈약한 포토레지스트 부착 효과

로 부착하기 위해서는 웨이퍼를 건조시켜서 표면을 소수성(hydrophobic)으로 만드는 것이 중요하다. 소수성 웨이퍼는 탈수 상태라고도 부르며 포토레지스트의 부착 특성을 향상시킨다. 웨이퍼를 소수성으로 유지하기 위해서는 전 단계 공정을 실행한 후 가급적 빠르게 포토레지스트 웨이퍼를 코팅해야 한다.

소수성을 유지하는 또 다른 방법은 50% 이하의 상대 습도로 제어된 방에서 유지시키는 것이다. 건조한 웨이퍼 표면을 유지시켜서 레지스트 부착을 원활하게 진행하기 위해서 프라이밍과 스핀 코팅 전에 건조 후 굽기를 진행한다. 이때 굽는 온도는 200℃에서 250℃ 정도로 다양하다. 그러나 보통 400℃가 넘는 온도로 굽지는 않는다. 웨이퍼 아래쪽 층의 알루미늄층은 온도에 민감하기 때문에 간혹 이런 온도를 달성할 수 없는 경우도 있다. 전체 웨이퍼 표면의 탈수 건조는 약 750℃ 이상의 온도에서야 발생하지만, 이후 냉각이 진행되는 동안 대기의 습기가 금세 웨이퍼 표면 위로 다시 흡착되므로 그런 온도로 가열하는 것은 효율성이 떨어진다.

건조 후 굽기는 불활성 가스(예: 건조한 질소)를 가진 편리한 오븐 혹은 진공 오븐에서 행해진다. 그것은 역시 가열된 판 위에서 행해질 수 있으며, 추후 웨이퍼의 온도를 빨리 감소시키기 위해서 차가운 판에서 냉각한다. 거의 모든 웨이퍼 제조설비는 자동화된 웨이퍼 트랙 시스템을 사용하기 때문에 건조 굽기 과정은 웨이퍼 조작 시스템에 집적된다.

웨이퍼 탈수 건조 후 굽기 이후에 HMDS를 이용하여 표면의 부착력을 증진시킨다. 이를 프라이밍(priming)이라고 한다. 이런 공정은 나무에 페인트를 도포할 때 행하는 페인트 준비 과정과 유사한 측면이 있다. HMDS는 실리콘 웨이퍼와 반응하여 물 분자를 고정시켜 레지스트 물질과 잘 결합하도록 한다. 이런 물질들은 화학적인 친화성을 가지기 때문에 레지스트와 실리콘 사이의 연결고리로 동작할 수 있는 것이다. 웨이퍼 프라이밍의 중요한 외관(상황)은 웨이퍼의 습기 문제를 최소화하기 위해서 작동 준비 후 빠르게 레지스트를 코팅해야 한다는 것이다. 준비 단계를 마친 후 60분 이내에 코팅이 행해진다는 사실에 주목하라. 이런 준비는 자동화된 트랙 시스템 소프트웨어에 의해서 통제된다.

HMDS를 프라이밍하기 위해 뒤섞기(휘젓기), 스프레이, 증발법을 사용한다. 웨이퍼 준비에 사용되는 방법 역시 웨이퍼 트랙 시스템에 통합된다. 그림 11-14에 나타낸 뒤섞기 분배와 회전법은 단일 웨이퍼 공정에서 사용된다. 온도와 볼륨은 쉽게 제어되고 시스템은 배출과 배기를 요구한다. 이런 방법은 많은 양의 HMDS가 소비된다는 단점이 있다.

스프레이 분배는 노즐 스프레이를 사용하여 웨이퍼 표면 위에 HMDS의 가는 안개를 증착시킨다. 이런 과정에서 스프레이가 웨이퍼 표면으로부터 입자 제거를 돕기도 한다는 장점이 있다. 단점은 더 긴 시간이 소비된다는 점과 HMDS의 과소비를 들 수 있다. 웨이퍼 표

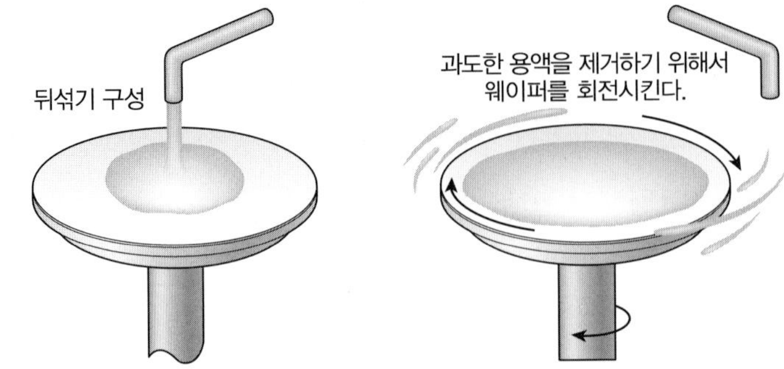

그림 11-14 HMDS 뒤섞기 분배와 회전법

면에 HMDS를 공급하는 가장 일반적인 방법은 증발 준비(vapor prime) 코팅이다. 증발 프라이밍은 30초동안 200℃에서 250℃ 사이의 온도로 행해진다. 증발 프라이밍은 웨이퍼와 접촉 없이 코팅할 수 있다는 장점이 있다. 즉 웨이퍼가 HDMS 용액에 의해 오염될 가능성조차 줄여준다. 또한 여러 방법 중 HDMS의 소비가 가장 적다. 웨이퍼 표면의 적당한 프라이밍은 접촉 앵글미터를 확고히 한다.

증기 프라이밍의 한 가지 방법은 그림 11-15에 나타낸 것처럼 뜨거운 판 위에서 열 전도성 가열을 통해 단일 웨이퍼의 증기 프라임에 따라 건조 후 굽기를 먼저 수행하는 것이다. 웨이퍼 홀더는 대부분 석영으로 만들어진다. 이런 접근법은 웨이퍼의 안과 밖 굽기, 작은 결함 밀도, 일관성 있는 가열, 반복하기 등에서 장점이 있다. 증발 프라이밍과 결합하는 탈수 건조 후 굽기의 또 다른 방법은 진공실에서 질소 가스를 사용하는 것이다. 오븐 안에서 웨이퍼는 석영 홀더 안에 놓인다. 가열된 방은 비워지고 질소 가스 안에 HDMS가 증기 압력으로 다시 채워진다. 웨이퍼가 HDMS에 코팅되면 HDMS 증기는 비워지고 공기 압력 상태의 질소로 다시 채워진다.

일단 웨이퍼 표면이 청결하게 건조되고 구워지면 포토레지스트의 적용이 준비된 것이다. 포토레지스트는 스핀 코팅에 의해 웨이퍼에 공급된다. 웨이퍼는 표면에 얇은 레지스트 막을

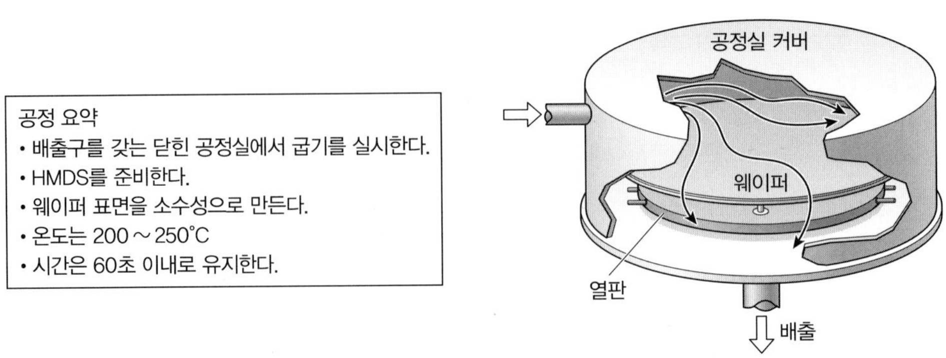

그림 11-15 HDMS Hot Plate 탈수 건조 후 굽기와 증기 프라임

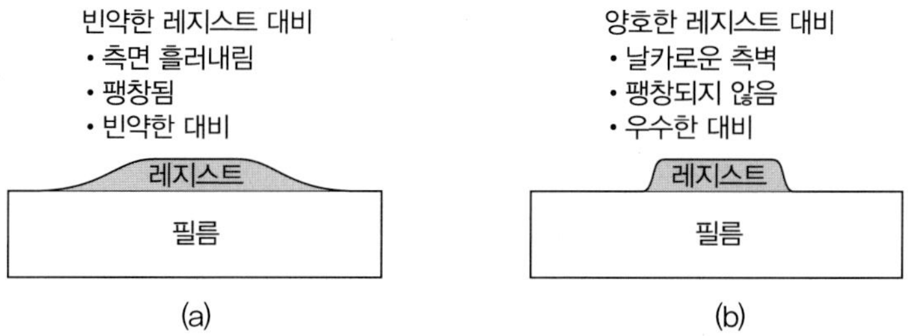

그림 11-16 레지스트 대비

구성하기 위해서 회전하면서 포토레지스트로 코팅된다. 포토레지스트는 UV에 노출되었을 때 현상 용액에서의 용해도가 변하는 유기 화합물이다. 웨이퍼 제조에 사용되는 포토레지스트는 건조되지 않은 액체 상태로 웨이퍼 표면에 공급된다. 포토레지스트의 사용 목적은 웨이퍼 표면 최상층에 레지스트 마스크 패턴을 전송하여 이후의 식각이나 이온 주입과 같은 공정에서 웨이퍼 박막 하부의 재료를 보호하는 것이다. 포토레지스트는 해상도(분해능: resolution), 대비(대조: contrast), 감도(sensitivity), 점도(점성: viscosity), 부착력(adhesion), 식각 저항(etch resistance), 표면 장력(surface tension), 저장과 취급(storage and handling), 오염물질과 미립자(contaminants and particles)와 같은 물리적 특성을 가진다.

해상도는 웨이퍼 표면에서 두 개 혹은 그 이상의 밀접한 패턴화된 특성의 차이를 구분할 수 있는 능력을 의미한다. 해상도를 해석할 수 있는 실용적인 방법은 웨이퍼 위에 인쇄된 가장 작은 형상에 의해서 구분하는 것이다. 이때 특별히 세분화된 품질 요구를 접하게 된다. 생산되는 임계 차원이 작아질수록 레지스트와 포토리소그래피 시스템의 해상도 능력도 우수해진다. 대비는 그림 11-16에 나타낸 것처럼 포토레지스트에서 노출된 부분과 노출되지 않은 부분의 경계의 뚜렷함을 나타낸다. 대비는 포토마스크(레티클)의 깨끗한 영역에 의해서 UV에 노출된 레지스트의 능력을 나타낸다. 수직의 레지스트 측벽을 발생시키는 높은 대비를 가지는 것이 바람직하다.

감도는 웨이퍼 표면의 포토레지스트에서 양호한 패턴을 생산하기 위한 임의 파장의 빛 에너지의 최소량을 의미한다. 레지스트에 공급되는 빛에너지의 양을 노출 조사량(exposure dose)이라고 부른다. 감도는 짧은 UV 파장을 발산시키는 낮은 에너지 레벨 때문에 새로운 포토레지스트에서 중요하다.

레지스트의 점도는 액화 레지스트의 흐름 특성을 측정한 양을 의미한다. 점도는 코팅되는 동안 레지스트 내의 용매가 증발함에 따라 증가한다는 점에서 시간에 의존한다. 점도는 웨이퍼 표면 전체에 걸쳐서 나타나는 스텝이나 작은 틈 등과 관련이 있어 균일성과 저항에 영향을 미치기 때문에 중요하다. 점도가 증가하면 레지스트가 잘 흐르지 않으려고 하므로 레지스트의 코팅 두께는 증가한다. 레지스트가 두꺼울수록 더 우수한 스텝 커버리지와 건

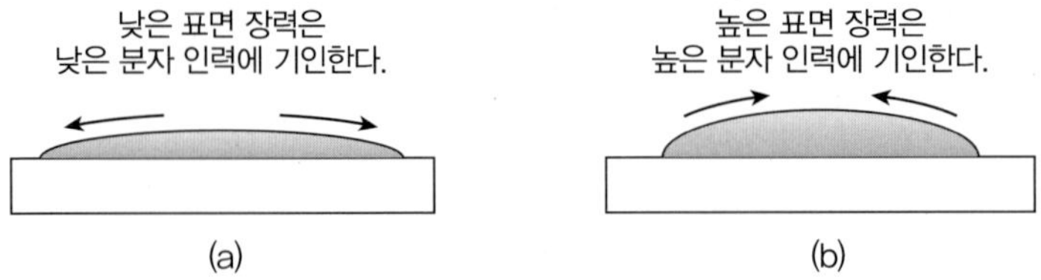

그림 11-17 표면 장력

식 식각 저항을 제공하지만 작은 오프닝 해상도를 만들기가 어렵다.

두꺼운 포토레지스는 완전하게 통과하는 미세한 작은 공간인 핀홀(pinholes)을 가질 가능성이 적어진다. 추후 식각 공정에서 사용되는 용액이 핀홀을 통과해 기판 아래쪽 물질에 손상을 입힐 수 있으므로, 이런 핀홀의 발생은 지양해야 한다. 낮은 점도를 갖는 레지스트는 더 잘 흘러갈 수 있고 따라서 웨이퍼 표면에서 커버리지가 얇게 생성된다.

고체 내용물은 만약 용매가 증발한다면 고체 상태로 남아 있을 액화 레지스트의 총량을 나타낸다. 중력(SG: specific gravity)은 레지스트 밀도의 측정이고 레지스트 안의 내용물을 고체화하는 것과 관련이 있다. 높은 SG는 레지스트 안이 더 많이 딱딱하다는 것을 의미한다. 따라서 높은 SG를 가지는 레지스트 액체는 더 높은 점착성과 낮은 흐름도를 갖는다. 일반적인 점도의 단위는 poise로 측정된다.

포토레지스트의 점도는 centipoise와 cps로 측정된다. 절대 점도인 cps 외에도 운동학적인 점도인 cs(centistokes)로 나타낼 수도 있다. 운동학적인 점도는 밀도(중력)로 절대 점도를 나누면 구해진다. 예를 들어서 0.8 SG를 가진 70 cps 레지스트는 다음과 같은 운동학적 점도를 가지게 된다.

$$\text{운동학적 점도} = \text{절대 점도(cps)} / \text{중력} = (70\ \text{cps}) / 0.8\ \text{SG} = 87.5\ \text{centistokes(cs)}$$

포토레지스트의 부착력은 기판에 포토레지스트가 얼마나 강하게 들러붙는지를 의미한다. 포토레지스트는 실리콘, 폴리실리콘, 이산화 규소와 같은 다양한 종류의 웨이퍼 표면에 부착된다. 부착력이 부족하면 식각, 이온 주입과 같은 이어지는 공정에서 왜곡이 유발된다. 이러한 왜곡을 방지하기 위해서 포토레지스트는 우수한 부착력을 가지는 것이 요구된다.

포토레지스트막은 이어지는 습식 식각과 건식 식각 공정으로부터 기판 표면을 보호하고 자신의 부착력을 유지해야 한다. 이런 특성을 식각 저항이라고 한다. 자신의 형태를 유지하여 열적으로 안정한 저항을 구하기 위해서 건식 식각 공정은 150℃ 정도의 고온에서 행해진다. 표면 장력은 표면에서의 액체 형태를 구성하기 위해서 표면 분자를 끌어당기는 방향의 액체 내부 분자 인력(attraction forces)으로 정의된다. 높은 표면 장력은 그림 11-17에서 보듯이 왁스가 칠해진 자동차 표면에 맺힌 구슬형 물방울 모양을 구성하게 한다.

포토레지스트는 비교적 높은 표면 장력을 발생시키는 분자 인력을 가지기 때문에 포토레지스트 분자들은 다양한 공정이 진행되는 동안 잘 고정된다. 그러나 공정이 진행되는 동안 좋은 흐름과 웨이퍼 커버리지를 제공할 수 있도록 너무 높은 표면 장력은 피해야 한다.

포토레지스트 화학 물질들은 저장과 사용 환경에 따라서 빛과 열 같은 에너지로 활성화될 수 있다. negative 포토레지스트의 교차 결합과 positive 포토레지스트의 민감한 지연은 저장 시간이 길어지고 온도가 상승한다면 발생될 수 있다. 만약 저장 컨테이너가 개방되어 포토레지스트 위의 용매가 증발되면 포토레지스트 용액의 점도가 빠르게 바뀌면서 고체화될 수 있으므로 항상 주의해야 한다. 웨이퍼 제작에 어떤 화학 물질이 사용되든지 간에 포토레지스트 물질의 순도가 중요하다.

11-2-1 | 포토레지스트의 특성

광학 마이크로리소그래피에서 기존의 i-line 포토레지스트들은 CD가 0.35 μm로 감소되는 비임계적인 층인 365 nm의 i-line UV 파장에 적합하다. 비록 positive 포토레지스트가 가장 보편적으로 사용되지만 이런 조건에서는 positive 포토레지스트와 negative 포토레지스트를 모두 사용할 수 있다. i-line 포토레지스트의 특성은 436 nm의 g-line 파장과 405 nm의 h-line 파장에서 사용되는 포토레지스트와 기본적인 특성이 동일하다. i-line 포토레지스트들은 폴리머 물질인 레진(resin), 감광제(sensitizer), 용매(solvent)로 구성되지만 경

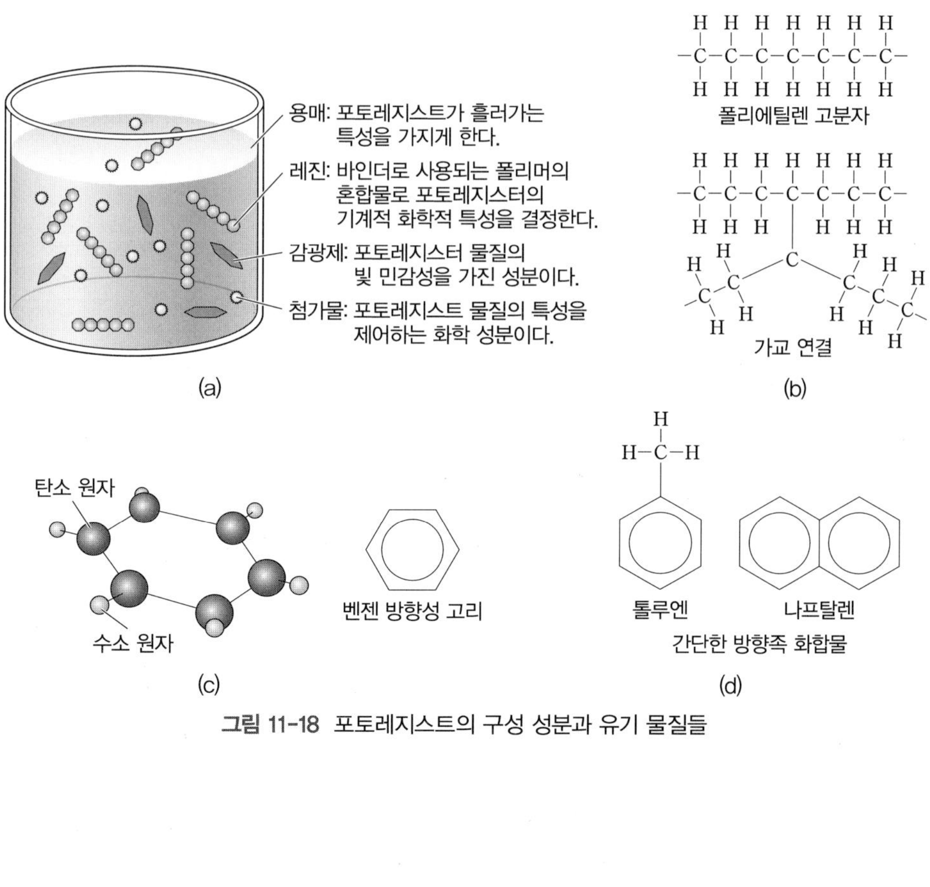

그림 11-18 포토레지스트의 구성 성분과 유기 물질들

우에 따라서는 그림 11-18에서 나타낸 것처럼 특별한 첨가물을 포함하기도 한다.

포토레지스트의 레진 성분은 다른 물질을 결합시키기 위한 접합체로 사용되는 불활성 매트릭스로, 탄소, 수소, 산소를 포함한 유기물 분자인 폴리머(polymer, 고분자)이다. 레진은 포토레지스트에 부착력, 식각 저항막 두께, 유연성, 열적 흐름의 안정성과 같은 기계적, 화학적인 특성을 부여한다. 레진은 일반적으로 빛에 영향을 받지 않으므로 UV에 노출되어도 화학적인 변화가 발생하지 않는다. 포토레지스트의 감광제 성분은 특히 UV 영역의 빛 에너지 방사에 잘 반응하는 성분이다. 포토레지스트의 용매 성분은 포토레지스트가 웨이퍼 기판에 코팅될 때까지 포토레지스트 용액를 보호한다. 대부분의 용매는 노출되기 전에 포토레지스트로부터 기화되고 포토레지스트의 광화학 물질에는 거의 영향을 미치지 않는다.

첨가제는 그 성분들이 제조업체에 의해서 개발되고 대중에 공개되어 있지 않기 때문에 대부분 독점적인 화합물들이다. 첨가제는 포토레지스트의 빛의 응답 또는 특별한 화학적 변형을 제어하기 위해서 사용된다.

11-2-2 | negative i-line 포토레지스트와 positive i-line 포토레지스트

i-line negative 레지스트에서 사용되는 레진은 천연고무 성분인 불활성 폴리아이소프렌 폴리머(polyisoprene polymer)이다. 폴리아이소프렌은 자일렌(xylene)과 같은 용매에 현탁된다. 포토레지스트 감광제는 적절한 파장의 자외선에 노출되면 질소 가스를 방출하여 천연고무 분자들 사이에서 교차 결합(가교)을 형성하는 자유기(free radical)를 생성하는 광활성 매개 물질이다. UV에 노출된 이런 교차 결합 형태의 천연고무는 유기 현상액에서 녹지 않게 된다. 동시에 포토레지스트의 노출되지 않은 부분은 현상액에서 헹궈진다.

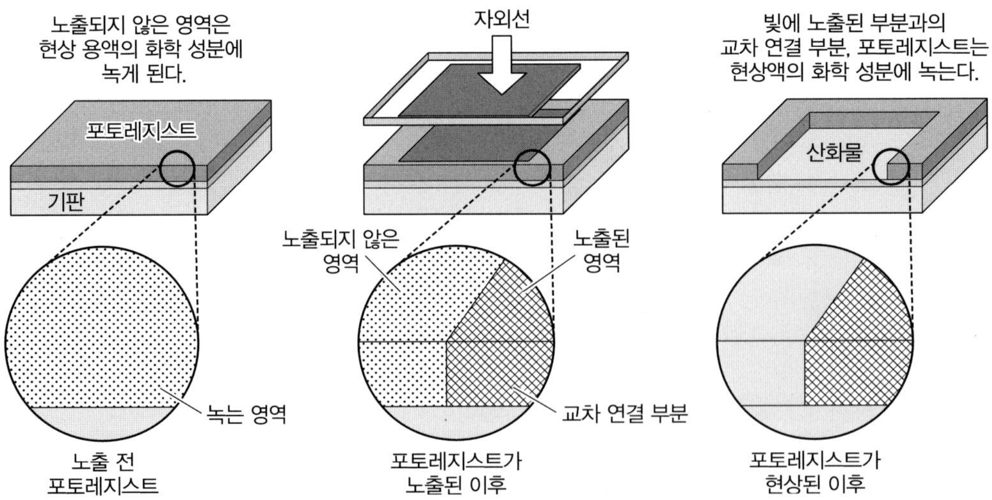

그림 11-19 negative 레지스트 교차 결합

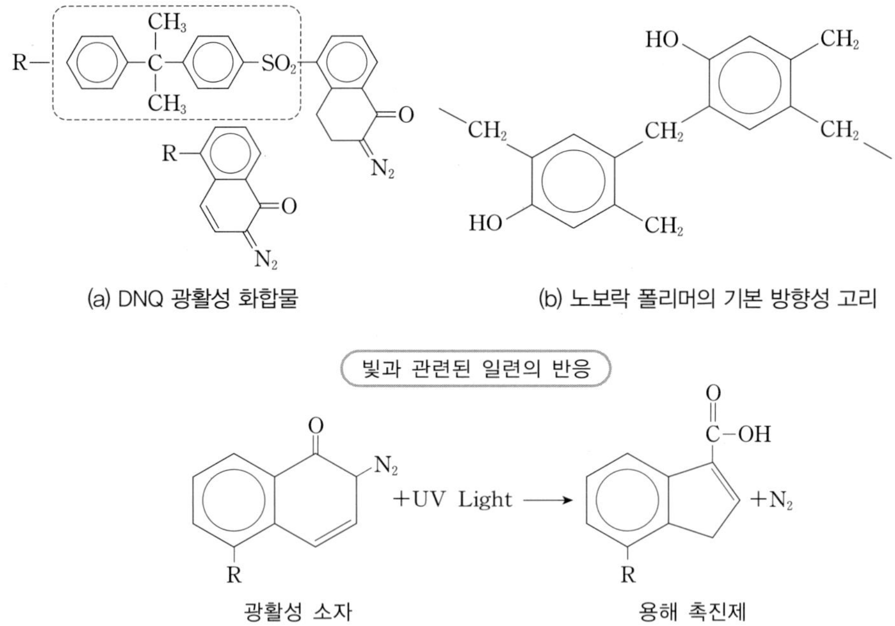

(a) DNQ 광활성 화합물 (b) 노보락 폴리머의 기본 방향성 고리

(c) UV에 노출된 이후의 DNQ의 반응

그림 11-20 DNQ(diazonapthoquinone) 포토레지스트

negative 포토레지스트의 주요 단점은 현상 공정이 진행되는 동안 노출된 레지스트의 영역의 팽창이 용매로부터 유발된다는 점이다. 이런 팽창은 웨이퍼 표면에 레지스트 패턴을 왜곡하고 마이크론 이하의 임계 차원을 갖는 우수한 특성을 만족시킬 수 없게 한다. 또 다른 단점은 교차 결합을 금지하는 UV 노출이 진행되는 동안 포토레지스트와 산소와의 반응이다. 현재는 패턴이 팽창하거나 왜곡되지 않는 새로운 negative 레지스트 형태에 대한 연구도 진행 중이다. negative 포토레지스트는 높은 노출 속도와 우수한 웨이퍼 부착력을 갖는다.

positive i-line 포토레지스트에서 사용되는 레진 물질은 노보락(novolak)이라고 불리는 페놀-폼알데하이드 고분자이다. 노보락의 일반적인 용도는 합판 목재의 다른 층들을 결박하는 접착제이다. 노보락은 식각과 같은 후속 공정에 대한 허용 장벽으로 작용하며, 우수한 부착력과 화학 저항성 같은 중요한 포토레지스트막의 특성을 형성하는 긴 체인 형태의 고분자이다. 용해 방지제가 없다면, 노보락 레진은 현상 용액에서 녹는다.

positive i-line 포토레지스트에서 감광제는 PAC(photo active compound, 광활성 화합물)라고 하며, 가장 일반적인 것은 DNQ(diazonapthoquinone)이다. 빛에 노출되기 전 DNQ는 용해 비율을 줄인 강한 용해 방지제로서 작용한다. DNQ가 UV에 노출되면 현상액에서 약 100배 이상으로 용해가 촉진된다. 이런 i-line 레지스트는 종종 DNQ와 노보락 레진이 합쳐져 나타내는 DNQ 노보락이라고 부른다. 그것은 원래는 청사진을 만들 때 사용하는 물

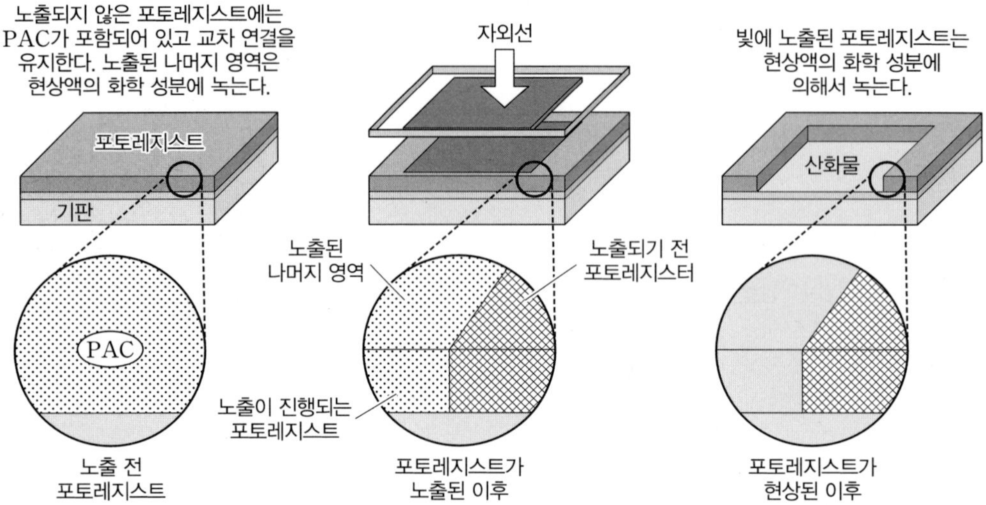

그림 11-21 Positive i-line 레지스트에서 용해 방지제로 작용하는 PAC

질에서 생성되었다.

그림 11-21에서 마스크는 그림 11-19에서 사용되는 마스크와 반대 방향이라는 것을 알 수 있다. 적당한 파장의 빛 에너지에 노출될 때 DNQ의 광화학 물질은 포토레지스트에서 분해된다. 노출된 DNQ는 포토레지스트의 노출 영역에서 용해가 촉진된다. 이런 변화는 DNQ의 재구성이 현상 용액에서 높은 용해도를 갖는 카복실산(carboxylic acid)을 만들었을 때 완료된다. 결국 positive 포토레지스트는 노출 전의 녹일 수 없는 형태에서 노출 후의 녹일 수 있는 형태로 변화하므로 현상 용액에 용해된다. 이것이 positive 포토레지스트의 용해이다. 이런 공정으로 투명한 마스크 영역에 대응하는 포토레지스트의 영역은 용해되고 positive 이미지를 생성한다. DNQ 레지스트에서 빛에 노출된 영역은 노출되지 않은 레지스트 영역보다 현상액에 100배 이상 더 잘 용해된다.

positive 포토레지스트의 주된 장점은 포토레지스트의 노출되지 않은 지역이 현상액에 영향을 받지 않는다는 것이다. 따라서 포토레지스트는 초기에 녹지 않고 남아 있게 된다. 레지스트로 전달하는 좋은 선의 패턴은 선폭을 유지하게 되고 포토리소그래피 공정이 진행되는 형태를 유지하며 우수한 선폭의 해상도(분해능)가 얻어진다.

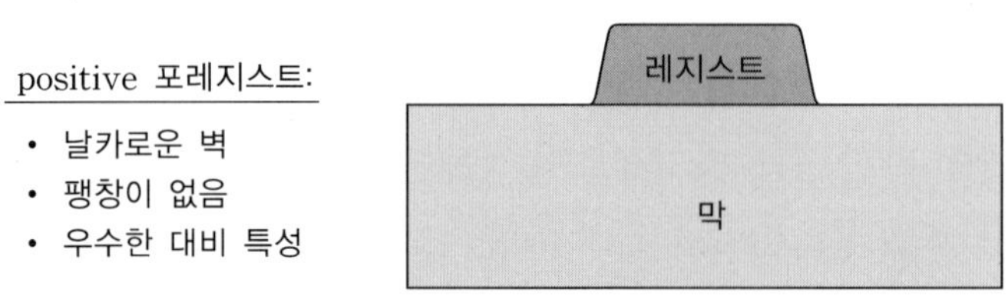

그림 11-22 positive i-line 포토레지스트의 우수한 대비 특성

포토레지스트가 좋은 해상도를 갖는 까닭은 대비 때문이다. positive 포토레지스트는 마스크의 밝은 영역과 어두운 영역을 더 잘 구분하므로 레지스트의 노출된 영역과 노출되지 않은 영역 사이의 급격한 전환을 만들 수 있다. positive 포토레지스트는 좋은 선 해상도를 위해 요구되는 날카로운 측벽을 생산하는 우수한 대비 특성을 가진다.

11-2-3 | DUV 포토레지스트

최적의 패턴 해상도는 마이크로리소그래피에서의 목표로, 선폭의 임계 차원에 비례하는 노출 파장을 필요로 한다. 1990년 중반에는 365 nm의 i-line 파장 노출로 0.35 μm 공정이 진행되었다. 1990년에 후반에 임계층에서 0.25 μm의 임계 차원을 달성하기 위해서 250 nm 정도의 값으로 노출 광원의 파장을 감소시키는 것이 필요해졌다. 이런 값은 깊은 UV(DUV: deep ultra violet)로서 언급되는 248 nm의 UV 파장이다. 이런 파장은 그림 11-23에서 표시된다.

표준 i-line 포토레지스트는 더 작은 파장에 대한 감도가 부족하기 때문에 일반적으로 0.25 μm의 CD를 갖는 공정의 DUV 파장에는 적합하지 않다. 포토레지스트는 적당한 패턴을 전달하는 데 필요한 최소량의 빛 에너지에 민감하다. 표준 DNQ i-line 포토레지스트 시스템은 과도한 빛을 흡수한다. 그리고 더 짧은 DUV 파장의 빛의 낮은 강도에서는 민감성이 부족해진다. 만약 i-line 포토레지스트가 과도한 빛 흡수를 한다면, 그 빛은 결코 포토레지스트의 두께를 완전히 통과할 수 없기 때문에 불완전한 노출을 발생시키며 결국 빈약한 이미지 패턴을 형성하게 된다.

i-line 포토레지스트의 낮은 감도는 긴 노출 시간을 요구하고 이는 시간당 웨이퍼 처리량의 감소로 이어진다. 이런 낮은 감도는 광원이 248 nm의 DUV 파장을 출력하도록 제한되는 수은 램프일 때 심각한 문제가 된다. 이런 이유 때문에 i-line 포토레지스트는 0.35 μm 선폭과 그 이상의 웨이퍼 층에서 사용되는 것이다.

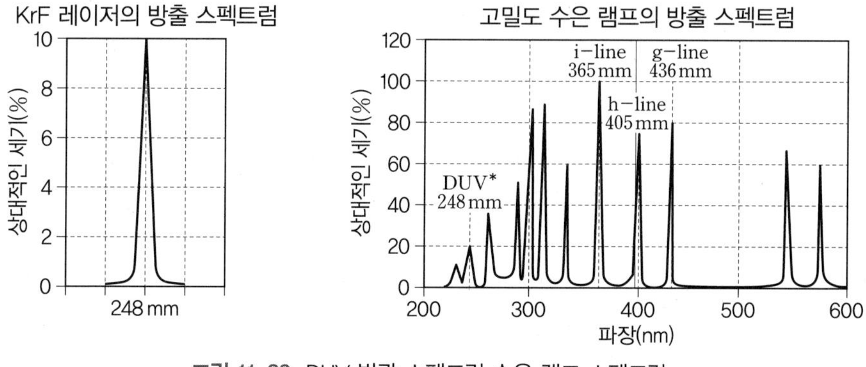

그림 11-23 DUV 발광 스펙트럼 수은 램프 스펙트럼

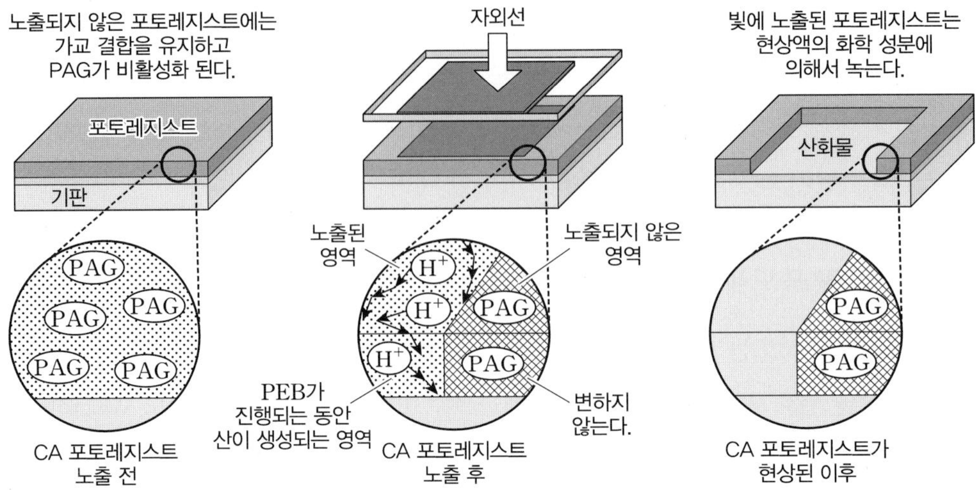

그림 11-24 화학적으로 증폭되는 DUV 레지스트

포토레지스트 기술에서의 중요한 변화는 화학적 증폭(CA: chemical amplification)에 기초한 DUV 파장을 수용하는 새로운 포토레지스트의 개발이다. 화학적 증폭은 DNQ-노보락 i-line 포토레지스트의 감도를 넉넉하게 넘어서도록 포토레지스트의 감도를 높이는 것을 의미한다. 모든 248 nm 톤(tone)의 positive와 negative 포토레지스트들은 화학적으로 증폭된다. i-line 레지스트 시스템의 과도한 빛 흡수와 낮은 감도가 파장이 더 짧은 DUV에서는 적합하지 않으며, 화학적 증폭의 이점을 제공하는 새로운 포토레지스트가 필요했기 때문에 화학적 증폭 포토레지스트가 1980년대 IBM에 의해서 개발되었다.

화학적으로 증폭된 DUV 포토레지스트는 DUV 광원에 노출되었을 때 산 촉매 작용(acid-catalyzed reaction)에 기초하는 가속화 비율로 반응을 공식화시켰다. 이런 반응은 PAG(photoacid generator)로 알려진 감광제의 사용으로 포토레지스트의 감도가 증가함(boosting)으로써 실행되었다. PAG는 DUV에 노출되면 산(acid)을 생산한다. 이런 산은 오직 빛에 노출되는 포토레지스트 영역에서만 발생된다. 빛에 노출되지 않은 영역의 포토레지스트에서는 산이 만들어지지 않는다. DUV 포토레지스트에서 만들어지는 가장 잘 알려진 산 발생기는 iodonium 염과 설포늄염(sulfonium salt) 같은 onium 염들이다.

모든 CA DUV 포토레지스트 레진의 기본 원리는 레진에 수용성(물에 기초한) 현상액에 불용성을 만드는 화학적 보호기가 필요하다는 것이다. 포토레지스트의 DUV 노출 지역에서 PAG에 의한 생성된 산은 노출 후 굽기 공정이 진행되는 동안 가열되는 촉매 작용을 통해서 보호기를 제거한다. DUV 포토레지스트의 가열 후에 노출된 레진은 현상액에서 용해될 수 있게 변한다. DUV 리소그래피를 사용하는 DRAM의 제조를 위해서 1980년에 IBM에서 사용되고 발전한 초기의 CA DUV는 t-BOC(tert-butoxycarbonyl)이다. t-BOC는 PHS

또는 PHOST(poly[hydroxystyrene])로 알려진, 레진을 위한 보호기이다. 빛에 의해 발생된 산은 산 촉매 t-BOC 보호기를 제거하고(t-BOC 비보호 반응이라고 함) PHS 레진은 현상액에서 용해된다. PHS 레진은 CA DUV positive 포토레지스트에서의 사용을 위해서 잘 확립된다.

PHS 레진은 수용성 용액에 잘 녹지 않도록 보호기를 가진 페놀 중합체이다. 깊은 UV에 의한 노출이 진행되는 동안 PAG 산은 레지스트의 모든 노출된 영역에서 광화학 물질을 생성한다. 이런 산은 노출 후 열에 의해서 구워지는 동안 보호기를 제거하는 화학적 촉매이다.

이런 방법은 수용성의 현상액이 노출된 PHS를 많이 용해하도록 한다. 근본적으로 이런 화학적 반응은 DUV 포토레지스트의 노출된 영역을 불용성에서 수용성으로 바꾼다. negative CA 포토레지스트는 이런 페놀 레진 교차 결합에 의해서 구성된다. negative CA 포토레지스트는 노출되는 동안 선명한 필드 이미지 때문에 작은 접촉 구멍에서 빈약한 공정이 허용된다. 동시에, negative DUV 포토레지스트는 페놀 레진 중합체의 교차 결합 때문에 150℃ 이하의 온도에서는 열의 흐름에 저항한다. 이런 상태는 몇 개의 식각 공정에서 이점으로 작용할 수 있다.

positive CA 레지스트는 DUV 파장을 사용하는 0.18 μm 공정 소자로 웨이퍼 패턴화에 사용된다. CA DUV 포토레지스트의 중요한 이점 중 하나는 포토레지스트의 노출 속도이다. CA 화학적 성질은 포토리소그래피가 수행되는 영역에서 별다른 절차 없이도 기본적인 DNQ-노보락 노출 속도의 10배를 넘어서는 개선을 제공한다. DUV 레지스트에서의 화학적 증폭은 포토레지스트의 감도를 개선하여 낮은 세기의 광원에도 반응하도록 한다. DUV는 0.25 μm 및 그 이하의 임계 차원을 갖는 웨이퍼에 사용되는 포토레지스트에도 적합한 높은 해상도의 수직 측벽 프로파일을 갖는 좋은 대비 이미지를 제공한다.

적절하게 화학적으로 증폭된 DUV 포토레지스트는 0.18 μm의 CD 해상도 193 nm 파장 이미지의 빛 노출을 위한 시기에 도입되었다. 가장 큰 변화는 페놀 고분자 또는 하이드록시스타이렌에 기초한 포토레지스트를 수용하지 않는 것이다. 몇몇 초기의 193 nm 포토레지스트는 폴리바이닐 페놀과 PMMA(polymethylmethacrylate)에 기초하고 있다.

11-2-4 | DUV 공정 요구조건

DUV 포토레지스트는 대기 환경에서 발견되는 오염물질 중 암모니아와 같은 유기 화합물인 아민(amines)에 특히 민감하다. 공기 중에서 일반적으로 발견되는 아민의 몇 ppb보다도 작은 노출은 포토레지스트 프로파일의 상부에서 바람직하지 않은 CD의 변화를 유발한다. 이런 포토레지스트는 식각 후에 수용 불가능한 선폭의 변화로 이어진다. CA DUV 포토

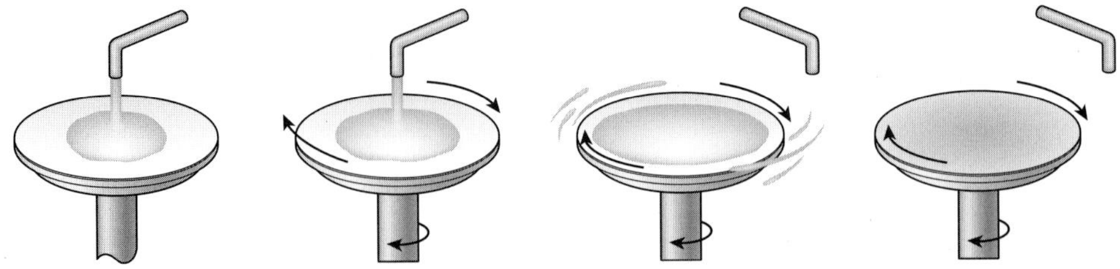

그림 11-25 DUV 포토레지스트 스핀 코팅의 4단계

레지스트에서 아민에 대한 민감도 때문에 모든 포토리소그래피 장비에서는 화학적으로 여과된 청결한 공기가 요구되는 것이다.

포토리소그래피에서 사용되는 모니터링 장비는 500 ppb 아래의 아민까지도 검출해 낼 수 있다. DUV를 위한 CA 포토레지스트는 CD 변화를 줄이기 위해 노출 후 굽기에서의 가열 온도에 의존한다. 초기 DUV 포토레지스트는 중요한 온도 민감성을 가지고 있었지만, 새로운 포토레지스트는 온도에 덜 민감하다. 게다가, 초기 DUV 포토레지스트는 노출과 노출 후 굽기 공정 사이의 시간이 단 몇 분으로 제한된다. 최근의 DUV 레지스트는 약 30분 정도로 증가된 보다 긴 지연 시간을 가질 수 있다.

반도체 마이크로리소그래피에서 웨이퍼 표면의 균일한 코팅을 만족하기 위해서 액체 포토레지스트 공급에 가장 널리 사용되는 방법은 회전 코팅법이다. 회전 코팅에 의한 포토레지스트 공급은 그림 11-25에 나타낸 것처럼 포토레지스트 분배, 회전 속도 가속, 회전 속도 감속, 용매 증발의 단계로 이루어진다.

포토레지스트 스핀 코팅의 목적은 웨이퍼에 균일하게 코팅하는 것이고 웨이퍼에서 웨이퍼로 확장되는 주기를 일정하게 유지하는 반복적인 포토레지스트의 두께를 얻는 것이다. 목표로 하는 포토레지스트의 두께는 전형적으로 1 μm이지만 특별한 경우 달라질 수도 있다. 웨이퍼의 포토레지스트막의 두께 변화는 전체 웨이퍼 표면에서 걸쳐서 20 Å에서 50 Å 이하로 측정된다. 웨이퍼와 웨이퍼 포토레지스트 두께 조절은 많은 웨이퍼에서 일반적으로 30 Å 이하이다.

웨이퍼 스핀 코팅은 그림 11-26에 나타낸 것처럼 공정에서 공정으로 웨이퍼를 이동시키기 위해서 웨이퍼 조작 장비를 가지는 자동화된 웨이퍼 트랙 시스템 내에서 이루어진다. 입자 발생과 웨이퍼 손상을 최소화하기 위해서 컨베이어(conveyor)에서의 로봇 사용이 우선시된다. 자동화된 웨이퍼 트랙의 복잡성은 동시에 수행되는 많은 다른 동작을 하도록 한다. 어떤 경우에는 증기 프라이밍, 포토레지스트 스핀 코팅, 현상, 굽기, 냉각 등과 같은 다양한 포토리소그래피 공정을 통해서 한 번에 15개에서 20개의 웨이퍼를 처리하기도 한다.

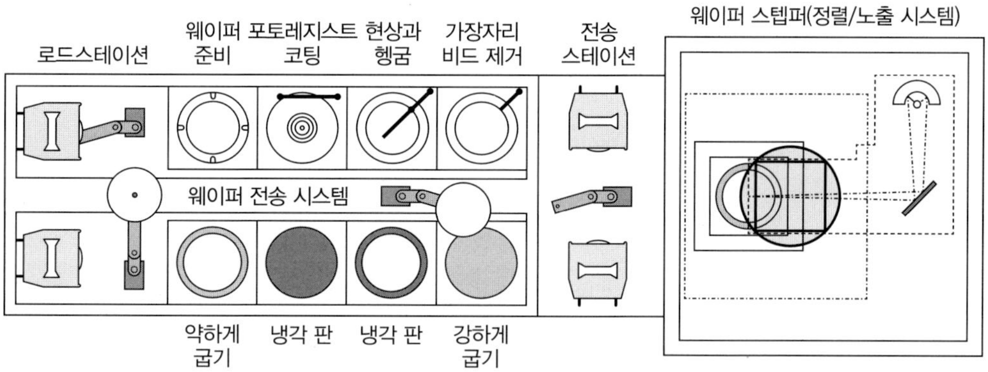

그림 11-26 포토리소그래피를 위한 자동화된 웨이퍼 트랙 시스템

트랙 시스템들은 웨이퍼 스텝퍼(stepper)에 연결되고 스텝퍼와 경계면이 맞닿는다. 그렇기 때문에 웨이퍼들은 제한된 대기시간에서 정확하게 픽업되고 전달된다. 웨이퍼의 스핀 코팅을 위해서 로봇 조작기는 웨이퍼 트랙의 스핀 코팅기 진공척에 웨이퍼를 위치시킨다. 척은 표면에 구멍을 가지는 공동 형태의 평탄한 금속 디스크로 진공과 연결된다. 웨이퍼가 척의 표면에 위치하면, 회전하는 웨이퍼를 고정하기 위해서 웨이퍼가 척의 접촉부에 밀착되도록 진공이 웨이퍼를 끌어당긴다.

포토레지스트는 그림 11-27에 나타낸 것처럼 안정된 흐름으로 분배하기 위해서 분배기 노즐을 통해서 웨이퍼로 분배된다. 분배가 끝났는데도 잔류 포토레지스트 용액이 웨이퍼 표면에 떨어지는 것을 방지하기 위해서 노즐은 용액을 다시 빨아들일 수 있다. 노즐은 x, y, z 및 θ 방향으로 제어할 수 있고 두께와 균일성 그리고 포토레지스트의 분배량을 최적화하

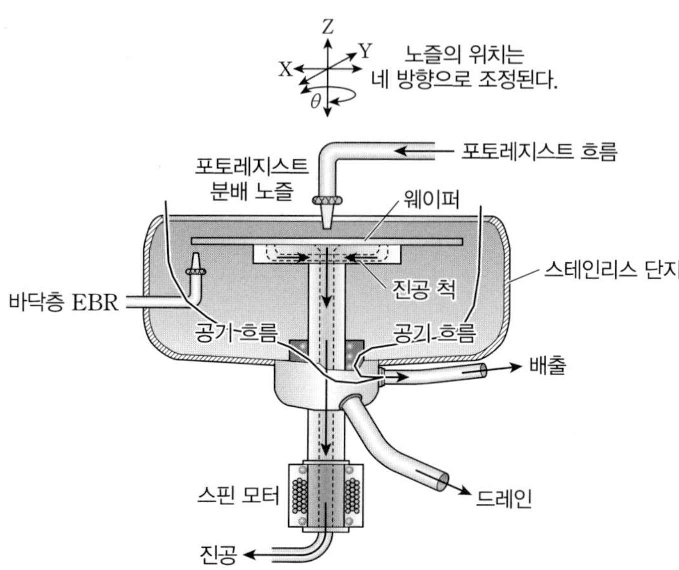

그림 11-27 포토레지스트 분배기 노즐

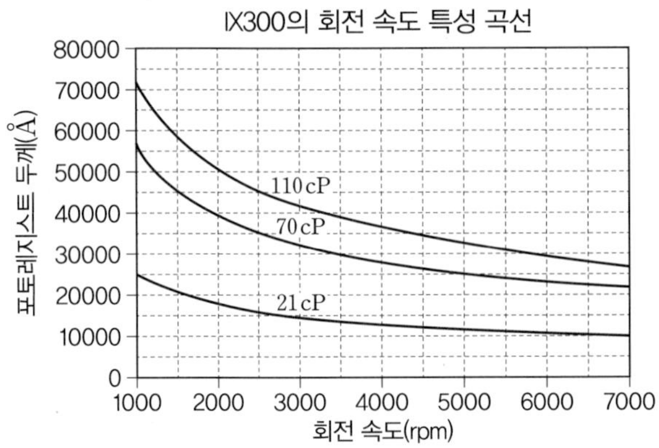

그림 11-28 포토레지스트 회전 속도 특성 곡선

기 위해서 유연하게 노즐의 위치를 조정한다.

특별한 분배 방법은 방사형 분배(radial dispense)라고 부르는데, 이 분배에서는 팔(arm)이 실제로 포토레지스트가 분배되는 동안 웨이퍼를 가로질러 움직일 수 있다. 이런 동작을 통해 포토레지스트의 분배량을 최소화할 수 있다. 팔의 움직임은 컴퓨터로 제어할 수 있고 가장자리에서 중심으로 또는 중심에서 가장자리로 이동시킬 수 있다.

포토레지스트 분배법은 정적 분배와 동적 분배로 구분된다. 포토레지스트는 웨이퍼가 회전하지 않는 동안에도 웨이퍼에 분배되는데 이것을 정적 분배(static dispense)라고 한다. 정적 분배 후에 웨이퍼는 포토레지스트가 균일하게 퍼지도록 초기에는 저속의 rpm으로 서서히 회전된다. 일단 포토레지스트가 웨이퍼가 가장자리까지 분배되었으면 4000 rpm까지 회전 속도를 높인다.

포토레지스트의 동적 분배에서는 웨이퍼에 포토레지스트가 분배되고 웨이퍼에 균일하게 코팅을 하기 위해서 약 100 rpm에서 200 rpm의 느린 속도로 먼저 회전시키고, 이후 최종 속도까지 가속시킨다. 분배되는 포토레지스트의 총량은 포토레지스트의 점도에 크게 의존한다. 예를 들면 약 55 cps의 높은 점도를 가진 포토레지스트로 우수하게 코팅하기 위해서는 약 2.4 cc의 포토레지스트가 필요하다. 그러나 약 8 cps의 낮은 점도를 가지는 포토레지스트는 단지 1.3 cc의 포토레지스트만 필요하다. 낮은 점도의 포토레지스트는 일반적으로 얇은 타겟 두께를 가진다.

웨이퍼에서 포토레지스트의 두께와 균일성은 품질을 측정하는 중요한 지표가 된다. 포토레지스트의 대부분은 웨이퍼에서 날아가기 때문에 증착되는 포토레지스트의 양에 의해서 두께를 조절할 수는 없다(실제로 웨이퍼상에는 1% 미만이 남는다). 포토레지스트 두께를 위한 가장 중요한 파라미터는 회전 속도와 레지스트의 점도이다. 이런 자료를 통해 최종 회전 속도를 결정하는 데 도움을 받을 수 있다. 높은 점도와 느린 회전 속도는 포토레지스트의 두께를 증가시킨다. 일반적으로 레지스트 두께는 회전 속도의 제곱근에 반비례한다. 웨이퍼 스핀 공정이 진행되는 동안 포토레지스트의 흐름은 원심력 때문에 웨이퍼의 가장자리 쪽으로 퍼진다. 웨이퍼 가장자리와 뒷면에서 포토레지스트의 봉우리(ridge)는 가장자리 비드(bead)라고 부른다. 건조될 때 포토레지스트는 얇게 조각나서 벗겨지는데, 이는 미립자를 발생시키는 원인이 된다. 이런 미립자들은 활성 회로 영역인 웨이퍼 캐리어와, 내부 공정 장비에 부착되면서 웨이퍼의 결함 밀도를 증가시킨다. 웨이퍼 뒤쪽의 포토레지스트는 웨이퍼 척으로 인한 문제를 초래하기도 한다. 따라서 포토레지스트 스핀 코팅기는 그림 11-27에서 보듯이 가장자리 비드 제거기(EBR)을 갖추고 있다.

11-3 약하게 굽기 공정

스핀 코팅에 의해서 웨이퍼에 포토레지스트를 공급한 후 웨이퍼들은 약하게 굽기(soft bake)로 알려진 전굽기(pre-bake)를 실행하기 위해서 가열된다. 약하게 굽기를 실행하면 웨이퍼에 코팅된 포토레지스트의 용매가 제거되고, 현상(developing)이 진행되는 동안 적절한 점도를 가지도록 포토레지스트의 점도가 개선된다. 또한 스핀 공정이 진행되는 동안 포토레지스트막에서 발생되는 응력을 경감시키고 장비에 부착되는 포토레지스트를 제거하여 장비를 청결하게 유지시킨다.

약하게 굽기의 온도와 가열 시간은 포토레지스트 공정 상태에 의존한다. 약하게 굽기는 보통 85~120℃의 온도에서 진행한다. 가열 시간은 포토레지스트 종류에 따라서 다르지만, 일반적으로는 30~60초이다. 만약 약하게 구워지지 않은 상태에서 이후 공정인 직접 정렬 및 노출을 진행하면 포토레지스트막은 특별한 오염물질에 예민해지며 끈끈해진다. 더불어 스핀 코팅되면서 증가한 포토레지스트막의 응력은 부착력에도 문제를 일으킨다. 또 높은

약하게 굽기 공정의 목적
- 포토레지스트 용매의 부분적인 증발
- 부착력의 개선
- 균일성 개선
- 식각 저항 개선
- 선폭 제어 개선
- 포토레지스트의 광흡수 특성의 최적화

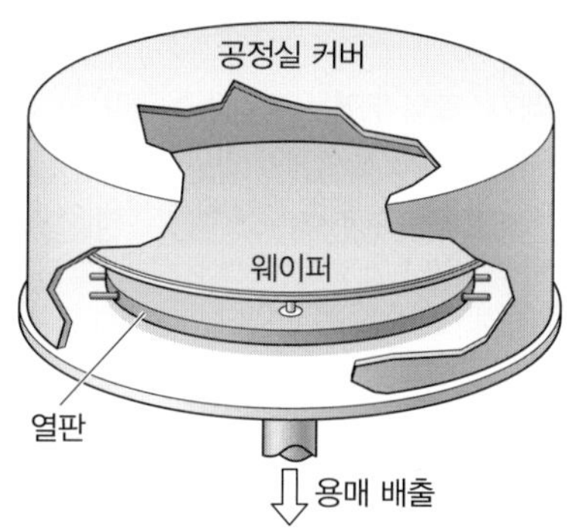

그림 11-29 진공 열판을 이용한 약하게 굽기

용매 함량으로 인해 현상이 진행되는 동안 적절한 용해를 위해 노출된 레지스트와 노출되지 않은 레지스트 사이에 부적절한 구별이 발생할 수 있다. 그리고 포토레지스트에서 배출되는 가스가 광학 시스템의 렌즈를 오염시킬 수도 있다.

스핀 코팅 전에 포토레지스트는 일반적으로 65%에서 85% 사이의 용매를 포함한다. 코팅 이후 용매는 10~20% 감소하지만 막은 여전히 액체를 유지한다. 약하게 굽기 후의 이상적인 용매의 양은 약 4%에서 7% 정도이다. 용매가 약하게 굽기를 통해 감소하기 때문에 포토레지스트막의 두께 또한 감소한다. 약하게 굽기에서 선호되는 방법은 진공 열판(hot

표 11-2 포토레지스트의 주요 품질 측정

품질 파라미터	결함의 종류	비고
1. 포토레지스트 부착력	리프트-오프라고도 부르는 포토레지스트의 습윤 현상, 연속되는 식각 공정이나 이온 주입 공정이 진행되는 동안 발생되는 문제 때문에 포토레지스트는 기판에 부착되지 않는다.	포토레지스트 리프트-오프가 가능한 이유 • 웨이퍼 표면의 오염 • 부적절한 HMDS의 프라이밍 또는 웨이퍼 표면의 습윤 상태에서의 탈수 건조 후 굽기 • 과도한 양의 HMDS 프라이밍은 빈약하게 부착된 포토레지스트의 고장에 따른 포토레지스트의 "popping"의 원인일 수 있다. • SiO
2. 웨이퍼에 코팅된 포토레지스트의 일반적인 품질	A. 포토레지스트에서의 아주 작은 구멍인 핀홀	마스크/레티클이나 웨이퍼상의 특별한 오염 • 표면의 예비 세척을 점검하라.
	B. 액체 튐 방지 판(포토레지스트 코팅 위로 떨어지는 포토레지스트 방울들)	스핀 코터 내의 부적당한 배출 수준 • 포토레지스트 위에 액체 방울이 떨어지는 것을 방지하기 위해서 분배기 노즐의 진공 흡입을 조절한다.
	C. 포토레지스트의 제거(포토레지스트 코팅의 상부에서 건조된 불용성 포토레지스트의 얇은 층)	회전 속도가 너무 빠름. 빠른 회전 속도는 포토레지스트에 가는 줄무늬를 만든다. • 스핀 코터의 배출률이 너무 높다. • DUV 포토레지스트에서 코팅된 포토레지스트들은 내부 트랙 시스템에서 아민에 노출되지 않는다(탄소 여과기를 점검하라).
3. 포토레지스트 코팅의 두께	코팅된 포토레지스트의 두께는 조절할 수 없다. 포토레지스트의 두께는 일정해야 한다.: 웨이퍼 간의 두께 요구 조건은 종종 전체 런 아웃의 30 Å보다 작아야 한다. (TIR은 최대 두께 - 최소 두께 값이다.)	포토레지스트의 두께에 영향을 미치는 파라미터들: • 회전 가속도와 속도를 점검하라. 더 빠른 회전 속도는 더 얇은 포토레지스트를 만든다(두께는 회전 속도의 제곱근에 반비례하는 것을 기억하라). • 포토레지스트 제조회사가 제공하는 회전 속도와 두께의 특성 곡선을 숙지하라. • 낮은 회전 속도에서 불규칙적인 용매의 손실은 두께의 고르지 못함을 초래한다. • 정확한 회전 시간을 숙지하라. • 포토레지스트는 수초 내에 안정된 두께에 도달하고 균일한 두께를 위해 추가 시간이 요구된다. • 정확한 포토레지스트의 종류와 점도를 점검하라. • 기계적 떨림이나 고회전 건조가 진행되는 동안의 기체 난류를 점검하라.

plate)을 통해 웨이퍼로 열을 전도시키는 것이다. 열은 웨이퍼의 뒷면에 접촉한 열판으로부터 포토레지스트로 빠르게 전달된다. 용매의 전위(potential)를 최소화하기 위해서 웨이퍼와 포토레지스트의 경계면에서 바깥쪽으로 가열된다. 약 30초에서 60초의 짧은 주기 때문에 이런 단일 웨이퍼 열판법은 자동화된 웨이퍼 트랙 시스템에서 다중 웨이퍼의 흐름에 적용하는 것이 적합하다. 웨이퍼 트랙과 공정 흐름에서 가열 단계는 보통 냉각 판 위에서의 쿨 다운 단계로 이어진다. 이 단계에서는 다음 공정을 위해서 신속히 웨이퍼를 냉각시킨다. 진공 열판의 설계는 탈수 건조 후 굽기를 위해서 사용되는 것과 같은 종류이다.

포토레지스트 공정을 위한 품질 파라미터 특성이 표 11-2에 표시되어 있다.

11-4 정렬과 노출

포토리소그래피 기술은 포토레지스트가 코팅된 웨이퍼 위에 마스크 패턴을 정확히 투사하고 노출하기 위해서 광학을 사용하는 광학 리소그래피에 기반을 두고 있다. 광학 리소그래피는 광학 시스템, 칩 패턴을 가진 레티클, 정렬 시스템, 빛에 민감한 포토레지스트로 덮여진 웨이퍼, 자외선 광원으로 구성된다. 포토리소그래피는 칩 제조를 위한 전체 공정 시간 중 대략 60%에 달할 정도로 많은 시간이 소요되는 핵심 공정 기술이다.

포토리소그래피에서 사용되는 중요한 공정 장비는 스텝퍼(stepper)라고 부르는 스텝/리피트 정렬기(step and repeat aligner)이다. 스텝퍼는 포토레지스트가 코팅된 웨이퍼 표면에 서로 다른 스텝핑 공정을 반복하여 진행함으로써 레티클 패턴을 연속적으로 정렬하고 노출시킨다. 웨이퍼 스텝퍼에게 요구되는 세 가지 기본 목적은 다음과 같다.

1. 패턴을 포함하는 석영판 레티클을 웨이퍼 표면 위에 초점을 맞추고 정렬시키는 능력이 우수할 것
2. 포토레지스트의 노출을 통해서 웨이퍼 표면에 높은 해상도를 갖는 레티클 이미지를 재생시키는 능력이 있을 것
3. 단위 시간당 요구되는 신뢰성을 갖는 웨이퍼를 적당량 생산할 수 있는 능력을 가질 것

웨이퍼 스텝퍼의 정렬 및 노출은 웨이퍼 표면이 포토레지스트로 코팅되고 약하게 굽기를 실시한 이후에 시작된다. 포토레지스트로 코팅된 웨이퍼는 자동으로 스텝퍼의 웨이퍼 스테이지(stage)에 적재된다. 웨이퍼는 스텝퍼의 광학 초점 영역으로 옮겨지기 위해서 위아래로 이동한다. 웨이퍼가 레티클과 정확하게 정렬되면 웨이퍼 표면의 원하는 위치로 레티클의

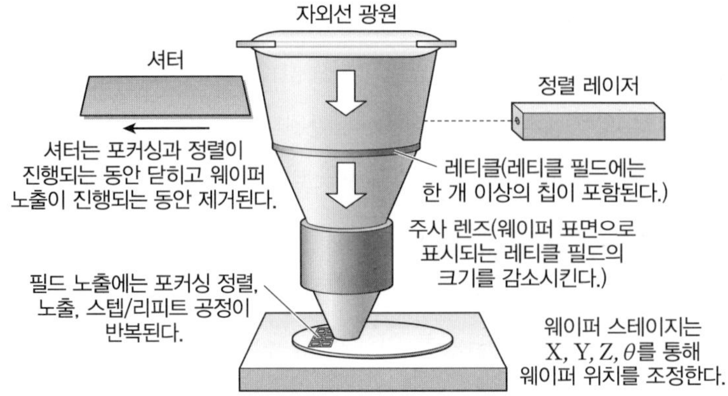

그림 11-30 포토레지스트로 전송되는 레티클 패턴

패턴이 전송된다. 그림 11-30에서처럼 최적의 초점과 정렬이 얻어졌을 때, UV가 발광체로부터 주사 렌즈를 통해서 레티클로 노출되도록 셔터가 열린다.

웨이퍼 정렬, 완벽한 초점 맞춤, 노출 동작이 스텝퍼에서 일어나는 수행이다. 한 번의 패턴 노출이 완료되면 스텝퍼는 웨이퍼 표면 위의 다음 위치로 가고 반복적으로 정렬되며 노출된다. 스텝퍼는 일반적으로 자동화된 웨이퍼 트랙 머신에 포함되어 있다.

11-4-1 | 정렬과 노출의 중요성

그림 11-31에 나타낸 것처럼 용도에 맞는 다양한 형태의 레티클들을 이용한 연속 공정에

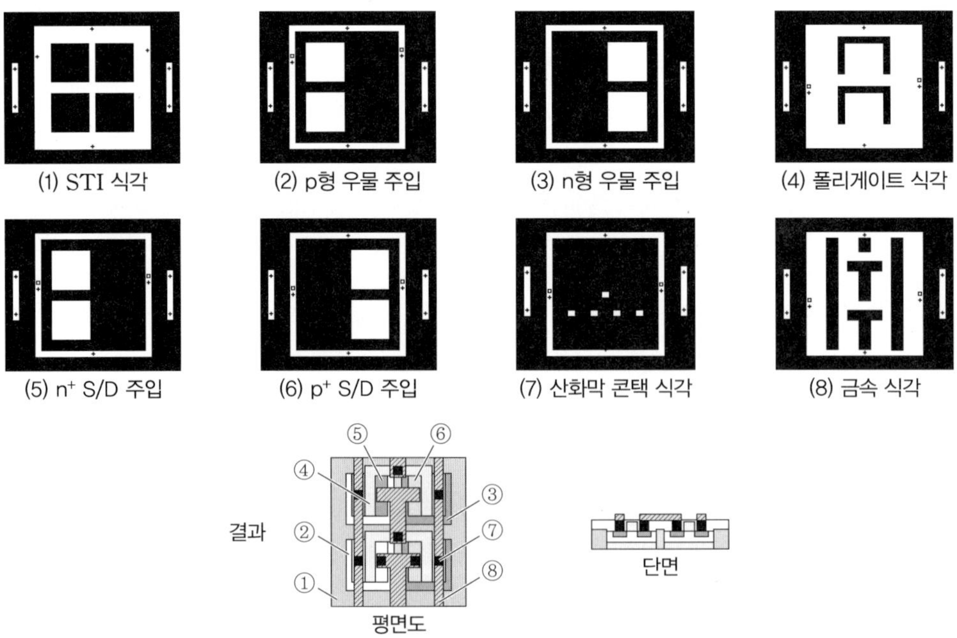

그림 11-31 레티클 패턴의 레이아웃과 차원

의해서 집적 회로가 제작된다. 회로를 설계할 때는 금속선의 굵기 및 간격, 접촉 크기, 비아 지름과 같은 특별한 변수들이 고려되고 패턴 사이의 간격은 레티클에서 정의된다. 설계 규칙을 준수하지 않으면 불량품이 생산되거나 제품의 성능을 신뢰할 수 없게 된다.

각각의 이미지는 접촉 개방 또는 금속 선과 같은 특별한 기능을 가지는 레티클 패턴 안에서 정의된다. 패턴들은 산화막, 알루미늄과 같은 재료들의 차원 및 허용 오차와 관련이 있다. 웨이퍼에 소자와 회로를 구성하기 위해서 다른 포토리소그래피 공정이 진행되는 동안 위쪽에서 이런 레티클 패턴들을 겹치게 한다. 레티클의 겹침(overlay) 공정은 정확한 정렬이 요구되기 때문에 겹침 비용(overlay budget)으로 이미 언급한 바 있다. 초고집적 회로 제조 공정의 경우 레티클 패턴의 이런 겹침 특성은 더욱 정확한 정렬이 요구될 것이다.

조명의 빛은 정렬된 레티클을 통과하여 포토레지스트에 도달한다. 레티클의 투명한 영역과 불투명한 영역에 의해 웨이퍼 표면의 포토레지스트로 전달되는 패턴이 결정된다. 노출의 목적은 포토레지스트의 결과 이미지가 래티클 패턴과 일치되도록 정확하게 복제하는 것이다. 노출하는 빛은 포토레지스트의 광화학 반응을 발생시키는 데 필요한 일정한 양의 에너지를 발생시킨다. 이런 빛 에너지는 균일하게 분포되어 노출되는 영역을 가로질러야 한다. 초고집적 회로의 경우 CD가 μm에서 nm 스케일로 축소되기 때문에 더욱더 짧은 파장을 갖는 극자외선으로 강하게 노출시켜야 한다.

11-4-2 | 광학 리소그래피

그림 11-32에 나타낸 광학 필터는 간섭(interference)이나 반사(reflection)를 통해서 불필요한 입사광을 차단하여 특별한 파장을 갖는 빛을 얻어낸다. 광학 필터는 보통 유리로 만들어지고, 하나 또는 그 이상의 박막 코팅층을 가진다. 코팅의 종류와 두께에 따라 파괴 간섭을 통해 차단되거나 유리를 통과할 수 있는 파장이 결정된다.

눈에 보이거나, 보이지 않는 전자파의 모든 그룹은 매우 짧은 파장에서부터 매우 긴 파장

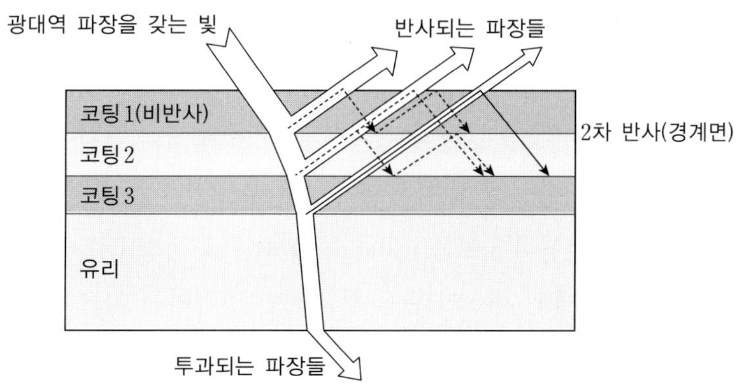

그림 11-32 광학 필터링

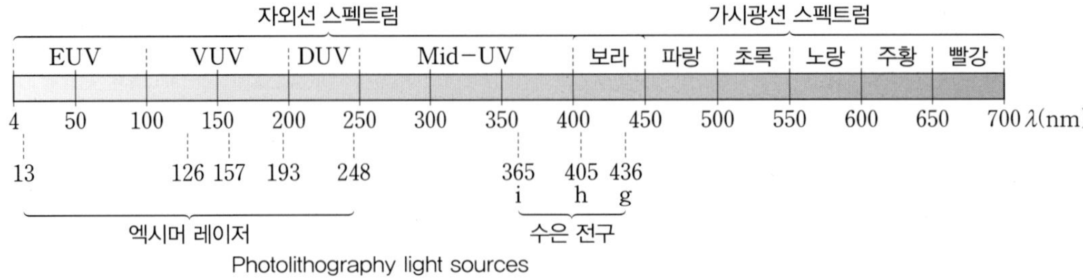

그림 11-33 자외선 스펙트럼

까지 다양한 복사에너지로 구성되고, 전자기 스펙트럼이라 부른다. 사람의 눈에 보이는 스펙트럼(가시광선)은 390~780 nm의 파장을 가진다. 백색의 빛은 모든 파장의 가시광선이 포함된 빛이다. 그림 11-33에 표시된 것처럼 UV 스펙트럼은 가시광선과 약간 중복되고, 4~450 nm의 범위를 가진다. 임계층의 패턴화에는 깊은 자외선(DUV) 파장이 사용된다. 157 nm의 진공 자외선(VUV: vacuum ultraviolet) 파장은 193~248 nm 범위의 DUV 파장과 거의 바로 이어지는 UV 파장이다. 짧은 파장과 높은 광자 에너지는 산소 흡수 대역(absorption bands)에서 강하게 흡수되기 때문에 이 파장이 요구되는 공정은 진공이나 불활성 가스 환경에서 진행될 수밖에 없었다. 따라서 VUV라는 이름을 가지게 된 것이다. 임계 차원이 nm인 초고집적 회로 제작에는 EUV(extreme UV)에 속하는 13 nm의 UV 파장을 사용하는 기술을 사용한다.

UV 스펙트럼이 가시 스펙트럼과 일부분 겹치므로 백색광 또한 UV의 일부분에 포함된다(예를 들면 햇빛은 눈에 보이고, 백색광이지만 UV 파장 역시 가지고 있다). 황색광은 작은 UV를 가지는 가시광선의 일부분이기 때문에 일반적으로 웨이퍼의 포토리소그래피의 영역에서 사용된다. 따라서 포토레지스트에 영향을 미치지 않는다.

포토레지스트의 노출이 진행되는 동안, 마스크로부터 패턴을 전송받기 위해서 포토레지스트의 구성 성분은 광화학적으로 변형된다. 이런 변형은 아주 짧은 시간에 일어나야 하고 고용량의 웨이퍼 생산을 위해 반복적으로 진행되어야 한다. 자외선의 특별한 파장에서 반응하는 성분으로 포토레지스트를 만들기 때문에 자외선(UV)으로 노출시키는 것이다. 더 짧은 파장의 빛은 포토레지스트의 더 작은 특징을 결정하기 때문에 중요하다. 광학 리소그래피에서 가장 널리 사용되는 UV 노출 소스는 수은 아크 램프와 엑시머 레이저이다. 또 다른 소스로는 X선, 전자빔, 이온빔 등이 사용된다.

고압 수은 아크 램프는 전형적인 모든 i-line 스텝퍼에서 UV 소스로 사용된다. 이런 형태의 램프에서 전류가 수은-제논 가스의 관을 통과하면 방전하는 아크가 만들어진다. 그림 11-34에 나타낸 것처럼 대략 240~500 nm 사이의 파장에서 수은 아크 램프를 위해 유용한 UV 파장 방출로 특정한 파장의 스펙트럼을 방출한다.

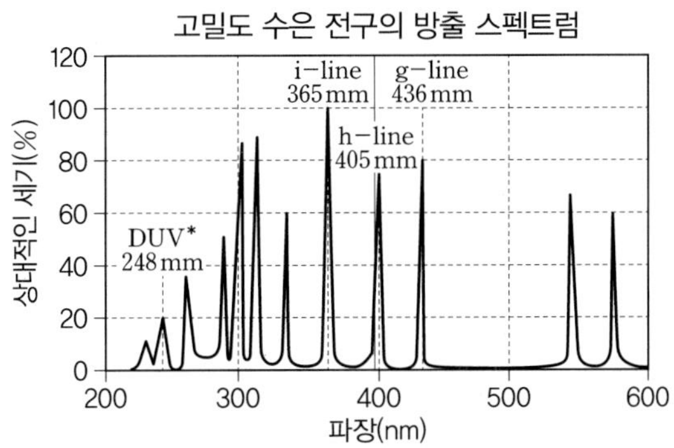

그림 11-34 고압 수은 아크 램프의 발광 스펙트럼

표 11-3 수은 아크 램프의 주요 강도를 갖는 피크들

자외선 파장(nm)	명칭	CD 해상도(μm)
436	g-line	0.5
405	h-line	0.4
365	i-line	0.35
248	Deep UV(DUV)	0.25

수은 아크 램프 빛의 스펙트럼은 여러 개의 강렬한 피크를 가지고 있다. 몇 개는 최근의 분광 측정으로 이름을 붙였다. 주요 강도를 갖는 피크를 표 11-3에 나타내었다.

포토레지스트는 노출이 진행되는 동안 특정한 UV 파장과 일치하는 반응을 보인다. 예를 들면, 0.35 nm보다 작은 CD 특성의 크기를 사용하는 DNQ-노보락 i-line 포토레지스트는 365 nm의 UV i-line 파장에 반응한다. 적당한 파장의 UV만 포토레지스트에 도달하도록 광학 필터를 이용하여 불필요한 파장 및 특별한 적외선 파장을 차단한다.

노출 파장은 웨이퍼의 임계 특성의 크기를 일치시키기 위해서 선택된다. 노출 소스의 중요한 측면인 세기(빛의 세기)는 포토레지스트의 표면에서 단위 영역당 전력인 mW/cm^2로 측정된다. 단위 영역당 빛의 양(quantity)이나 밝기(brightness)로 빛의 세기를 측정하기도 한다. 포토레지스트 표면에서 흡수되는 빛의 세기와 노출 시간을 곱하여 $mJoule/cm^2$ 단위로 얻어지는 노출 에너지(exposure energy)의 양(amount)을 구할 수 있다. 일반적인 i-line 포토레지스트의 노출에는 100 mJ/cm^2의 노출량이 필요하다.

그림 11-35에는 수은 아크 램프의 방출 스펙트럼이 표시되어 있다. 248 nm에서 DUV 방출 세기는 365 nm의 i-line의 방출 세기보다 대략 5배 적다. 즉, i-line 포토레지스트를 248 nm 파장의 빛으로 365 nm의 빛과 동일하게 노출시키려면 수은 아크 램프 빛의 세기로는 5배 더 길게 노출시켜야 한다. 다시 말하자면 만약 빛의 세기가 감소한다면 노출 시간은 노출량에 비례하여 길어져야 한다는 것이다. 이런 새로운 노출 시간은 만족스러운 웨이퍼 생

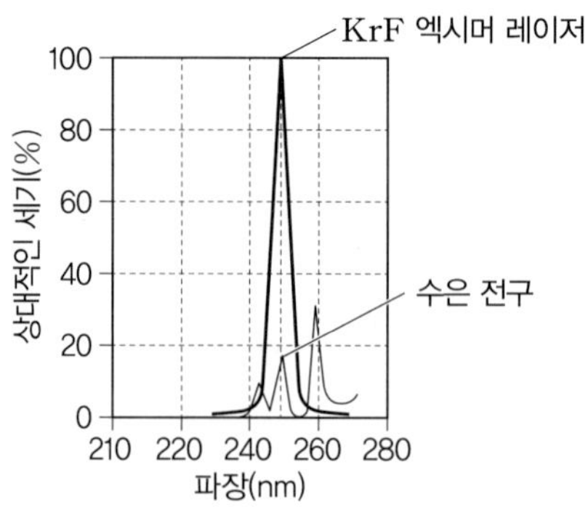

그림 11-35 수은 램프 대 엑시머 레이저의 스펙트럼 방사도

산을 위해서는 너무 길기 때문에, 더 큰 전력을 가지는 레이저 광원 및 화학적으로 증폭된 DUV 포토레지스트의 개발을 위한 주요한 이유로 작용하였다.

포토레지스트 레진의 바람직하지 않은 파라미터는 입사 에너지의 과도한 흡수이다. 과도한 흡수가 발생하면 포토레지스트의 바닥에서의 빛의 세기는 상부에서 수신된 것보다 상당히 적어진다. 이런 차이로 인해 그림 11-36에 표시된 것처럼 기울어진 측벽을 가지는 이미지 윤곽이 만들어진다. 수직의 측벽을 만들기 위해서 포토레지스트는 일반적으로 입사 에너지의 일부분(20% 이하)만을 흡수해야 한다. 에너지의 흡수를 최소화하는 것은 파장, 광원의 양, 포토레지스트의 종류 사이에서 최적화를 추구하기 위해서이다.

포토리소그래피 공정에서 레이저 광원의 사용은 신뢰성과 성능 문제가 있었기 때문에 1990년대 중반까지 레이저를 사용한 효율적인 웨이퍼 생산은 지연되었다. 수은 아크 램프가 248 nm 이하의 DUV 파장에서는 비효율적인 광원이기 때문에 더 큰 빛의 세기로 DUV를 제공하는 레이저의 사용이 대두되었고, 포토리소그래피 노출을 위해서 레이저 광원으로 엑시머 레이저를 사용하게 되었다. 엑시머는 아르곤 플루오린화물(ArF)과 같이 불활성 가스와 할로젠 원자로 형성된 독특한 분자로, 준 안정적(quasi-stable)이고 들뜬(excited) 상태로만 존재한다.

엑시머라는 단어는 실제로 F_2처럼 똑같은 두 개의 원자로 구성된 분자를 들뜬 이분자체(excited dimer)로 표현하는 것으로부터 유래되었다. 또한 불활성 가스와 할로젠 분자를 나타내기 위해서도 사용된다.

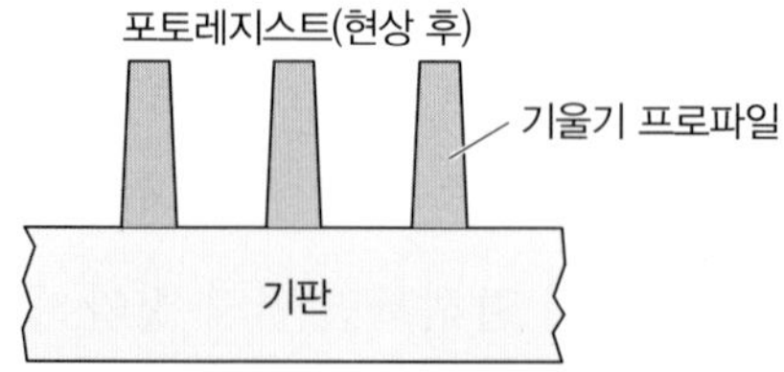

그림 11-36 포토레지스트의 입사광 흡수

표 11-4 반도체 포토리소그래피에 사용되는 엑시머 레이저 소스

물질	파장(nm)	최대 출력(mJ/펄스)	주파수(펄스/초)	펄스 길이(ns)	CD 해상도(μm)
KrF	248	300~1500	500	25	≤0.25
ArF	193	175~300	400	15	≤0.18
F_2	157	6	10	20	≤0.15

엑시머 레이저는 들뜬(excite) 상태에 있는 두 가지 이상의 원소의 고압 혼합물을 포함한다. 레이저 빛의 방출은 들뜬 상태가 가라앉고, 이종의 분자가 두 구성 원소로 따로 분리될 때 일어난다. 레이저는 불활성 가스와 할로젠의 고압 혼합물을 들뜨게 하기 위해서 두 개의 평평한 전극 판을 가로질러 고압(10~20 kV)의 펄스를 방출하여 바닥 상태보다 들뜬 상태에 더 많은 분자가 존재하도록 한다.

DUV 포토레지스트에서 사용되는 엑시머 레이저는 248 nm의 파장을 가지는 크립톤 플루오린화물(KrF)이다. KrF 레이저는 일반적으로 1 kHz의 주파수에서 10~20 W의 출력 범위를 가지며, 이는 레지스트를 노출하기 위해 복사광 에너지의 고출력 펄스를 생성한다. 표 11-4는 포토리소그래피에서 사용되는 엑시머 레이저의 특성을 보여주고 있다. 193 nm 파장의 아르곤 플루오린화물(ArF) 레이저도 DUV 노출에 성공적으로 사용될 것으로 고려된다. 157 nm 파장의 플루오린(F_2) 레이저는 에너지의 출력이 낮아 원하는 제품을 제작하기 위해서는 긴 노출 시간이 필요하다. 최근에는 F_2 레이저의 출력 에너지가 KrF와 ArF 레이저에 동등한 수준으로 개선되었다.

표 11-4에서 보듯이 엑시머 레이저는 극도로 짧은 펄스의 빛을 만든다. 짧은 펄스는 피크 전력을 높이고 광학 재료와 렌즈 코팅의 손상을 유발한다. 이런 손상을 최소화하기 위해서는 더 긴 레이저 펄스 길이가 바람직하다. 렌즈는 레이저 광원으로부터 빛의 높은 집적을 피하기 위해 설계된다. 초기의 엑시머 레이저가 가지는 또 다른 문제는 과도한 펄스 투 펄스(pulse to pulse) 에너지 변화였다. 이런 변화를 극복하기 위해서는 충분히 큰 펄스 수가 필요하다. 받아들일 수 있는 균일한 노출량을 최소화하기 위한 엑시머 레이저 펄스 안정성 개선이 계속해서 진행되고 있다. 더 적은 수의 펄스를 요구하는 스텝 앤 스캔(step and scan) 시스템의 스캔 속도는 궁극적으로 생산성을 향상시킬 수 있다. 엑시머 레이저는 대체로 193 nm 파장에서 아르곤 플루오린화물 레이저(ArF)를 가지고 적어도 또 다른 기술의 생산을 위한 노출 소스로 사용된다. 248 nm KrF 레이저에서 193nm ArF 레이저까지는 요구되는 근본적인 레이저의 변화가 없다. 광학 물질은 원치 않는 흡수를 가지게 되고 193 nm 파장에서의 광학적 가열 시스템으로 인해 레이저 손상에 민감하다. 이런 환경에서는 렌즈 시스템은 레이저 손상에 대한 저항을 가진다. 산업용 F_2 엑시머 레이저는 0.15 μm 공정에

광원으로 사용된다.

11-4-3 | 공간 간섭(코히어런스)

빛은 전자기파(electromagnetic wave)이기 때문에, light 빔은 파(wave)가 전파(propagate)될 때 다른 파의 효과가 또 다른 파와 동위상(in phase)을 유지할 때 공간 간섭(spital coherence)을 가진다. 광파들은 그림 11-37에서처럼 조화(unison)되어 움직인다. 표준적인 거실의 백열전구는 공간 코히어런스를 가지고 있지 않다(완전한 비간섭성: incoherent). 엑시머 레이저로부터 나온 light 빔들은 기존의 레이저들의 light 빔과 다른, 낮은 양의 공간 코히어런스를 가진다.

공간 간섭 이미지들에서 형성될 수 있는 간섭 무늬들을 최소화하기 위해 광학적으로 제어된다. 만약 제어되지 않으면, 간섭은 작은 반점에 속하는 포토레지스트에 거친 패턴의 선명하고 어두운 반점들로 나타날 수도 있다.

UV 빛을 일정한 노출량으로 방출시키는 것은 포토레지스트 노출에서 중요하다. 노출량은 웨이퍼로부터 웨이퍼로 노출을 반복할 수 있어야 한다. DUV 포토레지스트를 위한 노출량의 허용 범위는 약 1% 정도의 노출량 변화이다. 포토리소그래피 공정에서의 변화, 장비, 그리고 재료는 엄격한 노출 제어가 필요하다. 노출량 제어는 웨이퍼 표면의 노출량 모니터(dose monitor)로 UV 광원의 세기를 측정함으로써 이루어진다. 노출량은 노출 영역의 다른 위치에서 측정되며, 선량의 균일성 백분율을 계산한다. 광 검출기와 전자 회로는 방사능 검출기의 자동화 스텝퍼들과 스텝 앤 스캔 시스템에서 사용되고 셔터를 사용하거나 스캔의 속도를 변화시키는 것에 의해 노출량을 제어한다.

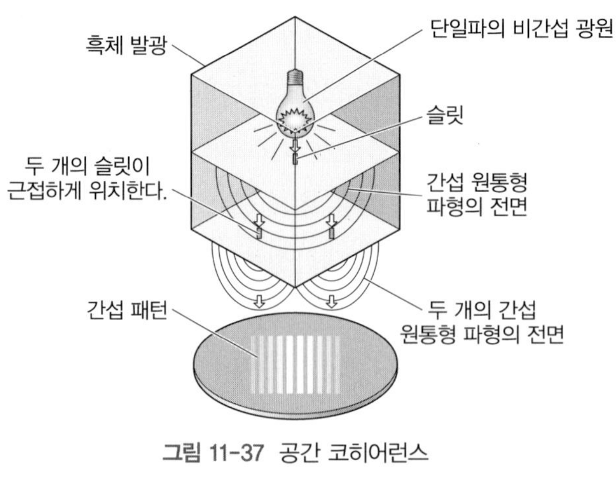

그림 11-37 공간 코히어런스

11-4-4 | 렌즈의 광학 시스템

렌즈는 물체의 이미지를 형성하기 위해서 렌즈를 통해 지나가는 빛을 굴절시키는 광학 구성 성분으로 정의된다. 포토리소그래피에서 광학 시스템은 많은 다른 렌즈(굴절)와 거울(반사)로 이루어져 있다.

렌즈들은 포토레지스트 위의 레티클 패턴의 이미지를 투영하기 위해 필수적이기 때문에 포토리소그래피 장비의 광학 시스템에서 중요하다. 이런 투영은 적절한 해상도, 차원 제어, 정확한 정렬로 행해져야 한다. 렌즈들과 포토리소그래피 스텝퍼들에서의 굴절 광학 및 스텝 앤 스캔 시스템은 웨이퍼 제조공정에서 CD 선폭을 달성하기 위한 해상도를 구하는 데 결정적인 역할을 한다.

렌즈는 빛이 한 점에 집중(convex)되는 볼록 렌즈(conversing lens)와 혹은 분기(convac)하는 오목 렌즈(diverging lens)로 분류할 수 있으며, 둥근 모양(spherical shaped)으로서 하나나 두 개의 표면을 가진다. 렌즈는 그림 11-38(a)에 나타낸 것처럼 광선들이 주초점으로 집중되거나 그림 11-38(b)에 나타낸 것처럼 주초점에서 발산하는 방식으로 빛을 굴절시킨다. 주초점(principal focus) 혹은 초점(focal)은 광선이 굴절되고 집중되는 곳이다. 빛이 전달하는 이미지는 선명하고 초점이 맞아있다. 렌즈의 중앙으로부터 초점까지의 거리를 초점거리(focal length)라고 부른다.

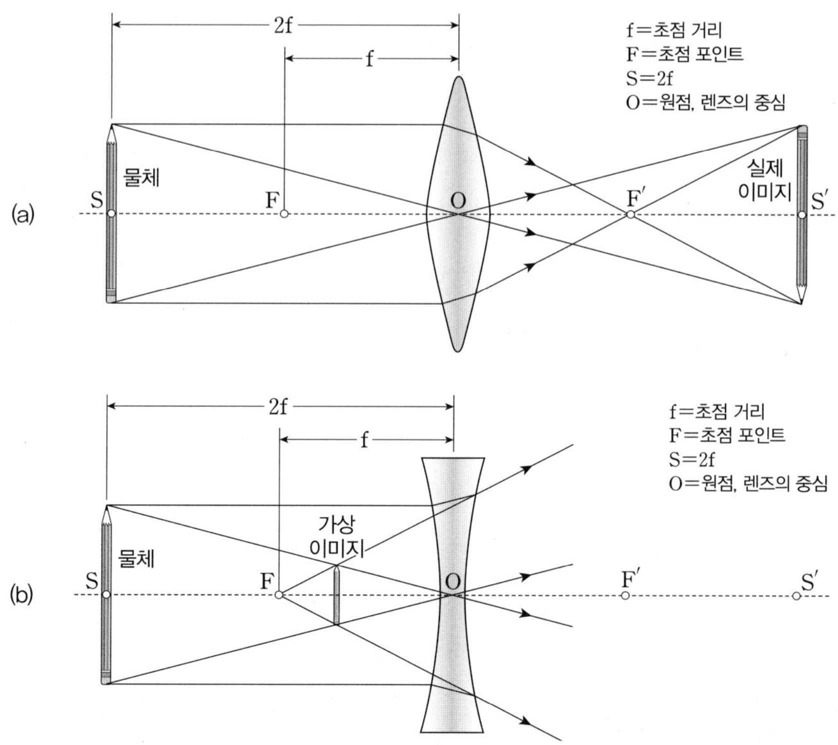

그림 11-38 (a) 볼록 렌즈 (b) 오목 렌즈

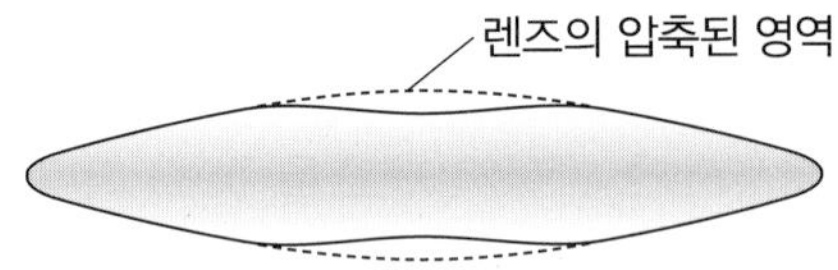

그림 11-39 레이저가 유도된 렌즈 압축

렌즈는 일반적으로 유리로 제작된다. 노출 파장이 계속해서 감소할 때 렌즈 재료는 중요한 변수가 된다. 248 nm 파장의 DUV 공정에는 용해된 실리카가 렌즈 재료로 적합하다. 실리카는 DUV 파장에서 더 적은 빛을 흡수하기 때문이다. 193 nm DUV와 157 nm DUV 파장에는 렌즈 재료로 칼슘 플루오린화물(CaF_2)을 사용한다. 유리와 같은 일반적인 광학 재료는 더 큰 흡수율을 가지고 있고 248 nm KrF 파장에서 레이저 손실에 더 민감하다. 흡수는 굴절률을 변화시키고 문제적인 이미지를 그리기 때문에 노출량 전력이 손실되고 광학적으로 열을 발생시킨다. 발생된 열은 DUV 레이저 광원들로부터 광학 시스템을 가열시키기 때문에 초점 변화를 일으킬 수 있다.

렌즈 재료와 관련된 또 다른 문제는 레이저 빔이 압축(compaction) 손실을 만들 수 있다는 것이다. 렌즈 압축은 렌즈 재료의 고밀도화를 일으킬 수 있는 구조상의 재배열이다. 압축은 용해된 실리카를 포함하는 렌즈 재료에서 일어난다. 전체적으로 레이저 빔 누출이 누적되고 피크 전력이 과밀화되면 발생한다. 레이저 빔이 가로지르는 영역에서 렌즈 재료의 굴절률을 증가시킬 수 있다. 만약 굴절률이 약간이라도 변화한다면, 이미지 품질의 손실을 초래하는 광파 경로의 변화가 일어날 수 있다. 포토리소그래피 광학 시스템에서 사용되는 렌즈들은 가장 좋은 품질의 재료와 기능을 갖지만 완벽하지는 못하다. 설계, 제조, 부적절한 사용으로 인한 결점 등으로 이상적인 수행을 벗어나는 현상을 렌즈의 수차(aberration)라고 부른다. 렌즈 표면의 비정밀 같은 다양한 형태의 수차가 존재한다.

빛은 직선으로 나아간다. 빛이 좁은 틈(opening)이나 예리한 가장자리를 통과할 때 간섭 패턴은 틈의 모서리를 따라 간섭 무늬가 일어난다. 간섭의 결과로 일반적인 빛과 그림자 사

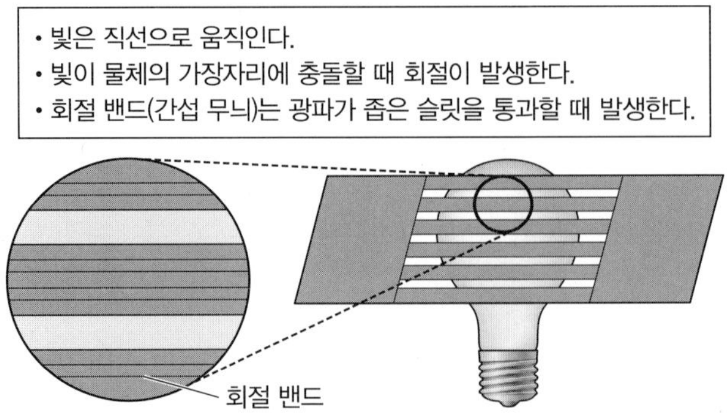

그림 11-40 좁은 틈에서 빛의 회절로 인한 간섭 패턴

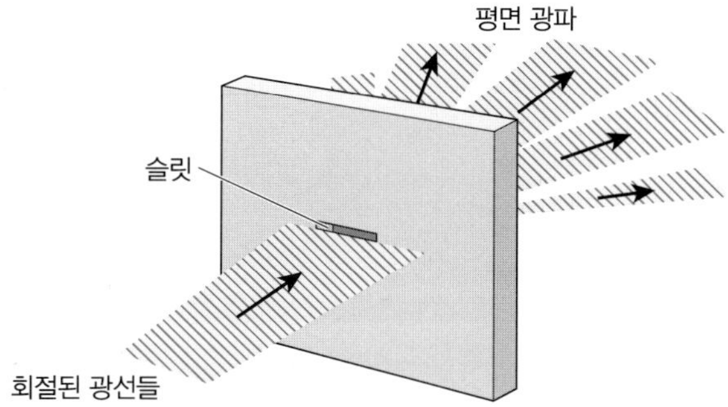

그림 11-41 레티클 패턴에서의 회절

이의 예리한 가장자리보다 불명확한 이미지가 얻어진다. 빛은 슬릿(slit) 가장자리 주위에서 구부러진(bend) 형태로 나타난다. 이러한 현상을 회절(diffraction)이라고 부른다.

빛을 향해서 두 손가락을 밀어 넣어보면 회절을 경험할 수 있다. 손가락의 가장자리는 날카롭지 않다. 작은 틈을 통해서 통과하는 빛의 회절로 인해 예상치 못한 빛의 세기 프로파일이 발생한다. 본질적으로 경계 밖의 영역은 밝게 비추어지고 빛의 세기 프로파일은 예리한 가장자리를 가지지 않는다. 중심점은 밝고 회절 차수(diffraction order)라고 하는 감소하는 세기의 대역에 의해 둘러싸여 있다. 회절의 양은 개구부의 폭 및 빛의 파장에 따라 달라진다.

빛의 회절은 그림 11-41에 표시된 것처럼 레티클의 예리한 가장자리의 극히 작은 패턴과 좁은 공간 때문에 포토리소그래피에서 중요하다. 노출되는 동안에 빛은 이런 패턴들을 통해 지나가야 한다. 회절 패턴은 포토레지스트에서 불필요한 지역을 노출시키고, 필요한 지역의 노출 에너지를 빼앗고 흩어버린다. 문제는 200 nm의 접촉 오프닝 같은 작은 구멍에서 더 심각해진다. 회절에 의해 일어난 간섭 무늬는 작은 접촉 홀과 작은 라인을 프린트하기 어렵게 만든다.

렌즈는 그림 11-42에서 보듯이 회절된 빛을 포획할 수 있다. 회절된 빛을 모으는 렌즈의

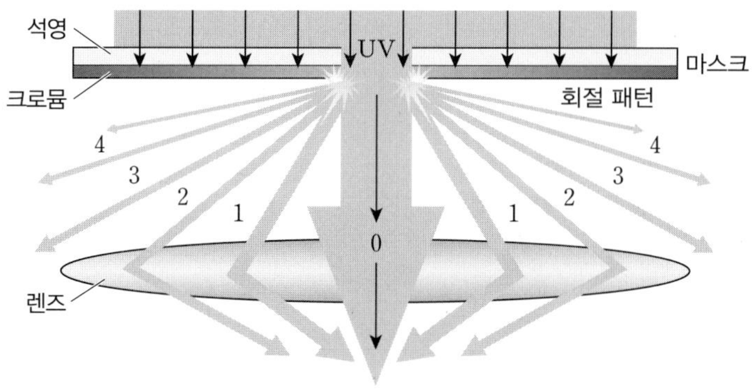

그림 11-42 렌즈가 포획하는 회절 광선

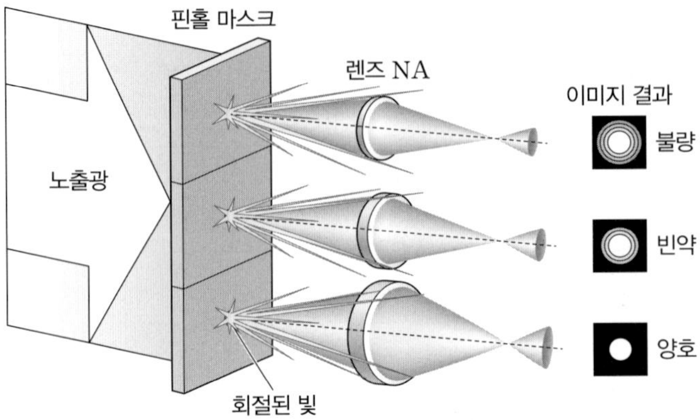

그림 11-43 이미지화에서 수치 개구의 효과

능력을 렌즈의 수치 개구(NA: numerical aperture)라고 한다. 주어진 렌즈에서 NA는 렌즈가 한 지점으로 회절된 빛을 모아 받아들여서 이미지화할 수 있는 회절된 빛의 양이다. 수치 개구는 아래의 수식으로 정의된다 :

$$\mathrm{NA} = (\mathrm{n})\sin\theta_{\mathrm{m}} \approx (\mathrm{n})\frac{\text{렌즈의 반경}}{\text{렌즈의 초점 거리}}$$

여기서 n은 이미지 매질의 굴절률(공기에서 n≈1), m은 렌즈의 가장자리에서 광학적 주축과 주변 광선 사이의 각도를 의미한다.

$\sin\theta_m$은 삼각 함수 관계식으로 사용됨으로써 근사할 수 있는 값이라는 점을 주목하라. 이런 근사에서 렌즈의 반지름을 얼마만큼 증가시킴으로써 NA를 증가시키고 산란되는 빛을 포획할 수 있는가 하는 점이 중요하게 다뤄진다. 그림 11-43에서 보듯이 NA를 증가시킴으로써 회절되는 빛을 한 점에 더 집중시켜서 이미지화할 수 있다. 그러나 NA를 증가시키기 위해 렌즈의 반지름을 크게 하면 광학 시스템이 더 복잡해지고 가격이 비싸진다.

NA값은 전형적인 포토리소그래피 스텝퍼와 스텝 앤 스캔 시스템에 의해서 설명된다. NA는 상당히 개선되고 있다. 대기 또는 진공인 매질에서 NA는 반드시 1 이하의 값을 가지도록 요구된다. 포토리소그래피 장비에 따른 몇 종류의 NA값을 표 11-5에 나타내었다.

노출된 빛은 포토레지스트를 패턴화하기 위해서 레티클을 통과한다. 포토레지스트의

표 11-5 포토리소그래피 기술에서 사용되는 일반적인 NA 값

장비의 종류	수치 개구 값
거울을 갖는 스캐닝 투사 정렬기(1970년대 기술)	0.25
스텝/리피트	0.60~0.68
스텝 앤 스캔	0.60~0.68

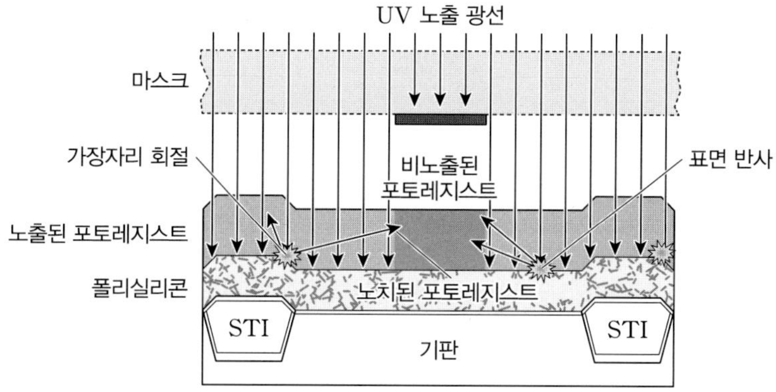

그림 11-44 빛의 굴절로 인한 포토레지스트 반사 새김

하부층은 궁극적으로 식각되고 패턴화되는 기초 막이 된다. 만약 이런 기초 막이 금속과 폴리실리콘층에 의해서 반사 성질을 가지게 되면 빛을 반사하지 못하게 되고 포토레지스트에 인접한 부분에 전위 손상을 일으키게 된다. 이런 손상은 임계 차원의 조절에 부정적인 영향을 가져올 수 있다. 두 가지 기본적인 광원의 반사율 문제는 반사 새김(reflective notching)과 정재파(standing wave)이다. 반사 새김은 그림 11-44에 나타난 것처럼 노출이 비의도적으로 이루어질 때 식각된 구조의 측면의 수직 표면에서 빛을 포토레지스트 속으로 굴절시킬 때 발생한다.

포토리소그래피에서 파장의 반사와 간섭은 정재파(standing wave) 현상이다. 만약 포토레지스트층이 반사 웨이퍼 표면에 인가되고 단파장 빛에 노출된다면 입사되는 광파는 그림 11-45에 나타낸 것처럼 포토레지스트에 충돌하면서 포토레지스트를 통과하고 웨이퍼 표면에서 반사된다. 정재파는 포토레지스트막의 두께에 따라서 균일하지 않은 노출을 발생시키는 입사 광파와 반사 광파 사이의 간섭에서 나타난다. 산화막, 질화물, 폴리실리콘 같은 대부분의 웨이퍼의 표면은 짧은 DUV 파장에서 더 반사적이기 때문에 정재파의 발생은 DUV 포토레지스트에서 더욱 뚜렷해진다.

노출 후, 포토레지스트 측면의 모양은 과도하게 노출된 부분과 부족하게 노출된 부분으로 인해서 광조(striations)를 띠게 된다. 정재파는 포토레지스트에서 이미지의 해상도를 반

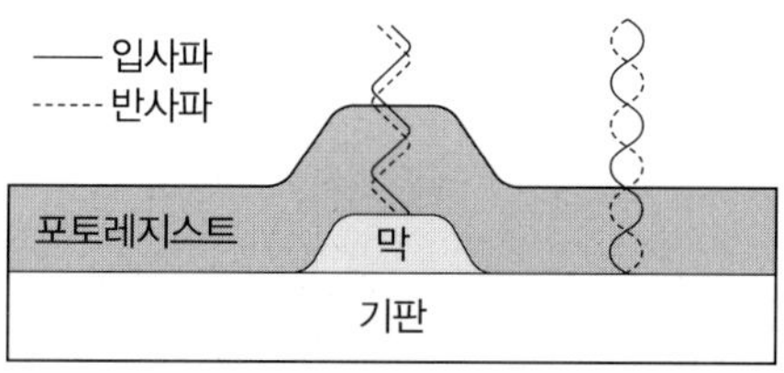

정지파가 포토레지스트 막의 두께에 따라서
불균일한 노출을 발생시킨다.

그림 11-45 포토레지스트에서 입사광 파와 반사 광파 사이의 간섭

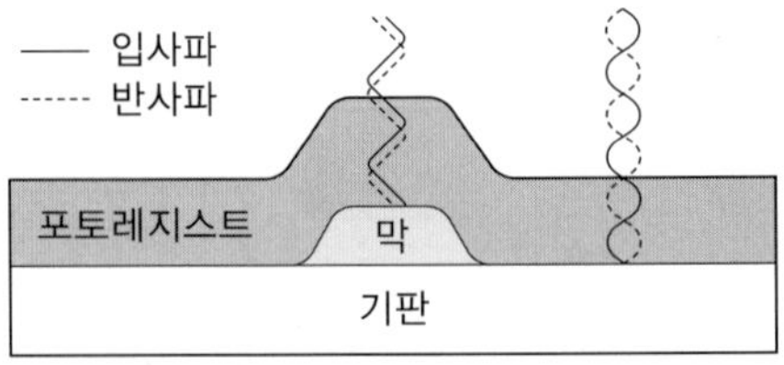

정재파가 포토레지스트 막의 두께에 따라서 불균일한 노출을 발생시킨다.

그림 11-46 정재파를 방지하는 비반사 코팅

드시 떨어뜨리는 요소이다. 그림 11-46과 같이 비반사 코팅(ARC: antireflective coating)을 반사 기판 표면에 직접 적용함으로써 포토레지스트에서 정재파의 영향을 감소시킬 수 있다. ARC는 노출되는 빛을 억제함으로써 의도되지 않은 빛의 반사를 감소시킨다. 최근의 ARC는 기판에서 반사되는 빛을 99% 억제할 수 있다.

비반사(무반사) 코팅은 웨이퍼 위에 얇은 층으로 증착되고 일반적으로 200~2000 Å의 두께를 갖는다. 비반사 코팅의 두께는 ARC의 종류와 사용된 재료에 따라 결정된다. 광파의 간섭을 방지하기 위해서 염료가 포토레지스트에 부가되기도 한다. 또한 노출과 현상 사이에서 노출 후 굽기(PEB)를 수행하여 기존의 i-line 포토레지스트에서 정재파에 의한 광조 영역을 감소시킬 수 있다. PEB는 포토레지스트에서 광활성 화학물을 재분배하고 정재파를 감소시킴으로써 포토레지스트 측벽의 윤곽을 곧게(straighter) 만든다.

ARC의 기본적으로 상부 비반사 코팅과 바닥 비반사 코팅으로 구성된다. 바닥 비반사 코팅은 기판의 반사율을 감소시키기 위해서 포토레지스트 바로 아래의 바닥에 코팅하는 것이다. 상부 비반사 코팅은 포토레지스트 표면에서 발생하는 2차 반사를 감소시키기 위해서 포토레지스트 전반에서 증착된다. 바닥 ARC는 반사율과 정재파 같은 문제를 감소시키는 가장 효과적인 방법이다.

포토레지스트 바닥 비반사 코팅(BARC: bottom antireflective coating)은 그림 11-47과

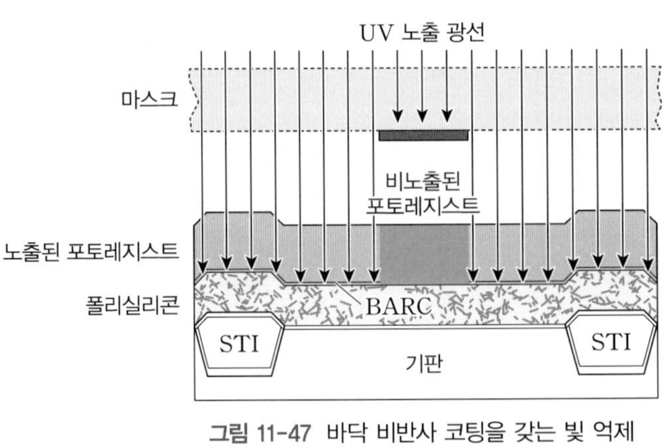

그림 11-47 바닥 비반사 코팅을 갖는 빛 억제

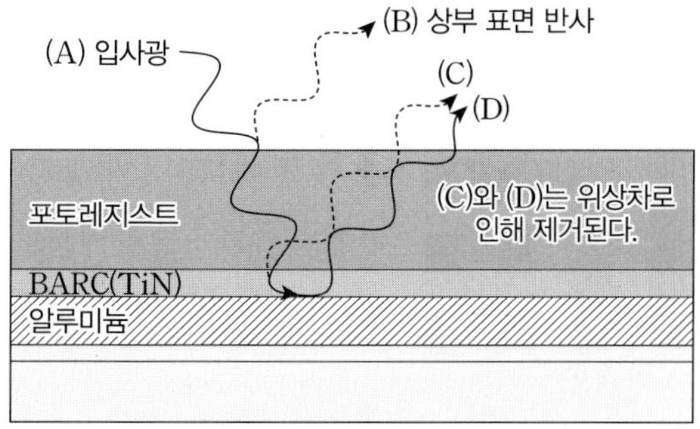

그림 11-48 빛의 BARC 위상 시프트 삭제

같이 포토레지스트 아래의 반사층으로부터 의도치 않게 반사되는 빛을 억제시킨다. 유기물이나 무기물의 절연체가 BARC의 재료로 사용되어 포토레지스트 공정 전에 웨이퍼에 증착된다.

유기물 ARC는 빛을 흡수하여 반사를 감소시킨다. 유기물 ARC는 포토레지스트와 동일한 방식으로 웨이퍼 위에 스핀 코팅된다. 무기물 ARC는 플라스마-증가형 화학 기상 증착(PECVD)을 통해 증착된다. 무기물 ARC는 빛을 흡수하지 못하지만 그림 11-48에서 보듯이 기본 반사율, 막 두께, 기타 파라미터에 기초한 특정 파장의 위상 이동 제거를 통해 작동한다. 빛의 위상을 성공적으로 제거하려면 15 Å의 두께 오차의 BARC와 같이 매우 정교하게 공정 파라미터를 제어해야 한다. 금속의 상호 연결을 위한 확산 장벽으로 사용되는 TiN도 비반사 코팅에 우수하게 사용한다. 그러나 짧은 파장에도 적용되도록 금속의 반사율을 변화시키는 것은 간섭 효과를 더 제어하기 어렵게 만든다.

ARC를 선택하는 한 가지 기준은 포토리소그래피 공정 단계를 거친 후에 제거될 수 있는 능력이다. 몇몇 사례에서 유기물 ARC(주로 상부 ARC)는 수용성이므로 현상 공정이 진행되는 동안에 헹굼(rinsing)에 의해서 상대적으로 쉽게 제거할 수 있다. 무기물 ARC는 제거하기가 좀 더 까다로운데, 특히 기초층과 화학적으로 유사할 경우 제거가 더욱 어려워진다. 이런 ARC층은 때때로 웨이퍼 표면에 남겨지고 소자의 일부분이 된다.

상부 비반사 코팅(TARC: top antireflective coating)은 그림 11-49에서 보듯이 레지스트

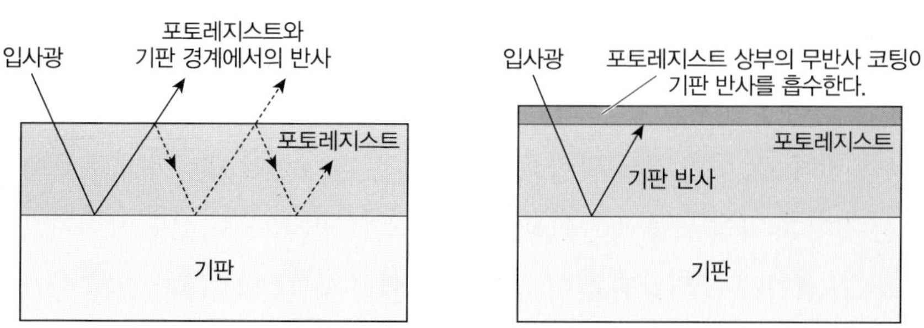

그림 11-49 상부 비반사 코팅 효과

그림 11-50 해상도 특성

표면과 공기 사이의 경계면에서 반사를 감소시킨다. TARC 물질은 빛을 흡수할 수는 없지만 파괴 간섭으로 광선 사이의 반사율을 제거하는 투명하고 얇은 저항층처럼 행동한다.

그림 11-50에 나타낸 것처럼 포토리소그래피에서 해상도(resolution)는 웨이퍼 상에서 근접한 공간에 따로 떨어져 있는 한 쌍의 특징(예: 동일 선상 여부)을 구분해 내는 능력으로 정의된다. 고밀도 집적 회로 반도체 제조에서는 웨이퍼가 고밀도도 패킹되므로 해상도는 더욱 중요해진다. 해상도는 광학 시스템에서 매우 중요한 파라미터이고 아주 작은 모양의 웨이퍼 제작의 인쇄에 필요하기 때문에 포토리소그래피 공정에서도 중요하다.

해상도 공식은 $R = \frac{k\lambda}{NA}$로 표시되는데 k는 0.6에서 0.8 사이의 범위에서 특정하게 적용되어 제시되는 요소이고 λ는 광원의 파장, NA는 노출 시스템에서 렌즈의 구경을 의미한다. 해상도 값이 작을수록 웨이퍼상에서 더 작은 차이를 구별할 수 있다는 뜻이다. 해상도를 개선하기 위해서 노출 광원의 파장 λ를 감소시키는 이유가 이 식에서 분명하게 드러난다. λ를 감소시키면 리소그래피 시스템의 해상도가 개선된다. 다시 말하자면, 파장은 짧을수록 좋은 것이다. 또 다른 중요한 파라미터로 투사 렌즈의 NA를 증가시키면 해상도가 개선된다. 높은 NA를 갖는 렌즈들은 역시 높은 해상도를 가진다.

그러나 렌즈의 NA를 증가시키려면 보다 큰 지름이 필요하므로 비용이 증가한다는 점을 기억해야 한다. 세 번째 파라미터 k는 광학 시스템의 공정 요소를 나타내는 것으로 해상도에 영향을 줄 수 있다. 그러나 실제적으로 k 값을 0.6 아래로 크게 감소시키는 것은 바람직하지 않다. 해상도를 향상시키는 몇 가지 유용한 방법으로 위상-전이 마스크(PSM)와 광학 근접 교정법(OPC)이 있다. 이 방법은 k 값을 감소시키므로 해상도가 향상된다.

그림 11-51에 나타낸 것처럼 λ가 193 nm, NA가 0.60, k가 0.6으로 주어진다면 해상도도 193 nm로 구해진다. 즉, 이와 같은 광학 시스템에서는 193 nm의 패턴까지 구분하여 프린트할 수 있다는 것이다. 만약 노출 광원의 파장이 감소한다면 해상도 값도 작아지고(해상도는 개선된다) NA가 증가해도 해상도 값이 작아진다(역시 개선된다). 다만 앞서 설명했듯이 시스템에서 NA를 증가시키려면 추가적인 비용이 발생하며, 초점의 깊이가 감소할 수 있다.

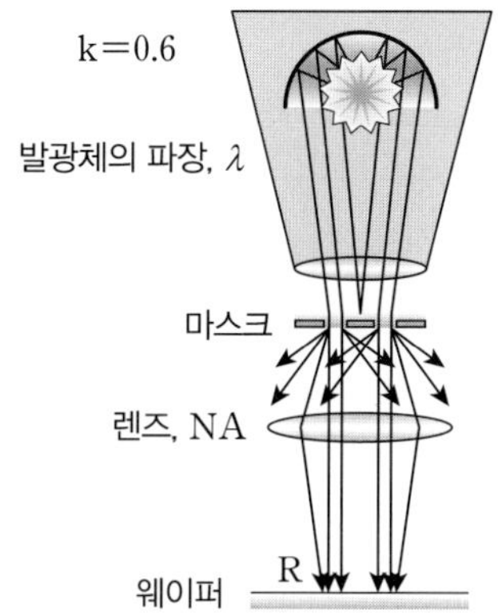

$$R = \frac{k\lambda}{NA}$$

	λ	NA	R
i-line	365 nm 365 nm	0.45 0.60	486 nm 365 nm
DUV	193 nm 193 nm	0.45 0.60	257 nm 193 nm

그림 11-51 해상도 계산 예제

초점의 점 주위의 범위 즉, 영상 전체의 연속적인 초점을 초점의 깊이(DOF: deph of focus)라고 부른다. 그림 11-52에 표시된 것처럼 초점의 중심(COF: center of focus)은 가장 우수한 이미지를 만드는, 렌즈의 중심이 되는 점이다. 노출 에너지가 상대적으로 일정한 초점의 중심의 위와 아래 영역이 바로 초점의 깊이이다. COF가 정확하게 포토레지스트층의 중심은 아니다. 그러나 DOF는 반드시 포토레지스트 코팅의 아래쪽 표면과 위쪽 표면을 지나야 한다. 노출 시스템의 실제 사용할 수 있는 DOF는 관련된 공정 파라미터와 환경 조건으로 검사를 수행함으로 확인되어야 한다. 이런 검사의 목적은 웨이퍼 전체 및 웨이퍼 간에 최상의 초점을 찾아 유지하는 것이다.

DOF를 구하는 방정식은 $\mathrm{DOF} = \frac{\lambda}{2(\mathrm{NA})^2}$로 표시된다. 여기서 λ는 노출되는 빛의 파장을 의미하고 NA는 광학 시스템에서의 렌즈의 구경을 의미한다.

장의 깊이(depth of field)로도 알려진 초점의 깊이는, 일반적인 사진 작업에서 카메라 렌즈가 수용할 수 있는 초점 범위이다. 아마도 여러분들은 배경화면의 초점이 벗어난 사진을 본적이 있을 것이다. 카메라의 DOF를 감소시키면 좋은 사진이 얻어진다. 휴대용 카메라의 일반적인 초점 깊이는 30 cm 정도인 반면 반도체의 포토리소그래피에서 DOF는 1 μm 미만이다.

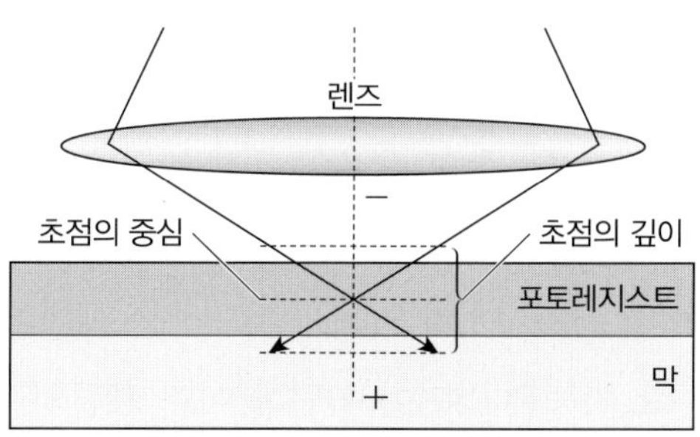

그림 11-52 초점의 깊이

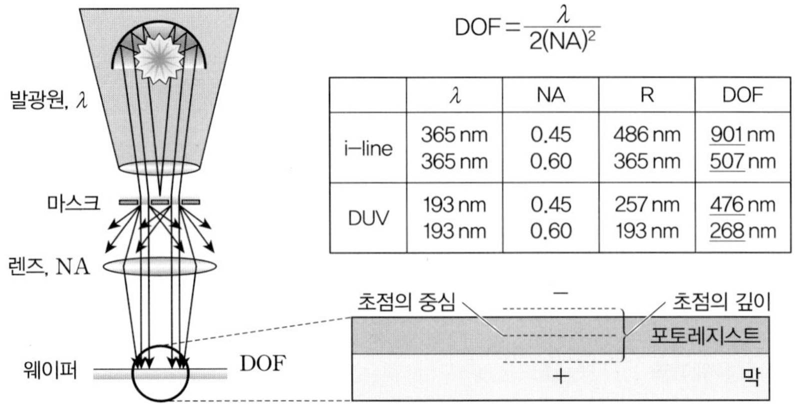

$$DOF = \frac{\lambda}{2(NA)^2}$$

	λ	NA	R	DOF
i-line	365 nm 365 nm	0.45 0.60	486 nm 365 nm	901 nm 507 nm
DUV	193 nm 193 nm	0.45 0.60	257 nm 193 nm	476 nm 268 nm

그림 11-53 NA의 변화에 대한 장의 깊이와 해상도

DOF는 조명원의 λ와 투영 렌즈의 NA를 이용해서 계산한다. 렌즈의 구경이 증가할수록 광학적으로 더욱 섬세하게 표현되고, 시스템에서 해상도의 수용 범위가 증가한다. DOF 방정식에서 중요한 것은 그림 11-53에 표시된 것처럼 해상도가 증가하면 초점의 깊이 또한 증가한다는 것이다. 해상도 패턴이 개선될수록 필연적으로 마이크론 이하의 공정 특성을 갖게 된다. 그러나 DOF가 너무 작아지면 결과적으로 광학 시스템의 공정 허용도를 과도하게 감소시킬 수 있다.

광학 리소그래피에서 영상의 품질을 나타내는 두 개의 매개변수는 해상도와 초점의 깊이이다. 반도체 산업에서는 항상 임계 해상도를 갱신하는 것을 목표로 경쟁하면서 도전해 왔다. 이와 동시에 초점의 깊이는 적절하게 유지되었다. 렌즈의 초점면에 평평하고 안정적이며, 평행하게 놓이는 웨이퍼의 능력을 방해하는 포토리소그래피 도구 또는 공정의 모든 측면은 노출 공정의 초점 품질에 영향을 미친다. 만약 이미지 면이 포토레지스트에서 가장 우수한 초점 평면으로부터 이탈한다면 이미지의 품질은 손상된다. 스탭퍼의 DOF가 1 μm라고 가정하면, 사람의 머리카락(지름≈100 μm)은 웨이퍼 단과 웨이퍼 사이로 떨어질 것이다. 웨이퍼는 스텝퍼 렌즈의 초점을 지나 약 99 μm 정도 끌어 올려진다. 도구는 성공적으로 정렬시킬 수가 없어 웨이퍼의 레티클에 노출되지 못하거나 초점을 형성하지 못한다. 포토리소그래피 도구에는 장비에서 빈약한 웨이퍼의 평면도와 장비 진동 같은 부분을 보정해 주는 기술이 추가된다. 그러나 심각하게 오염되거나 파손된 부분은 보정할 수가 없다.

웨이퍼 표면을 평면화시키는 데 가장 중요한 기술은 화학적 기계적 평탄화로 알려진 CMP 공정이다. CMP는 1990년에 웨이퍼 제조에 도입되었고 패턴 해상도를 증가시키도록 허용되는 초점 장비의 깊이를 감소시키기 위해서 시도하는 웨이퍼 표면의 평면화에 중요한 공헌을 하였다. CMP의 주요 기능은 평면이 아닌 웨이퍼 표면의 평면도를 0.25 μm의 임계 차원까지 줄일 수 있다는 것이다. 포토리소그래피에서 CMP는 해상도를 높게 유지하면서도 초점의 깊이를 작게 만들 수 있기 때문에 더욱 중요하다.

11-4-5 | 포토리소그래피 장비

포토리소그래피의 역사는 5가지의 웨이퍼 제작기술 연대로 나눌 수 있다. 각각의 연대는 대략 해상도의 CD를 달성하는 데 필요한 기술의 종류에 의해서 구분된다. 다섯 개의 마이크로 리소그래피 기술 연대는 접촉 정렬(contact aligner), 근사화 정렬(proximity aligner), 스캐닝 투사 정렬(scanning projection aligner: 스캐너), 스텝 앤 리피트 정렬(step and repeat aligner: 스텝퍼), 스텝 앤 스캔 시스템(step and scan system)으로 구분된다.

접촉 정렬은 포토리소그래피의 기본적인 공정 기술로, 1970년도 초기까지 SSI 공정이 진행되는 동안 사용되었다. 접촉 정렬은 선폭의 차원을 5 μm 이상으로 만드는 데 사용되었다. 선폭을 0.4 μm로 만드는 것도 가능해졌지만 접촉 정렬은 오늘날에는 널리 사용되지 않고 있다. 접촉 정렬의 마스크는 웨이퍼 표면에 포토그래피된 모든 칩 패턴과 완벽히 동일한 배열을 갖는다. 웨이퍼는 포토레지스트로 코팅되고 왼쪽과 오른쪽 그리고 회전 위치를 제어하기 위해서 수동 손잡이가 장착된 스테이지가 설치되어 있다(스테이지는 보통 x, y, 회전, θ 좌표로 표시된다). 그림 11-54에서 보듯이 마스크와 웨이퍼는 분할 영상 광학을 갖는 현미경을 통해서 동시에 보여진다. 스테이지 위치를 수동으로 조정함으로써 마스크의 패턴과 웨이퍼의 패턴을 정렬시킨다.

마스크가 웨이퍼에 정렬되면 마스크가 웨이퍼 표면의 포토레지스트에 직접 접촉하기 때문에 이런 기술을 접촉 정렬이라고 부른다. 이때 웨이퍼와 마스크는 자외선에 노출된다. 자외선은 마스크의 투명한 부분을 지나고 마스크의 패턴은 포토레지스트로 복사된다. 접촉 정렬 시스템은 포토레지스트에 직접적으로 접촉하는 장소에 마스크가 놓이기 때문에 오염

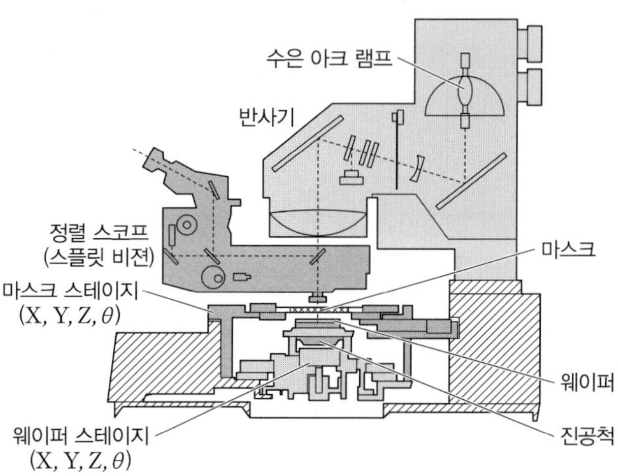

그림 11-54 접촉 근사 정렬기 시스템

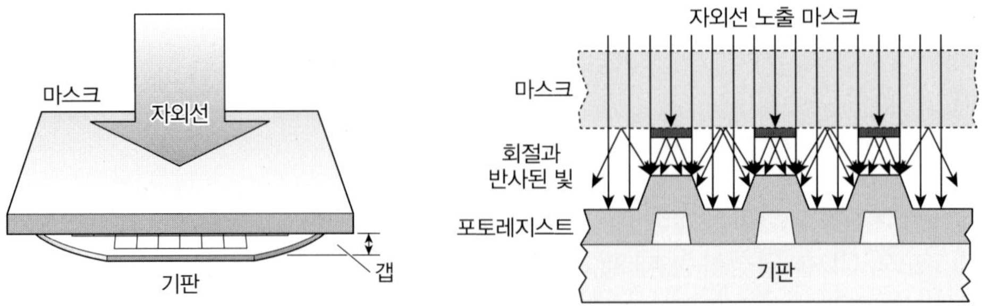

바람직하지 않은 포토레지스트의 노출로 기인하는 마스크의 하부에서
반사된 파의 결과로 가장자리 부분에서 회절 현상이 발생된다.

그림 11-55 근사화 정렬기의 표면 반사와 가장자리 회절

이 쉽게 발생하고 숙련된 조작자에 의존하게 된다. 특히 오염에 의한 피해로 포토레지스트 층이나 마스크가(혹은 둘 다가) 부드러워져서 5~25회의 동작마다 마스크를 교체해야 했다. 해상도에 관한 문제도 존재한다. 웨이퍼의 크기가 증가할수록 더 넓은 영역에서 정렬 오차를 유지해야 했기 때문에 하나의 마스크로 전체 웨이퍼를 패턴화하고자 하면 겹침 정확도에 문제가 발생한다. 접촉 정렬 인쇄는 마스크 패턴과 웨이퍼의 크기가 최대한 근접할 수록 웨이퍼 표면에 좋은 이미지의 해상도를 만들 수 있게 한다. 이런 근사화는 이미지의 왜곡을 줄이지만 접촉 정렬은 조작자의 숙련도에 매우 의존적이므로 반복가능성 및 제어에 문제를 가지고 있다.

근사화 정렬은 접촉 정렬로부터 발전되었고 1970년대 초에 SSI 공정과 MSI 공정에서 일반적으로 사용하였다. 이런 정렬은 오늘날까지도 낮은 단계 연구의 응용이나, 개별 구성 요소를 분리하기 위한 설비를 혁신적으로 개선할 때의 비용 문제로 인해 오래된 200 mm 이하의 직경을 갖는 웨이퍼 제조설비에서 사용된다. 선폭의 차원이 2 μm에서 5 μm로 적당하다면 근사화 정렬은 기판 표면의 반사율과 같은 요소에 의존적이다. 전체적인 웨이퍼 패턴을 연속적으로 전송하는 근사화 정렬 마스크는 포토레지스트와 직접 접촉하지 않는다.

근사화 정렬에서는 마스크와 웨이퍼 표면의 포토레지스트가 약 2.5 μm에서 25 μm만큼의 틈을 두고 가까이 접근한다. 각각 병렬로 위치하여 투과되는 빛에 영향을 주게 되므로 조준된 평행한 광원으로부터 빛이 병합된다.

근사화 정렬은 UV가 마스크의 투명 영역과 공기를 통과할 때 광산란으로 인해 감소되었던 접촉 정렬기의 오염 문제를 해결하기 위한 시도였다. 광산란은 시스템의 해상도에 악영향을 끼쳤으며, 선폭의 임계 차원을 줄이도록 요구되었기 때문에 주된 문제였다.

반도체 제조업체에서는 오염 문제, 가장자리 회절, 해상도 제한, 조작자 의존성의 문제로 발생하는 접촉 정렬 또는 근사화 정렬 시스템의 기술을 혁신할 필요성을 인지하였고 그 결과 스캐닝 투사 정렬(스캐너)이 개발되었다. 스캐닝 투사 정렬은 1970년대 후반과 1980년대

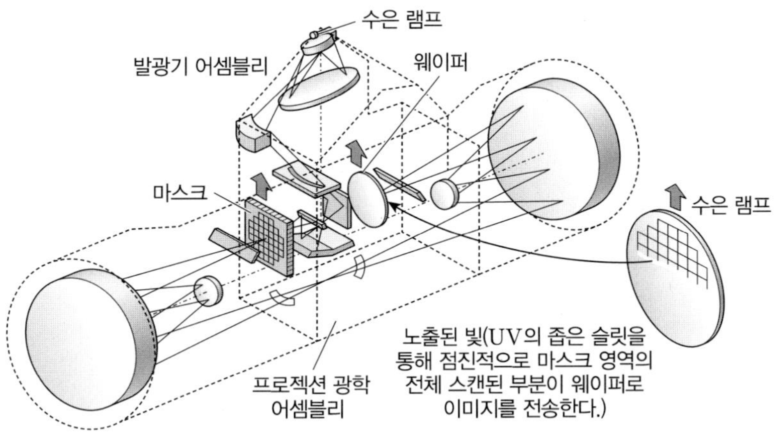

그림 11-56 스캔 투사 정렬기

초반에서 주도적인 포토리소그래피 노출 장치로 자리잡았다. 오늘날에도 오래된 웨이퍼 제조설비에서 아직도 이런 정렬이 사용된다. 선폭이 1 μm보다 큰 경우에 포함되는 비임계층에서 유용하다. 스캐닝 투사 정렬의 개념은 거울 시스템을 사용하여 웨이퍼 표면 위에 영상과 웨이퍼 마스크를 1:1로 전체 투영시키는 것이다. 마스크가 1X이기 때문에 마스크 패턴과 관련된 확대 또는 축소가 없고 웨이퍼와 같은 크기의 이미지상을 갖는다.

웨이퍼의 좁은 틈새 위로 UV 광선의 초점이 맞춰지면 그림 11-56에 표시된 것처럼 균등한 광선이 투사되기 시작한다. 포토레지스트가 코팅된 웨이퍼와 마스크는 스캐닝 운반 소자에 장착되고, 웨이퍼의 포토레지스트를 노출시키기 위해 좁은 UV 광선을 가로질러 함께 이동한다. 스캐닝에 움직임이 나타남으로써 마스크의 영상은 결과적으로 웨이퍼 표면에 출력된다. 스캐닝 투사 정렬의 연구 과제는 모든 웨이퍼 칩을 포함하는 품질의 1X 마스크를 만드는 것이었다. 만약 칩이 1 μm 이하의 크기를 가졌다면 마스크 또한 1 μm 이하의 크기를 가져야 한다. 서브 마이크론 크기가 도입되면서 이런 포토리소그래피는 마스크 생성기에서 결함 없이 마스크를 만들어 내기가 어려워졌다.

1990년도의 마이크로리소그래피 웨이퍼 제작기술의 대들보는 스텝 앤 리피트 정렬(스텝퍼)방식이다. 스텝퍼는 한 개의 노출 영역에 하나의 투영물을 노출시키고 웨이퍼 위의 다음 단계의 위치에서 노출을 반복하기 때문에 부쳐진 이름이다. 스텝퍼는 1980년대에 처음으로 상용화되었다. 최초로 보편화된 사용은 아니었지만, 1980년대 광학 리소그래피 스텝퍼는 IC 제작에서 매우 우수한 성능을 보였다. I-line 포토레지스트에서는 임계치를 0.35 μm로 감소시켰고 DUV 포토레지스트에서는 0.25 μm로 낮출 수 있었다. 스텝퍼는 큰 웨이퍼 위의 하나 또는 그 이상의 칩에 대응하는 노출 영역에 대한 패턴을 포함하는 레티클을 이용한다. 마스크는 전체적인 칩 행렬을 포함하지 못하기 때문에 이제는 사용할 수가 없다. 스텝퍼에 의한 광학 투영 노출 시스템은 반사광학을 이용하여 웨이퍼상에 레티클 이미지를 투영한다.

그림 11-57 스텝 앤 리피트 정렬기(스텝퍼)(출처: a13ean, CC BY-SA 3.0 〈https://creativecommons.org/licenses/by-sa/3.0〉, via Wikimedia Commons)

광학 스텝퍼의 장점은 축소 렌즈(reduction lens)를 사용하는 능력이다. 일반적으로 i-line 스텝퍼 레티클들은 패턴화되는 실제적인 이미지보다 4X, 5X, 10X의 크기를 가질 수 있다. 초기 스텝퍼에서는 10X의 레티클이 사용되었고 점점 4X 레티클과 5X 레티클의 사용이 정착되었다. 5X 레티클을 갖는 스텝퍼는 웨이퍼 표면에 정확한 이미지를 전송하기 위해서 5:1의 축소 렌즈가 필요하다. 이런 축소화 계수(demagnification factor)는 레티클의 특성이 웨이퍼 상의 이미지보다 5배 크기 때문에 레티클을 용이하게 제조할 수 있도록 한다. 적어도 하나 이상의 스텝퍼 제조업체(manufacture)가 1 : 1 투영 이미지를 제공하는 스텝퍼를 생산하고 있는데, 이러한 비감소(nonreduction) 스텝퍼는 비임계 패턴화 층에 사용될 수 있는 저가형 스텝퍼이기 때문이다.

노출 공정에서의 각 단계에서 스텝퍼는 웨이퍼와 레티클을 투영 렌즈와 초점을 맞추고, 웨이퍼를 레티클에 정렬시키고, 레티클의 투명한 부분을 통해서 통과하는 자외선에 포토레지스트를 노출시킨다. 그리고 전체 공정을 반복하도록 웨이퍼를 다음 위치로 이동시킨다. 이런 공정을 시행하다보면 스텝퍼는 궁극적으로 그림 11-58과 같이 노출 단계의 순서에 따라 웨이퍼상에 완전한 칩 배열을 전송하게 된다. 스텝퍼는 한 번에 웨이퍼의 작은 부분만을 노출시키기 때문에 웨이퍼 평면도(flatness)의 변화도 적으며 기하학적(geometry)으로 쉽게 수행(performed)된다.

스텝퍼는 기존의 0.35 μm까지 감소시키는 CD를 갖는 수은 아크 램프 조명(illumination) 전원(g-line에서는 436 nm, h-line에서는 405 nm, i-line에서는 365 nm)을 사용한다. 248 nm DUV 파장 전원을 구하기 위해서 수은 아크 램프 전원은 KrF(krypton -fluoride) 엑시머 레이저로 대체된다. 이런 장비는 0.25 μm CD의 패턴화를 허용한다. 기존의 i-line 노출법이 비임계층 패턴화에 사용되는 반면 일반적으로 DUV 스텝퍼 기술은 임계층 패턴화에 사

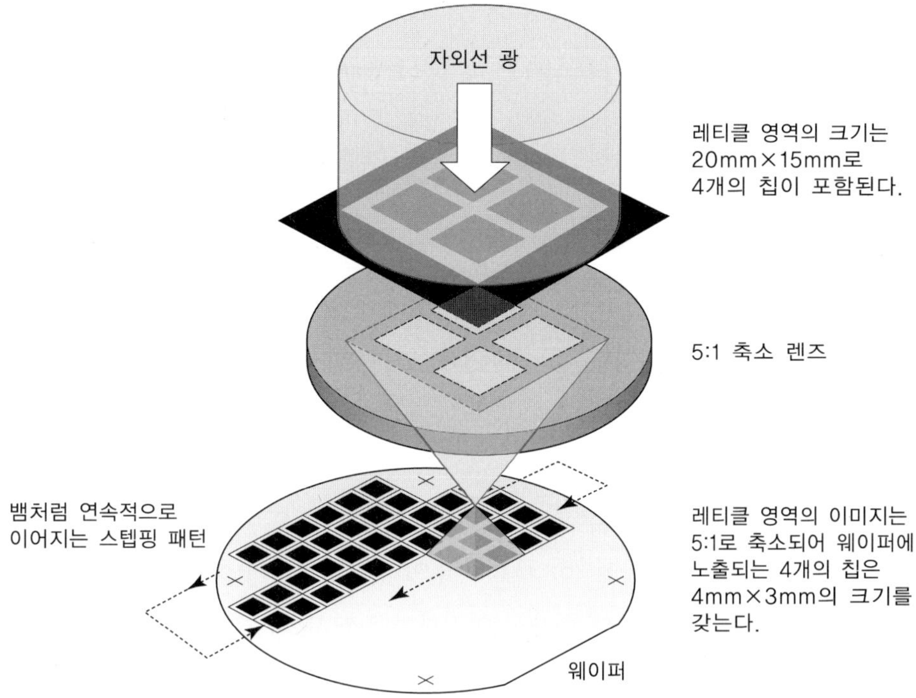

그림 11-58 스텝퍼 노출 영역

용된다. 리소그래피에서의 이런 혼합 정합(mix-match) 접근법은 생산 비용을 절감시킨다. 스텝퍼를 위한 광학의 개선과 노출 장 크기의 증가에 필요한 임계 차원을 최소화함으로써 반도체 칩의 물리적인 크기를 성장시킬 수 있었다. 이것은 보다 복잡한 리소그래피 렌즈를 설계하고 제작하도록 이끌었고, 스텝퍼에서의 렌즈 시스템의 비용은 상상을 초월할 정도로 증가되었다. 이런 비용 문제 때문에 기존의 스텝 앤 리피트 공정의 노출 영역은 22×22 mm로 제한된다. 이런 문제들을 극복하기 위해서 스텝 앤 스캔으로 알려진 개량된 스텝퍼가 0.25 μm 이하의 기술 공정에서의 DUV 포토리소그래피에서 지배적으로 사용된다.

최근의 리소그래피 노출 시스템에서는 스텝 앤 스캔 시스템이라고 알려진 기술을 적용한다. 스텝 앤 스캔 광학 리소그래피 시스템은 스캐닝 투사 정렬기와 웨이퍼의 일부분으로 큰 노출 장의 이미지를 스캔하기 위해서 축소 렌즈를 사용하는 스텝 앤 리피트 스텝퍼 기술을 결합시킨 복합(hybrid) 기술이다. 초점화된 빛의 틈새는 그림 11-59에 나타낸 것처럼 레티클과 웨이퍼에 걸쳐서 동시에 스캔된다. 이런 정렬 형태의 표준 노출 장 사이즈는 대표적으로 6인치 정방형 레티클 사이즈에서 25×33 mm이다. 스캔 및 패턴 전송이 완료되면 웨이퍼는 다음 노출 영역으로 스텝퍼되고 공정이 반복된다.

웨이퍼 노출을 위해서 스텝 앤 스캔 시스템을 사용하는 이점은 사이즈가 큰 칩에 적용할 만큼 노출 영역이 증가했다는 것이다. 렌즈 영역(lens field)은 구형 웨이퍼 스캐닝 정렬기처

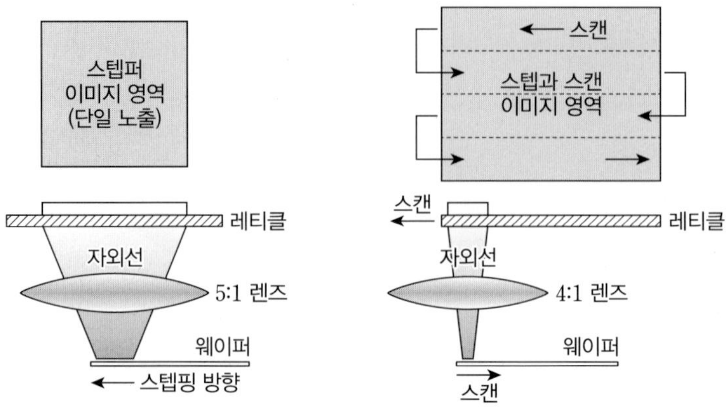

그림 11-59 스텝 앤 스캔 시스템에서의 웨이퍼 노출 영역

럼 좁은 틈(slit)을 갖는다. 일반적으로 작은 틈을 통해서 4X 축소 레티클을 스캔하고 다음 장소로 스텝핑하기 전에 정확하게 26×33 mm의 이미지 영역을 구성한다. 광학 시스템은 작은 렌즈 시스템을 허용하기 때문에 현재는 이것보다 훨씬 더 작은 영역을 설계한다. 큰 영역 사이즈의 또 다른 주요 이점은 레티클에 더 많은 칩을 놓을 수 있다는 점이다. 즉, 한 번의 노출로 더 많은 칩을 노출시킬 수 있다.

또 다른 중요한 스텝 앤 스캔 시스템의 이점은, 스캔을 통해 웨이퍼 평면도에서의 변화와 렌즈 결함을 보상할 수 있으므로, 초점을 조정할 수 있다는 점이다. 스캔이 진행되는 동안 이런 개선된 초점 제어는 노출된 영역에 걸쳐서 개선되는 임계 차원을 균일하게 제어할 수 있다. 스텝 앤 스캔 시스템에서의 주요 과제는 웨이퍼와 레티클을 위한 스테이지 제어의 이동에 기인하는 기계적인 공차를 더 제어해야 한다는 점이다. 스텝퍼들은 웨이퍼를 새로운 위치로 빠르게 이동시켜야 되기 때문에 스텝 앤 스캔 시스템은 웨이퍼와 레티클 모두를 동시에 반대 방향에서 정밀하게 이동시켜야 한다. 이런 스캐닝과 스텝핑 동작은 스캔이 진행되는 동안 nm의 수십 배 이내에서 위치 공차를 가지고 고정됨으로써 수행된다.

레티클은 포토레지스트가 코팅된 웨이퍼로 전송되는 패턴 이미지를 갖는 투명한 판이다. 웨이퍼 제조에는 레티클과 마스크라는 두 개의 항목으로 사용된다. 레티클은 기판을 가로질러서 반복되고 스텝핑되는 웨이퍼의 일부분에 대한 패턴 이미지만을 포함하고 있다. 레티클은 웨이퍼 제조에서 사용되는 스텝 앤 리피트 스텝퍼와 스텝 앤 스캔 시스템에서 사용된다. 포토마스크 혹은 마스크는 웨이퍼 칩 전체 어레이의 패턴 이미지를 포함하며, 패턴들은 1:1 이미지 전송에 의한 단일 노출을 통해 마스크에서 웨이퍼로 전송된다. 마스크들은 구형 근사화(proximity) 정렬과 스캐닝 투사 정렬기에서 사용된다. 포토리소그래피 산업에서 마스크에서 레티클로 변화하게 된 이유가 무엇인지를 직관적으로 살펴볼 수 있도록 표 11-6에 레티클과 마스크의 특성을 간략하게 비교하였다.

표 11-6 레티클과 마스크의 특성 비교

파라미터	레티클	마스크
노출 횟수	다중 노출	단일 노출
임계 차원	레티클의 패턴 사이즈가 4:1, 5:1로 크기 때문에 웨이퍼에 마이크론 이하의 치수로 패턴화 하기가 쉽다.	축소 광학 없이 웨이퍼와 마스크의 마이크론 이하의 치수로 패턴화하는 것이 어렵다.
노출 장	스텝 앤 리피트 공정으로 작은 노출 장이 필요하다.	노출 장은 웨이퍼 전체이다.
마스크 기술	광학 축소가 큰 레티클 치수를 허용하기 때문에 인쇄가 손쉽다.	마스크와 레티클은 동일한 임계 차원을 갖기 때문에 인쇄가 어렵다.
처리량	웨이퍼 전반에 걸쳐서 스텝 앤 리피트하기 위해서 정교한(sophisticated) 자동화가 필요하다.	전위가 높다(자동화된 장비에서는 꼭 높지만은 않다).
칩 정렬과 초점	개별적인 칩 정렬과 초점을 조정한다.	전반적인 웨이퍼 정렬, 그러나 개별적인 칩 정렬과 초점 조정은 없다.
결함 밀도	수율은 개선되지만 레티클의 결함은 허용되지 않는다. 레티클 결함은 각각의 필드 노출에서 계속 반복된다.	결함은 웨이퍼에서 다중으로 반복되지 않는다.
표면 평면도	초기 전반적인 정렬 전 측정이나 칩 대 칩 노출이 진행되는 동안 스텝퍼에 의해 보상이 이뤄진다.	전반적인 초점과 정렬을 제외하고는 보상이 이뤄지지 않는다.

레티클은 완벽하게 제조되어야 한다. 모든 웨이퍼 회로들은 최종적으로 레티클로부터 패턴화된다. 레티클의 우수한 품질이 마이크론 이하의 포토리소그래피 공정이 진행되는 동안 고품질의 이미지를 얻게 하는 핵심이다. 만약 레티클 패턴에 검출되지 않는 왜곡이나 부정확한 이미지 배치와 같은 결함이 존재한다면, 웨이퍼의 포토레지스트에서 결함을 재생산하는 꼴이다. 따라서 레티클들은 제조될 때 오염과 결함을 자동으로 검사해야 한다.

μm 이하의 포토리소그래피 공정에서 사용하는 기본적인 레티클 기판 물질은 용융 가능한 실리카(fused silica)이다. 이런 물질은 248 nm와 193 nm의 스펙트럼의 DUV 부분에서 높은 광학적 전송 능력이 있어서 DUV 리소그래피에는 항상 사용된다. fused 실리카는 레티클로 사용되는 물질 중 가장 비싼 물질로 아주 낮은 열팽창(thermal expansion)을 갖는다. 낮은 열팽창은 레티클이 온도 변화에서도 안정한 차원을 유지한다는 것을 의미한다. 이런 이유로 열 환경의 변화 때문에 증가하는 차원을 뜻하는 열 파괴(thermal run-out)를 감시하기만 하면 된다. 레티클 물질이 갖추어야 하는 또 다른 바람직한 특성은 높은 광학적 전송과 물질이나 표면의 결함을 갖지 않는 것이다.

레티클 기판에 증착되는 가장 일반적인 불투명 물질은 박막 크로뮴(chromium)층이다. 이런 크로뮴층은 구멍(hole), 선(line), 패드(pad) 등과 같은 웨이퍼 층의 회로를 정의하기 위해서 필수적인 설계 형태를 반영시키기 위해서 패턴화된다. 크로뮴의 두께는 항상 1000 Å보다 작고 스퍼터링 증착된다. 경우에 따라서는 크로뮴에 약 200 Å 두께의 크로뮴 산화물의 비반사층을 배치하기도 한다.

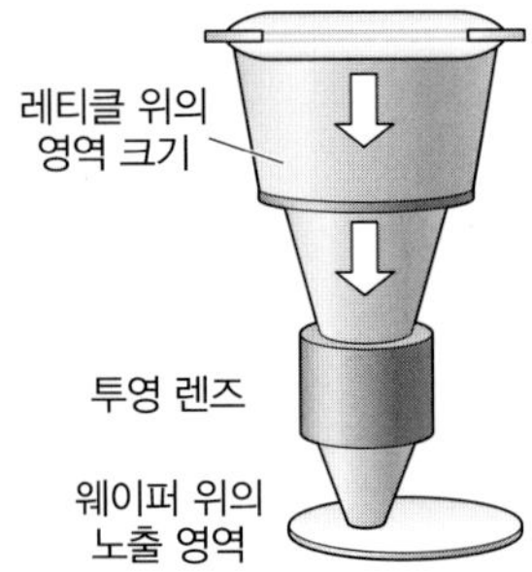

렌즈 형태	10:1	5:1	4:1	1:1
레티클 영역 크기 (mm)	100×100	100×100	100×100	30×30
웨이퍼 위의 노출 영역(mm)	10×10	20×20	25×25	30×30
노출된 영역에 포함되는 칩 (5 mm×5 mm)	4	16	25	36

그림 11-60 레티클 축소비에 따른 노출 영역의 비교

레티클들은 패턴화가 진행되는 동안 겹침의 정확도를 감소시키기 위해서 축소 렌즈가 필요한 스텝퍼 및 스텝 앤 스캔 시스템 응용에서 사용된다. 스텝퍼는 보통 4:1과 5:1의 레티클 축소비를 갖고, 스텝 앤 스캔 시스템은 4:1의 레티클 축소비를 갖는다. 각각의 레티클 층은 항상 한 개 이상의 칩을 위한 패턴을 포함하고 있다. 스텝퍼와 스텝 앤 스캔 시스템의 작은 영역 노출 크기는 레티클 정렬이 진행되는 동안 밀접한 공차를 허용한다.

대부분의 레티클들은 현재 6 × 6 $inch^2$(152 mm)의 크기가 대부분이지만 5 × 5 $inch^2$의 레티클도 사용되고 있다. 레티클들은 항상 0.090"에서 0.250"의 두께를 갖는다. 4X의 축소비를 갖는 6인치 레티클은 포토리소그래피 스텝 앤 스캔 장비에서 웨이퍼 표면의 25 × 25 mm 크기의 유용한 필드 사이즈를 정의한다. 레티클은 웨이퍼 전체를 스텝핑해야 하므로 다중 노출되어야 한다. 필요한 노출 영역의 크기는 마이크로프로세서 칩과 DRAM의 크기 증가에 적응시키기 위해서 증가하도록 계산된다.

산업체에서는 6인치 레티클을 9인치 레티클로 전면 교체하는 방안이 추진되고 있다. 레티클의 크기가 커지면 필드당 노출되는 칩의 수를 증가시켜서 스텝퍼나 스텝 앤 스캔 시스템에서 완전한 웨이퍼의 노출을 완성하기 위한 스텝의 수가 줄어든다. 그러나 이런 변화를 실현시키기 위해서는 비용의 증가를 직면해야할 것이다.

11-4-6 | 전자빔 리소그래피

레티클 패턴을 생성하기 위한 가장 일반적인 방법은 전자빔(electron beam, E-빔)을 사용하는 것이다. 이런 기술은 전기적으로 축적된 원래의 패턴들로부터 패턴을 직접 인쇄한다. 이런 공정에 포함된 데이터의 양은 막대하다. 레티클에 패턴을 인쇄하는 데는 전체적으로 수 시간이 소요된다. 레티클의 패턴화를 위한 기본적인 단계는 웨이퍼의 경우와 유사하다. 전자빔 리소그래피의 직접 인쇄법은 레티클 표면에 직접 고해상도의 패턴을 전송할 수 있다. 전자빔 리소그래피에서 전자 소스는 레티클을 향해서 빔의 형태로 초점을 맞추고, 많은 전자를 발생시켜 가속한다. 전자빔은 자기적이거나 정전기적으로 초점을 맞추며, 레티클 표면의 특수한 전자빔 포토레지스트를 가로질러서 원하는 패턴으로 인쇄된다. 빔은 전체 레티클을 가로질러서 인쇄되거나 스캔된 영역(벡터 스캔)에서만 인쇄될 수 있다.

레티클에 전자빔을 적용하기 전에는 레티클은 먼저 세정되고, 적절한 포토레지스트와 함께 크로뮴막이 레티클 위에 스핀 코팅된다. 그리고 약하게 굽기(soft bake)된다. 전자빔에 사용되는 표준 레지스트는 positive tone 폴리뷰테인-1-설폰[poly(butane-1-sulfone)], 혹은 PBS이다. 그러나 이런 포토레지스트는 μm 이하의 선폭에서는 적당하지 않으며, 화학적으로 증폭되는 또 다른 포토레지스트들이 개발되었다. 전자빔 마스크 기록기의 이점은 포토레지스트에서의 0.36 μm의 최소 특성 사이즈로 패턴화할 수 있다는 것이다. 노출 후 현상된 포토레지스트는 최종적으로 패턴화된 표면을 습식 식각과 건식 식각 공정을 통해 크로뮴막으로 식각된다(개선된 레티클 제조에서는 건식 식각이 사용된다). 마스크의 특성을 떠올려 보자. 스텝퍼와 스텝 앤 스캔 기술에서는 렌즈 축소로 인해서 웨이퍼 이미지보다 4배에서 5배 정도 큰 마스크(레티클)을 사용한다. 그러나 차원 공차는 웨이퍼에서 수용되는 임계 차원을 생산하기 위해서 마스크의 특성과 아주 정확하게 일치되어야 한다.

전자빔은 자외선 소스와 비교할 때 더 빠른 노출 속도와 짧은 파장을 갖기 때문에 레티클을 위한 광학 포토레지스트 패턴화를 대체한다. 이런 품질은 생산 처리량도 증가시키면서도 더 우수하게 차원을 제어할 수 있다. 전자빔은 높은 해상도와 유연성을 갖는 신뢰성이 높은 방법이지만 속도와 시스템 복잡도로 인해 웨이퍼 패턴화에는 사용하기 어렵다. 빠르게 개발에서 생산까지 수행하기 위해 레티클 사용을 건너뛰는 특수한 집적 회로인 ASIC과 같은 아주 특수한 웨이퍼에서 전자빔 패턴화를 응용할 수 있다.

개선된 스텝퍼와 스텝 앤 스캔 시스템의 레티클들은 자동으로 저장(storage)되고, 취급(handling)에 의해서 기계의 안에서 밖으로 이동될 수 있다. 레티클은 웨이퍼에 패턴을 다중 노출시키는 동안에 이미지를 정확하게 생성시키기 위해서 반드시 세밀하게 세정해야 한다. 스텝퍼가 전체 웨이퍼에 걸쳐서 한 개의 이미지를 스텝 앤 리피트한다는 점을 기억하자. 만약 레티클 회로 이미지에 한 개의 외부 입자가 존재한다면 이 오염은 웨이퍼의 모든 장소에 반복적으로 나타난다. 레티클이 노출되는 동안 손상을 입힐 수 있는 실제적인 다양한 오염원에는 레티클 위의 낙하물(dropping), 표면의 긁힘(scratches), 정전기 방전(ESD; electrostatic discharge), 더러운 미립자들이 있다. 만약 레티클이 적절하게 접지되지 않은 조작자에 의해서 취급된다면 ESD가 발생한다. 이런 조건은 레티클에 포함된 μm 사이즈의 크로뮴 배선에서 전류의 작은 서지(serge)에 의한 전위를 발생시키며 회로 배선을 개방(melting)시키고 패턴을 파괴(destroying)하게 된다.

만약 레티클의 임계 영역에서 오염된 구역의 공중에 부유된 미립자들이 있다면 이것 역

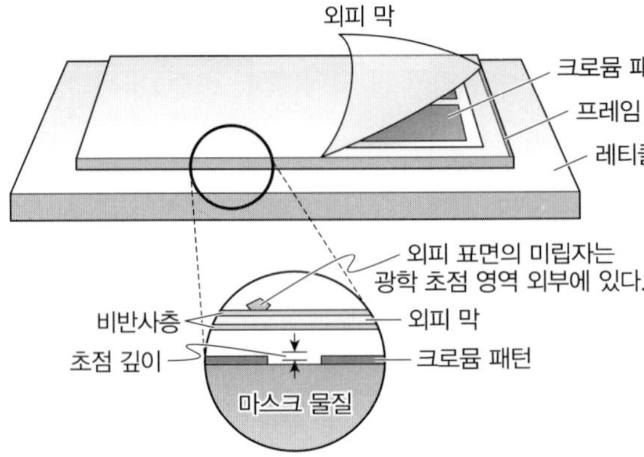

그림 11-61 레티클 보호막(외피)

시 회로에 손상을 입히고 이미지에 결함을 만든다. 레티클에서의 특별한 오염에 대한 해법은 표면의 외피(pellicle)라고 알려진 광학적으로 투명한 막(membrane)인 박막으로 보호하는 것이다. 외피는 마스크(레티클) 표면 위에 약 5 mm에서 10 mm의 밀봉된 프레임에 밀착되게 부착돼 있다. 외피로 인해 오염 입자들은 마스크에 접근할 수 없다. 만약 외피 위에 이중의 오염 영역이 있다면 그림 11-61에 표시된 것처럼 초점에 있는 면(focal plane)으로 제거되어야 하고 투사 렌즈로부터 가시영역에서 비켜나야 한다.

외피 물질은 노출시키는 광 에너지는 통과시킨다. 외피에는 다양한 종류의 물질이 사용되며, 두께 또한 다양하다. 나이트로셀룰로스 아세테이트(nitrocellulose acetate)의 두께는 일반적으로 0.7 μm이고 마일러 플루오로카본(mylar fluorocarbon)은 12 μm이다. 외피는 쉽게 망가지기 때문에 마스크 표면을 긁는 어떤 행위도 외피 막(pellicle membrane)의 파괴(rupture)를 가져온다. DUV 노출 파장이 사용될 때 외피의 광학적 투과성은 조심스럽게 평가된다.

웨이퍼의 임계 차원이 특성 크기를 0.15 μm 이하로 감소시키면 회절(diffraction)과 광산란 같은 요소들이 레티클에서 웨이퍼로의 효과적인 패턴의 복제(replica)를 방해한다. 광학 증강 기술은 이미지의 정의와 품질을 개선하기 위해서 레티클에서 사용된다. 이것은 웨이퍼가 광 노출 파장 아래에서 해상도를 가지고 패턴화되는 것이 허용되는 서브 마이크론 파장 리소그래피라고 알려진 광학 리소그래피의 중요한 영역이 되었다.

위상 이동 마스크(PSM: phase shift mask)는 레티클에서 패턴화되는 작은 구멍을 통한 빛 회절에 관련된 문제를 해결하기 위해서 1982년에 개발된 방법이다. PSM을 사용하면 그림 11-62과 같이 교번 세정 영역이 빛의 위상을 180° 이동시키기 때문에 부가적인 투과층(transparent layer)을 갖는 것으로 변경(modified)된다.

왼쪽의 어두운(dark) 영역으로 표시된 곳으로 빛이 회절되면 오른쪽의 깨끗한 영역으로

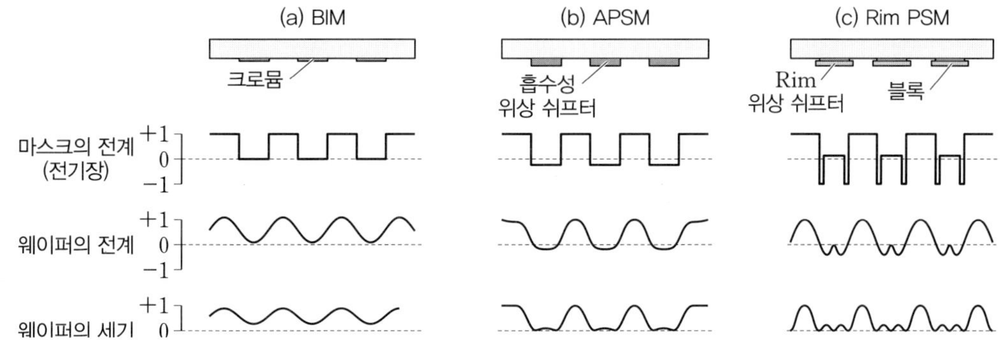

그림 11-62 위상 이동 마스크

부터 회절된 빛이 파괴적인 간섭과 마주치게 된다. 불투명한 영역 아래에서 회절된 빛은 감소된다. 레티클에서의 위상 이동 기술은 이미지의 대조(contrast)를 개선하고 0.18 μm 이하의 CD에서 마이크로리소그래피를 위한 임계 요소가 된다. 동일한 개념으로 사용되는 PSM의 다양한 접근법들은 모든 파괴적인 간섭의 원리에 기초를 두고 있다.

특성 사이즈 차원의 균일화는 선폭이 변화되어 소자의 속도에 영향을 미치는 트랜지스터 게이트 영역을 포함하는 고성능 IC에서 중요하다. 근접한 공간 특성 사이에서의 간섭에 기인하는 레티클의 광학 근사화 효과와 빛의 회절 때문에 리소그래피 이미지에서의 선폭들은 그림 11-63에 나타낸 것처럼 인접한 특성에 영향을 미치게 된다. 밀접하게 그룹화된 선들이 레티클에서는 동일한 선폭 차원을 갖는다고 하더라도 고립된 선과는 다른 사이즈로 인쇄된다. 이런 특별한 예를 iso-dense 바이어스라고 부른다.

광학 근사 효과를 보상하기 위해서 레티클 패턴 속으로 선택적인 이미지 사이즈의 바이어스를 도입하는 것이 가능하다. 이것을 광학 근사 교정이라고 부른다. 컴퓨터 알고리즘은 작은 특성 사이즈로 레티클에서 광학 근사 교정을 발생시키는 레티클 설계자들이 사용한다. 그러나 이런 제어 수준을 가지고 생산되는 레티클들은 이미 CD 특성 사이즈가 아주 작기 때문에 생산에서의 과제가 된다. 임계 차원은 이미 0.18 μm 이하로 감소되었고, 보다 복잡해진 레티클 제조를 가능하게 하는 OPC(optical proximity correction)의 사용 요구가 많

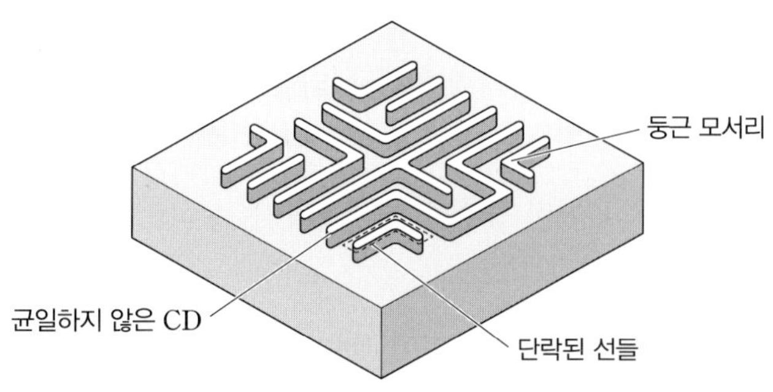

그림 11-63 광학 근사화 효과

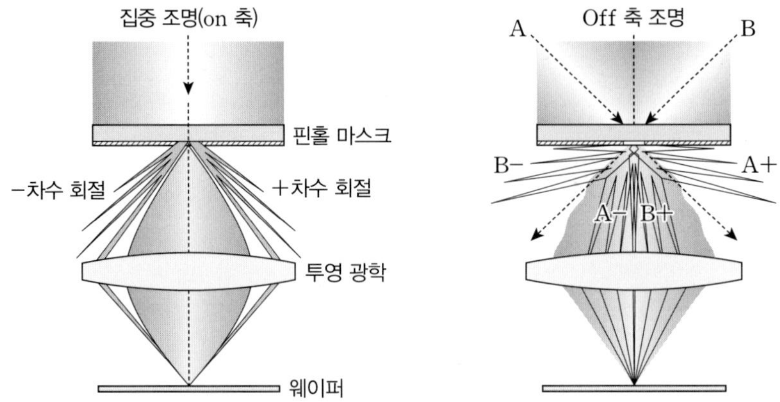

그림 11-64 OAI(off axis illumination)

아졌다.

리소그래피 렌즈들의 조명을 구성하는 기존의 형태는 그림 11-64에 표시된 것처럼 투영 렌즈의 중심선에 노출 광을 집중시키는 것이다. 레티클은 작게 개방되고 서브 마이크론일 경우에는 더 작아진다. 만약 이미지 렌즈가 패턴을 전송시키지 못할 정도로 점이 작아지면 빛의 회절 문제를 발생시킨다. 이를 해결하기 위해서는 회절 가장자리(fringes)를 렌즈와 정렬하기 위해서 입사광이 일정한 각도로 마스크에 닿도록하는 것이다. 이는 레티클 패턴에 해당하는 대칭 강도 프로파일을 발생시킨다. 이것을 OAI(off axis illumination)라고 부른다. 이런 기술은 해상도 제한을 감소시키고 이미징의 초점 깊이를 증가시킨다.

인쇄 바이어스(print bias)는 레티클의 특성 차원과 웨이퍼 상에서 인쇄되는 차원 사이의 차(difference)를 의미한다. 인쇄 바이어스의 양은 사이즈의 특성에 따라서 변한다. 인쇄 바이어스의 예는 둥근 모서리(rounded corner)를 갖는 인쇄의 광학 시스템 해상도와 거의 유사한 차원을 갖는 정방형(square)으로 접촉하는 것이다. 웨이퍼에 인쇄가 진행되는 동안 접촉 모서리처럼 정방형 특성에 도움을 주는 레티클 패턴의 특성에 가는 선인 세리프(serifs)를 추가함으로써 이런 문제의 영역이 표시된다.

정렬 공정은 레티클을 스텝퍼 혹은 스텝 앤 스캔 시스템의 몸체(body)의 기준 좌표(reference mark)에 고정시키기 위한 적절한 정렬로 시작된다. 노출기의 몸체에 레티클이 한 번 정렬되면 웨이퍼 스테이지(stage)의 위치는 레티클을 기준으로 측정하여 제공된다. 레티클 특성에서의 변화를 보상하기 위해서 사용되는 정렬 소프트웨어가 가지는 임의의 베이스라인 교정 데이터를 제공한다. 이런 공정을 베이스라인 보상(BLC: baseline compensation)이라고 부른다.

웨이퍼의 성공적인 패턴을 위해서 웨이퍼 패턴은 반드시 레티클에 존재하는 패턴과 정확하게 정렬되어야 한다. 만약 투영되는 이미지가 웨이퍼 패턴과 성공적으로 정합(match)

그림 11-65 접촉 모서리의 rounding을 최소화하기 위한 세리프

하면 집적 회로는 적절한 기능을 가지게 된다. 정렬은 웨이퍼에서의 패턴의 왜곡과 위치와 방위를 이미 결정하는 공정이다. 이 공정을 성공정으로 끝내기 위해서 웨이퍼는 레티클로부터 투영되는 이미지와 정확한 관계를 가지도록 배치된다. 정렬은 빠르게, 반복적으로, 정확하고, 정밀하게 이루어진다. 정렬 공정의 결과(각각의 성공적인 패턴들이 이전의 층과 어떻게 정확하게 일치되는지)는 등록(registration)으로 알려져 있다.

등록이라고도 하는 겹침(overlay)의 정확도는 레티클 패턴을 웨이퍼 패턴에 덮어씌우는 정렬 시스템의 능력을 측정한 것이다. 인쇄 표면을 고르게 하기 위한 겹침 비용은 그림 11-66에 나타낸 것처럼 패턴층과 사전에 정의된 층 사이의 상대적인 최대 변위(displacement)를 설명한다. 일반적으로 겹침 비용(overlay budget)은 임계 차원의 1/3이다. 0.15 μm 설계 규칙에서 겹침 비용은 50 nm로 예상된다. 스텝퍼와 스텝 앤 스캔 시스템의 경우 각 레티클 패턴은 웨이퍼를 걸쳐서 정렬기 스텝처럼 다중 장소에서 정렬되고 노출된다. 각 필드는 단일 대규모 칩이나 대수의 소규모 칩의 레티클 패턴에 해당된다. 그리드는 그림 11-67에 나타낸 것처럼 포토 기구가 웨이퍼를 가로지르는 스텝을 따라서 개별적인 필드에서 노출시키는 특별한 경로이다.

스텝퍼와 스텝 앤 스캔 시스템은 웨이퍼와 레티클 모두의 위치와 방위를 측정하고, 노출되기 이전에 레티클과 웨이퍼를 정렬시키는 복잡한 자동 정렬 시스템을 갖는다. 이런 정렬 시스템의 기구는 레티클과 웨이퍼에 모두 정렬 표시를 남기는 정렬 검출(detect) 시스템과 모터

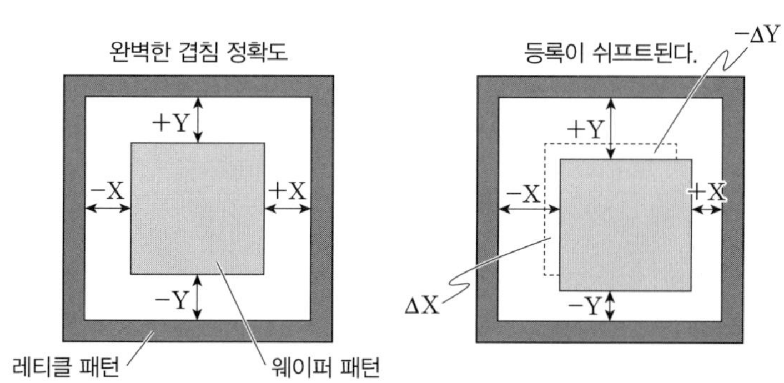

그림 11-66 겹침 비용(overlay budget)

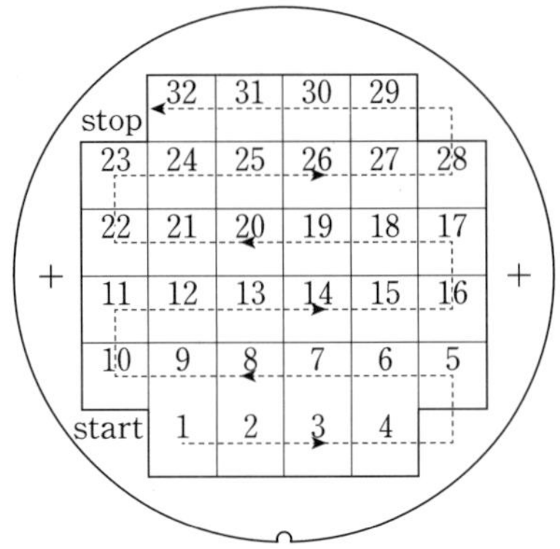

그림 11-67 웨이퍼의 노출 영역의 그리드

와 구동 메커니즘처럼 전기기계적인 배치(positioning) 소자를 포함한다. 정렬 검출의 목적은 노출 기술 좌표 시스템에서 서로 다른 정렬 표시를 보이는 위치를 최대한 빨리 결정하는 데 있다. 정렬 소프트웨어 알고리즘은 기구에서 정해진 overlay budget 이내에서 웨이퍼를 이송시키기 위한 웨이퍼 스테이지의 이동 방향과 설정값 계산을 제어하는 공정 기술이다.

정렬 표시(alignment mark)는 레티클과 웨이퍼에서 그들의 위치와 방위를 결정하기 위해서 배치되는 가시적인 패턴이다. 표시들은 웨이퍼 위에 인쇄될 때 트렌치로 되는 레티클 상의 한 개 이상의 선으로 표시될 수 있기 때문에 기준 표시(fiducial mark) 혹은 타겟(target)처럼 여겨진다. 표시들은 그림 11-68에서 보듯이 웨이퍼 마크에 덮어 씌워질 수도 있는 레티클에서 형태를 가지게 될 수도 있다. 레티클 정렬 표시들은 레티클의 왼쪽과 오른쪽 측면 모두에서 나타난다.

RA 표시는 스텝퍼 몸체상에 탑재되는 기준 표시에 정렬된다. GA(global alignment) 표시는 1차 마스크 노출이 진행되는 동안 웨이퍼의 왼쪽과 오른쪽 측면에 인쇄된다. GA 표시는 다음번 층들이 진행되는 동안 각 웨이퍼의 조악(coarse) 정렬을 만드는 데 사용된다. FA(fine alignment) 표시들은 각 필드 노출이 진행되는 동안 인쇄된다. FA 표시들은 레티클과 각 웨이퍼 노출 사이에서 최종적으로 정렬을 조정하는 데 사용된다. 표시의 형태와 위치는 장비 제조업체에 따라 다르다. 정렬 표시가 정확하게 정렬되면 레티클의 나머지가 정확하게 정렬된다고 가정한다.

컴퓨터로 제어되는 자동화된 정렬 시스템은 정렬 표시들을 구분한다. 정렬 조명 시스템은 레티클 표시들을 통해서 웨이퍼 표면으로 빛을 투영시킨다. 일반적인 광원은 포토레지스트를 활성화하는 불필요한 파장을 차단시키기 위한 필터를 포함하는 스텝퍼 자외선이다. 또 다른 광원은 헬륨-네온 레이저와 같은 레이저이다. 이런 레이저는 포토레지스트를 활성화하지 않는 633 nm의 빛을 방출한다. 빛은 정렬 표시들을 비추고 포토 검출기들은 레

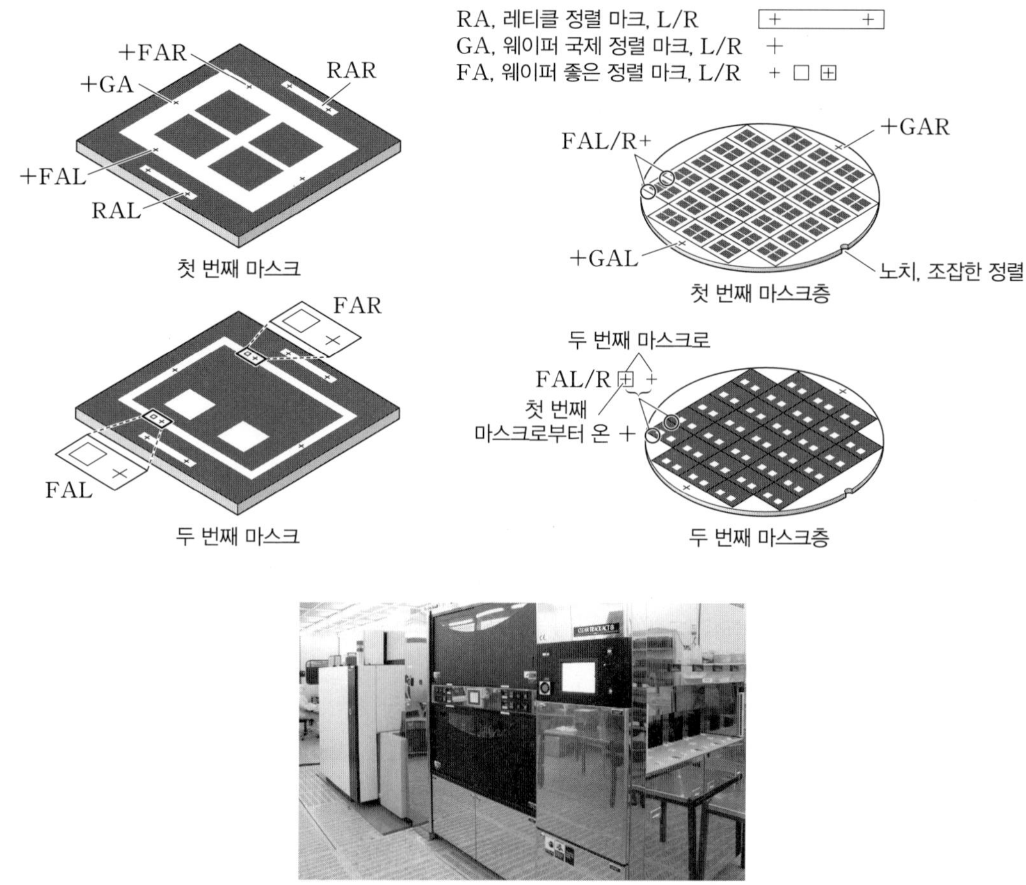

그림 11-68 정렬 마크 표시와 스텝 앤 스캔 시스템 사진(출처: IMEC pushes the limits of CMOS-Scientific Figure on ResearchGate. Available from: https://www.researchgate.net/figure/This-193-nm-step-and-scan-system-is-part-of-IMECs-advanced-processing-capability_fig8_222756215 [accessed 20 Jan, 2021])

티클과 웨이퍼 타겟을 광학적으로 검출하는 데 사용된다. 정렬 조명 시스템은 그림 11-69에서 보듯이 표시들을 비추기 위해서 축상 정렬 시스템으로 알려진 주 스텝퍼 투영 광학으로 사용될 수 있거나 off축으로 알려진 자신만의 정렬 광학으로 사용될 수 있다. 다양한 정렬 방법들이 사용된다.

레이저 빔들은 웨이퍼 척을 고정시키는 스테이지의 X-Y 위치와 수평도(levelness)를 정밀하게 제어하는 데 사용된다. 레이저 간섭계(interferometry)는 항상 웨이퍼 단의 위치를 측정하기 위해서 사용된다. 측정된 위치 데이터들은 레티클에 웨이퍼를 정렬시키기 위해서 정확하게 조정되도록 사용되는 전기기계적인 시스템과 소프트웨어로 연계되는 시스템 컴퓨터로 전송된다.

개선된 스텝 앤 스캔 시스템은 각 노출 영역에서 다중 정렬 표시를 배치할 수 있어 각 노출 영역과 함께 정렬이 가능하다. 이것은 웨이퍼의 회전, X-Y 정렬과 같은 위치 파라미터가 겹침

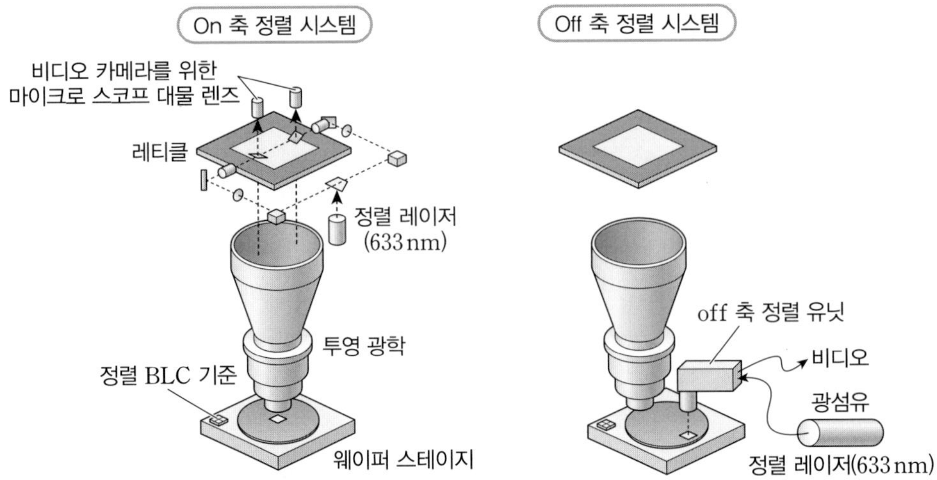

그림 11-69 on축 정렬 시스템과 off축 정렬 시스템의 비교

정확도를 개선하고 겹침 budget을 감소시키는 각 스캔 위치에서 조정된다는 것을 의미한다.

고성능 집적 회로에서 산화막층의 수를 증가시키기 위해서는 한 층에서 다음 층으로 증가하는 평면도(flatness)를 필요로 한다. 이런 평면도는 웨이퍼를 평탄화하기 위한 화학적인 평탄화 기술인 CMP(chemical mechanical planarization)를 사용해서 성취한다. 그러나 CMP는 웨이퍼상의 정렬 표시들을 열화시키기 때문에 검출이 더욱 어려워진다. 스텝퍼와 스텝 앤 스캔 장비 제조업자들은 웨이퍼를 정렬하기 위한 또 다른 접근법을 개발하였다. 한 가지 방법은 전자빔이 기준 신호와 관계되는 정렬 표시를 빔 반사 제거에서의 위상 변화를 검출하기 위해서 사용하는 것이다. 약간의 위상 변화는 상대적으로 검출하기 쉽지만 어떤 층들은 너무나 평평하기 때문에 표준 광 반사 시스템을 가지고도 측정하기 어렵다.

레티클이 레티클 스테이지(stage)에 장착될 때 각 레티클은 노출 기구 몸체에 당연히 정렬되어야 한다. 레티클 정렬 표시들은 고정된 기준 표시를 통해서 헬륨-네온 레이저와 같은 레이저빔에 의해서 비추어진다. 한번 정렬되면 웨이퍼 스테이지는 레티클에 정렬된다. 웨이퍼는 웨이퍼 스테이지의 척에서 고정됨으로써 초기에 미리 정렬되고, 노치(notch) 혹은 평평한 곳에 위치된다. 1차 마스크 노출에서 웨이퍼 평면도 혹은 notch는 웨이퍼상의 유일한 정렬 특성이다. 미가공(blank) 웨이퍼는 어떠한 정렬도 갖지 않는 처음의 레티클층에 맹목적으로 노출된다. 오직 고려할 점은 각 노출에서 렌즈들이 웨이퍼에 적절하게 초점이 맞추어지도록 조절하는 것이다.

이어지는 웨이퍼의 노출과 레티클의 위치 데이터들은 노출 기술에 의해서 정의되는 좌표 시스템에 의해서 측정되고 정렬을 수행하기 위한 전역(global) 정렬법이나 구역별(field by field manner) 정렬법에서 활용된다. 전역 정렬(혹은 조악한 정렬)은 웨이퍼상에서 모든 노출 영역을 정렬시키기 위해서 몇 개의 표시들만을 사용한다. 사용 목적은 레티클에 관계되는 전체 웨이퍼를 빠르게 정렬시키는 데 있다. 구역별 정렬(혹은 세밀한 정렬)은 단일 영역에서 정렬시키기 위해서 사용된다. 스텝퍼는 그리드에서 각각의 칩을 초점화하고, 정렬하고, 노출시키는 단계를 갖는다. 이런 방법은 만약 원하기만 한다면 임계층에서 우수한 등록(registration)을 가질 수 있지만 속도가 느리다. 수 nm 이내의 웨이퍼 패턴과 포토마스크 정렬에 필요한 우수한 오차 제어에 기인하기 때문에 스텝퍼 정렬 시스템의 정밀한 세부 내용은 각 제조업체에 따라서 다르다.

포토리소그래피 스텝퍼와 스텝 앤 스캔 시스템의 환경 상태들은 고수율을 갖는 웨이퍼 제조에서는 매우 중요하다. 환경 상태의 적은 변화도 소자의 결함을 유발할 수 있다. 포토리소그래피 기술은 온도, 습도, 진동, 대기압, 입자 오염들과 같은 조건들을 제어하기 위해서 밀폐된 반응로를 사용한다. 포토리소그래피가 진행되는 동안 온도를 제어하는 것이 중요하다. 높은 온도는 마스크 스테이지, 광학 소자, 광원, 웨이퍼 스테이지, 정렬 시스템과 같은 정렬기의 모든 국면에 대해서 불리한 영향을 미친다. 온도는 0.1℃ 단위로 제어된다. 이런 이유는 고온 조명기와 열 발생기 전원 공급 장치들은 일반적으로 정렬기의 메인 몸체와 노출 장비로부터 멀리 떨어뜨려 놓는다.

습도는 제조설비와 포토리소그래피 환경 반응로에서 조심스럽게 제어된다. 과도한 습도는 웨이퍼와 포토레지스트의 부착에 영향을 미친다. 습도는 공기의 밀도를 변화시킴으로써 공기를 통과하는 빛에도 영향을 미친다. 따라서 간섭계의 위치, 렌즈의 개구, 초점 맞추기에 나쁜 영향을 준다.

진동은 위치(positioning), 정렬, 초점 맞추기, 노출 등에서 문제를 발생시킨다. 진동은 등록의 실패, 정렬 실패, 초점 실패, 불균일한 노출 등의 문제를 유발한다. 진동을 감소시키기 위해서 다양한 방법이 사용된다. 경우에 따라서는 바닥에 큰 충격 흡수기를 설치함으로써 제조설비의 다른 장비들과 포토리소그래피 장비를 고립시킨다. 포토 기구들 역시 운동량 흡수 구조와 공기 절연 소자와 같이 진동으로부터 격리시키기 위한 스스로의 고유 특성을 가지도록 설계된다.

대기압 변화도 스텝퍼의 위치 교정에 사용되는 레이저 간섭계와 투영 렌즈에서의 공기의 굴절 지수(refractive index)에 나쁜 영향을 미치게 된다. 이런 상태는 불균일한 CD와 빈약한 등록(poor registration)을 유발한다. 이런 이유로 장비 제조업자들은 항상 환경 반응로 내부에서 대기압을 감시하기 위해서 압력 센서를 부착시킨다. 압력 측정 데이터는 모니터링과 측과 제어를 위해서 컴퓨터로 전송된다. 대부분의 경우에 렌즈 소자들은 하우징 속의 압력과 공기의 흐름을 일정하게 유지하도록 하는 밀폐된(airtight) 외피(housing) 속에 밀봉

표 11-7 노출에 대한 주요 품질 측정

품질 파라미터	결함의 종류	비고
1. 초점-노출량	A. 시스템의 부정확한 초점-노출. CD 선폭을 측정하는 동안 전도 초점 노출 최적화가 검사된다.	• 조명원으로부터 최적의 노출과 균일도를 검증한다. • 유명무실한 초점 위치에서의 노출량에 대한 선의 CD를 측정한다. (위쪽 표면으로 부터 약 30%) • 유명무실한 초점 위치에서 CD를 생산하기 위한 최적량을 구한다. • CD 측정을 도통시키고 렌즈 초점을 수정한다. 최적의 렌즈 위치에서 허용되는 노출량의 넓은 범위를 구한다. • 벌크 레지스트가 모든 품질 파라미터를 직면하는 것을 증명한다.
2. 조명원의 빛의 강도	A. 노출 영역에서의 불균일한 빛의 강도	• 웨이퍼상의 여러 장소에서 불균일도와 세분화된 에너지를 위한 빛의 강도를 점검한다. 대부분의 정렬기는 mW/cm^2로 측정되는 포토 검출기를 내장하고 있다. • 광학 렌즈의 초점화와 배출되지 않는 특성을 만족하는 레지스트를 평가한다. 이것은 노출 영역의 균일도와 렌즈의 투과를 후퇴시킨다.
3. 스텝퍼와 스텝 앤 스캔 기구에서의 레티클 정렬	A. 레티클 정렬 타겟은 웨이퍼 정렬 타겟과 적절하게 정렬되지 않을 수 있다.	• 특수한 마스크층을 위해서 탑재되는 적절한 공정 계획을 검증한다. • 특수한 작업을 위해서 적절한 웨이퍼와 레티클이 탑재되는 것을 검증한다. • 척의 진공 누출이나 단의 정전기 문제로 인한 레티클 스테이지의 레티클 회전이나 웨이퍼 스테이지의 웨이퍼의 회전을 점검한다. • 정렬기의 내부 렌즈의 문제. 온도나 대기압의 변화는 렌즈의 개구에 나쁜 영향을 미친다.
4. 패턴 해상도	A. 웨이퍼에서의 CD에 대한 빈약한 해상도 선폭과 구멍은 스펙을 만족하지 못한다.	해상도와 렌즈의 문제점 • 초점-노출 검사를 실시한다. • 온도, 압력과 같은 환경을 점검한다. • 웨이퍼가 척에서 평평하지 않다. 척의 문제이거나 웨이퍼 뒤면의 오염 문제 • 레티클이나 이전의 공정 혹은 다음 공정에서 발생되는 문제를 확인한다. • 렌즈의 수차와 같은 문제를 확인한다.
5. 레티클 품질	레티클의 결함은 다음과 같다. A. 레티클의 오염이나 긁힘 B. 레티클의 결함 패턴 • 선의 끊김 • 특성 사이의 브리지 • 형태의 훼손 C. 유리 파열 D. 크로뮴의 들고 일어남 E. 레티클 판의 편평도	• 긁힘은 크로뮴을 제거시키고 포토레지스트에 결함을 발생시킨다. • 선의 끊김은 크로뮴 특성을 걸쳐서 완전하게 확장된다. • 브리지는 레티클상의 깨끗한 공간을 걸쳐서 두개의 크로뮴 특성을 결합시킨다. • 형태의 훼손은 접촉 이상처럼 레티클 상의 패턴에 문제를 발생시킨다. • 크로뮴 영역에서의 불투명한 점은 레티클상에 없을 수도 있다. • 핀홀은 크로뮴 패턴에서 구멍을 발생시킨다. • 레티클들은 파열되면 안 되고 평평하고 깨지지 않도록 제어된다.

(sealed)된다.

포토리소그래피 기술은 기구 반응로 내부에서 1급 이상의 청정 환경이 유지되도록 설계된다. 장비 구성(construction)에서 사용되는 모든 물질과 하드웨어들은 미립자 발생이 아주 낮은 것들로 선택된다. 윤활제(lubricants)는 회피(avoid)된다. 만약 그들이 필요하다면 낮은 증발 압력을 갖는 윤활제가 가스 배출을 최소화하기 위해서 세분화(specified)된다.

웨이퍼와 레티클 조작은 현대화 장비에 사용되는 자동화된 조작 시스템을 가지고 생산을 유지하는 메커니즘에 의해서 이루어진다. 공기 솔레노이드들은 기구 내부에서 입자 산란을 피하기 위해서 기구로부터 외부로 배출된다. 정렬과 노출에 대한 일반적인 품질 측정은 표 11-7에 표시되어 있다.

11-5 포토레지스트 현상과 개선된 리소그래피

노출된 포토레지스트를 가진 웨이퍼들은 스텝 앤 스캔 시스템이나 스텝퍼를 떠나서 자동화된 트랙 시스템으로 되돌아간다. 다음 공정 단계는 노출 후 굽기(post-exposure bake)이다. 그리고 웨이퍼들은 현상(developing)을 준비하게 된다. 포토레지스트 현상은 현상 용액의 화학 성분으로 용해성 포토레지스트를 화학적으로 녹이는 것을 의미한다. 노출 단계를 거치면서 포토레지스트의 일부 영역은 현상 용액에 대한 용해성을 가지게 되며, 현상 과정을 통해서 해당 영역이 제거된다. 용해되지 않고 웨이퍼에 남아있는 포토레지스트 영역은 레티클 패턴이 정확히 복사된 것이다. 노출된 영역이 용해되는 positive 포토레지스트와 노출되지 않은 영역이 용해되는 negative 포토레지스트가 광화학적으로 만들어진다.

포토레지스트 현상의 목표는 포토레지스트가 만족스럽게 부착을 유지하는 동안에 레티클 패턴을 레지스트로 정확하게 복사하는 것이다. 깊은 서브 마이크론 공정의 기하학적 구조를 갖는 포토레지스트를 현상하는 능력은 개선된 집적 회로에서는 필수적이다. 포토레지스트 현상 및 검사는 이어지는 식각 혹은 이온 주입 공정을 위해서 웨이퍼를 다른 작업 구역으로 이동하기 전에 패턴을 웨이퍼에 전송하는 중간 단계이다. 적절하게 현상된 포토레지스트는 높은 수율을 발생시키는 공정의 기초가 되지만, 부적절하게 현상된 포토레지스트는 높은 불량률을 가져온다.

포토레지스트 패턴의 품질은 다음 공정 단계들의 성공 여부를 결정하게 된다. 웨이퍼 공정의 초창기에는 현상 단계는 독립된 공정 단계로 도구와 워크스테이션을 따로 사용했다. 웨이퍼의 카세트들은 노출 장비에서 현상 공정으로 수동으로 이동되었다. 수동 공정과 미비한 장비 관리는 마이크론 단위의 리소그래피 공정에서 수용될 수 없는 과도한 변수들을 발생시켰다. 현상 공정은 positive 포토레지스트이든 negative 포토레지스트이든 간에, 혹은 기존의 i-line 포토레지스트(DNQ-novolak)인지 화학적 증폭 깊은 자외선(CADUV) 포토레지스트인지에 구분 없이 포토레지스트를 현상하기 위해서 사용된다. positive 포토레지스트가 서브 마이크론 리소그래피 공정에서 표준이다. 비임계층들은 일반적으로 i-line

포토레지스트를 사용하는 데 비해서 0.25 μm 이하의 CD를 갖는 임계층에서는 DUV 포토레지스트를 사용한다.

11-5-1 | 노출 후 굽기

포토레지스트를 노출시킨 웨이퍼는 노출 시스템에서 웨이퍼 트랙으로 다시 들어가고, 노출 후 굽기(PEB: post exposure bake)라는 짧은 단계에 들어간다. 열적 PEB(노출 후 굽기)는 임계적인 포토레지스트에 화학 반응을 촉매하는, 화학적 증폭 DUV 포토레지스트(CADUV)에서는 필수적이다. 기존의 i-line 포토레지스트인 경우에는 DNQ 화학 물질이 기반이 되고 있다. PEB는 부착력을 향상시키고 정재파를 감소시키기 위해서 수행한다. 포토레지스트 제조업체는 제품의 데이터 시트에 PEB에 적합한 시간과 특정 온도에 대해 명기해야 한다.

노출 후 굽기(PEB)가 진행되는 동안 CADUV 포토레지스트의 노출된 부분은 현상액에 용해된다. CADUV 포토레지스트에서 보호 물질(예를 들면 t-BOC)이 현상액에서 포토레지스트를 용해되지 않게 하는 점을 상기해보자. UV 노출이 진행되는 동안에, PAG(photoacid generator)는 노출되는 영역에서 산을 발생시킨다. 노출된 포토레지스트가 현상액에서 용해되도록, PEB는 포토레지스트를 가열하고, 비보호 반응을 촉진하는 산을 발생시키게 된다. 산은 레진으로부터 보호기를 제거하고, 노출된 포토레지스트는 현상 용액에서 용해된다. PEB는 CADUV 포토레지스트를 위한 공정에서 중요한 단계이다. 비보호 반응을 화학적으로 촉진하기 위해서는, PEB에서 노출의 균일성, 노출의 허용 범위, 노출의 제어가 거의 임계적으로 고려되어야 한다.

DUV 포토레지스트의 PEB에서는 일정한 온도 유지와 지속 시간이 중요하다. 과도한 온도 변화는 포토레지스트의 산 촉매 반응 속도에 영향을 미친다. 대부분의 PEB는 자동화된 웨이퍼 트랙 시스템 안의 열판 위에서 실행된다. 열판에 의해서 가열되는 코팅된 웨이퍼의 실제적인 온도와 가열 시간은 사용되는 포토레지스트의 종류에 따라서 결정된다. 대표적인 PEB 온도는 90~130℃이고, 지속 시간은 1~2분이다. PEB 온도는 약하게 굽기의 경우보다 대체로 10℃에서 15℃ 더 뜨겁게 진행한다. 열판의 온도 변화와 특정한 DUV 포토레지스트의 굽기 범위는 매우 중요하며, 현상 단계에서 레지스트의 CD 변화량에 영향을 미친다. 상업적인 DUV 레지스트 시스템을 이용하는 경우 CD 변화를 위한 대표적인 노출 후 굽기 범위는 대략 5 nm/℃이다. CD 모순을 최소화하기 위하여 열판들은 130℃로 설정되고 ±0.1℃ 범위에서 조절된다.

초기의 DUV 포토레지스트들은 UV에 노출된 후 PEB까지의 지연 시간에 매우 민감했다.

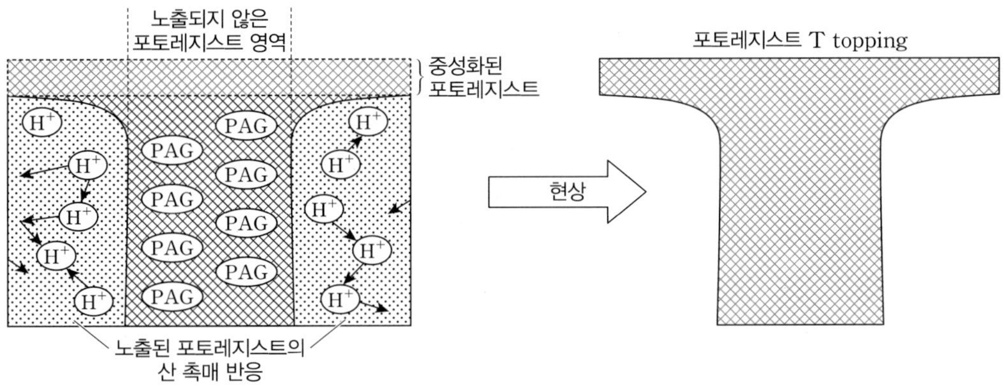

그림 11-70 T TOP 구성을 유발하는 DUV 포토레지스트의 아민 오염

몇 분 이상의 지연은 주변의 공기로부터 아민 오염을 중성화하기 위해서 산을 허용하게 된다. 상부 표면에서의 중성화는 현상 후에 'T TOP'이라고 부르는 얇은 불용성 금지층을 유발한다(그림 11-70). 보다 최근의 DUV 포토레지스트들은 대략 30분까지 지연을 허용하도록 개선되었다. 그렇지만 현상 공정을 억제할 수 있는 임의의 전위 화학 반응을 최소화하기 위해서 노출 후에 가능하면 일찍 포토레지스트를 현상하는 것은 여전히 장려된다.

일반적인 DNQ-노보락 i-line 레지스트를 위해 PEB는 보편적으로 시행된다. PEB는 노출 전에 시행하는 약하게 굽기 단계에 의해서 얻어진 이득의 일부를 확장한다. PEB는 용매(solvent)의 함량을 노출 전의 4~7%에서 대략 2~5%까지 감소시키고 포토레지스트에 남아

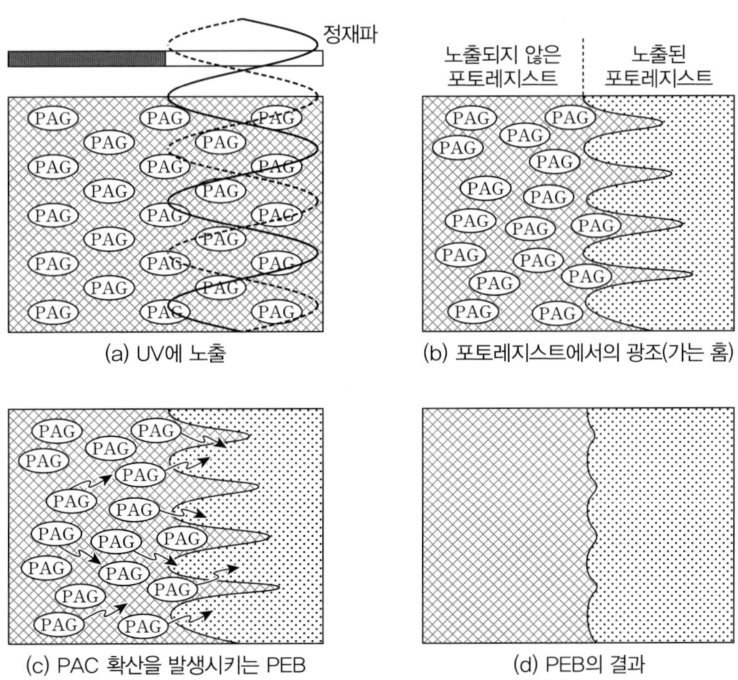

그림 11-71 PEB에 기인하는 정재파 효과의 감소

있는 잔류 용매를 배출하는 데에도 도움을 준다. i-line 포토레지스트를 사용했을 때 PEB를 시행함으로써 얻어지는 가장 중요한 장점은 노출이 진행되는 동안 표면으로부터 반사되는 정재파 결함이 감소한다는 것이다. 이미 앞에서 언급한 것처럼 반사성 기판 위에 포토레지스트가 코팅되면, 광 노출로부터 정재파가 발생한다. 기판에서 일치하는 빛은 반사되고 간섭은 측벽에서 정재파로 나타나는 포토레지스트막에서 불균일한 세기로 발생한다. PEB 공정에서 가열된 온도로 인해 PAC 감광제가 노보락 폴리머 매트릭스를 통해서 확산되면서 본질적으로 정재파 경계를 가로지르는 평균 효과를 발생시키기 때문에 정재파 효과를 최소화할 수 있다.

포토레지스트 현상 공정에서는 마스크 노출이 진행되는 동안 형성되는 레지스트의 용해 영역을 녹이기 위해서 액체 화학 현상액을 사용한다. 포토레지스트 현상의 기본 목표는 포토레지스트 물질에서 레티클 패턴을 정확하게 복사하는 것이다. 주안점은 요구되는 스펙을 만족시키는 CD 특성을 생산하는 데 있다. 만약 CD가 스펙을 만족하면 모든 다른 특성은 만족된다고 가정하기 때문에 CD가 현상되기 가장 어려운 구조이다. 만약 현상 공정이 정확하게 제어되지 않으면 그림 11-72에 표시된 것처럼 포토레지스트 패턴에 문제가 발생된다.

이런 포토레지스트 문제들은 연속되는 식각 공정에서 결함으로 나타나면서 제품의 수율에 부정적인 영향을 줄 수 있다. 현상에서 발생되는 문제점은 과소한 현상, 불완전한 현상, 과도한 현상으로 구분된다. 그림 11-72에 나타난 포토레지스트 선들을 정상적인 포토레지스트 선과 비교하면 이런 문제점을 쉽게 이해할 수 있다. 과소하게 현상된 선은 정상적인 선보다 넓은 폭으로 나타나고 경사진 측벽을 가진다. 불완전한 현상은, 현상이 진행되는 동안 기판 위에서 제거되었어야 할 잔류 포토레지스트를 가지고 있다. 과도한 현상은 너무 많은 포토레지스트들이 제거되어 폭이 좁고 경계가 불분명해진다.

negative 포토레지스트에서 자외선에 노출된 영역은 교차 결합(경화)된다. 이는 그림 11-73에서 보듯이 노출된 포토레지스트를 현상 용액에서 녹지 않게 만든다. negative 포토레지스트 현상을 위하여서는 현상 용액에 의한 매우 적은 화학 반응이 필요하다. 이런 공

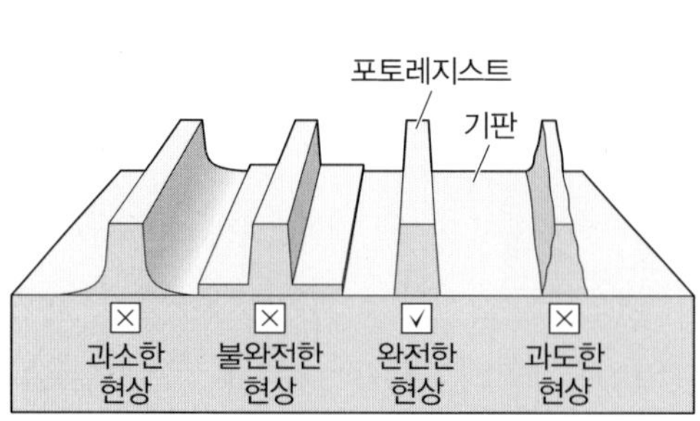

그림 11-72 포토레지스트 현상 문제들

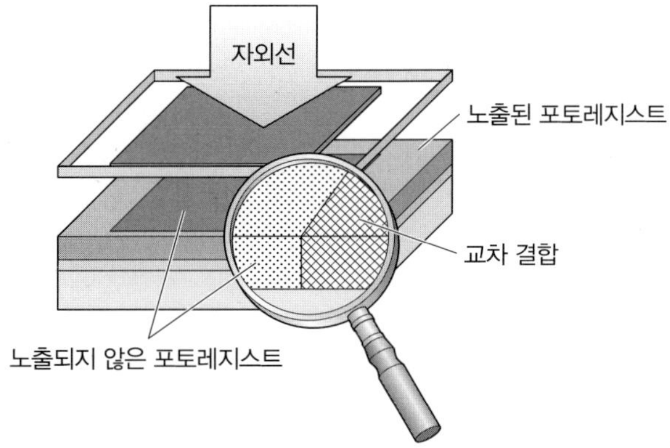

그림 11-73 negative 포토레지스트 교차 결합

정은 노출되지 않아 교차 결합이 없는 영역이 현상 용액에 약하게 용해되는 용매 세척으로 구성된다. 현상액은 웨이퍼가 진공척에서 회전하는 동안 포토레지스트 위에 뿌려지는 자일렌 같은 전형적인 유기 용매이다.

현상 공정을 정지시키기 위해서 웨이퍼에 뿌려진 또 다른 유기 용매에 의해서 현상액 분사가 수행될 수도 있다. 유기 용매를 주기적으로 헹궈서(rinse) 웨이퍼를 세정시키고, 부분적으로 포토레지스트의 교차 결합 조각을 제거할 수 있다. 더욱이, 헹굼(rinse)은 남아있는 현상액을 제거함으로써 현상 공정을 멈춘다. 린스는 일반적으로 n-뷰틸아세테이트(butylacetate), 알코올(alcohol), 트라이클로로에틸렌(trichloroethylene)과 같은 유기 용매로 구성된다. 마지막으로 웨이퍼를 건조시키기 위한 회전 건조 단계가 이어진다.

negative 포토레지스트가 가지는 중요한 문제는 세정이 진행되는 동안 교차 결합하는 노출된 포토레지스트가 현상 용액을 흡수하여 팽창(swelling)하고 왜곡(distortion)되는 것이다. 이런 이유로, 웨이퍼에 남아있는 negative 포토레지스트의 측벽들은 들쭉날쭉하고 부어오른다. 이런 흡수는 전통적인 negative 포토레지스트들이 기하학적으로 약 2 μm의 이하인 경우에 적합하지 않게 되는 근본적인 이유이다. 팽창을 최소화하기 위하여 negative 포토레지스트가 개량되고 있다.

positive 포토레지스트는 선폭의 해상도를 개선하기 위해서 서브 마이크론 웨이퍼 공정에서 사용되는 가장 일반적인 포토레지스트이다. 웨이퍼 마이크로리소그래피에서 사용되는 positive 포토레지스트는 0.35 μm 선폭 이하의 비임계층에 사용되는 기존의 DNQ i-line 포토레지스트와 0.25 μm의 선폭을 가지는 임계층에 사용되는 화학적 증폭 DUV 포토레지스트(CADUV)로 구분된다. 이런 두 종류의 포토레지스트들은 모두 페놀 레진(phenol resin)을 사용한다.

CADUV 포토레지스트들이 일반적으로 PHS 레진을 사용하는 반면에, 기존의 i-line 포

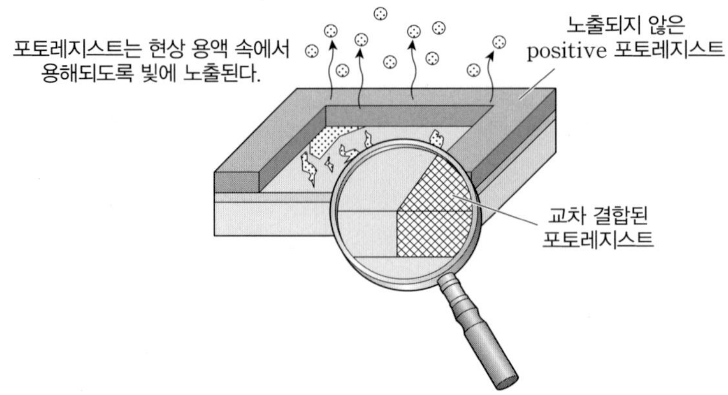

그림 11-74 positive 포토레지스트의 현상

토레지스트들은 노보락 레진으로 이루어져 있다. 현상액이 포토레지스트 패턴을 제거하기 때문에 레진의 형태는 포토레지스트 현상에서도 중요하다. positive 포토레지스트 현상은 그림 11-74에 표시된 것처럼 현상 용액과 노출된 포토레지스트를 용해시키기 위한 포토레지스트 사이에서의 화학 반응을 포함하고 있다. 현상액이 포토레지스트를 용해시키는 비율은 용해 속도(dissolution rate) 또는 현상액의 속도(developer speed)라고 부른다. 빠른 용해 비율은 생산성에 대하여는 바람직하지만, 너무 빠른 비율은 또한 포토레지스트의 수행에 좋지 않을 수도 있다.

현상액들도 선택성을 가지고 있다. 높은 현상액 선택성은 노출되지 않은 포토레지스트(느린 제거 속도)의 느린 반응에 비해서 노출된 포토레지스트(빠른 제거 속도)가 현상액에 빨리 반응하는 것을 말한다. 높은 선택성을 가지는 현상액은 포토레지스트 측벽을 날카롭고 깨끗하게 해주기 때문에 고밀도 패턴화에서 바람직하다. positive 포토레지스트와 현상액의 화학적 반응은 negative 포토레지스트를 용해시키기 위해서 필요한 용매 세정과는 다른 중요한 차이점이 있다.

positive 포토레지스트 현상 용액은 강알칼리를 수용성(aqueous) 현상액으로 희석하는 것이 기본이 된다. 초기에는 현상 용액으로 알칼리 혼합물인 NaOH(sodium hydroxide) 혹은 KOH(potassium hydroxide)를 사용하였다. 그렇지만 이 두 용액에는 이동성 이온 오염물질이 포함되기 때문에 부식에 민감한 고성능 집적 회로 공정에서는 바람직하지 않았다.

positive 포토레지스트에서 현재 사용되는 가장 보편적인 현상액은 테트라메틸-암모늄 하이드록사이드(TMAH: tetramethyl-ammonium hydroxide)이다. 이런 현상액은 웨이퍼 표면에서 나트륨 이온과 금속 이온 같은 MIC들의 오염을 피하려고 아주 낮은 농도를 가진다. 수용성 현상액들의 이점은 헹굴 때 DI 물만 있으면 된다는 것이다. 표준화된 TMAH 현상액 공식화는 산업현장에서는 일반적이다. 표준 현상액들은 더 경제적이며, 더 좋은 품질

관리를 위해 현상액의 반복성 또한 개선된다. 0.2에서 0.3 노르말 농도(N)의 TMAH 현상액 농도는, 노출된 포토레지스트와 노출되지 않은 포토레지스트 사이에서의 높은 대조를 갖기에 충분한 포토레지스트 선택성을 가진다.

노르말 농도는 특별한 현상액(또는 어떠한 화학 용액)의 화학적인 조직에 대하여 언급되는데 그것은 현상액 용해 속도에 직접적으로 영향을 준다. 0.26 노르말 농도의 TMAH 용액이 포토레지스트 공정에서 표준이다. 이들의 사용 목적은 웨이퍼에 노출되지 않은 포토레지스트를 완전한 상태로 남겨두는 동안에 노출된 영역들을 제거하는 것에 대한 높은 선택성을 가지도록 하는 것이다. 노출된 positive 포토레지스트는 TMAH 현상액 속으로 녹는다. 노출되지 않은 포토레지스트는 현상액을 조금도 흡수하지 않아서 녹지 않는다. 이런 이유로 노출되지 않은 positive 포토레지스트는 negative 포토레지스트처럼 팽창하지 않는다. positive 포토레지스트가 팽창하지 않는다는 것은 서브 마이크론 공정에서 기하학적으로 바람직다는 것이다.

TMAH를 사용할 때는 현상액의 농도를 정확하게 측정하고 주의깊게 제어해야 한다. 또한 현상액의 용해 온도, DI 물의 세정 온도도 중요하게 조절되어야 한다. 용해 속도는 현상액 온도의 함수로 주어진다. 현상액의 온도가 낮아지면 포토레지스트의 결과가 더 빠르게 얻어진다. 표면 활성제(surfactant)의 작은 ppm 레벨은 TMAH 현상액을 자주 증가시킨다. 표면 활성제는 표면 응력과 젖게 만드는 걸 줄이고, 그것은 액체가 표면을 더 잘 가로질러 흐르게 한다.

이런 상태는 접촉과 같은 작은 기하학적 특징의 용해를 개선시킨다. 또한 표면 활성제는 포토레지스트 표면에 남겨진 잔류막을 최소화한다. positive 포토레지스트를 위한 TMAH 현상액의 화학 반응은 부식성이 높다. 알칼리성 화학 물질은 인간 조직뿐만 아니라 금속을 부식시키므로 사용에 주의해야 할 것이다.

11-5-2 | i-line 포토레지스트와 화학적 증폭 DUV 레지스트

이미 앞에서 언급했던 것처럼 기존의 i-line는 포토레지스트는 UV에 노출되는 동안에 카복실산을 발생시킨다. 노출된 포토레지스트에 적용되는 알칼리성 TMAH 현상액은 카복실산을 중화시킨다. 노출된 포토레지스트의 중화된 카복실산은 용액으로 빠르게 들어간다. 노출되지 않은 포토레지스트(hard)는 현상액과 반응하지 않고 기판 표면의 손상되지 않은 부분으로 유지된다.

화학적 증폭 DUV 포토레지스트는 PHS(poly[hydroxystyrene])의 형태에 페놀 레진으로 구성되는 것을 기억하자. PHS는 t-BOC 같은 보호기가 있으므로 기초 현상 용액에 잘 용해되지 않는다. CADUV의 PAG(photoacid generator)는 노출이 진행되는 동안에 산을 발생시킨다. 노출 후 굽기가 진행되는 동안, 이런 산은 노출 영역의 PHS로부터 보호기를 제거한다. PHS는 이제 기초 현상 용액에 잘 용해될 수 있다. 현상 용액은 현상 동작이 진행되는 동안에 실제로 PHS와 화학 반응하지는 않는다. PHS의 폴리머 사슬을 따라 존재하는 hydroxyl OH 그룹들이 있기 때문이다. 이런 OH 그룹들은 효과적인 확산 경로를 발생시키고 기본적인 현상 용액에서 PHS를 매우 높은 용해 속도로 녹이게 된다.

11-5-3 | 현상법

초기의 포토레지스트 현상법은 복수의 웨이퍼가 들어 있는 카세트를 현상 용액 속에 일괄적으로 담그고 있는 것이었다. 그렇지만 오늘날의 대량 생산에서는 더이상 통용되지 않는 방법이다. 일괄 현상은 포토리소그래피 작업 사이에 단일 웨이퍼를 효율적으로 동시에 이송하는 자동화된 웨이퍼 트랙에는 적합하지 않다. 정적인 담금은 많은 양의 현상 용액을 소비한다. 더군다나 일괄적 담금은 큰 직경의 웨이퍼들에 생산되는 고밀도 집적 회로를 균일하게 현상하기가 어렵다. 따라서 회전 코팅되는 웨이퍼에서 노출된 포토레지스트를 제거하기 위해서 연속적인 스프레이 현상과 퍼들(Puddle) 현상과 같은 두 가지의 현상 방법이 가장 널리 사용된다.

연속적인 스프레이 현상 기술을 사용해서 노출된 포토레지스트를 용해시키는 방법은 웨이퍼에 레지스트를 분배하는 시스템과 유사하다. 과거의 일괄적 현상 공정에서는 회전-헹굼-건조와 유사한 스프레이 시스템들을 사용하였다. 현상은 웨이퍼가 노출 후 굽기를 완성한 후 웨이퍼 트랙 시스템 방식에서 수행될 수 있다. 그림 11-75에 표시된 것처럼 하나 이상의 노즐 분배 현상기 아래에 100 rpm에서 500 rpm의 저속으로 회전하는 진공척 위로 단

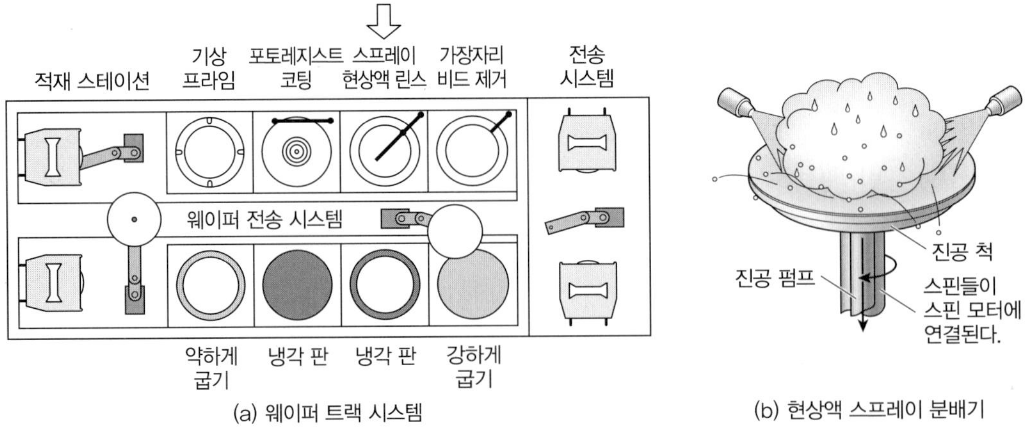

그림 11-75 지속적으로 스프레이 되는 포토레지스트 현상 공정

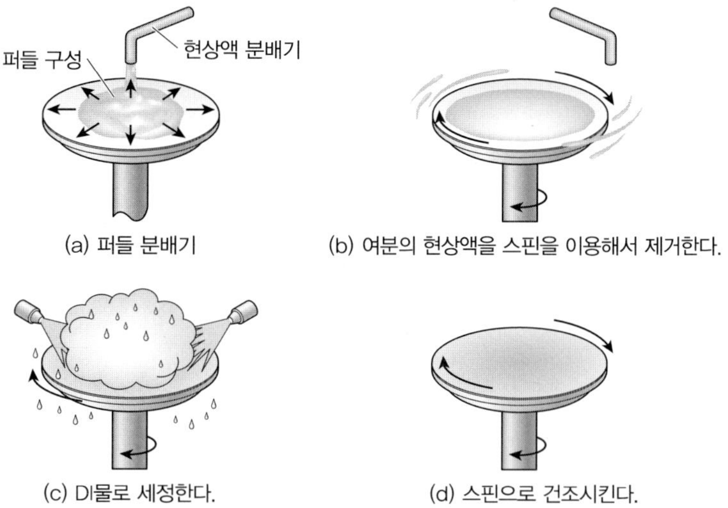

그림 11-76 puddle 포토레지스트 현상 법

일 웨이퍼가 고정된다.

현상기는 낮은 속도 흩어짐을 도입하기 위하여 초음파 분무 작용을 사용하는 몇몇 공정을 통해 연무(fine mist) 형태로 현상액을 분배한다. 저속은 분배 중의 단열 냉각 효과를 최소화하며, 여기서 고압 영역에서 저압 영역으로의 팽창으로 인해 현상액의 온도가 떨어진다. 초기의 노즐 설계는 냉각 효과를 최소화하기 위해서 현상액의 가열 시스템이 요구되었다.

노즐 분사 패턴과 웨이퍼 회전 속도는 웨이퍼를 가로질러서 포토레지스트 용해율과 균일도를 가지고 반복 수행하기 위한 중요한 변수들이다. 후술할 방법이 이런 변수들을 제어하는 더 많은 공정을 허락하기 때문에 최근에 몇 년 사이에 스프레이 현상법은 puddle 현상법으로 대체되었다.

puddle 현상법은 스프레이 현상법과 동일한 기본 장비를 사용한다. 그림 11-76에 나타낸 것처럼 적은 양의 현상액이 웨이퍼 위에 분배되면 puddle을 형성한다. 충분한 용량의 현상액은 전체 웨이퍼 위에서 puddle의 메니스커스(manicus)를 형성하기 위해 필요하다. 웨이퍼의 뒷면이 축축해질 수 있기 때문에 현상액의 과도한 사용은 피해야 한다. 웨이퍼는 가열된 척에서 정지하거나 천천히 회전된다.

초기에 현상액이 웨이퍼의 puddle을 형성한 후에 웨이퍼가 정지하거나 회전하는 것을 선택할 수 있다. 모든 경우에서, 현상액은 포토레지스트의 용해성 부분들을 충분히 용해하기 위해서 가능하면 충분한 시간 동안 포토레지스트에 잔류해야 한다. 예를 들어서, 다중 puddle 법에서는 첫 번째 puddle이 현상액의 종류에 따라서 10초에서 30초와 같은 미리 결정된 시간 동안 웨이퍼에 남겨진다. 그 후 회전이 끝난 후 새로운 puddle이 분배되고 정해진

시간 동안 웨이퍼에 남겨진다. 이런 두 번째 puddle은 현상액 화학 물질을 다시 채우고 현상액과 포토레지스트 사이에서 화학 반응이 다시 일어나게 된다. 또한 몇몇 제조업자들은 두 번째 puddle을 적용하는 동안에 웨이퍼 위에 현상액을 분사하기도 한다.

포토레지스트는 현상 용액에 용해된 후에, 웨이퍼는 DI 물로 헹궈지고 회전 건조된다. 현상한 후에 남아있는 화학 물질을 웨이퍼 앞면과 뒷면 모두에서 헹구어 내는 것이 중요하다. 광학적인 수행을 위해 현상액의 흐름은 웨이퍼의 모서리에서의 현상 비율의 변화를 감소시키기 위해서 낮게 유지된다.

이런 감소는 사용되는 현상 용액의 화학 성분을 최소화하기 때문에 과다 분사되는 puddle 현상의 이점이다. 동시에, 충분한 현상 용액 용량은 전체 웨이퍼 위에 균일하고 완전한 도포를 수행하기 위해서 필요하다. Puddle 현상은 웨이퍼 사이의 균일성을 향상시키기 위해서 웨이퍼가 바뀔 때마다 화학 물질을 새로 사용한다. Puddle 현상법은 온도 기울기를 최소화하고 단일 웨이퍼 포토레지스트 현상의 균일화에 영향을 주는 변수들을 통제할 수 있다.

11-5-4 | 포토레지스트 현상 파라미터

현상 용액의 온도 및 노르말 농도, 현상 시간, 헹구기, 현상액 사용량, 배기 흐름, 웨이퍼 척과 같은 파라미터들은 현상 공정이 진행되는 동안 제어된다. 현상 용액 혼합을 위한 최적의 온도는 15~25℃이다. 온도는 ±1℃ 안에서 유지되거나, 한번 결정된 최적의 설정 온도 포인트보다는 더 좋아져야 한다. 현상 용액의 온도는 포토레지스트 용해율에 직접적인 영향을 미친다. positive 포토레지스트인 경우에는 현상 용액의 온도가 낮을수록 포토레지스트의 용해율은 더 빨라진다. negative 포토레지스트인 경우에는 반대로 현상 용액의 온도가 올라가면 포토레지스트의 용해율이 올라간다.

헹굼 공정에 의하여 제거될 때까지 현상 용액은 포토레지스트와 계속 반응한다. 이런 상태는 포토레지스트가 과도하게 현상되게 하고 CD의 부적합한 변화를 발생시킬 수 있다. CD 포토레지스트 선폭의 오프라인 분석은 웨이퍼의 일괄된 샘플로 수행하여 최적의 현상 시간을 결정한다. 그러나 이런 샘플 추출은 단지 제한된 정보만 제공하고, 비용도 비싸다.

성공적으로 현상하기 위해서는 웨이퍼에 분배되는 용액의 사용량이 중요하다. 만약 현상 용액의 양이 불충분하거나 헹굼이 부적절하게 진행된다면 웨이퍼 표면에 잔류하는 불순물(찌꺼기)막이 생길 수 있다. 제조설비에서 화학적인 사용을 줄이는 것이 공정의 목표이기 때문에 과도한 현상액의 사용 역시 바람직하지 않다. 과도한 현상 용액은 비용도 과도할 뿐더러, 웨이퍼의 포토레지스트를 반드시 파괴시키지도 않는다.

노르말 농도(N)는 용액에서 화학량론적인 물질의 양에 대하여 언급되는 농도이다. 특별한 현상 용액인 경우 노르말 농도는 본래의 화학적인 의미로 현상 용액이 진한지 묽은지를 나타낸다. 노르말 농도는 포토레지스터의 분해율에 직접적인 영향을 미친다. 기본적으로 습기가 많아지면 농도가 변화되기 때문에 화학적인 분배 시스템은 누출이 최소화되도록 주의 깊게 제어되어야 한다.

헹굼은 전형적으로 웨이퍼 위에 뿌려진 DI 물에 의해서 수행되고, 그다음에 웨이퍼는 회전 건조된다. 헹굼은 웨이퍼 표면으로부터 현상 용액을 제거하거나 현상 공정을 정지시킨다. 현상 모듈은 웨이퍼 트랙 기계에 에워싸여진다.

배기 흐름은 스프레이 형태로 공급되는 현상 용액을 훼손하지 않도록 임계적이어야 한다. 너무 낮은 배출은 현상액 모듈에 잔여물을 남겨서 다음 웨이퍼들과 반응하게 된다. 회전 현상이 진행되는 동안에 웨이퍼 척에 있는 웨이퍼는 완벽히 평평함을 유지해야 한다. 이런 배치는 puddle 현상이 진행되는 동안에 균일한 커버리지를 갖도록 보장한다.

11-5-5 | 강하게 굽기

현상 후의 열적 굽기 공정인 강하게 굽기(hard bake)는 잔류 용매를 증발시키고 포토레지스트를 경화시킨다. hard bake 단계는 회로 기판과 포토레지스트의 부착력을 향상시키며, 포토레지스터가 더 많이 식각되도록 하여 이후 공정을 준비시킨다. 강하게 굽기는 잔여 현상 용액과 남은 수분 또한 제거한다. 빛의 노출이 모두 이루어진 후에, 강하게 굽기 공정의 온도는 용매를 끓는점 쪽으로 가열하므로 용매를 효과적으로 증발시키며 포토레지스트의 고밀도화를 완성한다.

DNQ-노보락 포토레지스트인 경우 고에너지 공정이 연속적으로 진행되는 동안 질소의 확산을 피하기 위하여 잔류된 DNQ를 증발시킬 필요가 있다. 질소는 웨이퍼 표면 위의 고밀도 포토레지스트 안에서 구성 미립자를 분산시키는 국부적인 팝핑(popping)을 일으킨다. 강하게 굽기 온도의 시작점은 포토레지스트 제조업자에 의해서 제시되고 결정된다. 이후의 과정은 제품을 위해 흡착과 치수를 맞출 수 있도록 온도를 미세하게 조정할 수 있다. 대략적인 강하게 굽기 온도는 positive 포토레지스트에서 130℃, negative 포토레지스트에서 150℃이다. 강하게 굽기는 통상적으로 웨이퍼 트랙 시스템의 열판이나 in-line 오븐에서 진행된다. 포토레지스트는 그림 11-77에 나타낸 것처럼 충분히 뜨겁게 가열될 때 유연해지고 유동성을 갖는다. 즉, 강하게 굽기 온도가 너무 높으면 패턴이 변형되고 포토레지스트가 약하게 흐를 수 있으므로 주의해야 한다.

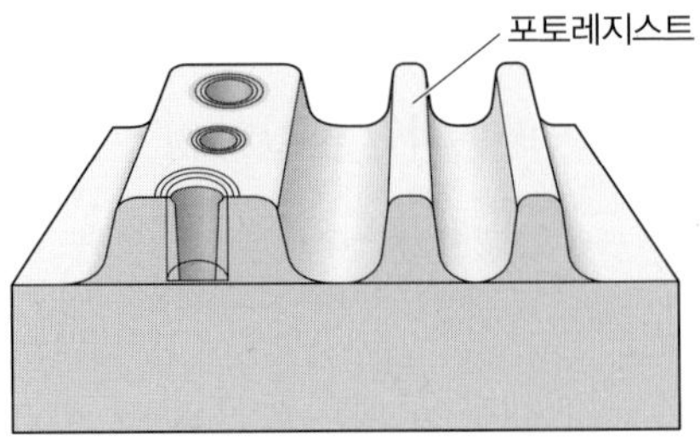

그림 11-77 고온에서의 부드러운 포토레지스트 흐름

DNQ-노보락 포토레지스트에서 포토레지스트의 경화는 강한 자외선 노출에 의해서 완성된다. 이런 노출을 통해 positive 포토레지스트 레진에서 교차 결합(경화)이 일어나 얇은 표면이 딱딱해지고 포토레지스트의 열적 안정성을 증가한다. 교차 결합된 포토레지스트는 210℃ 이상의 열 공정에서도 흐르는 것을 염려하지 않아도 된다. 온도를 125℃에서 200℃로 향상시킬 수 있는 이런 조건은 후속 공정인 플라스마 식각과 이온 주입이 효과적으로 수행되도록 한다. 만약 포토레지스트가 충분히 경화되지 않는다면, 흐름 때문에 원래 패턴의 해상도에 악영향을 준다.

포토레지스트에 이미지화된 패턴은 결함을 발견하기 위해서 현상 후 검사를 실시한다. 식각이나 이온 주입 공정으로 이어지기 전에 결함을 갖는 웨이퍼들을 구분하고 제거하기 위해서 필수적으로 검사 단계를 거쳐야 한다. 결함을 가지고 있는 패턴-포토레지스트-웨이퍼가 식각되거나 이온이 주입되면 망가진다. 현상 후 검사를 통해 보정 정보를 포토리소그래피 생산 팀에 제공하고 포토 공정을 특성화할 수 있다.

현상 공정 실행 후 발견되는 결함의 대부분은 비교적 크기가 크고 넓은 범위로 나타난다. 이런 결함들은 포토리소그래피 공정 이전의 모든 공정 단계 및 포토리소그래피 공정에서 발생할 수 있다. 현상 후 검사에서는 유연한 시스템이 요구된다. 전통적으로는 광학 현미경을 통해서 노동 집약적인 이런 검사과정을 수작업으로 진행했다. 포토레지스트층의 임계 차원에 따라서 검사는 샘플 상태에서 이루어질 수도 있다.

극도로 미세한 μm 이하의 포토리소그래피 같은 진보된 제조설비는 광학 현미경으로 관측할 수 없으므로 현상 후 검사를 위한 자동화된 검사 기기가 더욱 일반화되고 있다. 웨이퍼의 현상 후 검사 결과가 이후 공정에서 허용할 수 없는 결함을 나타낸다면 웨이퍼는 파기(scrapped)된다. 만약 결함이 포토레지스트막에서의 패턴 품질과 특징적으로 관련된 것이라면 웨이퍼는 재생된다. 웨이퍼 재생은 그림 11-78에 표시된 것처럼 웨이퍼 표면의 포토레지스트를 벗겨내고 포토리소그래피 공정으로 돌려보내는 것이다. 이것은 제조공정에서 불량품을 부분 재생할 수 있는 몇 가지 작업 중 하나이다. 웨이퍼 재생율은 모니터되고 작업 계획은 불량이 발생된 곳에 부여될 것이다. 목표는 결함률을 0으로 하는 것이며 통상적으

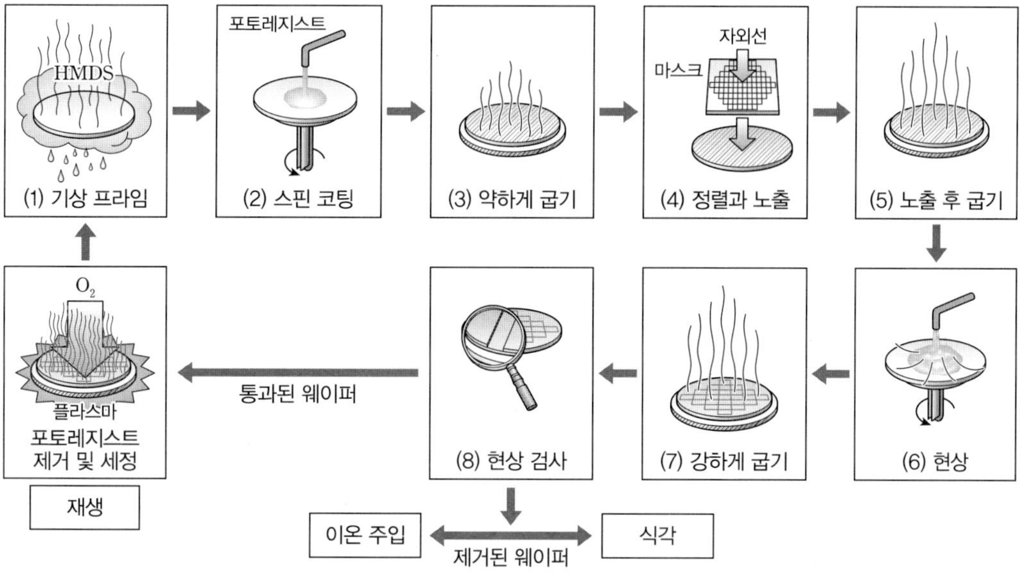

그림 11-78 현상 검사 후 재생 결정의 흐름도

로는 여러 제조공정 중 2% 미만의 불량률을 나타낸다. 만약 재작업률이 4%보다 많아진다면 품질 문제를 바로잡기 위한 다른 행동이 요구된다.

11-5-6 | EUV와 SCALPEL

광학 리소그래피의 해상도는 특별히 여러 장비와 공정이 개선되면서 향상되었다. 서브마이크론 리소그래피 이미지의 파장 임계 차원은 일반 광원보다 길이가 짧다. 예를 들면 248 nm DUV 광원은 0.2 μm(200 nm) 또는 그 이하의 CD 선폭을 인쇄하기 위해서 사용한다. 50 nm CD 패턴에서는 248 nm DUV 광원, 화학 증폭 DUV 포토레지스트, 위상 시프트 마스크를 사용한다. Extreme UV(EUV), SCALPEL과 같은 기술을 이용하면 70 nm 이하로도 패턴화할 수 있다.

EUV 리소그래피에서는 UV 파장이 약 13 nm인 플라스마 레이저를 사용하며 이를 통해 약 30 nm 이하의 이미지를 인쇄할 수 있다. 광원은 EUV 방사를 발생시키기 위해서 진공 상태에서 작동하는데 그림 11-79에서 보듯이 집광 렌즈를 통해 빛을 모아 빔으로 형성된다.

빔을 통해서 패턴이 스캔되는 반사형 레티클에서 빔은 반사된다. 거울(렌즈가 아님)과 같은 모든 반사성 4X 투사 장치는 포토레지스트가 코팅된 웨이퍼에 UV 광선을 비추게 한다. 웨이퍼는 1/4의 레티클 스피드로 반대편에 투사된다.

EUV를 웨이퍼 생산에 이용하기 위한 많은 노력이 있었다. 정밀한 광학은 고품질 표면을 제조할 때의 엄중한 요구를 달성하기가 어렵다. 거울의 반사율은 표면에서의 정밀한 다층

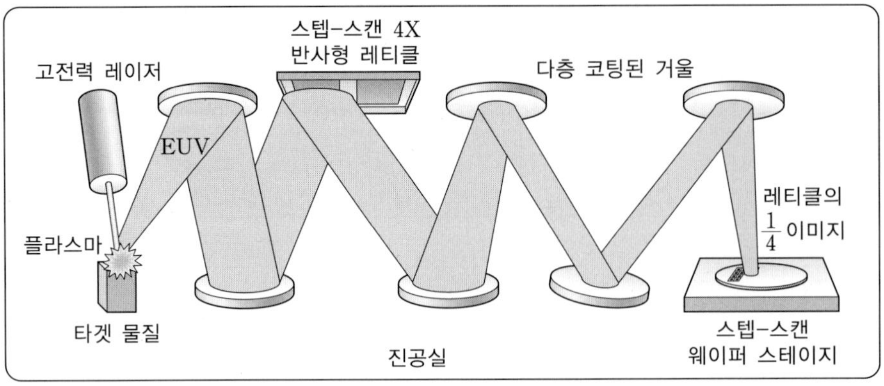

그림 11-79 EUV의 개념

코팅을 사용하여 최적화되었다. 반사 레티클은 웨이퍼에 새겨지는 특징의 크기보다 4배가 크다. 따라서 100 nm의 CD는 최소 400 nm 크기의 레티클을 갖는다. 레티클은 다중 코팅되어 있는 얇은 금속 흡수제로 이루어지는데 이는 전통적인 전자빔 마스크 도구로 패턴이 형성된 것이다. 짧은 파장과 침투 깊이는 표면 위쪽의 이미징 포토레지스트나 매우 얇은 표면을 가진 2층의 포토레지스트를 요구한다. 정렬을 위한 전체적인 overlay budget은 0.1 μm 설계 규정 소자에서 대략 35 nm이다. 모든 장비는 진공 상태에 있어야 한다.

SCALPEL(Scattering with Angular Limitation Projection Electron Beam Lithography)이라고 부르는 전자빔 이미지 접근법이 개발되었다. 1980년 후반에 개발된 SCALPEL은 그림 11-81에 표시된 것처럼 웨이퍼 패턴 이미지를 생성하기 위해서 광원 대신에 안정된 전자빔을 사용한다. 다층의 박막(membrane) 마스크를 약간의 전자를 흡수하기 위해 사용한다. 패턴은 다층의 박막 중 높은 원자 번호로 된 소재로 구성된 층을 통과한 전자빔으로 형성되는데 이는 전자를 산란시켜서 웨이퍼 평면에 높은 대비의 이미지를 만든다.

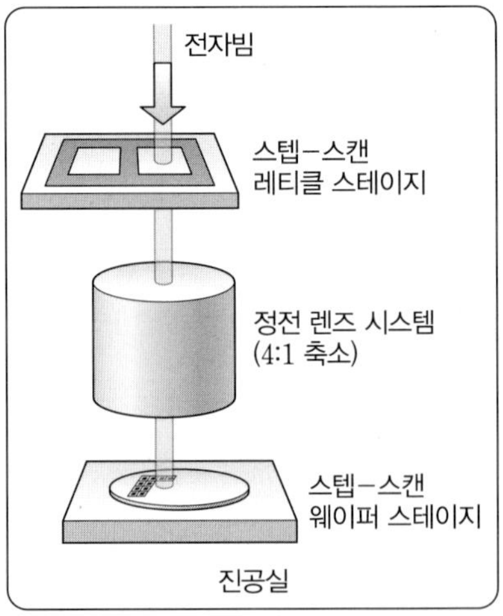

그림 11-80 SCALPEL의 개념

증가한 빔의 흐름은 빠른 노출을 허용하지만 높은 빔 흐름에서는 공간 충전 효과에 의해 빔 흐려짐(beam blur) 문제가 발생한다. 빔 흐려짐(beam blur)은 축적된 입자가 다른 하나와 반발할 때 일어나며 이미지가 흐려지는 원인이 된다. SCALPEL의 마스크는 4X 마스크로서 복잡한 해상도의 개선도 필요하지 않으며 비싼 렌즈가 필요한 시스템도 아니다. SCALPEL 프린트는 직접적으로 스텝 앤 스캔(step-and-scan) 방법을 사용하며 이를 통해 노출된 포토레지스트를 벗겨낸다. 완전한 칩이 노출되기 위해서는 칩마다 몇 번씩 벗겨내야 한다. 이러한 접근은 우수한 겹침 정밀도를 요구하며 이로 인해 string이 CD 에러 예상 수치를 초과하지 않는다.

11-5-7 | IPL과 X선 리소그래피

IPL(ion projection lithography)은 포토레지스트 노출에 이온빔을 이용하거나 그림 11-81와 같이 정밀하게 초점이 맞추어진 빔으로 포토레지스트 위에 직접 기록하거나 마스크를 이용하는 초기의 현상법이다. 만약 마스크를 이용한다면 웨이퍼 표면 위에 노출된 포토레지스트의 작은 부분을 만들기 위해 넓은 빔을 사용하는 stitch 방식의 접근법이 필요하다. IPL은 다중 전극 정전 렌즈를 사용하여 웨이퍼에 직접적으로 수소나 헬륨 이온을 공급해야 한다.

이온들은 전자보다 더 큰 질량을 가지고 있기 때문에 전자빔에 비해서 이온의 에너지는 포토레지스트에 보다 효율적으로 전달된다. 또한 비교적 적은 이온 충격에 의해서도 2차 전자를 얻을 수 있으며, 이차 전자는 낮은 에너지를 가지므로 후방 굴절이 적다. 후방 굴절은 접근 효과를 만드는데 이는 웨이퍼 패턴화의 최소치를 결정한다. 매우 향상된 해상도는 이

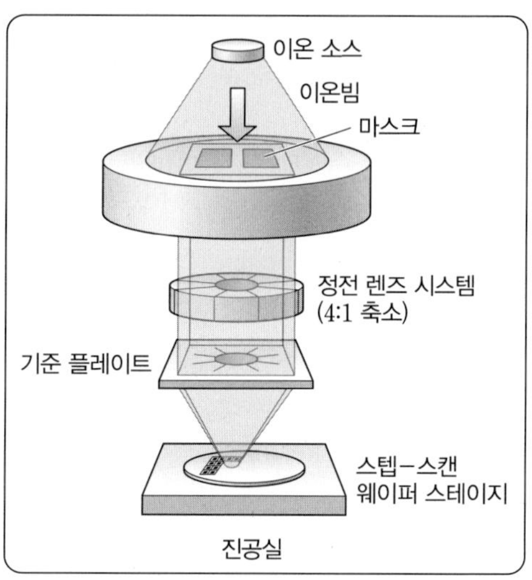

그림 11-81 이온 투영 리소그래피

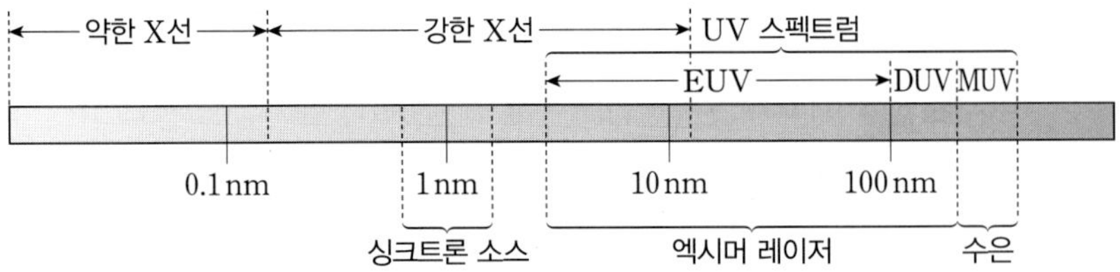

그림 11-82 X선 Spectrum

미 실험 환경에서 증명된 이온 전자 리소그래피로 얻어낼 수 있다.

X선 리소그래피는 100 nm 이하의 CD로 웨이퍼에 이미지를 패턴화할 수 있다고 입증된 기술이다. 포토레지스트가 코팅된 웨이퍼 위에 패턴을 형성하는 특수한 마스크에 X선 소스로부터 X선이 전사된다. X선 리소그래피는 광학 리소그래피에 비해 높은 가격을 갖기 때문에 웨이퍼 제작에 널리 사용되지는 않는다. 1990년대에 주요 반도체 제작 업체는 X선 리소그래피를 사용하여 200 mm 직경의 실리콘 웨이퍼의 발전된 마이크로프로세서를 포함하는 상업적 칩의 패턴화하였다.

X선 리소그래피 시스템은 X선을 전달하는 금속 위의 X선 흡수 금속으로 된 패턴을 가진 마스크, X선 소스, X선 포토레지스트로 구성된다. 포토리소그래피에 이용되는 X선은 연성(soft) X선으로 알려져 있고 0.1 nm에서 10 nm 사이의 전자기 스펙트럼 영역에서 작동한다. 우리에게 익숙한 의료용 X선과는 다르다. 그림 11-82에 표시된 것처럼 강성(hard) X선과 비교하면 더 짧은 파장을 갖는다.

포토리소그래피 공정에서 사용하는 가장 일반적인 X선 소스는 싱크로트론(synchrotron, 방사광가속기)로 알려져 있다. X선을 방출함에 따라 높은 에너지의 전자는 자기장에 의해 밀폐된 굽은 경로로 들어간다. 이런 동작은 매우 강력하고 알맞게 조준된(평행으로) X선 복사를 만든다. 특수한 거울에 기초한 투영 시스템은 마스크와 포토레지스트가 코팅된 웨이퍼 위에 X선을 투영한다. 각각의 싱크로트론의 고리는 15개 이상의 다중 X선 스텝퍼를

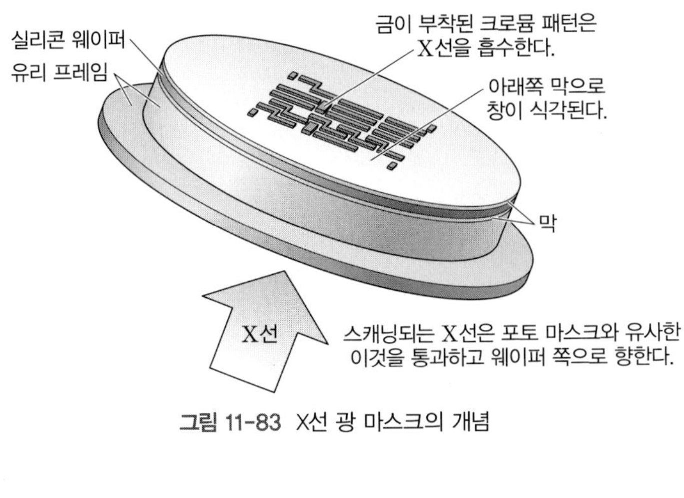

그림 11-83 X선 광 마스크의 개념

위한 광선을 제공한다.

특수한 X선 포토마스크가 패턴을 결정하는 데 사용된다. X선 리소그래피는 짧은 파장을 갖기 때문에 마스크에서 오는 회절 간섭 효과가 없고, 넓은 공정 범위를 갖는다. X선 마스크는 X선를 전달하고 금, 텅스텐, 탄탈럼(tantalum)과 같은 재료에 의해서 패턴화하는 얇은 폴리이미드 막 기판이 X선을 흡수한다. 적합한 마스크를 만드는 능력은 X선 리소그래피의 많은 연구과제 중 하나이다. X선 패턴화는 웨이퍼 CD와 같은 크기를 갖는 1배 마스크를 사용하기 때문에 웨이퍼보다 큰 4배 마스크를 사용하는 이점을 얻을 수 없다.

연습 문제

1. 포토리소그래피란 무엇인지 설명하시오.

2. 레티클과 포토마스크의 차이점을 설명하시오.

3. 포토리소그래피에서 사용하는 UV 파장과 436 nm와 157 nm 사이에서 사용되는 파장의 이름과 차이점을 설명하시오.

4. 해상도(분해능)를 정의하시오.

5. 정확한 겹침은 무엇이고 마스크 겹침 비용에는 어떻게 기여하는지 설명하시오.

6. 웨이퍼 표면 오염의 주된 효과는 무엇인지 설명하시오.

7. negative 리소그래피와 positive 리소그래피의 차이를 설명하시오.

8. 선명한 영역 마스크와 어두운 영역 마스크에 대해 설명 하시오.

9. HMDS는 무엇이고 제공하는 목적은 무엇인지 설명하시오.

10. 포토리소그래피의 8단계를 나열하고 각각을 간단하게 설명하시오.

11. 포토레지스트를 정의하시오.

12. 웨이퍼 표면의 친수성과 소수성의 차이점을 설명하시오.

연습 문제

13. 탈수 건조 후 굽기를 하는 이유는 무엇인지 설명하시오.

14. 대비, 감도, 점도, 부착력을 설명하시오.

15. I-line positive 포토레지스트에서 사용되는 레진에 대해서 설명하시오.

16. 포토레지스트의 화학적 증폭은 무엇인지 설명하시오.

17. DUV 포토레지스트의 오염 감지 경로는 무엇인지 설명하시오.

18. 스핀 코팅의 4가지 기본 과정을 설명하시오.

19. 약하게 굽기를 설명하고 약하게 굽기 공정 실행 후 포토레지스트에 남아있는 용매의 이상적인 양은 얼마인지 설명하시오.

20. 약하게 굽기를 실행하지 않는 경우 발생하는 문제는 무엇인지 설명하시오.

21. 광학 리소그래피를 설명하시오.

22. 스텝퍼의 3가지 사용 목적을 설명하시오.

23. 정렬에서 접지 설계 규칙이 중요한 이유를 설명하시오.

24. 포토리소그래피에서 정렬이 해결해야 할 문제점은 무엇인가?

연습 문제

25. 광 노출 파장과 이미지 해상도 사이의 관계를 설명하시오.

26. 빛을 정의하시오. 광학 리소그래피에 빛이 필요한 이유는 무엇인가?

27. 광파 간섭의 두 가지 형태를 설명해 보시오. 광학 필터의 역할은 무엇인지 설명하시오.

28. 전자기 스펙트럼이 무엇인지 설명하시오. 자외선 범위는 무엇인지 설명하시오.

29. 광학 리소그래피에 사용되는 두 종류의 자외선을 설명하시오.

30. 빛의 세기와 노출량을 설명하시오. 그들이 어떤 관계를 갖는지도 설명하시오. 노출량이 중요한 이유를 설명하시오.

31. 만약 과도한 포토레지스트 광 흡수가 발생된다면 포토레지스트의 측벽에서는 어떤 일이 발생되는지 설명하시오.

32. 엑시머 레이저의 기능을 설명하고 엑시머 레이저가 248 nm 광원처럼 사용되는 이유는 무엇인지 설명하시오. 193 nm 광원은 무엇인지 설명하시오.

33. DUV 포토레지스트에서 허용되는 노출량은 얼마이고, 어떻게 측정되는지 설명하시오.

34. 렌즈의 초점과 초점 길이를 설명하시오.

35. DUV 노출 파장에서 사용되는 렌즈 물질은 무엇인지 설명하시오.

36. 렌즈 압축이 발생되는 이유와 문제점을 설명하시오.

연습 문제

37. 회절에 대해서 설명하고 광학 리소그래피와의 관계를 설명하시오.

38. 수치 개구란 무엇인지 정의하고 공식을 설명해 보시오. 근사식도 설명하시오.

39. 렌즈의 반경이 증가된다면 수치 개구는 어떻게 되는지 설명하시오.

40. 웨이퍼 표면으로 반사되는 빛이 갖는 두 가지의 문제점에 대해서 설명하시오.

41. 비반사 코팅이란 무엇이고, 어떻게 정재파를 감소시킬 수 있는지 설명하시오.

42. 해상도 공식을 설명하고, 해상도에 영향을 미치는 세 가지 파라미터는 무엇인지 설명하시오.

43. 초점 깊이와 초점의 중심에 대해서 정의하고 DOF 공식을 표시하시오.

44. 패턴 해상도에서 표면 평탄화가 중요한 이유는 무엇인지 설명하시오.

45. 접촉 정렬기를 설명하시오. 마스크 혹은 레티클을 사용하는지의 여부도 설명하시오.

46. 근사회 정렬 기술을 설명하시오. 문제점은 무엇이고 해결책은 무엇인지 설명하시오.

47. 스캐닝 투영 정렬 기술에 대해서 설명하시오. 문제점은 무엇이고 스캐닝 투영 정렬기는 문제를 어떻게 해결하려고 노력하는지도 설명하시오.

48. 스텝-리피트 스텝퍼의 기본 기능을 설명하시오.

연습문제

49. 스텝 앤 스캔 기술로부터 얻어지는 이득은 무엇인지 설명하시오.

50. 레티클과 포토마스크의 차이점을 설명하시오. 스텝퍼에서 레티클의 축소가 사용되는 이유는 무엇인지와 스텝 앤 스캔 시스템에서 사용되는 축소는 무엇인지 설명하시오.

51. 4:1 레티클에서 사용되는 일반적인 크기 특성은 무엇인지 설명하시오.

52. 레티클의 패턴화에 사용되는 리소그래피 기술은 무엇인가?

53. 레티클에서 사용되는 보호막에 대해서 설명하시오.

54. 위상 시프트 마스크를 설명하시오.

55. 광학 근사 교정(OPC)에 대해서 설명하시오.

56. off축 조명은 패턴 해상도를 어떻게 증가시키는지 설명하시오.

57. 인쇄 바이어스란 무엇인지 설명하시오.

58. 정렬에서의 기준선 교정을 설명하고, 정렬과 등록의 차이점을 설명하시오.

59. 정렬 마크란 무엇인지 설명하고, RA, GA, FA 정렬 마크를 비교 설명하시오.

60. 스텝 앤 스캔 시스템은 정렬을 어떻게 개선시키는지 설명하시오.

61. PEB에서 온도 균일화가 중요한 이유는 무엇인지 설명하시오.

62. 현상 용액의 분해율은 얼마인지 설명하시오. 높은 것과 낮은 것 중 어느 것이 바람직한지 설명하시오.

63. 포토레지스트의 선택성을 설명하시오. 선택성이 높아야 하는지 낮아야 하는지 설명하시오.

64. 현상 용액에 계면 활성제가 추가되는 이유는 무엇인지 설명하시오.

65. i-line 포토레지스트에서 TMAH 현상 용액의 기능은 무엇인지 설명하시오.

66. 화학적으로 증폭되는 DUV 포토레지스트에서 PHS와 현상 용액 사이에서 화학적인 반응이 있는지 설명하시오.

67. 연속적인 스프레이 현상과 puddle 현상을 설명하시오.

68. hard bake를 사용하는 방법을 설명하시오.

69. UV 포토레지스트 교차 결합(경화)을 설명하시오.

70. 현상 후 검사를 실시하는 이유는 무엇인지 설명하시오.

71. SCALPEL 리소그래피 기술을 설명하시오.

72. 이온 투영 리소그래피(IPL)에 대해서 설명하시오.

제 12 장

이온 주입 공정

이미 앞에서 언급된 것처럼 순수한 실리콘은 오염원이 없거나 다른 물질로부터 온 불순물이 없는 상태이기 때문에 진성 실리콘(intrinsic silicon)이라고 부른다. 진성 실리콘에서의 실리콘 원자는 공유 결합(covalent bonds)을 통해서 전자들을 공유하고 전기적으로 안정된 물질인 절연체로 동작한다. 순수한 실리콘은 반도체로 사용할 수 없지만 도펀트(dopant)라고 부르는 불순물(impurities)을 진성 반도체에 소량 첨가하게 되면 전기적인 특성이 개선되고 반도체 재료로써 유용하게 사용될 수 있다. 이런 공정을 도핑(doping)이라고 부른다. 이온 주입(ion implantation)은 웨이퍼를 도핑하는 기본적인 공정 기술이다.

도핑은 웨이퍼 제조공정에서 널리 사용된다. 칩의 CD(critical dimension)가 지속적으로 축소(shrinking)되고, 칩의 집적도(packing density)는 지속적으로 증가되는 과정에서 모든 소자 원소의 스케일링이 필요하게 되었다. 예를 들면 협(narrow) 채널 영역을 구하기 위해서 폴리실리콘 게이트의 길이는 감소해야 한다. 채널의 길이가 짧아질수록 소스와 드레인 도핑 영역의 접합 깊이도 얕아진다. 접합의 깊이가 극히 얕은 경우는 칩들은 0.18 μm 이하로 설계된다. 0.1 μm의 CD를 갖는 소자의 경우에는 접합 깊이가 30±10 nm까지 얕아져야 한다. 이 장에서는 도핑의 목적과 응용, 도펀트 확산의 원리와 공정, 이온 주입의 단점과 장점, 어닐링과 채널링 등 이온 주입의 다양한 응용 분야에 대해 설명한다.

12-1 도핑 공정에서 사용되는 도펀트의 종류

도핑 공정에 사용되는 도펀트들은 3가 원소인 B, Al, Ga, In, Ti와 5가 원소인 N, P, As, Sb, Bi가 이용된다.

도펀트는 불순물이라고도 부르지만 오염물질은 아니다. 붕소(B)와 인(P) 같은 도펀트는 실리콘에서 다수 캐리어를 구성하여 웨이퍼에서 전도성층을 구성하기 위해서 사용되거나 물질의 특성을 변화시키는 데 사용된다.

도펀트 원소를 웨이퍼에 삽입하기 위해 열적 확산과 이온 주입의 두 가지 방법이 웨이퍼 제조 시에 사용된다. 열적 확산은 높은 온도를 이용하여 실리콘의 격자 구조를 통해 도펀트를 이동(확산)시킨다. 따라서 시간과 온도에 의존한다. 이온 주입은 기판에 고압의 이온 충돌을 통해서 도펀트를 첨가시킨다. 도펀트들은 원자 준위의 높은 에너지를 갖는 충돌을 통해서 웨이퍼로 주입된다.

초기의 반도체 제조공정에서는 주로 열적 확산을 이용하여 도핑하였지만 임계 차원이 감소하고 집적도가 개선될 필요가 생기면서 최근에는 대부분 이온 주입을 이용하는 실정

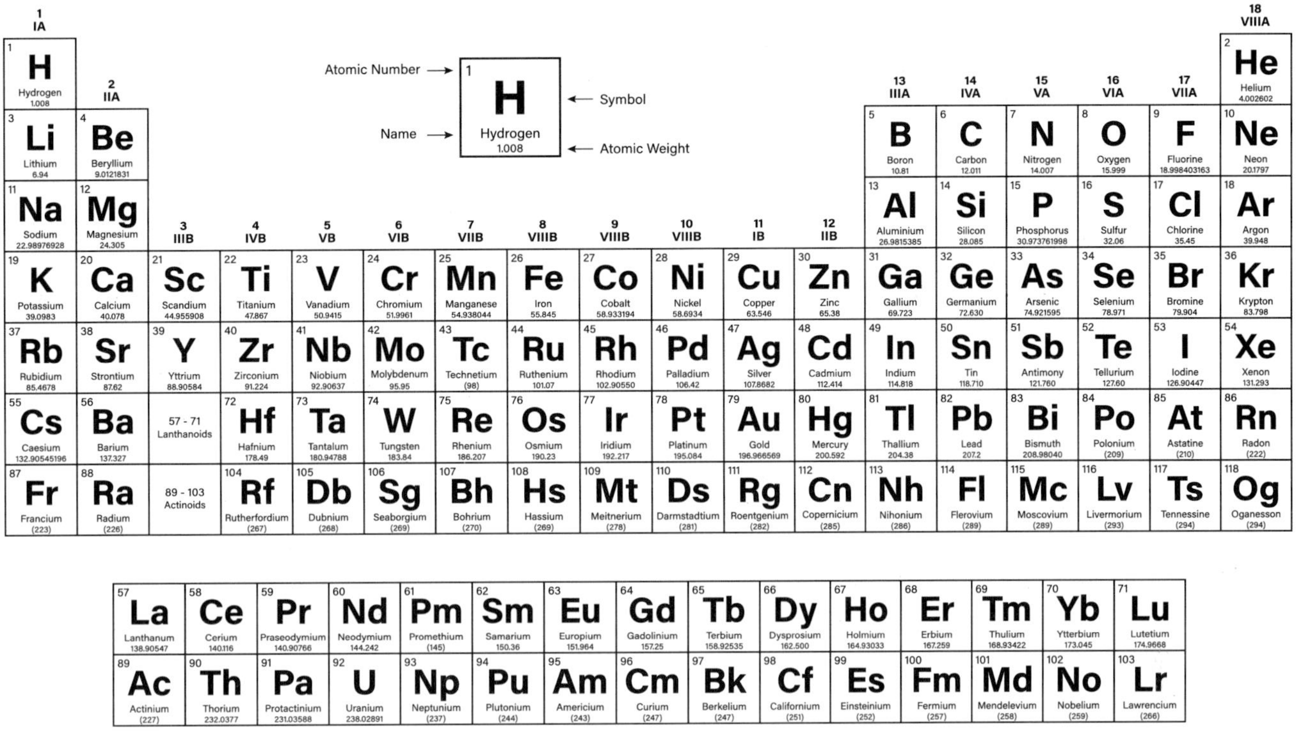

그림 12-1 주기율표

이다. 그림 12-2는 CMOS 소자의 단면을 표시하고 있다. CMOS 제조공정에서 사용되는 도펀트의 종류와 도핑 방식을 표 12-1에서 간략하게 비교 설명하고 있다.

n형 웨이퍼나 p형 웨이퍼를 생성하기 위해서 결정 성장 공정이 진행되는 동안 도펀트 원자는 균일하게 도핑된다. 도펀트의 종류는 제조업자의 스펙에 따라서 결정된다. 웨이퍼가 제조되는 동안 도펀트는 선택적으로 도입되어 개별 웨이퍼에 소자를 생성한다. 웨이퍼상의

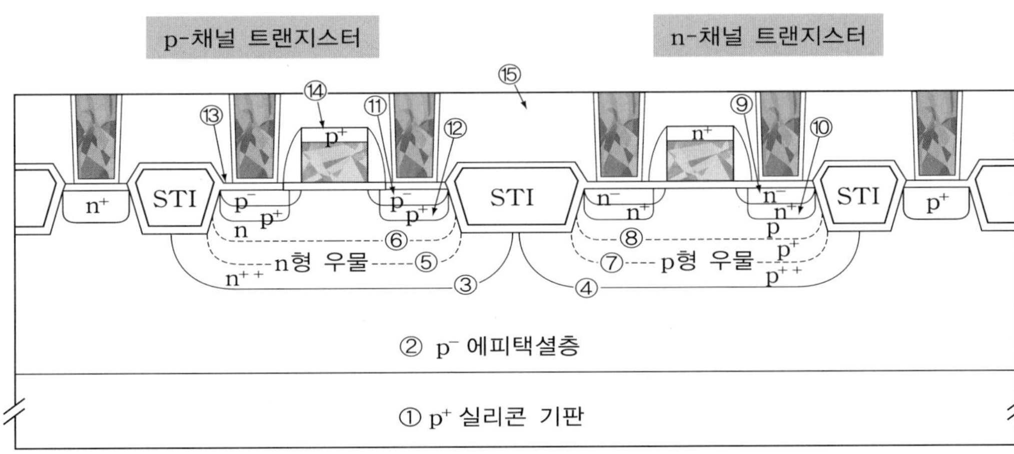

그림 12-2 도핑 영역을 갖는 CMOS 구조

표 12-1 CMOS 제조공정에서의 사용되는 도펀트의 종류와 도핑 방식 비교

공정 단계	도펀트 종류	이온 주입 혹은 확산	비고
① p^+ 실리콘 기판	B	확산	단결정 실리콘이 결정 성장 공정이 진행되는 동안에 도핑된다.
② p^- 에피택셜층	B	확산	에피택셜층은 에피택셜 실리콘 성장이 진행되는 동안 확산으로 도핑된다.
③ 퇴행성 n형 우물	P	이온 주입	일정한 깊이에서 피크 농도로 매몰되는 도펀트 프로파일을 갖는 퇴행성 우물. 도펀트 농도는 표면에 근접함에 따라서 감소된다.
④ 퇴행성 p형 우물	B	이온 주입	퇴행된 우물은 일정한 깊이에서 최대 농도로 매몰되는 도펀트의 프로파일을 갖는다.
⑤ p 채널 펀치스루	P	이온 주입	p 채널을 통해서 펀칭되고 소스 영역까지 도달되는 드레인의 전기장을 유지하기 위해서 주입되는 인이 소스 드레인 주입보다 더 측면화된다.
⑥ p 채널 문턱 전압 조정	P	이온 주입	주입되는 인이 MOS V_T 문턱 전압을 조정한다.
⑦ n 채널 펀치스루	B	이온 주입	n 채널을 통해서 펀칭되고 소스 영역까지 도달되는 드레인의 전기장을 유지하기 위해서 주입되는 붕소가 소스 드레인 주입보다 더 측면화된다.
⑧ p 채널 문턱 전압 조정	B	이온 주입	MOS V_T 문턱 전압을 조정하기 위해서 붕소가 산화층을 통해서 주입된다.
⑨ n 채널 가볍게 도핑된 드레인	As	이온 주입	p 채널에 인접한 영역에서 비소(As)의 작은 주입량은 게이트 산화물에서 포획되는 경계면 전하를 최소화시키는 핫 캐리어와 전기장의 피크를 감소시키기 때문에 전기적 성능을 개선시킨다.
⑩ n 채널 소스/드레인	As	이온 주입	n 채널 소스와 드레인을 구성하기 위해서 비소의 주입량을 증가시킨다.
⑪ p 채널 LDD	BF_2	이온 주입	드레인과 채널의 영역 사이의 전기적인 성능을 개선하기 위해서 p 채널과 인접한 영역에서 붕소의 주입량을 적게 한다.
⑫ p 채널 S/D	BF_2	이온 주입	p 채널 소스와 드레인을 구성하기 위해서 붕소의 주입량을 크게 한다.
⑬ 실리콘	Si	이온 주입	채널링 효과와 TED를 감소시키기 위해서 불순물을 갖지 않는 비정형 실리콘을 주입한다.
⑭ 도핑된 폴리실리콘	P 혹은 B	이온 주입 혹은 확산	폴리실리콘 게이트 전극의 도핑은 도전성으로 만들어진다.
⑮ 도핑된 SiO_2	P 혹은 B	이온 주입 혹은 확산	금속의 이점을 얻기 위해서 산화막을 도핑한다(게터로 동작하고 흐름을 좋게 한다).

마스킹된 열린 창에 도펀트를 선택적으로 도입하면 도펀트가 실리콘 결정 구조 내에 존재하는 '도핑 영역'이 형성된다. 도핑된 영역은 실제적으로 도핑된 영역에 첨가되는 도펀트의 양으로 결정되는 깊이의 함수를 통해 자신의 도핑 프로파일로 특성화된다.

도펀트 원자들은 산화 마스크의 열린 창을 통해서 고체 실리콘으로 주입된다. 이온 주입은 저온 공정에서 진행되기 때문에 다양한 형태의 마스크들이 사용될 수 있으며 간혹 포토레지스트가 이런 마스크로 사용되기도 한다. 확산에 의한 도핑은 고온의 반응로에서 진행되기 때문에 산화막이나 질화막이 필요하다. 도핑된 영역은 실리콘 기판과 반대의 형태로 도핑되거나(예: p형 웨이퍼에 n형 도핑 영역) 도펀트 농도의 차이를 가지는 동일한 형태(예: p형 웨이퍼에 강하게 도핑된 p형 영역)로 도핑된다.

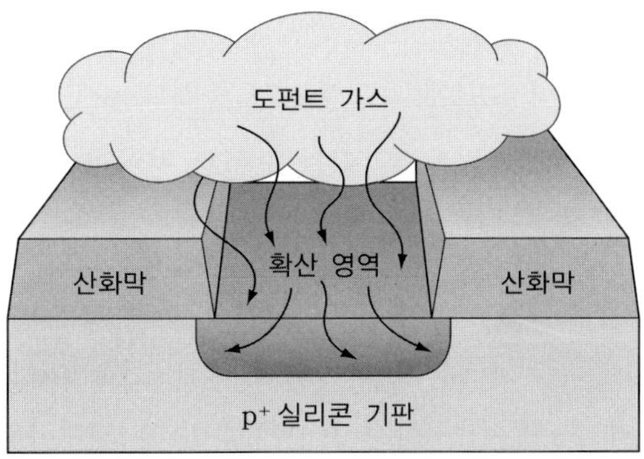

그림 12-3 실리콘 웨이퍼에서의 도핑 영역

웨이퍼는 산화막 성장, CVD 그리고 실리콘을 통한 원하지 않는 도펀트 확산처럼 공정이 진행되는 동안 열적 폭주 아래에 놓인다. 도펀트 확산은 초기에 도핑된 영역의 임계 파라미터를 변화시킬 수 있고 소자의 성능에도 영향을 끼친다. 이는 웨이퍼의 열적 소비를 최소화해야 하는 하나의 이유가 된다.

12-2 확산 공정

확산(diffusion)은 하나의 물질이 다른 물질을 통해서 이동하는 것을 설명하는 물질의 기본 특성이다. 확산은 농도가 상대적으로 높은 영역으로부터 상대적으로 낮은 영역으로 원자, 분자, 이온이 이동하는 것이다. 반도체 제조공정에서 고온 확산은 실리콘 결정 격자를 통해서 도펀트를 이동시키기 위해서 사용되는 메커니즘이다. 확산은 기체(가스) 상태, 액체 상태, 고체 상태에서 발생할 수 있다. 액체 상태 확산의 예는 물잔에 식용 색소를 몇 방울 떨어트려 보는 것이다. 고농도의 색소는 즉시 유리잔의 물속으로 확산하기 시작하고 전체 물의 부피가 떨어트린 색소의 색과 동일하게 될 때까지 확산은 지속된다. 고농도의 도펀트 물질이 웨이퍼에 첨가되면 고체 상태에서 동일한 확산의 형태가 발생된다. 도펀트 물질은 고체 결정 격자의 실리콘 원자를 통해서 확산할 수 있다.

고체 상태 도펀트의 열적 확산은 전증착(predeposition), 구동(drive-in), 활성화(activation)의 3단계를 거친다. 전증착이 진행되는 동안 웨이퍼는 고온 확산로에 적재되고 도펀트 원자들은 소스 캐비닛(cabinet)에서 확산로(diffusion furnace)로 전송된다. 반응로의 온도는 800℃에서 1100℃로 설정되며 약 30분간 유지된다. 도펀트는 확산하여 웨이퍼의 아주 얇은 층 속으로 침투되고 표면에서의 도펀트의 농도는 일정하게 유지된다.

캡 산화막(cap oxide)이라고 불리는 얇은 산화층은 도펀트 원자들이 실리콘으로 확산되어 가는 것을 방해하기 위해서 표면에서 성장된다. 증착되는 도펀트 원자들의 전체적인 수를 Q로 표현한다. 이온 주입에서 Q는 주입되는 도펀트 원자의 수를 표시하는 양이다. 전증착 단계는 전체적인 확산 공정에서 농도의 기울기를 확립한다. 도펀트의 농도는 표면에서 가장 높고 표면에서 멀어질수록 감소되는 기울기(경사)를 구성한다. 이런 기울기를 통해 4점 프로브에 의해서 맵핑되는 도펀트 프로파일을 확립할 수 있다.

1855년에 최초로 제안된 Fick(픽)의 확산 법칙에 따라 확산 공정을 수학적으로 설명할 수 있다. 이 법칙은 단면적을 통해서 이동하는 입자들의 수가 농도의 기울기에 비례한다는 것을 보여준다. 픽의 법칙을 사용하면 표면으로부터 일정한 거리 x에서의 도펀트 농도를 예측할 수 있다.

열적 확산의 두 번째 단계는 구동 단계이다. 증착되는 도펀트가 실리콘 결정을 통해서 웨이퍼에서 필요한 접합 깊이로 이동시키기 위해 1000℃에서 1200℃의 고온 공정이 사용된다. 도펀트들은 웨이퍼에 더 이상 추가되지 않는다. 그렇지만 고온 환경에 놓인 웨이퍼 표면이 산화되므로 구동되는 동안 도펀트 원자의 확산에 영향을 미친다. SiO_2로부터 멀어지는 도펀트(예: 인)들이 있는가 하면, 성장 산화층 속으로 이동하는 도펀트(예: 붕소)들도 있다. 결국 실리콘 표면 산화에 의해 도펀트 농도는 수정되고, 이를 재분배라고 한다.

열적 확산의 세 번째 단계는 활성화 단계이다. 여기서 반응로의 온도는 도펀트 원자가 격자 구조에서 실리콘 원자와 결합하기에 충분한 온도보다 약간 높도록 적용된다. 이를 통해 도펀트 원자는 활성화되고, 결과적으로 실리콘의 전도도가 변화한다.

각 도펀트는 실리콘에서 개별적인 확산도(diffusivity)를 갖는데, 확산도는 웨이퍼에서 도펀트가 이동하는 비율(속도)을 의미한다. 확산도가 높으면 도펀트의 이동이 빠른 것이다. 확산도는 온도에 따라서 증가하며, 확산되는 도펀트의 확산 계수 D의 항으로 표시된다. 원소들은 실리콘에서 얼마나 빠르게 확산하는지 아니면 느리게 확산하는지를 반영하는 구동 단계의 온도 영역에서 서로 다른 확산도를 갖는다. 확산 계수는 실리콘에서 도펀트의 최종 농도를 예측하기 위해서 사용하는 픽의 법칙의 계수이다.

그림 12-4에서 나타낸 것처럼 도펀트 원자들은 웨이퍼 내에서 두 가지 메커니즘으로 확산될 수 있다. 먼저 치환(substitutional)은 실리콘 격자 구조에서 실리콘 원자를 밀어내고 그 자리를 도펀트 원자가 차지하는 것이다. 다른 하나인 틈새에 자리잡기(interstitial site)는 말 그대로 실리콘 격자 구조의 틈새에 도펀트 원자가 끼어들어가는 것이다. 금(Au), 구리(Cu), 니켈(Ni)처럼 높은 확산도를 갖는(빠르게 이동할 수 있는) 도펀트들은 실리콘 격자의 정규 결정 위치(site) 사이의 틈새 공간(interstitial space)으로 이동하기 위해서 틈새 이동

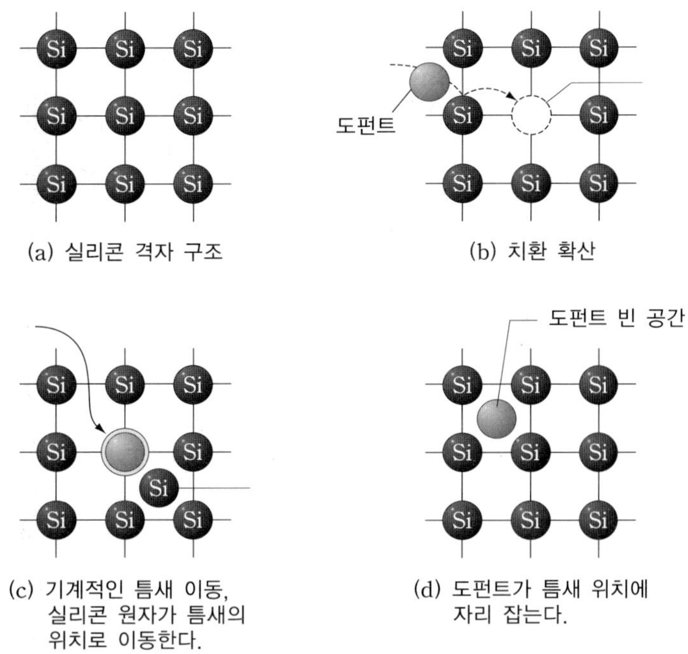

그림 12-4 실리콘에서의 도펀트 확산

을 이용한다. 반면에 반도체 도핑에서 일반적으로 사용하는 인(P)이나 비소(As)처럼 느리게 이동하는 도펀트들은 격자에서의 비어 있는 결정의 위치에 원자를 채우는 치환 이동을 통해 확산한다.

도펀트들은 실리콘 격자 구조의 일부분이 되는 활성화 도펀트가 되어야만 반도체 실리콘에 유용한 형태로 볼 수 있다. 활성화된 도펀트들은 전자의 도너와 억셉터로 동작할 수 있으며 실리콘에 대해서는 n형과 p형 도펀트로 작용할 수 있다. 만약 도펀트가 틈새 공간을 차지한다면, 활성화되지 않으며 도펀트로의 효과도 기대할 수 없다. 열에너지는 도펀트들을 정규 결정 위치로 이동시키게 되는데 이를 결정 활성화(crystal activation)라고 한다. 활성화는 고온에서 이루어지기 때문에 확산의 일정 부분이다. 이온 주입을 위한 결정의 활성화는 어닐링 단계를 가지고 행해진다.

온도가 주어진 상황에서는 고체 용해도 제한(solid solubility limit)이라고 하는, 도펀트가 실리콘에 흡수되는 정도에 대한 제한이 있다. 이것은 물속으로 소금을 흘려 넣고 녹는 것을 관찰하는 것처럼 물질에서 대부분 적용된다. 만약 소금이 지속적으로 첨가하여 소금의 용해도가 일정한 점에 도달되면 소금은 물에 더 녹지 않는다. 각각의 특별한 도펀트들이 갖는 고체 용해도 제한은 표 12-2에 나타내었다. 주의할 점은 실리콘에서 도펀트의 일부분(약 3%에서 5%)만이 실제로 활성화되고 도통을 위해서 전자와 정공을 제공하게 된다는 것이다. 틈새 위치에 남아 있는 대부분의 도펀트들은 전기적으로 비활성화된다.

표 12-2 1100℃에서 실리콘에서의 고체 용해도 제한

도펀트	고체 용해도 제한(원자들/cm^3)
비소(As)	1.7×10^{21}
인(P)	1.1×10^{21}
붕소(B)	2.2×10^{20}
안티몬(Sb)	5.0×10^{19}
알루미늄(Al)	1.8×10^{19}

확산 공정의 목적은 웨이퍼의 접촉에서 불순물 확산을 발생시키고 확산이 일어나는 온도와 시간을 유지시키는 데 있다. 확산은 고온의 확산로에서 발생하며, 일반적으로 한 개의 확산로에서 전증착 단계, 구동 단계, 활성화 단계가 모두 이루어진다. 석영 및 확산 공정에서 사용되는 로의 다른 부분은 교차 오염을 피하기 위해서 다른 로의 공정으로부터 분리(segregated)되어야 한다. 웨이퍼 제조공정에서 확산 공정이 적절하게 수행되기 위해서는 제품 품질(quality) 규격을 만족시키는 기술을 보장하는 자격(qualification) 검사, 웨이퍼 특성을 증명하기 위한 로트(lot) 제어 시스템 사용, 원하는 확산 파라미터를 갖는 공정 순서 적용, 온도 프로파일에 따른 확산로 설정, HF를 사용하여 자연 산화막을 제거하는 웨이퍼 세정, 웨이퍼를 증착로에 적재하고 도펀트를 확산시키는 전증착, 로의 온도를 올려서 구동시키고 도펀트 결합을 활성화시키며 웨이퍼를 꺼내는 구동 수행, 공정이 완료된 웨이퍼를 측정(measure), 평가(evaluate)하고 접합 깊이와 시트 저항을 기록하는 일련의 과정이 연속적으로 진행된다.

도펀트 원자들이 웨이퍼로 확산되는 것을 차단시키는 오염물질들의 존재 때문에 웨이퍼 세정 공정은 중요하다. 자연 산화막(native oxide)과 같은 웨이퍼의 오염을 최소화하기 위해서 웨이퍼는 세정되는 즉시 로(furnace) 속으로 적재된다. 세정은 일반적으로 산(acid)과 산화제(oxidizer) 속에 담가서 수행된다. 잔류 산화막은 HF 용액으로 식각시켜서 제거한다. HF 희석 용액의 사용은 유약제거(deglaze)라고도 하는데, 웨이퍼 표면에서의 낮은 품질을 갖는 자연 산화물을 제거하기 위한 단계이다.

반도체 산업에서 초기에 사용되었다고 하더라도 μm 이하의 집적 회로 제조에서 도펀트 소스로 순수한 원소들을 사용하는 것은 비실용적이다. 예를 들면 순수한 붕소와 인은 저압의 실온에서 고체화되기 때문에 용융(melt)시키거나 기화(vaporize)시키기가 어렵다. 그렇다고 고체 도펀트 소스를 그대로 사용하면 도펀트 농도를 제어하기가 어렵다. 따라서 도펀트 소스들은 일반적으로 화합물의 형태를 가지며 액체나 기체 상태로 공급된다. 표 12-3에는 가장 일반적으로 사용되는 도펀트 소스들이 표시되어 있다.

표 12-3 확산에 사용되는 일반적인 도펀트 소스

도펀트	화학식	화학명
비소(As)	AsH_3	아르신(Arsine): 가스
인(P)	PH_3	포스핀(Phospine): 가스
인(P)	$POCl_3$	포스포러스 옥시클로라이드(Phosphorus oxychoride): 가스
붕소(B)	B_2H_6	다이보레인(Diborane): 가스
붕소(B)	BF_3	보론 트리플로라이드(Boron tri-fluoride): 가스
붕소(B)	BBr_3	보론트리브로마이드(Boron tri-bromide): 액체
안티몬(Sb)	$SbCl_5$	안티몬 펜타클로라이드(Antimony pentachoride): 고체

액체 소스(bubbler)는 자신을 통해서 끓어오르게(bubbled) 되는 질소(nitrogen)와 같은 운송자(carrier) 가스를 가지고 증기의 형태로 반응로의 관(tube)을 통해서 배송(delivered)된다. 산소는 반응을 위해서 도펀트 원자에 공급되고 산화물이 구성된다. 붕소 가스는 웨이퍼의 위쪽에 풍부한 붕소·이산화 규소층을 구성하기 위해서 두 번째 반응에서 붕소 산화물을 형성한다. 이런 층들은 전증착 단계에서 붕소의 국부적 소스로 동작한다. 다음에 소개되는 두 개의 반응식은 다이보레인 소스가 붕소 도펀트로 어떻게 변환되는지를 보여준다.

1차 반응 : $B_2H_6(gas) + 3O_2(gas) \rightarrow B_2O_3(solid) + 3H_2O(liquid)$
다이보레인 산소 붕소 산화물 물

2차 반응: $2B_2O_3(solid) + 3Si(solid) \rightarrow 4B(solid) + 3SiO_2(solid)$
붕소 산화물 실리콘 붕소(도펀트) 이산화 규소

가스 소스는 질량 흐름 제어기를 통해서 가스 실린더로부터 반응로에 직접 공급된다. 도펀트는 실린더에서 가스의 흐름 제어와 시스템 부식을 방지하는 데 도움을 주는 불활성 가스로 먼저 희석된다. 반응로로 들어가는 아주 미세한 입자를 방지하기 위해 필터도 사용된다. 특히 아르신(AsH_3)과 다이보레인(B_2H_6) 같은 확산 소스는 아주 강한 독성을 가지기 때문에 가스 누출을 피하기 위해서 항상 적절한 사용법과 저장법이 요구된다.

12-3 이온 주입 공정

이온 주입은 실리콘의 전기적인 특성을 변화시키기 위해서 실리콘 기판에 첨가되는 도펀트의 양을 제어하는 기술 중의 하나이다. 물리적인 공정으로 진행되며 화학 반응은 일어나

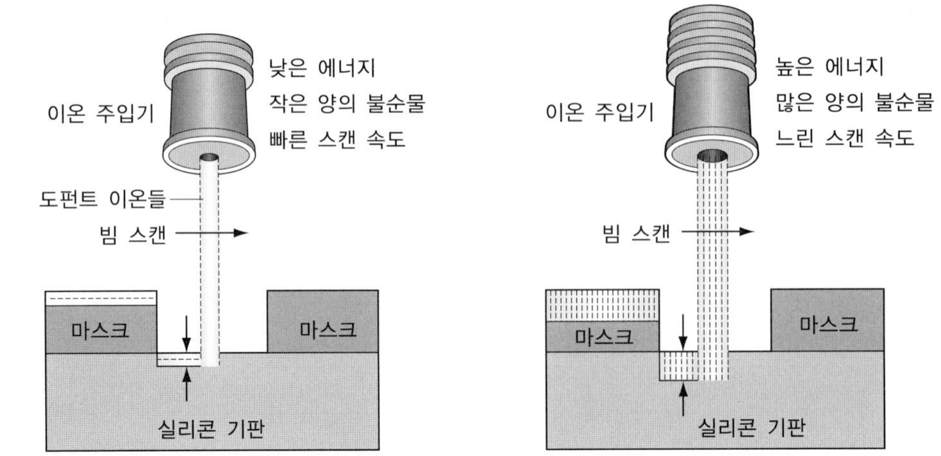

(a) 약한 불순물 농도(n^+,p^+)와 얕은 접합(X_J)　　(b) 강한 불순물 농도(n^+,p^+)와 깊은 접합(X_J)

그림 12-5 도펀트의 농도 제어와 깊이 제어

지 않는다. 그림 12-5에 표시된 것처럼 이온 주입 기술은 도펀트 농도와 깊이를 반복적으로 제어하는 능력이 우수하기 때문에 확산 기술보다 선호된다.

이온 주입 공정은 그림 12-6에 나타낸 이온 주입기라고 부르는 가장 복잡한 반도체공정 기구를 사용해서 진행된다. 이온 주입기는 이온 소스 성분을 통해 소스 물질로부터 positive로 대전된 도펀트 이온을 발생시킨다. 이온들은 질량 분석기에서 분리되고 추출되어 원하는 도펀트의 이온빔을 구성하게 된다. 웨이퍼로 첨가시킬 도펀트 농도에 따라 이온빔에 포함된 이온의 수를 결정한다. 이온빔은 10^7 cm/sec의 높은 속도를 구하기 위해서 전계에 의

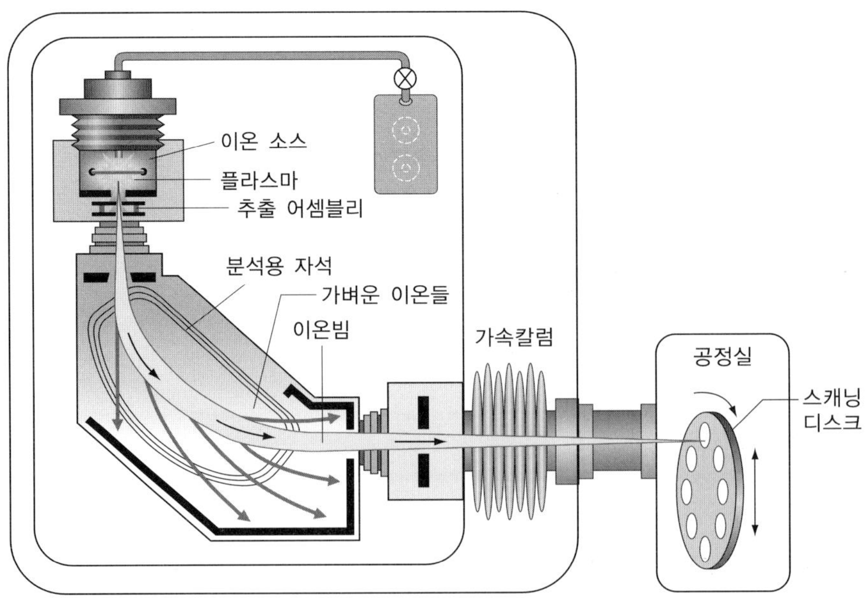

그림 12-6 이온 주입기의 일반적인 구조

표 12-4 이온 주입 공정의 장점

장점	설명
1. 불순물 농도의 정확한 제어	10^{10}부터 10^{17} ions/cm^2 농도의 넓은 범위를 넘어서는 주입된 불순물의 숫자를 정밀하게 제어하고 이 범위를 ±2% 내로 제어한다. 대조적으로, 확산이 높은 농도에서 불순물 농도를 5%에서 10% 이내로 제어할 수 있고 낮은 농도에서는 덜 효과적이다.
2. 우수한 도펀트의 균일성	직경이 더 큰 웨이퍼들을 통해 더 작은 특성에서 임계적인 넓은 웨이퍼 영역에 걸쳐서 이온빔을 스캐닝함으로써 도펀트의 균일성을 제어한다.
3. 도펀트 침투 깊이의 우수한 제어	도펀트 침투 깊이를 우수하게 제어하기 위해서, 주입하는 동안 이온 에너지를 제어한다. 이것은 최대 도펀트 농도가 매몰층에 있고 최소 도펀트 농도가 웨이퍼 표면에 있는 매몰층 같은 설계의 융통성을 가능케 한다.
4. 순수한 이온빔 생산	질량 분리 기술을 통해 오염이 없는 이온의 순수한 빔을 생산할 수 있다. 다른 불순물들은 주입을 위해서 선택될 수 있다. 이것은 오염을 최소화하기 위해 고진공에서 이루어진다.
5. 저온 공정	주입은 포토레지스트를 포함하는 마스크의 다양한 사용을 가능케 하는 알맞은 온도(<125℃)에서 형성된다.
6. 막을 통해서 도펀트를 주입하는 능력	도펀트들은 산화물이나 질화물 같은 막을 통해서 주입될 수 있다. 이런 상태는 게이트 산화막이 성장한 후에 MOS 트랜지스터의 임계 전압 조정을 허용한다. 이를 통해 제조법의 다양한 단계들에서 주입하기 위한 융통성이 증가한다.
7. 고체 용해도 제한이 없다.	주입이 이루어지는 동안의 도펀트 농도는 실리콘 웨이퍼의 고체 용해도 제한에 의해 제한되지 않는다.

해서 가속된다.

높은 속도 때문에 이온은 타겟 웨이퍼의 실리콘 결정 격자 속으로 도펀트를 첨가하기 위해 충분한 운동 에너지를 갖는다. 빔은 웨이퍼 표면 전반에 균일한 도핑을 제공하기 위해서 웨이퍼를 훑는다. 도펀트 이온을 결정 격자 구조로 활성화시키기 위해서 이온 주입은 열적 어닐링 단계에 의해서 수행된다. 모든 이온 주입기 공정은 고진공에서 실시된다.

이온 주입의 중요한 장점을 표 12-4에 설명하였다. 이런 장점들은 0.25 μm 기술로 웨이퍼를 제작하는 제조공정의 유연성을 효과적으로 증대시킨다.

이온 주입 공정의 단점은 활동적인 도펀트 이온들이 실리콘 주원자에 충돌할 때 실리콘 결정 구조가 손상된다는 점이다. 높은 에너지를 갖는 이온들이 결정으로 들어가서 기판 원자들과 충돌함에 따라 에너지가 이동되고, 일부 실리콘 원자는 기존 격자 구조에서 도펀트 이온으로 대체된다. 이런 동작을 방사 손상(radiation damage)이라고 부른다. 이렇게 손상된 결정의 대부분(혹은 모든 부분)은 고온 어닐링 단계에서 고정된다. 이온 주입 공정의 또 다른 단점은 기술의 복잡성이다. 그러나 이런 결점은 첨가물과 깊이 제어 그리고 일반적인 제조법의 융통성을 위한 이온 주입기의 능력에 의해서 충분히 보상된다.

이온 주입 공정은 웨이퍼 제조를 위한 엄격한 칩 설계와 생산성 요구 조건을 만족해야 하는 융통성 있는 공정이다. 이온 주입 공정의 중요한 파라미터는 첨가물의 양(dose)과 범위(range)이다. 첨가물의 양(Q)은 atoms/cm^2(혹은 ions/cm^2) 단위를 가지는 웨이퍼 표면의 단위 면적당 주입된 이온들의 개수를 의미한다. 주입된 이온들을 계측하기 위해서 Q는 다음과 같은 첨가량의 방정식 $Q = \frac{It}{enA}$를 이용하여 계산한다. 여기서 Q는 첨가물의 양[atoms/cm^2], I는 빔 전류[coulomb/sec (amperes)], t는 주입 시간[seconds], e는 전자의 전하량[1.6×10^{-19} C], n은 이온당 전자의 전하(예: B^+에 대한 n은 1이다), A는 주입된 면적[cm^2]을 의미한다.

웨이퍼 제조공정에서 이온 주입 공정이 매우 중요한 공정으로 평가되는 이유 중 하나는 각각의 웨이퍼로 동일한 양의 첨가물을 반복적으로 주입할 수 있기 때문이다. 이온 주입의 양은 각 이온에 있는 양전하의 효력에 의해서 결정된다. 빔으로 형성될 때, 도펀트 양이온들의 흐름은 mA로 측정되는 빔 전류를 나타낸다. 높은 빔 전류가 약 10~25 mA까지인 반면 낮은 크기에서 중간 크기까지의 빔 전류는 0.1 mA보다 작은 값에서부터 약 10 mA까지를 나타낸다. 방정식에 표시된 것처럼 빔 전류의 크기는 도펀트의 양을 정의하기 위한 주된 변수로 작용한다. 빔 전류가 증가할수록, 단위 시간당 더 많은 도펀트 원자들이 주입된다. 높은 빔 전류는 종종 웨이퍼 처리량을 증가시키기 위해서 요구되지만(더 많은 이온이 제조의 단위 시간당 주입된다) 균일성에 문제를 일으킬 수 있다.

이온 주입 공정의 또 다른 파라미터인 첨가물 이온의 범위는 이온이 주입되는 동안 실리콘에서 이온이 이동하는 전체 거리를 의미한다. 범위의 특성을 나타내기 위해서는 에너지에 대해 이해하는 것이 필요하다. 전위 차이 때문에 이온들이 높은 속도로 가속될 때, 이온들은 줄(Joule) 단위로 표시되는, 자신의 운동으로 인한 에너지를 얻는다. 그러나 이온 주입에서, 에너지는 보통 전하의 배수로 나타나는 전위차나 전자볼트(eV)로 언급된다. 이런 에너지는 KE=nV의 식으로 표시한다. 식에서 n은 "+" = 1, "+ +" = 2로 표시되는 이온의 대전 상태를 나타내고 V는 전위차[V]를 의미한다. KE가 의미하는 것이 eV이다.

예를 들어서, 만약 단일 양전하 상태를 가진 이온이 100,000 volts(100 kV)의 전위차를 가진 전기장에서 움직인다면, 이 이온의 에너지는 100 keV이다.

$$KE = nV = (1)(100\ kV) = 100\ keV$$

더 높은 주입 에너지는 도펀트 원자의 범위가 증가하여 웨이퍼로 더 깊이 이동한다는 것을 의미한다. 에너지는 범위와 도펀트의 접합 깊이를 제어할 수 있으므로 이온 주입 공정에서 중요하다. 높은 에너지 주입기는 200 keV보다 큰 에너지를 가지고 경우에 따라서는 2 MeV에서 3 MeV만큼 높을 수도 있다.

높은 에너지 주입기는 표 12-5에서 보듯이 깊게 퇴보하는 우물이나 3배 퇴보하는 우물 같은 응용에서 사용된다. 퇴보하는 우물은 표면에서보다 우물 안에 더 깊고 더 높은 도핑 농도를 가지는 우물을 말한다. 극단적으로 낮은 에너지 주입기는 소스/드레인 응용을 위해

표 12-5 주입의 종류

주입 시스템의 종류	설명과 응용
낮은/중간 전류	• 10 mA보다 작은 아주 순수한 빔 전류 • 빔 에너지는 대개 180 keV보다 작다. • 대부분의 이온빔은 정지해 있고 웨이퍼가 움직이면서 스캔된다. • 펀치스루 정지의 특별한 적용
높은 전류	• 일반적인 빔 전류는 10 mA보다 작으며 불순물 주입량이 높아지면 25 mA까지 증가된다. • 빔 에너지는 대개 120 keV보다 작다. • 대부분 웨이퍼는 정지해 있고 이온빔이 움직이면서 스캔한다. • 극히 얕은 소스/드레인 접합을 주입하기 위한 극히 낮은 에너지 빔(<4 keV, 200 eV까지 내려간다.)
높은 에너지	• 빔 에너지는 200 keV에서 수 MeV까지 증가된다. • 불순물을 트렌치나 두꺼운 산화막층 밑에 둔다. • 퇴보하는 우물과 매몰층을 구성하는 것이 가능하다.
산소 이온 주입	• 규소 절연체(SOI) 응용에서 산소 주입에 사용된 높은 전류 시스템의 종류

매우 얕은 깊이에 불순물을 첨가할 때 사용되며, 200 eV 정도의 작은 에너지를 주입한다.

이온이 주입된 웨이퍼의 결정 구조에서는 그림 12-7에 표시된 것처럼 이온 질량과 에너지, 목표 질량과 빔 방향에 좌우되는 주입 이온이 웨이퍼에서 이동하는 거리인 투영 범위(projected range), R_p를 정의할 수 있다. 모든 이온이 동시에 투영 범위에서 간단하게 멈추는 것은 아니다. 어떤 이온은 더 짧은 거리에서 멈추고 어떤 이온은 더 먼 거리에서 멈출 수 있다. 이온들은 또한 측면 방향으로 움직일 수도 있다.

이런 이온들의 움직임들을 결합하여 웨이퍼에 주입된 도펀트 원자가 이동하는 거리의 분포인 무질서한 퍼짐(straggle) 또는 ΔR_p를 표현한다. R_p(투영 범위)가 결합 깊이가 얼마나 얕거나 깊게 형성될 수 있는지를 나타낸다면 ΔR_p(straggle)는 R_p 근처에서 주입된 이온들의 분포를 나타낸다. 도펀트 원자의 주입 에너지가 증가할수록 투영 범위는 증가하지만 빗나가는 범위 역시 증가하기 때문에 도펀트의 피크 농도는 감소한다. 그림 12-8에 나타낸 투영

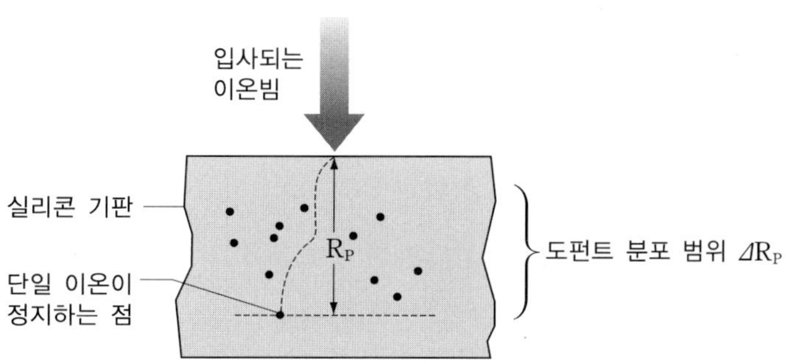

그림 12-7 도펀트 이온의 범위와 투영 범위

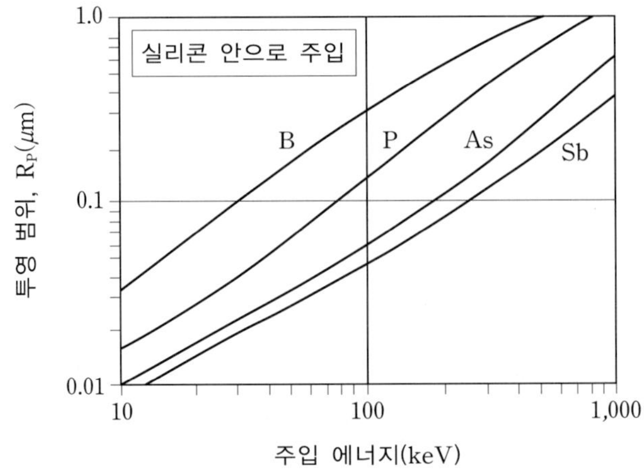

그림 12-8 도펀트 이온의 범위와 투영 범위

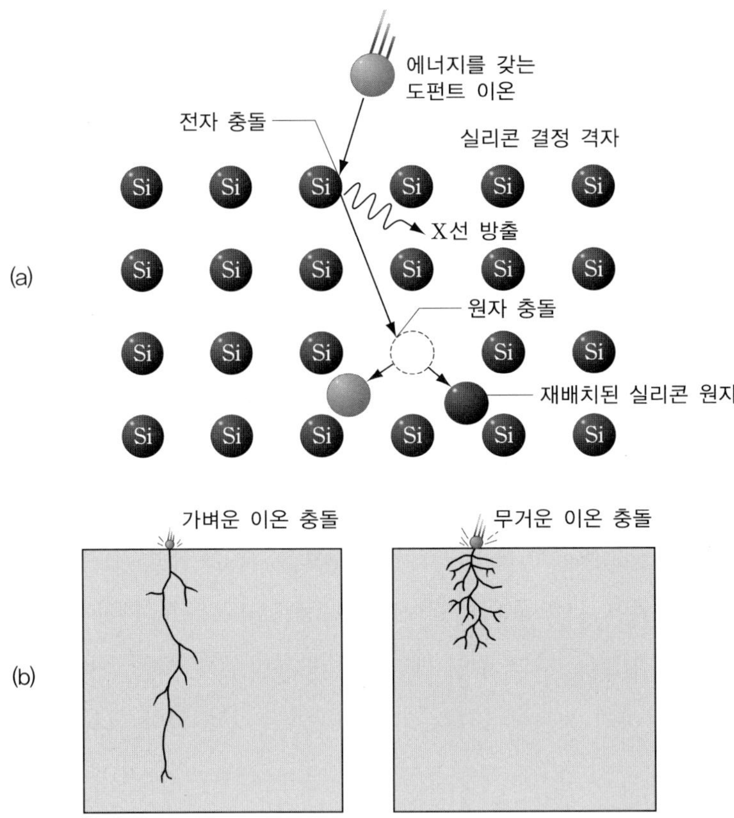

그림 12-9 주입되는 도펀트 원자의 에너지 손실과 결정이 입는 손상

범위 특성 곡선을 이용하면 주어진 주입 에너지에 해당하는 도펀트의 투영 범위를 예측할 수 있다. 주입된 이온들은 그림 12-9에서 보듯이 실리콘 원자와의 충돌로 인한 에너지 손실로 정지되기 전에 타겟 웨이퍼 속으로 어느 정도 깊이를 이동한다. 에너지 손실의 두 가지 주된 메커니즘은 전자적인 정지와 핵의 정지이다. 도펀트 원자들의 전자적인 정지(electronic stopping)는 타겟 전자와의 상호 작용으로 인해 발생한다. 이는 어린이가 볼 풀(ball pool)에 뛰어드는 것처럼 두꺼운 매질에서 발사물을 정지시키는 것과 유사하다.

주입된 이온들의 핵의 정지(nuclear stopping)는 실리콘 원자들의 치환이 일어나는 원자들 사이의 충돌로 인해 발생한다. 그것은 당구공과 같은 두 개의 딱딱한 구 사이의 충돌 과정으로 시각화할 수 있다. 이온 질량과 에너지에 따르면, 주입된 원자는 정지하기 전에 핵 충돌에 의해 10^4 실리콘 원자들만큼 치환될 수 있다. 실리콘 원자들을 통해서 움직이는 도펀트는 그림 12-9(b)에 나타낸 것처럼 도펀트 이온의 무게에 따라 특징적인 손상을 보이는 손상 경로를 결정 격자에 만든다. 가벼운 도펀트 원자는 작은 에너지 이동을 가진 실리콘 원자들에 비스듬히 충돌하여 튀고, 큰 산란각(scattering angle)을 통해서 편향(deflect)된다. 무거운 이온은 비교적 작은 산란각을 통해서 그것이 실리콘 원자에 부딪히고 편향됨으로써 매번 큰 에너지 이동을 갖는다. 각각 치환된 실리콘 원자는 또한 큰 치환 수를 발생시킨다.

12-4 이온 주입기의 구조와 동작 원리

이온 주입기는 그림 12-10에 나타낸 것처럼 이온 소스, 전극 추출과 이온 분석기, 가속 기둥, 스캐닝 시스템, 공정실로 구성된다. 이온 공급원(source)과 추출 어셈블리(assemblies)들은 하나의 진공실 안에 설치된다. 이온 소스는 특별한 불순물 가스나 고체로부터 양이온을 발생시킨다.

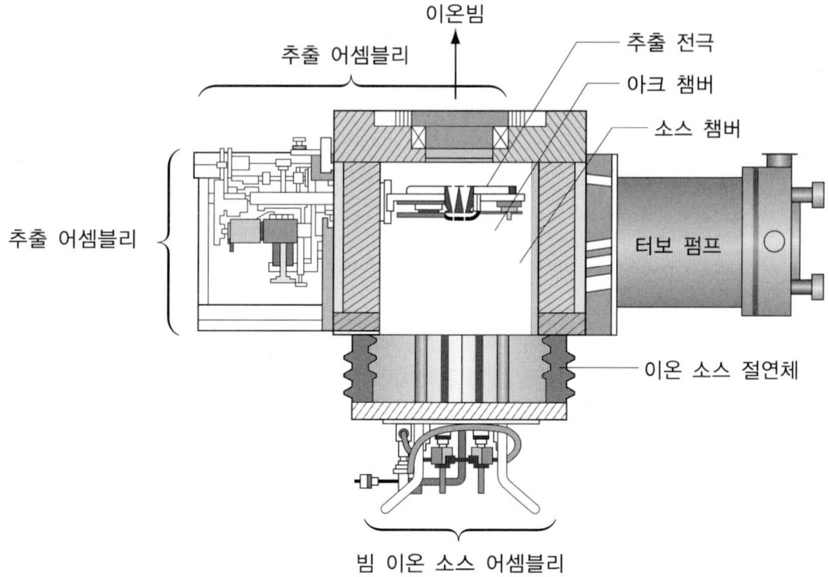

그림 12-10 이온 소스와 추출 어셈블리 하우징

추출 어셈블리에 부착된 원형의 억제 전극은 이온 소스의 밖으로 양이온을 끌어내기 위해 negative 고전압의 전기장을 사용한다. 추출 어셈블리의 전자기계적 제어는 추출 전극이 이온 소스 플라스마 반응실의 앞에 직접 위치하도록 도와준다. 주입된 이온들은 대전된 입자나 이온으로 빔에서 표시된다. 전기적인 전하 때문에 이온들은 전기장, 자기장으로 제어되고 기속된다. 주입을 위한 이온들은 이온 공급원에서 발생된다. positive 이온은 도펀트 가스 공급원이나 고체의 증발을 통해 형성된다. 전형적으로 B^+, P^+, As^+, Sb^+는 가스 원자들이나 분자들의 이온화에 의해 생산된다. 도펀트 원자 공급원을 위한 가장 흔한 재료 공급 물질은 B_2H_6, BF_3, PH_3, AsH_3와 같은 가스들이다. 가스는 0.4~2.2리터의 비교적 작은 실린더에서 밀봉되며 부주의한 가스 방출에 관련된 위험을 줄이기 위해 수소로 희석시킨다.

재료 물질을 공급하는 또 다른 방법은 고체 펠릿(pellets)으로부터 비소(As)나 인(P) 원자를 얻기 위해서 간혹 사용되는 고체 물질을 가열하고 증발시키는 것이다. 고체 물질은 약 900℃에서 증발되고 깨지기 쉬운 도펀트 원자들은 이온 소스 반응실로 전송된다. 더 높은 최대 빔 전류를 위해 어떤 희석용 수소도 첨가되지 않는다. 고체 공급원의 단점은 증발기(vaporizer)를 가열하고 안정화시키기 위해서 40분에서 180분 정도의 긴 설정 시간(혹은 조율 시간)이 소요된다는 것이다. 빔 성분들 위에 스퍼터링되는 물질들을 강화하기 위해서 더 세심한 유지관리도 필요하다. 많은 IC 제조업자들은 환경적으로 안전한 상태에서 취급하기 좋다는 이유로 고체 불순물 공급원의 사용을 선호한다.

이온 공급원에서 전자에 의해 공급 가스 원자들이 충격을 받으면 이온이 발생한다. 여기서 사용하는 전자는 다루기 쉽고 튼튼한 고온 텅스텐 필라멘트 공급원에 의해서 생성된다. Freeman 이온 소스는 가장 흔한 전자 소스 중 하나이다. 이런 막대 모양의 음극 필라멘트 소스는 공급 가스 삽입물과 함께 아크(arc) 방전실 내부에 머무른다. 아크 방전실의 벽은 양극(anode)이다. 공급 가스가 도입될 때 캐소드와 애노드 사이에 약 100 V의 전압이 공급되고, 필라멘트를 통해서 고전류가 통과함으로써 아크 방전실 내의 필라멘트 주위에 플라스마가 생성된다.

양이온은 활성 전자와 공급 가스 분자 사이의 충돌로 발생한다. 외부 소스 자석은 필라멘트에 병렬로 자기장을 공급하여 이온화를 증가시키고 플라스마를 안정화시킨다. 동작이 진행되는 동안 애노드와 캐소드 사이의 전류는 일정한 플라스마를 유지하기 위해서 공급 가스에 따라 조정된다. Freeman 이온 소스의 변형은 그림 12-11에 표시된 것처럼 전자 제한과 효율을 개선하기 위해서 접속용 구리줄 형태의 필라멘트와 negative로 대전된 반사재 극판을 사용하는 Bernas 이온 소스이다.

공급된 가스 분자는 전자의 충격(bombardment)으로 다른 이온 원소로 분리된다. 붕소

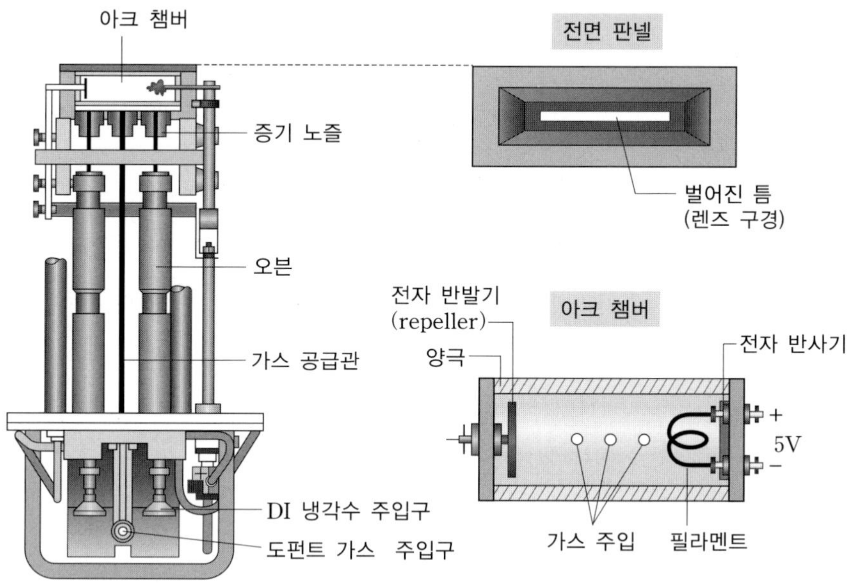

그림 12-11 Bernas 이온 소스 어셈블리의 개략도

이온을 얻기 위해 BF_3가 공급 가스로 보통 이용되는데, 붕소가 원소 형태로 존재할 때는 2000℃의 온도와 매우 낮은 증기 압력을 만족시켜야 하기 때문이다. BF_3는 또한 붕소보다 질량이 크고 확산도가 낮아 얕은 접합을 형성하는 데 선호되는 p형 도펀트이다. BF_3는 B^+, B_{10}^+, B_{11}^+, BF^+, BF_2^+, F^+, F_2^+와 같은 많은 다른 동위 원소로 분리된다. 웨이퍼로 주입되기 위해 요구되는 이온은 B^+ 이온이며, 분석기 자석을 통해서 빔이 통과할 때 선택된다.

RF(라디오 주파수) 이온 소스, 냉음극 소스, 극초단파(microwave) 이온 소스같이 대체할 수 있는 이온 소스들이 평가 중에 있다. RF 소스는 더 긴 이온 소스 수명과 더 높은 빔 전류의 가능성과 함께 더 차가운 플라스마를 발생하는 자기를 띤 환경에서 공급 가스 분자를 들뜨게 한다.

일반적인 주입기 추출(extraction) 시스템은 이온 소스 내에서 생성된 모든 양이온을 모아서 이온빔으로 만든다. 이온들은 이온 소스 내의 슬릿(slit)을 통해서 추출된다. 양이온들은 positive로 바이어스된 아크 방전실의 애노드와 반발하고, 그림 12-12에 표시된 것처럼 추출 어셈블리의 negative로 바이어스된 캐소드로 이끌린다.

양이온들은 각각 positive 전하를 가진 작은 자석과 같으므로 negative 전기장으로 끌려가는 것이다. 전기장이 클수록 이온은 더 빠르게 이동한다. 이온의 이동이 빨라지면 동시에 이온들의 운동 에너지는 높아지고 표면에 충돌할 때 웨이퍼 속을 더 빠르게 통과한다. 추출 전극의 negative 바이어스에 의해 플라스마 소스 내의 임의의 탈선 전자들도 반발할 수 있고, 빔 속으로 양이온을 형성한다. negative로 바이어스된 억제 전극(suppression electrode)은 이온빔을 효과적인 빔의 전송을 위한 병렬 빔으로 집중시키기 위해서 사용한다. 이런

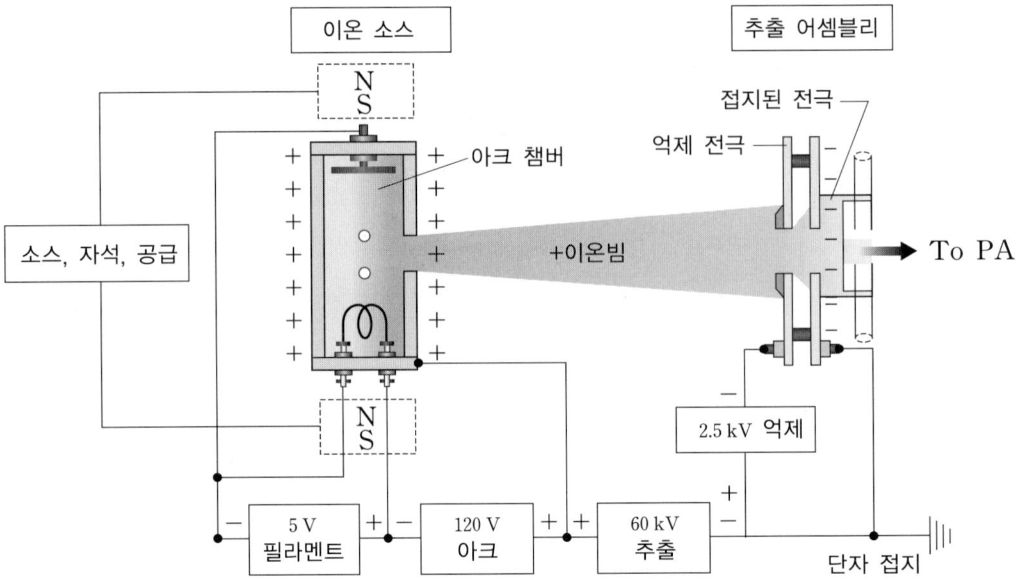

그림 12-12 추출 어셈블리와 이온 소스의 상호 작용

상태는 웨이퍼에 높은 빔 전류를 전송하기 위해서 중요하다.

이온들은 많은 다른 이온들을 포함하는 소스로부터 추출되며, 추출 전압으로 제공되는 가속도 때문에 비교적 높은 속도로 이동한다. 서로 다른 이온들은 이온빔 안에서 서로 다른 원자 질량 단위(amu)를 갖는다. 이온 주입기에서, 자석 이온 분석기를 통해 요구되는 도펀트 이온만을 다양한 종류의 이온 물질로부터 분리한다. 그림 12-13에 나타낸 것처럼 분석기 자석은 90°의 형태이다. 분석기 자석의 자기장은 이온들이 아크로 편향되는 원인이 된

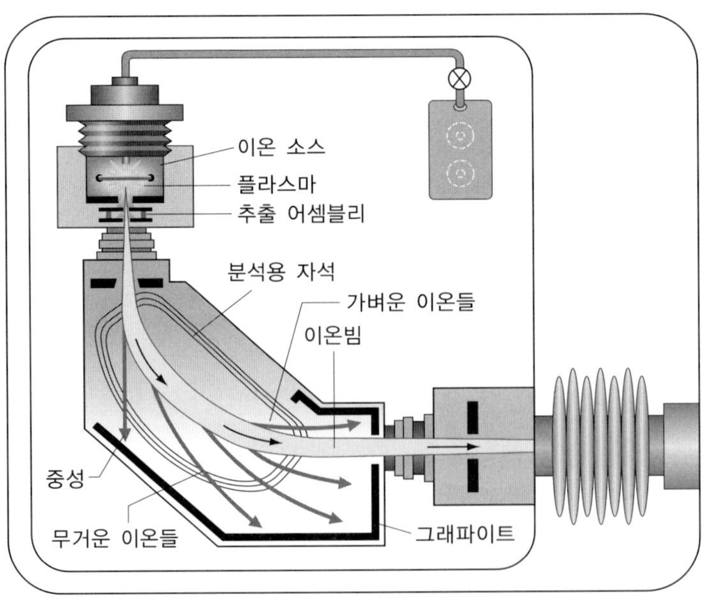

그림 12-13 분석기 자석

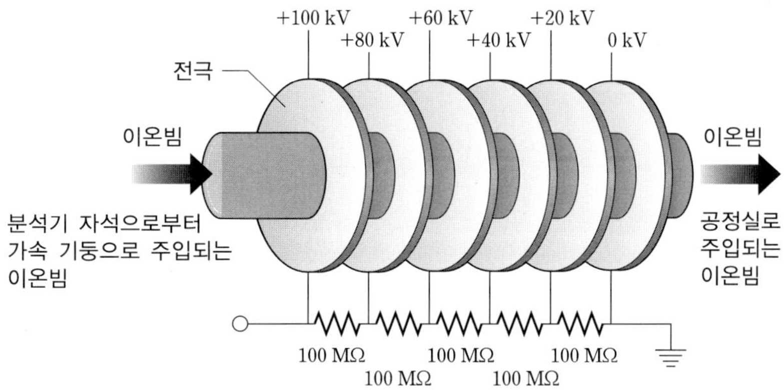

그림 12-14 가속 기둥

다. 이온은 자신들의 원자 질량 단위를 기본으로 이온 스펙트럼을 구성한다. 주어진 자기장의 세기에서 더 가벼운 이온들이 매우 쉽게 구부러지는 동안, 무거운 질량을 가진 이온들은 적당한 각도로 구부러질 수 없다. 그렇지만 적당한 자기장 세기에서 충분히 구부러져서 분석기 자석의 중심을 통과할 수 이온들이 있다.

이런 이온들이 바로 웨이퍼로 주입되도록 선택된 도펀트 이온들이다. 이온에 의해 형성된 아크의 반경은 각 이온의 질량, 속도, 자기장의 세기, 이온의 전자 전하량에 의존한다. 자기장의 세기는 도펀트 이온이 정확하게 원하는 경로로 이동할 수 있도록 조정된다. 이렇게 선택된 도펀트 이온은 다른 모든 이온들이 분석기 자석의 벽에 충돌하는 동안에 분석기의 끝에서 슬릿을 통해서 통과한다.

분석기 자석을 통과한 이온을 추가적으로 가속하기 위하여 양이온들은 가속 기둥(acceleration column) 내부의 전기장에서 가속된다. 이런 가속 기둥은 negative 전하를 증가시키는 절연체에 의해서 분리된 전극들이 직렬로 연결된 선형 모양으로 만들어진다. 양으로 대전된 이온이 가속 기둥에 들어가면 이온들은 가속되기 시작한다. 이런 방법에서 전극 어셈블리와 가속 기둥에서의 전체 전압 차이에 의해 도펀트 이온들이 가속한다. 전체 전압이 높아질수록 속도와 에너지도 높아진다. 더 낮은 빔 에너지가 극도로 얕은 주입을 위해 사용되는 반면에 높은 빔 에너지는 도펀트 이온들이 웨이퍼로 더 깊이 주입된다는 것을 의미한다.

가속 기둥의 후 가속기 성분(post-accelerator component)에서 발생하는 추가적인 빔의 집속(beam focusing)이 존재한다. 일반적으로 2 렌즈 시스템에서 4개의 원통형 전극을 기반으로 하는 사중 극자 렌즈 초점을 사용하며, 정전기 또는 자기 반발을 사용하여 이온빔을 집속된 원형빔으로 형성시킨다.

상업적인 고에너지 이온 주입기는 200 keV를 넘어 MeV 영역으로 들어가는 빔 에너지를

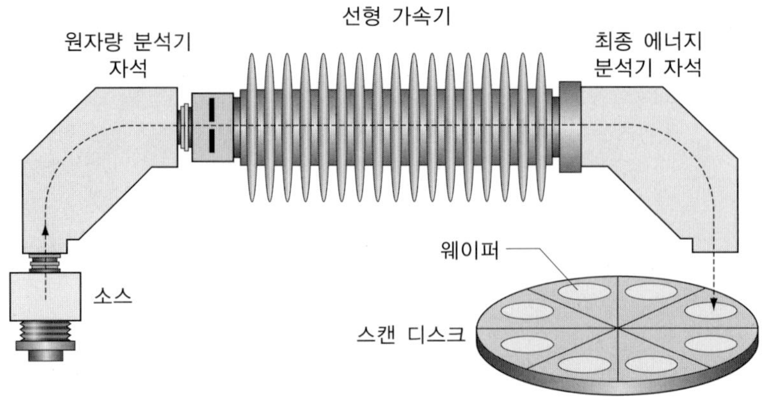

그림 12-15 고에너지 주입기를 위한 선형 가속기

얻고 고속으로 이온을 가속하기 위해서 선형 가속기 기술을 사용한다. 25 mA까지 증가하는 높은 빔 전류는 주입 시간을 감소시키고 웨이퍼의 처리량을 증가시킨다. 선형 가속기는 그림 12-15에서 보듯이 대략 10 kV의 고전압 전극과 접지된 사중 전극 집속 렌즈로 구성된다. 각 전극과 접지된 사중 전극 사이의 전압의 시간은 각 틈에서 도펀트 이온의 도달과 일치시키기 위해서 설정된다. 이온들은 틈을 통해서 가속되고 최종 에너지는 일반적인 빔선 가속 기둥의 최대 가속보다 20배만큼 더 증가한다.

이런 조건은 과도하게 높은 전압의 사용을 피할 수 있다. 선형 가속기는 또한 원하는 이온과 다른 이온의 질량은 감소시킴으로써 빔 오염을 제거하는 데 도움을 준다. 일반적인 bending 자석은 에너지 분석기로 작동하는 선형 가속기의 끝 부분에 위치하면서 순수하고 단일한 에너지를 갖는 빔으로 웨이퍼 주입에 사용되도록 한다.

매우 얇은 주입을 구성하기 위해서는 고전류와 낮은 에너지 빔의 개발이 요구된다. 이온들이 투영되는 영역이 타겟 웨이퍼의 얇은 부분이기 때문에 낮은 에너지 빔을 사용하여 이온을 저속으로 가속한다. 빔 사이즈는 제어하기 어렵고 보통 고전류는 낮은 에너지를 증가시키기 때문에 낮은 에너지로 가속되는 빔이 잘 집속된 우물을 유지하는 것은 어렵다. 볼링공이 볼링 레인의 도랑을 천천히 떨어지는 것을 상상하여 이를 시각화해보자. 볼링공은 직선으로 빠르게 굴러가는 것보다 측면의 홈(gutter)으로 방향을 더 쉽게 바꾸는 경향이 있다. 낮은(low) 에너지 빔에서 높은(high) 빔 전류를 구하기 위해서 사용되는 방법을 빔 감속(deceleration) 또는 decel이라고 부른다. 이런 접근법에서 빔은 고에너지에서 이온 소스로부터 추출되고 빔 전류가 손실되지 않은 채로 원하는 에너지로 감속된다. 빔 라인으로부터 멀리 떨어진 곳에 위치하는 전극은 초기의 추출 에너지로부터 이온을 감속시키기 위해서 사용된다. 이런 접근법에서는 만약 높은 에너지를 갖는 이온들이 웨이퍼를 통과하도록 관리된다면 빔의 에너지의 오염을 발생시킬 수도 있다. 감속의 조절을 위해서 짧은 빔 경로와

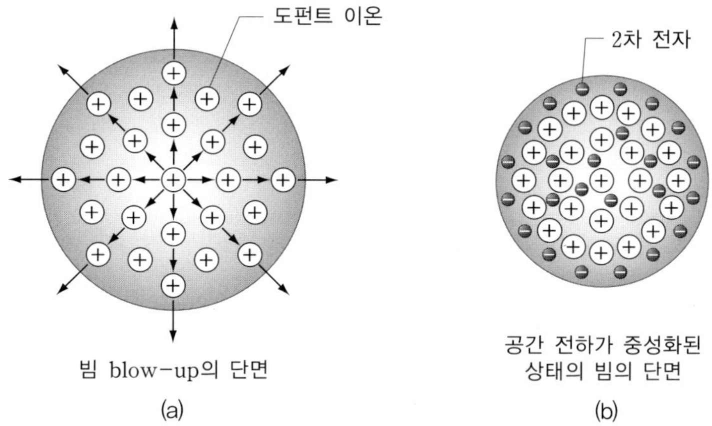

그림 12-16 공간 전하의 중성화

빔 전류를 최소화하도록 최적화된 차동 렌즈(differential lens)를 결합시킨다.

같은 극성을 갖는 전하들은 상호 척력(repel force)을 가지기 때문에 오직 양으로 대전된 이온빔은 불안정하다. 이런 조건은 불균일한 주입으로 인해 이온이 빔 라인 아래로 통과하도록 빔의 직경이 증가하는 것을 의미하는 빔의 blow-up 현상을 발생시키는 원인이 된다. 빔의 blow-up은 빔에서의 양이온들이 2차 전자와 중성화되는 공간 전하 중성화(space charge neutralization)를 만족하면 최소화된다. 고에너지 도펀트 이온들이 빔 라인을 따라서 통과하면서 그 표면을 지나갈 때 2차 전자들이 생성된다. 2차 전자들은 추출 전극과 가속이 포함되는 빔 경로를 따라서 전극이 음으로 바이어스되기 때문에 빔 라인 내에서 포획(trapped)된다. 2차 전자들은 음으로 바이어스된 전극판 사이에서 앞, 뒤로 튀게 되고 빔 라인에서 특정한 영역을 남기고 떠날 수가 없다. 포획된 전자들은 빔을 중성화시키도록 동작하고 그림 12-16에서 보듯이 빔의 blow-up을 감소시키거나 방지한다.

양으로 대전된 이온들의 빔은 10^{-6} torr보다 더 작은 진공에서 형성되지만 항상 잔류 가스 분자와 함께 존재한다. 도펀트 이온이 잔류 분자들과의 충돌에 의해서 전자를 얻을 때 빔에서는 중성 이온들도 형성되지만 전하의 부족 때문에 편향되지는 않는다. 중성 이온이 제거되지 않는다면 주입된다. 중성 빔 트랩은 빔 bending 전극을 사용하는 타겟 반응실 이전의 짧은 거리의 빔 라인에서 bend를 위치시킴으로써 구성된다. 중성 이온들은 bend에서 전극에 의해 편향되기 때문에 직진하며 접지된 컬렉터 전극에 충돌하게 된다.

이온 주입기의 목표는 오염과 에너지의 standpoint로부터 고도로 순수한 이온빔을 구성하는 것이다. 이런 순수한 빔은 타겟 웨이퍼 속으로 주입된다. 빔은 예정된 에너지 레벨에서 오로지 원하는 도펀트 이온만을 갖는다. 집속된 이온빔은 중간 형태의 주입기에서는 1 cm^2, 고전류 주입기에서는 3 cm^2로 작으므로 전체 웨이퍼를 커버하기 위해서는 반드시 스캔을 거쳐야 한다. 웨이퍼 스캐닝은 고정적인 웨이퍼 위로 빔을 이동시키거나 고정적인 빔 아래

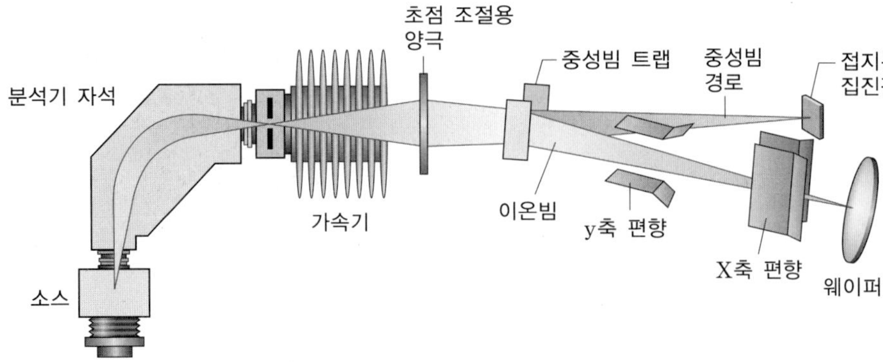

그림 12-17 중성 빔 트랩

로 웨이퍼를 이동시킴으로써 행해진다. 스캐닝은 조사량의 임계 부분에서 균일하고 반복적으로 수행한다. 일반적으로 낮은 전류에서 중간 전류의 주입기는 고정된 웨이퍼(와 이동하는 빔)를 유지하는 반면 고전류 주입기는 고정된 이온빔(과 이동하는 웨이퍼)을 유지하게 된다. 주입기에 사용되는 스캐닝(scanning) 시스템에는 정전 스캐닝, 메커니컬 스캐닝, 하이브리드 스캐닝, 평행 스캐닝이 있다.

정전 스캐닝(electrostatic scanning)은 그림 12-18에서 보듯이 X-Y 전극의 SET에 특정한 제어 전압을 인가함으로써 고정된 웨이퍼를 가로지르도록 이온빔을 편향시킨다. 전극의 한 쪽 측면의 극성이 negative가 되면 positive 이온빔은 그것을 향해 편향된다. 전극의 두 세트가 적절하게 위치하고 전압이 일정하게 가변되면 빔은 웨이퍼를 가로질러서 편향된다. 스캐닝의 이런 형태는 표면을 균일하게 코팅하기 위해서 스프레이가 앞뒤로 여러 번 작업을 행하는 곳에서의 표면 스프레이 painting과 비교된다. 정전 스캐닝은 빔이 웨이퍼를 가로질러서 x축으로 1초당 15,000번 이동하고 y축으로는 초당 1,200번 이동하면서 위아래로 스캔한다.

스캔이 실제로 정지하고 반대 방향으로 전환되는 웨이퍼의 바깥쪽 가장자리도 균일하게

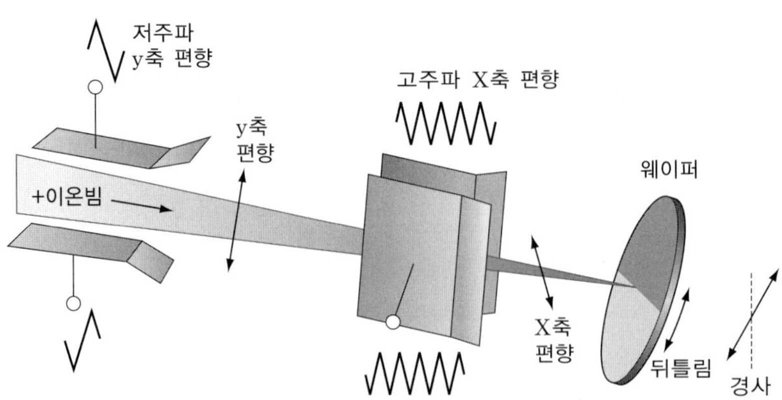

그림 12-18 웨이퍼의 정전 이온빔 스캐닝

스캔되도록 특별한 주의를 기울여야 한다. 정전 스캐닝 시스템에서는 웨이퍼가 원하는 접합 특성을 달성하기 위해 이온빔을 비틀어 구부리거나 기울기를 가지게 할 수도 있다. 일정 시간에서 단일 웨이퍼의 주입은 연속적인 공정으로 간주되고 일반적으로 저전류 주입과 중전류 주입에서 사용된다. 일반적인 저전류 주입 동작에서 웨이퍼는 일정한 조사량을 얻기 위해서 7초에서 10초간 스캔된다. 참고로 이와 동일한 빔의 편향법은 또한 정전(electrostatic) 스캐닝 대신에 전자장(electromagnetic field) 스캐닝에서 사용할 수도 있다.

웨이퍼는 정전 스캐닝이 진행되는 동안 잘 다듬어진 기계적인 어셈블리 없이 고정되기 때문에 입자의 오염 가능성은 없다. 이런 종류의 스캐닝의 또 다른 이점들은 전자와 중성자들은 편향되지 않고 빔으로부터 소거된다는 점이다. 주요 단점은 이온빔의 조사량이 웨이퍼에 수직으로 충돌하지 못하기 때문에 주입 음역(그림 12-19)이라고 하는, 마스크로부터 바람직하지 못한 그림자를 유발하여 이온빔의 주입을 부분적으로 차단한다는 점이다.

기계적인 스캐닝(mechanical scanning)에서는 이온빔이 고정되고 웨이퍼들이 빔을 통과하면서 기계적으로 이동한다. 고전류와 에너지에서는 정전 빔의 편향이 어려우므로 고전류 주입기에서 이런 방법을 일반적으로 사용한다.

빔의 사이즈는 폭이 1 cm, 높이가 3 cm 정도이다. 기계적인 스캐닝은 1000 rpm에서 1500 rpm으로 회전하면서 동시에 위아래로 이동하는 큰 바퀴 형태의 어셈블리 디스크의 외각 원주에 회전하는 다중의 웨이퍼를 고정하여 수행한다(그림 12-20).

디스크는 회전하고, 빔은 웨이퍼의 바깥쪽 가장자리로부터 웨이퍼의 안쪽 가장자리로 스캔하기 때문에 빔 역시 위아래로 움직인다. 디스크는 실리콘 격자의 간극 공간을 통해서 채널링되는 것을 방지하기 위해서 이온빔을 상대적으로 기울게 할 수 있다. 그림자로부터 임의의 불균일한 관계 부분을 빔이 용해하도록 웨이퍼를 이동시킨다. 기계적인 스캐닝은 매우 큰 영역을 뛰어넘어 빔 전력을 효율적으로 평균화할 수 있는 일괄적인 처리 공정이다.

장점은 이온빔 에너지로부터 웨이퍼가 덜 가열되게 하는 것이다. 기계적인 스캐닝의 처리량은 정전 스캐닝보다 우수하다. 그러나 기계적인 어셈블리로부터 전위적으로 더 많은 입자를 발생시킨다는 단점이 있다.

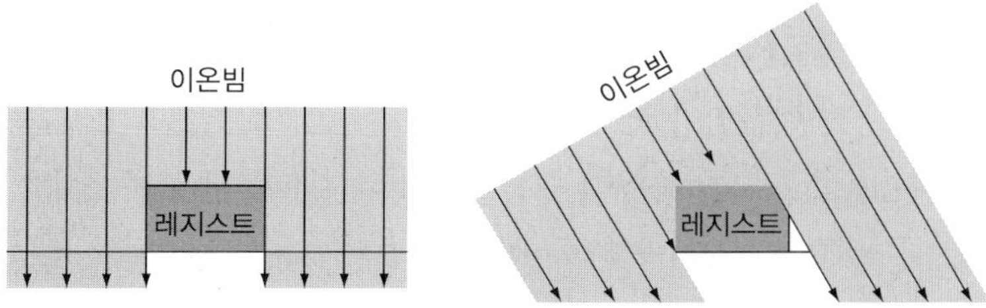

(a) 기울기가 없는 기계적 스캐닝 (b) 정상적인 기울기를 갖는 정전 스캐닝

그림 12-19 주입 음영

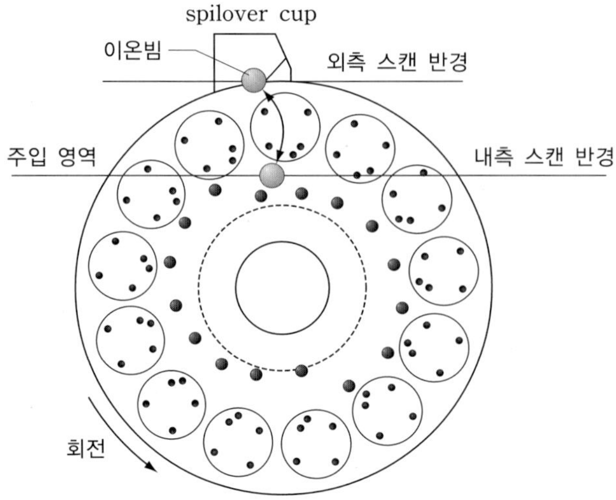

그림 12-20 주입되는 웨이퍼들의 기계적인 스캐닝

하이브리드 스캐닝(hybrid scanning) 시스템에서 웨이퍼들은 디스크에 놓여지고 y축에서 스캔을 위해서 회전된다. 빔은 x축 방향에서 정전적 혹은 전자기적으로 스캔된다. 이런 방법들은 일반적으로 단일 웨이퍼에서의 저전류에서 중전류 주입을 위한 일련의 공정에서 사용된다.

정전 스캐닝에서 빔은 웨이퍼 그림자 때문에 수직적으로 스캔되지 못한다. 평행 스캐닝(parallel scanning)은 그림자를 감소시키고 웨이퍼 표면에 대해 0.5° 이내에서 이온빔이 스캔함으로써 채널링하기 위해 사용되는 방법이다. 평행 스캐닝 법에서 빔은 정전적으로 먼저 스캔된다. 그런 다음 빔은 빔의 각을 교정해주는 자석의 다른 세트를 통과하고 결과적으로 웨이퍼 표면에 수직으로 충돌하도록 집속된다.

웨이퍼에 충돌하는 이온빔의 에너지는 열로 변환되고 웨이퍼의 온도를 높이는 원인이 된다. 웨이퍼 냉각(wafer cooling)은 온도를 제어하고 가열로 인해서 발생된 문제를 방지하며, 일반적인 웨이퍼의 온도 제어는 50℃ 이내이다. 만약 노출 온도가 100℃를 넘어선다면 포토레지스트는 부풀어 오르고 얇은 조각으로 떨어질 것이다. 또한 포토레지스트 벗김이 진행되는 동안 같이 제거하기가 어렵다. 이런 특성들은 특히 고전류 주입이 진행되는 동안 중요하다. 만약 웨이퍼의 온도가 300℃ 이상일 때는 소자의 전기적인 특성에 영향을 주게 된다.

주입이 진행되는 동안 이온빔이 웨이퍼를 때리고 일부 양이온들이 마스킹층에 축적되면서 웨이퍼를 대전(charging)시킨다. 이런 조건은 특히 고전류 주입에서 웨이퍼 위에 많은 양전하를 대전시킨다. 웨이퍼의 대전은 이온빔에서의 전하 균형이 변하도록 하고 웨이퍼의 기본적인 조사량을 변화시키기 때문에 빔의 blow-up을 유발한다. 웨이퍼 대전 효과는 표면 산화막의 손상 및 게이트 산화막의 손상(소자의 신뢰성 문제가 대두된다)도 포함한다. 웨

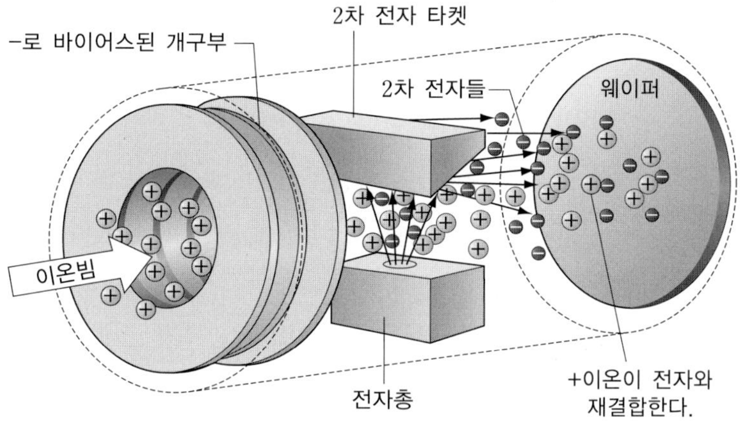

그림 12-21 웨이퍼의 대전을 제어하는 전자 샤워

이퍼의 대전 제어는 일반적으로 2차 전자 범람으로 알려진 전자들의 샤워(shower)를 이용하여 낮은 에너지를 갖는 전자들을 웨이퍼 표면에 범람시킴으로써 행해진다.

이런 방법에서는 수백 eV의 에너지를 갖는 1차 전자들은 이온빔 경로에 근접하게 위치한 타겟 웨이퍼에 직접 작용한다. 이런 1차 전자들이 타겟에 충돌하면 낮은 에너지를 갖는 2차 전자들은 이온빔에 포획되고, 결국 웨이퍼 표면에 증강된 양전하가 2차 전자에 의해 중화된다. 높은 에너지를 갖는 1차 전자들이 웨이퍼에 도달하지 않거나 게이트 산화막에서 손상이 발생될 수도 있다는 점이 중요하다.

지금의 웨이퍼 표면 대전 제어는 이온빔에 빠져들게 함으로써 수행되고 플라스마 전자 범람(flood) 시스템이라고 하는 고밀도 플라스마 환경에서 웨이퍼를 안정시킨다. 빔 경로와

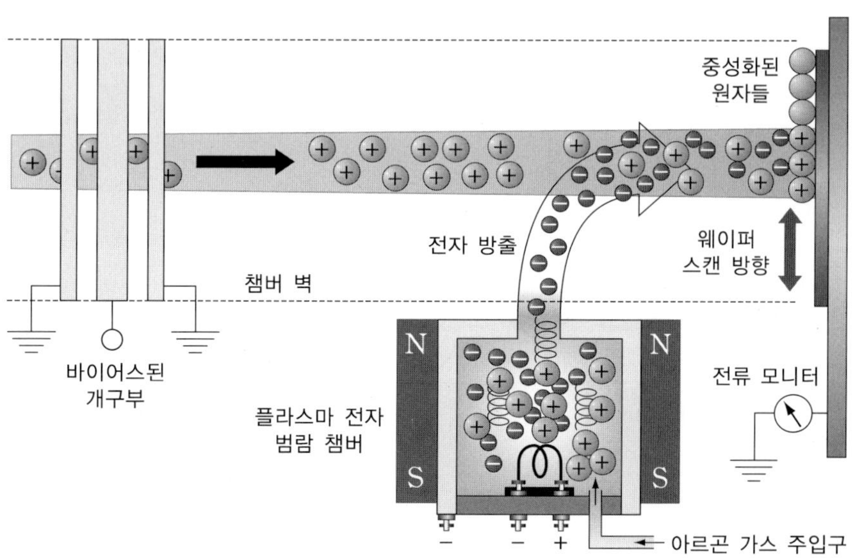

그림 12-22 웨이퍼 대전을 제어하기 위한 플라스마 범람

웨이퍼에 근접하게 위치되는 아크 반응실에서 유지되는 아르곤이나 자일론의 플라스마로부터의 전자 추출을 기초로 한다. 플라스마는 여과되어 오로지 2차 전자들만 웨이퍼 표면에 도달하여 증강된 양전하만 중화하도록 한다. 전자 샤워와 비교했을 때 플라스마 범람의 주요 이점은 플라스마에서 높은 에너지를 갖는 전자들이 생성되지 않으며 오직 낮은 에너지의 전하 에너지만 사용된다는 점이다. 플라스마 범람은 웨이퍼 전하의 증강과 손상을 효과적으로 감소시킨다.

이온빔은 공정 반응실에 위치한 웨이퍼 속으로 주입된다. 공정 반응실은 웨이퍼 조작 시스템, 탑재되지 않은 웨이퍼와 탑재된 웨이퍼를 위한 진공 부하 록을 갖는 종단 장치(end station), 스캐닝 시스템, 컴퓨터 제어 시스템을 포함하는 중요한 주입기 부속 어셈블리이다.

이런 방법에는 또한 조사량 감시와 채널 제어가 존재한다. 만약 기계적인 스캐닝을 위해서 사용된다면 종단 장치 역시 클 수 있다. 10^{-6} torr의 기본 압력에 도달하기 위해서 터보 펌프와 크라이오 펌프, 다중 러핑을 갖는 주입에서의 필요로 하는 진공으로 펌핑된다.

종단 장치에서 적재/비적재 시스템은 타겟 반응실에서 스캐닝 디스크와 입력 장치 사이에서 웨이퍼를 이동시키기 위해서 로봇 조작기를 사용한다. 카세트는 입력 선반(rack) 속으로 탑재되고 입력 반응실의 초기 밀봉을 위해서 로드락(load lock)을 사용한다. 저진공 펌프는 카세트 주위의 압력을 낮춘다. 압력이 충분하게 낮아지면 터보 펌프는 고진공에 이를 때까지 펌핑된다. 여기서 분리 밸브가 개방되고 로봇 메커니즘은 카세트를 주 타겟 반응실로 이동시킨다. 이후 로봇 조작기 시스템은 카세트로부터 웨이퍼를 이동시켜 스캐닝 디스크 위로 옮긴다. 웨이퍼는 항상 초기 정렬을 위해 디스크에서 적절한 웨이퍼의 방위(orientation)

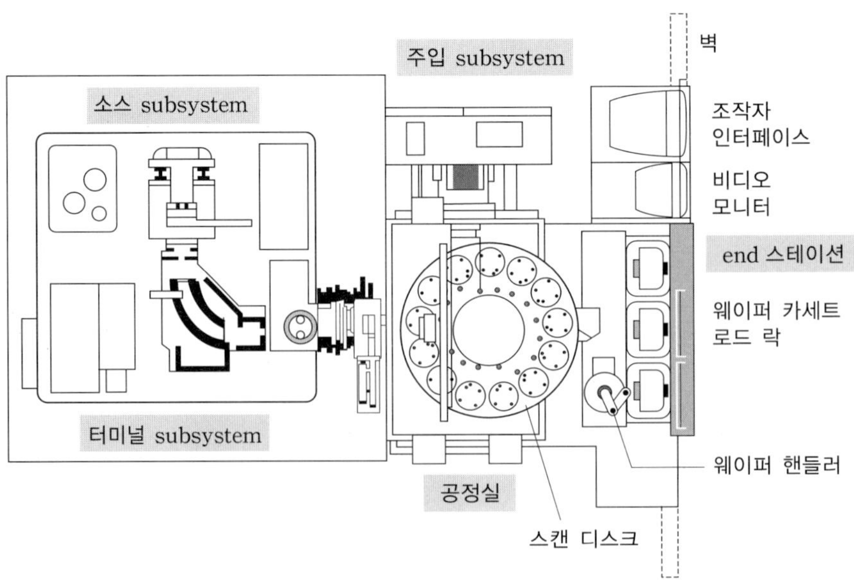

그림 12-23 주입기 공정 반응실의 웨이퍼 조작기와 이온 주입기의 end station

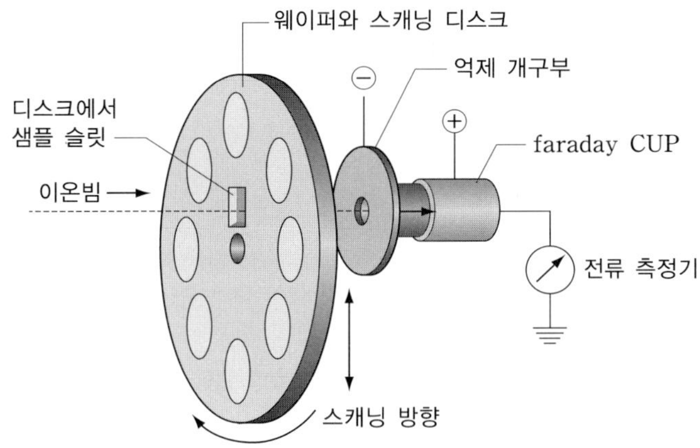

그림 12-24 이온빔 전류 측정을 위한 Faraday Cup

를 만족하기 위해서 새김(notch)이나 웨이퍼의 평면도를 사용하게 된다. 모든 시스템은 정보의 유지관리 및 진단을 포함하는 컴퓨터를 통해서 기술자에 의해서 접근된다.

이온 주입기에서 실시간 조사량 제어는 웨이퍼에 충돌(impinging)하는 이온빔을 측정하여 수행된다. 빔 전류는 Faraday cup이라고 부르는 센서를 통해 측정된다. 간단한 Faraday 시스템에서 전류 감지기는 이온빔 전류를 측정하기 위해서 이온빔의 경로에 설치된다. 이온빔이 타겟과 상호 작용을 일으키고 2차 전지를 생성하여 잘못된 빔 전류를 측정하게 만들기 때문에 이런 배치에는 문제점이 있다. Faraday 시스템은 그림 12-24에 표시된 것처럼 진짜 이온빔 전류를 측정하기 위해서 전기적인 바이어스나 자기장으로 2차 전자를 억제할 수 있도록 설계된다.

Faraday cup으로부터 측정된 빔 전류는 전자 조사량 제어기 속으로 입력된다. 전자 조사량 제어기는 지속적으로 측정된 이온빔 전류를 더하는 전류 집적기의 기능을 갖는다. 조사량 제어기는 설정된 특정 조사량 값에 도달하기 위한 전체 시간을 계산하고, 경과된 시간 및 가산된 빔 전류와 상호 작용을 한다.

이온 주입은 원자가 격자 구조 밖으로 나오도록 실리콘 격자를 때림으로써 격자에 손상을 준다. 높은 조사량으로 주입된 층은 실제로 비정질이 된다. 더욱이 주입된 이온들은 격자 외부의 틈새 위치에 정지하는 대신 실리콘의 격자 구조 위치로 들어가지 않는다. 이런 격자 사이의 도펀트들은 고온의 어닐링 단계에 의해서 활성화될 때까지 전기적으로 비활성화된 상태이다. 어닐링은 원자를 결정 격자 위치로 이동시킴으로써 도펀트를 전기적으로 활성화시키고 실리콘 기판을 가열하여 결정 라인의 손상을 복구(수리)한다. 손상의 복구는 약 500℃에서 행해지고 도펀트는 약 950℃에서 활성화된다. 도펀트의 전기적 활성화는 시간과 온도의 함수로 주어진다. 시간이 길어지고 온도가 높아질수록 도펀트가 더 많이 활

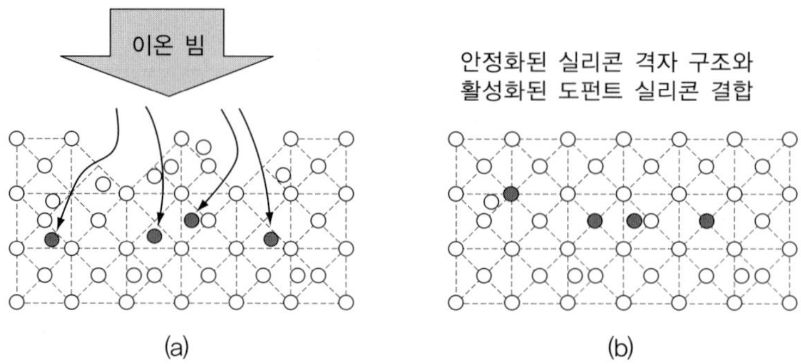

그림 12-25 실리콘 결정의 어닐링 (a) 이온 주입이 진행되는 동안 발생하는 실리콘 격자의 손상 (b) 어닐링 이후의 실리콘 격자 구조

성화된다. 주입된 웨이퍼의 어닐링을 위한 가열에는 공정실 어닐링(furnace anneal)과 급속 열처리 어닐링(RTA: rapid thermal anneal) 두 가지 방법이 사용된다.

공정실 어닐링은 대략 30분 동안 800~1000°C의 뜨거운 공정실 안에서 웨이퍼를 가열하는 일반적인 어닐링 방법이다. 이런 온도에서 실리콘 원자들은 다시 격자 위치로 되돌아가고 도펀트 원자들은 격자 내의 대체 위치로 들어가 치환된다. 이런 시간과 온도에서의 어닐링 사이클은 도펀트가 과도하게 확산하는 원인이 되기 때문에 개량된 IC 웨이퍼 제조에는 바람직하지 않다.

RTA는 일반적으로 1,000℃의 설정 온도에서 지극히 빠르고 짧은 시간에 웨이퍼를 어닐링한다. 주입된 웨이퍼의 어닐링은 반응실로 흘러가는 아르곤과 질소에 의해 급속 열처리 공정을 갖는 단일 웨이퍼에서 행해진다. 빠른 기울기 비와 짧은 실제 머무름 시간은 격자의 손상을 복구하면서도 실리콘에서의 도펀트 확산을 최소화한다. 도펀트는 전기적으로 활성화하기 위해서 웨이퍼를 어닐링하기 위해서 최적화된다. RTA는 또한 전이 강화 확산(TED: transient enhanced diffusion)이라고 알려진 현상을 최소화한다. RTA는 얇은 주입에서 적절한 접합 깊이를 제어하기에 최적화된 어닐링 방법이다.

조사는 RTA를 위한 스파이크 어닐링에서 행해진다. 온도의 기울기는 150℃에 도달하도록 빠르게 증가한다. 이런 속도는 약 1초 동안에 시간 감소를 흡수하도록 허용한다. 기울기가 진행되는 동안 많은 열적 노출이 발생하기 때문에 스파이크 어닐링이 진행되는 동안 기울기 비를 균일하게 하는 것이 중요하다. RTA 장비의 설계는 이미 앞에서 언급된 것처럼 급속 열처리 공정과 유사하다. 다양한 가열 방법이 사용되며 일반적으로는 웨이퍼의 양쪽 측면에 위치한 텅스텐 할로젠 램프로 가열한다. 다중 광학 파이로미터가 균일도를 만족하기 위해서 웨이퍼 전반의 온도를 측정하기 위해서 사용된다.

이온 주입 후 어닐링 단계에서 발생되는 TED(transient enhanced diffusion)라고 불리는 도펀트 확산은 최근에 발견되었다. TED는 실리콘에 주입된 도펀트 이온의 여분의 틈새 원

그림 12-26 〈110〉 축에서 바라다본 실리콘 결정 구조(출처: © Artem Ogurtsov/Shutterstock)

자들에 의해서 발생하지만 실리콘 손상과 직접적인 연관은 없다. TED는 모든 도펀트의 확산을 최소화해야 하는 매우 얇은 접합의 형성에서 중요하다.

단결정 실리콘 원자는 넓은 지역의 결정 속에 수평하게 평면으로 정렬되어 있다. 채널링은 주입된 이온들이 실리콘 원자와 충돌하여 느려지거나 결정의 틈새 지역을 통과할 수 있게 해준다.

채널링에서 바람직하지 않은 점은 특히 낮은 이온빔 에너지를 이용하는 얕은 주입인 경우 예상되는 투영 영역이 매우 넓게 퍼져 있다는 것이다. 격자 채널을 통해서 지나가는 도펀트 이온들은 전자 정지 및 핵 정지와 만나지 않는다. 따라서 이온들은 격자 원자들에 의해 정지되지 않고 더욱 깊게 주입된다. 주입이 진행되는 동안 채널링은 웨이퍼 기울임, 스크린 산화층, 실리콘의 preamorphization, 큰 원자 질량 단위와 낮은 확산도를 갖는 도펀트의 사용 같은 네 가지 방법으로 제어된다.

이온 주입이 진행되는 동안 채널링을 감소시키기 위해서 가장 널리 사용되는 방법은 웨이퍼 기울임이다. 이 방법은 빔의 입사각에 대한 웨이퍼의 방위와 관계를 갖는다. 일반적으로 <100> 웨이퍼의 각은 수직으로부터 7°이고 실리콘으로 들어가는 도펀트 이온의 짧은 거리 이내에서 충돌의 발생이 보장된다. 기울임 각은 스캐닝 공정이 진행되는 동안 설정된다. 그림 12-27에 표시된 것처럼 주입되는 이온에서 투영되는 범위를 우수하게 제어하기 위한 빔을 입사시키기 위해서 밀집된 방위를 갖는 결정 격자를 표시한다.

기울임이 채널링을 감소시키는 데 작은 효과를 갖는, 지극히 얕은 접합에서 1 keV보다 작은 낮은 에너지를 갖는 경우 채널링 동작이 달라진다는 점을 유념하라. 경우에 따라서는 웨이퍼 표면을 수직 평면에서 회전시키거나 뒤트는 것도 요구된다. <110> 결정의 방위인 경우 15°에서 30°의 웨이퍼 뒤틀림은 채널링 감소를 도와준다. 얕은 소스/드레인 확장의 고전류 주입이 이루어지는 상황에서는 얕은 깊이를 얻는 포토레지스트 마스크 아래에서 높은 주입각이 필요하다. 최근의 직렬 공정 주입기들은 두 축에 대해 웨이퍼 기울임을 ±60° 이상으

그림 12-27 이온 주입각과 채널링(출처: © Artem Ogurtsov/Shutterstock)

로 크게 허용하도록 설계된다. 이것은 웨이퍼 특성 아래에 대한 주입을 허용하며, 트렌치 측벽 도핑에도 이용된다. 트렌치 측벽 도핑은 측벽을 따라서 전도성 커패시터 전극을 구성하기 위해서 DRAM 커패시터 전지와 같은 응용에 이용된다.

이온 주입 이전에 웨이퍼 표면에는 경우에 따라서 10 nm에서 40 nm 정도의 얇은 스크린 산화막이 성장하거나 증착된다. 이런 층은 주입 공정에서 증착된 다음 제거되는 희생 산화물로 여겨지기도 한다. 이런 비정질 산화막을 통한 주입은 채널링 효과를 감소시키기 위해서 실리콘 격자 속으로 들어가는 이온의 방향을 무작위로 발생시킨다. 무작위는 SiO_2 분자에서 도펀트 이온 충돌로 인해 발생한다. 관련된 연구를 통해 스크린 산화막이 항상 채널링 감소에서 효과적이지는 않다는 것과 조사량의 균일성 문제를 일으킨다는 것을 알아내었다. 스크린 산화막이 성공적으로 채널링을 제어할 수 있도록 영향을 미치는 변수들은 주입 에너지, 도펀트 종, 막의 두께, 입사되는 이온빔의 방위 등이다.

개선된 채널링 감소 기술은 Si^+로 전기적으로 비활성화 이온을 갖는 단결정 실리콘 격자의 사전비정질화(preamorphization)이다. 이런 단계는 주입되기 전에 행해지고 실리콘 표면의 얇은 층의 단결정 구조를 파괴하기 위해서 사용된다. 비정질 결정 구조 속으로 도펀트 이온을 연속적으로 주입시켜 채널링을 최소화한다. 주입으로 인한 격자 손상은 열적 어닐링으로 교정된다. 관련된 연구는 preamorphization이 1 keV 아래의 에너지 레벨의 얕은 프로파일에서 특히 중요하다는 것을 보여준다. preamorphozation의 가장 큰 단점은 주입 단계가 추가되므로 생산 주기 시간이 길어진다는 것이다.

이온 주입은 입자 오염에 민감하다. 웨이퍼 표면에 위치한 입자들은 입사 이온빔을 차단하며 부적절한 주입을 초래한다. 고전류 주입은 빔 라인 성분들의 부식으로 인해 더 많은 입자를 생성한다. 주입기 공급업자들은 입자 형성을 최소화하고 고전류 빔으로부터 고온을 감소시키기 위해서 타겟 반응실을 설계한다.

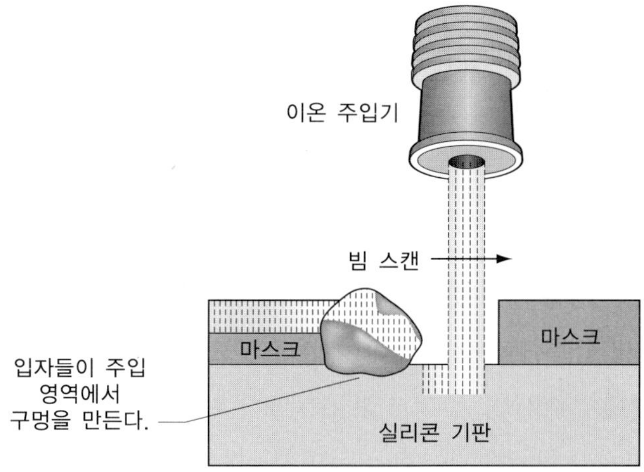

그림 12-28 입자 오염으로부터 이온 주입 손상

12-5 CMOS 제조공정에서의 이온 주입

CMOS 소자 제조공정에는 그림 12-29의 깊은 매몰층(deep buried layers) 공정 외에도 퇴보된 우물(retrograde wells), 펀치스루 정지기(punchthrough stoppers), 문턱 전압 조절(threshold voltage adjustment), 가볍게 도핑된 드레인, 소스/드레인 주입, 폴리실리콘 게이트, 트렌치 커패시터, 매우 얕은 접합, 실리콘 절연체 등과 같은 다양한 형태의 주입 공정이 진행된다. 200 keV 이상의 높은 에너지를 갖는 이온 주입기를 이용해서 실리콘에 주입되는 깊게 매몰된 층과 퇴보된 우물들이 CMOS 소자 속에 생성된다. 3중 우물은 개선된 소자 성능과 패킹 밀도를 위해서 표준의 n-퇴보된 우물과 p-퇴보된 우물 밑에 매몰되는 주입된 층을 갖는다.

매몰층은 CMOS 회로에서 신뢰성 문제로 래치업(latchup) 회로를 제어하기 위해서 중요

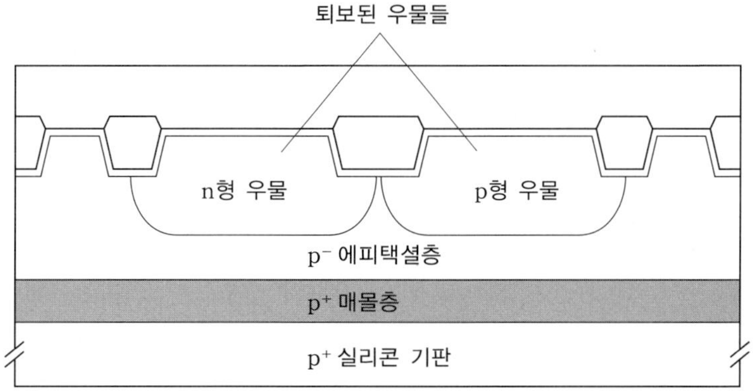

그림 12-29 매몰된 주입 층

하다. 래치업(latchup) 회로는 일반적으로 웨이퍼의 표면에 에피층이라고도 하는 에피택셜 막을 사용해서 제어된다. 낮은 저항 에피층은 접지된 평면에서 효과적으로 전류를 분류(shunts)한다. 에피층은 또한 불순물 게터(getter)로써의 역할도 한다. 에피층 기판의 큰 비용 때문에, 전류의 분류 및 불순물 게터링을 대체하기 위해 이온 주입으로 형성된 높은 조사량의 매몰층에 대한 관심이 증가했다.

우물은 MOSFET와 같은 활성 소자들로 구성되는 확산 영역이다. n형 또는 p형 MOS 트랜지스터는 반도체 접합을 구성하기 위해서 반대의 전도성을 가진 우물로 대체된다. 항상 실리콘 웨이퍼 표면에서 확산 및 도펀트 프로파일이 최대 농도를 갖는다. MOS 소자를 위한 의미있는 대안 설계는 어떠한 깊이(예를 들면 웨이퍼 표면 아래에서 수 μm)에서 최대 주입 도펀트 프로파일로 매몰되는 퇴보된 우물이다. 이런 특성을 그림 12-30에 나타내었다. 퇴보되는 우물의 또 다른 용어는 수직으로 조정된 우물이다.

퇴보되는 우물은 래치업과 펀치스루 같은 문제에 대해 트랜지스터의 면역을 향상하기 위해 높은 도펀트 농도 깊이를 발생시키는 고에너지 주입으로 형성된다. 또한 DRAM 또는 EEPROM 회로 같은 추가적인 소자의 절연을 이루기 위해 3중 우물 구조를 가지는 몇몇 응용 방법도 있다.

짧은 채널 길이를 가진 초미세의 소자에서는 펀치스루 정지기의 주입이 필수적이다. 펀치스루는 바람직하지 않은 누출 전류와 소자의 고장으로 채널이 짧아진 상태를 말한다. 채널 길이가 감소하거나 채널의 드레인 끝에서 높은 전기장이 발생되면 펀치스루가 발생한다.

n 채널의 경우, 소스에서 드레인까지 이동하는 전자들은 강력한 충돌과 높은 전장에 의해서 가속되고 자유 전자와 함께 정공 쌍을 생성한다. 이 동작으로 인해 가볍게 도핑된 채널 영역을 길게 연장하는 드레인 필드가 생성될 수도 있으며 소스 영역 필드에 접촉되고 펀치스루를 유발한다. 펀치스루 정지기의 주입은 우물 도핑을 주의 깊게 수정하기 위해서 소스 및 드레인과 인접한 활성 채널 바로 아래에 도펀트를 배치하고, 소자가 동작을 위해서

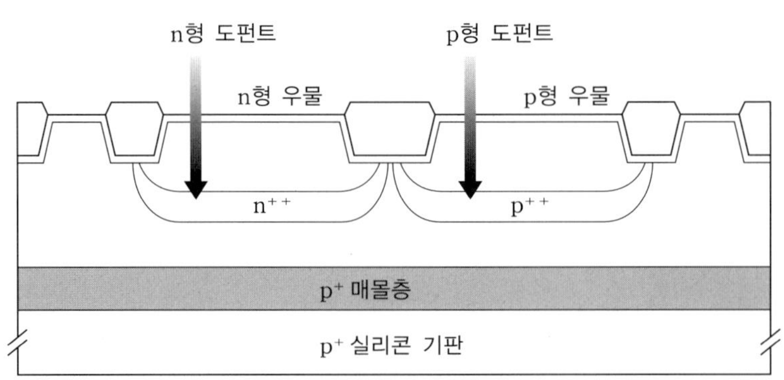

그림 12-30 퇴보되는 우물

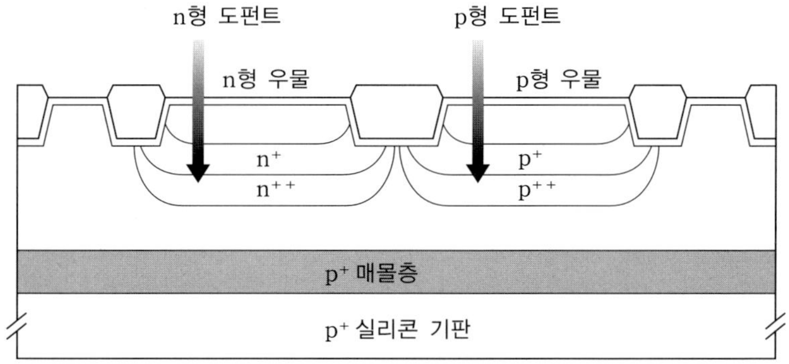

그림 12-31 펀치스루 정지

바이어스될 때 가볍게 도핑된 채널 속으로 드레인 공핍 영역이 확장되지 못하게 한다. 배치의 정확한 조절과 정지기 주입의 조사량은 n 채널 소자를 위해서 사용된 붕소(B) 주입과 p 채널 소자를 위해 사용하는 인(P)처럼 필수적이다.

MOS 트랜지스터는 소스, 드레인, 게이트의 세 부분으로 구성된다. 게이트에 인가된 전압에 의해서 트리거(triggered)될 때 게이트 아래의 채널 영역이 전도성으로 되기 전에는 소스와 드레인 사이에 전류가 흐르지 않는다. 문턱 전압 V_{TH}는 증가형 모드 트랜지스터를 턴온(turn on)시키는, 소스와 드레인 사이에 전도성의 채널을 형성하기 위해서 요구되는 전압의 크기이다. V_{TH}는 채널 영역의 도펀트 농도에 매우 민감하다. 소자의 최적 성능을 위해 요구되는 도펀트 농도의 채널 영역을 조절하기 위해 실리콘층 아래에 도펀트가 주입된다. 이를 MOS 게이트 문턱 전압 주입 조정이라고 하고, 소자의 성능에 대해 기본적이고 중요한 파라미터이다. 이런 조정을 설명하기 위해서 V_{TH}를 조절하려고 n 채널 지역에 주입하는 붕소 같은 p형 도펀트의 예를 들어보자.

p형 도펀트 농도의 증가는 필요한 V_{TH}의 변화를 가져온다(예를 들면, 0.9 V에서 1.0 V까지 V_{TH} 증가). 이온 주입을 가진 문턱 전압 조절은 균일하고 반복적인 도펀트 농도를 발생시키는 주입 능력 때문에 웨이퍼 제작에서 주입기가 가장 널리 사용되는 이유이다.

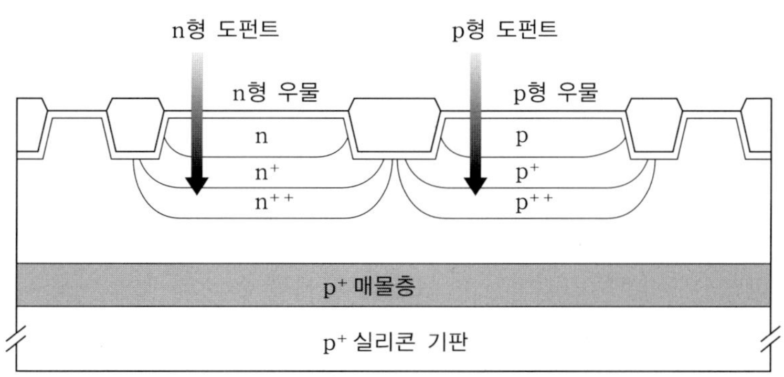

그림 12-32 문턱 전압 조정을 위한 주입

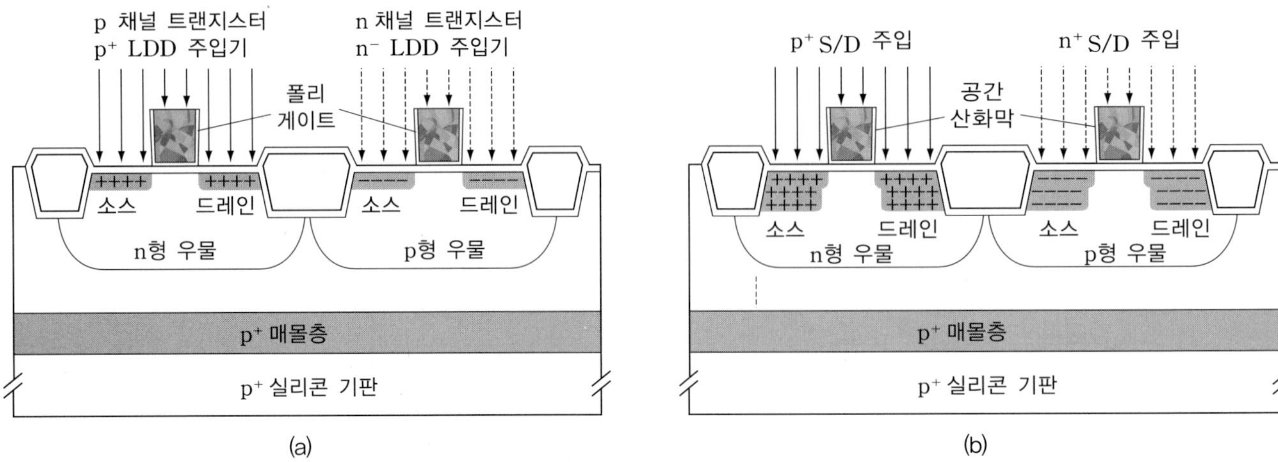

그림 12-33 소스/드레인 구성 (a) p^-와 n^-로 가볍게 도핑된 드레인 주입(분리된 두 개의 동작을 수행) (b) p^+와 n^+로 도핑된 소스/드레인 주입(분리된 두 개의 동작 수행)

가볍게 도핑된 드레인 주입은 그림 12-33에서 보듯이 MOS 트랜지스터의 소스와 드레인 영역을 정의할 때 사용된다. 이런 영역의 형태는 간혹 소스/드레인 확장이라고 언급된다. μm급 소자의 스케일링을 위해서 차원 감소를 달성할 필요가 있다. 주입은 소스/드레인 영역에서 도펀트 농도를 점진적으로 제공하기 위해서 게이트 아래 채널 영역의 가장자리에 LDD 도펀트를 위치시킨다.

LDD는 채널 가장자리의 경계면 영역에서 수평과 수직의 복잡한 프로파일을 생성한다. nMOS와 pMOS 트랜지스터의 LDD 주입은 두 개의 분리된 마스크와 주입 조정에서 발생한다. 각각의 MOSFET의 게이트는 형성되는 소스와 드레인의 얕은 접합처럼 주입된다.

n^+ 혹은 p^+라고 부르는 높은 조사량 소스/드레인 주입으로 수행되는 게이트 구조로 정렬되는 중간 조사량에서 낮은 조사량에 의해서 구성된다. 소스/드레인 주입은 그림 12-33에서 보듯이 두 개의 주입 사이에 형성된 산화물 측벽 공간에 의해서 게이트와 정렬된다. 만약 LDD가 형성되지 않는다면 높은 전기장들은 정상적인 트랜지스터 동작이 진행되는 동안 접합과 채널 영역 사이에서 존재할 것이다. 소스에서 드레인까지 이동하는 동안 높은 전기장에 노출되는 전자들은 이런 높은 전기장에 의해서 가속된다. 에너지를 갖는 전자 충돌은 자유 전자와 정공 쌍을 생성한다.

열전자(hot electrons)들은 게이트 산화막층에서 포획되고 소자의 게이트 문턱 전압 조절을 방해하는 것과 같은 전기장과 전기적인 성능 문제들로부터 에너지를 얻는다. LDD는 S/D 영역에서 강한 도핑(10^{20}~10^{21} atoms/cm^3)과 게이트 아래의 채널 영역에서 약한 도핑(10^{16}~10^{17} atoms/cm^3) 사이의 점진적인 수평 도펀트 농도의 경사를 생성한다. LDD의 약한 도핑은 접합과 채널 영역 사이의 전기장의 세기를 감소시킨다. 이런 기술은 접합에서 최대

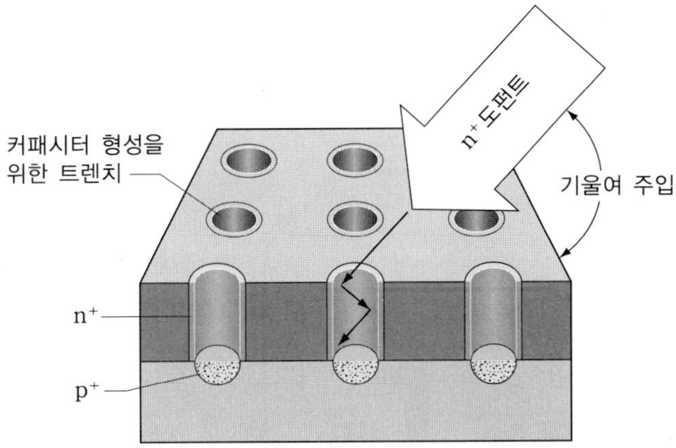

그림 12-34 트렌치 커패시터의 수직 측벽의 도펀트 주입

전기장 위치로부터 채널에서 최대 전류의 경로를 분리시켜 열전자들의 생성을 피한다.

강하게 도핑된 영역의 소스/드레인 주입은 MOS 트랜지스터의 가볍게 도핑된 활성 채널과 우물 영역의 경계를 갖는다. 소스/드레인 영역은 그것들을 둘러싸고 있는 우물과 반대의 전도성 형태를 가지도록 도핑된다. n 채널 트랜지스터를 위한 n형 소스/드레인을 구성하기 위해서는 비소 주입을 보통 사용하고 붕소나 BF_2의 주입은 보통 p 채널 트랜지스터를 위한 p형 소스/드레인을 구성하기 위해서 사용한다. 도핑 배치의 우수한 조절로 주입을 사용함으로써 채널 영역의 소스/드레인 도펀트 이온의 측면 확산을 최소화한다.

폴리실리콘 게이트(폴리게이트)는 전도성을 보이도록 도핑돼야 한다. 폴리게이트 도핑은 확산이나 이온 주입으로 이루어진다. 제작의 편리함을 위해서 게이트 패턴화 공정에 앞서서 증착되는 폴리실리콘막을 p 채널과 n 채널 모두 n^+ 도펀트로 도핑한다. 이런 도핑은 짧은 채널 길이를 가진 0.25 μm 이하 소자에서는 어떠한 전기적 성능 문제로 나타날 수 있다. 이런 문제를 해결하기 위해 더 광범위하게 사용되는 방법은 이중의 폴리실리콘 게이트 구조로 알려진 n 채널을 위해 n^+ 도펀트를 보충하기 위해 p 채널 소자를 위한 분리된 p^+ 도핑 게이트를 생성하는 것이다. 이런 소자를 제조하기 위해 각 소자 형태의 소스와 드레인이 주입될 때 도핑되지 않은 폴리게이트는 먼저 패턴화된 다음에 도핑된다. 적절한 기능을 갖는 이런 설계를 위해서 도핑된 폴리게이트는 충분하게 활성화되어야 한다. 그렇지 않으면 공핍층은 폴리/산화물 경계면에서 구성될 수 있고 소자 성능에 반대로 영향을 미친다. 2개의 다른 도펀트 영역들 사이의 도펀트 수평 확산은 또한 이중의 폴리실리콘 게이트 구조에 관여하고 더욱 임계적인 열적 비용을 만들게 된다.

트렌치 커패시터는 DRAM 메모리 셀 크기의 축소 때문에 평면의 저장 커패시터로 대체되었다. 트렌치 커패시터는 실리콘 속으로 트렌치를 건식 식각함으로써 구성되는 3차원 소자이다. 충분한 커패시턴스를 얻기 위해 대략 10^{19} atoms/cm^3의 도핑 레벨을 갖는 아주 얇은

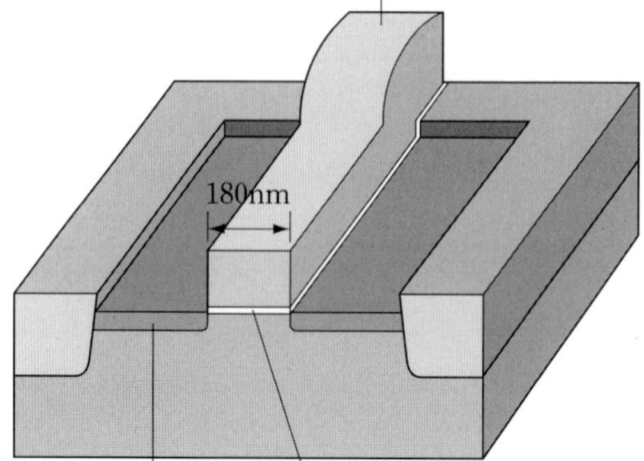

그림 12-35 매우 얕은 접합

층이 트렌치에 증착되는 절연체로 커패시터의 수직 측벽에 위치된다. 주입각을 갖는 이온 주입은 커패시터 측벽에 도핑되기 위해서 사용된다. 주입의 실제 각은 트렌치의 외관비에 의존한다. 트렌치 격리를 구하는 어떤 응용에서 주입을 사용할지도 모르는 다른 3차원의 구조들도 있다.

고속 동작과 고밀도 집적으로 칩 성능을 개선하기 위해서는 MOS 소자의 채널 길이의 감소가 필요하다. 이와 더불어 소자의 전기적 성능이 유지되어야 하기 때문에 중요한 소자 요소들 역시 채널 길이와 함께 적절하게 축소되어야 한다. 그림 12-35에서 보듯이 소스와 드레인의 접합의 깊이는 짧은 채널 길이로 축소되기 때문에 매우 얕은 접합이 구성된다. 매우 얕은 접합 깊이 범위는 0.18 μm 기술 노드에서는 54±18 nm, 0.10 μm 기술 노드에서는 30±10 nm이다. 그렇기에 신중하게 수평의 도펀트 프로파일을 제어하는 것이 필요하다. 매우 얕은 접합은 높은 빔 전류-낮은 에너지 주입기를 사용해서 주입된다.

큰 질량은 채널링을 최소화함으로써 깊이 제어에서 도움을 주기 위해서 비정질층을 구성한다. 붕소는 질량이 낮아서 더 많은 채널링 효과를 유발하며 비정질층을 쉽게 구성하지 못하고, 접합 깊이 제어가 어렵기 때문에 얕은 p형 접합의 구성이 더욱 어렵다. 이런 문제점을 극복하기 위해 실리콘은 BF21과 같은 무거운 분자로 주입되거나 사전비정질화될 수도 있다.

개선된 웨이퍼 제작에서 보다 중요하게 인식되고 있는 수직 소자 절연의 형태는 실리콘 절연체이다. SOI 기술은 실리콘 표면에 효과적으로 소자들을 고립시키는 실리콘 내부의 매몰된 절연체층(oxide)을 기반으로 한다. 그것은 1970년대에 개발되었지만, 공정의 복잡성과 비용 때문에 널리 사용되지는 못했다. SOI는 핫 캐리어(hot carrier)를 최소화하기 위해서

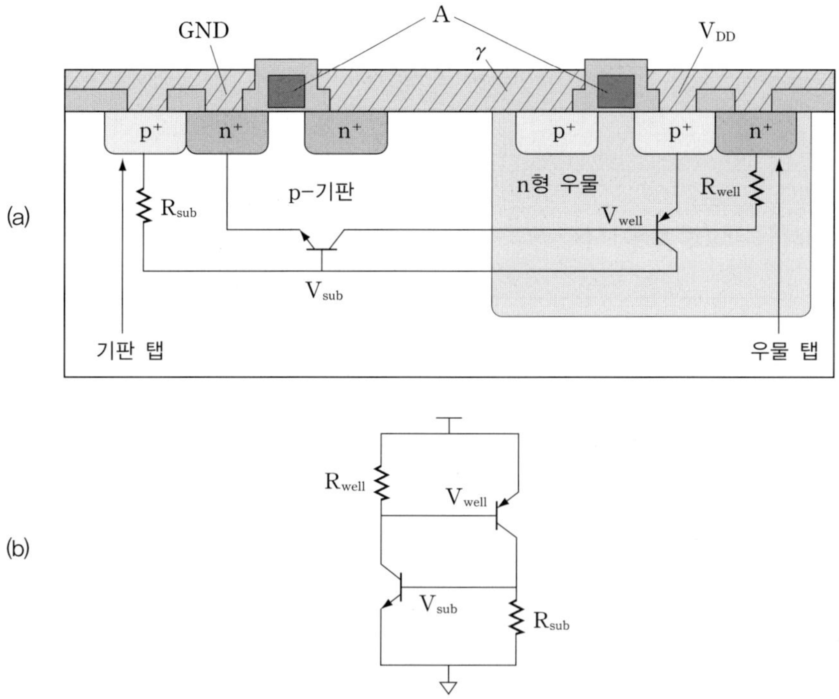

그림 12-36 CMOS 소자의 래치업 현상

감소되는 전기장과 기생 커패시턴스의 감소, 래치업의 완전한 제거를 포함하는 깊은 초미세 CMOS 응용에 있어서 몇몇 이점을 제공한다.

SOI와 기존의 대형 CMOS 기술의 근본적인 차이점은 트랜지스터의 소스, 드레인, 그리고 바디가 전도성을 갖는 기판 혹은 우물 대신 절연체인 산화막에 의해 둘러싸여 있다는 점이다. 절연체를 사용함으로써 확산 영역에 존재하는 기생 커패시턴스를 대부분 제거할 수 있다. 그러나 이는 또한 바디가 기판 혹은 우물을 통해서 GND나 V_{DD}에 더이상 연결될 수 없다는 것을 의미한다. 바디 전압에서 발생하는 변화는 V_t를 변화시키므로 설계 과정에서 장점과 복잡성을 동시에 제공한다.

그림 12-37은 SOI 공정에서 만들어진 CMOS 인버터의 단면을 표시하고 있다. SOI 공정은 표준 CMOS 공정과 유사하지만, 박막 단결정 실리콘층 아래에 매장된 박막의 SiO_2층을 포함하는 웨이퍼에서 시작된다. 각 트랜지스터를 산화막 절연체로 둘러싸기 위해서 얕은 도랑 형태의 절연체를 사용한다.

SOI 디바이스들은 완전 공핍(FD: fully depleted) 혹은 부분 공핍(PD: partially depleted)으로 분류된다. 자유 캐리어가 없는 공핍 영역은 게이트 아래의 바디에서 형성된다. FD SOI에서는 바디가 채널의 공핍 넓이보다 얇아서, 바디의 전하는 변하지 않고 전압 또한 변하지 않는다. PD SOI에서는 바디가 더 두껍고, 존재하는 전하량에 따라서 바디의 전압도 변한

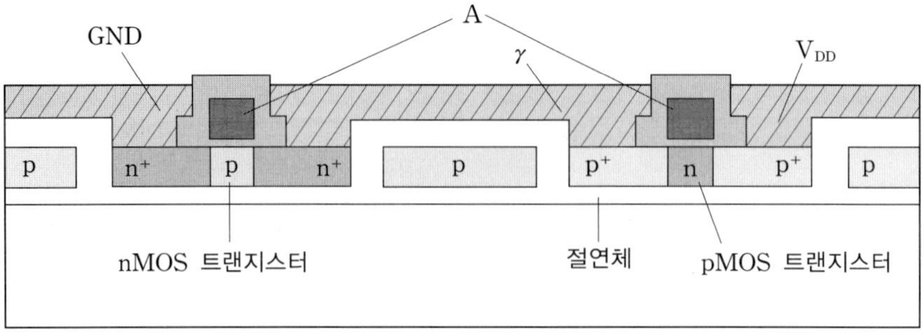

그림 12-37 SOI 공정으로 제조된 CMOS 인버터의 단면

다. 이렇게 변하는 바디 전압은 바디 효과를 통해서 V_t를 변화시킨다. FD SOI는 얇은 바디로 인해 제조가 어려워서 PD SOI를 선호한다.

유전체 물질의 결정체 특성은 순수한 실리콘과 매우 다르기 때문에 산화막층(절연층 물질)에 단결정 실리콘을 구성하는 개념은 어렵다. 만일 적절하게 제어되지 않는다면, 결정의 구조에서 이런 차이로 인해 소자 성능에 영향을 미치는 실리콘에서 결정의 결함이 발생한다. 가장 널리 사용되고 있는 SOI 기술은 주입된 산소에 의한 분리(SIMOX: seperation by implanted oxygen) 공정이다. SIMOX 공정에서 잘 정의된 수평 산화막층은 실리콘 웨이퍼에 매몰되어 있다. 이 공정은 일반적으로 200 keV 산소 주입기와 같은 고에너지 주입기를 사용하여 고농도의 산소 원자들을 웨이퍼 속으로 주입시킴으로써 이루어진다. 주입 단계는 실리콘과 매몰된 산소를 반응시키기 위해서 130℃의 고온 열적 어닐링이 수반된다. 그리고 얇은 실리콘 표면 아래에 연속의 SiO_2층을 구성한다. 이런 매몰된 산화물(BOX처럼 간주되는)층은 일반적으로 두께가 약 50~500 nm이고, 장치 격리 층의 역할을 우수하게 감당한다. 어닐링 공정도 산화물 위에 남아 있는 실리콘층의 결정 품질을 재생시킨다.

SIMOX의 단점은 접합 누설 전류, 핀홀 밀도, 두께의 비균일성을 강화할 수 있는 무거운 금속 불순물이 포함된다는 점이다. 모든 이온 주입에서 금속 오염이 나타날 수 있다. 일반적인 SIMOX 이온 주입기에 의해 주입되는 양은 일반적인 소스/드레인 이온 주입기의 양보다 대략 1000배나 많다. 이런 문제를 해결하기 위해서 SIMOX를 사용하기 위해서는 스테인레스강이나 텅스텐보다는 실리콘 어퍼처(silicon aperture)와 빔 정지를 사용한다.

SIMOX 이온 주입이 진행되는 동안 웨이퍼 표면에 미립자가 존재하면 매몰 산화층의 핀홀이 발생한다. 미립자들은 산소의 주입을 방해한다. 결과적으로 유전체 내에서도 유사한 현상이 발생된다. 이런 이유로 웨이퍼의 세정 공정의 중요성이 다시 한번 강조된다.

12-6 이온 주입기 품질 측정

이온 주입을 위해서 사용된 품질 측정은 표 12-6에 표시되어 있다.

표 12-6 이온 주입을 위한 중요한 품질 측정

품질 파라미터	결점의 형태	언급
1. 받아들일 수 없는 웨이퍼 표면상의 입자 오염	A. 감시용 웨이퍼 표면상의 입자 측정(웨이퍼당 입자)	가능한 입자 소스는 다음과 같다. · 더러운 전극으로부터 미세한 방전 · 이동 메커니즘에서 과도하게 닳음 · 이온 소스, 추출 라인, 빔 라인의 어떤 부분과 같은 주입기의 부적절한 세정 · 과도한 온도와 스퍼터링으로 인한 포토레지스트의 항복 · 웨이퍼 뒷면의 방열판 엘라스토머(탄성 중합체) · 로드락(loadlock)의 응축 · 웨이퍼 조작 · 기계 움직임: 개방 밸브, 적재/비적재 표시기 등
2. 조사량 제어(부정확한 조사량)	A. 조사량 결함들은 부정확한 시트 저항 측정에 의해서 검출된다. 부족한 조사량을 갖는 웨이퍼는 높은 시트 저항을 나타내고(전도성이 증가하는 도펀트의 추가), 과잉 조사량은 낮은 시트 저항을 나타낸다.	받아들여지지 않는 균일성은 웨이퍼 표면에서 도펀트의 높은 농도와 낮은 농도의 영역으로 자신을 표시하게 된다. 이런 문제의 가능한 원인들은 다음과 같다: · 잘못된 공정 지시서(웨이퍼 전체에 대해 공정 순서를 점검하시오.) · 부적당한 빔 전류 측정(누설 전류와 올바른 가동을 위해서 패러데이 시스템을 점검하시오.) · 과잉 조사는 빔에 들어가는 전자들에 기인한다. · 전자들이 빔 이온들을 대체하고 빔 카운터가 몇 개의 이온들만 카운트하기 때문에 과잉 조사를 일으킨다. 전자 억제 시스템을 점검하시오. · 부적당한 어닐링. RTA 점검: (1) 어닐링이 진행되는 동안 부적당한 온도 또는 시간을 점검한다. (2) 부정확한 기울임 비 (3) 불균일한 가열 (4) 부정확한 N_2 흐름 비율
3. 낮은 에너지 주입을 사용하고 있는 얕은 접합들을 위한 접합 깊이	A. 넓게 퍼지는 시트 저항 측정에 의한 부정확한 접합 프로파일	접합 깊이를 위해 다음의 가능한 원인들을 점검해라: · 어닐링 기울기와 RTA에서의 흡수 시간이 정확한지 확인하라. · 과대한 열적 노출은 도펀트 확산에 기인하는 접합의 깊이를 증가시킨다. · 이온 채널링을 조사하라. · 웨이퍼 기울임이 부정확할 수도 있다. · 낮은 에너지에서, 웨이퍼가 어닐링에 의해서 수반되는 국부적 결정 구조를 파괴하는 무거운 이온을 가진 무정형의 주입이 요구될 수도 있다. · 만약 낮은 질량을 갖는 붕소가 주입된다면 어닐링이 진행되는 동안 TED 문제는 없다고 정의된다. · 지극히 얕은 주입이 필요할지도 모른다.

연습 문제

1. 도핑이란 무엇인지 정의하고 열적 확산과 이온 주입을 간단하게 설명하시오.

2. 도핑된 영역과 도핑 프로파일을 기술하시오.

3. 접합 깊이란 무엇인지 설명하시오.

4. 확산에서 틈새 이동과 치환을 설명하시오.

5. 다이보레인 소스가 붕소 도펀트로 전환되는 방법을 설명하고 두 반응 방정식을 설명하시오.

6. 이온 주입기의 일반적인 구조를 설명하시오.

7. 빔 전류는 무엇인지 정의하고 빔 전류와 조사량의 관계는 무엇인지 설명하시오.

8. 투영 범위에 대해서 설명하시오.

9. 이온 주입기의 5개의 주요한 서브시스템들을 설명하시오.

10. 추출기 어셈블리의 목적과 동작을 설명하시오.

11. 억제 전극의 사용 목적은 무엇인지 설명하시오.

12. 질량 분석기 자석의 목적은 무엇인가? 질량 분석기가 어떻게 작용하는지 설명하시오.

13. 가속 기둥은 이온빔 에너지를 어떻게 가속하는지 설명하시오.

연습문제

14. 중성 빔 트랩의 이유는 무엇인가?

15. 스캐닝 시스템의 4가지 형태를 간략하게 설명하시오.

16. 웨이퍼를 냉각시키는 것이 필요한 이유는 무엇인지 설명하시오.

17. 어닐링의 목적은 무엇인지 설명하시오. RTA 반응로 어닐링의 실행은 선호되는가?

18. 채널링에 대해서 설명하시오. 채널링 제어를 위한 세 가지 메커니즘을 간략하게 설명하시오.

19. CMOS 제조공정에 사용되는 10가지 이온 주입 공정을 설명하시오.

제 13 장

식각 공정

초고집적 회로 제조공정에서 칩들은 수많은 층간 유전체층과 다층 금속층을 구성하고, 포토리소그래피 공정의 회로 패턴을 구성하여 소자 사이의 상호 연결을 위한 비아 및 플러그를 증착시키기 위해서 물질의 일부가 선택적으로 제거된다. 이러한 물질의 선택적인 제거 공정은 식각(etch)이라고 알려져 있다. 식각의 문제점은 식각 공정에 의해서 물질이 실수로 한번 제거되면 실수를 바로 잡기 어렵다는 점, 부정확하게 식각된 웨이퍼는 기능 상실로 인해 사용할 수 없거나 폐기해야 하기 때문에 반도체 제조업체의 입장에서는 수익에서 대단히 큰 손실이 발생한다는 점이다. 식각 기술은 포토리소그래피 공정과 밀접하게 연계되는 공정으로 반도체 공정에서 중요한 부분으로 취급되고 있다. 식각 공정은 습식 식각(wet etching)과 건식 식각(dry etching)으로 구분할 수 있는데 건식 식각은 플라스마 식각(plasma etching)이라고도 부른다.

식각 응용의 한 예로는 알루미늄 식각과 구리, 텅스텐 식각을 들 수 있다. 전통적인 금속화 공정은 웨이퍼 표면 위에 알루미늄 합금층을 증착시키는 것이다. 이런 동작은 식각과 포토리소그래피를 통해 상호 연결을 구성하기 위해서 수행된다. 다른 금속층은 층간 유전체 비아에서 이전에 구성된 텅스텐 플러그에 의해서 전기적으로 연결된다. 구리, 야금을 위해서 다마신(Damascene) 공정을 사용하는 금속화 공정은 유전체 식각을 진행하여 ILD 안에서 트렌치(trench)를 형성한다. 구리는 유전체 패턴 속으로 증착되는 피복(blanket) 물질이다. 이 장에서는 식각 파라미터, 건식 식각과 습식 식각의 차이점, 포토레지스트의 제거 방법, 식각 장비의 운용 등에 대해서 설명한다.

13-1 식각 공정과 식각 파라미터

식각은 산, 염기, 용매와 같은 액체 상태의 반응성 용액이나 플라스마 상태의 반응성 기체, 이온이나 분해된 가스 형태와 같은 화학적 수단을 이용해서 웨이퍼 표면에서 불필요한 물질을 선택적으로 제거하는 공정이다. 습식 식각은 일반적으로 3 μm 이상의 비교적 큰 크기에서 식각할 때 적용된다. 습식 식각은 웨이퍼에서 일부 층을 제거하고, 건식 식각에서 발생되는 잔류물을 제거하기 위해서 이용된다. 습식 식각은 용도에 따라 적절한 수용액을 선택하면 층과 식각하고자 하는 물질 사이의 식각 속도비로 정의되는 식각 선택도(etch selectivity)를 크게 할 수 있다는 이점이 있다. 식각 선택도가 1보다 크다는 것은 식각하고자 하는 물질의 식각 속도가 층의 식각 속도보다 크다는 의미이다.

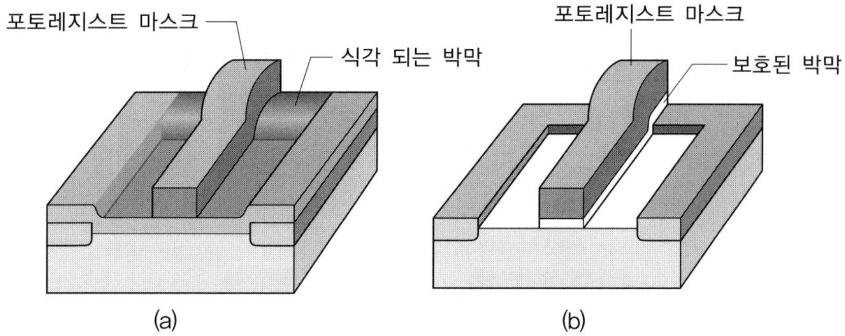

그림 13-1 CMOS 기술이 적용되는 식각 공정의 포토레지스트 패턴 (a) 포토레지스트로 패턴화된 기판 (B) 식각된 기판

건식 식각은 제거되는 물질의 유형에 따라서 금속 식각, 유전체 식각, 실리콘 식각과 같은 3가지 형태로 구분할 수 있다. 유전체 식각은 이산화 규소(SiO_2)와 같은 유전체 물질을 식각하는 것이다. 접촉의 형태와 비아(via) 구조는 ILD 내에서 구멍을 구성하기 위해서 유전체 식각을 진행해야 한다. 식각 공정의 기본적인 목표는 포토레지스트(photoresist)가 코팅된 웨이퍼에서 특정 마스크를 정밀하게 재생하는 것이다. 패턴화된 포토레지스트층은 부식액(etchant)으로부터 공격당하지 않는다는 점이 중요하다. 이런 마스크층은 그림 13-1에서 보듯이 포토레지스트층에서 틈새를 통해서 선택적인 식각을 허용하는 동안 웨이퍼 표면에서의 특정 영역을 보호한다.

폴리실리콘을 포함하는 실리콘 식각은 폴리실리콘 트랜지스터 게이트와 실리콘 트렌치 커패시터 같은 실리콘 제거가 요구되는 분야에 응용된다. 금속 식각은 금속층에서 금속 배선의 내부 배선을 구성하기 위해서 알루미늄 합금 스택(stack)을 제거하는 기본적인 식각 기술이다. μm 이하의 크기를 가진 구리를 식각하기 위해서는 이중 다마신 공법이 따로 사용된다.

식각은 패턴화 식각(patterned etching)과 비패턴화 식각(unpatterned etching)으로 분류된다. 패턴화 식각은 포토레지스트가 패턴화되는 마스크층을 사용하여 식각될 표면 물질의 영역을 선택한다. 이렇게 선택된 웨이퍼 표면층의 영역은 식각 공정이 진행되는 동안 제거된다. 패턴화 식각은 금속의 상호 연결, 비아, hole 접촉, 트렌치, 게이트를 포함하는 많은 다른 특성을 웨이퍼 표면에 구성하기 위해서 사용된다.

비패턴화 식각, 후면 식각 또는 벗김(stripping)은 마스크 존재와는 무관하게 웨이퍼 표면 전체를 식각할 때 적용된다. 이런 식각 공정은 실리사이드 공정 이후에 STI 질화물 같은 마스킹층을 벗겨내기 위해서 사용된다. 후면 식각은 지형상의 특정성을 줄이기 위하여 표면을 평탄화하는 경우처럼 막의 특정 층의 전체적인 두께를 줄이는 것이 바람직할 때 이용된다. 포토레지스트 역시 웨이퍼에서 벗겨지는 물질 중의 하나이다.

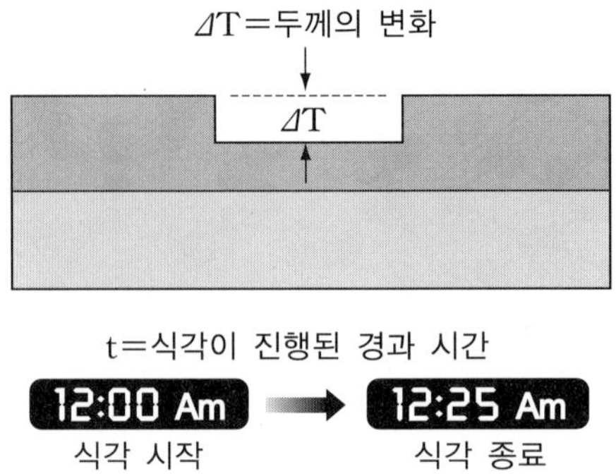

그림 13-2 식각률

식각에서 고려해야 하는 중요한 파라미터에는 식각률(etching rate), 식각 프로파일(etching profile), 식각 바이어스(etching bias), 선택도(selectivity), 균일성(uniformity), 잔류물(residues), 폴리머 형성(polymer formation), 플라스마 유도 손상(plasma induced damage), 입자 오염과 결함(particle contamination, defect) 등이 포함된다.

식각률은 그림 13-2에 나타낸 것처럼 식각이 진행되는 동안 재료가 웨이퍼 표면으로부터 제거되는 속도를 의미하며 일반적으로 단위 시간당 제거 두께인 Å/분으로 측정한다. 식각되는 틈의 깊이는 스텝 높이로 알려져 있다. 웨이퍼의 처리량을 높게 유지하기 위해서는 식각률이 높은 것이 바람직하다. 식각률은 공정 파라미터 설정과 식각에 사용되는 가스, 반응기의 구성, 식각되는 재료의 형태 등과 같은 다양한 장비와 공정에 의해서 결정된다. 식각률은 식 (13-1)처럼 표시된다.

$$\text{식각률} = \Delta T/t \ (\text{Å}/\text{분}) \tag{13-1}$$

여기서 ΔT는 제거되는 물질의 두께로 Å이나 μm로 표시된다. t는 식각이 진행되는 동안의 경과 시간으로 분 단위로 측정한다. 식각률은 일반적으로 부식액의 농도에 비례한다.

식각 프로파일은 식각된 특성의 측벽 형태를 의미하는 것이며, 그림 13-3에서 보듯이 등방성(isotropic) 식각과 이방성(anisotropic) 식각으로 구분된다. 등방성 식각은 보통 습식 식각 공정에서 나타나고 이방성(비등방성) 식각은 건식 식각에서 주로 나타난다(건식 식각에서도 등방성 식각으로 진행하는 일부 플라스마 식각의 경우가 있다).

표 13-1은 건식 식각을 가지고 얻을 수 있는 다양한 프로파일과 습식 식각에서 등방성의 프로파일을 표시하고 있다.

이방성 식각의 정도는 높은 수직 측벽을 가지거나 약간의 측벽각을 가지도록 적당히 수정될 수 있다. 비아를 식각하는 경우에는 높은 외관비(aspect ratio)를 갖는 수직적(vertical) 프로파일의 형태인 이방성 식각이 선호된다. 만약 플라스마 이온들이 웨이퍼 표면에

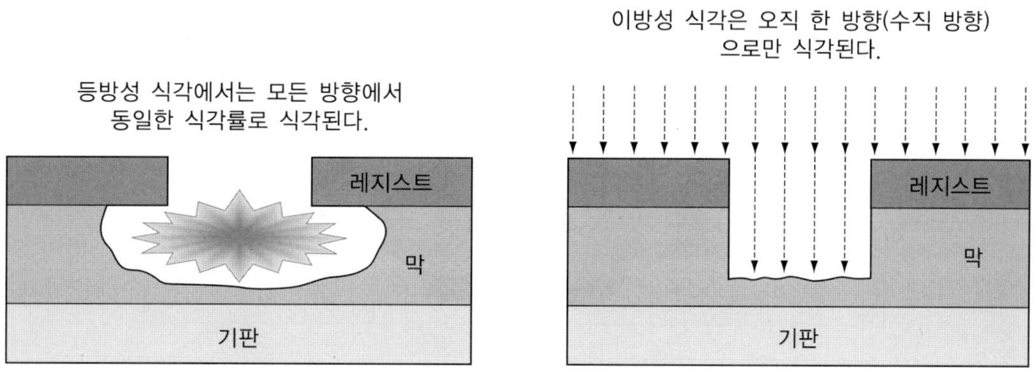

(a) (a)

그림 13-3 등방성 식각과 이방성 식각

표 13-1 식각의 종류에 따른 측벽 프로파일

식각의 종류	측벽 프로파일	그림
습식 식각	등방성	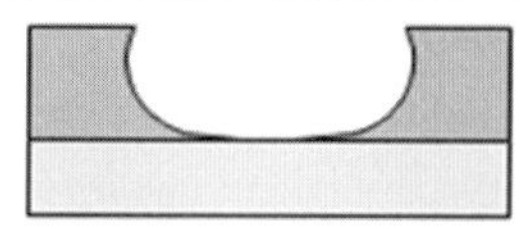
건식 식각	등방성	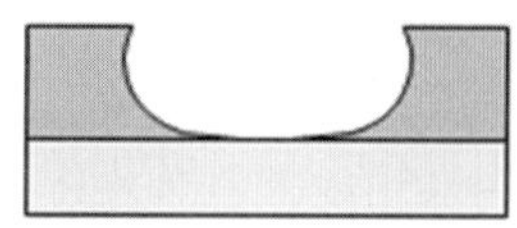
	이방성	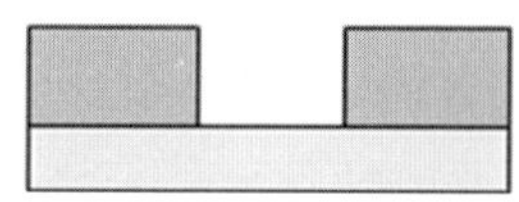
	이방성-테이퍼형	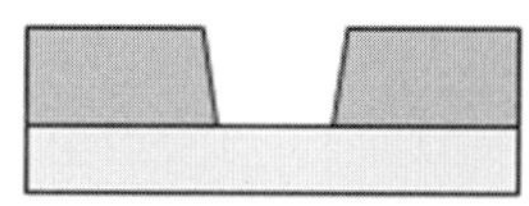
	실리콘 트렌치	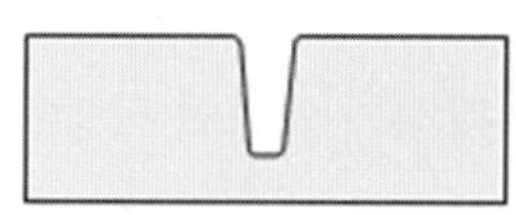

수직인 방향성을 갖는다면 단지 표면이 충격을 받게 될 뿐 측벽에는 영향을 미치지 않는다.

식각 바이어스는 그림 13-4(a)와 같이 식각 공정을 수행한 후 임계 차원의 공간 또는 선폭에서 변화량을 측정한 것이다. 습식 식각의 경우에는 그림 13-4(b)와 같이 식각해야 할 물질의 두께가 마스크층의 간격 이상인 경우 레지스트의 아래쪽 밑 부분을 깎아 내는 언더컷(under cut)이 발생된다. 언더컷이 발생하면 마스크층은 완전히 들뜨게 되고, 결과적으로 마스크층이 제거되면서 그 형태를 기판에 전송할 수가 없다. 식각 바이어스는 식 (13-2)으로 나타낸다. W_b는 식각하기 전의 포토레지스트의 선폭을 의미하고, W_a는 레지스트를

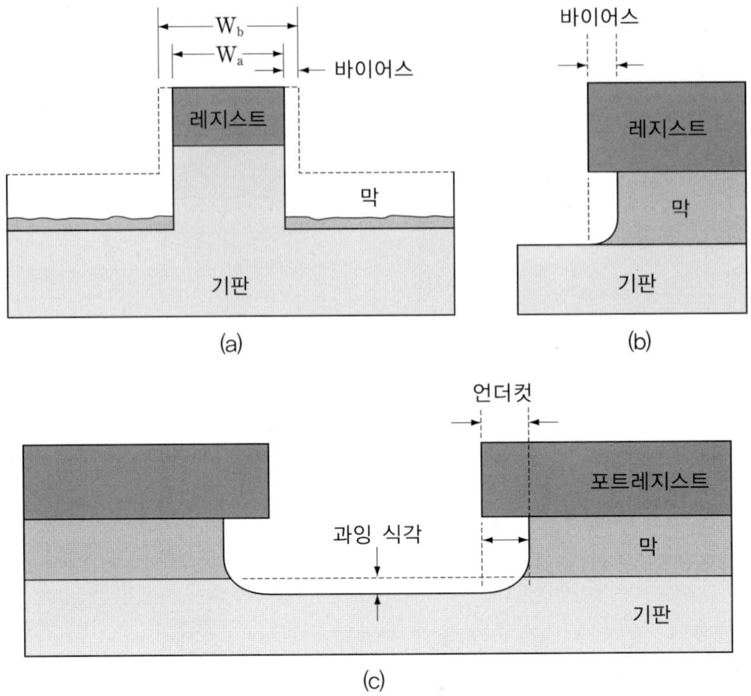

그림 13-4 식각 바이어스와 언더컷

제거한 후에 식각된 물질의 최종 선폭을 의미한다.

$$\text{식각 바이어스} = W_b - W_a \tag{13-2}$$

선택도는 동일한 조건의 식각에서 하나의 막이 다른 막보다 얼마나 빠르게 식각되는지를 나타낸다. 선택도는 막의 재료에 의존하며, 그림 13-5에 나타난 것처럼 다른 막의 재료의 식각률에 비해서 식각되는 막의 재료의 상대적인 식각률로 정의된다. 선택도가 높으면 식각은 원하는 층에서만 발생한다. 즉, 높은 선택도를 갖는 식각 공정에서는 막 아래쪽을 불필요하게 식각하지 않으며 적당한 깊이에 식각이 정지된다. 그리고 보호되는 포토레지스트도 식각되지 않는다. 기하학적 크기가 줄어들수록 얇은 층의 레지스트가 요구된다. 높은 선택도는 임계 차원과 프로파일 제어를 만족하기 위해서 대부분의 개선된 공정에서 필수적이다. 마스크층과 막 아래쪽을 식각하기 위한 선택도 S_R은 식 (13-3)처럼 구해진다.

$$S_R = \frac{E_f}{E_r} \tag{13-3}$$

여기서 E_f는 막 아래쪽의 식각률을 의미하고 E_r은 마스크층(예를 들면 포토레지스트층)의 식각률을 의미한다. 선택도는 이 식을 기반으로 종종 비율로 표현되기도 한다. 작은 선택도를 가지고 있는 공정은 식각되는 막이 포토레지스트 마스크와 같은 속도로 식각되며, 1:1로 나타낼 수 있다. 반대로 우수한 선택도를 가지는 공정은 100:1이 될 수도 있다. 즉, 식

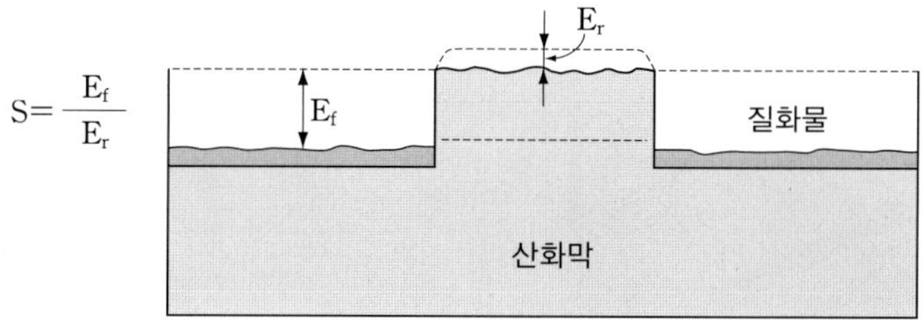

그림 13-5 식각 선택도

각되지 않는 막보다 식각되는 막이 100배 더 빠르게 제거된다는 것이다.

건식 식각은 간혹 층 아래의 식각 선택도를 충분히 제공하지 않는다. 이런 경우, 플라스마 반응기에는 최소한의 과도한 식각(overetching)으로 식각 공정을 정지할 시간이 되면 신호를 보내는 종료점 검출(endpoint detection) 시스템을 갖추어야 한다. 종료점 검출기는 식각 공정을 멈추기 위해서 막의 아랫부분이 노출되기 시작할 때 식각 장비 제어장치에 정지 신호를 보내야 한다.

식각의 균일성은 웨이퍼의 전체 표면 영역에 걸쳐, 전체 웨이퍼 로트에 걸쳐 균일하게 식각하고 로트에서 로트를 형성하는 공정 능력의 척도이다. 불균일성은 과도한 식각의 결과이기 때문에 균일성은 선택도와 상대적으로 가깝다. 일관된 제조 성능을 보장하려면 웨이퍼 표면 전체에서 균일성을 유지하는 것이 중요하다.

문제는 식각이 밀집된 웨이퍼 영역, 넓은 개방 공간 및 높은 외관비(aspect ratio)와 같은 다양한 유형의 웨이퍼 표면 패턴 밀도에서 균일해야 한다는 것이다. 균일성에서의 몇 가지 문제점은 식각률과 특성의 크기에 의존하는 프로파일과 패턴 밀도 때문에 발생한다. 식각률은 높은 외관비를 가지는 작은 기하학적 형태에서 식각이 실제적으로 정지하는 점인 작은 틈에서 느려진다.

예를 들면 실리콘의 식각은 작은 외관비 틈을 가지는 트렌치보다 높은 외관비 틈을 가지는 트렌치에서 더 느리다. 이런 현상은 외관비 식각(ARDE: aspect ratio dependent etching)이라고 알려져 있고 microloading이라고 표현하기도 한다. 목표는 균일성을 향상시키기 위해서 웨이퍼 표면에 걸쳐서 ARDE를 최소화하는 것이다.

식각 잔류물질은 식각 공정이 진행된 이후 웨이퍼 표면에 남아있는 불필요한 물질이며 반응로의 벽과 식각되는 부분의 바닥을 코팅하게 된다. 너무 빠른 식각으로 인해 부적합하게 선택된 식각 화학물은 반응로에서의 오염과 막에서의 불균일한 불순물 분포를 가져오는 원인이 된다. 식각 후에 남겨진 잔류물질은 스트링거(stringers), 덮개(veils), 크라운(crown), 장애물(fences) 등으로 다양하게 지칭된다. 스트링거는 완전히 제거되지 않는, 식각되는 물질의 작은 잔류물질이다. 이것은 전기적으로 활성화되어 짧은 특성(feature)들 사

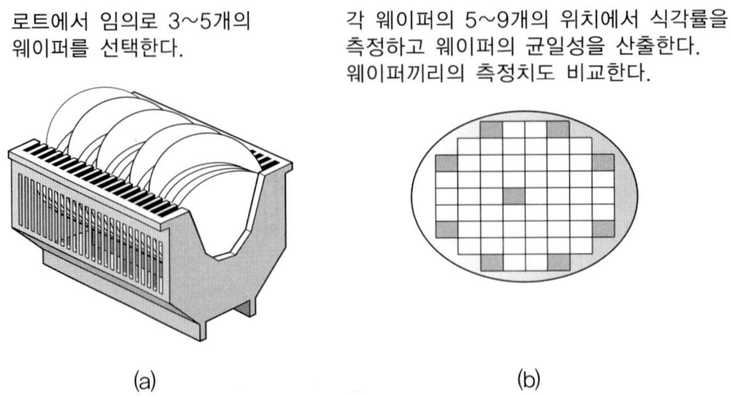

그림 13-6 식각의 균일성

이에서 원하지 않는 연결을 구성하게 된다. 잔류물질들은 또한 IC 제조를 위한 웨이퍼 오염의 원인이 되며 레지스트를 벗겨내는 동안 문제를 일으킬 수 있다. 잔류물질을 제거하기 위해서 식각 공정의 끝부분에서 과도한 식각(overetch)를 가끔 수행하기도 한다. 식각 잔류물질의 몇 가지 경우는 습식 식각이나 레지스트 벗김 공정을 통해서 제거된다.

폴리머 형성(polymer formation)은 경우에 따라서 그림 13-7에 표시된 것처럼 수평 식각을 방지하는 식각 저항막을 구성하기 위해서 측벽에 의도적으로 증착된다. 이런 폴리머의 형성은 측벽의 식각을 방해하므로 높은 이방성 특징을 발생시킨다. 즉, 식각 방향성이 증가한다. 폴리머는 식각 공정에서 폴리머로 변환된 포토레지스트 탄소에서 생성되며, 식각 가스 및 식각 부산물과 결합하여 측벽 폴리머를 형성한다. 측벽 폴리머의 필요성은 사용되는 식각 가스의 유형에 따라 다르다. 이런 측벽 폴리머들은 부식액 요소들과 알루미늄, 경계층의 티타늄과 같은 장벽층, 산화물, 기타 무기물 재료들에 의해서 생산되는 반응을 포함하는 복합체이다.

폴리머 사슬은 견고한 탄소-플루오린 결합을 가지기 때문에 산화시키고 제거하기 어렵지만 소자의 수율과 신뢰도에 미치는 영향 때문에 식각 공정 후에 반드시 제거되어야 한다.

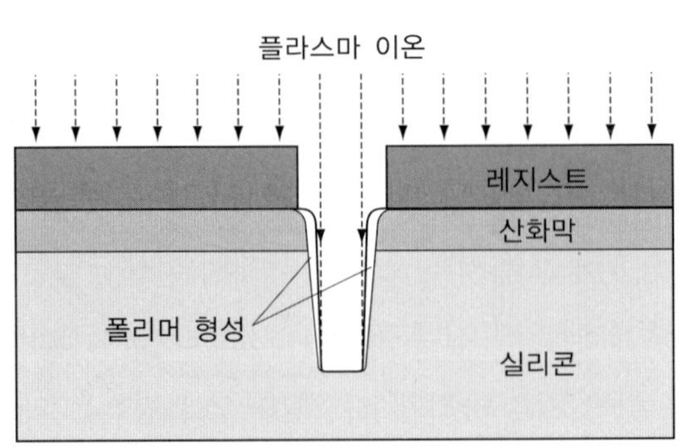

그림 13-7 증가하는 이방성을 위한 폴리머 측벽 패시베이션

측벽의 세정에는 간혹 플라스마 벗김 공정을 위한 특수한 가스를 이용하거나 DI 물 헹굼에 의해서 수행되는 강한 용매를 사용하는 습식 세정이 가능하다. 불행하게도 폴리머 증착의 바람직하지 못한 측벽 효과는 공정실의 내부를 폴리머로 코팅할 수도 있어서 식각 공정실의 세정되지 않는 부분은 교체해야 하며, 폴리머를 제거하기 위해서 주기적으로 세정해야 한다.

플라스마는 웨이퍼 표면의 민감한 소자에 플라스마-유발-손상을 일으킬 수 있는 활성화된 이온, 전자, 들뜬 상태의 분자들로 구성된다. 손상의 주요한 형태는 불균일한 플라스마로, 트랜지스터의 게이트 전극에 포획되는 전자를 발생시켜서 얇은 게이트 산화막의 고장을 초래한다. 장비 설계가 불충분하거나 최적의 공정 윈도우의 바깥쪽에서 플라스마 반응기를 조작하면 플라스마는 불균일해진다. 소자 손상의 또 다른 형태는 활성화된 이온 입자가 이온에 직접 노출되는 게이트 산화막에 충돌하는 것이다. 이런 손상은 게이트 전극의 가장자리에서 식각이 진행되는 동안 발생할 수 있다. 플라스마 손상은 어닐링이나 화학적 습식 식각을 통해서 웨이퍼로부터 제거되기도 한다.

웨이퍼 표면 근처에서 플라스마에 의해 생성되는 입자의 오염으로부터 웨이퍼의 손상이 발생할 수 있다. 이미 앞에서 언급한 바와 같이 입자들은 전위차에 의해서 플라스마 근처나 외피의 경계면에서 포획(trap)된다. 플라스마가 턴오프(turn off)될 때 이러한 입자들은 웨이퍼 표면으로 떨어지면서 오염의 원인이 된다. 플루오린 기반의 플라스마는 높은 증발 압력으로 식각의 부산물을 생성하기 때문에 플루오린 가스의 화학적 작용에 의한 미립자들은 염소나 브로민 가스의 화학적 작용에 의한 미립자들보다 적게 발생된다. 입자 오염의 조절은 최적화된 기구 설계에 의해서 이루어진다. 건식 식각은 습식 식각에 비해 측벽 프로파일의 조절이 우수하다는 점, CD 제어가 가능하다는 점, 레지스트 제거와 부착력 문제가 우수하다는 점, 균일성이 우수하다는 점, 사용과 처리에 작은 화학적 비용이 요구된다는 점이 장점이지만 하부층(layer)들의 낮은 선택도, 플라스마로부터 발생되는 장비 손상의 위험, 장비 가격이 비싸다는 단점도 가지고 있다.

플라스마는 식각 동작과 이어지는 표면 물질의 제거로 인해서 웨이퍼 표면과 상호 작용한다. 플라스마 식각에 의해서 발생하는 기판 물질의 중요한 동작은 그림 13-8에 나타나 있다.

건식 식각 시스템에서 식각 동작은 그림 13-9에 표시된 것처럼 화학적 기술이나 물리적 기술 혹은 화학적/물리적 기술의 결으로 이루어진다. 플라스마는 순수한 화학적 메커니즘에 의해 웨이퍼 표면에서 물질들과 화학적으로 반응하는 자유 라디칼(free radical)과 반응성 원자들을 생성한다. 반응로(chamber)에 도입되는 가스들(일반적으로 플루오린과 염소

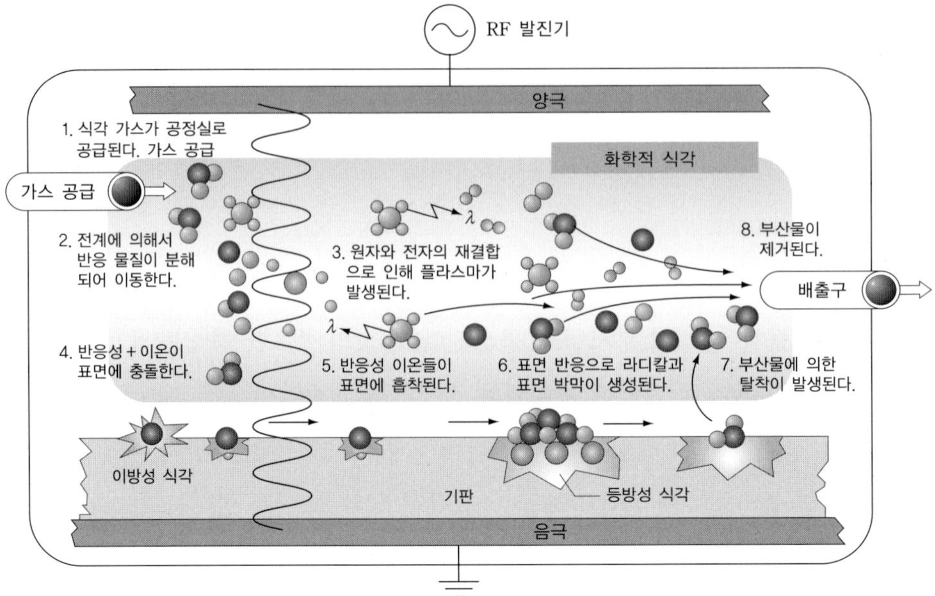

그림 13-8 실리콘 웨이퍼의 플라스마 식각 공정

의 혼합물)은 높은 선택도를 가지기 위해서 조심스럽게 선택된다(이것은 포토레지스트 마스크와 밑에 있는 웨이퍼 층에서의 화학적 반응을 최소화하기 위함이다). 플라스마의 화학적 식각 요소는 자신의 등방성 프로파일 때문에 CD 제어를 빈약하게 한다. 반응의 휘발성 부산물 등은 저압 펌핑 시스템에 의해서 제거된다.

또한 플라스마는 강한 전자장에 의해서 웨이퍼 표면을 향해서 가속되는 에너지로 충돌하는 양이온들을 제공하는 물리적 메커니즘으로 식각을 수행한다. 이 양이온들은 스퍼터링 식각 공정에 의해서 보호되지 않는 웨이퍼 표면 물질을 물리적으로 제거한다. 일반적으로는 아르곤과 같은 불활성 가스가 사용된다. 이런 기계적인 접근법은 식각이 강한 방향성

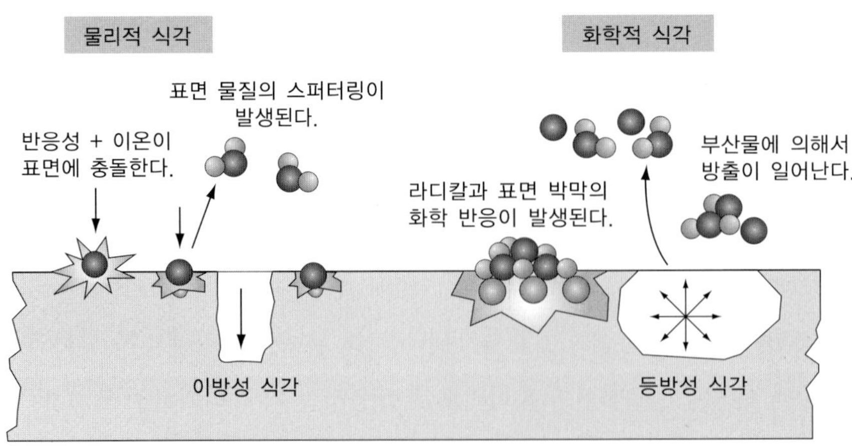

그림 13-9 증가하는 이방성을 위한 폴리머 측벽 패시베이션

표 13-2 건식 플라스마 식각의 화학적 기술과 물리적 기술의 비교

식각 파라미터	물리적 식각(RF 자기장이 웨이퍼 표면에 수직일 때)	물리적 식각(RF 자기장이 웨이퍼 표면에 수평일 때)	화학적 식각	물리적 식각과 화학적 식각의 결합
식각 메커니즘	물리적 이온 스퍼터링	웨이퍼 표면에서의 플라스마 반응으로 인한 라디칼	웨이퍼 표면에서의 액체 반응으로 인한 라디칼	건식 식각에서, 웨이퍼 표면에서의 이온 스퍼터링, 라디칼 반응이 포함된다.
측벽 프로파일	이방성	등방성	등방성	등방성에서 이방성으로
선택도	나쁨/선택도를 증가시킬 수 없음(1:1)	적합/우수(5:1~100:1)	우수/최우수 (500:1 이상)	적합/우수(5:1 ~ 100:1)
식각률	높음	보통	낮음	보통
CD 제어	적합/우수	나쁨	나쁘거나 존재하지 않음	우수/최우수

을 갖게 하고, 거의 수직에 가까운 측벽을 만드는 높은 이방성의 프로파일을 구성할 수 있으므로 CD 제어를 우수하게 할 수 있다는 이점이 있다. 그러나 스퍼터링 식각은 높은 식각률을 만들어 내지만 선택도는 빈약하다. 또 다른 문제점은 스퍼터링에 의해서 제거된 이온 물질들이 증발하지 않고, 분진과 화학적 오염으로 웨이퍼에 다시 재증착될 수도 있다는 것이다.

물리적/화학적 메커니즘이 결합된 곳에서는 물리적 이온 충돌이 화학적 식각 활동을 증진시킨다. 식각 프로파일은 플라스마의 상태나 가스의 배합을 조절함으로써 등방성에서 이방성으로 변한다. 물리적 기술과 화학적 기술이 결합된 식각은 명확한 선택도와 더불어 우수한 CD 제어를 갖기 때문에 대부분의 건식 식각 공정에서 선호된다. 표 13-2는 화학적, 물리적, 화학적/물리적 결합 식각의 서로 다른 식각 요소들을 정리해 놓은 것이다. 식각 공정의 목적에 따라 각각의 형태가 갖는 이점을 고려하여 식각 메커니즘을 결정하게 될 것이다.

건식 식각 시스템은 웨이퍼 표면과 관련된 RF 전자장의 방향에 따라서 등방성과 이방성 식각기 모두에서 동작하도록 설계될 수 있다. 이것은 각각의 웨이퍼의 표면이나 웨이퍼 가장자리에서 모두 양이온이 스퍼터링 할 수 있다는 것을 의미한다. 만약 전자장이 웨이퍼 표면과 수직이라면, 식각은 무거운 양이온 스퍼터링과 몇몇 라디칼(radical)의 화학적 반응의 결합으로 수행된다. 만약 전자장이 웨이퍼 표면과 평행하다면 매우 작은 물리적 스퍼터링이 발생하므로 기본적으로 라디칼과 표면 물질 사이의 화학적 반응으로 인해서 식각이 수행된다.

플라스마의 글로우 방전 영역에서 플라스마 전위 분포는 시스템의 식각 용량에 강한 영

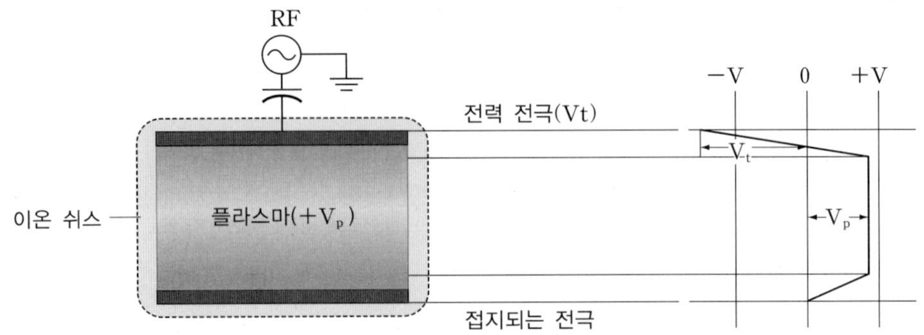

그림 13-10 전위 분포를 갖는 반응기 글로우 방전의 개략도

향을 미친다. 이것은 전기적 전위 분포로 인해 식각된 표면에 가해지는 충격으로 발생하는 입자 에너지의 크기 때문이다. 그림 13-10은 글로우 방전과 두 전극 사이의 반응기를 보여준다. 전원 전극은 접지 전극이 접지되어 있는 동안에 RF 전력을 공급한다. 플라스마의 전위는 접지된 전극에 비해서 positive로 된다(이것은 또한 반응기의 벽과 연결되고 그들 역시 잘 접지시킨다). 시스템에서 플라스마 영역은 대부분 positive 전위를 갖는다.

식각 반응기에서 전압이 가해진 전극은 접지에 비해서 상대적으로 negative로 되는 self-bias(DC self-bias 혹은 DC bias) 전압을 발생시키는데, 전극에 충돌하도록 플라스마에 빠르게 이동하는 전자들을 남겨두기 때문이다. 일정한 negative의 전하량을 갖는 전자들은 전극으로부터 밀쳐지게 되고 positive 이온성 전하를 갖는 dark 영역(이온 외피)을 생성한다.

전원이 공급되는 전극의 자기 바이어스(self-bias) 전압의 크기는 전극에 공급된 RF 전압의 진폭과 주파수에 따라 다르다. 만약 전극들이 서로 유사한 면적을 갖는다면 각 전극의 어두운 영역(dark space) 양단에서 나타나는 전위차는 같게 될 것이다. 전압이 가해진 전극이 음의 자기 바이어스를 발생시키므로, 접지된 전극에서 등가의 전위를 만들기 위해서 플라스마는 반드시 positive 전위로 가정되어야 한다. 본질적으로 플라스마는 positive 전위 보상으로 형성된다.

식각 공정에서의 매개변수들에 의해서 영향을 받는 식각 경향들이 있다. 만약 RF 주파수가 감소한다면 이온들은 RF 주기의 낮은 비율에서 플라스마의 어두운 공간을 효과적으로 가로질러 이동할 수 있으며 이온 에너지와 식각률을 증가시킨다. 이온 충격의 양은 전극의 크기에 따라 변한다. 전극 크기가 비대칭적일 때, 전압이 가해진 전극의 영역이 작다면 positive 플라스마 전위도 작다. 이런 상태는 전압이 가해진 전극의 커다란 어두운 공간 전위를 만들게 하고, 전압이 가해진 전극 표면에 높은 에너지 이온 충격이 일어나게 한다.

13-2 플라스마 식각 반응기의 특성

플라스마 건식 식각 시스템의 기본 구성 요소에는 식각이 이루어지는 반응실(reaction chamber), 플라스마를 점화하기 위한 RF 전원 공급 장치, 가스 흐름 제어 시스템, 식각 부산물과 가스를 제거하기 위한 진공 시스템이 포함된다. 식각 시스템에는 감지기(sensor), 가스 흐름 제어 유닛, 종료점 검출기 또한 포함된다.

식각에서는 가스들이 가지는 다양한 화학적 특성이 사용된다. 일반적으로, 플루오린은 SiO_2를 식각하고 플루오린(F)과 염소(Cl)는 알루미늄을 식각한다. 염소, 플루오린, 브로민(bromine)은 실리콘을 식각한다. 산소(oxygen)는 포토레지스트를 제거한다. 다른 파라미터들은 건식 플라스마 식각에서 진공 동작, 가스 혼합, 가스 흐름 비율, 온도, RF 전원, 그리고 플라스마와 관련된 웨이퍼의 위치 등을 제어한다. 이런 다양한 파라미터들의 상호 작용이 건식 식각 공정의 제어기능들이다.

1980년대 초기의 플라스마 식각 장비 대부분에는 일괄 처리 공정 수행(많은 웨이퍼 작업을 일제히 수행)을 위해서 설계된 원통형 반응기(barrel reactor)가 사용되었다. 현대의 반도체 제조 경향은 집적 클러스터 기술(cluster tool)을 통한 단일 웨이퍼 생산 공정을 선호한다. 집적 클러스터 기술로 제조공정의 효율성이 높아졌다. 집적 클러스터 기술은 단계별 공정 사이에서 오염의 노출을 감소시켰고 반응기 파라미터들이 하나의 웨이퍼를 최적화시키기 때문에 웨이퍼의 균일성도 우수해졌다. 건식 식각 시스템의 가장 중요한 발전은, 결합구조가 0.25 μm 이하인 고밀도 플라스마 반응기의 도입이다.

건식 반응 장치의 형태는 원통형 플라스마 식각기(barrel plasma etcher), 평행 평판형 반응기(parallel plate reactor), 다운스트림(downstream) 식각 시스템, 3극 평면 반응기(triode lianar reactor), 이온빔 밀링(ion beam milling), 반응성 이온 식각(RIE: reactive ion etch), 고밀도 플라스마 식각기(high density plasma etcher)로 분류된다.

원통형 반응기는 그림 13-11에서 보듯이 0.1~1 torr의 압력에서 거의 순수한 화학적 등방

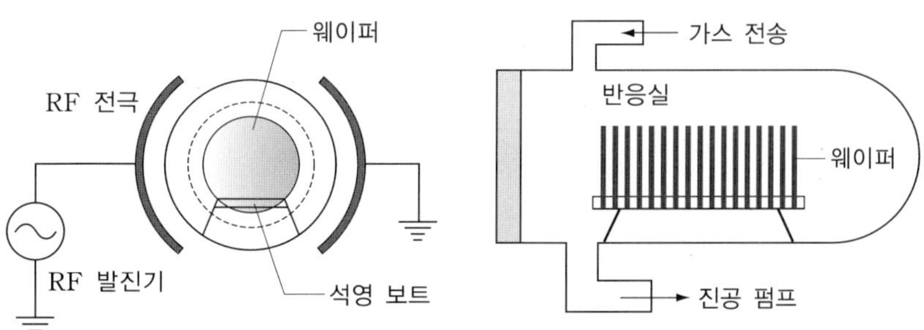

그림 13-11 원통형 플라스마 식각기

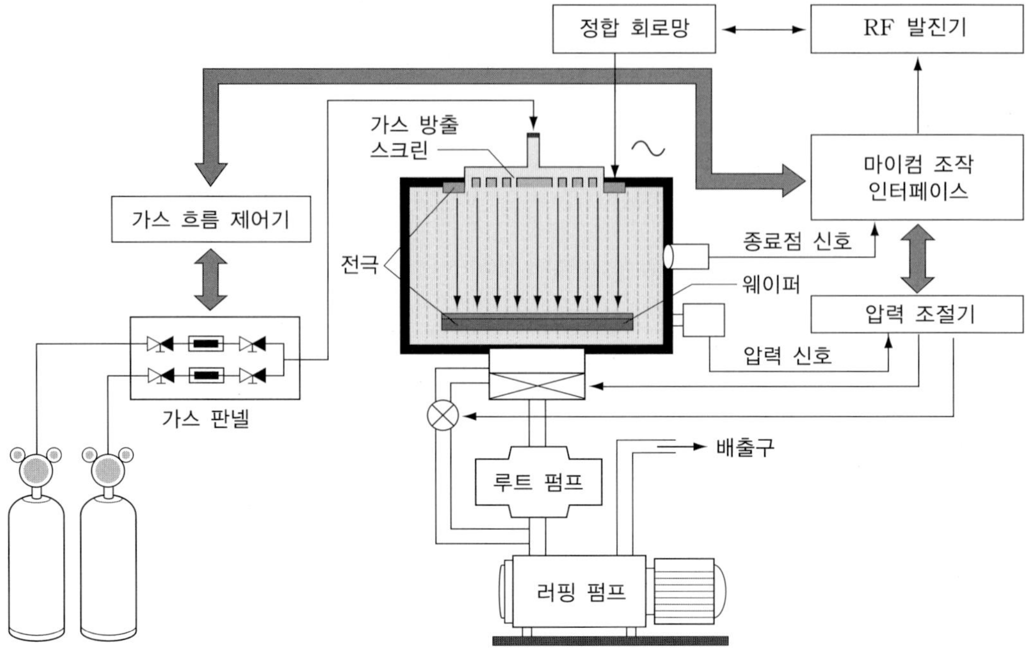

그림 13-12 평행 평판형 플라스마 식각

성 식각을 갖도록 원통형으로 설계된다. 웨이퍼 사이의 작은 분리된 영역을 갖는 석영 보트 위에 웨이퍼들은 수직적으로 설치된다. RF 전원은 실린더의 양쪽 측면에 위치되는 전극에 공급된다. 일반적으로 구멍이 뚫린 금속 원통형 식각 터널은, 식각 터널과 반응로 벽 사이의 외부 영역으로 플라스마가 탈출하는 것을 방지한다.

웨이퍼들은 전자장과 평행으로 위치하여 물리적 식각을 최소화한다. 플라스마의 활성 이온들과 전자들이 이 영역으로 들어가지 못하는 동안에 플라스마에서 부식액의 종류들이 식각 터널로 확산된다. 이때 식각은 등방성이고 화학적으로 거의 순수하고 높은 선택도를 갖는다. 웨이퍼에 물리적 스퍼터링이 없으므로 플라스마 손상은 최소로 유발된다. 원통형 플라스마 반응기는 웨이퍼로부터 포토레지스트를 벗겨내기 위해서 기본적으로 사용하며, 포토레지스트를 벗겨내는 기초적인 부식액은 산소이다.

평행 평판형 반응기는 그림 13-12에서 보듯이 반응기 안에서 크기와 위치가 대칭적인 두 개의 평행한 전극 판을 가지고 있다. 웨이퍼는 RF 신호가 인가된 위쪽 전극과 함께, 접지된 캐소드 전극의 후면 아래에 위치할 수 있다. 이것이 플라스마 식각 모드이고, 강력한 이온 충격 때문에 플라스마 전위는 항상 접지 전위 위에 있게 된다.

만약 RF가 인가된 전극에 웨이퍼가 직접적으로 위치한다면 웨이퍼는 플라스마 및 강력한 이온들과 직접 접촉한다. 이런 접촉은 높은 에너지의 이온 충격을 일으키며 이를 반응성 이온 모드라고 부른다. 물리적·화학적 식각 메커니즘은 플라스마 식각 모드와 반응성 이

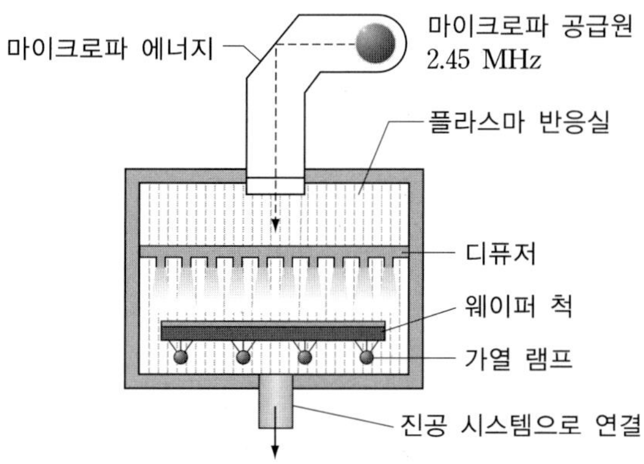

그림 13-13 다운스트림 반응기의 개략도

온 모드에서 일어난다. 그러나 반응성 이온 모드에서의 이온 충격에 의한 에너지들이 플라스마 식각에서보다 대략 10배 정도 높다. 플루오린(F_2)과 산소(O_2) 같은 반응성 가스는 플라스마를 형성하기 위해 필요하다. 반응기는 식각률을 조정하기 위한 높은 RF 파워와 약 0.1~1 torr 정도의 압력에서 작동한다.

웨이퍼 표면이 이온 충격에 반복적으로 노출되면 장비는 더 잘 손상될 수 있다. 웨이퍼 표면에서의 손상 감소는 이온 충격으로 인한 열 증가가 downstream 반응 장치 안의 플라스마로부터 떨어져 있는 웨이퍼 식각 영역에 위치한다는 것을 의미한다. 플라스마는 공정실로 이송되고, 그림 13-13에 나타낸 것처럼 0.1~1 torr의 압력을 갖는 분리 소스에서 형성되어 가열된 웨이퍼 표면으로 균일하게 분산된다.

직접적인 식각을 제공하는 이온이 없기 때문에, downstream 반응기는 등방성이고 레지스트나 다른 비임계층을 제거하기 위해 종종 화학적 에칭을 사용한다. Downstream 식각에서 플라스마를 들뜨게 하기 위한 마이크로파 소스는 일반적인데, 산소 원자의 밀도는 최대화하면서 산소 이온의 밀도를 최소화하기 때문에 장비 손상을 최소화하고 높은 제거율을 산출할 수 있다.

3극 평면 반응기는 이온 충돌의 양을 조절하기 위해 세 번째 전극을 추가한 것이다. 그림 13-14는 두 개의 전원이 설치되는데 전기 유도적으로 연결된 RF는 약 10^{-3} torr의 압력에서 이온이나 반응성을 가진 이온들을 생성하기 위한 플라스마를 만들어낸다. 저주파 생성기는 이온 충돌을 조절한다. 일반적으로 단결정 실리콘 트렌치 식각에서 사용된다.

이온빔 밀링은 이온빔 식각이라도 부른다. 이것은 강한 방향성 플라스마의 물리적 식각 메커니즘과 작은 형태의 이방성 식각 능력을 가진다. 플라스마는 일반적으로 RF 유도 결합 소스나 마이크로파 소스의 사용으로 생성된다. 빠른 이동 전자들은 고온 필라멘트에 의해 발광한다. 아르곤 원자는 확산 스크린을 통해서 플라스마 공정실로 들어간다. 플라스마 공

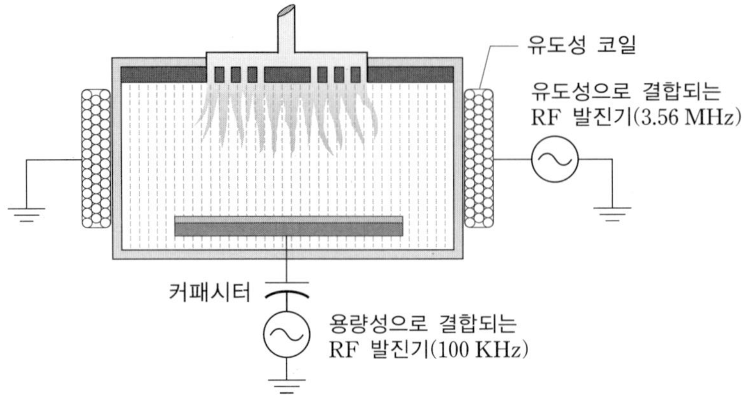

그림 13-14 3극 평면 반응기

정실은 전자기로 둘러싸인다. 자기장은 전자의 궤도 순환 이동을 유발한다. 이런 순환적인 움직임은 많은 수의 아르곤 양이온에서 생성된 아르곤 원자들로부터 많은 충돌을 만들어 낸다. 아르곤의 양이온들은 그리드 전극에 의해서 플라스마 소스 밖으로 끌어당겨 지고, 그림 13-15에서처럼 평행한 전극의 설치로 고밀도 빔으로 형성된다. 고전압 가속기 그리드는 이온 에너지를 2.5 keV만큼 끌어 올린다.

중성화된 필라멘트는 양이온과 웨이퍼의 충전을 방지하기 위해서 아르곤 원자와 재결합하는 전자를 방출한다. 이온빔 식각기는 고밀도 플라스마 식각에서의 일반적인 압력보다 낮은 10^{-4} torr의 저압 범위에서 아르곤 가스와 상호 작용한다. 이온빔 식각을 사용하여 금

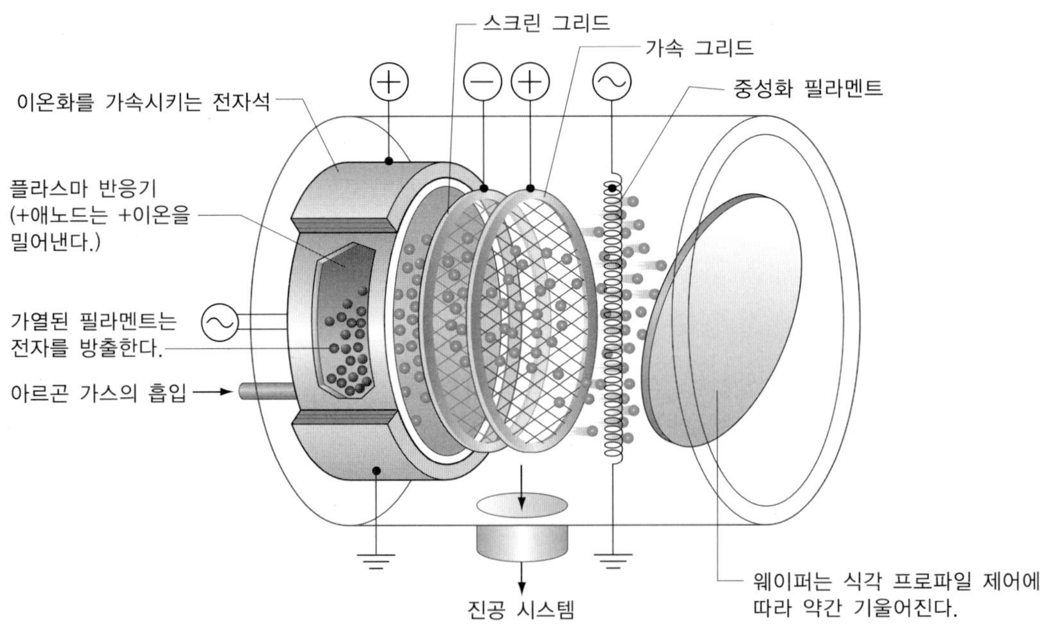

그림 13-15 이온빔 반응기의 일반적인 개략도

이나 백금 그리고 구리처럼 식각하기 힘든 물질들을 식각한다. 웨이퍼는 다양한 측벽 결합 구조를 생산하기 위해 이름 붙여질 수 있다. 주된 문제점들은, 반도체 공정에서 이온빔을 식각에 사용할 때 퍼지는 것을 억제하다가 낮은 선택도(보통 3:1)와 낮은 식각률, 즉 낮은 웨이퍼 처리 결과가 유도된다는 것이다.

반응성 화학 공정과 이온 충격을 이용한 물리적 공정 모두에서 웨이퍼 표면으로부터 물질을 제거하기 위한 기술로 반응성 이온 식각(RIE)를 이용한다. RIE는 그림 13-16에서 보듯이 웨이퍼들이 RF가 인가되는 전극(캐소드)에 위치하는 것과 RF-전극의 크기가 접지된 전극의 크기에 비해 많이 감소한다는 것을 제외하고는 평행 평판(parallel-plate) 플라스마 식각기와 유사하다. 이런 방식에서 직류 자기 바이어스(self-bias)가 캐소드에서 발생되고 웨이퍼들은 플라스마에 대한 커다란 전압 차를 얻게 된다. 이런 상태는 이온화된 이온들이 웨이퍼를 향해 움직이도록 방향성을 만들어 내고, 향상된 이방성의 측벽 특성을 만들어 낸다. 애노드에는 스퍼터링이 없다. 압력은 0.1 torr 이하로 비교적 낮게 진행된다.

초고집적 회로의 임계층에서 사용되는 가장 뛰어난 건식 식각법은 클러스터 기술의 단일 웨이퍼 공정을 이용한 고밀도 플라스마 식각(high-density plasma etching)이다. 종전에 사용되었던 표준 플라스마 시스템은, RF 신호가 두 개의 평행 평판 양단에 인가되는 것처럼 상대적으로 직선적인 플라스마를 만들며 수백 mtorr의 진공 상태에서 동작된다. 그러나 0.25 μm 이하의 결합 구조는 높은 외관비 특성에서 벗어나는 부산물을 식각하거나 부식액 이온을 침투시키는 것이 어렵다. 프로파일의 아래쪽 부분이나 바닥에서는 식각 활동이 점점 느려지거나 사실상 모두 정지한다. 이런 문제를 해결하기 위해서는 가스 분자나 이온들의 평균 자유 경로의 길이를 증가시키기 위해 시스템 압력을 대략 1~10 mtorr로 더욱 낮춰야 한다. 이런 상태는 프로파일 조절의 손실을 유발하는 충돌들을 효율적으로 감소시킨

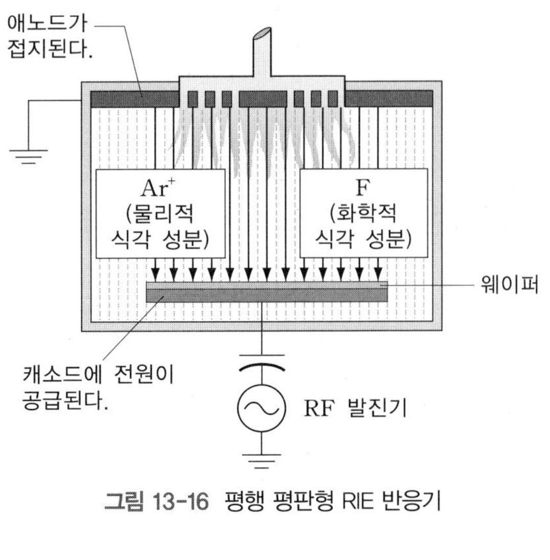

그림 13-16 평행 평판형 RIE 반응기

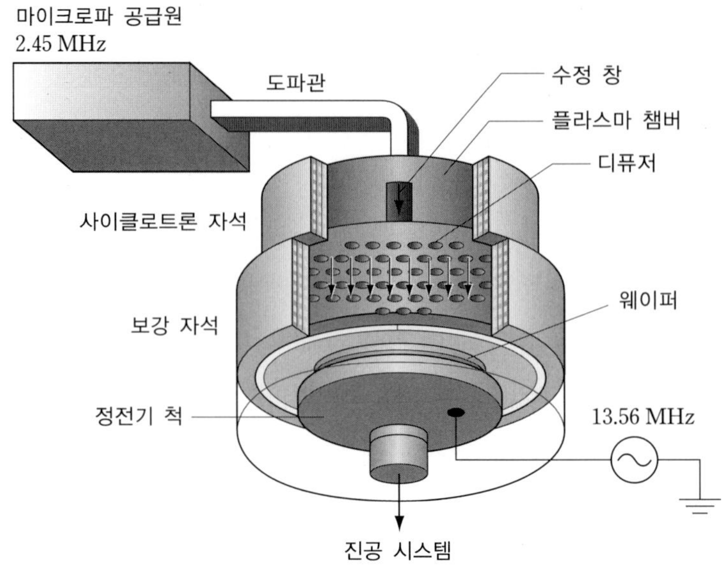

그림 13-17 고밀도 플라스마 식각기 ECR의 개략도

다. 그러나 압력이 낮아지면 이온 밀도 역시 급속히 감소하기 때문에 식각률도 낮아지므로 압력 감소에는 어려움이 따른다.

이런 문제점들을 극복하기 위해서는, 낮은 압력에서도 충분한 이온들을 생성하여 식각률을 만족시킬 수 있는 고밀도 플라스마가 필요하다. 고밀도는 동일한 압력하에서 일반적인 플라스마와는 상대적인 활성 이온들의 숫자와 관련이 있다. 통상적인 플라스마에서의 이온화는 일반적으로 0.01~0.1% 정도이다. 고밀도 플라스마는 플라스마와 입력 전원이 더 효율적으로 결합하고, 큰 분리작용(dissociaton)에 의한 결과로 이온화의 정도는 10%까지 높아져 식각 이온으로 활용될 수 있다. 이런 기술은 높은 외관비를 갖는 틈에서 이방성 식각으로 산출된 저-에너지 이온에게 높은 방향성을 부여한다.

그림 13-17에 나타낸 고밀도 플라스마 식각기는 일반적으로 자기장에 플라스마를 담근다. 플라스마 식각이 진행되는 동안에 자기장을 사용하는 이유는, 첫째 높은 방향성을 가진 플라스마 생성이 더 효율적이기 때문에 저에너지 이온이 높은 외관비를 갖는 틈으로 들어가게 되어서 웨이퍼 손상이 적다는 점, 둘째 플라스마는 더욱더 반응성을 갖는 이온들과 식각률이 향상된 대전된 입자들로 밀집된다는 점, 셋째 웨이퍼의 직류 바이어스는 감소되어서 웨이퍼 충격(또는 손상)을 감소시킨다는 점이다.

1980년대 초기에 처음 소개된 ECR(electron cyclotron resonance) 반응기는 상업적으로 개발된 최초의 고밀도 플라스마 반응기였다. 이것은 0.25 μm 이하의 특정 크기 식각을 위해서 오늘날의 웨이퍼 공정에서도 아직 사용하고 있다. ECR 반응기는 1~10 mtorr의 작동 압력에서 매우 밀집된 플라스마를 발생시킨다. ECR 식각은 고밀도 플라스마를 발생시키기

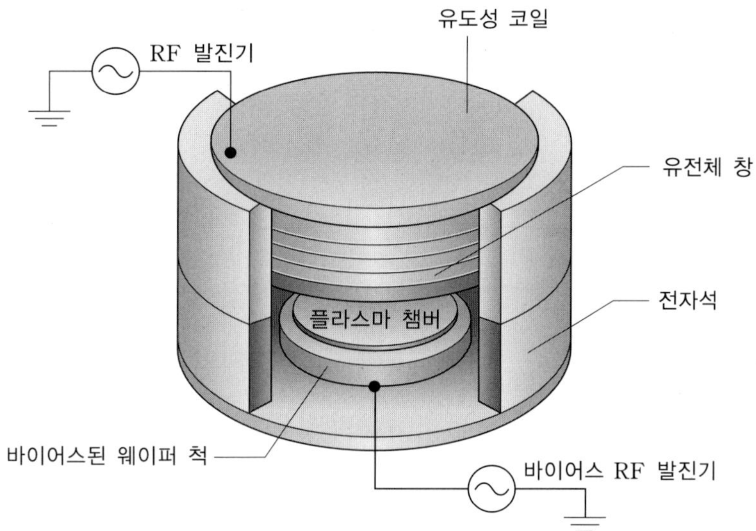

그림 13-18 유도성 결합형 플라스마 식각

위해서 그림 13-17에 표시된 것처럼 자기장에 존재하는 마이크로파 들뜸을 이용한다. ECR 반응기의 핵심 특징은 자기장이 반응 물체의 흐름과 평행하다는 것인데, 이는 자유 전자가 자기력으로 인해 나선 경로로 이동하기 때문이다.

에너지는 전자 오비탈 주파수(전자 사이클로트론 공명, electron cyclotron resonance)가 인가된 전기 마이크로파 영역의 주파수와 같을 때 전기장에서 플라스마 전자로 효율적으로 전달된다. 이러한 공명 상태(resonance condition)는 전자 충돌의 확률을 높이며 이온의 큰 흐름이 만들어 내는 매우 밀집된 플라스마를 생성한다. 반응성 이온은 웨이퍼 표면을 향해 이동하고 식각 때문에 발생한 표면층과 반응한다.

저전압 RF 바이어스(13.56 MHz)나 직류 바이어스는 웨이퍼를 고정하는 전극에 인가되어 이온 충격 에너지를 제어한다. 이런 동작은 ECR이 화학적, 물리적 결합 식각 공정을 수행하고 이방성 식각 프로파일을 생산하도록 한다. 반도체 제조공정에서 ECR 반응기의 주된 단점은 장비의 복잡성이다. DECR(distribute ECR)로 알려진 ECR의 변형된 시스템은 자석 쌍과 마이크로파 안테나가 중심 반응장치 주변으로 분산된 시스템이다.

웨이퍼로부터 분리된(decoupled) 플라스마를 갖는 또 다른 고밀도, 저압 식각 반응기는 ICP(inductively-coupled plasma) 반응기이다. 이런 반응기는 ECR보다 저렴하며 덜 복잡하다. ICP는 미국에서 널리 사용되고 있다. ICP는 그림 13-18에 나타난 것처럼 석영 튜브나 절연판에서 플라스마로부터 분리된 나선 코일 중앙에서 플라스마를 발생시킨다. 코일에서 떨어진 곳에 웨이퍼가 위치하므로 전자기장(electromagnetic field)으로부터 영향을 받지 않는다. 웨이퍼는 화학적·물리적 식각을 모두 갖도록 바이어스될 수 있다. 이런 반응기는

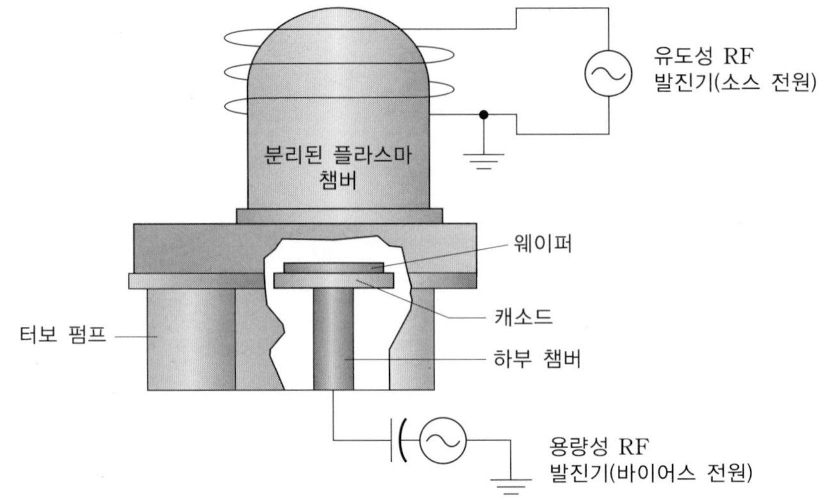

그림 13-19 이중 결합 플라스마 소스

높은 외관비를 갖는 틈에서 이방성 측벽 프로파일을 구성할 수 있다. 고밀도 플라스마를 발생시키는 또 다른 유도성 결합 반응기는 helicon wave이다. 이런 시스템은 RF 신호(13.56 MHz)로부터 전원을 공급받는데, 이것은 석영 소스 튜브 외부에 위치한 이중 루프 안테나로부터 나온 플라스마 안으로 유도성 결합된다.

그림 13-19는 분리된 플라스마 소스(decoupled plasma source)라고도 부르는 이중 플라스마 소스(DPS) 식각 반응실의 개략도를 보여주고 있다. DPS는 전원 공급 장치, 반응실 상부, 웨이퍼를 갖는 반응실의 하부, 이동 전극과 같은 4개의 중요한 성분으로 구성된다. 고밀도 플라스마 시스템에서 언급했던 것처럼 RF 전원을 이용하는 2개의 소스가 존재한다.

소스 전원 공급 장치는 반응성 이온 및 중성 입자를 생성하기 위해 RF 전력을 플라스마로 이동시키는 유도성 코일을 갖는다. 이 코일이 소스 전원으로 알려져 있다. 소스 전원 공급 장치는 온도 제어 시스템을 포함한다. 웨이퍼 기판을 바이어스시키기 위해서 전극에 공급되는 RF 전류는 바이어스 전원으로 알려져 있다. 웨이퍼 음극은 수직 방향으로 움직인다. 반응실 하단의 청결과 유지 보수가 보다 쉽도록 반응실의 상단은 플라스마와 공정 가스에 노출된다. DPS 플라스마의 주요 측면은 바이어스 전원에서 소스 플라스마 전원의 분리(decoupling)이다. 이런 배열은 물리적·화학적 식각을 위한 큰 공정 틀 안에서 이온 밀도와 이온 에너지 초과에 대한 강한 제어를 가능하게 하고 그 결과 임계 차원의 부피 제어를 향상하며 식각 잔류물질을 줄인다.

마그네트론은 자기적으로 강화된 반응성 이온 식각 반응기(magnetically enhanced RIE, MERIE)이며 물리적, 화학적 식각 시스템이 결합한 것이다. RIE 반응기와 유사하게 공정실 벽으로부터 떨어져서 플라스마를 고정시키는 자기장이 있고 고밀도 플라스마를 생성하기

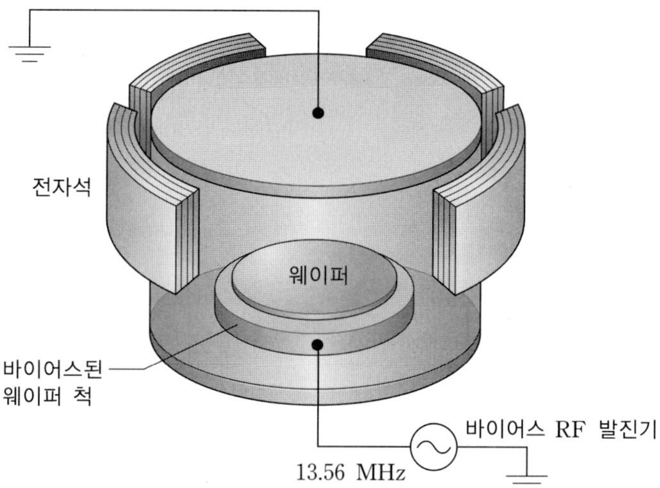

그림 13-20 자기적으로 강화된 반응성 이온 식각

위하여 웨이퍼 근처에서 전자와 이온 농도를 증가시킨다. 자기장은 3상 교류 전원 공급에 의하여 전기적으로 회전하거나, 쌍극자 원형 자석 시스템에 의해서 물리적으로 회전할 수 있다. 자기장을 갖는 플라스마는 고밀도 플라스마를 생성하고 낮은 압력에서도 동작하도록 하며, 특히 높은 외관비 특성을 갖는 식각에서는 식각의 방향성과 균일성을 효과적으로 유지하게 한다.

식각의 수행에서는 특성 크기의 축소 및 새로운 웨이퍼 물질의 도입이 엄중하게 요구된다. 건식 식각 시스템은 식각될 재료의 화학적 메커니즘, 혹은 물리적 메커니즘, 또는 두 가지 메커니즘을 결합해서 사용된다. 장비 중 몇 가지는 이방성인 반면 나머지 장비들은 순수하게 등방성이다. 그중 한 가지는 웨이퍼 제조에 사용할 수 있는 다양한 식각 장비를 평가할 수 있다. 특정한 식각 시스템의 특성과 제어는 웨이퍼 조립에 성공하기 위해서 매우 중요하다. 표 13-3에 플라스마 식각 장비의 구성과 식각법을 간략하게 비교하였다.

건식 식각은 일반적으로 하부층에 대한 식각 선택도가 우수하지 못하다는 점에서 습식 식각과 다르다. 이런 이유로 하부층의 과도한 식각을 최소화하기 위해서 식각을 정지시키고 공정을 감시하는 종료점 검출(endpoint detection)이 요구된다. 종료점 검출 시스템은 그림 13-21에서 보듯이 식각률의 변화, 식각 공정으로부터 제거된 부산물들의 형태, 가스 방전에서 활성 반응 물질에서의 변화와 같은 여러 파라미터들을 측정한다. 종료점 검출에는 광학 방사 분광기가 사용된다. 이런 측정 방법은 식각 공정을 실시간으로 감시하기 위해 식각 반응실 안에 집적된다.

들뜬(excited) 입자들은 특정한 재료에 해당하는 파장에서 빛을 방출한다. 원소를 확인하기 위해서 가스 방전에서 들뜨는 원자와 분자들에 의해서 방출되는 빛은 광학 방사 분광

표 13-3 건식 식각기의 구성

성분	식각 방법	압력(torr)	조정	고밀도 플라스마	바이어스	바이어스 근원	윤곽
원통형	화학적	10^{-1} 에서 1	코일이나 용기 바깥의 전극	없음	카세트(부피)	RF	등방성
평행 평판(평면)	물리적이며 화학적	10^{-1} 에서 1	평면 다이오드(쌍전극)	없음	전류 전극(양극, 접지 전극)	RF	등방성, 이방성
다운스트림 플라스마	화학적	10^{-1} 에서 1	코일이나 용기 바깥의 전극	없음	카세트(부피)	RF 혹은 마이크로웨이브	등방성
3극 평행 평판	물리적	10^{-3}	3극 진공관(3개의 전극)	없음	플라스마의 다운스트림	RF 혹은 마이크로웨이브	이방성
이온빔 밀링	물리적이며 화학적	10^{-4}	평면 3극관	없음	전극에 전류가 흐를 때	RF 혹은 마이크로웨이브	이방성
반응성 이온 식각(RIE)	물리적	<0.1	평면이거나 원통형 다이오드	없음	전극에 전류가 흐를 때(음극)	RF 혹은 마이크로웨이브	이방성
전자 사이클로트론 공명(ECR)	물리적	$10^{-4} \sim 10^{-3}$	자기장에서 플라스마 흐름과 평행	있음	양극	RF 혹은 직류	이방성
분포된 ECR	물리적	(낮음)	플라스마 중심의 자기분포	있음	양극	RF 혹은 직류	이방성
유도성 결합 플라스마(ICP)	물리적	(낮음)	절연 극판 플라스마에서의 분리된 나선코일	있음	양극	RF 혹은 직류	이방성
이중 플라스마 소스	물리적	(낮음)	독립 플라스마와 기판 바이어싱	있음	양극	RF 혹은 직류	이방성
자기 강화 반응성 이온 식각(MERIE)	물리적	(낮음)	플라스마 자기장에서의 평행 다이오드	있음	양극	RF 혹은 직류	이방성

기(OES)에 의해서 분석된다. 방출된 빛은 필터가 있는 검출기를 통과하여 식각된 재료를 식별하는 데 사용되는 특정 파장의 빛을 통과시킨다. 방사 세기는 플라스마 내의 입자 농도와 직접적으로 관련이 있다. 종료점 검출기를 통해 식각 공정에서 언제 재료를 제거할지, 언제 아래층으로 진행할지를 결정할 수 있다. 광학 방사 분광기는 높은 감도로 실행하기가 쉬워서 가장 일반적으로 사용되는 종료점 검출 방법이다. 광학 방사는 식각 반응기를 진단하기 위해서 사용된다. 만약 시스템이 공기 중으로 누출된다면 광학 방사를 통해 질소의 존재를 확인할 수 있다. 반응실 세정 후에 진공이 급격하게 감소하여 부적절하게 발생하는 수증기를 검출할 수도 있다. 그러나 입자의 절대 농도는 광학 방사 분광기에 의해 검출될 수 없다.

진공 시스템은 가스 흐름과 압력에 연관된 플라스마 파라미터에 영향을 주기 때문에 식

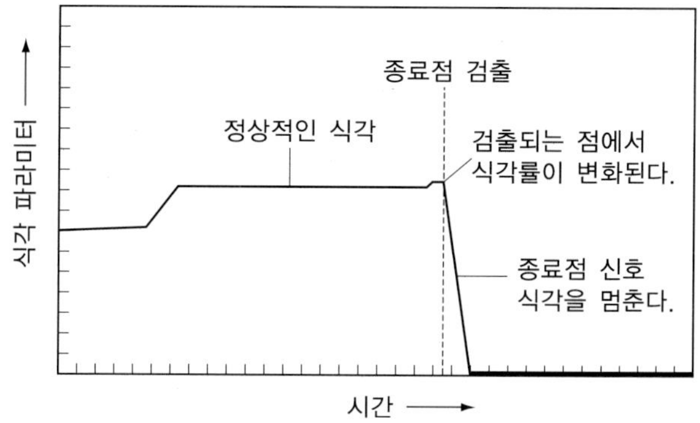

그림 13-21 플라스마 식각을 위한 종료점 검출

각 공정에서 중요하다. 일반적으로 식각을 위한 고밀도 플라스마 진공 시스템은 식각이 진행되는 동안 1 mtorr 범위에서 반응실의 압력을 달성하거나 웨이퍼 표면에서 800 sccm 이상의 낮은 가스 흐름을 가진다. 진공 성분은 식각이 진행되는 동안 발생되는 부식성의 부산물을 취급할 수 있어야 한다. 식각 공정에는 일반적으로 루트 형태의 건식 메커니컬 펌프, 송풍기/부스터 펌프, 터보 펌프 등이 진공 조성을 위해 사용된다.

일반적으로 터보 펌프는 웨이퍼 표면에서 펌프 속도를 최대화하기 위해 반응실과 가까운 곳에 위치하는 반면 다른 펌프들은 서비스 구역이나 제조설비 내부에 위치한다. 게다가 건식 펌프는 통합 클러스터 장치의 반응실 전송에서와 로드락(loadlock)의 제거에서도 사용된다. 식각에서 사 용되는 플루오린, 염소, 브로민 가스는 그 화학적인 반응성 때문에 웨이퍼 표면 피막을 제거하는 데 효율적이다. 사용되지 않는 반응 물질과 반응 부산물은 높은 비율로 제거된다. 식각 부산물의 높은 반응성은 베어링의 질소 정화나 베어링이 동작할 때만 의존하는 자기 부상 펌프와 같은 특별한 설계가 필요한 진공 시스템 구조에서 부식 문제를 발생시킬 수 있다.

표 13-4 플라스마 식각에서 들뜨는 입자의 특성 파장

재료	부식액 가스의 방출 입자	부산물	파장(nm)
실리콘	CF_4/O_2	SiF SiCl	480; 777 287
이산화 규소	$CHIF_3$	CO	484
알루미늄	Cl_2 BCl_3	Al AlCl	391; 394; 396 261
포토레지스트	O_2	CO OH H	484 309 656
질소	N_2(가스 정제 이전과 식각 후에 사용)	N_2 NO	337 248

13-3 건식 산화물 식각과 건식 금속 식각

집적 회로를 제조하기 위해서 필요한 플라스마 건식 식각은 다양한 형태로 응용된다. 이런 응용은 제조설비에서 사용되는 모든 재료에서 발견된다. 더 작은 임계 차원, 높은 외관비를 갖는 틈, 그리고 웨이퍼 제조에서의 새로운 재료 등의 움직임은 세 가지 재료 유형 모두에 대해 식각 공정에 새로운 기술 개발을 요구한다.

건식 식각의 목적을 달성하기 위해서는 높은 선택도, 빠른 식각률, 양호한 측벽 프로파일, 식각의 균일성, 낮은 장치의 손상, 넓은 공정 범위와 같은 조건을 만족해야 한다. 그림 13-22에 건식 식각의 임계 파라미터를 표시하였다.

이런 식각 파라미터들은 각각의 특별한 건식 식각 응용을 위해 최적화된 활동성을 갖도록 결정된다. 대부분의 경우, 컴퓨터 소프트웨어를 사용한 공정 장비 모델링을 통해서 최적화가 이루어지는 점을 주목해야 한다.

산화막 식각을 실시하는 이유는 정공과 비아를 접촉시키기 위해서이다. 이런 특징은 산화막 안에서 높은 외관비의 opening 식각과 같은 필요조건을 갖는 중요한 응용이다. DRAM에의 응용을 위한 외관비는 6:1 정도로 예상되는데 이는 0.18 μm의 최소 배선폭을 위한 것이다. 기본 실리콘과 폴리사이드의 단일 물질 선택도는 50:1이다. 새로운 산화막 식각 응용은 높은 외관비의 식각과 새로운 트렌치 요구, 이중 디마신 구조를 만족하는 임계적인 식각이다. 낮은 외관비의 비아 식각처럼 비임계적인 산화막 식각 응용도 있다. 산화막 플라스마 식각 공정은 일반적으로 탄화플루오린(fluorocarbon) 화합물에 기반을 두고 있다.

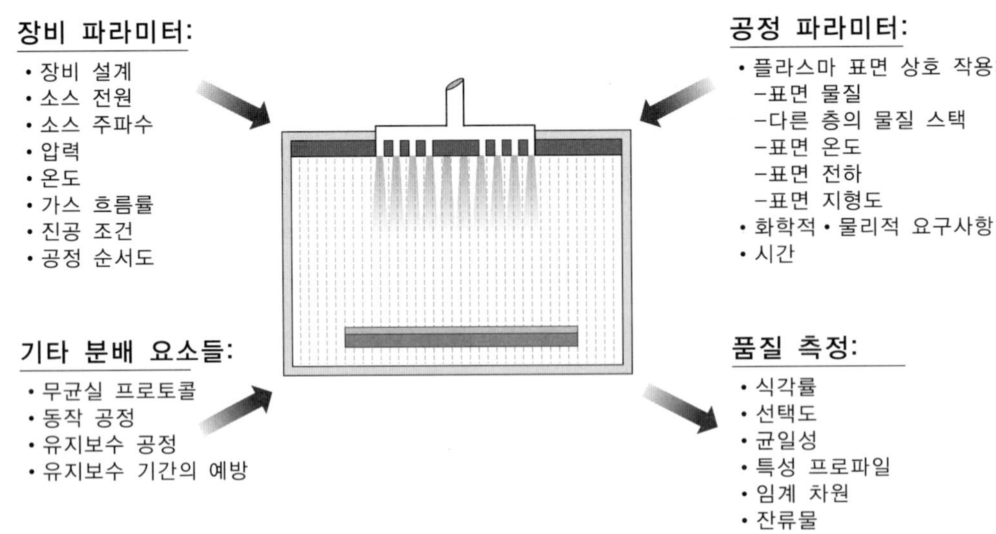

그림 13-22 건식 식각의 임계 파라미터

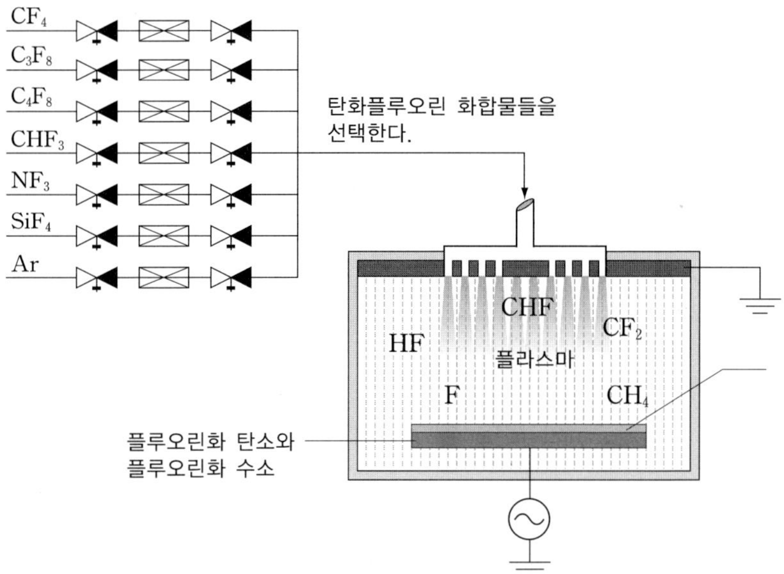

그림 13-23 산화막 식각 반응기

탄화플루오린은 탄화수소(hydrocarbon)에 플루오린을 첨가한 것이다. 플루오린에 의해 대체된 탄화수소 분자 안에는 하나 혹은 그 이상의 수소 원자가 존재한다. CF_4, C_3F_8, C_4F_8, CHF_3, NF_3, SiF_4와 같은 많은 기체가 플루오린 공급원으로 사용된다. 일반적으로 CF_4(tetrafluoromethane)는 높은 식각률을 가지지만 폴리실리콘에 대해 빈약한 선택도를 가진다. CHF_3(trifluoromethane)는 높은 폴리머 형성(polymer formation) 비율을 가진다. 탄화플루오린 기체들은 기저 상태(비플라스마 상태)에서 화학적으로 안정적이며 화학 결합이 SiF의 결합보다 강하기 때문에 실리콘 또는 스스로의 산화물을 공격하지 않는다. 식각 화학 작용에 도움을 주기 위해 첨가되는 Ar과 He과 같은 완충 기체들도 있다. 상대적으로 큰 질량을 갖는 아르곤은 물리적 식각(스퍼터링)에 사용되며, 상대적으로 작은 질량을 갖는 헬륨은 희석액이라고 불리는데 부식액의 가스 농도를 줄여서 플라스마의 균일성을 향상시키는 데 사용된다.

그림 13-23에 나타낸 것처럼 해리되는 CF_4와 같은 주요 가스 성분을 갖는 탄화플루오린 공급 가스는 플라스마로 되먹임되고 해리된다. 이런 반응은 다양한 형태의 반응성 이온(기)과 중성 입자를 형성한다. 반응성 입자들의 예는 CF_4, CF_2, CHF, HI, 그리고 F이다. 플루오린 라디칼은 산화막을 공격하며 식각의 원인이 된다. 플루오린 반응성 이온들은 쉽게 휘발성 부산물로 형성되고 진공 시스템에 의해서 식각 반응기로부터 배출된다. CF_x기 또한 측벽 표면을 폴리머로 보호하기 위해서 공급된다. 높은 탄소:플루오린 비는 일반적으로 폴리머가 많이 형성된다는 것을 의미하며, 식각률을 낮추고, 산화막 실리콘에 대한 선택도를

표 13-5 플라스마 식각 가스의 특성

식각 물질	전통 화학 물질	새로운 물질	이득
폴리실리콘	Cl_2 또는 BCl_3/CCl_4 Cl_2 또는 BCl_3/CF_4 Cl_2 또는 $BCl_3/CHCl_3$ Cl_2 또는 BCl_3/CHF_3 (바닥의 세 개의 접지면에 보호막을 씌운 가스)	$SiCl_4/Cl_2$ BCl_3/Cl_2 $HBr/Cl_2/O_2$ Br_2/SF_2 SF_6 CF_4	탄소 오염이 없음 SiO_2와 resist의 선택성 탄소 오염이 없음 높은 식각 속도
Al	Cl_2 BCl_3 + 가스에 보호막을 씌운 측면 $SiCl_2$	$SiCl_4/Cl_2$ BCl_3/Cl_2 HBr/Cl_2	개선된 측면 제어 탄소 오염이 없음
Al(1% Si, 0.5% Cu 포함)	Cl_2 BCl_3 + 가스에 보호막을 씌운 측면 $SiCl_2$	BCl_3/Cl_2+N_2	N_2는 구리 식각 속도를 가속
Al(2% Cu 포함)	$BCl_3/Cl_2/CCl_2$	SF_6	
WSi_2, $TiSi_2$, $CoSi_2$	WSi_2, $TiSi_2$, $CoSi_2$	CCl_2F_2/NF_3 CF_4/Cl_2	통제된 식각 종단면 탄소 오염이 없음
단결정 실리콘	Cl_2 or BCl_3 + 가스에 보호막을 씌운 측면	CF_3Br HBr/NF_3	트렌치 식각를 위한 더 높은 선택성
SiO_2 (BPSG)	CCl_2F_2 CF_4 C_2F_6 C_3F_8	CCl_2F_2 CHF_3/CF_6 CHF_3/O_2 CH_3/CHF_2	환경적으로 개선된 대안
SiN_4	CCl_2F_2 CHF_4	CH_4/O_2 CF_4/H_2 CHF_3 CH_3CHF_2	환경적으로 개선된 대안

높인다. 어떠한 경우에는 과잉 플루오린 원자를 얻기 위해 플라스마 위로 실리콘 소스가 사용되기도 한다. 플라스마 식각 가스의 특성을 표 13-5에 나타내었다.

산화막 식각의 주요한 과제는 실리콘, 질화물, 비반사 코팅과 같은 기본 재료들에서 높은 선택도를 얻는 것이다. 예를 들면 LI 산화막 절연체를 통하여 접촉 식각이 진행되는 동안에 요구되는 실리콘에서의 높은 선택도는 소스/드레인 영역이 식각되는 것을 피하기 위해서이다. 실리콘에서의 높은 선택도는 게이트 구조에서 산화막 측벽 공간의 식각이 이루어질 때도 필요하다. 비아 식각인 경우에는 TiN, Al에서의 높은 선택도가 필요 조건이다.

실리콘에 대한 선택도를 달성하는 방법의 하나는 산화막과 실리콘 사이의 선택도를 제어하기 위해서 가스의 화학적 특성으로 산소를 추가하는 것이다. O_2의 적은 농도는 산화막

Li 산화막이 식각되는 동안 실리콘 질화물 Si_3N_4가 식각을 정지시킨다. 5단계로 진행된다.

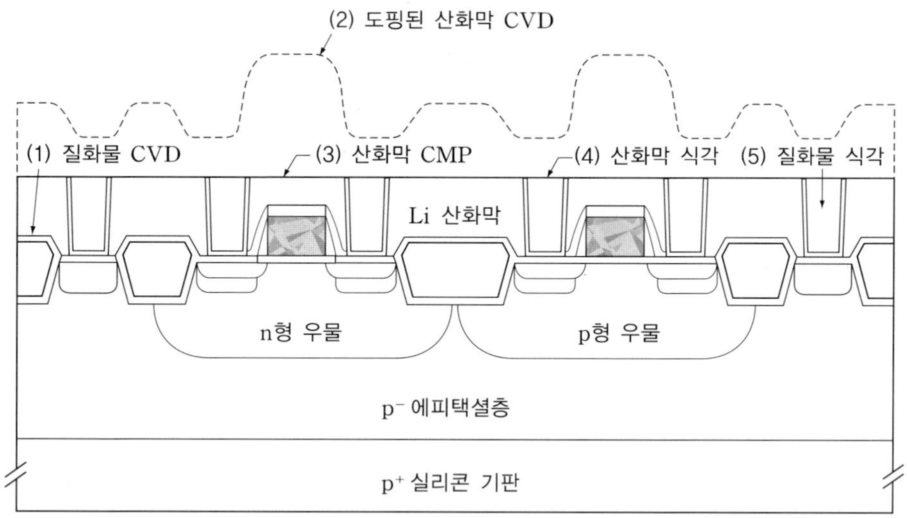

그림 13-24 식각을 정지시키는 강한 마스크층

과 실리콘 모두의 식각률을 향상시킨다. O_2 농도가 20% 이상으로 증가하면 실리콘층 아래의 식각이 최소화되게끔 선택도가 향상되며, 실리콘 위쪽의 산화막은 보다 빠르게 식각된다. 선택도를 향상시키는 또 다른 방법은 가스 혼합물에 수소를 첨가하는 것으로, 40%의 수소 농도에서 실리콘의 식각률은 거의 0까지 감소한다. 그러나 40% 이하의 H_2 농도는 산화막의 식각률에는 영향을 미치지 않는다.

산화막 식각이 진행되는 동안의 선택도는 그림 13-24와 같이 접촉 정공 식각을 갖는 실리콘 질화물의 강한 '식각 정지'층을 이용해서 하부층의 재료를 유지할 수도 있다. 이런 동작은 질화물층이 우수한 산화물 식각 선택도를 가질 때 유효하다. 단, 선택도에 대한 강한 마스크 접근 방식은 공정 단계를 추가해야 하며 필요한 경우에만 수행된다.

산화막/실리콘에 대한 선택도는 식각 공정의 한 부분으로 실리콘의 위쪽에 보호성 폴리머층을 형성함으로써도 달성할 수 있다. 인접한 실리콘의 식각을 방지하기 위해서 폴리머 잔류물은 화학 가스 속으로 전달된다. 배출되는 휘발성 CO나 CO_2를 구성하기 위해서 폴리머는 SiO_2보다는 실리콘에서 더 쉽게 형성되는 경향을 보인다. 이런 접근법은 실리콘 식각이 정지되고 있는 동안 산화막을 지속적으로 식각시키는 선택도를 가진다. 불행하게도 식각이 진행되는 동안 반응실 표면에도 폴리머가 증착된다. 그리고 미립자 오염의 원인이 되므로 식각 시스템의 세정이 빈번하게 필요하게 된다.

산화막을 식각하는 동안 포토레지스트에 대한 높은 선택도는 측벽의 끝이 가늘어지는 것을 피하기 위해 중요하다. 포토레지스트는 식각되는 패턴을 정의하게 된다. 접촉과 비아들, 수백만 개의 정공들의 경우에서 각각은 그림 13-25에 나타낸 것처럼 다른 깊이의 표면

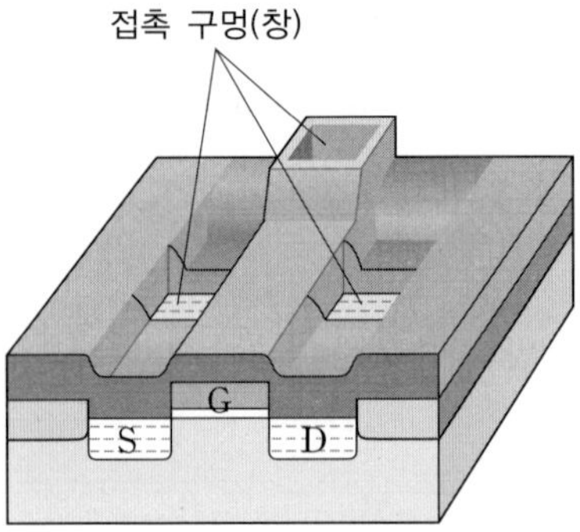

그림 13-25 깊이가 가변되는 접촉 식각

재료에서의 정확한 제거량이 필요한 식각이 동시에 이루어진다.

포토레지스트의 선택도를 감소시키는(바람직하지 않음) 한 가지 요인은 고밀도 플라스마 안에서 활동적인 플루오린 원자의 효과적인 형성이다. 자유로운 플루오린은 유기 포토레지스트를 식각하게 된다. 이는 일반적인 플라스마 식각기의 10:1의 선택도가 고밀도 플라스마 방식에서는 4:1~7:1까지 낮아지는 원인이 된다. 게다가 비반사 코팅층을 통해서 식각하는 것이 필요하기 때문에 식각 시간이 늘어나고, 레지스트의 두께는 감소한다. 일반적으로는 깊은 자외선(DUV) 레지스트가 I-line 레지스트보다 플라스마 공정에 대한 저항성이 떨어지며 레지스트에 대한 선택도도 낮다.

국부적 상호 연결 산화막 절연층 안의 접촉 창은 일반적으로 높은 외관비를 갖는 가장 작은 특성 크기와 등가의 차원을 갖는다. 이런 응용 유형을 위해서 수직 측벽 프로파일에서 높은 각도의 이방성이 필요하다. 가장 주요한 요인은 고밀도 플라스마의 이온 충격의 높은 방향성이다. 최적의 측벽 프로파일을 얻기 위한 요소는 레지스트 선택도의 크기이다. 레지스트 선택도가 낮으면 식각 공정이 진행되는 동안의 포토레지스트도 점진적으로 부식되므로 이방성 식각 공정의 측벽이 가늘어지게 한다.

웨이퍼 제작에 이용하는 실리콘 질화물에는 두 가지의 기본적인 형태가 있다. 한 가지 형태는 Si_3N_4막의 화학량론적 화합물을 생산하는 700~800℃에서 LPCVD에 의해서 증착된다. 다른 형태의 질화물막은 저밀도의 막을 생산하기 위해서 350℃ 이하에서 만들어지는 플라스마 강화 CVD에 의해서 증착된다. 식각률은 자신의 저밀도 때문에 PECVD막에서 더 빠르다. 실리콘 질화물은 다른 화학 가스에 의해서 식각된다. 일반적으로 사용하는 기본 가스는 O_2와 N_2가 혼합되어 있는 CF_4이다. O_2와 N_2의 양을 늘리면 플루오린의 농도가 희석되므로 산화막 아래층의 식각률을 낮춘다. 1200 Å/min의 높은 식각률 및 산화막에 대한 높은 선택도는 LPCVD에 의해서 질화막을 20:1로 증착할 수 있다. 산화막의 선택도는 산화막에 도달할 때 식각 공정을 빠르게 감속시키기 위한 식각 정지에 사용되는 얇은 패드

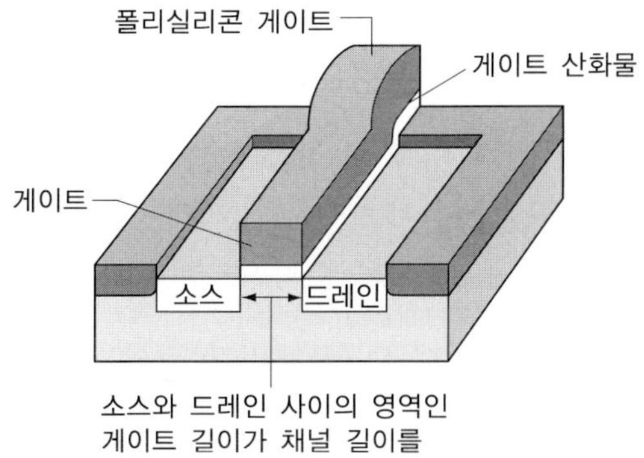

그림 13-26 폴리실리콘 도체 길이

산화막 응용에서 중요하다. 질화물 식각에 사용할 수 있는 주요 가스는 SiF_4, NF_3, CHF_3, C_2F_6이다.

웨이퍼 제작에서 실리콘의 플라스마 건식 식각은 중요한 공정이다. 플라스마 식각을 위한 두 가지 중요한 요소는 (1) MOS 게이트 구조를 위해서 형성되는 폴리실리콘 게이트 길이 (2) DRAM 안에 소자 절연 또는 콘덴서 구조를 이용하는 단결정 실리콘 트렌치 생성이다. 폴리실리콘 식각 가스 혼합물은 전통적으로 플루오린 기반의 CF_4, CF_4/O_2, SF_6, C_2F_6, NF_3를 포함하는 가스들이다. 플루오린 원자는 아주 빠르게 식각 반응을 일으키지만 등방성 프로파일이 얻어지며 보통의 레지스트 선택도를 가진다. 플루오린 원자를 감소시키고 이온 에너지를 증가시켜서 측벽 프로파일을 개선할 수 있지만 폴리/산화막 선택도는 역시 감소한다. 충돌 이온의 에너지는 산화막층 아래에 스퍼터링되는 것을 피할 수 있도록 충분히 낮아야 한다.

염소, 브로민, 염소/브로민 화학 결합이 기반인 폴리실리콘 플라스마 식각 가스들은 이런 어려움을 극복해야 한다. 염소(Cl_2)는 우수한 산화막 선택도를 가지면서 이방성의 실리콘 측벽 프로파일을 생산한다(>10 폴리/산화물, 폴리/질화물의 선택도). 브로민 가스는 Br_2, HBr 모두 산화막과 질화막에 대한 높은 선택도(>100)을 가지며 실리콘을 이방성으로 식각한다. 이런 품질은 게이트 산화막에서 폴리게이트 식각 등에 응용할 때 중요하다. 브로민 가스는 포토레지스트에 대해 Cl_2보다는 더 나은 선택도를 보인다. 다른 실리콘 식각 화학물은 HBr과 Cl_2에 O_2를 추가한 것 같은 염소와 브로민의 혼합물이다. O 첨가로 식각률 및 산화막에 대한 선택도가 증가한다. 염소에 의한 식각으로 폴리머가 형성되는 동안 플루오린 가스 화합물은 측벽에서의 증착과 측벽 프로파일 제어에 기여한다. SiF_4, $SiCl_4$, $SiBr_4$는 플루오린, 염소, 및 브로민 가스 화합물에 의해서 생성되는 휘발성 식각 부산물을 위해 사용된다.

MOS 소자에서 도핑되는 LPCVD 폴리실리콘은 게이트 도체 물질로 사용된다. 도핑된 폴리실리콘 도체의 선폭은 활성 소자에서 게이트 길이를 정의하기 때문에 트랜지스터의 동

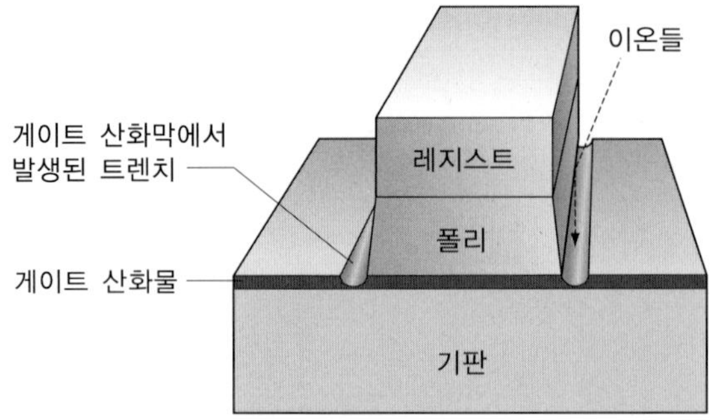

그림 13-27 폴리실리콘 게이트 식각이 진행되는 동안 바람직하지 않은 마이크로 트렌치

작에 영향을 미친다. 이런 이유로 임계 차원의 제어가 중요하다. 폴리 게이트 식각 공정은 반드시 우수한 균일성 및 반복성을 갖는 게이트 산화막에 대해 높은 선택성을 가져야 한다.

소스/드레인 도핑 공정이 진행되는 동안 폴리실리콘 선이 중요한 장벽으로 동작하기 때문에 폴리실리콘 선은 높은 각도의 이방성이 요구된다. 경사진 측벽은 폴리실리콘 게이트 구조 아래서 부분적 도핑으로 주입된 입자들을 산출할 수 있다. 식각된 폴리실리콘(일반적인 실리콘)은 종종 3단계의 공정을 갖는다. 이것은 다른 식각 단계가 진행되는 동안에 이방성 또는 선택성을 최적화하는 것을 허용한다. 식각의 3단계는 다음과 같다:

1. 첫 번째 단계는 획기적인 단계(breakthrough step)로, 마이크로 마스크로 동작하는 오염물질로부터 식각 표면의 결함을 최소화하는 균일한 식각을 달성하기 위하여 자연 산화막, 하드 마스크(예: SiON) 및 표면 오염물질을 제거한다.

2. 이어지는 주요 식각 단계(main etch step)가 종료점까지 수행된다. 이 단계에서 게이트 산화막의 손상 없이 폴리실리콘막을 제거하고 원하는 이방성 측벽 프로파일을 얻는다.

3. 마지막 단계는 게이트 산화막의 높은 선택성이 유지되는 동안 폴리실리콘의 스트링거(stringer)와 잔여 잔류물질을 제거하는 과잉 식각 단계(overetch step)이다. 그림 13-27에 표시된 것처럼 이 공정은 폴리실리콘 주변의 게이트 산화막의 마이크로 트렌칭(작은 트렌치 형태)을 피하고 있는 동안 완료되어야 한다.

폴리실리콘 게이트는 식각 공정에서 주의가 요구되며 정밀함이 필요한 어려운 구조를 갖는다. 0.15 μm의 최소 배선폭을 갖는 소자는 산화막 원자층(monolayer)을 6개에서 10개 겹친 것과 같은 두께인 20~30 Å의 게이트 산화막 두께로 설계된다. 산화막에 폴리실리콘 식각의 선택도를 위한 공정 규격으로는 전형적으로 산화막 크기(1.5 원자층)가 300 mm 웨이퍼의 표면 영역 70,686 mm^2에 걸쳐서 단일 층의 대략 1.5배 크기인 5 Å을 넘지 않는 것이 필요하다. 게이트 산화막의 펀치스루를 방지하기 위해서 중요한 폴리실리콘 식각 공정에서는 약 150:1의 선택도가 필요하고 식각 잔류물과 스트링거를 제거하기 위해서는 250:1 이상의 강력한 식각 선택도가 요구된다. 전통적으로 CF_4를 포함한 CF_4/O_2, SF_6, C_2F_6/O_2, NF_3 등 플루오린 기반의 가스들이 폴리실리콘 식각 화합물로 사용된다.

플루오린 원자는 실리콘의 식각에 도움을 준다. 그러나 이런 유형의 화합물들을 이용하면 식각 결과로 등방성 프로파일이 얻어진다. 이런 프로파일은 플루오린 원자를 줄이고 이온 에너지를 증가시키면 개선될 수 있다. 그러나 이것은 또한 폴리실리콘:SiO_2의 선택도 역시 감소시킨다. 충돌 이온의 에너지는 충분히 낮아야 게이트 산화막의 스퍼터링을 방출을 피할 수 있다. 이런 어려움을 극복하기 위해서 폴리실리콘 플라스마 식각 가스들은 간혹 염소와 플루오린을 모두 포함하기도 한다. 염소는 SiO_2에 대해 우수한 선택도를 보이는 이방성 폴리실리콘 측벽 프로파일을 발생시킨다. 폴리실리콘 식각에 사용되는 또다른 일반적인 가스 화합물은 브로민이다. 브로민은 게이트 산화막의 폴리실리콘에 대해 염소보다 더 나은 식각 선택도를 갖기 때문이다. 플루오린, 염소, 브로민 가스 화합물인 SiF_4, $SiCl_4$, $SiBr_4$의 휘발성 식각 부산물은 식각 후 모두 반응실로부터 배출된다.

단결정 실리콘은 트렌치를 형성하기 위하여 식각되어 고밀도 DRAM 집적 회로에서 수직 커패시터의 제조나 절연 소자와 같이 응용된다. 실리콘 트렌치 제조에서는 진보된 집적 회로들의 최소 배선 사이즈를 줄이는 것이 중요한 기술이고 표면 영역에서의 감소를 가능케 한다. 쌍극성 소자와 MOS 기술에서의 STI 소자를 분리하기 위해, 1 μm 미만에서 수 μm 깊이의 얇은 실리콘 트렌치를 산화물 유전체로 가득 채운다. 커패시터는 측벽을 산화하고 폴리실리콘에 트렌치를 채우는 5 μm 이상의 깊은 트렌치 식각에 의해서 제조된다. 수직 커패시터 트렌치 설계는 더 적은 표면 영역과 더 높은 커패시턴스 값을 제공하기 때문에 이득이 있다.

실리콘 트렌치 식각은 집적 회로에서 각 트렌치를 위해 정확한 치원 제어를 요구한다. 고밀도 집적 회로에서 수백만 개의 커패시터 트렌치 중 고려되는 각 트렌치에 대하여 트렌치의 상부와 하부에서의 둥근 모서리(rounded corner), 수직에 가까운 측벽, 각각의 유연성의 요구가 연구과제이다.

그림 13-28과 같이 임의의 실리콘 손상을 제거하기 위해서는 트렌치의 바닥이 둥글게 되도록 최종 단계를 수정한 다단계의 식각 공정이 필요하다. 측벽은 가스에 탄소를 추가해서 보호막을 형성하여 수평 식각 공격으로부터 수시로 트렌치 측벽을 보호한다. 측벽의 모양은 웨이퍼의 온도가 증가할수록 측벽의 보호막이 더 적게 증착되고 더 측면으로 식각되는 온도의 함수로 주어진다. 웨이퍼 온도는 헬륨을 갖는 진공 척의 후부 냉각을 통해서 제어될 수 있다. 플루오린 가스 화합물은 마스크 재료로 사용되는 포토레지스트에 적절한 선택도

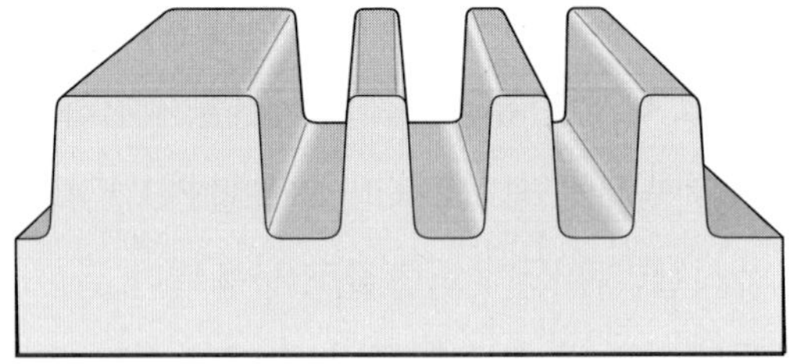

그림 13-28 실리콘 트렌치 식각

를 보이며 높은 실리콘 식각률을 가지기 때문에 옅은 트렌치의 플라스마 건식 식각에 가끔 사용된다.

수 μm의 깊은 트렌치 식각에서는 염소와 브로민 기반의 가스 화합물이 종종 이용되는데, 이런 가스 화합물은 높은 실리콘 식각률과 높은 선택도를 보이기 때문이다. 고밀도 플라스마 반응기에서는 브로민 가스가 측벽 보호막을 위해서 탄소의 과도한 사용을 요구하지 않는 활발한 식각 가스이기 때문에 일반적으로 사용되고 있다. 브로민 가스 화합물의 주된 문제는 가스 전달 시스템과 반응기에 부식을 과도하게 발생시킨다는 점이다. 이런 문제점을 가스 공급자와 설비 제조업자는 언급하고 있다.

금속 식각의 중요한 응용은 상호 연결 배선을 위한 알루미늄 합금이다. 접촉 간섭을 최소화하기 위해서 알루미늄을 실리콘에 첨가하는 동안 힐록을 구성하고 전자 이동을 감소시키기 위해서 알루미늄은 구리와 합금한다. 실리콘은 추가적인 식각 저항 성분을 내놓지 않는다. 텅스텐, 장벽 금속 및 접촉 금속은 웨이퍼 제조가 진행되는 동안에 식각되는 일반적인 금속이다. 구리는 휘발성 화합물을 형성하지 않기 때문에 건식 식각을 할 수가 없고, 따라서 플라스마 식각을 어렵게 만든다. ULSI 웨이퍼의 임계층에서 상호 연결선 밀도 때문에 원하는 좁은 선과 가장자리 프로파일을 구하기 위해서 이방성 건식 식각은 필수적이다.

우수한 특성을 가지는 금속 식각을 실행하기 위해서는 다음과 같은 조건을 만족해야 한다.

1. 높은 식각률 (>1000 nm/min)
2. 높은 선택도: 마스킹층(4:1), 상호 유전층(20:1)
3. 우수한 CD 제어와 마이크로 로딩(웨이퍼의 어느 위치에서든지 8% 이하)을 갖지 않는 높은 균일성
4. 유도 플라스마의 전기적 충전으로부터 소자의 손상이 없을 것
5. 낮은 잔류물 오염(구리 실리콘 잔류물, 현상액의 공격, 표면 결함)
6. 빠른 레지스트 제거, 잔류물 오염을 갖지 않는 반응실 클러스터 기구
7. 비부식성

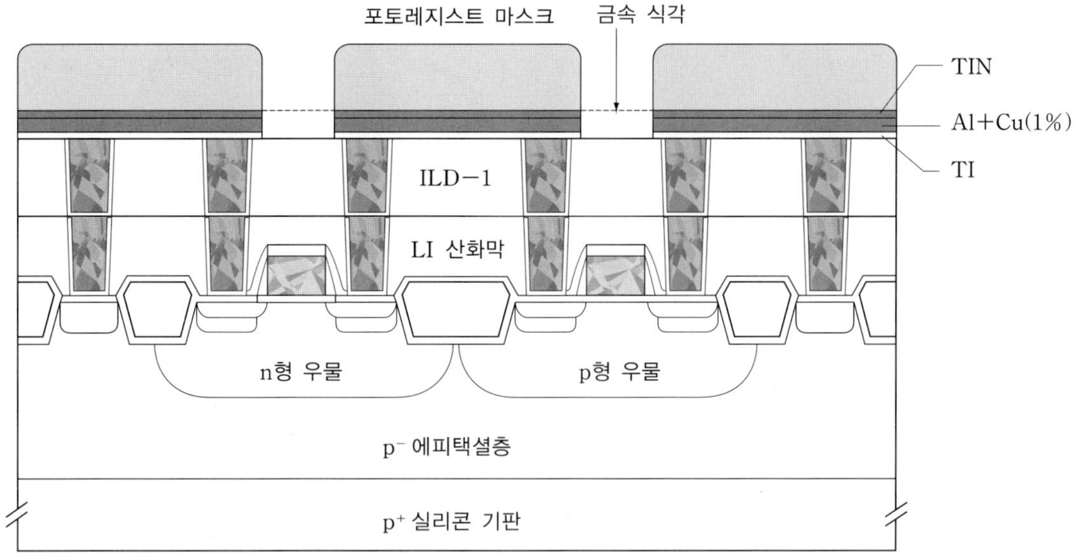

그림 13-29 VLSI /ULSI 집적을 위한 금속 스택

알루미늄 식각을 위해서 염소계 화합물 공정이 사용된다. 순수한 염소는 알루미늄을 등방성으로 식각한다. 이방성 식각을 갖는 방향성 식각 공정을 달성하기 위해서는 포토레지스트에서 얻은 CHF_3나 탄소 같은 폴리머를 식각 가스에 추가하는 것이 측벽 보호막에 필요하다. BCl_3은 물리적 식각 및 우수한 측벽 프로파일 제어를 위해서 무거운 분자가 필요한 알루미늄 식각에서 사용된다. 마이크로 로딩을 극소화하고 측벽 보호막에 도움을 주기 위하여 소량의 N_2가 간혹 가스 화합물에 첨가된다.

플루오린 기반의 가스 화합물을 갖는 알루미늄 식각은 비휘발성 식각 부산물(AlF_3)의 낮은 증기 압력으로 인해 식각률이 극단적으로 제한되기 때문에 받아들이기 힘들다. 브로민 기반의 화합물들이 금속 식각을 위해서 연구되고 있다. 상호 배선을 위한 금속 식각에서의 과제는 그림 13-29에 나타낸 것처럼 VSLI/ULSI 기술에서 일반적인 다층의 스택의 복잡성이다. TiN이나 다른 물질의 비반사 코팅과 식각 공정을 복잡하게 하는 아래쪽에 부착된 장벽이 존재한다. ARC막을 제거하기 위해서 가능한 식각 가스는 CCl_4/O_2 혹은 SF_6/Cl_2이다. TiN 막은 CCl_4/N_2, Cl_2/Ar 혹은 $BCl_3/Cl_2/CHF_3$에서 제거된다.

또 다른 요소는 공기에 노출될 때 거의 순간적으로 알루미늄이 산화되어 그 결과로 산화 알루미늄(Al_2O_3)이 염소 식각 반응을 정지시킨다는 것이다. 금속 스택 구조를 식각하기 위해서 다양한 단계가 사용된다. 여기에는 표면의 자연 산화막(Al_2O_3)을 제거하기 위한 첫 번째 단계도 포함된다. 금속 스택 식각을 위한 전형적인 단계는 다음과 같다.

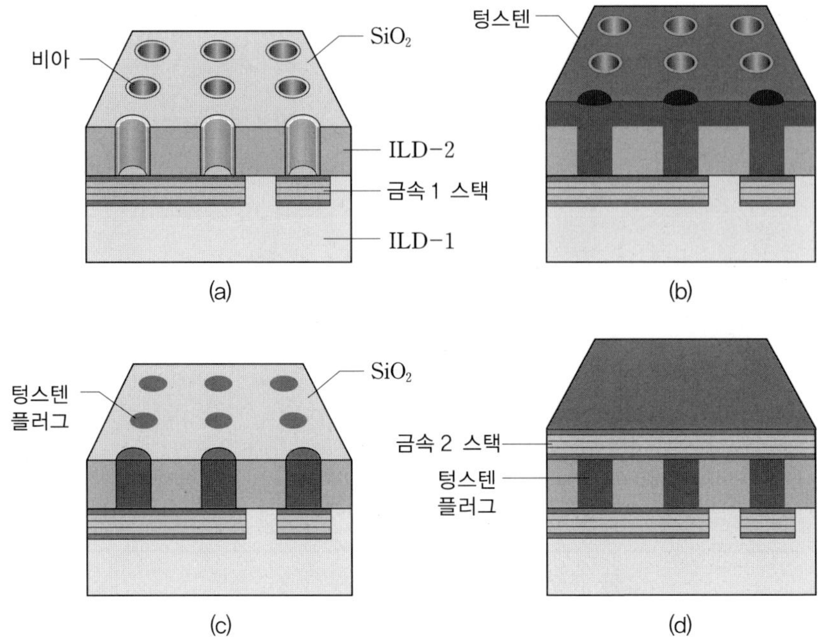

그림 13-30 텅스텐 etch-back (a) 비아가 ILD-2(SiO_2)를 통해서 식각된다. (b) 텅스텐 CVD로 비아를 채운다. (c) 텅스텐 etchback (d) 금속2 증착

1. 자연 산화막을 제거하기 위한 약진 단계
2. ARC층 식각(상위단계와 결합될 수도 있다.)
3. 알루미늄의 주요 식각 단계
4. 잔류물 제거를 위한 과도한 식각 단계. 주요 식각 단계의 연속일 수 있다.
5. 장벽층 식각
6. 부식 방지를 위한 광학적 잔류물 제거 공정
7. 레지스트 제거

부식 제어는 금속 식각 후의 소자 실행을 위해서는 필수적이다. 식각 공정의 부식성 부산물은 빠르게 중화시키거나 웨이퍼 표면으로부터 제거해야 한다. 알루미늄 식각에서 생성되는 주된 부식성 부산물들은 $AlCl_3$과 $AlBr_3$이다. 이런 부식성 부산물은 물과 반응하여 높은 부식성의 HCl 및 HBr을 구성하므로 알루미늄에 손상을 입힌다. 증기와 산소 함유량의 조절은 대기 중의 오염물질과 습기로부터 웨이퍼들을 보호하기 위하여 로드락 반응실과 단일 웨이퍼 식각 반응기에서 가장 잘 달성되는 식각 공정에서 중요하다.

또 다른 접근법은 레지스트가 제거되는 동안 부식성 화합물을 제거하기 위해서 레지스트 벗김(제거) 공정을 사용하는 것이며, 그 결과로 부산물들의 부식에 대한 전위가 감소된다. 수분에의 노출과 시간 지연을 최소화하기 위해서는 집적된 포토레지스트 제거 반응실

을 가진 식각기가 필요하다.

텅스텐은 다층 금속 구조에서 비아를 채우기 위해서 일반적으로 사용되는 중요한 금속이다. 텅스텐 식각은 플루오린 및 염소 기반의 화합물에 의해서 수행된다. 그러나 SF_6와 CF_4 같은 플루오린 성분은 낮은 산화막 선택도를 가진다. 염소 가스 성분은 우수한 산화막 선택도를 가진다. N_2는 포토레지스트 마스크에 대해 더 좋은 선택도를 주기 위해서 가스 혼합물에 첨가되기도 한다. 경우에 따라서 탄소 증착을 감소시키기 위해 O_2 가스도 추가된다. Cl_2나 CCl_4와 같은 염소 가스는 개선된 이방성과 선택도를 갖는 텅스텐을 식각하기 위해서 사용된다.

텅스텐 etch-back은 텅스텐 플러그의 형성에서 한 단계로 사용된다. 비아 개구부(openings)는 층간 유전체 SiO_2에서 가장 먼저 식각된다. 텅스텐은 TiN 장벽층 위의 비아 구멍 속으로 피복 증착된다. 이런 동작은 과량의 피복층을 제거하고 텅스텐으로 채워진 비아를 완성하기 위해서 건식 플라즈마 etch-back 단계 이후에 수행된다. 식각은 두 단계의 공정을 포함한다. 첫 번째 단계에서 텅스텐의 90%는 높은 균일도로 우수하게 식각된다. 두 번째 단계에서는 식각률은 감소하지만 TiN 장벽층의 높은 선택도를 가지는 가스 성분을 사용한다.

식각 감소는 가스 압력과 웨이퍼 온도를 감소시켜 텅스텐 플러그의 휴게(recess)를 유발할 수 있는 적재 효과를 줄이는 역할을 한다. 이방성 식각은 필요하지 않지만 단자 잔류물과 플러그 손실은 중요하다. 이런 etch-back 공정은 과도한 텅스텐을 제거하고 접점과 비아의 위쪽 표면을 평탄화하기 위한 화학적인 기계적 평탄화(CMP)에 의한 웨이퍼 제작을 촉진시키기 위해 크게 대체되었다.

웨이퍼 제작에서 일반적으로 사용되는 실리사이드를 구성하기 위해서 실리콘과 합금되는 다루기 힘든 금속들은 $CoSi_2$, WSi_2, $TaSi_2$, $TiSi_2$를 포함한다. 폴리사이드(polycide)는 다루기 어려운 금속과 단결정 실리콘의 합성물이다. SiO_2는 다루기 어려운 금속의 합금으로 형성되지 않고, 접촉 금속 식각 공정이 진행되는 동안 반드시 제거되어야 하는 반응하지 않는 금속이다. 차원 제어는 소자의 채널 길이에 영향을 미치기 때문에 접촉 금속 식각은 MOS 소자 제조에서 임계적이다. 건식 플라스마 방식의 접촉 금속 식각은 플루오린과 염소 가스의 화학성분에 의해 행해질 수 있다. NF_3와 SF_6 같은 플루오린 가스 화합물이 차원 제어가 우수하여 식각률을 증가시키기 때문에 사용된다. 접촉 형성물이 자기 정렬(self-aligning) 공정이기 때문에 이런 식각 공정에서는 포토레지스트 마스크가 요구되지 않는다.

13-4 습식 식각

습식 식각은 반도체 산업의 초기부터 웨이퍼 제작에 사용되었다. 최근에는 습식 식각 공정이 대부분 건식 식각 공정으로 대체되었지만 아직도 산화물 청소, 화학적 잔류물 제거, 표면층 벗김과 같은 응용 분야에서 중요한 역할을 수행한다. 습식 세정이 실제적인 습식 식각 공정이라고 생각할 수 있다. 접촉 구멍의 반응성 이온 식각에 의해서 형성된 손상된 실리콘층과 잔류물층의 예가 있다. 접촉 잔류물은 다운스트림 마이크로파 ashing에 의해 제거되고 잔류물과 손상된 실리콘을 제거하기 위한 세정의 형태로 습식 식각이 뒤이어 수행된다. 건식 식각을 능가하는 습식 식각의 장점은 기초가 되는 막에 대해 좋은 선택도를 가지며 소자가 플라스마에 의해 손상될 위험이 없고, 간단한 장비를 사용한다는 점이다.

습식 식각의 기본적인 파라미터들은 식각 공정이 진행되는 동안 제어된다. 이런 파라미터들은 습식 식각의 모든 응용에 적용할 수 있다. 습식 식각은 웨이퍼를 적당한 산(acid)의 전해조(bath)에 담그거나(immersion) 스프레이(spray)시킴으로써 웨이퍼들을 일괄적으로 노출시켜서 수행된다.

스프레이 식각은 더 적은 양의 화학 약품을 사용하고 담금보다 처리 속도도 빠르지만, 담금은 그 공정이 단순하다는 장점이 있다. 습식 식각을 통해 마스크 재료 가장자리 아래 막의 실제 undercutting을 갖는 등방성의 측벽이 발생하는데 3 μm 미만의 최소 배선폭에서는 부적절한 측벽으로 형성된다. undercutting을 갖는 등방성 식각의 부적절함 때문에 대부분의 반도체 식각에서 건식 플라스마 식각이 사용되는 것이다. 습식 식각의 다른 단점은 화학적인 처리 비용이 많이 들며, 전해조 파라미터를 균일하게 조절하기 어렵고, 전해조

그림 13-31 습식 식각 공정 장비의 사진(전해조 사진) (출처: By Guillaume Paumier (user:guillom) – Own work, CC BY-SA 3.0, https://commons.wikimedia.org/w/index.php?curid=3077464))

에서 사용되는 화학 약품이 안전하지 않으며, 거품과 레지스트의 들뜸을 발생시키는 경향이 있다는 것이다.

습식 식각은 건식 식각에서는 얻을 수 없는 높은 식각 선택도를 제공할 수 있다. 게다가 습식 식각은 플라스마 손상도 유발하지 않는다. 산화막은 플루오린화 수소(HF) 용액에 의해서 습식 식각될 수 있다. 희석한 HF 용액을 웨이퍼에 분사하거나 용액에 웨이퍼를 담금으로써 산화막이 선택적으로 제거될 수 있다. 이런 용액은 종종 NH_4F와 산화막 식각의 완충 용액(BOE)이나 HF 완충 용액(BHF)로 알려진 것을 희석한 용액이다. 화학적 완충 용액이란 소량의 강산이나 강염기가 추가되었을 때 pH 변화를 막아주는 용액을 말한다.

NH_4F와 HF을 완충 용액으로 처리하는 것은 느리고 안정적으로 식각하면서 포토레지스트에는 직접적인 공격을 가하지 않는, 잘 제어된 식각 용액을 제공한다. BOE는 DI 물과 신속한 덤프에 의해 헹궈지거나 종속 계단조(cascade) 과잉 헹굼 장치를 사용해서 웨이퍼로부터 헹구어진다. 신속한 덤프 헹구기는 더 빠르고 적은 양의 DI 물을 사용하지만, 캐스케이드 헹굼은 미립자 오염 수치를 대단히 줄일 수 있다. SiO_2는 비정질 물질로 BOE에 노출되었을 때 모든 방향으로 동등하게 적당하게 식각된다. 만약 1 μm 두께의 산화층이 식각되면 측면에서도 역시나 마스크 재료 밑으로 1 μm가 식각된다. 이런 측면 식각과 이어지는 undercutting은 일을 수행할 수 있는 선과 공간의 밀도를 제한하므로 차원의 입장에서는 바람직하지 못한 것이다. 건식 성장 산화막이 습식 성장 산화막보다 밀도가 높기 때문에 건식 성장 산화막의 식각은 더 느리게 진행된다. 게다가 도핑된 산화막은 도핑되지 않은 산화막보다 대체로 더 빠르고 다르게 식각된다.

습식 식각의 높은 선택도 때문에, 습식 화학적 제거는 포토레지스트와 마스킹층을 포함하는 표면층을 제거하기 위해서 종종 사용된다. 실리콘 질화물(Si_3N_4)은 얕은 트렌치 격리 기술(STI), 실리콘의 국부 산화(LOCOS), 그리고 자기 정렬 접촉 구조에서의 마스크 재료로 웨이퍼 제작에 널리 사용된다. 질화물 마스크층은 종종 뜨거운 인산(H_3PO_4)을 사용한 습식 화학적 제거에 의해서 수행된다. 습식 산 전해조 용액은 일반적으로 160℃ 근처에서 유지되며, 노출된 산화막층에 대해서 바람직한 높은 선택도 특성을 가지고 있다. 뜨거운 인 질화물 제거 전해조는 조절이 어려우며, 모니터 웨이퍼들을 사용하면서 일정 시간 동안 작동하도록 한 장치이다. 즉, 종료점 검출을 시행하지 않는다. 보통 노출된 질화물층에는 약간의 질소산화막이 형성되는데, 이로써 질소가 제거되기 전에 적은 양의 HF가 요구된다. 만약 질소산화막층이 제거되지 않으면 질화물층 제거가 비균일하게 진행될 수 있다. 습식 제거에 의해서 제거되는 또 다른 물질은 접촉 부분에서 티타늄 규소 화합물을 형성하기 위하여 증착된 티타늄층이다. 수산화 암모늄(NH_4OH)과 과산화 수소(H_2O_2)는 이런 공정을

표 13-6 폴리실리콘 식각 기술 발전

기하학적 요구	시기와 반응 장치	화학 성분	능력	한계와 문제점	제어
4~5 μm, 등방성의 식각	1977년: 습식 식각	HF/HNO_3 초산이나 물의 완충 용액	일괄처리 공정	레지스트 제거; 전해조의 노화; 온도에 민감	조작자가 종료점 판단
3 μm	1977년: 원통형 식각	CF_4/O_2	일괄처리 공정	비균일성	압력계와 타이머
2 μm	1981년: 단일 웨이퍼 식각	CF_4O_2	단일 웨이퍼; 종료점으로 개별적 식각, 반복에서의 개선	등방성 식각; 큰 언더컷	종료점 검출기
1.5 μm	1982년: 단일 웨이퍼 RIE	SF_6/Freon 11, SF_6/He	MFCs; 압력과 가스 흐름의 독립적인 제어, 반복에서의 개선	낮은 산소 선택성; 등방성의 공정	MFCs; 가스 흐름의 분리와 압력 제어
0.5 μm까지	1983년: 다양한 갭; 로드-락	CCl_4/He, Cl_2/He, Cl_2/HBr	Load-locked 반응실; 다양한 차이;	낮은 산소 선택성; 측면 제어	전극 틈의 제어; 컴퓨터 제어
0.25 μm까지 혹은 그 이하	1991년: 커플 플라스마의 유도(ICP)	Cl_2, HBr	반복에서의 개선	높은 외관 비율의 Microloading; 측면 제어	플라스마 발생과 웨이퍼 바이어스를 위한 독립적인 RF 제어

*C.Almgren에서 채택된 것이다. "THe Role of RF Measurements in Plasma Etching" *Semiconductor International* (1997년 8월): p. 100

위해서 DI 물로 희석된다.

식각 기술은 웨이퍼 제작의 결과를 통해서 수년간 많은 변화를 경험했다. 초기의 원통형 플라스마 식각 장치는 제한된 조작 제어를 할 수 있는 간단한 장치였다. 고밀도 플라스마를 발생시키는 현대의 플라스마 식각 장치는 플라스마 발생을 위해 독립적인 RF 전원 공급장치, 그리고 웨이퍼 바이어스, 종료점 검출, 가스 압력과 흐름 제어를 포함하며 식각 파라미터들의 제어 소프트웨어로 구성되어 있다. 이온 식각 반응(RIE)과 0.25 μm 이하 기술이 적용되는 밀도 플라스마 식각 도구를 사용하는 폴리실리콘 식각에서 습식 식각 기술의 발전 과정을 표 13-6에 표시했다.

13-5 포토레지스트의 제거와 ashing

식각 공정 최종 단계 중의 하나는 포토레지스트 마스크의 제거이다. 포토레지스트는 레티클(reticle)로부터 웨이퍼 표면까지 패턴 전달 매개물의 역할을 하고 막이나 주입된 이온

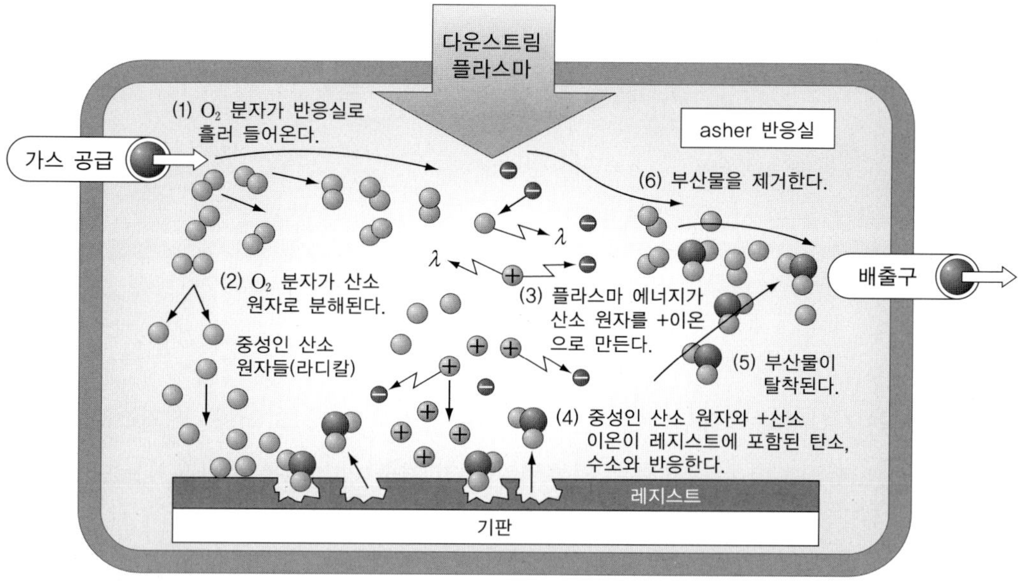

그림 13-32 asher에서 레지스트와 반응하는 산소 원자

들의 부식을 막는다. 일단 식각 및 주입이 완료되면 레지스트는 더이상 웨이퍼 표면에서 효과를 발휘하지 못하므로 반드시 완벽하게 제거해야 한다. 게다가 식각 공정상의 얻어지는 약간의 부산물들도 제거되어야 한다.

포토레지스트 벗김(stripping)은 레지스트의 습식 제거를 표현하는 일반적인 용어이다. 벗김은 때때로 제거하기 어려운 레지스트 잔류물(찌꺼기) 제거에 사용된다. 대부분의 경우에서 습식 레지스트 벗김은 습식 화학 물질의 처리와 취급이 요구되기 때문에 비용 면에서 효과적이지 않다.

제거해야 할 레지스트가 건식 식각 공정을 거쳤다고 가정하면, 가장 위쪽 표면은 플루오린화 및 염소화 처리된 화학 가스에 노출되어서 경화되었을 것이다. 이것은 대부분의 습식 화학 벗김 용액에 녹지 않는 레지스트가 된다. 이런 경우, 적어도 가장 위쪽의 경화된 레지스트 층을 제거하기 위해서 플라스마 벗김이 요구된다. 포토레지스트 제거를 위한 중요한 과제는 레지스트들이 웨이퍼 표면에서 최대의 부착력을 가지도록 하는 공정이 설계된다는 것이다. 웨이퍼에 대한 레지스트의 강력한 부착력이 포토레지스트를 제거하는 데 어려움을 준다는 것은 명료하다. 또 다른 과제는 더 높은 웨이퍼 처리량을 성취하기 위해 높은 레지스트 벗김률을 달성하는 것이다. 그러나 높은 벗김률은 일반적으로 레지스트 찌꺼기를 더 많이 유발할 수 있다. 이것은 모든 레지스트와 잔류물을 효과적으로 제거하기 위한 제거 공정에 더 많은 부담을 준다.

플라스마 ashing은 산소로 진행하는 레지스트의 건식 제거이며, 벌크 레지스트 제거를

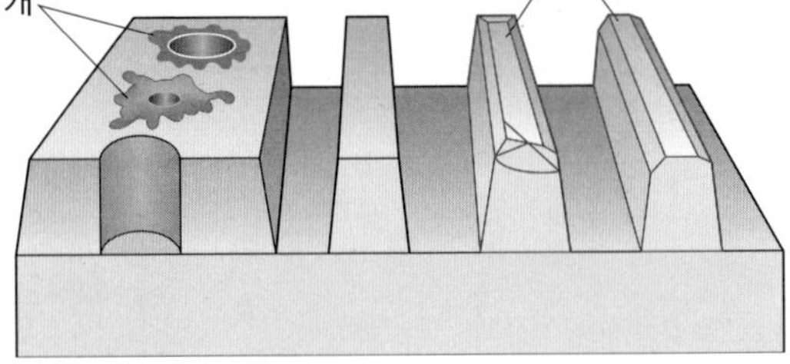

그림 13-33 식각 후 비아 근처의 잔류물

위한 지배적인 기법이다. 1970년대에 처음으로 사용된 플라스마 ashers는 레지스트를 제거하기 위해 산소 플라스마를 이용하는 원통형 반응기 기술이다. 원통형 반응기는 단일 웨이퍼 반응실에서 산소 플라스마를 이용해서 레지스트를 제거하는 플라스마 다운스트림 반응기로 폭넓게 대체되어 왔다. 포토레지스트 asher는 플라스마 환경에서의 레지스트 물질과 산소 원자의 반응에 의해서 레지스트층을 제거한다. RF 에너지나 마이크로파를 사용함으로써 산소 분자를 분해하여 생성되는 산소 원자를 이용한다.

폴리머 찌꺼기 제거를 증가시키고 ashing 성과를 개선하기 위해서 N_2나 H_2와 같은 가스들이 추가되었다. 따라서 대표적인 asher 화학 가스는 O_2/N_2이다. 앞에서 언급했던 것처럼 레지스트는 기본적으로 탄화수소 폴리머라는 점을 기억해야한다. 산소 원자는 레지스트 물질과 재빨리 반응하고 주요 부산물로 휘발성의 일산화 탄소(CO), 이산화 탄소(CO_2), 물(H_2O)을 생성한다. asher로 인한 부산물은 진공 시스템에 의해서 배출된다.

ashing 공정 중에는 웨이퍼 대전(charging)이나 이온 충격에 의해 웨이퍼 표면 소자가 플라스마 손상되지 않는지 고려해야 한다. 게이트 산화막은 얇게 스케일되기 때문에 플라스마 분해에서 얇은 산화물의 선택도 때문에 이와 같은 고려는 좀 더 중요하다. 플라스마에 의한 웨이퍼 손상은 웨이퍼를 손상시키는 플라스마 이온으로부터 멀리 위치시키는 단일 웨이퍼 다운스트림 asher를 사용하여 대체로 해결되었는데, 반응성 화학 성분만이 웨이퍼에 도달하도록 한 조치였다. 마이크로파(2.45 GHz)의 주파수는 보통 다운스트림 시스템에서 플라스마 발생원이 된다. 이것은 마이크로파 글로우 방전이 좀 더 낮은 이온화된 종들의 비율과 좀 더 많은 산소 원자 반응물을 생성하기 때문이다. 이것은 이온화 손상의 위험을 줄여준다.

ashing의 표준은 그림 13-33에서 보듯이 폴리머 측벽과 비아 덮개(via veil)와 같은 식각 후 잔류물의 제거를 포함하기 위해 발전해왔다. 이전에 논의했던 것처럼 이런 부산물들은 복합체이며 플라스마 식각과 ashing의 부산물인 알루미늄, 티타늄, 산화물, 실리콘을 포함할 수 있다. 복잡한 요인은 잔류물을 단단하게 하여 제거하기 어렵게 만드는 ashing이 높은 온도(예를 들어 200℃)에서 발생할 수 있다는 점이다. 만약 잔류물들이 제거되지 못한다면, 이들은 입자와 웨이퍼의 결함 밀도를 증가시키는 오염물질의 원인이 된다.

실리콘 산화물, 금속 산화물, 알루미늄 등과 같은 무기 잔류물질은 완전하게 제거되어야 한다. 그리고 몇몇 asher는 NO나 N_2O와 같은 산화물로 대체되는 플라스마 화학 성분이 근원이 된다. 다른 asher 시스템은 산화물을 만들어 물에 쉽게 녹게 하거나 실리콘이 들어간 잔류물질을 좀 더 효과적으로 제거하기 위해서 CF_4나 NF_3로 형성된 화학 가스를 사용하여 적은 양의 플루오린을 추가시킨다.

ash 공정은 웨이퍼 표면의 잔류물 입자를 제거하기 위해서 DI 물 헹굼에 의한 전형적인 방법을 따른다. 과산화 수소와 강한 황산의 혼합물인 piranha가 남아있는 포토레지스트를 세정하기 위해서 사용된다. 잔류물질의 지속적인 제거를 위한 습식 세정은 특히 고밀도의 무기 오염물질을 가진 측벽 보호 잔류물질의 제거를 위한 종말 공정에서 사용된다. 플라스마에 의해서 휘발되지 않는 무기 물질이 대부분 존재하기 때문에 건식 ashing만으로는 잔류물질을 제거하고 세정하기에 충분하지 않다. 최근까지, 잔류물의 습식 제거는 보통 하이드록실아민(hydroxylamine) 화합물에 기초를 두고 있다.

그러나 이러한 stripper를 사용하면 장벽층과 금속이 부식될 위험이 있다. 새로운 hydroxylamine 형태는 잔류물을 제거하기 위해 킬레이트 화학에 기초를 둔 방법을 사용한다(킬레이트는 금속 양이온을 포함하는 이온 착물이다). 이런 새로운 화합물은 낮은 온도에서 부식 없이 무기 잔류물을 용해한다.

13-6 식각 검사

식각 공정의 마지막 단계는 품질 측정을 증명하기 위한 식각 검사이다. 검사는 모든 식각 및 포토레지스트 벗김이 완벽하게 수행된 후에 패턴화된 웨이퍼에서 이루어진다. 전통적으로는 자외선 입사가 사용되는 수동 현미경 검사법을 사용하여 흠집과 큰 미립자 오염과 같은 결함을 검사했다. 수동 현미경은 특히 초미세 패턴을 가진 임계층에서 자동 검사 시스템으로 대부분 교체되고 있다.

개선된 측정 장비는 패턴화된 결함과 왜곡을 검사하기 위해서 패턴화된 웨이퍼를 자동으로 검사할 수 있다. 검사에서 가장 중요한 것 중 마지막 검사에서 진행되는 한 가지는 특정 마스크 레벨의 임계 차원을 증명하기 위한 자동화된 측정이다. 식각 공정의 품질은 과도 식각, 부족 식각과 undercutting과 같은 식각 문제의 검사를 통해서 증명된다. 식각 검사

표 13-7 식각 검사의 품질 측정 파라미터

품질 파라미터	결함 종류	주의 사항
1. 임계 차원의 바이어스	A. 선폭의 변화: 포토레지스트 선폭과 식각 후의 최종 선폭과의 과도한 차이	•선폭 변화를 위한 CD 바이어스는 같은 특징의 웨이퍼에서의 포토레지스트 식각 전과 식각 후의 선폭 비교를 통해 알맞은 것을 선택한다. 측정은 SEM으로 할 수 있다. •과도한 CD 바이어스는 언더컷이나 경사도를 위한 식각 공정의 최적화를 필요로 한다. •포토레지스트 프로파일은 CD 바이어스의 효과를 나타낸다. 수직 레지스트 프로파일은 가장 좋은 CD 바이어스를 만들어 낸다.
2. 금속 부식	A. 식각 후 금속 막의 부식이나 공격	•부식은 종종 공기 중에 습기에 노출된 웨이퍼에서 잔류 HCl이 원인이 된다. •부식은 금속선의 측면을 따라 작은 거품들로 보일 것이다. 이러한 결함은 광학 현미경이나 SEM에 의하여 관찰된다.
3. 식각 후 측벽 오염물질	A. 남겨진 포토레지스트도 포함하는 식각 후에 남은 측벽 보호막의 잔류물	•금속 식각 전에 강한 포토레지스트 굽기를 최적화함으로써 형성물을 최소화하라. •잔류물들은 보통 식각 후 용매들에 의하여 제거되거나 HF 완충 용액으로 희석된다.
	B. 금속선이나 비아 구멍의 측벽에 back sputtered된 오염물질	•Back sputtering는 측벽을 보호하기 위해 폴리머를 사용하기 때문에 (금속선이나 비아 측면을 따라 얇게 도출된) "베일" 잔류물을 남긴다.
4. 적재 효과	A. 식각 공정의 현미경의 비 균일성	•폭이 좁은 틈 사이의 식각률은 작은 공간의 근본적으로 감소된 반응 밀도 때문에 틈 사이 공간보다 더 느리다. •압력과 식각 공정의 파워의 균형
5. 금속 식각 후의 단락	A. 식각 후에 전기적 단락을 유발시키는 금속선의 브리지	•마이크로 적재로부터의 패턴 밀도 효과의 감소
6. 식각 후의 과도한 잔류물	A. 식각 후 존재할 가능성이 있는 잔류물의 종류 •섬유질(잔류물의 작은 섬유질) •베일(위에 걸쳐있는 얇은 잔류물) •크라운 •레일 •금속 식각 후의 부식	식각 후 잔류물의 발생 원인들: •균일하지 못한 식각 공정 •일정 지역을 넘어서 증착된 막들 •막에서 균일하지 않은 불순물 분포 •막 안의 오염물질(Cu와 Si의 합금과 같은 것) •가스나 반응실에서의 오염물질(필터나 클린 시스템을 확인하시오.) •높은 식각률과 같은 부정확한 파라미터

는 보통 결함을 고칠 수 없다는 것과 포토레지스트가 없는 것을 제외하면, 현상 공정의 검사와 유사하다. 대부분의 어떠한 결함도, 만약 숫자상으로 충분하다면, 웨이퍼를 손상시킨다. 이런 법칙의 예외는 표면에서 세정할 수 있는 입자 오염이다. 식각의 마지막 검사를 위한 대표적인 품질 측정치는 표 13-7에 기술되어 있다.

건식 식각 장비와 공정의 문제점은 표 13-8에 표시되어 있다.

표 13-8 건식 식각 장비와 공정의 문제점

문제점	문제점 원인	정확한 방법
1. 부정확한 식각률	A. RF 전원의 변화 B. 부정확한 온도 C. 압력 문제 D. 적절하지 못한 종료점 검출 E. 부정확한 웨이퍼 배치 F. 부정확한 동적 가스의 흐름 G. 부정확한 유지관리 H. 부정확한 공정 순서 방식	•RF 발생기와 유닛 정합의 문제점 해결과 확인 •웨이퍼 후면의 냉각시스템 확인 •진공 계기와 압력 제어 시스템의 조정(예, 용량성의 압력계) •종료점 검출 시스템의 확인 •웨이퍼와 전극 간격 확인 •가스 분배 시스템 확인 •습식 제거 반응실 확인 •공정 방식과 파라미터의 확인
2. 부적당한 선택성	A. 너무 높은 식각률 B. 부정확한 가스 흐름이나 압력 C. 종료점 검출 문제 D. 잘못된 웨이퍼 온도 E. 부정확한 공정 순서방식	· 식각률 확인 · MFCs와 진공 계기의 조정 · 종료점 검출의 확인/조정 · 웨이퍼 냉각시스템 확인 · 공정 방식과 파라미터의 확인
3. 부적당한 측벽 프로파일각	A. 측벽의 오염 B. 웨이퍼의 온도 C. 시스템 압력 D. 부정확한 공정 방식(공정 미실시)	•반응실에서 축적된 폴리머 확인 •균일하지 못한 가열로 인한 웨이퍼의 후면 오염 •MFCs를 확인/조정하고 오염을 확인하기 위해 누설 검사 시행
4. 웨이퍼에 걸친 균일하지 않는 식각	A. ARDE로 인한 식각 농축 가스의 고갈 B. 부적당한 가스 흐름 C. 웨이퍼의 온도 D. 반응실 안의 부적절하게 위치된 웨이퍼 E. 반응실의 구성 F. 부적절한 막 두께 G. 부적절한 유지관리	•웨이퍼의 밀집된 공간과 밀집되지 않은 공간을 위한 디자인의 훌륭한 조절 •가스 분배 시스템의 확인/조정 •열전대와 웨이퍼 냉각 확인 •robotic, 웨이퍼 조절 시스템, 그리고 진공척 확인 •금속판 간격 반응기 확인 •막 두께의 조절과 측정 •습식 제거 반응실 확인
5. 플라스마 손상	A. 균일하지 못한 플라스마 B. 게이트 산화막의 과도한 이온 충격 C. 과도한 RF 전원 D. 부적절한 유지관리	•불충분하게 설계되거나 유지되는 플라스마 장비 •차선적인 조건의 공정 •방식과 RF 발생기 확인
6. 입자 오염물질	A. 가스 라인으로부터의 누출/오염 B. 작업 도구 C. 부적절한 화학 가스	•MFCs의 누출이나 결함 •부적절한 작업이나 관리 도구 사용 중지 •잘못된 공정 방식 •습식 제거의 수행
7. 금속 부식	A. 습기 B. 가스 흐름 C. 식각 공정상의 오염 D. 잘못된 유지관리 절차	•식각 후 부산물 제거를 위해 과도한 시간 지연 •올바른 가스 공정을 위한 MFC 확인 •레지스트 제거를 위한 시간 조절 •유지관리 절차 확인

연습 문제

1. 식각을 정의하고 식각 공정을 시행하는 목적을 설명하시오.

2. 식각 공정의 두 가지 형태를 간략하게 설명하시오.

3. 패턴화 식각과 비패턴화 식각 사이의 차이점을 설명하시오.

4. 식각의 중요한 9가지 파라미터를 설명하시오.

5. 등방성 식각 프로파일과 이방성 식각 프로파일을 설명하시오, 식각 프로파일의 어떤 것이 바람직한지와 바람직하지 않은지를 설명하시오.

6. 건식 식각은 등방성 식각인가 아니면 이방성 식각인가? 아니면 둘 다인가? 습식 식각 프로파일에 대해서 설명하시오.

7. 식각 바이어스, 선택도, 균일성을 설명하시오.

8. 식각 잔류물에 대해서 설명하시오. 이들은 어떻게 생성되고 제거되는지도 설명하시오.

9. 식각이 진행되는 동안 형태의 측벽에서 폴리머가 증착되는 이유를 설명하시오. 폴리머 구성의 바람직하지 않은 측벽 효과를 설명하시오.

10. 식각으로부터 유도되는 플라스마 손상은 무엇인가? 이런 손상으로 발생되는 문제는 무엇인지 설명하시오.

11. 웨이퍼 표면에서 입자 오염을 발생시키는 이유는 무엇인가?

12. 건식 식각의 목적은 무엇인가? 건식 식각이 습식 식각을 능가하는 이점과 단점을 설명하시오.

연습문제

13. RF 주파수가 감소된다면 식각의 결과는 어떻게 나타나는가? RF 전력이 감소되는가? 직류 바이어스가 증가되는가? 전극 크기가 감소되는가?

14. 원통형 플라스마 식각기, 평행 평판형 반응기, 다운스트림 반응기를 설명하시오.

15. 3극 평판형 반응기의 기능과 이온빔 밀링을 설명하시오. 어떤 물질이 사용되는지 설명하시오.

16. 반응성 이온 식각(RIE)을 설명하시오.

17. 고밀도 플라스마가 높은 외관비를 갖는 틈의 식각 개선에 어떻게 기여하는지 설명하시오.

18. 종료점 검출이란 무엇인가? 이것이 건식 식각에서 필요한 이유는 무엇인가? 종료점 검출에서 가장 중요한 형태는 무엇인가?

19. 산화막 플라스마 식각은 어떤 화학 가스를 기본으로 사용하는가? 산화막 식각에 사용되는 중요 가스에 대해서 설명하시오.

20. PECVD와 LPCVD에서 실리콘 질화물을 증착시키는 경우 어느 것의 식각률이 빠른가? 그 이유는 무엇인가?

21. 실리콘 식각에 일반적으로 사용되는 가스는 무엇인지 설명하시오. 이런 가스들이 염소 화합물을 대체하는 이유는 무엇인지 설명하시오.

22. 좁은 트렌치 식각에 사용되는 가스의 화학적 성분은 무엇인가? 깊은 트렌치 식각의 경우는 무엇인가? 이런 화학적 가스가 사용되는 이유는 무엇인가?

23. 금속 식각에서 필요한 7가지 요구 조건은 무엇인지 설명하시오.

24. 금속 스택 식각을 위한 7단계는 무엇인지 설명하시오.

연습 문제

25. 텅스텐 건식 식각이 진행되는 동안 우수한 산화물 선택도를 갖는 화학적 가스는 무엇인지 설명하시오.

26. 텅스텐 etchback 공정을 설명하시오.

27. 플라스마 ashing은 무엇인지 설명하시오. 포토레지스트 asher의 목적은 무엇인지 설명하시오.

28. 식각 검사의 수행은 어떤 면에서 중요한지 설명하시오.

제 14 장

금속화 공정

웨이퍼 제조공정에서 금속화 공정은 유전체막 위에 금속막을 증착시키고 집적 회로의 모든 금속선들과 플러그들을 상호 연결하기 위해서 패턴화(patterning)를 수행하는 공정이다. 이 공정은 자동차의 모든 전기 부속을 상호 연결하여 완전한 전기적 시스템으로 기능하도록 절연된 구리선을 사용하는 것과 유사하다. 금속선들은 샌드위치 형태로 유전체층들 사이에 끼워진다. 고성능 마이크로프로세서에서는 하나의 칩에 수백만 개에서 수천만 개의 금속선이 상호 연결을 위해서 사용된다.

CD가 5 nm 스케일까지 감소된 현재 기술로는 1칩당 수억 개에서 수십억 개의 CMOS 소자들이 집적되고 있는 실정이며, 소자들 사이의 상호 연결의 복잡도는 과거에 비해 엄청나게 증가하였다. 신호의 전파 지연을 줄이기 위해서 필요한 마이크로칩의 상호 연결 기술은 초고집적 회로의 성능에 있어서 가장 중요한 과제로 주목받고 있다. ULSI 회로에서 상호 연결 저항, 기생 커패시턴스, 소자 밀도의 증가로 인한 신호 전파의 지연 문제를 해결하기 위해서 기존의 알루미늄 배선 대신 전도성이 우수한 금속인 구리를 사용하게 되었다.

14-1 다층 금속화 공정

웨이퍼 금속화는 화학적 공정이나 물리적 공정을 이용해서 웨이퍼 표면 위에 전도성을 띤 금속의 박막을 증착하는 공정으로 유전체의 증착과 연계된다. 금속선들이 유전체층에서 다른 가까운 선들로부터 영향을 받지 않은 신호들을 가지고 있을 때 IC 회로를 통해서 신호를 도통시킨다. 금속과 유전체 모두 박막 공정이다. 경우에 따라서 금속과 유전체는 같은 종류의 장비에 의해서 증착되기도 한다. 금속화 공정에서 사용되는 상호 연결(interconnect)은 그림 14-1에 나타낸 것처럼 칩의 다른 부분에 전기적인 신호를 전달하는 금속 배선들을 생성시키는 알루미늄이나 폴리실리콘, 구리와 같은 전도성 물질들에 의해 설명된다. 실리콘 웨이퍼 소자와 최초의 금속층 사이에 있는 실리콘 표면에서의 전기적인 연결을 접점(contact, 접촉)이라고 한다. 여러 유전체층을 통하여 한 금속층에서 근접 금속층으로 전기적 통로를 구성하는 공간을 비아(via)라고 한다. 두 개의 금속층들 사이에서 전기적 연결을 형성하기 위해서 비아를 채우는 물질이 금속 플러그(metal plug)이다.

층간 유전체(ILD: interlayer dielectric)는 전기적으로 금속의 레벨들을 분리하는 절연 재료이다. ILD는 증착된 이후 다양한 금속층 및 실리콘에 비아 통로를 형성하기 위해서 패턴화되고 식각된다. 비아는 비아 플러그를 형성하기 위해서 금속으로 채워지는데 일반적으로는 텅스텐(W)을 사용한다. 하나의 웨이퍼에는 수많은 비아가 존재한다. 300 mm 웨이퍼

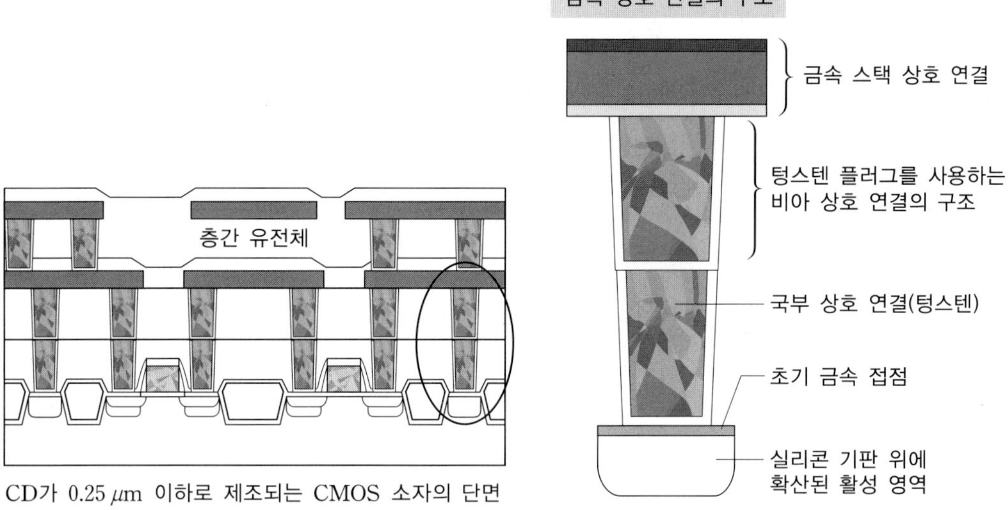

CD가 0.25 μm 이하로 제조되는 CMOS 소자의 단면

(a) (b)

그림 14-1 다층 금속화

제품의 각 층에는 10^{11}개에 달하는 비아들이 존재하고 있다.

일반적인 금속화 공정에서 알루미늄 합금의 피복(blanket)층이 유전체층에 증착된 다음 금속선들을 구성하기 위해서 패턴화되고 식각된다. 금속 식각은 일반적인 금속화 공정에서 중요한 기술이다. 초기에는 구리 식각이 어려웠기 때문에 주로 알루미늄 합금을 금속화에 이용하였다. 그러나 최근에는 빠른 데이터 전송과 강인한 특성, 알루미늄에서 나타나는 전자 이탈 현상의 문제를 해결하기 위해서 알루미늄 합금 대신 구리 합금을 사용하고 있다. 구리 상호 연결과 비아를 구성하기 위해서 그림 14-2에 나타낸 것처럼 이중 다마신(dual-damascene) 공정을 이용한다. 다마신 공정은 blanket 유전체의 증착으로 출발하는데, 이 증착을 통해 유전체에 구멍과 트렌치(호)를 패턴화하고 식각된 유전체를 평탄화하여 비아와 연결 금속선들을 만들 수 있다. 이런 트렌치에 피복 금속을 증착시키고 그런 다음 금속 상호 연결이 뚜렷하도록 유전체 아래의 금속을 평탄화시킨다.

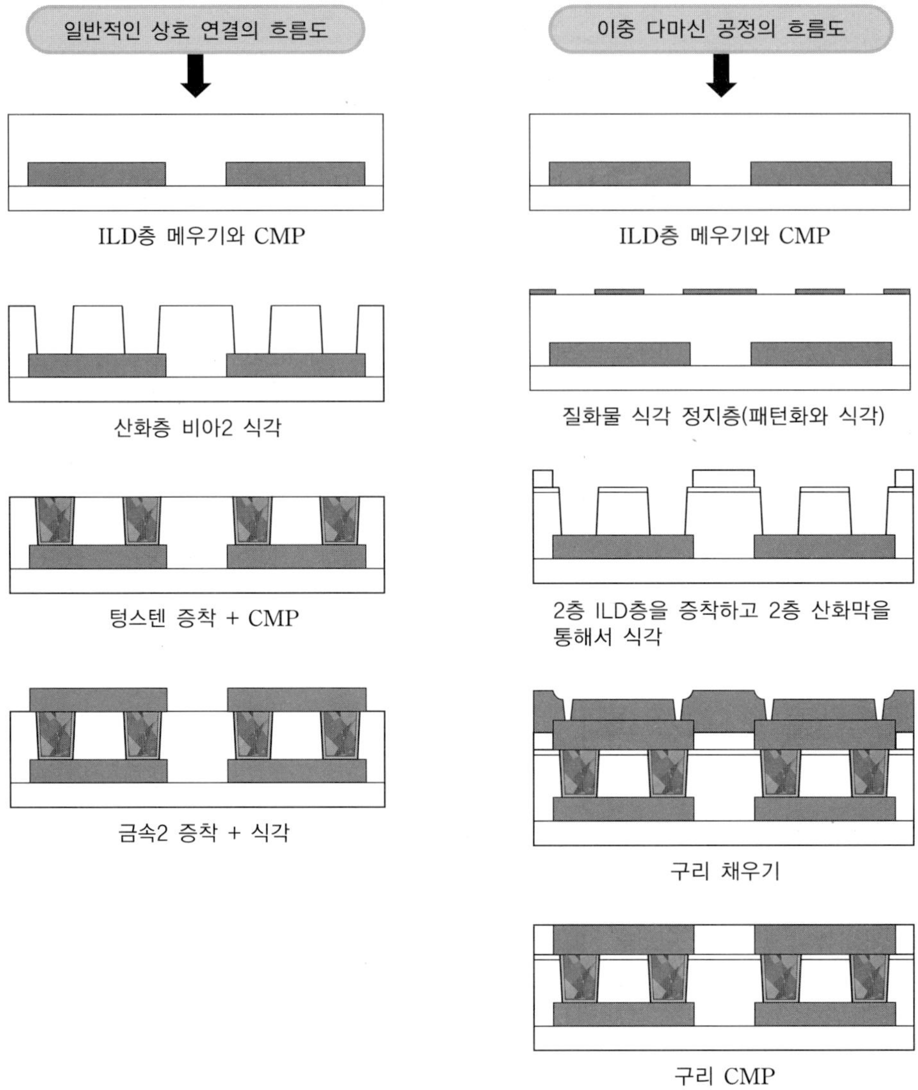

그림 14-2 일반적인 금속화 공정과 다마신 공정의 비교

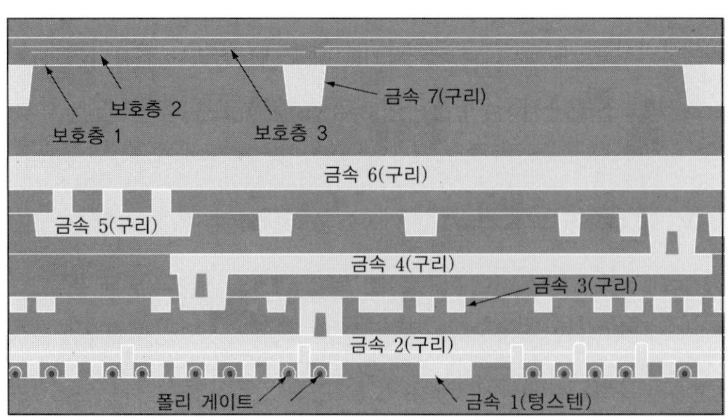

그림 14-3 다층 구리 금속화 공정 사진

14-2 금속화 공정에 사용되는 재료들의 특성

칩의 상호 연결에 사용되는 금속과 금속 합금들은 우수한 전도성(conductivity), 흡착성(adhesion), 증착성(deposition), 패턴화(patterning), 평탄화(planarization), 신뢰성(reliability), 부식(corrosion)에 대한 저항력과 응력(stress)과 같은 특성이 요구된다. 표 14-1에는 실리콘과 다양한 형태의 금속들이 가지는 용융점과 저항 특성이 나타나 있다.

반도체 제조공정에서 상호 연결에 사용된 최초의 금속은 알루미늄으로 1990년대에 가장 일반적으로 이용되었다. 그러나 2000년대 들어서면서는 고성능 IC 제조를 위해서 구리로 알루미늄이 대체되었다. 그림 14-4에는 알루미늄을 사용한 상호 연결이 설명되어 있다.

알루미늄은 이산화 규소(SiO_2), 실리콘과 더불어 웨이퍼 제조공정에서 사용되는 가장 중요한 재료 중의 하나이다. 알루미늄은 웨이퍼 제조공정에서 실리콘 웨이퍼의 서로 다른 소

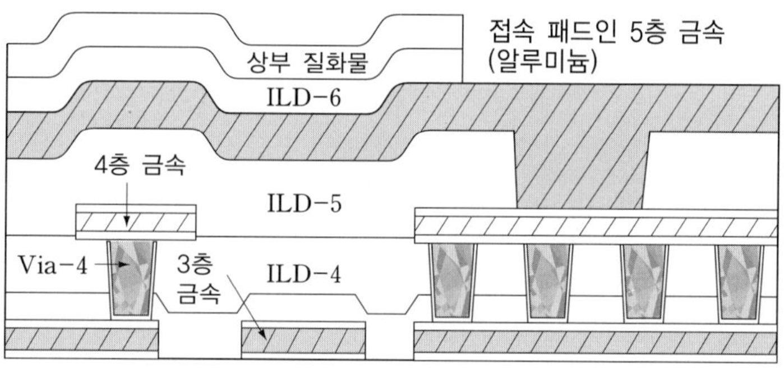

4층 금속은 층간 유전체를 관통하는 비아를 통해서 3층 금속과 연결된다.

그림 14-4 알루미늄 상호 연결

표 14-1 실리콘과 선택된 웨이퍼 제조공정 물질(20℃)

재료	용융점(℃)	고유 저항(μΩ-cm)
실리콘(Si)	1412	≃ 10^9
금(Au)	1064	1.7
니켈(Ni)	1455	6.8
도핑 처리된 폴리실리콘	1412	≃ 500~525
알루미늄(Al)	660	2.65
구리(Cu)	1083	1.678
텅스텐(W)	3417	8
티타늄(Ti)	1670	60
탄탈럼(Ta)	2996	13~16
몰리브덴(Mo)	2620	5
백금(Pt)	1772	10

자들을 상호 연결하는 박막을 형성하기 위해 사용된다. 알루미늄은 웨이퍼에 첫 번째로 증착되는 금속층으로, 약 5,000 Å의 두께이며 웨이퍼에 증착되는 가장 두꺼운 막 중 하나이다. 웨이퍼의 상부의 접속 패드로 사용되는 금속층 같은 비임계층인 경우에는 20,000 Å까지 증착시킬 수 있다.

알루미늄은 20℃에서 2.65 μΩ-㎝의 낮은 고유 저항을 가지고 있지만, 구리, 금, 은보다는 고유 저항이 약간 높다. 은과 구리는 부식되는 경향이 있으면서 실리콘 및 SiO_2에서 높은 확산비를 가지기 때문에 반도체 제조공정에서 사용하기 어렵다. 금과 은은 알루미늄보다 더 비싸고, 산화막에 대한 부착력이 약하다. 웨이퍼 제조공정의 시작 부분에서 금의 사용은 꺼려지지만 실리콘과의 높은 접촉 저항은 백금 장벽 금속을 요구하기도 한다. 반면에 알루미늄은 가열할 때 SiO_2와 쉽게 반응하여 산화 실리콘 사이에 부착을 촉진하는 알루미나(Al_2O_3)의 박막층을 형성한다. 알루미늄은 쉽게 웨이퍼에 증착되고 아래의 막들을 공격하지 않는 용액으로 식각된다. 이런 이유로 인해 알루미늄이 금속화 공정용 금속으로 선택되었다. 그러나 현재는 구리로 대체되고 있다.

상온에서 금속의 열전달은 주로 전자 가스에 의해 이루어지는 반면 낮은 온도에서 전도는 주로 격자 진동에 기인한다. 금속이 한쪽 끝에서 열을 받을 때 원자 진동의 진폭 그리고 전자들의 평균 운동 에너지는 그림 14-5(a)에 나타낸 것처럼 일정한 공간에서 증가한다. 전자들은 두 개의 전자가 충돌할 때 활발한 원자의 진동으로부터 에너지를 얻는다. 전자들의 무질서한 운동이 증가함에 따라 이러한 활동적인 전자들은 에너지를 그 원자의 진동과 충돌에 의해 더 차가운 쪽으로 전달한다. 좀 더 활동적인 전자들(더 긴 속도 벡터)은 뜨거운 지역에서 차가운 지역에 이르러 격자 진동과 충돌하고, 그들의 에너지를 전달한다.

원자 위에 화살표로 된 선의 길이는 원자 진동의 진폭을 나타낸다. 물질의 열전도도는 이름이 암시하듯이, 열에너지가 매질을 통해 전달될 수 있는 정도를 나타낸다. 그림 14-5(b)에 나타낸 것처럼 금속 막대의 한쪽 끝이 가열된 상태라고 가정하면 열은 뜨거운 쪽에서 차가운 쪽으로 흐르게 된다. 실험을 통해서 두께 δx의 얇은 단면을 통과하는 열 흐름의 비 $Q'=dQ/dt$는 온도 구배 $\delta T/\delta x$와 단면적 A에 비례함을 알 수 있다.

$$Q' = -A\kappa\frac{\delta T}{\delta x} \tag{14-1}$$

식 (14-1)에서 κ(kappa)는 물질의 열전도도(thermal conductivity)에 의존하는 비례 상수를 의미한다. 식에 포함된 마이너스 부호는 열에 의한 흐름의 방향이 온도가 감속하는 방향임을 가리킨다. 식 (14-1)은 열전도에 관한 Fourier 법칙이라고 정의된다. 열 흐름을 발생시키는 힘은 바로 온도 구배 $\delta T/\delta x$이다. 식 (14-1)을 전류 I에 대한 옴의 법칙과 비교하면 식

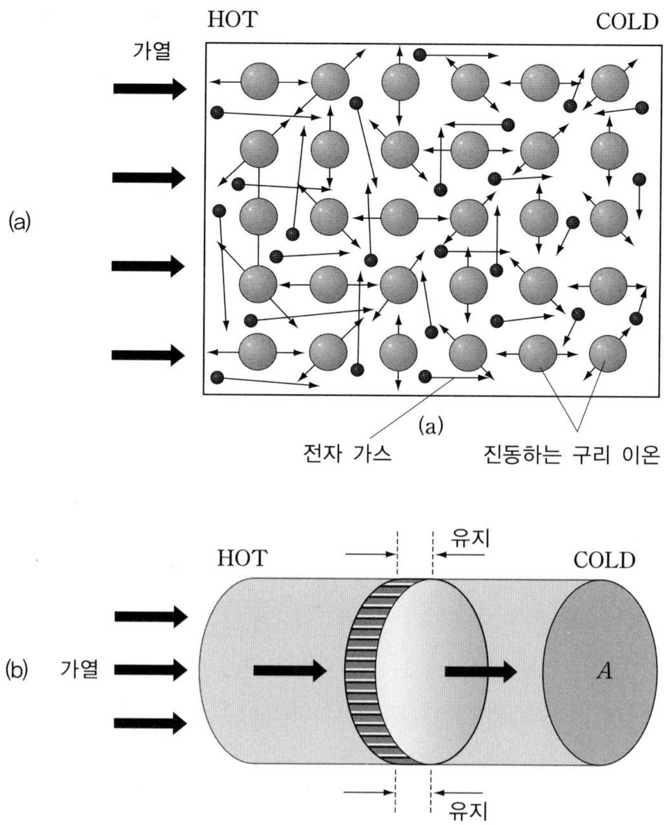

그림 14-5 금속의 열전도

(14-2)를 구할 수 있다.

$$I = -A\sigma\frac{\delta V}{\delta x} \tag{14-2}$$

위 식은 전도를 발생시키는 구동 힘이 전위차임을 나타낸다. 금속에서 전자들이 σ와 κ로 특징지을 수 있는 전하와 열의 전달에 관여한다. 그러므로 이 두 계수는 식 (14-3)에 표시된 Wiedemann-Franz-Lorenz 법칙에 의해서 설명된다.

$$\frac{\kappa}{\sigma T} = C_{\mathrm{WFL}} \tag{14-3}$$

$C_{\mathrm{WFL}} = \pi^2\kappa^2/3e^2 = 2.45 \times 10^{-8}\ \mathrm{W\Omega K^{-2}}$은 상수로 로렌츠 수라고 부른다.

그림 14-6(a)에 표시된 온도 20℃에서 다양한 금속들의 전기전도도 σ에 대한 열전도도 κ의 특성 곡선은 $C_{\mathrm{WFL}} = 2.3 \times 10^{8}\ \mathrm{W\Omega K^{-2}}$을 가진 WFL 법칙을 잘 만족한다는 것을 보여준다. 순수한 금속의 전기전도성은 온도에 반비례하므로 이러한 금속의 열전도도는 상대적으로 상온이나 그 이상의 온도에서 온도에 독립적이어야 된다는 사실을 알 수 있다. 그림 14-6(b)는 구리와 알루미늄에 대한 가장 낮은 온도까지 κ의 온도 의존성을 보여준다.

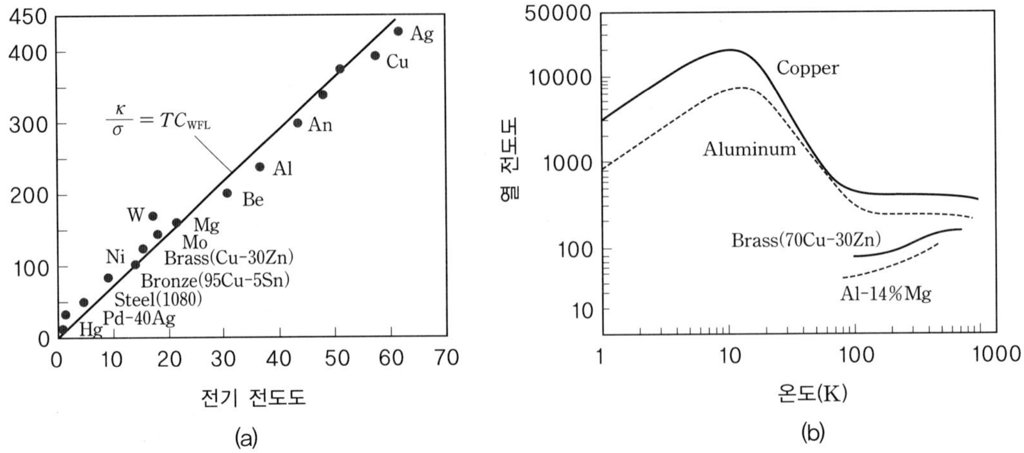

그림 14-6

이것은 두 금속의 경우 ~100 K 이상에서 열전도도는 식 (14-3)과 일치하면서 온도에 독립적이라고 볼 수 있다. 가장 낮은 온도에서 이상한 거동은 격자 진동과 결정을 통한 열에너지의 전달 과정에 직접적인 관련이 있다. 성질상 100 K 이상에서 κ는 상수이다. 열전도는 본질적으로 전자가 원자와 충돌하면서 한 원자의 진동에서 다른 원자로 전달되는 에너지의 비율에 의존하기 때문이다. 이런 에너지 전달의 비율은 온도에 대해 단지 미약하게 증가하는 전자의 평균 속도 u에 의존한다. 사실 u에 있어서 미소한 증가는 하나의 충돌에서 다른 쪽으로 충돌함으로써 에너지를 전달하기에 충분하고, 그로 인해 차가운 쪽에 더욱 활발한 격자 진동을 유발한다.

물질의 고유 저항은 표 14-1의 벌크 형태의 고유 저항을 의미한다. 집적 회로에서 금속화 공정에서 제조되는 금속 박막은 다결정으로 무질서하고 높은 전위와 결함 농도를 가진 결정립을 가진다. 결정립계 영역에서 결정 방향으로 불연속이 존재하기 때문에 그림 14-7(a)에서 표시된 것처럼 전자의 위치 에너지가 급격하게 변화하게 된다. 결정립계에서 전자는 힘 $F = d(PE)/dx$를 받고 산란된다. 고분자 결정 금속막에서 전자들은 그림 14-7(b)에 표시

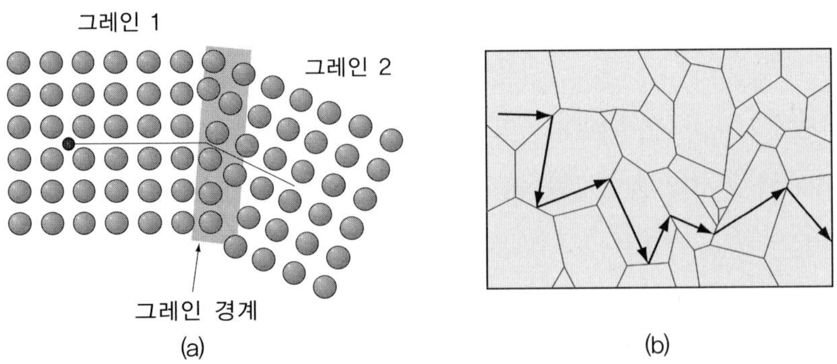

그림 14-7 결정립계는 전자의 산란을 일으키므로 Matthissen의 법칙에 의해 고유 저항을 증가시킨다. 매우 결정립이 많은 고체의 경우 전자는 결정립계 사이로 산란되고 평균 자유도는 대략 평균 결정립 지름과 같다.

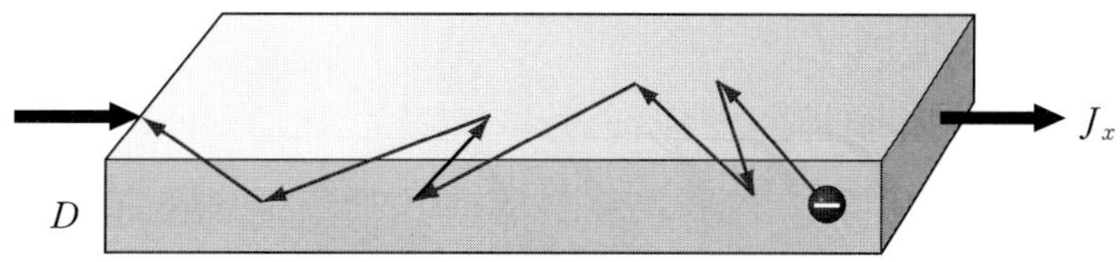

그림 14-8 얇은 막에서 전도는 표면에서의 산란에 의해 조절될 수도 있다.

된 것처럼 격자의 열적 진동보다는 결정립계에서 더 자주 산란하게 된다.

결과적으로 이런 결정립계와 결정 결함은 잔류 고유 저항 ρ_R을 증가시킨다. Mathiessen의 법칙 $\rho = \rho_r + \rho_R$에 의해 얇은 막의 고유 저항이 벌크(bulk) 시료의 고유 저항보다 크다는 것을 예상할 수 있다. 고유 저항이 증가하는 두 번째 이유는 매우 얇은 막의 경우인 그림 14-8에서 나타낸 것처럼 전자들이 표면으로부터 산란될 수 있기 때문이다. 특히 막의 두께 D인 시료에서의 평균 자유 경로 l_B(열적 진동에 의한 산란에 기인)와 비슷할 때 이 과정은 특별히 두드러진다. 사실 $D/l_B < 0.1$, D가 전형적으로 10 nm이거나 혹은 그 이하인 얇은 막에서 잔류 고유 저항은 약 2~3배 정도로 훨씬 크다.

실리콘의 용융점은 1412℃이고 순수한 알루미늄의 용융점은 660℃이다. 그러나 실제로 합금된 알루미늄과 실리콘은 그들의 구성비에 따라서 낮은 용융점을 가진다. 88.7% 알루미늄과 11.3% 실리콘의 합금은 577℃에서 녹는데 이것을 공융(공정) 온도(eutectic temperature)라고 부른다. 공융 온도는 합금이 특정 공융 조성에서 녹는 가장 낮은 온도로 정의된다. 알루미늄과 실리콘 사이에 접촉을 구성하기 위해서는 450℃에서 500℃에 이르는 온도에서 보통 불활성이거나 환원성인 H_2 대기에서 경계면을 가열하는 것이 필요하다. 이런 열 굽기(bake)를 저온의 어닐링(annealing: 담금질)이나 신터링(sintering: 소결)이라고 한다. 실리콘 위에서 알루미늄을 열 굽기하면 옴성 접촉이라고 일컫는 바람직한 전기적 표면을 구성한다. 옴성 접촉은 매우 낮은 저항을 가진다.

현대의 칩 설계에서 옴성 접촉들은 전기적 저항을 줄이고 부착력을 향상하기 위해서 실

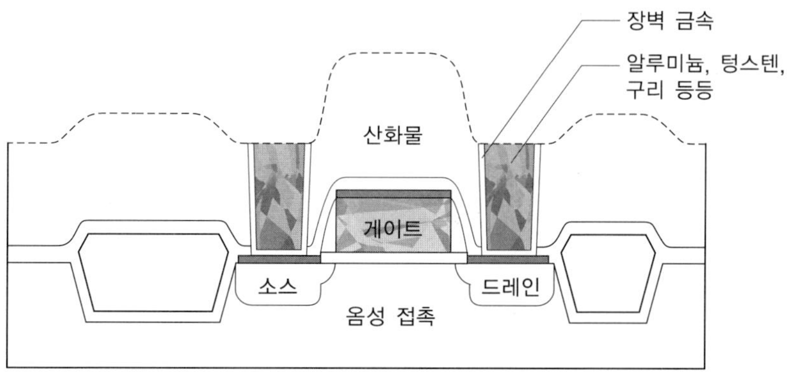

그림 14-9 옴성 접촉 구조

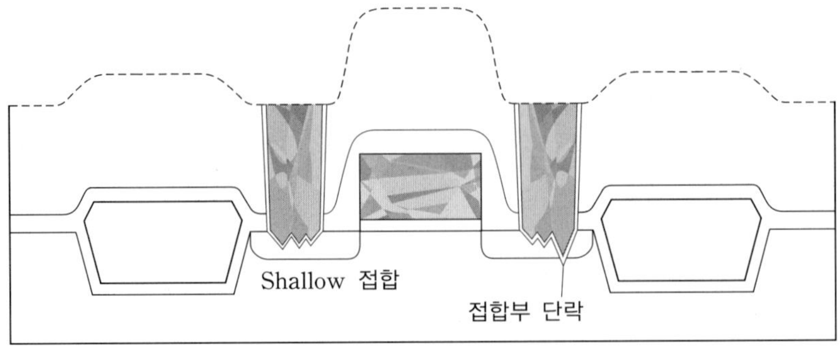

그림 14-10 접합 스파이킹

리콘 경계면에 특별한 고융점 금속(예를 들면, 실리콘 화합물 형태의 티타늄)을 접촉으로 사용한다. 옴성 접촉들은 게이트 구조에 가장 가깝게 근접하고 소스와 드레인의 최적의 위치를 찾기 위해서 살리시드(salicide) 공정으로 만들어진다. 특정 칩에 수억 개의 접점이 존재할 수 있다는 점을 감안할 때 저항이 낮고 접착력이 우수한 안정적인 접점 인터페이스는 최적의 전기 성능을 위해 매우 중요하다. 어떤 개별 접점의 고장이라도 시험하거나 사용할 동안에 칩을 완전히 망가뜨릴 수 있다.

옴성 접촉을 개선시키기 위해서 가장 첫 번째로 해야 할 문제는 열처리 과정에서의 알루미늄과 실리콘 사이의 잘못된 상호 작용을 해결하는 것이다. 이런 상태는 실리콘에 접촉 금속의 미세한 합금을 초래하고 그림 14-10에 나타낸 접합 스파이킹(junction spiking)을 발생시킨다. 스파이킹은 순수한 실리콘과 알루미늄의 표면을 가열할 때 발생되며 알루미늄 속으로 실리콘의 확산이 일어나는 원인이 된다.

알루미늄 안으로 용해된 실리콘의 양은 일정하지 않으며, 가열 공정 시간과 온도에 따라 그 양이 결정된다. 만약 순수한 알루미늄을 450℃까지 가열하고 실리콘 소스가 존재한다면 실리콘은 약 0.5%의 농도에 다다를 때까지 알루미늄 안으로 용해되기 시작하는데, 여기서 실리콘을 제공하는 소스가 웨이퍼라서 문제가 된다. 알루미늄에 실리콘이 용해되면서 웨이퍼에 실리콘 접촉 지역에 알루미늄의 스파이크를 형성하고 침투시키는 공극을 뒤에 남기게 된다. 만약 알루미늄이 접촉 저항에 얕은 접합을 형성하면 스파이크는 접합 단락을 유발하게 된다.

접합 스파이킹의 문제는 실리콘이 첨가된 알루미늄을 사용하거나 장벽 금속 배선을 도입하는 두 가지의 방법으로 대처한다. 첫 번째 접근은 순수한 알루미늄 대신에 알루미늄과 실리콘의 합금을 사용하는 것이다. 알루미늄에 이미 실리콘이 있다면 기판으로부터 추가적인 실리콘의 용해가 느리게 일어나도록 한다. 그러나 알루미늄과 실리콘의 합금은 제한적이며, 실리콘의 응축을 뜻하는 알루미늄의 실리콘 노들(높은 실리콘 농도를 갖는 작은 혹과

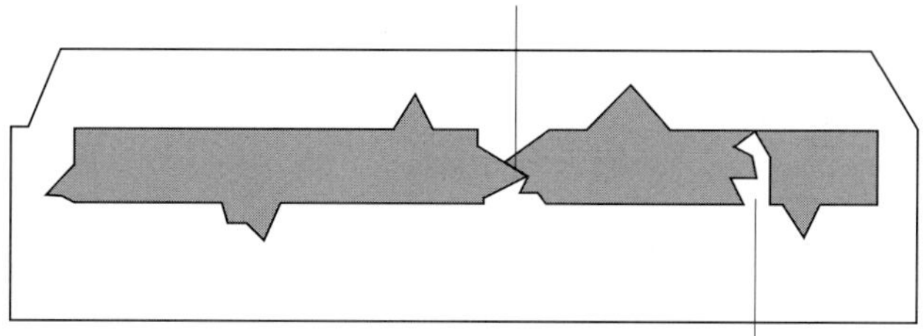

그림 14-11 금속 선상의 힐록

같은 영역)을 구성할 수 있다. 노들이 형성되면 접촉 저항이 대단히 증가하고 노들(nodule)에서의 국부 가열로 인해 신뢰성이 떨어진다.

접합 스파이킹을 해결하는 주된 방법은 확산을 억제하는 장벽 금속화의 도입이다. 접촉 계면에서 가능한 한 산화를 얇게 하는 것이 중요하다. 노출된 접촉 영역을 갖는 웨이퍼들은 증착실에 웨이퍼를 옮기기 전에 자주 희박한 플루오린화 수소산(HF) 용액에 즉시 담긴다. 이것은 접촉 형성 전에 부정적인 산화층을 제거하는 데 도움이 된다.

알루미늄 금속은 웨이퍼 제조공정에서 실리콘과의 호환성, 낮은 고유 저항 때문에 IC의 우수한 상호 연결 재료로 선택되어 왔지만 전자 이동(electromigration)으로 알려진 신뢰성 문제가 알루미늄 사용의 문제로 자리한다. 전자 이동은 도체 내에서의 알루미늄 원자의 이동을 의미하는데 이로 인해 전류를 전달하는 전자들로부터 모멘텀 전달이 발생한다.

높은 전류 밀도 상태에서 전자들은 점진적으로 이동하는 알루미늄 원자들과 충돌한다. 원자들의 이런 움직임은 도체의 음의 끝에서 원자들의 공핍을 가져온다. 공핍이 발생하는 도체 영역에서의 이런 동작은 결과적으로 공극, 선들의 세선화, 그리고 잠재적 개방 회로를 초래한다. 반대로 금속 원자들의 축적되는 도체의 영역에서는 금속 원자들이 쌓이면서 그림 14-11과 같은 작은 언덕(hillock)들을 형성하게 된다. Hillock들은 전자 이동으로 형성된 금속막 표면 위에 융기이다. 만약 큰 hillock들이 과도하게 형성된다면 근접한 선들 또는 2층 위의 선들이 함께 단락된다. ULSI 기술에서 개선된 회로 설계에서는 칩의 온도가 증가하였고 전류도 더 밀도있게 주어지는데, 이 두 조건 모두 알루미늄 칩이 전자 이동에 취약하게 한다.

상호 연결에서의 전자 이동은 0.5~4% 사이의 구리를 갖는 알루미늄 합금에 의해서 제어된다. 이런 합금은 본질적으로 알루미늄의 결정 임계 확산 효과들을 감소시킴으로써 도체의 전도 용량을 증가시킨다. 그러나 알루미늄에서 구리의 양이 8%보다 더 늘어나면 실제로 전자 이동은 증가하므로 유의해야 한다. 구리의 첨가가 어째서 Al-Cu 합금에서 전자 이동

표 14-2 0.25μm 소자 생성에서 비교되는 상호 연결 지연의 변화

기술	0.25 μm	0.18 μm	0.13 μm
편리한 상호 연결 기술: • Al/Cu 상호 연결 합금 과 TiN 장벽 금속	0	+21%	+93%
세대에 의해 소개된 새로운 기술 • 줄어든 장벽 두께 • low-κ(3.0) 유전체 • 이중 다마신 구리 상호 연결과 플러그	−10%	−27%	−16%

의 실패 기회를 줄이는지에 대한 정확한 이유는 아직 잘 이해되지 않고 있다. 만약 알루미늄이 구리와 합금된다면 합금된 알루미늄에 매우 조심스럽게 플라스마 식각을 실행한다. 구리를 식각하는 것은 어려우며, 알루미늄 합금 상호 연결을 식각한 후에 남는 잔여 구리 중 일부는 부식을 발생시키고 접촉과 비아에서 전자 이동을 보일 수도 있다. 접촉에서의 전자 이동의 실패는 장벽 금속화의 사용으로 해결된다.

초고밀도 집적 회로에서 구리를 사용하는 경우, 상호 연결 배선의 고유 저항은 20℃에서 알루미늄의 2.65 μΩ-cm에서 1.678 μΩ-cm까지 감소된다. 따라서 RC 신호 지연을 줄이고, 칩의 데이터 전송 속도를 증가시킨다. 전력 소비량 또한 감소하고, 집적도가 증가하며, 알루미늄이 가지고 있는 전자 이동의 문제점도 해결할 수 있다. 게다가 이중 다마신 공정을 실행하는 경우 공정 과정을 20%에서 30% 더 줄일 수 있다는 이점이 존재한다. 0.15 μm 이하로 선폭을 축소시키는 웨이퍼 제조 설계 규칙을 적용하면 칩 위에 탑재되는 소자들의 포장(packing) 밀도가 증가하게 되고 소자와 소자 사이의 간격이 감소하기 때문에 전기 신호 속도가 더 빠르게 전달될 수 있다. 이것은 결국 칩 성능을 향상시킨다.

그러나 소자 사이의 상호 연결 시스템이 최적화될 경우에만 칩 성능이 향상될 수 있다. 좁은 선폭은 저항이 증가하게 한다. 그것들 사이에 유전체 물질로 밀접하게 자리 잡은 도체 선들은 커패시터로 작용하고, 저항과 커패시터가 증가하면 칩의 성능이 저하된다. 이런 상태를 바로 신호 지연과 상호 연결 지연이라고 한다. 두 파라미터(저항, 커패시터)가 모두 감소하거나 하나만 감소해도 신호 지연은 감소되고 칩의 성능은 향상된다. 상호 연결 저항을 감소시킬 수 있는 한 가지 방법은 도체의 단면을 증가시키는 것이다. 그러나 더 넓은 도전체는 더 많은 공간을 차지하기 때문에 포장 밀도를 증가시켜야 하는 목표와 배치된다. 더 작은 사이즈의 IC들은 큰 선폭으로는 만들 수 없다.

이런 점이 반도체 산업에서 더 낮은 저항의 상호 연결 저항으로 전체 신호 지연을 감소시키는 구리에 더 중점을 두는 이유이다. 더 얇은 장벽 금속들과 더불어 낮은 κ를 갖는 유전체를 사용함으로써 저항과 커패시턴스들이 감소되므로 RC 신호 지연을 최적으로 개선할

표 14-3 알루미늄과 구리 사이의 특성과 공정 비교

특성/공정	Al	Cu
고유 저항(μΩ-㎝)	2.65(3.2 for Al-0.5% Cu)	1.678
전자 이동 저항	Low	High
부식 작용 저항(대기)	High	Low
식각 공정	Yes	No
화학적·기계적 평탄화 공정	Yes	Yes

수 있다. 0.25 μm 소자 생성에서 비교되는 상호 연결 지연의 변화는 표 14-2에 나타내었다. 구리의 도입으로부터 얻을 수 있는 또 다른 이득은 선폭은 작지만 같은 금속 레벨 위에서 밀접한 포장 밀도로 얻을 수 있는 전류와 같은 양의 전류를 흐르게 하는 것이다. 이것은 칩에 더 적은 금속 레벨을 사용하게 하고 제조비용을 분명하게 경감시킨다.

구리는 상당히 부드러운 금속이며 알루미늄의 일반적인 신뢰성 문제인 전자 이동에 대해 우월한 저항 특성을 보인다. 이것은 구리로 제조된 칩들이 더 높은 전력 밀도들을 다룰 수 있어서 신제품 응용과 개발이 가능해졌음을 의미한다. 알루미늄과 구리 사이의 특성과 공정 비교를 표 14-3으로 나타내었다.

반도체 상호 연결에서 구리를 사용하는 경우 다음과 같이 전통적인 알루미늄 상호 연결과 구별되는 세 가지 문제점이 있다.

첫째: 구리는 산화물과 실리콘에서 빠르게 확산된다. 만약 구리가 실리콘의 활성 영역인 트랜지스터의 소스, 드레인, 게이트 영역에서 확산된다면, 접합이나 산화물 누설을 발생시켜서 소자에 손상을 입힌다.

둘째: 구리는 정규적인 플라스마 식각 기술로 쉽게 패턴화할 수 없다. 구리 건식 식각은 화학적 반응이 진행되는 동안에 휘발성의 부산물을 만들지 않는다.

셋째: 구리는 200℃ 이하의 대기에서 쉽게 산화되며, 보호층을 형성하지 않기 때문에 계속되는 산화를 정지할 수가 없다.

이런 문제점들은 구리를 위해 특별한 장벽 금속들로 최적화된 이중 다마신 공정을 통해서 해결할 수 있다. 다마신 공정에서는 구리를 식각할 필요가 없다. 더욱이, 텅스텐 플러그는 소스와 드레인 게이트 영역의 접촉을 위한 금속의 첫 번째 층으로 사용된다.

텅스텐의 사용으로 실리콘을 오염시키는 구리 독성(copper poisoning)의 문제점을 해결할 수 있다. 텅스텐은 심지어 LI(부분 상호 연결)의 배선을 위해서 패턴화될 수도 있다. 모든 다중 금속층들을 위한 금속선 및 비아에 구리를 사용할 것으로 기대할 수 있다.

반도체 제조공정에서 구리를 사용할 때의 다른 중요한 어려움은 반도체에 새로운 재료를 삽입함으로써 발생되는 자연적 자기 저항(reluctance)이다. 이런 새로운 재료는 오염, 새로운 장비와 공정 과정, 예측할 수 없는 결과 등등의 새로운 원인이 될 수 있다는 것을 의미한다.

14-3 장벽 금속 재료

접합 스파이킹이나 재료의 확산과 같은 문제점 없이 접합을 얕게 하는 확실한 옴성 접촉을 만들기 위한 가장 효과적인 방법은 장벽 금속화를 사용하는 것이다. 장벽 금속들은 그림 14-12에 표시된 것처럼 장벽 위나 아래의 금속들이 상호 혼합하는 것을 막기 위해 고안된 금속 혹은 금속들로 증착된 박막층이다. 장벽 금속의 두께는 0.25 μm 공정에서 일반적으로 100 nm이다. 그것은 소자의 0.35 μm 공정에서 요구되는 400~600 nm 두께보다 상당히 더 얇은 것이다. 0.18 μm 공정기술에서는 장벽 금속의 두께를 23 nm보다 작게 감소시키는 것을 목표로 하고 있다.

장벽 금속은 반도체 제조공정에서 널리 사용된다. 알루미늄 상호 연결 배선을 연결하는 텅스텐 플러그와 실리콘 소스/드레인 사이의 접촉을 위해서 장벽 금속은 텅스텐과 실리콘이 서로 접촉되는 것을 방지한다. 이런 장벽을 통해 텅스텐과 실리콘 사이의 확산 및 접합 스파이킹을 방지할 수 있다.

우수한 장벽층 금속 재료가 가지는 특성은 다음과 같다.

첫째: 우수한 확산 장벽 특성으로 인해 텅스텐과 실리콘과 같은 두 가지의 표면 재료의 확산 계수는 소결 온도에서 매우 낮다. 소결(sintering)은 열적 처리로 재료들이 결합하는 것이다.

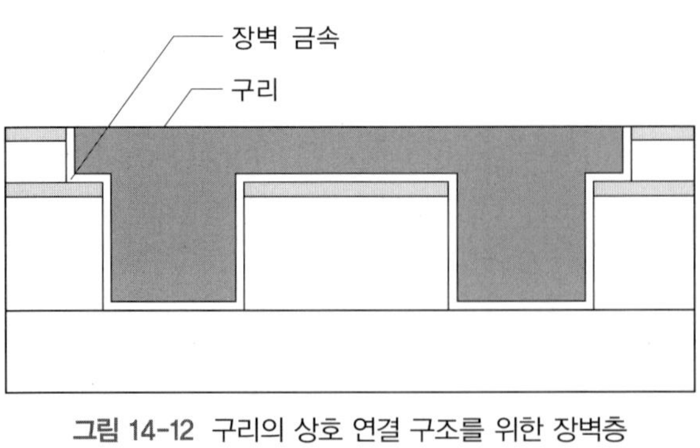

그림 14-12 구리의 상호 연결 구조를 위한 장벽층

둘째: 낮은 옴성 접촉 저항을 갖는 높은 전기전도도

셋째: 반도체와 금속 사이에서의 양호한 부착

넷째: 전자 이동에 대한 저항

다섯째: 얇고 고온일 때의 안정성

여섯째: 부식과 산화에 대한 저항력

대개 장벽 금속으로 사용되는 금속들은 대부분 내열성 금속으로 알려진 높은 용융점을 가진 금속들이다. 웨이퍼 제조공정에서 다층 금속화 공정에 사용되는 일반적 내열성 금속은 티타늄(Ti), 텅스텐(W), 탄탈럼(Ta), 몰리브덴(Mo), 코발트(Co), 백금(Pt) 등이다. 내열성 금속들은 쌍극성 공정에서 쇼트키 장벽 다이오드가 개발된 1960년대 이후부터 웨이퍼 제조에서 사용되었다.

알루미늄 합금 배선을 위해서 장벽 금속으로 티타늄을 사용하면 부착력이 향상되고 접촉 저항과 응력을 감소하며 전자 이동 또한 제어할 수 있다는 이점이 있다. 우수한 장벽 특성을 달성하기 위해서 웨이퍼가 증착실에 들어가기 전에 웨이퍼 위의 고유 산화물과 산화 잔여물을 제거하는 세정 공정을 거쳐야 한다.

티타늄 텅스텐(TiW)과 질화 티타늄(TiN)은 실리콘 기판과 알루미늄 사이의 확산을 억제하는 일반적인 두 개의 장벽 금속층이다. TiN은 알루미늄 합금 상호 연결 과정에서 우수한 장벽 성능을 보이기 때문에 ULSI 제조에서 널리 사용된다. TiN은 텅스텐과 알루미늄 사이에서 장벽 금속의 역할을 한다. TiN은 포토리소그래피 패턴 공정을 개선하기 위한 알루미늄의 비반사 코팅막으로 널리 사용되었다. 그러나 TiN은 실리콘에 우수한 접촉 저항을 만들지는 못한다.

이런 문제점을 해결하기 위해서, 일반적으로 티타늄의 박막층(수백 옹스트롬 이하)이 TiN보다 먼저 증착되고, 이런 박막층은 실리사이드 같은 하부 물질과 반응할 수 있으며 접촉 저항을 감소시킨다. Ti와 TiN이 두 층 사이에 형성으로부터 산화되는 것을 막기 위해서 일반적인 클러스터 장치로 증착된다.

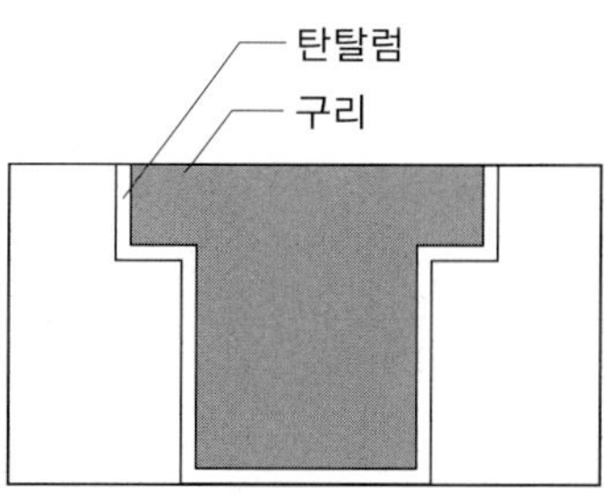

그림 14-13 구리 장벽 금속으로 사용되는 탄탈럼

장벽 금속은 구리 야금술에서 대단히 중요하다. 구리는 실리콘과 실리콘 산화물에서 소자의 성능을 파괴할만한 확산도를 가진다. 전통적인 장벽 금속들로는 구리의 장벽 역할을 적합하게 수행할 수 없다. 구리는 점착 촉진제와 효과적인 확산 장벽으로서 작용하는 박막 장벽층에 의해 완전하게 캡슐화될 필요가 있다. 우수한 장벽 금속은 구리와 반응하지 않아야 하지만 좋은 점착은 구리와 몇몇 반응을 요구하기 때문에 두 요구 사항 사이에서 타협해야 한다. 구리를 위한 특별한 장벽 금속 요구 조건은 다음과 같다.

1. 구리의 확산을 방지한다.
2. 낮은 막 저항
3. 유전체 재료와 구리의 우수한 점착력
4. 화학적·기계적 평탄화(CMP)와의 호환성
5. 금속층은 좋은 스텝 커버리지와 높은 외관비 틈으로 증착되어 연속적이고 등각이어야 한다.
6. 최대 단면적을 차지하기 위해서 구리는 최소의 두께를 가져야 한다.

구리의 상호 연결 합금 공정에서 탄탈럼(Ta), 질화 탄탈럼(TaN), 탄탈럼 질화 실리콘(Ta-SiN)은 장벽 금속의 후보 재료이다. 확산 장벽은 약 75 Å의 얇은 두께를 유지해야 하고 그것이 장벽 금속으로 작용할 때 높은 외관비 플러그의 저항에 영향을 주지 않아야 한다. 기하학적 배열들이 계속 수축하고, 금속들이 높은 외관비의 비아로 증착되므로 이런 상태를 유지하기 어렵다.

연구에 따르면 탄탈럼은 구리에 대해 우수한 장벽 및 접착 특성을 갖는 반면에, Al/SiO_2 상호 연결에 대한 전통적인 장벽 금속인 TiN은 우수한 장벽 특성을 가지지만 접착 특성은 나쁘다. 만약 TaN을 사용하려면 소량의 질소를 도핑하거나 질화 탄탈럼 혼합의 증착으로 구해져야 한다. 연구들은 또한 텅스텐 질화물(WN)이 구리 금속에 효과적인 장벽으로 기능할 수 있음을 보여준다. 구리 장벽층들은 이온화된 금속 플라스마 물리 기상 증착인 고밀도 플라스마 CVD(HDPCVD)를 이용해서 증착될 수 있다. 탄탈럼을 위한 이온화된 금속 플라스마 PVD는 우수한 스텝 커버리지를 달성하게 된다. 높은 외관비 틈의 증착을 위해서 HDPCVD 장벽 증착이 자주 선택된다.

실리사이드(규소 화합물)를 구성하기 위해서 합금할 때 내열성 금속과 규소가 반응한다. 실리사이드는 열적으로 안정한 금속 화합물로 그림 14-14에서 보듯이 내열성 금속과 실리콘 사이의 계면에서 낮은 전기 저항을 제공한다.

내열성 금속 실리사이드는 웨이퍼 제조공정에서 대단히 중요한데, 칩을 구성할 때 소스/드레인 및 게이트 영역에서 많은 실리콘 접촉의 전기적인 저항을 감소시키기 위해서 필요

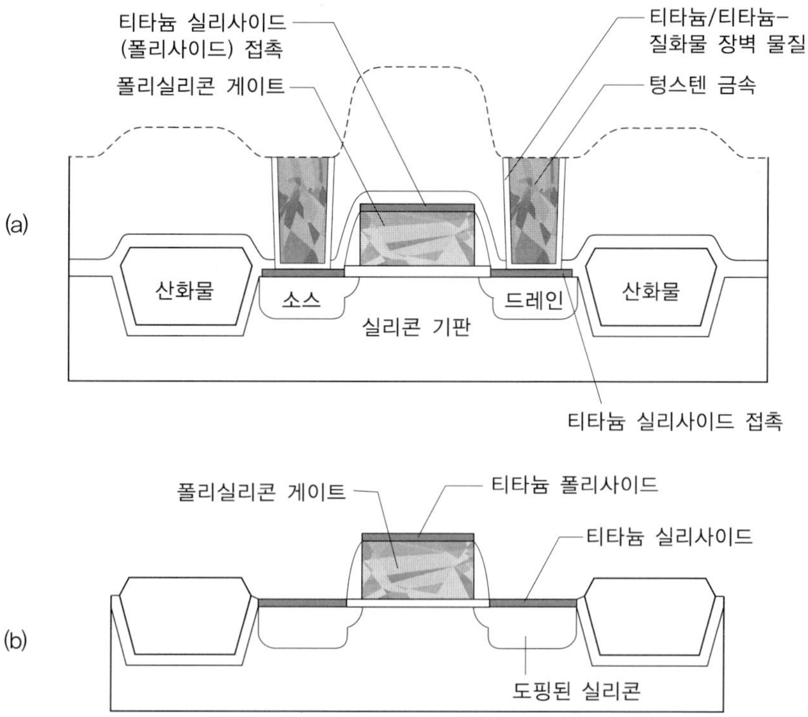

그림 14-14 실리콘 접촉에서의 내화성 금속 실리사이드와 폴리사이드

하기 때문이다. 티타늄과 코발트는 알루미늄 상호 연결 기술에서 접촉을 위해서 사용되는 내열성 금속이다. 만약 이런 금속들이 폴리실리콘과 반응하면 폴리사이드라고 부르는 물질이 만들어진다.

도핑된 폴리실리콘은 게이트 전극으로 사용되고 대략 500 μΩ-cm로 비교적 저항이 높기 때문에 RC 신호를 원치 않게 지연시킨다. 폴리사이드는 폴리실리콘으로 상호 연결된 직렬 저항을 감소시킬 때 유용하게 사용되는 물질이다. 동시에 폴리사이드는 폴리실리콘과 산화물의 좋은 접촉성을 유지시킨다. 실리사이드는 실리사이드가 형성되는 동안 실리콘 표면에서 잔여 산화물을 감소켜서 접촉 저항을 개선한다.

실리사이드는 실리콘에 지극히 우수한 합금 접촉을 형성하며, 접촉 금속과 실리콘 접합 사이에서 중요한 접착층의 역할을 수행한다. 대부분의 실리사이드는 비교적 높은 공융 온도인 1000℃를 넘어서는 온도에서도 안정적이다. 표 14-4는 웨이퍼 제조공정에 사용되는 일반적인 실리사이드의 특성을 나타내고 있다. 공융 온도는 금속이 녹기 시작하는 가장 낮은 온도라는 것을 기억해야 한다.

액체 합금이 기판 물질로 확장되고 접합 스파이킹을 발생시키기 때문에 실리사이드의 용융은 바람직하지 않다. 실리사이드를 형성시키기 위해서는 일반적으로 실리사이드 물질을 생성하기 위한 고온 열적 어닐링에 공정에 의해서 수반되는 실리콘 웨이퍼 위에 내열성

표 14-4 선택된 실리사이드의 특성

실리사이드	최저 공융 온도(℃)	일반적인 구성 온도(℃)	고유 저항(μΩ-cm)
코발트/실리콘($CoSi_2$)	900	550~700	13~19
몰리브덴/실리콘($MoSi_2$)	1410	900~1100	40~70
백금/실리콘(PtSi)	830	700~800	28~35
탄탈럼/실리콘($TaSi_2$)	1385	900~1100	35~55
티타늄/실리콘($TiSi_2$)	1330	600~800	13~17
텅스텐/실리콘(WSi_2)	1440	900~1100	31
플루오린산/실리콘($HFSi_2$)	900	1300	45~50
팔라듐/실리콘(Pd_2Si)	400	720	30~50
지르코늄/실리콘($ZrSi_2$)	900	1355	35~40

금속을 증착해야 한다. 실리콘이 있는 곳에서 실리사이드를 형성시키기 위해서 금속이 반응한다. 웨이퍼 표면의 다른 영역에서는 SiO_2가 있는 곳만큼은 실리사이드가 형성되지는 않는다.

이런 열적 어닐링 단계는 다중실 클러스터 도구에서의 급속 어닐링 공정을 주로 사용한다. $TiSi_2$는 웨이퍼 제작을 위해 가장 널리 사용되는 일반적인 접촉 실리사이드로, 실리콘의 트랜지스터 활성 영역과 텅스텐 플러그 사이의 접촉으로 제공된다. 이것은 마치 실리콘에 텅스텐을 접착하는 아교라고 볼 수 있다. 우수한 특성으로는 고온에서의 안정성, 자기 정렬된 접촉 공정을 가진 호환성, 다른 실리사이드에 비해 낮은 고유 저항, TiN 장벽 금속에 대한 호환성 등을 들 수 있다.

$TiSi_2$는 물리적으로 균질 물질 상태인 두 가지 다른 입자상(grain phases)을 구성한다. 그림 14-15에서 보듯이 어닐링 처리되면 저온에서는 C49상을 가지게 되고 고온에서는 C54상을 가지게 되는데 이들 모두 $TiSi_2$의 입자상이다. $TiSi_2$의 C49상은 625~675℃ 사이의 어닐링 온도에서 형성되며 60~65 μΩ-cm의 고유 저항을 가진다. C54상은 C49상에 이은 두

	소결 온도	고유 저항
$TiSi_2$-C49	625-675 °C	60-65 $\mu\Omega$-cm
$TiSi_2$-C54	800 °C	10-15 $\mu\Omega$-cm

그림 14-15 $TiSi_2$의 어닐링상

번째 어닐링 단계에서 형성되고 800℃ 이상의 고온을 요구한다. 그것은 전반적인 접촉 저항을 낮추기 위해 바람직한 10~15 μΩ-cm 정도의 낮은 고유 저항을 갖는다.

$TiSi_2$는 0.25 μm 이하 공정 기술에서의 접촉 실리사이드로 제한되어 사용된다. 매우 얇은 소스/드레인 접합을 위해 접촉은 계속해서 얇아지고 있다. 실리사이드의 고유 저항이 증가하기 때문에 $TiSi_2$는 얇은 접촉에서는 바람직하지 않다. 온도에서 요구되는 임계 시간 때문에 두 번째 어닐링이 진행되는 이런 접촉을 형성하는 것이 어렵다. 0.18 μm 이하의 공정에서 많이 사용되는 실리사이드는 $CoSi_2$로 깊은 구조를 갖는다고 해도 어닐링 후의 접촉 저항이 13~19 μΩ-cm의 감소된 상태로 유지된다. 이처럼 감소된 고유 저항을 가지는 이유는 $CoSi_2$의 입자 크기가 $TiSi_2$의 입자 크기보다 대략 $\frac{1}{10}$ 정도로 작기 때문이다. 따라서 낮은 저항상은 핵을 완전하게 형성하고 열적 어닐링 공정이 진행되는 동안 성장된다. $CoSi_2$는 더 작은 입자 크기 때문에 접촉을 형성하기도 쉽다. 실리사이드가 장벽 금속이 아니라는 점을 주의해야 한다. 어떤 실리사이드에서는 실리콘이 그것들을 통해서 급속하게 확산된다고 알려져 있다. 이런 확산은 실리콘이 실리사이드를 통해서 금속에 확산되는 실리콘-실리사이드-금속 시스템의 열처리 공정이 진행되는 동안 발생하고 시스템의 집적도를 감소시킨다. 이런 문제의 해답은 실리사이드와 금속층의 사이에 금속 장벽을 위치시키는 것이다. 일반적인 실리사이드 막은 텅스텐과 알루미늄 모두에서 효과적인 TiN이다. 탄탈럼 장벽층은 구리 합금에서의 사용이 기대된다.

성능을 최적화하기 위해서는 VLSI와 ULSI에서의 소자 크기를 스케일링해야 하기 때문에 실리콘과 첫 번째 금속층 사이에서 소스/드레인 접촉의 단면적은 감소한다. 이런 작은 크기는 저항을 증가시킨다. 안정한 접촉 구조를 제공함으로써 소스와 드레인 영역에서 접촉 저항을 감소시키기 위한 기술은 살리시드(salicide)라고 부른다. 살리시드는 자기 정렬 실리사이드로부터 파생된 단어로 소스, 드레인, 폴리실리콘 게이트의 노출된 실리콘을 갖는 적절하게 정렬된 실리사이드를 생성시키기 위해서 사용된다. 그림 14-16에 살리시드 구

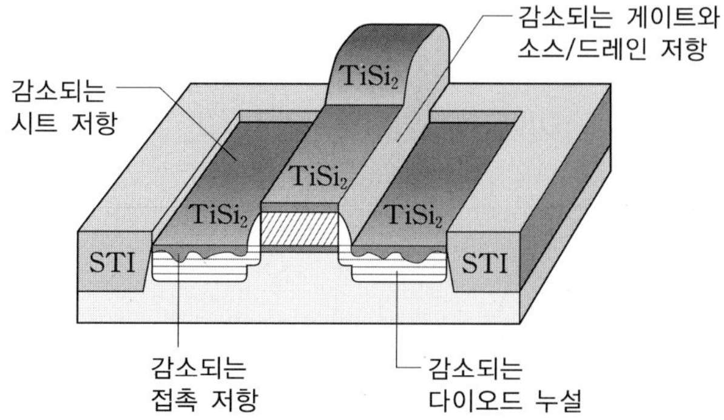

그림 14-16 살리시드 구조와 관계되는 칩 구성

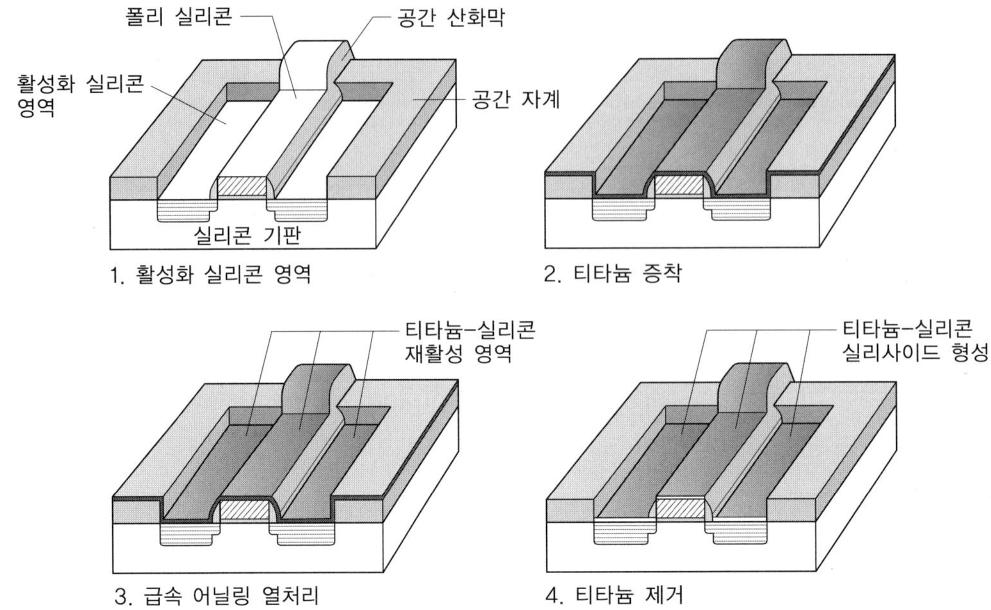

그림 14-17 자기 정렬된 금속 실리사이드 구성

조에 의존하는 다양한 칩 구성을 나타내었다.

기본적인 살리시드의 구성 단계는 그림 14-17에 표시되어 있다. 살리시드를 구성하기 위해서는 CMOS 공정의 다섯 번째 단계처럼 산화막이 먼저 증착되고 폴리실리콘 게이트의 측면에 좁은 측벽 공간을 가지는 산화막만 남기기 위해서 건식 플라스마로 식각된다. 측벽 공간을 가지는 게이트를 가지는 위쪽의 폴리 표면만이 노출된다. 자연 산화막을 제거하기 위해 HF-DIP 세정 단계를 거친 후에 웨이퍼에는 250~350 Å의 얇은 티타늄 금속층이 증착된다. 내열성 금속은 내열성 접촉 실리콘을 갖는 고저항 C49 티타늄 실리사이드상을 생성시키기 위해서 600~800℃에서 RTP 공정으로 급속 열처리된다.

얕은 트렌치 고립의 산화막이 소자를 분리시키는 반면 게이트 폴리 측면의 단락으로부터의 이런 측벽 공간은 소스/드레인 $TiSi_2$를 유지시킨다. 첫 번째 RTP 어닐링 처리 후 반응하지 않은 모든 티타늄은 수산화 암모늄(ammonium hydroxide: NH_4OH)과 과산화 수소(hydrogen peroxide: H_2O_2)를 이용한 화학적 식각에 의해 웨이퍼에서 제거된다. $TiSi_2$는 유지되고 소스/드레인 영역과 폴리게이트 표면의 상부를 덮는다. 800~900℃에서 실시되는 두 번째 RTP 실리사이드 어닐링은 낮은 고유 저항을 갖는 C54 금속 실리사이드를 생성시킨다. 살리시드 공정의 주된 이점은 패턴화가 실리콘 접촉 위에서 내열성 금속의 정렬을 요구할 때 발생할 수 있는 정렬 오차를 피하는 데 있다. 어닐링 단계가 진행되는 동안에는 반응 로 튜브에서 산소 오염을 피하도록 주의해야 한다. 티타늄은 산소와 쉽게 반응하므로 원하지 않는 티타늄 산화막이 생성된다. 이런 산화막 오염은 산화막 공간 영역의 꼭대기에서

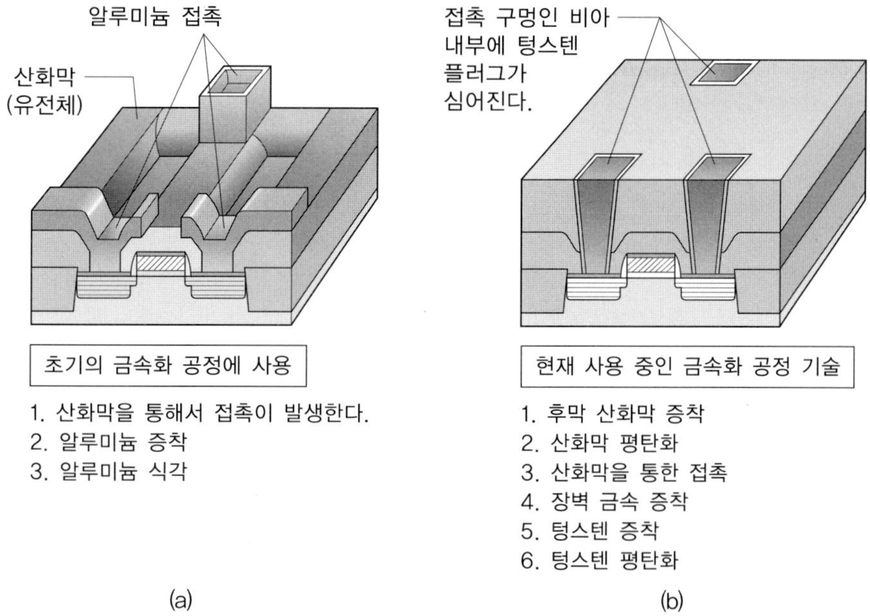

그림 14-18 다층 금속층을 위한 텅스텐 플러그

실리사이드의 형성을 촉진하여 폴리실리콘과 소스 혹은 폴리실리콘과 드레인 사이의 길이를 짧게 만든다.

초고집적 회로의 다층 금속화 공정은 두 개의 금속층 사이에서 전기적인 통로를 구성하기 위해 금속 플러그로 채워지는 10억 개 이상의 비아를 생성시킨다. 접촉 플러그는 웨이퍼의 실리콘 소자를 첫 번째 층의 금속층과 연결시키기 위해서도 사용된다. 가장 널리 사용되는 플러그는 텅스텐이다. 따라서 흔히 플러그라고 하면 텅스텐 플러그를 의미하는 것이다.

텅스텐이 일반적인 플러그 물질로 사용되는 이유는 화학적 기상 증착법에 의해서 증착될 때 높은 외관비를 갖는 비아를 균일하게 채울 수 있기 때문이다. 텅스텐은 전자 이동을 방지하는 저항 물질이다. 텅스텐은 실리콘과 첫 번째 금속층 사이에서 확산과 반응을 막기 위한 장벽의 역할을 수행한다. 텅스텐은 내열성 물질로 용융점이 3417℃이고 20℃에서 52.8 μΩ-cm의 벌크 저항을 가진다.

알루미늄은 20℃에서 2.65 μΩ-cm의 작은 저항을 가지기 때문에 플러그 물질로써 바람직하지만, 스퍼터링되기 때문에 높은 외관비를 갖는 비아를 균일하게 채울 수는 없다. 이런 이유로 알루미늄은 상호 연결 소재로만 사용되고 텅스텐은 플러그로만 사용이 제한된다. 최근에는 역류(reflow) 알루미늄 플러그가 주목받고 있는데 이를 위해 알루미늄은 비아 속으로 스퍼터링 증착된 이후에 급속 열처리 공정의 고온 어닐링에 의해 역류된다.

14-4 증발 공정과 스퍼터링 공정

반도체 공정에서 사용되는 일반적인 금속화 기술은 물리적 기상 증착(PVD)이라고 부른다. PVD는 필라멘트 증발(evaporation), 전자빔 증발, 스퍼터링에 의해서 수행된다. 최근에는 화학적 기상 증착법(CVD)이 금속막 증착을 위한 기술로 주로 사용되고 있다. 증착 시스템에서 각각의 변화는 박막의 특성과 품질 제어의 개선을 가져왔다. 반도체 공정의 SSI와 MSI 시대에서는 증발(evaporation)이 주된 금속화 공정 기술로 사용되었지만 증발법은 스텝 커버리지 특성이 빈약하기 때문에 이내 스퍼터링법으로 대체되었다.

증발법은 여전히 Ⅲ-V족을 사용하는 반도체 기술과 연구와 응용 분야에서 사용된다. 또한 패키징이 진행되는 동안의 C4 충돌(bump) 증착과 같은 특별한 영역에서도 사용된다. 전기 도금 기술은 다양한 분야에서 응용된다. 최근의 전기 도금 기술은 디스크 드라이브 산업에서 박막 헤드 금속화 공정에 사용된다. 그러나 전기 도금은 구리를 증착하는 방식으로 최근에 반도체 공정에 소개되었다. 전기 도금은 구리 상호 연결을 발생시키기 위해서 초기에 선택된 증착 방식이다.

반도체 제조공정 초기에 모든 금속층은 증발법인 PVD에 의해서 증착되었다. 1970년대 후반부터는 스텝 커버리지, 틈 채우기, 수율 등이 개선된 스퍼터링 방식이 대부분의 실리콘 웨이퍼 기술에서 증발법을 대체하게 되었다. 증발 공정은 증착될 재료를 도가니에 넣고 증발될 때까지 진공실 내부에서 가열하는 것으로 구성된다.

가장 보편적인 가열 방식은 전자빔을 사용하여 도가니에 있는 금속을 가열하는 것이다. 증발기(evaporator)에서 고진공 상태를 유지함으로써 증발된 분자의 평균 자유 경로는 증

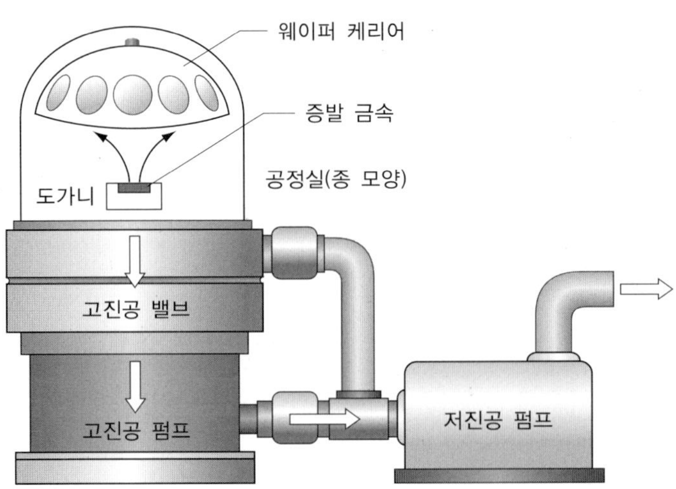

그림 14-19 간단한 증발기 장치

가하고 표면에 충돌할 때까지 공정실에서 직선으로 이동하며 막을 형성하기 위해서 응축된다. 증발법에서 가장 큰 결점은 스텝 커버리지가 불균일하게 생산된다는 것이다. VLSI와 ULSI 기술에서 발전된 산업 때문에 금속화는 높은 외관비의 정공을 채울 수 있으며 등각의 스텝 커버리지를 발생시킬 수 있어야 한다. 증발기는 웨이퍼를 가열하고 반구 형태를 가진 공정실 안에서 웨이퍼를 회전시킴으로써 스텝 커버리지를 일부 개선하였다. 그러나 증발 기술은 외관비가 1.0:1보다 큰 경우에는 균일한 막을 구성할 수 없었기 때문에 외관비가 0.5:1에서 1:1로 제한된다. 이런 단점이 IC 제조 생산 공정에서 증발법의 사용이 중지되는 결과로 이어졌다.

증발법의 또 다른 결함은 합금의 증착에 한계를 보인다는 점이다. 증발기에는 다양한 물질을 위한 다양한 도가니가 필요하다. 물질마다 각기 다른 증기 압력을 가지기 때문에 특정한 정확성을 가지고 증착된 합금의 최종 혼합물을 제어하기가 어려웠다. 결과적으로 웨이퍼 제조 산업은 스텝 커버리지의 개선 문제로 인해서 증발기를 스퍼터링 시스템으로 대체하게 되었다. 증발기는 아직까지도 공정상의 특별한 이점 덕분에 빈약한 스텝 커버리지를 사용해도 무리가 없는 몇몇 화합물 반도체 기술의 연구 응용 분야에 사용되고 있다. 덧붙이자면, 증발기는 칩 표면에 납 충격 증착을 위한 칩 패키징 공정에서 간혹 사용되기도 한다.

물리적 기상 증착법(PVD)의 한 형태인 스퍼터링은 1852년 William Robert Grove 경에 의해서 발견되었고 1920년에 Langmuir에 의해서 박막 증착 기술로 발전되었다. 스퍼터링이라는 이름이 의미하듯이 이 공정은 화학적이라기보다는 물리적이다. 스퍼터링 공정에서 고에너지 입자가 고순도 타겟 물질의 고체판과 충돌하고 물리적으로 원자를 이동시킨다. 이렇게 스퍼터링된 원자는 진공을 통해 이동하고 결국 웨이퍼에 증착된다. 스퍼터링 공정의 이점으로는 증착 및 복잡한 합금을 유지하도록 개선된 능력, 고온에서의 내열성 금속의 우수한 증착 능력, 200 mm 이상의 웨이퍼에 있는 균일한 막의 증착을 제어하는 능력, 금속을 증착하기 전에 자연 산화막과 오염에 의한 웨이퍼 표면을 세정하기 위해서 다중실 클러스터 기술을 사용할 수 있는 능력 등을 꼽을 수 있다.

스퍼터링은 초기의 증발법을 이용한 금속화 공정에 비하면 틈 채우기에서 큰 개선이 있었지만 ULSI 급에서도 적용이 가능할 정도로는 스텝 커버리지와 높은 외관비의 틈 채우기 능력이 만족스럽지 못했다. 그 후에 이온화된 금속 플라스마 PVD를 이용한 최근의 발전을 포함하여 더 우수한 스텝 커버리지를 얻기 위한 스퍼터링 공정으로 개선되었다. 텅스텐 플러그에서 스텝 커버리지와 같이 중요한 응용에서의 증착은 CVD 금속화 과정으로 행해진다. 스퍼터링은 구리 금속화 공정에서 사용된 탄탈럼/질화 탄탈럼처럼 seed층(seed layer)

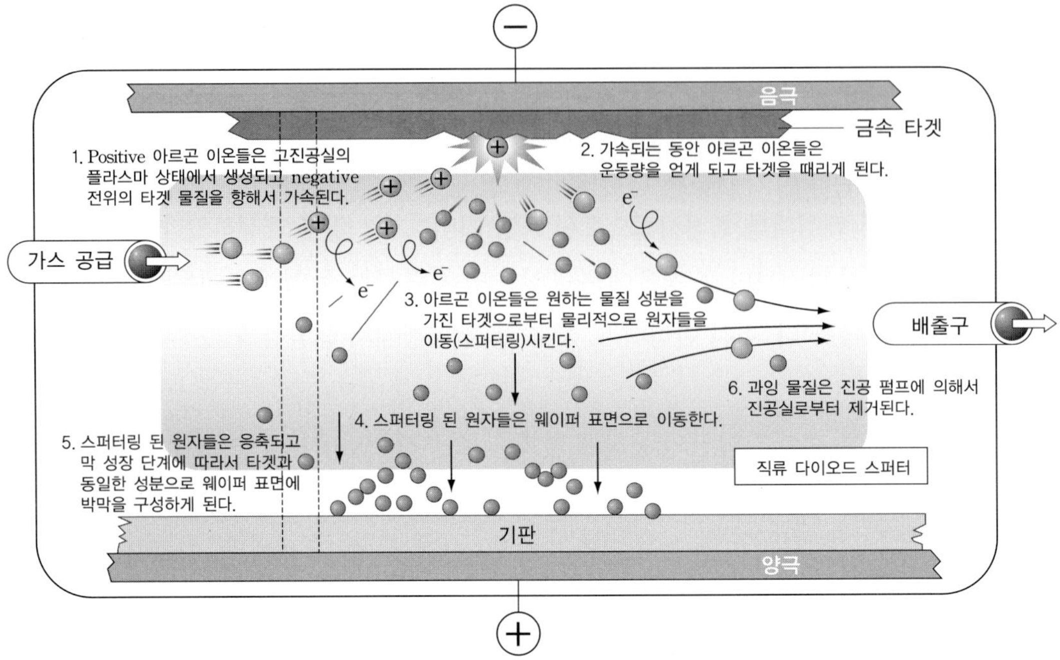

그림 14-20 직류 다이오드 스퍼터링 시스템의 간단한 평행 평판 전극

과 임계 장벽 증착을 위해서 지속적으로 사용된다. 스퍼터링 공정은 그림 14-20과 같이 6단계에 의해서 진행된다.

그림 14-20의 스퍼터링 시스템은 가장 단순하고 널리 사용되는 평판형 전극을 갖는 직류 다이오드 스퍼터링 증착실을 보여준다. 이 시스템은 고체 타겟 물질, 기판(웨이퍼), 진공 상자를 포함한다. 타겟은 전기적으로 접지되어 있고 음극(캐소드)이라고 부르며, 기판은 + 전위를 가지며 양극(애노드)이라고 부른다. 애노드와 캐소드 모두 전극(electrode)이라고 부른다. 스퍼터링 타겟은 증착을 위해서 필요한 물질로 구성된다. 웨이퍼 표면 전체에 걸쳐서 균일한 막을 증착시키기 위해서 타겟은 균일한 조성, 미세한 결정립 크기, 특별한 방위를 갖도록 제작된다. 0.25 μm 이하의 공정에서도 수용할 수 있는 박막의 순도를 구하기 위해서는 반드시 타겟의 순도가 99.999%이거나 그보다 더 우수해야 한다. 아르곤 가스 방전으로부터 생성된 고밀도 양이온은 negative 타겟을 강하게 끌어당기고, 고속으로 충돌하고, 증착될 원자들을 이동시킨다. 원자들은 타겟 물질로부터 스퍼터링되고 진공실 안에서 산란한다. 결국 웨이퍼나 진공실 벽에 일부가 잔류할 수밖에 없다. 따라서 일부 시스템에서는 진공실의 세척이 필요하다. 웨이퍼 위에 있는 원자들은 응집되고 박막을 성장시킨다.

스퍼터링의 중요한 측면은 이런 공정에서 사용되는 스퍼터링-증착되는 합금들이 특별한 알루미늄-실리콘과 알루미늄-구리 합금이라는 점이다. 예를 들면 타겟 물질이 1% 구리를 가진 알루미늄이라면 증착된 막도 1% 구리를 가진 알루미늄이 된다. 스퍼터링 장비 시스

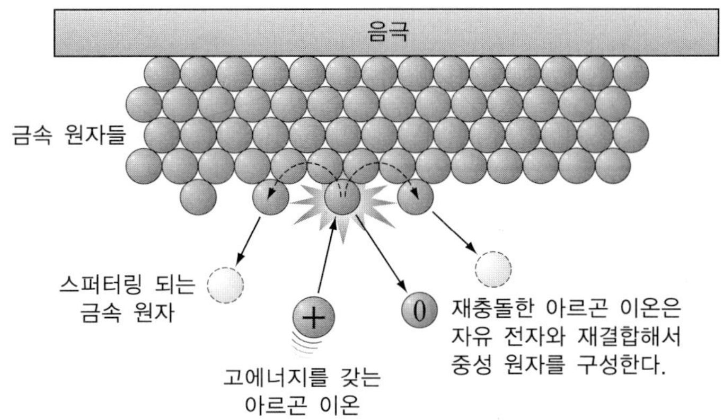

그림 14-21 스퍼터링 타겟의 표면으로부터 이동되는 금속 원자들

템의 가장 최근 기술은 다중 공정실(multichamber) 클러스터 기술이다. 이런 시스템은 웨이퍼 카세트로부터 기본 진공압까지 하나의 웨이퍼를 이동시키는 로드락(loadlock)을 가지고 있다. 로드락은 대기압으로부터 기본 진공압까지 나열된 진공 순서를 통해서 웨이퍼를 이동시키는 이중 로드락으로 구성된다. 로봇 전송 장치는 다양한 공정실과 완충실로부터 웨이퍼를 이동시키는 클러스터 기술 환경을 위해 특별하게 제작된다. 로봇은 입자가 없는 상태로 작동하는 것이 중요하며 이를 통해 지극히 신뢰성을 가진다.

클러스터 기술 로봇은 종종 자기적으로(magnetically) 결합되는데, 이를 통해 로봇 구동 모터를 공정실 밖에 유지시켜서 입자로 인한 오염을 감소시킨다. 진공 상태는 스퍼터링 공정실에서 플라스마를 생성하고 증착막의 순도를 유지시키기 위해 중요하며, 초기 펌프 감압 공정에서는 일반적으로 10^{-7} torr의 기본 진공을 사용한다. 공정실에서는 압력을 증가시키기 때문에 아르곤 가스가 공정실로 들어가는 비율이 중요하다. 공정실에서는 아르곤 및 스퍼터링된 물질에 의해 약 0.001 torr까지 압력이 증가한다. 공정실의 고열, 고진공 환경은 웨이퍼 표면에 있는 박막으로 스퍼터링된 원자들의 구성을 촉진시킨다.

스퍼터링의 근본적인 측면은 플라스마로 이온화된 아르곤 가스를 구성하는 데 있다. 아르곤은 비교적 무겁고 화학적으로 불활성이기 때문에 타겟이나 성장막과의 반응으로부터 보호할 수 있기 때문에 스퍼터링된 이온 원소로 사용된다. 만약 높은 에너지를 갖는 전자가 중성 아르곤을 때린다면 그런 충돌은 외각 전자들을 때리게 되고 양으로 대전된 아르곤 이온이 생성된다. 이런 강력한 입자들은 음으로 대전되어 스퍼터링되는 타겟 물질을 때리기 위해서 사용된다.

플라스마에서 양으로 대전된 아르곤 이온들은 음극 타겟의 음전위로 강하게 끌어당겨진다. 대전된 이온들은 가속하고 이온들이 글로우 방전 어두운 영역의 전압 강하를 통과할 때 운동 에너지를 얻는다. 아르곤 이온들이 타겟 표면과 충돌할 때 아르곤 이온의 운동량은

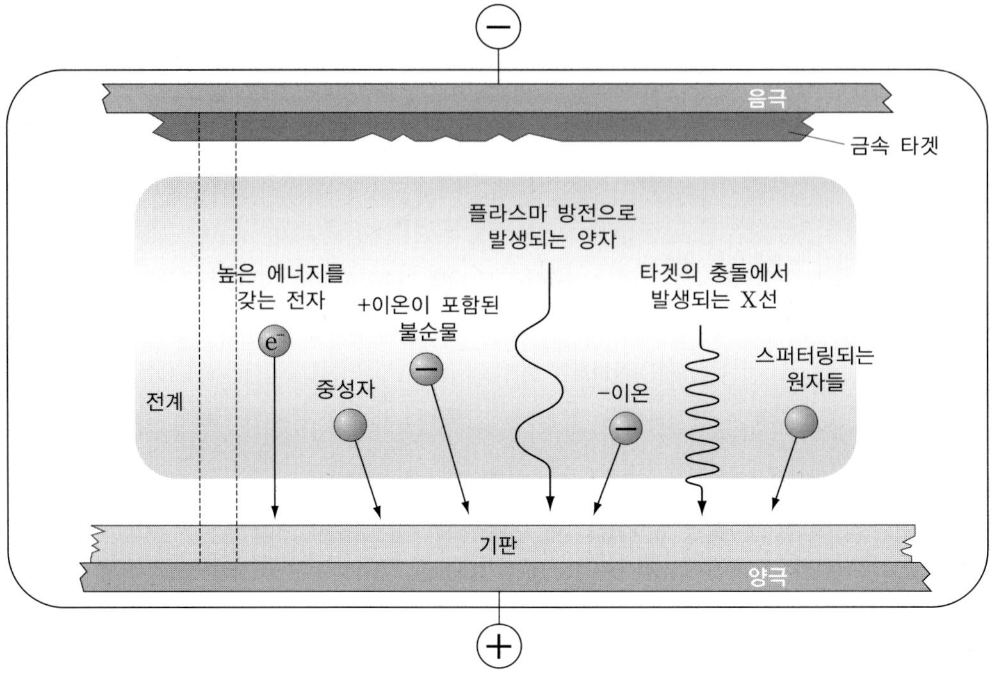

그림 14-22 기판 위에 도달되는 다양한 원자들

타겟 물질로 전송되어 하나 또 그 이상의 원자를 이동시킨다.

이런 과정을 운동량 교환이라고 부른다. 이탈된 중성 원자 또는 분자(이온화된 작은 입자)들은 플라스마를 통하여 이동하고 웨이퍼에 도달한다. 입사 이온 에너지는 타겟 원자들을 이동시키기에 충분히 커야 하지만 너무 크면 이온들이 타겟 물질을 통과한다. 일반적인 스퍼터링 이온 에너지는 500~5000 eV의 크기를 갖는다.

스퍼터링이 진행되는 동안 타겟 물질의 표면으로부터 금속 원자가 이동하는 것은 당구게임에서 당구공을 때리는 것과 같다. 큐볼이 한 방향으로 이동한다고 하더라도 당구공은 다른 방향으로도 충돌할 수 있다. 아르곤 이온은 타겟과 충돌하고 타겟의 표면으로부터 하나 혹은 더 많은 원자를 이동시키는 스퍼터링에서 이와 동일한 효과가 발생한다. 스퍼터링의 수율은 충돌되는 타겟에 입사되는 이온당 이탈되는 원자의 수로 정의한다. 수율은 스퍼터링 증착률을 결정하며 0.5~1.5로 다양하다. 0.5 스퍼터링 수율은 평균적으로 두 개의 이온이 타겟과 충돌할 때 한 개의 원자가 이탈된다는 것을 의미한다. 스퍼터링 수율은 충돌 이온의 입사각, 타겟 물질의 조성과 결합 구조, 충돌 이온 질량, 충돌 이온의 에너지에 따라 결정된다.

스퍼터링 증착률을 증가시키는 방법은 타겟과 웨이퍼 사이의 공간으로 플라스마를 제한하는 것이다. 이온화된 공정 때문에 타겟의 전면과 측면은 어두운 영역을 갖는다. 어두운 공간의 차폐는 타겟의 측면에 배치되어 타겟 물질이 측면에서 스퍼터링되는 것을 방지한다. 이 물질은 웨이퍼에 절대 증착되지 않는다. 스퍼터링된 타겟 물질이 표면에 축적되어 미립자 오염을 일으키기 때문에 차폐는 주기적으로 교체해야 한다.

타겟은 이온화 충격으로 인해 부식되어 타겟 물질이 약 50% 이상 소실될 때 대체된다. 스퍼터링 공정이 진행되는 동안 에너지의 대부분은 타겟에서 열로 소비되거나 타겟에서의 2차 전자 및 광자의 방출로 소비된다. 이런 이유로 타겟이 낮은 온도를 유지하도록 타겟 물질의 냉각이 행해진다.

스퍼터링된 원자와의 충돌 외에도 기판 위에는 다른 원자가 내려앉는다. 이런 원자들은 평탄하지 않은 막 증착을 가져오는 기판 가열(350℃)로 인해 발생한다. 고온은 알루미늄의 증착이 진행되는 동안 스퍼터링 공정을 방해하는 원하지 않는 알루미늄 산화막을 발생시킨다. 다이오드 스퍼터링이 진행되는 동안 웨이퍼 표면에서 충돌하는 많은 원자는 민감한 소자 안으로 방사하기 때문에 손상될 가능성이 커진다. 다이오드 스퍼터링이 진행되는 동안 불순물 가스 원자들이 존재하는 점을 기억해야 한다. 불순물 원자들이 기판 위에 성장된 막 안으로 통합된다면 불순물 스퍼터링 가스, 웨이퍼 홀더로부터 가스 배출, 공정실 벽으로부터 가스 배출, 진공 누설 등과 같은 4가지 기판 오염의 문제가 발생한다. 따라서 고순도를 갖는 스퍼터링 가스를 사용하는 것이 필요하고 공정실의 가스 누출이 없는지를 점검해야 한다.

캐소드와 애노드 사이의 공간은 각각의 스퍼터링 시스템을 위해서 최적화되어야 한다. 그 목적은 스퍼터링된 많은 원자가 웨이퍼에 증착되어 원하는 막을 형성하도록 하는 것이다.

지금까지 설명된 스퍼터링 시스템은 두 전극 사이에 인가된 DC 전압을 가진 단순한 DC 다이오드 장치였다. 그러나 DC 다이오드 스퍼터링 시스템은 제조공정에서 사용이 제한된다는 단점이 있다. 직류 다이오드 스퍼터링 시스템은 전극들이 유전체로 코팅되고 글로우 방전이 계속되지 않기 때문에 유전체 스퍼터링에 사용될 수 없다. 타겟은 빠르게 양전하를 구축하므로 늘어난 양이온들을 밀쳐낸다. DC 다이오드 형태의 스퍼터링은 또한 스퍼터링 식각을 수행할 능력이 없다. 스퍼터링 식각은 스퍼터링 공정이 반전되는 곳의 세척 전 단계이다. 스퍼터링 식각에서는 얇은 자연 산화막을 제거하기 위해서 아르곤 원자들이 사용되고 비아와 접점을 오염시키는 식각 잔류물이 남는다. 즉, 웨이퍼가 타겟 대신에 스퍼터링된다. 이런 스퍼터링 식각 세척 전(preclean) 공정은 진공 환경으로부터 웨이퍼의 제거 없이 증착에 의해서 세정이 수행된다는 이점 때문에 다중 공정실 클러스터 기술에서 중요하게 여겨진다.

스퍼터링 시스템은 RF(라디오 주파수), 마그네트론, 이온화된 금속 플라스마로 구분된다. 단순한 RF 스퍼터링 시스템은 비효율성 때문에 웨이퍼 제작에 사용되지 않는다. 마그

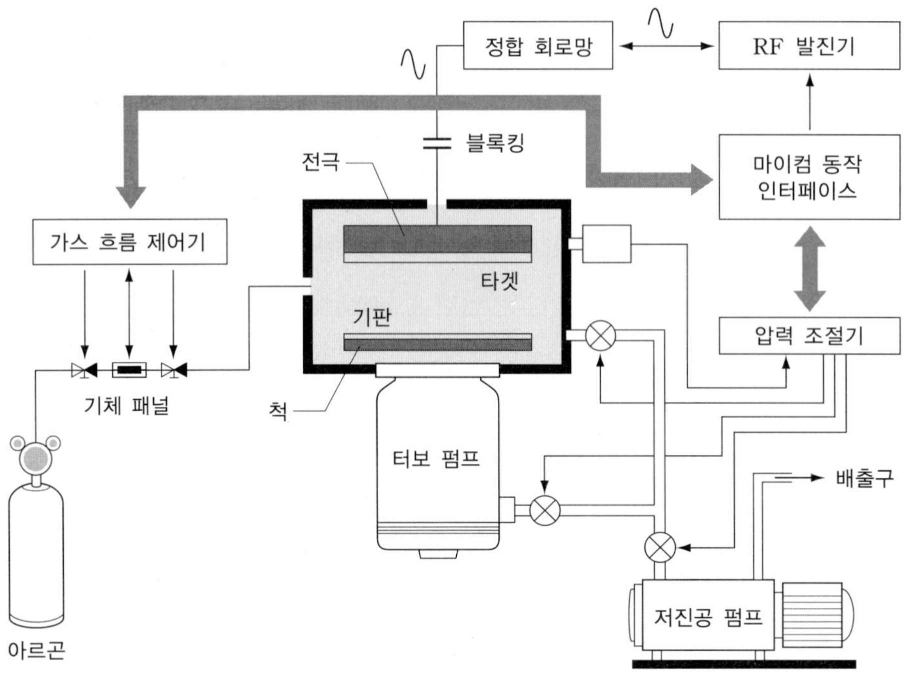

그림 14-23 RF 스퍼터링 시스템

네트론은 가장 널리 사용되는 스퍼터링 시스템이고 이온화된 금속 플라스마는 0.25 μm 이하의 공정에서 많이 이용된다.

그림 14-23에 표시된 RF 스퍼터링 시스템에서는 플라스마를 생성시키기 위해서 RF 장을 사용한다. RF 주파수는 보통 13.56 MHz가 사용된다. 이 주파수는 타겟 전극의 뒤쪽 표면에 인가되고 앞쪽 표면에서 용량성으로 결합된다.

플라스마에 있는 전자와 이온 둘 다 RF 장에 노출되지만 고주파에 기인되므로 전자가 강하게 응답하게 된다. 공정실과 전극은 다이오드처럼 동작하고 타겟 전극에서의 음전하들의 결과로 많은 양의 전자 흐름을 발생시킨다. 이런 음전하들은 비절연체 타겟이나 절연체로부터 스퍼터링되는 아르곤 양이온들을 끌어당긴다.

웨이퍼는 아르곤과 차이가 나는 전기장에 놓이도록 전기적으로 바이어스될 수 있다. 이러한 바이어스가 웨이퍼에 인가되면 아르곤 원자들은 웨이퍼에 직접 충돌한다. 이런 RF 바이어싱을 통해 노출된 웨이퍼 표면을 스퍼터링 식각 및 세척할 수 있다. 실제로는 RF 스퍼터링 시스템은 스퍼터링 수율이 높지 않으며 증착률도 낮기 때문에 제한된 범위에서 사용된다. 타겟에 의해서 방출된 수많은 2차 전자들은 플라스마의 생성에 기여하지 않고 방전 지역을 통과한다. 만약 이런 2차 전자들이 이온 충돌에 포함된다면 타겟에 더 많은 이온이 충돌하는 것이고 타겟의 스퍼터링 수율도 더 커질 것이다. 이러한 비효율을 극복하고 웨이퍼 제작에 필요한 높은 금속 증착률을 얻기 위해서 마그네트론 스퍼터링의 개념이

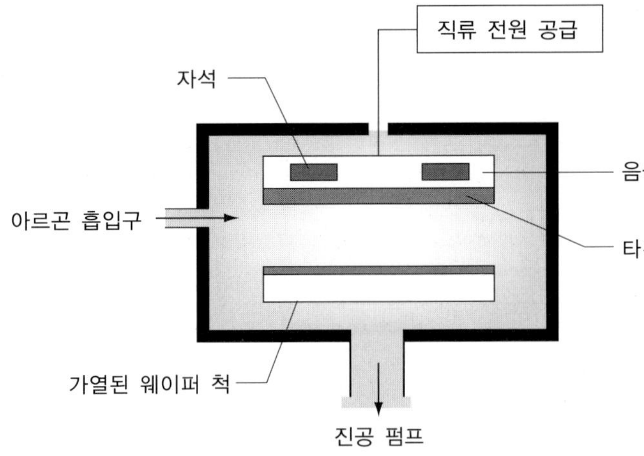

그림 14-24 마그네트론 스퍼터링

도입되었다.

마그네트론 스퍼터링은 타겟의 앞쪽의 전자들을 제한하고 포획하기 위해서 타겟의 뒤쪽과 주위에 자석을 설치하게 된다. 이러한 설비(setup)는 2차 전자들을 더 많이 생산하기 위해서 타겟의 이온 충돌률을 증가시키고, 플라스마에서 이온화율도 증가시킨다. 결론적으로 많은 이온이 타겟의 스퍼터링을 활성화하므로 시스템의 증착률이 증가한다.

증착률을 개선하기 위한 마그네트론 스퍼터링 개발은 스퍼터링을 금속화 공정에서 사용되는 알루미늄과 합금 접촉의 단일 웨이퍼 증착 시스템의 공정에 이용하는 중요한 이유가 된다. 마그네트론 스퍼터링 설계 시 스퍼터링률을 최대화하기 위해서는 아르곤 플라스마에 공급되는 대략 3~20 kW 상당의 전력이 필요하다. 이런 전력의 대부분은 스퍼터링 타겟이 캐소드와 접촉하면서 흡수하기 때문에 캐소드에는 냉각이 필요해진다. 중요한 연구과제는 대용량 웨이퍼에 균일하게 스퍼터링 증착하는 것이다. 높은 증착률 및 단일 웨이퍼 클러스터 기구에서의 균일한 증착막을 얻기 위해서 접지된 영구 자석을 회전시킬 수 있는 새로운 캐소드가 개발되었다.

스퍼터링은 잔류 가스로부터 발생하는 오염을 막기 위해서 고순도의 아르곤 진공 상태를 요구한다. 스퍼터링 공정이 진행되는 동안 약 1 mtorr의 진공에서 수 cm의 평균 자유 경로를 갖는다. 이 길이는 웨이퍼와 타겟 사이의 대략적인 거리이다. 이런 거리 때문에 타겟으로부터 이탈된 원자들은 예상이 가능한 경로를 따라서 웨이퍼로 통과된다. 타겟에서 다양한 각도로 빠져나가는 방출된 원자의 예상되는 경로는 접점과 비아의 스텝과 측벽에 대한 커버리지를 저하시킨다. 이런 구조 때문에 측벽과 높은 외관비를 갖는 접촉 창의 아래쪽과 비아들은 표면 위쪽에 증착되는 금속들의 10% 미만만 받아들이게 된다. 이런 이유로 PVD는 높은 외관비의 스텝이나 트렌치에 금속을 증착할 경우에는 선택되지 않는다.

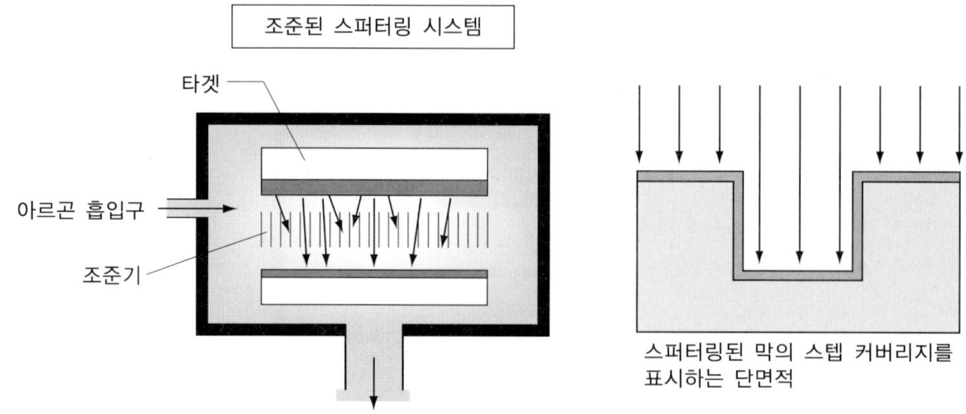

그림 14-25 조준된 스퍼터링

접촉이나 비아의 바닥과 측면의 커버리지를 증가시키기 위해서 그림 14-25에 표시된 것처럼 조준된 스퍼터링(collimated sputtering)을 사용해서 방향성을 강화할 수 있다.

조준기(시준기)는 플라스마를 위한 전기적인 접지처럼 구성된다. 이런 방식에서는 타겟으로부터 스퍼터링되는 중성 원자들은 높은 각도에서 차단되고(가로채 지고) 조준기 위에 증착된다. 타겟으로부터 직접 이탈되는 다른 원자들은 조준기에 의해서 통과되고 접촉 구멍의 아래쪽에 증착된다. 동시에 조준기는 비아나 접촉의 측벽 커버리지는 감소시킨다.

조준기의 사용은 스퍼터링되는 물질의 대부분이 조준기에서 바로 세워지기 때문에 웨이퍼에 도달하지 못한다는 것을 의미한다. 스퍼터링된 원자들 중 몇 개만이 웨이퍼에 도착하는 이런 결과는 증착 비용을 증가시키고 스퍼터링 수율은 낮춘다. 동시에 타겟이 덜 효율적이기 때문에 유지 비용도 증가한다. 이런 문제점이 존재하기 때문에 스텝 커버리지가 중요한 요소라면 마그네트론 스퍼터링을 능가하는 CVD 증착이나 이온화된 금속 플라스마를 사용하는 것이 더욱더 효과적이다.

스퍼터링 기술의 문제점은 체적 감소, 높은 외관비를 갖는 비아 속으로 스퍼터링되는 능력, 얕은 트렌치 등과 같은 고성능을 갖는 IC를 제작하기 위한 웨이퍼 제조공정에서는 제한적이라는 것이다. 1990년대 중반에 도입된 이온화 금속 플라스마인 IMP(혹은 이온화된 PVD)로 이런 문제점들을 극복하기 위한 PVD 공정이 개발되었다. 이런 접근 방법에서 스파터링된 금속은 20 mtorr에서 40 mtorr의 압력하에서 RF 플라스마로 이온화된다.

금속 양이온들은 음전압으로 바이어스된 웨이퍼 쪽을 향해서 수직 경로로 높은 방향성을 가지고 운동하게 된다. 이런 전압 바이어스는 웨이퍼 표면의 손상을 감소시키는 데 도움을 주는 입사되는 금속 이온들의 에너지를 제어하는 데 사용된다. 바이어스된 웨이퍼는 높은 외관비를 갖는 틈의 바닥과 모서리에서 막의 균일성을 크게 높일 수 있다. 이온화된 PVD는 0.25 μm의 접점과 비아 그리고 6:1의 외관비와 70%의 바닥 커버리지, 10%의 측벽 커

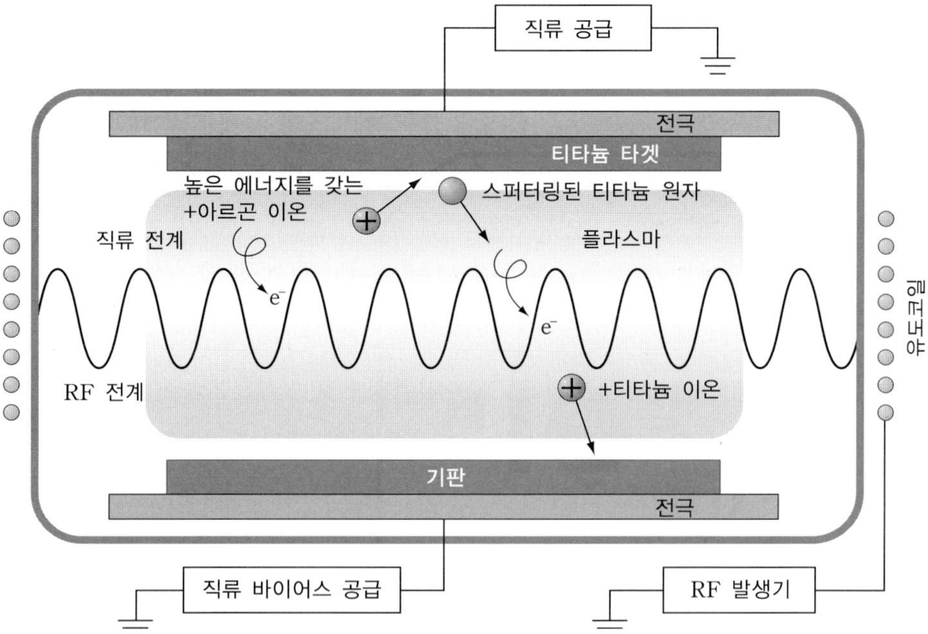

그림 14-26 이온화된 금속 플라스마 PVD의 개념

버리지, 최상의 측벽 집적의 구조에서 Ti와 TiN의 우수한 구멍 채우기를 달성할 수 있다. 이런 커버리지는 하부, 하부의 코너와 일반적으로 80°의 측벽각의 갖는 구멍의 낮은 측벽 영역에서 중요하다.

이온화된 PVD는 0.25 μm 소자의 높은 외관비 접촉과 비아 구조를 갖는 하부의 생성을 위한 티타늄 및 티타늄 질화물 장벽막 증착에 사용된다. 또 구리 금속화에서 중요한 금속인 탄탈럼, 탄탈럼 질화물, 구리를 증착할 수 있는 능력이 있다. 이온화된 PVD의 발전은 스퍼터링을 높은 외관비 틈 채우기에서 유용성 있게 확장시켜 개선한 것이다.

우수한 등각 스텝 커버리지, 높은 외관비 접점 및 비아들의 채우기 회피 때문에 금속 증착을 위한 화학적 기상 증착법을 많이 사용하고 있다. 이런 요소들은 최소 배선폭을 0.15 μm 이하로 하는 웨이퍼 제조공정에서 중요하다. DRAM 메모리 안의 비아들을 위해서 계획된 외관비는 0.15 μm 공정에서는 7:1이고 논리 소자 공정에서는 2.4:1이다.

텅스텐 CVD는 다층 상호 연결 기술에서 첫 번째 금속층과 실리사이드 접촉 사이의 접촉 플러그로 동작하기 위한 비아 플러그를 증착시키기 위해서 사용된다. 또한 텅스텐 CVD는 낮은 고유 저항 때문에 국부적인 상호 연결로 사용되기도 한다. 텅스텐은 한 개의 마이크로 칩에서 10억 개의 텅스텐 CVD 플러그가 확실하게 실행되도록 구성하기 위해서 사용된다. 그러나 새로운 다마신 구리 금속화 공정에서 소개된 것처럼 수직 상호 연결에서는 유용하다고 하더라도 제한된다.

텅스텐 CVD는 높은 외관비를 갖는 비아에서의 특별한 틈 채우기와 탁월한 스텝 커버리지, 높은 전자기적 저항을 가지기 때문에 플러그 금속으로 가장 널리 사용된다.

저압 CVD는 플라스마 강화 CVD와 함께 텅스텐 플러그 증착에서 유용한 방법이다. 반응기는 열벽과 냉벽 그리고 일괄 웨이퍼 처리 혹은 단일 웨이퍼 다중 공정실 클러스터 기술로 구성된다. 텅스텐을 제공하는 가스는 6플루오린화 텅스텐(WF_6)이다. 스퍼터링은 텅스텐 증착을 위해서 CVD를 운영하는 것보다 비용은 덜 들지만 일반적으로 방향 제어가 빈약하다. 이런 커버리지는 비아에서 증착되는 텅스턴의 품질을 균일하게 생산하지 못한다. 따라서 CVD가 더 적절한 방법이다. 텅스텐 CVD는 일반적으로 피복(blanket)막에서 증착된다. 피복 증착 텅스텐은 비아의 경로를 포함해서 웨이퍼 표면 전체에 편중되지 않게 증착시키는 일반적인 방법이다.

화학적·기계적 평탄화(CMP)와 더불어 피복 텅스텐 증착은 금속층들 사이의 연결과 비아 채우기에 사용되는 일반적인 방법이다. CVD에서는 일반적으로 CVD로 증착된 막의 특성이 웨이퍼 표면의 화학 반응에 의존한다. 피복 텅스텐 CVD를 위해, 가장 빈번하게 사용되는 반응은 텅스텐과 플루오린화 수소를 발생시키기 위해서 수소 가스로 WF_6을 환원하는 것이다.

$$WF_6(gas) + 3H_2(gas) \rightarrow W(solid) + 6HF(gas)$$

피복 텅스텐 CVD에서의 일반적인 첫 단계는 그림 14-27에 나타낸 것처럼 티타늄/ 티타늄 질화물 장벽층을 증착시키는 것이다. 하부의 물질들과 티타늄 질화물이 반응하기 전에 티타늄은 증착되고 낮은 접촉 저항을 가지게 된다. 만약 이런 접촉이 첫 번째 층간 유전체라면 TiSi 실리사이드를 구성하기 위해서 실리콘과 반응한다. 아래층의 공격으로부터 텅스텐을 보호하고 효과적인 장벽 금속으로 측벽 커버리지를 유지하기 위해서는 적어도 50 Å의 바닥 두께가 필요하다. 티타늄/티타늄 질화물 장벽층은 IMP PVD로 증착될 수 있다.

티타늄 질화물 장벽 금속은 TDMAT(tetrakis dimethylamino titanium) 또는 TDEAT(tetrakis diethylamino titanium)를 포함하는 다수의 전구체 분자 중의 하나와 암모니아를 사용하여 CVD로 증착될 수도 있다. 스텝 커버리지를 개선하기 때문에 CVD가 티타늄 질화물에서 선호된다.

유전체층 위의 과도한 피복 텅스텐은 향후 제거해야 한다. 여분의 텅스텐을 제거하기 위해서 텅스텐 식각 공정을 수행하면 평탄화된 플러그가 남게 된다. 0.25 μm 소자 공정에서는 화학적·기계적 평탄화에 의한 텅스텐 평탄화가 선호된다. 티타늄과 티타늄 질화물 같은 장벽 금속은 텅스텐과 실리콘 사이의 확산을 방지하기 위해서 사용된다.

구리 CVD는 구리 전기 도금을 위해서 필요한 얇은 구리 seed층을 증착시키는 전위(po-

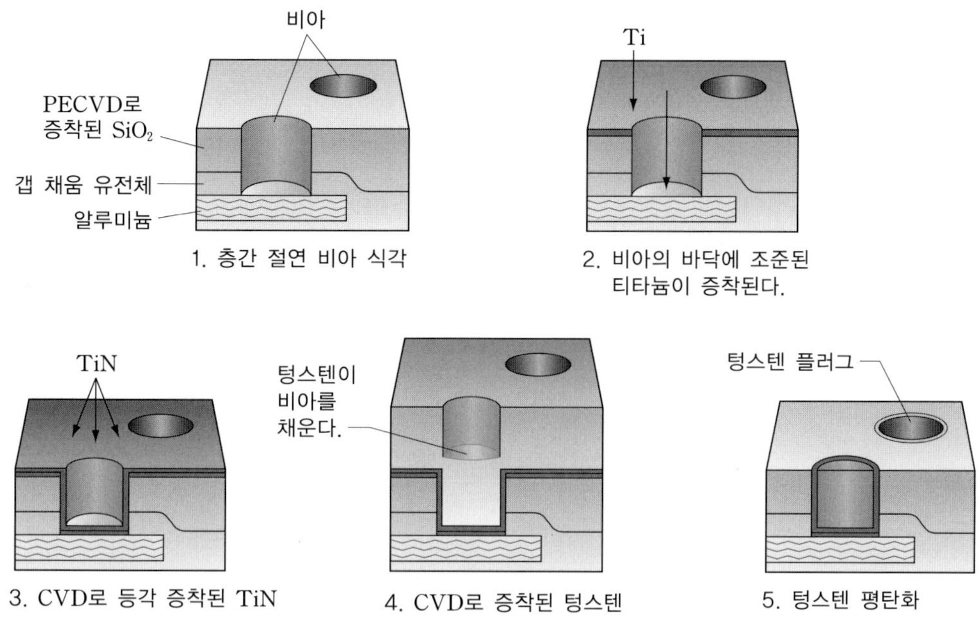

그림 14-27 Ti/TiN 장벽 금속을 갖는 피복 텅스텐 CVD

tential) 공정이다. 이런 seed층(seed layer) 혹은 주조층(strike layer)은 탈륨을 기본 장벽층으로 하는 확산 장벽의 위쪽에 증착되며 약 500~1000 Å 정도로 얇다. 성공적인 전기 도금을 위해서 측벽과 바닥의 특성을 따라서 빈 공간과 핀홀이 없는 seed층이 연속되는 것이 중요하다. 만약 seed층이 연속적이지 않다면 전기 도금된 구리에서 빈 공간을 발생시키게 된다. CVD의 우월한 등각성은 이 공정이 왜 seed층에서 연구되었는지에 대한 이유가 된다.

구리 CVD에서는 두 개의 전구체(precursor)로 구리(I)과 구리(II)가 사용된다. 구리(I)은 +1가의 구리 이온을 표시하고 구리(II)는 +2가의 구리 이온을 표시한다. 가장 널리 사용되는 구리(I) 전구체는 구리(hfac)(TMVS)이고 화학적인 이름은 trimethylvinylsilylhexafluoroacetylacetonate copper(I)이며 화학식은 $C_{10}H_{13}CuF_6O_2Si$로 표시된다. 상품명은 CupraSelect이다. 이런 분자는 명확한 황색 액체 전구체를 만들기 위해 TMVS의 1가 산화 상태와 hfac 리간드 상태에서 구리와 결합한다(ligand는 중앙의 금속 양이온을 둘러싼 이온이거나 분자를 의미한다). TMVS는 가연성이지만 합성 구리(hfac)(TMVS)는 쉽게 발화하지는 않는다. 구리(hfac)(TMVS) 화합물은 산업용 스테인리스스틸 분배 용기와 호환된다.

다른 원자와 $Cu(hfac)_2$가 산화되는 동안 부산물에 의해서 자유 TMVS를 방출하고 금속으로의 구리 원자를 감소시킴으로써 CVD 증착은 진행된다. 화학적 반응은 다음과 같다.

$$2Cu^{1+}(hfac)TMVS(gas) \rightarrow Cu^{0}(solid) + Cu^{2+}(hfac)_2(gas) + 2TMVS(gas)$$

가장 일반적인 구리(II) 전구체는 $Cu(hfac)_2$이다. 예를 들면 구리(II) 반응은 다음과 같은

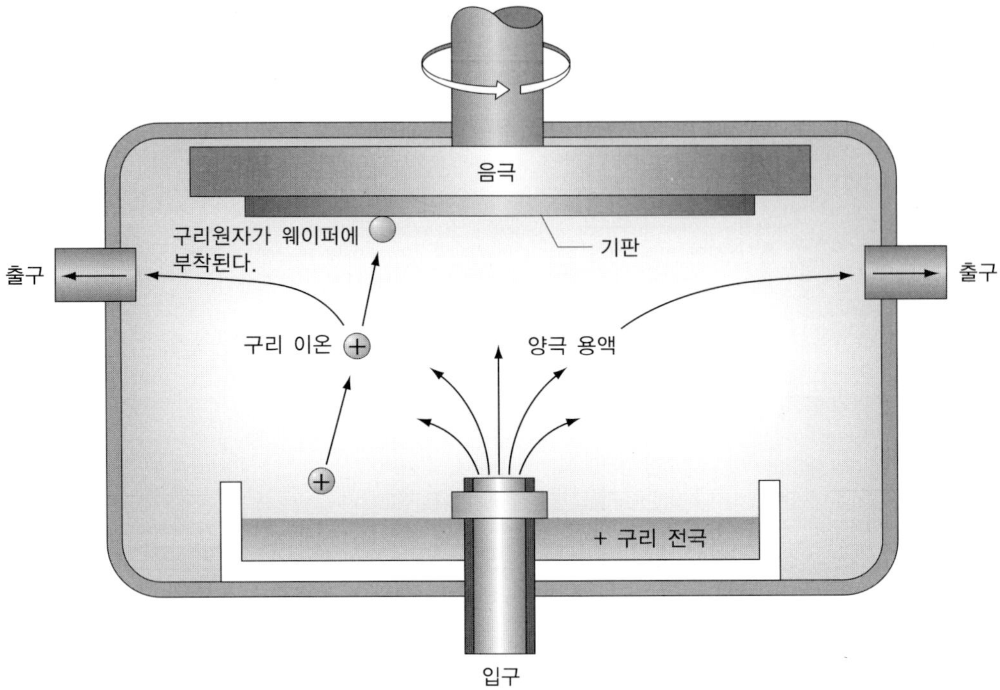

그림 14-28 구리 전기 도금 원리

H_2에서의 환원 반응으로 진행된다.

$$Cu(hfac)_2(gas) + H_2(gas) \rightarrow Cu^0(solid) + 2H(hfac)(gas)$$

구리 전기 도금은 구리 금속화 공정에서 사용된 1세대 증착법이다. 비용과 성능은 주요 내부 연결 금속화에 구리가 알루미늄을 대체하도록 영향을 미치는 중요한 요소가 된다. 반도체 제조공정에는 전기 도금이 일반적으로 사용되지 않았지만 디스크 저장 장치의 박막 헤드들과 프린트된 회로 기판의 구리 배선과 같은 전자공학적인 제조공정의 다른 영역에서는 중요한 공정으로 사용된다. 구리 금속이 전기 도금되는 기본 원리는 전도성의 표면을 갖는 웨이퍼가 증착되도록 구리 이온들이 포함된 구리 황산염에 담그는 것이다. 웨이퍼와 seed층들은 음으로 대전된 전극 혹은 캐소드와 같은 외부 전력 공급기로 전기적으로 연결된다. 구리의 고체 일부분은 용액 속으로 잠기고 양으로 대전된 애노드가 형성된다. 전류는 웨이퍼를 통과하여 용액 속으로 흐르며 구리 애노드를 관통한다. 전류가 흐를 때, 구리 금속이 증착되는 웨이퍼 표면에서 이어지는 전류의 감소 반응이 발생한다.

전기 도금이 진행되는 동안 캐소드 웨이퍼 표면의 금속 구리 이온들은 금속 구리 원자들로 환원된다. 동시에 캐소드에서의 전류 흐름과 균형을 유지하기 위해서 구리 애노드에서는 산화 반응이 일어난다. 이런 반응은 용액이 전기적 중성을 유지하게 한다. 증착되는 구리의 양은 전도성의 웨이퍼 표면에 전달되는 전류와 직접적으로 비례한다. 이런 관계식에 따라서, 전기 도금에서 제어를 위한 기본적인 변수들은 전류와 시간이다. 전류가 흐르지 않으면 애노드, 캐소드, 용액 사이의 전위가 같으므로 산화 환원 반응이 진행되지 않는다.

외부 전력원이 전압을 공급할 때, 캐소드와 애노드 사이에 전류가 흐르고 금속은 전류의 양에 비례하여 증착된다. 전기 도금은 실제 공정에서는 제어하기 어렵고, 특히 전기 도금 용액과 전류를 어떻게 공급하는지가 복잡하다. 고성능 IC에 채워져야 하는 트렌치와 높은 외관비의 구멍이 주어진다면 전기 도금은 구멍에서의 일정한 전류 밀도를 유지해야 하는 문제에 직면하게 된다. 이런 조건들은 도금률이 전류 밀도의 직접적인 함수로 주어지기 때문에 중요하다. 구멍의 최상단에 높은 전류 밀도가 존재하고 구멍의 최하단부에 낮은 전류 밀도가 존재한다면 상단부에서 더 빨리 구리의 도금이 이루어질 것이다.

전압 파형의 다른 형태들을 높은 외관비를 갖는 구멍의 도금에 도움을 줄 수 있는 캐소드/애노드 시스템에 적용한다. 예를 들어, 전기장 발진과 파형의 진폭 조절을 적용하여 증착/식각 순서를 얻는다. 이런 방법에서, 구리 틈 채우기 성능의 균형을 잡는 고밀도 전류 범위 내에서 구리는 약간이나마 제거(식각)될 수 있다. 구리 전기 도금 금속화는 반도체 제조 공정에서의 새로운 공정이기 때문에, 다른 문제점들이 다수 제기된다. 예를 들면, 구리 극판 없는 웨이퍼 후면부는 매우 중요하다. 전기 도금은 또한 처치(disposal)와 화학적 제어를 위한 위험성들이 내포한다. 그것은 고진공 또는 복잡한 웨이퍼의 가열을 피함으로써 금속화 공정을 약간 간단하게 한다.

14-5 이중 다마신 공정

일반적인 내부 연결 금속은 금속층들 사이를 절연시키기 위해서 SiO_2의 층간 유전체와 알루미늄 구리 합금이 사용되어왔다. ILD-2와 금속-2을 위한 일반적인 알루미늄 내부 연결 기술 공정 단계들에 대해서는 이미 설명한 바 있다. 이런 일반적인 공정들은 회로 형성을 위한 피복막으로 증착되고 식각되기 때문에 알루미늄 제거 공정으로 보일 수 있다. 배선(line) 사이의 좁은 틈들 사이로 SiO_2가 증착되는 동안 알루미늄 내부 연결선들의 폭과 간격을 정의하는 중요한 단계는 금속 식각이다.

반도체 제조업체에서는 마이크로칩 제조를 위한 상호 연결 재료로 구리를 사용하고 있다. 구리는 건식 식각에 적합하기 않기 때문에 전통적인 공정 흐름은 구리 야금을 위해 사용되지 않는다. 실리콘으로의 구리 확산을 최소화하는 특별한 조건이 필요하다. 구리 상호 연결 배선을 형성하기 위해서, 구리 식각을 피하기 위해서 이중 다마신 공정이 사용된다.

구리는 식각이 어렵기 때문에, 구리 기술의 초기 개발자들은 금속 배선을 만들기 위해 다른 방식으로 접근하도록 강요되었다. 이중 다마신 공정이 구리 야금을 위한 합의된 공정이 되었다. 이중 다마신 공정은 ILD에 구멍과 트렌치들을 식각하고, 식각된 부분 위에 구리를 증착시키고, 과도한 구리의 제거를 위해 화학적 기계 평탄화를 이용하여 각 금속층의 비아와 배선을 생성시킨다. 이중 다마신 공정 흐름을 위한 여러 가지 가능한 시나리오들이 있다. 표 14-5는 다마신 공정을 사용하는 구리 금속화 공정에 대해서 단계적으로 설명하고 있다.

이중 다마신 공정에서 이 층의 금속 세공은 금속 배선을 위한 상호 연결 트렌치와 연속적인 구멍들을 포함하여 만들어진다. 비아와 금속 배선들의 레벨들은 공정 단계를 줄이고 비아와 금속 배선 사이의 공간을 제거하기 위해서 구리로 동시에 채워진다. 각자 특유한 과제를 갖는 이중 다마신 세공 공정을 수행하기 위한 방법은 두 가지가 있다.

대부분의 생산 방법들은 비아와 트렌치의 깊은 식각을 조절하기 위해서 식각 방지 물질의 사용을 통합시킨다. 비아와 트렌치의 바닥에서 단단한 보호막으로 실리콘 질화물과 같은 장벽 금속을 사용해서 식각 방지가 수행된다. Si_3N_4는 유전체 물질보다 낮은 비율로 식각되므로 식각 공정을 효과적으로 정지시킨다. 몇몇 접근법에서는 공정 복잡성을 증가시키는 두 개의 나눠진 Si_3N_4층을 가질지도 모른다. 다시 말하자면, Si_3N_4는 높은 κ를 가지고 있고 Si_3N_4층이 얇아지는 까닭으로 상호 연결 스택의 층간 커패시턴스가 증가하게 된다.

이중 다마신 공정 흐름은 트렌치 바닥을 제한하는 SiN 식각 방지와 함께 트렌치와 동일한 식각 단계에서 행해지는 비아 식각이 행해지는 것을 보여준다. 이중 다마신 기법의 다른 변화는 비아가 먼저 식각되고 나서 트렌치가 패턴화되고 식각된다는 것이다. 트렌치 구조는 포토리소그래피를 위한 위의 비아 식각이 불러일으킨 중요한 과제로부터 커버되는 구조로 생성된다.

구리 금속화를 위해서 다마신 공정을 사용하는 중요한 이유는 금속 식각을 피하기 위함이다. 다마신 공정의 두 번째 이점은 식각된 금속선들 사이에 유전체 틈을 채울 필요가 없기 때문에 유전체가 피복으로 적용되고 나서 식각된다는 점이다. 웨이퍼 제조에서 이중 다마신 공정은 일반적인 알루미늄 금속 상호 연결 방식보다 20~30%로 단계를 줄일 수 있다. 제조 단계가 적을 뿐 아니라 이중 다마신 공정은 알루미늄 식각과 많은 텅스텐 및 유전체의 화학적 기계적 평탄화 단계를 포함하는 기존 알루미늄 금속화의 가장 어려운 단계를 제거하거나 줄여준다.

표 14-5 이중 다마신을 사용한 구리 금속화

공정 단계	설명	구조
1. SiO_2 증착	PECVD를 이용해서 원하는 두께의 비아를 갖는 ILD 산화막이 증착된다. 임계적인 틈 채우기가 없기 때문에 PECVD가 적합하다.	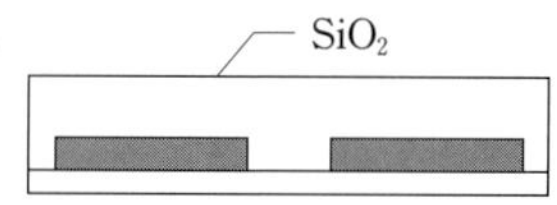
2. SiN 식각 방지막 증착	250 Å의 얇은 SiN 식각 방지막이 ILD 산화막 위에 증착된다. 이런 SiN은 핀홀을 제거하고 조밀화시키기 때문에 HDPCVD가 적합하다.	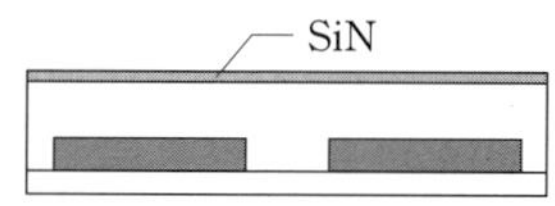
3. 비아 패턴화와 식각	패턴화시키기 위해서 포토리소그래피가 사용되고 건식 식각이 SiN 속으로 비아 창을 만든다. 식각이 끝난 후에는 포토레지스트를 제거한다.	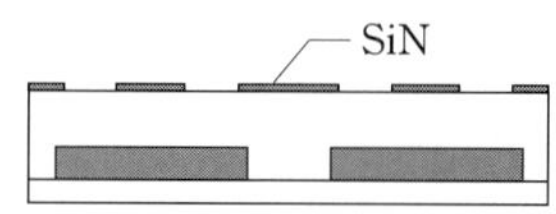
4. SiO_2 보호막 증착	ILD 산화막 보호를 위해 PECVD 산화막을 증착시킨다.	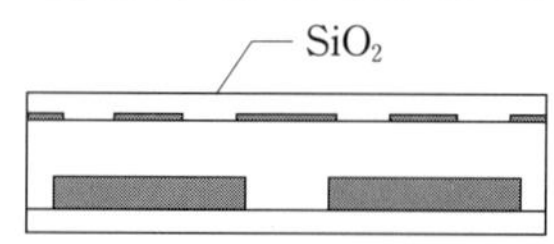
5. 상호 연결 패턴화	SiO_2 트렌치를 패턴화 하기 위해서 포토리소그래피를 이용한다. 앞에서 패턴화된 개방된 비아들은 트렌치에 놓여진다.	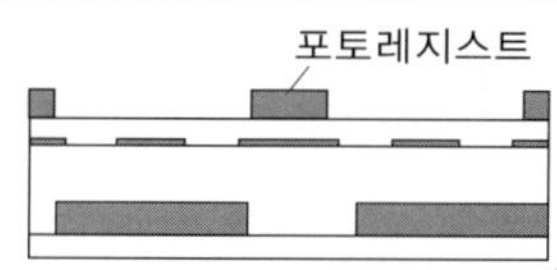
6. 홀과 비아를 상호 연결하기 위한 트렌치 식각	SiN층에서 방지된 ILD 산화막에 트렌치를 건식 식각한다. SiN에서 개방된 경로를 통해서 비아 개구부를 구성하기 위해서 계속 식각된다.	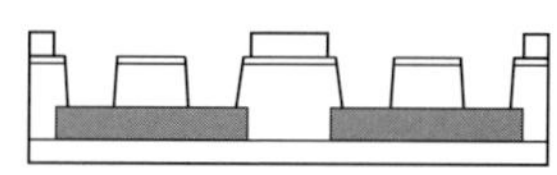
7. 장벽 금속 증착	이온화된 PVD를 이용해서 트렌치와 비아의 바닥과 측벽에 TaN이나 Ta 확산으로 장벽층을 증착시킨다.	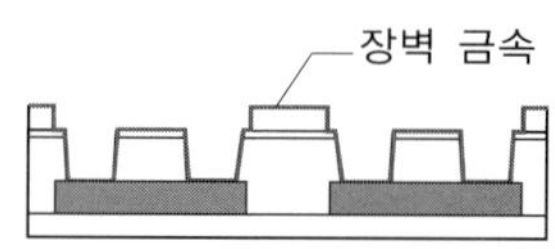
8. 구리 seed층 증착	CVD를 이용해서 연속적인 구리 seed층을 증착한다. 이런 층들은 핀홀이 전무한 균일한 평면을 가지게 된다.	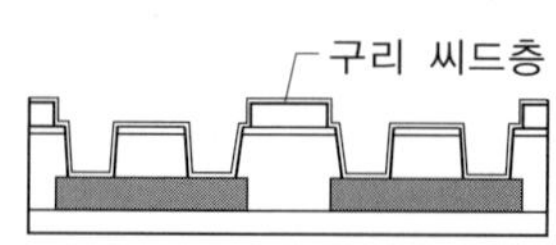
9. 구리 채우기 증착	전기 화학 증착(ECD)을 이용해서 구리 채우기 증착을 한다. 열려진 비아와 트렌치를 모두 채우게 된다.	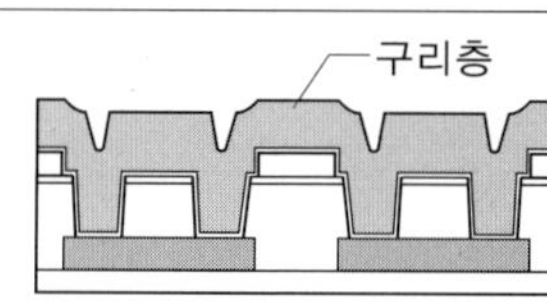
10. CMP를 사용해서 과도한 구리 제거	화학적 기계 평탄화를 이용해서 과도한 구리를 제거한다. 이런 평탄화는 표면과 이어지는 공정을 위해서 실행된다. 결과적으로 표면은 회로로부터 유전체 속에 금속 배선이 연결된 평면 구조를 가지게 된다.	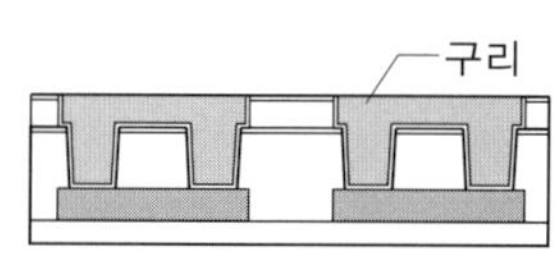

연습 문제

1. 상호 연결, 접촉, 비아, 플러그에 대해서 설명하시오.

2. 상호 연결 배선에 일반적으로 사용되어왔던 금속은 무엇인가? 그리고 현재는 어떤 금속으로 대체되고 있는지 설명하시오.

3. 웨이퍼 제조에 사용되는 금속의 7가지 요구 조건에 대해서 설명하시오.

4. 반도체 제조에 사용되는 금속과 금속 합금의 범주를 구분해 보시오.

5. 마이크로칩에서 선택되는 금속으로 알루미늄이 사용되어 온 이유에 대해서 설명하시오.

6. 옴성 접촉에 대해서 설명하고 옴성 저항이 갖는 이득이 무엇인지 설명하시오.

7. 접합 스파이킹을 설명하시오.

8. 전자 이동에 대해서 설명하시오. 신뢰도에 어떤 영향을 미치는지도 설명하시오. 알루미늄 배선에서는 전자 이동이 어떻게 제어되는지 설명하시오.

9. 구리 상호 연결이 가지고 있는 개선 과제에 대해서 설명하시오.

10. 장벽 금속에 대해서 설명하시오. 장벽 금속의 필수적인 특성에 대해서 설명하시오. 장벽 금속으로 이용되는 금속에 대해서 설명하시오.

11. 구리 장벽 금속이 갖추어야 할 조건에 대해서 설명하시오.

12. 실리사이드를 설명하고 내화성 금속 실리사이드가 반도체 제조공정에서 중요한 이유에 대해서 설명하시오.

13. 티타늄 실리사이드의 중요성에 대해서 설명하시오. C49상과 C54상 구조에 대해서 설명하시오.

연습문제

14. 장래의 반도체 제조공정 기술에 대해서 설명하시오.

15. 살리시드 공정 기술에 대해서 설명하시오.

16. 텅스텐 플러그를 설명하시오. 다층 금속화에 대해서 설명하시오.

17. 금속 증착 시스템처럼 대체되는 증발법에 대해서 설명하시오.

18. 스퍼터링에 대해서 간략하게 설명하고 동작이 어떻게 이루어지는지 설명하시오.

19. 합금 증착에서 스퍼터링이 적합한지 설명하시오.

20. 스퍼터링 증착의 이점에 대해서 설명하시오.

21. 스퍼터링의 6단계를 설명하시오.

22. 스퍼터링의 물리적인 특성을 설명하시오.

23. 스퍼터링의 수율을 설명하시오.

24. 식각을 개선하는 스퍼터링 시스템의 목적을 설명하시오.

25. RF 스퍼터링 시스템을 설명하고 응용이 제한되는 이유도 설명하시오.

26. 증착률을 개선하는 마그네트론 스퍼터링을 설명하시오.

27. 스퍼터링이 빈약한 스텝 커버리지를 갖는 이유를 설명하시오.

연습문제

28. 이온화된 금속 플라스마를 설명하시오. 조준된 스퍼터링이 스텝 커버리지를 개선하는 이유를 설명하시오.

29. 개선된 집적 회로에서 텅스텐 플러그를 생성시키는 일반적인 방법에 대해서 설명하시오.

30. 구리 seed층을 만드는 데 사용되는 CVD에 대해서 설명하시오.

31. 구리 도금의 기초 공정에 대해서 설명하시오.

32. 알루미늄 금속 제거 공정이 필요한 이유를 설명하시오.

33. 구리를 위한 이중 다마신 공정의 중요성에 대해서 설명하시오.

34. 이중 다마신 공정의 10가지 공정 단계에 대해서 설명하시오.

제 15 장

CMP (Chemical Mechanical Planarization)

임계 차원이 0.25 μm 이하의 설계 규칙이 적용되어 제작되는 초고집적 회로 소자는 1 cm^2 크기의 칩에 대략 수백만 개의 트랜지스터 및 5천만 개의 연결을 집적시키게 된다. 최근에 적용되기 시작하는 10 nm 이하의 제작 공정이 적용되는 경우에는 동일 면적에 수억 개의 트랜지스터가 집적되기도 한다. 이런 고밀도 집적 회로를 구성하기 위해서는 수직으로 128층까지 금속층을 연결하는 기술이 적용되기도 하고 이런 집적 회로를 입체로 쌓아 올리는 3D 집적 회로 기술이 적용되기도 한다.

다층 금속 공정기술은 1970년대부터 적용되었지만 웨이퍼 표면의 절연층막의 지형도가 평탄화되지 않은 상태에서는 포토리소그래피 공정에서 스텝퍼(stepper) 렌즈의 초점 깊이가 제한되는 문제를 야기시켜서 표면을 패턴화시키는 것이 불가능하다는 문제점을 가지고 있었다. 1980년대 후반, 화학적-기계적 평탄화(CMP)라 알려진 평탄화 기술이 IBM에서 개발되었다. CMP는 1990년대 고밀도 반도체 제조공정에서 평탄화의 표준이 되었다. 이 장에서는 CMP 공정 기술과 CMP 공정 장비에 대해서 설명한다.

15-1 웨이퍼의 지형도와 평탄화

웨이퍼 제조공정에는 소자 사이의 상호 연결 구조를 형성하기 위한 반복되는 패턴화(patterning)에 의해서 제조되는 막의 증착(성장) 공정이 포함된다. 고집적 회로는 층간 유전체(ILD: interlayer dielectric)에 의해서 분리되는 금속층(metal layer)이 적어도 6층 이상으로 증착되는 다중 금속화 공정이 실행된다. 수용 가능한 스텝 커버리지(step coverage)와 틈 채우기(gap-fill)는 칩의 수율과 신뢰성에 영향을 주는 중요한 파라미터이다.

1970년대부터 사용된 단일 금속층 IC를 제조하는 웨이퍼의 지형도(topography)와 평탄화되지 않은 IC의 단면도를 그림 15-1에 나타내었다. 융기하는 지형도는 칩의 패킹 밀도가 높아진 결과이다. IC 설계에서의 다층 금속 공정기술은 집적되는 소자의 크기 및 상호 연결의 차원을 감소시켜서 집적도를 높이고자 하는 필요에 의해 개선되고 있다. 고밀도 집적 회로에서는 우수한 스텝 커버리지와 틈 채우기를 갖기가 더욱 어려워짐으로써 표면 지형도에서 더욱 깊은 스텝과 높은 외관비(aspect ratio)를 가지게 되었다. 지형도의 주요한 부정적인 결과는 포토리소그래피 공정을 진행하는 동안 발생되는 선폭(line width) 제어의 손실로 이어진다. 지형도로 인한 포토레지스트의 두께 변화는 0.25 μm 리소그래피 공정에 영향을 미치는 중요한 파라미터로 스텝퍼의 초점 깊이의 한계를 결정한다. 불균일한 지형도로 인해 포토레지스트 두께가 불균일해지고, 식각 공정 전반에서 패턴화가 정확하게 이루어지

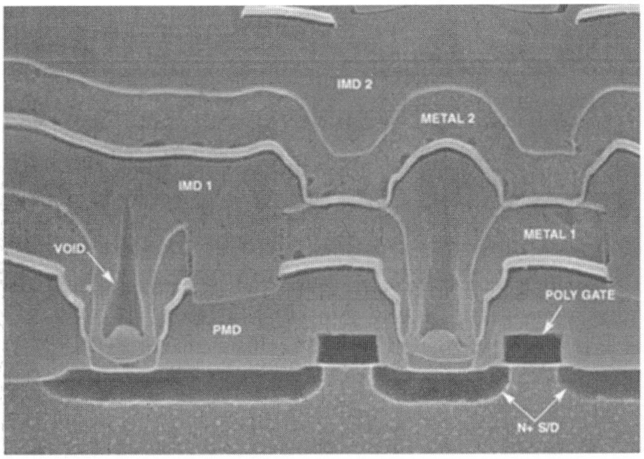

그림 15-1 평탄화되지 않은 지형도를 갖는 IC 단면

지 않는 문제가 발생된다.

지형도에서 낮은 부분은 채우고 높은 부분을 제거하는 평탄화 공정을 실행하여 평탄화된 웨이퍼는 각 층에서 절연층의 두께가 최소한으로 변화하는 평평한 표면을 가지게 된다. 웨이퍼 표면을 평탄화하는 과정은 정밀한 포토리소그래피 공정을 수행하기 위해서 반드시 요구되는 과정이다. 또한 웨이퍼 표면상의 바람직하지 않은 이물질을 제거함으로써 소자의 수율을 증가시키는 효과도 있다.

평탄화 공정은 크게 4가지로 구분할 수 있다. 그림 15-2(b)에서는 매끄러운 평탄화(smoothing planarization)의 모식도를 볼 수 있다. 매끄러운 평탄화에서는 스텝 높이의 모서리가 둥글게 되고, 측벽이 기울어지지만, 높이는 크게 감소하지 않는다. 그림 15-2(c)에 나타난 부분 평탄화(partial planarization)는 매끄러운 평탄화보다 국부적인 스텝 높이가 더 감소된다. 국부적인 평탄화(local planarization)는 그림 15-2(d)에 나타낸 것처럼 칩 안의 국

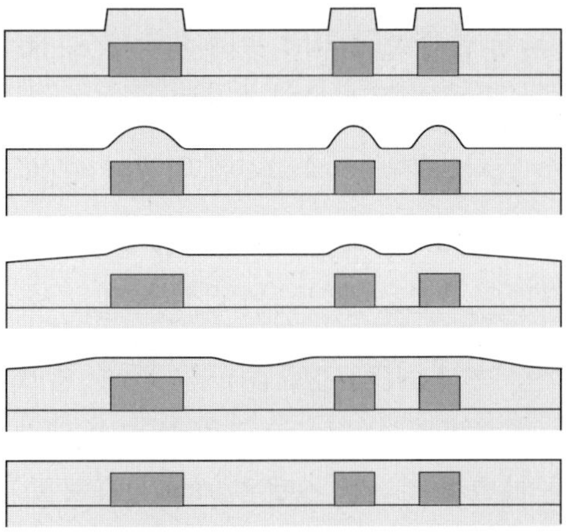

그림 15-2 평탄화의 특성 정의

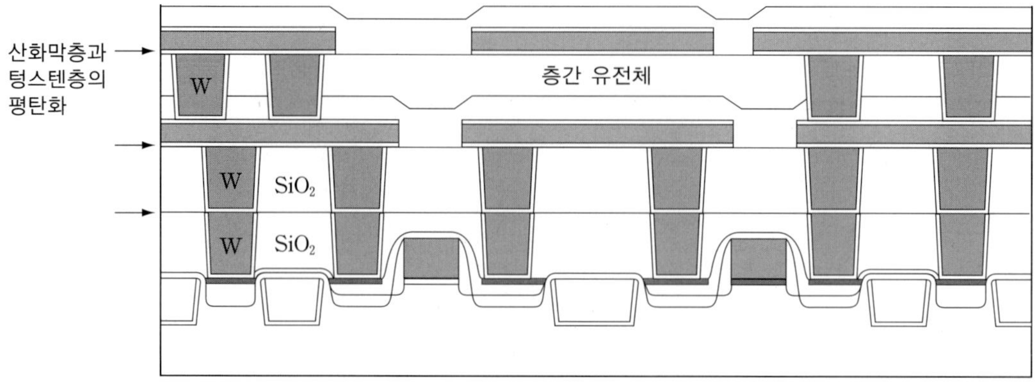

0.25μm 기술이 적용된 CMOS 소자의 단면

그림 15-3 CMP가 적용된 다층 금속화 공정으로 제작된 CMOS 소자의 단면

부적인 영역에서 작은 틈을 완전하게 채워서 평탄화시키는 것이며, 전역 평탄화(global planarization)는 그림 15-2(e)에서 보듯이 전체적인 스텝의 높이가 중요하게 감소하지는 않는 국부적인 평탄화와 비교할 때 웨이퍼 표면 전체에 걸쳐서 전체적인 스텝 높이가 크게 줄어든다.

초고집적 회로가 제조되기 시작한 1990년대 중반부터 사용된 가장 중요한 평탄화 기술인 CMP를 적용한 다층 금속화 공정기술로 제작된 CMOS 소자의 단면은 그림 15-3에 표시된 것처럼 전역 평탄화를 사용한다.

15-2 CMP의 광역 평탄화 특성

전통적인 평탄화 기술은 에치백(etchback), 유리 환류(glass reflow), 스핀 온 필름(spin-on films)으로 분류된다. 표면 특성으로 생성되는 지형도는 절연체의 두꺼운 층이나 평탄화 물질의 제거층의 적용에 의해 발생되는 포토레지스트나 스핀 온 글래스 물질에 의해서 평탄화될 수 있다. 연마(polishing)에 의해서 제거되는 물질은 웨이퍼 표면의 빈 점(low spot)과 구멍을 채운다. 깎여 나가는 층에는 높은 지역을 낮은 지역보다 더 빠른 비율로 제거함으로써 표면의 요철을 제거하는 건식 식각을 사용한다. 이런 공정은 'etchback' 평탄화라고 알려져 있다(그림 15-4). 낮게 깔린 부분을 평탄화 물질이 계속해서 채워서 절연체가 최종 두께에 다다를 때까지 식각은 계속된다. 요철, 금속 레벨 등에 따라 etchback은 상이하게 변화한다. 가까이 자리한 스텝을 넘어서 표면을 평탄하게 하는 것이 지형도의 국부적 평탄화이다. etchback으로는 전역 평탄화를 수행할 수 없다.

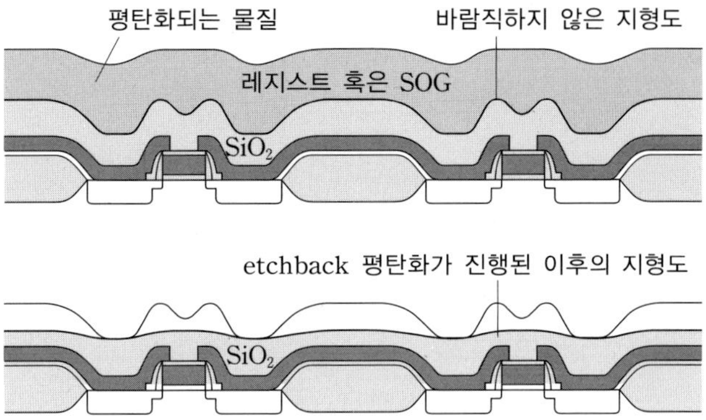

그림 15-4 etchback 평탄화

층간 유전체(ILD)는 대기압 화학적 기상 증착법(APCVD)을 사용해서 증착되는 BPSG(borophosphosilicate glass)와 PSG(phosphosilicate glass)에 붕소(B)와 인(P)이 도핑된 산화물들로 제조된다. 그림 15-5에서 보듯이 이런 층간 유전체를 800~950℃의 고온으로 가열하면 산화막이 부드러워지면서 일부가 녹아서 요철 부분을 부드럽게 하는 reflow 평탄화 기술이 바로 유리 환류이다.

스텝 커버리지가 20°를 넘어서는 각도로 BPSG를 흐르게 하기 위해서 질소 분위기에서 30분간 850℃로 가열된 로(furnace)에서 BPSG가 어닐링된다. 이런 흐름 특성은 스텝 커버리지 혹은 공극 채움에 있어서 BPSG의 등각(conformal)을 획득하기 위해서 사용될 수 있다. 따라서 요철 주변의 부분 평탄화를 달성할 수 있지만, 다층 금속화를 갖는 μm 이하의 IC에 적용하는 것은 적절치 않다.

스핀 온 글래스(spin on glass)는 웨이퍼 표면에 다른 종류의 액체 물질을 공급하고 층간 절연체를 평탄화하기 위해서 회전시키는 것이다. 이런 기술은 0.35 μm에서의 틈 채우기 및 큰 소자 생성에서의 평탄화에 가장 일반적으로 적용된다. 회전은 낮은 부분을 채움으로써 지형도를 평탄하게 하는 효과를 얻기 위해 원심력을 사용한다. 스핀 온 용액의 평탄화 능력은 용질의 화학적인 성분, 분자량, 흐르는 경향인 점도와 같이 다양한 요인에 좌우된다.

회전막 물질은 포토레지스트, SOG(spin-on glass), 그리고 다양한 종류의 수지를 포함

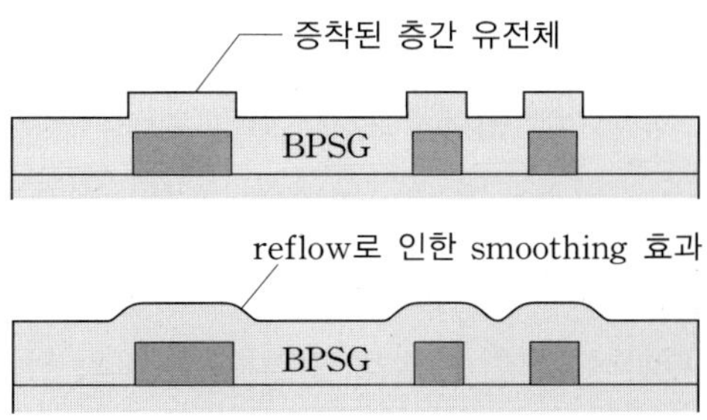

그림 15-5 BPSG 환류 평탄화

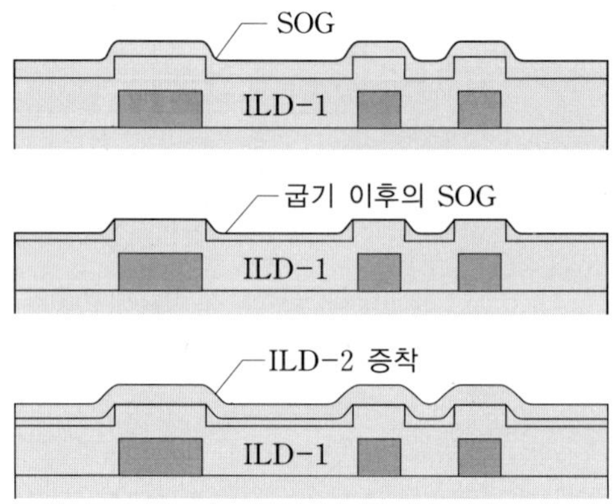

그림 15-6 ILD 2 산화물층에 의한 스핀 온 글래스의 흐름

하는 유기물 혹은 무기물이다. SOG는 80%의 용매와 20%의 SiO_2 성분으로 구성되거나 산화 규소와 수소의 화합물인 실록세인(polysiloxane)과 같은 유기물로 구성된다.

회전이 끝난 뒤, 굽기(bake)를 통해 용매를 증발시키면 산화물이 남아 낮게 깔린 틈을 채워준다. 지형도의 공극을 좀 더 채우기 위해서 그림 15-6에 표시된 것처럼 또 다른 산화물층이 증착된다. etchback이나 유리 환류법과 마찬가지로, 회전 기술은 고밀도 집적 IC에서의 다층 기술을 위한 전역 평탄화를 달성하기에는 사용에 제한이 있다.

CMP와 etchback, 스핀 온 글래스의 평탄화 기능을 비교하기 위해서 수행된 한 제어 연구에서 etchback 평탄화 이후 측정된 최고 스텝의 높이가 약 7,000 Å인 반면, CMP에서는 같은 물질의 최고 스텝높이가 50 Å으로 측정되었다. 표면 평탄화에서 이와 같은 140배의 차이는 어째서 CMP가 ULSI 제작에서 지배적인 평탄화 기술로 적용되었는지를 이해할 수 있다. CMP는 압력을 가하는 동안 슬러리의 표면에 있는 웨이퍼와 연마 패드 사이에서의 상대적인 운동을 통해 웨이퍼 표면을 평탄화한다. CMP 도구는 종종 연마기라고도 불린다. 연마기에서 웨이퍼는 웨이퍼 홀더 혹은 캐리어에 위치되고, '플래튼'으로 알려진 평평한 표면 위의 연마 패드를 유지하여준다.

웨이퍼와 연마 패드 사이의 동작은 제조업자마다 다르게 제어된다. 연마기들은 대부분 회전하거나 수직으로 동작한다. 플래튼의 회전이 캐리어의 이동에 의해서만 구동되는 반면 다른 연마기 캐리어는 동력을 받아야만 플래튼이 동력을 공급받고 회전하는 경우도 있다. CMP는 표면의 높은 부분을 제거하여 더 신속하게 낮은 부분과 적절히 맞춰줌으로써 웨이퍼를 평탄화한다. CMP는 필요한 두께와 평면도로 웨이퍼를 정확하고 균등하게 연마하기 위해 가장 널리 쓰이는 방법이다. CMP의 독특한 특징 중 한 가지는 적절히 고안된 현탁액과 패드 시스템을 사용하여, 다층 금속화 연결 구조 내의 절연체와 금속층 모두를 연마해주는 기능이다.

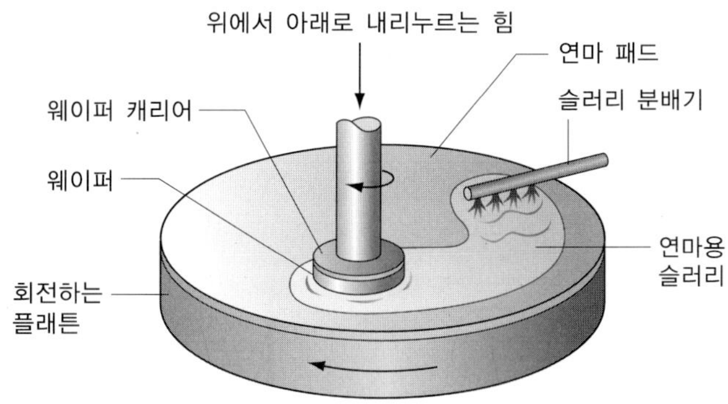

그림 15-7 ILD 2 평탄화의 정도를 표시하는 위한 웨이퍼 측정

제작 중에 웨이퍼 두께 변화와 표면 지형도의 영향을 줄이기 위하여 CMP가 사용된다. 웨이퍼의 평면도와 균일성의 개념은 CMP의 효율성을 설명할 때 중요하다. 평면도는 μm에서 mm에 이르는 웨이퍼 거리 범위에서 표면 지형도의 변화를 기술한다. 균일성은 mm 또는 cm로 측정되고 전체 웨이퍼를 가로지르는 막의 두께 변화를 나타낸다. 이런 방식으로, 웨이퍼는 평탄화되지만 균일하지는 않거나 혹은 그 반대의 경우도 일어난다.

평탄화된 웨이퍼의 다른 지역들이 어떻게 균일화되었는지를 고려해 보면 이러한 상황을 관찰할 수 있다. 웨이퍼상의 두 개의 특정한 부분은 각 부분만 보았을 때에는 매우 평평하게 평탄해질 수 있으나 두 부분이 서로 다른 두께로 평탄화될 수 있다. 즉 한 영역만 보았을 때 각각의 웨이퍼 영역은 우수하게 평탄화되었으나 다른 영역과 비교하면 균일하지는 않음을 알 수 있다.

평탄화의 정도(DP)는 그림 15-8에 표시된 것처럼 CMP 이전의 처음 스텝 높이와 CMP 이후의 특정한 스텝 높이를 비교하여 웨이퍼 평면이 얼마나 평평하게 되었는지를 표시하다. 이런 방식에서 DP는 특별한 기능을 가지며 식 (15-1)처럼 계산된다.

$$DP(\%) = \left(1 - \frac{SH_{post}}{SH_{pre}}\right) \times 100 \tag{15-1}$$

여기서 SH_{post}는 CMP 시행 이후 특정한 웨이퍼 표면에서의 스텝 최고 높이와 최저 높이 사이의 차이, 즉 높이의 두께 변화를 의미한다. SH_{pre}는 CMP 시행 이전의 특정한 웨이퍼 표면에서의 스텝 최고 높이와 최저 높이 사이의 차이를 의미한다. CMP 시행으로 웨이퍼에서 측정된 지형도가 완벽하게 평평하면, $SH_{post}=0$이고 DP는 100%이다. 이것은 CMP로 평탄화가 완벽하게 수행된 것을 의미한다.

또 다른 예로, 만약 웨이퍼의 $SH_{pre}=20\ \mu m$, $SH_{post}=1\ \mu m$라면 DP는 95%이다.

$$DP(\%) = \left(1 - \frac{SH_{post}}{SH_{pre}}\right) \times 100 = \left(1 - \frac{1}{20}\right) \times 100 = 95\%$$

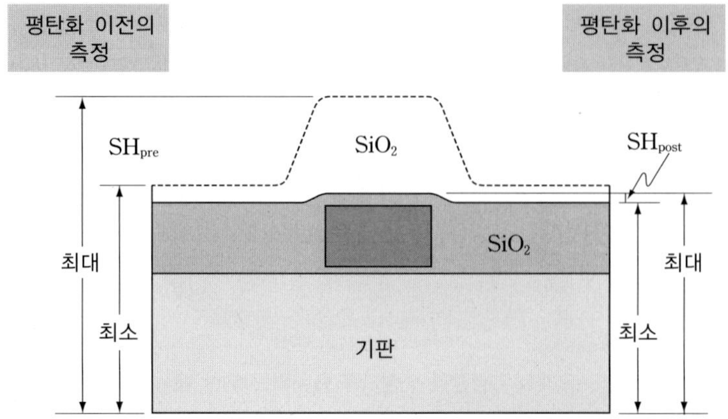

그림 15-8 평탄화의 정도를 표시하는 위한 웨이퍼 측정

산화물 연마는 반도체 웨이퍼 제작에서 최초이며 가장 널리 사용되고 있는 CMP 평탄화 공정이었다. 산화물 연마는 금속층들 사이의 전체적인 평탄화를 위해 놓인 ILD를 평탄화하는 데 사용된다. 산화 연마 비율(제거 속도)은 제거 비율에 영향을 미치는 파라미터의 수를 보여주는 Preston 방정식을 통해 주어진다. 만일 압력과 속도가 증가하게 되면, 제거율도 증가한다. Preston의 방정식은 식 (15-2)처럼 표시된다.

$$R = kPv \tag{15-2}$$

여기서 R은 제거율(단위 시간당 제거된 유리의 두께), P는 인가된 압력, v는 웨이퍼와 연마된 패드 사이의 상대 속도이다. k는 산화물의 경도, 연마한 슬러리, 그리고 연마한 패드와 같은 파라미터를 포함하는 사용된 도구와 공정 조건을 나타내는 상수이다.

Cook의 이론으로 알려진 산화물 CMP을 위한 기본적인 메커니즘은, 광학 유리 연마와 동일한 연마 메커니즘이다. 기초 슬러리에서 물은 그림 15-9에 표시된 것처럼 OH와 Si의 결합인 하이드록실(hydroxyl) 결합을 형성하기 위하여 산화물과 반응한다. 이런 반응을 표면 수화(surface hydration)라고 부른다. 산화물이 표면 수화되면 산화물의 경도, 기계적인 강도, 화학적 내구성이 감소한다. 연마 공정이 진행되는 동안에 웨이퍼 표면에서는 마찰로 인한 열이 발생하는데 이런 열은 산화물의 경도를 추가로 감소시킨다.

더욱 연하게 수화된 표면층은 마찰 작용을 하는 슬러리 입자들의 기계적 작용에 의해 제거된다. 웨이퍼의 더 높은 지역에서의 국부적인 압력은 낮은 곳보다 크다. Preston의 방정식에 의해서, 산화물의 제거 비율은 평탄화를 야기하면서 더 높은 지역에서 더 크다.

금속 CMP 메커니즘은 산화물 연마처럼 쉽게 이해되지는 않는다. 한 가지 간단한 모델로 화학적 산화와 기계적 마찰을 사용하는 금속 연마를 설명할 수 있다. 슬러리는 금속 표면과 접촉하여 금속을 산화시킨다. 구리 CMP의 경우를 예로 들면 구리 산화물(CuO 또는

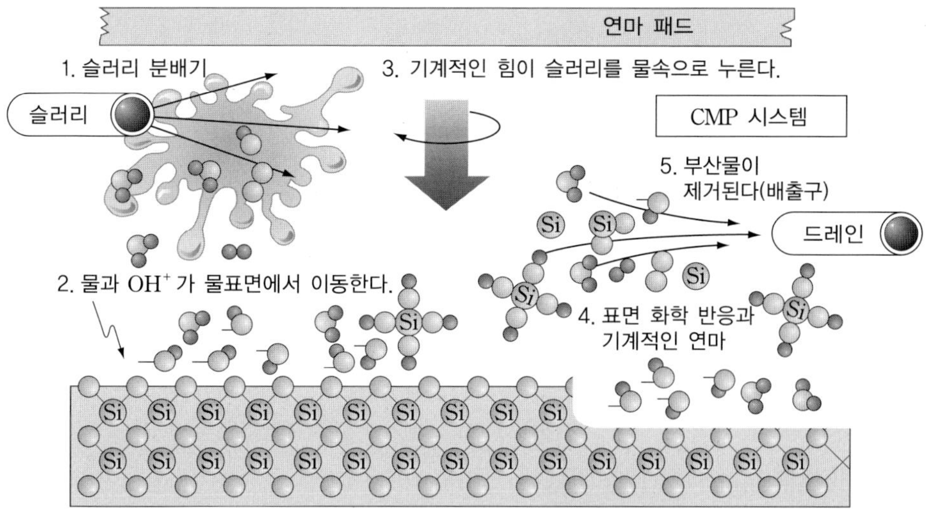

그림 15-9 CMP 시스템의 산화물 메커니즘

Cu_2O)과 구리 수산화물($Cu(OH)_2$)이 만들어 진다. 생성된 금속 산화물층은 슬러리 입자에 의한 기계적인 연마로 제거된다. 일단 산화물층이 제거되면, 슬러리에 포함된 화학 물질들이 노출된 금속 표면에서 새로운 산화막을 생성시키고 이런 공정은 계속 반복된다. 금속 CMP 메커니즘에 관한 최신 연구는 산화된 금속의 화학적 산화와 분해가 기계적인 연마보다 더 중요하다는 점을 발견하였다. 이것은 금속 CMP 공정에서 슬러리 화학 물질을 신중하게 제어하는 것이 더 중요하다는 것을 의미한다.

대부분의 CMP 공정은 두 단계의 연마 작업을 가지게 된다. 첫 번째 연마는 기본적인 제거 단계이다. 두 번째 연마는 오직 DI 용액(혹은 특이한 slurry)을 사용하는 버프 세척이다.

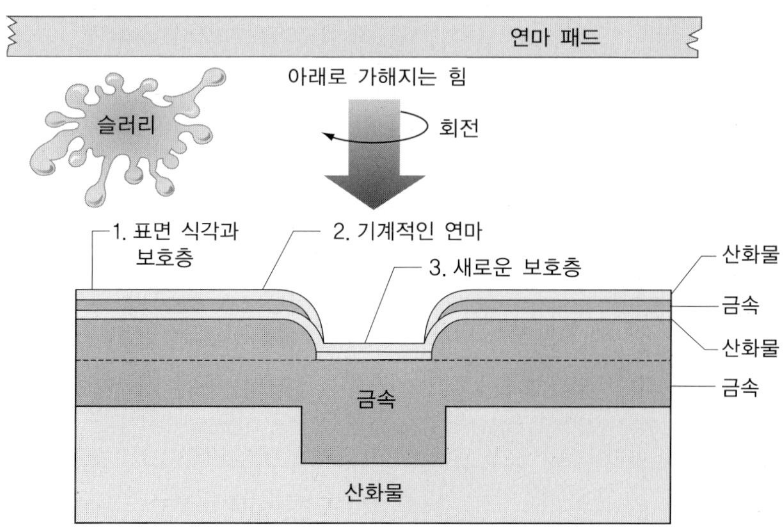

그림 15-10 금속 CMP 메커니즘

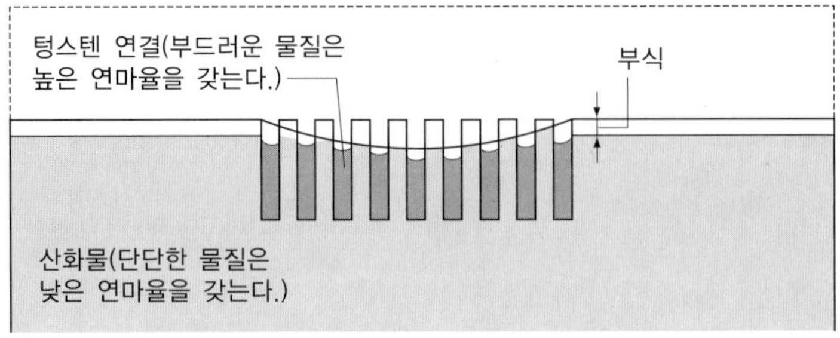

그림 15-11 높은 배선 밀도를 갖는 CMP 부식

두 번째 버프 단계가 중요한 이유는 웨이퍼 표면에 미세하게 긁힌 자국과 작은 입자를 제거하고, CMP 이후의 세정 과정을 진행하기 위하여 웨이퍼를 준비하는 단계이기 때문이다.

CMP로 달성되는 평탄화의 정도는 평탄화 기술의 패턴 감도에 의해서 결정된다. 패턴이 좁게 위치한 지역(높은 패턴 밀도)은 종종 넓게 위치한 지역보다 더 큰 비율로 연마된다. 작고, 분리된 요철 부분은 평탄화가 진행되는 동안에 더 큰 압력을 받으므로 높은 비율로 연마된다. 다른 한편으로 낮은 요철 부분은 더 적은 압력을 받으므로 낮은 비율로 연마된다.

연마율의 변화는 고성능 IC의 CMP 결과에 두드러진 영향을 미친다. 국부적 상호 연결과 이중 다마신 금속층들은 금속 상호 연결의 매우 조밀한 세트들에서 사실상 패턴(또는 비금속 배선)이 있는 지역까지 칩 표면을 가로질러 변화하는 패턴 밀도들을 요구한다. 금속 배선이 고밀도로 채워진 상황에서 금속 구조들의 CMP가 진행되는 동안에 금속 구조들이 바람직하지 않게 부식될 수도 있다.

부식은 패턴화된 지역에서 산화물과 금속을 얇게(thinning) 만든다. 이것은 연마 전후의

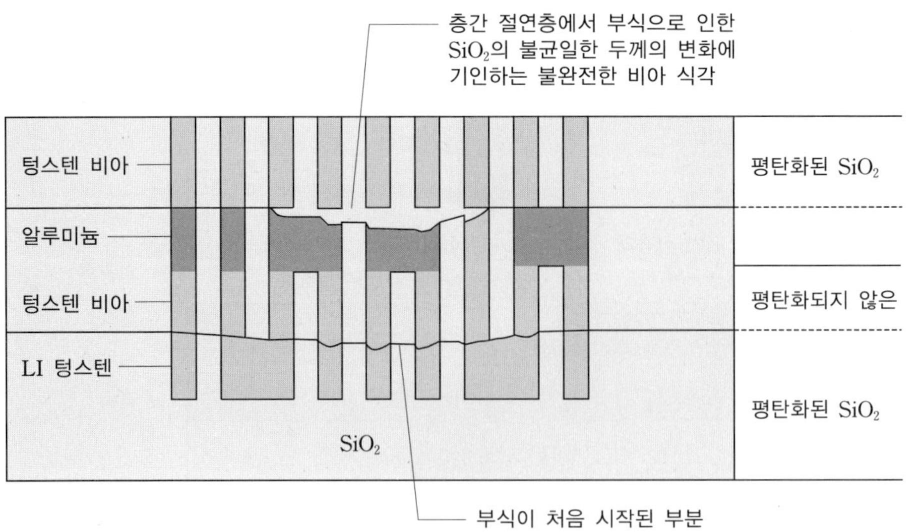

그림 15-12 부식에 기인하는 불완전한 비아 식각

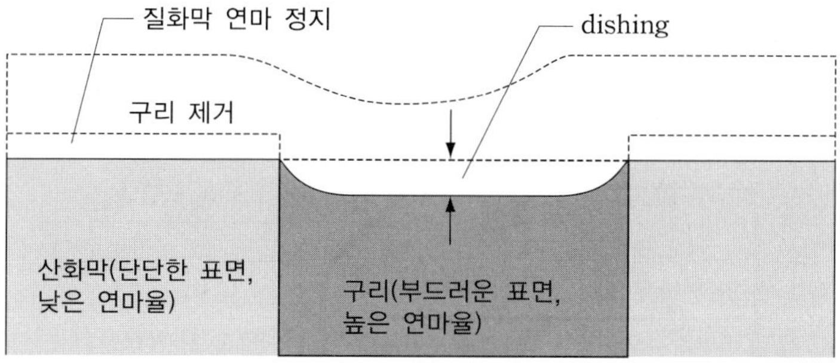

그림 15-13 CMP에서 발생되는 dishing 현상

SiO_2의 두께 차이로 확인되는데 이런 현상은 덮여있는 금속층(blanket metal layer)을 평탄화할 때 밑에 있는 SiO_2를 약간 과도하게 연마했기 때문에 발생한다. SiO_2의 부식은 높은 패턴 밀도를 갖는 지역에서 더 많이 발생한다. 부식을 최소화하기 위해서 과도한 연마 단계는 짧게 감소시키면 된다(예를 들어 표면 지형도를 감소시키면 이상적일 것이다). 또 다른 접근법인 산화물을 부드럽게 하는 버프(buff) 단계가 산화물의 높아진 지역을 평탄화하기 위하여 연마 단계에 추가될 수도 있다. 버프 단계에서는 산화물을 약 300 Å 제거하는 것을 목표로 한다. 만약 정정되지 않으면, 표면의 부식은 상당히 심각해질 수 있으며 그것은 산화물 두께 변화 때문에 그림 15-12에 표시된 것처럼 불완전한 부식 작용에 의한 문제를 일으킨다.

CMP에서 발생되는 바람직하지 않은 부작용은 dishing 현상이다. dishing은 그림 15-13에서 보듯이 접시 형태로 가운데 부분의 물질이 움푹 파이는 현상이다. dishing은 금속 선(접시 중에서 가장 낮은 지점)의 중심과 SiO_2 레벨이 제거되는 점(SiO_2 중에서 가장 높은 지점) 사이의 높이 차이로서 정의된다. dishing은 넓은 접시에 더 많은 것을 담으려는 경향이 있는 것처럼 연마되는 더 넓은 선폭에 의존한다. 패드의 경도도 dishing에 영향을 미친다. 더 부드러운 연마 패드들은 연한 금속선 속으로 구부러지고 압력이 가해지면 움푹 파이면서 dishing 현상을 일으키는 영향을 준다.

15-3 CMP 슬러리와 패드

슬러리와 마찰 패드는 CMP 공정에서 지속적으로 사용되고 교체되기 때문에 소모품으로 여겨지지만, CMP 공정에서 중요한 소자들로 당연히 주의 깊게 제어되어야 한다. 슬러리는 CMP가 진행되는 동안 웨이퍼 표면에서 특정 물질을 제거하기 위해 사용되는 혼합물이

표 15-1 CMP에서 발생되는 흠집의 형태

흠집 종류	Big Chatter	Small Chatter	Razor	Pit
폭	수 μm	~0.2 μm	~0.005 μm	~0.2 μm
깊이	3000~5000 Å	300~800 Å	300~600 Å	300~600 Å
슬러리 형태	큰 입자 (~μm 연마용 입자)	큰 입자 (~μm)	크면서도 날카로운 입자(~μm)	큰 입자 (~μm)
메커니즘	입자 아래서 인장력	인장력 혹은 압축력	압축력(연한 막)	압축력

다. 슬러리는 미세한 마찰 입자(분말 미립자)와 화학 물질로 구성된다. 슬러리는 때에 따라 플래튼(platen) 위의 슬러리 분배기(dispense) 노즐을 통해서 분배된다. 정밀한 슬러리 혼합물과 일치되는 일괄 혼합물은 웨이퍼에서 웨이퍼로, 로트에서 로트로, 매일 매일 반복적인 요구의 목표로 달성하기 위해서 성분들이 정확한 배율로 혼합된다. 이런 제어가 필요한 이유는 슬러리는 마찰되는 동안 웨이퍼 표면 전반에 균일하게 분포되어야 하기 때문이다. 또 슬러리의 품질이 마찰되는 동안 웨이퍼 표면에 흠집(scratch) 발생 현상을 좌우하기 때문이다. CMP 공정에서 발생되는 흠집에는 기계적인 진동에 의해서 발생되는 비교적 큰 금(big chatter), 비교적 작은 실금(small chatter), 면도날로 그은 형태의 빗금(razor), 미세한 홈(pit) 형태의 4가지로 구분된다(표 15-1).

슬러리는 산화물 슬러리, 텅스텐 금속 슬러리, 구리 금속 슬러리, 특수 목적용 슬러리 등으로 분류할 수 있다. 산화물 절연체 슬러리의 한 가지 공통적인 특성은 수산화 칼륨(KOH: potassium hydroxide)이나 수산화 암모늄(NH_4OH: ammonium hydroxide)의 알칼리성 환경에서 혼합물 형태의 부유물로 존재하는 미립자들로, 높은 순도를 가지는 실리카 콜로이달(colloidal) 입자들이 있다는 것다. 수산화 칼륨에 기초한 슬러리는 CMP 산화물 슬러리에서 가장 안정된 콜로이달 부유물이므로 가장 널리 사용된다. 칼륨 이온은 이동성 이온 오염물질(MIC)이지만 BPSG(borophosphosilicate glass)와 같은 국부적 층간 산화물에 의해서 쉽게 흡수(getter)될 수 있다. 수산화 암모늄에 기초한 MIC 공정은 자유롭지만 불안정한 콜로이달 부유물이며 큰 비용이 소모된다. 슬러리의 pH는 일반적으로 10~11 정도로 주어진다. 슬러리에 포함된 물의 성분비는 이어지는 공정인 산화막 평탄화 및 표면 수화에서 중요하다.

텅스텐 금속을 위한 CMP의 슬러리는 산화 알루미늄(알루미나: Al_2O_3)에 기초한 분말 또는 실리카 연마제 성분으로 구성된다. 실리카 분말은 알루미나에 비하여 더 부드럽고 표면 긁힘이 잘 실현되지 않기 때문에 더 일반적으로 사용된다. 오늘날 사용되는 슬러리 화합물은 과산화 수소(H_2O_2: hydrogen peroxide)나 실리카(silica) 혹은 알루미나(alumina)의 혼합

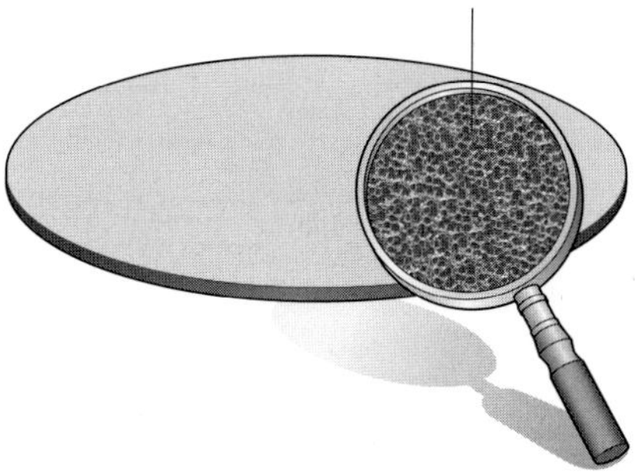

그림 15-14 CMP 연마 패드의 다공성

물이다. 연마가 진행되는 동안 과산화 수소는 물과 용해된 산소로 분해된다. 산소는 텅스텐과 반응하여 텅스텐 산화물이 된다. 텅스텐 산화물은 텅스텐보다 연성이어서 다시 연마되고 제거된다.

알루미나 분말 슬러리가 종종 구리 CMP에서 사용된다. 수성 구리 용액에서는 텅스텐에서와 다르게 동작한다. 구리 산화물은 pH 범위가 7~12.5이므로 텅스텐과 다르다. 이런 이유로 텅스텐에서 가장 우수한 슬러리 용액으로 구리를 작업하는 것은 바람직하지 않다. 구리 슬러리 공정에서는 낮은 층의 특성을 갖는 영역에서 특정한 자연 구리 산화막을 구성하기 위해서 표면을 산화시키는, 수산화 암모늄(NH_4OH)을 기반으로 하는 슬러리 용액을 사용하고 있다. 동시에 높은 연마 비율과 우수한 표면으로 구리 산화물을 빠르게 용해·제거하기 위해서 암모니아 복합체 매개물질도 포함된다.

웨이퍼 표면의 특수한 물질을 위한 다른 슬러리 공정에서 간혹 동일한 CMP 장비를 사용한다. 예를 들면 구리 CMP 공정에서 구리층과 탄탈럼(tantalum: Ta) 금속이나 질화 탄탈럼(TaN) 장벽 금속이 있다. 만약 같은 슬러리를 두 금속에게 사용하려면 두 금속 모두 동일한 비율로 연마해야 한다. 구리나 탄탈럼의 화학 반응성은 슬러리 화학 물질에 의존하며, 중대한 차이가 존재한다. 이런 차이는 장벽 금속에서의 느린 연마비에 기인하며 품질의 문제를 유발한다. 이런 문제의 대안으로 두 개의 슬러리 시스템이 사용된다. 첫 번째 슬러리는 구리만 평탄화시킨 다음 장벽 금속에서 멈추고 두 번째 슬러리는 구리에 최소의 영향을 미치면서 장벽 금속을 평탄화한다. 이런 접근법은 다른 플래튼을 갖는 동일한 기구에서 행해질 수도 있고, 각각의 슬러리에서 다른 연마 패드를 요구할 수도 있다. 현상에서 새로운 슬러리들은 특수한 CMP 응용에 적합한 연마 입자와 화학 물질을 가지게 된다. 새로 개발된 슬러리의 예로 입자들이 아주 균일한 크기와 0.2 μm의 평균 직경을 갖는 세륨(cerium) 산화물 슬러리가 있다. 패드로 집적되는 연마제를 갖는 슬러리 자유 패드에서 현상 작업이 이루어지고 DI 물이 사용된다.

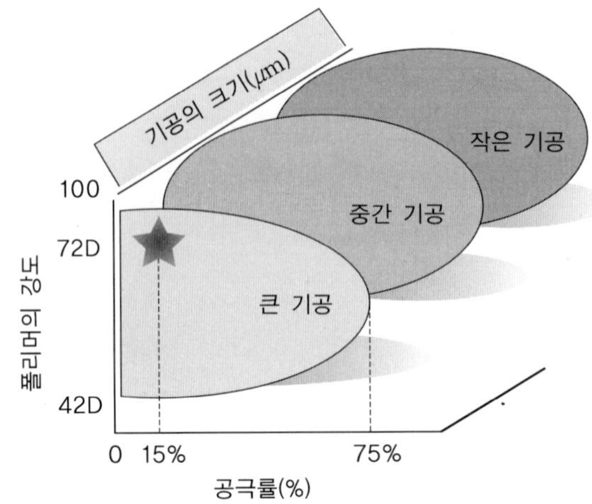

그림 15-15 연마 패드의 성능을 좌우하는 삼요소

플래튼의 상측 표면에 부착되는 연마 패드는 CMP 공정이 진행되는 평탄화 능력과 연마비를 결정하는 중요한 부분이다. 연마 패드는 일반적으로 자신의 기계적 특성 때문에 폴리우레탄(polyurethane)으로 제작된다. 그리고 슬러리를 패드에 고정하기 위해서 스펀지 같은 다공성을 갖는다. 연마 패드는 슬러리의 전송을 돕고 연마의 균일성을 향상시키기 위해 그림 15-14에 나타낸 것처럼 작은 구멍을 가지고 있다. 패드는 또한 웨이퍼 표면으로부터 멀리 떨어져서 반응하는 생성 물질을 제거한다. 다수의 웨이퍼가 연마된 후 패드 표면은 유리 세공 작업으로 여겨지는 조건으로 인해서 매끄럽고 평평해진다. 광이 나는 패드는 연마 슬러리를 고정시키기 위한 능력이 저하되고 연마비가 크게 감소한다. 연마 패드는 유리 세공의 효과를 느리게 하는 정규적인 검사를 필요로 한다.

검사의 목적은 패드의 수명을 확인하여 안정적인 연마 성능을 제공하는 것이다. 패드는 기계적인 마찰이나 거친 표면을 재생하기 위해서 분사하는 DI 물과 같은 기술에 의해서 검사된다. 또 다른 접근법은 패드가 순환하는 동안 적용되는 다이아몬드 휠을 사용한다. 검사 과정에서 패드의 표면 물질이 제거된다. 이런 검사는 패드의 수명에서 중요한 요소이다. 웨이퍼가 패드의 한 부분에서 연마되는 동안 몇몇 검사 도구의 휠은 패드의 다른 부분을 실시간으로 검사할 수 있다. 외부 패드 검사에서 검사는 연마되는 동안 이루어지지 않고 오직 일정한 웨이퍼의 수가 연마될 때마다 이루어진다. 연마 패드들은 정규적으로 사용된 후 교체된다. 연마 패드의 성능은 그림 15-15에 나타낸 것처럼 폴리머의 강도(polymer hardness), 기공의 크기(pore size), 공극률(porosity)에 의해서 결정된다.

과거의 CMP 기구들은 응용에 따라서 달라지지만 대략 100개의 웨이퍼까지 교체 없이 연마할 수 있었다. 오늘날은 패드와 슬러리, 도구의 발전으로 인해서 패드당 최소 800개의 웨이퍼까지 연마할 수 있다. 견고함과 부드러움의 정확한 조합을 얻기 위해서 플래튼에서

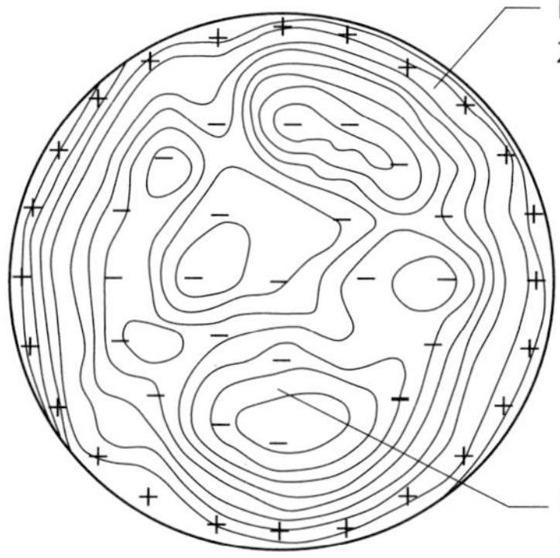

그림 15-16 중심부 연마가 느려지는 CMP 웨이퍼의 윤곽

다중으로 연마 패드를 쌓는 것이 일반적이다. 산화물 연마를 위해서 적층된 패드 접근법에서는 웨이퍼 표면과의 접촉에서 견고한 패드를 갖는 플래튼 위에 아주 부드러운 부속 패드가 놓인다. 시간 초과에서 반복적인 제거비를 유지하기 위해서 연마 패드의 특성을 제어하는 것은 CMP 공정에서 가장 크게 변화하는 것 중의 하나이다. 대부분의 접근법에서는 연마 패드가 궤도 동작이나 회전에 기초하여 동작하도록 제어된다. 벨트 샌더(belt sander)와 유사한, 선형 동작을 가지고 이동하는 연마용 도구가 한 제조업자에 의해서 만들어지면서 패드의 동작에도 변화가 생겼다. 선형 연마는 CMP 도구 설계를 간략화할 수 있지만, 아직은 불균일성을 제어하기 위한 적층되는 패드들 및 배면 압력(back pressure)을 요구한다. 선형적인 연마는 역시 저압에서 높은 연마비를 발생시킨다. 반면에 회전 및 궤도 접근법을 기반으로로 하는 현대의 CMP 연마기는 고압(downforce)과 이에 필적하는 연마비를 달성할 수 있다.

연마비는 평탄화가 진행되는 동안에 물질이 제거되는 속도로, nm/minute나 μm/minute 단위로 측정된다. 견고(hard)한 연마 패드는 조밀한 패턴을 갖는 영역에서 부식을 최소화하고 요철 부분을 평평하게 연마하므로 일반적으로 웨이퍼의 국부적 평탄화를 촉진한다. 웨이퍼의 낮은 지점을 브리지로 연결하고 높은 짐점으로부터 물질을 제거하면 웨이퍼 표면은 특정 지역에서 보다 평탄해진다. 그러나 견고한 패드의 사용은 일반적으로 웨이퍼의 균일성을 감소시킨다. 부드러운 연마 패드를 사용하면 표면 스크래치가 적게 형성된다. 높은 압력과 회전 속도는 연마비를 증가시킬 수는 있으나, 균일성의 손실을 유발할 수 있다.

높은 압력은 또한 견고한 연마 패드가 사용될 때 오염과 긁힘과 같은 더욱 심한 표면 손실을 가져온다. 낮은 압력에서의 평탄화는 개선의 여지는 있지만 웨이퍼 간의 불균일성을 증가시킨다. 많은 경우에서 최적의 평탄화 결과는 견고한 연마 패드와 낮은 압력을 사용할 때 얻어진다. 연마가 진행되는 동안 슬러리의 이동도 연마비에 영향을 미친다. 회전하는 도구에서는 슬러리는 먼저 패드의 표면을 따라서 회전력을 가지고 이동한다. 그림 15-16에 나타낸 것처럼 웨이퍼의 중심보다 가장자리에 더 많은 슬러리가 위치된다(원심력). 때문에 웨이퍼의 가장자리가 중심보다 더 높은 연마비를 갖고 중심부에서는 연마가 느리게 진행된다. 이런 문제점을 보완하기 위해서, 몇몇 제조업자들은 캐리어에 질소 가스를 흐르게 하여 웨이퍼의 후면부에서 후부 압력을 발생시키는 방법을 사용한다. 이런 동작은 웨이퍼가 볼록하게 되고 웨이퍼의 중심부에서 압력을 경미하게 증가시켜서 느린 연마를 보완하는 데 도움이 된다. 중심에서의 연마를 개선하기 위해서 캐리어가 경미한 윤곽선을 가질 수도 있다.

CMP 공정에서 서로 다른 물질의 연마비는 웨이퍼의 평탄화와 균일성에 영향을 미치는 중요한 요소이다. 선택도는 서로 다른 물질의 연마를 비교하는 비율이다.

$$\text{선택도} = \frac{\text{1번 물질의 연마비}}{\text{2번 물질의 연마비}}$$

만약 부드러운 물질이 3,000 nm/min로 연마되고 견고한 물질이 100 nm/nin로 연마된다면 선택도는 30이다. 다중 물질을 동시에 연마하는 CMP 공정이라면 선택도를 어떻게 결정하는지에 따라 dishing 및 부식 같은 문제를 최소화시킬 수 있다. 다시 말하자면 분말 연마를 하는 경우 부식을 최소화하기 위해서 금속과 유전체 사이에서 간혹 높은 선택도가 바람직하게 된다. 만약 장벽막이 금속과 층간 유전체(ILD) 사이에 존재한다면 장벽막은 낮은 선택도를 가지는 것이 바람직할 수 있다. 그렇기 때문에 중요한 CMP 공정 단계가 진행되는 동안에 연속적인 장벽 제거 단계 없이 제거될 수 있다.

층(layer)을 연마하는 데 필요한 시간은 제거되는 물질의 양에 직접 관련된다. 연마하기 위해서 웨이퍼 표면에 증착되는 과잉 물질의 양을 과도한 부담(overburden)이라고 한다. 목표는 overburden의 두께를 최소화하여 막의 증착 시간 및 연마 시간을 줄이는 것이다. 동시에 평탄화를 달성하기 위해서 적당한 막의 두께를 가져야 한다. 그 예로 ILD 연마의 경우를 고려해 보자. 연마 후의 막 두께는 전기적인 성능 고찰에 의해서 결정되는 양에 의한 금속 특성 아래의 스텝 높이보다 당연히 두꺼워야 한다. 이런 상태는 스텝 높이에 더해지는 일정한 부가되는 크기와 등가의 overburden 두께를 갖는 막의 필요로 달성된다. 평탄화와 균일성에 영향을 미치는 많은 다른 파라미터들의 상호 작용과 영향 때문에 CMP 공정의 제어는 어렵다. 파라미터를 최적화하기 위해 다른 응용이 요구되기도 한다. 표 15-2에 파라미터들의 영향을 나타내었다.

표 15-2 CMP 파라미터

파라미터	웨이퍼의 평탄화 결과
연마 시간	제거되는 물질의 양, 평면도
웨이퍼 캐리어상의 압력(높은 압력)	연마비, 평탄화와 불균일성
플래튼 속도	연마비, 불균일성
캐리어 속도	불균일성
슬러리 화학 물질	물질의 선택도, 연마비
슬러리 흐름비	패드의 슬러리 양의 영향과 시스템의 윤활 특성
패드 검사	연마비, 불균일성, CMP 공정의 안정성
웨이퍼/슬러리 온도	연마비
웨이퍼 후면 압력	중심 느림/불균일성, 웨이퍼 손상

15-4 CMP 장비

CMP 연마 도구는 그림 15-17에 나타낸 것처럼 플래튼의 표면에 결합된 연마 패드를 사용하여 웨이퍼를 평탄화한다. 웨이퍼 캐리어는 연마되는 동안 연마 장소에 웨이퍼를 고정시킨다. 생산되는 연마 도구는 대부분 다양한 층을 연마하기 위한 호환성을 제공하기 위해서 다중의 연마 패드와 플래튼을 갖는다. 다중 플래튼은 다양한 슬러리들을 사용하는 다중 공정을 동시에 운영할 수 있게 한다. 앞에서 언급한 바처럼 최종 연마 단계에서는 수시로 물질의 수백 Å을 제거하기 위해서 버프(buff)를 사용한다.

현대의 다양한 CMP 가공 장비는 실리콘 웨이퍼 생산에서 웨이퍼 랩핑(lapping) 머신이 10년 동안 반도체 산업에 사용되었다. 그러나 랩핑 머신은 현재 IC 웨이퍼 제조에 사용되는 물질들의 다양한 범위를 구성하지 않았다. 리소그래피에서 초점 깊이 감도와 증가된 금속 층 수에 기인하는 CMP 공정 장비의 평탄화 능력은 중요하다. 장비에서 요구되는 다른 중요한 능력은 물질에서 적당한 양이 제거되었을 때 검출할 수 있는 능력이다. 이런 소자는 종료점(endpoint) 검출로 알려져 있다.

종료점 검출은 평탄화 공정이 정확한 두께로 물질들을 연마하도록 검출하기 위한 CMP 공정 도구의 능력이다. 몇몇의 CMP 응용은 블랭킷 텅스텐 연마와 높은 선택도를 갖는 유전체 산화막에서의 정지와 같은 종료점 검출을 정확하게 할 수 있다. 그러나 다른 응용은 연마 정지 물질을 갖지 않는 ILD 산화막의 연마 혹은 특별한 CMP 단계 후에 1000 Å의 구리 잔류를 갖는 다마신 구리 연마와 같은 도전을 제안한다. CMP 공정의 넓은 변수 범위는

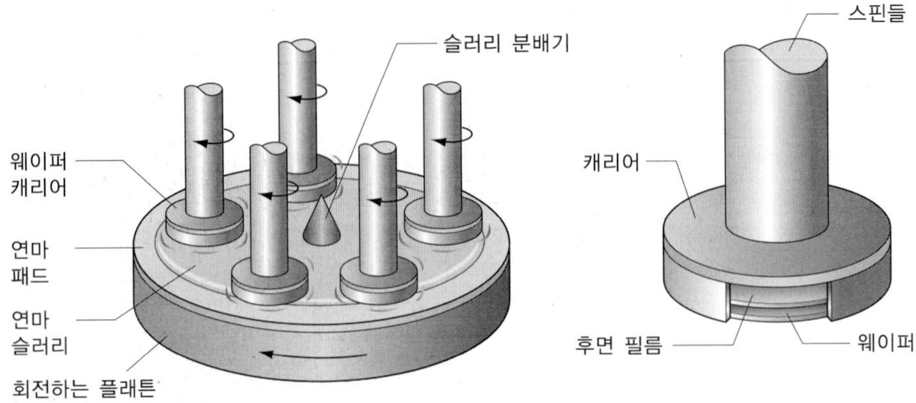

그림 15-17 다중 웨이퍼 캐리어를 갖는 CMP 도구

정확한 연마 시간을 정밀하게 예측하기 어렵게 만든다. 1990년대 초반의 첫 번째 CMP 도구는 종료점 검출을 위한 감시용 웨이퍼들을 사용하여 웨이퍼 연마가 진행되는 동안에 종료점을 추정하였다. 이런 공정은 미숙하였고 타겟의 원하는 두께를 얻기 위해서 종종 재연마 단계가 요구되었다. 최근의 모든 CMP 모델들은 재연마 없이 잔류 두께에서 정지하기 위해서 사용자들에게 허용되는 적절한 종료점 검출을 구성한다.

종료점 검출은 일반적으로 전체 웨이퍼에 걸친 잔여 막의 평균과 샘플링을 구하는 것에서 제한된다. 최근의 개선된 장비는 웨이퍼의 특별한 위치에서 종료점을 검출할 수 있다. 이상적인 상황에서 in-situ 종료점 검출은 연마비의 변화를 보상하고 연마 불균일에서 초기 검출을 제공한다. 이것은 CMP 공정 장비 산업에서 활발한 연구 분야이다. in-situ 방법에서의 가장 일반적인 두 가지 방법은 각각 모터 전류와 광학적 측정을 기초로 한다.

모터 전류 종료점 검출 기술에서는 웨이퍼 캐리어 혹은 플래튼을 회전시키기 위해서 사용되는 모터에 공급되는 전류의 크기를 감시한다. 적절한 연마비를 유지시키기 위해서 일정한 속도로 웨이퍼 캐리어가 회전하므로 모터에 가해지는 하중의 변화를 보상하기 위하여 구동 전류가 변한다. 이 기술에서 모터 전류는 마찰이나 웨이퍼 표면 거칠기에 기인하는 웨이퍼 표면에서의 변화에 민감하다. 연마가 완료되어 다른 연마와 마찰 특성을 물질 중 한 가지 물질이 노출될 때 마찰 특성이 변화한다. 예를 들면 블랭킷 텅스텐 막에서 Ti/TiN 장벽 금속과 산화물층으로 물질층이 변하면서 마찰 특성도 변하는 것이다. 모터의 구동 전류 변화로 이런 물질 층의 변화를 쉽게 검출할 수 있다(그림15-18).

모터 전류로 감시하는 방법은 층간 유전체 CMP에 대한 종료점 검출에는 적합하지 않다. 이 CMP는 표면에 미리 결정된 산화물 두께를 남겨두고 종료되야 한다. 이것 때문에 돌파(breakthrough)층 또는 정지(stopping)층이 없어지고 표면 마찰과 모터 구동 전류에서의 변화를 발생시킨다. 이런 CMP에서 종료점 검출은 광학 검출을 사용하는 대부분의 장비를

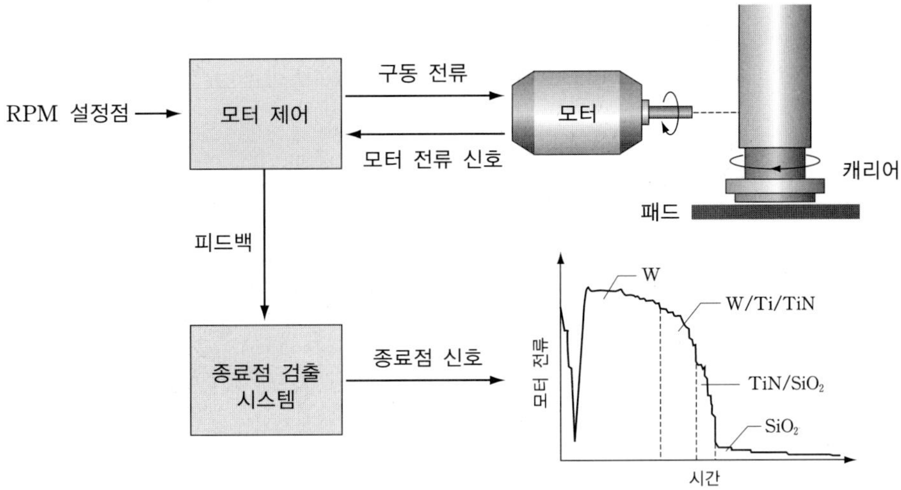

그림 15-18 모터 전류 종료점 검출

갖는 다양한 기술을 필요로 한다. CMP 장비에서 널리 사용되는 방법은 광학 간섭계(optical interferometry) 종료점 검출이다. 이 검출은 빛의 반사에 기초를 둔다. 막의 유형과 두께에 의해서 빛은 다른 각도로 반사 분광기에서 반사된다. 광학 종료점 검출은 한 물질의 경계에서 다른 물질로 막이 변화하는 것처럼 연마되는 층에서 반사되는 UV와 가시광선 사이의 건설적이고 파괴적인 간섭을 측정한다.

연마가 진행되는 동안 연속적으로 막의 두께를 감지하는 이런 기술로 그림 15-19에 표시된 것처럼 연마되는 동안의 연마비(removal rate)도 결정할 수 있다. 신호 처리 알고리즘은 웨이퍼 표면의 패턴으로부터 전기적인 잡음을 감소시키고 반사되는 빛을 분석하기 위해서 사용된다. 질화물을 덮고 있는 STI 산화물의 종료점 검출은 전형적으로 질화물층의 ±100 Å 이내에서 정확성을 갖는다.

연마 헤드라고 알려져 있는 웨이퍼 캐리어는 플래튼 표면에서 연마 패드 위에 웨이퍼를

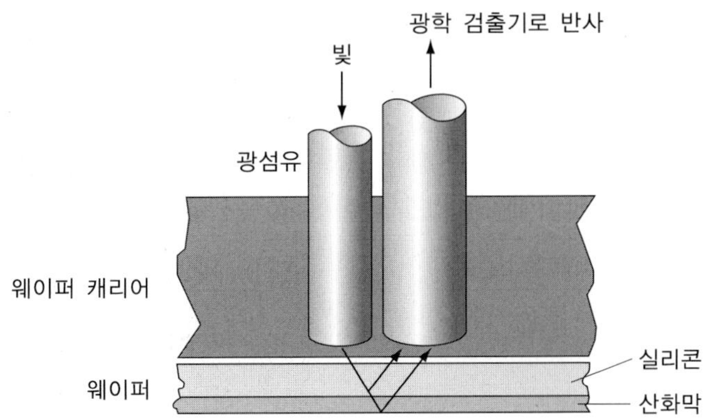

그림 15-19 종료점 검출을 위한 광학 간섭계

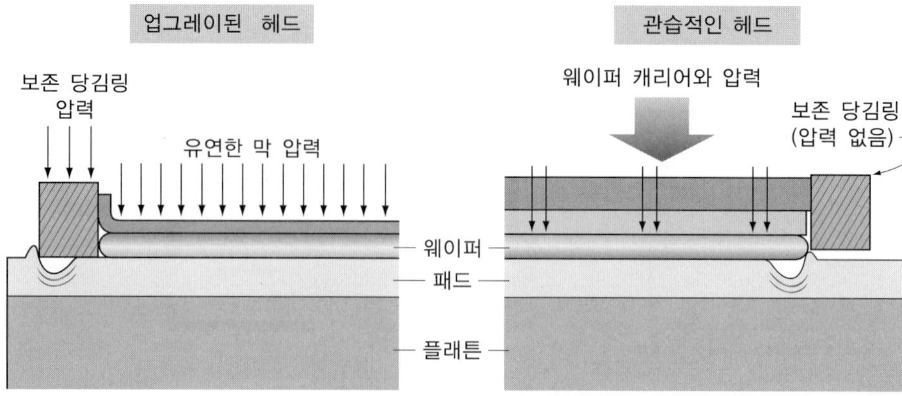

그림 15-20 CMP 헤드 캐리어 설계와 웨이퍼 가장자리의 불균일성

고정시킨다. 플래튼에 관계되는 웨이퍼 캐리어의 회전 운동과 고압은 균일성에 영향을 미친다. 비록 연마가 진행되는 동안 진공이 간혹 turn off 되거나 후 압력을 인가시키기 위해서 반전됨에도 불구하고 연마와 전송이 이루어지는 동안 웨이퍼를 고정시키기 위해서 진공이 사용된다. 몇몇의 캐리어들은 웨이퍼 후면에서의 입자들이나 평면도를 보상하기 위해서 고분고분하게 지지를 제공하기 위해서 캐리어와 웨이퍼 사이에 샌드위치된 후면 막을 포함하고 있다. 뒤 붙임 막(backing film)은 진공을 위한 구멍을 포함하며 흡수성을 갖는다. 웨이퍼 캐리어의 설계는 그것들의 외부 가장자리에서 존재하는 불균일한 웨이퍼들의 양에 영향을 미친다.

웨이퍼 가장자리에 위치하여 연마가 덜 제어되는 구간은 가장자리 배제(exclusion)로 간주된다. 고밀도 IC인 경우 가장자리에서 대략 3 mm 정도가 제외된다. 이 구간의 크기는 수년 전의 6~7 mm에서 감소된 것이며, 앞으로도 더욱 감소될 것이다. 불균일성의 원인은 웨이퍼 가장자리에서 연마 패드의 근소한 휨(buckling)이다. 평범한 헤드를 갖는 오래된 도구들은 그 자리에 웨이퍼를 고정시키는 존속되는 고리에 압력을 적용할 수 없다.

최근의 도구들의 독립적인 압력 제어는 웨이퍼 가장자리의 연마비를 최적화시켜서 웨이퍼 전체가 균일한 연마비를 갖도록 웨이퍼 캐리어의 잔류 링에 인가된다. 따라서 더 나은 균일성이 달성된다. 간혹 부레(bladder) 캐리어라고 하는 새로운 캐리어 설계는 웨이퍼 후면에 일정한 압력을 인가하는 것을 기본으로 한다. 압력은 압축 공기나 수압의 사용을 통해서 인가된다. 유연성 있는 얇은 막 또는 부레는 웨이퍼가 균일하게 연마되는 동안 개선된 전체적인 평탄화를 달성한다.

15-5 CMP 세정

웨이퍼 제조설비에서 FEOL(front-end-of-line) 세정 공정은 게이트 산화막의 성능에 의해 구동된다. BEOL(back-end-of-line)의 세정은 전통적으로 박막층, 오염물질, 접촉 구성, CMP에 관계되는 오염물질들로 한정된다. ILD, 텅스텐 플러그 구성, 이중 다마신 공정, 보다 엄격함을 갖는 BEOL 세정공정과 같은 넓은 범위의 응용에서 사용된다. CMP 세정의 주안점은 연마 공정으로부터 생기는 모든 오염물질을 제거하는 것이다. 이런 오염물질들은 슬러리 입자들, 연마되는 물질로부터 나온 임의의 입자들, 슬러리로 인한 화학적인 오염물질을 포함한다. 슬러리와 연마된 물질에서 유래하는 특정 오염물질을 제거하기 위해서는 특별한 세정 노력이 필요하다. 입자들은 CMP 공정이 진행되는 인가된 압력으로 인해서 웨이퍼 표면에 기계적으로 끼워 넣어지거나, 반데르발스 힘과 같은 원자력이나 정전기력으로 인해 연마된 웨이퍼 표면에 물리적으로 부착된다. 정전기력은 제타 전위에 의존해서 반발하거나 끌어당기는 표면 전하들로부터 유래된다.

텅스텐 금속의 연마에 사용되는 산성 슬러리에서 슬러리 알루미나와 실리콘 웨이퍼 표면의 전하들은 반대 전하를 갖기 때문에 서로 끌어당기므로 입자 오염이 일어난다. CMP 이후에 사용되는 세정 공정에 사용되는 장비들은 문지름 브러시(brush scrub), 산성 스프레이 세정기(acid spray clean) 등이 있다. CMP 세정이 중요한 CMP 공정 단계는 산화물 공정, STI 공정, poly 공정, 텅스텐 공정, 구리 공정 등이 있다.

CMP 후 세정은 1990년대 초반에 CMP 공정이 시작된 이후로 쭉 개선되었다. 최초에는 초음파와 DI 물을 사용하여 CMP 후 세정을 수행하였다. 이후 양면 문지름 브러시(DSS)와 DI 물을 사용한 웨이퍼 오염의 물리적인 제거로 발전했다. 웨이퍼 표면에 대한 브러시의 회전과 압력은 입자들을 기계적으로 제거한다. 그러나 DSS와 DI 물을 이용한 세정에서는 브러시에 입자(오염물질)들이 빠르게 적재되고, 오염된 입자를 적재한 브러시는 다른 웨이퍼로 입자들을 쉽게 전송한다. 브러시에 적재된 오염물질을 분해하기 위해서 CMP 공정 후 세정은 그림 15-21과 같이 브러시 중심을 수산화 암모늄 희석 용액에 통과시켜서 브러시를 세척한다.

입자들을 연속적으로 제거하기 위해 외부 액체는 브러시의 줄기를 따라서 흐른다. 경우에 따라서는 CMP 공정 후 세정의 방안으로 과산화 수소가 첨가되기도 한다. 이런 알칼리성 용액은 pH와 제타 전위를 제어하기 위해서 사용된다. 따라서 오염 입자들과 웨이퍼 표면은 정전기적으로 서로 밀치게 되어 쉽게 세정된다. 산화막과 텅스텐 금속을 세정하기 위해서, 이런 단계는 pH 8 이상을 갖는 용액에서의 세정으로 이루어진다.

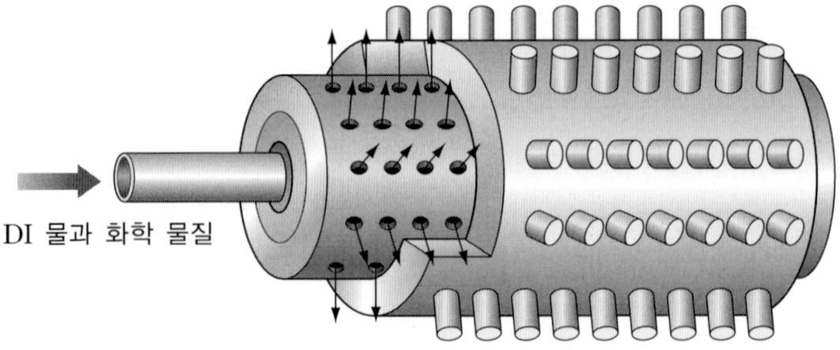

그림 15-21 CMP 후 세정을 위한 브러시를 통한 화학 물질의 분배

pH가 8 이상인 경우에만 SiO_2와 텅스텐 금속과 같은 균일한 표면 전하를 갖는 슬러리 입자들에서 행해진다. 이런 조건은 웨이퍼 표면이 입자들을 밀칠 수 있게 하고 세정이 진행되는 동안 불순물 입자들을 더욱 쉽게 제거할 수 있다. CMP 공정 후의 세정은 변화해왔다. 희석된 HF에서의 짧은 세정 단계는 표면을 아주 얇게(수 Å) 식각하여 금속 오염물질을 찾아 제거하기 위해 간혹 사용된다. 이런 공정은 산화막 표면에서 대부분 효과적이며 만약 15초 정도의 아주 짧은 시간이라면 텅스텐 금속에서도 행해진다. 구연산으로 알려진 화합물도 SiO_2 표면으로부터 알루미나 입자를 제거하는 데 효과적이라고 평가된다.

산성 스프레이 도구나 초음파 클리너는 브러시 대신에 세정 해결책으로 적용되는 응용에서 사용된다. DSS 브러시는 짧은 공정 시간과 우수한 세정 결과를 생산하기 위해서 초음파 에너지보다 웨이퍼 표면에 더 높은 에너지를 공급한다. 스핀 헹굼 건조기는 웨이퍼 건조와 헹굼을 위해서 습식 세정 후에 사용된다.

구리는 실리콘과 SiO_2를 통해서 아주 빠르게 확산한다. 소자의 전기적 성능 퇴화를 방지하기 위해서 모든 구리는 웨이퍼 표면(전면, 후면, 경사진 가장자리)에서 반드시 제거되어야 한다. 수산화 암모늄을 사용하여 브러시 적재를 피하는 일반적인 CMP 세정은 구리층의 불균일한 식각을 유발하고 표면을 국부적으로 거칠게하기 때문에 구리 세정에는 사용되지 않는다. 새로운 화학적 세정은 단지 입자들에 반발하는 정전기력의 제어뿐만 아니라 구리의 침식(부식) 방지에도 필요하다. 세정 해결책은 구리 표면에 호환되어야 한다. 특히, 유전체 영역과 높은 밀도 패턴 영역에서 잔류된 구리 오염물질이 웨이퍼에서 제거되는 것은 중요하다.

CMP 장비에서의 최근의 동향은 일반적으로 내부건조/외부건조 공정으로 언급되는 CMP 공정과 세정을 집적하고 있다. 이러한 접근은 연마와 세정을 위해서 필요한 시간을 감소시킴으로써 생산성을 개선한다. 웨이퍼들은 평탄화되고, 세정되고, 측정되어 단일 웨이퍼를 위한 클러스터 도구 안의 카세트로 되돌아간다. 여하튼 구리 CMP 공정에서 집적화

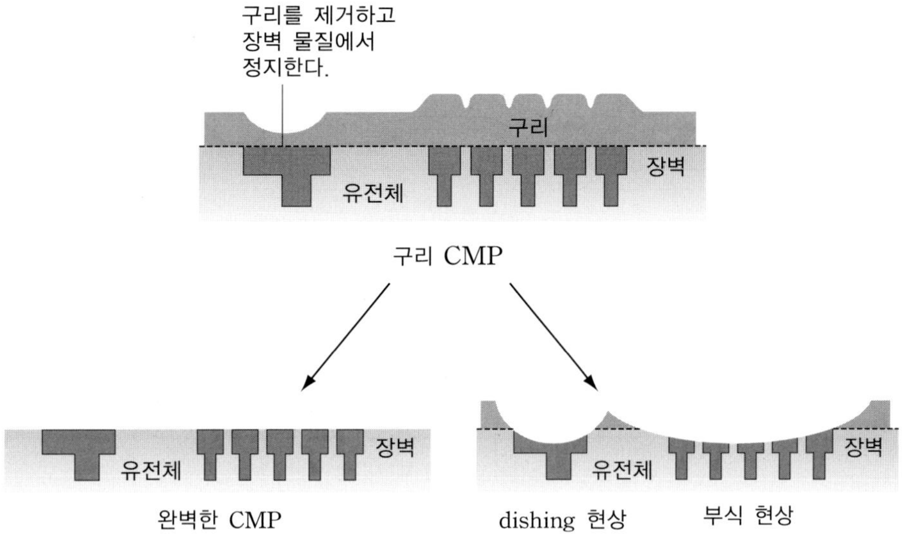

그림 15-22 구리 CMP 공정에서의 Dishing과 Erosion

된 내부건조/외부건조 공정은 입자의 50%가 감소된다고 표시한다. 또 다른 이점은 구리 표면에서 슬러리의 빠른 제거를 통해 더 적게 부식되게 한다는 것이다. CMP 공정의 문제가 발생된 경우에는 웨이퍼가 부러지는 결과를 초래하기도 한다.

CMP는 CD가 0.25 μm인 ULSI 집적 회로의 다층 금속화 집적을 위한 지배적인 평탄화 기술이 되었다. CMP 응용에는 STI 산화물 연마 공정, LI 산화물 연마 공정, LI 텅스텐 연마 공정, ILD 산화물 연마 공정, 텅스텐 플러그 연마 공정, 이중 물결무늬 구리 연마 공정 등이 포함된다. 얕은 트렌치 격리(STI: shallow trench isolation)는 웨이퍼 표면에서 소자 사이의 절연 영역을 구성하기 위한 front-end 공정이다. STI가 소자를 구성하는 공간 사용에서 더욱 효과적이기 때문에 STI는 LOCOS(local oxidation of silicon) 기술을 대체하였다. STI에서 산화물 채우기 층은 질화물층 위의 모든 산화물을 제거하기 위해서 CMP로 평탄화된다(그렇지 않다면 강한 인산은 STI 공정을 진행하는 동안 질화물을 제거하지 못한다).

이런 CMP 공정을 그림 15-23에 나타내었다. 질화물은 산화물층으로부터 질화물로 전이될 때 연마 공정을 정지시키기 위해서 종료점을 검출시키는 CMP에서의 연마 정지층의 기능을 한다. 질화물층의 두께는 연마 공정에 의한 손상과 노출되는 활성 소자의 CMP 과도 연마의 허용된 총량으로 규정된다. 트렌치에서 dishing이나 과도한 산화물 깎임을 피하기 위해서 STI 연마 공정의 개선이 필요하다. 이런 조건은 광범위한 트렌치 영역으로 압력을 편향 시키는 과도한 연마패드의 신축성에 의해서 야기된다. 실리콘 질화물의 마스크 층이 CMP 공정이 진행되는 동안에 노출되면 패드는 트렌치 틈 속으로 구부러지고 dishing을 유도하는 오목한 모양의 표면을 구성한다. dishing의 양은 패드의 경도, 트렌치의 폭, 과도 연

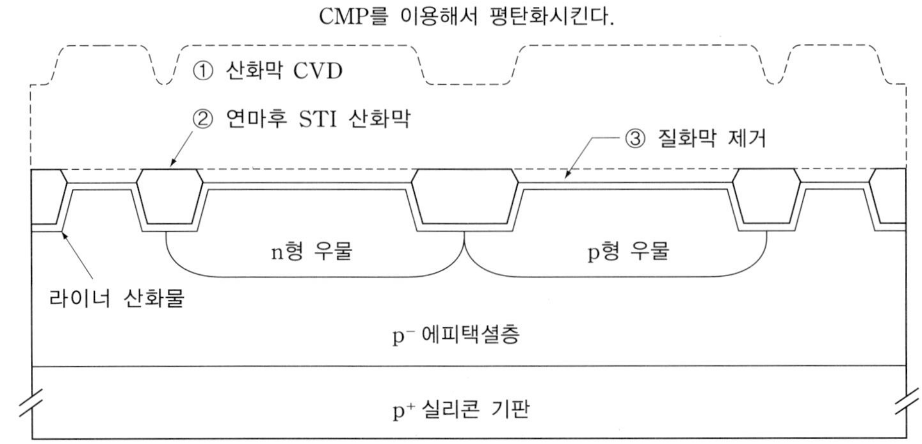

그림 15-23 STI의 산화물 채우기를 위한 CMP

마 시간과 같은 요소에 의해서 영향을 받는다.

LI(local interconnect) 산화막은 그림 15-24에 표시된 것처럼 연마되고 국부적 상호 연결을 구성하기 위해서 영역의 형성을 위해서 나중에 패턴화된다. 국부적 상호 연결은 ILD-1을 통한 경로에서 활성 소자들 사이의 금속 연결선을 제공한다. LI 금속은 전형적으로 트랜지스터와 기판에서 소자를 연결하기 위해서 사용되는 텅스텐이다. PSG(phosphosilicate glass)와 같은 도핑된 산화막층은 LI 산화막으로 증착된다. ILD-1 산화막은 전기적으로 LI 금속의 능동 소자를 분리하고, 이동성 있는 이온의 오염물질과 같은 오염원으로부터 물리적인 소자들을 분리한다.

LI 산화막에는 실리콘 질화물이나 소자 보호 물질의 역할을 하는 산화질화물의 박막층과 고밀도 플라즈마 CVD 혹은 플라스마 강화형 TEOS에 의해서 증착되는 산화물의 후막 도핑층에 의해서 수반되는 LI 정지층이 포함된다. 인이 도핑된 HDPCVD 산화물(PSG)들은 가장 일반적으로 증착되고 0.25 μm 이하급 소자 생산을 위해서 600℃에서 650℃ 사이에서 역류되며 BPSG에서 필요로 하는 850℃의 고온 역류에 기인하는 열적 budget의 이유로 BPSG로 대체된다. 증착 이후 LI 산화막은 표면 특성을 만족하는 지형도와 과도한 두께를 가지게 된다. LI 산화막층은 CMP을 통한 평탄화가 필요하고, 그림 15-24에 나타낸 것처럼 8,000 Å급의 최종 두께가 요구된다.

LI는 비아와 소스와 드레인 접촉을 위한 국부적 배선을 위한 ILD-1 산화물에서 패턴화에 의한 틈에 의해서 형성된다. 텅스텐 금속은 플러그와 국부적 금속 연결에 비교되는 트렌치를 구성하기 위해서 비아들 속으로 증착된다. 텅스텐에 앞서서 얇은 Ti/TiN 스택층이 증착된다. Ti는 SiO_2로의 텅스텐의 부착력을 개선시킨다. TiN은 텅스텐 금속을 위한 확산 장벽으로 작용하고, 소스/드레인 접촉 저항의 향상을 돕는다. 텅스텐은 LI 트렌치와 비아들을

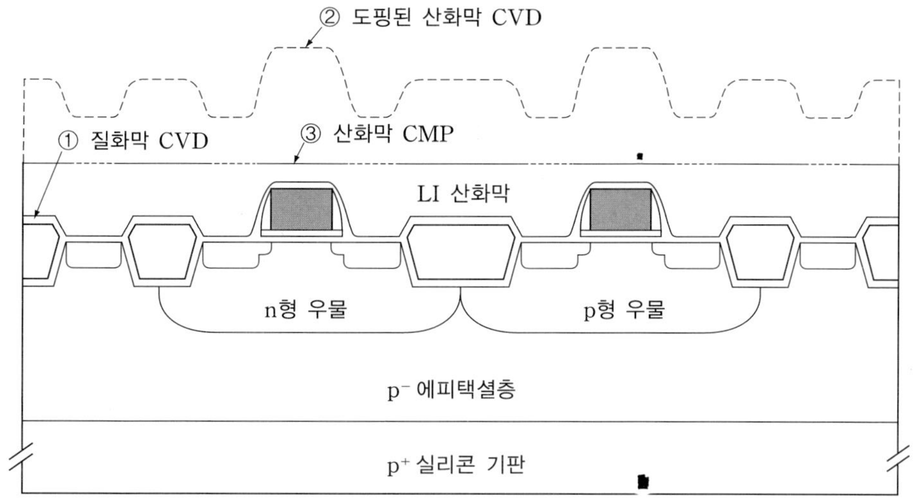

그림 15-24 CMP 평탄화 전후의 LI 산화막

채우기 위해서 전체 웨이퍼에 걸쳐 피복으로 증착된다. 알루미늄은 틈을 빈틈없이 우수하게 채우는 특성 때문에 LI에 대해서 선호된다.

심지어 구리 야금도 기대되지만 텅스텐은 LI 금속에서 계속 사용하도록 유지되고 있다. 연마 정지로 산화물을 사용하는 텅스텐을 연마하기 위해서 CMP가 사용된다. 텅스텐은 우수한 연마 특성을 가진다. 빛 완충기(light buffer)는 텅스텐 CMP 단계로부터 잔류 부스러기를 제거하기 위해서 사용되고 세정을 위한 표면을 준비한다. LI층을 위한 텅스텐 금속화는 많은 텅스텐 특징을 가진 제일 높은 텅스텐 패턴 밀도를 가지고 있다. dishing과 부식은 LI-텅스텐의 CMP에서 심각한 문제들이다. 과도한 연마는 이런 공정이 진행되는 동안에 반드시 최소화되어야 한다.

층간 유전체(ILD: interlayer dielectric)는 금속 도체들을 전기적으로 절연시키기 위해 금속층 사이에 산화물을 증착시킨다. 층간 유전체들은 항상 PECVD 산화물에 의해서 수반되는 고밀도 플라즈마 CVD의 연속적인 증착으로 구성된다. HDPCVD는 기하학적으로 좁은 곳에서 우수하게 틈을 채우는 특징을 가지고 있기 때문에 증착된다. 반면에 PECVD는 웨이퍼의 처리량을 증가시키고, 낮은 가격 때문에 사용된다. 산화물은 CMP로 특정한 타겟 두께로 연마되며, 이런 공정은 연마 정지층이 없기 때문에 매우 무계획적인 공정이다. ILD 산화물 연마는 효과적인 종료점 검출을 요구한다. 이런 공정은 텅스텐 CMP와 다르고 효과적인 정지층으로 ILD 산화물을 사용한다.

ILD 산화물은 포토리소그래피로 패턴화되고 비아를 개방시키기 위해서 건식 식각한다. Ti(티타늄)의 얇은 피복층은 부착을 위해서 증착되고 얇은 TiN(주석) 장벽 금속에 의해서 수반된다. 텅스텐의 피복 증착은 모든 비아 구멍들과 ILD 산화물의 상부를 채우게 된다. 텅

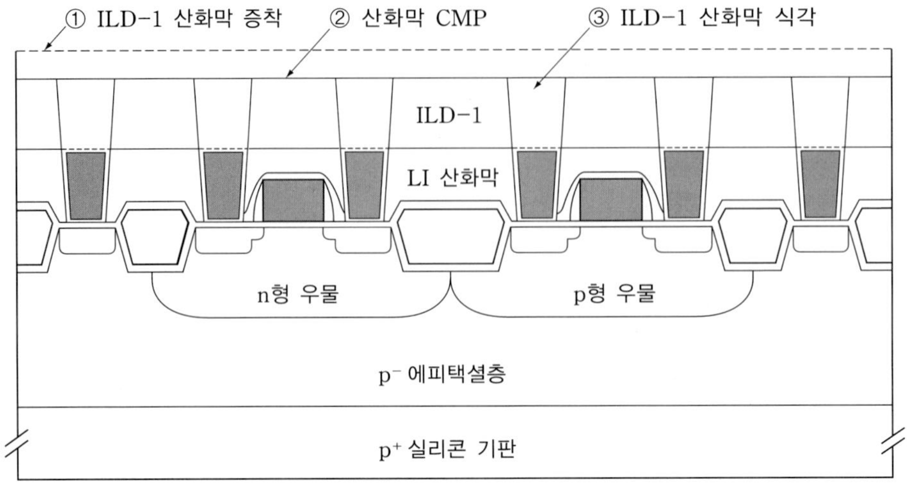

그림 15-25 ILD 산화물 연마

스텐은 정지층 산화물로 편리하게 사용되는 ILD 산화물 표면으로 돌아가서 CMP로 연마된다. 이런 단계에서 이웃하는 금속층들 사이를 전기적으로 연결시키기 위해 금속 플러그를 형성한다.

CMP는 그림 15-26에 나타낸 것처럼 이중 다마신 공정에 사용되는 구리의 가는 배선과 비아들을 연마하기 위해서 사용된다. 비아와 트렌치 패턴들은 포토리소그래피와 건식 식각에 의해서 ILD 물질에서 첫 번째로 형성된다. 얇은 구리 seed층(약 500 Å)에 의해서 수반되는 장벽 금속(~75 Å)은 표면을 준비하기 위해 증착된다.

구리는 ECD(electrochemical deposition)를 사용하는 높은 외관비(high-aspect ratio)를 갖는 패턴들로 증착된다. 이런 구리는 CMP를 사용하여 정지층으로 작용하는 유전체와 함께 평탄화된다. 이중 다마신 접근법에 의존하여, 장벽 금속이 제거되는 동안에 다마신 구리의 CMP 평탄화를 위한 도전이 있을지도 모른다. 이런 제거는 유전체/장벽/구리 경계면에서 요구될 것이며, CMP 공정에서 조심스러운 선택도를 요구할지도 모른다. 이상적인 경우는 탄탈럼(Ta)과 구리(Cu) 금속에서 거의 1의 선택도를 가진다.

하나의 슬러리는 구리의 대부분을 제거하고 또 다른 슬러리는 탄탈럼층과 거의 등가의 선택도를 갖는 잔류 구리를 제거하기 위해서 사용된다. 구리(Cu)와 탄탈럼(Ta)의 선택도는 얼마나 양질의 평탄화를 측정할 수 있는지에 영향을 끼친다. 한 물질의 높은 연마비는 구리의 심각한 dishing과 유전체 표면에서의 침식을 초래한다. dishing의 가장 받아들일 수 있는 구역은 비임계 금속층 위의 넓은 버스(bus)와 접속 패드(bond pad)들이다.

이중 다마신 트렌치의 깊이들은 통상 약 5,000 Å이고, 층의 집적에 필요한 20%의 편차보다 작다. 이것은 CMP로부터의 침식과 표면 dishing이 1,000 Å보다 작다는 것을 의미한다.

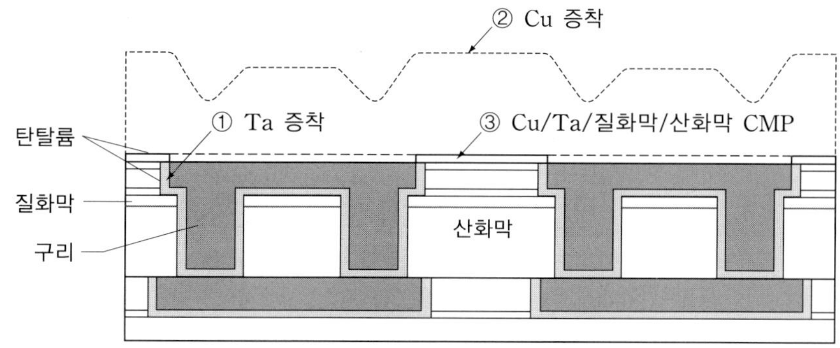

그림 15-26 이중 다마신 구리 야금을 위한 CMP

dishing과 침식으로부터 평탄하지 않은 표면 평탄화는 다음 층으로 전달될 수 있고, 우수한 평탄화를 성취하기 어렵게 만든다. 이런 상태는 하부층의 지형으로부터 빈약한 평탄화를 유발하기 때문에 나머지로부터 전기적 단락을 초래한다.

CMP에서 발생되는 중요한 품질 문제는 표면의 미세 흠집이다. 증착된 금속의 숨어 있는 공간과 동일한 레벨 안에서 금속과 금속의 전위적 단락이 생기는 것인데, 오염으로 작용하는 작은 미세 흠집은 발견하기가 어렵다. 미세 흠집의 주된 요인은 슬러리에서 받아들일 수 없는 입자 오염이다. CMP의 대표적인 품질 측정 방법을 표 15-3에 설명하고 있다.

그림 15-27에는 미세 흠집의 CMP 결과를, 그림 15-28에는 CMP 결함의 종류가 나타나 있다.

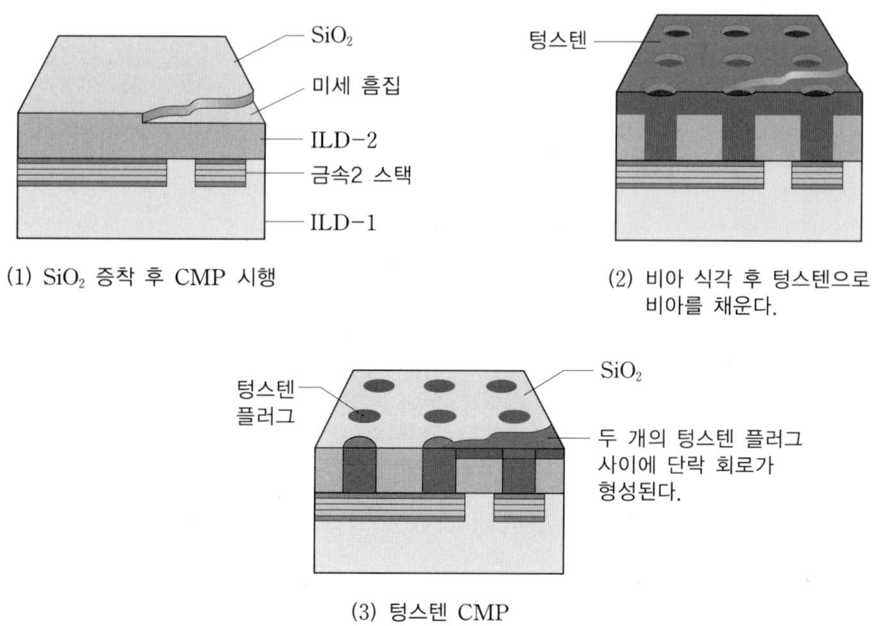

그림 15-27 미세 흠집의 CMP 결과

표 15-3 CMP에서의 품질 측정

품질 파라미터	결점의 형태	설명
1. 웨이퍼 표면의 흠집과 둥근 홀들	A. 내부 금속 단락(금속층과 금속층)	미세 흠집들은 정밀 조사에서도 찾아내기가 극도로 힘들다. 가능한 원인: · 슬러리 안으로 확산되는 입자 크기의 빈약한 제어 · 오랜 축적과 부적절한 사용은 슬러리 입자의 건조를 유발하고, 더 큰 입자를 만들게 한다. · 슬러리에서의 입자 오염 · 미세 흠집을 줄이기 위한 이차 완충 작용의 결핍 혹은 최적화되지 않았음
2. Dishing(사발 모양으로 움푹 들어가는 것)	A. 높은 연마비 물질에서의 침하(지반의 함몰)	· Dishing은 전형적으로 낮은 연마비의 환경(예, 연마 정지층으로 사용되는 질화물) 안에 있는 높은 연마비 물질들(예, 산화 STI)에서 발생한다. · 높은 연마비 물질이 보다 큰 표면적을 가졌을 때 더 많은 dishing이 발생한다. · PAD의 단단함의 증가는 dishing을 줄인다(PAD는 덜 깊숙한 곳에서 구부러진다). · 임시방편으로서 얼마간의 설계자들은 큰 웨이퍼 안에서 dishing을 막기 위해 버팀 PAD로써 샘플(예, bonding pads)을 사용한다. 이것은 표면이 이용 가능할 때만 이용된다. · 구리(Cu)에서, hard pad와 높은 화학적 제거율을 갖는 슬러리와의 결합(오로지 높은 구역에서만)은 dishing을 최소화할 것이다.
3. 부식(침식)	A. 낮은 연마비 물질에서 침하 또는 과도한 제거	· 낮은 연마비 물질(예, 질화물)의 부식 · 그것은 금속 패턴 밀도가 질화물 차폐와 텅스텐을 상호 연결할 때와 같이 증가할 때 두드러진다. · 비아 식각이 하부 금속층과 연결되지 않을 때 불완전한 비아 시각을 일으킬 수 있다. · 일반 압축성과 최적 조건의 슬러리 이동을 위해 조정할 수 있는 연마 패드들을 연구하라.
4. 잔류물(찌꺼기)	A. 모서리를 따라서 스트링거의 구성에서의 잔류물	CMP는 RIE etch back 공정과 비교할 때 상대적인 세정 공정이다. 적절히 수행된 CMP는 특정한 모서리를 따라서 스트링거들을 줄일 것이다. 스트링거들은 단락을 유발하거나 칩의 신뢰성을 떨어뜨린다. 스트링거들의 가능한 요인과 작용들: · 스트링거들은 텅스텐과 폴리실리콘 Stringer와 같은 다른 물질들에서 발생한다. · 연마 패드와 슬러리 화학 물질 등을 최대한 활용해서 다른 물질들 사이에서 더 많은 단일화된 연마를 이루어서 스트링거들을 최소화하라.

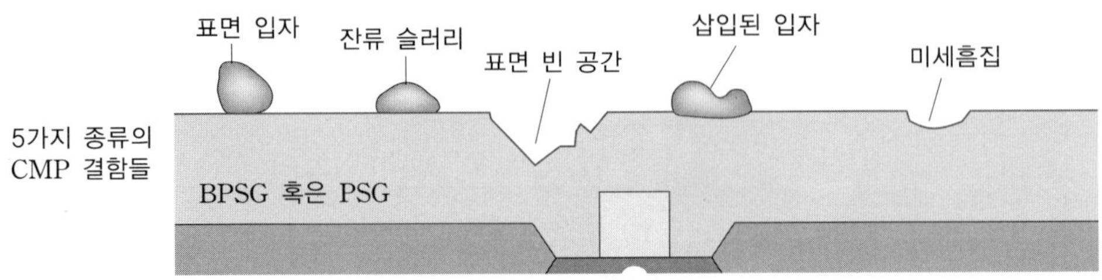

그림 15-28 CMP 결함의 종류

표 15-4에는 CMP 고장 진단 과정의 발견된 문제의 해결 방안을 나타내었다.

표 15-4 CMP 고장 진단 문제

문제점	발생 원인	해결 방법
1. 슬러리 안의 과도하게 큰 입자들	A. 슬러리가 디스펜서 측벽의 내부에서 건조되고, 슬러리 혼합물 안으로 떨어진다. B. 입력 슬러리에서의 마찰 입자의 럼핑 C. 공급업자에 의해서 제공되는 불량 슬러리	· POU 필터 여과법을 슬러리에 사용하라. · 슬러리의 제조와 납품을 최적화하라. · 계면활성제와 안정제로 슬러리의 안정성을 향상시켜라.
2. 웨이퍼 표면의 불균일한 연마	A. 빠른 중심 속도(중심이 웨이퍼의 다른 지역보다 빠르게 연마된다.) B. 느린 중심 속도(중심이 웨이퍼의 다른 지역보다 느리게 연마된다.)	· 플래튼 위의 부적절한 패드 외형은 중심을 빠르게 또는 느리게 하거나 가장자리 문제들을 일으킬 수 있다. 과도하게 패드가 닳지 않았는지 검사하라. · 웨이퍼 캐리어(wafer carrier) 위의 압력(하향 압력)이 잘못 설정되어 있다. · 패드 컨디션 암(arm)이 적절하게 적용되었는지 또는 닳았는지(glazing이 되지 않았는지) 검사하라. · 부족한 슬러리 흐름률 또는 잘못된 점성률(흐르는 정도) · 웨이퍼 캐리어에서 후면막의 악화는 웨이퍼가 납작하게 펼쳐지지 않게 한다. · 테이블의 회전 속도가 잘못 설정되어 있다. · 웨이퍼의 뒤쪽 압력이 잘못 설정되어 있다.
3. 구리 CMP 후에 깨끗한 웨이퍼의 입자들	A. 웨이퍼에서 과도한 입자들의 발견(0.18 μm CD에서 요구되는 것은 0.08 μm 크기에서 웨이퍼당 결함들이 20 미만이다.) B. 광 직렬 자국들과 bond 패드 지역들과 같이 깊은 특성들 안에서 잔류 슬러리의 생성. C. 유전체 또는 패턴화된 웨이퍼들의 line들 사이로부터 잔류 구리의 제거	CMP의 주된 관심은 세정 후의 표면에서의 입자들의 레벨이다. 가능한 해결 방법들: · 잔류 구리의 세정이 패턴화된 웨이퍼에서 끝났는지를 조사하라. · DDS(수세미)에서 브러시에 오염이 적재되고 있는지 검사하라. · 특히 구리 잔류물을 위한 최적의 세정 화학제가 사용되었는지 확인하라. · 웨이퍼 표면에 다른 물질을 노출시키는 것부터 브러시와 세정 화학 물질까지 화학적으로 역 오염이 없다는 것을 확신하라.
4. 연마 패드의 광택	A. 부적절하게 적용된 검사용 암 B. 과도하게 닳은 패드	패드 시운전과 검사는 일관된 연마 수행을 위해 필요하다. 광택 문제 해결들: · 적절한 패드 시운전이 수행되었는지 확인하라(예, 생산 웨이퍼를 가동하기에 앞서 샘플 웨이퍼를 가동하라). · 하향 압력 조사를 적용하거나 검사 표면을 변경하라. · 연마 패드를 교체하라.

연습문제

1. 지형도의 의미를 설명하고 평탄화 기술이 필요한 이유를 설명하시오.

2. CMP를 정의하고 평탄화 정도는 무엇인지 설명하시오. 만약 SH_{pre}=10 μm이고 SH_{post}=1 μm라면, DP는 얼마인지 설명하시오.

3. CMP의 이점과 단점을 설명하시오.

4. CMP에 의해 표면이 평탄화되는 방법을 설명하는 2개의 메커니즘을 설명하시오.

5. 산화막 연마는 무엇을 위해서 사용되는지 설명하고 Preston's 공식을 표시하고 설명하시오.

6. Cook's 이론으로 알려진 산화막 연마 메커니즘을 설명하시오.

7. 금속이 연마되는 메커니즘을 설명하시오.

8. 패턴 감도는 무엇이고 그것이 어떻게 CMP에 영향을 끼치는지 설명하시오.

9. 부식과 dishing에 대해서 고찰하고 그것들이 어떻게 웨이퍼 평탄화 품질에 영향을 끼치는지 설명하시오.

10. 슬러리를 정의하시오. 슬러리가 CMP에서 중요한 이유는 무엇인가?

11. 연마 패드를 설명하시오.

12. 연마용 패드가 균일성에 어떻게 영향을 끼치는지 설명하시오.

연습 문제

13. 다음의 매개변수의 각각에서 어떤 결과가 웨이퍼에서 나타나게 되는지 설명하시오.

•연마 시간	•웨이퍼 캐리어 위의 압력	•플래튼 속도
•캐리어 속도	•슬러리의 화학 작용	•슬러리 흐름 비율
•패드 검사	•웨이퍼/슬러리 온도	•웨이퍼 뒤 압력

14. CMP에서 종료점 검출이 필요한 이유는 무엇인지 설명하시오.

15. CMP 세정의 주안점이 무엇인지 설명하시오.

제 16 장

조립과 포장 공정

웨이퍼 검사 과정을 통과하고 다양한 반도체 제조공정을 통과한 우량 칩(good chip)은 웨이퍼로부터 분리된 후에 마지막 단계인 조립 공정과 포장 공정을 거쳐서 비로소 소비자에게 판매되는 IC 소자로 태어나게 된다. 조립 공정은 우수한 품질의 전기적 장치를 사용하여, 칩을 패키지 프레임에 고정시키고, 접합 패드와 패키지 도선을 상호 연결한다. 조립이 끝난 후에는 오염이나 외부의 충격으로부터 소자를 보호하기 위해서 포장(packaging) 공정을 시행한다. 지난 수십 년간의 제작 과정에서 발견된 검증된 방법에 의해서 조립과 포장 기술은 가격과 성능 면에서 혁신적으로 발전해왔다. 소비자들의 다양한 요구가 반도체의 성능 향상에 영향을 미치면서 IC의 입출력 핀 수, 전기적인 성능, 열 손실, 소자의 크기 등과 같은 파라미터들이 기존의 포장 공정에 새롭게 추가되었다.

16-1 일반적인 조립 공정과 포장 공정

IC 제조의 마지막 단계에 속하는 최종 조립과 포장은 그림 16-1에 나타낸 것처럼 완전히 다른 두 개의 공정이다. 조립과 포장 공정은 각각 특수한 공정과 기구들을 사용한다. 일반적인 공정에서, IC 최종 조립은 웨이퍼로부터 우수한 다이(die, 칩)를 분리해 내고 금속의 리드 프레임(leadframe)이나 기판에 다이(die)를 부착하는 것으로 정의된다. 리드 프레임 조립은, 칩에 전기적 접근을 제공하기 위해 칩 표면의 금속 접합 패드와 내부 리드 프레임을 미세한 직경의 선으로 상호 연결하는 것이다.

최종적인 조립이 끝나고 보호 패키지로 다이(die)를 둘러싸는 공정이 IC 포장(packaging)이다. 오늘날 사용되는 가장 일반적인 패키지는 플라스틱 주형 화합물을 사용하여 칩을 캡슐화하는 것이다. 이런 플라스틱 패키지는 외부 환경으로부터의 보호와 조립의 상위

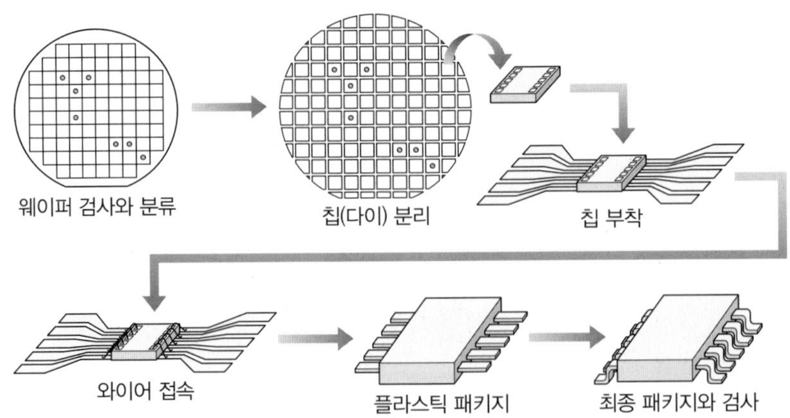

그림 16-1 일반적인 조립과 포장 공정

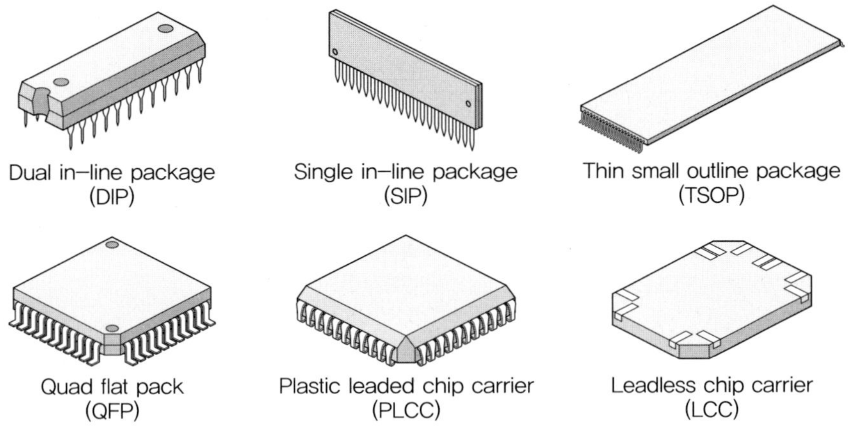

그림 16-2 일반적인 IC 패키지

레벨(예를 들어, 회로기판의 납땜)로의 연결을 위한 리드선 형성을 제공한다.

IC 포장은 IC 칩을 외부 환경과 취급 손상으로부터 보호하는 기능, IC 칩의 내부와 외부 신호들의 연결 기능, IC 칩의 물리적 유지 기능, 열 손실 보호 기능을 제공한다. 포장의 형태는 그림 16-2에 나타낸 것처럼 구멍 관통형(through hole package)인 DIP(dual in line package), SIP(single in line package), ZIP(zig-zag in line package), SH-DIP(shrink DIP), SK-DIP(skinny DIP), SL-DIP(slim DIP), PGA(pin grid array)와 표면 실장 패키지(surface mount package)인 SOP(small out package), QFP(quad flat package), LCC(leadless chip carrier), PLCC(plastic leader chip carrier with butt lead), BGA(ball grid arrary), TAB(tape automated bonding), CSP(chip scale package)로 구분된다. 최근에는 적층 형태로 만들어지는 3차원 포장 기술도 사용하고 있다.

표 16-1에 나타낸 것처럼 어떤 설계 제약 조건(성능, 크기, 무게, 신뢰도, 비용 목적)들이 발생할 때 앞서 언급한 4가지 기능들을 효과적으로 활용하기 위해서 적절한 패키지를 선택해야 한다. 포장은 IC를 노트북 컴퓨터의 CPU, 자동차의 ECU와 각종 센서, 핸드폰의 USIM 칩, 신용카드의 플라스틱층 사이에 삽입되는 전자 칩과 같은 다양한 분야에서 마이크로칩이 활용될 수 있도록 하였다. 설계 엔지니어들은 IC 패키지를 선택할 때 습기, 온도, 기계적 진동, 물리적 남용 등과 같은 여러 가지 주위의 오염 조건을 고려해야 한다. 최고급 컴퓨터에 적용되는 고성능 칩은 고가에 판매되기 때문에 성능 및 신뢰성은 매우 중요하다.

최종 조립 공정은 웨이퍼의 후면 연마(Back grind), 다이(die) 분리, 다이(die) 부착, 와이어 접속의 순서로 진행된다. 후면 연마 단계는 조립 공정 이전의 웨이퍼 분류 단계에서 수행되기도 한다. 300 mm와 같이 큰 직경을 갖는 웨이퍼들은 제조공정이 진행되는 과정에서 발생 가능한 파손을 최소화하기 위하여 상대적으로 두껍게 제작된다. 300 mm의 웨이퍼

표 16-1 IC 포장을 위한 설계 제약

설계 파라미터	설계 제약 조건들
성능	· RC 시간 지연 · 입/출력(I/O) 신호들의 수 · 와이어 접속(Wirebond) 대 충돌 결합(bump attachment) · 신호 상승 시간 · (일시적인) 과도 전류 및 전압 스위칭 · 열 · 전력 손실 · 입/출력 임피던스 · 주파수 응답
크기/무게/모양	· 칩 크기 · 패키지 크기 · 접속 패드 크기와 위치 · 패키지 리드선 크기와 위치 · 기판 캐리어 크기와 위치 · 방열판(heat sink)의 설계
재료	· 칩 기판(플라스틱, 세라믹, 또는 금속) · 캐리어(유기물, 세라믹) · 열팽창 미스매치(mismatch) · 리드선에 사용되는 금속
가격	· 존재하는 공정들의 통합 · 패키지 재료 · 수율
조립	· 다이(die) 부착 방법 · 패키지 부착(구멍을 관통하거나, 표면 장착, 충돌에 의한 방법으로) · 방열판(heat sink) 조립 · 캡슐화

의 두께는 대략 1인치의 $\frac{1}{32}$인 775 μm이다. 그러나 조립이 시작되기 전에 웨이퍼들은 얇아져야 한다. 웨이퍼들은 대체로 200~500 μm의 두께까지 얇아진다.

얇아진 웨이퍼들은 칩 안에 격자 형태로 넣기가 더 쉬워질 뿐만 아니라 열 손실도 개선된다. 따라서 박막 ULSI 패키지들의 열 과부하를 줄일 수 있으므로 유리하다. 또한 얇아진 칩들은 크기 및 최종 IC 패키지의 무게를 감소시킨다. 후면 연마 작업은 그림 16-3에서 보듯이 완전 자동화 기계로 수행된다. 슬러리 분배기로 슬러리가 분사된 상태에서 스핀들(spindle)은 진동하면서 회전한다. 후면 연마는 웨이퍼로 가해지는 응력을 최소화해야 하므로 주의 깊게 제어된다. 응력이 웨이퍼에 가해지면, 웨이퍼를 칩 안에 격자 형태로 넣는 것이 중단될 수 있고, 패키지 안에 장착하는 것이 더 어려워질 수도 있다. 몇몇 경우에 후면 연마 작업 후에 후면을 금속화하기도 한다. 기판의 전기전도도를 개선하고 공융 다이(die)

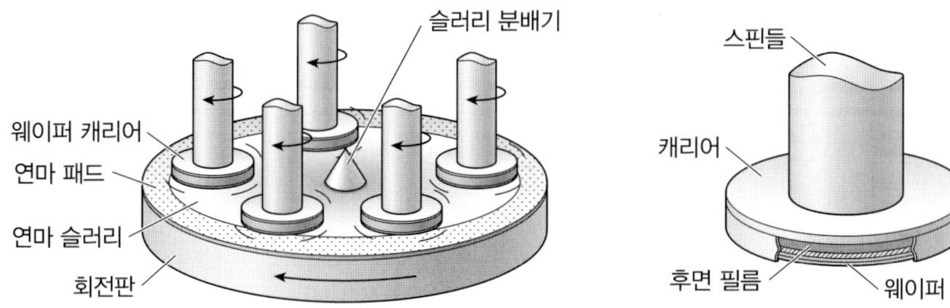

그림 16-3 후면 연마 공정의 개념도

를 접착하기 위해서 일반적으로 금박 필름을 사용하여 금속화한다.

다이아몬드 날을 갖는 다이싱 톱을 사용하여 웨이퍼로부터 각각의 다이를 잘라내어 다이 분리를 한다. 다이싱하기 전에 웨이퍼를 카세트에서 분리하고 적당한 일정 방향으로 맞추어 고정된 프레임의 접착성 필름 위에 안정적으로 위치시킨다. 접착성 필름은 모든 칩들이 절단되면 원래대로 고정시킨다. 웨이퍼는 톱 속으로 이동되고, DI 물이 분무되는 상태에서 25 μm 둘레에 20,000 RPM으로 회전하는 다이아몬드 톱에 의해서 그림 16-4에 표시된 것처럼 X와 Y의 방향으로 일정하게 잘린다.

각각의 개별적인 다이가 접착성 backing 필름에 아직 붙어있는 동안 절단 작업으로부터 발생하는 실리콘 슬러리는 DI 물을 사용해서 세척한다. 톱은 항상 표시된 선을 따라서 90~100% 톱질로 웨이퍼를 절단한다. 웨이퍼 다이싱은 완전 자동화된 정렬 시스템과 웨이퍼를 완전하게 세척하는 장치로 구성된다.

다이 분리 후 웨이퍼는 다이 부착 공정으로 이동된다. 다이 부착 시 각각의 우수한 다이들은 접착성 지지대로부터 개별적으로 추출되고 물리적으로 기판이나 리드 프레임으로 부착된다. 내부 칩 결합 영역에서 고레벨 조립을 위한 보다 큰 리드 피치가 나와 있는 리드 프레임의 예가 그림 16-5에 나타나 있다(pitch는 리드의 중간선의 공간이다).

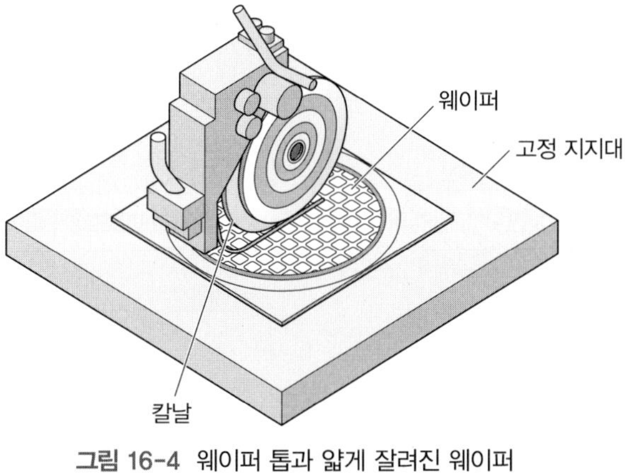

그림 16-4 웨이퍼 톱과 얇게 잘려진 웨이퍼

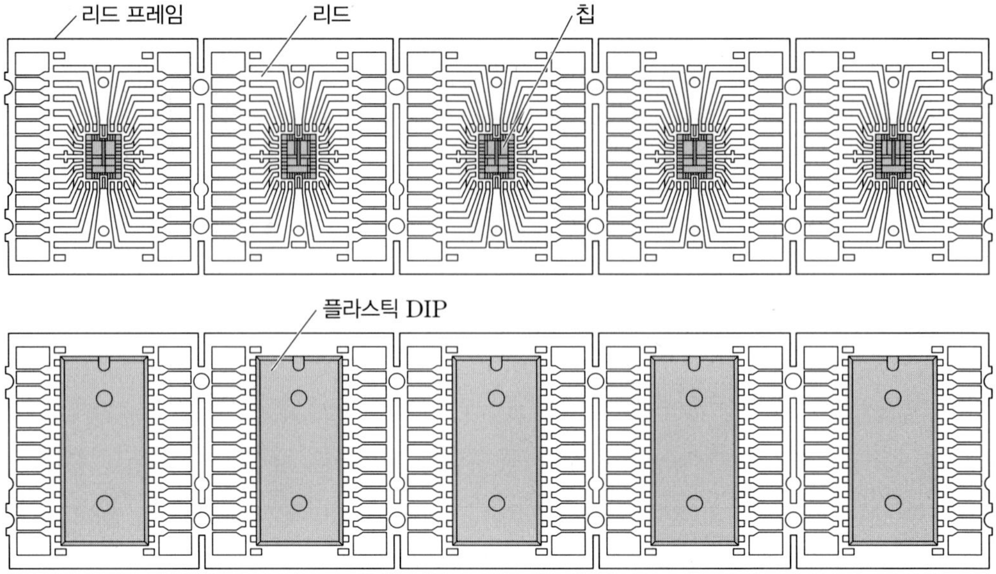

그림 16-5 다이 부착을 위한 전형적 리드 프레임

리드 프레임 매거진은 능률적으로 리드 프레임을 취급하고 공구에서 공구로 이동하기 위하여 사용되는 작은 수동 선반이다. 자동화된 다이 결합기는 특별한 그리퍼(gripper)를 사용하는 켈렉터로 알려지는 고속 공구이다. 칩 손상을 피하기 위해서 그들의 가장자리에서 다이를 픽업(pick up)하고 조립을 위한 기판이나 리드 프레임으로 그들을 위치시킨다.

다이 결합 공구는 리드 프레임, 세라믹 기판, 그리고 회로 기판이 포함된 다양한 응용 제품에 부착할 수 있도록 유연성이 요구된다. 우수한 다이는 웨이퍼의 분류로부터 제공되는 전산화된 웨이퍼 매핑 데이터를 사용하거나 잉크 표시를 인지하는 검출기를 기반으로 선택된다.

분리된 칩은 에폭시 부착(epoxy attach), 공융 부착(eutectic attach), 유리 프릿 부착(glass frit attach) 기술 중 하나를 사용하여 리드 프레임에 물리적으로 부착된다. 그림 16-6

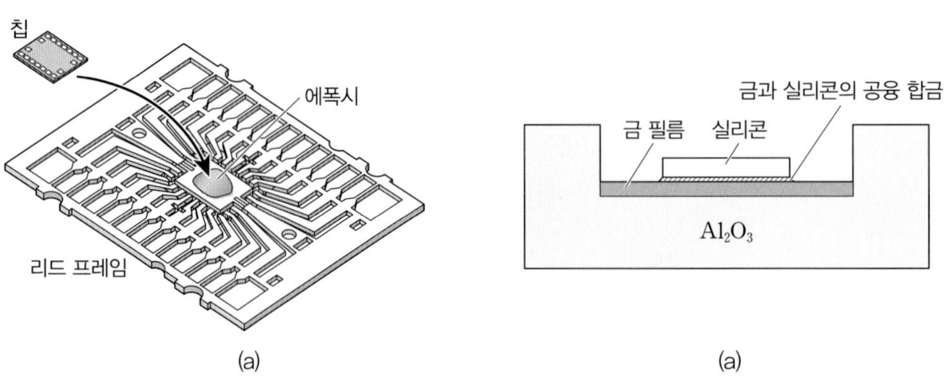

그림 16-6 에폭시 다이 부착과 Au-Si 공융 부착

에 나타난 에폭시 부착 기술은 칩을 리드 프레임이나 기판에 부착시키기 위해서 사용하는 가장 보편적인 방법이다. 에폭시는 기판이나 리드 프레임의 중앙 영역에 분배된다. 다이 접속 장치에서는 에폭시 위에 칩의 뒷면을 올려놓고 에폭시를 경화시키기 위해 약 125℃로 1시간 동안 가열한다. 대부분의 MOS 응용 분야에서는 경화용 에폭시를 사용하지만 칩과 패키지의 나머지 공간에서 열 소비가 요구된다면 은(silver) 성분이 포함된 열전도성 에폭시를 사용한다.

공융 부착으로 칩을 부착시키려면 웨이퍼 후면 연마 공정이 종료된 후 웨이퍼의 뒷면에 금이나 은의 박막을 증착해야 한다(공융은 녹는점을 최소화하기 위해서 용액 상태의 성분을 포함하는 것이다). 이때 금은 기판과 합금으로 결합되는데 기판은 금속 리드 프레임은 합금 42(Ni-Fe 합금)나 세라믹 기판(90~99.5% 성분의 Al_2O_3)이 사용된다. 일반적으로 기판은 금이나 은으로 금속화된 표면을 갖는다. Au-Si 공융 온도를 약간 넘어서는 420℃로 대략 6초 동안 가열하면 칩과 리드 프레임 사이에 공융 합금 내부 연결 회로가 만들어진다. 공융 부착은 우수한 열 경로와 우수한 기계적인 강도를 제공한다. 공융 부착은 쌍극성 IC에서 보편적으로 사용하는 기술이다.

유리 프릿 부착은 원래의 유기 매질 내에 은과 유리 입자의 혼합물들로 이루어져 있다. 칩의 완벽한 밀봉(sealing)을 보장하기 위해서 금속화 없이 Al_2O_3 세라믹 제품에 바로 부착하는 데 사용된다. 밀봉을 통해 외부 환경으로부터 실리콘 장치를 보호하는데, 특별히 습기와 오염물질로부터의 보호가 중요하다. 은과 유리는 유리 프릿이 우수한 열전도 상태에서 경화되고 세라믹에 장착되는 동안 유리 프릿을 부드럽게 한다. 은으로 채워진 유리가 경화되기 위해서는 상대적으로 높은 온도가 요구된다.

와이어 접속(wire bonding) 그림 16-7에 표시된 것처럼 리드 프레임이나 기판의 패키지 내부 리드 단자에 칩 표면 위의 알루미늄 접속 패드를 전기적으로 연결하는 가장 보편적인 방법이다. 이것은 초당 수 개의 다중 접속(일반적으로 초당 10개)을 형성할 수 있을 정도로

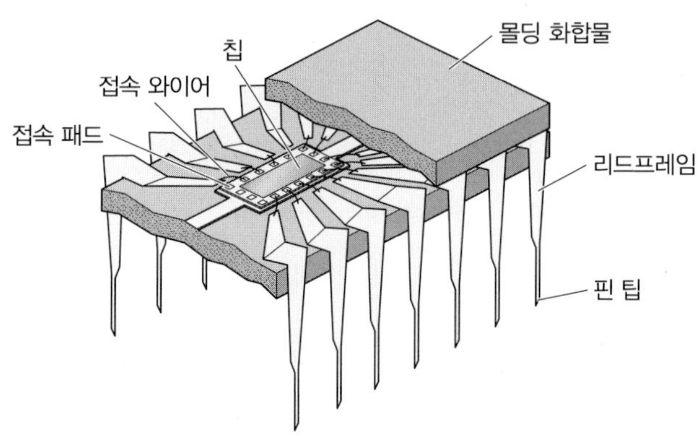

그림 16-7 칩이 부착된 패드로부터 리드 프레임으로의 와이어 접속

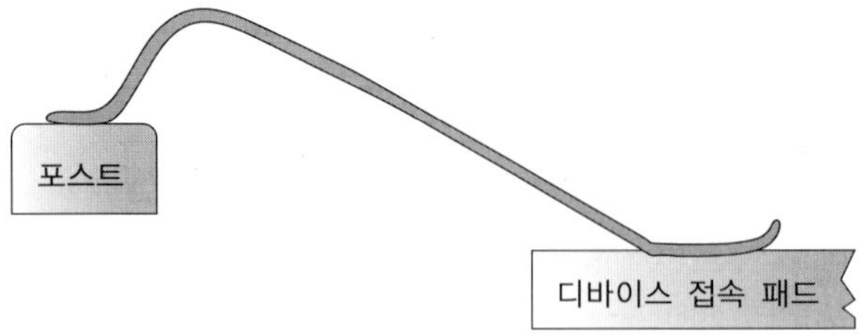

그림 16-8 열 압축 접속

고속으로 스풀하고 알맞은 직경의 와이어가 칩 접속 패드로부터 리드 프레임 내부의 리드 패드로 장착된다. 도구들은 각 다이의 결합 패드나 리드 프레임 패드의 와이어에 접속되고 다음 위치로 이동된다. 와이어 접속의 배치의 정확도는 + 5 μm이다. 접속 와이어로는 칩 패드나 리드 프레임 내부의 주패드 모두에 잘 부착되는 금이나 알루미늄 와이어가 사용되는데 보통 직경이 25~75 μm이다. 25 μm인 표준 와이어 직경은 70 μm의 다이 접속 패드 피치에서 사용된다. 와이어의 재료로 금, 은, 구리, 알루미늄 등이 사용된다.

와이어 접속 공정이 진행되는 동안 사용되는 에너지의 유형에 따라 열 압축 접속(thermocompression bonding), 초음파 접속(ultrasonic bonding), 열 음파 볼 접속(thermosonic ball bonding)의 세 가지 형태로 분류된다.

열 압축 접속은 열에너지와 압력이 칩 패드나 리드 프레임 내부 리드에 금 와이어의 접속을 구성하기 위해서 사용된다. 모세관 팁(capillary tip)이라고 부르는 접착 메커니즘은 가열된 칩 접속 패드 위에 와이어를 위치시키고 압력을 가한다. 압력과 열의 조합은 금 와이어와 알루미늄 패드에 쐐기 접속(wedge bond)으로 알려진 접속을 형성하게 된다.

모세관 팁은 그림 16-8에 표시된 것처럼 리드 프레임 내부로 리드로 이동하는 동안 부가적인 와이어를 공급한다. 이러한 와이어 접속 공정은 모든 칩 결합 패드가 그들에 대응하는 리드 프레임 내부 리드 단자에 접속될 때까지 반복된다.

초음파 접속은 선과 패드 사이에서 초음파 에너지와 압력을 이용하여 쐐기 접속을 형성하는 것이다. 알루미늄 와이어/알루미늄 패드 혹은 금 와이어/금 패드처럼 같은 금속이 와이어와 패드를 구성하는 경우 외에도 접속을 형성할 수 있다. 와이어는 모세관 팁의 아랫부분에서 홈(groove)을 통해서 공급되고(열 압축 접속과 유사) 다이 접속 패드 위에 위치된다.

모세관 팁은 금속 접속을 형성하기 위해서 압력을 가하고 보통의 초음파 주파수인 60 kHz로 빠르게 기계적 진동을 발생시킨다. 이때 기판은 가열되지 않는다. 일단 와이어 접속이 형성되면 그림 16-9에 나타낸 것처럼 소자는 리드 프레임의 내부 리드 패드로 이동되고, 접속을 형성하고, 와이어를 절단한다. 이런 공정은 모든 칩 접속 패드가 고유의 리드 프레임의 리드에 와이어 접속될 때까지 반복된다.

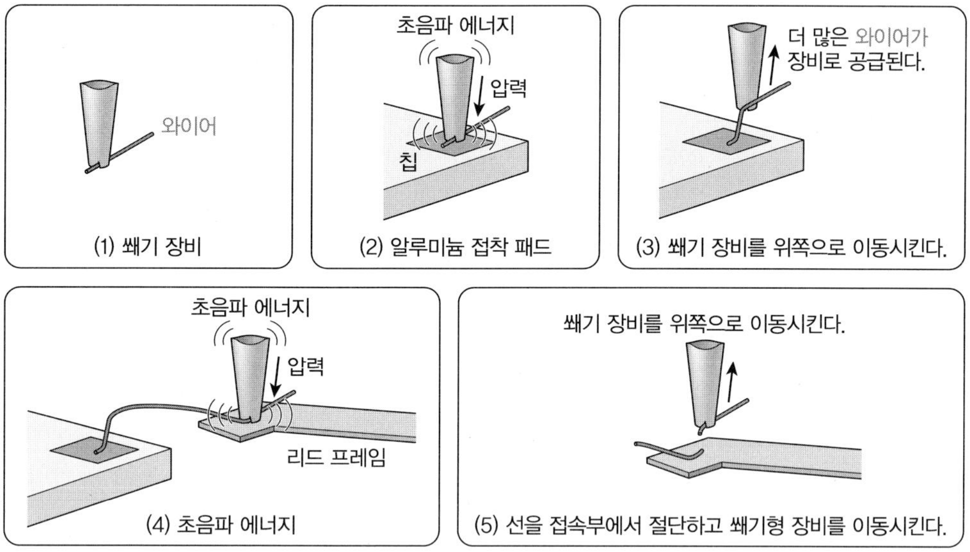

그림 16-9 초음파 와이어 접속 공정 진행 순서

열 음파 볼 접속은 볼 접속이라고 불리는 접속을 형성하기 위해서 초음파 진동 및 열과 압력을 결합한 공정이다. 기판의 온도는 대략 150℃를 유지한다. 열 음파 볼 접속은 모세관 팁을 가지며, 텅스텐 탄화물이나 세라믹 물질에 의해서 만들어진 모세관 팁의 가운데 구멍을 통해 수직으로 알맞은 직경을 가진 금 와이어를 공급해준다. 돌출된 와이어는 작은 화염이나 커패시터 방전 불꽃에 의해서 가열되고 팁에서 볼을 형성한다.

접속이 진행되는 동안 초음파 에너지와 압력은 그림 16-10에 나타낸 것처럼 금 와이어의

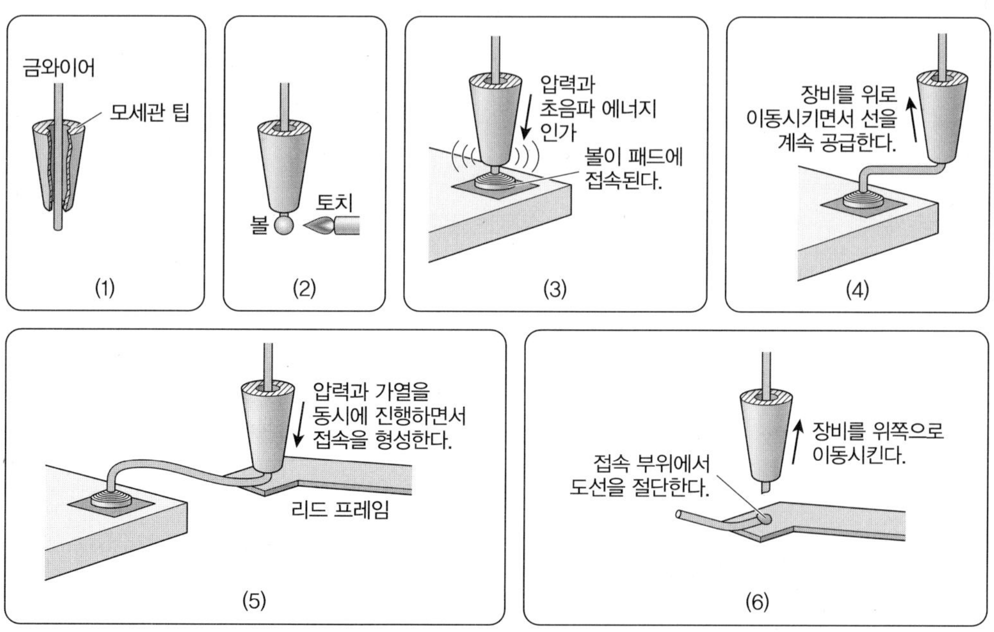

그림 16-10 열 음파 볼 접속 공정

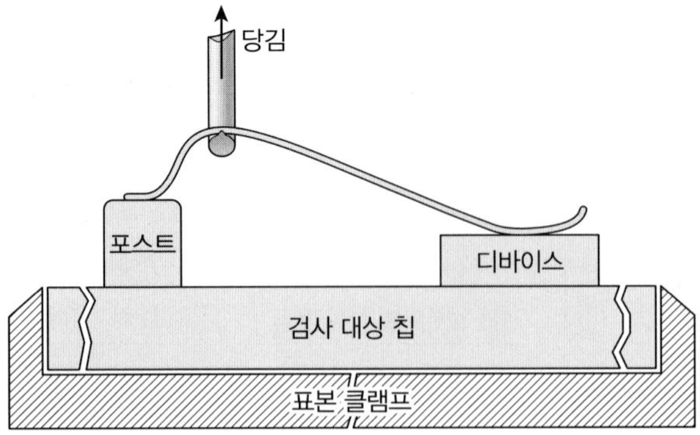

그림 16-11 와이어 접속 부위의 당김 검사와 시각적인 검사

볼과 알루미늄 패드 사이에서 금속 접속을 형성한다. 볼 접속이 완료된 후 접속 메커니즘은 기판 내부의 리드 패드로 이동하고 열 압축 쐐기 접속을 형성한다. 와이어는 절단되고 도구는 다음 다이 접착 패드로 계속 이동된다. 이런 볼 접속/쐐기 접속 순서는 접착 패드와 내부 리드 패드 사이에서 선루프 사이즈의 뛰어난 조절 기능을 가지고 보다 얇은 IC 패키지에서 중요하게 이용된다.

와이어 접속 공정은 일관된 높은 수율을 필수적으로 가져야 한다. 품질을 측정하기 위해서 시각적 검사와 당김(pull) 검사를 수행한다. 시각적 검사는 쐐기나 볼을 쳐다봄으로써 이루어지고 우수한 접착이 형성되었는지를 확인한다. 예를 들자면 쐐기 접속은 모세관 팁의 초음파 진동 접속에서 평평한 영역을 가져야만 한다. 또한 접속에서는 적당한 압력에 의해 볼이 변형되어야 하지만 지나친 변형을 갖는 것은 바람직하지 않다. 와이어 당김 검사는 그림 16-11에 나타낸 것처럼 와이어 접속의 품질을 측정한다. 당김 검사는 개별적인 접속의 강도를 측정하고 와이어와 평평한 지역 사이의 계면인 뒤꿈치(heel)에서 접속의 고장을 강조한다. 이러한 대수적 측정은 공정의 안정성과 경향을 평가하기 위한 통계적 공정 조절(SPC)로 검사한다.

포장은 주변 환경의 오염과 습기, 취급 손상으로부터 칩을 보호하기 위해서 필수적이다. 일반적인 포장 제품은 플라스틱 포장과 세라믹 포장 형태로 구분된다. 플라스틱 포장은 용융 공정에서 와이어 접속된 칩과 리드 프레임을 에폭시 폴리머를 사용하여 완벽하게 캡슐화한다. 플라스틱 포장은 1960년대에 소개된 이후 지금까지도 반도체 산업 전반에서 이용하는 포장이다. 플라스틱 포장의 주요 특징은 대량 생산되는 제품 기술에 접목할 수 있다는 점이다. 다이가 부착되고, 와이어가 접속된 후, 리드 프레임들은 제거된다.

플라스틱 포장이 아직도 인기를 누리며 주로 사용되는 이유는 리드의 형성을 위해 PIH 리드와 SMT 리드 모두에 유연함을 보이기 때문이다. PIH 리드는 회로 기판에 통과되는 반면 SMT 리드는 기판 표면에 부착된다. SMT 리드의 구성 요소는 IC 구성 요소와 회로 기판

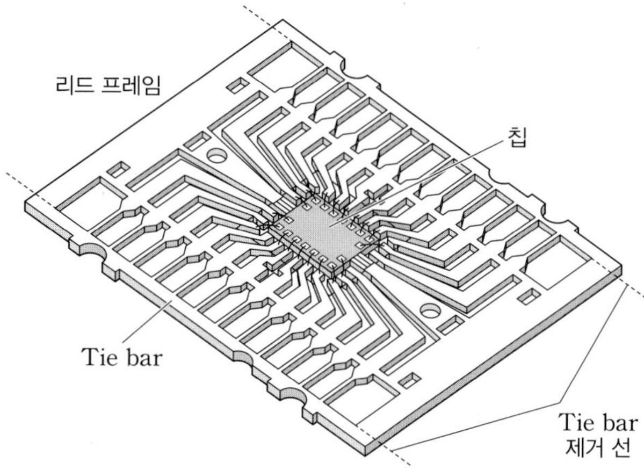

그림 16-12 리드 프레임으로부터 tie-bar 제거

에 고집적 포장을 할 수 있어 선호된다.

플라스틱 포장을 사용하는 또 다른 유용한 이유는 낮은 원가와 가벼운 무게 때문이다. 플라스틱 포장의 교차 결합(cross linked) 폴리머는 차원적으로 안정하며, 이온적으로도 깨끗하고 약 250℃까지 상승하는 공정 온도에서도 저항성을 가진다. 다른 중요한 에폭시 파라미터들은 낮은 습기 흡수율, 리드 프레임과 칩의 IC를 정합시키기 위한 확장 온도 계수(TCE)를 줄이기 위한 주입기의 추가 형태가 있다. 비록 에폭시 플라스틱 주형은 환경적 요인과 오염물질로부터 다이를 보호하기 위한 용접 밀봉을 고려하지 않더라도 이런 분야에서는 상당한 향상을 이루었다.

그림 16-12에서 보듯이 모든 리드들은 직선으로 되어 있는 tie-bar를 제거함으로써 리드 프레임 스트립으로부터 분리된다. 리드를 형성한 후 얇은 리드 끝부분은 부식을 방지하기 위해서 납이나 주석이 증착된다. 일반적인 리드의 끝처리는 전기 도금 증착으로 수행된다.

플라스틱 패키지에는 다양한 형태가 존재한다. DIP(dual in-line package)는 그림 16-13(a)에 나타낸 것처럼 2열의 PIH 리드를 가지며 회로 기판의 구멍을 통해서 뒷면으로 구부러져 있다. 이런 패키지는 1970년에서 1980년대 사이에 인기가 좋았지만, 현재는 사용이 많이 줄었다. SIP(single in-line package)는 그림 16-13(b)에 나타낸 것처럼 DIP의 대안으로 메모리 응용과 같은 IC 구성 요소의 몸체로 사용되는 회로 기판의 공간을 줄이기 위해서 사용된다.

메모리 및 스마트 카드에 널리 사용되는 TSOP(thin small outline package)는 그림 16-13(c)에 나타낸 것처럼 갈매기 날개형 표면 실장 회로 기판 위의 패드를 부착시키기 위해서 리드가 두 측면을 따라서 나와 있다. TSOP는 간혹 그림 16-13(d)에 표시된 것처럼 컴퓨터의 메인 보드 속으로 꽂히는 메모리 카드로 사용되는 DIMM(dual in-line memory modules)

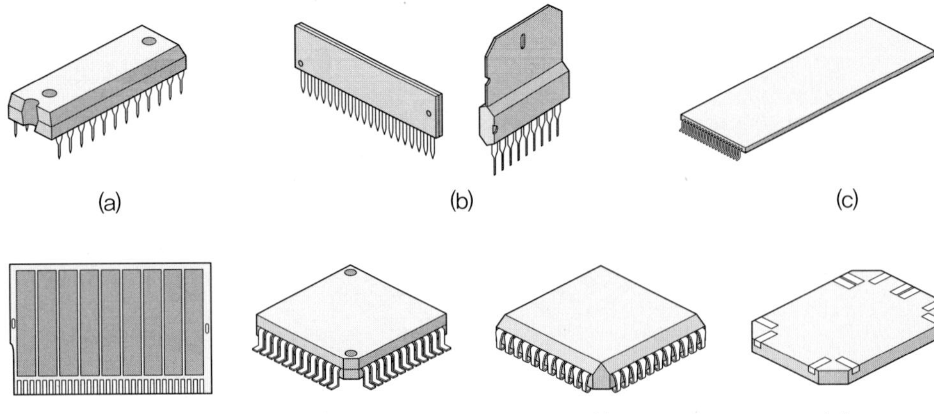

그림 16-13 (a) DIP (b) SIP (c) TSOP (d) DIMM (e) QFP (f) PLCC (g) LCC

으로 사용되기 위해서 부착된다. TSOP의 초기 버전은 작은 외부선 IC이다. SOIC 외부 패키지는 1990년과 2000년 초반에 IC 패키지의 종류로써 가장 광범위하게 사용된다.

그림 16-13(e)에 나타낸 것처럼 QFP(quad flat-pack)는 256개 이상의 높은 리드 밀도를 얻기 위해서 패키지의 네 방면 모두에 리드가 있는 표면 실장 소자이다. QFP는 12 mil(300 μm) 이하의 SMT 플라스틱 패키지에 가장 적합한 리드 피치를 가지고 제조되어 왔다. 이런 가는 피치는 회로 기판 조립에서 우수한 수율이 제한되게 만드는 요소이다.

J-리드가 장착된 PLCC(plastic leaded chip carrier)도 그림 16-13(f)에 나타내었다. 이런 패키지는 높은 I/O 수가 필요하지 않을 때 QFP 대신에 사용될 수 있다. LCC(leadless chip carrier)는 그림 16-13(g)에 나타낸 것처럼 낮은 프로필을 유지하기 위해서 패키지 가장자리 주변을 감싸는 리드를 갖는 플라스틱 패키지이다. LCC는 소켓을 꼽거나 회로 기판에 직접 납땜된다. 소켓은 업그레이드하거나 고장 수리 시 쉽게 제거하기 위해서 사용된다.

세라믹 포장은 용접 밀봉을 하도록 최대의 신뢰성이나 높은 전력을 요구하는 분야의 IC 포장에서 사용된다. 세라믹 포장에는 중요한 두 가지의 방법이 사용되는데 그중 하나는 칩의 조립과 포장을 분리해서 따로 처리하는 내화성(refractory) 세라믹이고 다른 하나는 용접 밀봉을 유지하지만 저가의 포장 비용을 갖는 세라믹 DIP(CERDIP) 기술이다.

내화성 세라믹 기판은 IC 포장에 널리 이용된다. 그것은 적당한 유리 가루와 슬러리를 형성하는 유기 용매가 혼합된 알루미나(Al_2O_3) 가루로부터 만들어진다. 슬러리는 대략 1 mil 두께와 건조된 얇은 시트로 주조되고 그림 16-14에 나타낸 것처럼 다층 세라믹 기판으로 패턴화된다. 맞춤 배선 회로들은 다른 층을 상호 연결하기 위해서 금속화된 비아들로 개별적인 층에 증착된다. 다수의 세라믹 시트들은 정밀하고 얇게 잘려져 있고 하나로 단단히 짜인(monolithic) 소결된 몸체를 구성하기 위해서 1600℃까지 가열된다. 이를 HTC-

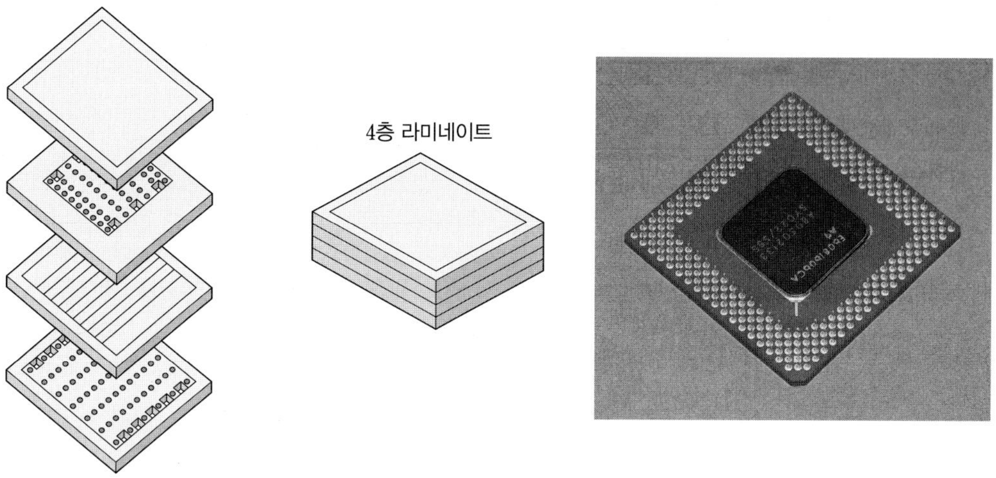

그림 16-14 박편으로 구성되는 내화성 세라믹 공정 순서와 세라믹 PGA(출처: Appaloosa, CC BY-SA 3.0 〈https://creativecommons.org/licenses/by-sa/3.0〉, via Wikimedia Commons)

C(high-temperature cofired ceramic)라고 한다. 850~1050℃로 가열되는 LTCC(low-temperature cofired ceramic)는 HTCC 온도를 버텨내지 못하는 회로 제조 물질에 이용된다. 세라믹 기술은 다수의 신호, 접지, 전력, 접합, 봉인된 혼합 패키지 제조에 뛰어나다.

IC 포장에서 기판으로 사용되는 내화성 세라믹은 높은 수축량이 허용 오차 범위를 조절하는 데 어렵고, 높은 유전 상수로 인해 기생 커패시턴스를 증가시키고 고주파 신호에 영향을 주며, 알루미나의 전도도가 신호 지연에 문제를 발생시킨다는 문제점을 해결해야 한다. 세라믹의 전도도는 신호 지연에 있어서 논쟁이 되고 있다.

세라믹 패키지의 가장 평범한 리드 형태는 PGA 패키지를 만들 때 쓰는 100 mil 피치 높이로 주조된 황동제의 핀이다. 이것은 회로 기판 조립을 위한 pin-in-hole 패키지이다. 다이는 세라믹의 위나 아래에 부착되기 위해서 와이어 접속되며 리드는 완벽하게 밀봉된다. PGA는 600개의 핀이 사용되는 고주파나 고속의 마이크로프로세서와 같은 고성능 IC들에 사용된다. PGA 패키지는 종종 패키지의 내부에서 발생된 열을 제거하기 위한 작은 팬이나 열 흡수의 형태로 종종 요구된다.

적은 비용의 세라믹 포장 기술은 그림 16-15에 나타낸 것처럼 두 세라믹 개체 사이에 리드 프레임을 위치시키고 칩 와이어 접속 후 두 개의 세라믹을 압축하는 것이다. 이런 패키지를 CERDIP라고 한다. 세라믹층들은 낮은 온도의 유리 밀봉을 사용해서 완벽하게 밀봉된다.

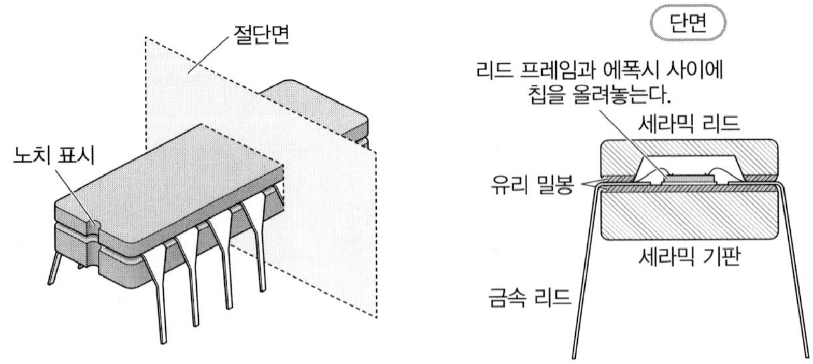

그림 16-15 CERDIP 패키지

16-2 개선된 조립과 포장

IC 포장의 목표는 저렴한 비용을 사용하면서도 신뢰성은 높이고, 고속 동작이 가능한, 고밀도 집적 회로를 구현하는 것이다. 와이어 접속 기술의 낮은 비용과 신뢰성은 이미 입증되었다. 미래의 포장 목표는 내부 상호 연결의 수를 줄이면서 칩의 밀도는 증가시키는 것이다. 패키지의 내부 연결이 거의 없다면 전기적 성능에 영향을 주는 고장의 가능성 있는 요소가 감소하고, 회로 저항이 줄며, 전위적으로는 회로 길이가 짧아지고 내부 전극의 커패시턴스를 감소시킨다.

미국의 JEDEC(Joint Electronic Device Council)와 일본의 EIAJ(Electronic Industries Association of Japan) 같은 표준화 단체는 모든 회사가 균일한 IC 패키지 디자인을 사용하는 것을 표준으로 제시한 바 있는데 발전된 IC 포장 디자인에는 플립 칩(flip chip), 볼 격자 배열(BGA: ball grid array), 기판 위의 칩(COB: chip on board), 테이프 자동 접속(TAB: tape automated bonding), 다중 칩 모듈(MCM: multichip modules), 칩 규모 포장(CSP: chip scale packaging), 웨이퍼-단계 포장(wafer-level packaging)이 포함된다.

플립 칩은 기판 쪽의 칩의(표면 접합 패드와 함께) 활성화된 면을 탑재하는 포장 기술이다. 와이어 접속의 해결 방법에 관하여 부딪힌 다이의 윗면 아래에 배치(플립)되는 칩이라는 의미이다. 이것은 현재 고속의 신호를 위한 우수한 전기적 연결을 산출할 수 있고 칩 소자에서 회로 기판까지의 가장 짧은 경로인 패키지 설계이다. 또한 리드 프레임이나 플라스틱 패키지가 종종 사용되지 않기 때문에 무게와 외형을 축소한다.

플립 칩 기술은 기판에 칩 결합 패드의 내부 연결을 위해 그림 16-16에 나타낸 것처럼 일반적으로 주석 5%와 납 95%로 구성된 주석/납 땜납(solder)으로 형성된 범프(bump)를 사

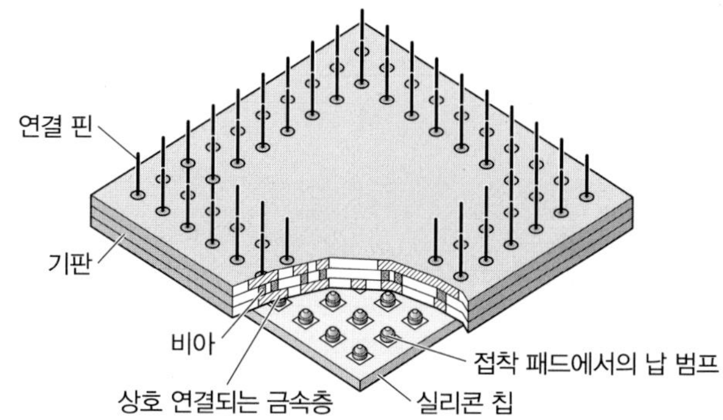

그림 16-16 플립 칩 포장

용한다. 우수한 Pb 땜납은 이런 범프 응용에서 자신의 신뢰도를 증가시키기 때문에 사용된다. 가장 일반적인 땜납 범프 공정은 1960년도에 IBM에서 개발한 C4(controlled collapse chip carrier)로, 세라믹 기판에 실리콘 칩을 부착시키기 위한 공정이다. 오늘날 사용되는 기판은 세라믹이나 플라스틱이 기초가 된 것으로 단단한 인쇄 회로 기판이나 유연성 있는 폴리이미드 회로가 사용된다. 또한 플립 칩 범프를 위한 땜납 대신에 전도성이 있는 접착제(은으로 채워진 접착제 폴리머)를 사용하는 연구가 활발히 진행되고 있다.

C4 땜납 범프들은 일반적으로 증발이나 물리적 증착(스퍼터링)을 사용하여 웨이퍼 층의 칩 결합 패드 위에 증착된다. 그림 16-17에 나타낸 것처럼 웨이퍼 위의 칩 C4 땜납 패드에는 특별한 야금 장벽층(BLM)이 요구된다. BLM은 패드에 우수한 C4 땜납의 부착을 제공하고 확산을 방지한다. C4 범프의 직경은 일반적으로 10 mil 피치에서 4 mil을 갖는다. 플립 칩은 정렬기를 사용하여 기판에 부착된다. 정렬기는 기판 위에 칩을 배치하고 자동으로 정렬하

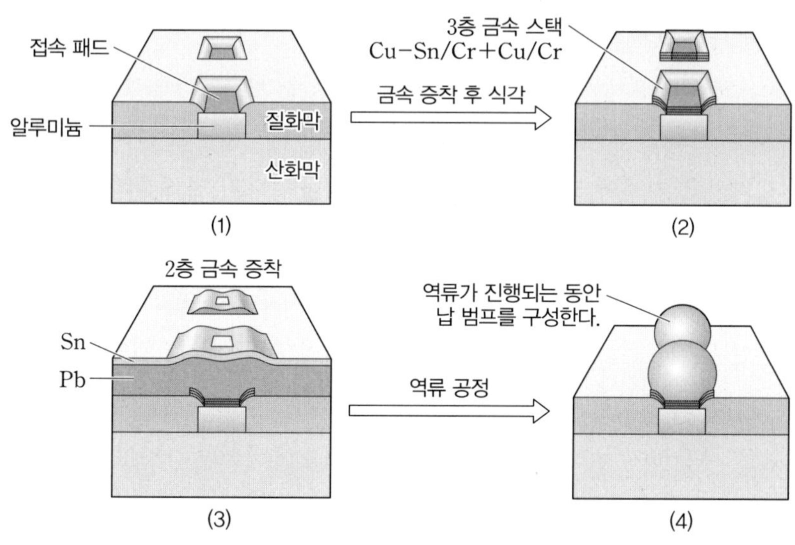

그림 16-17 웨이퍼 접착 패드 위의 C4 땜납 범프

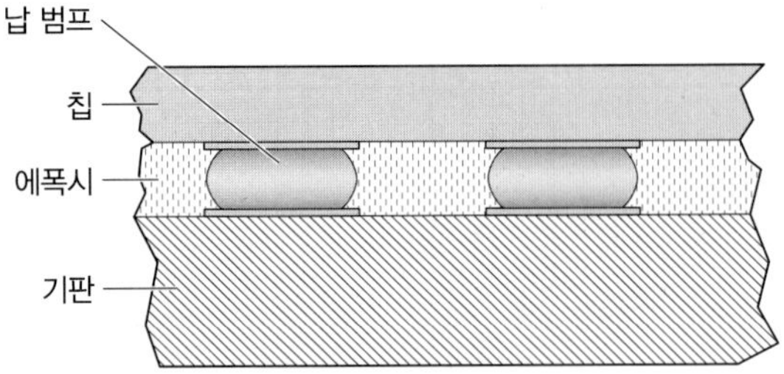

그림 16-18 플립 칩을 위한 에폭시 언더힐

기 위해서 비전 시스템을 사용한다. 칩 C4 땜납 범프들은 기판 접속 패드에 적절하게 위치된다. 뜨거운 공기에 의한 열이나 약간의 압력은 종종 C4 땜납의 역류를 발생시키고 기판과 다이 사이에 전기적이고 물리적인 연결을 형성한다.

플립 칩의 신뢰도를 위한 중요한 논점은 실리콘 칩과 기판 사이에 열팽창 계수(CTE)가 일치하지 않는다는 것이다. CTE의 과도한 불일치는 C4 땜납 접합부에 응력을 발생시키고 초반의 고장을 유발하여 땜납의 크랙을 일으킨다. 이러한 문제는 그림 16-18에 나타낸 것처럼 칩과 기판 사이에서 흐르는 에폭시 언더힐(underfill)을 사용하여 해결할 수 있다. 에폭시 CTE는 C4 땜납 접합부에 정합하고 C4 접합부에 적용되는 응력을 효과적으로 줄일 수 있다. C4 땜납 접합부의 응력은 언더힐의 사용으로 인해서 10배 이상 감소할 수 있다.

에폭시 언더힐의 사용에서의 주요한 연구과제는 한번 에폭시가 적용되면 플립 칩을 제거할 수 없다는 것이다. 만약 검사가 진행되는 동안 칩에 결함이 발견된다면 이러한 문제로 인해 재가공해야 하는 문제가 생긴다. 그래서 에폭시는 전기적 검사가 마친 후에 적용된다. 또한 두 물체 사이에 열팽창 계수의 응력을 결합시키기 위해서 칩과 기판 사이에 삽입물(내부 연결 구조에 유동성 있는 폴리머 물질)을 첨가하여 에폭시 언더힐의 사용을 피할 수 있다. 플립 칩 공정의 또 다른 특징은 에폭시 언더힐을 투입하기 전에 칩 바닥을 세정할 수 있다는 점이다.

역류된 C4 땜납 범프는 칩과 기판 사이에 2~3 mil의 여유 공간을 가지고 있다. 납땜할 때에는 산소를 제거하고 기준에 맞는 땜납 접합부를 만들어내기 위해 화학적 용매가 요구된다. 용매는 때때로 DI 물이나 솔벤트 세정제에 의해서 완전히 제거된 이온 오염물질이다. 발전된 비세정 용매는 오염물질이 남아 있지 않고 세정을 요구하지 않는다.

플립 칩 기술은 영역 배열 기술이기 때문에 패키지 안에 더 많은 입/출력 리드선의 필요를 조장한다. 이것은 그림 16-19에 나타낸 것처럼 C4 땜납 범프가 칩 표면 영역의 수많은 리드를 효과적으로 사용하기 위해서 칩 표면 전체를 가로질러 x-y 격자로 놓여 있는 것을 의미한다. 전통적인 와이어 접속은 QFP처럼 유일하게 다이 둘레의 부위에만 접속 패드를 갖는 둘레 배열 기술(perimeter array technique)이다. 둘레 배열은 수많은 패키지 안에 리드

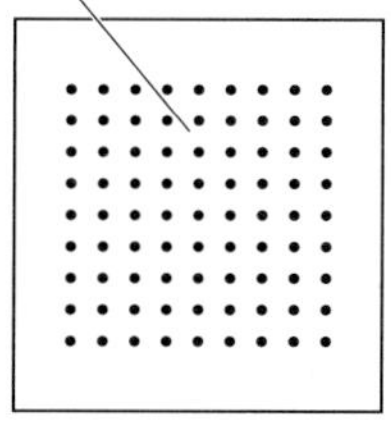

그림 16-19 플립 칩 영역 배열 땜납 범프 대 와이어 접속

선을 제한하고 다이 중앙의 표면 영역을 효과적으로 사용할 수 없게 한다. 영역 배열 기술 중에서 가장 큰 난제 중의 하나는 C4 범프의 보전을 위해 검사하는 것이다. 자동적인 검사 시스템은 X선 사용을 기초로 한다.

볼 격자 배열(BGA: ball grid array) 패키지는 1990년대 초에 도입되었고 핀 격자 배열(PGA: pin grid array)과 유사한 패키지 디자인을 가지고 있다. BGA는 주석/납 공용 혼합물인 땜납 볼이 세라믹이나 플라스틱 기판에서 영역 배열하고 있으며, 그림 16-20에 나타낸 것처럼 회로 기판에 기판을 연결하는 데 사용한다. 실리콘 칩은 플립 칩 C4 혹은 와이어 접속 기술을 사용해서 기판의 위쪽에 부착된다.

BGA는 2단계 조립을 간단히 하기 위해 내부 연결 사이에 상당히 큰 간격으로 플립 칩을 확장한 것이다. 플립 칩과 마찬가지로 BGA는 작은 외형으로 패키지의 표면 장치 안에 많은 리드선 카운트를 효과적으로 수행한다. 고밀도 BGA 패키지는 2400개까지의 리드선을 가진다. BGA 땜납 볼 피치는 PGA의 100 mil 핀 간격에 반해 일반적인 40 mil, 50 mil, 60 mil이다. 이러한 특징은 많은 리드선 카운트를 위한 주요 공헌자이다. 최근 소개된 BGA 패키지는 1990년대 후반에 사용된 최소 BGA 간격이 20 mil인 땜납 볼 피치를 가지고 있다.

또한 유기 물질 혹은 적층 캐리어로 간주되는 BGA 패키지를 위해 플라스틱 기판 위에 상당한 개발이 이루어졌다. 이런 경우, 실리콘 칩은 회로 기판에 부착되기 위해서 땜납 볼을 가진 플라스틱 기판에 와이어 접속이나 C4 땜납 범프로 부착된다. 플라스틱 기판은 신호 전달 지연이 줄어들기 때문에 좋은 고주파 수행과 고속 스위칭을 전환하는 세라믹보다

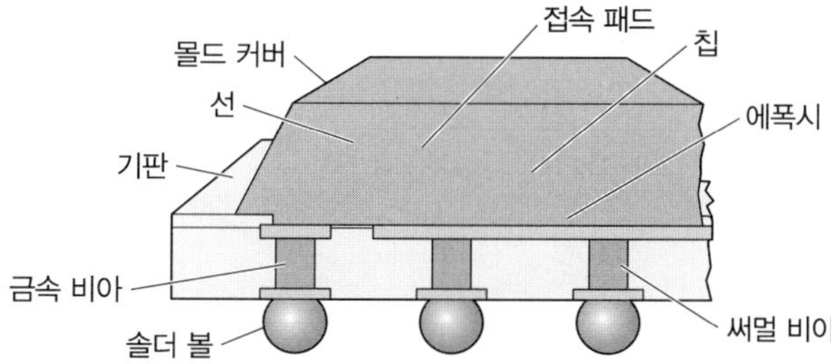

그림 16-20 볼 격자 배열

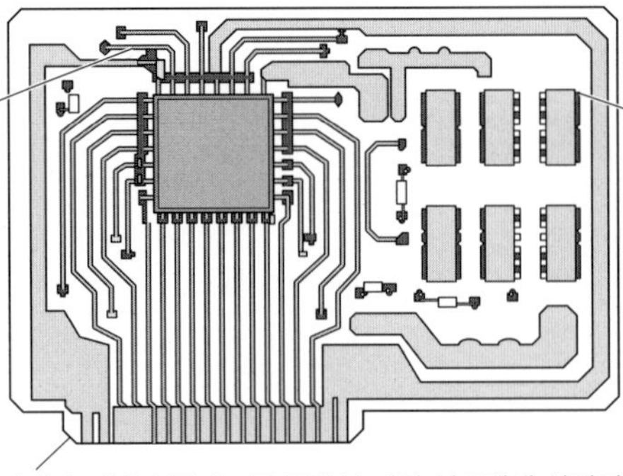

그림 16-21 기판 위의 칩(COB)

낮은 절연율을 가지고 있다. BGA의 장점은 2단계의 조립이 진행되는 동안 BGA 부품이 다른 표면 장치 부품들과 역류된 땜납과 더불어 회로 기판에 놓여 있다는 것이다. BGA 땜납 볼들은 기판에서 상호 연결을 구성하고 역류한다. BGA 공정은 조립 비용이 더 적은, 현존하는 표면 장치 요소와 함께 집적된다.

1980년대 후반 동안 기판 위의 칩(COB) 공정은 다른 SMT와 PIH 부품들과 함께 기판 위에서 IC 칩을 직접 설치하기 위해 개발되었다. 직접 부착된 칩(DCA: direct chip attach)이라고도 한다. 칩은 표준 접착 공정을 사용함으로서 기판(종종 인쇄 회로 기판) 위에 에폭시 수지로 접착되고 그림 16-21에 나타낸 것처럼 와이어 접속된다. 실리콘 칩 주위에 패키지는 없지만 글럽-탑(glob-top)이라고 알려진 에폭시 수지로 덮여있다. COB의 사용은 최소 공정과 장비 변경을 통해 전통적인 SMT와 PIH 패키지 이상으로 패키지 크기를 줄일 수 있다. COB는 비디오 게임기 카트리지와 스마트 카드와 같은 응용 장치에 사용된다.

테이프 자동 접속(TAB: tape automated bonding)은 그림 16-22에 나타낸 것처럼 칩 캐리어로 플라스틱 테이프를 사용하는 고성능 입/출력 포장 접근법이다. 테이프는 폴리이미드 절연막의 2개 층 사이에 겹쳐진 얇은 구리박을 가진다. 구리는 식각되어 칩에 부착되는

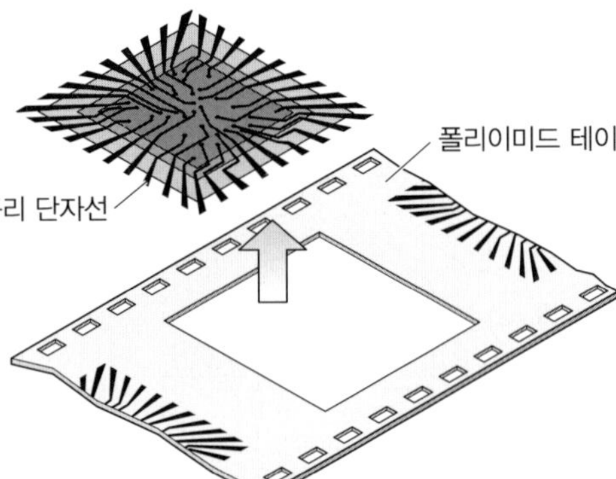

그림 16-22 테이프 자동 본딩(TAB)

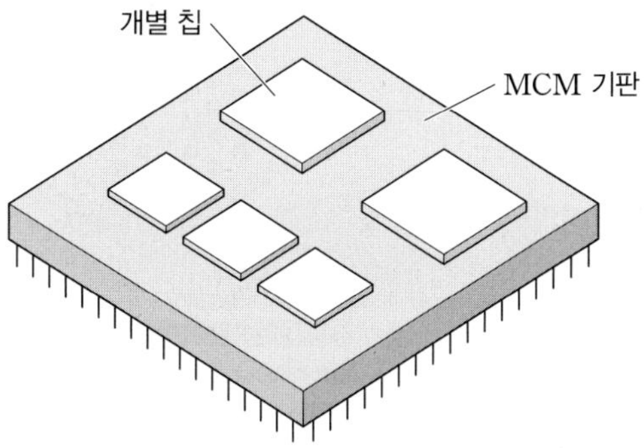

그림 16-23 다중 칩 모듈(MCM)

범프를 위한 내부 단자 접속 영역과 회로 기판의 납땜 부착을 위한 외부 단자 접속 영역을 갖는 칩 접속 패드에 정합되는 단자를 구성한다. 일단 칩이 OLB(outer lead bond region)와 ILB(inner lead bond region)에 부착되면 보호를 위해 글럽-탑(에폭시 수지)으로 덮이고, 테이프는 릴에 감긴다. 테이프와 릴 틀은 회로 기판에서 TAB 칩의 2단계 조립으로 사용된다. 조립이 진행되는 동안 칩과 리드 선은 테이프로부터 잘라 내어지고 리드는 갈매기 날개 형태로 형성되며, 회로 기판은 땜납 역류에 의해서 접착된다. TAB는 1980년대에서는 고성능 입/출력 패키지로 고려되었지만 세공과 조립을 위한 전체 비용의 증가로 널리 사용되지는 못했고 특별한 분야의 응용 장치에 적용되고 있다.

다중 칩 모듈(MCM: multichip module)은 그림 16-23에 나타낸 것처럼 하나의 기판 위에 각각의 다이를 장착한 하나의 패키지이다. 이런 포장 방식은 MCM 기판 재료 위의 실리콘 칩이 고밀도 장착될 수 있게 한다. MCM에서는 기판 표면 영역의 30% 이상을 실리콘 칩 모듈 표면 영역이 차지하고 있다고 정의된다. 가장 일반적인 MCM 기판은 세라믹 또는 고밀도 칩으로서 발전된 인쇄 회로 기판이다. MCM 포장 디자인은 회로 저항과 플라스틱 커패시턴스를 줄임으로써 전기적 수행을 강화하면서 전체 패키지의 크기와 무게는 줄인다. MCM은 하이브리드 회로로 알려진 오래된 기술로부터 발전된 방식이다.

지금까지 기판 위에 표준 패드에 칩 접속 패드를 연결하기 위한 모든 IC 조립과 포장은 웨이퍼로부터 분리된 다이에서 행해졌다. 이런 공정은 앞쪽-끝(front-end) 웨이퍼 제조설비 프로세서들과 뒤쪽-끝(back-end) 조립 사이의 자연스러운 분리를 만들어내고 포장 공정은 끝마쳐진 IC들을 생산하곤 했다.

낮은 비용으로 증가된 제품 효율을 얻기 위해 웨이퍼-단계 포장(wafer-level packaging)은 1990년대 후반에 개발되었다. 웨이퍼-단계 포장은 첫 번째 단계 내부 연결의 구성이고 그림 16-24에서 보듯이 그것이 다이로 잘리기 전에 웨이퍼 위에서 입/출력 터미널을 포장하는 것이다. 많은 패키지 디자인은 웨이퍼-단계 포장을 위해 플립 칩 물질과 공정 기술의

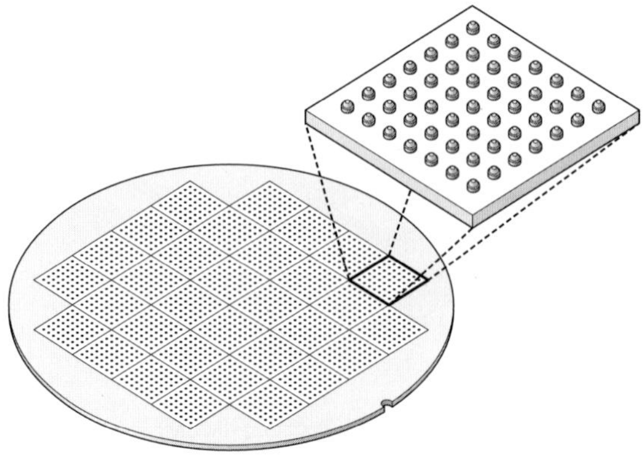

그림 16-24 웨이퍼-단계 포장

사용을 제안하고 있다.

비용 절약은 IC 조립과 포장의 중요한 요소이다. 칩 결합 구조 수축과 조립 그리고 포장 기술은 일정하게 유지되기 때문에 포장의 비용은 총 IC 요소 비용에서 큰 비중을 차지한다. 어떤 경우에는 IC 패키지의 비용이 IC 자체의 비용보다 커지기도 한다. 웨이퍼-단계 포장의 궁극적인 목표는 여전히 웨이퍼 단계에서 고밀도의 IC를 포장하기 위한 것이다. 따라서 실질적인 비용 절약을 위해 공정 단계를 줄이기 위한 앞쪽-끝(front-end)과 뒤쪽-끝(back-end) 공정으로 통합하는 것이 필요하다. 이런 통합은 실제 칩 규모 패키지의 결과의 자연스러운 발달이다. 웨이퍼-단계 포장의 이점을 표 16-2에서 설명하고 있다.

표 16-2 웨이퍼-단계 포장의 특징과 이점

요소	이점
패키지 크기	패키지는 x와 y 범위 안의 칩 크기와 같다. 그것이 가장 작은 IC 패키지이고 매우 작은 패키지 무게를 가진다.
설치된 패키지 높이	2단계 조립 후에 회로 기판 표면으로부터 측정된 총 높이는 1.0 mm 이하로 매우 얇다.
부품 신뢰도	검사 결과는 산화막이 입혀진 부품이 신뢰성 존재 유무를 판별할 수 있다.
결합물 접합 신뢰도	검사 결과는 결합물 접합 신뢰도가 신뢰도 검사의 표준 온도 싸이클(-65~125℃)에 들어가는지를 나타낸다.
전기적 성능	전기적 모의 검사는 단락 회로의 추적으로 웨이퍼-단계 포장의 다이 페이스-다운(플립 칩) 구성을 최소한의 인덕턴스와 플라스틱 커패시턴스 손실 같은 매우 좋은 전기적 수행의 결과를 나타낸다.
존재하는 SMT 구조의 통합	웨이퍼-단계 패키지는 표면 장치 기술의 존재와 표준 땜납 볼의 사용 그리고 볼 피치들이다.
알파-입자 보호	포장 재료에서 자연스럽게 발생하는 방사선 분자는 알파 입자를 방출하여 메모리 셀에서 전압 손실을 일으킬 수 있다. 폴리이미드 테이프와 필름 접착제의 사용으로 메모리 칩을 알파 입자에게서 보호한다.
낮은 비용 시스템	관리를 줄이기 위해서 웨이퍼 통합으로 존재하는 재료의 사용과 이중의 검사를 최소화 하기 위한 웨이퍼 검사 전략은 전체적으로 낮은 비용 시스템을 제공한다.

IC 조립과 패키지의 특성을 평가한 샘플을 표 16-3에 나타내었다.

표 16-3 IC 조립과 패키지의 특성 평가표

품질 파라미터	단점의 형태	설명
1. 플립 칩 C4 범프에서의 크랙과 빈공간	A. C4 범프에서의 크랙과 빈 공간은 영구적인 고장을 일으키는 응력을 집중시킨다. B. 완벽하게 얇은 조각으로 갈라진 C4 범프는 마지막 테스트에서야 간파할 수 있다.	· 납땜 크랙은 공정이 진행되는 동안 기구적인 손상의 결과이다. · 납땜이 진행되는 내부 증발로 인한 과도한 찌꺼기의 흐름이 남아서 납땜을 가열하는 동안 부적당한 온도 프로파일의 결과로 빈 공간이 생성된다.
2. 플립 칩에서의 C4 범프 크기의 불규칙성	A. C4 범프 크기의 불규칙성은 남땜 응력을 증가시키고 범프의 전기적인 고장을 유발한다.	· BLM의 만족은 C4 납땜의 증착 전에 적절하게 세정되어야 한다. · C4를 납땜 증착 공정은 정확한 파라미터를 가져야 한다.
3. 플립 칩의 C4 납땜의 플럭스 오염물질 잔류물	A. 플럭스 오염물질은 C4 납땜 범프들 사이에서 단락으로 인한 오염물질의 전도성 막을 성장시키고 소자의 전기적 고장을 유발시킨다. B. 플럭스 잔류물이 부착되면 C4 납땜 기둥으로 에폭시 언더힐을 방해하고 할로결함인 얇은 적층을 발생시킨다. 이것은 응력을 증강하고 결국 C4 bump의 고장을 초래한다.	· 플럭스 잔류물을 제거하기 위해서 세정 화학 물질이 정확하게 구성되었는지 입증하는 역류 세정 공정을 점검한다. · 에폭시 언더힐이 칩과 기판 사이의 C4 납땜 범프들을 완전하게 감싸고 있는지를 점검한다.
4. 플립 칩 에폭시 언더힐은 다이와 기판 사이에 얇은 적층과 공간을 갖는다.	A. 에폭시 공간과 얇은 적층은 전기적 고장을 유발하는 CTE의 불일치로 인해 C4 납땜 범프에서 초기 크랙을 생성한다.	· 결함을 최소화하기 위해서 적절하게 제어되는 에폭시 언더힐 공정이 중요하다. · 에폭시가 이미 공급되어 있다면 플립 칩의 재작업은 어렵다.
5. 쐐기 접속이나 볼 접속의 와이어 접속 강도	A. 당김 검사가 진행되는 동안 제어 차트 해석으로부터 제어를 넘어서거나 제어에 못 미치는 다양한 크기의 적은 인장력의 데이터 B. 개방 회로로 인한 전기적인 검사 고장을 유발하는 접속 고장	접속의 고장의 발생 원인은 다음과 같다. · 접속의 품질을 떨어트리는 공간을 구성하는 접속 인터페이스에서 금과 알루미늄 사이의 상호 금속의 구성 · 오염물질 혹은 부적절한 세정, 리프팅 접속으로 기인하는 빈약한 쐐기 접속 또는 볼 접속 · 접속 공정이 진행되는 동안에 부적절한 압력이 가해진다. 낮은 압력은 들림 접속을 초래하고 높은 압력은 크래킹을 유발한다.

연습 문제

1. IC의 최종 공정 단계인 조립과 포장에 대해서 간략하게 설명하시오.

2. IC 포장이 제공하는 네 가지 기능을 설명하시오.

3. 인쇄 회로 기판(PCB)는 무엇인지 설명하시오.

4. 후면 연마를 설명하시오.

5. 웨이퍼로부터 다이 분리는 어떻게 이루어지는지 설명하시오.

6. 와이어 접속에 사용되는 세 가지 방법을 설명하시오.

7. 전통적인 IC 패키지 물질에서 가장 널리 사용되는 두 가지 형태를 설명하시오.

8. 플라스틱 패키지 공정에 대해서 설명하시오.

9. 여섯 가지의 플라스틱 패키지에 대해 설명하시오.

10. 핀 격자 배열(PGA) 패키지는 무엇인지 설명하시오.

11. CERDIP는 무엇인지 설명하시오.

12. 플립 칩이란 무엇인지 설명하시오.

연습문제

13. 에폭시 언더힐이 플립 칩에 사용되는 이유는 무엇인가?

14. BGA 패키지를 설명하시오.

15. COB를 설명하시오.

16. 테이프 자동 접속(TAB)을 설명하시오.

17. 웨이퍼-단계 포장을 설명하시오.

참고문헌

1. Donald A. Neamen, “Microelectronics circuits Analysis and Design, 3th ed.”, McGraw-Hill, 2005.
2. Robert T. Paynter, “Introductory Electronic Devices and Circuits, 7th ed.”, Prentice-hall, 2006.
3. Sung-Mo(Steve) Kang, Yusuf Leblebici, “CMOS Digital Integrated Circuits, 3th ed”, McGraw-Hill, 2005.
4. Malvino, “Electronic Principles, 3th ed.”, McGraw-Hill, 1990.
5. Donald A. Neamen, “Semiconductor Physics and Devices 3th ed”, McGraw-Hill, 1990.
6. Schilling, “Electronics Circuits Discrete and Integrated, 3th ed.”, McGraw-Hill, 1989.
7. C. Y. Chang and S.M. Sze, “ULSI Technology”, McGraw-Hill, 1996.
8. Ben Streetmen, “Solid State Electronic Devices, 2th ed.”, Prentice-Hall, 1990.
9. Edward S. Yang, “Fundamentals of Semiconductor Devices”, McGraw-Hill, 2000.
10. C. Kittel, “Introduction to Solid State Physics, 7th ed.”, Wiley, 1996.
11. Sorab K. Ghandhi, “VLSI Fabrication Principles”, John Willy & Sons, 1994.
12. S. O. Kasap, “Principles of Engineering Materials and Devices, 2th ed.”, McGraw-Hill, 1999.
13. Neil H., E. Weste, David Harris, “CMOS VLSI Design, 3th ed.”, Addison Wesley, 2005.
14. Rao R. Tummala, “Fundamentals of Microsystems Packaging”, McGraw-Hill, 2001.
15. Phillip E. Allen, Douglas R. Holberg, “CMOS Analog Circuit Design, 2th ed.”, Oxford University Press, 2002.
16. Richard C. Jager, “Introduction to Microelectronic Fabrication”, Addison Wesley, 1988.
17. Michael Quirk, Julian Serda, “Semiconductor Manufacturing Technology”, Prentice Hall, 2001.
18. Gary S. May, Simon M. Sze, “Fundamentals of Semiconductor Fabrication”, John Wiley & Sons, 2002.
19. Sami Franssila, “Introduction to Microfabrication”, John Wiley & Sons, 2004.
20. L. Van Vlack, “Elements of Materials Science and Engineering, 4th ed.”, AddisonWesley, 1980.
21. Allison, “Electronic engineering materials and devices”, McGraw-Hill, 1971.
22. H. L. Kwok, “Electronic Materials”, Thomson, 2003.
23. Gray S. May, Costas J. Spanos, “Fundamentals of Semiconductor Manufacutring and Process Control”, John Wiley & Sons, 2006.

24. Saburo Muroga, "VLSI system design", John Wiley & Sons, 1982.
25. Douglas A. Pucknell, Kamran Eshraghian, "Basic VLSI Design, 2th ed.", Prentice Hall, 1988.
26. D. F. Barbe, "Very Large Scale Integration", Springer-Verlag Berlin, 1982.
27. R. Waser, "Nanoelectronics and Information Technology", Wiely, 2003.
28. R. A. Smith, "Semiconductors", Cambridge University Press, 1978.
29. John E. Carroll, "Physical Models for Semiconductor Devices", Cambridge University Press, 1978.
30. Thomas P. Sheahen, "Introduction to High Temperature Superconductivity", Plenum Press, 1994.
31. David A. Hodge, "Analysis and Design of Digital Integrated Circuits", McGraw-Hill, 1983.
32. Hans Ohanian, "Modern Physics", Prentice Hall, 1995.
33. R. Gregg Bruce, Mileta M. Tomovic, John E. Neely, Richard R. Kibbe, "Modern Materials and Manufacturing Process", Prentice Hall, 1998.
34. Dimitrijev S., "Principles of Semiconductor Devices", Oxford University Press, 2006.
35. Alfred Grill, "Cold Plasma in Materials Fabrication", John Wiley & Sons, 1994.
36. Chapman, "Glow Discharge Process: Sputtering and Plasma Etching", John Wiley & Sons, 1980.
37. S. M. Sze, "Physics of Semiconductor Devices", John Wiley & Sons, 1981.
38. S. Wolf and R.Tauber, "Silicon processing for the VLSI", Vol. 1, Lattice Press, 1986.
39. C. Pearce, "Crystal Growth and Wafer Preparation, VLSI Technology, 2nd ed.", edited S. Sze, McGraw-Hill, 1988.
40. D. M. Manos, D. L. Flamm, "Plasma Etching", Academic Press, 1989.
41. K. Wille, "The Physics of Particle Accelerators", Oxford University Press, 2000.
42. James Maas, "Industrial Electronics", Prentice Hall, 1995.
43. Melvin A. Breur, "Design Automation of Digital System", Prentice Hall, 1972.
44. Wayne Wolf, "Modern VLSI Design", Prentice Hall, 1994.
45. R. A. Flinn, P. K. Trojan, "Engineering Materials and Their Applications, 4th ed.", John Wiley & Sons, 1986.
46. Chang Liu, "Foundations of MEMS", Prentice Hall, 2006.
47. Thomas L. Landers, William D. Brown, Earnest W. Fant, Eric M. Malstrom, Neil M.

Schmitt, “Electronics Manufacturing Processes”, Prentice Hall, 1994.

48. Carver Mead, Lynn Conway, “Introduction to VLSI Systems”, Addison-Wesely, 1980.
49. Y. Tarui, “VLSI Technology”, Springer-Verlag Berlin, 1981.
50. Jeffrey D. Ullman, “Computational Aspects of VLSI”, Computer Science Press, 1984.
51. Jung Soyoung, Woo Yul Yang, In-Ha Sung, “A Study on the Relationship between Stick-Slip and Micro-Scratches Generation during Chemical-Mechanical Polishing Process”, Journal of Mechanical Science and Technology, Vol. 27, No. 10, pp. 3011-3015, 2013.
52. Jung Soyoung, “Observation on the Relationship between Surface Defect and Stick-Slip Friction in Chemical-Mechanical Polishing”, Department of Mechanical Engineering Graduate School, Hannam University, 2015.
53. Woong Cho, Yoomin Ahn, Chang-Wook Baek, Young-Kweon Kim, “Effect of Mechanical Process Parameter on Chemical Mechanical Polishing of Al Thin Films”, Microelectronic Engineering, Vol. 65, pp. 13-23, 2003.
54. H. J. Kim, H. Y. Kim, H. D. Jeong, E. S. Lee, Y. J. Shin, “Friction and Thermal Phenomena in Chemical Mechanical Polishing”, Journal of Materials Processing Technology, Vol. 131, pp. 334-338, 2002.
55. T. Eusner, N. Saka, J. H. Chun, “Breaking - In a Pad for Scratch - Free Cu Chemical Mechanical Polishing”, Journal of The Electrochemical Society, Vol. 158, No.4, .H379, 2011.
56. Sang-Young Kim, Kyoung-Jin Lee, Yong-Jin Seo, “In-situ End Point Dection of the STI-CMP Process Using a High Selectivity Slurry”, Microelectronic Engineering, Vol. 66, pp.463-471, 2003.
57. Kyoung-Jung Kim, “Study on the Effect of Diluted Slurry on CMP Characteristics”, Department of Mechanical Engineering, Graduate School, Pusan National University, 2009.
58. Somin Shin, “Compatibility of Mathematical Model Considering Geometric Characteristics of Pad Asperity in ILD CMP”, Department of Mechanical Engineering, Graduate School, Pusan National University, 2020.
59. Ji Chul Yang, Hojoong Kim, Dong Won Oh, Jai-Hyung Won, Chil-Gee Lee, Taesung Kim, “Experimental Evaluation of the Effect od Pad Debris Size on Microscratches during CMP Process”, Journal of Electronic Material, Vol. 42, No. 1, pp.97-102, 2012.
60. Kyung-Min Noh, “Effect of CMP and Post CMP Cleaning on Electrochemical Characteristics of Cu and Ti”, Department of Materials Science and Engineering, Graduate School, Korea University, 2009.

61. Young Min Kim, "Effect of Buffing process on Particle Remove Post-Cu CMP Cleaning", Department of Mechanical Engineering, Graduate School, Pusan National University, 2009.
62. Moon Ki Jung, "Design of Dishing Reduction Method Using High MRR CMP in the TSV Process", Department of Mechanical Engineering, Graduate School, Pusan National University, 2012.
63. Jin-Tae Kim, "Application of Nano-micro Patterns Fabricated Using E-beam Lithography", Department of Physics, Graduate School, Chungnam National University, 2010.
64. Heon-Yul Ryu, "Adsorption Removal of Corrosion Inhibitors During Co CMP Process", Department of Bionanotechnology, Graduate School, Hanyang University, 2020.
65. Dae Soon Lim, "The Effect of CMP Slurry Characteristics and Processing Parameters on Step Height Reduction", Department of Materials Science and Engineering, Graduate School, Korea University, 2005.
66. W. Kim, T. H. Kim, J. Choi, H. Y. Kim, "Mechanism of Particle Removal by Megasonic Waves", Applied Physics Letters, 2009.
67. Teresa Oh, Chi Kyu Choi, "Comparison between SiOC Thin Films Fabricated by Using Plasma Enhance Chemical Vapor Deposition and SiO_2 Thin Film by Using Fourier Transform Infrared Spectroscopy", Journal of The Korean Physical Society, pp. 1150-1155, 2010.
68. Jin Woo Park, "A Study on the Relationship between Gate Oxide Thickness by Cleaning Process Time and Time-Dependent Dielectric Breakdown Reliability", Department of Electrical and Computer Engineering, Graduate School, Sungkyunkwan University, 2012.
69. R. Liu, C. Pai, E. Martinez, "Interconnect Technology Trend for Microelectronics", Solid-state Electronics, Vol.43, No.6, pp. 1003-1009, 1999.
70. H. J. Kim, B. J. Park, S. H. Jeong, D. S. Lee, H. D. Jeong, "Planarization Modeling Based on Contact Mode between Pad Asperity and Oxide Pattern during CMP", Journal of Korea Society Precision Engineering, Vol.36, No.4, pp. 363-372, 2019.
71. A. Prasad, G. Fotou, S. Li, "The Effect of Polymer Hardness,Poor Size, and Porosity on the Performance of Thermoplastic Polyurethane-based Chemical Mechanical Polishing Pads", Journal of Material Research, Vol. 28, No. 17, pp. 2380-2393, 2013.
72. D. S. Lee, H. S. Lee, H. D. Jeong, "The Effect of Spray Slurry Nozzle on Copper CMP for Reduction in Slurry Consumption", Journal of Mechanical Science and Technology, Vol. 29, No. 12, pp. 5057-5062, 2015.
73. A. Erdmann, F.Shao, V.Agudelo, T. Fuhner, P. Evanschitzky, "Modeling of Mask Diffrac-

tion and Projection Imaging for Advanced Optical and EUV Lithography", Journal of Modern Optics, pp. 480-495, 2011.

74. J. R. Hiroyuki Kobayashi, Takayuki Shingyouji, Yasushi Shimanuki, "Study of Si Etch Rate in Varous Composition of SC-1 Solution", Journal of Applied Physics, pp.45-47, 1933.
75. John S. Judge, "A Study of the Dissolution of SiO2 in Acidic Fluoride Solutions", Journal of The Electromechemical Society, pp. 1772-1775, 1971.
76. Sung Bin Lee, "A Study on Difference of Dry Cleaning Reaction by CVD Chamber Area", Department of Semiconductor and Display Engineering, Graduate School, Sungkyunkwan University, 2018.
77. Hoon-A Yoo, "Treatment of Byproducts Generated by PE-CVD (plasma enchanced chemical vapor deposition) using; low Pressure", Department of Physics, Graduate School, Chugnam National University, 2013.
78. Kang-In Lee, "Fabrication of Nanostructure via Localized Focused Ion Beam-Chemical Vapor Deposition(FIB-CVD)", Department of Mechanical and Aerospace Engineering, Graduate School, Seoul National University, 2018.
79. Seung-Wan Yoo, "Effect of Substrate Bias Deposition Behavior of Charged Silicon Nanoparticles in ICP-CVD Process", Department of Materials Science and Engineering, Graduate School, Seoul National University, 2016.
80. Sunghawan Bang, "Fabrication of Thin Film Encapsulation (TFE) bY ICP-CVD & Roll to Roll Reactive Magnetron Sputtering for OLED Display", Department of Materials Science and Engineering, Graduate School, Seoul National University, 2020.
81. Gwe Ya Kim, "The Structure and Thermoluminescene Character Stics of CVD Diamond Films", Department of Chemistry, Graduate School, Yonsei University, 2001.
82. Byeong Yeol Choi, "Analysis of Patterning Characteristics and Process Mechanism for FIB-CVD", Department of Mechanical Engineering, Graduate School, Korea University, 2005.
83. Hyang Ran Kim, "Study on Cleaning Process for Contaminants Removal during Pellicle Fabrication Process", Department of Bionanotechnology, Graduate School, Hanyang University, 2019.
84. H. Ender, R. Patzel, M. Powell, U. Rebhan, D. Basting, "New KrF and ArF Excimer Laser for Advanced DUV Lithography", Microelectronic Engineering, pp. 2221-224, 1995.

찾아보기

ㅅ

ㅇ

저자 소개

최성재

1985 ~ 2005 IEEE 정회원(교수회원)
1988 ~ 현재 가천대학교 전자공학과 교수
대한 전자공학회 종신회원
한국인터넷방송통신학회 종신회원
한국 정보과학회 종신회원

나노 반도체 소자 설계 및 제조공정 기술

저　　자　최성재
발 행 인　김지영
발 행 처　자유아카데미
주　　소　경기도 파주시 회동길 37-42
　　　　　파주출판도시
전　　화　031-955-1321
팩　　스　031-955-1322
홈페이지　www.freeaca.com
전자우편　main@freeaca.com (대표)
　　　　　editor@freeaca.com (편집)
　　　　　crm@freeaca.com (영업)
등　　록　제406-2003-017호, 1980. 7. 12.
제1판1쇄　2021년 3월 10일 발행
제1판3쇄　2025년 1월 10일 발행
정　　가　35,000원

ISBN 979-11-5808-304-5　93560